Die Fabrikation

der

Kartoffelstärke.

Die Fabrikation

der

Kartoffelstärke.

Von

Prof. Dr. O. Saare,

Vorsteher des Laboratoriums des Vereins der Stärke-Interessenten in Deutschland.

Mit zahlreichen in den Text gedruckten Abbildungen und 5 Tafeln.

Berlin.

Verlag von Julius Springer.

1897.

ISBN-13: 978-3-642-90333-5 e-ISBN-13: 978-3-642-92190-2
DOI: 10.1007/978-3-642-92190-2
Reprint of the original edition 1897

Vorwort.

Deutschland weist die grösste Produktion unter den Kartoffelstärke erzeugenden Ländern auf und nimmt unter diesen hinsichtlich der Ausbildung der Technik und der Qualität der erzeugten Waare in seinen besten Betrieben die erste Stelle ein.

Das vorliegende Buch umfasst meine Kenntnisse der deutschen Kartoffelstärkefabrikation.

Diese habe ich in meiner nunmehr vierzehnjährigen Thätigkeit als Vorsteher des Laboratoriums des Vereins der Stärkeinteressenten in Deutschland zu Berlin gesammelt, welche es mir gestattete, eine Reihe wissenschaftlicher und technischer Untersuchungen über die Herstellung der Kartoffelstärke auszuführen und weit über hundert Betriebe verschiedenster Ausdehnung kennen zu lernen.

Die Möglichkeit hierzu war mir gegeben durch das stets bereitwillige Entgegenkommen und Wohlwollen des Vorsitzenden des genannten Vereins, Herrn R. Schulze-Schulzendorf, sowie der Vorsitzenden des Vereins der Spiritusfabrikanten in Deutschland, dem der Verein der Stärkeinteressenten als Zweigverein angehört, der Herren Kiepert-Marienfelde, Neuhauss-Selchow und von Grass-Klanin und des wissenschaftlichen Dirigenten seiner Institute, des Herrn Professor Dr. Max Delbrück. Ihnen hierfür meinen Dank auszusprechen, sei mir an dieser Stelle gestattet.

Das Buch ist bestimmt als Rathgeber für den vom grossen Verkehr abliegenden, die Stärkefabrikation als Nebenbetrieb leitenden Landwirth, den es mit den Errungenschaften anderer Betriebe bekannt machen und zu der mit seinen Mitteln möglichen Höchstleistung anspornen soll, als Handbuch für den industriellen Fabrikanten, dem es die Vielseitigkeit der Arbeitsweise und den Werth sowie die Art der Ausführung einer eingehenden Controlle vor Augen führen, und den es zu einer möglichst ökonomischen Betriebsweise hinleiten soll, als Grundlage für Erbauer neuer Stärkefabriken, als Anleitung für Maschinenfabrikanten bei Einrichtung von Stärkefabriken, als Lehrbuch für den Unterricht an technischen und landwirthschaftlichen Instituten, welche die landwirthschaftlichen Nebengewerbe behandeln.

Bei der Abfassung des Buches hat mich vor Allem Herr Ingenieur W. Angele-Berlin durch Bereitstellung von Zahlenmaterial, einer grossen Anzahl von Abbildungen und Mittheilungen aus seiner reichen praktischen Erfahrung stets auf das Bereitwilligste unterstützt. Ebenso verdanke ich Beiträge der genannten Art den Herren Ingenieuren Paatz-Burg, Hermann Schmidt-Cüstrin, W. H. Uhland-Leipzig-Gohlis und verschiedenen Anderen. Auch aus dem Kreise der Stärkefabrikanten sind mir manche Anregungen und Angaben zugegangen.

Der Ingenieur des Vereins, Herr Goslich, hat mir das Material für die Abschnitte Dampf- und Krafterzeugung freundlichst an die Hand gegeben.

Ihnen meinen besten Dank für die stets gern gewährte Beihülfe auszusprechen, fühle ich das lebhafte Bedürfniss.

Das Buch enthält Mittheilungen auch über manche Apparate und Verfahren, welche nicht mehr oder nur noch vereinzelt zur Anwendung gelangen; ich habe jedoch geglaubt, auch diese nicht vernachlässigen zu sollen, weil sie zu dem Ueberblick dessen, was geleistet ist, und wie der Entwicklungsgang der Industrie sich gestaltete, nothwendig sind und weil dadurch verhindert wird, schon einmal vergeblich Versuchtes anzustreben.

Einen Hauptwerth habe ich darauf gelegt, dem kleinen und mittleren Fabrikanten alle die Fehler, welche ich in der Zeit meiner Beschäftigung mit der Kartoffelstärkefabrikation vielfach vorgefunden habe, vor Augen zu führen, damit er in der Lage sei, sie zu vermeiden und einen Maassstab an seine eigene Leistung zu legen. Auch glaube ich, manchem Maschinenfabrikanten damit einen Dienst geleistet zu haben.

Da die Mehrzahl der Leser dieses Buches wohl kaum in der Lage ist, sich dem Studium der einschlägigen Litteratur hinzugeben, da sie fernab von den grossen Städten, die Bibliotheken besitzen, ihren Wohnsitz haben, so habe ich in den Text des Buches gar keine Litteraturvermerke eingefügt. Damit aber denjenigen, welche die Litteratur studiren wollen, dennoch Gelegenheit hierzu gegeben ist, habe ich dieselbe in möglichster Vollständigkeit am Schlusse des Buches zusammengestellt.

Ich übergebe das Buch der Oeffentlichkeit mit der Bitte, etwaige Mängel mir freundlichst mittheilen zu wollen, und mit dem lebhaften Wunsche, dass es die von ihm geschilderte Industrie fördern möge.

Berlin, im März 1897.

Oscar Saare.

Inhaltsverzeichniss.

Die Entwickelung und Bedeutung der deutschen Kartoffelstärke-Industrie.

Die ersten Mittheilungen über Herstellung von Stärke aus Kartoffeln stammen aus dem Anfange des 18. Jahrhunderts, d. h. aus der Zeit, in welcher die bisher nur in Gärten und hie und da versuchsweise auf dem Felde gebaute Kartoffel allgemeinere Verbreitung als Feldfrucht fand.

Wie Schrohe in einer aus der ökonomisch-technologischen Encyklopädie von D. J. G. Krünitz geschöpften Abhandlung zur Geschichte des Kartoffelbaues und der Kartoffelverwerthung ausführt, finden sich die ersten Vorschriften zur Herstellung von Stärke aus Kartoffeln in einer von dem Professor Titius in Wittenberg im Jahre 1758 verfassten Preisschrift über die von der Königl. Gesellschaft der Wissenschaften zu Göttingen gestellte Preisaufgabe: Kann man ein gesundes und auf etliche Wochen haltbares Brod aus Tartüffeln backen? Kann man ein haltbares Mehl daraus bereiten?

Für eine weitere Verbreitung der Herstellung von Stärke aus Kartoffeln trat aber in Preussen besonders Friedrich der Grosse ein, welchem Deutschland ja auch die energische Durchführung des Kartoffelanbaues im Grossen verdankt. Zeugniss davon legt eine am 10. December 1765 an alle preussischen Landräthe gerichtete Kammerverordnung ab:

„Friedrich, König etc. etc. etc.

Unsern etc. Wir zweifeln nicht, es werde euch nicht unbekannt seyn, dass aus den Erdtoffeln eine sehr gute Stärke, die der von Weitzen zubereiteten nichts nachgibt, verfertiget werden könne. Da nun Unserer Krieges- und Domainen-Kammer dieser Tagen eine Probe von solcher gut zubereiteten Stärke, wovon hier etwas beygefüget wird, vorgeleget worden, welche hieselbst in der Art, wie der abschriftlich mitkommende Aufsatz mit mehrerem zeigt, verfertigt ist und es dahero dem Publico allerdings sehr nützlich seyn würde, wenn dergleichen Stärke aus Erdtoffeln, deren starken Anbau man ohnedem schon wegen ihres grossen Nutzens dem Lande zum öftern eingeschärft, auch in Schlesien, gleich solches bekanntermaassen in der Lausitz ganz häufig geschieht, zum Gebrauch gebracht und dadurch eine ansehnliche Quantität von Weitzen zum Backen und Brauen ersparet würde: als wird euch anbefohlen, euch zu bemühen, die Verfertigung von dergleichen Stärke aus Erdtoffeln in dortiger Gegend, da die Leinwandfabrique eine grosse Consumtion dieses Materialis erfordert, einzuschärfen, und davon gleichfalls Proben machen zu lassen. Zugleich habt ihr die dortige mit appretirter Leinwand handelnde Kaufleute, auch Bleicher, mit ihren Gutachten zu vernehmen, wohin dasselbe sowohl wegen des Gebrauchs solcher Stärke bey der Leinwand gehe, als auch wie die Intention darunter am füglichsten zu erreichen seyn werde. Übrigens wird auch nöthig seyn, darauf zu attendiren und vorzuschlagen, wie es mit der Acciseabgabe von solcher Stärke gegen die von Weitzen einzurichten," u. s. w.

In dem „abschriftlich mitkommenden Aufsatz" ist die Herstellung der Stärke aus Kartoffeln geschildert. Die Kartoffeln wurden auf einem gewöhnlichen Reibeisen mit der Hand gerieben, unter Erneuerung des Wassers 24 Stunden geweicht, die Stärke durch ein Beuteltuch abgewässert und abgedrückt und durch mehrmaliges Waschen mit reinem Wasser gereinigt, nach dem Ablassen des Wassers, auf ein Brett gelegt und in der Stube oder bei günstiger Witterung im Freien getrocknet. 35 Pfd. Kartoffeln gaben reichlich 5 Pfd. Stärke oder der Scheffel = 20 Pfd. Der Verfasser dieser Anleitung weist auch darauf hin, dass zum Reiben zweckmässiger eine geeignete Maschine zu konstruiren sei.

Als solche empfahl bereits 1762 ein Pfarrer Mayer eine durch Wasserkraft getriebene auf einer Welle angeordnete, aus verzinntem Eisenblech bestehende und mit Löchern versehene Reibe. Derselbe hielt auch zwei mit den Schmalseiten gegen einander arbeitende und mittelst Kurbeln von Hand bediente Steine für vortheilhaft zum Zerreiben der Kartoffeln.

Die weitere Verarbeitung des Reibsels auf maschinellem Wege wird in einem in Bremen im Jahre 1782 erschienenen Schriftchen zuerst erwähnt. Danach sollte das Auswaschen des Reibsels am besten in Sieben von Haargeflecht, Messingdraht oder gelochtem Kupferblech unter Zulauf von reinem Wasser geschehen. Ueber dem Siebe bewegten sich an einer senkrechten Welle mittelst Armkreuzes befestigte birkene Besen oder Haarbürsten, welche durch ein Kammrad und mittelst eines Trieblings bewegt wurden. Es ist dies also die Urform des noch jetzt benutzten Bürstenbottichsiebes. Das Sieb stand auf dem Rande eines Bottichs, in welchem die Stärkemilch aufgefangen, um von da auf fahrbare Zober vertheilt zu werden. In diesen liess man die Stärke sich absetzen, zog dann das überstehende Wasser ab und quirlte die Stärke mehrmals mit frischem Wasser auf. Nach dem jedesmaligen Ablassen des klaren Wassers wurde der über der reinen Stärke abgesetzte Schlamm („das braune Wesen") mit krummen, scharfen Eisen vorsichtig abgestrichen, gesammelt und später auf feinen Sieben abgesiebt und auf Stärke weiter verarbeitet.

Es wurde also schon im vorigen Jahrhundert in Deutschland Kartoffelstärke mittelst besonderer maschineller Einrichtungen gewonnen. Daneben bereiteten sich zahlreiche Hausfrauen Kartoffelstärke durch einfachste Handarbeit selbst.

Im Anfange des 19. Jahrhunderts und besonders in den dreissiger Jahren erscheinen dann zahlreiche Schriften deutscher und französischer Herkunft, welche die Herstellung von Kartoffelstärke und von Fabrikaten aus dieser, wie Syrup und Sago, zum Gegenstande haben.

Mit dem Aufschwunge der deutschen Textil- und Papier-Industrie in den dreissiger und im Anfang der vierziger Jahre eröffnete sich dann ein reiches Absatzgebiet für Kartoffelstärke, und es entstanden daher in diesen Jahren die ersten grossen, deutschen Fabrikbetriebe zur Herstellung von Kartoffelstärke und der daraus zu gewinnenden Stärkefabrikate.

Einen weiteren Aufschwung nahm die Kartoffelstärkefabrikation in den fünfziger Jahren, nachdem Dr. Gall den aus der Kartoffelstärke erzeugten Stärkezucker zur Weinverbesserung, namentlich zum Gallisiren des Weines eingeführt hatte. Von da ab entwickelte sie sich, von dem Westen zum Osten vorschreitend, stetig bis zu ihrem jetzigen Umfange.

Die ersten grösseren Fabriken wurden in der Rheinprovinz, in Rheinhessen und in Baden angelegt und bestehen zum Theil dort noch. Jetzt aber liegt der Schwerpunkt der Kartoffelstärke-Fabrikation in den östlichen Theilen des deutschen Reiches.

Einschliesslich der Stärkezucker-, Stärkesyrup- und Dextrin-Fabriken, welche ausser diesen Fabrikaten auch Kartoffelstärke und Kartoffelmehl sei es aus Kartoffeln, sei es aus feuchter Stärke in grösseren Mengen herstellen, besitzt Deutschland zur Zeit 663 Kartoffelstärkefabriken, von denen 441 nur nasse oder feuchte Stärke, d. h. das Rohmaterial der Stärkezucker- und Syrupfabriken und auch mancher Dextrinfabriken erzeugen, dagegen 222 Betriebe trockne Stärke herstellen. Von letzteren machen 194 Betriebe nur trockene Kartoffelstärke und Kartoffelmehl, der Rest von 28 Fabriken daneben auch Stärkefabrikate wie Stärkezucker, Stärkesyrup, Zuckercouleur und Dextrin.

Die Kartoffelstärke erzeugenden Betriebe vertheilen sich auf die einzelnen Theile des deutschen Reiches wie folgt:

	Gesammtzahl der Betriebe	Davon Nassstärke-Fabriken	Trockenstärke-Fabriken	Trockenstärke neben Syrup, Dextrin u. A.
Königreich Preussen:				
Provinz Ostpreussen	15	12	3	—
- Westpreussen	52	45	7	—
- Posen	97	71	23	3
- Pommern	98	83	12	3
- Brandenburg	225	188	29	8
- Schlesien	82	35	40	7
- Sachsen	52	1	49	2
- Hannover	9	—	9	—
Zusammen	630	435	172	23
Grossherzogthum Mecklenburg	15	6	7	2
Herzogthum Anhalt	8	—	8	—
- Braunschweig	4	—	4	—
Königreich Bayern	1	—	1	—
Grossherzogthum Hessen	4	—	2	2
- - Baden	1	—	—	1
Insgesammt	663	441	194	28

Die 441 Nassstärkefabriken sind sämmtlich landwirthschaftliche Betriebe; eine derselben eine landwirthschaftliche Genossenschafts-Fabrik von 1000 bis 1250 Ctr. täglicher Verarbeitung an Kartoffeln.

Von den 194 Trockenstärkefabriken, welche nur trockene Stärke und Mehl erzeugen, sind 123 landwirthschaftliche Betriebe einzelner Besitzer, 7 landwirthschaftliche Genossenschaften und 4 Aktiengesellschaften in landwirthschaftlichen Händen. Dagegen 60 rein industrielle Betriebe. Von den 28 auch Stärkefabrikate herstellenden Fabriken sind 24 rein industrieller Natur und 4 landwirthschaftliche Genossenschaften.

Von den gesammten Kartoffelstärke erzeugenden Fabriken des deutschen Reiches sind also:

landwirthschaftliche Betriebe 579 oder 87 Proc.,
industrielle Betriebe 84 oder 13 Proc.

Die Kartoffelstärkefabrikation ist also in Deutschland in vorwiegendem Maasse ein landwirthschaftliches Nebengewerbe.

Bei dem hohen Wassergehalt, welchen die Kartoffel gegenüber anderen Stärke gebenden Rohstoffen, wie Weizen, Mais u. s. w. besitzt, und in Anbetracht ihrer geringen Haltbarkeit den letzteren gegenüber ist es zweifellos auch das Zweckmässigste, dass die Kartoffel an Ort und Stelle ihrer Erzeugung von den Producenten selbst verarbeitet wird. Begünstigend für diese kommt hinzu die leichteste Verwerthung der Abfälle — der Pülpe als Viehfutter, der Abwässer als Düngemittel. Sie verwerthen so die Kartoffeln besser, als wenn sie dieselben an grosse Centralplätze zu industrieller Verarbeitung verkaufen.

Da aber kleine Betriebe in der Hand des Einzelbesitzers mit geringerem Kapital und — bedingt durch die Kleinheit der Anlage — kostspieliger arbeiten als Fabriken von bestimmtem Umfange, so ist es zweckmässig, dass sich eine Reihe benachbarter Landwirthe zur Anlage eines genossenschaftlichen Betriebes vereinigen. Diese Form der Betriebsführung hat sich in den letzten Jahren in Ostdeutschland auch mehr und mehr ausgebreitet, wie die obigen Zahlen besagen, denn diese Fabriken sind alle im letzten Jahrzehnt entstanden. Durch einen festen Zusammenschluss dieser Betriebe aber kann ihre Leistungsfähigkeit noch wesentlich gesteigert werden.

Soll die deutsche Kartoffelstärke sich auf dem Auslandsmarkte, namentlich dem englischen, gegenüber den viel billigeren Stärkesorten anderer Länder halten, auf dem sie trotz der theureren Preise ihrer guten Qualität wegen, wenn auch nicht mehr in dem Maasse wie in früheren Jahren, erscheinen kann, so ist ein festerer Zusammenschluss der deutschen Kartoffelstärkefabriken zur Verbilligung der Produktion und Vereinfachung des Vertriebes eine Nothwendigkeit.

Bei dem gänzlichen Mangel an amtlichem, statistischem Material über die Leistungsfähigkeit der deutschen Stärkefabriken und die Höhe der Produktion an Kartoffelstärke und Kartoffelmehl ist es unmöglich, sichere Zahlen über dieselben zu erhalten. Man ist bei dem Versuche, sich ein Bild derselben zu verschaffen, völlig auf an und für sich ziemlich unsichere Schätzungen angewiesen, welche durch die jedenfalls in den verschiedenen Jahren recht erheblichen Produktionsschwankungen noch unsicherer werden. Mit diesem Vorbehalt mache ich im Folgenden einen Versuch der Schätzung der Produktionsgrösse.

Ueber die Höhe der Stärkezucker- und Stärkesyrup-Produktion in Deutschland sind amtliche Angaben vorhanden. Aus diesen ist zu entnehmen, dass die Betriebe, welche diese Fabrikate herstellen, an gekaufter feuchter Stärke zu Zucker oder Syrup verarbeitet haben

im Mittel der Jahre 1883/4—1887/8 = 369 637 D.Ctr. (je 100 kg)
\- - - - 1888/9—1893/4 = 318 761 -

Man kann daher annehmen, dass im Jahre durchschnittlich wenigstens 300 000 D.Ctr. gekaufter feuchter Stärke zu Zucker und Syrup verarbeitet werden. Die Stärkezucker- und -Syrupfabriken verarbeiten aber nur den kleineren Theil der gesammten feuchten Stärke, welche sie kaufen, zu Zucker und Syrup, während $^1/_2$ bis $^3/_4$ oder rund $^2/_3$ der feuchten Stärke in Kartoffel-Stärke bezw. -Mehl umgewandelt wird, sodass also die Gesammtmenge der feuchten Stärke, welche jene Betriebe im Jahre wenigstens kaufen, auf 900 000 D.Ctr. zu schätzen ist. Da auch einige Dextrinfabriken feuchte Stärke kaufen und geringere Mengen auch der Textil- und Papierindustrie direkt zugehen, so kann man die jährliche Produktion an feuchter Stärke in Deutschland, soweit sie in den Handel kommt, zu rund 1 000 000 D.Ctr. annehmen.

Die Produktion an trockener Kartoffelstärke und an Kartoffelmehl kann man, wie folgt, abschätzen. Es werden durchschnittlich im Jahre in Deutschland geerntet 250 Millionen Doppel-Centner Kartoffeln, davon dient die bei weitem grössere Hälfte zu Ernährungszwecken und etwa ein Viertel als Saatgut; der Rest wird von der Spiritus- und Stärkeindustrie verbraucht. Die Menge dieser letzteren Kartoffeln ist auf etwa 40 Millionen Doppelcentner zu veranschlagen, von denen 20 Millionen auf die Fabrikation der Kartoffelstärke und der Kartoffelstärkefabrikate entfallen. Nimmt man den mittleren Gehalt der Kartoffeln zu 18 Proc. Stärke an, so wäre bei einer Ausbeute von 17 D.-Ctr. trockener Stärke auf 100 D.Ctr. Kartoffeln die Gesammtmenge der erzeugten Stärke als trockene Stärke gerechnet 3 400 000 D.Ctr. jährlich.

Davon sind abzustreichen 400 000 D.Ctr. für Stärke, welche in Stärkezucker, Stärkesyrup und Zuckercouleur umgewandelt wird (entsprechend 400 000 D.Ctr. durchschnittlicher Jahresproduktion an diesen Fabrikaten), und ferner 200 000 D.Ctr. für Stärke, welche zu Dextrin verarbeitet wird (entsprechend einer jährlichen mittleren Dextrinproduktion von 175 000 D.Ctr.).

Es bleibt demnach eine mittlere jährliche Produktion von 2 800 000 D.Ctr. an trockener Kartoffelstärke bezw. Kartoffelmehl im deutschen Reiche.

Nach seinen Kenntnissen über die tägliche Produktion einer grossen Anzahl deutscher Fabriken und der Schätzung der übrigen, ihm nur oberflächlicher bekannten Fabriken berechnet Verfasser die Produktion, wie folgt:

Von den 194 Trockenstärkefabriken haben eine tägliche Produktion an Stärke

94 Fabriken je	30 D.Ctr.	täglich	=	2 800	D.Ctr.
50 - -	60 -	-	=	3 000	-
30 - -	100 -	-	=	3 000	-
20 - -	200 -	-	=	4 000	-
	zusammen	täglich	=	12 800	D.Ctr.
also bei	100tägiger	Campagne	=	1 280 000	D.Ctr.
-	150 -	-	=	1 920 000	-

Die Produktion der 29 Syrup- bezw. Dextrinfabriken, die auch Kartoffelstärke und Kartoffelmehl herstellen, kann auf 600 000 bis 800 000 D.Ctr. geschätzt werden, sodass bei einer mässigen Campagne eine Gesammtproduktion von rund 2 Millionen D.Ctr., bei einer guten eine solche von 2$^3/_4$ Millionen D.Ctr. angenommen werden kann.

Es geht aus diesen Schätzungen hervor, wie schwankend die Produktion an Kartoffelstärke sein kann, zudem die meisten Fabriken in der Lage sind, bei genügendem und billigem Rohmaterial weit mehr zu arbeiten, als in Obigem angenommen ist.

Im Interesse des Gewerbes läge eine genaue Kenntniss der Produktion aber zweifellos, da nur dann die Möglichkeit, der oft hervortretenden Ueberproduktion wirksam zu steuern, gegeben wäre.

Eine solche Kenntniss zu erlangen, hat besonders der Verein der Stärkeinteressenten in Deutschland sich angelegen sein lassen. Es ist jedoch nicht möglich gewesen, auch nur die Mehrzahl der Stärkefabrikanten zu dahin führenden Angaben über ihre Leistungsfähigkeit zu bewegen. Es wäre zu wünschen, dass sich bei allen die Auffassung Bahn bräche, dass die genaue Kenntniss der Produktion dem gesammten Gewerbe zum Vortheil gereicht, und dass daher jeder Einzelne zu deren Gewinnung beizutragen bereit sein muss.

Die Stärke.

Vorkommen und Entstehung der Stärkekörner.

Die Stärke (Amylum) ist ein Erzeugniss der Lebensthätigkeit der Pflanze. Sie tritt stets in Form organisirter, mikroskopisch kleiner, vielgestalteter, fester Körnchen auf.

Die Stärke gehört zu den verbreitetsten Körpern im Pflanzenreiche. Sie findet sich in fast allen Theilen wachsender grüner Pflanzen in grösserer oder kleinerer Menge.

Besonders reich an Stärke sind gewisse Pflanzentheile, welche Stärke aufspeichern, die sog. Reservestoffbehälter. Es sind dies bei verschiedenen Pflanzenarten sehr verschiedene Theile. Bei der Banane sind es die Früchte, bei den Getreidearten und den Hülsenfrüchten die Samenkörner, bei der Kartoffelpflanze, der Curcuma, der Pfeilwurzel (arrow root) die Wurzelstöcke oder Rhizome, bei Manihot (Cassave) die Wurzel und bei der Sagopalme das Mark des Stammes.

Stärke wird in allen grünen Theilen der Pflanze erzeugt; besonders stark ist die Stärkebildung in den Blättern der höheren Pflanzen. Nicht grüne Theile der Pflanze, wie die unterirdischen Triebe und Sprosse, die Wurzeln und der Keimling, solange er noch die Bodenoberfläche nicht durchdrungen hat, sind nicht im Stande, Stärke zu erzeugen.

Die Stärke entsteht im Innern der die grünen Pflanzentheile bildenden Zellen. Der eigentliche Sitz der Stärkebildung ist der Protoplasmakörper derselben, eine schleimige, eiweissähnliche Substanz, welcher der Träger aller Lebensthätigkeit der Pflanze ist. In dem Protoplasma eingebettet und ihm zugehörig finden sich kleine, mehr oder weniger zähflüssige, farblose, stark lichtbrechende Tropfen, die Chromatophoren, aus denen bei Einwirkung des Lichtes die Chlorophyllkörper oder Chloroplasten hervorgehen. Diese sind selbst farblos, enthalten aber zahlreiche Tröpfchen einer ölartigen Substanz, welche durch einen Farbstoff, das Blattgrün oder Chlorophyll, dunkelgrün gefärbt sind. Diese geben den grünen Pflanzentheilen die Farbe.

In den Chlorophyllkörpern geht die Bildung der Stärke allein vor sich.

Die Grundstoffe, aus denen an dieser Stelle die Stärke aufgebaut wird, sind lediglich Kohlensäure und Wasser. Die Kohlensäurequelle ist die die Pflanze umgebende Luft. Diese tritt durch die Spaltöffnungen der Blätter, d. h. die Ausmündungsstellen der Intercellularräume oder Hohlräume zwischen den Zellen, welche wie Kanäle das ganze Blatt durchziehen, ein. Sie giebt die Kohlensäure ab, welche in Wasser gelöst, durch die Zellwände eingesaugt wird.

Das Wasser wird von den Wurzeln der Pflanze aus dem Boden aufgenommen und durch die Gefässbündel, d. h. Gewebestränge, welche sich wie Adern durch alle Theile der Pflanze hin verzweigen, den Blattzellen zugeführt.

Der Vorgang der Stärkebildung oder die Assimilation stellt sich nun folgendermaassen dar. Zunächst wird Kohlensäure (CO_2) zu dem Kohlenoxydrest (CO), Wasser (H_2O) zu Wasserstoff (H_2) reducirt. Den dabei frei werdenden Sauerstoff ($2\,O$) athmet die Pflanze aus. Die beiden Reste aber vereinigen sich zu dem Aldehyd der Ameisensäure, dem Formaldehyd (CH_2O), aus welchem durch Kondensation Zuckerarten ($C_6H_{12}O_6$) und aus diesen durch Wasseraustritt Stärke ($C_6H_{10}O_5$) entsteht. Der Vorgang lässt sich in Kürze also durch die folgenden chemischen Gleichungen darstellen:

$$6\,CO_2 + 6\,H_2O = 6\,CH_2O + 12\,O$$
$$6\,CH_2O = C_6H_{12}O_6$$
$$C_6H_{12}O_6 = C_6H_{10}O_5 + H_2O.$$

Der Eintritt der Assimilation und die Menge der gebildeten Stärke, also auch das kräftige Wachsthum und die Stärkeaufspeicherung einer Pflanze sind abhängig von einer Anzahl von Bedingungen.

Unerlässlich zur Stärkebildung ist die Einwirkung des Lichtes auf die grünen Pflanzentheile. Lichtmangel, also Beschattung oder anhaltend trübe Witterung, beeinträchtigen die Stärkebildung.

Mit sinkender Temperatur nimmt die Assimilation ab und hört bei 0^0 fast auf.

Je reicher an Kohlensäure die Luft ist, um so stärker ist die Assimilation.

Je mehr Chlorophyllkörper die Pflanze enthält, d. h. je reicher an Laub sie ist, um so mehr Stärke kann sie hervorbringen.

Zu kräftiger Stärkebildung muss die Pflanze auch wasserreich sein. Trockenheit erzeugt welke Blätter und diese assimiliren wenig.

Auch sind zur Bildung des Chlorophyllfarbstoffes und zum Eintritt der Assimilation gewisse mineralische Stoffe, das Eisen und das Kalium, der Pflanze unentbehrlich.

Die Kenntniss dieser Verhältnisse ist für den Stärkefabrikanten von Wichtigkeit, weil sie die Grundlage bilden für eine richtige Behandlung der Stärke erzeugenden Pflanzen zur Erlangung eines stärkereichen Rohmaterials.

Die in den Chlorophyllkörpern der Blätter in Form sehr kleiner Körnchen erzeugte „Assimilationsstärke“ wird in denselben aber nicht angehäuft. Sie dient vielmehr zur Ernährung der ganzen Pflanze, giebt also sowohl den Baustoff für den Aufbau neuer Zellen an den wachsenden Theilen der Pflanze her, als auch das Material für die Vorrathskammern, in denen die Pflanze Stärke aufhäuft als erste Nahrung für die nächste Generation.

Da aber Stärke selbst unlöslich ist, die Zellwände nicht durchdringen und nach jenen Orten hinwandern kann, wo sie gebraucht oder aufgespeichert wird, so wird sie vorher in einen hierzu geeigneten Zustand übergeführt. Es geht deshalb neben der Bildung der Stärke in den Chlorophyllkörpern stets eine Auflösung derselben her. Diese wird durch ein diastatisches Ferment bewirkt, welches die Stärke in alkalische Kupferlösung reducirenden Zucker, wahrscheinlich Dextrose bezw. Maltose verwandelt; dieser ist in Wasser leicht löslich, und die Zellwände sind für seine Lösung durchlässig.

In Form von Zucker wandert die in den Blättern gebildete Stärke dann den Gefäss- oder Leitbündeln der Blattrippen, dem Blattstiele und dem Stengel zu und wird von ihm aus den Wachsthumsstätten, den jungen Gipfelsprossen, Knospen und Wurzeln, und den Stärkespeichern, den Samenkörnern, Knollen u. s. w. zugeführt. Diese Auflösung und Wanderung findet besonders beim Aufhören der Lichtwirkung statt. In der Nacht, wenn die Assimilation ruht, entleeren sich daher die Blätter ganz oder fast vollständig von Stärke.

Wird der zuwandernde Zucker nicht sogleich vollständig zum Aufbau neuer Zellen verbraucht, so scheidet sich aus ihm in sehr kleinen Körnchen die „transitorische“ Stärke ab, welche bei Bedarf zur Zellwandbildung wieder gelöst wird und nur eine Uebergangsform bildet. Sie ist es, welche in den wachsenden Zellen der Stengel, Blätter und Wurzeln angetroffen wird.

In den als Stärkespeicher dienenden Fortpflanzungsorganen der Pflanze aber wird aus dem Zucker Stärke in dauernder Form als „Reservestärke“ abgeschieden, und es strömt in dem Maasse, als dies geschieht, neue Zuckerlösung diesen Pflanzentheilen zu, aus welcher neue Stärkemengen sich abscheiden.

Stirbt die Pflanze ab, so wandert vorher allmählich alle in ihr noch vorhandene transitorische Stärke diesen Stellen zu.

Diese Mengen überschüssiger Stärke speichert die Pflanze während ihres Wachsthums auf, damit sie der Pflanze bei ihrer Neubildung im kommenden Jahre als erste Nahrung diene, so lange dieselbe, noch unter der Erde ruhend, nicht im Stande ist, selbst die Stoffe zum Aufbau neuer Zellen zu erzeugen, d. h. sich selbst zu ernähren.

Diese Rückbildung von Stärke aus assimilirten und wieder gelösten Stoffen (Zucker) in den Reservestoffbehältern, also auch in der Kartoffel-

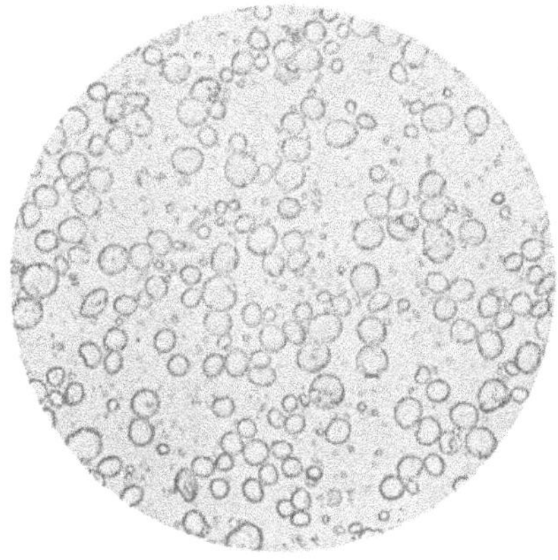

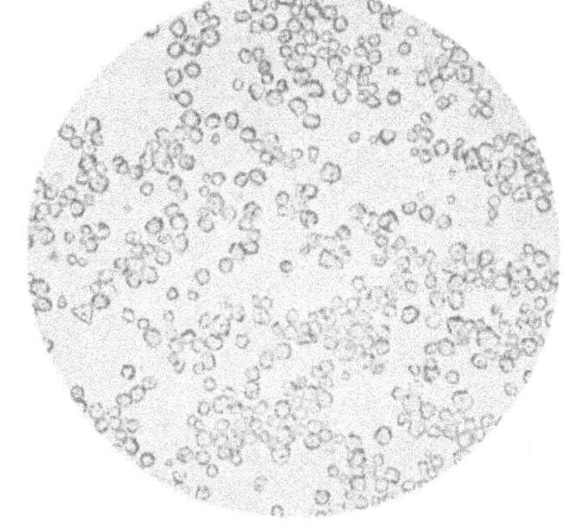

2. Weizenstärke.

3. Maisstärke.

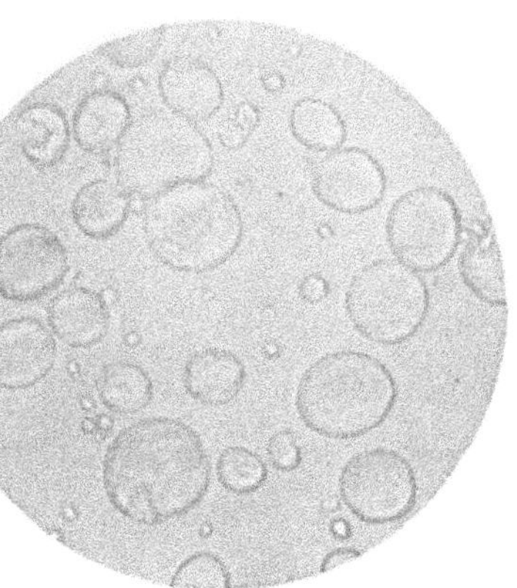

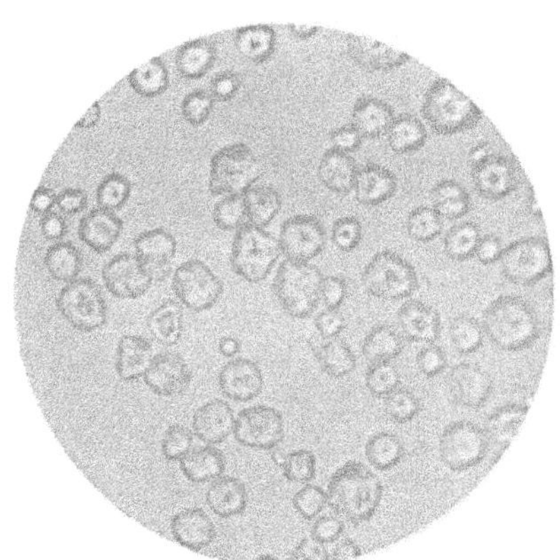

Verlag von Julius Springer in Berlin.

knolle, geht ebenfalls durch die Wirkung von Chromatophoren vor sich, welche Schimper „Stärkebildner" benannte und als eigenthümlich lichtbrechende farblose Körperchen von gewöhnlicher kugeliger oder spindelförmiger Gestalt beschrieb, von welchen die Stärkekörner eingeschlossen oder an welchen sie befestigt sind.

Durch diese Vorsorglichkeit der Pflanze ist dem Stärkefabrikanten aber ein stärkereiches Rohmaterial dargeboten, dessen Zellen er nur zu öffnen braucht, um den darin verborgenen Schatz zu erlangen.

Bau und Wachsthum der Stärkekörner.

Die in den Chlorophyllkörpern gebildeten Stärkekörner sind sehr kleine, kuglige oder scheibenförmige Körnchen, welche zu einem oder mehreren in einem Chromatophor entstehen. Sie vergrössern sich oft so stark, dass sie denselben ganz ausfüllen.

Die transitorischen Stärkekörner sind gewöhnlich ebenfalls sehr klein.

Die Gestalt und die Grössenverhältnisse der in den Reservestoffbehältern der Pflanzen abgelagerten Stärkekörner sind je nach der Pflanzenart, welcher die letzteren entstammen, sehr abweichende. Die Unterschiede hierin sind so namhafte, dass sie die Möglichkeit bieten, die Herkunft einer Stärkeprobe in fast allen Fällen mit grosser Bestimmtheit festzustellen.

Stärkekörner kommen vor in kugliger Form, besonders bei den jüngsten und kleinsten; in eirunder, keil- und linsenförmiger, in vieleckiger, spindelförmiger ja sogar bei manchen Pflanzen in stab- und knochenförmiger Gestalt.

Die Grösse der Stärkekörner schwankt zwischen 0,002 bis 0,17 mm (Curcumastärke). Man muss die Stärkekörner daher, um sie deutlich wahrzunehmen, unter dem Mikroskope betrachten. Da die Grössenverhältnisse bis zu einem gewissen Grade bestimmte für manche Stärkearten sind, so kann ihre Feststellung neben der Betrachtung der Gestalt zum Nachweis der Herkunft gute Dienste leisten.

Ein Bild der Verschiedenheit von Stärkearten wechselnder Herkunft giebt die Tafel I, in welcher die im deutschen Handel gangbarsten Arten 1. Kartoffelstärke, 2. Weizenstärke, 3. Maisstärke, 4. Reisstärke je in 100facher und in 300facher Vergrösserung wiedergegeben sind.

Die Kartoffelstärke wird gebildet von Stärkekörnern aller Grössenverhältnisse und sehr wechselnder Gestalt. Im Querschnitt sind alle rund. Die kleinsten Stärkekörner sind kugelig und haben einen Durchmesser von höchstens 0,003 mm; die mittleren Stärkekörner sind meist eiförmig, bisweilen rund, seltener unregelmässig gestaltet. Die grössten Stärkekörner erreichen nach Wiesner einen Durchmesser von 0,1 mm. Verfasser fand bei sehr zahlreichen Messungen der Körner verschiedener

Kartoffelsorten als grössten Durchmesser 0,09 mm. Ihre Gestalt ist selten rund, oft eiförmig und muschelförmig, seltener unregelmässig. Häufiger finden sich auch sog. zusammengesetzte Stärkekörner, aus zweien oder mehreren an einer Fläche zusammenstossenden Stärkekörnern gebildet. Solche besonderen Formen zeigt die Abbildung 1.

Abb. 1.

Die meisten Stärkekörner, besonders auch die Kartoffelstärkekörner, zeigen frisch der Pflanze entnommen bei genügender Vergrösserung deutliche Schichtenbildung, d. h. helle und dunklere mit einander abwechselnde Ringe, welche sich um einen bestimmten Punkt, den Kern, herumlagern s. Tafel II. 1. (Kartoffelstärke). Der letztere liegt entweder in der Mitte des Kornes, wie z. B. bei der Weizenstärke und der Maisstärke oder ausserhalb der Mitte, nach einer Polseite des Stärkekornes zu. Je nach der Lage des Kernes verlaufen die Schichten um ihn centrisch oder excentrisch. Bei der Kartoffelstärke liegt Kern und Schichtung excentrisch. Bei getrockneter, namentlich bei höherer Temperatur getrockneter Stärke tritt der Kern und die Schichtung vielfach weniger deutlich hervor, doch erscheinen sie bei Behandlung der Stärkekörner mit verdünnter Chromsäurelösung deutlicher (Wiesner).

Ueber den inneren Bau, die Entstehung der Schichten und das Wachsthum des Stärkekornes haben namhafte Botaniker sehr eingehende Untersuchungen angestellt und daraus verschiedene Theorieen hergeleitet. Die lange Zeit hindurch allein maassgebende Anschauung war die von C. Nägeli in seinem umfangreichen Werk „die Stärkekörner“ im Jahre 1858 dargelegte. Nägeli betrachtete die Stärkekörner als aus kleinsten Theilchen bestehend, die er Micellen nannte. Diese sind von einer Wasserhülle umgeben und ordnen sich koncentrisch und radial zu einander an. Das Wachsthum des Stärkekornes geht in der Weise vor sich, dass die von den Blättern zuwandernde stärkebildende Lösung in die Zwischenräume der Moleküle, die Molekularinterstitien, eindringt, und dass sich aus ihr neue mit Wasser umhüllte Micellen abscheiden, welche sich zwischen die zurückweichenden, älteren einlagern. Das wachsende Stärkekorn liegt also frei in der Zellflüssigkeit. Die Schichten sind wasserreiche und wasserärmere Schalen, welcher aus Micellen mit grösserer und geringerer Wasserhülle gebildet werden. Sie sind um so wasserreicher, je mehr sie nach dem Inneren des Kornes zu liegen. Der Kern ist die wasserreichste Schicht, die äusserste die dichteste.

Diese als Intussusceptions- oder Einlagerungslehre bezeichnete Theorie Nägeli's wurde zunächst im Jahre 1880 und 1881 durch

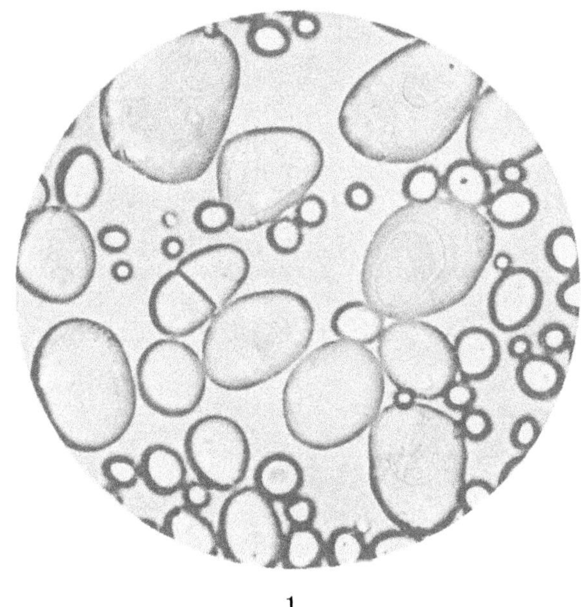

1.

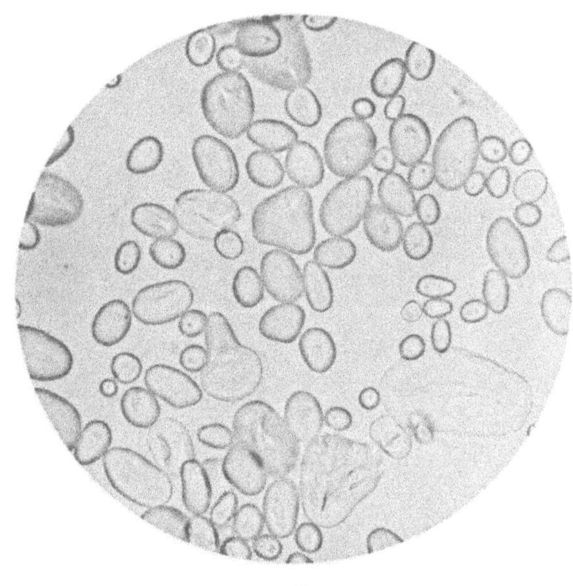

2.

Verlag von Julius Springer in Berlin.

Schimper bekämpft, welcher annahm, dass sich beim Wachsen der Stärkekörner, wie bei dem von Krystallen, neue Stärkeschichten auf der Oberfläche des wachsenden Stärkekornes auflagerten durch die Thätigkeit der „Stärkebildner". Dies wurde als die Auflagerungs- oder Appositionstheorie bezeichnet.

Bald danach trat Arthur Meyer mit einer neuen Erklärung auf, welche er durch zahlreiche neue Untersuchungen unterstützte.

Nägeli hat wohl den Bau und die Eigenschaften der fertigen Stärkekörner, nicht aber ihre Entwicklungsgeschichte beobachtet und für die letztere daher jene Theorie, welche Meyer kritisch als molekularphysikalisches Phantasiegemälde bezeichnet, aufgestellt.

A. Meyer erforschte hingegen, wie die Stärkekörner wirklich wachsen, und wies eingehend nach, dass ihr ganzes Verhalten, ihre Bildung

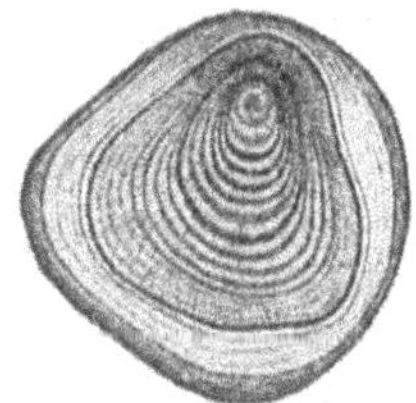

Abb. 2 (nach A. Meyer).

Abb. 3 (nach A. Meyer).

und ihr Wachsthum so vollständig mit dem anorganischer und organischer Sphärokrystalle übereinstimmt, dass man die Nägeli'sche Anschauung als vollständig widerlegt ansehen, und die Stärkekörner jetzt als Sphärokrystalle betrachten muss, d. h. als kugelige Gebilde, welche aus zu einzelnen Büscheln vereinigten, verzweigten, sehr feinen radial angeordneten Krystallnadeln (Trichiten) bestehen, und auch, wie solche sich bilden und wachsen, d. h. nach den allgemeinen Gesetzen der Krystallbildung.

Wie andere Sphärokrystalle sind sie porös, d. h. zwischen den Trichiten befinden sich Hohlräume, welche mit Zellsaft oder Wasser erfüllt sind. Diese verlaufen zwischen den Trichiten in Linien, welche den Kern mit dem Umfange des Stärkekornes verbindend, alle Schichten senkrecht durchbrechen.

Die Trichite und Poren sind jedoch so fein, dass sie auch mit den stärksten Vergrösserungen, welche man mikroskopisch bisher anwenden kann, nicht wahrnehmbar sind, wie das auch bei anderen Sphäriten vorkommt. Nur in seltenen Fällen ist die radialtrichitische Struktur deutlich sichtbar (s. Abb. 2).

Eine schematische Zeichnung der Trichite eines geschichteten Sphärokrystalles zeigt die Abbildung 3.

Die Schichten unterscheiden sich nun dadurch, dass in den einen die Raumeinnahme der Poren grösser ist als die der Trichite, dass die Schicht also locker und wasserreich ist. Diese Schichten sind schwach lichtbrechend und erscheinen unter dem Mikroskope bei hoher Einstellung und schwacher Vergrösserung dunkel, bei tiefer Einstellung hell. Bei den anderen Schichten sind dagegen die Trichite massiger und zahlreicher, die Poren enger und die Schicht also wasserärmer. Diese Schchten sind stark lichtbrechend und erscheinen unter den oben genannten Bedingungen hell, bezw. dunkel. Es wechseln nun im Stärkekorn schmale, schwach lichtbrechende oder lockere Schichten mit breiteren, dichteren Schichten.

Die Entstehung der Stärkekörner erklärt Meyer nun gleich derjenigen aller Sphärokrystalle, indem auf einem Krystallblättchen in Zwillingsstellung andere aufwachsen und auf diesen wieder dritte, und so ein kugliches Aggregat gebildet wird. Die Entstehung der Schichten aber ist gerade so zu erklären, wie bei den Sphärokrystallen von anorganischen Salzen und Kohlenhydraten, wie Inulin, bei denen sie leicht dadurch gebildet werden können, dass man den Grad der Sättigung der Mutterlauge oder andere Krystallisationsbedingungen periodisch ändert.

Wie er nachwies, befindet sich jedes Stärkekorn fortdauernd in einem Chromatophor eingelagert, dem zähflüssigen Tropfen, in welchem das Stärkekorn entsteht. Dieses ist, als Bildner von Kohlenhydrat aus Kohlensäure und Wasser, seine Mutterlauge, deren Koncentration wechselt, je nach der stattfindenden oder fehlenden Assimilation. Es gelang daher Meyer auch nachzuweisen, dass dem Tageswachsthum eine dichte und breitere, dem Nachtwachsthum eine dünne und schmale Schicht in Stärkekörnern entspricht.

In dem Chromatophor ist aber auch der Sitz der Diastasebildung. Die Diastase dringt in die Poren der Stärkekörner ein und ruft, wenn auch langsam, Lösungserscheinungen im Innern hervor. Daher sind im Allgemeinen die inneren Schichten des Kornes, als die ältesten und am längsten der Wirkung der Diastase ausgesetzten, die lockereren. Es ist aber nicht richtig, dass die äusserste Schicht der Stärkekörner, wie Nägeli behauptet, stets eine sehr dichte ist, sondern es trifft dies nur selten zu, z. B. bei nicht mehr wachsenden Stärkekörnern ruhender Kartoffeln.

Die Gestalt der Stärkekörner ist endlich abhängig von der Gestalt und der mehr oder weniger gleichmässigen Vertheilung des Chromatophors auf der Oberfläche des Stärkekornes, und diese wieder von der Beschaffenheit und Lage des Protoplasmas.

Eigenschaften und Erkennung der Stärkekörner.

Wie schon erwähnt, besitzen die Stärkekörner sehr feine Poren oder Hohlräume, welche vom Kern zur Peripherie senkrecht zu den Schichten verlaufen und von der Sphärokrystallstruktur der Stärkekörner bedingt sind. Daraus erklären sich einige Eigenschaften derselben.

Einmal zeigen sich die Stärkekörner stark hygroskopisch, d. h. sie halten bestimmte Wassermengen sehr fest (etwa 10—13 Proc.), wenn sie ausgetrocknet werden, und ziehen andrerseits vollständig ausgetrocknet, also in wasserfreiem Zustande, äusserst begierig Wasser aus feuchter Luft wieder an, stärker wie Schwefelsäure und Chlorcalcium. Nach Arthur Meyer lassen sie sich daher über diesen nicht völlig trocknen, sondern nur über Kalk.

Nach Scheibler giebt Stärke mit mehr als 11,4 Proc. Wassergehalt an Alkohol von 90° Tralles (spec. Gew. 0,8339) den Ueberschuss an Wasser ab, während trocknere dem Alkohol Wasser entzieht.

Während die Stärkekörner beim Austrocknen einschrumpfen und die Schichten unsichtbar werden, dehnen sie sich beim Einlegen in kaltes Wasser wieder aus durch Porenquellung, und die Wasseraufnahme ist von einer Steigerung der Temperatur des Wassers begleitet, welche selbst noch bei Stärke mit 15 Proc. Wassergehalt erkennbar ist.

Ferner nehmen Stärkekörner Farbstofflösungen auf, z. B. Methylviolett. Legt man so gefärbte Körner in Glycerin, so entfärben sie sich nach A. Meyer und zwar zunächst an der Peripherie.

Aus der Sphärokrystall-Struktur der Stärkekörner erklärt sich leicht einmal ihre Art Risse u. s. w. zu bilden, sowie ihr optisches Verhalten.

Die Stärkekörner bilden sowohl in der Pflanzenzelle, als auch beim Austrocknen und bei Einwirkung starken Druckes Risse und Spalten, welche breitflächig vom Kern nach der Peripherie bezw. von dieser nach dem Kern zu, stets aber in der Längsrichtung der Trichite verlaufen.

Ebenso finden sich in manchen Stärkekörnern porenartige Kanäle, in dieser oder jener Richtung das Korn durchziehend, vor.

Die Stärkekörner zeigen Doppelbrechung. Es erscheint daher auf dem Stärkekorn zwischen den gekreuzten Nicols eines Polarisationsmikroskopes ein dunkeles Kreuz, welches bei den centrischen Stärkekörnern, z. B. Weizenstärke, rechtwinklige, bei den excentrischen, z. B. Kartoffelstärke, spitzwinklige Kreuzung zeigt (s. Abb. 4). Bei gleicher oder ähnlicher Gestalt verschiedener Stärkearten kann dieser Unterschied zur Erkennung derselben beitragen.

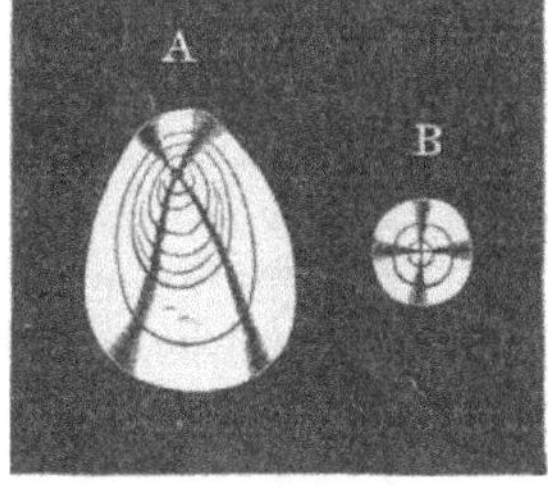

Abb. 4 (nach Wiesner).

Die Stärkesubstanz hat ein starkes Lichtbrechungsvermögen, daher zeigt unter dem Mikroskop jedes Stärkekorn, besonders stark, wenn es nicht in Wasser eingebettet ist, einen dunklen Rand, und die stärkereicheren Schichten sind stärker lichtbrechend als die stärkearmen.

Die Stärke hat auch eine grosse Dichte. Dieselbe ist wahrscheinlich für verschiedene Stärkearten verschieden; die in der Literatur vorhandenen Zahlen sind aber nicht vergleichbar, weil sie meist auf lufttrockne Stärke, also Stärke mit unbestimmtem Wassergehalt bezogen sind.

Verfasser fand das specifische Gewicht der wasserfreien Kartoffelstärke (bei 120° C. getrocknet) zu 1,647—1,653 oder im Mittel zu 1,65 bei 17,5° C.

Bringt man zu Stärke in Wasser vertheilt unter dem Mikroskop eine Lösung von Jod in Wasser oder Jodkalium, so färben sich die Stärkekörner anfangs zart violett, dann indigoblau und bei Gegenwart von grösseren Mengen Jodlösung tiefschwarz. Es dient diese Blaufärbung mit Jodlösung zum Nachweis der Stärke, da ohne Beihilfe weiterer chemischer Reagentien sie allein diese Blaufärbung zeigt, während Cellulose (z. B. Baumwolle) gelb, und erst nach Zusatz von koncentrirter Schwefelsäure blau gefärbt wird.

In seltneren Fällen kommen in manchen Pflanzen und Pflanzentheilen, z. B. dem sog. Kleb-Reis und der Kleb-Hirse, in mehr oder weniger erheblicher, oft überwiegender Zahl Stärkekörner vor, welche sich mit Jodlösung deutlich roth färben (vgl. S. 34).

Die chemische Beschaffenheit der Stärkekörner.

In dem Vorhergehenden wurde nur das physiologische und physikalische Verhalten der Stärke und der Stärkekörner in Betracht gezogen, ohne Rücksicht darauf, ob das Stärkekorn und ein Haufwerk von Stärkekörnern, wie es uns in den verschiedenen Stärkearten und Stärkemehlen des Handels entgegentritt, aus einer einheitlichen chemischen Substanz besteht oder nicht.

Das Stärkekorn, wie es in der Pflanze entsteht und durch Zerreissung der Zellen und Auswaschen daraus gewonnen wird, besteht nun nicht aus einem einheitlichen chemischen Stoffe, wie z. B. ein Rohrzuckerkrystall, sondern es stellt ein Gemenge verschiedenster Stoffe dar, unter denen allerdings im Allgemeinen eigentlicher „Stärkestoff“ das Vorherrschende ist.

Die Stärkesorten des Handels sind ausserdem aus Stärkekörnern gebildet, welche durch die Behandlung im Laufe der Fabrikation in ihrer chemischen Beschaffenheit mehr oder weniger verändert sein können.

Frisch aus der Pflanze gewonnene Stärke, oder das Stärkemehl des Handels bestehen zunächst aus festen Stoffen und Wasser. Letzteres ist durch Austrocknen der Stärke bei höherer Temperatur leicht und vollständig zu entfernen, und es soll deshalb bei den nächstfolgenden Betrachtungen auf dasselbe nicht weiter Rücksicht genommen werden.

Erhitzt man Stärkemehl im offenen Gefässe, so verbrennt es, hinterlässt aber stets eine wenn auch geringe Menge Asche. Das Stärkekorn enthält also sowohl organische, wie anorganische oder mineralische Stoffe.

Aber weder der mineralische, noch der verbrennliche Theil des Stärkekornes besteht aus nur einer chemischen Verbindung.

Die Asche, deren Menge bei Handelsstärke meist 0,2—0,4 Proc. beträgt, aber auch bis zu 1 Proc. und mehr steigen kann, besteht aus Kieselsäure (Sand), Schwefelsäure, Phosphorsäure (0,09 Proc.), Chlor, Kalk, Magnesia, Natrium u. A. m.

Der organische Theil des Stärkekorns dagegen setzt sich zusammen aus Zellresten, stickstoffhaltigen Verbindungen (Eiweiss u. A.), fettartigen Körpern, Chlorophyllresten, Wachs (nach Guérin-Varry), bisweilen aus organischen Säuren und geringen Mengen ätherischen Oeles (bei Kartoffelstärke), sowie der Hauptmenge nach aus Stoffen, deren Gesammtheit vorläufig als „Stärkestoff" bezeichnet werden soll.

Aus den nachfolgend aufgeführten Analysen verschiedener Stärkearten wird das Mengenverhältniss, in welchem die hauptsächlichsten der genannten Stoffe in verschiedenen Proben von Handelsstärken vorhanden waren, ersichtlich.

Die Zahlen in den Tabellen beziehen sich auf Procente der wasserfreien Probe, „reine Stärke" ist gleichbedeutend mit „Stärkestoff".

Art der Stärke	Reine Stärke	Eiweissstoffe	Faser, Fett u. A.	Asche
Kartoffelstärke, nach Maercker	98,98	0,28	0,34	0,40
- - - Toth	97,40	1,82	0,65	0,13
- - - Niederstadt, Maxim. .	99,05	1,55	0,25	0,51
Min. . .	96,00	0,18	0,06	0,34
Mittel .	98,14	0,85	0,10	0,41
Weizenstärke, nach Maercker.	97,65	0,38	1,69	0,28
- - - J. Dean	98,14	1,26	—	0,60
- - - Toth	99,11	0,18	0,29	0,42
Reisstärke, nach Toth	97,30	1,58	0,50	0,62

Nach Salomon ist der beim Kochen mit verdünnter Salzsäure (2—2$^1/_2$ procentig) aus Stärke zurückbleibende Rückstand nicht Faser (Cellulose), sondern ein in Alkohol und Aether löslicher Stoff, welcher nach dem Verdunsten des Lösungsmittels fettartig erscheint. Von demselben fand er in Kartoffelstärke 0,32 Proc., Allihn 0,3 Proc., L. Schulze in Weizenstärke 1,4 Proc. der wasserfreien Substanz.

Ist hiernach die Menge der Nicht-Stärkestoffe in dem Stärkekorn keine erhebliche, so kann man dieselben, wie Dafert treffend bemerkt, ebensowenig wie die Mineralstoffe und das Fett in den Muskeln des Menschen als Verunreinigungen bezeichnen. Eiweissstoffe und Asche finden sich auch in dem sorgfältigst äusserlich gereinigten Stärkekorn und sind also organische Bestandtheile desselben. In sorgfältigst selbsthergestellter und durch Waschen mit Ammoniak (2 g Ammoniak auf 100 g Wasser), bis keine Färbung desselben mehr eintrat, gereinigter

Stärke fand A. Meyer in wasserfreier Substanz noch 0,23 Proc. Asche und 0,1 Proc. eines in Salzsäure unlöslichen, in Chloroform löslichen Rückstandes.

Der „Stärkestoff“ ist nun zweifellos ebenfalls keine einheitliche chemische Verbindung, sondern ein Gemenge von solchen, in dem meist die eine, bisweilen eine andere vorherrscht. Gemeinsam haben sie nur das Eine, dass sie zur Gruppe der Kohlenhydrate gehören.

Alle Bestrebungen, über die chemische Beschaffenheit dieser Gemengtheile des Stärkestoffes und das Mengenverhältniss, in welchem sie in dem Stärkekorn enthalten sind, Klarheit zu erlangen, sind begründet auf Untersuchungen, welche sich mit der Veränderung der Stärkekörner unter dem Einfluss gewisser chemischer Agentien und diastatischer Fermente beschäftigten.

Als Rohmaterial diente dabei mehr oder weniger sorgfältig gereinigte Handelsstärke, seltener aus den Pflanzentheilen selbst gewonnene Stärke.

Es lag also den Untersuchungen ein sehr wechselndes, aber doch von vielen Forschern als „rein“ angesehenes Material zu Grunde, und es wurden noch dazu vielfach die durch die obengenannten Einwirkungen erhaltenen Produkte nicht als Umwandlungsprodukte des „Stärkestoffes“ erkannt, sondern als ursprünglich im Stärkekorn vorhandene Stoffe angesehen. Endlich herrscht über die wirkliche Natur der Umwandlungsprodukte selbst noch vielfach Unklarheit, da es bisher nicht gelungen ist, sie alle in zweifellos reiner Form zu trennen und zu charakterisiren.

Aus diesen Gründen ist es erklärlich, dass unsere Kenntniss von dem eigentlichen Wesen des Stärkestoffes und damit über das Wesen der Stärkekörner in chemischer Hinsicht eine noch nicht durchaus feststehende ist, und dass sich sehr verschiedene Ansichten darüber gegenüberstehen.

Erst wenn es gelingt, die einzelnen den „Stärkestoff“ zusammensetzenden Verbindungen auf rein chemischem Wege, ohne Beihülfe der Lebensthätigkeit der Pflanze herzustellen, sodass ihre Eigenschaften und ihre Entstehungsbedingungen genau festzustellen sind, wie es E. Fischer für die der Stärke nahestehenden Zuckerarten bereits gelungen ist, wird volle Klarheit über die chemische Zusammensetzung der Bestandtheile des „Stärkestoffes“ und der Stärkekörner zu erlangen sein.

Der Chemiker rechnet zur Zeit den „Stärkestoff“ zu der Gruppe der eigentlichen Kohlenhydrate oder Hexa-Kohlenhydrate, d. h. derjenigen Verbindungen, welche aus Kohlenstoff, Wasserstoff und Sauerstoff bestehen, in denen die beiden letzten Elemente in demselben Verhältniss (2 : 1) enthalten sind, wie sie im Wasser (H_2O) vorkommen und welche 6 C oder ein Vielfaches hiervon enthalten.

Durch zahlreiche Analysen wurde festgestellt, dass die procentische

Zusammensetzung des Stärkestoffes der folgenden am nächsten kommt C = 44,44 Proc.; H = 6,17 Proc.; O = 49,39 Proc. Einer solchen entspricht als einfachste empirische Formel $C_6 H_{10} O_5$. Neuere Untersuchungen haben aber ergeben, dass dem Stärkestoffmolekül eine Formel zukommt, welche jedenfalls ein Vielfaches von $C_6 H_{10} O_5$ ist und wenigstens 4 $(C_6 H_{10} O_5)$ ist (nach Tollens und Pfeiffer), wahrscheinlich aber viel höher, nämlich $[(C_{12} H_{20} O_{10})_{20}]_5$ lautet (nach Brown und Morris).

In dem Nachfolgenden sollen nun zunächst unsere bisherigen Kenntnisse und Erfahrungen über das Verhalten der Stärke mitgetheilt werden und dann die jetzigen Anschauungen über die Zusammensetzung des Stärkestoffes im Stärkekorn dargelegt werden.

Das chemische Verhalten der Stärke.

Stärkemehl ist in Alkohol, Aether, flüchtigen und fetten Oelen und anderen der gebräuchlichsten Lösungsmitteln unlöslich. In kaltem Wasser sind die normalen, unverletzten Stärkekörner ebenfalls unlöslich.

Stark verändert, oder ganz zerstört und gelöst werden Stärkekörner durch Erhitzen für sich, durch Erhitzen mit Wasser, durch Einwirkung von Salzlösungen, Alkalien, koncentrirten und verdünnten Säuren, durch Glycerin u. A. m.; ferner durch Einwirkung ungeformter Fermente wie Diastase (Malzauszug), Ptyalin (Speichel), Pepsin (Magensaft), Pankreatin (Darmsaft), Blutserum und die bei der Keimung der Pflanzen entstehenden oder schon in Pflanzentheilen fertig gebildeten Fermente (Diastase, Glukase u. A.); endlich durch die Thätigkeit von Pilzen (Bakterien, Fadenpilzen u. A.).

Die Art, in welcher die genannten Erscheinungen sich äusserlich an den Stärkekörnern geltend machen, ist eine sehr verschiedene. Hauptsächlich sind 2 Formen der Auflösung zu unterscheiden:

1. Das Stärkekorn wird vollständig aufgelöst. Die Auflösung schreitet von Aussen nach Innen oder umgekehrt vor. Bei andauernder Einwirkung verschwindet das Korn vollständig.

Diese Art der Auflösung des Stärkekornes findet statt bei der Verflüssigung der Stärke während des Keimungsprocesses der stärkereichen Pflanzentheile, bei der Einwirkung von Diastaselösungen (Malzauszug) in der Kälte auf Stärke ausserhalb der Pflanze und bei Einwirkung von Bakteriengährungen auf Stärke z. B. in den faulenden Kartoffeln.

Der Vorgang der Auflösung bei dem einzelnen Stärkekorn ist ein verschiedener. Entweder schmilzt das Korn gleichmässig von allen Seiten ab, wird spindelförmig, nadelförmig und verschwindet endlich ganz, z. B. bei den meisten grossen Stärkekörnern in keimenden Kartoffeln, oder es bilden sich an einzelnen Stellen der Oberfläche Vertiefungen (Korrosionen) verschiedenster Form, welche sich erweitern, oder es dringt die Diastase z. B. beim Keimen des Getreides oder bei vielen

Stärkekörnern keimender Kartoffeln, ebenso bei sehr langdauernder Einwirkung von kaltem Malzauszug auf Stärkekörner ausserhalb der Pflanze — nach der einen Ansicht durch die sehr feinen Kanäle zwischen den Trichiten in das Innere des Kornes ein und bildet vom Centrum aus Risse (A. Meyer), oder nach der anderen Ansicht durch gröbere, sichtbare Porenkanäle, und es wird dann das Innere durch einen Abschmelzungsprocess herausgelöst (Krabbe, Grüss u. A.) (s. Abb. 5).

In gleicher Weise werden auch die Stärkekörner von koncentrirten Mineralsäuren angegriffen, welche das Korn von aussen her lösen, meist von einer Seite her schneller als von der anderen.

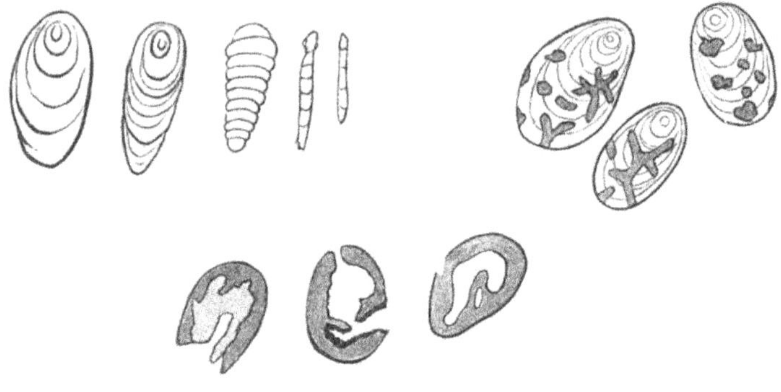

Abb. 5.

2. Das Stärkekorn behält seine Gestalt, es werden jedoch seine Schichten zum Theil gelöst und es bleiben nur die dichteren noch zusammenhängend oder in Bruchstücken zurück. Es entstehen sog. Stärkeskelette. Das ist der Fall z. B. bei Einwirkung von Speichel oder Mineralsäuren in der Kälte bei langer Dauer.

3. Das Stärkekorn quillt erst auf und wird dann gelöst, jedoch nicht vollständig, sondern es hinterlässt einen Theil des Stärkestoffes in Form zarter, weisser Hüllen (Stärkeskelette), welche noch die Struktur des Kornes zeigen oder auch sich zusammenfalten.

Diese Art der Auflösung wird bewirkt von dem Ferment des Speichels bei 45—55° C., ferner durch kochendes Wasser, verdünnte Mineralsäuren und Alkalien, Salzlösungen, auch durch Diastase bei höherer Temperatur (Brown & Morris) und bestimmte Bakterien (Fitz u. A. m.), wobei sie von Innen beginnt und nach Aussen hin fortschreitet, bis nur das Stärkeskelett übrig bleibt.

Verhalten der Stärke bei trockenem Erhitzen.

Erhitzt man Stärkemehl auf Temperaturen über 100°, so beginnt es bei 130° C. einen Stich ins Gelbliche zu bekommen. Bei weiterer Steigerung wächst die Gelbfärbung und geht über 200° C. in bräunliche Färbung über.

Beobachtet man während der Temperatursteigerung die Stärkekörner unter dem Mikroskop, so zeigen sie bei 160° im Kern kleine Gasblasen, welche sich bei 175° vergrössern. Gleichzeitig treten die Schichten deutlicher hervor. Bei 180 — 190° verschwinden die wasserreicheren Schichten, und es bleiben die wasserärmeren übrig. Dadurch erscheint das Korn aus übereinander geschichteten Schalen zusammengesetzt (Schubert).

Bei diesem Erhitzungsprocess wird der Stärkestoff mehr oder weniger löslich in kaltem Wasser. Es hat eine innere Umsetzung stattgefunden, da der Substanzverlust beim Erhitzen über 120° C. nur ein sehr geringer ist.

Das Stärkemehl wird um so vollkommener löslich in kaltem Wasser, je höher die Erhitzung ging. Bei niedrigeren Graden (160°) erhitzt, löst es sich nur zum Theil, und die wässrige Lösung giebt blaue Jodreaktion (Maschke's lösliche Stärke); bei höherer Temperatur (200°) wird es fast ganz löslich und man erhält mit Jodlösung eine rothe oder bräunliche Färbung. Die Lösung hat eine starke Klebfähigkeit und dreht die Polarisationsebene nach rechts. Daher erhielt das Röstprodukt den Namen Röstgummi, Stärkegummi (Leiogomme) oder Dextrin. Derselbe Stoff bildet den Hauptbestandtheil der Brodkruste.

Man kann nun Stärkemehl auch bei niedrigeren Temperaturen mehr oder weniger vollständig in Dextrin überführen, indem man dasselbe mit sehr geringen Mengen Säure (0,1—0,15 Proc. der Stärkemenge an wasserfreier Salpeter- oder Salzsäure) innig mischt und auf Temperaturen von 100 — 120° C. erhitzt. Je niedriger die Temperatur dabei bleibt, ein um so grösserer Theil bleibt in kaltem Wasser unlöslich, aber dafür ist das Produkt rein weiss (weisses Dextrin); je höher die Temperatur genommen wird, um so gelber wird das Dextrin (hellblond, blond, gelb) und ist schliesslich vollständig in Wasser löslich.

Diese Vorgänge sind von grosser Wichtigkeit, weil auf ihnen die Dextrinfabrikation beruht.

Bei der Dextrinbildung werden die Stärkekörner z. Th. nicht sichtbar verändert und reagiren mit Jod noch blau, z. Th. bleiben nur die dichteren Schichten und geben mit Jod Rothfärbung, z. Th. werden die Körner bis auf Bruchstücke der dichten Schichten, die von Jod nur bräunlich gefärbt werden, gelöst, z. Th. werden sie vollständig löslich in Wasser.

Es bilden sich dabei Dextrine, die z. Th. in Wasser löslich, z. Th. unlöslich sind, und auch in geringen Mengen Zucker.

Das Dextrin wird zum Verdicken von Farben, zur Appretur und zur Papierfabrikation, sowie als Klebstoff und Ersatz des arabischen Gummi in grosser Menge verwandt.

Die Dextrinfabrikation eröffnet also dem Stärkeproducenten ein grösseres Absatzgebiet.

Bei der trockenen Destillation liefert das Stärkemehl im Anfange brenzliche Produkte von caramelartiger Beschaffenheit, bei stärkerem Erhitzen Kohlensäure, Kohlenoxyd, Kohlenwasserstoffe, Wasser, Essigsäure und brenzliche Oele. Als Rückstand bleibt stark schwammig aufgeblähte, spröde Kohle zurück.

Ueber freiem Feuer wird die Stärke erst teigartig weich und entwickelt stechend riechende Dämpfe, dann schwärzt sie sich unter starkem Aufblähen und verbrennt mit heller Flamme.

Einwirkung des Wassers auf die Stärke.

Ueber die Löslichkeit der Stärke in kaltem Wasser sind sehr verschiedene Ansichten verbreitet.

Fest steht, dass das unverletzte Stärkekorn sich in kaltem Wasser nicht löst.

Wird jedoch Stärkemehl in einem Achatmörser oder mit Sand gemengt in einer Reibschale, oder im Exsikkator getrocknete Stärke zwischen Glasplatten zerrieben (Bruckner), die Stärkekörner also zertrümmert, so wird bei andauerndem Reiben die Masse zähflüssig. Giebt man dann Wasser hinzu, lässt absitzen (nach Delffs 24 Stunden) und filtrirt den klaren Theil durch starkes Filtrirpapier, so erhält man eine glanzhelle, die Polarisationsebene stark nach Rechts drehende, mit Jod sich blau färbende Flüssigkeit. Dieselbe giebt bei tagelangem Stehen keinen Bodensatz und lässt auch bei 1000—1500 facher Vergrösserung unter dem Mikroskop keine festen Theile erkennen (Jessen).

Durch fortgesetztes Reiben und Ausziehen mit grossen Wassermengen lässt sich schliesslich der grösste Theil des Stärkekornes in Lösung bringen, und es bleibt nur ein geringerer Theil, der von Jod schmutzig gelb gefärbt wird, zurück (Brown und Heron).

Knop glaubt, dass hier nicht eine thatsächliche Lösung vorliegt, sondern eine Verkleisterung durch an der Reibfläche frei werdende Wärme.

Verfasser begegnete diesem Einwand, indem er Stärke unter 96 proc. Alkohol verrieb, mit dem man Stärke kochen kann, ohne dass Verkleisterung eintritt. Die zerriebene Stärke nahm spindelförmige Gestalt an mit dickem Risse von dem Kern aus. Die unregelmässigen, mit Aether ausgewaschenen und getrockneten Körner quollen unter dem Mikroskop mit Wasser befeuchtet ähnlich wie bei der Verkleisterung auf, auch ging ein Theil der Flüssigkeit durch ein Filter, jedoch zeigte die durchgegangene schwach opalisirende Lösung nur sehr schwache Jodreaktion, und nach 6 tägigem Aufbewahren unter geringem Chloroformzusatz war in der obersten Schicht keine Jodreaktion mehr zu sehen, während der aufgerührte, allerdings kaum sichtbare Bodensatz eine grünliche Färbung gab, wie Flüssigkeit mit schlecht verkleisterter Stärke. Verfasser hält deshalb die Stärke für unlöslich in kaltem Wasser.

Wird Stärkemehl mit Wasser erhitzt, so bildet es bald eine gallertartige klebrige Masse, den Kleister.

Werden Stärkekörner in Wasser vertheilt und wird die Temperatur des Wassers allmählich gesteigert, so quellen die Körner anfangs etwas auf. Vom Kern aus bilden sich verzweigte Risse, welche senkrecht zu den Schichten verlaufen; dann erweitert sich der Kern durch Verflüssigung der nächstliegenden Schichten zu einer Höhlung; diese wächst, indem Schicht auf Schicht von Innen nach Aussen fortschreitend verflüssigt wird, bis schliesslich das ganze Korn wie eine mit Flüssigkeit erfüllte Blase erscheint, welche schliesslich auch unkenntlich wird.

Die Tafel II. 2. zeigt Kartoffelstärkekörner in den verschiedenen Zuständen der Verkleisterung.

Die grossen Körner werden eher angegriffen und zerfallen bei niedrigeren Temperaturen als die kleinen.

C. Nägeli fand bei Stärke, welche aus einer Kartoffel frisch gewonnen war, bei einer Erhitzung in Wasser auf 52—56° nur einige Risse in den Stärkekörnern, bei 63—66° waren die grössten Körner in allen Stadien der Verkleisterung, die kleineren unverändert; bei 65—70° waren an den kleinen Körnern die ersten Spuren der Veränderung zu bemerken.

In älteren Angaben von E. Lippmann und W. Symons werden für die gangbarsten Stärkearten folgende Verkleisterungstemperaturen in ° C. angegeben:

	Deutliches Aufquellen nach		Beginn der Verkleisterung nach		Verkleisterung nach	
	L.	S.	L.	S.	L.	S.
Kartoffelstärke	46	55	59	60	63	65
Weizenstärke	50	60	65	65	68	70
Maisstärke	50	65	55	70	63	77
Reisstärke	54	70	59	75	61	80

Die grossen Abweichungen sind wohl einmal auf die Verschiedenheit der Methode der Ausführung der Versuche, andererseits auf Ungleichheiten im Material zurückzuführen. Lippmann rührte Stärke im Becherglase mit Wasser an und erhitzte im Wasserbade bei Temperatursteigerung von 1—2,5°. Symons mass die Temperatur des mikroskopischen Objektes mit einem feinen Thermometer. Für solche Versuche sollte nur frisch aus der Pflanze bereitete und an der Luft getrocknete Stärke, oder aber wenigstens nur genau geprüfte Handelswaare (säure- und alkalifreie, nicht übertrocknete) verwendet werden.

Dafert giebt für Kartoffelstärke 61°, für Reisstärke 73° als Verkleisterungstemperatur an.

In neuerer Zeit hat C. J. Lintner, jun. die Temperaturen, bei welchen Verkleisterung eintritt, nicht nur unter dem Mikroskop, sondern auch bezüglich der äusseren Erscheinung (Steifwerden) geprüft. Er fand, dass ein gewisser Unterschied bei verschiedenen Verhältnissen zwischen Wasser und Stärke sich zeigte. Wurde viel Stärke mit wenig Wasser (1:10) verkleistert, so dass ein steifer Kleister entstand, so trat die volle Verkleisterung bei etwa 5° niedrigerer Temperatur ein, als wenn mehr Wasser gegeben wurde. Bezüglich des Eintritts der vollen Verkleisterung unterscheidet sich die Kartoffelstärke wesentlich von den Getreidestärkearten. Bei ersterer erfolgt die volle Verkleisterung fast augenblicklich bei 62—64° C., bei letzteren verläuft sie mehr allmählich und ist meist erst bei 80—85° beendet.

Als Beispiele seien angeführt:

	Kartoffelstärke	Weizenstärke	Maisstärke	Reisstärke
noch unverändert bei	45°	45°	50°	60°
starke Quellung	55°	60°	65°	70°
vollständige Verkleisterung	65°	80°	75°	80°.

Die Menge des zur Verkleisterung zum Wenigsten nöthigen Wassers bestimmte A. Meyer. 2 g lufttrockene Stärkekörner von 17 Proc. Wassergehalt verquellen mit 0,8 g Wasser nicht mehr völlig im geschlossenen Rohr bei 100°.

Bei Beginn der Verkleisterung quellen die Körner etwa um das 30 fache ihres Volumens auf, bei völliger Verkleisterung kann ihr Rauminhalt aber bis auf das 125 fache steigen und soviel Flüssigkeit eingelagert werden, dass das gequollene Korn nur noch 2—0,5 Proc. Substanz enthält (Sachs).

Hat man eine genügende Menge Stärke im Verhältniss zum Wasser genommen, so erscheint der Kleister als eine gleichartige, klebrige, zähe, flüssige Masse, die beim Erkalten zu einer Gallerte erstarrt. Nimmt man reichlichere Mengen Wasser, so erhält man eine leicht bewegliche, opalisirende Flüssigkeit, welche sich zum Theil filtriren lässt, stets aber eine gallertartige Masse zurücklässt.

Um Stärkekleister schnell und gut zu erhalten, rührt man die Stärke mit wenig kaltem Wasser zu einer dicken Flüssigkeit an und giesst unter kräftigem Rühren entweder das heisse Wasser nach und nach hinzu, oder man giesst die dicke Stärkemilch in schwachem Strahle in das heisse Wasser. Auf diese Weise vermeidet man die Klumpenbildung.

Ist der Kleister sehr dick, so erstarrt er beim Erkalten zu einer gallertartigen Masse, welche sich nicht gleichmässig aufstreichen lässt. Diesem Uebelstande kann man durch kräftiges Durchrühren während des Erkaltens begegnen.

Kartoffelstärke giebt einen fast klaren, durchsichtigen Kleister, Weizenstärke einen trüben, opalisirenden, wahrscheinlich in Folge ihres Fettgehaltes.

Beim Filtriren dünneren Kleisters durch poröse Thonplatten bei geringem Druck bleibt die Hauptmenge der festen Substanz zurück (Brown und Heron), zuletzt kommt nur Wasser (A. Meyer).

Beim Austrocknen wird Kleister hornartig und quillt beim Erwärmen mit Wasser nur wenig auf.

Beim Stehen an der Luft entstehen im Kleister leicht Bakteriengährungen (Milchsäure, Buttersäure u. A.).

Das spec. Gewicht der Stärke in Kleisterform ist 1,66. Kleisterflüssigkeit ist rechtsdrehend und ihr optisches Drehungsvermögen, $\alpha_j = 208^0$; nach $^1/_2$ stündigem Kochen, wobei die Flüssigkeit heller wird $\alpha_j = 219{,}5^0$ oder $\alpha_D = 198^0$ (Brown und Heron). Arrowroot mit Calciumnitrat und Wasser auf 137^0 erhitzt zeigt $\alpha_D = 198{,}1^0$ (A. Meyer).

Der Kleister verschiedener Stärkearten ist von verschiedener Haltbarkeit und verschiedenem Kleb- bezw. Steifungsvermögen.

Nach Wiesner ist das Steifungsvermögen, wie er es durch Schlichten von Leinengarn und Prüfung der erzielten Steifheit des Fadens feststellte, bei der Maisstärke grösser als das der Weizenstärke und dieses grösser als das der Kartoffelstärke. Kartoffelstärke und Maisstärke steifen aber gleichmässiger als Weizenstärke.

Es kann dabei aber auch ein Säure- oder Alkaligehalt der Stärke, und naturgemäss der Wassergehalt der Stärke von Einfluss sein.

Wichtig ist die Beobachtung von Brown und Heron, dass durch geringe Schwankungen in der Behandlung der Stärke, während des Reinigungs- und Trockenprocesses, merkliche Unterschiede in der Klebrigkeit des Stärkekleisters entstehen. Mit Kali und Säure gereinigte Stärke gab einen weniger klebrigen Kleister als auf anderem Wege behandelte[1]).

Von noch grösserer Wichtigkeit zeigte sich die Art des Trocknens. Langsam und in niederer Temperatur getrocknete Stärke gab stets einen klebrigeren Kleister, als ein in höherer Temperatur rasch getrockneter.

I. Zuerst, sehr feucht, bei 50^0 C. und dann bei 100^0 24 Stunden getrocknet.

II. Zuerst sehr feucht, bei gewöhnlicher Temperatur unter der Luftpumpe und dann bei 100^0 24 Stunden lang im Luftbade getrocknet.

III. Unter der Luftpumpe und schliesslich bei einer Temperatur von nicht über 30^0 C. getrocknet.

[1]) Die zu ihren Versuchen dienende Kartoffelstärke reinigten sie durch Waschen mit Wasser, mit einer sehr verdünnten Lösung von Kalihydrat, mit einer einprocentigen Salzsäurelösung und Wasser bis zum Verschwinden der sauren Reaktion. Dann trockneten sie bei 25^0 C. Nach A. Meyer verändern sich die Stärkekörner beim Waschen mit Kalilauge, nicht mit Ammoniak.

Die relative Klebrigkeit des aus diesen Proben hergestellten Kleisters war, I als Einheit genommen,

I. 1,000.
II. 2,306.
III. 3,288.

Wird Stärke mit Wasser unter mehrfachem Atmosphärendruck erhitzt, so wird sie vollständig verflüssigt.

Die dabei von Stumpf beobachtete Zuckerbildung beruht nach Soxhlet auf der Wirkung eines geringen Säuregehaltes, den Handelsstärke vielfach besitzt. Neutralisirte Stärke gab bei 5stündigem Erhitzen mit Wasser auf 149° C. nur Spuren Zucker, welche auch wohl nur entstanden sind, weil eine genaue Neutralisation sehr schwierig ist. Die Flüssigkeit war klar und braun gefärbt und erstarrte zu einer gleichmässig festen Masse.

Nach A. Meyer verwandelt sich Stärke mit Wasser bei 138° C. in eine homogene, nicht opalisirende Lösung, die bei 145° noch nicht sich verändert, bei 160° aber sich gelb färbt.

Beim Abkühlen solcher Lösungen werden 2procentige sofort opalisirend und scheiden nach längerer Zeit zähflüssige Tröpfchen ab; 30procentige erstarren dagegen zu einer weissen, käsigen Masse, die aus zähen Tröpfchen besteht.

Verhalten der Stärke gegen verschiedene chemische Agentien.

In Salzlösungen der verschiedensten Art wie die von Chlorzink, Zinnchlorid, Chlorcalcium, Chlormagnesium, Jodkalium, Bromkalium, Rhodankalium, Eisenchlorür und besonders Calciumnitrat (A. Meyer), quellen Stärkekörner auf und geben bei genügender Koncentration damit dicken Kleister. Bei längerem Kochen verflüssigt sich dieser bis auf einen geringen faserartigen Rückstand, und die Flüssigkeit giebt blaue Jodreaktion. Alkohol fällt daraus einen weissen, in kaltem Wasser löslichen Niederschlag. In koncentrirter kalter Kochsalzlösung löst sich Stärke nach langer Zeit fast vollständig auf, während ein Anquellen und Rissigwerden der Stärkekörner sehr bald eintritt.

Stärke ist dagegen in Kupferoxydammoniak nicht löslich, wie Cellulose, sondern quillt darin nur auf.

In Calciumchloridlösung 1 $CaCl_2 + 1{,}4\ H_2O$ quillt Stärke schwerer als in solcher von 1 g $CaCl_2$ + 2,5 g H_2O und in heisser, gesättigter Lö- von Kaliumcarbonat gar nicht (A. Meyer).

Auch in Glycerin ist Stärkemehl löslich.

Rührt man 60 g Stärkemehl mit 1000 g koncentrirtem Glycerin an und erhitzt, so quellen die Stärkekörner erst stark auf, geben bei 130° zähen Kleister und verflüssigen sich bei 160—170° vollständig. Durch weiteres $^1/_2$stündiges Erhitzen auf 190° und Zusatz von 1—2 Vol. 10

bis 12procentiger Kochsalzlösung bildet sich eine haltbare Stärkelösung (Zulkowsky).

Kartoffelstärke löst sich dabei viel schneller klar als Weizen- und Reisstärke.

Wird Glycerinstärkelösung in starken Alkohol gegossen, so scheidet sich ein weisser, in kaltem Wasser leicht löslicher Niederschlag ab, welcher mit Jodlösung Blaufärbung giebt. Ein anderer Theil bleibt in Alkohol löslich.

Bei weiterem Erhitzen einer Glycerinstärkelösung auf 200° und 210° bilden sich Dextrine, die Jodfärbung geht in Roth über und verschwindet endlich.

Koncentrirte Säuren wirken auf Stärkemehl je nach den Umständen lösend oder vollständig zersetzend ein.

Verreibt man Stärkemehl in der Kälte mit koncentrirter Schwefelsäure, so bilden sich Stärkeschwefelsäuren von verschiedener Zusammensetzung, welche aber leicht wieder in Schwefelsäure und Stärke bezw. Dextrin zerfallen und keine krystallisirbaren Salze bilden.

Werden 3 Theile Stärkemehl mit 2 Theilen koncentrirter Schwefelsäure vermischt und dann mit Alkohol behandelt, so bleibt ein weisses Pulver zurück, welches in kaltem Wasser leicht löslich ist und mit Jodlösung Blaufärbung giebt.

Mit konc. Schwefelsäure und besonders Salzsäure längere Zeit erhitzt, giebt Stärke neben Humin und Ameisensäure Lävulinsäure.

Von kalter rauchender Salpetersäure (1,52 spec. Gew.) wird Stärke leicht ohne Gasentwicklung gelöst. Aus der Lösung scheidet Wasser Nitrostärke (Xyloïdin) ab, welche getrocknet beim Erhitzen, nicht aber durch Schlag und Stoss, verpufft.

Ausserdem bilden sich eine Reihe Nitrostärke-Verbindungen, die Tri-, Tetranitrostärke u. s. w., bei Einwirkung überschüssiger rauchender Salpetersäure auf Stärke. Sie enthalten um so mehr Nitrogruppen, je grösser die Menge der angewandten Säure im Verhältniss zur Stärke war, und je höher die Temperatur bei der Einwirkung.

Diese Verbindungen sind mehr oder weniger beständig und explodiren bei Temperaturen unter 200°. Sie sind meist in Wasser unlöslich, z. Th. aber giebt es auch daneben in Wasser und Alkohol lösliche Modifikationen. Eisenchlorür scheidet lösliche Stärke ab.

Mit heisser koncentrirter Salpetersäure im Ueberschuss behandelt bildet sich aus Stärke schliesslich Oxalsäure unter Abgabe von Stickoxydgas und Entwicklung rother Dämpfe von Untersalpetersäure.

In einer Mischung von rauchender und gewöhnlicher Salpetersäure oder in heisser gewöhnlicher Salpetersäure bildet sich nach einander eine in heissem und dann eine in kaltem Wasser lösliche Stärke. Durch Einwirkung von Salpetersäure im Entstehungszustande (Salpeter und Schwefelsäure) entsteht Weinsäure (Naquet).

Chromsäure giebt mit Stärke Produkte, welche beim Destilliren mit Salzsäure Furfurol geben.

Mit Essigsäureanhydrid bildet Stärke bei 140° ein Triacetat, eine amorphe, mit Jod sich bläuende Masse, aus welcher Alkali Stärke wieder abscheidet.

Gerbsäure fällt Kleister und Stärkelösungen flockig; beim Auswaschen mit Wasser und Alkohol wird der Niederschlag wieder zerlegt unter Zurücklassung von Stärkemehl. Bei Temperaturen über 50° bildet er sich nicht.

Die Stärke oder wohl richtiger Bestandtheile des Stärkestoffes scheinen mit Basen Verbindungen einzugehen.

In 1—2procentiger und stärkerer Kali- oder Natronlauge quellen Stärkekörner bis auf das 75fache ihres Volums auf. Trocknet man die Stärke vorher, so quillt sie so stark auf, dass die äussere Schicht platzt. Es bildet sich dabei ein durchscheinender dicker Kleister. Wird dieser mit Alkohol behandelt, so bildet sich ein Niederschlag, welcher durch Lösen in wenig Wasser und Wiederfällen mit Alkohol gereinigt werden kann. So erhält man alkalisches amorphes Stärkekalium und Stärkenatrium, deren Analyse darauf hinweist, dass die Formel für „Stärkestoff" wenigstens 24 C enthält (Pfeiffer und Tollens).

Diese Verbindungen drehen die Polarisationsebene stark nach Rechts, $\alpha_j = 170—172°$, und zeigen nach dem Ansäuren ihrer Lösungen mit Essigsäure oder Kohlensäure eine Drehung von 200—217°. Die Lösung bleibt dabei durchsichtig und klebrig (Brown und Heron).

Beim Schmelzen mit Kalihydrat entstehen ameisensaures, essigsaures und oxalsaures Kali u. A. Natronhydrat giebt weniger Oxalsäure.

Ammoniaklösung verkleistert Stärke nicht. Stärke mit Ammoniak auf 150° längere Zeit erhitzt, bildet braune stickstoffhaltige Körper, welche durch Gerbsäure fällbar sind.

Baryt-, Strontian- und Kalkwasser fällen aus dünnem Stärkekleister Niederschläge. Dieselben sind im Ueberschuss des Fällungsmittels unlöslich, enthalten je nach den Verdünnungsverhältnissen der ursprünglichen Lösungen mehr oder weniger der Basis und werden durch Wasser leicht zersetzt. Bei Alkoholzusatz ist die Fällung vollständig.

Beim Destilliren eines Gemenges von Stärke und Kalk entstehen Metaceton und wenig Aceton.

Eine ammoniakalische Bleizuckerlösung fällt heisse Stärkekleisterlösung. Der Niederschlag enthält Bleioxyd.

In alkalischen Lösungen der Stärke erzeugt Kupfervitriol einen blauen Niederschlag, welcher in reinem Wasser sich löst und beim Kochen nicht schwarz wird.

Salpetersaures Silber und Borax fällen Stärkekleisterlösung ebenfalls.

Kaliumpermanganat bildet aus Stärke gummiartige Dextrinsäure (Lintner).

Wasserstoffsuperoxyd oxydirt Stärke zu verschiedenen nicht krystallisirenden Verbindungen (v. Asboth).

Trocknes oder feuchtes Chlorgas wirkt auf Stärkemehl selbst bei 100° nicht ein. Leitet man aber in unter Wasser befindliches Stärkemehl Chlorgas andauernd ein, so löst sich $^1/_{20}$ seines Gewichtes unter Entwickelung von Kohlensäure.

Brom färbt Stärke gelb. Bromwasser fällt aus einer Lösung von Stärke in konc. Salzsäure ein pomeranzengelbes Pulver, welches schon in der kalten Flüssigkeit allmählich, beim Erhitzen schnell alles Brom verliert und sich entfärbt.

Chlorwasser sowie Bromwasser erzeugen bei 100° etwas Bromoform neben Kohlensäure und liefern nach Zufügung von Silberoxyd mit Stärke Dextrinsäure, welche mit Glyconsäure identisch ist (Herzfeld).

Trockene Stärke wird durch Joddämpfe nur oberflächlich gelb bis braun gefärbt, ferner durch Lösungen von Jod in absolutem Alkohol, Aether oder Oelen fast garnicht. Schon wenn die Jodlösung 66,8 Proc. Alkohol enthält, tritt keine Färbung ein (Vogel).

Dagegen wird sowohl lufttrockenes als auch feuchtes Stärkemehl, Stärkekleister und Stärkelösungen von wässeriger oder von Jodkalium-Jodlösung (1 g Jod, 2 g Jodkalium in 250 ccm Wasser) sofort schön indigoblau und bei reichlichen Stärkemengen fast schwarz gefärbt.

Die Färbung tritt um so deutlicher und schöner hervor, je kälter die Flüssigkeit ist. Beim allmählichen Erwärmen derselben nimmt die blaue Färbung ab und verschwindet bei 72—90° je nach der Koncentration der Flüssigkeit, und die letztere erscheint nur noch von Jod gelb gefärbt. Pohl und Bruckner erklären diese Erscheinung aus der grösseren Anziehungskraft des Wassers für Jod und aus dem grösseren Lösungsvermögen des Wassers für Jod bei steigender Temperatur.

Erkaltet die Flüssigkeit, so tritt auch die Blaufärbung wieder ein. Dieser Vorgang lässt sich mehrmals wiederholen.

Erhitzt man jedoch sehr lange, so tritt beim Erkalten die Blaufärbung endlich nicht mehr ein, weil beim Erhitzen in geschlossenen Gefässen alles Jod in Jodwasserstoff übergeführt, in offenen Gefässen unter Bildung von etwas Jodwasserstoffsäure verdunstet.

In ganz reinen Stärkelösungen entsteht die Jodreaktion sofort, wenn man vorsichtig tropfenweise Jodlösung hinzugiebt. Enthält die Lösung ausser Stärke aber noch andere Stoffe, welche Jod lebhaft aufnehmen, wie Eiweissstoffe oder Dextrine u. A., so verschwindet sie beim Schütteln anfänglich wieder und tritt erst bleibend auf, wenn eine genügende Jodmenge vorhanden ist, um dem Absorptionsbedürfniss jener Stoffe Genüge geleistet zu haben.

Es giebt Stoffe, welche die Farbe der Jodstärke beeinflussen, z. B. bewirken Jodwasserstoff und Jodkalium eine mehr von Blau nach Roth oder Gelb verschobene Färbung, schwefelsaure Magnesia bedingt eine röthliche, Kalialaun bei grösserer Koncentration eine rothe Färbung. Schwefelsaure Alkalien verzögern den Eintritt der Blaufärbung.

Endlich giebt es eine Reihe von Stoffen, welche die Jodreaktion aufheben oder hindern. Es sind das namentlich Substanzen, welche zu Jod eine grosse Verwandtschaft haben. Die Blaufärbung verschwindet z. B. durch Zusatz von ätzenden und kohlensauren Alkalien und Ammoniak, erscheint aber wieder, wenn man die Lösungen ansäuert. Die Blaufärbung wird auch zerstört durch Chlor, Salpetersäure, schweflige Säure, unterschwefligsaures Natron, Schwefelwasserstoff, arsenige Säure, Bromwasserstoff. Auch Alkohol und Eisenfeilspähne heben sie auf. Dagegen ist Wasserstoffentwicklung aus Zink und Schwefelsäure ohne Einfluss.

Die Jodreaktion tritt auch nicht ein, wenn Stoffe zugegen sind, welche die Stärke abscheiden, wie Gerbsäure, alkalische Erden (Kalk-, Barytwasser).

Die Jodstärkereaktion ist eine ausserordentlich empfindliche, sodass man die geringsten Mengen Stärke, bezw. Jod damit nachweisen kann. Ihr sicheres Eintreten ist aber, wie eben dargelegt wurde, an gewisse Bedingungen geknüpft, welche nicht ausser Acht gelassen werden dürfen bei ihrer Ausführung.

Die Ansichten darüber, ob die Jodstärke, welche als fester blauer Körper erhalten werden kann, eine chemische Verbindung der Stärke mit Jod oder nur ein mechanisches Gemenge von Jod und Stärkesubstanz darstelle, sind weit auseinandergehend. Die erstere Ansicht vertreten Mylius, Seyfert und Toth. Meyer hält dagegen, auf Untersuchungen von Rouvier, Küster und eigene gestützt, die Jodstärke für eine wohl definirte Lösung von Jod bezw. Jod-Jodkalium etc. in Stärke.

Die Entscheidung wird davon abhängen, dass man die Bestandtheile des Stärkestoffes sicher kennt.

Einwirkung von verdünnten Säuren und Fermenten auf Stärke.

Eingreifende Wirkungen auf das Stärkekorn üben aus verdünnte Säuren und ungeformte Fermente, sowohl bei höheren wie bei niederen Temperaturen, sei es, dass die Stärkekörner unverletzt, sei es, dass sie verkleistert sind. Auch einzelne Bakterien greifen Stärkekörner und Kleister an.

Das Gebiet der Untersuchungen über diese Veränderungen des Stärkestoffes ist ein ausserordentlich grosses, da dieselben von hoher technischer Bedeutung sind und auch auf die Beschaffenheit des Stärkestoffes Rückschlüsse erlauben.

Da die Wirkungen der verdünnten Säuren wie der Fermente bis zu gewissem Grade gleiche sind, so soll ihre Besprechung nebeneinander Platz finden.

a) In der Wärme.

Die ersten Mittheilungen über eine Umwandlung der Stärke durch Kochen mit verdünnten Säuren verdanken wir Kirchhoff (1811). Er fand, dass dabei ein krystallisirbarer Zucker entsteht. Derselbe Forscher stellte (1814) auch fest, dass das im Korn enthaltene Pflanzeneiweiss eine ähnliche Umwandlung hervorzurufen im Stande sei und zwar in erhöhtem Maasse, wenn das Korn vorher gekeimt (gemälzt) war.

Dass ausser Zucker auch ein gummiähnlicher Körper bei der Einwirkung von verdünnten Säuren auf Stärke entstehe, fand Vogel (1812) und Biot und Persoz gaben ihm wegen seiner Eigenschaft, die Polarisationsebene stark nach rechts abzulenken, den Namen Dextrin.

Payen und Persoz erkannten (1833), dass die Einwirkung von wässrigem Auszuge von Malz auf Stärke an die Gegenwart eines bestimmten Stoffes gebunden sei, dem sie den Namen Diastase gaben.

Nach diesen grundlegenden Arbeiten haben sich eine grosse Reihe von Forschern mit diesen Fragen beschäftigt. Es ist hier nicht der Ort, die vielen wechselnden Stufen der Entwicklung darzustellen, welche die Erkenntnisse der Vorgänge der Einwirkung von Säuren und Diastase durchgemacht haben, sondern es soll nur eine kurze Darlegung der wichtigsten derzeitigen Erfahrungen Platz finden.

Es steht fest, dass bei der Einwirkung von verdünnten Säuren auf Stärkekleister bei Siedehitze, wie auch von Diastase (Malzauszug) bei etwa 60° C. nicht allein Zucker entsteht, sondern eine Reihe anderer Stoffe, welche der Stärke näher stehen, und welche man unter dem Namen der Dextrine zusammenfassen kann.

Es steht ferner fest, dass der bei der Einwirkung von Säuren entstehende Zucker der Hauptmenge nach Traubenzucker (Dextrose), der bei der Einwirkung der Diastase entstehende Zucker aber ein anderer, nämlich Malzzucker, Maltose, ist.

Dagegen gehen die Ansichten über die Beschaffenheit und chemische Konstitution der Dextrine noch weit auseinander.

Im Allgemeinen unterscheidet man folgende Körper, welche durch Abbau der Stärke mittelst Säuren oder Diastase entstanden sind:

Lösliche Stärke	=	Blaufärbung	mit Jodlösung
Amylodextrine	=	Violettfärbung	- -
Erythrodextrine	=	Rothfärbung	- -
Achroodextrine	=	Gelbfärbung	- -

Wie viele dieser Abstufungen bestehen und auch darüber, ob überhaupt dieselben bestimmte Stoffe oder nur Gemische von löslicher Stärke oder Dextrin mit Maltose bezw. Dextrose sind, ist völlige Sicherheit bisher nicht erlangt.

Lintner und Düll nehmen an, dass sich bei dem Abbau der Stärke bilden:

mit Oxalsäure	mit Diastase
Stärke	Stärke
Amylodextrin	Amylodextrin
Erythrodextrin I	Erythrodextrin I
- - IIα	—
- - IIβ	—
Achroodextrin I	Achroodextrin I
- - II	- - II
Isomaltose	Isomaltose
—	Maltose
Dextrose	—

Brown und Morris dagegen, welche sich ebenfalls sehr eingehend mit diesen Fragen beschäftigt haben, erklären sich den Abbau des Stärkemoleküls dahin, dass das Stärkemolekül $5(C_{12}H_{20}O_{10})_{20}$ aus vier komplexen Amylingruppen besteht, die um eine fünfte ähnliche Gruppe, die einen molekularen Kern darstellt, angeordnet sind. Bei der ersten Einwirkung der Diastase werden alle fünf Gruppen getrennt, der centrale Amylinkern widersteht der weiteren Einwirkung von Diastase und bildet ein beständiges Dextrin, welches nicht reducirt und nicht mit Jod sich färbt. Es existirt nur dies eine Dextrin. Die übrigen vier Amylingruppen werden dagegen leicht und rasch in eine Reihe von Amyloinen, deren Anzahl nur durch die Grösse der ursprünglichen Amylingruppen bedingt ist, und sodann in Maltose übergeführt. Diese Amyloine sind scheinbar nach der Analyse Gemenge von Maltose und Dextrin, sind unvergährbar in der Hauptgährung, werden mit der Diastase vollständig in Maltose übergeführt, sind aber nicht (z. B. durch Alkoholfällung) in Dextrin und Maltose zu trennen, also chemische Verbindungen. Einzelne besonders charakterisirte Amyloine sind das Amylodextrin (mit Jod roth) und das Maltodextrin.

H. Ost schliesst sich endlich der Ansicht von Musculus und A. Meyer an, dass die Erythrodextrine nur Gemische von Achroodextrin und Stärke sind, also keine Individuen; er erklärt das Dextrin von Brown und Morris und Lintner's Isomaltose als nicht existirend und die Amylointheorie als den Thatsachen nicht entsprechend, und nimmt an, dass nur der Stärke die Formel $(C_{12}H_{20}O_{10})_n$ zukommt, dass dagegen alle Abbauprodukte oder Dextrine, welche er als Dextrin I, II, III u. s. w. bezeichnet, bereits chemisch gebundenes Wasser besitzen und nicht dem Typus $(C_{12}H_{20}O_{10})_m$, sondern $(C_{12}H_{20}O_{10})_3 \cdot H_2O = C_{36}H_{62}O_{31}$ entsprechen.

Es mag hier noch angeführt werden, dass entgegen der früheren Anschauung (Soxhlet), dass die durch Säure entstandenen Dextrine, die Säure-Dextrine, von den durch Fermente entstandenen, den Diastase-

Dextrinen, wesentlich verschieden seien, Brown und Morris nachwiesen, dass sich beide genau gleichen und dass Säuredextrine durch Diastase abgebaut werden können. Bei Einwirkung von Säure entstehen anfangs ebenso wie bei der von Diastase Amyloine, die weiter in Maltose, Dextrin und Maltodextrine gespalten werden. Die Maltose wird dann in weiterem Verlauf zu Dextrose umgesetzt.

Wenn hiernach auch durch diese Forschungen bisher weder die Natur des Stärkestoffes noch die seiner Abbau-Produkte völlig klargestellt ist, so haben dieselben doch eine hohe technische Bedeutung, denn der Abbau mit Säuren ist der Process, auf welchem die Fabrikation des Stärkesyrups und Stärkezuckers aufgebaut ist, während die Hydrolyse mit Diastase den Maischprocess bei der Spiritusfabrikation und in der Brauerei bildet.

b) In der Kälte.

Wenn verdünnte Säuren und Fermente (Diastase) in der Kälte auf Stärkekörner einwirken, so werden dieselben ebenfalls abgebaut, jedoch geht der Abbau viel langsamer vor sich, sodass die Möglichkeit, seine verschiedenen Abstufungen am einzelnen Stärkekorn zu verfolgen, eine viel grössere ist.

Ebenso verhalten sich die Einwirkungen der Fermente des Speichels, Magen- und Darmsaftes u. a. bei mittleren Temperaturen (40—55° C.), weshalb dieselben hier ebenfalls Platz finden sollen.

Es ist bereits mitgetheilt worden, dass bei dieser Einwirkung nur ein Theil der Stärkekörner in Lösung übergeht, ein Rest jedoch als „Stärkeskelett" zurückbleibt.

Solche Stärkeskelette werden erhalten:

1. bei andauernder Einwirkung von Speichel auf Stärke bei 45—55° C. (C. Nägeli),
2. durch Einwirkung verdünnter Mineralsäuren in der Kälte, z. B. 1000 g Stärkemehl mit 6 Liter 12procentiger Salzsäure in 100 Tagen (W. Nägeli)[1]),
3. durch Behandeln von Stärke mit Diastaselösung während vieler Tage unter Zusatz von Chloroform (A. Meyer),
4. durch Einwirkung des Glycerin-Alkohol-Bacillus auf Stärke (Fitz).

---

[1]) Lässt man nach Lintner auf Kartoffelstärke 7½procentige Salzsäure 7 Tage in der Kälte einwirken und wäscht dann mit Wasser gut aus, so erhält man Stärke, welche nach dem Trocknen unter dem Mikroskop vollständig intakte Stärkekörner zeigt, aber in heissem Wasser sich ohne Kleisterbildung zu einer wasserhellen, leicht beweglichen Flüssigkeit löst.

Die jetzigen Kenntnisse über die Zusammensetzung des Stärkestoffes.

C. Nägeli nannte den sich lösenden Theil des Stärkekornes, der mit Jodlösung Blaufärbung gab, Granulose, und den zurückbleibenden, mit Jodlösung sich gelb oder roth (bei Säurewirkung) färbenden Theil Stärkecellulose.

Die Granulose war dann die eigentliche Stärkesubstanz, die Stärkecellulose aber nach seiner Ansicht stofflich gleichbedeutend mit der Cellulose, z. B. derjenigen der Zellwände der Pflanzen.

Diese beiden Bezeichnungen haben sich seither erhalten und finden sich in den meisten Büchern, welche das Kapitel Stärke behandeln, noch vor.

Indessen wies schon Mohl nach, und es ist das durch verschiedene andere Untersuchungen bestätigt worden, dass die sog. Stärkecellulose gar nicht die Eigenschaften der Cellulose besitzt, weshalb auch Nägeli selbst sie später Amylocellulose nannte.

Es ist ferner nachgewiesen, dass die Säureskelette W. Nägeli's ein Abbauprodukt der Stärke, Amylodextrin, sind. Sie sind also erst durch die Einwirkung der Säuren auf Stärkestoff gebildet, nicht aber ursprünglich im Stärkekorn vorhanden gewesen.

Es ist somit die Anschauung Nägeli's von der chemischen Beschaffenheit des Stärkekornes hinfällig geworden.

An ihre Stelle hat Arthur Meyer eine neue, auf gründlicher experimenteller Unterlage aufgebaute Vorstellung von der Zusammensetzung des Stärkestoffes gesetzt.

Nach Meyer besteht der Stärkestoff aus Kryställchen von Amylose und Amylodextrin. In den mit Jod sich blau färbenden normalen Stärkekörnern herrscht die Amylose vor oder ist ausschliesslich darin enthalten. In den mit Jod sich roth färbenden anormalen Stärkekörnern (Klebreis, Klebhirse) herrscht dagegen das Amylodextrin vor.

Die beiden Stoffe unterscheiden sich, wie folgt:

	Amylose	Amylodextrin
In kaltem Wasser:	unlöslich	schwerlöslich
In Wasser von 60°:	quellend	sehr leicht lösl.
Spec. Drehung α_D =	+ 198,1°	+ 193,4°
Reduktionsgrösse	= 0	= 6,6[1])
Mit Jodlösg. in verd. Lösg.	blau	roth
Bleiessig } Tannin }	kein Niederschlag in 0,05 proc. Lsg.	kein Niederschlag in 5—6 proc. Lsg.

[1]) 100 Th. Amylodextrin scheiden beim Kochen mit Fehling'scher Lösung soviel Kupfer ab wie 6,6 Th. Dextrose.

Das Amylodextrin entsteht stets im Anfang des Abbauprocesses des Stärkestoffes, es krystallisirt leicht in Sphärokrystallen und lässt sich vollständig rein darstellen.

Die Amylose ist im Stärkekorn in zwei Modifikationen enthalten, als α-Amylose und β-Amylose. Die β-Amylose wird mit Wasser von 100° C. flüssig, die α-Amylose nicht, sondern erst in Wasser von 138° C. Meyer vermuthet, dass die α-Amylose das Anhydrid, die β-Amylose ein Hydrat der Amylose ist, wie es ein Dextroseanhydrid und ein Dextrosehydrat giebt, von denen ersteres beim Lösen in Wasser nicht sogleich Krystallwasser aufnimmt.

Die β-Amylose herrscht im normalen Stärkekorn ganz entschieden vor. Die Menge der α-Amylose fand Meyer in Kartoffelstärke zu etwa 0,6 Proc., höchstens 1 Proc.; in Reisstärke zu 0,9 Proc.; in Maisstärke zu 1 Proc.; in Weizenstärke zu 1,5 Proc.; in Arrowrootstärke zu 2,5 Proc. und in rother Reisstärke zu 0,07 Proc.

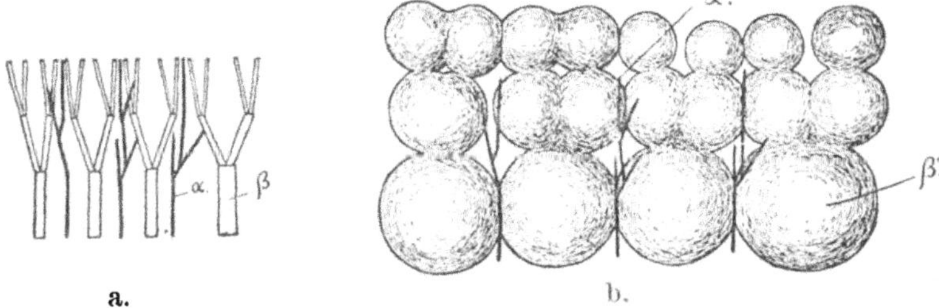

Abb. 6 (nach A. Meyer).

Ueber die Anordnung der α-, β-Amylose und des Amylodextrins im Stärkekorn macht Meyer nur Andeutungen. In den roth reagirenden Stärkekörnern finden sich unregelmässige blau reagirende Stellen. Im Uebrigen nimmt er an, dass die verschiedenen Schichten aus verschiedenen Mischungen der Trichite dieser Stärkestoffe bestehen, und dass die dichteren Schichten relativ reich an α-Amylose sein werden.

Die β-Amylose ist in kaltem Wasser unlöslich. Bei ungefähr 60° bildet sie mit wenig Wasser eine zähflüssige Lösung von Wasser in Amylose — ein von ihm amylosige Wasserlösung genannter Zustand — in Tropfenform, deren Vertheilung in überschüssigem Wasser sehr schwer ist. Selbst die verdünntesten, kalten „Amyloselösungen" (Kleisterlösungen) sind nur als Mischungen von Wasser mit äusserst kleinen Tröpfchen amylosiger Wasserlösung aufzufassen. Möglichst homogene Emulsionen von 4 Proc. Amylosegehalt zeigen bei gewöhnlicher Temperatur die Konsistenz dicken Gummischleimes.

Niederschläge, welche in Amyloselösungen erzeugt werden, nehmen stets die Form von Tröpfchen an.

Die Kleisterbildung geht nun nach Meyer in der Weise vor sich, dass die α-Amylosekrystalle beim allmählichen Erwärmen der

Stärke mit Wasser auf 100° C. unverändert bleiben, die β-Amylosekrystalle dagegen Wasser aufnehmen und Tröpfchen bilden, welche mit steigender Temperatur sich erweitern und schliesslich das ganze Korn als aufgequollene Blase erscheinen lassen (s. Abb. 6 S. 35).

Der Theil a der Abbildung zeigt die schematische Vertheilung der Trichite der α- und β-Amylose. In b sind die unveränderten α-Amylosekryställchen α und die gequollenen β-Amylosetheile β ersichtlich. Die Schichten der Stärkekörner werden dadurch in tangentialer Richtung bedeutend stärker quellen als in radialer, und es entsteht ein grösseres Gerüst von Tröpfchen, von dessen Poren aus die Diastase leicht die Einzeltröpfchen angreifen kann. Das ganze Korn wird dabei zu einer Blase zähflüssiger, klebender Masse.

Dieses als „Lösungsquellung" gegenüber der Porenquellung bezeichnete Verhalten der Stärkekörner ist die einzige Eigenschaft, welche andere Sphärokrystalle nicht zeigen.

Die Kartoffel.

Herkunft und Beschaffenheit der Kartoffelpflanze.

Die Kartoffelpflanze (Solanum tuberosum) ist in Amerika heimisch und auf den kalten und rauhen Hochebenen Perus zuerst zu Genusszwecken angepflanzt. Von hier aus hat sie sich dann nach Chile, Mexiko und Nordamerika verbreitet.

In Europa wurde sie zuerst von Peru aus in Spanien in den Jahren 1560—1570 eingeführt und von dort aus nach Italien und Oesterreich übergeführt. Etwas später gelangte sie auch von Virginien aus nach England. Anfangs wurde sie nur in Gärten gezogen; in der Zeit des dreissigjährigen Krieges jedoch begann man an verschiedenen Stellen Deutschlands mit ihrem Anbau auf dem Felde. Aber erst durch die Hungersnoth des Jahres 1745 und namentlich durch das thatkräftige Vorgehen Friedrichs des Grossen fand eine allgemeinere Verbreitung des Kartoffelbaues statt. Derselbe nahm von da ab stetig an Ausbreitung zu und wurde ein besonders ausgedehnter im deutschen Reiche, welches im Jahre 1895 = 3 049 718 ha, oder 10,6 Proc. der angebauten Fläche, Kartoffelland besass, und im Mittel jährlich 250 Millionen Doppelcentner Kartoffeln erzeugt.

Die Kartoffelpflanze entwickelt, nachdem sie einige Zeit an dem Laubspross über der Erde kräftiges Laub und eine Staude gebildet hat, unterirdische Triebe, sogen. Ausläufer (Stolones), deren Enden knollenförmig anschwellen (s. Abb. 7 S. 38).

Diese Knollen sind keine Wurzeln und üben auch nicht die Thätigkeit von Wurzeln aus, sondern es sind unterirdische Sprosse mit angeschwollener Axe und Blattschuppen, mit deren Hülfe die Pflanze zu überwintern in den Stand gesetzt ist.

Die an der Kartoffelknolle stets vorhandenen „Augen“ sind Vertiefungen, welche die Achselknospen bergen, die im kommenden Jahre austreiben und die Pflanze weiter vermehren sollen, wozu anfangs der in der Knolle aufgespeicherte Reservestoff, die Stärke, als Baustoff dient.

Wie alle grünen Pflanzen erzeugt die Kartoffelpflanze die Stärke in den grünen Theilen und namentlich in den Blättern unter Einwirkung des Lichtes. Solange die Pflanze in lebhaftem Wachsthum begriffen ist, wandert die Stärke nach der Auflösung durch die Diastase nach den Hauptorten des Wachsthums, den in Entfaltung begriffenen Knospen, Blättern und Wurzelspitzen. Sobald dieselben ausgebildeter sind, und die Menge der erzeugten Stärke grösser ist als der Verbrauch zu Wachsthumszwecken, speichert die Pflanze diesen Ueberschuss als Reservestoff in den Knollen auf. Zu dem Zwecke wandert die Stärke in die fadenförmigen, horizontal hinstreichenden Ausläufer, deren Spitzen bei wachsender Stärkezufuhr sich stark verdicken und so die Knollen bilden.

Abb. 7 (nach Strasburger).

Die Stärkebildung und -Wanderung wird begünstigt durch lebhafte Lichtwirkung, Wärme und Blätterreichthum. Sie findet statt, solange die Pflanze grün ist. Sterben die Blätter ab, so entleeren sie sich von der Spitze aus nach dem Blattstiel hin zum Stengel. Sind alle Blätter abgestorben, und der Stengel fängt an zu welken, so wandert die Stärke in demselben Maasse aus ihm nach der Knolle hin. Es kann also, auch wenn das Laub abgestorben ist, noch eine ziemliche Stärkezunahme in den Knollen stattfinden.

Die Kartoffel bildet eine grosse Reihe von Spielarten oder Varietäten, welche sich theilweise durch äussere Eigenschaften in der Blüthe und den Blättern der oberirdischen Pflanze, ferner nach der Gestalt, der Grösse, der Lage und Form der Augen, der Farbe und Beschaffenheit der Schale und des Mehlkörpers der Knolle unterscheiden; theilweise durch innere Eigenschaften wie Stärkegehalt, Zuckergehalt, Haltbarkeit der Knolle, Vegetationsdauer, Ertragsfähigkeit und Widerstandsfähigkeit gegen Krankheiten der Staude und Knolle.

Die Kartoffelknolle ist im landwirthschaftlichen Grossbetriebe das Saatgut und Fortpflanzungsmaterial der Kartoffelpflanze. Züchtung von Kartoffelpflanzen aus Samen wird nur von einigen Kartoffelzüchtern ausgeübt zur Erzielung neuer Varietäten mit guten oder besseren Eigenschaften, als sie die alten Sorten hatten.

Es wird dies auch erforderlich, weil die Kartoffelpflanze und Knolle bei dauernder Fortpflanzung durch die Knolle ihre Eigenschaften ändert, entartet.

Die Kartoffel gedeiht unter den verschiedensten Verhältnissen. Es ist aber von grosser Bedeutung für die gleichmässige Erzielung guter Erträge stärkereicher Kartoffeln, Erfahrungen darüber zu sammeln, welche Varietät für die eine oder andere Bodenart, für bestimmte Witterungsverhältnisse u. s. w. die geeignetste ist, um festzustellen, ob neue Arten geeignet zum Anbau sich erweisen oder nicht.

Die im Jahre 1888 zu Berlin begründete und von Dr. von Eckenbrecher geleitete deutsche Kartoffelkulturstation verfolgt den Zweck, durch Feldanbauversuche der gangbarsten Sorten in den verschiedensten Gegenden Deutschlands mit wechselnden klimatischen und Bodenverhältnissen und verschiedener Düngung sowie durch Anbau neuer Varietäten auf einem Versuchsfelde in Berlin diese Fragen zu lösen und macht die erhaltenen Resultate durch Veröffentlichung in den Ergänzungsheften der „Zeitschrift für Spiritusindustrie“ den Betheiligten zugänglich.

Jedenfalls ist es aber auch empfehlenswerth, wenn jeder Kartoffelbauer durch Einrichtung eines Versuchsfeldes auf eigenem Boden diese doch immerhin mehr allgemein ausfallenden Resultate für seine Verhältnisse ergänzt, ehe er zum Anbau im Grossen übergeht.

Für den Kartoffelstärkefabrikanten werden die Ansprüche, welche er an eine ihm zusagende Varietät knüpft, verschiedene sein. Ist er selbst Kartoffelbauer, so wird er die Sorten bevorzugen, welche viel und stärkereiche Knollen liefern. Verarbeitet er aber Kaufkartoffeln, so hat für ihn zunächst der Stärkereichthum allein Interesse.

Es ist für den ersteren nicht gleichgiltig, ob er durch eine quantitativ ertragreiche Sorte mit geringem Stärkegehalt dieselbe Menge Stärke vom Hektar erntet, wie bei einer ertragärmeren mit hohem Stärkegehalt, vielmehr ist er in letzterem Falle nach allen Richtungen hin im Vortheil. Sowohl die Erntekosten, als besonders die Fabrikationskosten werden im letzteren Falle um ein ganz Bedeutendes geringer, sodass er dieselbe Menge Kartoffelstärke viel billiger aus einer geringen Menge stärkereicher als aus einer grossen Menge stärkearmer Kartoffeln producirt; ganz abgesehen davon, dass sich stärkereiche Kartoffel überhaupt besser verarbeiten als stärkearme.

Die Kultur der Kartoffelpflanze.

Ein hoher Stärkegehalt ist also zunächst das wichtigste Erforderniss für Kartoffeln, welche in der Stärkefabrikation Verwendung finden sollen. Es ist daher für den Stärkefabrikanten nothwendig zu wissen, von welchen Verhältnissen der Stärkegehalt der Kartoffeln beeinflusst wird.

Zunächst werden alle die Fragen in Betracht kommen, welche überhaupt die Bildung der Stärke in der grünen Pflanze begünstigen.

Das ist zunächst eine genügende Lichtwirkung. Es darf daher der Pflanzraum besonders für Kartoffelsorten, welche einen kräftigen Blattbusch entwickeln, nicht zu eng sein, sodass sich die Pflanzen gegenseitig beschatten, und der Boden keine erwärmenden Lichtstrahlen mehr empfängt. Es leidet darunter auch die Verholzung des Stengels, wodurch ein Lagern der Pflanze und damit geringere Stärkezufuhr zur Knolle bewirkt wird.

Von grosser Wichtigkeit für die Erzeugung stärkereicher Kartoffeln und den Ertrag ist auch die Wärmesumme des Jahres. Nach Th. Dietrich wurden im Mittel von 24 Kartoffelsorten geerntet

		1865	1867	1866
Wärmesumme	°R.	1737	1530	979
Ertrag an Knollen pro Stock .	g	991	740	490
Stärkeprocente	Proc.	19,0	18,5	17,4
Ertrag an Stärke pro Stock .	g	188	137	85.

Dabei ist ein ziemlich gleicher Feuchtigkeitsgrad während der Vegetationszeit angenommen. Es spielt daher das Klima eine wesentliche Rolle für den Kartoffelbau. Jedenfalls kann die Kartoffelpflanze grosse Trockenheit mit geringerem Schaden ertragen als andauernde Nässe.

Ein genügender Blätterreichthum ist zur Erzeugung grosser Stärkemengen erforderlich, da um so mehr Stärke gebildet wird, als Chlorophyll vorhanden ist. Derselbe wird abhängig sein von der Kartoffelsorte, dem Saatgute und der Düngung. Jedoch ist zu bedenken, dass zu grosser Blätterreichthum die Verdunstung des Wassers befördert, also zur Austrocknung des Bodens beiträgt, und dass durch zu reichliche Düngung das Blattwachsthum einseitig auf Kosten der Knollenbildung benachtheiligt werden kann.

Je länger die Pflanze grün bleibt, um so mehr Stärke wird sie produciren, daher benachtheiligen die Stärkebildung Welken in Folge von Trockenheit, Frost, Zerstörung der Blätter durch Krankheiten der Kartoffelpflanze oder vorzeitiges Entlauben zur Futtergewinnung oder zum Fernhalten der Kartoffelkrankheit.

Ausser den erwähnten allgemeinen, die Chlorophyllwirkung beeinflussenden Punkten kommen hinsichtlich der Ernteerträge und der Höhe des Stärkegehaltes der Kartoffeln noch folgende Punkte in Betracht.

Von wesentlichem Einfluss auf den Stärkegehalt ist einmal die Kartoffelsorte und andererseits die Grösse und Beschaffenheit des Saatgutes.

Die Kartoffel erreicht unter Umständen einen sehr hohen Stärkegehalt, so beobachtete Maercker als höchste Zahlen bei seinen Versuchen bei der sächsischen weissfleischigen Zwiebel von Salzmünde 29,4 Proc.; Schochwitz 28,1 Proc.; Trotha 27,3 Proc., und es kommen Kartoffeln mit 25—27 Proc. Stärke in warmen feuchten Jahren nicht selten vor.

Manche Sorten zeigen nun an den meisten Pflanzstellen einen relativ hohen Stärkegehalt wie z. B. Zwiebelkartoffel, Daber'sche und Reichskanzler, andere einen meist relativ niedrigen, wie Redskin flourbal, Seed und andere.

Dabei kann aber in den einzelnen Knollen der Stärkegehalt sehr schwanken; so fand Maercker bei sächsischen Zwiebelkartoffeln derselben Herkunft Knollen mit 16 Proc. und solche mit 25,5 Proc. Stärke. Nach der Grösse sortirt enthielten

die kleinen Knollen	(20— 50 g) = 22,9	Proc. Stärke
die mittleren -	(50—200 g) = 24,5	- -
die grossen -	(100—150 g) = 24,4	- -

Man wird daher in den mittelgrossen, gut ausgebildeten Knollen im Allgemeinen den höchsten Stärkegehalt erwarten können.

Je stärkereicher die Aussaat ist, um so stärkereicher pflegt aber auch die geerntete Knolle zu sein, daher eignen sich Knollen von 70 bis 80 g am Besten zum Saatgut. Kartoffelpflanzen von kleinem, stärkearmem Saatgut neigen auch mehr zu Krankheiten.

Ein Halbiren der Kartoffeln hat z. Th. gute Resultate gegeben, namentlich bei Aussaat der Kronenhälfte, schlechtere mit der Nabelhälfte. Entfernung der Nebenkeime hat keinen Vortheil gewährt. Das Anwelken des Saatgutes hat sich nützlich erwiesen, ist im Grossen aber wohl schwer auszuführen.

Nach Brümmer soll das Saatgut nur von den Stauden genommen werden, welche die meisten und stärkereichsten Kartoffeln producirten. Die Pflanzen aus solchem sollen auch Krankheiten am Besten widerstehen.

Von Wichtigkeit ist ferner die Bodenbeschaffenheit und die Witterung. Die Kartoffel verdunstet von allen Kulturpflanzen am wenigsten Wasser, kann daher mit sehr wenig Bodenfeuchtigkeit auskommen und gedeiht daher noch auf geringen Sandböden Auch auf Moorboden liefert sie gute Erträge. Schwere, feuchte Bodenarten sind dagegen am wenigsten für Kartoffelkultur geeignet. Die meisten und stärkereichsten Kartoffeln liefert nach Maercker humoser tiefgründiger Lehmboden mit Mergeluntergrund.

Eine verhältnissmässig warme und feuchte Witterung trägt zur Erzielung höchster Ernten stärkereicher Knollen bei.

Nässe und Kälte schädigen die Ernte erheblich. Durch schnelle Abkühlung leidet die Kartoffelpflanze sehr, und das Laub erfriert schon bei wenig unter 0°.

Die Kartoffel verlangt zu gutem Gedeihen eine erhebliche Menge leicht aufnehmbarer Pflanzennährstoffe im Boden, woraus folgt, dass ihr Anbau auf frisch gedüngtem, oder in alter Dungkraft befindlichem Boden zu erfolgen hat.

Sie ist eine sehr gute Vorfrucht und man kann ihr daher jede beliebige Stellung in der Fruchtfolge anweisen. Meist folgt sie auf Winterung, als Vorfrucht auf Sommerung; wo jedoch eine sehr frühe Bestellung des Wintergetreides nothwendig ist, darf man die Kartoffel als Vorfrucht für dieses nicht wählen.

Die Verträglichkeit der Kartoffel mit sich selbst ist sehr gross, so dass sie bei entsprechender Düngung viele Jahre hindurch auf demselben Felde gebaut werden kann, ohne dass die Erträge wesentlich nachlassen. Im Grossbetriebe nimmt sie gewöhnlich 25—40 Proc. des Areals ein.

Der Boden muss für den Kartoffelbau tief gelockert sein, womöglich durch eine tiefe Herbstfurche. Sie verträgt aber auch das Frühjahrspflügen gut. Letzteres ist immer dort anzurathen, wo stickstoffreiche Vor- und Zwischenfrüchte wie Seradella, Lupinen u. A. angebaut werden.

Die Pflanzzeit der Kartoffel richtet sich vorzugsweise nach Witterung und Bodenbeschaffenheit. Im Allgemeinen soll der Boden so trocken sein, dass er bei der Bearbeitung krümelt und hinreichend erwärmt ist, um ein schnelles Auswachsen der Saatknollen zu fördern. Daher wird die Aussaat auf Sandboden am frühesten erfolgen können, z. B. schon in den ersten Tagen des April, auf den schweren Böden dagegen erst Mitte Mai oder später. Dann sind aber späte Sorten nicht angebracht, da in Norddeutschland nicht selten schon Ende September Fröste eintreten, welche das Laub tödten und die Ausreife der Knollen hindern. Jedenfalls ist eine zeitige Bestellung, wenn sie gut ausgeführt werden kann, für Menge und Stärkereichthum der geernteten Kartoffeln von grossem Vortheil.

In Deutschland reifen frühe Sorten in 70—90 Tagen, mittelfrühe in 140 Tagen und sehr späte in 180 Tagen.

Die Pflanzweite richtet sich, wie schon gesagt, nach der Stärke des Blattbusches, den eine Kartoffelsorte entwickelt. Sie richtet sich ferner nach den klimatischen und den Bodenverhältnissen. Jedenfalls hat es sich als zweckmässig erwiesen, sie so eng als möglich zu wählen. Nach Maercker ist es Gebrauch, die Kartoffeln in leichtem Boden enger, in schwerem weiter, Frühkartoffeln enger als Spätkartoffeln zu stellen. Als Grenzzahlen für die Pflanzweite betrachtet er 30 : 30 cm und 65 : 65 cm. Durchschnittlich werden die Kartoffeln auf leichtem Boden 55 : 45 cm, auf schwerem Boden 60 : 52 cm gesteckt.

Bezüglich der Pflanztiefe gilt im Allgemeinen der Satz, dass es vortheilhaft ist, die Kartoffel so flach zu legen, als es die Bodenart gestattet, und es gelten als mittlere Pflanztiefe für Sandboden 10—16 cm (16 cm nur, wenn nicht behäufelt wird), für Mittelboden, wenn trocken 8—10 cm, wenn feucht, 7—8 cm und für schweren Boden 5—6 cm.

Durch die Bodenbearbeitung während der Vegetationszeit sollen die Entwicklungsbedingungen der Kartoffelpflanze begünstigt werden, d. h. den Wurzeln Luft und Wärme und nährstoffreicher Boden zugeführt und dem Boden die nöthige Feuchtigkeit erhalten, endlich das Unkraut unterdrückt werden.

Dieselbe muss nach Werner erfolgen, ehe der Boden erhärtet und das Unkraut erstarkt ist. Die Kartoffeln werden zuerst geeggt, ehe noch die ersten Kartoffelpflanzen sichtbar sind, während die Unkrautsamen schon aufgegangen sind. Ein zweites Eggen erfolgt, sobald die Kartoffelpflanzen sichtbar werden zur Zerkrümelung der Bodenfläche.

Es folgt das Hacken der Kartoffeln, sobald die Pflanzen einigermaassen herangewachsen sind, um den Boden zu lockern und ev. Unkraut zu vertilgen.

Es folgt diesem flachen Hacken häufig ein tieferes; es ist aber zu unterlassen, wenn Blätter dabei verletzt werden. Das Hacken geschieht am zweckentsprechendsten mit Handarbeit.

Dem Hacken folgt bei schweren, nach Regen zusammenfliessenden und beim Austrocknen verkrustenden Böden das Behäufeln, während es bei leichten, durchlassenden Böden und besonders bei tief gelegtem Saatgut besser fortfällt. Jedenfalls darf beim Behäufeln ein Bedecken von Blättern mit Erde nicht stattfinden. Einmaliges gründliches Behäufeln ist mehrmaligem vorzuziehen.

Nach Maercker ist bei den meisten Versuchen das Anpflügen oder Anhäufeln ohne Einfluss auf die Höhe der Erträge geblieben, und es wird meistens nur noch ausgeübt, weil es die Stelle einer späten Hacke vertritt und die Ernte in schwerem Boden erleichtert.

Die Kartoffel entzieht dem Boden Pflanzennährstoffe in sehr hohem Maasse (vergl. S. 53 und 57), besonders Stickstoff, Kali und Phosphorsäure. Es muss daher zur Erzielung einer reichen Ernte stärkereicher Knollen der Boden diese Nährstoffe in genügender Menge enthalten, oder sie müssen ihm durch zweckentsprechende Düngung zugeführt werden.

Da die Kartoffelpflanze diese Pflanzennährstoffe nur in leicht löslicher Form aufnehmen, aber nicht sich selbst aufschliessen kann, so müssen sie ihr in solcher dargeboten werden. Alle diese Pflanzennährstoffe enthält der Stalldünger und ausserdem noch die zur Erhaltung einer günstigen physikalischen Beschaffenheit wichtigen Humusbildner. Er ist daher entweder die einzige oder doch die Grundlage der Düngung für Kartoffeln.

Am zweckmässigsten wird derselbe schon vor Winter aufgefahren, gestreut und untergepflügt. Wo dies nicht angängig ist, müssen die Kartoffeln in Frühjahrsdünger bestellt werden, worunter aber der Stärkegehalt leiden kann, ausser auf in alter Kraft stehenden Böden. Auf sehr leichten Böden kann eine Ueberdüngung der ausgelegten Kartoffeln mit verrottetem Stalldünger von Vortheil sein, weil der Boden dadurch feuchter bleibt. Auf schweren Böden ist die Verwendung möglichst strohigen Dunges zur Lockerung zweckmässig.

Die aufzubringende Menge schwankt nach Werner zwischen 15 000—60 000 kg und beträgt im Mittel 30 000 kg auf den Hektar.

Da nun der Stalldünger aber nicht so hinreichend von den genannten Pflanzennährstoffen enthält, dass er in dieser mittleren Menge dasjenige dem Boden zurückgiebt, was ihm eine gute Mittelernte entzieht, so muss das Fehlende durch Kunstdünger ersetzt werden. Und zwar kommen in Betracht:

1. Stickstoffhaltige Düngemittel. Als beste Stickstoffquelle für Kartoffeln hat sich der Chilisalpeter erwiesen. Schwefelsaures Ammoniak, aufgeschlossenes Fleischmehl und Blutmehl (für leichtere Böden) sind weniger wirksam. Schwer aufschliessbare Stickstoffdünger, wie Hornmehl etc. geringwerthig.

Man giebt neben Stalldünger 25—30 kg Stickstoff oder 160—330 kg Chilisalpeter auf den Hektar. Bei den Düngungsversuchen der deutschen Kartoffelkulturstation fand von Eckenbrecher bei Anwendung von 32 kg Stickstoff eine Mehrernte pro Hektar von

auf gutem Boden	3182 kg	Kartoffeln und	649 kg	Stärke
- leichtem -	2148 kg	- - -	372 kg	-

Eine übertriebene, einseitige Stickstoffdüngung kann indess den Stärkegehalt bedeutend herabdrücken.

Am zweckmässigsten wird der Salpeter der Pflanze so gegeben, dass ein Theil desselben mit der Einsaat in den Boden gebracht, der Rest aber früher oder später nach der Einsaat oben aufgestreut wird. Es empfiehlt sich das gegenüber dem Einbringen der ganzen Salpetergabe dicht vor der Einsaat besonders für leichtere durchlässigere Bodenarten.

2. Phosphorsäurehaltige Düngemittel. Auf phosphorsäurearmen Böden erhöhen dieselben die Erträge sowohl wie den Stärkegehalt der Kartoffeln, namentlich unter gleichzeitiger Stickstoffgabe.

Als Beispiel führt Maercker an (Versuch von Fleck-Kerkow)

1 Ctr. Chilisalpeter	+	0 Ctr. Thomasschlacke	=	16,6	Proc. Stärke
1 - - -	+	1 - - -	=	18,4	- -
1 - - -	+	2 - - -	=	19,0	- -
1 - - -	+	3 - - -	=	21,4	- -

Thomasschlacke muss zeitig gegeben werden, am besten auf die Stoppeln oder die rauhe Furche während der Herbst- oder Wintermonate und muss untergepflügt werden. Man giebt 200—400 kg auf den Hektar. Superphosphat eignet sich in Mengen gleich 30—40 kg Phosphorsäure nur für Erzielung schneller Erfolge, da es schneller wirkt als jene, aber dafür doppelt so theuer ist.

Dort wo der Boden phosphorsäurereich ist oder zu anderen Feldfrüchten Phosphorsäure gedüngt wird, ist eine stärkere Phosphorsäuredüngung zu Kartoffeln entbehrlich.

3) Kalidüngung. Die Wirkung der Kalidüngung ist eine wechselnde je nach der Art ihrer Anwendung und der Bodenbeschaffenheit. Es hat sich nämlich gezeigt, dass bei Kalidüngung nicht selten der Stärkegehalt der Kartoffeln herabgedrückt wird, selbst wenn die Kalisalze über den Stallmist gestreut und mit diesem sehr zeitig dem Boden zugefügt werden. So fand Holdefleiss in Kartoffeln ohne Düngung 20,3 Proc., bei sonst gleichgewachsenen bei Düngung mit Stalldung und Kainit nur 17,4 Proc. Stärke.

Es ist daher besser, die Kalisalze zur Vorfruchtdüngung anzuwenden.

Bei direkter Düngung der Kalisalze für Kartoffeln wirken besonders die chlorhaltigen Stassfurter Kalisalze (Kainit und Karnallit) stärkeherabdrückend.

Bei einzelnen Bodenarten z. B. frischen Moorkulturen und sehr kaliarmen Sandböden, auf denen ohne Kalidüngung Kartoffeln überhaupt nicht wachsen, muss das Kalisalz allerdings direkt zu Kartoffeln gegeben werden.

Kalisalze werden in Mengen von etwa 200 kg auf den Hektar gegeben.

Bei kalkarmen Böden ist Mergelung von Nutzen. In vieharmen Wirthschaften empfiehlt sich Gründüngung allein oder unter Zugabe von Phosphorsäure und Stickstoff.

Der Bau der Kartoffelknolle.

Für den Kartoffelstärkefabrikanten ist es nicht der Stärkereichthum allein, welcher ihm eine Kartoffel werthvoll erscheinen lässt, es treten für ihn vielmehr noch gewisse Eigenschaften der Kartoffel bezüglich der Schale, der Augen, der Faser und vornehmlich der Beschaffenheit der Stärkekörner hinzu, welche so schwerwiegende sein können, dass eine Kartoffelsorte, welche für Speisezwecke und für Brennereiverbrauch sich günstig erweist, für Kartoffelstärkefabrikation durchaus zu verwerfen ist.

Um diese Verhältnisse genauer ins Auge fassen zu können, ist es nothwendig, auf den inneren Bau der Kartoffelknolle etwas näher einzugehen.

Wenn man eine Kartoffelknolle vom Nabelende zur Gipfelknospe hin durchschneidet (s. Abb. 8), so nimmt man an dem Schnitt wahr, dass sie sich zusammensetzt aus der Schale, der Farbstoffschicht (bei rothen und blauen Sorten) und dem Mehlkörper. In diesem unterscheidet man wieder weissere, undurchsichtigere und blassere, durchscheinende Stellen und einzelne gelblich gefärbte fadenförmige Stränge (besonders dicht am Nabel, d. h. der Seite, an welcher die Knolle durch den Ausläufer mit der Mutterpflanze zusammenhing), welche das Innere der Kartoffel durchziehen. Es sind das die Gefässbündelstränge, welche die Kanäle bilden, durch welche von der Mutterpflanze her der Knolle stärkeabscheidende Säfte zugeführt werden.

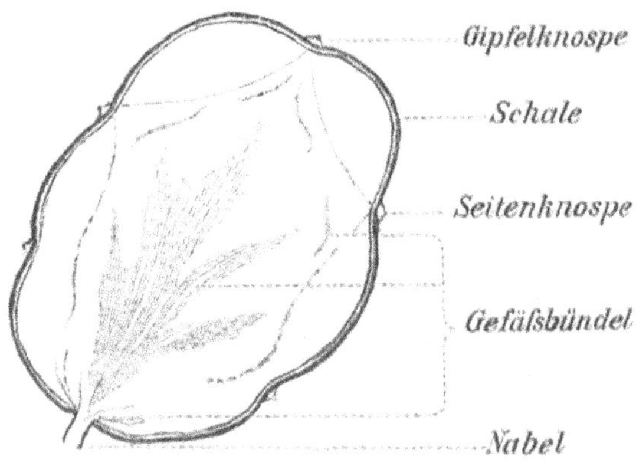

Abb. 8.

Dem unbewaffneten Auge erscheint die Schale und besonders der Mehlkörper als eine gleichmässige einheitliche Masse Thatsächlich ist dies jedoch nicht der Fall. Wie jeder lebende organisirte Körper, so besteht auch die Kartoffel aus einer grossen Anzahl von Einzelgebilden, den Zellen, welche wie die Zellen einer Honigwabe an einander gereiht und mit einander verkittet sind. Während aber die Honigwabe beim Durchschneiden mit unbewaffnetem Auge die einzelnen Zellen erkennen lässt, sind die Kartoffelzellen von so geringer Grösse, dass sie nur mit Hülfe eines vergrössernden Instrumentes, des Mikroskops, als Einzelgebilde wahrnehmbar sind.

Legt man durch eine Kartoffelhälfte mittelst eines sehr scharfen Messers einen feinen Schnitt und betrachtet die so erhaltene, sehr dünne Kartoffelscheibe unter dem Mikroskope (s. Abb. 9), so nimmt man eine grosse Anzahl rundlicher Zellen wahr, deren Wände unter einander verbunden erscheinen, thatsächlich aber nur durch eine besondere Substanz, die Intercellularsubstanz, mit einander verkittet sind.

Wie die Kartoffel aus der schützenden Schale und dem Mehlkörper, so besteht auch jede einzelne Zelle des Zellgewebes der Kartoffel aus einer sie nach Aussen hin abschliessenden Schicht, der Zellwand oder Faserschicht, und einem Zellinhalt, der je nach der Art der Zelle ein verschiedener ist.

Die Zellen der Schale haben stark verdickte Zellwände (s. Abb. 9, oben). Die Zellhaut ist verkorkt, dadurch elastisch und für Wasser schwer durchdringbar, und es ist daher die Schale geeignet, dem Innern zum Schutz zu dienen und die Wasserverdunstung einzuschränken. Als Inhalt haben die Zellen Eiweissstoffe (Protoplasma) in stark eingetrocknetem Zustande.

Die Zellen der nächstfolgenden Schicht, bei rothen Kartoffeln der Farbstoffschicht, enthalten ausser dem Protoplasma, welches bei ihnen

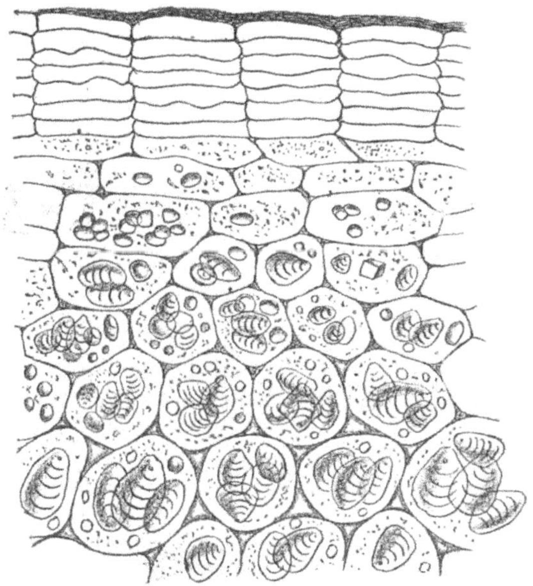

Abb. 9 (nach Tschirch).

als stark wasserhaltige, schleimige Masse sich erweist, eine wässerige Flüssigkeit, welche den rothen Farbstoff gelöst enthält.

Diese beiden Zellreihen sind stärkefrei.

Es folgen dann protoplasmareiche Zellen mit kleinen Stärkekörnchen und Proteïnkrystalloïden und endlich die reichlich stärkeführenden Zellen des Mehlkörpers.

Die Zellen des Mehlkörpers bestehen aus der Zellwand, einer Protoplasmaschicht, welche sich derselben dicht anlagert, und dem Zellsafte, d. h. einer wässerigen Flüssigkeit, welche Zuckerarten, lösliche Stickstoffverbindungen (Eiweiss, Asparagin u. s. w.) und andere organische Stoffe sowie Aschenbestandtheile gelöst enthält, und in welcher die

Stärkekörnchen in Form runder, ei- oder muschelförmiger Körperchen mehr oder weniger zahlreich schweben.

Trifft man bei einem an bestimmten Stellen des Mehlkörpers geführten Schnitt die oben erwähnten durchscheinenden, wie Wasserstreifen erscheinenden oder die gelb gefärbten Zellschichten, so sieht man langgestreckte Zellen, welche entweder leiterförmig oder spiralig verdickte Zellwände haben und beim Zerreissen der Zellwand als lange Spiralen erscheinen (s. Abb. 10). Es sind dies die Zellen der Gefässbündel, welche wie Adern die ganze Kartoffelpflanze von den Blättern bis in die Knollen und Wurzeln durchziehen und als Leitungsorgane für die in den Blättern gebildete und in lösliche Stoffe übergeführte Stärke dienen. In ihnen wandern diese nach allen Theilen der Pflanze, wo sie zum Aufbau neuer Zellen oder zur Abscheidung von Stärke als Reservenährstoff gebraucht werden. Im letzteren Falle wird aus ihnen wieder Stärke zurückgebildet. Die Zellen in ihrer Umgebung sind mit vorwiegend sehr kleinen Stärkekörnern erfüllt.

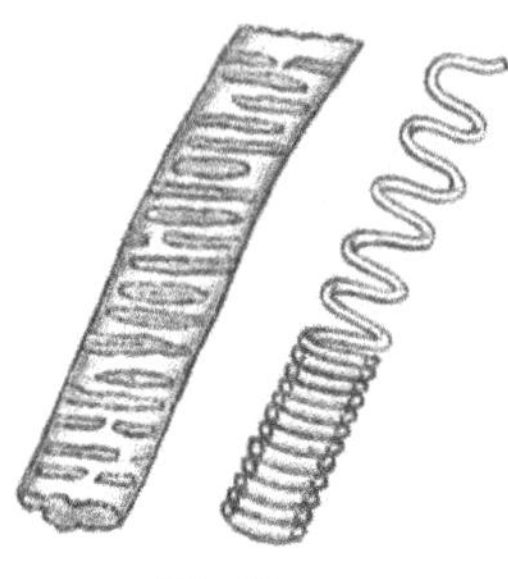
Abb. 10.

Die Kenntniss von dem Aufbau der stärkeführenden Zellen der Kartoffel ist von Bedeutung für die Beurtheilung der Vorgänge bei der Zerkleinerung der Kartoffeln und der Leistung der hierfür bestimmten Maschinen und damit für die Höhe der Ausbeute.

Es ist vielfach bei älteren Praktikern die falsche Anschauung verbreitet, es hafteten die Stärkekörner gleichsam an der Faser, oder seien mit ihr verwachsen und müssten von ihr durch die Zerkleinerungsapparate losgerissen werden.

Dies ist nicht der Fall. Aus dem mikroskopischen Bilde wird es klar, dass es genügt, die Zellwand zu zerreissen und die Zelle also zu öffnen, um die Stärkekörner in Freiheit zu setzen und gewinnbar zu machen. Je mehr Zellen also ein Zerkleinerungsapparat öffnet, um so reicher wird sich die Ausbeute an Stärke gestalten, welche er ermöglicht.

In stärkereichen Kartoffeln liegen die Stärkekörnchen zu vielen dicht gedrängt in den Zellen, in stärkearmen dagegen oft einzeln oder nur in geringer Anzahl im Zellsaft zerstreut.

Betrachtet man die Stärkekörner einer Kartoffel, ja schon die in einer Zelle zusammenlagernden genauer, so nimmt man wahr, dass ihre Grössenerhältnisse sehr stark wechselnde sind, ebenso wie ihre Gestalt.

Es ist das eine für den Stärkefabrikanten bedeutsame Thatsache. Je grösser die Stärkekörner eines fertigen Stärkemehles des Handels sind, um so glänzender und schöner in der Farbe erscheint dasselbe. Für den Stärkefabrikanten, welcher feine Marken herstellen will, ist es also von grosser Wichtigkeit, ob er in den Kartoffelzellen mehr grosse oder mehr kleine Stärkekörner vorfindet.

Je mehr grosse Stärkekörner vorhanden sind, um so grösser wird ausserdem die Ausbeute an feinster und höchst bezahlter Waare, und es ist damit der Gewinn bei der Fabrikation abhängig von der Menge der grossen Stärkekörner in den verarbeiteten Kartoffeln.

Verfasser hat nun eine Reihe von Untersuchungen nach dieser Richtung hin ausgeführt, welche ergaben, dass die Menge der grossen Stärkekörner abhängig ist von der Kartoffelsorte und von dem Reifezustand der Kartoffel.

Zur Feststellung dieser Thatsachen wurde zunächst der mittlere Durchmesser verschiedener Handelsprodukte einer Fabrik ermittelt und gefunden:

für Prima - Stärke (erstes Produkt) . . . . 33 Mm[1])
Sekunda- - (aus Schlamm ohne Säure) . . . . 21 -
Tertia- - (- - mit -) . . . . 17 -
Bei Verarbeitung des Schlammes von den Rinnen fortschwimmende Stärke . . . . 12,5 -
Fortschwimmende Stärke von den Aussenbassins . . 8 -

Es wurden hiernach die Stärkekörner von einem

Durchmesser von > 21 Mm Primakörner,
- 21—12,5 - Sekundakörner,
- < 12,5 - Verlustkörner

genannt. Durch sehr zahlreiche mikroskopische Messungen bei im Jahre 1884 im Kreise Pyritz in Pommern geernteten Kartoffeln ergab sich dann, dass von je 100 Stärkekörnern waren:

Kartoffelsorte	Prima	Sekunda	Verlust
bei Seed	33	22	45
Champion	25	26	49
Daber	22	27	51

Bei denselben, aber im Jahre 1888 in Schlesien geernteten Kartoffelsorten, welche bei der Verarbeitung wenig Primawaare gaben und nicht reif geworden waren:

Kartoffelsorte	Prima	Sekunda	Verlust
Seed	25	17	58
Champion	20	24	56
Daber	21	26	53

Diese Zahlen zeigen deutlich, dass der Reichthum an grossen Stärkekörnern Sorteneigenthümlichkeit ist. In beiden Fällen hat die Seedkartoffel trotz der verschiedensten Wachsthumsbedingungen die grösste

[1]) 1 Mm = 1 Mikromillimeter = 0,001 mm.

Menge grosser Stärkekörner. Die praktische Erfahrung stimmt damit überein, denn die Seedkartoffel giebt einen hohen Procentsatz von der in ihr enthaltenen Stärkemenge als erstes Produkt her, und dieses ist von besonders gutem Glanz (Lüster).

Von noch grösserem Einfluss ist der Reifezustand der Kartoffeln (vergl. S. 58).

Die chemische Beschaffenheit der Kartoffelknolle.

Die mittlere Zusammensetzung der Kartoffel in chemischer Hinsicht wird angegeben:

	nach König	Lintner	E. Wolff
Wasser	75,48 Proc.	76,0 Proc.	75,0 Proc.
Stickstoffsubstanz (N × 6,25)	1,95 -	2,1 -	2,1 -
Fett (Aetherextrakt)	0,15 -	0,2 -	0,2 -
Stärke	20,69 -	18,7 -	20,7 -
sonstige stickstofffreie Extraktstoffe		1,0 -	
Rohfaser	0,75 -	0,8 -	1,1 -
Asche	0,98 -	1,2 -	0,9 -

Eingehendere Untersuchungen von Morgen ergaben aus Analysen von 38 verschiedenen Kartoffelsorten folgende Zahlen:

In 100 Th. der frischen Substanz	Maximum	Minimum	Mittel
Specifisches Gewicht der Kartoffel	1,134	1,084	1,106
- - des Saftes	1,0368	1,0216	1,0263
Trockensubstanz	30,39	20,33	25,57
Wasser	79,67	69,61	74,43
Saft	72,01	52,42	61,02
In Wasser lösliche Substanzen	5,17	2,66	3,21
Stickstoff insgesammt	0,489	0,229	0,324
- löslich	0,446	0,202	0,270
- unlöslich	0,100	0,009	0,056
- löslich als Eiweiss	0,225	0,099	0,141
- - als Amide	0,219	0,073	0,118
- - in unbek. Form	0,033	0,002	0,012
Kohlenhydrate insgesammt			
berechnet als Zucker	27,283	16,730	22,237
- als Stärkemehl	24,555	15,057	20,013
davon Stärkemehl	24,260	14,532	16,615
Zucker	1,080	0,073	0,267
Dextrine (Rohrzucker?)	0,276	0,049	0,164
Asche, gesammt	1,208	0,650	1,076
- löslich	0,948	0,506	0,730
- unlöslich	0,477	0,079	0,262

Zu diesen Zahlen ist zu bemerken, dass dieselben, weil sie aus einer beschränkten Anzahl von Analysen herstammen, auch nicht als ganz allgemein giltig bezeichnet werden können. Z. B. sind Kartoffeln mit einem Trockensubstanzgehalt bis zu 35 Proc. beobachtet worden, während die Tabelle 30,4 Proc. als Maximum bezeichnet. Es giebt auch sehr häufig Kartoffeln, die weniger als 15 Proc. Gesammtstärke bis herab zu 11 und 12 Proc. besitzen, und nicht selten z. B. in Jahren, wo in Folge von Dürre die Kartoffeln im Boden eintrocknen, solche mit Stärkegehalten weit über 24,5 Proc.

Ebenso sind die Mittelzahlen von König, Lintner und Wolff nur annähernde und sollen nur einen allgemeinen Einblick in die Zusammensetzung der Kartoffel gewähren.

Ein näheres Eingehen auf die einzelnen Bestandtheile giebt dann genaueren Aufschluss über die chemische Beschaffenheit der Kartoffel und ihre Schwankungen.

Stärke.

Die gewöhnlichen Angaben über den Stärkegehalt der Kartoffeln geben Zahlen, welche der Wirklichkeit nicht völlig entsprechen und durchweg als zu hoch anzusehen sind. Die Ursache hierfür ist in der Unvollkommenheit der analytischen Methoden zu suchen, welche zur Zeit für die Bestimmung der Stärke in Pflanzentheilen bekannt sind. Wie des Näheren unter „Bestimmungsmethoden“ angegeben ist, wird die Bestimmung des Stärkegehaltes entweder oberflächlich durch Ermittelung des specifischen Gewichtes der Kartoffeln mittelst der Kartoffelwage ausgeführt, oder es wird die Stärke in der lufttrockenen Substanz durch Anwendung von Hochdruck in lösliche Form, darauf durch Kochen mit Säuren in Zucker übergeführt und dieser durch Reduktion von alkalischer Kupferlösung bestimmt, und aus seiner Menge die Stärke berechnet.

Bei der letzteren Art der Feststellung wird ausser der Stärke auch der in der Kartoffel schon ursprünglich vorhandene Zucker mitbestimmt und als Stärke berechnet. Für die Brennerei sind die so gewonnenen Stärkewerthe ziemlich genau, weil sowohl die Stärke, als auch der Zucker Spiritus geben. Mit dem angegebenen Stärkegehalt ist mithin eigentlich die Menge der Alkohol liefernden Kohlenhydrate ausgedrückt, also der richtige Werthmesser für Brennereizwecke, für welche diese Methode und Zahlen ursprünglich eingeführt wurden.

Bei der Kartoffelstärkefabrikation geht aber der ursprünglich vorhandene Zucker als leicht löslicher Körper in das Fruchtwasser über und wird nicht gewonnen. Die Angabe des Stärkegehaltes nach der oben bezeichneten Methode ist also für Zwecke der Stärkefabrikation zu hoch und müsste um den Gehalt der Kartoffel an Zucker verringert werden. Die Bestimmung des Zuckergehaltes ist aber eine recht umständliche und wird daher selten ausgeführt werden können, und es bleibt kein anderer Ausweg, als Mittelzahlen für den Zuckergehalt zu suchen und von den nach der obigen Methode gefundenen Stärkewerthen abzurechnen, um den wahren Stärkegehalt annähernd zu erfahren.

Mit den Angaben der Kartoffelwage steht es ebenso oder noch schlimmer. Abgesehen davon, dass sie an und für sich eine genauere Bestimmung nicht gestattet, sind ihre Angaben nach zahlreichen Untersuchungen von Holdefleiss, Heidepriem, Maercker, Behrend und Morgen darauf gegründet, dass zwischen dem specifischen Gewicht, dem Trockensubstanzgehalt der Kartoffel und ihrem Stärkegehalt gewisse, gewöhnlich allerdings recht konstante Verhältnisse bestehen (vergl. Bestimmungsmethoden). Der Stärkegehalt, der dabei aber zu Grunde gelegt ist, ist wieder der nach der oben angeführten chemischen Methode festgestellte Stärkewerth und hat also alle Mängel desselben, und es kommt noch dazu die Ungenauigkeit, die in der Relation zwischen Stärkegehalt und Trockensubstanzgehalt nach Mittelwerthen liegt.

Es muss sich also der Stärkefabrikant bei der Bestimmung des Stärkegehaltes der Kartoffeln mit der Kartoffelwage oder der gewöhnlichen chemischen Methode bewusst bleiben, dass die Zahlen, welche er erhält, zu hohe sind und einer Korrektur bedürfen.

Schon die Morgen'schen Angaben geben daher einen Stärkewerth und einen wahren Stärkegehalt an.

Die Angaben über den Stärkewerth der Kartoffeln zeigen nun, dass derselbe in sehr weiten Grenzen schwanken und zwischen 11 bis 12 Proc. einerseits und 28—29 Proc. andererseits liegen kann. Als mittleren Stärkewerth wird man 18 Proc., als hohen einen über 20 Proc. liegenden bezeichnen können.

Versuche, die eigentliche Stärke für sich direkt zu bestimmen, oder wenigstens die für den Stärkefabrikanten gewinnbare, sind bisher gescheitert (vergl. Bestimmungsmethoden).

Zucker.

Aus dem vorher Berichteten geht hervor, dass die Kenntniss der Mengen von Kohlenhydraten, welche zwar Spiritus liefern, aber für den Stärkefabrikanten Verluste bedeuten, in den Kartoffeln von grosser Bedeutung ist.

Ihrer chemischen Beschaffenheit nach bestehen diese Kohlenhydrate nach den Untersuchungen von Müller-Thurgau nur aus Dextrose und Rohrzucker, während Dextrine nicht vorhanden, nach Maercker nicht sicher festgestellt sind. Dass ausser Dextrose Rohrzucker in unreifen Kartoffeln vorhanden ist, hat auch E. Schulze zweifellos nachgewiesen.

Die Angaben über die Mengenverhältnisse an Zucker in den Kartoffeln schwanken sehr stark.

Während Morgen in den vorher aufgeführten Zahlen als Maximum 1,080 Proc. angiebt, fand Verfasser häufig weit höhere Mengen. Es wurden von ihm im Jahre 1891 10 Kartoffelsorten von drei ganz verschieden in Ost-, Mittel- und Westdeutschland gelegenen Orten (Marienfelde, Siegersleben und Reinfelderhof) mit leichtem, mittlerem und schwerem Boden untersucht, um möglichst alle Verhältnisse äusserer Einwirkungen zu umfassen. Er fand dabei als Minimum 0,4 Proc, als Maximum 3,4 Proc. und als Mittel 1,9 Proc. Zucker[1]).

Die Zuckermengen vertheilten sich wie folgt:

Kartoffelsorte	Marienfelde	Siegersleben	Reinfelderhof
Gelbfleischige Zwiebel	1,20	1,67	1,80
Daber	0,75	0,96	1,03
Reichskanzler	1,36	1,59	1,77
Seed	2,32	1,93	2,77
Champion	1,13	1,78	2,09
Richter's Imperator	1,77	2,21	2,69
Richter's lange weisse	1,14	1,88	2,27
Achilles	1,32	2,14	2,71
Magnum bonum	1,34	1,94	2,15
Juno	2,21	3,36	3,39

Es scheint hiernach, als wenn bestimmte Sorten grössere Neigung zur Zuckerbildung haben als andere. So hat die fast von allen Stärkefabrikanten gern verarbeitete Daber-Kartoffel durchweg die geringsten Zuckergehalte, dagegen Juno fast durchweg die höchsten.

Auch Müller-Thurgau fand bis zu 3 Proc. reducirenden Zucker und über 5 Proc. Gesammtzucker. Wenn Morgen hingegen im Mittel nur 0,267 Proc. Zucker fand, so ist das wohl darauf zurückzuführen, dass er frisch geerntete, Verfasser dagegen gelagerte Kartoffeln untersuchte. Zur Verarbeitung gelangen aber der Hauptmasse nach gelagerte.

Ist 1,9 Proc. der mittlere Zuckergehalt, so ist $1{,}9 . {}^{9}/_{10} = 1{,}7$ Proc. der mittlere von der Angabe der Kartoffelwage abzurechnende Stärkewerth.

Die Menge der gesammten wasserlöslichen Stoffe der Kartoffel fand Verf. bei den genannten 30 Kartoffelproben zu

	einschl. Zucker	ohne Zucker
im Maximum	6,93 Proc.	3,54 Proc.
- Minimum	3,73 -	3,00 -
- Mittel	4,97 -	3,07 -

Die stickstoffhaltigen Bestandtheile.

Der Gehalt an stickstoffhaltigen Bestandtheilen von Pflanzentheilen wird gewöhnlich insgesammt als Proteïn- oder Eiweissgehalt angegeben.

[1]) Die durch Vergährung des Kartoffelsaftes erhaltene Alkoholmenge umgerechnet in Dextrose. (Vergl. „Bestimmungsmethoden“).

Verstanden ist unter diesen Zahlen der mit dem Faktor für die Eiweissstoffe 6,25 multiplicirte, durch die Analyse festgestellte Stickstoffgehalt (N × 6,25).

Der Gesammtgehalt der Kartoffel an stickstoffhaltigen Substanzen wird hiernach angegeben zu 0,6—3,7 Proc. oder im Mittel zu 2—2,2 Procent Proteïn. Das so als Eiweissstoff Bezeichnete ist aber thatsächlich nicht wirklich Eiweiss, sondern eine Mischung von Eiweissstoffen, krystallisirbaren Spaltungsprodukten derselben (Amiden) und einigen anderen stickstoffhaltigen Körpern.

Gefunden sind bisher in der Kartoffel neben unlöslichen und löslichen Eiweissstoffen sowie Spuren von Peptonen, Asparagin, Leucin, Tyrosin, Hypoxanthin, Solanin und Ammoniaksalze.

Bei weitem die Hauptmenge der stickstoffhaltigen Bestandtheile machen die Eiweissstoffe und das Asparagin aus. Nach E. Schulze entfallen von 100 Theilen Stickstoff auf

unlösliches Eiweiss	19,2 Theile
lösliches Eiweiss	40,6 -
Asparagin	21,6 -
unbekannte Amidosäuren	18,6 -

Sehr gering sind die Mengen der übrigen Stoffe. Das Solanin, ein Glykosid, ($C_{42}H_{75}NO_{15}$) findet sich in reifen Kartoffeln in sehr geringer Menge (0,03—0,07 Proc.), besonders in der Schale und den Augen. In keimenden Kartoffeln nimmt der Solaningehalt aber stark zu, und da das Solanin giftige Eigenschaften besitzt, muss man die Triebe bei Kartoffeln, welche zu Speise- und Futterzwecken dienen, entfernen. Für die Stärkefabrikation ist es ohne Bedeutung.

Sehr schwankend sind die Angaben über das Verhältniss zwischen Eiweissstoffen und Amiden in der Kartoffel.

Von dem Gesammtstickstoff wurde als Amidstickstoff gefunden von Kreusler 27—40 Proc. Kellner giebt bei einem Gesammtgehalt von 1,38—2,91 Proc. Stickstoff in der Trockensubstanz der Kartoffeln 44—58 Proc. davon als Eiweiss-Stickstoff an. E. Schulze, Barbieri und Eugster fanden den Stickstoffgehalt der Kartoffeln zu 0,349—0,237 Proc., davon 44—65,5 Proc. Eiweiss, 34,5—56 Proc. Amidstickstoff. A. Morgen endlich fand die Vertheilung des Stickstoffs wie folgt: Von 100 Theilen Stickstoff sind vorhanden als:

	Maximum	Minimum	Mittel
unlösliches Eiweiss	28,9	3,4	17,1
lösliches Eiweiss	52,8	30,1	43,1
Amid	51,7	25,2	36,6
in unbekannter Form	10,2	0,4	3,9

Nach E. Schulze scheint diese Vertheilung bei bestimmten Kartoffelsorten eine gleichbleibende zu sein. Er fand nämlich bei

Kartoffelsorte	Eiweissstickstoff 1876	Eiweissstickstoff 1881	Nichteiweissstickstoff 1876	Nichteiweissstickstoff 1881
Bodensprenger	60,7	65,4	39,3	34,6
Rosenkartoffeln	47,4	43,9	52,6	56,1
König der Frühen . . .	48,2	48,4	51,8	51,6
Bisquitkartoffel	65,0	57,5	35,0	42,5

In runden Zahlen kann man nach diesen Angaben annehmen, dass von dem Stickstoffgehalte der Kartoffeln $^4/_5$ oder 80 Proc. in Wasser löslich sind und dass sich von dem Gesammtstickstoff vertheilen auf

Eiweiss	unlöslich . . .	20 Proc.	50—60 Proc.
	löslich . .	30—40 -	
Amide etc.			50—40 -

Nimmt man daher den mittleren Stickstoffgehalt der Kartoffeln zu 0,32 Proc. an, so entfallen davon auf

unlöslichen Eiweissstickstoff	0,064 Proc.
löslichen Eiweissstickstoff	0,112 -
Amidstickstoff	0,144 -

und nimmt man ferner an, dass Eiweiss 16 Proc. Stickstoff und Asparagin (als Hauptbestandtheil der Amide) 21 Proc. Stickstoff enthält, so kann man die Vertheilung der stickstoffhaltigen Stoffe in der Kartoffel sich im Mittel etwa, wie folgt, vorstellen:

unlösliches Einweiss	0,4 Proc.
lösliches Eiweiss	0,7 -
Amide (Asparagin)	0,7 -
zusammen	1,8 Proc.

Dietzell fand, dass die Rindenschicht der Kartoffel reicher an stickstoffhaltigen Bestandtheilen ist als der Mehlkörper und zwar enthielt die absolute Trockensubstanz der Rindenschicht 14,2—14,7 Proc., die des Mehlkörpers 9,5—9,7 Proc.

Für die Kartoffelstärkefabrikation sind die stickstoffhaltigen Stoffe der Kartoffel und das Verhältniss der löslichen und unlöslichen, der Eiweiss- und Amidverbindungen von Wichtigkeit.

Die unlöslichen Eiweissstoffe bleiben in der Pülpe zurück. Da ihre Menge eine verhältnissmässig geringe ist, so erklärt sich daraus die Armuth der Pülpe an Proteïn und daher ihr relativ geringer Nährwerth.

Die löslichen Stickstoffverbindungen gehen in das Fruchtwasser über und bilden in ihm ein werthvolles Düngemittel, welches durch Rieseln mit dem Fruchtwasser ausgenutzt wird.

Versuche, die löslichen Eiweissstoffe zur Abscheidung aus dem Fruchtwasser zu bringen und als Futtermittel zu verwerthen, sind zahlreich angestellt (vergl. „Die flüssigen Abfallstoffe").

Die löslichen Eiweissstoffe machen sich in der Stärkefabrikation durch Schaumbildung störend bemerkbar. Nach praktischen Beobachtungen geben manche Kartoffelsorten mehr Schaum als andere, auch sollen gerade die stärkereichsten Kartoffeln den meisten Schaum geben.

Kartoffelfaser.

Die Faser, welche die Zellwände der Kartoffel bildet, ist nicht reine Cellulose, sondern besteht aus Cellulose [mit eingelagerten und angelagerten Stoffen. Die Zellwände der Schale sind durch Einlagerung von Suberin und Kutin verkorkt, die Innenzellen sind durch die Intercellularsubstanz (Pektinstoffe) verkittet Letztere löst sich in kaltem Wasser nicht, wohl aber zum Theil in kochendem. In gekochten Kartoffeln sieht man daher unter dem Mikroskop die Zellen isolirt. Diese Pektinstoffe machen etwa die Hälfte des Gewichtes des Kartoffelmarkes aus. Beim Behandeln mit verdünnten Säuren lösen sie sich ebenfalls auf und geben Metapektinsäure und Zucker.

Als Menge der Faser in den oben erwähnten 10 Kartoffelsorten verschiedener Herkunft fand Verfasser: Rohfaser, einschliesslich der unlöslichen Stickstoff- und Aschenbestandtheile, wie sie sich in der Pülpe findet, zu 1,33—2,58 Proc., im Mittel zu 1,95 Proc., Reinfaser schwankend zwischen 0,82 und 1,38 Proc. und im Mittel zu 1,07 Proc. Dabei zeigten sich auch deutliche Sortenunterschiede. So hatte die sehr feinfasrige Pülpe gebende Seedkartoffel 0,82—0,88 Proc., die dickfaserige und -schalige Zwiebelkartoffel 1,2—1,3 Proc. Reinfaser und 1,33—1,64 bezw. 2,04—2,35 Proc. Rohfaser.

Die Fasermenge ist aber maassgebend für die Feinheit des Reibsels und für die Menge der Pülpe und damit des Stärkeverlustes, den eine Kartoffelsorte giebt.

Sonstige stickstofffreie Stoffe.

In geringen Mengen sind ausser Zucker und Faser noch eine Reihe stickstofffreier Stoffe in den Kartoffeln enthalten, welche z. Th. löslich, z. Th. unlöslich in kaltem Wasser sind. Zu den unlöslichen gehören die bereits genannten Stoffe der Intercellularsubstanz, zu den löslichen organische Säuren, wie Oxalsäure, Citronensäure und Pektinsäuren, wahrscheinlich Arabinsäure (Gummi) und, von W. Windisch nachgewiesen, Milchsäure.

Der Saft der Kartoffeln reagirt sauer. Die Menge der Säuren ist sehr verschieden. Von unbestimmbaren Mengen wächst sie nach Untersuchungen des Verfassers bis zu 0,15 Proc. (als Milchsäure berechnet) in normalen Kartoffeln an und erreicht in anormalen Jahren nach Heinzelmann sogar etwa das Doppelte.

Verfasser fand bei den 10 Kartoffelsorten auf schwerem Boden nur Spuren von Säure, dagegen bei denselben von mittlerem Boden Zahlen, welche sich 0,15 Proc. näherten und bei auf leichtem Boden gewachsenen dazwischen liegende Zahlen.

Der Säuregehalt der Kartoffeln steigt aber bedeutend, wenn dieselben faulen, und er kann dann bei ungenügendem Auswaschen ein Sauer-Reagiren der fertigen Stärke veranlassen.

Ob die gummiartigen Stoffe einen Einfluss z. B. auf das Absitzen der Stärke aus dem Fruchtwasser ausüben, ist nicht direkt nachgewiesen, Maercker hält es jedoch für möglich, dass diese schleimigen Stoffe auf das Absitzen der Stärkekörner ebenso verlangsamend wirken, wie z. B. ein Zusatz von Gummi arabicum auf Bodentheile bei der Schlämmanalyse. Ihre Menge beträgt nach Morgen nur ca. 0,7 Proc., nach Verf. ca. 0,93 Proc. der Kartoffel.

In der Kartoffel sind auch in Aether lösliche Fette nachgewiesen. Nach Eichhorn schwankt ihre Menge zwischen 0,065 und 0,082 Proc., enthaltend Palmitinsäure und Myristinsäure.

Ferner sind ölartige, in Alkohol lösliche Stoffe in geringer Menge vorhanden, welche besonders in der Kartoffelstärke sich vorfinden und ihr den Geruch verleihen, welcher für die Kartoffelstärke eigenartig ist.

Aschenbestandtheile.

Vorherrschend in der Kartoffelasche ist das Kali, daneben findet sich als weiterer werthvoller Pflanzennährstoff Phosphorsäure in ziemlich erheblicher Menge. Die Kartoffel hat nach E. von Wolff 2,20—5,80 Proc., im Mittel 3,77 Proc. Reinasche in der Trockensubstanz, und diese hat eine mittlere Zusammensetzung von 60,37 Proc. Kali, 2,62 Proc. Natron, 2,57 Proc. Kalk, 4,69 Proc. Magnesia, 1,18 Proc. Eisenoxyd, 17,33 Proc. Phosphorsäure, 6,49 Proc. Schwefelsäure, 2,13 Proc. Kieselsäure und 3,11 Proc. Chlor.

Nach Morgen sind von 100 Theilen Asche

	Maximum	Minimum	Mittel
löslich	89,19	57,49	73,89
unlöslich . . .	42,51	10,81	26,12

Die löslichen Aschenbestandtheile, besonders Kali und Phosphorsäure gehen in das Fruchtwasser über und machen dasselbe, mit dem Stickstoffgehalt vereinigt, zu einem werthvollen Düngemittel.

Da der mittlere Aschengehalt der Kartoffel = 1 Proc. beträgt, so sind insgesammt von den Aschenbestandtheilen anzunehmen als unlöslich 0,26 Proc., löslich 0,74 Proc.

Die Kartoffel enthält nach obiger Angabe Wolff's berechnet 0,173 Proc. Gesammtphosphorsäure und 0,604 Proc. Gesammtkali. Nimmt man mit Maercker die löslichen Antheile derselben zu 80 Proc. an, so sind in Wasser löslich von der Kartoffel

als Phosphorsäure 0,138 Proc.,
- Kali . . . 0,483 -

Veränderungen der Kartoffeln beim Reifen.

Aus dem vorstehenden Ueberblick über die Zusammensetzung der Kartoffel hebt sich die Thatsache klar ab, dass dieselbe besonders bezüglich einiger wichtiger Bestandtheile eine in weiten Grenzen schwankende ist.

Es sind nun bei gesunden Kartoffeln namentlich zwei Vorgänge, welche diese Schwankungen bewirken und ihr Vorhandensein erklären: das Reifen und das Lagern der Kartoffeln.

Beim Reifen der Kartoffeln nehmen nicht nur die anfangs sehr kleinen Knollen an Umfang und Gewicht stetig zu, es vermehrt sich nicht nur die Anzahl der grossen Knollen an jeder Staude, sondern es gehen auch in innergestaltlicher wie in stofflicher Hinsicht tief eingreifende Veränderungen vor sich.

Ueber die Veränderungen beim Reifen der Kartoffeln stellte Verfasser eingehendere Untersuchungen an. Es gelangten von 4 Kartoffelsorten desselben Standortes in Zwischenräumen von je 8 Tagen vom 6. August bis zum 1. Oktober 1883 die Knollen von je 10—15 Stauden zur Untersuchung. Durch zahlreiche Zellmessungen wurde festgestellt, dass die Zellen der Kartoffeln mit zunehmender Reife fortdauernd, wenn auch nicht sehr stark wachsen. Der grösste Unterschied in dem Durchmesser der Zellen betrug 56 Mikromillimeter, und da der kleinste Durchmesser im Anfang August 115 Mm war, so ist der Zuwachs etwa gleich der Hälfte des Durchmessers.

Es fand sich ferner bei allen Sorten, dass je kleiner die Knolle, um so kleiner auch der Zelldurchmesser ist.

Die kleinen Kartoffeln haben mehr runde, die grösseren mehr längliche Zellen. Einige Sorten haben mehr dickere, andere zartere Zellwände.

Besonders wichtig für den Stärkefabrikanten ist aber die Feststellung der Thatsache, dass mit zunehmender Reife der Kartoffel auch die Stärkekörner wachsen. Es spricht sich das in einer ganz gleichmässigen Zunahme des Procentsatzes an grossen Stärkekörnern und einem entsprechenden Rückgang in demjenigen der kleinen Stärkekörner aus.

Es hatten von 100 Stärkekörnern einen mittleren Durchmesser von > 21; 21—12,5 und $< 12{,}5$ Mikromillimeter:

Datum	Seed			Daber			Champion			Redskin flourbal		
	> 21	21—12,5	< 12,5	> 21	21—12,5	< 12,5	> 21	21—12,5	< 12,5	> 21	21—12,5	< 12,5
6. 8.	19	24	57	14	25	61	15	23	62	12	27	61
13. 8.	21	24	55	17	22	61	19	19	62	20	24	56
20. 8.	28	26	46	18	24	58	24	22	54	23	22	55
27. 8.	29	24	47	20	23	57	24	23	53	23	24	53
3. 9.	31	23	46	22	25	53	24	25	51	25	27	48
10. 9.	30	24	46	22	28	50	26	25	49	26	27	47
17. 9.	34	21	45	21	27	52	26	26	48	26	27	47
24. 9.	34	23	43	23	25	52	26	25	49	25	30	45
1. 10.	34	23	43	23	27	50	—	—	—	28	27	45

Die Tabelle zeigt, dass mit wachsender Reife die Korngrösse ständig wächst. Zwischen dem 3. und 17. September liegt der Eintritt der Reife, da von diesem Zeitpunkt sich nur noch ganz geringe Schwankungen in den Grössenverhältnissen der Stärkekörner zeigen.

Es ist hiernach für den Stärkefabrikanten von hoher Bedeutung, nur reife Kartoffeln zu verarbeiten, weil dieselben eine grössere Ausbeute an erstem Produkt und eine feinere Qualität desselben versprechen.

Das Wachsthum der Zellen und Stärkekörner veranschaulicht Frank in Abbildung 11 S. 60. Sie stellt dar: eine Zelle aus einer Knolle von A = 0,5 cm; B = 2 cm Durchmesser und C aus einer erwachsenen Knolle.

Bei den stofflichen Veränderungen zeigt sich zunächst, dass die anfangs wasserreichen Knollen fortlaufend an Trockensubstanzgehalt zunehmen und gleichlaufend mit diesem auch reicher an Stärkewerth und Stärke werden.

Datum	Seed				Daber				Champion				Redskin flourbal			
	Trockensubstanz	Stärkewerth	Stärke	Unterschied	Trockensubstanz	Stärkewerth	Stärke	Unterschied	Trockensubstanz	Stärkewerth	Stärke	Unterschied	Trockensubstanz	Stärkewerth	Stärke	Unterschied
	Proc.	Proc.	Proc.	Proc.	Proc.	Proc.	Proc.	Proc.	Proc.	Proc.	Proc.	Proc.	Proc.	Proc.	Proc.	Proc.
6. 8.	16,5	10,7	8,3	2,4	17,2	10,9	8,1	2,8	20,0	14,2	11,8	2,4	16,1	11,0	8,3	2,7
13. 8.	18,8	13,8	11,5	2,3	21,3	15,8	13,2	2,6	20,2	14,5	12,2	2,3	17,2	12,1	9,7	2,4
20. 8.	21,4	17,2	15,4	1,8	24,1	18,9	16,6	2,3	22,3	17,1	15,2	1,9	18,1	13,5	11,5	2,0
27. 8.	21,6	17,3	15,2	2,1	25,0	19,1	17,2	1,9	23,1	18,3	16,5	1,8	20,7	15,9	14,0	1,9
3. 9.	23,9	18,8	17,2	1,6	25,9	19,9	18,1	1,8	24,6	18,9	17,2	1,7	21,2	16,4	14,6	1,7
10. 9.	22,8	18,3	16,8	1,5	25,7	20,0	18,3	1,7	24,2	18,6	17,0	1,6	18,9	14,2	12,7	1,5
17. 9.	24,3	19,4	17,8	1,6	25,9	19,8	18,2	1,6	24,1	18,2	16,6	1,6	18,7	13,7	12,0	1,7
24. 9.	23,0	18,4	16,9	1,5	24,2	17,9	16,1	1.8	23,1	17,6	16,1	1,4	19,9	15,0	14,6	1,4
1. 10.	23,4	18,7	17,4	1,3	25,5	19,8	18,3	1,5	—	—	—	—	21,0	16,7	15,5	1,2

Zwischen dem 3. und 17. September ist die Reife eingetreten und die späteren Schwankungen sind wohl auf die Unsicherheiten bei der Probenahme zurückzuführen. Der Unterschied zwischen dem Stärkewerth und dem Gehalt an wahrer Stärke sinkt fortdauernd. Es ist dies die Folge einer ständigen Abnahme des Zuckergehaltes[1]), der in den unreifen Kartoffeln 2,5—3 Proc beträgt und bei den reifen Kartoffeln bis auf 1,4—1,6 Proc. zurückging.

Kreusler fand bei ähnlichen Untersuchungen über das Wachsthum der Kartoffelpflanze, dass sich Glykose (Dextrose) bei den ganz jungen Knollen in ansehnlicher Menge fand, bei den einigermaassen gereiften dagegen schon nicht mehr in Spuren. Substanzen, welche erst nach Inversion mit Säuren die Kupferlösung reduciren (Rohrzucker), waren in den ganz jungen Knollen nur spärlich vorhanden, traten später mehr in den Vordergrund, um mit völliger (oder nahezu völliger) Reife wiederum ganz zu verschwinden.

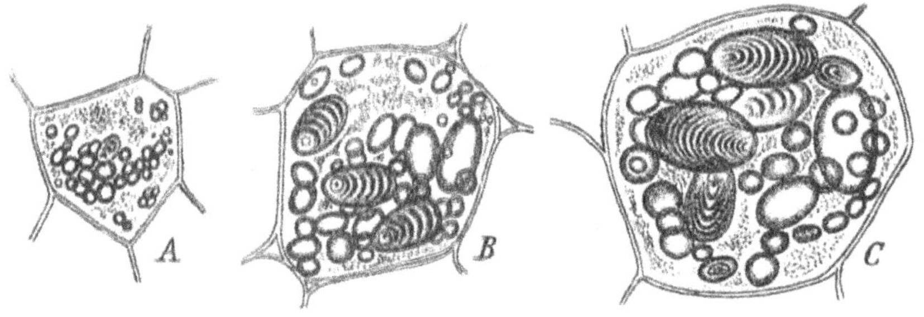

Abb. 11 (nach Frank).

Es findet also während des Reifens der Kartoffel zweifellos eine Abnahme an Zucker statt, welche bis zum Verschwinden desselben führen kann.

Für den Stärkefabrikanten ist dieser Umstand von Bedeutung, weil er bei ganz reifen Kartoffeln am ehesten die Angabe der Kartoffelwage als richtig ansehen kann, dagegen bei unreifen auf mehr oder weniger grosse Verluste gegenüber dem bestimmten Stärkewerth gefasst sein muss.

Für die Vertheilung von Eiweiss und Amiden in den Kartoffeln scheint der Reifezustand und die Düngung der Kartoffeln ausschlaggebend zu sein. Nach O. Kellner verringert sich die Menge des Gesammtstickstoffes mit steigendem Trockensubstanzgehalt der Knolle, während der Eiweissgehalt relativ und absolut sich vermehrte, der Amidgehalt sank. Kreusler schliesst aus Versuchen über das Wachsthum der Kartoffelpflanze: die Veränderungen des Stickstoffgehaltes zeigen eigenthümliche Unregelmässigkeiten, wie es scheint, hauptsächlich bedingt durch das Verhalten der nicht eiweissartigen Stoffe. Der Procentsatz des Nichteiweissstickstoffes (bezogen auf den gesammten) zeigte sich in den ganz jungen Knollen (mit im Maximum 40 Proc.) ziemlich genau so hoch,

[1]) Ein wässeriger Auszug der an der Luft getrockneten Kartoffeln wurde invertirt und darin Dextrose bestimmt.

wie in den gereiften; zwischendurch und zwar in der Zeit des lebhaftesten Wachsthums, dagegen recht merklich vermindert. Die Erscheinung mag durch eine vermehrte Heranziehung der Amide etc. zur Eiweissbildung bedingt sein, ähnlich wie sich zu gleicher Frist die Stärke auf Kosten von Zucker etc. erheblich vermehrte.

Hungerbühler giebt die Stickstoffvertheilung in reifenden Kartoffelknollen, wie folgt, an:

Kartoffeln aufgenommen	Gesammt-stickstoff Proc. der Trockensubst.	Davon	
		Eiweiss-stickstoff Proc.	Nichteiweiss-stickstoff Proc.
23. Juni . .	1,27	70,9	29,1
30. Juni . .	1,50	64,4	35,6
7. Juli . .	1,44	58,7	41,3

Hiernach nimmt der Gesammtstickstoffgehalt mit fortschreitender Reife zu, der Eiweissgehalt relativ nicht unwesentlich ab.

Maercker endlich fand:

1. Im Allgemeinen enthalten die stickstoffreicheren Kartoffeln relativ mehr Amide als die stickstoffärmeren.

2. Die stärkemehlreicheren Kartoffeln derselben Varietät sind im Allgemeinen amidärmer.

3. Wenn der Stärkemehlgehalt durch gewisse Düngemittel deprimirt wird, z. B. durch Kalisalze, so wird dadurch der Amidgehalt erhöht.

4. Mit obiger Depression des Stärkemehlgehaltes und Vermehrung der Amide ist fast immer eine Erhöhung des Gesammtstickstoffgehaltes verbunden.

Maercker erklärt diese Erscheinung dadurch, dass ein hoher Amid- und Stickstoffgehalt ein Zeichen der Unreife der Kartoffeln ist.

Diese Resultate stimmen in ihrem Endergebniss nicht völlig überein, denn während nach Kreusler und Hungerbühler der Gehalt der Kartoffeln an Eiweissstickstoff in der Hauptvegetationsperiode relativ höher ist als bei den reifen Kartoffeln, der Amidstickstoff also zurücktritt, ist nach Maercker und Kellner ein hoher Amidgehalt ein Zeichen der Unreife. Vielleicht spielen bei den verhältnissmässig wenigen Untersuchungen Varietätsdifferenzen oder Düngungsunterschiede eine Rolle.

Der Satz 2. Maercker's giebt eine Erklärung für die praktische Erfahrung, dass die stärkereichen Kartoffeln gewöhnlich mehr Schaum geben als stärkearme, da sie meist eiweissreicher sind (vergl. S. 56 u. unter „Die Gewinnung und Reinigung der Stärke“ Absatz: Der Schaum).

Veränderungen der Kartoffeln beim Lagern.

Beim Lagern der Kartoffeln findet zunächst ein ständiger Wasserverlust statt, welcher nach den Angaben in dem Landwirthschaftlichen Kalender von Mentzel und von Lengerke sich wie folgt gestaltet.

100 kg verloren von Ende Oktober an durch Austrocknen an Gewicht:

bis Ende	November	0,56 kg
- -	December	3,14 -
- -	Januar	4,14 -
- -	Februar	5,54 -
- -	März	6,60 -
- -	April	8,00 -
- -	Mai (stark gekeimt)	10,00 -
- -	Juni (welk)	17,00 -

Der Wasserverlust beträgt also für die Monate November bis März je etwa 1 Proc. und im Ganzen 6,6 Proc., für die Monate April und Mai aber rund je 2 Proc.

Wollny fand beim Lagern von Kartoffeln im Keller vom 5. Oktober bis Ende April Verluste von 4,55—8,48 Proc.

Es wäre hiernach anzunehmen, dass die Kartoffeln, da sie während des Lagerns austrocknen, fortwährend an Trockensubstanz- und Stärkegehalt zunehmen müssten. Das ist aber thatsächlich nicht der Fall, sondern es finden im Gegentheil bei längerem Lagern sehr grosse Stärkeverluste statt. Wohl kann es vorkommen, dass diese Verluste mit der Zunahme an Stärke durch das Austrocknen gleichen Schritt halten, dass also der procentuale Stärkegehalt in gelagerten Kartoffeln ebenso hoch ist, wie bei den frisch geernteten, es darf dabei aber nicht vergessen werden, dass trotzdem die Verluste an Stärkemasse grosse bleiben; dieselben lassen sich aber nur dadurch feststellen, dass man das Gesammtgewicht der zu lagernden Kartoffeln und dasjenige der gelagerten neben ihrem procentualen Stärkegehalt feststellt. Dabei wird sich dann immer ein erheblicher Verlust an Trockensubstanz und somit an Stärke finden.

Nach Nobbe sind die Verluste beim Aufbewahren in feuchten und warmen Räumen am grössesten, in trockenen kühlen am geringsten. Es kommen nach seinen Untersuchungen $^3/_4$ des Verlustes auf Wasserverdunstung und $^1/_4$ auf Stärkeverlust, so dass nach Wollny's Angaben die Verluste an Stärke sich zu 1,2—2,1 Proc. berechnen.

Bei 10wöchigem Lagern von Kartoffeln, theils im Keller, theils in Mieten, fand Verfasser nur sehr geringe Schwankungen im Stärkegehalt und Stärkewerth, so dass also bei mässig langem und gut geleitetem Lagern die procentische Zusammensetzung der Kartoffeln sich nur unwesentlich ändert und auch der Zuckergehalt der Kartoffeln in engen

Grenzen schwankt, weil sich Stärkeverlust und Austrocknung offenbar das Gleichgewicht halten.

Verfasser fand bei:

Kartoffelsorte und Art der Aufbewahrung	Trocken-substanz Proc.	Stärke-werth Proc.	Stärke Proc.	Zucker[1]) Proc.
Seed in Mieten frisch . .	22,3	17,5	16,1	1,5
gelagert . .	21,6	16,4	14,3	2,4
im Keller frisch . .	21,4	16,2	15,0	1,3
gelagert . .	23,2	17,9	15,6	2,6
Daber in Mieten frisch . .	27,8	22,3	21,6	0,7
gelagert .	27,3	21,2	20,5	0,7
im Keller frisch . .	27,9	22,2	21,4	0,9
gelagert .	28,1	22,3	21,2	1,2
Achilles in Mieten frisch .	26,0	19,8	18,3	1,6
gelagert .	25,5	19,0	18,8	1,7
im Keller frisch .	25,0	18,7	17,1	1,7
gelagert .	25,8	19,5	17,8	1,8
Imperator in Mieten frisch .	25,2	19,4	18,1	1,5
gelagert	24,7	19,0	17,4	1,7
im Keller frisch .	26,0	19,8	18,5	1,4
gelagert	26,6	20,7	19,2	1,7

Nur bei der Seedkartoffel zeigen sich einigermaassen beachtenswerthe Schwankungen, welche wohl auf eine lebhaftere Neigung zur Zuckerbildung sich zurückführen lassen. Hingewiesen mag darauf auch werden, dass hier, bei von ganz anderem Standort aus dem Jahre 1884 stammenden Sorten, sich wieder Daber als die zuckerärmste Kartoffelsorte erweist (vergl. S. 53).

Nach Mittheilungen aus der Praxis sind in manchen Jahren die Unterschiede im Stärkegehalt der in die Miete eingefahrenen und der ihr wieder entnommenen Kartoffeln besonders auffällig. So theilte Schulze-Schulzendorf mit, dass im Jahre 1895 schon im Januar der Stärkegehalt der Kartoffeln um $2\frac{1}{2}$ Proc. geringer war als bei der Ernte und die Ausbeute hinter der nach der Kartoffelwage zu erwartenden (jedenfalls in Folge von Zuckerbildung) weit zurückblieb.

Ueber die Vorgänge, welche die grossen Stärkeverluste bei langem und noch mehr bei unter ungünstigen Bedingungen vorgenommenem Lagern der Kartoffeln veranlassen, hat Müller-Thurgau auf Grund sehr umfangreicher Untersuchungen ein klares Bild entworfen.

Sobald die grünen Theile der Kartoffelpflanze abgestorben sind,

---

[1]) Nach Inversion des Saftes als Dextrose bestimmt durch Reduktion von Kupferlösung.

oder die Knolle von ihnen getrennt wird, tritt die Kartoffelknolle in eine Ruheperiode ein, d. h. die Kartoffeln können, auch wenn man sie unter günstigen Bedingungen, also warm und feucht, hält, im Herbste und anfangs Winter in der Regel nicht zum Austreiben gebracht werden, während sie im Frühjahr unter viel ungünstigeren Bedingungen, z. B. im Keller, leicht austreiben[1]). Es wäre aber falsch, wollte man daraus den Schluss ziehen, dass während dieser Zeit alle Lebensvorgänge in der Kartoffel ruhten, vielmehr gehen in dieser Zeit sehr weitgreifende Veränderungen in der Kartoffel vor sich, welche für den Kartoffel verarbeitenden Fabrikanten von grosser Wichtigkeit sind, da ihre richtige Erkenntniss den Hinweis liefert, wie das Lagern der Kartoffel gehandhabt werden muss, um sich thunlichst vor Stärkeverlusten zu schützen.

Es gehen in der Kartoffelknolle beim Lagern ausser der Wasserverdunstung namentlich zwei Vorgänge neben einander her: die Athmung, d. i. eine Zersetzung von Zucker unter Bildung von Kohlensäure, und die Herstellung des hierzu nöthigen Zuckers aus der Stärke.

Ersteres ist ein Vorgang direkter Lebensthätigkeit des Protoplasmas der Kartoffelzellen, letzteres ein chemischer, durch ein der Diastase ähnliches Ferment bewirkter Process, bei welchem Stärke in Zucker verwandelt wird. Beide Vorgänge finden gleichzeitig statt.

Auf die Lebensenergie des Protoplasmas und also auch auf die Athmung ist die Temperatur von grösstem Einfluss. Je mehr die letztere sinkt, um so schwächer wird die Athmung, und sie hört endlich bei — 2° C. fast ganz auf. Viel geringer ist dagegen der Einfluss der Temperatur auf die Zuckerbildung aus Stärke.

Wird daher eine Kartoffelknolle, welche keine oder nur geringe Mengen Zucker enthält, auf Temperaturen bis zu — 2° C. langsam abgekühlt, so wird die Athmung stark, die Zuckerbildung wenig oder nicht verringert, und es wird also bald mehr Zucker gebildet, als verathmet werden kann, es muss also eine Zuckeranhäufung, ein Süsswerden der Kartoffeln, eintreten.

Je näher die Temperatur dem Punkte, bei dem die Athmung aufhört (— 2°), liegt, um so grösser wird die Zuckeranhäufung sein. Bei 0° ist sie höher als bei + 3° und bei + 3° höher als bei + 6°. Die Menge des gebildeten Zuckers ist bei den einzelnen Knollen indess sehr verschieden und schwankt in weiten Grenzen (bis zu etwa 3 Proc.). Je wasserreicher die Kartoffeln sind, um so mehr neigen sie zur Zuckeranhäufung.

Bei 8° finden sich nur noch selten Kartoffeln mit Spuren von Zuckeranhäufung und bei 10° ist die Athmung schon so stark, dass eine Zuckeranhäufung nicht mehr eintreten kann.

---

[1]) Man kann allerdings Kartoffeln auch schon im Herbste zum Austreiben bringen, wenn man sie vorher auf 0° bringt und dadurch an Zucker anreichert.

Will man daher ein Süsswerden der Kartoffeln vermeiden, so darf man die Temperaturen, bei denen die Kartoffel lagert, nicht unter 8° C. oder 6,5° R. sinken lassen.

Besonders interessant erscheint auch der Umstand, dass Müller-Thurgau feststellte, dass einmal süss gewordene Kartoffeln, wenn sie in höhere Temperatur (20—30° C.) gebracht werden, bald wieder ihren Zuckergehalt verlieren, und zwar nicht allein durch Verathmung, sondern auch durch Rückbildung in Stärke (bis zu $^4/_5$ des Zuckergehaltes).

Süsse Kartoffeln, die man während einiger Zeit auf eine Temperatur von 20—30° erwärmt, erhöhen also ihren Stärkegehalt wieder.

Ob allerdings ein Nutzen für die Stärkefabrikation aus dieser Beobachtung gezogen werden kann, mag dahingestellt bleiben, da ein Erwärmen erheblicher Kartoffelmengen mehrere Tage hindurch auf 20 bis 30° C. grossen technischen Schwierigkeiten begegnen und bei nicht ganz gesunden Kartoffeln starkes Faulen im Gefolge haben muss. Für Esskartoffeln dagegen wird sich diese Beobachtung wohl verwerthen lassen.

Es mag hier noch darauf hingewiesen werden, dass von dem Praktiker oft Erfrieren und Süsswerden als gleichbedeutend angesehen werden. Beide Vorgänge sind aber ganz getrennt zu betrachten und fallen nur bisweilen zusammen (vergl. Frostwirkung S. 73).

Beim Keimen der Kartoffeln finden ebenfalls sehr erhebliche Verluste statt, sogar schon dann, wenn die Keimlinge nur eine mässige Entwicklung aufweisen. E. Kramer fand, dass von 100 Theilen Stärkemehl verloren gingen

bei einer Keimlänge von 1—2 cm = 3,2 Proc. Stärke
- - - - 2—3 - = 5,3 - -
- - - - 3—4 - = 9,9 - -

Der Stickstoffgehalt und namentlich das Verhältniss des Eiweissstickstoffs und Amidstickstoffs scheinen bei normaler 10wöchiger Lagerung wesentliche Veränderungen nicht zu erleiden. Nach Untersuchungen des Verfassers enthielten die Kartoffeln in Procenten des Gesammtstickstoffes Eiweissstickstoff[1]):

	In Mieten		Im Keller	
	frisch	gelagert	frisch	gelagert
Seed	52,4	42,1	43,8	46,6
Daber	65,3	65,4	66,9	64,8
Achilles	67,7	73,9	66,7	74,2
Imperator	54,1	52,9	56,8	57,8

Ob bei längerem oder ungünstigerem Lagern wesentlichere Veränderungen in den stickstoffhaltigen Bestandtheilen der Kartoffeln vor sich gehen, ist noch nicht näher nachgewiesen.

[1]) Durch Phosphorwolframsäure fällbar.

Krankheiten der Kartoffelpflanze und der Kartoffelknolle.

Veränderungen in der äusseren und inneren Beschaffenheit der Kartoffel werden auch hervorgerufen durch Krankheiten und anderweitige Eingriffe in die Lebensthätigkeit der Kartoffelpflanze und der Knolle.

Die Kartoffelpflanze ist einer grossen Reihe von Schädigungen und Krankheiten ausgesetzt.

Je nachdem dieselben nur die oberirdischen Theile, oder die unterirdischen Theile, bezw. beide angreifen, werden sie von verschiedener Bedeutung für den kartoffelbauenden und den kartoffelkaufenden Stärkefabrikanten sein.

Die Krankheiten, welche nur die oberirdischen Organe der Kartoffelpflanze angreifen, wirken schädigend, indem sie die Ernte verringern, also das Material vertheuern und bewirken, dass stärkearme, nicht genügend ausgereifte Kartoffeln verarbeitet werden müssen, welche mit höheren Unkosten und schwerer zu verarbeiten sind als gut ausgereifte, stärkereiche Knollen. Es gehören hierhin:

Die Kräuselkrankheit.

Dieselbe befällt die Blätter und Stengel der Pflanze. Erstere werden faltig und kräuseln sich von aussen nach innen. Später erhalten sie braune Flecke, welche sich auch auf den Stengel ausdehnen und ihn spröde machen. Die Pflanzen sterben vorzeitig ab, der Knollenansatz ist gering oder gleich Null. Die Ursache ist noch nicht mit Bestimmtheit erkannt. Ausheben der erkrankten Pflanzen vor der Ernte zur Entfernung der die Krankheit fortpflanzenden Knollen aus dem Saatgute schränkt sie ein. Zarte Kartoffelsorten mit lichtgrünem Laube sind geneigter zu der Krankheit als andere.

Die Schwarzbeinigkeit

geht meist der später erwähnten Krautfäule (S. 67) vorauf. Das Laub wird von unten herauf gelb und schlaff, die Stengel folgen und werden dicht über der Bodenoberfläche schwarz, legen sich später um und erweichen; später sterben auch die Wurzeln ab. Die Knollen bleiben meist gesund, aber entwickeln sich schlecht.

Die Ursache ist noch nicht sicher festgestellt. Mikroskopisch gefunden sind Bakterien und Schimmelpilze (Fusarium-Fruktifikation). Reichliche Luftzufuhr zur Stengelbasis wird als Schutzmittel empfohlen.

Die Stengelfäule,

welche meist nach längerer Trockenheit bei plötzlich eintretendem nassen Wetter auftritt. Durch die plötzliche starke Wasserzufuhr zu den erschlafften Stengeln reissen dieselben klaffend auf und bei anhaltender Nässe faulen sie von den Wundstellen aus.

Die Dürrfleckenkrankheit.

Neuerdings hat Sajó in Oesterreich und Sorauer in Deutschland die von letzterem mit dem genannten Namen belegte Krankheit angetroffen, welche wahrscheinlich mit der in Amerika als Early Potato Blight bezeichneten identisch ist und durch den Pilz Macrosporium Solani (Alternaria Solani) hervorgerufen wird.

Die Krankheit, welche die Blätter, nicht aber die Knollen der Kartoffel befällt, besteht darin, dass als erste Symptome sich scharf begrenzte Flecke von rundlich eckiger Gestalt auf den Blättern zeigen, die sich allmählich tief braun färben und dann mit Pilzfäden erfüllt sind. Diese treiben nach der Oberfläche des Blattes Fruchtträger aus, welche umgekehrt keulenförmige Gestalt und graue bis braune Farbe zeigen und in einen schnabelförmigen, farblosen Fortsatz endigen.

Sicher sind die Ursachen und die Bedingungen für das Auftreten der Krankheit noch nicht bekannt, ebenso wenig wie Mittel zu ihrer Bekämpfung.

Die ersten Anzeichen der Krankheit treten gewöhnlich nach Regenfällen auf, doch soll ihre Verbreitung durch Dürre begünstigt werden. Da die Pflanzen bereits bei beginnender Knollenbildung befallen werden, so kann die Folge der Krankheit ein erheblicher Ertragsausfall, ja fast völlige Missernte sein.

Von den Krankheiten, welche sowohl die oberirdischen Theile der Kartoffelpflanze als auch die Knollen angreifen, ist die wichtigste die Kartoffelkrankheit. Unter dem gemeinsamen Namen der Kartoffelkrankheit fasst der Landwirth meist zwei verschiedene Krankheiten zusammen, nämlich die Kraut- oder Zellenfäule und die Nassfäule oder den Rotz der Kartoffeln, weil sie meist zusammen auftreten. Dieselben sind aber auf ganz verschiedene Ursachen zurückzuführen und nur sehr häufig, aber nicht immer, mit einander gesellt. Die eigentliche Kartoffelkrankheit, die Krautfäule, tritt sowohl in den oberirdischen Organen als auch in den Knollen auf. In ihrem Gefolge zeigt sich dann häufig die Nassfäule, welche aber bisher nur an den Knollen festgestellt ist und auch ohne vorhergehendes Auftreten der Krautfäule beobachtet wird.

Die Kraut- oder Zellenfäule
(Phytophthora infestans de By.)

wird zunächst an den Blättern der Kartoffelpflanze meist im Juni oder Juli sichtbar, indem dieselben vom Rande aus braunfleckig werden. Bei feuchtem Wetter bleiben die gebräunten Stellen der Blätter weich, bei trockenem werden sie zerreiblich, und die Krankheit erleidet einen Stillstand. Charakteristisch für die Krankheit ist ein weisslich schimmernder Rand zwischen dem braunen Fleck und dem noch grünen, die kranke Stelle begrenzenden Gewebe. Bei weiterem Fortschreiten der Krankheit, welche in wenigen Tagen das Kraut ganzer Felder vernichten kann, wird schnell das ganze Blatt schwarz.

Untersucht man die weisslichen Stellen, oder den weissen Reif, welcher vor der Zerstörung das Blatt fast immer überzieht, mikroskopisch, so findet man aus den Spaltöffnungen des Blattes hervortretende, baumartig verzweigte Pilzfäden eines Schimmelpilzes, der Phytophthora infestans, welche an ihren Enden citronenförmige Sporangien (Knospen) abschnüren (Abb. 12a). Diese fallen äusserst leicht ab und werden durch Wind und Regen weiter verbreitet. Der letztere führt sie namentlich den Knollen der eigenen und nächst benachbarten Pflanze zu. Diese Knospen selbst oder aus ihnen hervorgegangene Zookonidien (Schwärmsporen) treiben Keimschläuche aus, welche sich direkt in die von ihnen

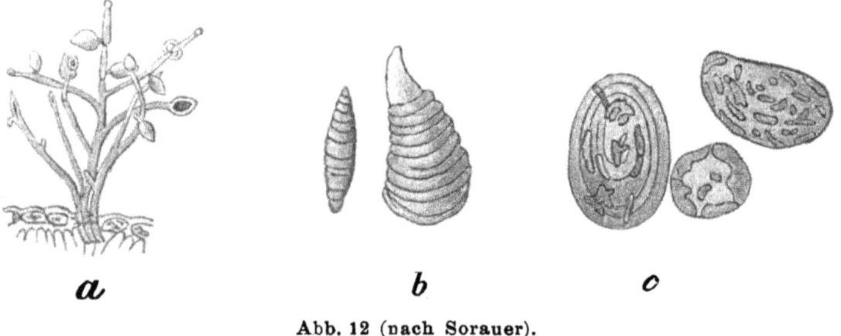

Abb. 12 (nach Sorauer).

befallene Zelle einbohren und den Inhalt der Zelle unter Bräunung zerstören und aussaugen. Von Zelle zu Zelle weiter wachsend durchziehen sie das ganze Gewebe als Mycel (Pilzfaden), die befallene Knolle erhält braune Flecken (bisweilen eingesunken). Der in den Gefässbündeln namentlich fortwachsende Pilz färbt die durchbrochenen und benachbarten Stellen braun und greift auch die Stärkekörner an, indem er sie theilweise löst. Die Knolle, welche nur von Phytophthora befallen ist, bleibt hart, lückenlos und saftig (Unterschied von der Nassfäule), die angegriffenen Stärkeköner sehen spindelförmig bis nadelförmig (Abb. 12b) aber nicht rissig und zerklüftet aus, wie bei den von weit vorgeschrittener Nassfäule befallenen Knollen (Abb. 12c).

Werden so erkrankte Knollen an warmen, feuchten Orten gelagert, so treibt der Pilz neue Knospenträger aus und die neben den kranken befindlichen gesunden Knollen werden angesteckt. Kommen solche Knollen zur Aussaat, was, da sie hart bleiben, leicht möglich ist, so treibt der Pilz seine Fäden von der Saatknolle in die jungen Triebe und Stengel bis zu den Blättern hinauf, den Gefässbündeln folgend,

Hier bildet er wieder Sporangien, welche die Krankheit weitertragen. Schwüle, feuchte Witterung begünstigt die Fruktifikation und damit eine plötzliche, verheerende Verbreitung der Krankheit.

Durch das frühzeitige Absterben des Krautes wird natürlich die Knollenbildung und der Stärkereichthum der Knollen stark geschädigt. Da aber der Pilz auch die Knollen selbst befällt und verändert, so richtet er grossen Schaden an. Besonders gefährlich für den Stärkefabrikanten wird er aber dadurch, dass er der von Bakterien veranlassten Nassfäule die Wege ebnet, indem er einmal den Bakterien Zugänge zu dem Inneren der Knolle durch die für sie nicht durchdringliche Schale der Kartoffel schafft und andererseits dadurch, dass er die Knolle in einen krankhaften Zustand versetzt und so widerstandsunfähiger gegen die Bakterien macht.

Ist nun die Bekämpfung der Krankheit zunächst Sache des Landwirthes, so hat doch auch der Stärkefabrikant ein lebhaftes Interesse an ihrer Einschränkung, weil durch erkrankte Knollen ihm grosse Gefahren drohen. Deshalb mögen hier kurz die gegen die Krankheit versuchten Bekämpfungsmittel Erwähnung finden.

Frühere Mittel wie Saatbeize, Abschneiden des Laubes, besondere Dungmischung, Schwefeln oder Petroleum sind wenig wirksam oder sogar schädlich gewesen, auch besondere Kulturmethoden, wie Jensen's Anhäufelungsverfahren und Gühlich's Anbaumethode haben sich nicht genügend bewährt.

Dagegen hat sich die neuerdings aus Frankreich und Belgien eingeführte Methode der Besprengung der erkrankten oder verdächtigen Pflanzen mit Mischungen von Kupfervitriol und Kalkmilch (Bordelaiser Brühe) oder der Bestreuung mit einer pulvrigen Mischung von Kupfervitriol und Speckstein bewährt.

Die Kupfervitriol-Kalkbrühe wird hergestellt durch Auflösen von 2 kg Kupfervitriol in 50 Liter Wasser und durch unter Umrühren erfolgten, langsamen Zusatz einer Kalkmilch, welche aus 2 kg gebranntem Kalk und 50 Liter Wasser bereitet war.

Diese Brühe wird frühzeitig, möglichst ehe die Krankheit sich zeigt, mittelst einer „Kartoffelspritze“ auf die Pflanzen gesprengt und bei Auftreten der Krankheit nach 3—4 Wochen noch ein- oder zweimal aufgebracht.

Nach von Frank und Krüger auf dem Felde der deutschen Kartoffelkulturstation in Berlin ausgeführten Versuchen steigert einmalige Behandlung, auch wenn die Krankheit nachher garnicht auftritt, den Knollenertrag und die Stärkebildung, indem das Kupfer als Reizmittel die Assimilationsthätigkeit der Pflanze erhöht.

Ein Einbeizen der Saatknollen mit der Brühe erhöhte nach Frank gleichfalls den Mehrertrag.

Dünnschalige, weisse Kartoffelsorten werden leichter und stärker von der Krankheit befallen als dickschalige rothe.

Im Wesentlichen nur die Kartoffelknolle befallen die folgenden Krankheiten:

Die Nassfäule oder der Rotz der Kartoffeln.

Es ist dies eine sehr weit verbreitete Krankheit, die sowohl dem Landwirth als auch dem Kartoffel verarbeitenden Fabrikanten viel Sorge bereitet.

Die Krankheit tritt entweder schon an den noch im Boden befindlichen Kartoffeln auf, oder erst beim Aufbewahren der Kartoffeln. Meist bekommt die Knolle zunächst kleinere, anscheinend saftigere Flecke, die sich vergrössern, heller werden und in der Mitte einsinken. Später geht das Innere der Knolle in eine gelbliche oder sattgelbe breiige, sehr übelriechende Masse über. Das kann sowohl an einzelnen Stellen als in der ganzen Knolle der Fall sein. In letzterem Falle erscheint häufig die Schale ohne Veränderung und erst bei einem auf sie ausgeübten Druck platzt sie und lässt den jauchigen Inhalt ausfliessen.

Betrachtet man den Vorgang unter dem Mikroskope, so besteht sein Fortschreiten darin, dass zunächst die die Zellen verkittende Intercellularsubstanz gelöst wird, und in Folge dessen die Zellen einzeln in einer Flüssigkeit eingebettet liegen. Beim Zunehmen der Krankheit wird dann auch die Zellwand aufgelöst und man sieht die Stärkekörnchen freigelegt und einzeln zwischen Resten von Protoplasma, Zellwand und anderen schleimigen Massen vertheilt. Die Flüssigkeit, welche in diesem Stadium stark sauer reagirt und nach Buttersäure riecht, wimmelt von stäbchenförmigen, oft auch stecknadelähnlichen Bakterien (Köpfchenbakterien-Dauersporen). Dass die Stärkekörner selbst angegriffen werden, ist selten und erst bei sehr weitgehender Zersetzung beobachtet (vergl. Abb. 12c).

Das Eindringen der Bakterien in die Knolle findet durch die Augen, den Nabel und die Rindenporen der Kartoffel statt. Die ersten Stadien der Krankheit werden allein durch Bakterien verursacht, und zwar Buttersäure bildende. Während aber nach Frank und Sorauer das luftscheue Clostridium butyricum Przm. die Ursache der Krankheit ist, wies E. Kramer in nassfaulen Kartoffeln als Krankheitserreger einen luftliebenden Bacillus butyricus nach. Für den Praktiker hat dies nur insofern Interesse, als es danach fraglich erscheint, ob Luftzufuhr die Krankheit beschränkt oder begünstigt.

Aus praktischer Erfahrung weiss man, dass beim Austrocknen nassfauler Kartoffeln die Krankheit eingeschränkt wird. Es mag dahingestellt bleiben, ob dabei die Luftzufuhr oder aber die Entziehung der Feuchtigkeit das Wirksame ist. Jedenfalls tritt die Krankheit in diesem Falle in ein anderes Stadium. Der sauer reagirende Brei erhält alkalische Reaktion (Ammoniak und Methylamine), indem nach Kramer die Bakterien nach Zerstörung des Zuckers und der Zellhaut auch die Eiweisstoffe angreifen. Es siedeln sich ferner neue Arten von Bakterien (tafelförmige Mikrokokken) und verschiedenfarbige Schimmelpilze (besonders Fusisporium Solani) in dichten Rasen an. Die Kartoffel aber bildet, wenn noch gesunde Fleischtheile vorhanden sind, an den Wundrändern derselben eine Korkschicht aus Zellen von der Beschaffenheit der Schale, welche die gesunden Theile vor dem Weitervordringen der Krankheit schützt. Es entstehen so die trockenfaulen Kartoffeln.

Die Trockenfäule ist also keine besondere Krankheit, sondern nur ein bestimmtes Stadium der Nassfäule. Wenn nun die Bildung der Korkschicht an vielen Stellen im Innern stattfindet, dann wird die Knolle lederartig und für die Verarbeitung ungünstig.

Eingetrocknete Reste nassfauler Kartoffeln findet man häufig als weisse Flecken (Stärke) oder ganz geschrumpfte, platte Hüllen mit einem pulvrigen weissen Inhalt im Frühjahr auf dem Acker.

Als Vorbeugungsmittel giebt es nur bei vorgeschrittener Krankheit Austrocknen der Knollen, bei sich entwickelnder Abkühlen und Lüften bezw. Umstechen, z. B. der in Mieten sich erwärmenden Kartoffeln.

Für den Stärkefabrikanten bringt die Krankheit zahlreiche Nachtheile und Verluste mit sich. Die jauchigen nassfaulen Kartoffeln werden in der Kartoffelwäsche zerschlagen und ein grosser Theil der freigelegten Stärke geht im Waschwasser verloren. Die Stärke ist vielfach mit Protoplasmaresten untermischt und das Fruchtwasser in lebhafter Bakteriengährung. Beide Ursachen veranlassen schweres Absitzen der Stärke (fliessende, schwimmende Stärke) und geben dem fertigen Produkt eine geringe, graue Farbe. Auch bereitet der üble Geruch bei der Verarbeitung fauler Kartoffeln durch Klagen der Nebenwohner dem Stärkefabrikanten Unannehmlichkeiten.

Trockenfaule Kartoffeln geben in Folge der Hohlräume falsche und zwar zu niedrige Angaben des Stärkegehaltes an der Kartoffelwage. Oft schwimmen sie sogar auf dem Wasser. Verfasser erhielt im Jahre 1884 Kartoffeln, welche äusserlich ganz gesund erschienen, aber auf Wasser schwammen. Beim Durchschneiden zeigten sich viele Knollen innen hohl, mit eingetrockneter weisser Schleimmasse und einer 5 mm dicken Mantelzone von gesundem Fleisch, welches durch eine Korkschicht gegen den Hohlraum abgeschlossen war.

Wegen der vielen Korkschichtbildungen werden die trockenfaulen Kartoffeln lederartig, waschen und reiben sich schwer, geben grosse Pülpemengen und damit grössere Stärkeverluste und geben auch meist mehr Stippen (dunkle Punkte in der Stärke).

Der Schorf der Kartoffeln.

(Räude, Krätze, Grind)

besteht in dem Auftreten brauner unregelmässiger Flecken, Buckel oder Löcher, welche meist mit Resten abgestorbener Zellen korkig bestaubt oder schuppig besetzt sind und deren Ränder dann wie ausgefranst aussehen. Frank und Krüger unterscheiden vier Arten von Schorfbildung: den

Flachschorf, der nur braune Flecke auf der Schale bildet und nicht in den Mehlkörper der Kartoffel eindringt; den Tiefschorf, der mehr oder weniger tief in den Mehlkörper eindringende Löcher bildet, den Buckelschorf, welcher Erhöhungen auf der Schale zeigt und den Buckel-Tiefschorf, bei dem die beiden Arten des Buckel- und Tiefschorfes gleichzeitig an jeder Schorfstelle sich zeigen.

Die Schorfstellen zeigen sich stets an der Stelle der Rindenporen oder Lenticellen, d. h. bestimmter von Wucherungen lockerer Zellen gebildeter Punkte der Kartoffelschale, welche Ausmündungsstellen der Intercellularräume sind und sich an vielen Pflanzentheilen finden. Die Zellen der Rindenporen werden bei der Schorfbildung getödtet und braun gefärbt. Beim Tiefschorf ergreift die Krankheit aber auch die Zellen des Mehlkörpers bis in mehr oder weniger grosse Tiefe, während beim Buckelschorf gleichzeitig Neuwucherungen von Zellen platzgreifen. Stets bildet jedoch wie bei der Trockenfäule die Knolle an der Grenze, bis zu welcher die Krankheit vordringt, eine Wundkorkschicht, welche das Vordringen hemmt.

Als Ursache des Schorfes sind Fadenpilze und bestimmte Bakterien angesehen worden. Frank und Krüger haben aber nachgewiesen, dass diese nur lokale oder sekundäre Vorkommnisse, nicht aber die Erzeuger des Schorfes sind. Ihnen gelang es nur nachzuweisen, dass die Krankheit nicht von der Mutterknolle auf die Tochterknollen übertragen wird, sondern dass der Boden, in dem die Knollen wachsen, den Krankheitsträger beherbergt, da in sterilisirtem Boden Kartoffeln nie schorfig wurden. Wenn es daher auch sehr wahrscheinlich ist, dass organisirte Wesen die Ursache der Schorfbildung sind, so sind dieselben ihrer Natur nach noch nicht bekannt.

Die Ansicht vieler Praktiker, dass durch Kalken oder Mergelung des Bodens der Schorf veranlasst wäre, ist nicht stichhaltig. Höchstens wird er dadurch begünstigt.

Es gelang den genannten Forschern, die Schorfbildung ganz oder fast vollständig zu verhindern durch Behandlung des Bodens mit einer mit Wasser verdünnbaren Emulsion von Karbolsäure mit grüner Seife (250 g + 500 g) oder von Petroleum mit grüner Seife (5 Liter + 1250 g auf 4 qm).

Durch 24stündiges Anbeizen des Saatgutes mit 2procentiger Kupfervitriol-Kalkbrühe konnte die Schorfbildung sehr wesentlich eingeschränkt werden.

Für den Stärkefabrikanten ist die Krankheit eine besonders unangenehme, weil einmal die schorfigen Kartoffeln sich sehr schwer reinwaschen lassen und andererseits leicht Reste der zerstörten Zellen als braune Stippen in die Stärke gelangen.

Im Anschluss an die Schorfkrankheit ist noch eine ebenfalls die Kartoffelschale angreifende Krankheit zu nennen,

die Pockenkrankheit oder der Grind,

welche durch einen Schimmelpilz, Rhizoctonia Solani Kühn, hervorgerufen wird. Auf der Knolle zeigen sich anfangs weissliche, später dunkelpurpurbraune Pusteln von geringer Grösse, welche sich leicht lostrennen lassen. Es sind Dauermycelien, von denen aus in der Regel noch einzelne braune, langgliedrige Mycelfäden auf dem sonst freiliegenden Theile der Kartoffelschale sich hinziehen.

Für den Stärkefabrikanten ist dieser Pilz sowie einige andere mit braunem Mycel und braunen Sporen (Septisporium, Cladosporium, Spongospora Solani) insofern von Interesse, als Reste der braunen Mycelfäden oder Pilzsporen sich häufiger in der Stärke als Stippen finden.

Der Wurzeltödter (Leptosphaeria circinans) umspinnt die Knollen der Kartoffelpflanze mit violetten Fäden und bringt die Knolle oft zu fast jauchiger Erweichung.

Krankheiten durch Thiere.

Von thierischen Organismen greifen die Kartoffel namentlich an Drahtwürmer (Larven des Saatschnellkäfers), welche in die jungen Knollen Gänge von 2—4 mm Weite bohren, und der Coloradokäfer, der aber sich erfreulicher Weise in Europa nicht, wie man befürchtete, eingebürgert hat.

Der Trockenfäule ähnliche Veränderungen der Kartoffel werden auch durch Nematoden oder Aelchenarten hervorgerufen, ähnlich denjenigen, welche die Zuckerrüben angreifen.

Dicht unter der Schale zeigt das Fleisch der Kartoffeln braune Stellen. Die Schale geht trocken über die Stelle hinweg und ist etwas runzelig eingesunken, stellenweise auch rissig. Die braunen Stellen haben zundrige, mehr zum Trockenwerden neigende Beschaffenheit, die Zellmembran ist an den Stellen gebräunt, die Stärkekörner unverändert eingetrocknet. Als Erreger dieser Krankheitserscheinung, die sich meist nicht weit in die Kartoffel hinein erstreckt und der Kartoffel das Aussehen der Trockenfäule giebt, fand Julius Kühn und später B. Frank mundstachellose Aelchen von höchstens 0,7 mm Länge, wahrscheinlich identisch mit Tylenchus devastatrix. Eine grosse Verbreitung dieser Krankheit ist bisher nicht konstatirt, aber es ist wahrscheinlich, dass viele Fälle von Trockenfäule auf das Vorkommen der Aelchen zurückzuführen sind.

Von nicht von Organismen veranlassten Einwirkungen ist die wichtigste die

Einwirkung des Frostes auf die Kartoffeln.

Frost kann der Kartoffelpflanze dadurch schädlich werden, dass er die Blätter und Stengel vor der Zeit abtödtet und dadurch das Reifen der Knollen plötzlich unterbricht. Beim allmählichen, normalen Absterben der Pflanze wandern erst alle wichtigen Stoffe aus den Blättern und Stengeln, ehe sie von der Pflanze abfallen, in die Knolle, darunter besonders transitorische Stärke und Zucker, aus denen in den Kartoffelzellen sich wieder Stärke bildet. Diese Stoffe gehen aber beim plötzlichen Absterben der grünen Theile der Knolle verloren.

Verfasser hatte ausserdem auf einem Gute der Provinz Brandenburg 1887 Gelegenheit zu beobachten, dass die Knollen aller Kartoffelpflanzen, welche im Kraut erfroren waren, gleichgültig welcher Sorte, eine ziemlich grosse Anzahl von Stärkekörnern enthielten, welche das Aussehen von Stärkekörnern bei beginnender und völliger Verkleisterung zeigten, während die nichterfrorenen sie kaum enthielten. Die Beobachtung steht bisher vereinzelt da. Es ist anzunehmen, dass die Kartoffeln auszuwachsen begannen, und die Stärke sich löste.

Bei Einwirkung von Frost auf die Kartoffelknollen kann die Folge sein ein Gefrieren oder ein Süsswerden der Kartoffeln, oder beides zugleich. Es hängt das ab von der Dauer der Einwirkung der niedrigen Temperatur.

Das Gefrieren der Kartoffeln findet nicht, wie man anzunehmen geneigt ist, bei 0° statt, sondern erst bei Temperaturen unter —3° C. Müller-Thurgau hielt Kartoffeln 14 Tage hindurch bei —1° bis —2°, ohne dass sie gefroren. Er erklärt dies daraus, dass die Zellsäfte erst auf —3° C. abgekühlt, d. h. überkältet werden müssen, ehe die Bildung von Eiskrystallen in den Intercellularräumen zwischen den Zellen der Kartoffel und damit der Beginn des Erfrierens eintritt. Ist aber der Gefriervorgang damit erst einmal eingeleitet, so schreitet er rasch voran, und dann ist die Kartoffel verloren, d. h. sie kann auch unter Anwendung aller möglichen Vorsichtsmaassregeln nicht am Leben erhalten werden. Eine gefrorene Kartoffel zeigt sich nach dem Aufthauen immer erfroren und geht rasch in faulige Zersetzung über.

Geht nun die Abkühlung der Kartoffel z. B. beim Liegen auf freiem Felde schnell vor sich, und die Temperatur fällt nur auf —1 bis —2°, so wird die Kartoffel weder süss noch erfroren. Sinkt die Temperatur schnell auf unter —3°, so ist die Kartoffel nicht süss und erfroren.

Sinkt die Temperatur langsam, z. B. im Keller in wochenlanger Dauer auf —2°, so sind die Kartoffeln süss und nicht gefroren; bleibt sie aber längere Zeit über —2° stehen und sinkt dann bis unter —3°, so wird die Kartoffel süss und erfroren sein.

Aeusserlich unterscheiden sich gefrorene und süsse Kartoffeln dadurch, dass erstere steinhart sind, nach dem Aufthauen aber weich und schwammig werden, so dass beim Durchschneiden von selbst eine wässrige Flüssigkeit ausfliesst und sich in grosser Menge herausdrücken lässt. Der ausgeflossene Saft nimmt an der Luft schnell eine dunkle Färbung an.

Süsse, nicht erfrorene Kartoffeln sehen dagegen wie gesunde Knollen aus und lassen nur durch den widerlich süsslichen Geschmack oder durch chemische Prüfung ihre Veränderung erkennen. Bei süss gewordenen Kartoffeln liegt der Ueberkältungspunkt, bei dem sie gefrieren, etwas tiefer (bei —4° bis —5°).

Nach Czubata wird während des Gefrierens der Kartoffeln ein Theil der unlöslichen Eiweissstoffe in lösliche übergeführt.

Das Durchwachsen der Kartoffeln
(Kindelbildung)

besteht darin, dass die noch an der Mutterknolle hängenden, im Boden befindlichen Knollen ihre Augen zu Trieben entwickeln, welche entweder über die Erde auftreiben und Stengel und Blätter bilden, oder nach kurzem Wachsen neue Knollen ansetzen oder endlich gleich als kleine Knolle unmittelbar an der alten Knolle herauswachsen (Kindel).

Es tritt diese Erscheinung ein, wenn nach langer Trockenheit, während welcher die gebildeten Knollen nothreif geworden sind, bei warmer Witterung bedeutende Niederschläge eintreten, und der bedeutende Wasserauftrieb in der reifen Knolle diese zum Austreiben anspornt.

Je nachdem nun die nach dem Eintreten der Niederschläge andauernde Wärmeperiode kürzer oder länger ist, werden die Kindelbildungen kleiner oder gleich bezw. grösser als die Mutterknolle sein.

Unreif ist eine solche Knolle immer. Trennt man aber die Tochterknolle von der Mutterknolle, so ist nach von Eckenbrecher bei kleiner Tochterknolle diese unreif, während bei Kartoffeln, deren Tochterknolle grösser ist als die Mutterknolle, die letztere stärker verändert, mit Hohlräumen versehen und stärkeärmer ist. Da stets der unreifere Theil schneller zum Faulen neigt, so ist dieser beim Einmieten zu entfernen.

Für den Stärkefabrikanten haben durchgewachsene Kartoffeln alle die Nachtheile, welche unreife Kartoffeln ihm bringen.

Kartoffeln für Stärkefabrikation.

Für die Kartoffelstärkefabrikation gut geeignete Kartoffeln müssen hiernach kurz zusammengefasst folgendermaassen beschaffen sein:

1. stärkereich und reich an grossen Stärkekörnern,
2. flachäugig und glattschalig,
3. dünnschalig und faserarm,
4. gut ausgereift und nicht krank,
5. arm an löslichen Eiweissstoffen.

Stärkereiche Kartoffeln geben mit geringeren Fabrikationsunkosten grössere Ausbeuten, an grossen Stärkekörnern reiche Kartoffeln viel erstes Produkt und eine grosskörnige, glänzende Waare. Flachäugige und glattschalige Kartoffeln sind leichter und sicherer zu waschen, dünnschalige und faserarme geben ein feines Reibsel und weniger Pülpe als grobeschalige und faserreiche. Stärke aus unreifen, faulen und gefrorenen Kartoffeln setzt sich schlecht und wird grau; die Verluste sind erheblicher als bei gesunden. Kartoffeln mit viel löslichen Eiweissstoffen endlich geben viel Schaum. Aeusserlich zeigt sich bei sonst glattschaligen Kartoffelsorten die eingetretene Reife durch Rissigwerden der Schale, und je rissiger die Schale solcher Kartoffeln ist, um so reifer und stärkereicher pflegen sie zu sein.

Es eignen sich daher oft Kartoffelsorten, welche für Brennereizwecke und als Speisekartoffeln gut geeignet sind, für Stärkefabrikation weniger gut oder gar nicht. Letzteres ist nach ganz übereinstimmenden Nachrichten aus verschiedenen Gegenden z. B. bei Magnum bonum der Fall.

In dem Bericht über eine vom Verein der Spiritusfabrikanten in Deutschland 1887 veranstaltete Enquête über die Verbreitung der verschiedenen Kartoffelvarietäten stellt Maercker folgende Bemerkungen über das Verhalten verschiedener Kartoffelvarietäten bei der Stärkefabrikation aus den Fragebogen zusammen:

1. Champion. Dieselbe soll auf Stärke erst von Ende November ab zu verarbeiten sein, da sie sonst keine schöne weisse Stärke ausgiebt; von derselben Varietät wird angeführt, dass sie keine leicht absetzbare Stärke abgebe.
2. Daber'sche. Giebt bei der Stärkefabrikation am meisten leichte, schlecht verwerthbare Schlammstärke, welche sich nicht besonders gut absetzt.
3. Imperator. Gute Verarbeitung auf Stärke wird gerühmt.
4. Rose späte. Dieselbe soll die einzige Varietät sein, welche, wenn sie auch noch sehr spät gepflanzt wird, sich doch noch gut auf Stärke verarbeiten lässt. Nach Weihnachten soll die Varietät schlechter zu verarbeiten sein als vorher.
5. Blassrothe, weissfleischige Zwiebel. Die Stärke lagert sich in der Regel viel fester ab als diejenige von weissen Varietäten.
6. Gelbfleischige sächsische Zwiebel. Dieselbe giebt nächst der Seedkartoffel am wenigsten leichte geringwerthige Schlammstärke, jedoch sollen ihre Zellen auf der Reibe schwer zerreissbar sein.
7. Seed. Es wird im Allgemeinen ihre Gutartigkeit gelobt, dagegen andrerseits angeführt, dass sie gelegentlich blaue Stärke gäbe.
8. Paterson's Victoria und auch die Daber'sche Kartoffel sollen nach einem Bericht keine dem specifischen Gewicht entsprechende Ausbeute geben, da sie 3 bis 5 Proc. unreife, sich nicht absetzende Stärke enthielten.

Nach den Erfahrungen des Verfassers haben sich im Allgemeinen für die Stärkefabrikation bewährt:

Von älteren Sorten:

Daber, gelbfleischige Zwiebel, Seed (besonders in der Provinz Sachsen und Schlesien), Champion, Richter's Imperator.

Von neueren Sorten:

Reichskanzler (von besseren Böden bei guter Düngung sehr stärkereich und haltbar).

Zu Anbauversuchen wurden ihm von Kartoffelzüchtern empfohlen:

für leichte Böden: Athene und Grosser Kurfürst,
- Mittelboden: Blaue Riesen, Prof. Oehmichen,
- schweren drainirten Boden: Achilles und Anderson,
- nassen Boden: Simson.

Aus einzelnen Beobachtungen aus der Praxis ist zu schliessen, dass mit Chilisalpeter (auf Sandboden) und auch mit Kalisalzen gedüngte Kartoffeln mehr Schlamm liefern, also wohl mehr kleinkörnige Stärke enthalten, und dass in Gründen gewachsene Kartoffeln graue Stärke liefern. Auch soll Stärke aus Kartoffeln von sandigem Boden sich besser centrifugiren lassen, als solche von schweren Böden.

Ueberblick über den Gang der Kartoffelstärkefabrikation.

Die Arbeiten einer Kartoffelstärkefabrik zerfallen in die folgenden Abschnitte:

1. das Heranschaffen und Aufbewahren der Kartoffeln,
2. das Reinigen der Kartoffeln,
3. die Zerkleinerung der Kartoffeln,
4. das Auswaschen der freigemachten Stärke,
5. die Gewinnung der Rohstärke,
6. das Reinigen der Rohstärke,
7. die Verarbeitung der Abfallstärke,
8. das Trocknen der Stärke,
9. die Herstellung von Kartoffelmehl,
10. die Verwerthung oder Beseitigung der Abfälle.

Die zunächst folgende Uebersicht über diese Arbeiten bezweckt dem mit der Kartoffelstärkefabrikation noch garnicht oder wenig Vertrauten zunächst ein Bild des Verlaufes der Arbeiten im Zusammenhange zu geben. In den darauf folgenden entsprechend benannten Hauptabschnitten des Buches werden dann die Einzelheiten näher beleuchtet werden.

Das Heranschaffen und Aufbewahren der Kartoffeln.

Das Heranschaffen der Kartoffeln zur Fabrik geschieht aus der nächsten Umgebung in Fuhrwerken, aus entfernteren Gegenden durch Bahn- bezw. Schiffs-Transport.

Das Aufbewahren der Kartoffeln findet in Haufen, Kellern, Mieten oder Schuppen statt, je nach den örtlichen Verhältnissen und der Dauer der Lagerzeit.

Kleinere, namentlich landwirthschaftliche Fabriken, welche selbstgebaute Kartoffeln verarbeiten, speichern diese in Mieten auf dem Felde auf und führen sie nach Bedarf mit Fuhrwerk oder Feldbahn nach der Fabrik, oder sie mieten sie in der Nähe der Fabrik ein und schaffen den täglichen Bedarf in Karren oder Körben heran.

Grössere, namentlich kartoffelkaufende Fabriken sorgen dafür bei dem Kaufabschluss, dass die Kartoffeln möglichst nur in dem Maasse geliefert werden, wie sie verarbeitet werden können. Auch stellen sie den Stärkegehalt und die Schmutzprocente, d. h. die Menge der Steine und Erdtheile, fest und berücksichtigen die gesunde oder kranke Beschaffenheit der gelieferten Kartoffeln, um danach den zu bewilligenden Preis festzusetzen.

Die Menge der gelieferten Kartoffeln wird beim Heranschaffen mit Fuhrwerken in der Weise festgestellt, dass dieselben beim Anfahren auf einer Centesimalwaage gewogen, und die Wagen nach dem Abladen auf derselben zurückgewogen werden. Beim Heranschaffen mit der Eisenbahn gilt bahnamtliches Gewicht.

Fast alle Fabriken besitzen einen oder mehrere Vorrathsräume — gewöhnlich halb in den Erdboden eingebaute Schuppen — Kartoffelkeller, welche den Bedarf für einen oder einige Tage fassen können.

Die zugefahrenen Kartoffeln werden durch die Luken derselben eingeworfen. Dabei gehen sie über eine Kartoffelharfe oder durch eine Trockentrommel, durch welche die Hauptmenge der ihnen anhaftenden Erdtheile hindurchfallen, und die Kartoffeln also vorgereinigt werden. Der abfallende Schmutz wird auf die Wagen zurückgeladen und mit diesen zurückgewogen.

In diesem Raume befindet sich auch zumeist der zum vollständigen Reinigen der Kartoffeln bestimmte Apparat, die Kartoffelwäsche.

Der Transport der Kartoffeln innerhalb des Kartoffelkellers zu der Wäsche oder bei mehreren, von dem einen zum andern geschieht in kleinen Fabriken durch Heranschaufeln mit Handarbeit, oder Herantragen in Körben, in grösseren durch Transportschnecken Transporttücher oder in der Schwemme, d. h. in einer mit reichlichem Wasserzufluss gespeisten Rinne. In dieser findet gleichzeitig eine Vorreinigung und Abscheidung von Steinen statt.

Liegt die Kartoffelwäsche hoch, so werden die Kartoffeln durch ein Becherhebewerk, den Kartoffel-Elevator, zu ihr gehoben.

Das Reinigen der Kartoffeln.

Zur vollständigen Reinigung der Kartoffeln von allen Erd- und Schmutztheilen dient die Kartoffelwäsche. Diese wird gebildet aus einem oder meist mehreren gemauerten Trögen, die mit Wasser gefüllt sind. In ihnen werden die Kartoffeln durch Rührarme bewegt, welche an einer der Wäsche aufgelagerten horizontalen und langsam sich drehenden Welle befestigt sind.

Es wird den Kartoffeln durch sie eine langsam vorwärts strebende, hebende und senkende Bewegung gegeben, bei welcher sie sich gegen einander reiben und dadurch selbst reinigen. Die gelockerten Schmutztheile führt stets neu hinzuströmendes oder den Kartoffeln entgegenfliessendes Wasser fort. In dem Steinfänger werden grobe Steine abgeschieden, während der feinere Sand durch in der Wäsche hängende Siebroste fortgeführt wird.

Die genügend gewaschenen Kartoffeln werden dann mit reinem Wasser abgespritzt und den Zerkleinerungsapparaten zugeführt, entweder, wenn die Wäsche höher steht als diese, durch eine mit Rost versehene Zulaufrinne, oder, wenn sie niedriger steht, durch Becherhebewerk.

Die Zerkleinerung der Kartoffeln.

Da die Kartoffeln aus einer grossen Anzahl einzelner Zellen bestehen, welche die Stärkekörnchen einschliessen, so ist es die Aufgabe des Stärkefabrikanten, soviel Zellen wie möglich zu öffnen, um die darin enthaltenen Stärkekörnchen in Freiheit zu setzen und so gewinnbar zu machen.

Es geschieht dieses Zerkleinern der Kartoffeln zunächst in einem besonderen Apparate, der Reibe.

Die Reibe ist eine durch eine wagerecht liegende Axe unterstützte und um diese drehbare Trommel, deren Mantel in irgend einer Weise mit scharfen Zähnen besetzt ist. Die Trommel wird durch Maschinenkraft in Drehung versetzt, sodass sie 900 bis 1200 Umdrehungen in der Minute macht. Auf diese schnell sich drehende Trommel fallen die gewaschenen Kartoffeln, werden von den Zähnen auf dem Mantel der Trommel erfasst und zerrissen, sodass sie in einen grobstückigen, schaumigen und röthlich gefärbten Brei verwandelt werden. Dieser Brei wird durch ein über der Trommel befindliches Gehäuse am Verspritzen gehindert und gezwungen, den Raum zwischen der Reibtrommel und einem dicht an sie herangeschraubten Holzklotz, dem Reibklotz, zu durchlaufen. Dabei wird der Brei weiter zerkleinert. Er fällt dann in die unter der Reibe befindliche Reibselgrube. Bei neueren Reiben-Konstruktionen wird der Brei durch Einschaltung von gelochten Blechen zwischen Reibselgrube und Reibtrommel verhindert, die Reibe eher zu verlassen, als bis er so fein ist, dass er durch Oeffnungen von bestimmtem Durchmesser in dem Bleche hindurchdringen kann.

Das Zerreiben der Kartoffeln geschieht unter Zugabe von Wasser und zwar etwa des gleichen Gewichtstheiles.

Der in der Reibselgrube sich sammelnde Brei, das Reibsel, ist eine Mischung von Fruchtwasser, d. h. verdünntem Kartoffelsaft, freigemachten Stärkekörnern, Faser und nicht zerrissenen, stärkeführenden Kartoffelzellen.

Die letzteren Beiden werden durch Siebapparate von dem Fruchtwasser und der freigemachten Stärke getrennt und in kleineren Fabriken als Abfall — Pülpe — betrachtet und aus dem Betriebe entfernt.

In grösseren Fabriken wird dagegen das durch die Siebe möglichst vollständig von freigemachter Stärke und Fruchtwasser befreite Reibsel einer Nachzerkleinerung unterworfen. Diese wird in gewöhnlichen Breimühlen, d. h. Mühlsteinen oder Mahlgängen, ähnlich den in der Getreidemüllerei gebrauchten, oder seltener in anderen besonders für diesen Zweck konstruirten Nachzerkleinerungsapparaten vorgenommen.

Eine vollständige Aufschliessung aller Zellen der Kartoffeln wird aber auch auf diesem Wege nicht erreicht.

Die Breimühlen bestehen aus einem festen und einem an stehender Welle beweglichen Stein, dem Läufer, welche mit der flachen Seite auf einander liegen. Die sich berührenden Flächen der Steine sind geschärft. Das Reibsel tritt von der Mitte her unter Wasserzugabe in den engen Raum zwischen beiden Steinen ein und wird durch den Läufer, welcher eine ziemlich hohe Umlaufsgeschwindigkeit hat, nach dem Steinumfang zugetrieben und dabei von der Schärfe der Steine zerkleinert. Der die Steine verlassende Brei ist ein Gemisch von verdünnterem Fruchtwasser, freigemachter Stärke, feinerer Faser und unaufgeschlossenen Kartoffelzellen. Er wird ebenfalls durch Siebapparate zerlegt, wie das Reibsel nach der Reibc.

Das Auswaschen der freigemachten Stärke.

Die Trennung des Gemisches von Faser und unaufgeschlossenen Kartoffelzellen, der Pülpe, von dem der freigemachten Stärke und des Fruchtwassers, der Rohstärkemilch, geschieht in den Siebvorrichtungen oder Auswaschapparaten.

Die Konstruktion derselben ist eine sehr verschiedene.

Die Plansiebe sind entweder Schlag-, Stoss- oder Schüttelsiebe, d. h. rechteckige ebene Siebflächen mit hin- und hergehender schneller Bewegung; oder es sind Bürstenbottichsiebe, bei denen auf einer kreisförmigen, wagerechten Siebfläche das Reibsel durch darüber hinlaufende Bürsten fortbewegt wird.

Die Cylindersiebe sind dagegen entweder Bürstencylinder, d. h. oben offene Halbcylinder mit langgestreckter Siebmulde, in welcher an horizontaler, rotirender Welle sitzende Bürstenarme das Reibsel vorwärtsschieben; oder es sind lange Vollcylinder mit langsam drehender Bewegung um die horizontal gelagerte Welle.

Die Siebfläche wird bei diesen Sieben von gelochtem Kupfer- oder Messingblech oder von Drahtgewebe, sog. Messinggaze gebildet.

Für das gröbere Reibsel hinter der Reibe wählt man ein Sieb mit weiteren Oeffnungen, also gelochtes Blech mit etwa $^1/_3$ mm Lochung, oder gröberes Drahtgewebe, z. B. No. 35—45.

Für den feinfaserigen Brei vom Mahlgange dagegen wird ein feineres Drahtgewebe, z. B. No. 50—60 verwandt.

Das Auswaschen des Reibsels findet in diesen Apparaten in der Weise statt, dass dasselbe abwechselnd abtropft und mit neuem Wasser reichlich befeuchtet wird. Zu diesem Zwecke wird dem Reibsel auf den Schüttelsieben eine schiebende oder hüpfende Bewegung gegeben, in den Cylindersieben eine steigende und fallende, während aus einer über der Siebfläche angebrachten Brause reichliche Wassermengen den abgetropften Theilen des Reibsels wieder zugeführt werden.

Dabei wird die Pülpe durch die Siebflächen zurückgehalten und am Ende des Siebes ausgeworfen, während die Rohstärkemilch durch die Maschen hindurchdringt und in den unter den Sieben befindlichen Milchmulden sich sammelt.

Die Arbeit der Zerkleinerung der Kartoffeln und des Auswaschens des Reibsels verläuft also kurz zusammengefasst folgendermaassen: Die von der Wäsche kommenden Kartoffeln werden in der Reibe zerrissen, der Brei fällt in die Reibselgrube. Aus dieser hebt ihn die Reibselpumpe oder Breipumpe nach dem hochstehenden Vorsieb, das in diesem ausgewaschene Reibsel fällt gewöhnlich von ihm in den etwas tiefer stehenden Mahlgang, wird von diesem nachzerkleinert und fällt von ihm direkt auf das Nachsieb, oder erst in eine Sammelgrube, aus der eine Pumpe es zu dem Nachsieb hebt, wenn dieses neben dem Vorsieb steht. Die das Nachsieb verlassende Pülpe fällt in eine Sammelgrube und wird durch die Pülpepumpe aus dieser nach der ausserhalb der Fabrik liegenden Pülpegrube geschafft, oder in einer Pülpepresse gepresst und bisweilen getrocknet.

Die in den Milchmulden des Vor- und Nachsiebes sich ansammelnde Rohstärkemilch wird getrennt oder vereinigt über ein oder mehrere Feinsiebe oder Raffinirsiebe, gewöhnlich Schüttelsiebe, geschickt und durch feinere Drahtgaze, z. B. No. 75, oder durch Seidengaze, z. B. No. 5, von dem grössten Theil feiner durch die Maschen der Auswaschsiebe mit hindurchgegangener Faser befreit.

Die Gewinnung der Rohstärke.

Die von den Feinsieben abfliessende Rohstärkemilch enthält ausser dem Fruchtwasser und der freigemachten Stärke Sandtheilchen, feinste Fasertheilchen und Eiweisskörper. Ist kein Feinsieb vorhanden, so wird auch eine grössere Menge von gröberer Faser und auch unaufgeschlossenen Zellen und Schalentheilchen der Kartoffeln in der Rohstärkemilch sich befinden.

Die Stärke, die Sandtheilchen und gröberen Fasertheile sind specifisch schwerer als das Fruchtwasser und daher durch Absitzenlassen von demselben zu trennen. Diese Abscheidung geschieht nun entweder in ruhender Flüssigkeit bei dem Absatzverfahren oder aus dahinströmender Flüssigkeit bei dem Fluthen- oder Rinnenverfahren.

Bei dem ersteren wird die Rohstärkemilch in gemauerte Absatzkästen von 1—1,3 m Höhe geleitet, deren Anzahl und Grundfläche der Verarbeitungsmenge entspricht. Es wird ein Kasten nach dem anderen gefüllt und der Ruhe überlassen. Nach 8—10 Stunden hat sich die Rohstärke fest abgesetzt, das Fruchtwasser wird durch Stöpsellöcher oder Hebervorrichtungen abgelassen und nach Aussengruben geleitet, und die Rohstärke mit Spaten ausgestochen.

Bei dem Fluthensystem wird die Rohstärkemilch auf etwa 20 m lange oder längere gemauerte oder hölzerne Rinnen von 1,5 m Breite und 0,5 m Tiefe vertheilt und mit mässiger Geschwindigkeit gefluthet. Dabei setzt sich der grösste Theil der Rohstärke reiner als in den Absatzkästen ab, während die leichtere oder kleinkörnigere Stärke nebst feineren Fasertheilen und sonstigen Verunreinigungen von dem dahinfliessenden Fruchtwasser mitgerissen wird. Die Rohstärke wird ausgestochen, die abfliessenden Fruchtwässer über zahlreiche Absatzbottiche geleitet und so die mitgerissene Stärke gewonnen. Zuletzt geht das Fruchtwasser noch über zahlreiche Aussengruben.

Die Rohstärke ist eine gelbliche, bräunliche, röthliche oder graue Masse, unter günstigen Verhältnissen so fest, dass ein Mann darauf stehen und mit dem Spaten Stücke aus ihr herausstechen kann.

Sie enthält beim Absatzverfahren alle Faser und sonstigen Verunreinigungen, bei Fluthensystem einen grossen Theil derselben, welche in der Rohstärkemilch sich befanden, neben Resten von Fruchtwasser in beiden Fällen.

Das Reinigen der Rohstärke.

Das Reinigen der Rohstärke wird durch ein- oder mehrmaliges Waschen bewirkt, indem die Rohstärke zu einer mehr oder weniger koncentrirten Stärkemilch mit reinem Wasser aufgerührt wird, z. B. 18° Bé., und nun wieder entweder der Ruhe überlassen oder gefluthet wird.

Der erstere Fall ist der häufigere. Es wird die Rohstärke entweder in Stücken, oder nachdem sie vorher durch eine Rohstärkeschnecke und einen Rührquirl zu Stärkemilch verrührt ist, auf Waschbottiche von Holz oder cementirtem Mauerwerk vertheilt. Diese sind mit einem Rührwerk oder Quirl versehen. In ihnen wird die Rohstärke mit reinem Wasser bisweilen unter Zusatz chemischer Mittel aufgerührt und dann eine Stunde in Bewegung gehalten. Dann wird das Rührwerk hochgezogen und die Stärkemilch der Ruhe überlassen. Nach 6—10 Stunden hat sich die Stärke abgesetzt, und zwar am Boden des Quirlbottichs eine mächtige, weisse Schicht guter fester Stärke; darüber eine graue, bräunliche, lockere, schlammige, mit Stärke stark untermischte Schicht, die Schlammstärke. Nachdem das über dieser stehende klare Wasser abgelassen oder abgehebert ist, wird durch die Schlammpforte abgeschlammt, d. h. die Schlammstärke abgezogen. Es geschieht das bei hölzernen Bottichen durch Kippen des Bottichs und Abspritzen der

6*

Schlammschicht, bei gemauerten Bottichen durch Abziehen mittelst Holzkrücken, Nachwaschen und Wiederabkrücken.

Die im Waschbottich verbleibende gute Stärke wird nochmals mit reinem Wasser aufgequirlt und nach dem Absitzen abgeschlammt.

Das Reinigen der Rohstärke auf Fluthen geht in der Weise vor sich, dass die in unterirdischen Rührwerken mit Wasser aufgerührte Rohstärke meist noch einmal gesiebt und dann auf Holzfluthen von gleichen Grössenverhältnissen wie die Vorfluthen gefluthet wird. Dasselbe findet unter Umständen dann noch einmal statt. Diese Fluthen nennt man Reinfluthen.

Bei Nassstärkefabriken, die häufig nur einmal mit reinem Wasser waschen, ist nun das Endprodukt erreicht. Die im Bottich oder auf der Reinfluthe fest abgesetzte Stärke wird mit Spaten ausgestochen und entweder direkt gesackt oder in gemauerten Vorrathskästen angesammelt. Das Produkt kommt als feuchte, nasse oder grüne Stärke in den Handel.

Diejenigen Fabriken, welche trockene Stärke herstellen, waschen zwei-, auch wohl dreimal. Die so gewonnene reine Stärke wird in den Waschbottichen oder nach dem Ausstechen von den Fluthen in Rührwerken aufgerührt. Sie liefert bei der weiteren Behandlung die Primastärke (bezw. Superior).

Die Verarbeitung der Abfallstärke.

Die Schlammstärke wird zumeist sogleich nach ihrer Abtrennung von der ersten Stärke weiter verarbeitet, um aus ihr noch eine möglichst grosse Menge guter Stärke herauszuziehen.

Sie wird zu dem Zwecke, so wie sie von den Quirlbottichen abläuft, in unterirdisch angebrachten Schlammquirlen gesammelt und hier durch ein Rührwerk am Absitzen gehindert. Die Schlammpumpe hebt die Schlammmilch zu einem oder mehreren Schlammsieben, welche meist Schüttelsiebe, seltener rotirende Vollcylinder sind, und mit feiner Drahtgaze, z. B. No. 90—110, oder Seidengaze, z. B. No. 5—10, belegt werden.

Auf diesen wird der grösste Theil der feinen Faser zurückgehalten, während eine fast weisse Milch das Sieb verlässt. Diese gelangt auf Schlammrinnen oder Schlammtafeln. Es sind das Rinnen entweder von der Art der oben beschriebenen Holzfluthen, oder in Schlangenlauf hin- und hergeleitete etwa $^1/_2$ m breite, auf gemeinsamer Tafel aufgesetzte Rinnen, oder etwa spatenstichbreite, neben einander alle in gleicher Richtung verlaufende Rinnen, welche aus gemeinsamer Zulaufrinne gespeist werden und gemeinsamen Ablauf haben. Die Schlammmilch wird hier gleich der Stärkemilch auf den Reinfluthen, aber etwas dünner und mit geringerer Geschwindigkeit gefluthet, so dass am Ende der Rinnen fast klares Wasser abläuft. Dieses wird, wie das Fruchtwasser, in die Aussengruben geleitet.

Von der Stärke, welche sich auf der Schlammtafel abgesetzt hat, wird der erstabgesetzte bessere Antheil in den Nassstärkefabriken und denjenigen Trockenstärkefabriken, welche nur eine Primawaare herstellen, dem ersten Produkt des nachfolgenden Betriebstages im Quirlbottich beim Aufwaschen zugefügt, in den Trockenstärkefabriken, welche das erste Produkt als Superiorwaare für sich gewinnen, ebenfalls getrennt für sich zu Primawaare mittlerer Qualität durch Aufquirlen und Abschlammen verarbeitet.

Die auf den Schlammtafeln zuletzt abgesetzte Stärke giebt Sekundawaare.

In den Aussengruben setzt sich aus dem Fruchtwasser und den übrigen Abwässern, welche dorthin zusammengeleitet werden, noch ein mit Sand, Faser und Eiweissflocken stark untermischter, oft stark sauer und faulig riechender grauer, gelber oder hellbrauner Stärkeschlamm ab. Derselbe wird je nach der Grösse der Fabrik am Ende oder in bestimmten Zeitabschnitten auch während der Kampagne und am Ende derselben nach dem Ablassen des Fruchtwassers entweder ausgestochen oder ausgepumpt, im Schlammquirl meist unter Zusatz chemischer Mittel aufgerührt und über das Schlammsieb mit sehr feiner Siebgaze gepumpt und auf den Schlammtafeln gefluthet. Die gewonnene Stärke wird gequirlt und gewaschen und giebt Sekundawaare, die von dieser wieder gewonnenen Reste geben gleich behandelt Tertiawaare, und zuletzt bleibt in den Aussenbassins ein nicht mehr weiter zu verarbeitender Schlamm, welcher entweder direkt getrocknet oder auf den Acker gefahren wird.

Das Trocknen der Stärke.

Das Trocknen der Stärke erfolgt in zwei Abschnitten: durch Centrifugiren und durch Trocknen.

Das Centrifugiren der Stärkemilch hat einen doppelten Zweck. Einmal wird die Stärke durch dasselbe nochmals gereinigt und gerade von den feinen Schmutztheilen gesäubert, welche weder durch Sieben noch durch Abschlammen zu entfernen waren, anderen Theils ist sie nach dem Centrifugiren trockner als nach dem Absitzen allein.

Die Stärkemilch, welche in den Quirlbottichen nach dem letzten Abschlammen erhalten wurde, wird durch die Milchpumpe nach einem oberhalb der Centrifuge angebrachten Rührbottich, dem Centrifugenquirl, geschafft und in diesem flüssig erhalten. Aus ihm wird die Centrifuge, eine um eine senkrechte Axe horizontal drehbare Trommel, deren Mantel durchlocht und mit Filtertuch ausgekleidet ist, von Zeit zu Zeit beschickt, und die Trommel dann in starke Umdrehung versetzt. Dabei wird das Wasser durch den Zeugbelag hindurch abgeschleudert, während die Stärke sich als Ring an die Wandung anlegt. An der Innenseite desselben scheidet sich ein dünner brauner Belag ab, welcher die Schmutztheile enthält und abgekratzt wird.

Die centrifugirte Stärke hat bei guter Leistung der Centrifuge noch einen Wassergehalt von 35—36 Proc., während die in den Quirlbottichen abgesetze Stärke rund 50 Proc. Wasser enthält. Die centrifugirte Stärke wird durch Schnecken oder andere Vorrichtungen zerkleinert und durch Stärke-Elevatoren nach den Trockenräumen im oberen Stockwerke gehoben.

Das eigentliche Trocknen der Stärke geschieht entweder in grossen Trockenstuben auf Horden oder in mechanischen Apparaten. Die Hordentrocknung liefert grossstückigere Stärke, wie sie im Handel vielfach begehrt ist, die Apparate dagegen geben kleinstückigere Stärke und theilweise ziemlich feinpulvrige Produkte.

Die Trockenstuben sind grosse viereckige Räume, in welche Holzgestelle eingefügt sind, die durch Gänge getrennt und durch Querstäbe in zahlreiche, offene Fächer getheilt sind. In diese werden die Horden d. h. mit Zeug überspannte Holzrahmen von meist 0,5 qm Fläche, welche mit einer Stärkeschicht belegt sind, eingeschoben. Die Heizung der Stube geschieht durch am Boden und auch in der Mitte zwischen den Gestellen hinlaufende, mit Abdampf geheizte Blech- oder Eisenrohre. Die Abführung der Brüden und die Lufterneuerung wird durch hölzerne Schlote oder durch Exhaustoren und Ventilatoren bewirkt. Die Neubefüllung und Entleerung der Horden ist in den Trockenstuben eine fortlaufende nach dem Maasse, wie die Stärke den richtigen Trockenheitsgrad erhält, sodass also in demselben Raum feuchtere und trocknere Stärke sich befindet.

Bei dem Kammersystem ist der Trockenraum in eine Anzahl Kammern zerlegt. In jede derselben wird eine bestimmte Stärkemenge eingeführt, dann die Kammer geschlossen, geheizt und gelüftet, bis die Stärke trocken ist, und nach dem Erkalten geleert und neu befüllt.

Es giebt zum Trocknen der Stärke auch eine Reihe mechanisch wirkender Apparate, von denen namentlich zwei weiter verbreitet sind. Es ist das einmal vornehmlich das Tuch ohne Ende, welches auch in anderen Fabrikationen als Trockenapparat Verwendung findet, und der Fehrmann'sche Apparat.

Bei dem ersteren wird die Stärke über eine Reihe über einander aufgestellter Tücher ohne Ende hingeführt, zwischen denen Heiztaschen angebracht sind, bei dem anderen wird sie auf eine sich drehende, mehrmantlige Lattentrommel gehoben und durch die Zwischenräume derselben zurückfallend stark vertheilt, durch einen eingeblasenen warmen Luftstrom getrocknet.

Die Trocknung lässt man fortschreiten, bis die Stärke nur mehr einen Wassergehalt von 20 Proc. enthält, welcher für Primawaare durch die im Handel geltenden Lieferungsbedingungen festgesetzt ist. Sie wird dann gekühlt und gesackt und bildet so die Kartoffelstärke, die je grossstückiger um so beliebter ist.

Die Herstellung von Kartoffelmehl.

In den meisten Fällen wird die Kartoffelstärke von den Abnehmern in Gestalt eines gleichmässigen, knötchen- und stückenfreien Pulvers verlangt, welches den Namen Kartoffelmehl führt. Um dasselbe aus der Kartoffelstärke zu gewinnen, wird die abgekühlte Stärke in Stärkemühlen zu feinem Pulver oder Puder vermahlen und auf gewöhnlichen oder Centrifugal-Sichtmaschinen gesichtet. Sie bildet dann ein zartes, rein weisses, glänzendes Pulver.

Die Verwerthung oder Beseitigung der Abfälle.

Die Kartoffelstärkefabrikation hat zwei hauptsächliche Abfallstoffe, einen festen, die Pülpe, und einen flüssigen, die Abwässer.

Die Pülpe, in dem Zustande, wie sie die Siebe verlässt, ist eine breiige, röthliche Masse, bestehend aus Faser, unlöslichem Eiweiss und unaufgeschlossenen Zellen bezw. Kartoffelschalentheilen. Der Wassergehalt schwankt zwischen 97—88 Proc. Grosse industrielle an grossen Gewässern liegende Fabriken lassen die Pülpe oft einfach in diese ablaufen. Kleinere industrielle und landwirthschaftliche Fabriken verbrauchen oder verkaufen sie als Viehfutter.

Zahlreiche Versuche, sie auf Stärke weiter zu verarbeiten, oder als stärkehaltiges oder als faserhaltendes Material weiter zu verwerthen, haben bisher keinen Erfolg gehabt.

Dagegen ist es gelungen, sie mittelst Pressen auf einen höheren Trockensubstanzgehalt (20—30 Proc.) zu bringen und so zum Verfüttern geeigneter zu machen, und endlich auch durch nachheriges Trocknen in besonderen Apparaten in ein marktfähiges Futtermittel, die Pülpekleie, zu verwandeln.

Die Abwässer der Kartoffelstärkefabriken werden gebildet aus dem Kartoffelwaschwasser, dem Fruchtwasser und den Stärkewaschwässern. Diese Abwässer können dem Fabrikanten eine Quelle für bessere Rentabilität seiner Fabrik werden, aber unter Umständen auch eine solche grosser Sorge.

Die Abwässer sind reich an Pflanzennährstoffen, namentlich Stickstoff, Kali und Phosphorsäure, aber auch reich an Bakterien und unter Umständen geneigt zu saurer und fauliger Gährung, durch welche Belästigung der Nachbarn der Fabrik und Beeinträchtigung der Wasser-Gerechtsame, namentlich der Fischerei, eintreten kann.

Der ersteren Eigenschaften wegen eignen sie sich zum Düngen von Wiesen und Aeckern durch Berieselung ausgezeichnet und liefern hohe Ernteerträge. Der zweiten Eigenschaften wegen müssen sie oft zwangsweise entfernt oder gereinigt werden. Auch für letztere Zwecke ist die Einrichtung einer Rieselanlage das Vortheilhafteste.

In der folgenden Darstellung sind die Vorgänge und die Trennung der verschiedenen bei der Kartoffelstärkefabrikation vorkommenden Produkte übersichtlich zusammengestellt. Dieselbe wird schneller und deutlicher, als eine Beschreibung dies vermag, das Ineinandergreifen der verschiedenen Vorgänge veranschaulichen.

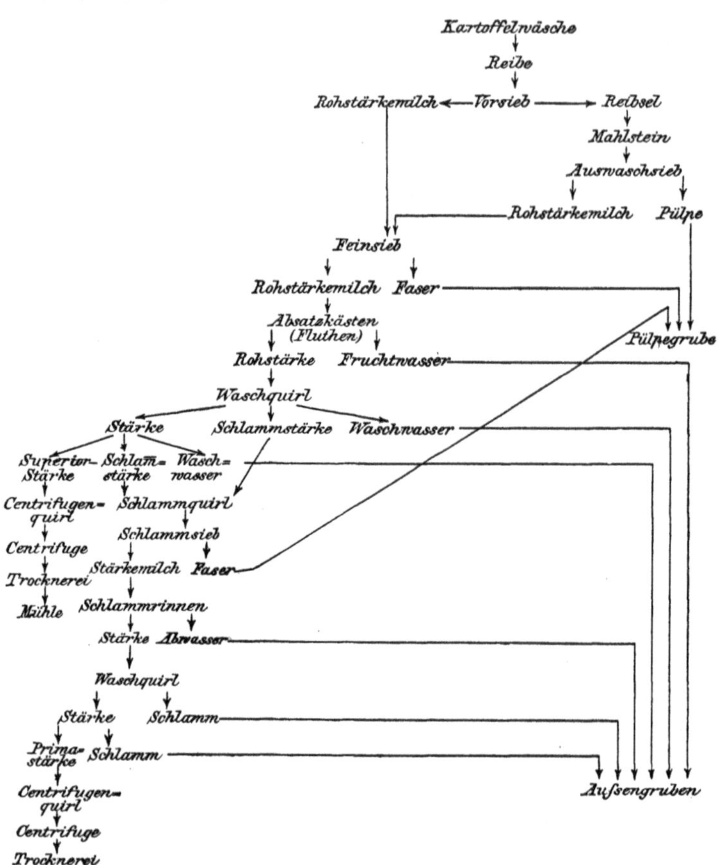

Nachdem nun die hauptsächlichsten Arbeiten der Kartoffelstärkefabriken im Zusammenhange dargelegt sind, sollen im Nachfolgenden die einzelnen Abschnitte genauer bis in die Einzelnheiten verfolgt, die angewendeten Apparate sowie Verfahren, ihre Vortheile, Mängel und Verbesserungsmöglichkeit eingehend beleuchtet und die hauptsächlichsten Fehler, welche bei den einzelnen Arbeiten und Einrichtungen gemacht wurden, aufgeführt, und der Weg zur Abhülfe, soweit solche möglich ist, angegeben werden.

Heranschaffen und Einkauf der Kartoffeln.

Die landwirthschaftlichen Stärkefabriken, besonders die kleinen Nassstärkefabriken, verarbeiten nur die vom Besitzer selbst gebauten Kartoffeln. Dieselben werden unmittelbar nach der Ernte vom Felde durch Gespanne oder Feldbahn der Fabrik zugeführt und, soweit sie nicht sofort verarbeitet werden können, auf dem Felde, auf dem sie geerntet wurden, oder bei der Fabrik eingemietet, d. h. in flachen Gruben aufgehäuft und bedeckt aufbewahrt.

Grössere landwirthschaftliche Betriebe, z. B. manche landwirthschaftlichen Genossenschaftsbetriebe, kaufen wohl auch zeitweise noch Kartoffeln hinzu. Die rein industriellen Anlagen sind aber ganz auf den Kartoffelkauf angewiesen. Sie beziehen die Kartoffeln oft auf weite Strecken her, bisweilen sogar vom Auslande, wie aus Russland und Galizien. Dies findet aber doch nur in seltenen Fällen statt.

Für diese Fabriken ist es von Wichtigkeit, dass sie entweder in Gegenden reicher Kartoffelproduktion oder an Plätzen sich befinden, welche ihnen ein leichteres Heranschaffen der Kartoffeln auch aus entfernteren Gegenden ermöglichen, welche also an Wasserstrassen oder Schienenwegen oder Kreuzungspunkten solcher gelegen sind. Diese Fabriken werden ihren Bedarf an Kartoffeln möglichst in dem Maasse heranschaffen, wie sie ihn zur täglichen Produktion brauchen. Aber auch sie können in die Lage kommen, gewisse Vorräthe an Kartoffeln aufzuspeichern, und auch sie müssen daher darauf eingerichtet sein, Kartoffelmengen für gewisse Zeit zu lagern, sei es in Haufen, in Mieten oder Lagerschuppen. Beim Transport der Kartoffeln auf Wagen ist darauf zu achten, dass dieselben, wenn sie vorher andere Fracht trugen, gründlich gereinigt werden. Dem Verfasser sind zwei Fälle bekannt, wo Stärkefabriken durch derartige Umstände erheblichen Schaden erlitten. In dem einen war das Lowry vorher mit Kohlen beladen gewesen, von denen Reste angefroren und nachher beim Transport der Kartoffeln abgethaut und mit in die Kartoffel-Wäsche gekommen waren. In Folge davon war die ganze Stärke tagelang mit kleinen schwarzen Punkten durchsetzt. In dem anderen Falle waren Kokestücke in die Kartoffeln gekommen, schwammen mit durch die Wäsche und beschädigten die Reibe.

Ist es für den landwirthschaftlichen Fabrikanten zur Kontrole der Leistungsfähigkeit der Fabrik nach der erhaltenen Ausbeute zum Mindesten wünschenswerth, dass er die Menge der täglich verarbeiteten Kartoffeln, ihren Stärkegehalt und die Menge der den Knollen anhängenden Erdtheile, die Schmutzprocente, kennt, so muss der auf Kaufkartoffeln angewiesene Stärkefabrikant unter allen Umständen diese drei Zahlen laufend feststellen, wenn er nicht Gefahr laufen will, zeitweise nach Quantität und Qualität einen zu hohen Preis für das Rohmaterial zu zahlen und blindlings, ohne Voraussicht des Erfolges oder Misserfolges zu wirthschaften.

Es klingt das eigentlich selbstverständlich, und doch hat man leider noch immer Gelegenheit, Betriebe anzutreffen, wo im besten Falle

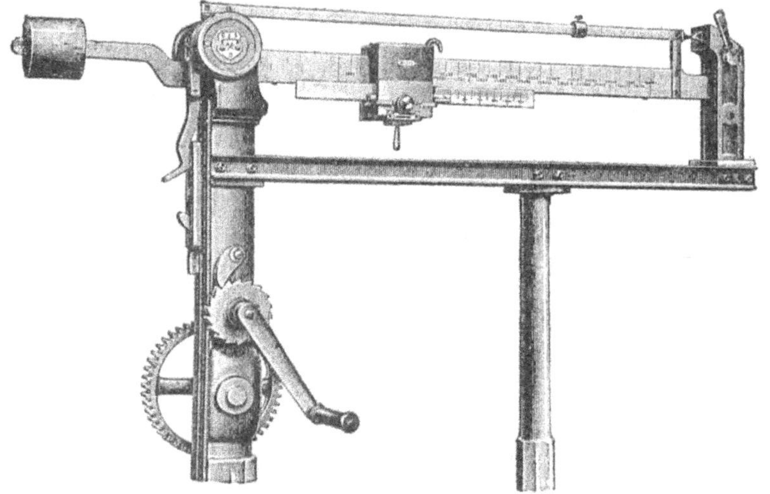

Abb. 13.

der Besitzer sich mit dem Feststellen des Gewichtes der gelieferten Kartoffeln und der Beurtheilung der Qualität derselben nach dem Augenschein oder der Angabe der Sorte begnügt. Verfasser hat deshalb diesen Hinweis für nöthig erachtet.

Zur Feststellung des gelieferten Gewichtes an Kartoffeln muss sich in der Nähe der Fabrik eine Centesimal-Brückenwaage befinden, so gelegen, dass die Kartoffeln heranschaffenden Fuhrwerke vor und nach dem Abladen der Kartoffeln bequem an- und abfahren können. Solche Waagen sind mit Läufergewichten und neuerdings auch mit einem Registrirapparat versehen, welcher selbstthätig auf einen eingeschobenen Pappstreifen das Brutto- und Taragewicht einpresst. Die Abbildung 13 giebt das Bild einer solchen Waage, wie sie z. B. Hermann Laass u. Co. in Magdeburg-Neustadt (D.R.P. 19 295) ausführt.

Das Muster eines dazugehörigen Lieferscheines folgt hier. Derselbe trägt auf der Rückseite die Empfangsquittung.

Herr

1000	100	10	1	Kilo	lieferte Katoffeln		Ko.
				Brutto	ab Proc. Schmutz		
					Netto		
				Tara	Stärkefabrik ..., den ...		
				Netto	gewogen durch ...		

Vorderseite.

	M.	₰
... **Kilo Kartoffeln p. 1200 Ko.**	...	...
ab für Abtragen ...	...	...

Betrag empfangen, den

Rückseite.

Als Schmutzprocente berechnet man den Procentsatz der den gelieferten Kartoffeln anhaftenden oder beigemengten Erdtheile und Steine. Man stellt dieselben fest, indem man eine gewogene Menge der Kartoffeln wäscht und abbürstet, trocknen lässt und dann wieder wägt.

Wurden die Kartoffeln „bodenfrei“ gehandelt, so hat man zweifellos das Recht, die vollen Schmutzprocente von der Lieferung abzurechnen, wie dies in den Rübenzuckerfabriken geschieht. Es werden aber vielfach auch in diesem Falle bei sonst rein aussehenden Kartoffeln 2—4 Proc. Erdtheile nicht abgezogen. Wägt man die gewaschenen Kartoffeln bei der Bestimmung der Schmutzprocente in nassem Zustande, so gleichen die haftenbleibenden Wassertheilchen diese 2—4 Proc. aus. Jedenfalls dürfen die Schmutzprocente über 5 Proc. nicht vernachlässigt werden. Die Schmutzprocente steigen bis zu 15 Proc. und mehr bei Kartoffeln aus lehmigem oder Thon-Boden. Sie erhöhen die Arbeit der Wäsche und ihren Wasserverbrauch, bringen der Farbe der fertigen Stärke Gefahr und drücken die Ausbeute stark herunter.

Man begnügt sich in vielen Fällen auch damit, die Schmutzprocente in der Weise festzustellen, dass man die Kartoffeln einer gewogenen Ladung über ein Fege, Harfe oder Schurre (Holzrahmen mit Draht oder Bandeisen-Rost) oder durch eine Stab-Trockentrommel dem Keller zuführt und die durchfallenden Bodentheile zurückwägt. Wenn die

Kartoffeln trocken geliefert werden und aus nichthaftendem, sandigem Boden stammen, so ist diese Feststellung einigermaassen genügend.

Der Stärkegehalt der Kartoffeln wird am schnellsten und sichersten für den praktischen Betrieb mittels der Reimann'schen Kartoffelwaage oder im Nothfalle durch die Krocker'sche Probe (vergl. „Untersuchungsmethoden") ermittelt. Von der auf diesem Wege festgestellten Zahl kann der Stärkefabrikant 1,5 Proc. für Nichtstärke (Zucker u. A.) abrechnen und danach seinen Preis stellen, oder er liest aus der Ausbeutetabelle (s. „Die Ausbeute der Kartoffelstärkefabriken") die nach der Angabe der Kartoffelwaage zu erwartende Ausbeute an Stärke ab und berechnet sich danach, wie hoch er bei der jeweiligen Preisstellung der Stärke die Kartoffeln bezahlen kann.

Geht schon hieraus zur Genüge hervor, dass die Feststellung des Stärkegehaltes von Kaufkartoffeln für den darauf angewiesenen Stärkefabrikanten von grosser Wichtigkeit ist, so mag hier doch noch an einem Beispiel zahlenmässig veranschaulicht werden, wie hoch sich der Unterschied in der Verwerthung der Kartoffeln stellt, wenn man Kartoffeln mit einem niedrigeren Stärkegehalt zu demselben Preise kauft als solche mit einem höheren.

Aeusserlich und auch durch die noch bisweilen von Praktikern beliebten Proben — Zerschneiden einer Kartoffel, Reiben und Andrücken der Hälften, ob sie haften oder nicht, ob sie weissen stärkereichen Schaum geben oder nicht — ist es nicht zu erkennen, ob eine Kartoffelprobe 18 oder 22 Proc. Stärke enthält. Nach der Ausbeute-Tabelle erhält man von 100 Ctr. Kartoffeln mit 22 Proc. Stärke bei guter Arbeit 21,9 Ctr. trockner Stärke, von 100 Ctr. Kartoffeln mit 18 Proc. Stärke aber nur 17,1 Ctr.

Um nun 100 Ctr. Stärke herzustellen, muss man also 457 Ctr. Kartoffeln mit 22 Proc. oder 585 Ctr. Kartoffeln mit 18 Proc. Stärke verarbeiten. Wenn man die Verarbeitungsunkosten für 100 Ctr. Kartoffeln zu 40 M. annimmt, so betragen dieselben zur Herstellung von 100 Ctr. Stärke aus 22proc. Kartoffeln = 183 M., dagegen aus 18proc. Kartoffeln = 234 M., also 51 M. mehr.

In Betracht ist noch zu ziehen, dass man bei der Verarbeitung der 18proc. Kartoffeln etwas mehr Pülpe gewinnt. Im Durchschnitt erzielt man von 100 Ctr. Kartoffeln 35 Ctr. Pülpe (mit 12 Proc. Gehalt an Trockensubstanz). Bei der Verarbeitung 22 proc. Kartoffeln würde man also 160 Ctr. Pülpe, bei derjenigen von 18 proc. Kartoffeln 205 Ctr., also 45 Ctr. Pülpe mehr erhalten. Solche Pülpe verkaufen industrielle Fabriken selten höher als zu einem Preise von 0,20 M. für den Centner, sodass also an Pülpe mehr gewonnen würde 9 M. bei der Verarbeitung 18proc. Kartoffeln. Um diesen Betrag sind also die Mehrausgaben für die Verarbeitung dieser zu kürzen.

Die Mehrausgaben bei Herstellung von 100 Ctr. trockner Stärke aus 18proc. Kartoffeln gegenüber derjenigen aus 22proc. Kartoffeln stellen sich also thatsächlich auf 42 M., also auf den Sack (= 100 kg) Kartoffelstärke auf 0,84 M.

Es ist beim Kauf von Kartoffeln nach Probe, wie er vielfach üblich ist, vorgekommen, dass Streitigkeiten zwischen dem Verkäufer und Käufer auf Grund von Unterschieden, welche sich zwischen einer dem Käufer zugesandten und einer von dem Verkäufer zurückbehaltenen Probe ergaben, bis zur gerichtlichen Entscheidung führten.

Verfasser stellte daher durch einige Versuche fest, ob Kartoffeln beim Liegen an der Luft bei Zimmertemperatur ihren Stärkegehalt verändern können. Ein Verkäufer hatte die zur Kontrole zurückbehaltenen Proben nämlich 14 Tage hindurch im Zimmer aufbewahrt. Die ausgeführte Untersuchung ergab, dass bei allen Versuchen das Gesammtgewicht der Proben, besonders bei rauhschaligen Kartoffeln, sich erheblich vermindert hatte. Die Verluste betrugen in 14 Tagen (bei 9—14° R.) 1,3 bis 6,0 Proc., nach 4 Wochen 3,7 bis 12,1 Proc. Dagegen hatten die Stärkegehalte sich nicht dementsprechend, sondern mit einer Ausnahme im entgegengesetzten Sinne geändert; sie waren höher geworden und zwar nach 14 Tagen um + 0,2 bis 1,0 Proc., in vier Wochen um + 0,3 bis 2,3 Proc. Die Wasserverdunstung bezw. Stärkebildung war also grösser gewesen als die Stärke- oder Zuckerverathmung.

Jedenfalls zeigen diese Befunde, dass eine derartige Aufbewahrung von Kontrol-Kartoffelproben werthlos oder bedenklich ist.

Wollen daher Verkäufer und Käufer sich durch Probenahme und Untersuchung der Proben gegenseitig sichern, so muss ein anderer Weg eingeschlagen werden. Der Verkäufer entnimmt in Gegenwart eines, ein Amtssiegel führenden Vertrauensmannes zwei Proben der abzusendenden Kartoffeln und lässt beide von diesem versiegeln; die eine sendet er dem Käufer zur Ansicht, die andere an ein unparteiisches Untersuchungsamt z. B. das Laboratorium des Vereins der Stärkeinteressenten in Deutschland in Berlin, zur Feststellung des Stärkegehaltes. Beanstandet der Käufer die Lieferung, so nimmt dieser in gleicher Weise zwei Proben derselben, schickt die eine dem Verkäufer, die andere wiederum an eine unparteiische Stelle zur Untersuchung. Es ist natürlich dabei nöthig, dass man bei grösseren Lieferungen nicht aufs Gerathewohl eine Probe herausgreift, sondern von mehreren Stellen kleinere Partien Kartoffeln entnimmt, diese mischt und erst davon, möglichst mit Berücksichtigung der Grössenverhältnisse der Knollen, wie sie in der ganzen Menge bestehen, eine Durchschnittsprobe entnimmt.

Neben der Beurtheilung der Stärkemenge ist auch die Kartoffelsorte in Betracht zu ziehen. Verschiedene Sorten geben verschieden gut absitzende, im Glanz und der Farbe sich unterscheidende Stärke, und bei manchen Sorten, z. B. der Seedkartoffel, kann ein etwas geringerer Stärkegehalt dadurch ausgeglichen werden, dass das Reibsel feiner und die Menge der Primastärke grösser ist als bei anderen Sorten. Ferner giebt z. B. Magnum bonum stets schlecht absitzende Stärke; Juno ist nach den mitgetheilten Untersuchungen sehr zuckerreich, also selbst bei hoher Stärkeangabe der Kartoffelwaage doch für die Stärkefabrikation minderwerthig, die Daber'sche Kartoffel stets zuckerarm also ausgiebiger. Manche sonst gute Sorten neigen stark zum Faulen und sind daher nicht empfehlenswerth.

Das strenge Festhalten der Abnahme der Kartoffeln nur nach Güte und Stärkegehalt hat aber noch den allgemeinen Werth, dass es die kartoffelbauenden Landwirthe anspornt, möglichst stärkereiche und gute Sorten zu bauen, wenn sie gute Preise für ihre Ernte erhalten wollen. Das kommt aber ebensowohl diesen als auch den Stärkefabrikanten zu Gute.

Die Aufbewahrung der Kartoffeln.

Zur Aufbewahrung der Kartoffeln sind hauptsächlich die landwirthschaftlichen Stärkefabriken, welche die vom Besitzer selbst gebauten Kartoffeln verarbeiten, gezwungen. Aber auch bei den grösseren industriellen Fabriken kann die Kartoffelzufuhr zeitweilig stärker werden als die Verarbeitung, und die Nothwendigkeit einer kürzeren Lagerung eintreten. Die Kenntniss der Bedingungen für eine gute Lagerung der Kartoffeln ist also für die meisten Stärkefabrikanten von Bedeutung.

Da die Kartoffeln beim Lagern, wie bereits in dem Abschnitt „Die Kartoffel" ausgeführt wurde, sich verändern, so ist das Hauptaugenmerk beim Lagern auf eine möglichste Einschränkung dieser Veränderungen zu richten.

Die beim Lagern möglichen Veränderungen sind die folgenden:

1. die Kartoffel verliert Wasser durch Verdunstung,
2. Stärke wird in Zucker übergeführt,
3. der gebildete Zucker wird aufgespeichert oder verathmet,
4. die Kartoffel erfriert,
5. die Kartoffeln werden krank, sie faulen,
6. die Kartoffeln keimen aus.

Würde die Kartoffel beim Lagern nur Wasser verdunsten, so müsste ihr procentualer Stärkegehalt oder die Anzeige der Reimann'schen Kartoffelwaage beim Lagern sich steigern.

Würde in der Kartoffel nur Zucker producirt aus Stärke und kein Wasser verdunstet, so würde die Anzeige der Reimann'schen Waage beim Lagern sich nicht verändern, da sie den Zucker als Stärke mit angiebt. Würde endlich der gebildete Zucker sogleich wieder verathmet, ohne dass daneben Wasserverdunstung einträte, so würde der procentuale Stärkegehalt ständig abnehmen.

Nun gehen aber thatsächlich alle drei Vorgänge neben einander her. Halten sie sich das Gleichgewicht, so wird der procentuale Stärkegehalt der gelagerten Kartoffeln sich von dem derselben vor dem Lagern nicht unterscheiden. Ueberwiegt der eine oder der andere der Vorgänge, so kann eine Erhöhung oder auch eine Erniedrigung der Anzeige der Reimann'schen Waage eintreten.

Im ersteren Falle ist scheinbar keine Veränderung der Kartoffeln und kein Verlust an Stärke eingetreten, thatsächlich ist aber doch ein solcher entstanden. Wie gross derselbe ist, kann man aber nur feststellen, wenn man die Kartoffeln in ihrer Gesammtheit vor und nach dem Lagern wiegt. Dabei zeigt sich dann ein mehr oder weniger erheblicher Gewichtsverlust, und wenn man aus dem Gewicht und der Anzeige der Reimann'schen Waage vor und nach dem Lagern berechnet, wie viel Trockensubstanz, bezw. Stärke man eingelagert und wieder aus dem Lager entnommen hat, so zeigen sich auch in diesem Falle die Verluste.

Sowohl die Verdunstung, wie auch die Verathmung findet nun um so stärker statt, je höher die Temperatur ist, bei der die Kartoffeln lagern, während die Zuckerbildung von der Temperatur nur wenig beeinflusst wird. Die Verdunstung und Verathmung hören dagegen fast auf bei — 2° R.

Bei zu hoher Temperatur wachsen also die Verluste zu erheblich: bei zu niedriger werden die Kartoffeln durch Aufspeicherung gebildeten und nicht verathmeten Zuckers süss. Dies ist aber ebenfalls für den Stärkefabrikanten nicht erwünscht, denn erstens täuscht ihn die Anzeige der Reimann'schen Waage, indem er den Zuckergehalt als Stärke mitberechnet, aber praktisch nicht gewinnen kann, zweitens setzt sich die Stärke um so schlechter ab, je zuckerreicher die Kartoffel, also je concentrirter ihr Saft ist, und endlich neigen zuckerreiche Kartoffeln nach Kramer mehr zum Faulen als zuckerarme.

Nach den schon früher angezogenen Versuchen von Müller-Thurgau fand dieser Forscher nun, dass bei Temperaturen von 8—10° C. (6,5 bis 8° R.) Bildung und Verathmung des Zuckers sich fast das Gleichgewicht halten, also ein Süsswerden nicht eintritt. Bei diesen Temperaturen ist aber auch die Verdunstung und die Grösse der Verathmung eine mässige. Sie sind daher die für die Aufbewahrung der Kartoffeln günstigsten.

Bei — 3° erfrieren die Kartoffeln, d. h. sie werden getödtet und neigen dann ganz besonders zur Fäulniss.

Bei der Kartoffelfäule wird die Substanz der Kartoffel an den be fallenen Stellen so vollständig gelockert, dass diese Theile schon in der Wäsche verloren gehen. Beim Auskeimen finden sehr grosse Stärkeverluste statt durch Wanderung der in Zucker verwandelten Stärke zu den Keimen und Bildung von Zellwand für neue Zellen aus ihm, durch deren Entstehen der Keimling wächst.

Beide Uebelstände werden aber begünstigt durch Feuchtigkeit und hohe Temperatur.

Die Hauptbedingungen für eine erfolgreiche Aufbewahrung der Kartoffeln sind daher die folgenden:

1. die Kartoffeln müssen gut ausgereift sein,
2. sie dürfen nicht beregnet oder mit feuchtem Boden behaftet eingefahren werden,
3. sie müssen derartig nach der Ernte behandelt werden, dass sie abkühlen und abtrocknen können, ehe sie eingelagert werden, und es muss namentlich im Beginn der Lagerung die Möglichkeit des Abziehens des gebildeten Wasserdunstes gewährt werden,
4. die Temperatur in den Kartoffelhaufen muss weder eine zu niedrige noch eine zu hohe, sondern eine zwischen 6—10° C. liegende sein und möglichst gleichmässig bleiben.

Diese Erfordernisse gelten für alle Arten der Aufbewahrung, welche in sehr verschiedener Weise ausgeführt wird. Man lagert die Kartoffeln je nach den vorhandenen Mitteln in Mieten, in Erdgruben, auf Böden, in Kellern, Schuppen und Lagergebäuden mit Ventilation.

Das Einmieten der Kartoffeln ist die verbreitetste und mit den einfachsten Mitteln herzustellende Art der Kartoffelaufbewahrung und geeignet, jede beliebige Kartoffelmenge unterzubringen. In richtiger Weise ausgeführt, giebt es grosse Sicherheit gegen Schäden, namentlich durch Frost und Fäulniss.

Die Mieten oder gedeckten Kartoffelhaufen werden entweder auf dem Felde oder in der Nähe der Fabrik hergerichtet. Jedenfalls ist ein möglichst hoher, trockener Standort zu wählen, sodass nicht Wasser vom Boden aus in die Mieten eindringen kann.

Die Grundform der Miete ist zweckmässig die eines langgestreckten Rechteckes. Die Länge desselben richtet sich nach der Grösse der einzumietenden Kartoffelmenge, während die Breite 1—2 m beträgt. Die Sohle der Miete wird entweder durch einfaches Glätten des Bodens hergestellt, oder es wird der Boden bis zu einer gewissen Tiefe ausgehoben, damit die Kartoffeln besseren Halt gewinnen.

Neuhauss-Selchow giebt darüber Folgendes an: Harte, stärkereiche Kartoffeln, die reif und trocken sind, kann man besonders auf Sandboden, um Stroh zu sparen, in 30—50 cm tief auszugrabende Mieten bringen und bald fest zudecken. Bei unreifen, sehr wässrigen oder eingeregneten Kartoffeln, wohl gar aus nassem, lehmigem Boden, darf man die Mieten nicht wesentlich vertiefen, auch nicht breiter als $1^1/_4$—$1^1/_2$ m in der Sohle anlegen. Solche Mieten muss man als „Regenmieten“ durch Zeichen hervorheben und ihren Inhalt zuerst verarbeiten, ehe die Temperatur in den Kartoffeln auf 12° R. steigt.

Ueber der Sohle werden die Kartoffeln 1—$1^1/_2$ m hoch aufgeschichtet, so dass der Querschnitt ein gleichschenkliges Dreieck bildet und eine grosse Verdunstungsfläche gegeben wird, und es wird dann sogleich mit Stroh gedeckt. Maschinenstroh soll sich dazu besser eignen, wie Flegelstroh, weil jenes lockerer liegt und den Wasserdampf besser durchlässt. Das Stroh muss dachförmig, nicht wagerecht gelegt werden. Auf das Stroh wird lose eine dünne Schicht Erde (10 cm) geworfen, um es vor dem Wegwehen durch den Wind zu schützen und den Regen abzuhalten. Diese Erdschicht wird meist so aufgebracht, dass die oberste Kante, der First, 30—45 cm offen bleibt, oder aber auch so, dass am First und an beiden Seiten unten an der Erde je 30 cm breit Erde sich befindet, während dazwischen das Stroh etwa 30 cm breit unbedeckt bleibt. Das Stroh ganz fortzulassen und nur Erde zu verwenden, wird allseitig verworfen. Es wird dadurch auch das Ausmieten erschwert.

Die Miete bleibt so, bis die Temperatur im Innern auf 6—7° R. gesunken ist, dann wird sie wintermässig bedeckt, d. h. entweder mit Erde bis 100 cm Dicke oder mit 20 cm Erde, einer neuen Strohschicht und darauf wieder 30—45 cm Erde belegt. Die Dicke der Decke richtet sich natürlich nach den klimatischen Verhältnissen. Die Erde wird einem um die Miete laufenden Graben entnommen. Der First wird mit Erde bedeckt. Strohwische oder hölzerne Schlote als sog. Schornsteine anzubringen, ist unrichtig. Denn in diesen kondensirt sich der ihnen zuströmende Wasserdunst, fällt auf die anliegenden Kartoffeln zurück und bildet Fäulnissherde. Der First sowohl als auch die ganze Miete können auch mit Waldstreu, Reisig, Wachholderästen, Kartoffelkraut oder anderen schlechten Wärmeleitern gedeckt werden. Nach Paulsen-Nassengrund soll die Temperatur in der Miete unter 6° R. bleiben und bei sehr grosser Kälte 1—3° R. nicht unterschreiten. Sowie die Temperatur über 6° R. steigt, ist die Miete zu verbrauchen. Je mehr Erde zwischen den Kartoffeln ist, um so besser sollen sie sich halten.

Man fährt in die Mieten etwa 1000—1500 Ctr. Kartoffeln ein; viele Landwirthe ziehen es jedoch vor, die Mieten nicht grösser als zu 150 Ctr. anzulegen, damit bei etwaigem Faulen die Verluste nicht zu grosse sind und bei angebrochenen Mieten Frostschaden weniger leicht eintritt.

Nach zwanzigjährigen Erfahrungen giebt Ring-Düppel folgende Art des Einmietens als erfolgreich an, selbst bei wochenlangem Frost bis zu 18° und Ostwinden, indem er gleichzeitig die Arbeits- und Lohnvertheilung berücksichtigt, wobei selbstverständlich örtliche Verhältnisse von Einfluss sind:

1. Auf die Kartoffeln 3—4 Zoll Stroh (handbreit hoch) am Erntetage und mit Erde 3—4 Zoll (8—10 cm) stark beworfen (pro laufende Ruthe (= 3¾ m) 5 Pfge.).

   In diesem Zustande hält die Miete bis 5° Frost aus und kann bis Ende Oktober liegen bleiben, um auszukühlen.
2. Hierauf im Akkord im November 12 Zoll (= 31 cm) Erde (pro laufende Ruthe 12 Pfge).
3. Sowie der Frost stärker kommt, sodass die Ackerarbeit aufhört, wird hierauf im Tagelohn eine Schicht von 12—15 Zoll

(31—37 cm) Kartoffelkraut (Lupinenstroh) herangefahren und dieses

4. im Akkord mit 4 Zoll (= 10 cm) Erde zugedeckt (pro laufende Ruthe 8 Pfge).

Aus dem Vorstehenden geht hervor, dass während der ganzen Dauer des Lagerns der Kartoffeln in der Miete die Temperatur in ihnen den Maassstab für die richtige Behandlung abgiebt. Zur Feststellung der letzteren sind daher verschiedentlich dem besonderen Zwecke angepasste Thermometer gefertigt worden. Das von Kiepert-Marienfelde konstruirte Stockthermometer ist ein in einen unten zugespitzten Stock eingeschlossenes, sehr langstengeliges Thermometer. Dasselbe wird einfach in die Miete eingestossen und die Temperatur am Griff abgelesen. Neuhauss verwendet dagegen ganz kleine Thermometer. Dieselben sind in Holzhülse verpackt bequem in der Tasche zu tragen. Zur Prüfung der Temperatur in den Mieten sticht man mit einem Stocke vom First her ein Loch in die Miete bis in die Kartoffeln hinein, hängt das an einem Faden befestigte Thermometer hinein und liest nach einiger Zeit die Temperatur ab. Die Löcher sind leicht wieder zu schliessen.

Die Feststellung der Temperatur in den Mieten muss im Herbste in Zeiträumen von 8—14 Tagen stattfinden.

Hat sich die Miete zum Winter hin auf 6—7° R. abgekühlt und ist wintermässig gedeckt worden, so genügt allmonatliches Messen der Temperatur, wobei diese gewöhnlich sich auf 3—4° R. hält. Im Frühjahr wird wieder häufiger gemessen. Solange 10° R. nicht überschritten werden, ist keine Gefahr im Verzuge. Steigt die Temperatur aber auf 12°, so muss man zur Lüftung an einzelnen Stellen die Miete aufdecken, bei 15° R. aber, bei trockenem und kühlem Wetter, die Miete ganz abdecken und unter Umständen die Kartoffeln zur Abkühlung über eine Fege gehen lassen. Bei zu frühem Aufdecken wachsen die Kartoffeln aus.

Die Aufbewahrung in Erdgruben wird sehr viel seltener ausgeführt und eignet sich nur für geringere Kartoffelmengen. Diese werden in 80 cm tief ausgehobene, an trocknen Stellen angelegte Gruben 50 cm hoch geschichtet, gleich mit 5 cm Erde beworfen und nach dem Ausdünsten noch 5 cm Erde hinzugefügt, dann eine Schicht Stroh, Nadelstreu o. A. darauf gedeckt und endlich alle ausgehobene Erde darüber geschichtet. Die Resultate sollen gute sein.

Ein Aufbewahren auf Böden in 50 cm hoher Schicht ist wegen des leichten Auskeimens und des Welkens kaum empfehlenswerth.

Auch die Aufbewahrung der Kartoffeln in Kellern wird für Stärkefabriken seltener in Frage kommen, weil die Anlage so grosser Kellerräume, wie sie hier erfordert würden, zu kostspielig sein würde. Jedenfalls muss ein solcher Keller so beschaffen sein, dass er gut und leicht zu lüften ist, dass in ihm die Temperatur bei schärfstem Frost nicht unter 0° sinkt und bei wärmerem Wetter nicht über 8° R. steigt.

Vor dem Einbringen muss der Keller gut gereinigt, ausgetrocknet (mit Stroh oder Wachholderstrauch ausgeräuchert) bezw. durch Verbrennen von Schwefel desinficirt werden. Die Kartoffeln müssen trocken und abgekühlt sein, oder an luftigen Orten (Scheunentenne) so hergestellt werden.

Ein Mittelding zwischen Keller und Miete sind die feststehenden Kellermieten von Hornung & Scheibner, Berlin. Zur Herstellung derselben wird aus dem Erdreich ein langer, nach unten hin sich etwas verjüngender, etwa 8 m breiter und 1,25 m tiefer Schacht ausgehoben. In etwa 4,5 m Höhe über der Sohle desselben wird in der Mitte der Längsrichtung ein Firstholz gelegt, das nach unten durch etwa 70 cm von einander abstehende Stiele, seitlich durch etwa meterweit von einander entfernte Dachsparren unterstützt wird. Die letzteren sind an den Längsseiten des Schachtes 50 cm tief in die Erde eingelassen. Als Bordschwelle und zum Schutze gegen den Eintritt von Wasser in den Schacht ist hier ein doppelter Bohlenbelag angebracht, der halb aus der Erde hervorragt und innen und aussen durch einen Lehmschlag verstärkt wird. An den Giebelseiten wird zu gleichem Behufe ein etwa 13 m langer Baum eingelassen. Die Dachsparren werden innen und aussen mit Spaltlatten benagelt; der Zwischenraum zwischen diesen wird mit Spreu oder Kaff ausgefüllt und aussen auf die Spaltlatten eine 40 cm starke Strohlage befestigt. Das so hergestellte Dach greift etwa 40 cm über die aus schwachen Bohlen oder Lattenwänden gebildeten Giebelwände hinaus. Dieser überstehende Raum wird ebenfalls zum Schutz der Giebelwände mit Stroh bedeckt. In der einen Giebelwand ist eine Thür, in der anderen eine Einladeluke, welche beide ebenfalls eigenartig gegen Kälte und Regen versichert werden.

Im Innern des so geschaffenen Raumes werden die Seitenwände und der Boden des Schachtes mit dünnen Weidenmatten bedeckt, damit die Kartoffeln den Boden nicht berühren, und die Luft auch unten sich bewegen kann. Dann werden die den Dachfirst tragenden Stiele bis auf 90 cm unter dem First beiderseits mit Bohnenstangen in 1—1,5 cm Abstand benagelt und in jeder der so gebildeten beiden Hälften der Mieten 3 Lattenzäune parallel der Mittelwand angebracht, sodass 8 Längsbuchten entstehen, welche nicht mehr als 0,90 m Breite haben sollen. Diese Lattenzäune bestehen aus einzelnen Stücken von je 2 m Länge, welche an der Sohle des Schachtes auf einem Brett aufstehen und oben durch eiserne Haken an den Dachsparren hängen, sodass sie seitlich nicht nachgeben können. Jedes Stück wird gebildet aus zwei senkrechten Endpfosten und zwei schrägen Mittelpfosten, welche beiderseits mit horizontalen 1—1,5 cm von einander abstehenden Spaltlatten benagelt sind. Sie sind jeweils so hoch, dass ihre Oberseite vom Dach 90 cm absteht, sodass nach vollständiger Befüllung der Miete mit Kartoffeln diese oben dachförmig gehäuft sind, und zwischen ihrer obersten Schicht und dem Dach ein Luftraum von 90 cm sich befindet, welcher bei Frost mit Stroh ausgestopft wird. Die doppelwandigen Lattenzäune bilden die Luftschachte.

Das Einfüllen der Kartoffeln geschieht von Pforten, welche in dem Dache gelassen sind, auf Rollbrettern von der Mitte aus nach den Seiten zu und dann durch die Einladeluke bezw. Thür an den Giebelwänden.

Die befüllte Miete wird durch Oeffnen der Thür und Luke an den Giebelwänden bei trockenem und warmem Wetter gehörig gelüftet. Bei strengem Frost werden die Giebelwände mit Stroh stark verpackt, an der Trauflinie des Daches Waldstreu und Erde aufgetragen. Auch im Winter wird, wenn auch nur stundenweise, bei gutem, frostfreiem Wetter gelüftet. Ebenso im Frühjahr stärker. Nach Rahm-Sullnowo hat sich dies Verfahren in 2 Jahren mit sehr schlecht haltbaren Kartoffeln gut bewährt, bietet Vortheile durch Ersparung von Arbeitskräften und Vermeidung von Strohvergeudung und erweist sich als einfach und praktisch.

In industriellen Fabriken, wo die Aufbewahrung der Kartoffeln meist nur für kürzere Zeit nothwendig wird, haben sich einfache Gebäude bewährt. Es sind das Schuppen von beispielsweise 35 m Länge und 13 m Breite. Die Mauern reichen 1 m tief in die Erde und ragen 2 m über ihr an den Längsseiten, 3 m an den Giebelseiten hervor. Sie bestehen am Besten ganz aus Mauerwerk, oder auch unter der Erde aus Mauerwerk, über der Erde nur aus Fachwerk. Die Innenwände derselben werden in 70—80 mm Abstand verschalt und der Zwischenraum mit Fichtennadeln, Sägespähnen etc. ausgestopft. Der Fussboden ist mit Backsteinen ausgepflastert.

Ueberspannt wird das Gebäude von einem mit Dachpappe gedeckten Satteldach, welches in der Mitte durch zwei Reihen Holzsäulen getragen wird. Diese scheiden den Innenraum von Giebel zu Giebel in 3 Abtheile, von denen der mittelste und schmalste mit einem Schienenstrang zum Einfahren der Kartoffeln belegt ist, sodass diese nach rechts und links abgekippt werden können. Ausser Giebelthüren befinden sich an jeder Längsseite 3 Thüren und dazwischen etwa im Abstand von je 4 m Luken in halber Höhe zum Einfüllen der über eine Fege laufenden Kartoffeln und zum Lüften. Die Thüren sollen gestatten, an verschiedenen Stellen fortzuarbeiten, falls sich Fäulnisserscheinungen dort zeigen sollten. Zum besseren Abzug des Wasserdunstes werden von Zeit zu Zeit in die Kartoffelhaufen vielfach durchbohrte, viereckige Holzschlote gestellt.

Das Dach hat zur Beförderung des Dunstabzuges auf beiden Seiten eine Reihe von einander etwa 4 m abstehender Holzschlote von 40 cm unterer und 50 cm oberer Oeffnung; diese erheben sich 1 m über den Dachfirst.

In diesen Schuppen haben sich die Kartoffeln einfach aufgeschüttet bei lange andauernder Kälte (bis — 17° R.) sehr gut gehalten bis auf eine etwa handbreite Schicht an der Oberfläche, in der sie erfroren waren.

Billiger noch erscheint folgende Schuppen-Konstruktion für Aufnahme von 25000 Ctr. Kartoffeln, welche für Gegenden mit Lehmboden geeignet ist. Der Schuppen ist 56 m lang, 14 m breit, $^{5}/_{4}$ m in der Erde und über ihr 2 m hoch. Die Wände sind im Unterbau mit Ziegelsteinen, über der Erde aber aus Lehmpatzen (Lehm mit Stroh gemischt, durchgetreten und zu Stücken geformt, die trocken 30 : 15 cm Fläche haben) hergestellt und letztere von aussen mit heissem Theer gestrichen, innen mit Kalkputz. Die Wände sind 0,5 m stark. Die Giebelwände und die Lukenfüllung sind aus Mauersteinen hergestellt. Das Dach ist aus Holz und doppelter Papplage gebildet. Es wird von zwei Reihen Mittelsäulen getragen. An jeder Seite der Längswände sind 6 Thüren. Die Kartoffeln liegen 2 m hoch.

Die Kartoffelreinigung.

Das Heranschaffen der Kartoffeln zur Wäsche.

Die an die Fabrik angefahrenen Kartoffeln werden zunächst einer Vorreinigung auf trockenem Wege unterworfen, indem sie beim Abladen von den Gefährten nicht unmittelbar in den Kartoffelraum im Fabrikgebäude geworfen werden, sondern über eine Harfe oder durch eine Trockentrommel, welche ausserhalb des Fabrikgebäudes steht, demselben zugeführt werden.

Die Harfe, Fege oder Schurre besteht aus einem Holzrahmen von 1,5—2 m Länge und 60—80 cm Breite, in welchem Rundeisen- oder Bandeisenstäbe harfenartig eingezogen sind, welche nur so weit von einander abstehen, dass wohl Erdtheile, nicht aber die Kartoffeln durchfallen können.

Eine gute Kartoffelharfe soll wie folgt zusammengestellt werden (s. Abb. 14 S. 104):

Der Rahmen wird gebildet von drei Winkeln (III), von denen je einer an jedem Ende, der dritte in der Mitte der Harfe sich befindet. Ausser diesen sind noch zwei Unterstützungen I und II vorhanden, bestehend aus je 2 Seitenpfosten, welche mit einem Unterzuge verzapft sind. Die Seitenpfosten aller 5 Unterstützungen werden durch zwei Seitenbretter von 2,20 m Länge, 3 cm Dicke und 22 cm Höhe verbunden und verschraubt. Die Harfenfläche wird gebildet von etwa 32 Bandeisen von 10 mm Breite und 3 mm Dicke, welche in der Längsrichtung der Harfe mit Zwischenräumen von 13 mm mit versetzten Schrauben auf den Unterzügen befestigt werden. Die Seitenpfosten der Unterstützung I sind nach unten verlängert, um die einerseits auf dem Wagen, andererseits auf dem Rande der Kellerluke aufliegende Harfe vor dem Hineinrutschen in die letztere zu schützen. Die Holztheile werden zur Erhöhung der Haltbarkeit mit Karbolineum gestrichen.

Die Trockentrommel bildet eine von rostförmig angeordneten Eisenstäben als Mantel umgebene, an beiden Enden offene Trommel, welche um eine Welle mit 25—30 Umgängen in der Minute sich bewegt. Die Stäbe sind zweckmässiger Rundeisen, weil Flacheisen die

Kartoffeln schneiden; sie stehen 7—10 mm von einander ab. Der Durchmesser der Trommel ist an der Einwurfseite 80 cm, an der Auswurfseite 90 cm. Die Welle liegt horizontal. Die Kartoffeln werden in der Trommel durch einander gerollt, reiben sich an einander und bewegen sich langsam vorwärts.

Der bei ihr oder der Harfe durchfallende Schmutz wird auf den Wagen zurückgebracht und bei der Feststellung des Wagengewichtes mit in Abzug gebracht.

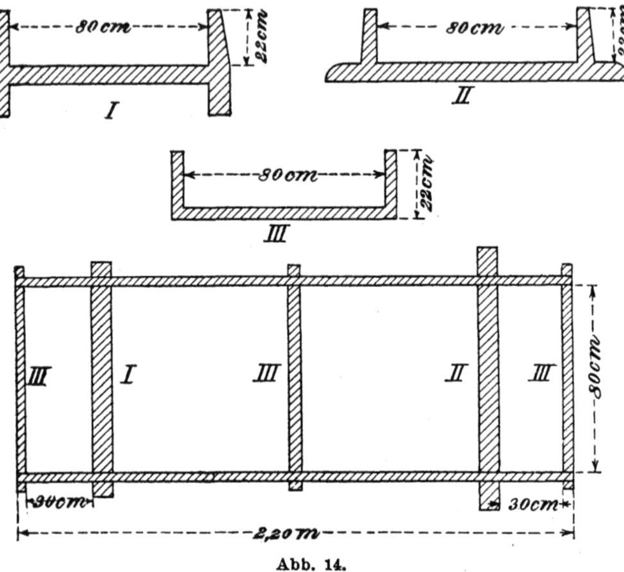

Abb. 14.

Die Kartoffeln fallen in den Kartoffelraum. Derselbe ist ein Keller oder ein schuppenartiger etwas in die Erde hineingelassener Anbau an das Fabrikgebäude. Er ist so bemessen in der Grösse, dass er einige Tagesarbeiten an Kartoffeln aufnehmen kann, und mehr lang als breit gestaltet. Er hat eine Anzahl Seitenluken, um an verschiedenen Stellen Kartoffeln in ihn einbringen zu können. In ihm befindet sich die Kartoffelwäsche.

Der Transport der Kartoffeln nach der Wäsche geschieht entweder auf trockenem oder auf nassem Wege. Im ersteren Falle werden dieselben durch Arbeiter zur Wäsche hingeschippt oder in Körben herangetragen. Oder die Zuführung geschieht bei grösseren Fabriken durch ein Tuch ohne Ende, welches mit Leisten besetzt ist, wobei auch eine ziemliche Steigung, z. B. vom Kellerboden zur ebenen Erde, überwunden werden kann. Ferner hat man Transportschnecken (s. Abb. 15) aus Eisen angewandt, welche in der Längsrichtung des Kartoffelraums hinlaufen. Das Schneckengewinde muss bei diesen hart an den Trog anschliessen.

Zum Transport der Kartoffeln unter gleichzeitiger Einwirkung des Wassers, wobei also zugleich ein Vorwaschen stattfindet, dienen dort, wo gleichzeitig ein Heben der Kartoffeln bewirkt werden soll, ansteigende Transportschnecken mit Wassergegenstrom, für die dasselbe gilt, wie für die Trockentransportschnecken; ferner schräg gestellte, mit Wasser zum Theil gefüllte Trommeln mit spiralig gestellten Transportflügeln.

Der einfachste Transport auf nassem Wege ist der in einer Rinne, welche in der Längsrichtung des Kartoffelraumes hinläuft; in ihr werden die Kartoffeln durch einen Wasserstrom fortgeführt.

Diese letztere Einrichtung, welche in den Rübenzuckerfabriken längst weit verbreitet ist, hat erst neuerdings durch Angele in der Stärkefabrikation weitere Verbreitung gefunden. Die Kartoffelschwemme besteht aus einer Rinne von Mauerwerk, Holz oder Eisen von 0,3—1,0 m Breite und Tiefe, je nach der Grösse des Betriebes. Ihr Querschnitt wird so gewählt, dass er nach unten schmaler und abgerundet ist. Dieselbe wird mit Brettern gedeckt, damit auch über sie hinweg Kartoffeln liegen können, und nur an der Zufuhrstelle geöffnet.

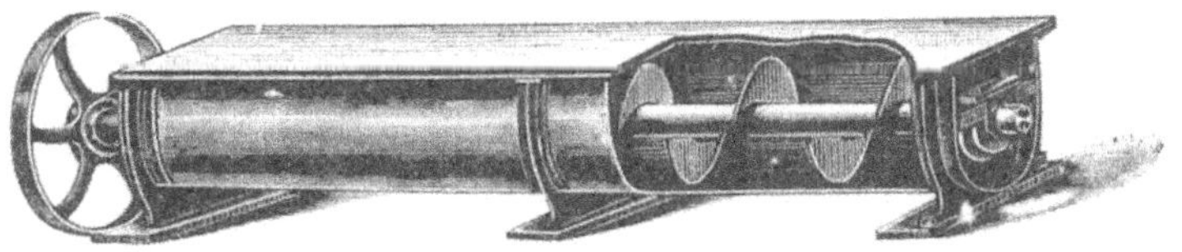

Abb. 15.

Man giebt der Rinne ein Gefäll von 7 mm bei gerader Richtung und 9 mm bei Bogengang auf je 1 m Länge. Den Wasserverbrauch der Schwemme bestimmte Verfasser in einer Fabrik mit stündlicher Verarbeitung von 56 Centner Kartoffeln. Derselbe betrug in der Stunde 17 cbm Wasser, also auf 1 Ctr. Kartoffeln rund 300 Liter. Derselbe ist zwar ziemlich erheblich, aber die Vortheile der Schwemme sind doch so grosse, dass dagegen die Mehrleistung der Wasserpumpe garnicht in's Gewicht fällt, zudem ein Theil des in der Schwemme verbrauchten Wassers bei der Wäsche wieder gespart wird.

Die Vortheile der Schwemme bestehen in einem guten Vorwaschen der Kartoffeln ohne Maschinenkraft, indem durch das gegenseitige Aneinanderreiben beim Hintreiben in der Schwemme der Schmutz gelockert und theilweise entfernt wird. Es bleibt ferner der grösste Theil der Steine in der Schwemme liegen und ist dort leicht zu entfernen. Die Wäsche kann in Folge dessen einfacher sein und bedarf keiner so oftmaligen Reinigung. Der Hauptvortheil liegt aber in der Ersparniss von Arbeitskräften. Es genügt ein einziger Arbeiter, um die Schwemme zu beschicken, während sonst in Fabriken mit 500—1000 Ctr. täglicher Verarbeitung 2—3 Arbeiter allein zum Heranschippen der Kartoffeln zur

Wäsche nöthig sind. Auch können die Kartoffeln von jeder Stelle des Kartoffelraumes aus, wo sie gerade eingeworfen sind, schnell und bequem zur Wäsche befördert werden, wodurch vermieden wird, dass an manchen Stellen neu zugefahrene Kartoffeln auf noch nicht fortgeschaffte geworfen werden, und Fäulnissherde entstehen. Endlich kann vermittelst einer

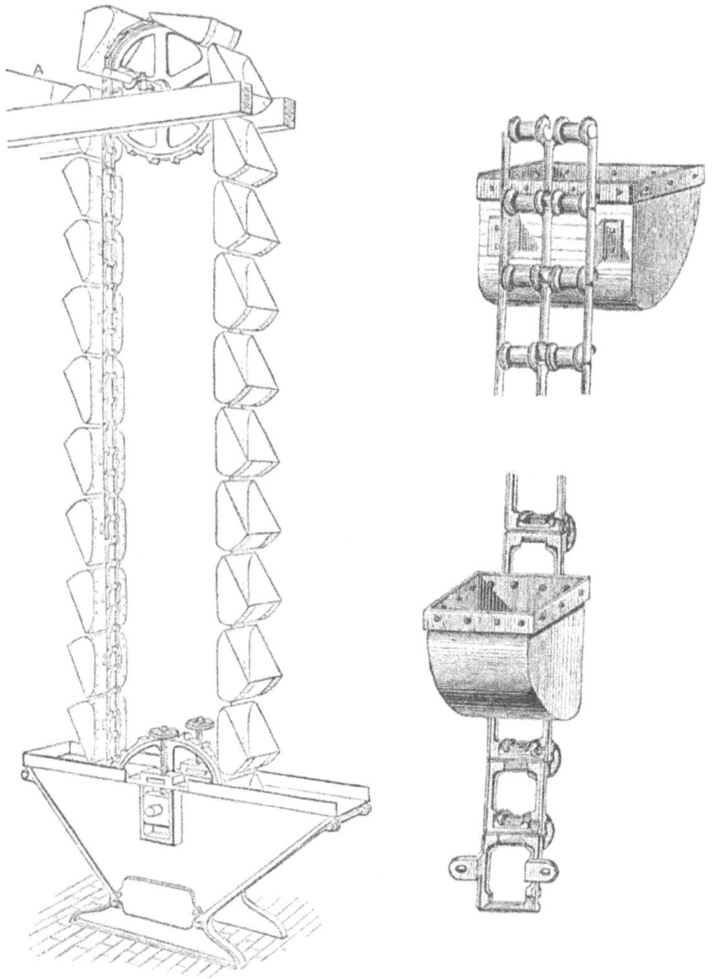

Abb. 16.

Schwemmanlage der Transport von Kartoffeln aus verschiedenen in der Nähe der Fabrik liegenden Kartoffelschuppen zur Wäsche leicht und bequem bewirkt werden.

Unter Umständen kann durch die Anbringung einer Schwemme auch der Fehler einer nicht genügenden Wäsche gehoben werden, dort wo die Raumverhältnisse eine Vergrösserung derselben ausschliessen.

So fand Verfasser in einer kleinen Stärkefabrik, wo dieses der Fall war, einen Erfolg dadurch erzielt, dass von der Kellerluke an den Wänden des Kartoffelkellers entlang eine Holzrinne mit etwas Gefälle bis zur Wäsche geführt war. Dicht vor dieser war der Boden der Rinne durch Roststäbe gebildet. Die Kartoffeln wurden durch die Luke in die Rinne geworfen und durch einen Wasserstrom der Wäsche zugeführt. Das Schmutzwasser lief durch den Rost ab. Die Kartoffeln kamen stark vorgereinigt in die Wäsche.

Es kann die Anlage der Schwemme für neue Fabriken nur dringend angerathen werden, bei älteren muss zuvor die Leistungsfähigkeit der Wasserpumpe in Betracht gezogen werden.

Je nach der Lage der Wäsche werden die Kartoffeln direkt in dieselbe geschippt oder in Körben zugetragen, oder aber, wie auch bei Heranführung durch eine trockene Transportschnecke oder die Schwemme, durch ein Becherhebewerk (Elevator) zur Wäsche gehoben. Von diesen giebt es sehr zahlreiche derartige Hebewerke. Wesentlich für Kartoffeltransport ist, dass dieselben stark und gegen Nässe unempfindlich sind. Kautschukbänder mit Blechbechern oder ähnliche Einrichtungen sind für diesen Zweck nicht brauchbar. Am besten eignet sich hierfür die Ewart'sche Kette. Die Abbildung 16 zeigt ein solches Becherwerk ohne Bekleidung und daneben die Befestigung der Becher in der Ausführung von Wilhem Fredenhagen in Offenbach a. M. Das untere Kettenrad muss leicht verstellbar sein, um die Kette stets in gleicher Spannung zu halten.

Die Kartoffelwäsche.

Das Waschen der Kartoffeln bezweckt, dieselben vollständig von den ihnen anhaftenden Erd- und Schmutztheilen und beigemengten Steinen zu befreien. Es ist diese Arbeit eine der wichtigsten in der Stärkefabrik, und es kann dem Stärkefabrikanten nicht eindringlich genug gerathen werden, ihr die grösste Aufmerksamkeit und äusserste Sorgfalt zu widmen. Je vollkommener derselbe die Reinigung der Kartoffeln vollzieht, um so besser bewahrt er die anderen Maschinen zur Verarbeitung der Kartoffeln und damit den ganzen Betrieb vor Störungen, und um so grössere Sicherheit hat er, ein rein weisses, stippenfreies und tadelloses Fabrikat zu erzielen. In sehr vielen Fällen sind Mängel an dem fertigen Produkt lediglich auf eine mangelhafte Leistung der Kartoffelwäsche zurückzuführen.

Zur Erreichung eines vollkommenen Resultates durch die Kartoffelwäsche ist erforderlich:

1. dass Steine und andere grobe Beimengungen sorgfältigst in ihr entfernt werden,
2. dass die Kartoffeln längere Zeit mit dem Waschwasser in Be-

rührung bleiben, damit die fester an ihnen haftenden Erdtheilchen (besonders Lehm- und Thonbodentheile und torfige Ansätze) aufweichen,

3. dass die Kartoffeln dann lebhaft bewegt und dabei gegen einander gerieben werden, damit die haftenden Erdtheile losgelöst werden,
4. dass die losgerissenen Schmutztheile durch hinreichende Wassermengen fortgespült werden und endlich
5. dass die letzten an den Kartoffeln hängenden Schmutzwassertheile durch reines Wasser abgespült werden.

Eine Wäsche, welche diese Bedingungen gut erfüllt, ist als eine vollkommene zu bezeichnen. Im Folgenden sollen nun die üblichen Waschvorrichtungen im Lichte dieser Anforderungen einer näheren Betrachtung unterzogen werden.

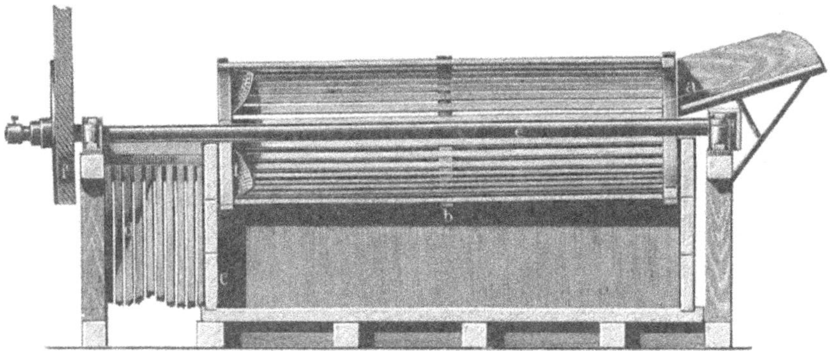

Abb. 17.

Die älteren Wäschen bestanden meist nur aus einer Waschtrommel, wie sie die Abbildung 17 zeigt. In einem mit Wasser gefüllten Troge liegt bis zu $^1/_3$ ihres (1 m betragenden) Durchmessers im Wasser die 3 m lange Trommel, deren Mantel von eisernen, 1—4 cm breiten und 15 mm von einander entfernten Stäben gebildet wird. Durch den Riemen-Antrieb wird dieselbe mit einer Geschwindigkeit von 14—15 Umdrehungen in der Minute um ihre Axe bewegt. Die Kartoffeln fallen durch einen Rumpf ein und werden, da die Trommel schwach nach der anderen Seite zu geneigt ist (14 mm auf den Meter), langsam nach dorthin gerollt, wo sie durch Schöpfflügel auf einen geneigten Rost geworfen werden und auf ihm der Reibe zufallen.

Diese Einrichtung kann für sehr kleine Betriebe (50 Ctr. pro Tag), welche nasse Stärke herstellen, genügen. Sie hat den grossen Nachtheil, dass grössere Steine, durch welche die Reibe beschädigt wird, nicht in ihr entfernt werden, und die Kartoffeln zu selten mit neuem Wasser in Berührung kommen. Auch wird eine grössere Schmutzwassermenge an ihnen haften bleiben.

Eine andere Art der Konstruktion, die Rührflügel-Wäsche, wie sie auch in den Spiritusbrennereien eingeführt und hier von genügender Leistungsfähigkeit ist, zeigt die folgende Abbildung 18 in der Ausführung der Aktien-Gesellschaft H. F. Eckert, Berlin.

Bei dieser gelangen die Kartoffeln in eine Trocken-Stabtrommel (Vorrätter) und von dieser durch zwei an der Endfläche befindliche mit Schöpfflächen versehene Oeffnungen in einen in Eisenguss angefertigten, mit Wasser gefüllten Trog, welcher etwa in der Mitte seiner Höhe im Innern einen Rost besitzt, dessen Stäbe so gestellt sind, dass kleine Steine und Sandtheilchen zwischen ihnen hindurchfallen, grössere Steine aber auf ihnen liegen bleiben. Die Kartoffeln werden von den in einer Schraubenlinie der Welle aufgesetzten Rührflügeln oder Stein-

Abb. 18.

schlägern erfasst, durchgerührt und langsam nach der anderen Seite hingeschoben, wo sie von zwei Schöpfflügeln erfasst und dem Becherhebewerk zugeworfen werden. Eine Pforte an dem unteren Theil der Seitenwand des Troges ermöglicht die Entfernung des abgeschiedenen Schmutzes, die auf dem Rost liegen gebliebenen Steine müssen von Zeit zu Zeit entfernt werden.

In dieser Wäsche wird schon ein Abscheiden der Steine erreicht und die Kartoffeln auch stärker bewegt, jedoch wird das Wasser nur von [Zeit zu Zeit durch neues ersetzt, und die Kartoffeln führen also noch ziemlich viel Schmutzwasser mit, wenn sie die Wäsche verlassen.

In dieser einfachen Form ist die Wäsche höchstens für ganz kleine Nassstärkefabriken verwendbar. Aus dieser Form sind aber theils durch Aneinanderreihung mehrerer solcher, selbständig für sich arbeitender Tröge und durch Zusammenstellung mit Waschtrommeln die zur Zeit am meisten verbreiteten und in Stärkefabriken eingeführten Kartoffelwäschen entstanden.

Die wichtigsten, bei der Konstruktion einer Kartoffelwäsche nach den dargestellten Urbildern für Zwecke der Stärkefabrikation zu beachtenden Punkte sind die folgenden:

Die Tröge der Kartoffelwäschen werden in Stärkefabriken fast ausschliesslich aus Mauerwerk mit Cementputz hergestellt. Das Mauerwerk muss stark sein, um den Druck des darin befindlichen Wassers auszuhalten.

Die richtige Länge der Wäsche oder eine genügende Anzahl von Waschtrögen hintereinander ist von grosser Bedeutung für ihre Leistungsfähigkeit. Ein Sparen an dieser Stelle rächt sich sehr schwer in der Qualität des fertigen Produktes.

Für kleine Nassstärkefabriken genügen Wäschen von 3—4 m Länge mit 3 Abtheilungen; für Fabriken von 250—500 Ctr. täglicher Verarbeitung an Kartoffeln muss die Wäsche 4—5 m lang sein mit 4—5 Abtheilungen. Es ist zweifellos ein geringerer Fehler, die Wäsche zu lang zu machen als zu kurz.

Das erste Fach der Wäsche wird der Steinfänger oder Steinscheider genannt. In ihm liegt der flache Rost tiefer als in den übrigen und etwa in 20 cm Abstand von den Rührflügeln, damit hier die gröberen Steine zwischen den Kartoffeln durchfallen und sich auf dem Roste ablagern können. In manchen Fabriken befindet sich auch noch zwischen den weiter folgenden Abtheilungen ein Steinfänger von geringerem Umfange und in einer Fabrik mit 4000 Ctr. täglicher Verarbeitung an Kartoffeln fand Verfasser bei jedem der je 20 m langen Theile der Doppelwäsche 3—4 Steinscheider.

Die Breite der Wäsche beträgt meist $^3/_4$—1 m. Für Kartoffeln aus schwerem Boden macht man die Wäschen länger und breiter als für solche aus leichtem Boden.

Die einzelnen Abtheilungen oder Fächer des Waschtroges sind 1—2 m lang. Entweder sind die Zwischenwände oben halbkreisförmig ausgeschnitten, sodass die obere Wasserschicht aller Abtheilungen in Verbindung steht, und die Kartoffeln von der einen in die andere übertreten können, oder die Scheidewände trennen die Abtheilungen ganz, reichen also bis an die Welle heran, deren Lager sie tragen, und die Kartoffeln werden dann durch Schöpfflügel am Ende jeder Abtheilung in die nächste übergeworfen.

Im ersten Falle muss das Wasser der Richtung, in welcher die Kartoffeln sich bewegen, entgegenströmen, also beim Kartoffeleinwurf abfliessen, sodass die reineren Kartoffeln auch das reinste Wasser erhalten. Man wird diese Einrichtung dort treffen, wo man nicht unbeschränkte Wassermassen zur Verfügung hat.

Zweifellos zweckentsprechender aber ist die zweite Art der Einrichtung, bei welcher jede Abtheilung ihren eigenen Wasserzufluss hat.

Zu verwerfen ist es, wenn in manchen Fabriken der Trog nur von

Zeit zu Zeit mit frischem Wasser gefüllt wird. Dasselbe muss vielmehr ständig zu- und abfliessen.

Der Wasserzufluss muss so eingerichtet werden, dass er auf die Kartoffeln trifft beim Ueberschöpfen in das nächste Fach, dass also der Wasserhahn sich am Ende der dazu gehörigen Abtheilung befindet. Das Abfliessen aus der Abtheilung darf nicht durch einen Rohrstutzen oben an dem anderen Ende derselben stattfinden, wie man es bisweilen sieht, sondern das Wasser muss gezwungen werden, nach abwärts zu gehen, und das bewirkt man durch am Boden an der Aussenwand der Wäsche angebrachte Wasserstandsrohre.

Sehr zweckmässig ist es, die Wäsche so einzurichten, dass das letzte Fach nicht mit Wasser gefüllt ist, sondern dass in ihm die Kartoffeln, ohne im Wasser zu schwimmen, durch die Rührarme durch einander geworfen und vorwärts geschoben werden, während aus einer Brause über ihnen reines Wasser auf sie herabregnet. Auf diesem Wege wird der letzte Rest von Schmutzwasser, der nach dem Verlassen der vorhergehenden Abtheilung noch an ihnen haftete, abgespült.

Dasselbe erreicht man auch durch Anbringung einer mit Wasserbrause versehenen Stabtrommel am Ende der Wäsche. Zur Noth genügt es auch, die Kartoffeln auf dem Rost, auf dem sie zur Reibe hinabrollen, durch einen ihnen entgegengerichteten Wasserstrahl oder Regen abzuspülen.

Die Welle, welche die Rührflügel trägt, muss stark sein und mehrfach gelagert. Der Antrieb muss so gestellt oder konstruirt sein, dass der Riemen nicht bespritzt werden kann, da er sonst leicht abfällt.

Nach H. Schmidt-Cüstrin wird die Welle etwas ansteigend montirt, damit das Wasser beim Einwurfsende überfliesst und beim Auswurfsende möglichst wenig Wasser von den Kartoffeln mitgerissen wird.

Man macht die Welle nicht gerne zu lang und theilt daher eine lange Wäsche in mehrere zu je 3—4 Abtheilen.

Die Rührflügel werden zweckmässiger aus Eisen hergestellt als aus Holz, weil sich letztere zu schnell und auch ungleichmässig abnutzen. Die Flügel müssen schräg-windschief gedreht sein. Sie dürfen nicht zu dicht stehen, und um so weiter, je höher die Umdrehungszahl der Welle ist, damit die Kartoffeln die Wäsche nicht zu schnell verlassen. In grossen Fabriken giebt man ihnen einen Abstand von 20 bis 30 cm bei 20 Umdrehungen der Welle in der Minute. Stehen sie näher an einander, so muss die Welle langsamer gehen.

Die Flügel sind der Welle so aufgesetzt, dass sie eine Spirale bilden. Meist sind sie so gestellt, dass jeder folgende mit dem vorhergehenden einen Winkel von 45° bildet. Die Flügel sind einarmig und zweiarmig, seltener viertheilig, sternförmig und dann in Abständen von 20—30 cm.

Auch sind die Flügel bisweilen so angeordnet worden, dass je zwei von ihnen vorwärts, der dritte rückwärts schiebt, wodurch die Kartoffeln stark durch einander geworfen und länger in der Wäsche zurückgehalten werden.

Die Rührflügel der letzten Abtheilungen sollen zweckmässiger Weise durch hölzerne, mit Piassavabürsten besetzte, ersetzt worden sein.

Der Abstand der Rührflügel von dem Roste darf nicht zu gering sein. Gewöhnlich beträgt er 8—10 cm, bei den Steinfängern 20 cm. Zweckmässig ist es, die Rührflügel mit einer Schelle an der Welle zu befestigen, welche in der Mitte getheilt und mit Schrauben zusammenzuziehen ist, damit man, wenn ein Flügel (bei hölzernen) bricht, nicht die ganze Welle heben und die vor dem zerbrochenen Flügel sitzenden abziehen muss, sondern ihn allein abnehmen kann (s. Abb. 19).

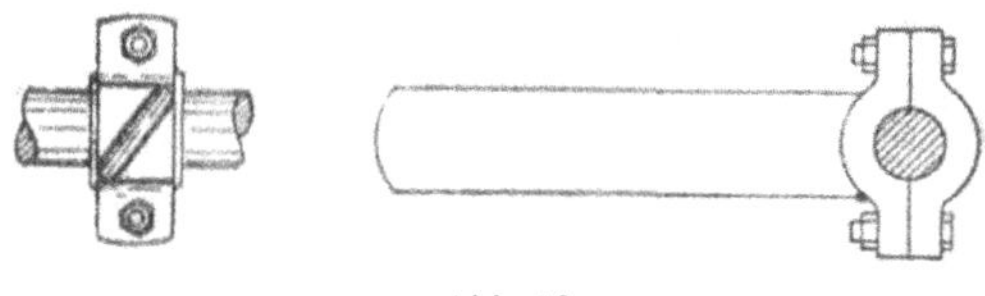

Abb. 19.

Der Rost in der Wäsche ist entweder eben oder muldenförmig. Im ersteren Falle wird er durch Bandeisen, welche ziemlich nahe aneinander stehen, gebildet, im anderen durch Gussstücke oder an Flacheisenträgern befestigte Rundeisenstäbe von ca. 16 mm Durchmesser. Die Flacheisenträger lässt man nach innen etwas hervorragen, um die Steine besser zurückzuhalten. Die Roststäbe müssen in der Richtung der Welle, nicht senkrecht zu ihr angebracht sein, damit nicht durch die Rührarme kleine Kartoffeln und Steine in sie hineingeschlagen und eingeklemmt werden. Die Stäbe dürfen nicht zu weit von einander abstehen (6 mm), damit nicht zuviel kleine Kartoffeln mit hindurchgehen. Kantige Roste sind zu verwerfen.

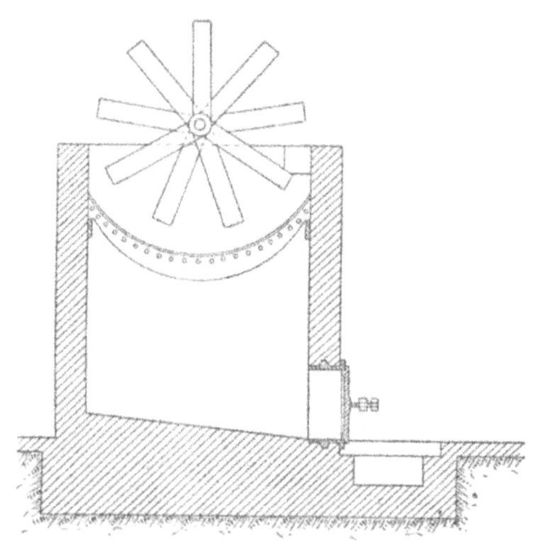

Abb. 20.

Von Wichtigkeit ist auch, dass die Reinigung der Wäschen leicht auszuführen ist. Gewöhnlich befinden sich an der unteren Seite der Aussenwand der einzelnen Abtheilungen des Troges Pforten oder Schlammluken, welche durch eine aufgeschraubte Thür verschliessbar sind und zu dem abgeschrägten Boden des Troges führen (s. Abb. 20).

Durch dieselben wird meist zweimal am Tage, in der Mittagspause und Abends, der Schmutz mit Krücken abgezogen und in der davorliegenden Rinne fortgespült.

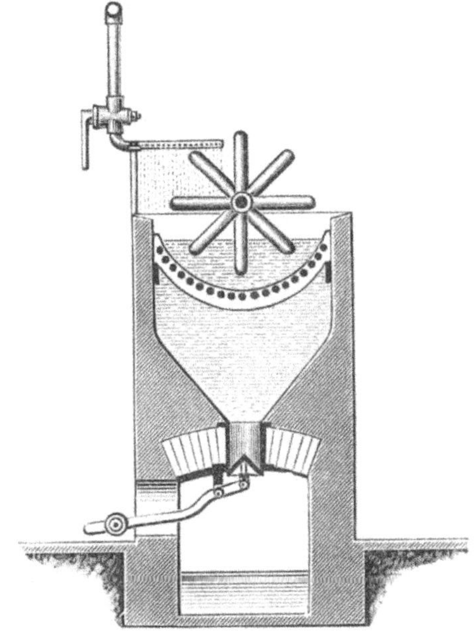

Abb. 21.

Vortheilhafter sind daneben Vorrichtungen anzubringen, welche die zeitweise Entfernung des Schmutzes während des Betriebes gestatten, also Ventilklappen, wie sie Angele-Berlin (Abb. 21), H. Schmidt-Cüstrin (Abb. 22) und Uhland-Leipzig ausführen.

Bei der Schmidt'schen Wäsche (s. Abb. 22) sind die einzelnen Abtheilungen unten vereinigt und haben gemeinsamen Schmutzablass, während bei der Wäsche von Angele jede Abtheilung eigenen Ablass und eigenen Wasserzufluss hat (s. Abb. 23 S. 114). In letzterem Falle kann die Bodenfläche des Abtheils stärker abgeschrägt werden, wodurch der Schmutz besser abläuft.

Zum Schmutzablassen haben sich auch Standrohre von der Weite einer Dachrinne bewährt, welche an dem Stutzen, durch den sie mit dem Waschbecken in Verbindung stehen, ein Gelenk haben. Gewöhnlich stehen sie aufrecht und bilden die Abflussrohre für das verbrauchte Wasser (vergl. Abb. 24). Soll der Schmutz abgelassen werden, so werden sie umgelegt. Dieselben wendet Angele-Berlin und Gaul & Hoffmann-Frankfurt a. O. an.

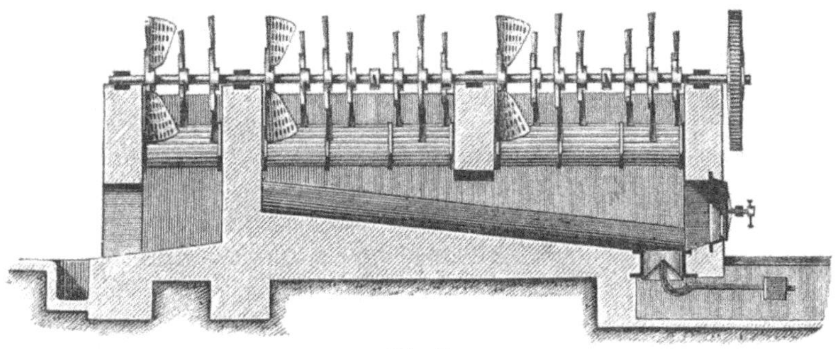

Abb. 22.

Eine Vereinigung von Waschtrommel- und Rührflügelwäsche stellt die Wäsche von S. Aston, Burg b. Magdeburg dar (s. Abb. 25). Dieselbe besteht aus 3 Stabtrommeln, in welchen durch eine Wasserbrause

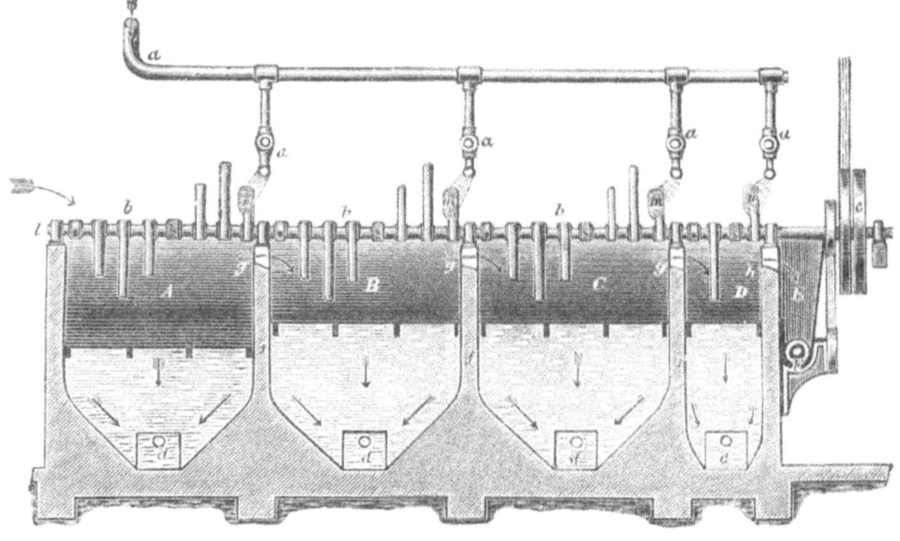

Abb. 23.

von aussen die Kartoffeln angefeuchtet werden. Dieselben hängen frei, sodass der Schmutz abfliesst. Die erste ist etwa 2 m lang, die beiden anderen je $^1/_2$ m. Dazwischen sind zwei Rührflügelwäschen mit je drei Fächern von je rund 1 m Länge. Der Vortheil dieser Anordnung beruht darin, dass die Kartoffeln in den beiden kleineren Stabtrommeln von dem ihnen anhaftenden Schmutzwasser jedesmal ganz befreit werden.

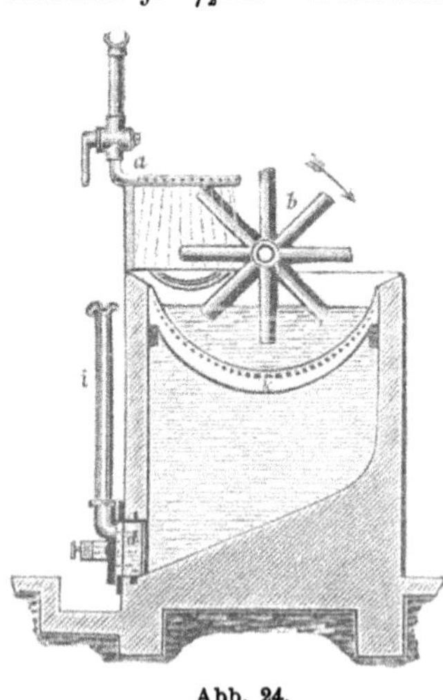

Abb. 24.

Für Fabriken, welche Kartoffeln aus stark lehmigem oder thonigem Boden verarbeiten müssen, wird die erste Stabtrommel in einen gemauerten Kasten, gleich dem der Kreuzwäsche, eingehängt, sodass die Trommel mitsammt den Kartoffeln bis ziemlich zur Axenhöhe in Wasser laufen kann.

Von besonderen, von den gewöhnlich gebauten Kartoffelwäschen abweichenden Waschmaschinen ist die Bürstenwäsche „Eureka“ noch zu erwähnen, da sie sich vereinzelt findet. Diese in der Abb. 26 dargestellte Maschine besteht aus einem schmiedeeisernen, vier-

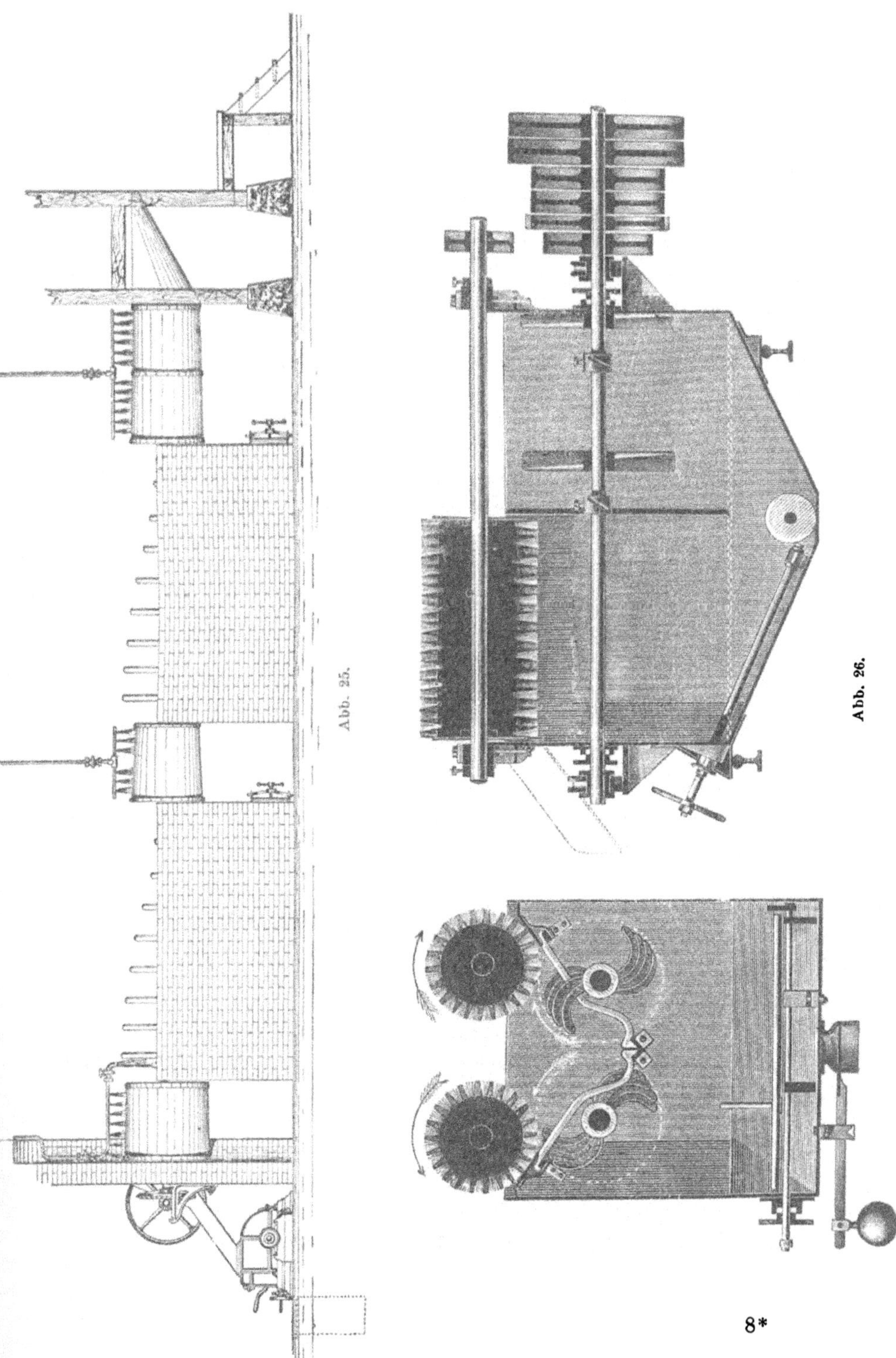

Abb. 25.

Abb. 26.

eckigen, in 2 Theile getheilten Kasten, der Vor- und der Nachwäsche. Die in erstere eingebrachten Kartoffeln werden durch gewöhnliche Rührarme und Steinschläger umgerührt, durch welche Behandlung die Kartoffeln von dem gröbsten Schmutz gereinigt in die zweite Abtheilung, die Nachwäsche, gelangen, während sich die Steine auf dem in der Vorwäsche befindlichen Rost lagern, von dem sie durch eine verschliessbare Oeffnung entfernt werden können. Die vorgewaschenen, in die Nachwäsche übergeführten Kartoffeln werden in dieser durch in gewundener Stellung angebrachte Rührarme von Eisen nach oben in rollender Bewegung gegen zwei in entgegengesetzter Richtung rotirende Walzen, welche mit Piassavabürsten dicht besetzt sind, geworfen. Durch diese werden sie abgebürstet, fallen dann nach unten den Rührarmen wieder entgegen, welche sie von Neuem gegen die Bürstenwalzen werfen, und so fort, bis sie in ihrer Vorwärtsbewegung nach dem Auslauf gelangt sind, auf den sie von den Rührarmen hinausgehoben werden.

Bei einer Prüfung wurden Kartoffeln aus lehmigem Boden mit tiefliegenden, ganz mit Lehm erfüllten Augen ganz vorzüglich gereinigt.

Verfasser hatte selbst Gelegenheit, die Wäsche in einer kleineren Stärkefabrik in Thätigkeit zu sehen und sich von der grossen Leistungsfähigkeit bezüglich der Reinigung zu überzeugen.

Indessen hat die Maschine trotz ihrer guten Leistung in der Reinigung schmutzigster Kartoffeln wenig Verbreitung gefunden. Daran trägt bei kleineren Fabriken die Schuld der Umstand, dass die Bürstenwalzen in jeder Kampagne erneuert werden müssen, und dass damit Unkosten von etwa 200 Mark verknüpft sind. Grössere Fabriken haben aber die Maschine verworfen, weil sie der Menge nach nicht genug leistet, d. h. die grosse täglich ihr zugemuthete Kartoffelmenge nicht der Zeit nach zu überwältigen im Stande ist.

Immerhin ist Verfasser der Ansicht, dass in ganz besonderen Fällen trotz dieser Uebelstände die Maschine von Nutzen sein kann.

Von Waschvorrichtungen, welche bei mangelndem Raum in einer fertigen Anlage, deren Wäsche sich als ungenügend erweist, zur Verbesserung der Leistung beitragen können, mögen folgende beiden Erwähnung finden.

Die Vorwäsche von Herm. Schmidt-Cüstrin (Abb. 27) besteht aus einem runden gemauerten Gefässe mit rundem konischem Korb und einer stehenden Welle mit zwei Rührarmen aus Rundeisen. Die Wäsche ist mit Deckel versehen, durch dessen trichterförmige Mitte die Kartoffeln eingeführt werden. Die Wäsche wirkt energisch, scheidet aber keine Steine ab und wird daher mit einer gewöhnlichen Wäsche verbunden, welche ihr Waschwasser an die Vorwäsche abgiebt.

Wittingener Vorwäsche: Vor der eigentlichen hochgelegenen Wäsche sind in drei, zu ihr ansteigenden Stufen terrassenartig Waschkasten aufgestellt. Eine Welle, welche durch eine Gelenkkuppelung mit der eigentlichen Wäsche verbunden ist, geht schräg ansteigend zu dieser empor über die Kasten hinweg und trägt gewöhnliche Rührflügel und vor jeder Vorderwand des nächst höheren Kastens taschenartig gebogene Bleche, welche die Kartoffeln in die nächst höhere Abtheilung überschöpfen. Diese Schöpfer werden durch die Wand der Bassins an der vierten offenen Seite begrenzt und stehen — an ihr emporschleifend — soweit von derselben ab, dass Steine und kleinere Kartoffeln zurückfallen. Das Wasser läuft den aufsteigenden Kartoffeln entgegen.

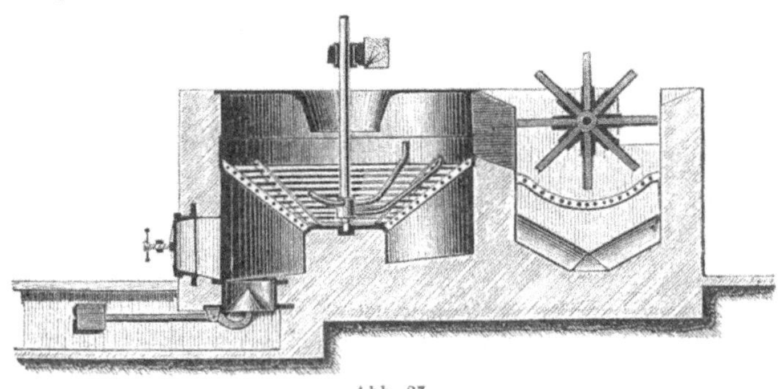

Abb. 27.

Die Leistung der Wäsche ist abhängig einmal von ihren richtigen Grössenverhältnissen im Verhältniss zu der zu verarbeitenden Kartoffelmenge, ihrer richtigen Konstruktion und der Reichlichkeit des gebotenen Wassers, ferner aber auch von der Reinheit und Qualität der ihr zugeführten Kartoffeln. Stammen dieselben aus sandigem Boden, so waschen sie sich leicht, und es genügt eine einfachere Waschvorrichtung, als wenn dieselben aus lehmigem, thonhaltigem Boden stammen oder aus torfigem oder mit Torf gedüngtem Boden. Auch werden flachäugige, runde und glattschalige Kartoffeln sich leichter waschen, als tiefäugige, zur Knickbildung geneigte und durchgewachsene, auch rauhschalige Kartoffeln. Für solche Fälle ist die Anlage einer Schwemme zu empfehlen oder auch die Anbringung einer Schmidt'schen Vorwäsche oder einer in einem Waschtroge laufenden Stabtrommel. In letzteren wäscht man die Kartoffeln mit lauwarmem Wasser vor, wodurch der Schmutz sich leichter löst. Dasselbe thut man mit hartgefrorenen Kartoffeln. Das Anheizen des Wassers geschieht durch Zuleitung von Abdampf, oder indem man das Kondenswasser aus den Heizanlagen der Stärketrocknerei oder bei Nassstärkefabriken dasjenige der Röhrenleitungen zum Heizen der Fabrikräume der Wäsche zuführt.

Auch hat man dort, wo das Waschwasser sich im Winter weit unter 8—10° R. abkühlt (bei Bachwasser etc.), die Wäsche heizbar eingerichtet, indem unter den Rosten in der Längsrichtung des Waschtroges hin Dampfrohre für Kesseldampf hindurchgezogen wurden. Es ist dies jedenfalls aber die theuerste Methode, das Wasser anzuwärmen.

Besonders schwer reinigen sich Kartoffeln, welche schorfig sind, in torfigem Boden gewachsen oder von der Pockenkrankheit befallen sind (s. S. 73). An diesen letzteren bleiben auch bei bestem Waschen kleine, schwarze Placken haften, welche nur durch Abkratzen zu entfernen sind, in der Reibe zerkleinert aber schwarzbraune Stippen geben, welche durch alle Siebe hindurchgehen. Hier mag die Bürstenwäsche Eureka von Vortheil sein.

Das Reinigen der Wäsche geschieht bei kleineren Fabriken Abends, bei grösseren Mittags und Abends, und bei schmutzigen Kartoffeln auch dreimal am Tage. Dabei müssen auch die Steine aus den Steinfängern entfernt werden. Dieselben sind nun meist mit Kartoffeln untermischt, welche durch Arbeiterinnen gewöhnlich ausgelesen werden. Schmidt-Cüstrin empfiehlt, diese in Salzlösung (etwa 250 g oder $^1/_2$ Pfd. auf je 1 Liter Wasser) zu werfen, in welcher die Kartoffeln schwimmen, sodass sie leicht abgeschöpft werden können.

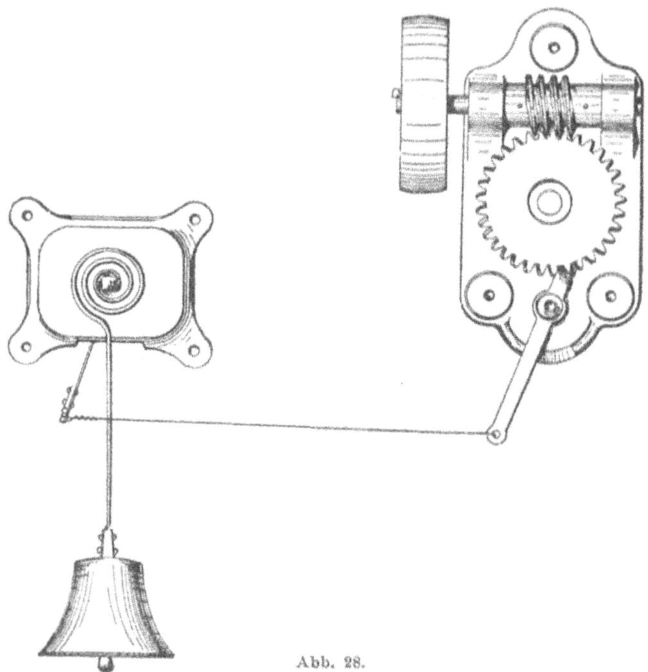

Abb. 28.

Wo eine Schwemme vorhanden ist, braucht man die Wäsche nur alle 8 Tage von Steinen zu reinigen, da die Hauptmenge derselben in jener schon zurückbleiben. Es wird dann nur täglich durch Oeffnen der Schmutzluken oder Ventile der Schmutz entfernt.

Von grosser Wichtigkeit für die Leistung der Wäsche wie auch der Reibe ist eine möglichst gleichmässige Befüllung bezw. Entleerung der Wäsche.

In kleineren Fabriken, wo die Kartoffeln mit Holzschaufeln meist stets von den gleichen Arbeitern eingeschaufelt werden, geschieht diese Arbeit ganz mechanisch, und wie Verfasser sich durch Wägungen überzeugte, sehr gleichmässig. Werden aber die Kartoffeln in grösseren Fabriken in Körben von Aussen zugetragen, so ist es zweckmässig, die Befüllung der Wäsche zu regeln. Dies geschieht durch einen Signalapparat, wie ihn S. Aston in Burg aufgestellt hat, und durch welchen ein Klingelzeichen dem Arbeiter angiebt, wann er einen Korb voll Kartoffeln in die Wäsche zu entleeren hat (s. Abb. 28). Die Welle der Kartoffelwäsche ist dann um ein kurzes Stück verlängert, und es ist ihr eine Riemscheibe aufgesetzt. Diese ist mit einer anderen durch einen schmalen

Abb. 29.

Riemen verbunden, welche an einer kurzen, am Gebälk der Decke des Raumes befestigten Welle sitzt. Die Welle trägt ein Schraubengewinde, welches eine kleine gezahnte Scheibe in langsam drehende Bewegung versetzt. Auf diese aufgesetzt ist an einer Stelle in der Nähe des Umfanges ein Stift, der nach jeder vollendeten Umdrehung der Scheibe einen Zapfen mit Hebel, an dem sich eine Klingel befindet, ausrückt und damit die Klingel zum Tönen bringt. Jede langsamere Bewegung der Wäsche muss also eine Verzögerung in der Abgabe des Zeichens, also eine langsamere Befüllung der Wäsche bei Störungen im Betriebe bewirken, und es wird eine gleichmässige, allerdings noch ruckweise Befüllung bei regelmässigem Gange der Fabrik eintreten.

Angele bringt hinter der Wäsche zu gleichmässigerer Beschickung der Reibe eine Transportschnecke an (s. Abb. 29). Derselben werden die Kartoffeln durch einen Fülltrichter zugeführt. Die Schnecke ist schräg aufwärts gerichtet. Der Trog ist am unteren Ende geschlossen, und es steht Wasser in ihm. Die Kartoffeln werden also hier durch die Reibung gegen einander nachgewaschen. Noch etwa mitgeführte Steine, falls sie nicht in die Kartoffeln eingewachsen sind, fallen zu Boden und können durch eine Klappe entfernt werden. Im oberen Theil ist der Trog gelocht und hier werden die Kartoffeln durch eine Wasserbrause noch einmal abgebraust. Mit dieser Schnecke ist die Zuführung der Kartoffeln eine ganz regelmässige und die Kartoffeln werden auch von den letzten Resten anhaftenden Schmutzwassers befreit.

Für grosse Fabriken ist es empfehlenswerth, zwischen Wäsche und Reibe eine Waage zur Feststellung des Gewichtes der verarbeiteten Kartoffeln aufzustellen. Man wählt zu dem Zwecke eine automatische Waage, welche selbstthätig die Menge der gewogenen Kartoffeln registrirt. Von der Waage fallen die Kartoffeln in einen Trichter, von dem sie mittels einer Schnecke der Reibe ganz gleichmässig zugeführt werden. Diese Waagen gewähren den Vortheil einer sehr schnellen, täglichen Feststellung des Arbeitsquantums zu ständiger Kontrole der Ausbeute und geben ausserdem den Gewichtsunterschied zwischen trocken geharften und fertig gewaschenen Kartoffeln an. Es ist dieser meist etwa 4 Proc.

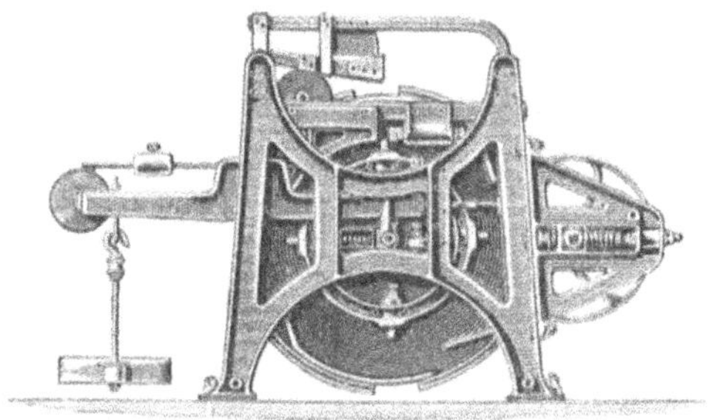

Abb. 30.

Eine solche Waage ist z. B. Kattentidt's selbstthätige Waage mit Zählwerth (s. Abb. 30) D.R.P. No. 72 790 vom 2. Juni 1893. Es ist dies eine auf festem Gestell mit Stahlschneiden aufgelagerte Balkenwaage, welche an dem einen Arm die Gewichtsschale, an dem anderen gegabelten Arm eine drehbar gelagerte, vierzellige Trommel trägt. In die jeweilig nach oben gerichtete offene Zelle derselben fallen die Kartoffeln. In dem Maasse als dieselbe befüllt wird, neigt sich diese Seite der Waage und der Waagebalken erreicht die horizontale Lage, sobald das Kartoffelgewicht dem Gewicht auf der Gewichtsschale gleich ist. Dann wird eine bis dahin wirksame Arretirung, welche die Trommel in ihrer derzeitigen Lage hielt, ausgerückt, dieselbe kippt um, und die gefüllte Zelle entleert sich in einen Trichter, während die folgende Zelle ihren Platz einnimmt und gefüllt wird. Aus dem Trichter werden die Kartoffeln durch eine Transportschnecke fortgeführt.

Eine andere Konstruktion ist die selbstthätige Waage mit zweikammerigem Schwinggefäss von A. C. Herrmann in Berlin, D.R.P. No. 68164 vom 7. Juli 1892 (s. Abb. 31). An dem Lastarm der Balkenwaage ist die eine Seite eines rahmenartigen Traghebels mit Zugstangen angehängt, während die andere Seite auf zwei Böcken mit Lagerpfannen ruht. Ihm aufgelagert ist eine Brücke auf einer Seite, während sie mit der anderen an dem Waagebalken hängt. Auf der Brücke hängt

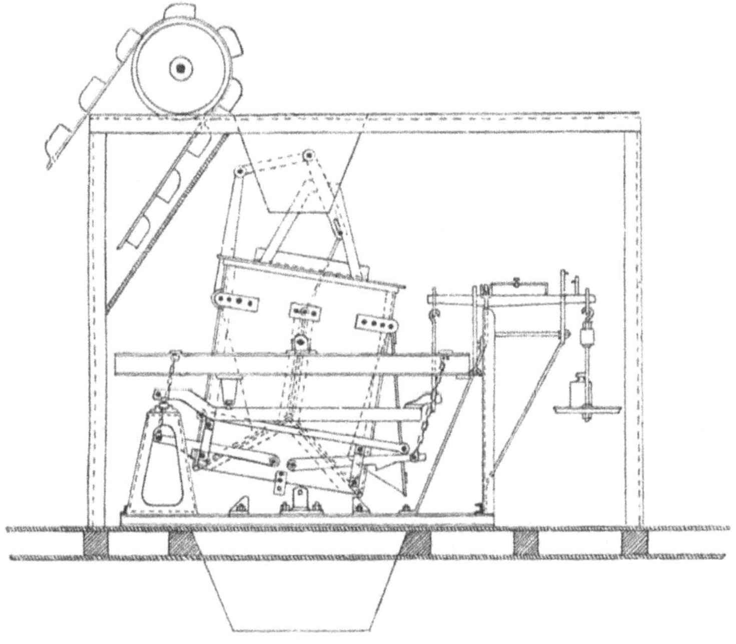

Abb. 31.

schwingbar der in zwei Kammern getheilte Kartoffelkasten. Fallen nun Kartoffeln durch den Füllrumpf in eine der Kammern, so senkt sich der Kasten mit der Brücke, während der Arm des Waagebalkens mit den Gewichten sich hebt. Sobald Gleichgewicht zwischen ihnen erreicht ist, macht der Kasten eine schwingende Bewegung, bis er an der der gefüllten Kammer entgegengesetzten Seite an einen Anschlag anstösst. Durch mit Ketten an der Brücke befestigte Hebel wird die Bodenklappe der gefüllten Kammer geöffnet, die der leeren geschlossen und die bewegliche Zwischenwand soweit verschoben, dass die Kartoffeln aus dem Fülltrichter nun in die andere Kammer laufen. Die durch die Bodenklappe der ersten Kammer fortlaufenden Kartoffeln werden durch einen Trichter einer Schnecke zugeführt und von dieser zur Reibe geschafft.

Die Zerkleinerungsapparate.

Die Kartoffel enthält in ihrem Innern die Stärkekörner in Zellen eingeschlossen. Will man möglichst viel Stärke gewinnen, so muss man möglichst viele Zellen öffnen oder zerreissen. Je vollkommener ein zu diesem Zwecke erbauter Apparat diese Aufgabe erfüllt, um so geeigneter ist er für den Stärkefabrikanten, denn um so höhere Ausbeuten verschafft er demselben. Die Beurtheilung der Brauchbarkeit eines Zerkleinerungsapparates richtet sich also vornehmlich nach seiner Leistungsfähigkeit im Aufschliessen der Kartoffelzellen.

Es sind in der deutschen Kartoffelstärkeindustrie zwei Arten von Zerkleinerungsapparaten in Gebrauch: die Reiben, welche die Kartoffeln in einen mehr oder minder feinen Brei verwandeln, und die Breimühlen, welche die Aufgabe haben, das von den Reiben hergestellte Reibsel, nachdem es von der freigemachten Stärke und dem Fruchtwasser durch Absieben befreit ist, noch weiter zu zerkleinern.

Die Reiben.

Allgemeines.

Die Kartoffelreibe ist eine liegende Trommel, deren Mantel mit scharfen, spitzen Zähnen besetzt ist. Dieselbe ist über einer Grube zur Aufnahme des Reibsels an einer wagerechten Stahlwelle aufgehängt, indem diese an beiden Seiten der Trommel hervorragend auf Metalllagern ruht. Diese Lager befinden sich an einer starken, auf festem Fundament aufgeschraubten eisernen Rahmenplatte. Die Trommel ist mit einem Gehäuse von Eisenblech oder -guss überdeckt, um ein Verspritzen des Reibsels zu verhindern. An der Vorderseite desselben ist in metallener Führung ein Holzklotz, der Reibklotz, gegen den Trommelmantel eingestellt. Derselbe kann mit einer Schraubenspindel mit Handrad so an den Mantel angezogen werden, dass letzterer an dem Klotze schleift. Ueber dem Klotze und dem diesen überragenden oberen Viertheil des Trommelmantels befindet sich ein Schütt-Rumpf zum Einfüllen der Kartoffeln. Durch der Trommelwelle aufsitzende Riemscheiben wird die

Trommel in eine lebhafte drehende Bewegung versetzt, sodass sie etwa 1000 Umgänge in der Minute macht. Die durch den Rumpf eingeführten Kartoffeln fallen auf den sausenden Mantel der Reibtrommel und werden im Augenblick in einen faserigen Brei verwandelt. Dieser wird dann in den engen Raum zwischen dem fest angezogenen Reibklotz und dem Trommelmantel eingesaugt und an dem Klotz hinschleifend hindurchgezogen und von den Zähnen der Reibe noch feiner zerrissen. Aus einer über der Trommel im Gehäuse angebrachten Brause wird das Doppelte von dem Gewicht der Kartoffeln an Wasser zugesetzt und dadurch der Brei leichter beweglich und schaumärmer gemacht. Er fällt unterhalb des Klotzes in die Reibselgrube und wird von dort fortdauernd abgepumpt.

An diesem allgemeinen Aufbau der Kartoffelreiben sind nun eine Reihe von Einzelausführungen angebracht je nach den Erfahrungen oder

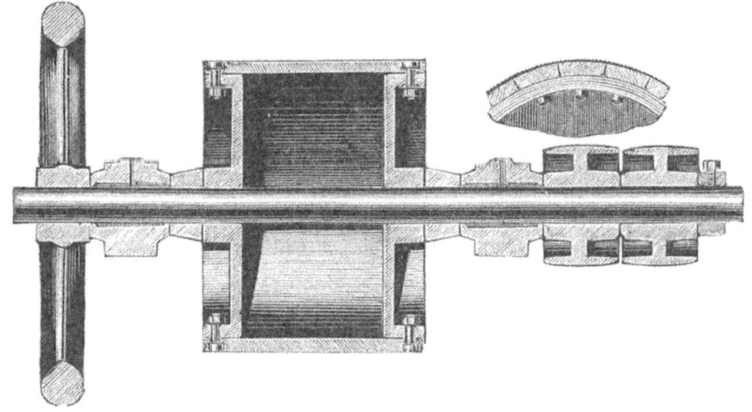

Abb. 32.

Ansichten des einzelnen Maschinenfabrikanten, der sie baut, welche den besonderen Charakter der Reibe bestimmen. Einer der wichtigsten Theile dabei ist die Reibtrommel.

Nach der Art, in welcher der Mantel derselben gezahnt ist, unterscheidet man zwei Hauptarten von Reiben:

die Raspelhiebreiben und
die Sägeblattreiben.

Die Raspelhiebreiben müssen hier Erwähnung finden, weil sie noch in sehr vielen kleinen Stärkefabriken sich vorfinden und auch immer noch bedauerlicher Weise von einzelnen Maschinenfabrikanten in neue Fabriken eingeführt werden. Es soll aber hier gleich gesagt sein, dass sie als veraltet zu betrachten sind und in ihrer Leistungsfähigkeit weit hinter den Sägeblattreiben zurückstehen. Im besten Falle mögen sie für ganz kleine Fabriken mit Göpelbetrieb empfehlenswerth erscheinen.

Die gusseiserne Trommel der Raspelhiebreibe hat entweder einen Vollmantel, oder der Mantel besteht aus parallel liegenden Stahlschienen von 70—80 mm Breite und 15—20 mm Dicke, welche in Anzahl von 15—20, je nachdem der Durchmesser der Trommel 400—500 mm beträgt, auf die Seitenscheiben der Trommel aufgelegt und festgeschraubt werden (s. Abb. 32, Querschnitt).

Die Zähne werden nun nach Art derjenigen, welche eine grobe Raspel besitzt, in der Weise auf dem Vollmantel oder den Stahlschienen mit einem Stahlstichel aufgehauen, dass dieselben entweder quadratisch stehen oder einfache, zwei- oder dreifache Zahnreihen bilden, welche in einem Abstande von etwa 10 mm von einander schräg aufsteigend über den Trommelmantel hinlaufen, so dass stets der Zahn der nächsten Reihe auf die leere Stelle zwischen zwei Zähnen der vorhergehenden trifft.

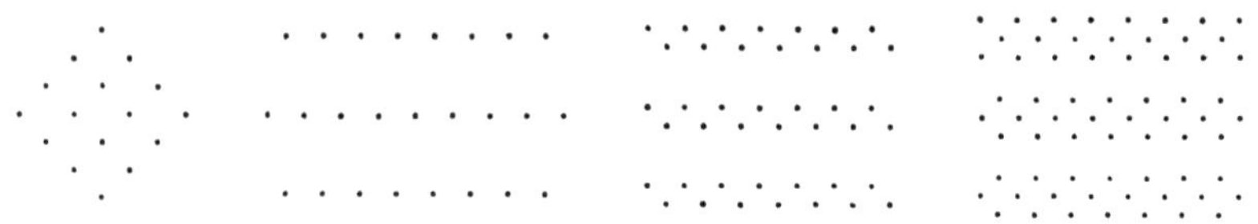

Sind die Zähne stumpf geworden, so werden neue in die Zwischenräume eingehauen und am Ende der Kampagne die ganze Trommel in einer Maschinenfabrik abgedreht und neu aufgehauen. Je enger die Zähne stehen, um so feiner arbeitet die Reibe.

Es ist nun aber unmöglich, auf diese Weise lauter gleich starke und gleich lange Zähne in regelmässiger Stellung herzustellen, auch wird ihre Anzahl immerhin eine beschränkte bleiben, weil man sie nicht zu nahe neben einander aufhauen kann; auch kann das Material, aus dem die Zähne bestehen, ein sehr hartes nicht sein. Einer Raspelhiebreibe mit aufgelegten Schienen kann man auch eine hohe Umdrehungszahl nicht geben, da sonst die Schrauben brechen und die Schienen fortgeschleudert werden können.

Aus diesen Gründen können Raspelhiebreiben ein feines Reibsel nie liefern. Die Erfahrung lehrt auch, dass das von ihnen erzeugte Reibsel selbst bei bester Handhabung und Konstruktion stets hinter dem einer guten Sägeblattreibe an Feinheit erheblich zurücksteht.

Zu erwähnen ist hier noch die Fesca'sche Reibe, bei welcher auf eine Volltrommel Stahlreibbleche, die wie ein Reibeisen aufgehauen sind, aufgenagelt werden. Das Reibsel entspricht dem einer guten Raspelhiebreibe. Sie haben eine weitere Verbreitung in Deutschland nicht gefunden.

Die Sägeblattreiben haben ein gusseisernes Gerippe, welches entweder ein durch die Welle verbundenes und an dieser versteiftes Scheibenpaar, oder ein massiver nach der Welle zu ausgesparter Trommelmantel ist. An beiden Seiten des letzteren werden schmiedeeiserne Ringe aufgezogen. Die Abbildungen 33 und 34 zeigen beide Arten in der Vorderansicht und im Querschnitt.

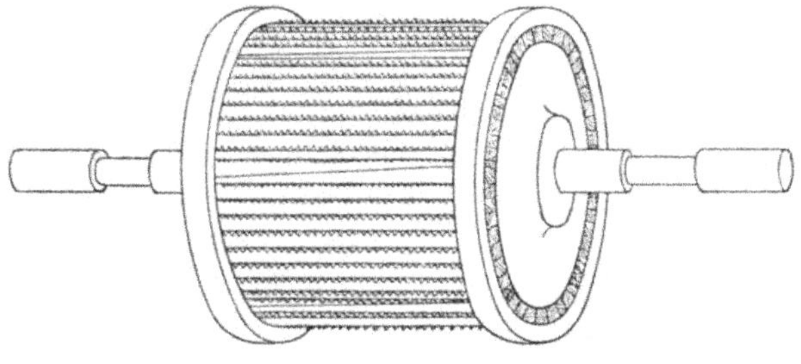

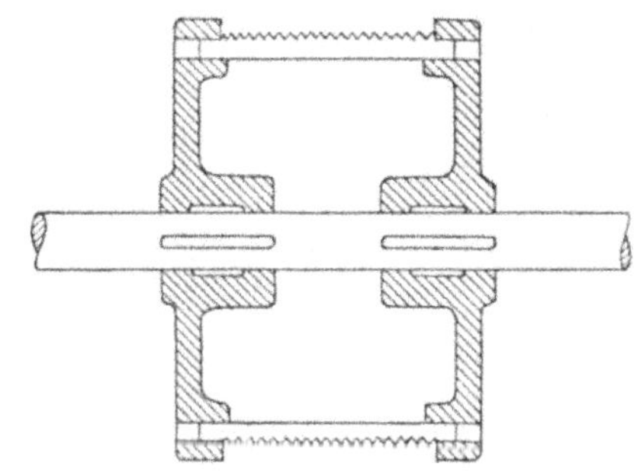

Abb. 33.

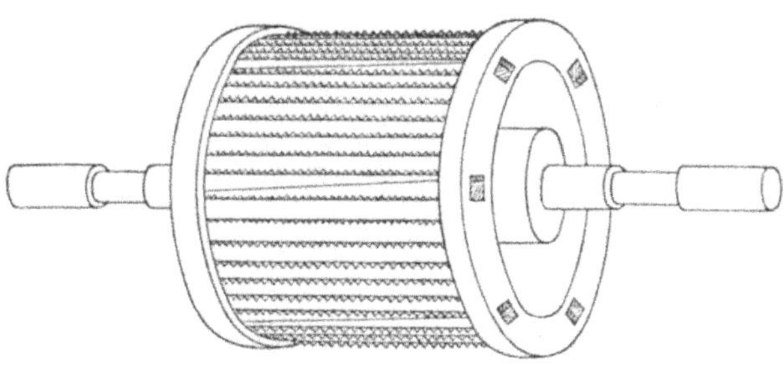

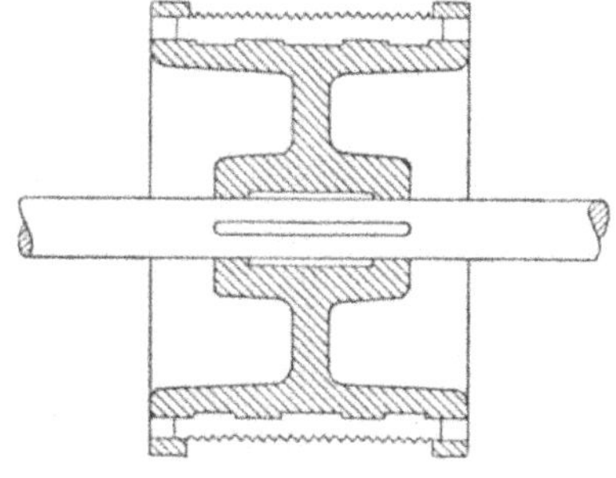

Abb. 34.

Die Reibfläche wird nun in der Weise hergestellt, dass auf den Mantel der Trommel, der Welle gleichlaufend, abwechselnd Sägeblätter und Stabeinlagen aufgesetzt werden.

Die ersteren sind einseitig oder häufiger beiderseitig gezahnt. Die letzteren sind vierkantige, mehr hohe wie breite Stäbe von Holz oder Stahl, welche die Sägeblätter in einem bestimmten Abstande — meist 10 mm — von einander halten.

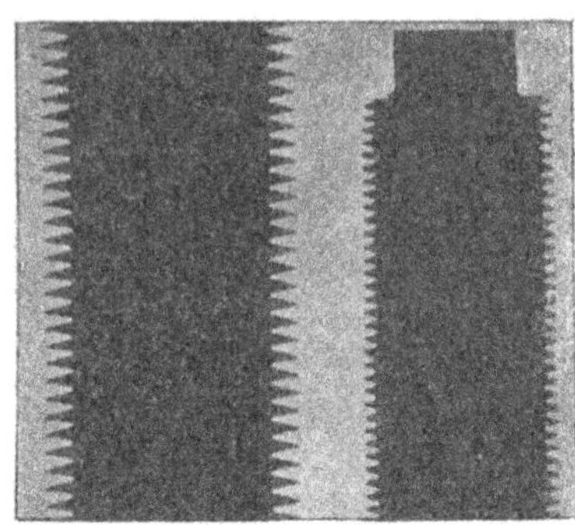

Abb. 35.

Die Sägeblätter haben entweder glatte Enden oder solche mit Schwanzstücken (s. Abb. 35) je nach der Konstruktion des Gerippes. In letzterem Falle besitzen die Bordwände des Gerippes auf der Innenseite eine Ringnute, in welche die Schwanz-Enden hineinragen.

Bei dem Belegen der Trommel werden die Sägeblätter mit glatten Enden einfach mit Einlagen wechselnd auf den Trommelmantel von oben her aufgesetzt und durch Keile festgeklemmt. Die Sägeblätter mit Schwanz-Enden dagegen werden durch vier oder sechs den Bordrand der Trommel an der Stelle, wo die Nute läuft, von Aussen nach Innen durchbrechende Oeffnungen (s. Abb. 34) abwechselnd mit Einlagestäben eingeführt und in die Nute eingreifend aneinandergereiht.

Ist der ganze Trommelmantel belegt, so werden durch die Einführungsöffnungen von beiden Seiten her Keile gegen einander eingetrieben, aber erst bis zur Hälfte, so dass die Sägeblätter noch nicht ganz fest sitzen (s. Abb. 36). Nun werden die letzteren zwischen je

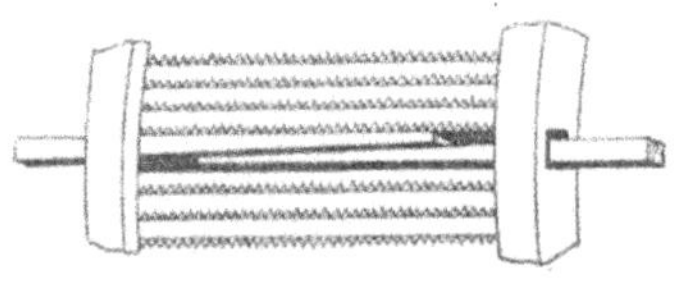

Abb. 36.

zwei Einlagen so tief eingedrückt, dass nur noch die Zähne zwischen den Einlagen hervorschauen. Sobald die Trommel ganz belegt ist, werden die Keile fest angezogen, und so die Sägeblätter zwischen die Einlagen eingeklemmt. Nun ist die Trommel zum Einsetzen in die Lager fertig.

Die Ueberlegenheit der Sägeblattreiben gegenüber den Raspelhiebreiben beweisen folgende Zahlen, welche Verfasser bei Versuchen in der Praxis fand:

	Zahl der Umdrehungen in der Minute	Trommeldurchmesser cm	Umfangsgeschwindigkeit = m i. d. Min.	freigemacht feuchte Stärke aus 100 Ctr. 20 proc. Kartoffeln
		Raspelhiebreiben:		
1.	340	48	512	27,3 Ctr.
2.	700	37	813	29,9 -
3.	900	40	1131	29,3 -
		Sägeblattreiben:		
4.	860	53	1431	33,6 -
5.	1120	40	1532	33,0 -
6.	880	54	1492	35,3 -

Die Raspelhiebreiben haben geliefert im Mittel = 28,5 Ctr. feuchter Stärke, die Sägeblattreiben im Durchschnitt = 34 Ctr., also 5,5 Ctr. mehr. Dass dabei die Umfangsgeschwindigkeit nur in beschränktem Maasse zur Geltung kommt, beweist ein Vergleich der Versuche 2 : 3 und 5 : 6.

Die gute Leistung einer Sägeblattreibe ist aber an zwei Bedingungen geknüpft: Sie muss vom Maschinenfabrikanten sachgemäss konstruirt sein und in der Stärkefabrik auf das Sorgfältigste behandelt und beobachtet werden. Ist beides der Fall, so ist ihre Leistung sowohl in Hinsicht der Menge von Kartoffeln, welche sie in bestimmter Zeit verreiben kann, als auch hinsichtlich der Feinheit des erzeugten Reibsels eine vorzügliche. Ist jedoch beides nicht der Fall, so kann ihre Leistung sogar unter die einer guten Raspelhiebreibe sinken. Man irrt jedenfalls, wenn man durch den Besitz einer Sägeblattreibe allein eines guten Resultats sicher zu sein glaubt.

Es ist daher von grosser Bedeutung für den Stärkefabrikanten, die Anforderungen, die an eine gut konstruirte Reibe zu stellen sind, und die Fehler, welche bei ihrer Handhabung in der Fabrik gemacht werden können, genau zu kennen. Die Darlegung beider soll im Nachfolgenden versucht werden.

Die Konstruktion der Reibe.

Die Reibtrommel bedingt in ihrer Grösse und Geschwindigkeit sowohl die Menge der in bestimmter Zeit zu bewältigenden Kartoffeln als auch die Feinheit des Reibsels.

Aus dem Umfang (oder dem Durchmesser) der Reibtrommel und der Anzahl der Umdrehungen, welche sie in der Minute macht, ergiebt sich ihre Umfangsgeschwindigkeit, und dieser entsprechend steigt oder sinkt die Leistungsfähigkeit.

Wenn zwei Reiben gleiche Umdrehungszahlen, z. B. 1000 Umgänge in der Minute, haben, die eine aber einen Durchmesser von 300 mm und die andere von 600 mm besitzt, so wird die letztere bei gleicher

Breite 2mal soviel schaffen als die erstere. Soll aber die Reibe mit 300 mm dasselbe leisten wie diejenige mit 600 mm Durchmesser, so müsste man ihr die doppelte Geschwindigkeit d. h. 2000 Umgänge in der Minute geben.

Nun ist aber hinsichtlich der Abnutzung der Maschine und aus später zu erörternden Gründen eine Reibtrommel von grösserem Durchmesser und einer mittleren Umdrehungsgeschwindigkeit praktisch vortheilhafter und ihre Wahl daher für den Stärkefabrikanten am zweckmässigsten. Für kleinere Fabriken von einer Verarbeitung von 100 bis 120 Ctr. Kartoffeln am Tage wird hinsichtlich der Leistungsfähigkeit der Menge nach eine Reibe von 400 mm Durchmesser genügen, grossere Fabriken bis zu 500 Ctr. Verarbeitung werden Reiben von 500 mm Durchmesser wählen und noch grössere solche von 600 bis 800 mm Durchmesser.

Die Anzahl der Umgänge in der Minute wird im Mittel zu 1000 angenommen, jedenfalls soll sie bei grösseren Reiben nicht unter 800, bei kleineren nicht unter 900 sinken. Umdrehungszahlen von 1200—1500 kommen vor. Auch die Feinheit des Reibsels ist von der Anzahl der Umgänge abhängig, wie Uhland-Leipzig durch Vergleich mit der Hobelmaschine nachweist: Lässt man die Messerwelle einer solchen beim Hobeln weicher Hölzer langsam gehen, so ist es nicht zu vermeiden, dass ganze Holzstücke aus den Brettern herausgerissen und grosse unregelmässige Spähne producirt werden; bei schnellem Gange der Maschine erhält man Spähne von beliebiger Feinheit und Gleichartigkeit. Die Ursache dieser Erscheinung liegt darin, dass bei der schnellen Umdrehung die elastischen Holzfasern nicht Zeit haben auszuweichen.

Von Wichtigkeit für die quantitative Leistungsfähigkeit der Reibe ist ferner die Breite der Reibfläche. Bei einer Reibe von 400 mm Durchmesser rechnet Schmidt-Cüstrin auf 1 cm Breite der Reibfläche (Länge des Sägeblattes) rund 1 Ctr. Kartoffeln in der Stunde, sodass bei einer Länge, der Sägeblätter von 25 cm 25 Ctr. in der Stunde gerieben werden können, natürlich bei normaler Umdrehungszahl von etwa 1000 in der Minute.

Im Allgemeinen giebt man den Reibtrommeln aber keine grössere Breite der Reibfläche als 300 mm. Bei zu grosser Breite ist ein Ausbiegen der Sägeblätter und Stäbe zu befürchten.

Für die Feinheit des Reibsels ist neben der Umdrehungsgeschwindigkeit auch maassgebend die Feinheit und Güte der Sägeblätter. Im Allgemeinen wird die Feinheit des Reibsels gleichmässig wachsen mit der Feinheit der Zahnung, weil die Zähne um so kleiner sind und um so weniger über den Trommelmantel hervorragen. Es hat aber diese Feinheit ihre Grenze. Wenn man zu fein gezahnte Sägeblätter anwendet, so sind dieselben um so weniger haltbar und ferner wird der Kontakt zwischen Reibklotz und Trommel so stark erhöht, dass die Trommel in der Umdrehung zu stark gehemmt wird, langsamer geht oder mehr Kraft verbraucht und sich schneller abnutzt. Dass die Sägeblätter alle gleich weit vorstehen müssen, ist selbstredend, da sonst der Trommelmantel nicht durchaus rund ist und also nicht überall gleich weit vom Reibklotz absteht, sodass stellenweise Lücken entstehen, durch welche gröbere Theile hindurchgerissen werden können. Es wird dies später noch eingehender erörtert werden.

Aus gleichem Grunde muss die Trommel sorgfältig abgedreht sein und genau gearbeitete Einlagen haben. Neuerdings stellt man die Einlagen meist aus Schmiedeeisen her, während man früher hölzerne Einlagen benutzte. Mancher ältere Praktiker zieht auch jetzt noch hölzerne Einlagen entschieden vor.

Bei Stahleinlagen muss man Sägeblätter mit Schwanzstücken anwenden. Beim Auswechseln derselben muss man aber stets das ganze Viertel oder Sechstel des Trommelmantelbelages durch die Seitenlöcher herausziehen.

Es ist daher bequemer, Blätter ohne Schwanzenden zu benutzen, welche nur zwischen den Einlagen eingeklemmt werden. Ihre Anwendung ist aber nur bei Holzeinlagen eine sichere, und es ist auch nöthig, dass diese an der Aussenseite um ein geringes breiter sind als an der Innenkante, damit sie anquellend die Sägeblätter an den Zähnen festklemmen und nicht unten, weil sie in diesem Falle leicht herausgeschleudert werden. Die frisch belegte Reibe wird dann mit einem feuchten Tuch bedeckt, um die Stäbe zum Anquellen zu bringen.

Verfasser möchte sich dagegen für die gehobelten Stahl-Einlagen entscheiden. Dieselben sind viel gleichmässiger herzustellen und erhalten sich länger gut. Z. B. ist es bekannt, dass hölzerne Einlagen beim Verarbeiten gefrorener Kartoffeln oft in drei Tagen schon so zersplittert und zerrissen sind, dass sie Ersatz erfordern. Hölzerne Einlagen werfen sich leicht, wenn die Reibe nicht kontinuirlich in Betrieb ist, also zeitweise trockner wird, was zur Folge hat, dass sich die Sägeblätter lockern und verschieben. Jedenfalls muss ein hartes, schwerquellendes Holz gewählt werden. Endlich ist eine Klage gegen die eisernen Einlagen dem Verfasser bisher nicht zu Ohren gekommen.

Die Breite der Einlagen oder der dadurch bedingte Abstand der einzelnen Sägeblätter von einander wird ebenfalls verschieden gewählt. In den meisten Fällen wählt man ihn zu 10 mm. Es giebt aber ebensogut Reiben mit 5 mm und 15 mm Einlagen. Auf die Feinheit des Reibsels hat das jedenfalls einen Einfluss, den Uhland in den folgenden beiden Zeichnungen darstellt (s. Abb. 37). Das Bild zeigt ohne weitere Erläuterung, dass vorstehende Zähne mit grösserem Abstand ein gröberes Reibsel geben müssen als feinere enger einander folgende.

Bei grossem Trommeldurchmesser und hoher Umdrehungszahl wird man weitere Zwischenräume wählen können, bei kleineren Reiben sind engere zweckmässiger.

Die Reibtrommel muss genau centrirt und ausgewogen sein, weil sie sonst schlägt, d. h. hüpfende Bewegungen erleidet, durch welche die Lager stärker abgenutzt werden, und ungleiches Reibsel erzeugt wird.

Das ganze Trommelgerippe soll nicht aus einem einzigen Gussstück bestehen, sondern der Theil der Seitenflächen, welcher über die Einlagen hervorragt, muss aus einem aufgezogenen schmiedeeisernen Ringe von genügender Breite bestehen, damit die Trommel nicht so leicht sich abscheuert und vor dem Springen gesicherter ist. Die Ringe erhalten eine Breite von 25—40 mm, je nach der Grösse der Trommel. Ausgesparte Trommelgerippe haben vor den Volltrommeln und Seitenscheibentrommeln den Vorzug, leichter ausbalancirt werden zu können.

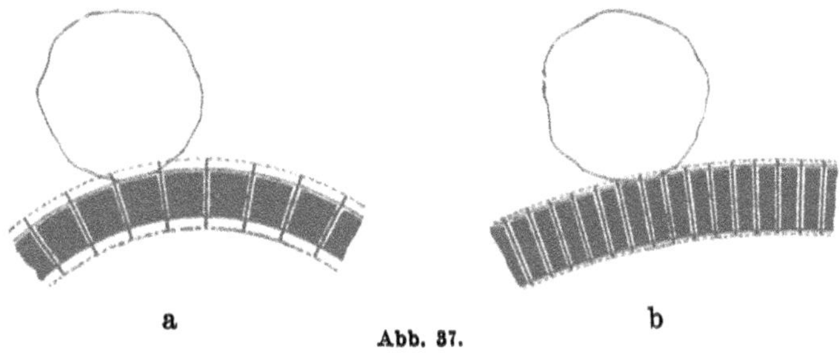

Abb. 87.

Die Welle muss eine Stahlwelle von gehöriger Stärke sein, damit sie sich nicht ausbiegt. Man giebt ihr einen Duchmesser von 45—55 mm im Lager für Reibtrommeln von 400 mm und einen solchen von 60 bis 70 mm für Trommeln von 500—600 mm Durchmesser. Die Lager, in denen die Welle läuft, müssen aus gutem Rothmetall hergestellt und genügend lang (zweieinhalb mal der Wellenstärke) sein.

Den Antrieb bewirkt man jetzt meist bei grösseren Reibtrommeln durch zwei beiderseitige Riemen, während kleinere Trommeln ebenfalls mit doppelten Riemscheiben versehen sind, aber nur an einer Seite angetrieben werden. Die zweite Riemscheibe vermittelt den Antrieb, wenn die Trommel umgedreht wird. Der Antrieb findet gewöhnlich durch Riemen von oben nach unten statt, seltener durch horizontale Riemen, sodass die Riemen die Trommel gegen den Reibklotz ziehen.

Der Reibklotz. Von ebenso grosser Bedeutung für die Feinheit des Reibsels wie die Feinheit der Zahnung der Sägeblätter und die Umfangsgeschwindigkeit der Reibtrommel ist die richtige Konstruktion und Führung des Reibklotzes. In dieser Hinsicht ist von manchen Maschinenfabrikanten sehr gesündigt worden. Eine Unterlassung in dieser Hinsicht ist aber gerade um so folgenreicher, als der Fehler nicht mehr geändert werden und nur die Anschaffung einer neuen Reibe fortdauernde

Verluste verhindern kann. Deshalb ist bei Aufstellung einer Reibe auch der Anbringung des Reibklotzes die grösste Aufmerksamkeit zuzuwenden.

Der aus festem, kurzfaserigem Holze, am besten Birkenholz, gefertigte Reibklotz muss vor allen Dingen von genügender Höhe sein, damit die wirkende, das heisst die von der Reibtrommel bestrichene Fläche eine möglichst grosse ist; je grösser dieselbe, um so feiner ist das Reibsel, denn um so länger wird es mit den Zähnen der Reibe in Berührung bleiben. Natürlich kann man diese Fläche um so grösser gestalten, je grösser der Durchmesser der Reibtrommel ist, wie die

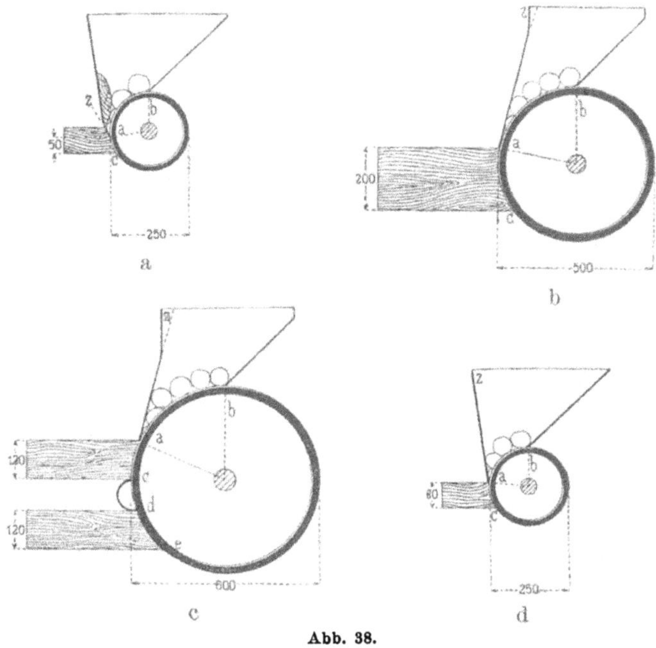

Abb. 38.

nebenstehenden Zeichnungen von Uhland klar überblicken lassen (s. Abb. 38). Darin liegt aber wieder eine Ueberlegenheit der grossen Reibtrommeln über die kleineren.

Ein guter einfacher Reibklotz muss bei einer kleineren Reibe 80 bis 100, bei einer grösseren 100—150 mm Höhe haben, Klötze von 40 bis 50 mm Höhe, wie man sie auch antrifft, sind zu verwerfen. Häufiger sind auch doppelte Klötze mit 100—200 mm Reibfläche eingeführt.

Ebenso wichtig ist es, dass der Reibklotz eine feste und sichere Führung besitzt, sodass er nur in der Richtung gegen die Reibtrommel bewegt werden, aber unter keinen Umständen seitlich ausweichen kann. In letzterem Falle wird er nicht an beiden Seiten gleich genau an die Reibtrommel anstossen, wenn er angezogen wird, sondern vielleicht rechts auftreffen und links ein Stück weit abstehen. Dadurch entsteht dann ein Spalt zwischen Reibklotz und Trommel an der linken Seite, durch welchen gröbere Stücke mit hindurchgerissen und in die Reibselgrube fortgeführt werden.

Die meisten Maschinenfabriken umgeben daher jetzt den Klotz mit einem festen, meist mit der Grundplatte durch Guss vereinigten Gehäuse,

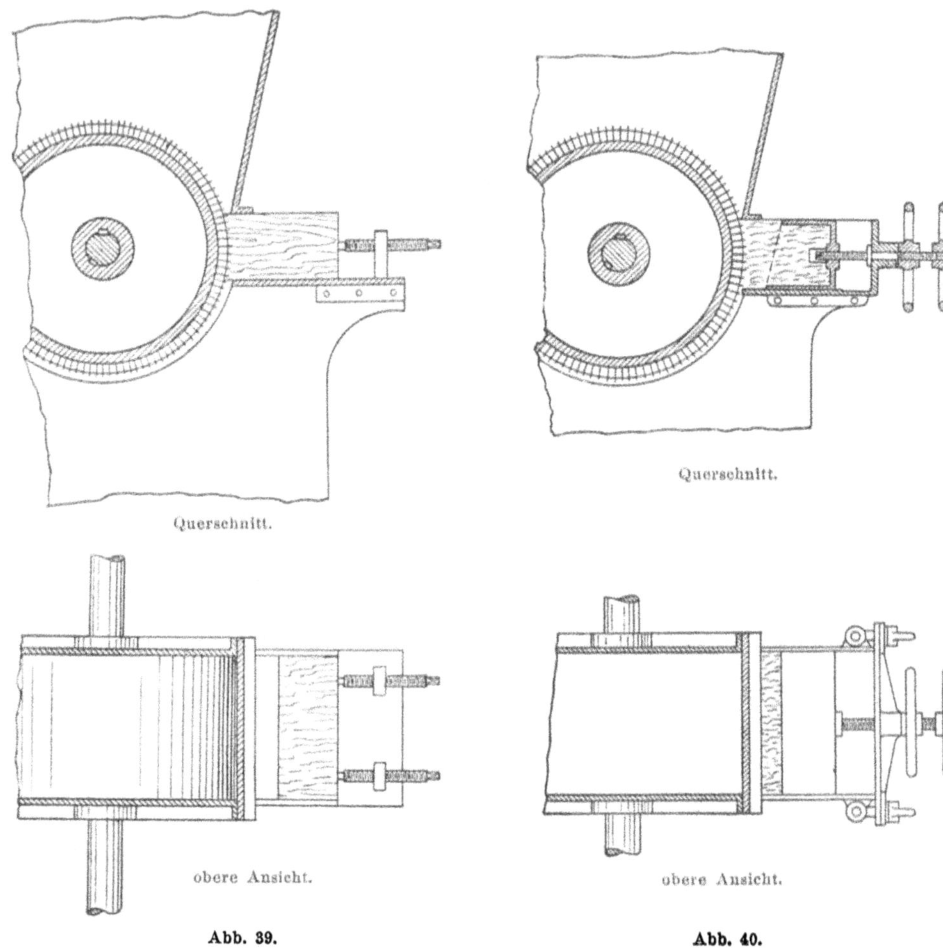

Abb. 39. Abb. 40.

in welchem er geführt wird. Der Klotz wird durch eine oder zwei gewöhnliche Kopfschrauben oder Faustschrauben gegen die Reibtrommel fest angezogen.

Diese Schrauben müssen in, an der Unterlage befestigten Muttern laufen, nicht aber, wie man es bei mangelhaft gebauten Reiben findet, in einer einzigen Mutter (s. Abb. 39), oder in einer Mutter laufen, die lose zwischen einer Gabel steckt, so dass die Schrauben bei starkem

Gegendruck der Reibtrommel sich seitlich verschieben und der Reibklotz schief steht. Am besten haben diese Schrauben doppelte Muttern, eine an der Unterlage und eine im Kopf des Reibklotzes, welcher durch eine eiserne Schiene oder ein besonderes Gehäuse (s. Abb. 40) verstärkt ist.

Je sicherer die Führung des Klotzes ist, um so geringer ist auch die Abnutzung und damit der Verbrauch an Reibklötzen, weil sie nicht so oft nachgestellt werden brauchen.

Die obere Fläche des Reibklotzes muss, verlängert gedacht, mitten durch die Axe der Reibtrommel gehen, nicht über oder unter derselben hindurch. Die Abbildung 41 zeigt einen zu kleinen und falsch gestellten Reibklotz.

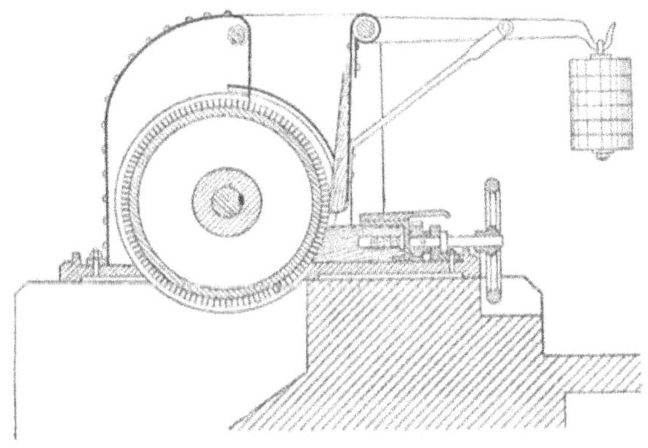

Abb. 41.

Das Gehäuse. Die Konstruktion des Gehäuses richtet sich in gewissem Grade nach der Konstruktion der ganzen Reibe. Man baut Reiben, welche mit einer ganz leichten Haube (Weiss's Reibe) von Blech überdeckt werden, oder solche mit eisernem Gehäuse, das wie eine Glocke über die Reibtrommel und den Klotz gestülpt und dann an der eisernen Unterlage angeschraubt wird, und endlich solche, welche aus zwei in der Höhe der Welle theilbaren Hälften bestehen, von denen die untere die Lager, die Reibklotzführung und den Auswurfstutzen trägt, die obere, an Scharnieren zurückklappbare als Deckel und Schlussstück dient.

Wichtig an dem Gehäuse ist, dass es leicht zu öffnen ist, damit man die Reibtrommel jederzeit schnell besichtigen kann, ob die Sägeblätter etwa durch Steine etc. beschädigt sind, und dann leicht gegen eine neu belegte umwechseln kann. An neueren Reiben haben daher die Gehäuse auf der einen Seite Scharniere, auf der anderen 2 Schrauben oder Stifte mit Bolzen, die leicht zu öffnen sind. Die überzustülpenden Gehäuse, welche an der Unterlage mit 12 oder mehr gewöhnlichen Schrauben mit Muttern befestigt werden, sind entschieden zu verwerfen, weil in Folge der schweren und zeitraubenden Arbeit des Abhebens die Reibtrommel schlecht beaufsichtigt und zu selten neu belegt wird.

Wichtig ist auch die Konstruktion des Füllrumpfes, da von ihm z. Th. die Grösse der Leistung in der Kartoffelverarbeitung abhängt. Uhland stellt das in den schon angeführten Zeichnungen (S. 131 Abb. 38) dar. Je grösser die Reibtrommel ist, um so grösser ist auch die mit Kartoffeln zu bedeckende Fläche, um so grösser also auch die quantitative Leistung der Reibe. Die Wirksamkeit entspricht der Grösse der Arbeitsfläche a b, deren Länge bei Abb. 38a etwa 180 mm, bei Abb. 38d ca. 200 mm, bei Abb. 38b und c aber etwa 340 mm beträgt.

Ferner ist die günstige Form des Rumpfes von Bedeutung. Der Winkel, welchen die Wand des Rumpfes mit dem Trommelmantel bildet, muss ein möglichst spitzer sein. Er wird um so kleiner, je grösser der Trommeldurchmesser ist. Bei dem grossen Winkel bei Abbildung 38a und d wird die Kartoffel nicht einseitig abgerieben, sondern auf der Reibtrommel herumgedreht und geschält, wodurch Schwarten entstehen und das Reibsel ein gröberes werden muss.

Im Allgemeinen macht man die Vorderwand des Rumpfes senkrecht.

Manche Reiben haben auch noch über dem Reibklotz eine Druckplatte, d. i. eine eiserne, auf der Innenseite mit Holz belegte Platte, welche an einer Axe an der Oberseite drehbar aufgehängt und mit einem Hebel und einem Gegengewichte versehen ist, durch welches die Platte gegen die Trommel unten angedrückt wird (s. Abb. 41 S. 133) und also die Kartoffeln einzwängt. Kommen dieselben zu schnell an oder führen Steine mit, so giebt die Druckplatte dementsprechend nach.

Ferner hat man, wie bei den früheren Rübenreibmaschinen, besondere Poussoirs angebracht, d. h. Schiebekästen, in welchen durch eine Kurbelwelle getrieben ein Stempel periodisch die Kartoffeln an die Trommel heranschiebt und dann schnell zurückgeht.

Diese Einrichtung findet sich in verhältnissmässig wenigen Fabriken und der Verfasser hält sie auch im Allgemeinen für unnöthig, da die richtige gleichmässige Zuführung der Kartoffeln an die Reibe auch einfacher vorher regulirt werden kann, die Poussoirs auch nur bei Doppelreiben verwendbar sind.

Ein sehr wichtiger Punkt bei der Konstruktion des Gehäuses ist auch die genaue Abdichtung der Trommel gegen die Gehäusewände, so dass ein seitwärts erfolgendes Entweichen grober Stücke unmöglich wird. Zu dem Zwecke wird an den Innenseiten des Gehäuses eine Schutzleiste angebracht, welche über den Ringen der Reibtrommel hinläuft und den Schluss der Trommelwand gegen die Gehäusewand bewirkt. Dieselbe ist meist nur an der Einlaufseite angebracht (Abb. 42b). Sehr häufig ist diese Schiene höchst nachlässig angebracht, sodass sie in weiter Entfernung von den Ringen der Trommel absteht. Verfasser hat 5 mm Abstand und mehr festgestellt. Es ist natürlich, dass sich bei so schlechter Konstruktion grobe Stücke seitlich durchschieben müssen und in die Reibselgrube gelangen. Die Entfernung der Schutzleiste von dem Ringe der Trommel darf höchstens 1 mm betragen.

Noch zweckmässiger erscheint die Angele'sche Konstruktion, bei welcher die Trommel bezw. die Trommelringe in den beiden Seitenwänden eingedreht sind. Es wird dadurch ein seitliches Entweichen von Stücken und auch ein Verstopfen der Reibe völlig verhindert (s. Abb. 42a).

Die Reibe muss sehr solide und fest, aus gutem Material erbaut sein, weil sie sonst leicht Veränderungen erleidet, welche einen unruhigen Gang und deshalb schlechtes Reibsel zur Folge haben.

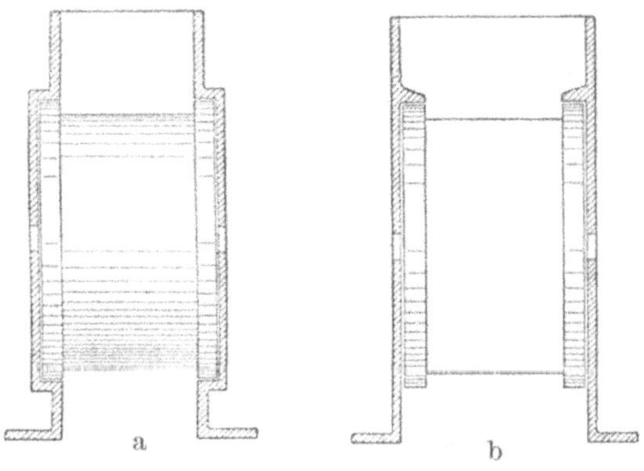

Abb. 42.

Die Reibe muss fest fundamentirt, die Grundplatte mit starken Ankerschrauben auf dem Fundament festgelegt sein. Die Reibtrommel muss über der Reibselgrube liegen, so dass ihr tiefster Punkt nicht in dieselbe hineinragt, weil in letzterem Falle bei Störungen an der Reibselpumpe die Trommel in dem Reibsel laufen und dadurch aufgehalten werden kann, auch starke Schaumbildung erfolgt.

Die Handhabung der Reibe.

Die richtige Handhabung der Reibe ist ebenso wichtig, als die gute Konstruktion, denn auch die bestgebaute Reibe kann durch falsche Handhabung zu einem werthlosen Instrument herabsinken. Auch ein Messer aus feinstem Stahl schneidet schlecht, wenn es nicht geschärft wird.

Die Reibtrommel muss vor allen Dingen richtig mit den Sägeblättern belegt werden. Es ist das eine Arbeit, die sehr viel Mühe und grosse Fertigkeit verlangt, und welche daher in gut geleiteten Fabriken der Meister allein besorgt, jedenfalls aber sorgfältigst kontrolirt[1]).

[1]) Diese Arbeit ist für die Feinheit des Reibsels von der höchsten Bedeutung. Ein etwas zu weit vorstehendes Sägeblatt genügt, um den Reibklotz so weit abzuschleifen, dass die anderen Blätter nicht mehr heranreichen und also grobe Theile durchlassen.

Die Art der Einbringung der Sägeblätter und Einlagen ist schon auf S. 126 beschrieben. Die wichtigste Arbeit ist jedoch, die Sägeblätter so zu stellen, dass sie alle durchaus gleich hoch über den Trommelmantel hervorragen. Zu dem Zwecke wird die Reibtrommel, nachdem sie vollständig mit Sägeblättern und Einlagen beschickt ist, und die Keile halb angezogen sind, sodass die Sägeblätter noch etwas beweglich bleiben, auf einen Holzbock gehoben, welcher mit zwei Lagern versehen ist, und in welchem die Trommel wie auf den eigentlichen Lagern der Grundplatte ruht und drehbar ist. An der Vorderseite befindet sich ein Streichbrett, welches entsprechend dem Reibklotze in die Ringe der Reibtrommel eingreift und genau ausgerichtet ist, sodass ein richtig gestelltes Sägeblatt genau daran vorbeischleifen, ein vorstehendes aufschlagen muss, wenn die Trommel langsam gedreht wird.

Die Sägeblätter werden nun mittelst eines Kupferhammers oder eines stumpfen kupfernen Meissels und gewöhnlichen Hammers soweit eingetrieben, dass die Zähne nur gerade voll hervorsehen, also ca 1 bis $1^1/_2$ mm vorstehen. Diese Arbeit erfordert Geschick und Uebung, da bei etwas zu starkem Schlag das Sägeblatt zu tief einsinkt und dann sehr schwer wieder hervorzuziehen ist. Die Arbeit ist auch namentlich bei Licht für die Augen sehr angreifend. Die Trommel wird dabei allmählich weiter gedreht, bis man sicher ist, dass sie genau rund ist, und kein Blatt vorsteht. Dann werden die Keile fest angezogen.

Um die Arbeit des Einsetzens der Sägeblätter zu erleichtern, ist ein einfaches Werkzeug von Angele eingeführt worden, welches auch in ungeübter Hand ein leichtes Einrichten der Sägeblätter ermöglicht. Es ist dies eine Schiene aus hartem Stahl, welche so lang ist, wie der gezahnte Theil eines Sägeblattes und etwa 15—17 mm breit. In die untere, etwas schmalere Kante ist eine Nute genau so tief eingeschnitten, als die Zähne der Sägeblätter über die Einlagen hervorragen sollen. Die Schiene wird mit der Nute auf das Sägeblatt aufgesetzt und dieses durch zwei Hammerschläge rechts und links auf die Schiene genau eingestellt. Zu tief kann es so nie getrieben werden. Metalleinlagen eignen sich besser als Holzeinlagen für diese Art der Sägeblattrichtung, weil sie glatter an der Oberfläche sind.

Die nun fertige Trommel wird in die Lager eingehoben. Man bedient sich dazu auch eines Flaschenzuges oder eines von Schmidt-Cüstrin konstruirten Apparates (s. Abb. 43).

Diese Hebevorrichtung dient zum Ausheben und Umdrehen der Trommel. Sie ist speciell für die Schmidt'sche Reibe (s. S. 148) konstruirt, aber auch für andere leicht umzuformen. Zwei Metallklötze, welche als Lager für eine starke Metallwelle dienen, werden vorne an der Reibe festgelegt, bei der Schmidt'schen über die Stifte gesetzt, welche durch Vorstecken von Splinten den Schluss des Gehäuses bewirken. In diese Lager wird die Welle eingesetzt, an der in T-Form ein Hebel von

Metall zum Herabdrücken oder Heben und senkrecht auf diesem ein rundgebogenes Eisen mit zwei Gabeln an den Enden befestigt sind. Die Gabeln greifen an den Enden der Welle der Trommel ein und heben diese, wenn man das Hebeleisen herabdrückt, in die Höhe. Da das Gabeleisen auf der Welle horizontal drehbar ist, so kann man die Trommel leicht umdrehen und wieder einsetzen oder auch durch Aufstecken von Rädern an die Enden der Welle des Krahnes die Trommel fortführen. Mit diesem Apparat kann ein Arbeiter die Trommel leicht und ohne Gefahr der Beschädigung auswechseln, während dazu sonst 2—3 Mann nöthig sind.

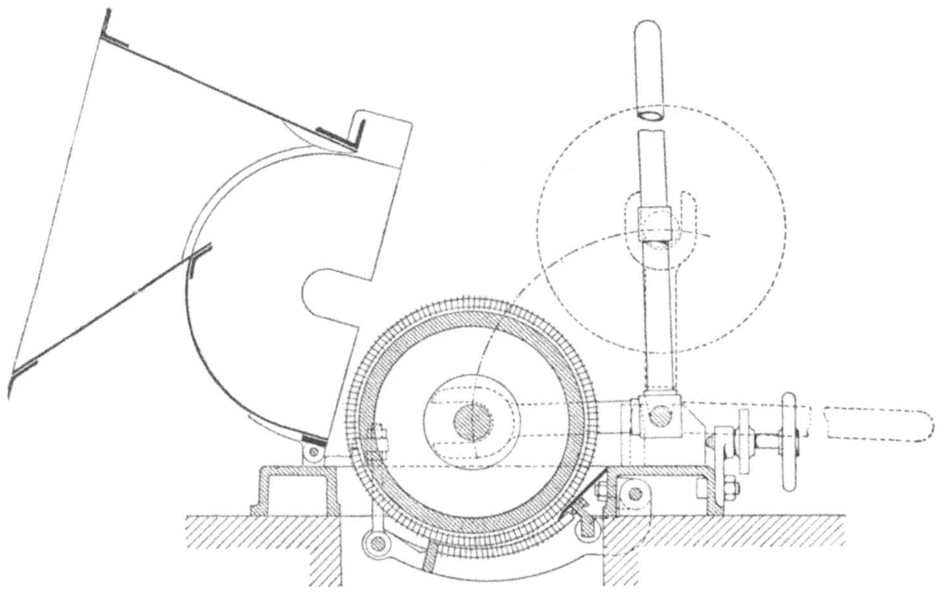

Abb. 43.

Als **Sägeblätter** wählt man zweckmässig aus feinstem Tiegelgussstahl hergestellte, welche ein hartes Material darstellen, dessen Zähne sich nicht umbiegen. Die Zahnung muss eine sehr gleichmässige sein und ein scharfwinkliges Zickzack bilden. Zähne, welche am Grunde rundlich ausgehöhlt sind und schmal und spitz zulaufen, legen sich leicht um und zerreissen dann die Zellen nicht, sondern zerren aus der Kartoffel lange Fetzen heraus, brechen auch ab und nutzen sich ungleich ab. Die Abbildung 44 (S. 138) zeigt in a und b ein neues und ein gebrauchtes Sägeblatt mit schlechten Zähnen und von zu geringer Stärke, in c und d ebenso ein neues und gleichmässig abgenutztes gutes Sägeblatt.

Die anzuwendende Feinheit der Zahnung wird am besten durch Probe festgestellt, da sie in gewissem Grade von den anderen Verhältnissen der Reibkonstruktion abhängig ist. Ueber 22 Zähne auf den rheinischen Zoll haben sich nicht bewährt; 18 Zähne auf den Zoll oder 7 Zähne auf 1 cm ist das Gewöhnliche.

Früher wurden die Blätter, nachdem sie einmal benutzt waren, nachgefeilt. Es ist dies eine Arbeit, welche grosse Fertigkeit und Sicherheit des sie Ausübenden erfordert. Jetzt geschieht das nur noch selten. An Stelle der Handarbeit ist Maschinenarbeit getreten und man benutzt mehrfach jetzt Stanzmaschinen zum Nachschärfen der Sägeblätter. Solche baut unter Anderen die Firma Fr. Arnold in Neustadt-Magdeburg. Für alle Reibkonstruktionen ist übrigens das Nachstanzen nicht angängig, da bei manchen die Sägeblätter zu schmal zum Einsetzen werden.

In der Mehrzahl der Fabriken werden alte Sägeblätter aber einfach verworfen und durch neue ersetzt. Bei dem billigen Preise, den

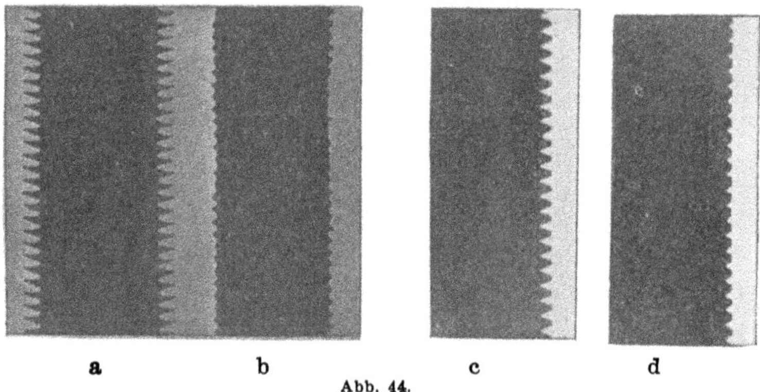

Abb. 44.

die Sägeblätter haben, erscheint das auch durchaus gerechtfertigt. Einmal werden nachgearbeitete Blätter doch nie so gleichmässig wie neue ausfallen und ferner benutzt man ja ein neues Sägeblatt meist viermal, ehe es verworfen wird.

Mit einer neu belegten Trommel reibt man erst nach einer Richtung. Sind die Sägeblätter nach dieser abgelaufen, so dreht man die Trommel um. Sind die Sägeblätter wieder abgenutzt, so kann man ebenso die andere Seite der meist zweiseitig gezahnten Blätter zweimal benutzen, also jedes Blatt viermal.

Bestimmte Zeitverhältnisse, in denen die Auswechslung der Reibeblätter stattfinden soll, kann man nicht angeben, da dies einmal von der Güte der Reibeblätter selbst, von der Grösse der täglichen Leistung der Reibe und endlich von zufälligen Umständen (Einfallen von Steinen und anderen Fremdkörpern in die Reibe) abhängig ist. Treten keine Unfälle ein, so wird man ein einseitig gezahntes Blatt 6 Tage, ein zweiseitig gezahntes 12 Tage etwa benutzen können.

Im Grossen rechnet man einen Verbrauch von 100 Sägeblättern, bei schlechterem Fabrikat auf rund 4000 Ctr. verarbeiteter Kartoffeln, bei feinster Waare auf 8000 Ctr. Da 100 Sägeblätter 12—13 Mk. kosten, so sind die Unkosten bei Verwendung stets neuer Sägeblätter auf rund 15 Pfg. für 100 Ctr. Kartoffeln anzusetzen.

Eine Reibtrommel von 400 mm Durchmesser erfordert etwa 120, eine solche von 500 mm etwa 150 Sägeblätter als Belag, wenn die Einlagen 10 mm breit sind.

Eine neu belegte Reibtrommel giebt nie ein so feines Reibsel, wie eine abgelaufene. Manche Fabrikanten stumpfen daher die Spitzen der neu eingesetzten Sägeblätter vor der Benutzung schon mit einer Feile ab (s. Abb. 44c).

Vielfach wird auch die Reibe nicht völlig mit neuen Sägeblättern besetzt, sondern solche nur ab und zu für ganz schlechte nachgesetzt. Verfasser hält diese Methode nicht für richtig, weil die neuen Blätter längere Zähne haben als die älteren und daher den Reibklotz weiter abschleifen müssen, sodass jene nicht mehr heranreichen.

Da sich die Einlagen und die Trommelreifen u. s. w. mit der Zeit abnutzen, so kann es dadurch kommen, dass die Reibtrommel nach längerer Benutzung nicht mehr genau centrisch ist, d. h. dass der Schwerpunkt nicht mehr genau in der Mitte der Axe sich befindet. In Folge dessen wird die Trommel schwerer zu bewegen sein, schlagen und den Reibklotz ungleichmässig abarbeiten.

Man stellt sich dann aus über Kreuz gelegten Balken ein kleines Gerüst her und belegt die obersten beiden Längsbalken mit zwei ganz glatt gehobelten Eisenschienen; zwischen diese hängt man die Trommel ein, sodass die Schienen die Lager bilden. Die Schienen werden mit der Wasserwaage genau wagrecht gestellt. Ist die Trommel richtig centrisch, so wird sie in jeder Lage, die man ihr giebt, stehen bleiben, im anderen Falle aber so lange rollen, bis die schwerere Seite unten angekommen ist. Durch Anschrauben oder Annieten von Eisentheilen kann man die Trommel dann an der oberen, leichteren Seite so beschweren, dass sie centrisch wird. Zweckmässiger ist es aber, sie einer Maschinenfabrik zum Centriren zu übersenden.

Auch durch Auslaufen der Lager kann ein Schlagen der Reibtrommel veranlasst werden, und es sind dieselben daher von Zeit zu Zeit zu erneuern.

Ein weiterer wichtiger Punkt ist die richtige Handhabung des Reibklotzes. Der Reibklotz muss aus festem, kurzfaserigem, wasserbeständigem Holze (Birkenholz) hergestellt, mit der kurzfaserigen Seite gegen die Reibe gerichtet und nach dem Anquellen an den Seiten abgehobelt werden, wenn er sich zu schwer anziehen lässt. Durch Einlegen in heisses Oel soll er gegen Quellung gesichert werden.

Man hat auch versucht, stählerne Reibklötze einzuführen oder Stahlschienen. Die Anwendung derselben allein ist zweifellos unzweckmässig, da man sie nur soweit an die Blätter, ohne Gefahr, die Zähne abzuschlagen, heranstellen kann, dass die Zähne sie gerade berühren, wodurch die Lücken zwischen den Zähnen freiliegen, während die Zähne in den Reibklotz sich eingraben und also nicht nur mit der Spitze, sondern an den ganzen Zahnkanten reibend wirken. Dagegen kann eine stellbare Schiene vor dem hölzernen Reibklotz als Vorzerkleinerungsmittel von guter Wirkung sein.

Der Reibklotz muss auch richtig zugeschnitten sein. Man sieht häufig in Folge der Lieferung eines falschen Modelles für den Reibklotz durch die bauende Maschinenfabrik in kleineren Stärkefabriken ganz falsch zugeschnittene Reibklötze. Die Abb. 45 zeigt einen falsch (a) und einen richtig (b) geformten Reibklotz. Es ist ersichtlich, dass bei dem ersteren eine geraume Zeit erforderlich ist, ehe er so weit abgelaufen ist, dass die volle Reibfläche zur Geltung kommt.

Der Reibklotz wird bei Beginn der Tagesthätigkeit der Reibe an die leerlaufende Reibtrommel angezogen. Dass er richtig eingestellt ist, giebt ein eigenthümlich sausendes Geräusch kund. Von Zeit zu Zeit wird er etwas nachgestellt. Je besser die Führung und Feststellung des Reibklotzes ist, um so weniger oft bedarf er der Nachstellung und um so weniger wird an Reibklötzen verbraucht.

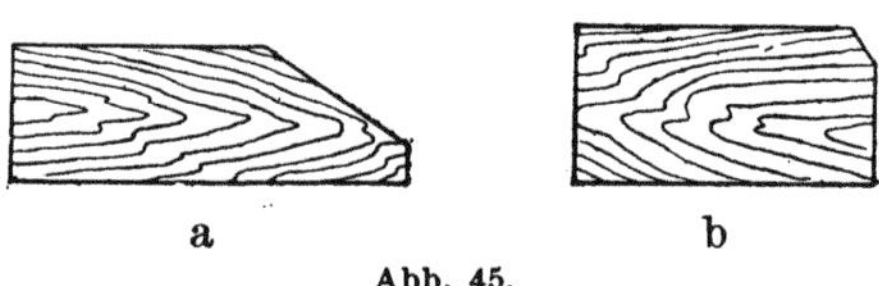

Abb. 45.

Die Reibe muss in grösseren Fabriken wenigstens zweimal am Tage, in kleineren einmal geöffnet und die Trommel untersucht werden, ob sie nicht durch Steine etc. beschädigt ist, und dann umgewechselt werden. Es ist daher sehr zweckmässig, dass jede Fabrik für jede Reibe eine Reservetrommel besitzt.

Auf das Resultat der Reibarbeit sind auch noch einige äussere Umstände von Einfluss.

Vor Allem natürlich die gute Konstruktion der Wäsche. Dieselbe darf Steine oder andere Fremdkörper nur ganz ausnahmsweise in die Reibe gelangen lassen. Es kommt nämlich in manchen Jahren, wo die Kartoffeln zum Auswachsen neigen, vor, dass sie kleine Steine umwachsen. Diese kann die Wäsche natürlich nicht entfernen, und sie bringen dem Stärkefabrikanten viel Sorge, indem sie tiefe Lücken in die Zahnreihen der Reibeblätter reissen. Grosse Steine können sogar Gefahren bringen. Es ist vorgekommen, dass sie die Reibe so stark verstopft haben, dass die Trommel aus den Lagern gerissen und durch das Dach des Gebäudes geschleudert wurde.

Die gleichmässige Zuführung der Kartoffeln zur Reibe ist ebenfalls von grosser Wichtigkeit, weil ein zu starkes Befüllen zum Verstopfen führt und Unregelmässigkeiten in dem ganzen Fabrikationsgange veranlasst. Die richtige Regelung der Kartoffelzufuhr ist schon bei der Kartoffelwäsche näher besprochen (S. 118).

Auch die Art der Kartoffeln ist von Einfluss auf die Beschaffenheit des Reibsels. Es ist eine alte Erfahrung, dass rothe, hartschalige Kartoffelsorten (Daber, sächsische Zwiebel etc.) ein griesig sich anfühlendes, kurzfaseriges, weisse, dünnschalige Kartoffeln (wie Seed u. s. w.) ein langfaseriges, weich sich anfühlendes Reibsel geben. Es liegt das einmal daran, dass jene Kartoffeln meist kleinzellig und stärkereich, diese dagegen grosszellig, dünnwandig in den Zellwänden und stärkeärmer sind. Eine Bestätigung dieser Erfahrung gab dem Verfasser auch ein Versuch, bei dem auf derselben Sägeblattreibe je 20 Pfd. verschiedener Kartoffelsorten eines Versuchsfeldes gerieben wurden. Das Reibsel wurde durch Auswaschen völlig von der freigemachten Stärke befreit, getrocknet und der Stärkegehalt bestimmt und auf wasserfreies Reibsel in Procenten berechnet. Es enthielt

Reibsel von:			
	Gelbe Zwiebel . .	68,0 Proc.	in der Praxis kurzfaseriges Reibsel.
	Daber	67,9 -	
	Reichskanzler . .	67,1 -	
	Seed	64,8 Proc.	in der Praxis langfaseriges Reibsel.
	Imperator	64,2 -	
	Champion	62,5 -	

Es dient diese Zahl, wie später ausgeführt wird, zur Kontrole der Leistung der Reibvorrichtung, und es ist also bei der Beurtheilung des Reibsels hiernach womöglich die Kartoffelsorte und auch der Stärkegehalt in Betracht zu ziehen.

Dass gefrorene Kartoffeln sich schwer reiben, ist verständlich, das Reibsel wird aber nicht gröber als bei ungefrorenen, jedoch werden, wie schon gesagt, die Reiben, besonders die hölzernen Einlagen, stark angegriffen. Gefrorene Kartoffeln wäscht man daher auch in lauwarmem Wasser, um sie anzuthauen.

Besondere Einrichtungen an Reiben.

Bei einer gewöhnlichen Reibe ist die zerkleinernde Wirkung der Reibe beendet, sobald das Reibsel den Reibklotz verlassen hat.

Da aber dann gewöhnlich, wie erwähnt, das Reibsel noch nicht frei von Stücken oder Schwarten (Schalentheilen mit anhaftenden Resten des Mehlkörpers) ist, so hat man sich bemüht, Vorrichtungen zu erfinden, welche solche Fehler wieder gutmachen. Sieht man zunächst davon ab, dass zu dem Zwecke besondere Nachzerkleinerungsmaschinen aufgestellt werden, so handelt es sich darum, Aenderungen an der Reibe selbst hierfür zu treffen.

Das Nächstliegende ist jedenfalls, dass man die Reibfläche des Klotzes so gross wie möglich gestaltet, und das ist auch thatsächlich dadurch geschehen, dass man hinter dem ersten Reibklotz noch einen zweiten angebracht hat. Es ist dies der Fall bei Uhland's Doppelreibe, bei Weiss's Reibe und bei der neueren Angele'schen Reibe.

Doppelreibe von W. H. Uhland, Leipzig-Gohlis. Dieselbe zeigt die Abbildung 46. Sie besitzt zwei Reibklötze, welche unabhängig von einander an die Reibtrommel angestellt werden. Die Arbeit des Reibens wird dadurch auf beide Klötze vertheilt, dass man den oberen Klotz etwas weniger anstellt als den unteren. Zwischen beiden Klötzen befindet sich ein Hohlraum, in dem, eventuell unter Zuhilfenahme von Wasserstrahlen, das Reibsel gemischt resp. gewendet wird, so dass es gleichmässig vertheilt auf den zweiten Klotz kommt, um daselbst fein gerieben zu werden.

Das Anstellen des oberen Klotzes erfolgt durch einen Handhebel, welcher durch Gewinde und Gegenmuttern genau einstellbar und fest-

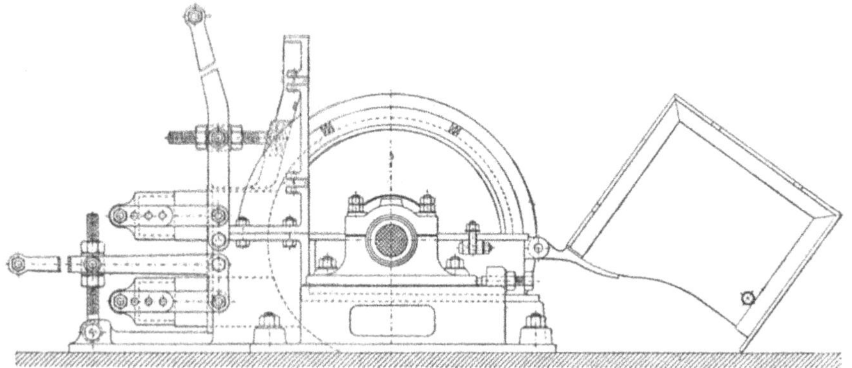

Abb. 46.

stellbar ist. Die Einstellung des unteren Klotzes erfolgt durch einen Winkelhebel in ähnlicher Weise. Um die Klötze bis zuletzt ausnützen zu können, haben die längs der Klötze liegenden Zughebel eine Reihe von Löchern, sodass dieselben nach Entfernung des Querriegels nach Bedarf zurückgezogen werden können. Der Querriegel wird dann, der Abnutzung der Klötze entsprechend, der Reihe nach durch die Löcher gesteckt. Das Gehäuse ist durch 6 Klappschrauben geschlossen und der rechte obere Theil an einem Scharnier zurückzuklappen, sodass man die Reibfläche leicht kontrolliren kann.

Reibe von C. Weiss-Glogau (s. Abb. 47, a Seitenansicht, b Ansicht von Oben) ist eine Reibe mit doppelter Trommel von 520 bis 530 mm Durchmesser und $2 \times 310 = 620$ mm Reibflächenbreite. Sie hat 5 mm breite Einlagen von Buchenholz und einseitig gezahnte Sägeblätter mit 16 Zähnen auf den Zoll. Beide sind zwischen den Seitenwänden der Trommel eingeklemmt und beide stehen über dieselben 13—14 mm hervor. Die Kartoffeln werden nicht, wie gewöhnlich, durch einfaches

Herabfallen an die Reibetrommel gebracht, sondern es sind Poussoirs angebracht, d. h. an Hebelarmen hin und her gehende Druckklötze, welche die Kartoffeln in bestimmten Zwischenräumen gegen die Trommel andrücken.

Den Boden des Poussoirkastens bildet eine schräg gegen die Trommel abfallende Stahlschiene, welche auf einer Holzplatte befestigt und durch eine Schraube stellbar ist. Unterstützt wird die Holzplatte durch einen Eisenkeil. Die beiden Reibklötze sind jeder 120 mm hoch, beide laufen in gusseisernen Kästen und werden durch Schrauben angezogen, welche in die Mitte eines in den Klotz eingelassenen Stahlblockes greifen.

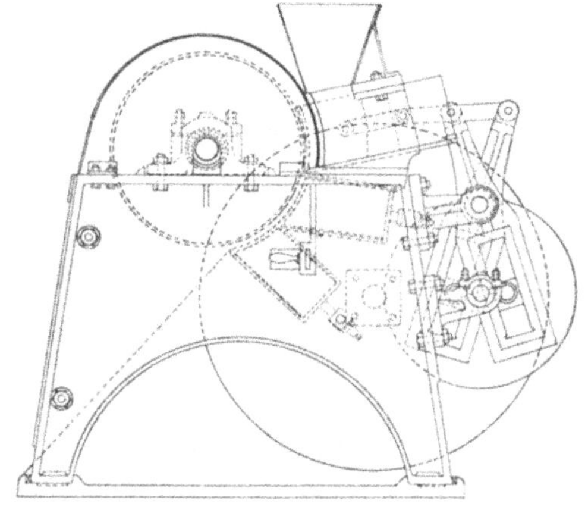

a

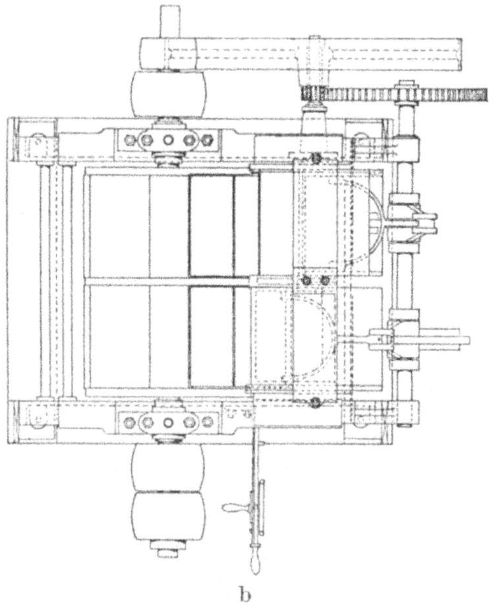

b

Abb. 47.

Die Trommel ruht auf eisernem Gestell, sodass man die Unterseite frei sieht. Die Trommel deckt von oben eine einfache Blechhaube.

Es wird Werth darauf gelegt, dass der Stahlklotz so eng ansteht, dass es schnarrt, ferner auf die herandrückende Wirkung des Poussoirs. Der untere Klotz soll für gute Arbeit über die Mitte des unteren Kreisumfanges hinausragen. Die Reibklötze sollen so fest angezogen sein, dass bei einer einzigen Drehung der Schraube weiter vor die Trommel so stark gebremst wird, dass sie stillsteht.

Die Reibe macht rund 900 Umgänge und liefert, wie Verfasser selbst zu prüfen Gelegenheit hatte, ein sehr feines Reibsel. Der Riemenantrieb ist horizontal gerichtet.

Reibe von W. Angele-Berlin (Abb. 48 und 49). Die Trommel dieser Reibe hat einen Durchmesser von 550—600 mm, macht 800 bis 1000 Umdrehungen in der Minute, ist mit Stahleinlagen und Sägeblättern von 17 Zähnen auf den Zoll belegt und hat doppelten senkrechten Antrieb. Das Gehäuse ist in der Axenlinie getheilt und der obere Halbtheil nach der dem Reibklotze entgegengesetzten Seite durch ein Scharnier zurückklappbar. Ist es geschlossen, so wird es auf der Reib-

Abb. 48.

klotzseite durch zwei Klappschrauben befestigt, die ein leichtes Wiederöffnen gestatten. Die Trommelringe liegen eingedreht in den beiden Seitenwänden des Gehäuses (vergl. Abb. 42a S. 135). Die Reibe hat einen gewöhnlichen Reibklotz von 140 mm Höhe und einen zweiten dicht vor der

Auswurföffnung, durch welche das Reibsel die Reibe verlässt. Dieser ist, wie folgt, angebracht. Unter der Reibtrommel befindet sich ein undurchlässiger Metallmantel, welcher an der Seite des gewöhnlichen Reibklotzes durch ein leicht herausnehmbares Scharnier gehalten wird und an der entgegengesetzten Seite eine schwach konische Rinne trägt, in welche ein 95 mm breiter und 15 mm über den Mantel überragender stumpfer Keil von Buchenholz eingesetzt wird. Dieser bildet den zweiten Reibklotz. Durch zwei unter dem Klotze an den Mantel anstossende Excenterscheiben, die durch eine gemeinsame, mit Zahnrad und Sperrhebel versehene Welle bewegt werden können, wird der Klotz beliebig fest gegen die Reibtrommel angezogen. Das Reibsel, welches den ersten Klotz verlassen hat, wird durch den Mantel verhindert, in die Pülpegrube zu entweichen. Es wird in dem Hohlraum zwischen Mantel und Trommel durcheinander gewirbelt und erst freigelassen, wenn es den zweiten

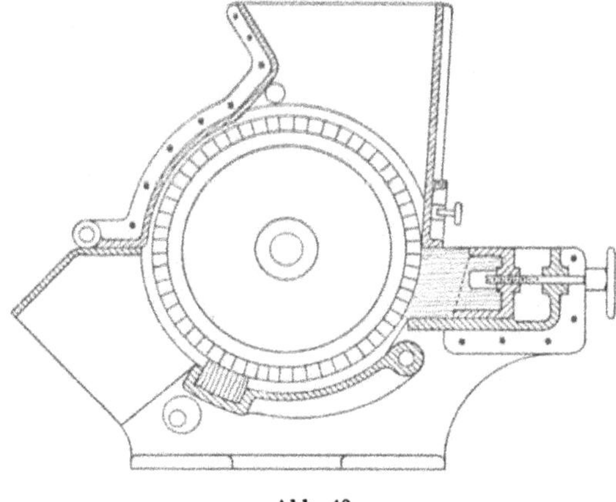

Abb. 49.

Klotz passirt hat. Da alle Eisentheile bis auf 1 mm Entfernung auf einander schliessen, so ist ein Entweichen von Schwarten ausgeschlossen.

Verfasser hat diese Reibe sowohl bei einer Probe in der Maschinenfabrik, als auch in verschiedenen Stärkefabriken in Betrieb gesehen. Das Reibsel war fein, der fast geräuschlose Gang besonders auffällig.

Neuerdings hat Angele die Reibe dahin verbessert, dass der hintere Klotz an dem Metallmantel nicht von der Seite her durch Zahnrad und Sperrhebel, sondern ebenfalls von vorn her, wie der andere Klotz, durch ein Handrad stellbar ist, welches neben dem des Hauptklotzes liegt. Dadurch wird die Handhabung der Klötze erleichtert. Die Stahleinlagen erhalten eine Höhe von 30 mm, damit sie sich bei starker Geschwindigkeit der Trommel nicht durchbiegen.

Bei einer Reihe anderer Konstruktionen ist unter die Reibtrommel, diese umschliessend, ebenfalls ein Mantel gelegt, und dieser in irgend einer Weise geschärft worden, sodass das Reibsel sowohl länger in der

Reibe verbleiben muss, als auch eine doppelte Reihe von Zähnen zu durchmessen hat. In einfachster Weise hatte dies ein hinterpommerscher Stärkemeister in der Art ausgeführt, dass er unter der Reibtrommel anschliessend an den Reibklotz ein 15 mm dickes, wie eine Raspelhiebreibe aufgehauenes Eisenblech anbrachte, welches mit Seitenbacken versehen war, um das seitliche Entweichen von grobem Reibsel zu verhindern. Die Mehrleistung war natürlich nur eine mässige und war nur deshalb scheinbar höher, weil ein Stahlklotz von 10 mm Breite statt eines hölzernen Reibklotzes vorhanden war.

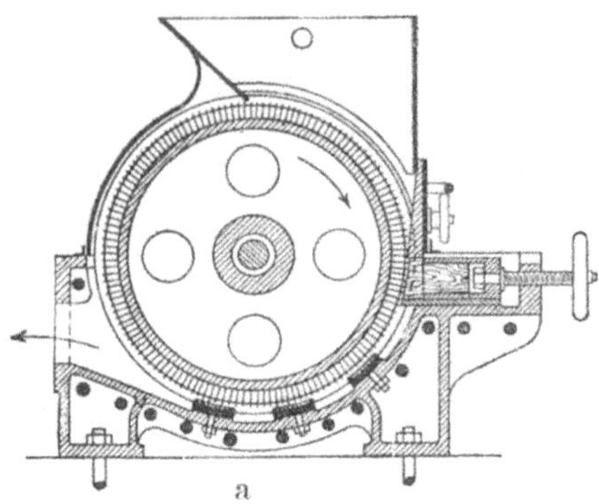

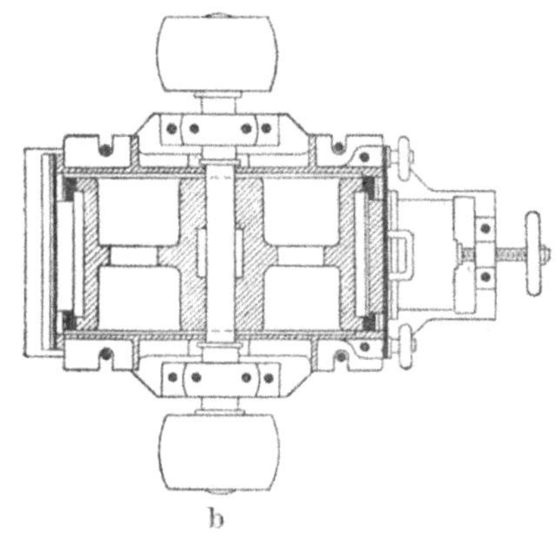

Abb. 50.

Reibe von J. Martens, Frankfurt a. O. (Abb. 50, a Querschnitt, b Oberansicht). Die Reibtrommel von wenigstens 500 mm Durchmesser ist aus Gusseisen mit aufgezogenen schmiedeeisernen Ringen hergestellt, mit Stahlschienen belegt. Die Ringe bilden den dichten Schluss zwischen Trommel und Gehäuse. Der Reibklotz wird in gusseisernem Gehäuse mit gehobelten Flächen sehr sicher geführt. Die Stellschraube greift in eine Gusseisenfassung ein, in welcher der Reibklotz mit der Rückseite eingelassen ist. Ueber dem Reibklotz befindet sich ein gusseiserner, mit zwei Klappschrauben befestigter und beim Einfallen fremder Körper in die Reibe leicht abzunehmender gusseiserner Klotz, welcher die Kartoffeln an die Trommel heranpresst. Der Oberkasten des in der Axenlinie getheilten Gehäuses ist leicht entfernbar und durch 4 Klappschrauben befestigt.

Die Rothgussschalen der Trommelwelle haben aussen Kugelform, sodass sie sich im Bock bewegen und mit der ganzen Länge ihrer Lauffläche gegen die Welle legen können.

Hinter dem Reibklotz ist das Gehäuse unter der Reibtrommel bis zum Breiausfluss hingeführt. Es trägt drei Nachzerkleinerungsschienen, welche mit je 8 Sägeblättern in derselben Weise besetzt sind, wie die Reibtrommel mit Einlagen und Sägeblättern. Nach dem Verlassen des Reibklotzes muss das Reibsel diese 3 Nachzerkleinerungen nacheinander passiren. Vor jeder Nachzerkleinerung ist Raum, damit die Schalen, welche an der Trommel haften, sich durch die Centrifugalkraft lösen und in der nachfolgenden Nachzerkleinerung weiter zerkleinert werden können.

Die Reibe arbeitet gut, doch müssen die Nachzerkleinerungen öfter erneuert werden, da sie sich mit der Zeit ganz glatt ablaufen.

Excelsiorreibe von Schneider & Co., Frankfurt a. O. (s. Abb. 51). Diese Reibe ist in der Konstruktion nur darin von einer gewöhnlichen Reibe abweichend, dass das Gehäuse wie bei Martens's Reibe unter der Trommel hingeführt und mit 4 Nachzerkleinerungsschienen versehen ist. Die Schärfung derselben geschieht nach Art der Raspelhiebreiben.

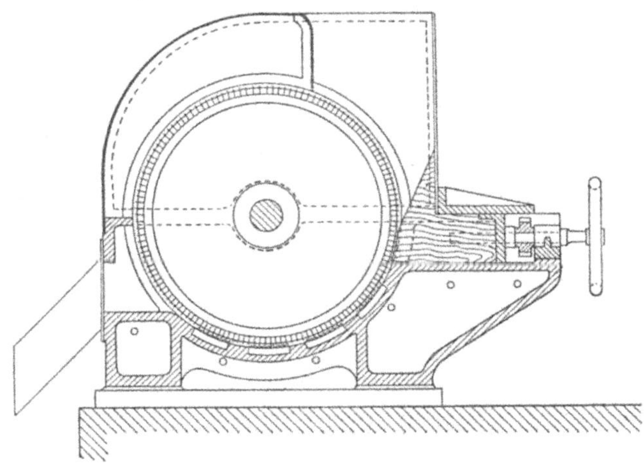

Abb. 51.

Dem Verfasser übersandte Reibselproben waren von genügender Feinheit. Jedenfalls schleifen sich die Schärfungen aber noch leichter ab als bei der Martens'schen Reibe.

Die Reibe von Gaul & Hoffmann, Frankfurt a. O. (s. Abb. 52 S. 148). Dieselbe besitzt, um das Reibsel länger unter der Trommel zurückzuhalten, ebenfalls eine untere Ummantelung, welche ganz wie die Trommel selbst fortlaufend mit Sägeblättern besetzt ist, die durch Einlagen von 5 mm Breite getrennt sind. Diese Trommelunterlage ist genau so breit wie die Reibfläche der Trommel, sodass sie gegen die Trommelringe dicht abschliesst. Unter dem Reibklotz hängt sie in einem Scharnier und wird auf der entgegengesetzten Seite so durch eine Schraube mit Feder gehalten, dass sich der Raum zwischen Reibtrommel und Unterlage nach der Auswurfstelle zu verjüngt. Die Beweglichkeit der Unterlage an Scharnier und Feder soll Verstopfungen verhüten, indem bei zu starkem Druck die Feder nachgiebt und der Raum zwischen Trommel und Unterlage sich erweitert.

Die Reibe von Schmidt-Küstrin besitzt ebenfalls eine solche Unterlage oder einen Sägeblattkropf. Sie unterscheidet sich von der Gaul'schen nur dadurch, dass sie nicht federt, sondern mittelst zweier durch die Grundplatte gehender Schrauben weiter oder enger an die Trommel herangestellt werden kann. (Vergl. S. 137 Abb. 43.)

Blechmantel-Reiben. Eine dritte Art der Verbesserung der Reiben besteht darin, dass man verhindert, dass das Reibsel die Reibe verlässt, ehe es eine bestimmte Feinheit durchweg erlangt hat.

Erreicht wird dies dadurch, dass zwischen Reibtrommel und Reibselgrube ein Blech eingeschaltet wird, welches mit Lochöffnungen bestimmter Grösse versehen ist.

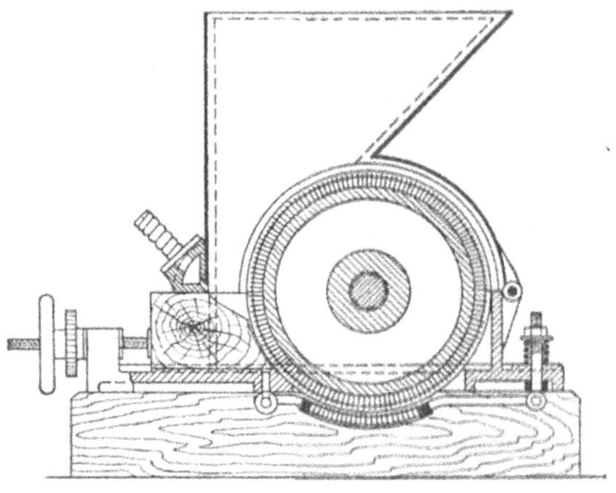

Abb. 52.

Von einer solchen Einrichtung berichtete zuerst im Jahre 1886 Leppien-Damm, welcher die ganze Reibe mit einem durchlöcherten Mantel in $^1/_2$ Zoll Abstand umgeben hatte, und dadurch alle Schwarten beseitigte und die Ausbeute wesentlich steigerte.

Aehnliche Vorrichtungen haben auch die Stärkemeister A. Räck in Genthin und G. Kuhne in Gransee an ihren Reiben aus eigenem Antriebe angebracht und mit Erfolg auch anderweitig eingeführt. Die Abbildung 53 zeigt in Vorderansicht und Querschnitt die Einrichtung in Genthin.

Unter die Reibe ist ein etwa 4—5 mm starkes Eisenblech gelegt, so dass die Ringe der Reibtrommel auf diesem schleifen. Das Blech steht um die Höhe der Ringe von der Reibfläche ab. Es ist mit Löchern versehen, welche nicht reihenweise, sondern durcheinander gestellt sind und auf dem Drittel bei dem Reibklotz 6 mm Oeffnung haben, auf dem mittleren Drittel unter der Trommel 7 mm und auf dem letzten Drittel 9 mm. Diese letzteren legen sich bald mit glatt geriebenen Schalen zu und sollen nur im Nothfall bei Verstopfungen in Thätigkeit treten. Die zerkleinernde und durchlassende Thätigkeit fällt wesentlich der Lochreihe gleich hinter dem Reibklotze zu, was sich darin leicht zeigt, dass nach zeitweiser Benutzung dieses Drittel des Bleches blank gerieben, und die Löcher so ausgerieben sind, dass ihre Kanten schrägen, messerartigen Schneiden gleichen. An beiden Enden und seitlich gegen die Ringe der Reibtrommel wird das Blech durch Bordränder abgedichtet.

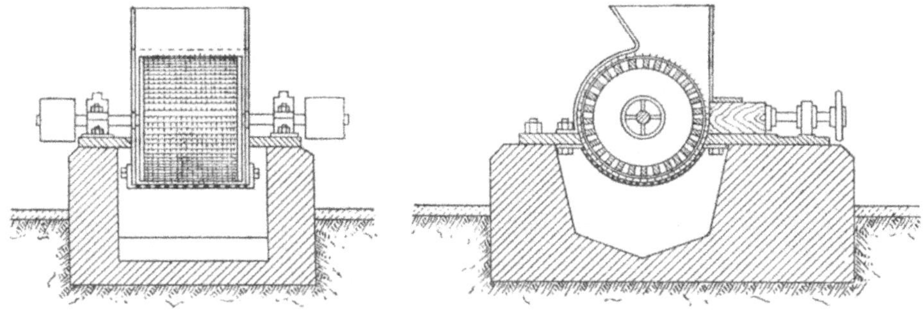

Abb. 53.

Auch H. Schmidt-Cüstrin legt unter die Reibtrommel oder um dieselbe bis zum Einfülltrichter als Mantel ein Stahlblech, welches aber nicht einfach gelocht, sondern wie ein Reibeisen aufgehauen ist, jedoch in der Weise, dass je eine Oeffnung nach Aussen, die daneben liegende nach Innen geschlagen ist (s. Abb. 54 S. 150). Diese ursprünglich aus einer Einfügung der gewöhnlichen Reibtrommel in den Mantel einer Flügelreibe (vgl. S. 164) bestehende und durch Ersatz des letzteren durch den genannten Blechmantel hervorgegangene Einrichtung erhielt von ihm den Namen der Compoundreibe.

Die jetzige Einrichtung derselben besteht meist nur aus einem Einsatz zwischen der Unterseite der Reibtrommel und der Reibselgrube, welcher aus einem zwischen zwei gebogenen Eisenstäben ausgespannten und durch Querstäbe versteiften Reibblech von der oben genannten Beschaffenheit besteht. Dieser Rahmen wird so eingesetzt, dass die Innenseite der Trommelringe an den Eisenstäben schleift. An den Enden wird der Einsatz mit Bordrändern auf das Mauerwerk der Reibselgrube aufgelegt und abgedichtet.

Die nach Innen stehenden Reibzähne dienen wie bei der Martens'schen und Schneider'schen Reibe zum Zerreissen von Faser, die nach Aussen stehenden zum Durchlassen des genügend feinen Reibsels.

Durch alle diese Einrichtungen wird erreicht, dass bei richtiger Abdichtung des Blechmantels das Reibsel erst dann die Reibe verlassen kann, wenn es so fein ist, dass es durch die Oeffnungen des Bleches hindurchdringen kann. Alle gröberen Stücke werden dagegen von der

Reibtrommel in den Rumpf zurückgeschleudert und müssen nochmals zwischen Trommel und Reibklotz hindurchwandern.

Ueber die Höhe der Leistung des Compoundeinsatzes hat Verfasser durch eigene Versuche einige Angaben festgestellt. Eine Reibe wurde einmal mit vorstehenden Sägeblättern, welche absichtlich mit einem Hammer verletzt waren, montirt und dann in richtiger Weise mit Sägeblättern versehen. In beiden Fällen wurden mit und ohne den Compoundeinsatz Kartoffeln gleicher Beschaffenheit gerieben, das Reibsel

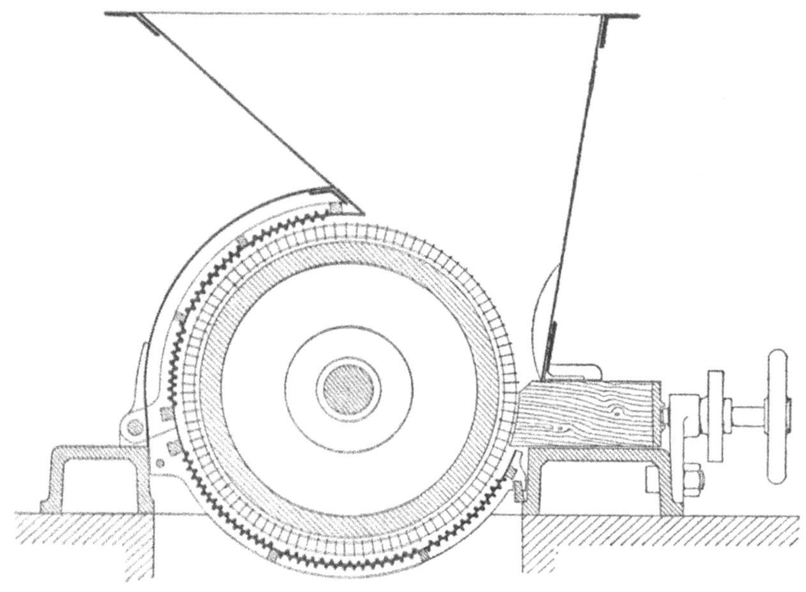

Abb. 54.

ausgewaschen, die frei gemachte Stärke gewogen, und ihr Gehalt an Wasser festgestellt und in Rechnung gezogen. Es ergab sich, dass aus 100 Ctr. 20 proc. Kartoffeln freigemacht wurden:

	Trockene Stärke Ctr.	Feuchte Stärke Ctr.
Bei guter Reibtrommel ohne Compoundeinsatz	21,3	34,1
- - - mit - -	21,9	35,0
- schlechter - ohne - -	20,1	32,2
- - - mit - -	21,3	34,1

wobei trockene Stärke Handelswaare mit 20 Proc. Wasser, feuchte Stärke eine Waare mit 50 Proc. Wasser darstellt.

Bei schlecht behandelter und beaufsichtigter Reibe macht hiernach die Compoundeinrichtung gut, was versäumt war, denn sie leistet dasselbe wie eine gute Reibe ohne Einsatz. Sowohl bei guter wie bei schlechter Reibtrommel steigert die Compoundeinrichtung die Ausbeute, natürlich in um so höherem Maasse, je gröber das Reibsel der Reibe allein ausfällt.

Obige Versuche wurden in der Maschinenfabrik von H. Schmidt-Cüstrin ausgeführt. Aber auch in der Praxis hat Verfasser die Leistung des Compoundeinsatzes geprüft und fand, dass derselbe bei tadelloser Anbringung aus 100 Ctr. Kartoffeln 1,02 Ctr., bei Fehlern in der Anbringung aber nur 0,04 Ctr. feuchter Stärke aus denselben Kartoffeln mehr herausarbeitete als die Reibe allein.

Natürlich ist mit der Anwendung des Einsatzes ein Mehrverbrauch an Kraft verknüpft, da das zwischen Einsatz und Trommel eingekeilte Reibsel hemmend auf die Trommel wirkt. Derselbe wurde zu $2^1/_2$—3 indicirte Pferdestärken festgestellt. Ein Verstopfen der Reibe mit dem Compoundeinsatz ist nicht beobachtet worden.

Erwiesen ist, dass diese Einrichtungen alle geeignet sind, das Auftreten von Schwarten und Stücken zu verhindern, und dass sie also die Fehler, welche die Reibtrommel durch schlechte Beachtung oder durch Zufälle macht, wieder ausgleichen, also die Leistung der Reibe zu einer sichereren gestalten.

Dabei glaubt Verfasser den einfachen Reibeblechen besonders für kleinere Fabriken den Vorzug geben zu sollen, da sie einfach und billig herzustellen, auch an Reiben älterer Konstruktion nachträglich anzubringen sind und die geringsten Abnutzungskosten verursachen.

Die Nachzerkleinerungsapparate oder Breimühlen.

Wenn die Reibe auch gut gearbeitet und gut gehalten worden ist, so ist der Stärkefabrikant dadurch doch nicht ganz sicher vor einer wenigstens zeitweise mangelhaften Leistung der Reibe. Es tritt dieser Fall ein, wenn fremde Körper, wie Steine, Nägel, Schrauben und Anderes in die Reibe gelangen, was auch in den besten Betrieben einmal vorkommen kann. Diese Fremdkörper vernichten die Zähne der Sägeblätter, indem sie dieselben platt drücken oder abschleifen, und es entstehen auf dem rauhen Trommelmantel tiefe Gänge, in denen gröbere Kartoffeltheile am Reibklotz vorbei in die Reibselgrube gelangen. Um diese Schäden wieder gutzumachen, ist ein guter Nachzerkleinerungsapparat für alle nicht zu kleinen Fabriken von hohem Werthe.

Aber auch wenn die Leistung der Reibe eine tadellose war, so ist dennoch, besonders für grössere Fabriken, eine Nachzerkleinerung empfehlenswerth, da das Reibsel stets noch aufschliessbare Stärke genug enthält, dass es lohnt, dasselbe nochmals einer Zerkleinerung zu unterwerfen.

Das von auswaschbarer Stärke befreite wasserfreie oder vollständig trockene Reibsel von Raspelhiebreiben enthält noch 70—75 Proc. wasserfreier Stärke, das gleiche Reibsel von Sägeblattreiben 60—70 Proc. Da 100 Ctr. Kartoffeln je nach der Feinheit des Reibsels 5, 4 oder 3 Ctr. solchen wasserfreien Reibsels liefern, so gehen je nach der Güte der Leistung bei Raspelhiebreiben 3,5—3,75 Ctr., bei Sägeblattreiben 1,8 bis 2,8 Ctr. wasserfreie Stärke in dem Reibsel verloren.

Es muss daher im Sinne eines rechnenden Stärkefabrikanten liegen, dass er versucht, diese Verluste so viel wie thunlich zu verringern. Deshalb haben sich seit langen Jahren die Stärkefabrikanten bemüht, eine gute Nachzerkleinerung einzuführen.

Der älteste und auch heute zu Tage noch am weitesten verbreitete Apparat zur Nachzerkleinerung des Reibsels, wie es die Reibe verlässt, ist der Mahlgang.

Der Mahlgang oder der Mahlstein.

Da ein Nachzerkleinerungsapparat nur dann voll wirken kann, wenn er nur das wirkliche Mahlgut erhält, nicht aber ein Gemenge zu vermahlender und schon genügend feiner Substanz, so ist es natürlich, dass man vor dem Nachzerkleinern die schon von der Reibe freigemachte Stärke und feinste Faser entfernt. Es geschieht das durch Sieben mit starkem Wasserzufluss.

Das möglichst rein ausgewaschene Reibsel wird dann mit Wasser vermischt dem Mahlgange zugeführt.

Der Mahlgang (s. S. 154 Abb. 55 Vollansicht, Abb. 56 Querschnitt) besteht aus einem Paar horizontal liegender Mühlsteine, von denen gewöhnlich der obere drehbar angebracht ist und als Läufer bezeichnet wird, der untere oder feste Stein dagegen seine Lage nicht verändert. Selten ist der obere Stein fest und der untere der drehbare.

Der feste Stein ist ein runder 300—400 mm hoher und auf der Oberseite flacher Stein, welcher in der Mitte durchbohrt ist. Er ruht auf einem eisernen, selten hölzernen Gestell, das einem Tisch mit 3 oder 4 Füssen gleicht, und ist durch 3 durch die Platte des Tisches von unten her eingezogene Schrauben mittelst einer Wasserwaage genau horizontal zu stellen.

Der gewöhnlich höhere und schwerere Läufer ist ebenfalls in der Mitte durchbohrt und besitzt hier eingelassen die Haue, d. h. eine eiserne Brücke oder ein eisernes Kreuz (Kreuzhaue), welche eingebleit oder eingeschwefelt wird. Dieselbe besitzt in der Mitte ein viereckiges Loch, welches etwas konisch im Innern ist. Mit diesem wird der Stein auf eine senkrecht stehende Welle (Königswelle) aufgehängt, deren höchstes Ende ebenfalls konisch-vierkant ausläuft. Die Welle geht durch den festen Stein hindurch und wird hier durch eine Stopfbüchse und Verpackung abgedichtet. Sie steht unten auf einem Lager auf, welches durch eine Stellvorrichtung von verschiedenartiger Konstruktion gehoben und gesenkt werden kann, so dass der Fabrikant es in der Hand hat, den Läufer je nach Belieben enger oder weniger eng auf den festen Stein anzustellen.

Die Welle wird angetrieben durch ein wagrechtes Zahnrad, in welches ein senkrechtes, an einer liegenden, durch Riemscheiben bewegten Welle befestigtes Zahnrad eingreift. Man giebt der Welle 100 bis 280 Umgänge in der Minute.

Die Steine selbst werden mit einem Mantel von Eisenblech und Deckel umschlossen, damit der Brei nicht verspritzt. Das Reibsel wird durch einen Fülltrichter so in die Mittelbohrung des Läufers eingeführt, dass es zwischen die Steine gesaugt und zwischen ihnen bis zum Rande vorgeschoben wird, wo es in einen Auslauf fällt und in die Reibselgrube gelangt.

Abb. 55.

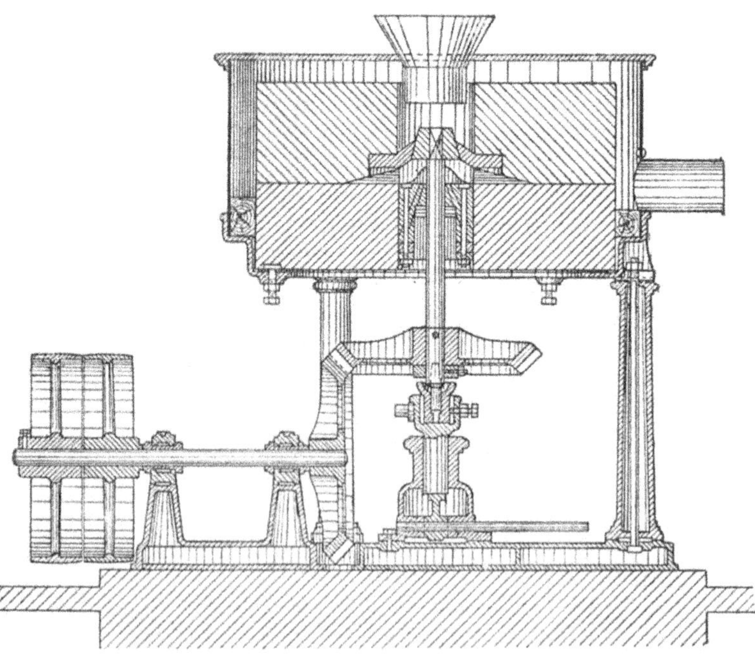

Abb. 56.

Der Mahlgang ist in den Händen eines geschickten und mit seiner Handhabung genau vertrauten Meisters bei guter Konstruktion und genügender Grösse ein sehr leistungsfähiger Zerkleinerungsapparat. In unkundiger Hand ist der Mahlgang hingegen nicht nur ohne jeden wesentlichen Nutzen für die Weiterzerkleinerung des Reibsels, im Betrieb also werthlos, sondern er ist sogar schädigend und kostspielig, weil er viel Kraft zum Betriebe verbraucht.

Der Stärkefabrikant hat deshalb sowohl bei Neubeschaffung als bei dem laufenden Betriebe eines Mahlganges bestimmte Vorschriften pünktlich zu befolgen, wenn er Erfolge mit dem Mahlgange verzeichnen will.

Es sind dies die folgenden:

Die Konstruktion des Mahlganges.

Der Mahlgang muss fest fundamentirt sein, und der feste Stein muss auf einem sicheren Podest am besten von Metall oder doch mit Metallträgern ruhen.

Der feste Stein muss Stellschrauben besitzen, um genau horizontal eingestellt werden zu können.

Die Welle (Mühleisen oder Königswelle) muss von genügender Stärke sein, damit sie nicht federt, am festen Stein durch eine Stopfbüchse und gute Verpackung gehörig abgedichtet sein und auf starkem Lager laufen, welches leicht verstellbar ist. Die Umdrehungszahl der Welle darf nicht zu gering sein. In den meisten Fällen beträgt sie etwa 150 Umgänge in der Minute, und diese genügt für einen grösseren Stein von 1,2—1,5 m Durchmesser. Je kleiner der Stein ist, um so mehr steigert man zweckmässiger Weise die Umdrehungszahl. Verfasser fand bis zu 280 Umdrehungen bei 0,82 m Steindurchmesser. Nachgewiesenermaassen gab ein Stein mit früher 100 Umdrehungen ein viel feineres Reibsel, als ihm durch Veränderung der Zahnräder eine solche von 150 ertheilt wurde.

Von den antreibenden Zahnrädern versieht man das eine häufig mit Holzzähnen, um das Geräusch, welches sie verursachen, abzuschwächen.

Die Steine müssen aus gutem Material und von genügender Grösse sein.

Man verwendet: Granitsteine, Sandsteine (Johnsdorfer, Kyffhäuser), Lavasteine (von Andernach) und Kunststeine (Franzosen, Karpathensteine).

Granitsteine werden allein, oder Granit- und Sandstein gepaart benutzt. Die Lavasteine sind verschlackter Basalt, die Franzosen sind aus Stücken von Süsswasserquarz, mit Cement verkittet (der Kern meist gewöhnlicher Sandstein) hergestellt und durch eiserne Reifen zusammengehalten (Herkunftsorte: La Ferté sous Jouarre, Seine et Marne (die besten), Bergerac (Frankreich) und Fony und Segelong (Ungarn).

Maassgebend ist, dass die Steine nicht zu weich sind, da sich sonst zu viel Sand abreibt, der die Stärke verschlechtert, und dass sie hinreichend porös sind. Letzteres trifft am besten bei den Lavasteinen, Karpathensteinen und Franzosen zu.

Die Steine müssen eine hinlängliche Grösse haben, wenn sie gut wirken sollen. In kleinen Fabriken trifft man oft Steine von 0,6 bis 0,9 m Durchmesser. Bei diesen kann eine zweckentsprechende Schärfung nicht gegeben werden. Leistungsfähige Steine müssen einen Durchmesser von 1—1,5 m haben. Natürlich ist die Grösse des Steines abhängig bis zu gewissem Grade von der Grösse der vorhandenen Betriebskraft. Am zweckmässigsten erscheint ein Durchmesser der Steine von 1,2 m.

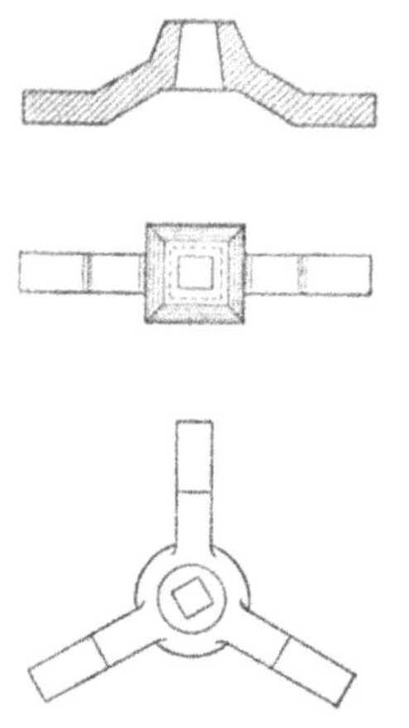

Abb. 57.

Die Mühlsteinhaue ist derjenige Theil des Läufers, in welchen die Welle des Mühlsteines eingesetzt ist, um auf den Stein die rotirende Bewegung zu übertragen. Es giebt zweierlei Arten von Hauen, feste Hauen und Balancirhauen.

Die feste Haue kann zweiflügelig oder dreiflügelig sein (s. Abb. 57 und Abb. 56 S. 154).

Die Balancirhaue oder Kugelhaue besteht aus einem sog. Universalgelenk (s. Abb. 58 und Abb. 60 S. 157), welches dem Läufer die Möglichkeit giebt, sich nach 4 Seiten hin zu neigen. Durch das Heben und Senken kann sich aber der Läufer besser an den festen Stein anpassen, wodurch das Mahlgut feiner ausfällt.

Das Einsetzen besonders bei festen Hauen muss sehr sorgfältig ausgeführt werden, damit der Läufer genau horizontal läuft, weil derselbe sonst auf einer Seite aufschlägt und sich glatt schleift und auf der anderen Seite zu weit vom festen Stein absteht, sodass Schwarten zwischen beiden Steinen mit dem Brei hindurchgleiten. Auch läuft sich das Lager der Welle leichter aus.

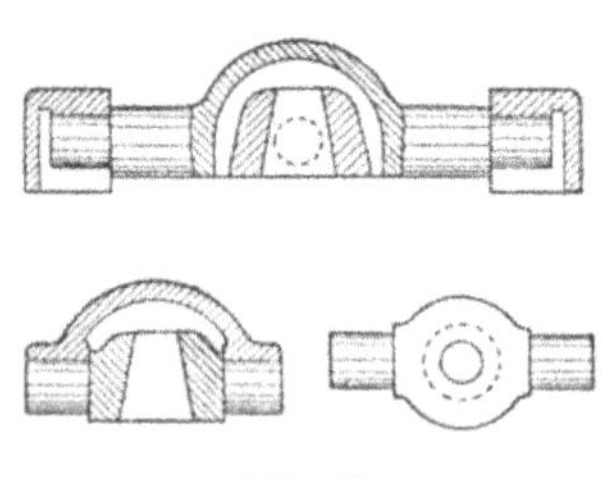

Abb. 58.

Die Haue muss eingebleit oder eingeschwefelt werden. Eingiessen mit Gyps oder Alaun, wie es bei der Trockenmüllerei geschieht, ist, da beide in Wasser löslich sind, unzulässig.

Es muss ein Krahn zum leichten Abheben des Läufers vorhanden sein; derselbe besteht aus zwei Zangeneisen mit Dorn am Ende, welcher in ein Loch an der Seite des Läufers eingreift. Am anderen Ende der Zange ist eine Schraube, mittelst deren der Stein gehoben und dann umgedreht wird, wenn er geschärft werden soll (s. Abb. 59).

Zum Heben und Senken des Läufers ruht die untere Spitze der Königswelle auf einem in einen Hebel eingelassenen Lager. Der Hebel kann entweder durch einen zweiten Griffhebel (s. Abb. 55 S. 154) oder feiner durch eine Schraube mit Handrad (s. Abb. 60) gehoben und gesenkt, und so eine scharfe oder weniger scharfe Einstellung der Steine hervorgebracht werden.

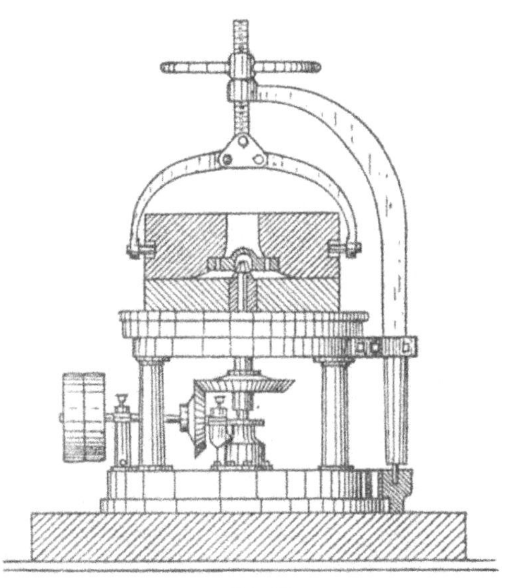

Abb. 59.

Die Behandlung des Mahlganges.

Die Leistung eines sonst gut gebauten Mahlganges ist besonders abhängig von der Art der Schärfung der Steine.

In vielen kleineren landwirthschaftlichen Stärkefabriken, welche nicht von einem gelernten Stärkemeister, sondern von einem besseren Vorarbeiter geleitet werden, wird das Schärfen der Steine dem Ortsmüller überlassen, weil derselbe dieses besser ver-

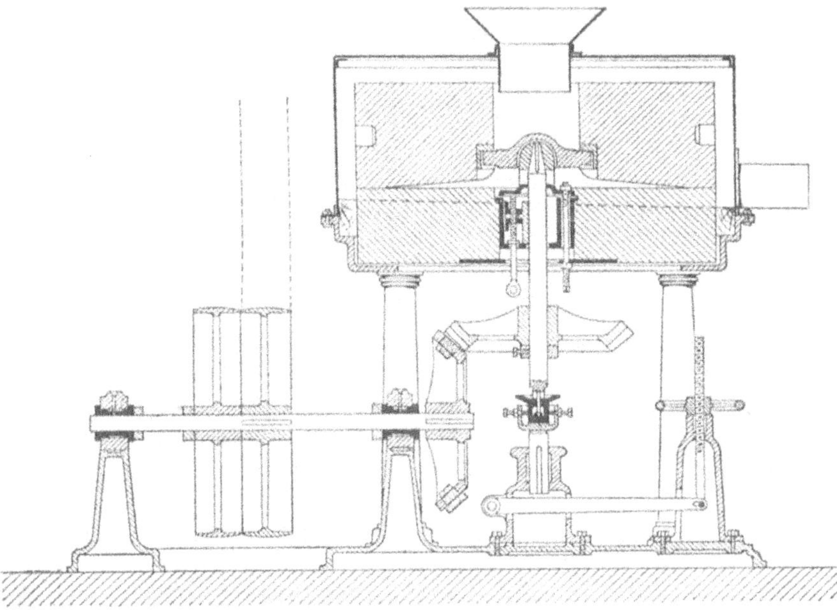

Abb. 60.

steht. Der Müller schärft den Stein aber natürlich zumeist so, wie er ihn in seiner Mehlmühle schärft. Die Folge ist, dass eine Reihe verschiedener Arten, den Stein zu schärfen, in die Stärkefabrikation hineingetragen worden ist, welche zweifellos für dieselbe unzweckmässig sind.

Das Mehlmahlen oder die Trockenmüllerei stellt eben andere Ansprüche an den Aufhau des Steines als das Pülpemahlen oder die Nassmüllerei.

Der Trockenmüller schärft den Stein in der Art, dass er eine grössere oder kleinere Anzahl Hauptgänge (4—18 Hauschläge) gerade oder sichelförmig von dem Mittelpunkt (etwas seitlich davon vorbei) nach dem Rande des Steines zu aufhaut. Er lässt dieselben entweder in gleicher Tiefe bis an den Rand des Steines verlaufen, oder lässt sie, je mehr sie sich dem Rande nahen, verflachen bezw. gänzlich an die Oberfläche des Steines auslaufen. Zwischen diesen Hauptgängen werden dann, je nach den Erfahrungen und der Gewohnheit des Müllers, wieder flachere, sichelförmige oder federartig angeordnete Gänge gehauen, gekreuzt oder ungekreuzt, und die dazwischenliegenden glatten Flächen geschärft oder nicht geschärft, je nachdem der Stein mehr oder weniger porös ist. Der Läufer hat dabei die Gänge und Schärfung so angeordnet, dass diejenigen des festen Steines sich mit ihnen kreuzen, und also beide wie die Backen einer Scheere gegeneinander sich bewegen, wenn der Läufer sich dreht.

Diese Art, den Stein zu schärfen, mag für die Trockenmüllerei ihre Berechtigung haben, indem die tiefauslaufenden Hauptgänge eine bessere Vertheilung der trockenen Körner bewirken. Für die Nassmüllerei ist sie unzweckmässig, weil hier eine leicht gleitende, dünnfaserige Masse so feucht vorhanden ist, oder durch Wasserzugabe gemacht wird, dass die Vertheilung leichter bewirkt wird. Die Hauptgänge, besonders wenn sie bis an den Rand des Steines gleichmässig tief fortgeführt sind, bilden aber dann nur Kanäle, in denen gröbere Stücke durch das nachdrängende Wasser bis an den Rand des Steines fortgeführt werden, ohne die eigentliche reibende Fläche berührt zu haben.

Bei dieser Art des Aufhaues ist auch der Aufsaugetrichter in der Mitte der Steine sehr klein und kann, wenn das Reibsel etwas trocken ist, dasselbe nicht genügend schnell einsaugen. Die Folge davon ist, dass das Reibsel bald vom Stein rückwärts zum Fülltrichter herausquillt. Giebt man, um dem Uebelstande zu begegnen, mehr Wasser, so werden auch mehr gröbere Theile mit hinausgespült werden.

Aus diesen Gründen hat man auch besonders in den grossen, industriellen Anlagen diese Art, den Stein aufzuhauen, ganz verlassen und einen für Nassmüllerei zweckmässigeren eingeführt (s. Abb. 61).

Es besteht derselbe darin, dass zunächst im Läufer, von der Mitte ausgehend, ein weiter flacher, an den Kanten abgerundeter Trichter ausgehauen wird, der so weit bis an den Rand heranreicht, dass je nach dem Durchmesser des Steines von 1,0 bis 1,5 m ein glatter Ring von 150 bis 200 mm bleibt. In diesen Trichter werden dann noch zu besserem Einsaugen des Reibsels 3, 4 oder mehr, im Beginn 100—120 mm tiefe Hauptgänge aufgehauen, welche schwach sichelförmig oder gerade, nach dem glatten Rande zu spitz auslaufen. Der Rand wird von Zeit zu Zeit mit dem Kraushammer gerauht, gesprenkelt oder gekräust. Auf diese Weise wird alles Reibsel gezwungen, zwischen den engaufliegenden Mühlsteinen an der engsten Stelle hindurchzuwandern und wird also sicher zerkleinert.

Der Beweis, dass diese Art des Aufhaues für das Pülpemahlen die bessere ist, wurde verschiedentlich ganz direkt geführt. So hat ein Müller erst seinen gewohnten Hau mit tiefen Gängen in einer Fabrik ausgeführt und, nachdem dieser abgelaufen war, auf Veranlassung des Verfassers die Steine in eben beschriebener Weise aufgehauen und musste selbst zugeben, dass das Reibsel nun feiner war. Ferner sind bei Steinen, welche mit tiefen Hauptgängen versehen waren, diese am Rande durch Eingiessen von Blei oder Cement ausgefüllt worden, und es wurde in beiden Fällen ein gegen früher besseres Resultat erzielt.

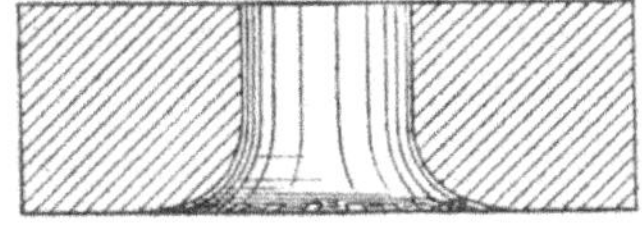

Abb. 61.

Die Leistung eines solchen verbleiten Steines konnte Verfasser auch zahlenmässig in einem Falle nachweisen. Es war dies in einer Fabrik, in welcher die Reibe sehr schlecht besorgt war; der Reibklotz war gequollen und in Folge dessen garnicht fest anzustellen, das Reibsel sehr grob. Nach der Untersuchung enthielt es in wasserfreier Substanz 76,4 Proc. Stärke, nachdem es den Mahlgang verlassen hatte, nurmehr 56,2 Proc. Dieses auffallend gute Resultat, dem auch die äusserlich wahrnehmbare Feinheit des Reibsels entsprach, war eine Folge des Zubleiens, da, wie Verfasser erfuhr, früher, als die Hauptgänge noch ganz weit ausliefen, das Reibsel nie ein feines war.

Sind Steine nach der anderen Art aufgehauen, so ist wenigstens zu beachten, dass die schwache Erhöhung, welche sich in der Mitte des festen Steines nach längerer Benutzung bildet, entfernt wird, damit der Läufer nicht auf derselben aufstösst und in Folge dessen nicht scharf angestellt werden kann (s. S. 160 Abb. 62, a falsch, b richtig).

Wichtig wie die Art des Aufhaues ist es auch, den Stein stets scharf zu erhalten. In kleinen Fabriken wird der Stein manchmal nur zu Anfang der Kampagne aufgehauen, und es mag bei sehr harten Steinen, wie den Granitsteinen, damit zur Noth gehen. Weichere Steine werden aber in grossen Fabriken alle 8 bis 14 Tage geschärft. Bei dem Aufhau mit glattem Rande ist dies besonders nöthig, aber auch einfacher auszuführen.

Ferner muss man darauf achten, dass beide Steine genau horizontale Lage haben, bei dem festen Stein also durch die drei Stellschrauben am Boden nachstellen, beim Läufer die feste Haue genau einsetzen, wie schon oben beschrieben ist, und die Welle genau senkrecht dazu stellen.

Wenn beide Steine richtig horizontal stehen, so vernimmt man, wenn man das Ohr an den Mantel des Mahlganges legt, nur ein schleifendes, wenn sie aber schief zu einander stehen, ein regelmässig bei jedem Umgange schlagendes oder klappendes Geräusch.

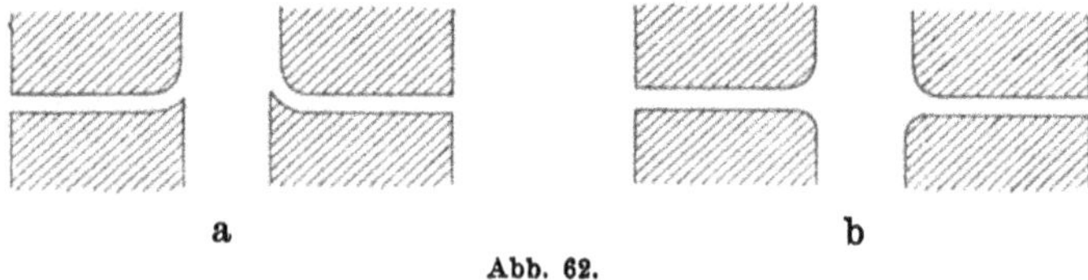

Abb. 62.

Auch die Menge des zu dem Reibsel zuzugebenden Wassers ist von Wichtigkeit. Giebt man zuviel, so wird das Reibsel zu dünn und gleitet zu leicht unangegriffen durch die Schärfe der Steine. Die richtige Wassermenge ist leicht dadurch festzustellen, dass man gerade soviel zulässt, dass das Reibsel nicht den Mahlgang verstopft und zum Fülltrichter rückwärts herauskommt.

Das Reibsel wird im Mahlgange um so besser zerkleinert, je vollständiger es vor dem Eintritt in denselben von der durch die Reibe freigemachten Stärke und feinzerriebenen Faser befreit ist. Reibsel, welches noch viel auswaschbare Stärke enthält, fühlt sich seifig und glatt an und ballt sich nicht, gut ausgewaschenes ist rauher und ballt sich, dieses wird daher von der Schärfe des Mahlganges besser gepackt und feiner zerrissen. Die freie Stärke umgiebt die unzerkleinerten Zellen gleichsam mit einer Schutzhülle gegen die Angriffe des Steines.

Es ist natürlich, dass die Steine um so feiner mahlen, je schärfer sie gegeneinander angezogen werden. Aber es wird dadurch auch der Kraftverbrauch zum Antriebe sehr gesteigert, die Abnutzung der Steine erhöht, und es werden unter Umständen sogar Stärkekörner in Mitleidenschaft gezogen, indem ein Theil derselben verletzt und zertrümmert wird. Beim Anlassen des Mahlganges stellt man natürlich die Steine lose und zieht erst fester an, wenn die Steine in voller Bewegung sind.

Ein Mahlgang verbraucht je nach der Grösse der Beschickung und der Schärfe der Einstellung 1,5—3 Pferdestärken in vollem Gange. Zum Anlassen kann man aber das Doppelte rechnen.

Die *Leistung des Mahlganges* wird eine sehr verschiedene sein. Je gröberes Reibsel die Reibe liefert, umsomehr wird der Mahlgang in die Augen Springendes leisten, je feiner das Reibsel ist, um so weniger. Besitzer kleiner Fabriken täuschen sich oft über die Leistung ihres Mahlganges recht erheblich. Bei dem Mahlen entsteht viel Schaum, und dieser giebt dem Reibsel hinter dem Mahlgang ein sehr viel weisseres, feineres Aussehen, als das ihm zulaufende besitzt. Wäscht der Fabrikant aber auch wirklich einmal etwas von dem Reibsel aus und findet grössere Mengen freier Stärke, so versäumt er doch fast immer zu prüfen, ob nicht auch das zulaufende Reibsel noch eine grössere Menge unausgewaschener Stärke enthielt, und er schreibt der Leistung des Mahlganges zu Gute, was das Sieb vor ihm versäumte.

Bei der Prüfung der Leistung von Mahlgängen verschiedener Fabriken fand *Verfasser* folgende Zahlen. Der Mahlgang erhöhte auf 100 Ctr. Kartoffeln die Ausbeute an nasser Stärke um:

462 ℔ bei sehr schlechtem Reibsel und bester Leistung,
214 ℔ - schlechtem Reibsel und mittlerer Leistung,
144 ℔ - - - - mässiger -
76 ℔ - gutem - - guter -

Das entspricht an trockener Handelswaare (mit 20 % Wasser) einer Mehrausbeute von 277 — 128 — 86 bezw. 30 ℔ von je 100 Ctr. Kartoffeln.

Schätzt man nun den Kraftverbrauch des Mahlganges zu etwa 2 Pferdestärken, und rechnet man für 1 Stunde und 1 Pferdekraft bei einer guten Dampfmaschine einen Dampfverbrauch von 15 kg und bei guter Kesselanlage auf Erzeugung von 1 kg Dampf $^1/_6$ kg Steinkohle, so sind für den Betrieb des Mahlganges $\frac{2 . 15}{6} = 5$ kg Kohle in der Stunde und in 22 Arbeitsstunden = 110 kg Kohle erforderlich, oder eine Ausgabe von 2,20 M. (50 kg = 1 M.) für Steinkohlen.

Dagegen bringt derselbe aus 100 Ctr. Kartoffeln wenigstens 30 ℔ trockene Stärke mehr, oder bei einer Fabrik, welche in 22 Stunden 600 Ctr. verreibt, 180 ℔ oder 90 kg Stärke und diese gelten selbst bei dem niedrigsten Preise von 14 M. für 100 kg = 12,60 M., sodass der Mahlgang täglich, wenn man noch 40 Pfg. andere Unkosten rechnet, 10 M. einbringt, und seine Leistung daher als eine sehr wesentliche zu bezeichnen ist.

In einzelnen Fabriken wird das Reibsel noch ein zweites Mal nach vorherigem Absieben auf Steinen gemahlen. Ob auch dabei — vorausgesetzt, dass das Auswaschen des Reibsels vor dem Wiedermahlen vollkommen war — soviel Stärke gewonnen wird, dass sich der Betrieb des Mahlganges lohnt, bleibt zweifelhaft.

Neuerdings stellt W. Angele auch Mahlgänge mit Unterläufer auf (s. Abb. 63 Vollansicht, u. 64 Querschnitt). Bei diesen ist der obere Stein fest und kann durch vier starke Schrauben eingestellt werden. Der untere Stein ist beweglich und bildet den Läufer. Auch er kann durch einen Hebel mit Schraube, auf dem das untere Ende der Welle ruht, beliebig gehoben und gesenkt werden, je nach der Feinheit des Reibsels, welches

Abb. 63.

erzielt werden soll. Als Vortheile dieser Anordnung hebt Angele hervor, dass bei dem Oberläufer dieser bei zu grossem Druck des Reibsels sich einfach aus der Haue heraushebt, während bei dem Unterläufer ein Ausweichen nicht eintreten kann. Ein Verstopfen soll ausgeschlossen sein, weil das Mahlgut beim Auflaufen auf den Stein durch die Centrifugalkraft nach aussen gedrängt wird und nicht liegen bleiben kann. Der Läufer kann daher auch viel fester angestellt werden, und es wird dadurch ein feineres Mahlen möglich. Der Unterläufer kann bis zu 300 Umgänge in der Minute machen und ist daher bei genügender Kraft leistungsfähiger. Der Mahlgang wird auch mit einem Schüttelrumpf versehen, der ihn gleichmässig speist.

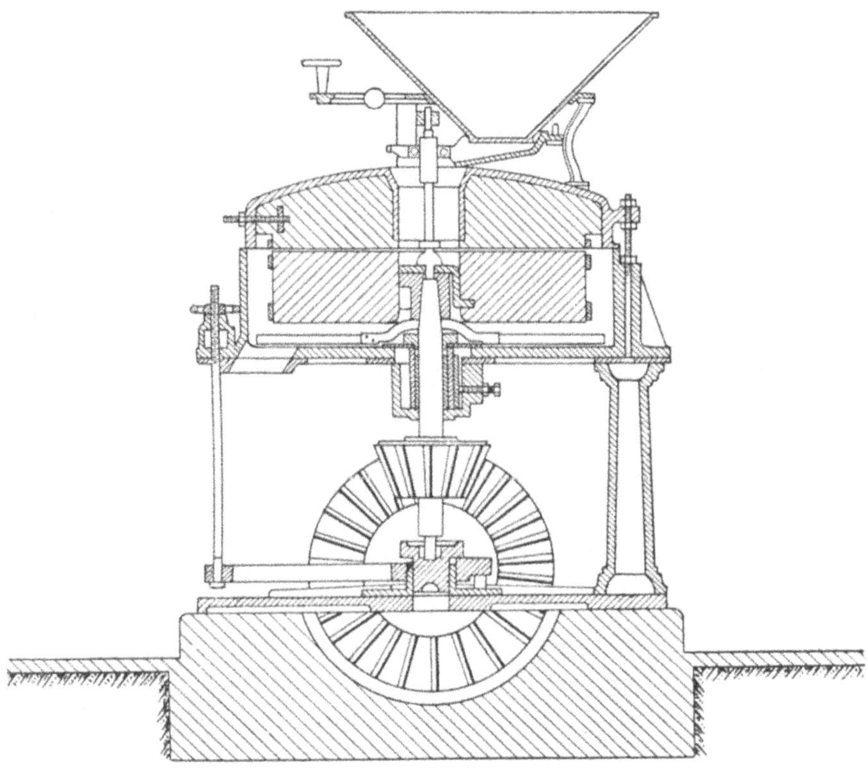

Abb. 64.

Andere Breimühlen.

Die grosse Sorgfalt und die Kosten für seine Brauchbarerhaltung, welche der Mahlgang erfordert, wenn er nicht nur Kraft verbrauchen, sondern auch Gutes leisten soll, haben zu zahlreichen Versuchen Veranlassung gegeben, ihn in anderer Weise zu ersetzen.

Die Unsicherheit der Leistung des Mahlganges liegt im Wesentlichen in der Art seiner Unterstützung. Ein breiter, schwerer Körper, auf einer senkrechtstehenden, nur durch ein kleines Lager und eine Verpackung befestigten Welle ruhend, muss bei der geringsten Abweichung in der Lage der Welle gesteigerte Veränderungen seiner Lage und damit mangelhafte Leistungsfähigkeit zeigen. Die labile Unterstützung des Steines ist sein Hauptfehler.

Daher sind auch alle Apparate, welche zu seinem Ersatze vorgeschlagen oder eingeführt sind, von diesem Princip abgegangen und haben die Aufhängung an einer liegenden Welle, wie bei der Reibe, gewählt.

Zunächst lag es nahe, die mangelhafte Leistung der ersten Reibe durch eine zweite, hinter jener angebrachte Reibe wieder gut zu machen. So wurden gewöhnliche Reiben als Nachzerkleinerungsapparate eingeführt.

Dass dazu gröbere Apparate, wie die Raspelhiebreibe, hinter der Sägeblattreibe aufgestellt wurden, mag hier nur der Merkwürdigkeit wegen Erwähnung finden.

Sägeblattreiben kleinerer Dimensionen mit engeren Einlagen (5 mm) und feineren Sägeblättern finden sich schon häufiger.

Ihre Leistung beschränkt sich aber meist darauf, dass sie vorhandene Schwarten zerkleinern, ein Erfolg, den ein gutes Compoundblech, oder eine einfache gelochte Unterlage und alle die genannten Verbesserungen an der ersten Reibe auch hinlänglich gewährleisten, sodass die doppelten Anschaffungs-, Kraft- und Abnutzungskosten nicht gerechtfertigt erscheinen.

Da diese Nachreiben auch meist noch auf hölzernen oder sonst unsicher gebauten Unterlagen in grösserer Höhe über dem Fussboden zwischen zwei Sieben angebracht werden, damit das Reibsel von dem einen in die Reibe, von ihr in das andere direkt gelangen kann, so wird ihr Gang ein unsicherer, schütternder und ihre Leistung meist eine sehr geringfügige.

Eine besondere Nachreibe, welche wohl auch in selteneren Fällen zum Reiben der Kartoffeln verwandt worden ist, ist die

Flügelreibe oder Champonnois' Reibe (s. Abb. 65 Vollansicht, Abb. 66 Querschnitt). Dieselbe unterscheidet sich dadurch wesentlich von der gewöhnlichen Reibe, dass bei ihr die zerkleinernde Fläche sich nicht auf der Aussenseite des Trommelmantels befindet, sondern auf der Innenseite. Sie stellt eine Hohltrommel dar, in welche nach Innen hinein Sägeblätter durch Einlagen von einander getrennt so hineinragen, wie sie bei der gewöhnlichen Trommel über dieser hervorstehen. Der Brei (bezw. die Kartoffel) fällt durch einen seitlichen Einlauf in die feststehende Trommel, wird hier von zwei Flügeln ergriffen, welche, durch eine liegende Welle und Riemenantrieb bewegt, etwa mit 1000 Umdrehungen in der Minute kreisen und den Brei gegen die Sägeblätterzähne der Reibtrommel schleudern.

Damit nun das entstandene Reibsel entweichen kann, befinden sich in den Einlagen von Zeit zu Zeit Oeffnungen (Längsschlitze), durch welche das feine Reibsel herausgeschleudert wird (s. Abb. 67 und 68a).

Die ganze Trommel ist dann noch mit einem geschlossenen Blechmantel umgeben, um ein Verspritzen des Reibsels zu verhindern.

Abb. 65.

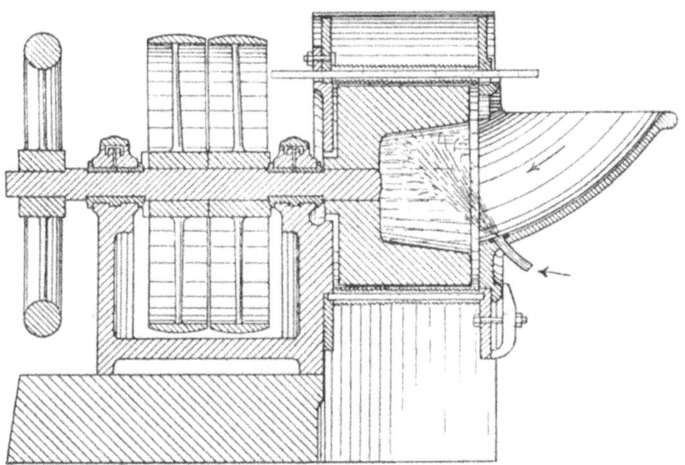

Abb. 66.

Die Flügelreibe von Schneider & Co., Frankfurt a. O., für kleinere Fabriken hat einen Trommeldurchmesser von 300 mm. Der Trommelmantel wird gebildet von 50 je 4 Sägeblätter tragenden Stahlleisten, auf denen die Sägeblätter 3 mm von einander abstehen. Zwischen je zwei dieser Leisten liegen Auslassbrücken aus Messing von 7 mm Breite mit 5 Längsschlitzen von 2 mm Breite (s. Abb. 67).

H. Schmidt-Cüstrin hat die Einrichtung der Flügelreibe dahin verbessert, dass er die Schlitze nicht gerade machte, sondern konisch, sodass sie im Innern der Trommel 1 mm, auf der Aussenseite 7 mm breit sind. Dadurch soll ein Verstopfen der Schlitze ganz vermieden werden (s. Abb. 68b).

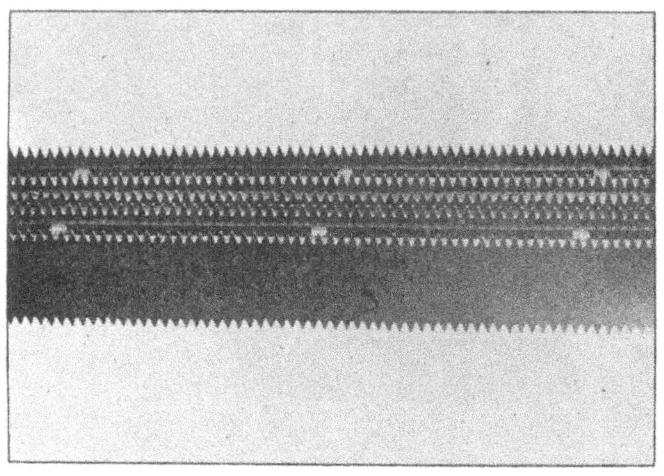

Abb. 67.

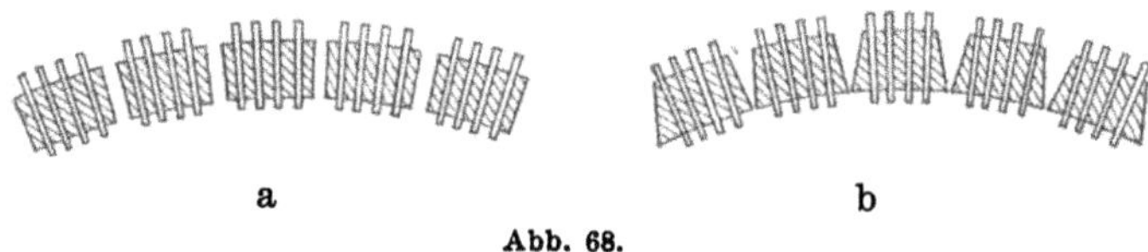

a b

Abb. 68.

Die Trommel hat etwa 400 mm Durchmesser. Den Trommelmantel stellt derselbe aus 6 Segmenten her, die aus je 5 mittleren und 2 halben flankirenden, mit 4 bezw. 2 Sägeblättern bestellten Schienen bestehen. Zwei innen und aussen angebrachte Brausen dienen zum Reinhalten der Reibe.

Die Resultate, welche Verfasser mit diesen Reiben gesehen hat, sind sehr verschiedenartiger Natur gewesen, theils haben sie schlecht gearbeitet und die Schwarten zwar zerkleinert, aber mehr gehackt als zerrissen, andererseits haben sie aber auch noch annehmbare Resultate geliefert. So fand er, dass eine Flügelreibe in der Praxis, welche mit gutem Reibsel beschickt wurde, noch 52 ℔ feuchter Stärke auf 100 Ctr.

Kartoffeln mehr herausarbeitete, während bei, in der Maschinenfabrik von Schmidt-Cüstrin vorgenommenen Versuchen durch die Flügelreibe aus Raspelhiebreibsel noch 2,8 Ctr., aus Sägeblattreibsel 1,1 Ctr. feuchter Stärke auf 100 Ctr. Kartoffeln mehr freigemacht wurden. Ferner hatten eingesandte Proben von Pülpe aus der Flügelreibe von Schneider & Co. hinter Sägeblattreibe in der wasserfreien Pülpe von leicht sich reibenden Kartoffeln 56,8 Proc., von schwer sich reibenden 59,75 Proc. Stärke.

Die Leistung der Flügelreibe ist also unter Umständen eine für eine kleine Fabrik hinreichende. Sie braucht aber nicht weniger, sondern eher mehr Kraft als der Mahlgang. Es wurden für sie 3—4 indicirte Pferdestärken gemessen. Auch ist ihre Montage sehr sorgfältig auszuführen.

Schneider & Co. in Frankfurt a. O. konstruiren die Flügelreibe auch in der Weise, dass statt des Sägeblattmantels ein solcher von

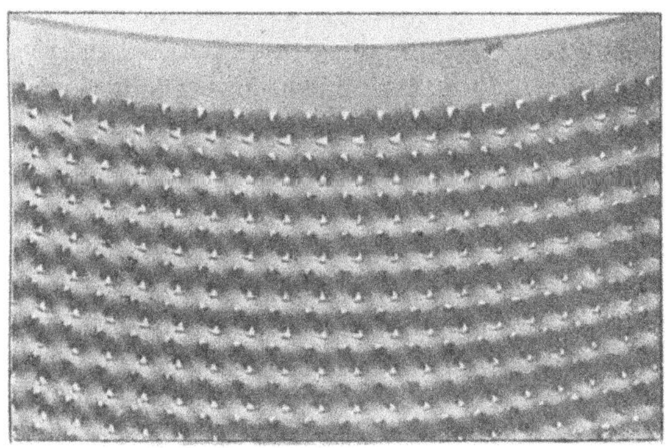

Abb. 69.

Stahlblech gewählt wurde, welcher ähnlich wie bei der Compoundreibe abwechselnd nach aussen und innen reibeisenähnlich aufgehauene Löcher besitzt. Dieses Stahlblech ist ähnlich wie ein Wellblech in Rinnen und Hügel gebogen, sodass die Löcher reihenweise in der Rinne oder auf dem Grat des Hügels stehen (s. Abb. 69).

Ob dieser Apparat sich in der Praxis eingeführt hat, und was er dort leistet, ist dem Verfasser nicht bekannt geworden. Jedenfalls hat er vor der gewöhnlichen Flügelreibe den Vorzug grösserer Billigkeit und leichterer Erneuerung der Reibfläche.

Da Mahlsteine nicht so gleichmässig bearbeitet werden können, dass man sie an horizontaler Welle gegen einander arbeiten lassen könnte, so hat man sie durch Stahlscheiben zu ersetzen gesucht, welche in irgend einer Art geschärft oder geriffelt sind.

Zu den Nachzerkleinerungsapparaten dieser Art gehören die folgenden:

Excelsiormühlen. Dieselben bestehen im Wesentlichen aus zwei Mahlscheiben, von welchen die eine an liegender Welle drehbar ist, und auf welche mehrere Reihen von flachen Metallstiften aufgesetzt sind derart, dass die Stifte der sich drehenden Scheibe zwischen je zwei Reihen der Stifte der festen Scheibe hinlaufen. Man hat diese Mühlen auch in die Stärkefabrikation einzuführen gesucht. Verfasser hatte Gelegenheit, eine solche sehr schwartenreiches Reibsel nachzerkleinern zu sehen. Das Resultat war ein klägliches. Die Schwarten wurden nicht zerissen, sondern in kleine Würfelchen zerhackt.

Aehnlicher Konstruktion sind die Grusonmühlen, nur dass die Mahlscheiben hier sichelförmig geriffelt sind, sodass sie einem sichelförmig aufgehauenen Mahlgang ähneln. Zur Zerkleinerung der Schwarten werden diese Apparate hinreichen. Direkte Erfahrungen über ihre Leistungen stehen aber dem Verfasser nicht zu Gebote.

Ferner gehört hierher die Rapid-Mühle (Bamford's Patent Rapid Grinding Mill, Uttoxeter, England), welche in einzelne Stärkefabriken Eingang gefunden hat, weil sie billig ist. Sie besteht aus zwei stumpfkonischen gegen einander arbeitenden Mahlscheiben, welche ziemlich grob geriffelt sind und bei No. 4 nur eine 8 mm breite Reibfläche darbieten. Die eine ist fest, die andere drehbar. Da diese Mühle ursprünglich wohl für Kornmahlen hergestellt ist, so ist sie in den Lagern der Axe nicht abgedichtet und für Nassmüllerei also durchlässig. Verfasser hat dieselbe in einer Stärkefabrik geprüft. Aus ziemlich grobem Reibsel machte sie auf 100 Ctr. Kartoffeln etwa 40 ℔ nasser Stärke frei. Ihre Leistung kann also als eine einigermaassen in's Gewicht fallende nicht bezeichnet werden. Das bestätigte auch der Augenschein, da eine grössere Feinheit des Reibsels nicht zu gewahren war.

Die Feinfasermühle von Herm. Schmidt-Cüstrin (s. Abb. 70) schliesst sich der Art nach diesen Mühlen an, indem auch sie eine feste und eine laufende Mahlscheibe von Gussstahl besitzt, welche in eigenthümlicher Weise geschärft sind. Die Scheiben haben einen Durchmesser von 700 mm, und die Breite des arbeitenden geschärften Ringes auf ihnen beträgt 196 mm, ist also eine ziemlich bedeutende und wenigstens so gross als die der Mahlgänge. Die bewegliche Scheibe ist an einer liegenden Welle befestigt, welche durch die feste hindurchgeht. Die Welle macht 130 Umdrehungen in der Minute. Die Scheiben sind waffeleisenartig geriffelt, die Riffel etwa 10 mm hoch und so gestellt, dass diejenigen der beweglichen und der festen Scheibe wie Backen einer Scheere gegen einander arbeiten.

Das Eigenthümliche dieser Mühle besteht darin, dass das zu zerkleinernde Reibsel nicht wie beim Mahlgang, den Flügelreiben und den bisher beschriebenen Mühlen von der Mitte her eintritt und nach der Peripherie hin durchgezwängt wird, sondern dass es bei dieser eintritt und in der Mitte entweicht. Es soll dadurch bewirkt werden, dass die gröberen Stücke immer wieder durch die Centrifugalkraft nach Aussen hin geschleudert werden, während nur ganz fein zerriebener Brei entweichen kann. Zulass- und Ablassventil sind durch ein Hebelwerk verbunden, sodass sich Zulauf und Ablauf selbstständig regeln.

Die Einstellung des Apparates auf feine Leistung ist eine sehr einfache, indem durch zwei Schrauben die lose Scheibe fester an die festliegende herangezogen wird.

Der Kraftverbrauch beträgt 3,5—4 Pferdestärken bei scharf gestellten Scheiben, ist also ein ziemlich hoher.

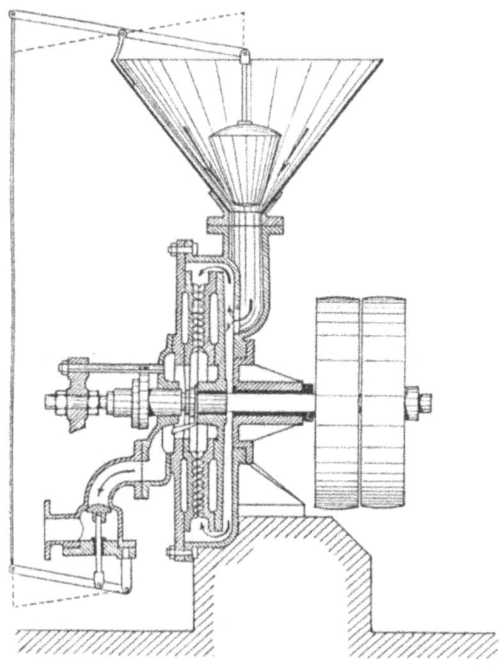

Abb. 70.

Verfasser prüfte die Leistung des Apparates sowohl in der Maschinenfabrik von Schmidt, als auch in einer Fabrik, wo der Apparat 2 Monate lang in Betrieb war. Es ergab sich, dass derselbe auf 100 Ctr. Kartoffeln die Ausbeute steigerte

bei schlechtem Reibsel um 126 ℔ nasse Stärke
- gutem (Compoundreibe) 94 ℔ - -
In der Fabrik bei gutem Reibsel 52 ℔ - -

Im letzteren Falle war der Apparat nicht sehr fest angezogen. Erwähnt mag noch werden, dass man das Reibsel direkt von ihm abpumpen kann, dass also eine Reibselgrube entbehrlich wird.

Aus einer Fabrik, in welcher der Apparat durch 3 Kampagnen gearbeitet hat, wird dem Verfasser mitgetheilt, dass derselbe immer gleichmässig gut gearbeitet hat. Die Mahlscheibe brauchte nur 5—6 mal in der Kampagne nachgestellt werden, die Feinheit des Reibsels blieb dieselbe, Verstopfungen sind in den Mühlen, bei denen die Mahlscheibe aus einem Stück besteht, nicht beobachtet. Die Abnutzung der Schärfe betrug etwa 5 mm.

Ebenfalls mit geschärften Mahlflächen, aber nicht in Form geschärfter Scheibenpaare, sondern in Form eines Kegels, welcher in einem Kegelmantel läuft, arbeiten andere Apparate. Dahin gehört der

Nachzerkleinerungsapparat von Jahn-Arnswalde. Derselbe besteht aus einer geriffelten Hartgusswalze, die an liegender Welle gegen das Segment eines gleichfalls innen geriffelten stellbaren Metallmantels arbeitet. Dieser Apparat hat sich, wie Verfasser feststellen konnte, in der Praxis nicht bewährt. Bei feinem Anstellen reibt er zwar fein, schafft aber nicht genügend, sodass das Reibsel bald rückwärts heraussteigt. Stellt man ihn locker, sodass er das erforderliche Quantum Reibsel durchlässt, so gehen auch Schwarten mit hindurch.

Hierher gehört auch

Die Kegelmühle von Uhland-Leipzig (s. Abb. 71, a Vollansicht, b Oberansicht, geöffnet). Dieselbe besteht aus einem an liegender Welle drehbaren, 400 mm langen Mahlkegel von Gruson'schem Hartguss, der die Form einer Granate hat. Auf demselben befinden sich mit der Längsrichtung der Welle parallel verlaufende, 10 mm hohe und ziemlich breite Riffel, welche theils schneidend, theils schleifend wirken und sich nach der Spitze des Kegels zu verjüngen. An der breiteren Auswurfsseite ist durch eine geeignete Anordnung von Schrägleisten bewirkt, dass das Reibsel gleichmässig fortgeschafft wird, und Verstopfungen dort nicht stattfinden können.

Der Mahlkegel wird umschlossen von einem Gehäuse, welches in der Höhe der Welle getheilt ist und dessen untere feste Hälfte eine der Kegelriffelung ähnliche besitzt, sodass hier die eigentliche Mahlthätigkeit stattfindet. Die obere Deckelhälfte ist mit 4 leicht zu öffnenden Klappschrauben an der unteren Hälfte befestigt, trägt auf der spitzen Seite einen Fülltrichter und auf der Innenseite ein einfaches Transportgewinde, an welchem das Reibsel langsam vorwärts bewegt wird. Das Feineinstellen der Kegelmühle geschieht durch ein Handrad an der spitzen Kegelseite. Der Kegel macht in der Minute 400 Umdrehungen. Die Gesammtausdehnungen des Apparates sind 1,5 m Länge und ca. 1 m Höhe.

Nach mit ihm in der Versuchsfabrik von Uhland vom Verfasser vorgenommenen Versuchen vermehrte die Kegelmühle die Ausbeute von 100 Ctr. Kartoffeln aus absichtlich grob hergestelltem Reibsel um 240 ℔, bei feinerem Reibsel um 120 ℔ feuchter Stärke. Das Reibsel war äusserlich betrachtet sehr fein und hatte nur noch 41,7 Proc. absol. trockne Stärke in wasserfreier Substanz.

Dass der Apparat in deutschen Kartoffelstärkefabriken Aufstellung gefunden hat, ist dem Verfasser nicht bekannt geworden, ein Urtheil über seine Leistungsfähigkeit im dauernden Betriebe steht ihm also nicht zu. Der Kraftverbrauch beträgt weniger als 4 Pferdestärken.

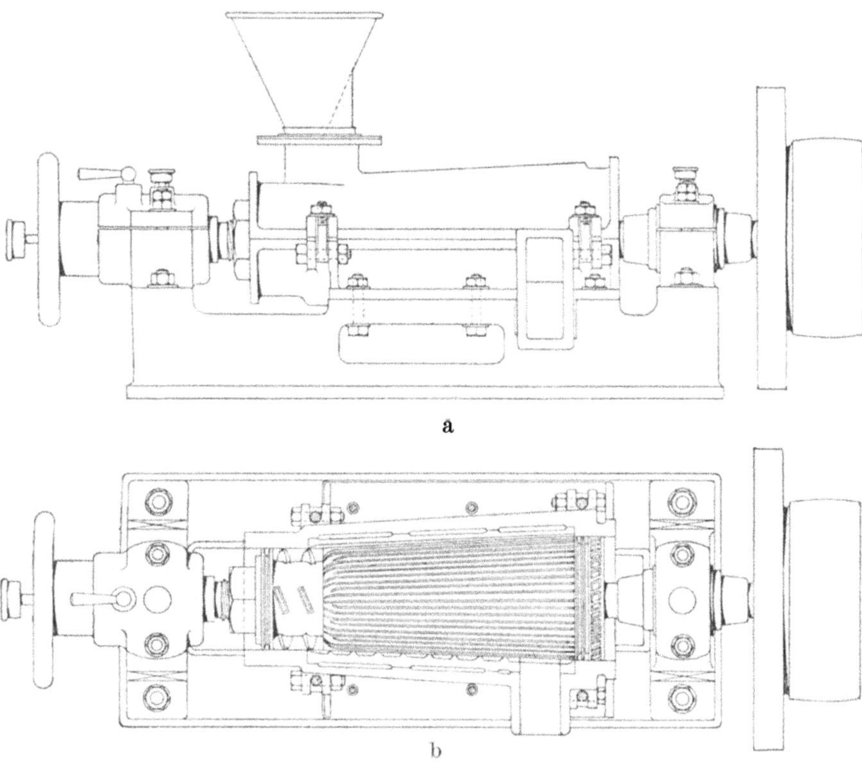

Abb. 71.

Es mag zum Schluss noch Erwähnung finden, dass man auch versucht hat, das Reibsel durch Hartgusswalzen, welche eng aneinandergestellt wurden, zu zerkleinern, dass dieses auch gelang, dass jedoch die quantitative Leistungsfähigkeit eine so geringe war, dass man den Versuch fallen lassen musste.

Ueberblick über die Leistungen der Zerkleinerungsapparate.

Die Sägeblattreibe in richtiger Hand ist ein Apparat von sehr guter Leistungsfähigkeit. Weit hinter ihr zurück stehen die Leistungen der Raspelhieb- und der Fesca'schen Stahlblech-Reiben.

Aber auch bei bester Leistung der Reibe bleibt in dem Reibsel stets noch eine mehr oder weniger erhebliche Menge von Stärke zurück, da es auch der besten Reibe nicht gelingt, alle Zellen zu zerreissen.

Erhöht wird die Leistung der Reibe dadurch, dass man die reibende Fläche vergrössert, durch Verdoppeln des Reibklotzes oder Anbringung von Reibflächen hinter dem Klotze, (Uhland's, Weiss's, Angele's, Martens' und Excelsiorreibe) oder dadurch, dass man die Reibe mit einem durchlöcherten Mantel umgiebt, sodass nur Reibsel von bestimmter Feinheit entweichen kann (Compoundeinsatz, Mantelbleche von Genthin und Gransee).

Für kleinere Fabriken wird eine dieser Zerkleinerungsarten, welche wenigstens dafür sorgt, dass Schwarten- und Stückenbildung nicht stattfinden kann, dass also grobe Verluste vermieden werden, ausreichen. Für grössere und namentlich die gewerblichen Fabriken, welche die Kartoffeln kaufen, die Pülpe aber meist billig hergeben müssen, ist aber eine weitere Zerkleinerung geboten.

Dieselbe wird in den meisten Fällen noch mit dem Mahlgang erfolgen, da es in der That einen durchaus erprobten und nachweislich besseren oder wenigstens gleichwerthigen Ersatz bisher nicht giebt.

Man behält den Mahlgang eben, trotz der vielen Nachtheile, die er besitzt, bei, weil man ihn noch nicht besser ersetzen kann. Die Nachtheile gehen aus seiner Konstruktion und besonders der labilen Aufhängung an stehender Welle hervor. Er erfordert daher peinlichste Sorgfalt in der Aufstellung und Handhabung, sehr häufiges Schärfen und fortwährende Aufsicht. Dadurch wird seine Leistung eine schwankende, oft eine vollständig verschwindende, und sein Betrieb verursacht dann nur Kosten. Gar kein Mahlgang ist besser als ein schlecht konstruirter und beaufsichtigter.

Es ist dringend zu wünschen, dass sich die Maschinenfabrikanten mehr dieser wichtigen Frage zuwenden.

Für den mittleren und kleineren Stärkefabrikanten wäre es von hohem Werthe, wenn ein Nachzerkleinerungsapparat ohne die Nachtheile des Mahlganges, der sich im dauernden Gebrauche bewährte, geschaffen würde.

Die Prüfung der Leistungsfähigkeit der Zerkleinerungsapparate wird zusammen mit derjenigen der Auswaschapparate am Schlusse der Abhandlung über diese besprochen werden.

Verfasser ist der Ansicht, dass die Kartoffelstärkefabrikation hinsichtlich der Zerkleinerung der Kartoffeln auf mechanischem Wege an einer gewissen Grenze angelangt ist, welche weit zu überschreiten nicht rathsam ist. Denn wenn es auch wohl möglich ist, die Pülpe mechanisch noch feiner zu zerreiben, als dies zur Zeit in dem besten Falle geschieht, so steht erstens der Kraftverbrauch zu dem Mehrgewinn an Stärke in keinem richtigen Verhältniss und zweitens wird eine so feine Faser dabei entstehen, dass diese mit durch die feinsten zur Verwendung brauchbaren Siebe geht, und die Stärke so mit Faser belastet, dass das Produkt ein geringwerthiges wird. Es ist also vorauszusehen, dass die Unkosten durch das erzielte Produkt nicht gedeckt werden.

Mit Syrupskocherei verbundene Fabriken sammeln allerdings ihr Reibsel in grossen gemauerten Gruben bis zum Schluss der Campagne an, wobei es in Gährung übergeht, und eine Selbstaufschliessung stattfindet. Die Masse wird dann am Schluss der Campagne durchgearbeitet und giebt noch eine erhebliche Stärkemenge her, dieselbe ist aber geringer Qualität und deshalb nur zu Syrup zu verkochen. Für Fabriken ohne Syrupskocherei hält Verfasser diese Art der Arbeit für eine lohnende nicht.

Welche Versuche und Aussichten über weitere Ausnutzung der Pülpe vorliegen, wird in dem Abschnitt „Pülpe“ eingehender erörtert werden.

Die Siebvorrichtungen.

Das Reibsel, wie es die Reibe bezw. den Nachzerkleinerungsapparat verlässt, ist ein Gemenge von nicht zerrissenem, stärkeführendem Zellgewebe (sehr kleinen Kartoffelstückchen), von Faser der zerrissenen Zellen, von Stärkekörnern, die aus diesen freigemacht sind, und von Fruchtwasser.

Will man aus diesem Gemenge die freigemachten Stärkekörner gewinnen, so muss man sie von den übrigen Bestandtheilen trennen. Das geschieht in drei Abschnitten: Zuerst trennt man die Rohstärkemilch, d. i. das Gemenge von Stärke, feiner Faser und Fruchtwasser, von den anderen gröberen Bestandtheilen, d. h. man wäscht das Reibsel aus. Dann befreit man die Rohstärkemilch von den gröberen, beim Auswaschen mitgeführten Fasertheilen, d. h. man siebt sie fein oder raffinirt sie. Endlich trennt man die Stärke von dem Fruchtwasser.

Die beiden ersten Trennungen werden durch die Siebvorrichtungen bewirkt, die letzte durch das Absitzenlassen der Stärke. Diese soll in einem besonderen Abschnitt behandelt werden.

Die Siebvorrichtungen dienen also einem doppelten Zweck in der Stärkefabrikation Man benutzt sie

1. zum Grobsieben, oder Auswaschen der Pülpe.
2. zum Feinsieben oder Raffiniren der Stärkemilch.

Zu beiden Arbeiten werden fast die gleichen Apparate verwendet und nur die Feinheit der Siebflächen ist eine andere. Jedoch wird einer Reihe von Vorrichtungen für das Auswaschen, einer anderen für das Feinsieben der Vorzug gegeben.

Eine Trennung der beiden Operationen muss vorgenommen werden, da zu feine Siebe beim Auswaschen sich zu leicht verstopfen und so eine möglichst völlige Auswaschung der freigemachten Stärke erschweren würden. Andrerseits lassen gröbere Siebe eine mehr oder weniger grosse Menge zerrissener Fasertheile hindurch, welche grösser als die Stärkekörner sind und deshalb sich auf keinem anderen Wege besser und einfacher aus der Stärkemilch entfernen lassen, als durch nochmaliges Sieben auf feinmaschigeren Geweben, welche nur die Stärkekörner, aber nicht die Fasertheile mit hindurchlassen, welche gröber sind wie sie.

Da die Siebvorrichtungen beiden Zwecken dienen und meist nur geringe Abänderungen bezüglich ihrer Gesammtausführung erleiden, so soll ihre Besprechung und Beschreibung auch zusammengefasst und nur jeweils das Besondere ausdrücklich hervorgehoben werden.

Zur Beurtheilung dessen, was ein guter Auswaschapparat leisten soll, ist es nothwendig sich vorzustellen, worauf eine gute Auswaschung sich gründet. Das stärkehaltige Zellgewebe und die Faser sind specifisch leichter oder leichter suspendirbar als die freigemachte Stärke. Stärke hat ein specifisches Gewicht von 1,65. Dem uneröffneten Zellgewebe, das in den geschlossenen Zellen noch den Zellsaft, also grosse Wassermengen enthält und im Wesentlichen sehr kleine Kartoffelstückchen darstellt, kann nur das spezifische Gewicht der Kartoffel selbst zugeschrieben werden, d. i. 1,08—1,16. Die stärkefreie Faser aber bleibt durch die im Verhältniss zu ihrer Masse sehr viel grössere Oberfläche, welche sie darbietet, leichter im Wasser schweben.

Reibsel, welches man in einem Gefäss stehen lässt, setzt Stärke ab, während die Hauptmasse der Fasertheile auftreibt. Dabei ist allerdings wohl die grosse, dem Reibsel anhaftende Luftmenge mit betheiligt.

Daraus ergiebt sich, dass eine Trennung der Pülpe und der freigemachten Stärke durch das verschiedene Absatzvermögen möglich ist.

Man erreicht eine vollkommene Trennung beider auch im Kleinen sehr leicht, wenn man ein feines Sieb in ein Gefäss mit Wasser zur Hälfte eintaucht und eine kleinere Menge, z. B. eine Hand voll Reibsel in dem Wasser im Innern des Siebes aufrührt; dabei sinken die freien Stärkekörner unter und fallen durch die Siebmaschen hindurch, während das Reibsel in der Flüssigkeit schwebend erhalten bleibt. Hebt man dann das Sieb aus dem Wasser, lässt abtropfen, taucht in frisches Wasser, rührt um und lässt wieder ablaufen, so erhält man nach zweimaliger, höchstens dreimaliger Ausführung dieser Arbeit eine von auswaschbarer Stärke völlig freie Pülpe.

Dieser im Kleinen leicht zu einem guten Ziele führende, gleichsam ideale Trennungsprocess lässt sich aber nicht in das Grosse übertragen.

Erstens würde die Arbeit dabei eine unterbrochene und keine fortlaufende und zweitens eine der Menge nach sehr wenig lohnende sein.

Man muss sich daher im Grossen anders helfen und erreicht auch mit guten Auswaschvorrichtungen recht anerkennenswerthe Leistungen. Eine vollständige Befreiung des Reibsels von auswaschbarer Stärke wird jedoch fast nie erreicht, weil man die eben ausgeführten Bedingungen einer guten Auswaschung nicht vollständig erfüllen kann, und weil auch die Menge der mehr gewonnenen Stärke in keinem Verhältniss zu dem Mehraufwand an Zeit und Arbeit stehen würde.

Bei der praktischen Ausführung der Auswaschung des Reibsels wird erst das Fruchtwasser mit der Hauptmenge der freien Stärke abgesiebt und dann durch fortdauernde Wasserzugabe die noch in dem Reibsel zurückbleibende Stärke ausgewaschen.

Um dem oben genannten Ideal möglichst nahe zu kommen, wird man sich dabei bemühen müssen, das Reibsel zeitweise stark mit Wasser zu verdünnen, dann abtropfen zu lassen und wieder zu verdünnen und dies zu wiederholten Malen eintreten zu lassen.

Es fällt dabei die Zuhülfenahme der verschiedenen Absetzfähigkeit von Stärke und Faser fort, weil das Reibsel nicht über der Siebfläche in Wasser bewegt, sondern im besten Falle nur mit neuem Wasser gemischt und dann auf einer Siebfläche abgetropft wird, oder weil die Auswaschung dadurch erfolgt, dass das erste Wasser durch das aus einem Spritzrohr mit starkem Druck auftreffende reine Wasser aus dem Reibsel verdrängt wird.

Es sind nun im Laufe der Jahre eine grosse Reihe verschiedenster Konstruktionen von Auswasch- und Feinsiebapparaten in Betrieb gekommen, welche alle ihre Schuldigkeit in hinreichend genügendem Maasse thun, wenn sie richtig gebaut und für die ihnen zugemuthete Leistung von richtigen Grössenverhältnissen gewählt sind und auch gut bedient werden.

Sie zeigen Unterschiede nur in der Form, in der Grösse des Kraft- und Wasserverbrauches und in der Höhe der Anschaffungs- und Unterhaltungskosten.

Sie lassen sich in 3 grosse Gruppen eintheilen:

die Schüttelsiebe,
die Bottichsiebe,
die Cylindersiebe.

Die Schüttelsiebe

sind flache in verschiedenster Weise aufgehängte oder unterstützte Kästen, in welche ein rechteckiger mit Siebgaze von Messing- oder Seidengewebe bespannter Sieb-Rahmen als Boden eingelegt wird. Das ganze Sieb erhält durch eine oder mehrere Führungsstangen von einer mit Kurbel oder Excenterscheiben versehenen Welle aus seinen Antrieb und wird dadurch in eine heftig hin- und herschüttelnde Bewegung versetzt.

Ueber dem Siebe befindet sich eine Wasserbrause, welche das Reibsel mit frischem Wasser bespritzt, und unter dem Siebe eine nach einem Punkte hin vertiefte Mulde, in welcher die Stärkemilch sich sammelt, um in einem Rohr abzulaufen.

Aeltere Siebkonstruktionen, die Schlag- und Stosssiebe, haben keine gleichmässig hin- und hergehende, sondern eine stoss- oder ruckweise erfolgende Bewegung. Dieselben sind aber, da sie die Gaze sehr anstrengen und grosses Geräusch verursachen, nur noch selten in Gebrauch, und es genügt, sie zu erwähnen.

Obiges Gesammtbild der Schüttelsiebe erleidet nun eine Reihe von Abweichungen bei Anbringung des Antriebes, der Unterstützung, der Wasserbrause und Siebfläche, welche sich theils als Eigenheiten bestimmter Maschinenfabrikanten erweisen, theils durch die örtlichen Verhältnisse und die Rücksichten auf den Preis des Siebes bestimmt sind.

Die Abbildungen 72—77 zeigen verschiedene dieser Anordnungen. Bei dem Sieb von Schmidt-Cüstrin (Abb. 72, Seiten- und Oberansicht) ist das Sieb an der Kopfseite durch Gelenkhebel geführt, an der Auswurfseite durch auf Stahlschiene, als Schlitten, laufende Zapfen unterstützt. Es ruht auf einem festen Gestell und wird bewegt durch

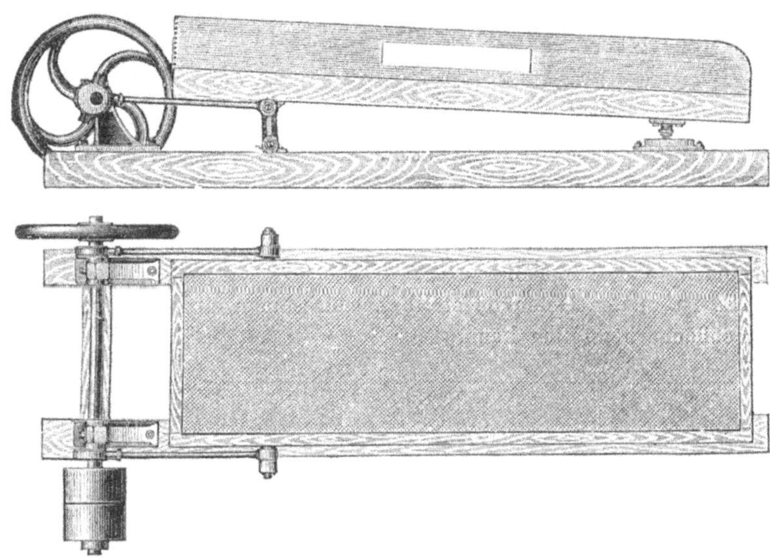

Abb. 72.

eine festgelagerte Welle, welche zwei angeschweisste Excenter besitzt, die mittelst Rothgussscheiben und Stangen den Siedrahmen auf beiden Seiten anfassen.

Dieses Sieb ist auch in der Weise ausgeführt worden, dass der Schlitten nicht eine glatte Fläche, sondern einen kleinen Hügel darstellt, wodurch ausser der hin- und hergehenden Bewegung auch eine auf- und abwärts gerichtete, hüpfende Bewegung veranlasst wird.

Bei dem Sieb von Petzold & Co., Berlin (Abb. 73, Seiten- und Oberansicht) läuft das Sieb auf Rollen, welche an der Siebumfassung befestigt sind, und auf welchen es mit zwei an der Unterseite befestigten Schienen aufliegt. Angetrieben wird es mittelst einer an gekröpfter Welle befestigten Zugstange. Es soll durch diese Einrichtung ebenfalls ein ruhiger Gang und eine hüpfende Bewegung hervorgebracht werden.

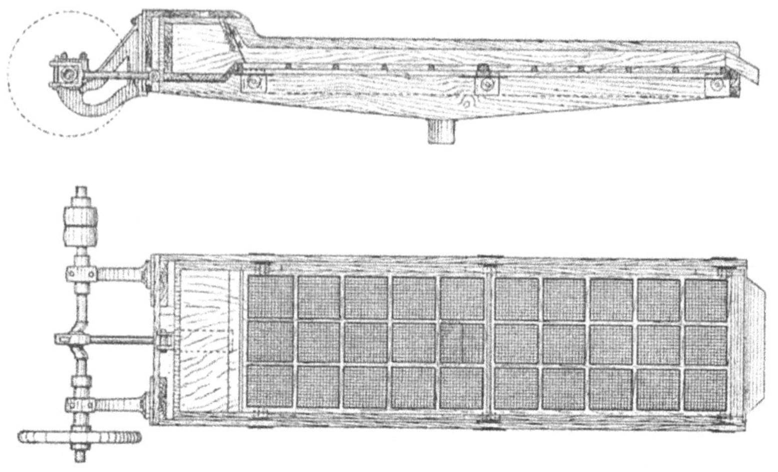

Abb. 73.

Das Sieb Abbildung 74 (Seiten- und Oberansicht) zeigt ein an Gelenken aufgehängtes, durch eine in der Mitte angreifende Zugstange angetriebenes Schüttelsieb.

Es ist in den Gelenken stellbar, sodass man ein beliebiges Gefäll der Siebfläche herstellen kann.

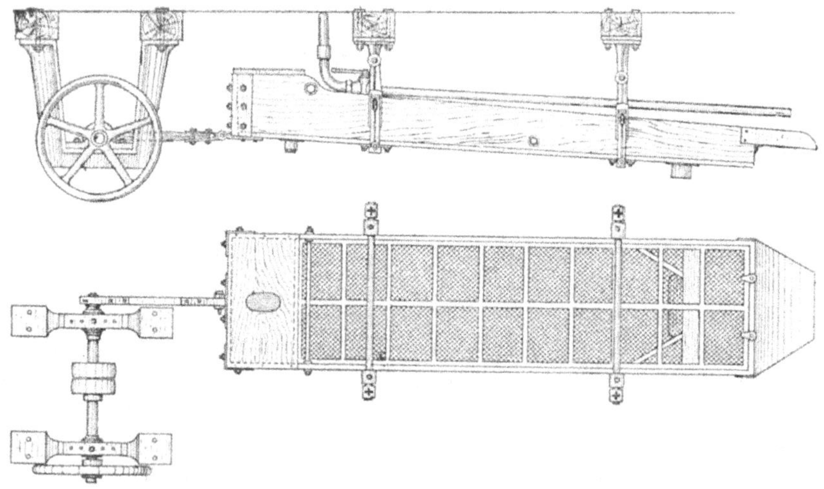

Abb. 74.

Das Sieb von S. Aston, Burg (Abb. 75) zeigt ein durch Federn unterstütztes Sieb. An einem Holzgerüst befinden sich zwei Tragfedern von Eschenholz, welche das Sieb am unteren Ende stützen, während es am anderen Ende zwei gusseiserne Schwingen halten. Die doppelt gekröpfte an den Ecksäulen gelagerte Antriebwelle überträgt ihre Bewegung mittelst zweier Lenker auf das Sieb, und zwar in der Weise, dass dieselbe mittelst der Lenker einen Flacheisenbeschlag angreift, welcher auf dem ganzen Rahmenumfange mit dem Siebe verbunden ist. Die Lager der Antriebswelle sind nachstellbar. Am oberen Ende der Holzfedern ist eine Einstellvorrichtung vorhanden, durch welche die Neigung oder das Gefäll des Siebes auf 20—100 mm bei 2 m Sieblänge eingestellt werden kann.

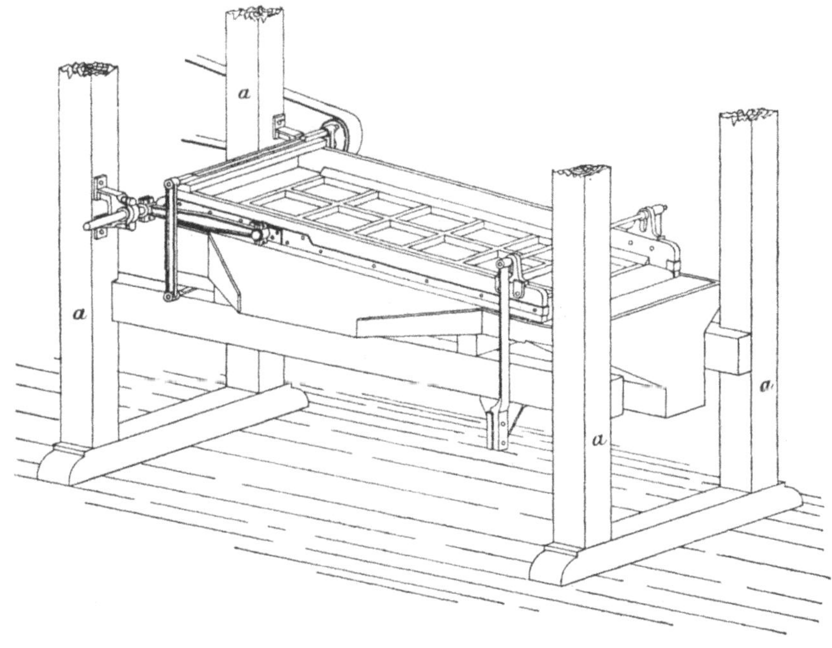

Abb. 75.

Die Abbildung 76 (Seiten- und Oberansicht) stellt ein Schüttelsieb mit Federaufhängung, doppeltem Excenterantrieb, nebst Zulauf und Milchmulde dar, wie es Angele-Berlin zum Feinsieben oder Raffiniren der Rohstärkemilch aufstellt. Die Antriebstangen an den Excentern sind Holzstäbe, die Federn, an denen es hängt, von Eschenholz. Die Milchzuführungsrinne ist eine über das obere Ende des Siebes in der Querrichtung hinlaufende Holzrinne mit abgeschrägtem Boden. An der scharfen Kante derselben ist ein Schlitz offen gelassen, aus dem die Milch gleichmässig über die ganze Breite des Siebes zugeführt wird.

Die Anbringung des doppelten Antriebes .hat zur Folge, dass jeder derselben nur mit halber Belastnng arbeitet und also länger brauchbar bleibt.

Eine Siebaufhängung durch Federn, welche auf der entgegengesetzten Seite an dem Gebälk der Decke des Apparatenraumes befestigt werden, kann man natürlich bei jedem Siebe anbringen, gleichgültig wie seine übrige Konstruktion ist. Am einfachsten geschieht dies durch etwa 2 m lange flache Stabeisen, welche so gestellt sind, dass die breite Seite von der Längsrichtung des Siebes senkrecht getroffen wird. An beiden Enden sind die Eisen um eine Viertelschwenkung gedreht, sodass man sie an den Seitenwänden des Siebrahmens und an dem Decken-Gebälk einfach durch Schrauben befestigen kann. Es ist selbstverständlich, und doch findet man bisweilen das Gegentheil, dass die Länge der Federn der Grösse des Hubes angemessen sein muss, da zu kurze Federn zu häufig springen.

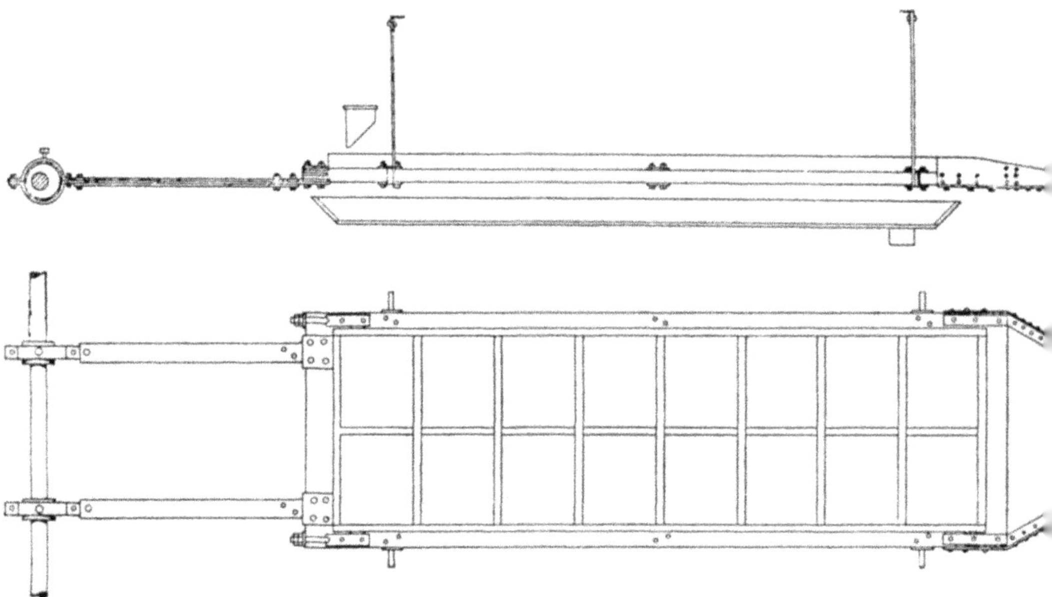

Abb. 76.

Bei einer besonderen Form der Schüttelsiebe, nach dem Erfinder Siemens'sches Kataraktsieb genannt, ist, wie aus Abbildung 77 ersichtlich wird, nicht eine einfache fortlaufende höchstens in verschiedene Felder getheilte Siebfläche vorhanden, sondern es sind mehrere durch undurchlässige Mulden getrennte Siebflächen angebracht.

Das dabei vertretene Princip ist ein durchaus richtiges, indem das Reibsel in den Mulden mit Wasser aufgerührt wird, dann zum Abtropfen über eine kurze Siebfläche geht und von neuem in einer Mulde aufgerührt wird und so fort. Es kommt dem idealen Auswaschen unter Wasser jedenfalls am nächsten.

Es befindet sich bei dem in der Abbildung 77 dargestellten, verbesserten Kataraktsiebe Angele'scher Konstruktion über jeder der 4 Mulden ein Wasserrohr zur Vertheilung des Wassers in die Mulden.

Die fünf 500 mm langen und 720 mm breiten Siebflächen sind zur Reinigung leicht auszuheben und konisch gearbeitet, so dass sie durch einfaches Eindrücken gut abschliessen. Der Gang ist ein sehr ruhiger, trotzdem das Sieb 420 Hin- und Hergänge in der Minute macht.

Der Antrieb besteht in einer federartigen Schubstange, welche an einen aus der Mitte der Stirnwand des Siebes hervorragenden Zapfen

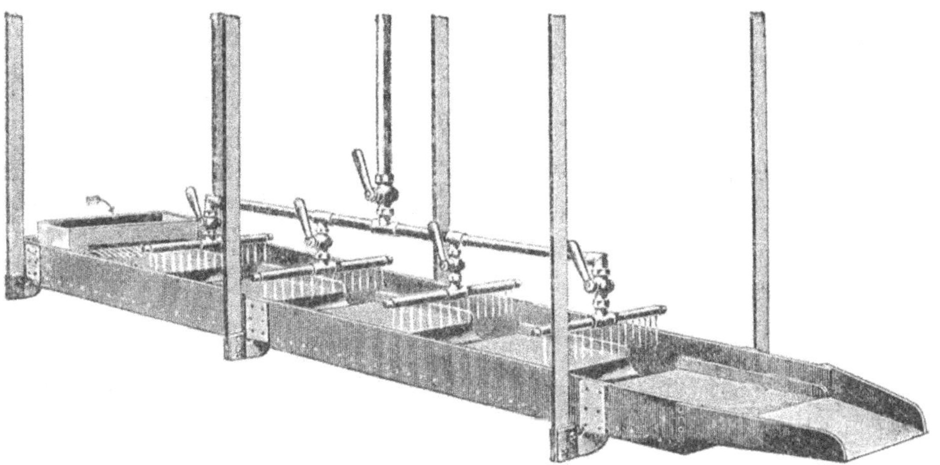

Abb. 77.

einfach festgeschraubt ist, an der anderen Seite aber auf einer sehr schwach excentrisch ausgedrehten Welle läuft.

Die Wasserzuführungsanlage ist fest.

In einigen Fabriken sind über den Mulden des Siemens'schen Kataraktsiebes noch Deckel angebracht, gegen welche durch die schüttelnde Bewegung das mit Wasser aufgeschlämmte Reibsel geworfen wird, und von denen es zurückprallend auf die Siebfläche geschleudert wird (s. Abb. 78).

Die Siemens'schen Kataraktsiebe haben früher eine weitere Verbreitung nach Kenntniss des Verfassers nicht gehabt.

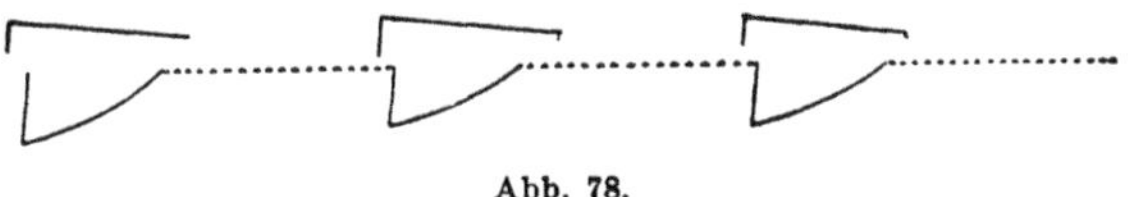

Abb. 78.

Es mag das theilweise an der früheren Konstruktion gelegen haben, bei welcher man sie zu schmal (3,3 m lang und 30 cm breit) mit zahlreichen Mulden (10) und in Folge dessen zu kleinen Siebflächen baute. Das aufgeschwemmte Reibsel konnte dann nicht genügend abtropfen und wurde mangelhaft ausgewaschen.

Kataraktsiebe mit weniger Mulden und längeren und breiteren Siebflächen, wie beim Angele'schen Sieb wuschen nach Prüfungen, welche der Verfasser ausführte, vollkommen genügend aus und finden jetzt weitere Verbreitung.

Die Schüttelsiebe finden Anwendung als Auswaschsiebe seltener als andere Konstruktionen, und man findet sie meist dort, wo sie diesem Zwecke dienen, nur als Vorsiebe zwischen der Reibe und dem Nachzerkleinerungsapparat. Hier wird ein vollständiges Auswaschen der freigemachten Stärke von nicht so grosser Bedeutung sein als hinter dem Nachzerkleinerungsapparate, da dann die Pülpe zum letzten Male gesiebt wird. Jedoch ist es, wie schon bei den Nachzerkleinerungsapparaten (S. 160) nachgewiesen wurde, von Wichtigkeit, dass auch das Vorsieb möglichst vollständig auswasche.

Es giebt nun noch eine Reihe allgemeiner Punkte, welche bei der Benutzung der Schüttelsiebe sowohl zum Auswaschen als auch zum Feinsieben zur Erlangung einer guten Leistung zu beachten sind. Es sind das die folgenden:

Zunächst muss das Schüttelsieb für eine bestimmte Leistung eine bestimmte Grösse haben. Für eine Verarbeitung von 25 Ctr. Kartoffeln in der Stunde ist ein Sieb von etwa 2 m Länge und 600—700 mm Breite mit einer Siebfläche von 1,2—1,4 qm erforderlich.

Um einen ruhigeren Gang zu erzielen giebt S. Aston-Burg der Siebwelle an beiden Enden doppelte Lager.

Für Auswaschsiebe und auch für Feinsiebe wählt man zweckmässig den Längsstoss, weil sich bei Querstoss das Reibsel zu langsam auf dem Siebe vorwärtsbewegt.

Der Stoss darf kein langer und langsamer sein, sondern derselbe muss kurz und oft erfolgen, damit das Reibsel eine mehr hüpfende und keine gleitende Bewegung erhält und etwas gewendet wird. Man giebt daher den Schüttelsieben als Auswaschsieben einen kurzen Hub (30 bis 40 mm) und eine hohe Anzahl von Hin- und Hergängen in der Minute (400—250).

Die Neigung des Siebes gegen die Horizontale, das Gefäll, darf nicht zu gross sein, weil sonst das Reibsel über das Sieb hinweggleitet, ehe es ausgewaschen ist. Bei 2 m Sieblänge soll das Gefäll 50—60 mm nicht überschreiten. Ein Sieb von 2 m Länge und sonst guter Konstruktion wusch schlecht aus, auch bei Herabsetzung der ihm zugeführten Reibselmenge, weil sein Gefälle 110 mm betrug.

Der Siebrahmen muss in der Querrichtung genau horizontal gestellt sein. Liegt die eine Längsseite des Siebes tiefer als die andere, so drängt das Reibsel nach dieser hin, und die Siebfläche wird hier überlastet, während die andere Seite leer ist.

Der Siebrahmen muss behufs Reinigung leicht aushebbar sein und darf nicht zuviel todte Fläche haben. Deshalb macht man das Holzgitterwerk (s. Abb. 79), welches ihn bildet, und welches nöthig ist, damit die Gaze sich nicht zu stark ausbaucht, möglichst dünn und schärft die Stäbe unmittelbar unter der Gaze dachartig zu, sodass hier ihre Fläche eine schmalere wird. Als Belag wählt man für Auswaschsiebe gelochtes Kupferblech (mit $^1/_2$—$^1/_3$ mm Lochung) oder Messingdrahtgaze No. 35—45.

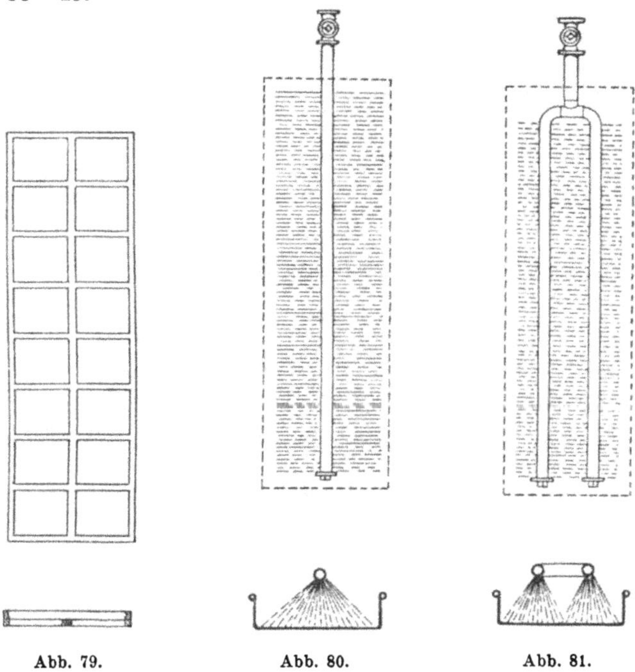

Abb. 79. Abb. 80. Abb. 81.

Seltener findet man eiserne Rahmen, auf welche das Blech aufgelöthet wird. Dieselben sind, weil sie schwerer sind und beim Auflöthen an Siebfläche nicht sparen, nicht wesentlich vortheilhafter als die hölzernen.

Von grosser Wichtigkeit für die Leistung der Schüttelsiebe ist auch die Anbringung der Wasserbrause über dem Siebe.

Vielfach ist dieselbe durch ein einfaches in der Längsrichtung mitten über dem Siebe hinlaufendes drei- bis vierreihig auf der Unterseite gelochtes Rohr gebildet (s. Abb. 80). Eine solche Brause genügt fast nie, da sie ihre Wasserstrahlen meist nur auf einzelne Striche des Siebes wirft, während das Reibsel auf den dazwischen liegenden Streifen über das Sieb gleitet, ohne gehörige Wasserzufuhr zu erhalten. Zum Mindesten muss ein am Kopf des Siebes gabelförmig getheiltes Doppelrohr verlangt werden (Abb. 81). Dasselbe wird bei genügender Lochung auch Genügendes leisten. Besser ist jedoch die Anordnung der Brause derartig, dass ein Mittelrohr über die ganze Länge des

Siebes geht und 2 oder 3 Querrohre daran angebracht sind, welche in der Längsrichtung des Siebes spritzen (Abb. 82). Auf diese Art muss das Reibsel sicher 6 mal von Wasserstrahlen getroffen werden und zwischendurch wieder etwas abtropfen. Man hat gleichzeitig den Vortheil, dass, wenn man die Rohre am Ende offen lässt und nur mit Holzstöpfeln schliesst, dieselben mit einer Rundbürste ausserordentlich leicht

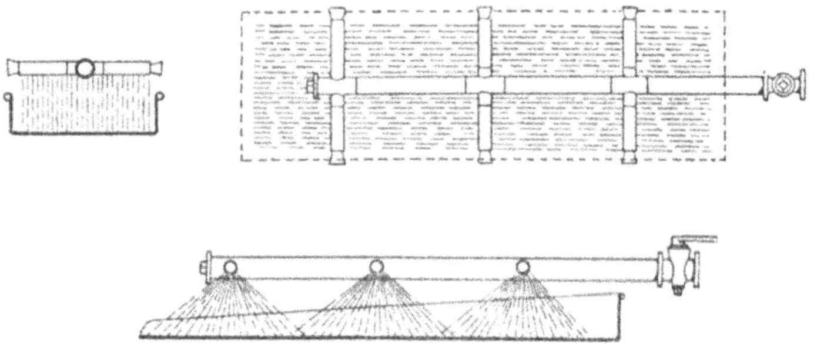

Abb. 82.

gereinigt werden können, wenn sich, z. B. bei eisenhaltigem, schlammigem Wasser, die Löcher oft verstopfen. Man findet auch ein einzelnes an zwei Schläuchen hängendes und hin- und herschwingendes Spritzrohr. Man kann aber den dabei erforderlichen Mechanismus durch die vorhergenannte Anordnung wohl entbehren. Ausserdem üben die Strahlen aus einem solchen Rohr eine schwächere Wirkung aus als die mit grossem Druck aus einem festen Rohr hervorspritzenden.

Die Bottichbürstensiebe.

Die Bürstenbottichsiebe sind nur durch eine einzige, aber z. B. in der Provinz Sachsen weit verbreitete Art vertreten. Dieselben sind in der Art, wie sie die Maschinenfabrik S. Aston in Burg baut, in den Abbildungen 83—86 dargestellt. Sie bestehen aus einem kreisrunden, je nach der verlangten Leistung 2—3 m im Durchmesser haltenden doppelten Holzringe,.in welchem Drahtgaze mit Schrauben eingespannt ist. Derselbe liegt, damit die Gaze eine Unterlage hat und sich nicht zu stark ausbaucht, auf einem quadratisch getheilten Holzgitter (s. Abb. 85). Beide sind von einem Eisenblechmantel umgeben; das Sieb liegt mit dem Holzgitter über einer Mulde mit Abfluss zum Ansammeln der Stärkemilch, deren Boden abgeschrägt ist. Auf dem Sieb bewegt sich an senkrechter Welle mit Zahnradantrieb ein Holzkreuz (Abb. 86), dessen Stäbe der Länge nach geschlitzt sind. In den Schlitzen sind kleine, etwa 200 mm lange Bürsten durch Schrauben befestigt (s. Abb. 84), so dass auf jeden Arm des Kreuzes 4—6 Bürsten kommen. Dieselben sind gegen die Längsrichtung des Armes, an dem sie sitzen, schräg und

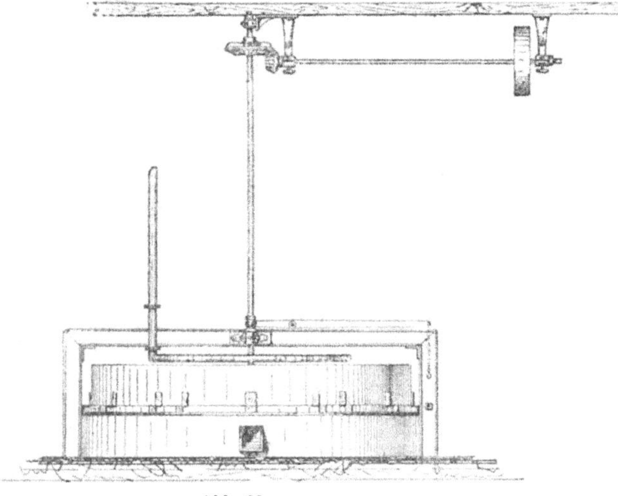

Abb. 83.

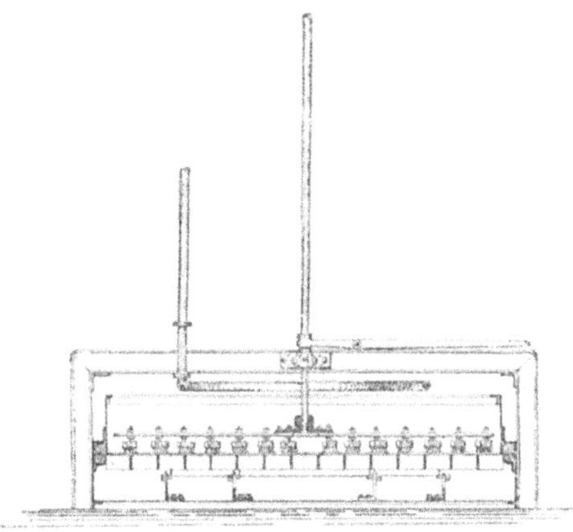

Abb. 84.

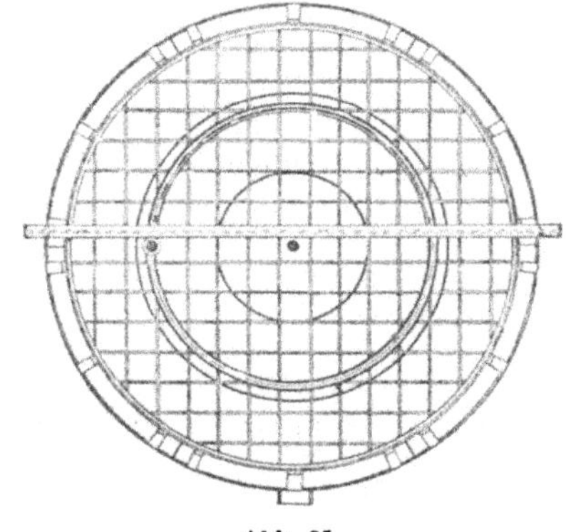

Abb. 85.

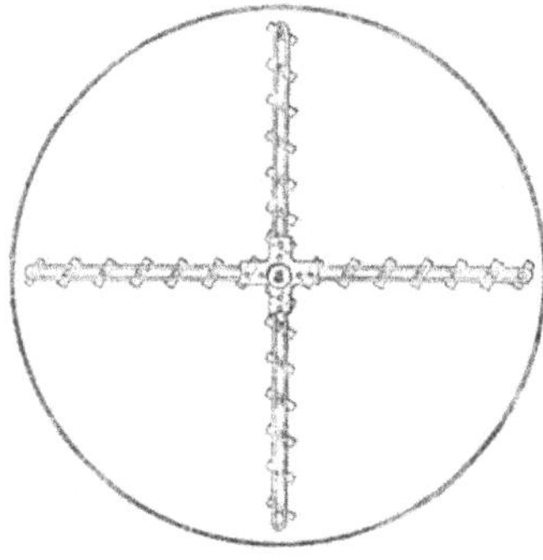

Abb. 86.

unter einander parallel gestellt und an je zwei rechtwinklig zu einander stehenden Armen so eingestellt, dass die Bürste des einen in die Lücke zwischen zwei Bürsten des anderen trifft. Das Reibsel wird möglichst genau in der Mitte des Siebes aufgebracht, wozu man zweckmässiger Weise auf das Holzkreuz einen Trichter von Zinkblech aufsetzt. Es wird dadurch gleichzeitig ein Verspritzen beim Auftreffen des Reibselstrahles und stärkere Abnutzung des Siebes an dieser Stelle vermieden.

Durch die Bürsten wird das Reibsel allmählich, eine Spirallinie durchlaufend, nach der Aussenseite des Siebes geschoben. Aus einer kreisförmigen Wasserbrause strömen zahlreiche Wasserstrahlen auf das Sieb, unter denen das Reibsel hindurch muss. Ist es am Rande angekommen, so wirft es die äusserste Bürste durch ein Fallloch am Rande des Siebes aus.

Diese Siebe haben einen sehr ruhigen Gang. Das Bürstenkreuz mit der Welle kann mittelst eines Hebels hochgehoben werden, wenn der Siebrahmen behufs Reinigung ausgewechselt werden soll.

Dieselben waschen, wenn sie von genügender Grösse sind, sehr vollkommen aus und nehmen wenig Raum fort. Fälschlich hat man zu leichterem Auswechseln der Siebplatte dieselbe in mehrere selbständig umrahmte Kreisausschnitte getheilt; dadurch aber nur erlangt, dass man mehr todte Siebfläche durch die Holzrahmen erhielt.

Diese Siebe müssen natürlich auch genau horizontal liegen, und die Welle genau senkrecht stehen, damit nicht das Reibsel sich an einer Seite ansammelt, während die andere schwach belastet ist.

Sie müssen in richtiger Grösse gewählt werden, also bei 25 Ctr. stündlicher Verarbeitung etwa 2,5 m, bei Mehrverarbeitung 3 m Durchmesser haben.

Die Bürsten dürfen nicht zu spitzwinklig gegen die Kreuzarme gestellt werden, weil sonst das Reibsel zu schnell das Sieb verlässt.

In der Siebfläche entstehende Löcher werden meist durch Zulöthen oder Einlöthen eines Stückes Drahtgaze geschlossen.

Belegt werden sie vor dem Nachzerkleinerungsapparat mit No. 40, hinter ihm mit No. 50 Messingdrahtgaze.

Die Wasserbrause muss so gelocht sein, dass die Wasserstrahlen bis an den Rand des Siebes spritzen; es ist auch vortheilhaft über der Einfallstelle des Reibsels noch eine besondere Giesskannenbrause anzubringen.

Die Welle macht bei Sieben von 2 m Durchmesser 25—26 Umgänge, bei solchen von 2,5 m Durchmesser 22—23 Umgänge in der Minute.

Die Cylindersiebe.

Diese unterscheiden sich von den vorher beschriebenen Siebapparaten dadurch, dass die siebende Fläche nicht in einer Ebene liegt, sondern den Mantel oder Halbmantel eines Cylinders, oder auch die Seitenwände eines Prismas bildet.

Dieselben gliedern sich in 2 Gruppen:
die Bürstenhalbcylinder und
die rotirenden Vollcylinder.

Die Bürstenhalbcylinder

oder kurzweg Bürstencylinder, auch Bürstenextrakteure genannt, verdanken ihre Einführung in die Stärkefabrikation dem auch in anderen Punkten um sie verdienten Maschinenfabrikanten Alb. Fesca-Berlin.

Den Fesca'schen Bürstencylinder zeigt die Abbildung 87 in der Vollansicht, der Oberansicht und dem Querschnitt. Er besteht aus einem eisernen Rahmen, dessen unten ⌊-förmig umgebogene Längswände durch zwei gusseiserne Querstücke an den Enden verbunden werden, welche zugleich die Lager für die Bürstenwelle tragen. An diesem Rahmen, durch Schrauben befestigt, hängt ein Halbcylinder als Boden des Troges.

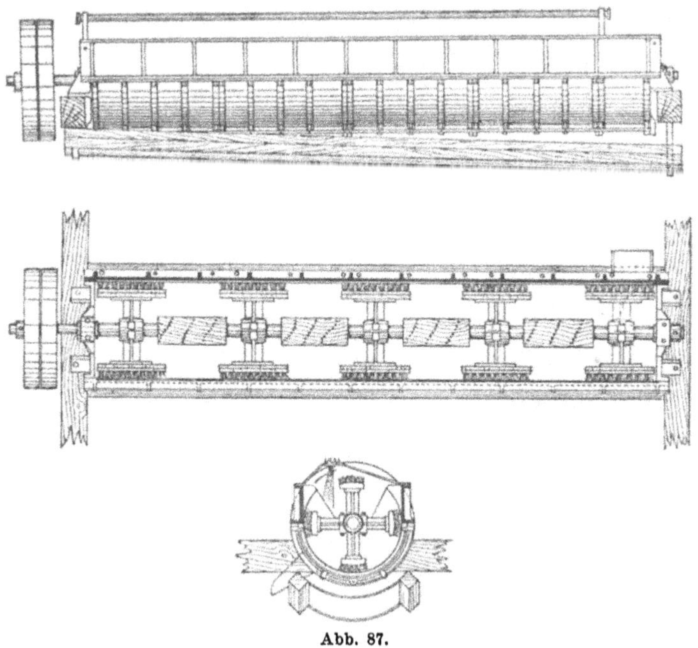

Abb. 87.

Dieser Halbcylinder besteht aus 4 Theilstücken und jedes derselben wieder aus 5 gusseisernen Bügeln, auf welche ein gelochtes Kupferblech mit 1 mm Lochung aufgenietet ist, dessen obere Ränder an Holzleisten genagelt sind. Jedes dieser Theilstücke lässt sich unabhängig von dem anderen an dem eisernen Rahmen mit Schrauben befestigen oder nach Entfernung derselben abnehmen. Ein kurzes Stück des Halbcylinders (rechts) ist aus ungelochtem Blech hergestellt und enthält die Abflussrinne für die ausgewaschene Pülpe. Das Reibsel bewegt sich in dem

Siebe nach dieser Seite zu und tritt auf der entgegengesetzten ein. An der Bürstenwelle befinden sich neun Doppelarme, von denen jeder zwei Borstenbürsten trägt, welche als schräg gestellte Bürstenstreifen auf eine Holzplatte gebunden sind. Unter dem Siebe befindet sich eine Blechmulde mit Abflussrohr zum Sammeln der ausgewaschenen Stärkemilch.

Ueber dem Siebe, über der Stelle, nach welcher die Bürsten aufsteigen, ist ein Brauserohr angebracht, welches seine Strahlen dem aufsteigenden Reibsel entgegensendet.

Das Fesca'sche Sieb ist in der dargestellten Form 3,5 m lang und hat einen Durchmesser von 0,63 m; Umdrehungen macht die Welle 25 in der Minute.

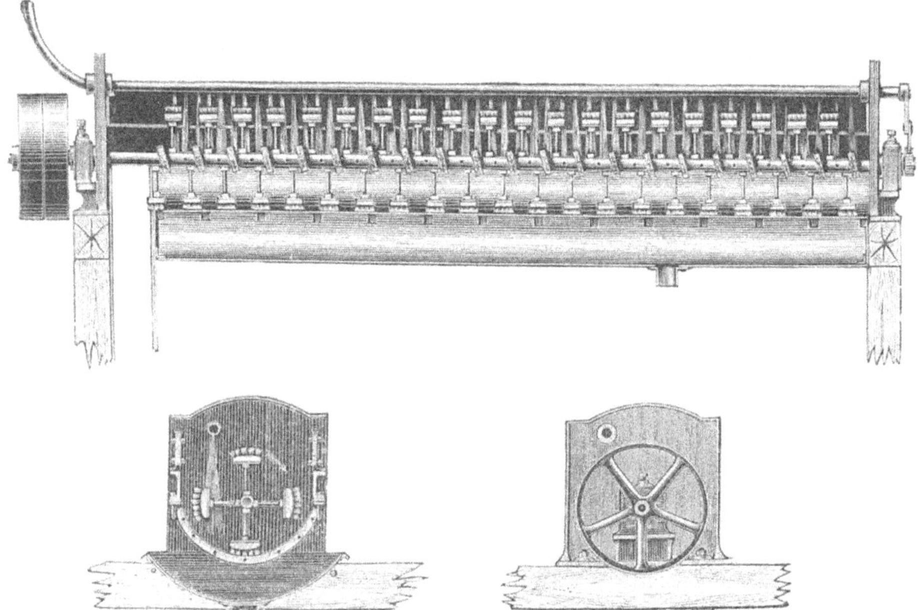

Abb. 88.

Die in den Kartoffelstärkefabriken Deutschlands weit verbreiteten Bürstencylinder zeigen nun eine Reihe von Abweichungen von dieser eben beschriebenen Konstruktion. Das Gesammtbild eines solchen neueren Cylinderbürstensiebes zeigt die Abbildung 88.

Allen gemeinsam ist der an einem festen Rahmen aufgehängte halbcylinderförmige, durch gusseiserne, die Lager der Welle tragende, Querstücke abgeschlossene Siebtrog (s. Abb. 89), in welchem eine mit Bürsten versehene Welle das Reibsel vorwärtsbewegt, während es aus einer Wasserbrause mit Auswaschwasser reichlich versehen wird.

Verschieden ist die Länge und der Durchmesser des Cylinders, je nach der Grösse der von ihm beanspruchten Leistung. Für kleinere, etwa 20 Ctr. Kartoffeln in der Stunde verarbeitende Fabriken reicht ein Cylinder von 4 m Länge und 500 mm Durchmesser aus. Ist eine Nachzerkleinerung vorhanden, so wird man zwei Cylinder von 3 und 4, oder je 4 m Länge anwenden. Grössere Fabriken nehmen zwei Cylinder von 5—6 m Länge und 700—800, ja 1000 mm Durchmesser.

Je grösser der Durchmesser ist, um so mehr siebende Fläche ist vorhanden, und um so leichter ist das Reibsel auf ihr zu vertheilen; es kann das Sieb dementsprechend kürzer gebaut werden als ein solches von kleinem Durchmesser. Häufig sieht man in kleinen Fabriken Siebe von nur 400—430 mm Durchmesser, die trotz ihrer Länge von 4—5 m nicht genügend auswaschen, zumal, wenn der Welle eine hohe Umdrehungsgeschwindigkeit gegeben ist, weil das Reibsel zu schnell über die Siebfläche hinweggeschoben wird.

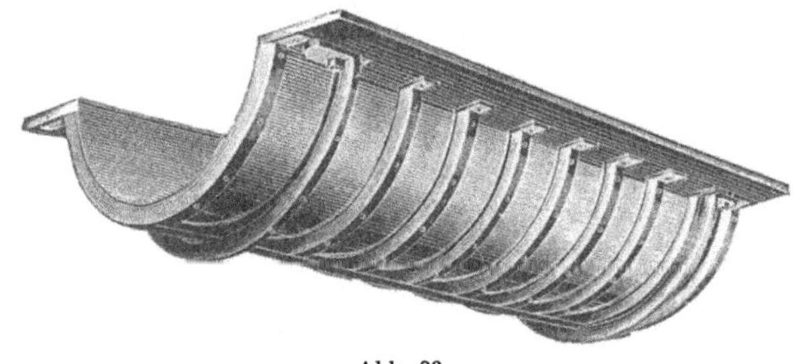

Abb. 89.

Je langsamer die Umdrehungsgeschwindigkeit der Welle ist, um so kürzer kann das Sieb sein, je höher sie ist, desto länger muss es gewählt werden. Eine bestimmte Norm lässt sich dabei kaum aufstellen, weil nicht die Umdrehungsgeschwindigkeit allein, sondern diese zusammen mit der Länge und dem Durchmesser der Siebfläche, der Grösse der Lochöffnungen des Siebes, der Schrägstellung der Bürsten, der Höhe der Belastung und dem Stärkereichthum der Kartoffeln die Leistungsfähigkeit des Bürstencylinders bestimmen. Man findet ebenso gut Umdrehungszahlen von 8—10 in der Minute, wie von 30—40, und es wäre falsch, das eine oder das andere ohne Weiteres als richtig hinzustellen.

Wie Verfasser sich überzeugte, wusch ein Sieb von 500 mm Durchmesser, 4 m Länge, belegt mit Drahtgaze No. 40, bei 30 Umdrehungen der Bürstenwelle in der Minute, spiralförmig gestellten Bürsten und 25 bis 30 Ctr. stündlicher Verarbeitung das Reibsel völlig aus.

Ein Bürstencylinder von 3 m Länge, 500 mm Durchmesser, belegt mit gelochtem Blech mit 1 mm Oeffnung, und 80 Umdrehungen der dicht gestellten spiralförmig angeordneten Bürsten, wusch bei gleicher Belastung mangelhaft aus.

Im Allgemeinen werden Bürstencylinder von 4 m Länge und 500 mm Durchmesser, 25 Umgängen der Welle für 20—25 Ctr. stündlicher Belastung, solche von 5 m Länge, 700—800 mm Durchmesser und 30 Umgängen in der Minute für 40—50 Ctr. Belastung hinreichend sein.

Eine etwas höhere Umdrehungsgeschwindigkeit der Welle zieht man vor, weil dabei das Reibsel durch die Bürsten ein wenig gewendet wird, wodurch das Auswaschen befördert wird.

Hierauf ist natürlich auch die Stellung der Bürsten von Einfluss. Meist sind dieselben schräg gegen die Axenrichtung gestellt, so dass sie das Reibsel mehr vorwärts schieben, als heben.

Man findet aber auch sehr gut arbeitende Bürstencylinder, bei denen die Bürsten parallel zur Welle stehen und so hinter einander angeordnet sind, dass die folgende Bürste noch einen Theil des Raumes bestreicht, den die vorhergehende berührte. Bei diesen Cylindern, denen man einen grossen Durchmesser giebt, wird reichlich Wasser zugeführt, sodass das Reibsel am Boden schwimmt und dadurch vorwärts kommt. Von den Bürsten wird es dann z. Th. in die Höhe gehoben und auf die gegenüberliegende Siebwand geworfen. Solche Siebe waschen sehr gut aus, brauchen aber viel Wasser.

Die Wasserzufuhr geschieht durch ein über der Axe hinlaufendes Rohr, welches entweder die Strahlen nach oben wirft, sodass sie als Regen auf die Pülpe herabfallen, oder auch durch eine bewegliche Brause, welche an Gummischläuchen hängend durch eine Führungsstange, die an einem Excenter am Ende der Welle läuft, schwache Hin- und Hergänge macht. Sie haben den Vortheil, dass man weniger Bürsten nöthig hat.

Verfasser kann sich daher auch nicht der bisweilen geäusserten Ansicht anschliessen, dass es für eine gute Auswaschung wichtig sei, dass die Wasserstrahlen mit starkem Druck auf das Reibsel treffen, er ist im Gegentheil der Ansicht, dass dadurch nur noch mehr Faser durch das Sieb gedrückt wird und das Wasser weniger Zeit hat, die Stärkekörnchen aufzunehmen und auszuspülen. Es spricht auch gegen diese Anschauung die Arbeit der Vollcylinder, bei denen das Reibsel ebenfalls mehr schwimmt als von Wasserstrahlen durchbohrt wird. Es ist übrigens ein Leichtes für den Stärkefabrikanten, sich durch einen Versuch für das ihm Zweckmässigste zu entscheiden. Ein gewisser Druck in den Wasserstrahlen, besonders wenn sie sehr fein zertheilt sind, ist allerdings nöthig, damit sie nicht vollständig zerstäuben, ehe sie auf das Reibsel treffen.

Die Siebrahmen aus einem Stück herzustellen, wie das in kleineren Fabriken der Fall ist, ist nicht rathsam, da bei beschränktem Raum das Auswechseln sehr erschwert ist. Man stellt sie zweckmässig aus mehreren, durch Klammerschrauben mit einander zu vereinigenden Rahmentheilen zusammen, die 1—2 m Länge nicht überschreiten. Die Befestigung an dem festen Rahmen über dem Halbcylinder muss aus gleichen Gründen eine einfache sein. Dazu ist es unzweckmässig, wenn die Verschraubung durch eine grosse Anzahl (bis zu 34) gewöhnlicher Kopfschrauben eingerichtet ist, welche mit dem Schraubenschlüssel ganz abgeschraubt und einzeln aufbewahrt werden müssen. Zweckmässiger ist die Anbringung thunlichst weniger Klammerschrauben oder von Klappschrauben, welche an dem festen Theile hängen bleiben, nachdem die Flügelmutter nur gelöst, nicht aber entfernt ist. Es ist das wichtiger als es erscheint, weil schwer abzunehmende Siebrahmen nicht oft genug gewechselt werden, und die verschleimten Siebe dann schlecht auswaschen.

Das Abnehmen der Siebstücke geschieht nach Entfernung der Milchmulde durch Abschrauben und Fortziehen derselben von unten heraus.

Die Siebrahmen werden hergestellt aus Holz- oder Eisengerippen und belegt mit Drahtgaze oder gelochtem Blech. Holzgerippe sind billiger und leichter zu handhaben, aber namentlich in Verbindung mit Drahtgaze nicht sehr zweckdienlich. Es ist nicht möglich die Drahtgaze absolut gleichmässig straff aufzuziehen, um ein Werfen des Holzes zu vermeiden. Beides führt aber zu Ausbauchungen in der Gaze, in welchen sich Reibsel festsetzt, da es von den Bürsten nicht mehr erreicht wird; dadurch wird die Siebfläche verringert. Eisenrahmen mit

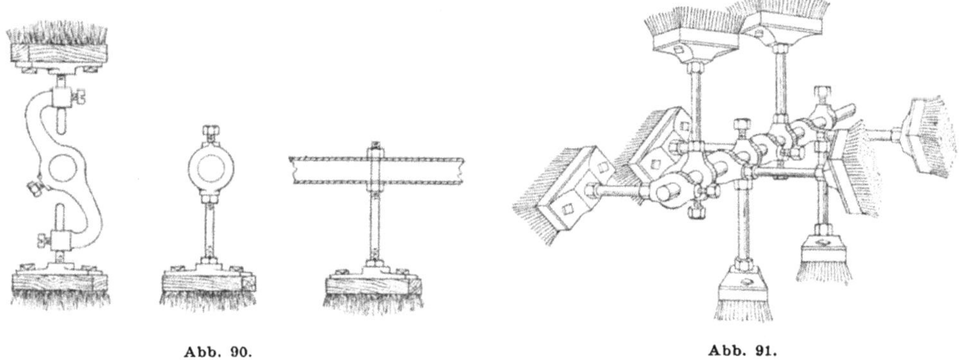

Abb. 90. Abb. 91.

aufgenieteter Drahtgaze oder besser aufgenietetem gelochtem Blech sind daher, besonders für das Reibsel hinter der Reibe vorzuziehen. Jedoch ist auch hier zu beachten, dass die Holz- oder Metallbügel, welche das Gerippe bilden, an der Seite, auf welcher die Gaze resp. das Blech befestigt wird, zugeschärft sind, damit nicht zu viel todte Fläche entsteht. Verfasser sah Siebe, bei denen die Bügel 30—40 mm breite Bandeisen bildeten.

Die Siebfläche steht ihrer Längsrichtung nach gewöhnlich horizontal; giebt man eine Neigung, so muss dieselbe so gewählt werden, dass das Reibsel ansteigt bei der Vorwärtsbewegung. Es wird dadurch etwas länger im Cylinder zurückgehalten.

Die Bürsten werden an der Welle entweder fest eingeschraubt oder mit Schellen oder zu je zweien an einer Schelle aufgezogen (s. Abb. 90). Man stellt sie in Spirallinie, so dass jede Bürste von der anderen einen gewissen Abstand hat und gegen die vorhergehende um eine Viertelschwenkung gedreht ist (s. Abb. 91).

Da sich die Bürsten allmählich ablaufen, so hat man bei diesen Konstruktionen die Lager der Welle so konstruirt, dass dieselbe in senkrechter Richtung nachgestellt, also gesenkt werden kann. Es ist dabei aber übersehen, dass beim Abnutzen der Bürsten auch der Radius des Kreises, den sie beschreiben, ein kleinerer wird, kleiner als derjenige der Siebmulde, und dass bei solcher Nachstellung die Bürsten dann nicht mehr alle Stellen des Siebmantels berühren können.

Es ist daher zweckmässiger die Bürsten so zu konstruiren, dass sie einzeln stellbar sind, wie das z. B. in der Abbildung 92 des Bürstencylinders von Gaul & Hoffmann-Frankfurt a. O. dargestellt ist.

Da die Bürsten und die Siebfläche des Bürstencylinders eigentlich garnicht völlig vom Reibsel bedeckt wird, sondern nur an bestimmten Stellen die Bürsten wirken sollen, zum Reinhalten des Siebes, so wird

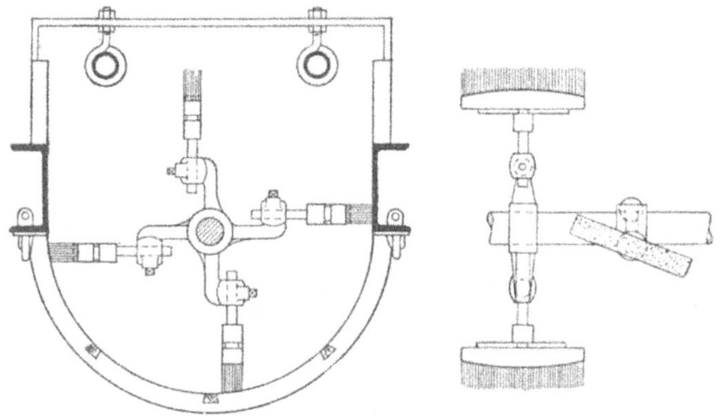

Abb. 92.

die Welle sogar nach der Seite des Siebes hin, wo die Bürsten und das Reibsel aufsteigen, um ein Kleines excentrisch gelegt, und um Siebgaze zu sparen, die entgegengesetzte Seite der Siebmulde mit ungelochtem Blech belegt.

Die Bürsten werden aus Schweinsborsten, oder Schweinsborsten mit Fischbein oder auch Piassava hergestellt. Verfasser glaubt, dass starke gute Borsten das zweckmässigste Material bilden und dass schärfere Bürsten die Drahtgaze, bezw. das Blech zwecklos stark angreifen.

Ihre Verwendung hat wohl darin ihren Ursprung, dass viele Fabrikanten der Anschauung huldigen, dass die Bürsten noch Zellen aufschliessen.

Dieselbe ist aber irrig. Verfasser untersuchte das Reibsel eines Bürstencylinders von 4,80 m Länge und 700 mm Durchmesser, welcher mit Drahtgaze No. 50 belegt war. Es wurde sowohl das Reibsel, wie es vom Mahlgang in den Cylinder fiel, als auch das von dem Cylinder ausgeworfene Reibsel in einem mit No. 50 belegten Handsiebe völlig ausgewaschen, getrocknet und der Stärkegehalt der Pülpe vor und nach dem Bürstencylinder bestimmt. Derselbe war in wasserfreier Substanz 63,66 Proc. vor, 63,56 Proc. hinter dem Bürstencylinder. Die Differenz liegt innerhalb der Fehlergrenze der Bestimmungsmethode.

Es ist also daran festzuhalten, dass der Bürstencylinder keine aufschliessende Wirkung ausübt, und dass also die Bürsten lediglich den Zweck haben, die Sieblöcher offen zu erhalten und die Pülpe gegen dieselben zu pressen bezw. zu bewegen.

Es ist zweckmässiger die Bürsten mit Draht einzubinden, als sie einzupichen, da das Pech bei der steten Feuchtigkeit bald abbröckelt und dann Stippen bilden kann.

In kleinen Fabriken sieht man häufig auch lange schmale Tröge von Drahtgaze, die auf einem Holzgerippe aufgenagelt ist. Der ganze Siebrahmen besteht aus einem Stück und wird mit den Bordrändern an die Seitenwände des Siebes von unten her angeschraubt. Als Bürstenwelle ist eine einem Brunnenrohr ähnliche Walze eingelegt, auf der eine Bürstenspirale hinläuft, oder es ist um die Axe in weiterem Abstande und durch Träger an ihr befestigt eine fortlaufende spiralige Bürste hingeführt. Beide Konstruktionen sind wenig empfehlenswerth. Die erstere nutzt sich bald ab, und der Wasserstrahl ist nicht so zu leiten, dass er wirklich auf das Reibsel trifft, sondern er rinnt an dem Holzwerk herab und erfüllt seinen Zweck nur halb. Bei der anderen Art wird der Wasserstrahl durch die Schlange fortwährend unterbrochen und dadurch in seiner Wirkung beeinträchtigt. Auch arbeiten diese Apparate durch ungleiches Abarbeiten der Bürstenschlange bald mangelhaft.

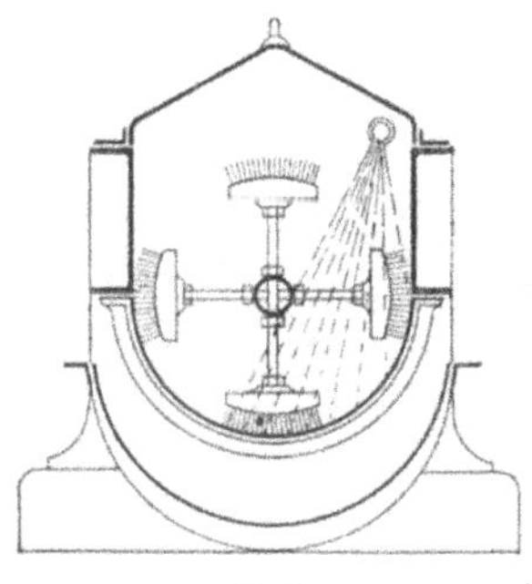
Abb. 93.

Von grosser Bedeutung ist natürlich auch bei diesen Sieben, wie schon angedeutet, die Anbringung der Wasserbrause. Sieht man von der oben beschriebenen Abweichung bei Parallelstellung der Bürsten mit der Welle ab, so ist das Spritzrohr so anzubringen, dass die Wasserstrahlen überall hintreffen, wo sich Reibsel ansammelt, dass sie also besonders dem aufsteigenden Reibsel entgegenfallen. In kleinen Fabriken findet man bisweilen völlig falsche Anordnung des Spritzrohres, indem dasselbe über der Welle angebracht und nicht selten so gebohrt ist, dass die Strahlen fast horizontal gehen, also wohl die obere Seite der Siebgaze, nicht aber das Reibsel treffen, die Hauptmenge des Wassers wird also zwecklos durch die leere Siebgaze geschleudert, während das Reibsel aus Wassermangel schlecht ausgewaschen wird. Abbildung 93 veranschaulicht die richtige Stellung des Spritzrohres bei einem gewöhnlichen Bürstencylinder.

Bisweilen wird dem Brauserohr auch eine Bewegung gegeben. Zu dem Zwecke ist es an Gummischläuchen aufgehängt und macht, durch eine der in Abbildung 94 dargestellten, an der Welle des Cylinders befestigten Excentereinrichtungen angetrieben, langsame $^1/_8$ Schwenkungen.

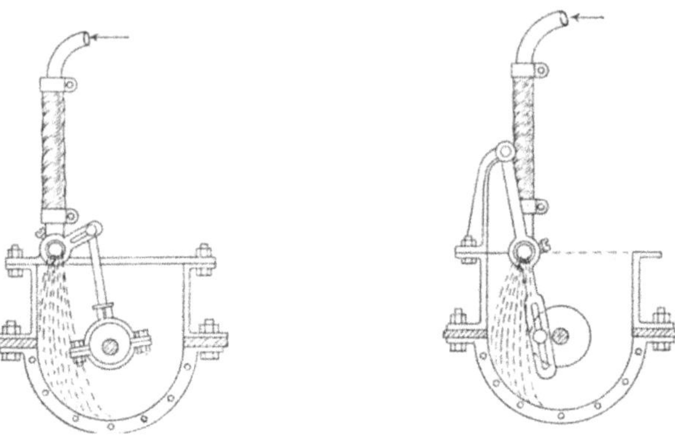

Abb. 94.

Die Vollcylinder.

Als Auswaschsiebe sind auch vielfach rotirende Vollcylinder zur Verwendung gelangt. In einfachster Form bestanden sie in mit Rosshaargeflecht überzogenen cylindrischen Gestellen. Dieselben sind wegen der geringen Haltbarkeit des Siebmaterials aber kaum noch zu finden.

Später führte man die Vollcylinder so aus, dass sie aus einer Welle bestanden, um welche ein Siebcylinder derartig gelegt wird, dass zwei Halbcylinder, welche an den Rändern von ⌊-Eisen eingefasst sind, an diesen mit Klammerschrauben verbunden werden. Der so gebildete Cylinder wird durch Träger an der Welle befestigt.

Die Halbcylinder sind gewöhnlich von eisernen mit Drahtgaze bezogenen Gerippen gebildet. Zum Vollcylinder zusammengesetzt erhalten sie eine langsam drehende Bewegung, während ein Spritzrohr in der hohlen Axe oder von aussen her angebracht das Auswaschwasser zuführt, letzeres hat bisweilen auch eine hin- und hergehende Bewegung.

Einzelne besondere Konstruktionen sind die folgenden:

Cylindersieb von Martens-Frankfurt a. O. (Abb. 95). Verfasser sah diese Siebe in einer Fabrik von 250—300 Ctr. täglicher Verarbeitung bei 3 m Länge, 600 mm Durchmesser und 18 Umdrehungen in der Minute sehr gut arbeiten. Belegt war das Sieb vor dem Mahlgang mit No. 35, hinter demselben mit No. 60. Die Cylinder sind vollständig aus Eisen konstruirt, bestehen aus vier Theilen, welche an den im Winkel abgebogenen Endleisten durch Klammerschrauben mit einander verbunden werden und also leicht auszuwechseln sind. Die Achse ist als Hohlwelle konstruirt, auf der einen Seite der Länge nach geschlitzt, und trägt im Innern ein kupfernes Brauserohr, so dass das Wasser der Brause durch den Schlitz direkt auf den Brei im Siebe wirkt. Dieser tritt in die verlängerte Siebachse (rechts) ein und wird durch Schlitze in das Siebende eingeführt. Dieses Siebende steht höher als das andere, welches den Pülpeauswurf trägt. Die rotirende Trommel hebt den Brei durch die Reibung desselben an der Gazewandung bis etwa zu $^1/_4$ des Siebdurchmessers und hält ihn in dieser Höhenlage, weil hier für den Brei das Gleichgewicht zwischen der abwärtswirkenden Schwerkraft und der aufwärtswirkenden Reibungsarbeit hergestellt ist. Der Brei wird dadurch immer von dem gebrausten Wasser getroffen und verdünnt, und siebt sich, fortwährend wälzend und reibend an der unter ihm fortgleitenden Gazewand ab, geht aber wegen der Neigung des Siebes auch vorwärts.

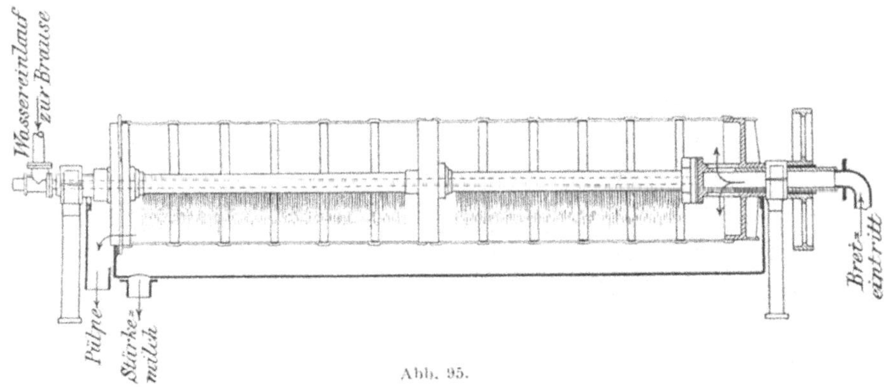

Abb. 95.

Cylindersieb von W. Angele, Berlin (s. Abb. 96). Dasselbe besteht aus einem schmiedeeisernen Gestell, in welches zwischen drei Rollen laufend eine Siebtrommel von 5 m Länge und 600 mm Durchmesser eingelagert ist. Der Mantel derselben besteht aus gelochtem Messingblech mit $^1/_3$ mm-Oeffnungen. Die Trommel ist aus fünf je 1 m langen Theilen zusammengesetzt, welche mit Winkeleisen aneinander gestossen und durch Schrauben verbunden sind. Die Trommel erhält eine Umdrehungszahl von 20 in der Minute durch Ketten ohne Ende an beiden Seiten, welche durch eine ausserhalb der Trommel liegende Welle in Gang gesetzt werden. Im Innern der Trommel befindet sich eine aus einem Blechstreifen hergestellte, der inneren Trommelwand aufgesetzte Schnecke, deren Windungen 13 cm Abstand von einander haben, so dass bei einer Länge der Trommel von 5 m das Reibsel in $\frac{500}{13} = 38,5$ Umdrehung die Trommel durchlaufen hat. Bei 20 Umdrehungen in 1 Minute verlässt also das Reibsel den Cylinder in rund 2 Minuten.

In der Längsrichtung der Trommel befindet sich ein Wasserspritzrohr, welches $^1/_8$ Schwenkung mittels einer Hebelübersetzung macht. Eine sich auf der Oberseite des Siebes aussen hinziehende borstenbesetzte, ebenfalls durch Hebelübertragung in $^1/_8$ Schwenkung versetzte Bürstenleiste arbeitet bei je einem Hingang entgegengesetzt der Bewegung des Siebes, wodurch die Borsten in die Lochungen der Trommel eingreifen und diese reinhalten. Diese Bürstenleiste lässt sich nachstellen, falls die Borsten sich abnutzen.

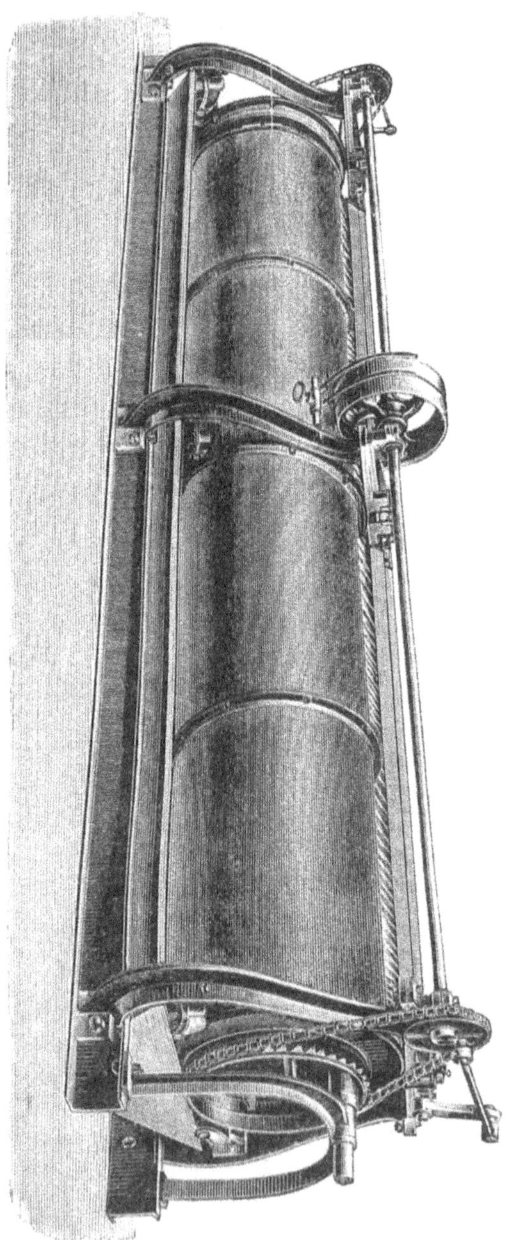

Abb. 96.

Erwähnt mag hier noch werden, dass man auch Vollcylinder mit Bürstenwellen aufgestellt hat, in denen die Bürstenwelle entgegengesetzt und mit anderer Geschwindigkeit sich bewegt als der Cylinder. Diese von Markl und anderen eingeführte Konstruktion hat in Deutschland Petzold & Co., Berlin, anzuwenden versucht, jedoch von ihr wieder Abstand genommen. Bei einem von Petzold & Co. gebauten Siebe machte der Cylinder 20 Umdrehungen in der Minute nach links herum, die Bürstenwelle mit nachstellbaren Bürsten 40 Umdrehungen nach rechts herum.

Cylindersieb von S. Aston-Burg b. Magdeburg (s. Abb. 97 Vollansicht, Abb. 98 Querschnitt). Das Sieb bildet einen Vollcylinder von 1,5—5,5 m Länge und $^3/_4$ m Durchmesser. Dasselbe ist aus mehreren Siebmuldentheilen zusammengesetzt, welche an den Enden auf zwei parallel gelagerte Seitenringe mit Zahnradkränzen aufgeschraubt sind und untereinander an den Längsseiten durch Mutterschrauben mit Flügelmuttern verbunden werden. Die Ringe

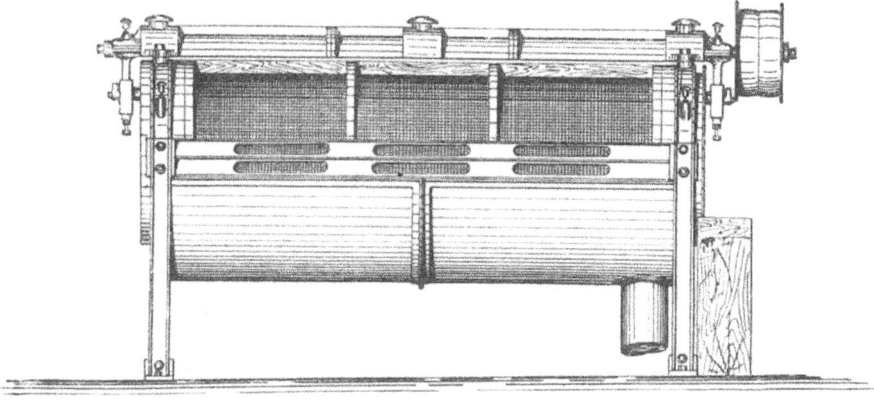

Abb. 97.

mit Zahnradkränzen sind in 2 geschlossene Gehäuse eingelagert, und in die Zähne greifen zwei an einer über dem Siebcylinder gelagerten Welle befindliche Stirntriebe ein und setzen die Siebtrommel in Bewegung, sodass sie 30—35 Umgänge in der Minute macht. Die Siebtrommel hat ein Gefäll von 15 mm auf 1 m Länge.

Der Zufluss erfolgt durch ein an der Einlaufseite in den unteren Theil der Trommel einmündendes Rohr, dessen Auslauf so gedreht ist, dass der Ausfluss in der Drehrichtung des Siebes erfolgt (s. Abb. 98). Die ausgewaschene Faser wird an der entgegengesetzten Seite durch einen an dem Ringe befindlichen Winkel bezw. eine Tropfnase auf eine Rinne entleert. Die Milch dagegen sammelt sich in einer unter der Trommel angebrachten Mulde.

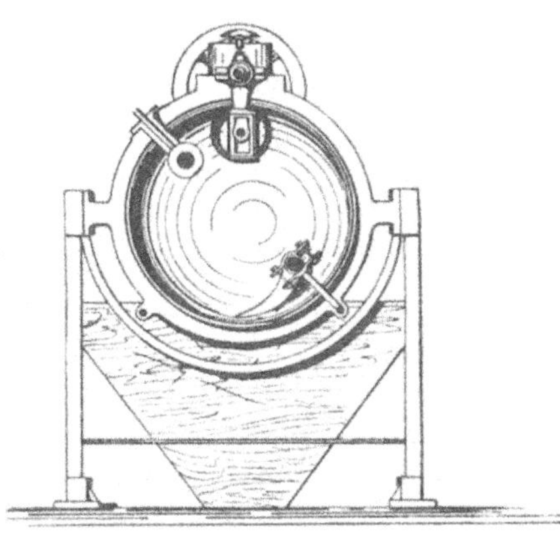

Abb. 98.

Die Wasserbrause geht in dem oberen Theil des Siebes möglichst nahe an der Siebfläche hin, ist drehbar und kann so eingestellt werden, dass die Wasserstrahlen auf die auszuwaschende Masse fallen und auch die aufsteigende Siebfläche an der Stelle reinigen, wo die Masse sie verlässt.

Dieses Sieb dient wesentlich als Feinsieb.

Sechsseitiges Cylindersieb von Uhland-Leipzig (Abb. 99 Vollansicht, Abb. 100 Querschnitt). Dasselbe wird in der Kartoffelstärkefabrikation als Auswaschsieb nicht angewendet, sondern nur als Raffinirsieb. Es besteht aus einem sechsseitigen Cylinder, welcher um eine horizontale Welle drehbar ist. Die Siebflächen sind mehrtheilige Rahmen von

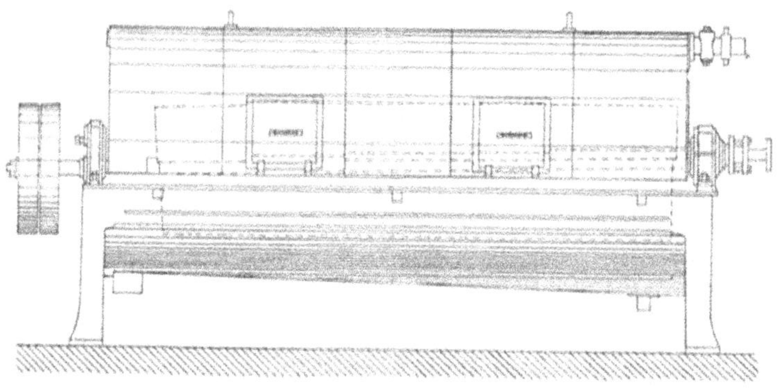

Abb. 99.

Holz, welche mit Gaze belegt sind und wie Fenster in das Gestell eingesetzt und durch Klammerschrauben festgehalten werden. Um die Welle ist das Spritzrohr fest angebracht, sodass es nur nach unten spritzt. Eine Brause von oben soll das Sieb durch Rückwärtsspritzen der in die Siebmaschen geschlagenen Pülpe rein erhalten. Das ganze Sieb ist zur Vermeidung des Verspritzens von Milch mit einem Blechgehäuse umgeben und besitzt eine Mulde zum Auffangen der Stärkemilch. Es hat den Vortheil einer leicht auszuführenden Auswechselung der Siebrahmen und einer energischen Durchrüttelung und Wendung der auszuwaschenden Faser.

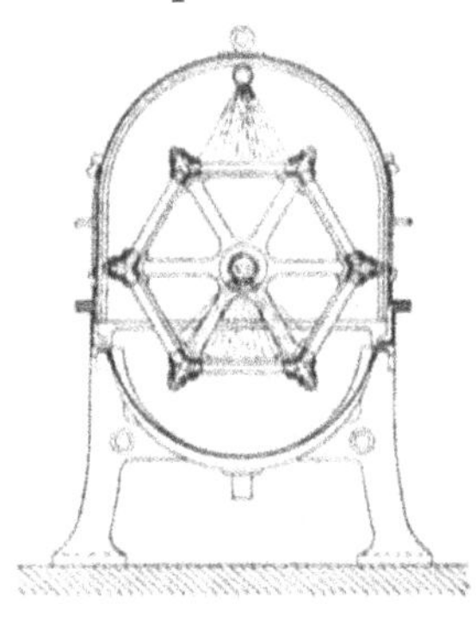

Abb. 100.

Aehnlich konstruirte sechsseitige Cylindersiebe, aber mit einer Brause in der Längsrichtung oder von aussen finden sich häufiger. Letztere geben gewöhnlich durch das viele Aufschlagen zu starker Schaumbildung Veranlassung.

Vergleich der verschiedenen Siebe.

Wägt man nun die Vortheile und Nachtheile der verschiedenen Konstruktionen gegen einander ab, so ergiebt sich das Folgende: die Schüttelsiebe haben mit Ausnahme der Kataraktsiebe als Auswaschsiebe Vortheile nicht aufzuweisen, es sei denn, dass örtliche Verhältnisse — geringer Raum in der Höhe — ihre Anbringung befürworten lassen. Als Raffinirsiebe und besonders als Schlammsiebe sind sie dagegen von grossem Werthe, weil sie die feinere Faser durch die hüpfende Bewegung zusammenballen und aufrollen und damit verhindern, dass lange und dünne Fasertheile durch die Maschen hindurchschwimmen.

Die Schüttelsiebe haben dagegen eine Reihe von Nachtheilen, so die folgenden:

Dieselben brauchen viel Kraft, erschüttern das Gebäude stark, machen, wenn nicht in Holzfedern aufgehängt, ziemlich viel Lärm, strengen durch die stossende Bewegung die straff gespannte Gaze stark an; es werden Reparaturen namentlich am Antriebe häufig nöthig, da sich die Excenter leicht auslaufen. Endlich aber drücken die aufschlagenden Wasserstrahlen, wenn sie viel Druck besitzen, Fasertheile in die Maschen des Siebes und verstopfen es so leicht; es ist aber eine Vorrichtung zur Entfernung derselben, wie ihn die Bürstensiebe in den Bürsten, die Vollcylinder in einer Bürste oder Brause von aussen besitzen, nicht vorhanden.

Die Bottichbürstensiebe sind als Auswaschvorrichtungen gut verwendbar, als Raffinirsiebe mangelhaft, da sie die feinere Faser durch das Bürsten mit durchdrücken.

Diese Siebe sind besonders dort angebracht, wo der Siebraum ein nicht sehr hoher und langer, mehr quadratischer Raum ist, da sie eine geringe Längsausdehnung und mässige Höhe haben.

Nachtheile sind an ihnen, dass sich die Gaze leicht ausbaucht, ziemlich leicht reisst und dann gelöthet an Siebfläche verliert. Das Reibsel wird nicht gewendet, sondern es bildet Streifen, und man muss daher zu gründlicher Auswaschung einen sehr grossen Durchmesser wählen. In Folge dessen ist die Auswechselung und Reinigung nicht sehr bequem.

Es ist auffällig, dass ein Belegen derselben mit gelochtem Blech wenigstens nach Kenntnissen des Verfassers nicht versucht ist.

Auch die Bürstenhalbcylinder sind als gute Auswaschvorrichtungen zu bezeichnen; dagegen zum Feinsieben nicht geeignet aus den gleichen Gründen, welche für die Bottichbürstensiebe gelten.

Sie lassen sich in schmalen langen Räumen gut unterbringen und auch sonst überall leicht aufstellen. Die Auswechslung der Rahmenstücke ist bei richtiger Konstruktion eine leichte. Die Bürsten halten die Siebflächen rein, und es kann während des Betriebes durch zeitweiliges Abbürsten des Siebkorbes von aussen durch Handarbeit dabei nachgeholfen werden.

Ein Fehler tritt bei den mit Drahtgaze bespannten Rahmen durch Ausbauchen ein. Nachtheile sind ziemlich starker Kraftverbrauch bei scharf gestellten Bürsten und Kosten durch Abnutzung von Gaze bezw. Blech und Bürsten. Auch sie bürsten wie die Bottichbürstensiebe ziemlich viel feinere Faser mit durch.

Die Vollcylinder sind sowohl gute Auswaschvorrichtungen, als auch gute Feinsiebe. Sie haben einen sehr ruhigen Gang, brauchen wenig Kraft und sind bei guter Konstruktion leicht auszuwechseln und zu reinigen. Bei der Angele'schen Konstruktion fällt das Auswechseln ganz fort, und die Reinigung geschieht durch die Bürste von aussen und bei sehr starker Verschleimung durch einen Dampfstrahl von aussen, bezw. Nachbürsten mit der Hand.

Sie brauchen einen etwas grösseren Raum als die Bürstencylinder, verziehen sich, wenn sie nicht fest konstruirt sind, und brauchen das Doppelte bezw. das Dreifache an Blech bezw. Gaze, als Belag, welcher dafür aber weniger stark angegriffen wird.

Aus dem allen geht hervor, dass eine ideale Siebkonstruktion bisher nicht besteht, dass aber bei guter Herstellung und Bedienung die vorhandenen Auswaschvorrichtungen Hinreichendes leisten, und dass man also mit den Mängeln wohl vorlieb nehmen muss.

Als Reibselauswaschvorrichtungen sind die Bottichbürstensiebe, die Bürstencylinder und die rotirenden Vollcylinder, als Feinsiebe Schüttelsiebe und Vollcylinder besonders geeignet.

Die Feinsiebe oder Raffinirsiebe.

Diese sind nicht in allen Stärkefabriken vorhanden. Namentlich in kleineren findet man die Einrichtung derartig getroffen, dass die Milch, welche von dem Reibsel abfliesst, direkt oder wenn eine Nachzerkleinerung vorhanden ist, gemischt mit der Milch des zweiten Auswaschsiebes den Absatzkästen zugeleitet wird. Es ist bedauerlich, dass nicht nur diese, sondern auch selbst grosse Fabriken oft aus falscher Sparsamkeit oder Unkenntniss sich mit dieser Einrichtung begnügen und die Anlage eines Feinsiebes im Anfang vernachlässigen, dessen nachträgliche Aufstellung dann oft unmöglich, jedenfalls aber schwerer und theuerer wird.

Als feinsten Belag für die Siebe zum Auswaschen kann man, wenn die Auswaschung eine gute, und ein Verschlammen der Siebe kein zu häufiges sein soll, höchstens No. 60 Drahtgaze wählen, auf dem Siebe hinter der Reibe aber höchstens No. 40. Es ist klar, dass diese Siebe, welche etwa 0,5 mm im Geviert grosse Oeffnungen haben, eine Menge feiner Faser mit der Stärke durchlassen müssen. Diese hindert, wie später eingehend dargestellt werden wird, das Absetzen der Stärke, vermehrt die Menge des Schlammes und daher der Nacharbeit, d. h. die Fabrikationsunkosten.

Es kann daher dem Stärkefabrikanten nur recht eindringlich gerathen werden, diese Frage ernstlich in Erwägung zu ziehen, ehe er eine Fabrik baut, bezw. sie einer Umänderung unterzieht. Es wird daher bei Besprechung der verschiedenen Methoden der Gewinnung der Stärke aus dem Fruchtwasser dieser Punkt noch eingehender erörtert werden.

Man wählt als Raffinirsiebe rotirende Vollcylinder, sechsseitige Cylinder oder Schüttelsiebe. Bei den ersteren hat man den Vortheil die Siebfläche von aussen her durch eine Brause reinhalten zu können.

Den Raffinirschüttelsieben giebt man hohe Hin- und Hergänge (300—400 in der Minute) und bei 500 Ctr. Verarbeitung eine Länge von 2 m und eine Breite von 1 m, und einen Hub von 20—25 mm. Im Uebrigen gilt für sie alles bei den Schüttelsieben bereits Gesagte.

Belegt wird das Feinsieb mit Drahtgaze No. 75—80 oder Seidengaze No. 5—8.

Die Feinsiebe bringt man zweckmässiger Weise unmittelbar unter den Auswaschsieben an.

Die Behandlung der Siebe.

Dieselbe muss eine sehr sorgfältige, die Kontrolle der Leistung der Siebe eine häufige sein, wenn man von ihnen Tüchtiges beansprucht.

Es ist daher angezeigt, eine Reihe von Punkten hier zu besprechen, welche sich auf eine sachgemässe Behandlung der Siebe beziehen.

Zunächst darf ein Sieb unter keinen Umständen stärker belastet werden, als seiner Leistungsfähigkeit entspricht. Vielmehr ist es zweckmässig, das Sieb etwas grösser zu wählen als der Tagesleistung der Fabrik gerade entspricht. Ein Kataraktsieb, welches bei einer ihm zukommenden Leistung von 32 Ctr. Kartoffeln in der Stunde gut auswusch, liess bei 54 Ctr. noch viel auswaschbare Stärke im Reibsel.

Ferner sind die Siebe stets aufs Peinlichste rein zu erhalten. Wenn ein Sieb eine Zeitlang gearbeitet hat, so setzen sich in den Löchern der Bleche und noch mehr in den Maschen der Draht- bezw. Seidengaze Schleimmassen fest, welche die Oeffnungen verstopfen und das Sieb dort, wo dies der Fall ist, wirkungslos machen.

In solchem Siebschlamm finden sich Fasern, Schalentheile, Zellreste der Kartoffeln neben Stärkekörnern; schleimige Protoplasmareste, Bakterienschleim mit zahlreichen Stäbchenbakterien und Kugelbakterien und hefeartige Pilze. Die letzteren Vorkommnisse können dann ausserdem durch Erregung von Gährungserscheinungen in der Stärkemilch von Nachtheil werden, durch schlechtes Absitzen Blasenbildung, Buttersäuregeruch der Stärke und Auftreten rother und gelber Flecke beim Trocknen bewirken.

Ein Ansammeln solchen Schleimes muss deshalb durchaus vermieden werden. Das geschieht durch oftmaliges und gründliches Reinigen der Siebfläche.

Zu dem Behufe ist es dringend erwünscht, dass für jedes Sieb doppelte Siebrahmen vorhanden sind, so dass während der eine im Betrieb ist, der andere gereinigt werden kann und bei Bedarf nur ein Auswechseln beider nothwendig wird. Das Auswechseln muss in kleineren Fabriken wenigstens alle Tage, in grösseren alle 6 Stunden erfolgen, wenn nicht, wie beim Angele'schen Vollcylinder, eine Selbstreinigung vorhanden ist.

Das Reinigen der Siebe geschieht bei gelochtem Blech und Drahtgaze während des Betriebes durch Abbürsten von aussen her (bei Bürstencylindern und rotirenden Cylindern), oder bei stärkerer Verschlammung (beim Angele'schen Cylinder alle 8 Tage) durch Ausblasen mit Dampf. Dazu verwendet Angele eine Metalldüse von 2 mm Oeffnung mit hölzernem Handgriff, welche durch präparirten Dampfschlauch mit einer Dampfleitung verbunden wird (s. Abb. 101).

Nach Auswechslung des Siebrahmens dagegen wird dieser durch Abbürsten mit heissem, oder mit 1—2 Proc. Schwefelsäure versetztem Wasser und gründliches Nachspritzen mit reinem Wasser gesäubert. Bei starker Verschlammung kann man das Sieb auch mit doppeltschwefligsaurem Kalk (verdünnt 1 : 10) waschen oder am Dampfkessel trocknen lassen. Bei letzterem Verfahren wird der Schleim zu einer spröden, glasigen, dunkelbraunen Masse, welche sich sehr leicht und vollständig mit einer scharfen Bürste abbürsten lässt.

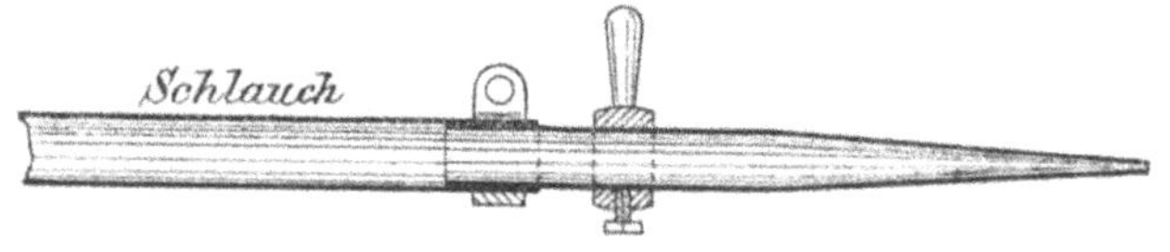

Abb. 101.

Vielfach brennt man auch die Siebe über einer Spiritusflamme oder über Strohfeuer aus und bürstet dann nach. Abgesehen davon, dass sich dabei leicht Russ in die Siebmaschen setzen und später Stippen geben kann, ist diese Art der Reinigung wenig zu empfehlen, weil die Drahtgaze oxydirt und allmählich stark angegriffen wird.

Seidengaze wäscht man am besten täglich mit heissem Wasser, dem man auf einen Eimer (13—14 Liter) etwa $^1/_4$ ℔ = 250 g calcinirter Soda zugiebt. Die Siebe werden mit dieser Lösung abgebürstet. Sind sie sehr stark verschlammt, so wäscht man sie mit schwefliger Säure von $2^1/_4{}^0$ Bé. und spritzt sie darauf schnell ab. Auch kann man sie durch einen Dampfstrahl ziehen.

Wie die Siebfläche, so muss man auch, namentlich bei eisenhaltigem oder schlammführendem Wasser, die Spritzrohre oft ausbürsten und die Löcher offenhalten, zu welchem Zwecke man dieselben an den Enden nur mit Holzspunden schliesst.

Die Befestigung der Siebbleche bezw. Drahtgaze auf den Siebrahmen geschieht bei ersteren durch direktes Aufnageln, bei letzteren unter Auflegen von Lederstückchen oder Blechstreifen — am besten 15 mm breiten Zinkblechstreifen — unter die Nägel. Als Nägel sind solche mit abgerundeten Köpfen zu bevorzugen. In manchen Fabriken wird die Gaze nur auf den Rand des Siebrahmens, nicht aber auch auf die zur Unterstützung dienenden Gitterleisten aufgenagelt, damit dort nicht Schlammwinkel entstehen.

Die Seidengaze wird umgefaltet, an den Ecken sauber abgerundet und mit einem 15 mm breiten Leinenband und 16 mm langen Blaustiften auf den Holzrahmen aufgenagelt. Scharfe Ränder und allzu straffes Aufspannen müssen vermieden werden. Manche Fabrikanten säumen die Seidengaze mit Leinwand doppelt ein und nageln sie erst dann auf. Sie soll dabei besonders geschont werden.

Wichtig ist auch die richtige Auswahl der Siebnummer für das Resultat der Auswaschung des Reibsels sowohl als für dasjenige des Feinsiebens der Stärkemilch.

Man belegt im Allgemeinen die Auswaschcylinder hinter der Reibe mit gelochtem Blech von $1/3$—$1/2$ mm Durchmesser der Lochung. Es wird dazu Messing- und Kupferblech verwandt. Dem Drahtgazebelag gegenüber hat das gelochte Blech den Vorzug, sich weniger leicht durchzubiegen, leichter sich rein zu erhalten und haltbarer zu sein.

Die Drahtgaze besteht aus Messingdraht oder Phosphorbronzedraht und ist entweder einfach oder geköpert. Die Nummer bezeichnet die Anzahl der Fäden, welche auf einen Zoll (2,6 cm) gehen, die Anzahl der Oeffnungen ist gleich dem Quadrat der Nummerzahl.

Bestimmte Regeln über die anzuwendende Siebnummer lassen sich für alle Verhältnisse passend nicht aufstellen, da die Wahl der Weite der Maschen abhängig ist von der Belastung des Siebes, von der Leistung der Zerkleinerungsapparate bezw. der Feinheit des Breies und endlich von der Abwesenheit oder dem Vorhandenseim eines oder mehrerer Feinsiebe.

Wo keine Feinsiebe für die Stärkemilch vorhanden sind, wie dies leider in vielen kleinen Fabriken der Fall ist, belegt man das Vorsieb, weil es die Hauptarbeit leisten muss, gröber, mit gelochtem Blech von $1/2$—$1/3$ mm Oeffnung oder Drahtgaze No. 35—40, das Sieb hinter dem Mahlgang bezw. einer anderen Nachzerkleinerung, da es weniger Auswascharbeit leisten muss, aber feinere Faser enthält, mit No. 50.

Jedenfalls ist es durchaus zu verwerfen, wenn dem Mangel der Abwesenheit eines Raffinirsiebes dadurch abzuhelfen gesucht wird, dass die Auswaschsiebe mit No. 60 bezw. 75 belegt werden, weil diese sich zu schnell verstopfen, und zwar eine faserärmere Milch gewonnen wird, aber sehr erhebliche Verluste an Stärke durch Verbleiben auswaschbarer Stärke in der Pülpe beim Verlassen der Fabrik eintreten. Sind dagegen Feinsiebe vorhanden, so kann man die Auswaschsiebe gröber und auch mit Sieben von gleicher Lochung bezw Maschenweite belegen. Man wählt dann für Vor- und Nachsieb Drahtgaze No. 30—40 oder gelochtes Blech von $1/2$—$1/3$ mm Durchmesser.

Die Feinsiebe belegt man unmittelbar hinter den Auswasehsieben mit Drahtgaze No. 60—75 oder Seidengaze No. 3—6. Wo ein zweites Feinsieb vorhanden ist, belegt man dasselbe mit Drahtgaze No. 90 bis 100 oder Seidengaze No. 7—9.

Eine grosse, sehr gut geleitete Fabrik belegte

Vor- und Nachsieb mit Drahtgaze No. 40.

1. Feinsieb (Trommel) mit Drahtgaze No. 60.

2. - - - - - 100.

Angele bringt auf dem Kataraktsiebe und der Siebtrommel gelochtes Blech von $1/3$ mm Lochöffnung, auf dem Feinsiebe Seidengaze No. 5 an.

Ob für Feinsiebe Draht- oder Seidengaze vortheilhafter ist, ist fraglich. Jene hat den Vorzug der grösseren Haltbarkeit, letztere den der grösseren Rauhheit des Fadens und daher besseren Festhaltens feiner Fasertheilchen.

Es ist nun von Wichtigkeit, dass der Stärkefabrikant darauf achtet, ob die gelieferten Siebgazen auch thatsächlich die gewünschte Feinheit besitzen. Es lässt sich das verhältnissmässig leicht mit einem sog. Fadenzähler feststellen, d. h. einem Instrument, bestehend aus einer kleinen Messingplatte, welche einen quadratischen scharfgeränderten Ausschnitt besitzt, welcher 1 cm oder $1/4$ Zoll im Geviert darstellt. Diesen setzt man auf die zu beurtheilende Gaze, so dass die linke Kante sich mit einem Drahte oder Seidenfaden deckt und zählt nun durch eine über dem Quadrat angebrachte Lupe die Anzahl Fäden, die bis zu der gegenüberliegenden Kante sichtbar sind.

Die Nummern der Drahtgazen sind gleich der Anzahl der Fäden auf 1 Wiener Zoll, die Nummern der Seidengazen sind willkürlich und meist schwankend, je nach der Fabrik, aus welcher sie stammen; doch weichen dieselben in den für Kartoffelstärkefabrikation in Betracht kommenden Nummern 4—13 nicht sehr weit von einander ab.

Es ist ferner wichtig sich zu überzeugen, ob die Maschen der Gaze auch in der That quadratische Oeffnungen sind und nicht vielleicht rechteckige, indem die Anzahl der Fäden, die nach einer Richtung hin verlaufen, z. B. der Schüsse (gerade Drähte) der geforderten Nummer entspricht, nach der anderen Richtung hin, d. h. die Anzahl der Kettenfäden (gewellte Drähte) aber grösser oder geringer ist. Solche Gewebe lassen leichter feine Faser durch.

Es fand z. B. von Freier bei einer als No. 160 gelieferten Drahtgaze nach einer Richtung hin 160 Fäden, nach der anderen aber nur 120. Verfasser hat ebenfalls eine Anzahl von 24 Metallgazen verschiedener Feinheit und verschiedener Herkunft nachgemessen und gefunden, dass bei etwa der Hälfte der Proben die Anzahl der Fäden oder Oeffnungen, welche auf den Zoll gehen, um mehr als zwei Fäden von der angegebenen Nummer abweichen; dass ferner nach Schuss und Kette sich recht erhebliche Unterschiede fanden, so bei einer No. 40 nach einer Richtung 40, nach der anderen 33 Fäden. Grosse Abweichungen zeigten namentlich eine No. 80, welche wirklich 76 bezw. 60 Fäden, und eine No. 100, welche 89 bezw. 110 Fäden aufwies.

Da es bei der Benutzung der Siebgazen und gelochten Bleche mehr auf die Grösse der Oeffnung (Masche) als auf die Anzahl der Fäden ankommt, da ja die Dicke des Fadens davon neben der Anzahl maassgebend ist, so hat Verfasser eine Reihe von Siebblechen und -gazen darauf hin untersucht.

Die mikrometrischen Messungen ergaben folgende Zahlenwerthe für gelochte Bleche bezw. Drahtgewebe von Julius Müller, Wildpark-Potsdam, und Seidengaze von Wilhelm Landwehr, Berlin. Die Zahl bezeichnet bei den gelochten Blechen den Durchmesser, bei den Geweben die Länge einer Seite der quadratischen Oeffnung.

Gelochte Bleche:

a) 0,7 mm Durchmesser = 0,38 qmm Oeffnung, bei 0,5—0,6 mm Abstand der Oeffnungen von einander.

b) 0,6 mm Durchmesser = 0,28 qmm Oeffnung, bei 0,5—0,55 mm Abstand von einander.

	Drahtgaze	Seidengaze
0,60 mm	No. 30	No. —
0,50 -	- 40	- —
0,40 -	- 50	- —
0,30 -	- 60	- 3
0,28 -	- —	- 5
0,25 -	- 70	- 6
0,21 -	- 80	- 7
0,19 -	- —	- 8
0,18 -	- 90	- —
0,17 -	- —	- 9
0,16 -	- 100	- —
0,15 -	- 110	- 10
0,14 -	- 120	- 11
0,13 -	- —	- 12
0,12 -	- —	- 13
0,11 -	- 150	- 14
0,10 -	- —	- 15
0,09 -	- 180	- 16
0,08 -	- —	- 17
0,07 -	- 220	- 18

Die Zahlen sind Mittelzahlen. Es weichen die Zahlen für einzelne Maschen aber oft sehr weit ab, und die Maschen sind oft mehr rechteckig als quadratisch. Bei den Drahtgazen ist das im Allgemeinen mehr bei den niedrigen, bei den Seidengazen mehr bei den hohen Nummern der Fall.

Zum Vergleiche der Nummern von Seidengaze und Drahtgaze kann die folgende Zusammenstellung dienen, welcher die Nummerirung der „echten Schweizer seidenen Müllergaze“ von Wilhelm Landwehr in Berlin zu Grunde gelegt ist.

Dieselbe hat auf 1 cm Faden

No.	3 = 23	entspricht	also	Drahtgaze	No.	60
-	4 = 24½	-	-	-	-	64
-	5 = 26	-	-	-	-	68
-	6 = 29	-	-	-	-	75
-	7 = 32½	-	-	-	-	84
-	8 = 34	-	-	-	-	88
-	9 = 38½	-	-	-	-	100
-	10 = 43	-	-	-	-	112
-	11 = 46	-	-	-	-	120
-	12 = 49	-	-	-	-	127
-	13 = 51	-	-	-	-	133
-	14 = 54	-	-	-	-	140
-	15 = 57½	-	-	-	-	150
-	16 = 61	-	-	-	-	159
-	17 = 64	-	-	-	-	166
-	18 = 66	-	-	-	-	172

Vergleicht man die vorstehende Tabelle mit der die Maschenweite angebenden, so ersieht man, dass die nach der Fadenanzahl gleichen Nummern von Draht- und Seidengaze auch bezüglich der Maschenweite übereinstimmen, dass also Draht- und Seidenfäden ziemlich gleich stark sein müssen. Eine Abweichung findet sich erst bei Drahtgaze No. 150 und darüber, Nummern, welche in der Nassmüllerei der Kartoffelstärkefabrikation keine Verwendung mehr finden.

Will also ein Stärkefabrikant von Drahtgaze zur Seidengaze übergehen, so wird er die bisher benutzte Nummer durch 2,6 dividiren, und erhält so die Anzahl der Fäden der Seidengaze auf 1 cm, welche er dem Fabrikanten der Seidengaze zur Auswahl der richtigen Nummer derselben vorlegt.

Um dem weniger mit der Stärkefabrikation Vertrauten eine Anschauung von der Feinheit des benutzten Siebmaterials zu geben, sind die nebenstehenden den natürlichen Grössenverhältnissen entsprechenden Abbildungen nach photographischen Aufnahmen hergestellt.

Bei der Drahtgaze ist auch die Art des Materials zu beachten. Messing hat im Allgemeinen 65 Proc. Kupfer und 35 Proc. Zinkgehalt neben geringen Mengen Blei u. A. Je kupferreicher das Messing ist, um so geschmeidiger kann man die Fäden daraus annehmen, je zink-

Gelochtes Blech.

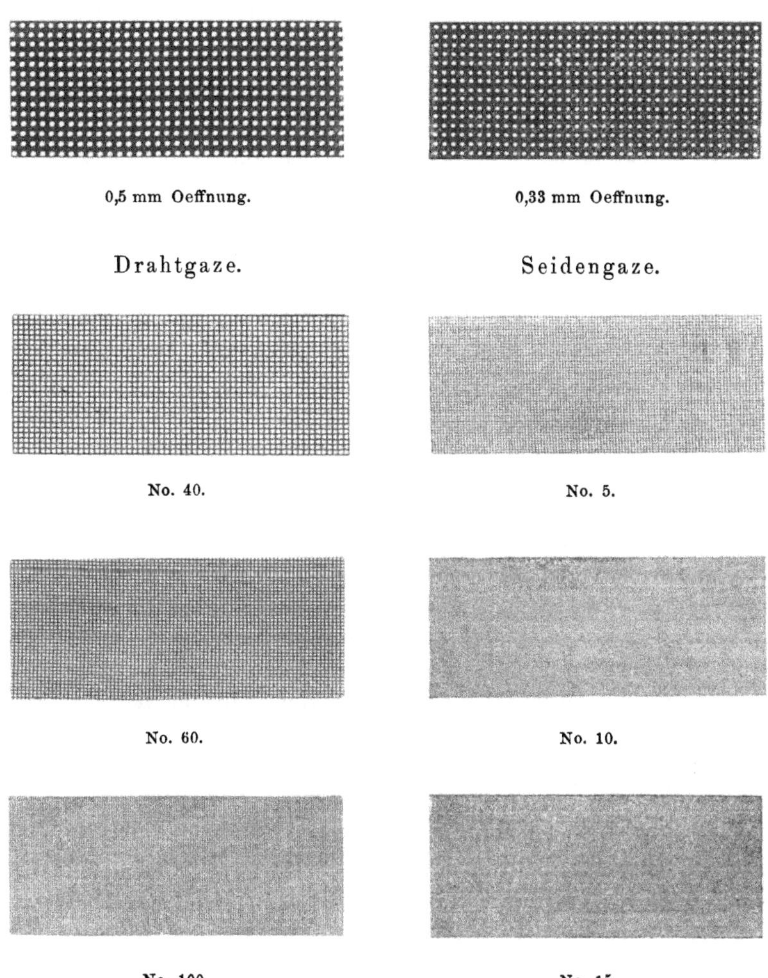

0,5 mm Oeffnung. — 0,33 mm Oeffnung.

Drahtgaze. — Seidengaze.

No. 40. — No. 5.

No. 60. — No. 10.

No. 100. — No. 15.

reicher, je leichter brüchig. Von den 24 bereits erwähnten Drahtgazeproben, welche 11 Bezugsquellen entstammten, fand nun Verfasser neben geringen Bleimengen, welche zwischen 0,16 und 0,7 Proc. wechselten und im Mittel 0,34 Proc. betrugen, Schwankungen im Kupfergehalt von 63 bis zu 76 Proc. Im Allgemeinen steigen die Kupfergehalte von No. 40 aufwärts zu No. 100, also mit der Feinheit des Fadens, und zwar im Mittel von 66 bis zu 71 Proc. Doch finden sich bei derselben Gazenummer verschiedener Herkunft auch grosse Unterschiede z. B. bei No. 40 von 63 bis 72 Proc.; bei No. 100 von 68 bis 76 Proc. Während endlich der eine Fabrikant bei den gangbarsten Nummern mit dem Ansteigen derselben den Kupfergehalt erhöht, thut dies ein anderer nicht, wie folgende Zahlen zeigen

			I.	II.
Drahtgaze No. 40	Kupfergehalt	=	63 Proc.	67 Proc.
- - 60	-	=	69 Proc.	68 Proc.
- - 100	-	=	76 Proc.	68 Proc.

Nach Kusserow soll auch ein etwas höherer Wismuthgehalt die Brüchigkeit besonders begünstigen, derselbe soll 0,05 Proc. nicht überschreiten.

Es zeigen die obigen Zahlen jedenfalls, dass das zu den Drahtgazen verwandte Material ein sehr wechselndes ist, und es wäre daher sehr wünschenswerth, dass diesem Umstande von den Fabrikanten mehr Beachtung geschenkt würde, indem sie Proben leicht brüchiger Gaze zur Prüfung einsenden. Der Geldschaden, den solche verursacht, kann ein recht erheblicher sein. Der Bruch erfolgt meist in der Richtung der Kette, indem der Schuss bricht. Es wäre also noch Schuss und Kette besonders auf die Zusammensetzung zu prüfen.

Es mag hier auch die Mittheilung Platz finden, dass Messinggaze, welche in frisch gekalkten (wohl feuchten Räumen) längere Zeit aufbewahrt wurde, danach brüchiger geworden sein soll.

Auch die Seidengaze muss, wenn sie haltbar und leistungsfähig sein soll, von bester Qualität sein, und deshalb sollte sie der Stärkefabrikant nur von bewährten Lieferanten beziehen, da er Mittel zu beurtheilen, ob die Gaze aus bester, stärkster Seide hergestellt ist, nicht besitzt.

Die Seidengaze behält bei richtiger Aufbewahrung jahrelang ihre Stärke und Elasticität. Dazu muss sie aber in einem trockenen, luftigen Raum gerollt oder locker zusammengelegt, vor Staub und Ungeziefer bewahrt lagern. In feuchten Räumen dagegen, in Falten gelegt, wird sie brüchig.

Prüfung der Leistungsfähigkeit der Zerkleinerungsapparate und Auswaschsiebe.

Ein Stärkefabrikant, welcher Werth auf eine hohe, gleichmässige Ausbeute von der Stärke legt, welche ihm in der Kartoffel dargeboten ist, wird im Laufe der Campagne die Leistung seiner Zerkleinerungs- und Auswaschapparate einer wiederholten Prüfung unterziehen müssen. Leider ist das bei einer Reihe von Betrieben nicht der Fall. Besonders kleinere Fabriken, deren Besitzer häufig nur ihre eigene Fabrik, andere Leistungen dagegen nicht kennen, üben diese Kontrolle nie oder nur ganz selten. Die Folge ist, dass sie oft jahrelang höchst mangelhaft arbeiten und Verluste auf Verluste häufen.

Gelegenheit, solche Kontrolle zu üben, ist geboten, indem der Verein der Stärke-Interessenten in Deutschland in Berlin ein Laboratorium besitzt, welches die dazu gehörigen Untersuchungen ausführt, und dessen Beamte auch an Ort und Stelle den Betrieb einer Prüfung unterziehen. Dass sich die Ueberzeugung der Nothwendigkeit einer solchen Kontrolle auch bei den Fabrikanten Bahn bricht, davon legt die alljährlich wachsende Anzahl von an dieser Stelle zur Untersuchung eingehenden Pülpeproben Zeugniss ab.

Zur Untersuchung sind heranzuziehen:

1. das Reibsel nach dem Vorsiebe,
2. die Pülpe aus dem Nachsiebe.

Beide Proben sind zunächst auf auswaschbare Stärke zu untersuchen. Die auswaschbare Stärke in Reibsel und Pülpe ist Stärke, welche von den Zerkleinerungsapparaten zwar freigemacht, auf den Sieben aber nicht völlig herausgewaschen worden ist. Ihre Menge giebt also den Maassstab für die Leistungsfähigkeit des Vorsiebes, wenn das Reibsel zur Untersuchung kam, für diejenige der gesammten Auswaschsiebe, wenn die Pülpe zur Untersuchung gelangte.

Die Prüfung auf auswaschbare Stärke ist einfach und von jedem Besitzer leicht selbst auszuführen.

Es wird eine genügende Menge Reibsel oder Pülpe, am Ende der Siebe mit einem Eimer aufgefangen, wobei man nicht die ganze Probe auf einmal, sondern kleinere Mengen von Zeit zu Zeit entnimmt und diese vereinigt, um einen besseren Durchschnitt zu haben. Diese Probe (etwa $^1/_2$ Eimer voll) wird durch ein grobes Haarsieb unter Wasser gewaschen bis sie frei von auswaschbarer Stärke ist (s. „Untersuchungsmethoden"), die vereinigten Waschwässer werden durch ein feines Seidengazesieb (No. 15) gegossen. Nach mehrstündigem Absitzen wird das Fruchtwasser abgegossen. Finden sich am Boden des Gefässes bei Pülpe grössere Mengen von Stärke, so ist die Leistung der Siebe eine ungenügende und, wenn sie früher gut auswuschen, die Reinigung der Siebflächen eine zu seltene oder ungenügende, oder Wassermangel, oder Ueberlastung des Siebes zu vermuthen. Bei gut ausgewaschener Pülpe bleiben nur ganz geringe Mengen Stärke zurück, deren Auswaschung technisch nicht mehr lohnend ist. Reibsel pflegt mehr Stärke zurückzulassen, doch ist es auch hier im Interesse besserer Nachzerkleinerung wünschenswerth, dass ihre Menge möglichst gering sei.

Zweckmässig ist es, falls sich grössere Mengen auswaschbarer Stärke in der Pülpe finden, eine gute Mittelprobe derselben an das genannte, oder ein anderes darauf eingerichtetes Laboratorium zur genauen Feststellung der Menge der auswaschbaren Stärke in der Pülpe und Berechnung der Höhe des Verlustes einzusenden.

Die Siebvorrichtungen waschen bisweilen auch in der Praxis fast vollständig die freigemachte Stärke aus, doch ist dieser Fall selten. Es bleiben meist geringe Reste derselben in der Pülpe. Wenn dieselben eine gewisse Höhe nicht überschreiten, so ist dagegen auch nichts einzuwenden, da die Erzielung einer vollständigen Auswaschung mit mehr Kosten verknüpft sein würde, als der geringe Mehrgewinn an Stärke deckt.

Verfasser erachtet als zulässige Grenzwerthe Mengen von auswaschbarer Stärke, welche nicht grösser sind, als dass aus ihnen ein Verlust an feuchter Stärke (mit 50 Proc. Wasser) von 0,3 Ctr. bei grossen, guteingerichteten, 0,5 Ctr. bei kleinen Stärkefabriken auf je 100 Ctr. verarbeiteter Kartoffeln sich berechnen lässt. (Vergl. „Untersuchungsmethoden").

Die Feinheit des von auswaschbarer Stärke völlig befreiten Reibsels giebt den Maassstab für die Leistung der Reibe, die Feinheit der gleich behandelten Pülpe denjenigen für die Gesammtwirkung der Zerkleinerungsapparate ab. Der Unterschied beider zeigt die Wirkung der Nachzerkleinerungsapparate.

Jede Pülpe, sei sie noch so fein gerieben und völlig ausgewaschen, enthält neben Faser, Eiweisskörpern u. A. m. noch eine wechselnde Menge Stärke. Dieselbe ist in Zellen der Kartoffel eingeschlossen, welche von den Zerkleinerungsapparaten nicht geöffnet worden sind, und wird deshalb als gebundene Stärke bezeichnet.

Es erscheint daher als das Natürlichste, die Feinheit von Reibsel und Pülpe nach ihrem Gehalt an gebundener Stärke zu beurtheilen, und da der Wassergehalt derselben stark schwankt, den procentischen Gehalt des völlig ausgewaschenen, von Wasser befreiten, also völlig trockenen Reibsels bezw. der Pülpe an Stärke als Ausdruck der Feinheit des Reibsels bezw. der Pülpe zu wählen, so dass also eine Pülpe, welche 60 Proc. gebundener Stärke in der wasserfreien Substanz enthält, besser zerkleinert wäre, als eine solche, welche 65 Proc. enthält.

Es ist aber bei diesen Zahlenangaben das Folgende zu berücksichtigen. Die Kartoffeln bestehen im Mehlkörper aus fast durchweg gleichartigen Zellen, nur dicht unter der Schale sind die Zellen etwas stärkeärmer. In denselben schwimmen die Stärkekörner im Zellsaft. Bei stärkereichen Kartoffeln sind in jeder Zelle viele Stärkekörner aufgespeichert, bei stärkearmen finden sich in jeder Zelle nur wenige Stärkekörner. Wenn also stärkearme und stärkereiche Kartoffeln gleich fein gerieben werden, d. h. wenn von beiden gleich viel Zellen zerrissen werden, so muss doch in den unzerrissenen Zellen und damit in der Pülpe mehr Stärke bei Verarbeitung stärkereicher, als bei Verarbeitung stärkerarmer Kartoffeln zurückbleiben. Es wird also auch bei bester Zerkleinerung immer die Pülpe stärkerreicher Kartoffeln einen grösseren Stärkegehalt haben, als die Pülpe von stärkearmen Kartoffeln.

Es kommt hinzu, dass manche Kartoffelsorten eine starke harte Schale uud dickwandige Zellen, andere eine zarte Schale und sehr dünnwandige Zellen, d. h. verschiedenen Fasergehalt besitzen. Je faserreicher aber eine Kartoffelsorte ist, um so mehr Gewicht an Pülpe muss sie liefern, und damit muss selbst bei gleichem Stärkegehalt der Pülpe einer faserreichen und einer faserarmen Kartoffel die faserreiche Kartoffel einen grösseren Gesammtverlust an Stärke in der Pülpe geben, als die faserarme.

Eine Kartoffel wird also bei gleich guter Verarbeitung um so grössere Verluste an Stärke in der Pülpe geben, je stärkereicher sie ist und je gröber ihre Schale und ihr inneres Zellgewebe befunden wird. (Vgl. auch Reibsel verschiedener Kartoffelsorten S. 141.)

Daher giebt auch der Stärkegehalt in der wasserfreien völlig ausgewaschenen Pülpe nur innerhalb gewisser Grenzen ein Bild von der guten oder schlechten Zerkleinerung.

Unter diesem Vorbehalt sind die im Folgenden angeführten Zahlen zu betrachten.

Raspelsiebreibsel enthält	70—80	Proc. Stärke in wasserfreier Substanz.
Sägeblattreibsel	60—70	- - - - -
Feingemahlenes Reibsel	50—60	- - - - -

Die niedrigsten vom Verfasser bei Pülpe gefundenen Zahlen an gebundener Stärke sind 42—44 Proc.; jedoch ist es dabei noch fraglich, ob die untersuchten Proben thatsächlich Pülpe, oder aber durch die Auswaschsiebe gegangene und auf dem Raffinirsieb zurückgebliebene feine Faser waren, also nur einen geringen Bruchtheil der ganzen Pülpe darstellten. Dass solche Proben auch nur selten sind, beweist folgende Zusammenstellung der 170 Pülpeproben, welche im Laboratorium des Vereins der Stärkeinteressenten im Laufe von 10 Jahren zur Untersuchung gelangten. Danach hatten

40—45 Proc. Stärke	= 6 Proben	= 3 Proc.		
45—50 - -	= 6 -	= 4 -		
50—55 - -	= 17 -	= 10 -		
55—60 - -	= 19 -	= 11 -	aller untersuchten Proben.	
60—65 - -	= 48 -	= 28 -		
65—70 - -	= 37 -	= 22 -		
70—75 - -	= 31 -	= 18 -		
75—80 - -	= 6 -	= 4 -		

Auf Fabriken von verschiedener Grösse und Leistungsfähigkeit vertheilen sich die Proben wie folgt:

	Proben aus einem Betriebe		
	gross	mittel	klein
40—45 Proc. Stärke	6	—	—
45—50 - -	2	4	—
50—55 - -	12	3	2
55—60 - -	3	9	7
60—65 - -	7	25	16
65—70 - -	3	16	18
70—75 - -	—	7	24
75—80 - -	—	3	3
	33	67	70

Dass die von den Auswaschsieben kommende Pülpe in dem Stärkegehalt von der von den Feinsieben kommenden nicht allzuweit abweicht, mögen folgende Beispiele zeigen.

Es enthielten Stärke in völlig ausgewaschener wasserfreier

	Pülpe vom Auswaschsieb	Faser vom Feinsieb	
I.	59,0 Proc.	57,0 Proc.	
II.	65,0 -	63,2 -	(No. 90)
III.	63,4 -	52,1 -	

Aus dieser Uebersicht ergiebt sich, dass mit der Grösse der Fabrik auch im Allgemeinen die Feinheit des Reibsels zunimmt. Es erklärt sich dies einfach auch daraus, dass die grösseren Fabriken mit besseren Maschinen ausgerüstet sind und einer aufmerksameren fachmännischen Leitung unterstehen als die kleineren.

Pülpe mit 60 Proc. aus stärkearmen und mit 65 Proc. aus stärkereichen Kartoffeln wird man als genügend zerkleinert ansehen müssen.

Wegen dieser Verhältnisse wird in den meisten Fällen eine Untersuchung auf den Gehalt an gebundener Stärke, welche auch nur von einem Chemiker ausgeführt werden kann, nicht Platz greifen, sondern es wird eine Prüfung der Feinheit des Reibsels bezw. der Pülpe durch ein geübtes Auge hinreichend sein, um ein Urtheil über die Leistung der Zerkleinerungsapparate zu gewinnen.

Schwarten, d. h. Schalentheile mit anhaftenden Theilen des Mehlkörpers der Kartoffel, sowie gröbere Stücke des letzteren darf ein gutes Reibsel nicht enthalten, die Pülpe keinesfalls. Je feiner ein Reibsel ist, um so dunkler, grauer oder bräunlicher sieht es nach dem Abpressen des Wassers aus; je stärkereicher es ist, um so heller, weisser.

Gut sichtbar wird die Feinheit des Reibsels bezw. der Pülpe, wenn man sie mit Wasser stark verdünnt, in einem Glasgefäss schüttelt und beobachtet.

In manchen Fällen wird es indess wünschenswerth bleiben, diese äussere Beobachtung durch die chemische Untersuchung der Pülpe zu ergänzen, z. B. um bis zu einem gewissen Grade der Sicherheit den durch mangelhafte Leistung der Zerkleinerungs- bezw. Auswaschapparate entstandenen Verlust festzustellen. Es ist dann nöthig, dass der Fabrikant die ihm mitgetheilten analytischen Angaben zu beurtheilen versteht, und es sollen daher hier einige Beispiele von Pülpeanalysen und die daraus zu ziehenden Schlüsse folgen.

Pülpeprobe		I.	II.	III.	IV.
Wasser	Proc.	81,77	84,52	93,98	91,59
Trockensubstanz	-	18,23	15,48	6,02	8,41
Gebundene Stärke	-	11,53	10,74	2,85	4,01
Auswaschbare Stärke	-	2,81	0,27	0,77	0,03
Gesammtstärke	-	14,34	11,01	3,62	4,04
Wasserfreie, völlig ausgewaschene Pülpe enthält Stärke, Proc.	-	74,8	70,60	54,40	48,0
Gesammtstärke enthielt Procente auswaschbarer Stärke	-	19,6	2,50	21,30	0,8

Es ist I. schlecht zerkleinert und schlecht ausgewaschen.
II. schlecht - - gut -
III. gut - - schlecht -
IV. sehr gut - - sehr gut -

Dabei ist angenommen, dass eine gut zerkleinerte Pülpe höchstens 60—65 Proc. gebundener Stärke enthält, eine gut ausgewaschene Pülpe aber nicht mehr an auswaschbarer Stärke als 5 Proc. der Gesammtstärke.

Aus diesen Zahlen kann man die zu erwartenden Verluste annähernd in folgender Art und Weise berechnen; z. B. bei der Pülpe I.: Nimmt man an, dass 100 Ctr. Kartoffeln rund 1,5 Ctr. Faser enthalten, und dass die wasserfreie Pülpe nur aus Faser und Stärke besteht, so enthält nach der Analyse die Pülpe I. nach völligem Auswaschen und Trocknen 74,8 Proc. Stärke und 25,2 Proc. Faser, und 100 Ctr. Kartoffeln hinterliessen in der Pülpe in Folge mangelhafter Zerkleinerung $\frac{74,8 \cdot 1,5}{25,2} = 4,45$ Ctr. wasserfreier Stärke. Bei guter Arbeit würde die völlig ausgewaschene, wasserfreie Pülpe aber nur 60 Proc. Stärke enthalten haben; 100 Ctr. Kartoffeln hätten also nur $\frac{60 \cdot 1,5}{40} = 2,25$ Ctr. wasserfreier Stärke in der Pülpe zurückgelassen, es wären also 4,45—2,25 Ctr. = 2,2 Ctr. wasserfreier oder 4,4 Ctr. feuchter Stärke (mit 50 Proc. Wasser) oder 2,75 Ctr. lufttrockener Stärke (mit 20 Proc. Wasser) aus 100 Ctr. Kartoffeln bei guter Zerkleinerung mehr gewonnen worden.

100 Ctr. Kartoffeln liessen, wie berechnet, in der Pülpe I. zurück 4,45 Ctr. wasserfreier gebundener Stärke. Nach den Angaben der Analyse gehören in Pülpe I. zu 11,53 Ctr. gebundener Stärke = 2,81 Ctr. auswaschbarer, wasserfreier Stärke. Es gehören also zu 4,45 Ctr. = $\frac{2,81 \cdot 4,45}{11,53} = 1,08$ Ctr. wasserfreier oder 2,16 Ctr. feuchter oder 1,35 Ctr. lufttrockener auswaschbarer Stärke. Diese wären also aus 100 Ctr. Kartoffeln durch völliges Auswaschen mehr zu gewinnen gewesen.

Es beträgt also der berechnete Verlust an Stärke auf 100 Ctr. Kartoffeln:

	feuchte Stärke		trockene Stärke
Durch mangelhafte Zerkleinerung	4,40	oder	2,75 Ctr.
- - Auswaschung	2,16	-	1,35 -
Gesammtverlust	6,56	oder	4,10 Ctr.

Bei einem Preise von 7 Mk. für 1 DCtr. (= 100 kg) feuchte Stärke, also einem sehr niedrigen Preise, würde sich dabei ein Verlust von 22,96 Mk. für je 100 Ctr. täglich verarbeiteter Kartoffeln ergeben, also bei einer 150tägigen Kampagne ein Verlust von 3444 Mk. Es geht daraus die Nothwendigkeit solcher Kontrollen recht deutlich hervor.

Von Stärkefabrikanten, welche ihre Stärkefabrik als Nebenbetrieb der Landwirthschaft führen, hört man oft die Ansicht aussprechen, für derartige Fabriken sei ein so gutes Ausarbeiten der Pülpe nicht erforderlich, da ja die in ihr bleibende Stärke beim Verfüttern der Pülpe an das Vieh genügend ausgenutzt werde. Verfasser hält es daher für nothwendig zahlenmässig nachzuweisen, dass diese Ansicht eine irrige ist.

Der Verlust berechnete sich bei dem obigen Beispiele selbst bei dem niedrigen Preise von 7 Mk. für 1 DCtr. feuchte Stärke auf 22,96 Mk. für je 100 Ctr. verarbeiteter Kartoffeln. Er betrug im Ganzen 6,56 Ctr. Stärke mit 50 Proc. Wassergehalt oder 3,28 Ctr. wasserfreier Stärke. Rechnet man nun den Futterwerth von 1 Pfund Stärke nach theoretischer Angabe, welche gegenüber der thatsächlich bezahlten stets zu hoch ist, zu 5,5 Pfennigen, so haben 3,28 Ctr. einen Futterwerth von 16,56 Mk., und es bleibt ein Verlust von 6,40 Mk. gegenüber der Verwerthung der Stärke als Handelswaare.

Die Gewinnung und Reinigung der Stärke.

Gewinnung der Rohstärke.

Die Stärkemilch, welche die Feinsiebe verlässt, ist eine Mischung von Stärkekörnern, feinen Fasertheilen, ausgeschiedenen Eiweissstoffen und Fruchtwasser, d. h. verdünntem Kartoffelsaft.

Zur Gewinnung der Stärke muss dieselbe zunächst von der Hauptmenge des Fruchtwassers getrennt werden.

Eine möglichst schnelle Trennung beider ist von grosser Wichtigkeit für die Qualität der fertigen Waare. Je länger die Stärke mit dem stark roth bis schwarz gefärbten Fruchtwasser in Berührung bleibt, um so weniger rein weiss erscheint das fertige Fabrikat. Es zeigt vielmehr graue, gelbliche, röthliche Farbentöne, welche, wenn auch noch so zart, die Qualität der Stärke verringern. Ferner setzen sich, wie Verfasser nachgewiesen hat, aus dem Fruchtwasser beim Stehen an der Luft eiweissartige Stoffe in grauen Flocken ab, diese vermehren die Schlammmassen und geben, da sie sehr schwer von der Stärke zu trennen sind, derselben leicht eine graue Farbe und dadurch geringeres Ansehen.

Ist es hiernach zweifellos von Vortheil, eine möglichst schnelle, am besten sofortige Abtrennung des Fruchtwassers zu bewirken, so ist es bisher doch nicht gelungen, technisch dieses Ziel zu erreichen. Versuche, das Fruchtwasser durch Centrifugen abzutrennen, sind daran gescheitert, dass eine sehr starke Schaumbildung eintrat, und dass die Centrifugentücher sich binnen Kurzem verstopften.

Man ist daher in der Praxis der Kartoffelstärkefabrikation bisher bei der einfachsten Form der Trennung von festen Stoffen und Flüssigkeit, der Trennung nach der specifischen Schwere, dem Absitzenlassen, stehen geblieben.

Nach der Art, wie dieses Absitzenlassen der Stärke erfolgt, ob in ruhender oder in bewegter Flüssigkeit, unterscheidet man zwei Hauptarten der Gewinnung der Stärke aus der Stärkemilch:

das Absatzverfahren und

das Fluthen- oder Rinnenverfahren.

Bei ersterem wird die Stärkemilch je nach der Grösse der Fabrik in einen oder mehrere, viereckige, gemauerte und cementirte Absatzkästen geleitet und 10—12 Stunden der Ruhe überlassen, und dann durch Abziehen oder Abhebern des Fruchtwassers die abgesetzte Stärke von diesem getrennt.

Bei letzterem wird die Stärkemilch auf lange, schmale und flache Rinnen geleitet, auf denen sich die Hauptmenge der Stärke absetzt, während das Fruchtwasser mit den Verunreinigungen und der leichteren Stärke abfliesst und durch Einleiten in unter den Rinnen gelegene Absatzkästen von dem Rest der Stärke befreit wird.

Das Absatzverfahren.

Dasselbe ist in kleineren Fabriken als das einfachste und die wenigste Aufmerksamkeit und Arbeit erfordernde fast allgemein eingeführt, doch arbeiten auch grössere Fabriken mit ihm in völlig zufriedenstellender Weise und erzielen mit ihm ein sehr gutes Produkt. Vielfach neigen sich sehr gewiegte Praktiker und Ingenieure in neuerer Zeit seiner Einführung wieder zu.

Bei der Arbeit mit dem Absatzsystem ist es vor Allem erforderlich, dass man genügend grosse Absatzräume für die Stärkemilch zur Verfügung hat, damit man nicht gezwungen ist, bei dem Auswaschen der Stärke aus dem Reibsel mit der Wassergabe zu sparen. Als hinreichender Absatzraum kann im Allgemeinen 10—12 cbm auf 25 Ctr. oder 0,4—0,5 cbm auf einen Centner verarbeiteter Kartoffeln angesehen werden.

Die Höhe der Absatzkästen beträgt 1—1,3 m. Sie höher anzulegen empfiehlt sich nicht, weil sonst die Absatzzeit zu gross wird. Man kann demnach auf je 25 Ctr. Kartoffelverarbeitung eine Fläche von rund 10—12 qm oder auf 1 Ctr. = 0,4—0,5 qm Fläche zur Anrechnung für Absatzgefässe bringen.

Die Absatzkästen werden in Mauerwerk von etwa 25 cm Dicke aufgeführt, mit etwas abgeschrägtem Boden zu leichterer Reinigung versehen und mit gut geglättetem Cementputz ausgekleidet.

Die Befüllung der Absatzkästen wird bei dem reinen Absatzsystem ausgeführt, indem ein Kasten nach dem anderen durch Verlegen der Milchrinnen, in denen die Stärkemilch von den Sieben hergeleitet wird, gefüllt und der Ruhe überlassen wird.

Die Zeit des Absitzens dauert gewöhnlich 10—12 Stunden. Nach Verlauf dieser wird das Fruchtwasser von der Stärke abgelassen.

Das Ablassen des Fruchtwassers von der abgesetzten Stärke kann in verschiedener Art erfolgen.

Die einfachste und älteste Art bestand darin, dass man die Wand des Absatzkastens nach dem Boden zu mit über einander liegenden Löchern versah, und diese mit Holzstöpseln verschloss, welche beim Ablassen von oben nach unten fortschreitend gezogen wurden, bis Stärke mit austrat.

Diese Art des Ablassens ist noch weit verbreitet und hat nur in der Weise eine Abänderung erfahren, dass die Lochöffnungen in einem gusseisernen Rahmen, oder einer sog. Steinbuchse, angebracht sind, welche fest in das Mauerwerk eingelassen wird. Die Löcher sind in Zickzackstellung so angeordnet, dass die tiefste Stelle des einen Loches noch etwas tiefer liegt, als die höchste des nächst tiefer angebrachten Loches, so dass die Abstände der Oeffnungen sich sehr verringern und den Ablass geringer Flüssigkeitsschichten ermöglichen (s. Abb. 103 b). Ausserdem ist in die Mauer noch eine Schlammluke eingelassen (Abb. 103 a), deren Deckel mit Gummidichtung versehen und durch Schraube und Bügel angedrückt wird. Die Abbildungen zeigen die Einrichtung wie sie *Gaul* und *Hoffmann* in Frankfurt a. O. anbringen.

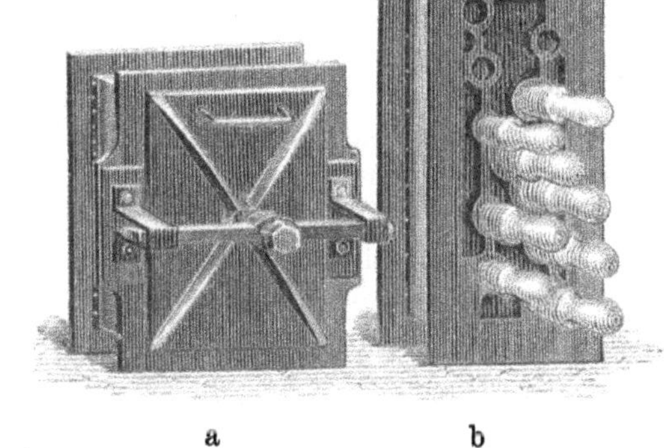

Abb. 103.

Eine andere Art des Ablassens ist diejenige durch *Heber*. Es sind das entweder einfache Blechheber von der Stärke einer Dachrinne, oder besser Heber von Kupferblech, deren Enden in Kästchen reichen, damit der Heber nicht Stärke mit ansaugt (s. Abb. 104). Der Heber wird durch Hineinlegen in das Fruchtwasser gefüllt und dann über den Kastenrand gehängt und durch ein treppenartig geschnittenes Brett in beliebiger Höhe erhalten.

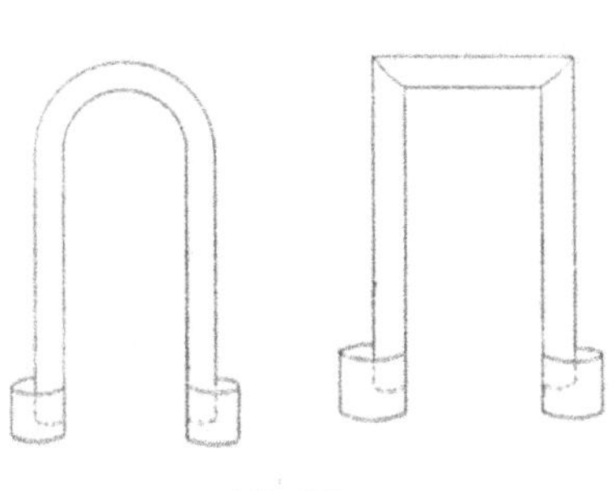
Abb. 104.

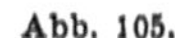
Abb. 105.

Den gleichen Zweck verfolgt in vollkommenerer Ausführung der *Abziehapparat* von *Uhland*-Leipzig (s. Abb. 105). Derselbe wird an der Bottichwand eingehängt und durch eine Stellschraube befestigt, dann wird das Heberrohr durch das an dem Apparat befindliche Getriebe auf die erwünschte Tiefe eingestellt, der Hahn unter dem Trichter geöffnet und in diesen Wasser gegossen, das abfliessende Wasser saugt das Fruchtwasser an, und sobald so der Heber gefüllt ist, wirkt er nach Schliessung des Hahnes dauernd weiter.

Eine dritte Art des Abziehens besteht in dem Ablassen des Fruchtwassers mit Gelenkrohren oder Schwimmern.

In beiden Fällen ist unten durch die Wand des Absatzkastens ein Rohrstutzen geführt, der an der Aussenseite frei mündet oder auch durch einen Hahn verschliessbar ist. An der Innenseite ist im ersteren Falle ein aufrechtstehendes Rohr mit Gelenk an dem Stutzen befestigt. Beim Ablassen wird das Rohr an einer Kette langsam immer tiefer in die Flüssigkeit schräg hineingelassen. Bisweilen findet man auch an der Aussenseite des Stutzens ein Gelenkohr, das allmählich beim Ablassen gesenkt wird.

Zweckmässiger aber, weil selbstthätig, wird an der Innenseite des Rohrstutzens ein Spiralschlauch angeschraubt und mit einem Brett am anderen Ende versehen, welches diesen auf der Oberfläche der Flüssig-

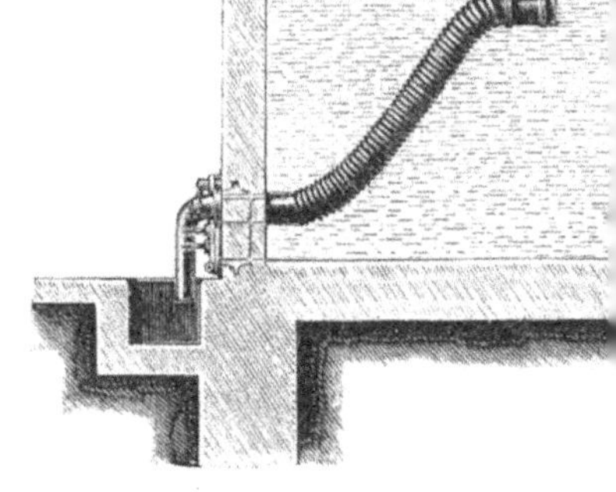

Abb. 106.

keit erhält. Dieser Schwimmer senkt sich, sobald der Hahn geöffnet, bezw. das an einer Kette während des Absitzens hochgezogene Brett auf die Flüssigkeitsoberfläche herabgelassen wird, in dem Maasse, wie diese sinkt, d. h. das Fruchtwasser abläuft.

Diese Einrichtung gestattet ein vollkommenes Ablassen des Fruchtwassers ohne Aufsicht unter normalen Verhältnissen, d. h. bei Verarbeitung der für die Fabrikeinrichtung vorgesehenen Kartoffelmenge und gutem Absitzen der Stärke. Für die Ausnahmefälle und für Reinigung der Absatzkästen ist dann neben dem Rohrstutzen noch eine Pforte mit Stöpsellöchern angebracht (s. Abb. 106).

Gegenüber den beweglichen Hebern haben die Schwimmer den Nachtheil, dass jeder Absatzkasten mit einer eigenen Ablassvorrichtung versehen sein muss, während von jenen ein Heber für viele Kästen genügt. Dagegen haben aber die Schwimmer den dauernden Vortheil, dass das Ablassen des Fruchtwassers schon einige Stunden (etwa 4—6) nach dem Befüllen des Absatzkastens beginnen kann, sobald die oberste Fruchtwasserschicht frei von Stärke ist. Man öffnet dann den Hahn nur theilweise und so weit, dass das Fruchtwasser allmählich (über Nacht) abläuft. Damit wird einmal an Zeit gespart, weil morgens bei Beginn der Arbeit der Kasten schon abgelassen ist, während das Ablassen sonst 1—1½ Stunden erfordert, und auch die Stärke mit abnehmender Flüssigkeitsschicht sich schneller setzt, andererseits aber auch eine schnellere Abtrennung des Fruchtwassers von der Stärke der Hauptmenge nach bewirkt wird.

Das Fluthen- oder Rinnenverfahren.

Dieses strebt eine schnellere Abtrennung des Fruchtwassers oder doch eines grossen Theiles desselben von der abgesetzten Stärke an, ohne jedoch dieses Ziel völlig zu erreichen. Es will des Weiteren, dadurch dass die Stärke sich nicht aus ruhender, sondern aus einer dahinströmenden Flüssigkeit absetzt, eine Entfernung der leichteren Faser- und Eiweisstheile und der kleineren Stärkekörnchen erreichen, indem diese von dem fliessenden Fruchtwasser mitgerissen und von der guten Stärke getrennt werden. Bei dem Absatzverfahren lagern sich diese Stoffe mit feinkörniger Stärke untermischt und geschichtet auf der grobkörnigen reineren Stärke ab.

Die Fluthen zur Gewinnung der Stärke aus der Stärkemilch sind gewöhnlich 20—30 m lange, 1,25—1,50 m bei mittleren, 5—6 m bei grossen Fabriken breite und 0,5—1,0 m tiefe, entweder aus Mauerwerk aufgeführte und cementirte Rinnen oder Holzfluthen, welche ganz schwaches Gefäll besitzen. Aus einem Vertheilungskasten am Anfang der Fluthe tritt die Stärkemilch über eine genau horizontal stehende Querwand über und vertheilt sich gleichmässig auf der Fluthe. Aus der mit mässiger Geschwindigkeit dahinfliessenden Stärkemilch setzt sich die Hauptmasse der Stärke auf der Fluthe ab, während der Rest mit Faser etc. stark untermischt von dem Fruchtwasser mitgeführt wird. Dieses wird in unter den Rinnen befindliche, meist in die Erde eingemauerte Absatzkästen, welche sich durch Ueberlauf einer aus dem anderen füllen, geleitet und so die mitgeführte Stärke daraus gewonnen. Zuletzt fliesst es in Absatzkästen ausserhalb der Fabrik, sog. Aussengruben oder Aussenbassins ab.

Je schneller der Strom auf den Fluthen ist, um so besser ist die Trennung von Stärke und Schlamm. Je stärker der Strom aber ist, um so länger muss auch die Fluthe werden, wenn die Stärke möglichst vollständig sich absetzen soll. Dazu müssten Fluthen von 2×40 m Länge über oder neben einander (rückkehrend) für eine Fluthung angelegt werden. Es geschieht dies der baulichen Einrichtung wegen aber meistens nicht. Man begnügt sich vielmehr mit 20—30 m langen Fluthen mit mässiger Stromgeschwindigkeit und nimmt es in den Kauf, dass mehr Stärke die Fluthen verlässt und die Menge der Nachprodukte eine höhere wird.

Auf der Fluthe befindet sich hart an der oberen Querwand die grobkörnigste, aber mit Sand noch untermischte Stärke. Die reinste und auch grobkörnige Stärke liegt auf der Mitte der Fluthe, am Ende dagegen feinkörnigere und schlammreichere. In manchen Fabriken wird daher auch die mittlere Stärke getrennt und für sich auf feinste Marke weiter verarbeitet.

Es sind gewöhnlich zwei ganz gleiche Rinnen neben einander angelegt, so dass die eine geleert wird, während auf der anderen gefluthet wird, so dass der Betrieb nicht unterbrochen werden braucht, wenn eine Fluthe ausgestochen, d. h. von der abgesetzten Stärke befreit wird.

Als normale Belastung der Fluthe betrachtet Angele 6 Liter Stärkemilch von etwa 3° Bé auf eine Rinnenfläche von 2,5 qm in der Minute.

Die Geschwindigkeit des Stromes auf den Fluthen beträgt 0,2 bis 0,1 m in der Sekunde und wächst natürlich, je mehr Stärke sich abgesetzt hat, weil dann eine stärker geneigte schiefe Ebene entsteht.

Die Fluthung fällt um so besser aus, je dünner die Stärkemilch genommen werden kann.

Zwischen dem durch das Absetzen aus ruhender oder bewegter Flüssigkeit streng geschiedenen reinen Absatz- und reinen Fluthenverfahren liegen nun eine Reihe von abweichenden Verfahren, welche ihre Benennung meist nur nach der äusseren Form der Gefässe haben und in der Praxis zu dem Absatzverfahren gezählt werden, wenn tiefere und kleinere Absatzräume zur Verwendung kommen, zum Fluthensystem, wenn grössere und flachere Verwendung finden. Streng genommen sind sie aber alle dem Fluthenverfahren zuzuzählen, weil bei ihnen ebenfalls ein Absitzen in bewegter, wenn auch oft sehr langsam strömender Flüssigkeit stattfindet.

Aeusserlich dem reinen Absatzverfahren am nächsten steht das sog.

Ueberlaufabsatzverfahren.

Bei demselben wird nicht ein Kasten nach dem anderen befüllt, sondern die Milch läuft ständig in einen Kasten und sobald er gefüllt ist, durch einen kleinen Ueberlaufeinschnitt an dem Rande der gegenüberliegenden Trennungswand zweier Kästen in den nächsten und, sobald derselbe auch gefüllt ist, in den übernächsten und so fort. Dabei bringt man die Ueberlaufstellen so an, dass sie wechselständig sind, und also das Fruchtwasser in einer Schlangenlinie durch die Kästen fliessen muss.

Dieses Verfahren wird meist dort angewendet, wo nicht genügender Absatzraum vorgesehen war, oder eine grössere Kartoffelmenge zeitweilig verarbeitet werden soll, als bei der Anlage der Fabrik geplant war. Sie hat jedoch dem reinen Absatzverfahren gegenüber den Nachtheil, dass in dem zweiten bezw. dritten Kasten oft so wenig Stärke vorhanden ist, dass sich ein Ausstechen derselben nicht der Mühe lohnt und also Stärkemilch vom folgenden Tage zur Stärke vom Tage vorher zugelassen wird, wodurch eine Stärke geringerer Qualität und mehr Schlamm erzeugt wird.

Wird dieses Verfahren statt in mehreren Kästen in einem einzigen, aber sehr grossen oder langen und flachen Kasten ausgeführt, so rechnet es der Praktiker zu den Fluthen und bezeichnet es als

Staufluthe.

Dieselbe stellt einen in Mauerwerk oder von Holz hergestellten, je nach der Grösse der Fabrik 20—60 m langen und 2—6 m breiten Kasten von nur 0,5 m Tiefe dar, der am unteren Ende einen Ueberlauf und eine Abflussrinne für das Fruchtwasser hat (s. Abb. 107, Vorderansicht und Querschnitt).

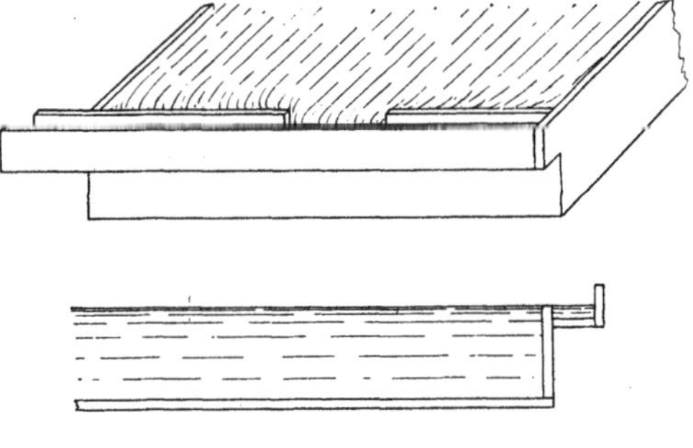

Abb. 107.

Bisweilen ist auch nur ein sehr grosser, der Quadratform sich nähernder Kasten von etwa 1—2 m Tiefe vorhanden, über dessen ganze Breite vertheilt die Stärkemilch langsam dahinströmt, um auf der entgegengesetzten Seite von Stärke fast befreit als Fruchtwasser in Aussengruben abzufliessen.

Ein von allen bisher genannten Verfahren abweichendes ist das der Gestalt der Gefässe wegen dem Absatzverfahren zugezählte

Untertauch-Absatzverfahren.

Dasselbe ist namentlich in einigen mecklenburgischen Fabriken von 250—500 Ctr. täglicher Verarbeitung an Kartoffeln eingeführt und brauchbar befunden.

Bei allen vorbeschriebenen Verfahren wird die Stärkemilch auf die Oberfläche der Flüssigkeit neu zugeführt, und die sich absitzenden Stärkekörnchen sind also gezwungen, sich durch die ganze Höhe der Flüssigkeit zu senken. Es tritt dadurch zweifellos eine Vergrösserung des zum Absitzen nöthigen Zeitraumes und ein mechanisches Mitniederreissen von verunreinigenden Theilen durch die Stärkekörner ein.

Bei dem Untertauch-Verfahren tritt dagegen die neuzugeführte Stärkemilch von unten her in den Absatzkasten ein, und es steigt das Fruchtwasser langsam in diesem auf, während die Stärkekörnchen der Hauptmenge nach gleich am Boden bleiben.

Erreicht wird das dadurch, dass an der Seite des Kastens 1 (s. Abb. 108, Oberansicht und Querschnitt), an welcher die Stärkemilch eintritt, eine Querwand a in 20—30 cm Entfernung von der Einfassungswand angebracht wird, welche nicht ganz bis zum Boden des Absatzraumes herabreicht, sondern in 30 cm Entfernung von ihm endet und nur durch einzelne unterbrochen gestellte Steine getragen wird. In den Zwischenraum zwischen beiden Wänden wird die Stärkemilch eingeleitet, fliesst unter der Querwand durch und steigt in dem Hauptraum des Absatzgefässes auf; dabei setzt sich die Hauptmenge der Stärke gleich am

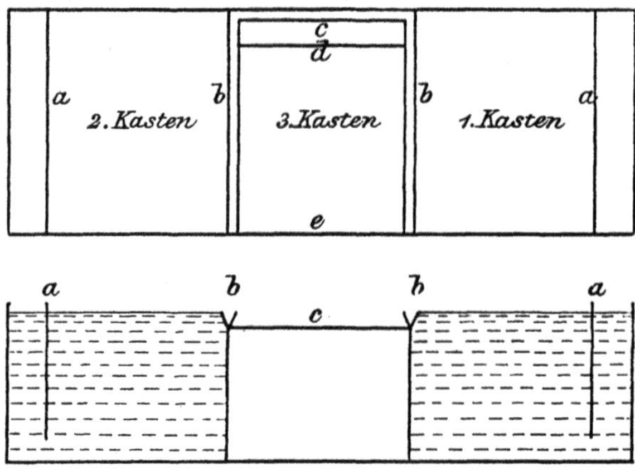

Abb. 108.

Boden ab. Hat das aufsteigende Fruchtwasser die Höhe der Wand b erreicht, welche etwas niedriger ist als a, so läuft es in eine auf deren Oberkante eingelassene Rinne über, welche das Fruchtwasser in die Rinne c führt, aus der es in den Kasten 3 übertritt. Hier muss es wieder unter der Querwand d hindurch, um im Kasten 3 aufzusteigen und endlich bei e stärkefrei abzulaufen.

Es wird nun an einem Tage in den Kasten 1 gerieben und am nächsten Tage dieser abgelassen und ausgestochen und inzwischen in Kasten 2 gerieben. Kasten 3 enthält so wenig Stärke, dass dieselbe nur sehr selten ausgestochen wird. In einer Fabrik, in welcher er lange Zeit nicht geleert war, hatten sich Gährungserscheinungen in der Stärke gezeigt, welche sich dadurch bemerklich machten, dass in dem Fruchtwasser weisse, aus Bakterienschleim mit eingelagerten Stärkekörnern bestehende Massen aufstiegen.

Verfasser rieth daher an, den Kasten 3 ebenfalls täglich abzulassen, ihm einen abgeschrägten Boden mit Abfluss nach dem Schlammquirl zu geben und, wenn sich ein Ausstechen der geringen Stärkemenge nicht bewerkstelligen liesse, den Bodensatz nach dem Ausfluss hin durch Wasserstrahl zu spülen. Ehe der Kasten 1 oder 2 so vollgerieben ist, dass er überläuft, ist diese Arbeit gethan. Nach Mittheilungen des Besitzers bewährte sich dies gut.

Zweckmässig erscheint es ferner die Rinne c ihrer ganzen Länge nach mit Löchern zu versehen, damit sich das Fruchtwasser möglichst gleichmässig auf die ganze Fläche des Absatzraumes vertheilt.

Der Vortheil dieses Verfahrens beruht einmal darin, dass man die Absatzkästen tiefer als gewöhnlich machen kann (1,7 statt 1,25 m) und dadurch auf geringerem Flächenraum die Milch einer grösseren Kartoffelmenge unterbringen kann; ferner darin, dass die Stärke stets mit frischem, unzersetztem Fruchtwasser in Berührung ist, und dass endlich durch das aufsteigende Fruchtwasser feinere Verunreinigungen, wie sich ausscheidende Eiweissflocken und Stippen, leichter von der durchfallenden Stärke getrennt und fortgeführt werden, während sie bei der gewöhnlichen Art zu arbeiten von den die ganze Fruchtwasserhöhe langsam durchsinkenden Stärkekörnern mit hinabgerissen werden. Endlich lässt sich die Einrichtung leicht in schon vorhandene Absatzkästen einschalten.

Wie gross die Ersparniss an Bodenfläche bei diesem Verfahren ist und wie stark also bei mangelndem Absatzraum Abhülfe geschafft werden kann durch Einführung dieser Einrichtung zeigt folgende Angabe. Eine mecklenburgische Fabrik von 360—400 Ctr. täglicher Verarbeitung hatte 3 Untertauch-Absatzkästen von 5,2 m Länge; 4,8 m Breite und 1,7 bezw. 1,5 m Tiefe, bedeckte also eine Bodenfläche von rund 75 qm und hatte einen Absatzraum von 120 cbm.

Nach gewöhnlichem Absatzverfahren sind auf 1 Ctr. Kartoffel erforderlich 0,4—0,5 cbm. Absatzraum und bei 1 m Höhe ebenso viel Quadratmeter Fläche (s. S. 216) also für 380 Ctr. täglicher Verarbeitung 150—190 cbm Raum bezw. Bodenfläche. Man braucht also für das Untertauchverfahren nur die Hälfte der Bodenfläche und etwa $^2/_3$ des Raumes wie für das gewöhnliche Verfahren.

Der Schaum.

Sehr lästig erweist sich bei der Gewinnung der Stärke aus der Stärkemilch für den Stärkefabrikanten der Schaum. Derselbe wird zum grössten Theil schon beim Reiben und Nachzerkleinern der Kartoffeln gebildet. Auf den Auswaschsieben wird zwar ein Theil desselben entfernt, die grössere Menge findet sich aber auf den Feinsieben und auf den Absatzkästen bezw. Fluthen.

Auf diesen bildet er eine im Laufe des Tages sich mehr und mehr aufthürmende Schicht, welche von Zeit zu Zeit fortgeschoben werden muss und zu Unreinigkeit und Erschwerung der Arbeit beiträgt. Ausserdem hat er aber auch Verluste im Gefolge, denn er besteht zum grössten Theile wenigstens dem Gewichte nach aus Stärke. Bei der Schaumbildung auf den Milchsieben geht dieselbe mit der abgesiebten feinen Faser in die Pülpe und bedeutet also einen direkten Verlust. Der Schaum auf den Absatzkästen und Fluthen wird aber auf die Aussengruben abgeschoben. Hier wird er bald in den oberen Theilen durchsichtig und grossblasig und erhält das Aussehen einer thauenden Schneedecke. Er ist in diesen Theilen stärkefrei. Die Stärkekörner senken sich also und gehen nicht verloren, sie gelangen aber statt in das erste Produkt in das letzte und geben minderwerthige Stärke. Immerhin ist die belästigende Seite der Schaumbildung höher anzuschlagen als die Verluste herbeiführende, denn wenn man den sehr voluminösen Schaum eintrocknet, bleibt nur ein sehr geringes Gewicht übrig.

Der Schaum entsteht durch starke Bewegung und Mischung des Fruchtwassers mit Luft, wie sie in der Reibe, bei der Nachzerkleinerung, beim Pumpen und Fallen der Stärkemilch auf die Siebe und von ihnen in die Absatzräume stattfindet.

Bewirkt wird die Schaumbildung durch die löslichen Eiweissstoffe im Fruchtwasser, wie Verfasser nachweisen konnte. Wenn man nämlich frisch bereitetes Fruchtwasser schüttelt, so giebt es eine hohe, lange Zeit bleibende, weisse Schaumdecke. Fällt man es jedoch vorher mit Gerbsäurelösung, wobei sich alle Eiweissstoffe flockig abscheiden, so erhält man beim Schütteln nur eine grossblasige, sofort zusammensinkende Schicht, aber keinen bleibenden Schaum mehr. Da aufgekochtes oder mit Schwefelsäure versetztes Fruchtwasser, in welchem nur ein Theil der Eiweissstoffe gefällt ist, auch starke, bleibende Schaumbildung zeigt, so sind es also die schwerer fällbaren der löslichen Eiweissstoffe, welche den Schaum veranlassen.

Ein sicheres Mittel, den Schaum abzuwehren, giebt es nicht. Vorgeschlagen und versucht ist es durch Zusatz von wässrigen Auszügen der von den Gerbereien abfallenden, gebrauchten Lohe diese Eiweissstoffe zu entfernen. Dieselbe ist aber offenbar so gerbstoffarm, dass die Auszüge wirkungslos waren.

Auch birgt ein Zusatz selbst wirkungsreicher Gerbsäurelösungen, welcher schon in der Reibe erfolgen müsste, Gefahren in sich, da es fraglich ist, ob sich die gefällten Eiweissstoffe leicht im Laufe der Verarbeitung wieder entfernen lassen, und weil sie, wenn dies nicht der Fall ist, der Stärke eine graue Färbung ertheilen können.

Eine kleine Abhülfe gewährt ein zeitweiliges Benetzen des Schaumes mit Wasser. Es erfolgt dasselbe zweckmässiger aus der Brause einer Giesskanne als mit scharfem Wasserstrahl, dessen aufschlagende Wirkung neuen Schaum erzeugt.

Es ist auch vorgeschlagen worden, hinter der Reibe an Stelle der

Reibselgrube einen Quirl anzubringen und darin das Reibsel mit viel Wasser durchzurühren, wobei der Schaum auf diesem Quirl bleiben, und die Siebe weniger Schaum geben sollen. Es ist sehr wahrscheinlich, dass durch stärkere Verdünnung des Fruchtwassers der Schaum vermindert wird.

Der wesentliche Kampf gegen den Schaum wird jedoch mit vorbeugenden Mitteln geführt werden müssen. Dazu gehören, genügender Wasserzufluss zur Reibe und zu den Sieben, gutes Auswaschen des Reibsels vor der Nachzerkleinerung, Vermeidung zu oftmaligen Pumpens von Reibsel und Fruchtwasser. Centrifugalpumpen dürfen nicht als Milchpumpen Verwendung finden. Zur Vermeidung von Stoss wählt man Pumpen mit grossen Dimensionen, Windkesseln und nicht mehr wie 25 Hin- und Hergängen in der Minute.

Ganz besonders muss man auch grosse Fallhöhen für die Stärkemilch beim Ueberleiten auf Siebe und in die Absatzgefässe vermeiden, vielmehr möglichst überall die Milch in geschlossenen Rinnen leiten.

Eine Verminderung des Schaumes konnte auch auf folgendem Wege erzielt werden.

In einer älteren Fabrik waren ausser zwei alten und kleineren Raffinir-Schüttelsieben noch neuerdings zwei sechstheilige, rotirende Cylindersiebe als Raffinirsiebe aufgestellt, und es ging die Milch von diesen über die beiden Schüttelsiebe. Nun hatte auf den letzteren stets eine sehr unangenehme Schaumbildung sich bemerkbar gemacht, welche auch durch die Zwischenlegung der Cylinder-Raffinirsiebe sich nicht verminderte. Von den Sammelmulden der letzteren fliesst die Stärkemilch durch ein geschlossenes Blechrohr den Schüttelsieben zu. An diesem Rohr nun wurde etwas vor dem Auslauf auf die Schüttelsiebe auf der Oberseite ein kurzer, etwa 20 cm hoher an der Spitze gemshornartig umgebogener Rohrstutzen aufgesetzt. Sobald die Milch durch das Rohr läuft, wird der oben auf schwimmende Schaum in diesen Rohrstutzen gedrückt und fliesst in gleichmässigem etwa fingerdickem Strahl in ein besonderes kleines Bassin ab, in welchem derselbe zusammensinkt bezw. niedergespritzt wird. Stärke sammelt sich in diesem Bassin nur wenig an. Auf den Schüttelsieben ist eine nur ganz geringe Schaumbildung zu bemerken.

Ein derartiges Schaum-Schälrohr wird nun jedenfalls auch auf den Stärkemilch-Zuleitungsrohren zu den Absatzbassins bezw. zu den Fluthen, auf denen der Schaum sich besonders unangenehm bemerkbar macht, von guten Diensten sein, und es ist ein Versuch damit jedenfalls einfach und ohne wesentliche Unkosten anzustellen.

Die Reinigung der Rohstärke.

Die in den Absatzkästen oder auf den Fluthen abgesetzte Rohstärke bildet eine mehr oder weniger feste, meist mit einem Spaten ausstechbare, gelb bis bräunliche, oder grau gefärbte, mehr oder weniger faserreiche Masse, welche häufig verschiedene stärke- und schlammreichere Schichten zeigt.

Nach Untersuchungen des Verfassers schwankt der Wassergehalt zwischen 50 bis 55 Proc. Derselbe kann aber unter bestimmten Umständen ein viel höherer sein. Die Menge der Nichtstärke ausser Wasser (Faser, Sand, Stippen) schwankt zwischen 0,2—1,1 Proc. und kann natürlich bei mangelnden Feinsieben für die Stärkemilch noch erheblicher sein. Je besser das Feinsieben ausgeführt wurde, um so fester, weisser und faserärmer ist die Rohstärke.

Es gilt nun, diese Rohstärke von der Faser, wenn sie noch in grösseren Mengen vorhanden ist, und von den in ihr vertheilten Fruchtwassermengen zu reinigen und die Hauptmenge der Eiweissflocken, Stippen u. A., kurz zusammengefasst die Schlammtheile zu entfernen.

Dabei tritt eine Trennung der Stärke ein, indem der grösste Theil als erstes Produkt oder Primastärke sofort gewonnen, der andere mit Schlamm stark verunreinigte als Abfallstärke einer weiteren Verarbeitung unterworfen werden muss.

Die mechanischen Mittel zur Reinigung der Rohstärke sind nun vornehmlich zweierlei Art: die Reinigung geschieht entweder

in Waschbottichen oder
auf Fluthen (Reinfluthen).

Waschbottiche.

Die Waschbottiche oder auch Quirlbottiche genannten Gefässe sind entweder hölzerne, eiserne oder aus Mauerwerk mit Cementputz hergestellte, runde oder viereckige Bottiche, in deren Mitte sich ein festes oder tief und hoch zu stellendes, an senkrechter Welle befestigtes und aus zwei meist durchbrochenen Rührscheiten bestehendes Rührwerk befindet. Dasselbe wird durch direkte Riemenübertragung oder durch Zahnräder angetrieben. Die Rührbottiche sind feststehend oder beweglich.

Die feststehenden besitzen einen abgeschrägten Boden mit Reinigungsventil an der tiefsten Stelle und eine Schlammluke zum Ablassen von Fruchtwasser und Schlamm, oft auch nur eine Stöpselbuchse, wie die Absatzkästen (s. S. 217).

Aufgestellt werden sie gewöhnlich in der Nähe der Absatzkästen oder Fluthen, so dass ein direktes Ueberstechen der Rohstärke mit Schippen nach ihnen ermöglicht, ein weiterer Transport aber thunlichst vermieden wird.

Ist die Stärke aus den Absatzgefässen in die Quirle übergestochen, so wird reines Wasser hinzugegeben, und das Rührwerk in Bewegung gesetzt. Ein festes Rührwerk muss daher so hoch angebracht sein, dass es sich an den Stärkeblöcken nicht stösst; ein bewegliches wird allmählich von oben nach unten gesenkt, bis alle Stärke in Milch verwandelt ist. Es wird dann noch eine Stunde gerührt, um eine gehörige Mischung zu erzielen, dann das Rührwerk hochgezogen, und die Stärkemilch zum Absitzen der Stärke der Ruhe überlassen.

Für kleinere Fabriken mit Absatzsystem, welche täglich 100 bis 150 Ctr. Kartoffeln verreiben, genügt die genannte Art der Ueberführung der Rohstärke in die Quirle, da man die Quirle leicht so stellen kann, dass jeder von zwei Absatzkästen aus leicht erreichbar ist.

In grösseren Fabriken mit Absatzsystem muss man die Rohstärke aber beliebig auf den oder jenen Quirl vertheilen können. Man trug die Rohstärke in diesen dann in Mulden, oder fuhr sie in Karren zu den Waschbottichen hin. Das erforderte gesteigerte Arbeitskraft und führte durch Verspritzen und Verlorengehen von Stärke auf dem Wege vom Absatzkasten zum Quirl zu Verlusten an guter Stärke und zu Unsauberkeit.

Diesen Uebelständen hat W. Angele-Berlin durch sein neues Verfahren zur Vertheilung der Rohstärke aus den Absatzkästen in die Waschbottiche vollkommen abgeholfen (s. Abb. 109 S. 228). Angele bringt auf dem Bordrand der Absatzbottiche, an ihrer Vorderseite entlang laufend, eine auf kurzen Säulen ruhende, eiserne Transportschnecke an. In diese wird die Rohstärke direkt geschippt oder bei höheren Absatzgefässen erst auf ein in halber Höhe derselben leicht einzuhängendes Tragbrett und von dort in die Schnecke gebracht. Unter mässigem Wasserzulauf am Ende der Schnecke zermahlt diese die Rohstärkestücke zu einer dicken Stärkemilch und führt diese durch eine Rinne einem unterirdischen Rührwerk zu. Aus diesem hebt die Rohstärkepumpe die Milch in eine über den Waschbottichen aufgehängte, mit Ablaufstutzen über jedem Quirl versehene Holzrinne. Durch Schieber kann dieselbe beliebig so abgestellt werden, dass die Milch in jeden beliebigen Quirl geleitet werden kann.

So wird nicht nur ein leichter, sauberer und verlustfreier Transport der Rohstärke vom Absatzkasten zu jedem beliebigen Quirl erreicht, sondern auch noch eine wesentliche Zeitersparniss erzielt. Bei einfachem Ueberstechen in den Quirl bleibt die Stärke in diesem liegen bis zur Beendigung desselben, d. h. 1 Stunde. Dann erst wird sie aufgerührt, wozu $^1/_2$—1 Stunde erforderlich ist, und dann wird noch 1 Stunde gerührt. Letzteres ist nothwendig, um eine gute Trennung von Schlamm und Stärke zu erzielen. Es verstreichen also $2^1/_2$—3 Stunden, bis die Stärke zum Absitzen kommt. Bei Angele's Verfahren wird die Stärke gleich nach dem Ausstechen fortdauernd gerührt, und es genügt, noch $^1/_4$ Stunde nach Befüllung des Quirls zu rühren. Es nimmt also Ausstechen und Quirlen nur $1^1/_4$ Stunde fort.

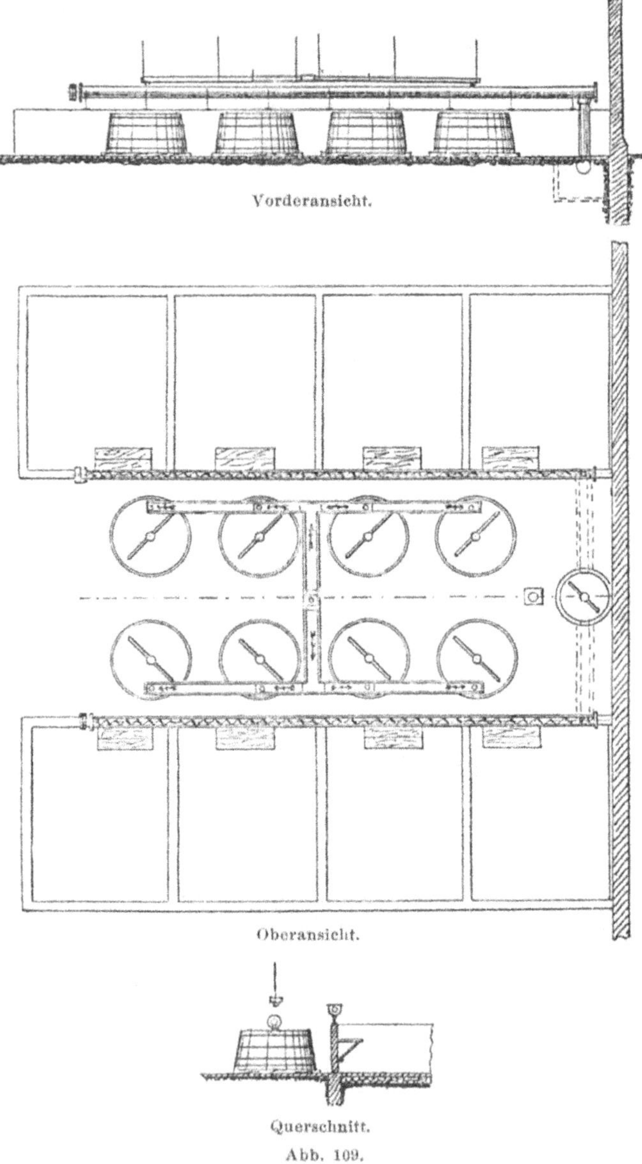

Abb. 109.

Liegen die Quirle alle in einer Reihe und ebenso die Absatzkästen, so kann man Pumpe und unterirdischen Rührquirl sparen, indem man dem Troge der Stärkeschnecke nach jedem Quirlbottich hin einen verschliessbaren Auslauf giebt und die Schnecke zu Links- und Rechtsgang einrichtet. Soll ein Absatzkasten rechts nach einem linksstehenden Waschbottich entleert werden, so lässt man die Schnecke so laufen, dass sie nach links transportirt, im umgekehrten Falle aber nach rechts, und öffnet nur den Ablass zu dem betreffenden Waschbottich.

Das Absitzen der Stärke findet in 6—10 Stunden, je nach der Güte, Reinheit und der Menge der Stärke statt. Es setzen sich dabei der Sand und die grossen Stärkekörner zu unterst ab, ersterer dicht bei der Rührwelle, darauf eine Schicht reiner guter Stärke und oben auf eine Schlammschicht, d. h. eine Mischung von kleinkörnigerer Stärke mit Faser, Eiweissflocken, Stippen u. s. w. Nach dem Absitzen der Stärke wird das überstehende Wasser abgehebert oder abgelassen, wie bei den Absatzkästen, und dann die Schlammluke geöffnet. Die Schlammschicht wird bei feststehenden Quirlen mittels Holzkrücken mit Wasser aufgerührt und durch die Schlammluke entfernt, bei beweglichen, kippbaren abgekratzt und durch einen Wasserstrahl abgespritzt, oder auch bisweilen in der Weise entfernt, dass etwas Wasser in dem Quirl belassen, die Schlammschicht durch Einsenken und Antreiben des Rührwerks aufgerührt und dann abgelassen wird.

Die zurückbleibende Stärke wird nun nochmals mit reinem Wasser aufgerührt, wieder eine Stunde gequirlt und dann der Ruhe überlassen. Nach 6—10 Stunden wird das Ablassen und Abschlammen wiederholt. Ist die Stärke dann noch nicht rein genug, so wird das Aufwaschen noch ein drittes Mal vorgenommen.

Die nun im Quirl verbleibende Stärke ist bei kleineren Fabriken, welche nur nasse Stärke produciren, das fertige Produkt, welches ausgestochen und in Säcke gefüllt wird.

Bei den Trockenstärkefabriken wird sie ausgestochen oder mit Wasser aufgerührt und abgepumpt und zur Centrifuge befördert.

Bei näherem Eingehen auf die Konstruktion der Waschquirle und ihre Handhabung ist das Folgende zu beachten:

Als Material zum Aufbau der Quirle wird cementirtes Mauerwerk, Holz und Eisenblech verwandt.

Die Verwendung von Eisenblech ist eine seltene. Es hat dieses wohl seinen Grund darin, dass eine Gefahr des Rostens stets vorliegt. Rost trägt aber zur Gelbfärbung der Stärke auch in geringster Menge bei. Bei fortwährendem Gebrauch ist dieselbe an und für sich gering. Es werden aber bei der starken Bewegung im Quirl geringe Mengen von Eisentheilchen stets abgerieben werden, und diese können beim Trocknen der Stärke Rostbildung hervorrufen. Ein Vortheil kann in Verwendung von Eisen nur bei sehr niedrigen Eisenpreisen und gegenüber Holz in der grösseren Haltbarkeit gefunden werden.

Am weitesten verbreitet sind die gemauerten und cementirten Quirlbottiche. Dieselben sind sehr dauerhaft, besonders wenn sie gut cementirt und geglättet sind.

Gegenüber den eisernen und hölzernen Quirlen haben sie den Nachtheil der grösseren Raumeinnahme, vermöge der grösseren Wandstärke (13—25 cm gegen 2—5 cm) und der Unbeweglichkeit.

Die hölzernen Quirlbottiche haben für sich die Beweglichkeit, die geringere Raumeinnahme, die Unangreifbarkeit durch Säuren (beim Schlammarbeiten), gegen sich die geringere Haltbarkeit.

Der Vortheil der Beweglichkeit beruht in Folgendem. Bei den festen Quirlen muss die Schlammschicht über der guten Stärke, die Schlammstärke, mit Wasser aufgerührt und abgelassen oder mit Krücken abgezogen werden. In beiden Fällen wird viel gute Stärke mit-

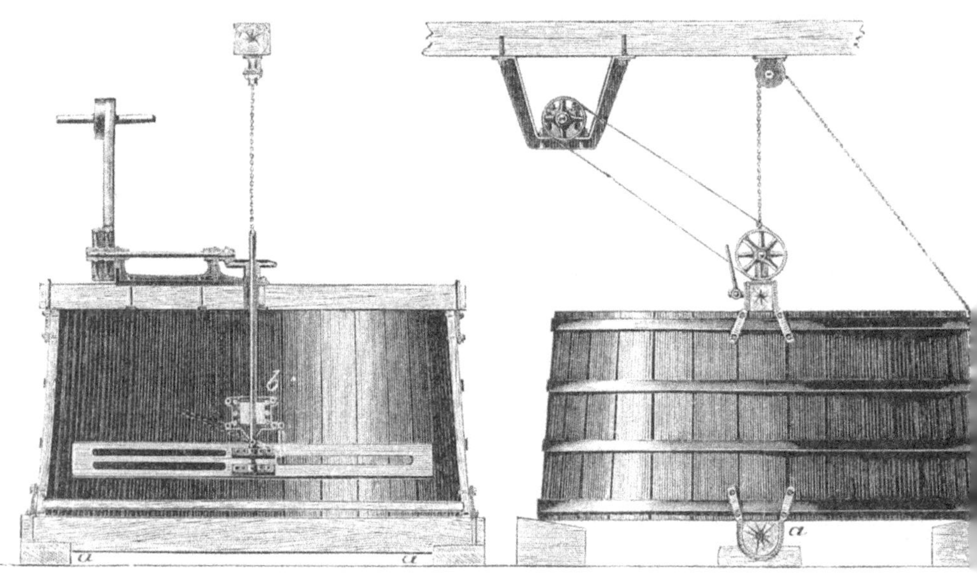

Abb. 110.

gerissen und das Abschlammen zeitraubend und nie ganz vollständig, da beim Anziehen der Holzkrücke stets an beiden Seiten ein Theil der Flüssigkeit zurückströmt. Die beweglichen Quirle (s. Abb. 110) sind dagegen auf einem unten abgerundeten Balken a aufgestellt und durch Keilhölzer von der Seite gestützt. Sie können also durch Heben mit Winde und Fortziehen der Keile zur Seite geneigt, gekippt werden, und es ist die Schlammstärke leichter und mit verhältnissmässig wenig Wasser von der schrägen Oberfläche sauber abzuspritzen. Wenn die Stärke schwimmig ist, d. h. sich schlecht und locker absetzt, kann ein Kippen allerdings nicht stattfinden, da dann gute Stärke leicht mit abfliesst. Jedoch sind das nur Ausnahmefälle.

Verfasser ist daher geneigt, sich für die Holzquirle als vortheilhafter gegenüber den festen zu entscheiden. Die geringere Haltbarkeit der Holzquirle kann durch geeignete Behandlung sehr erhöht werden. Damit sie nach Schluss der Kampagne nicht leck werden, müssen sie gut ausgetrocknet und von aussen mit Oelfarbe gestrichen und nur ab und zu mit Wasser angespritzt werden, da bei dauerndem Stehen von Wasser in ihnen dasselbe fault. Auch hat es sich bewährt, die gut ausgetrockneten Bottiche innen mit roher angewärmter Karbolsäure auszustreichen. Vor Beginn der Kampagne werden sie dann ausgewässert. Uhland-Leipzig empfiehlt ein Bestreichen derselben mit Schaal's Esterlacken von J. Nebrich in Köln a. Rh., welche schnell trocknen und emailleartige Flächen geben.

Eine Frage, welche in Kreisen der Praktiker vielfach sehr verschiedene Beantwortung erfährt, ist diejenige, ob es zweckmässiger sei, runde oder viereckige Quirlbottiche einzuführen. Verfasser möchte sich über dieselbe wie folgt entscheiden;

Die viereckigen Quirlbottiche haben vor den runden darin einen Vorzug, dass sie den Raum besser ausnutzen und einfacher aufzubauen sind. Die Furcht, dass in den Ecken todte Winkel entstehen, in denen die Stärke undurchgemischt sich absetzt, ist unbegründet, im Gegentheil wird die Stärkemilch in ihnen energischer durchgerührt werden, da sie in den Ecken sich stauend zurückgeworfen und durcheinander gepeitscht wird. Daher sind viereckige Rührwerke dort, wo es sich lediglich um ein Mischen der Stärkemilch handelt, sogar vorzuziehen, dort aber, wo die Quirle dazu dienen die Stärke zu reinigen, gebührt den runden Quirlen der Vorrang, weil sich nach Beendigung des Rührens die Milch gleichmässig beruhigt, während sie in den viereckigen Rührwerken gerade wieder durch das Anstauen in den Ecken länger unruhig bleibt und durcheinander geworfen wird. Die Abscheidung des Schlammes von der Stärke wird dadurch beeinträchtigt und die Stärke weniger gut gereinigt. Jedenfalls empfiehlt es sich bei viereckigen Quirlen behufs leichterer Reinigung die Ecken unten abzurunden.

Dort wo das Waschwasser nach dem Absitzen der Stärke nicht abgehebert wird, ist es empfehlenswerth einen Rohrstutzen mit Hahn an dem Waschbottich in solcher Höhe anzubringen, dass bei seinem Oeffnen nur das klare über der Schlammschicht stehende Wasser abgelassen werden kann. Dadurch hat man den Vortheil dieses fast stärkefreie Wasser gleich den Aussengruben zuführen zu können und nicht zuviel Wasser in den Schlammquirl beim Abschlammen zu bekommen, so dass es leichter ist in diesem eine richtige Koncentration der Schlammmilch herzustellen.

Die Entleerung der Schlammstärke aus dem Waschbottich findet durch eine Schlammluke statt. Es ist unzweckmässig, dieselbe so einzurichten, wie bei den Absatzkästen, d. h. so dass sie nach dem Losschrauben des Bügels ganz entfernt wird, weil man dabei die Höhe der Schlammschicht, welche nicht immer dieselbe ist, nicht beachten und gute Stärke verlieren kann. Vielmehr muss dieselbe fest am Bottich angebracht und nur in der Richtung von oben nach unten verschiebbar sein.

Man erreicht dies für Holzbottiche mit einer durch Hebel verstellbaren Pforte (s. Abb. 111) oder für Cementbottiche mit der Angele'schen Pforte (Abb. 112), bei welcher der an Laufstangen geführte Schieber durch eine Schraube gehoben und gesenkt wird, welche in einer am Bottich befestigten Mutter läuft.

Es ist empfehlenswerth die Schlammpforte thunlichst lang herzustellen. Einmal, weil sich die Stärke verschieden gut absetzt, und ferner, weil man es dann in der Hand hat, den Bottich beliebig mit Stärke zu füllen, sei es auf $^1/_2$, $^1/_3$ oder $^1/_4$ seiner Höhe. Gewöhnlich sind die Schlammluken in $^1/_3$ oder $^1/_2$ der Höhe des Bottichs angebracht

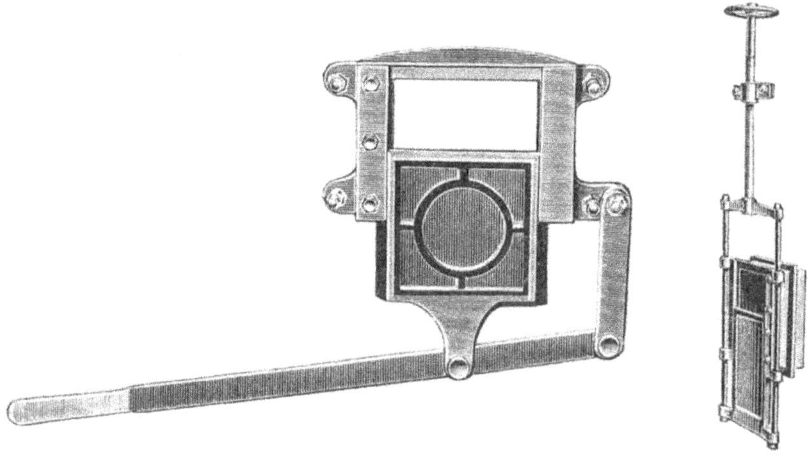

Abb. 111. Abb. 112.

und von zu geringer Höhe. Dann muss man den Bottich stets bis zu dieser Höhe füllen, um überhaupt abschlammen zu können.

Die Quirle selbst sind Rührflügel, welche an einer senkrechten Welle fest oder beweglich angebracht sind. Die festen Rührflügel sind nicht zweckmässig. Da sie so hoch angebracht werden müssen, dass sie nach dem Absitzen der Stärke über dieser sich befinden, weil sie sonst beim Anlassen abbrechen, so rühren sie sehr langsam auf. Die beweglichen Rührflügel können dagegen gehoben und gesenkt werden, und sie werden beim Aufrühren langsam gesenkt, in dem Maasse wie die Stärke zu Milch wird.

Für Herststellung der Beweglichkeit giebt es eine Reihe von Konstruktionen. Bei auf dem Boden des Bottichs aufstehender Welle werden die Flügel durch Hebel oder Schrauben (s. Abb. 113b) oder an Handgriffen gehoben, und in letzterem Falle durch einen Riegel festgestellt an der vierkantigen Welle (Abb. 113a). Oder es hängt das Rührwerk an zwei Ketten, welche durch eine an der Welle befestigte Rolle mit Sperrhaken und Kurbel aufgewunden werden.

Bei anderen hängt die Welle frei in den Bottich hinein und kann durch Rolle und Kette gehoben werden (s. Abb. 113c). Sie trägt eine Nute der Länge nach, in welche ein Zapfen des Zahnradantriebes eingreift, durch den sie gefasst und gedreht wird.

Diese, sowie Hebeleinrichtungen, bieten den Vortheil, dass der Rührflügel von aussen her gehoben und gesenkt werden kann, während der Arbeiter bei den anderen das Heben und Senken nur auf einem über den Bottich gelegten Brett stehend ausführen kann. Die am Boden aufstehenden Rührwerke können in nicht kippbaren Waschbottichen angebracht werden.

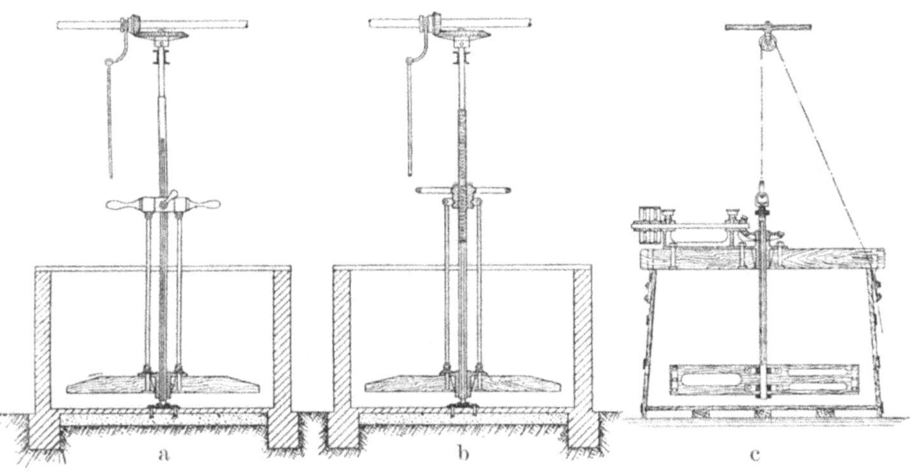

Abb. 113.

Die Anzahl der Umdrehungen, welche die Rührflügel machen, richtet sich nach dem Durchmesser des Bottichs. Für einen mittelgrossen Bottich von etwa 3 m Durchmesser genügen 22—24 Umgänge in der Minute. Bei grösserem Durchmesser genügen weniger, bei kleinerem wählt man mehr, etwa 28—30.

Bei den auf dem Boden aufsitzenden Wellen kann der Antrieb direkt von einer Transmission mit Zahnrad erfolgen (Abb. 113a und b), doch sind zu lange Wellen zu vermeiden. Bei den anderen erfolgt er durch doppelte Zahnräder an horizontaler Welle mit Riemenantrieb (s. Abb. 110 S. 230 und Abb. 113c).

Da der Antrieb also häufig durch Zahnräder erfolgt, welche geschmiert werden, so ist zu bedenken, dass hier eine Quelle für Stippenbildung bezw. Gelbfärbung in der fertigen Stärke gegeben ist.

Bei dem starken Reiben der Zähne der Räder gegen einander werden Eisentheilchen abgerieben, welche so fein sind, dass sie mit den Stärkekörnern die Siebe durchdringen. Mit dem Schmieröl zusammen geben sie einen schwarzen Staub, von dessen Menge man sich leicht überzeugen kann, wenn man an der Welle unter dem horizontalen Zahnrade eine Holz- oder Blechscheibe zum Auffangen desselben anbringt. Dieselbe bedeckt sich bald mit einem Ringe schwarzen Staubes, in welchem sich bei mikroskopischer Prüfung schwarze, in Salzsäure sich mit gelber Farbe lösende Eisen-Flitterchen zeigen, welche in einem Gemenge russartiger Theile und Fetttröpfchen eingebettet sind. Diese geben, in die Milch im Quirl fallend, Stippen und können sich auch an der Luft beim Trocknen zu Eisenoxyd oxydiren und so Gelbfärbungen veranlassen.

Man muss daher oben genannte Schutzscheiben anbringen.

Ebenso empfiehlt es sich durchweg in der ganzen Fabrik unter den Lagern der Transmissionen Blechkännchen zum Auffangen der abtropfenden Schmiere anzubringen.

Auch die Konstruktion der Rührscheite ist eine verschiedene. Dieselben sind entweder voll und halb schräg gegen einander in sich kreuzender Richtung gestellt, oft unten gezackt oder mit Bürsten versehen, oder senkrecht stehend und durchbrochen, und zwar das eine mit einem Längsschlitz und das andere mit zweien (Abb. 110). Von Wesentlichkeit ist es wohl nicht, ob diese oder jene Konstruktion zur Verwendung kommt.

Bezüglich der Grösse und der Befüllung der Quirle sind folgende Verhältnisse zu berücksichtigen.

Die Befüllung der Quirle mit Stärke ist in verschiedenen Fabriken je nach den ihnen zu Gebote stehenden Mitteln oder der Arbeitsweise sehr verschieden.

In manchen Fabriken, besonders in den kleinen Nassstärkefabriken werden die Quirle so befüllt, dass sie nach dem Absitzen halb voll Stärke, halb voll Wasser sind. In anderen beträgt die Stärkeschicht nur $^1/_3$ der Bottichhöhe und bisweilen nur $^1/_5$ und $^1/_6$.

Jedenfalls gilt als allgemeines Gesetz: Es ist richtiger, 2 mal mit viel Wasser, als drei oder mehrere Male mit wenig Wasser zu waschen. Denn es ist allgemein beobachtet, dass die Stärke, je länger sie mit Wasser in Berührung bleibt, um so schwerer sich setzt und um so geringer in der Farbe ausfällt.

In kleineren Fabriken haben die Quirle 1,75—2 m Durchmesser, in grösseren meist 2,5—3 m Durchmesser bei einer Höhe von 1—1,25 m[1]). Es entspricht das einem Inhalt von 2,5—7 cbm. Auf 5 cbm rechnet

---

[1]) Man macht die Quirlwand gern etwas höher, als die des anstossenden Absatzkastens, damit der Schaum nicht übertritt.

man in den grösseren Fabriken 20 Ctr. trockner Handelsstärke als Füllung.

Quirle mit grösserem Durchmesser finden sich selten und sind weniger praktisch, weil die Vertheilung der verschiedenen Produkte erschwert wird.

Das Herausschaffen der Stärke aus den Quirlen geschieht entweder durch Ausstechen der Stärke mit Spaten, oder durch Aufrühren mit Wasser und Abpumpen der Stärkemilch.

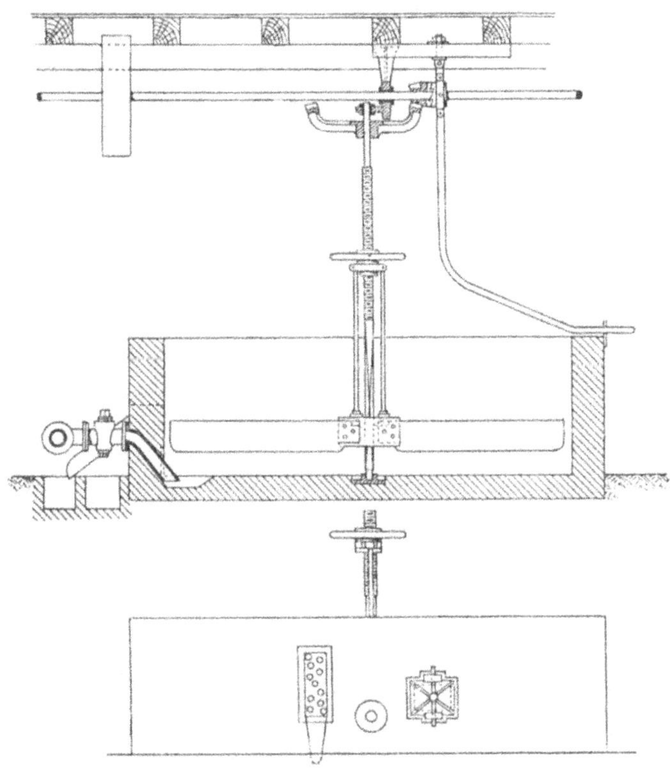

Abb. 114.

Das erstere geschieht ausschliesslich in den Stärkefabriken, welche nur feuchte oder grüne Stärke herstellen. Es wird das hier nach dem gewöhnlich nur einmaligen Quirlen und Abschlammen fertige Produkt entweder in gemauerte und cementirte Vorrathskästen gebracht oder sofort in Säcke gefüllt. Man bedient sich zu dem Zwecke einer an der dem Bottichrand aufliegenden Seite breiten, nach der anderen Seite sich bis zur Breite eines Sackes zuspitzenden hölzernen Schurre. Damit nicht Stärke über die Sacköffnung hinweg fallen kann, bringt Angele an der unteren Hälfte ein gewölbtes Schutzblech daran an, sodass die Schurre wie ein Trichter in den Sack hineinragt.

Auch in manchen grossen Fabriken sticht man die Stärke aus dem Waschbottich mit Spaten in grossen viereckigen Blöcken aus und schneidet mit einem langen Messer die untere und obere Seite ab, um die Sand- und Schlammreste enthaltenden Schichten zu entfernen. Es geschieht das zur Gewinnung einer besonders feinen Waare. Das Abgeschabte wird wieder in den Betrieb gebracht.

Das Abpumpen geschieht nornehmlich dort, wo die Stärke centrifugirt wird, also in der Mehrzahl der Trockenstärkefabriken; es bietet den Vortheil der Zeit- und Arbeit-Ersparniss und auch der grösseren Sauberkeit.

Das Abpumpen geschieht nun bei festen Auswaschbottichen durch ein auf dem Rande oder an der Unterseite der Waschbottiche hinlaufendes Kupferrohr, welches nach der Milchpumpe geht, und von welchem nach jedem Quirl hin abgezweigt ein Saugrohr mit Hahnverschluss entweder in denselben frei hineinhängt oder durch die Mauerwand eingeführt ist. Abbildung 114 S. 235 zeigt die Ausführung von Gaul & Hoffmann, Frankfurt a. O.

Bei den kippbaren Holzquirlen geschieht das Abpumpen durch Ventile mit angesetztem Spiralschlauch. Angele führt denselben in eine kleine offene, mit Bordrand umsäumte Grube mit abgeschrägtem Boden, in welche auch das Saugrohr der Milchpumpe reicht, und die Milch in dem Maasse, als sie aus dem Waschbottich zuläuft, absaugt. Es hat diese Eiurichtung den Vorzug, dass das Abpumpen offen vor sich geht und also Verstopfungen nicht eintreten können.

Reinfluthen.

Bei der Reinigung der Stärke auf Fluthen, den Reinfluthen, wird die Rohstärke in unterirdische Rührwerke gebracht, und dort mit Wasser zu einer Milch angerührt. Da diese Rührwerke nur den Zweck haben, die Stärke flüssig zu erhalten, mit Beendigung der Arbeit aber geleert werden, so sind sie mit festem Rührwerk versehen.

Aus ihnen wird die Stärkemilch abgepumpt, um entweder direkt oder nach vorherigem Durchgang durch ein Feinsieb auf die Fluthe geleitet zu werden, je nachdem die Stärkemilch hinter den Auswaschsieben feingesiebt war oder nicht. Wenn gesiebt wird, so belegt man das Feinsieb mit Drahtgaze etwa No. 70. Die von diesem ablaufende Milch kommt auf die Reinfluthe.

Die Reinfluthen sind fast immer aus Holz hergestellt. Es sind 15—25 m lange, 1,5—2 m breite und etwa 0,5 m tiefe Rinnen, in welchen man die Stärke bis zu einer Höhe von etwa 30 cm sich absetzen lässt.

Es hat sich als zweckmässig erwiesen, die Vertheilung der Stärkemilch auf die Fluthen recht gleichmässig über die ganze Breite derselben zu bewirken, da sich dann die Stärke auch in gleichmässig hoher Schicht in der Richtung der Breite auf denselben absetzt, während, wenn sie einseitig einströmt, bald ein Trichter und von diesem ausgehend eine Rinne wie ein Flussbett in der abgesetzten Stärke entsteht, in welcher die Milch mit weit grösserer als der gewünschten Geschwindigkeit dahinfliesst. An den Borden des Gerinnes setzen sich Schlamm und Stärke schichtenweise über einander, und es wird viel gute Stärke von der Fluthe fortgeschwemmt.

Man bringt daher an der Zuflussstelle der Milch zur Fluthe eine Querwand an, welche etwas niedriger ist als die Wände der Fluthe, und lässt die Stärkemilch dicht über dem Boden des so entstehenden Kastens aus einem Rohre austreten, sie muss dann in dem Kasten aufsteigen und über die Querwand übertreten. Dieser giebt man eine genau horizontale Oberkante und besetzt diese auch wohl mit einer Eisenschiene oder einem ausgezackten Zinkblechstreifen. Diese Art der Fluthenbefüllung hat auch noch den Vortheil, dass geringeres Schäumen eintritt, als wenn der Stärkemilchstrahl direkt auf die Fluthe aufschlägt.

Zweckmässiger noch richtet man den Kopf der Fluthen ähnlich wie beim Untertauch-Absatzsystem ein, indem man die Milch zwingt, unter eine nicht ganz zum Boden reichende Querwand unterzutauchen und dann über eine zweite Querwand überzutreten (s. Abb. 115). In diesem Kasten setzt sich auch die Hauptmenge des Sandes ab.

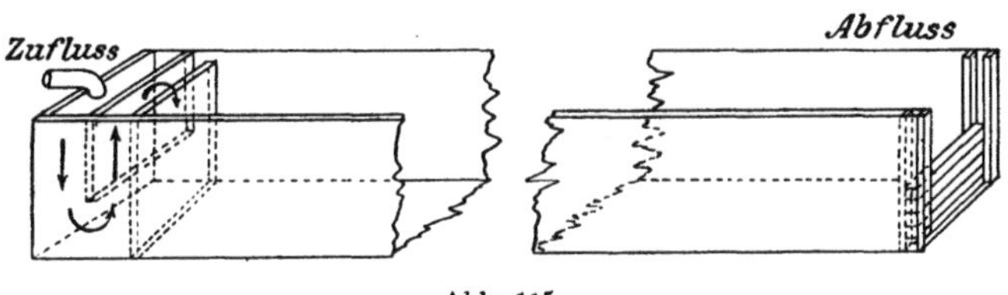

Abb. 115.

Anstatt die Milch direkt vom Siebe in die Fluthe eintreten zu lassen, wobei sie sich etwas entmischt, kann man auch in die Leitung einen kleinen Holzquirl von etwa 1 hl Inhalt einschalten, in welchem die Stärkemilch gleichmässig gemischt wird, und von dem sie dann sehr gleichmässig abläuft. Es ist dann unten an dem Quirl ein Rohr mit Hahn angebracht, welches bis fast auf den Boden des Sandfanges am Kopf der Fluthe reicht. Der Hahn dient zur Regulirung des Zuflusses.

Am Ende der Fluthen sind Vorrichtungen angebracht, welche verhindern sollen, dass bei fortgesetztem Fluthen die Stärke beim Absitzen eine immer schräger werdende schiefe Ebene bildet, wodurch eine wachsende Stromgeschwindigkeit und dadurch grosse Verluste an erstem Produkt entstehen würden.

Dieselben bestehen in Nuten, in welche man Holzstäbe einlegt, in dem Maasse, wie die Stärkeschicht an Höhe zunimmt. Zwischen den Holzstäben wird ein Tuch hin- und hergehend eingelegt, um eine bessere Dichtung zu erzielen (s. Abb. 115).

Oder es ist am Ende der Fluthe eine Holzplatte oder Eisenplatte angebracht (s. Abb. 116), welche durch zwei Schrauben mit Stellhebeln verschiebbar und gegen den Fluthenboden durch eine mit einer Leiste übernagelten Wergpackung a abgedichtet ist.

Die Holzfluthen stehen meist auf Schraubenfüssen, welche in etwa 2 m Entfernung von einander an einem in der Höhe des Fluthenbodens an den Seitenwänden aussen hinlaufenden Bordrande angreifen und ein Heben und Senken der Fluthe ihrer ganzen Länge nach zulassen zur Regelung des Gefälles.

Man giebt der Fluthe auf die ganze Länge (20 m) nur etwa 1 bis 2 cm Gefäll, damit das Wasser am Schluss des Fluthens ablaufen kann.

Die Holzkonstruktion der Fluthen muss, wenn sie eine gute Leistung aufweisen sollen, eine sehr sorgfältige sein. Uhland-Leipzig giebt hierfür folgende Vorschriften: Nicht jeder nächstbeste Tischler

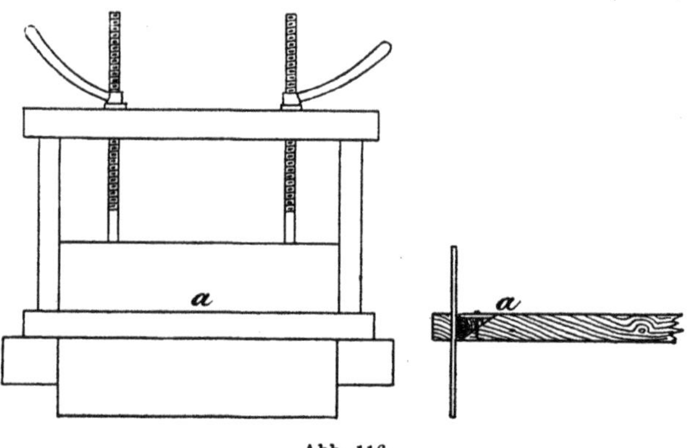

Abb. 116.

oder Zimmermann ist im Stande, brauchbare Rinnen zu machen. Es ist hierzu ein ganz besonders gewissenhafter Arbeiter erforderlich, weil die Rinnen eine vollkommen gerade bezw. ebene Fläche bilden und dieselbe auf die Dauer behalten müssen. Man darf deshalb nur Holz dazu verwenden, welches sich nicht wirft, und muss ein besonderes Augenmerk auf die Verbindung der einzelnen Holztafeln haben. Am besten eignet sich für die Rinnen Lärchen- oder astfreies Kiefernholz. Die Längenverbindung der einzelnen Bretter oder Tafeln hat durch sogenannte Schlösser zu erfolgen, während man für die seitliche Verbinduug Nuth und Feder benutzt. Damit der Boden der Rinnen genügend dicht bleibt, müssen in entsprechenden Abständen Schrauben quer durch dieselben gelegt werden. Die Seitenwände der Rinnen sind ebenfalls mit Nuth und Feder aufzusetzen und werden ihrerseits wieder an den Boden angeschraubt. In Abständen von 2,5—3 m sind die Rinnen zu unterstützen; in der Regel werden Holzsäulen angebracht und an diesen Querriegel befestigt, auf welche die Rinnen zu liegen kommen. Diese

Querstücke müssen aber durch Schrauben in vertikaler Richtung einstellbar sein, um die Rinnen in der erforderlichen Lage genau einstellen zu können. Damit das Werfen der Rinnen möglichst vermieden wird, kann man die Traversen, auf welchen dieselben aufgelegt sind, als Zangen konstruiren, zwischen denen die Rinnen eingespannt sind.

Bezüglich der Koncentration der Stärkemilch, welche gefluthet werden soll, ist es im Allgemeinen Regel, dass die Fluthung um so vollkommener reinigend wirkt, je dünner die Milch ist. Jedoch sind auch dabei gewisse Grenzen einzuhalten, um nicht die Arbeit zu langsam und die Fluthen zu lang werden zu lassen. Fluthet man zu dicke Stärkemilch, so wird die Stärke grau. Es hat sich ferner ergeben, dass es zweckmässig ist, während des Verlaufes der Fluthung die Koncentration der Stärkemilch langsam zu steigern. Es entsteht dadurch die sogen. kräuselnde Fluthung, welche besonders gut reinigend wirkt, weil die dickere Milch in der dünneren einen Strudel erzeugt.

Stärkemeister A. Räck in Genthin beginnt die Fluthung bei Primastärke mit einer Milch von 6° Bé. (= 1,043 specifischem Gewicht), erreicht nach einer Stunde 7° (= 1,051) und nach einer oder anderthalb Stunden 8° (= 1,059). Ist die Fluthe fast voll, so wird die Milch wieder etwas schwächer gemacht. Je weniger leicht sich Stärke setzt, um so dünner ist die Milch zu wählen. Um die Koncentration leicht regeln zu können, ist an dem Zuflussrohr der Milch von dem Feinsieb ein Wasserzulassrohr eingeschaltet. Andererseits wird behauptet, es genüge die Milch beim Anlassen der Fluthen, (wenn sie aus einem unterirdischen Rührwerk entnommen wird, soweit zu verdünnen, bis kräuselnde Fluthung eintritt, was nur bei richtiger Verdünnung stattfindet.

Für eine gute Fluthung ist es sehr wichtig, dass der Fluthenboden durchaus eben ist, und dass ein Arbeiter die Fluthung ständig überwacht und mit einem Streichbrett und einem kleinen Besen alle Unebenheiten, Löcher und Höhlungen sorgfältigst beseitigt.

Die Stromgeschwindigkeit auf Reinfluthen ist eine wechselnde und jedenfalls abhängig von der Koncentration und der mehr oder weniger guten Absatzfähigkeit der Stärke. Verfasser fand Stromgeschwindigkeiten von 0,15 — 0,2 m in der Sekunde.

Wird die Reinigung der Stärke nur mit Fluthen vorgenommen, so wird die Stärke aus der ersten Reinfluthe wieder in unterirdische Rührwerke ausgestochen und über ein zweites Feinsieb mit Seidengaze (etwa No. 8) belegt gepumpt. Die Milch aber wird in ganz gleicher Weise gefluthet, wie eben beschrieben.

Die von den Fluthen ablaufende Stärke wird in unterirdischen Absatzkästen aufgefangen und von Zeit zu Zeit aufgearbeitet.

Diejenigen Fabriken, welche nur Nassstärke herstellen, haben ihr Hauptprodukt fertig gestellt, wenn sie dasselbe genügend gewaschen und abgeschlammt haben, was ein, zwei, selten dreimal ausgeführt wird. Sie stellen auch nur ein Hauptprodukt her.

Beim Transport der nassen Stärke gehen, wenn sich dieselbe nicht gut fest abgesetzt hatte, nicht unerhebliche Stärkemengen verloren. Bei weiten und schlechten Wegen sind Differenzen von 5 Proc. von bahnamtlichem Gewicht gegen das in der Fabrik festgestellte beobachtet worden.

In solchen Fällen kennzeichnet ein weisser Streifen die Strasse, auf welcher die Wagen fuhren. Man sollte dort in undurchlässige Wagen verladen, welche eine Sammelrinne mit untergehängtem Gefäss besitzen, zum Aufsaugen der abfliessenden Milch.

Bei gut abgesetzter Stärke kommen solche Verluste nicht vor. Manche Fabrikanten sacken daher die Stärke auch nicht direkt aus dem Quirl, sondern sammeln sie in cementirten Bottichen und sacken sie nach mehreren Tagen; oder lassen sie gesackt mehrere Tage in der Fabrik hochgeschichtet stehen.

Der Gedanke, die feuchte Stärke zu centrifugiren und dann nach dem Stärkegehalt zu verkaufen, wobei eine Frachtersparniss sich ergeben würde, hat sich als nicht durchführbar erwiesen, sowohl weil die Einrichtung und Kosten des Centrifugirens erst bei sehr weitem Transport (250 km) die Frachtersparniss decken würden, und weil centrifugirte Stärke sehr leicht schimmelig wird.

Die Fabriken, welche Trockenstärke fabriciren, fügen noch eine weitere Reinigung der Trockenstärke an, welche jetzt in der Mehrzahl der Fabriken eingeführt ist:

Die Reinigung durch Centrifugen.

Zu dem Zwecke wird die rein gewaschene Stärke zu einer dicken Milch angerührt und in besonders für diesen Zweck konstruirte Schleudermaschinen oder Centrifugen ausgeschleudert. Dabei trennen sich: Flüssigkeit, welche durch die durchlochte Wand der Centrifugentrommel entweicht, Stärke und Schlamm, indem erstere sich an der Wand der Trommel abseszt und letzterer als dünner brauner Ring im Inneren sich auflagert, welcher durch Abschaben leicht entfernt werden kann. Zu gleicher Zeit erhält die Stärke einen wesentlich geringeren Wassergehalt. Eingehendere Mittheilungen über das Centrifugiren der Stärke werden daher beim Abschnitt „Trocknen der Stärke“ folgen.

Es ist hier noch darauf hinzuweisen, dass in einzelnen Fabriken ein nochmaliges Feinsieben der Stärke nach dem Ausstechen aus dem Quirl vor dem Centrifugiren eingeführt ist.

Die mit Wasser aufgerührte Stärkemilch wird aus den Waschquirlen in ein hochstehendes Rührwerk gepumpt und läuft von diesem über ein Feinsieb (No. 130). Die ablaufende Stärkemilch fällt in ein zweites Rührwerk, wo die Milch eine Zeitlang der Ruhe überlassen wird, bis sie sich soweit gesetzt hat, dass nach dem Ablassen des überstehenden klaren Wassers die für das Centrifugiren nöthige Concentration der Stärkemilch erreicht ist.

Die Anlage einer solchen „Raffinirstation" ist durchaus zu verwerfen. Denn nicht allein ist sie bei gutem anfänglichen Feinsieben durchaus überflüssig und erfordert eine Menge Anschaffungen und Arbeitskosten, sondern sie ist direkt schädlich, weil die Stärke viel zu lange mit Wasser in Berührung bleibt und dadurch verschlechtert wird. In kleineren Fabriken, wo nicht immer die ganze Tagesarbeit centrifugirt werden kann, blieben Theile der Stärke bis zu 9—10 Tagen im Wasser.

Die verschiedenen Verfahren zur Gewinnung und Reinigung der Rohstärke.

Es werden die beiden Arten der Gewinnung der Rohstärke
in Absatzkästen
oder Vorfluthen
und der Reinigung der Rohstärke
in Aufwaschbottichen
oder Reinfluthen
in der verschiedensten Weise in den deutschen Kartoffelstärkefabriken mit einander verbunden.

Viel verbreitet ist die Gewinnung der Rohstärke in Absatzkästen und nachfolgendes einmaliges oder mehrmaliges Aufquirlen und Abschlammen in Aufwaschbottichen. Man kann dies Verfahren als das reine Absatzverfahren bezeichnen, weil bei ihm die Stärke sich aus der Stärkemilch stets in Ruhe abscheidet.

Es arbeitet nach diesem Arbeitsverfahren die Mehrzahl der Nassstärkefabriken, welchen es mehr auf die schnelle Gewinnung der ganzen Stärkemenge, als auf die Qualität ankommt. Jedoch arbeiten in derselben Weise auch grosse Trockenstärkefabriken schon lange mit bestem Erfolge, und Angele-Berlin hat dem Verfahren wieder zu weiterer Verbreitung in Deutschland verholfen, indem er es in einer Anzahl Fabriken mit 1000 Ctr. täglicher Verarbeitung an Kartoffeln und mehr einführte.

Nur vereinzelt findet sich dagegen eine Vereinigung von Vorfluthen zur Gewinnung mit Reinfluthen zur Reinigung der Stärke allein. Dabei wird die Stärke im Ganzen also dreimal gefluthet und nur aus bewegter Flüssigkeit zum Absitzen gebracht, sodass man dies Verfahren als das reine Fluthenverfahren bezeichnen kann.

Es liefert ein sehr feines Erstprodukt, aber in verhältnissmässig geringer Menge, daneben aber eine grosse Menge geringerer Nachprodukte in sehr zahlreichen Abstufungen, weil Stärke, je häufiger man sie fluthet, sich erfahrungsgemäss um so schlechter absetzt.

Ebenso selten findet sich eine Vereinigung von Absatzkästen zur Gewinnung der Rohstärke mit nachfolgendem Aufrühren und einmaligem oder zweimaligem Reinfluthen derselben.

Weit verbreitet ist dagegen die Gewinnung der Rohstärke auf Vorfluthen und die Reinigung derselben in Aufwaschbottichen durch ein- oder mehrmaliges Aufquirlen derselben und Abschlammen.

Weniger häufig, aber doch nicht so selten wie das reine Fluthensystem und das Absatzkasten-Reinfluthen-Verfahren, finden sich Fabriken, in denen die Rohstärke auf Vorfluthen gesammelt, dann in Aufwaschbottichen ein- oder zweimal gereinigt, gewöhnlich nochmals gesiebt und endlich auf einer Reinfluthe gewonnen wird. Es findet sich dies Verfahren besonders in Trockenstärkefabriken, welche keine Einrichtung zum Centrifugiren der Stärke besitzen, und in denen daher die Reinfluthe die Centrifuge, so gut wie möglich, ersetzen soll.

Bei den Verfahren, welche die Reinigung der Stärke auf Reinfluthen bewirken, pflegt die Stärkemilch vor dem jedesmaligen Reinfluthen über ein Feinsieb zu gehen, und es haben dieselben daher meist hinter den Auswaschsieben keine solchen.

Bei den Fabriken, bei denen die Reinigung der Rohstärke dagegen in Waschquirlen erfolgt, wäre ein solches Zwischensieb schwer einführbar. Für diese muss also dringend die Anlage von einem oder besser von zwei Feinsieben gleich hinter den Answaschsieben befürwortet werden. Belegt können dieselben werden mit Drahtgaze No. 75 und 100 oder Seidengaze No. 5 und 10.

Im Allgemeinen tritt Verfasser entschieden für den Grundsatz ein, dass das Feinsieben der Stärkemilch so vollständig wie möglich sofort hinter den Auswaschsieben erfolgen soll und hält alles zwischendurch bei der Reinigung der Stärke eingeschobene Feinsieben für mangelhaften Nothbehelf, gewöhnlich veranlasst durch Vernachlässigung des obigen Grundsatzes bei der Einrichtung der Fabrik.

Die Anwendung chemischer Mittel bei der Gewinnung und Reinigung der Rohstärke.

Bei der Gewinnung und Reinigung der Rohstärke werden in manchen und namentlich in grösseren Betrieben chemische Mittel zu Hülfe genommen. Dieselben sollen sowohl die Abscheidung der Stärke aus dem Fruchtwasser oder den Waschwässern und die Trennung von dem Schlamme befördern, als auch eine bleichende Wirkung ausüben, d. h. die weisse Farbe und den Glanz der Stärke vervollkommnen.

Da gegen die Verwendung von solchen Mitteln, namentlich von kaufmännischer Seite Einwände erhoben sind und ab und zu noch erhoben werden, und manche grosse Fabriken dem förderlich gewesen sind, indem sie sich mit dem Schleier eines Fabrikgeheimnisses unnöthiger Weise umgaben, um die Verwendung solcher Mittel zu verbergen, so hält es Verfasser für geboten, die Entstehung dieser Einwände darzulegen und die Haltlosigkeit derselben nachzuweisen.

Es sind in Stärkefabriken zu den genannten Zwecken verwandt worden mineralische Säuren, namentlich Schwefelsäure und schweflige Säure, Chlor oder unterchlorigsaure Salze (Chlorkalk) und deren Zersetzungsprodukte mit mineralischen Säuren.

Bleiben Reste dieser chemischen Substanzen in der Stärke zurück und sind also auch noch in der fertigen Waare vorhanden, so können manche Abnehmer der Stärke dadurch Schädigungen erleiden. Namentlich ist bei der Verwendung der Stärke in der Weberei und der Färberei eine Schädigung zu befürchten, indem mineralische Säuren, namentlich Schwefelsäure, beim Eintrocknen des aus saurer Stärke bereiteten Kleisters beim Schlichten die Faser der Fäden angreifen, sodass das Gewebe brüchig werden kann. Mineralsäure, namentlich schweflige Säure, und Chlor bezw. unterchlorige Säure können aber auch bei feineren Farben deren Nüance verändern oder bleichend wirken.

Es heisst daher mit Recht in dem § 1 der Handelsusancen von Berlin und Hamburg, dass prima Kartoffelmehl oder prima Kartoffelstärke neben anderen Eigenschaften „frei von Chlor und Säure“ sein muss.

Es ist aber eine willkürliche Forderung, die bisweilen geltend gemacht wird, dass prima Kartoffelmehl oder Stärke nicht unter Verwendung von Chlor oder Säuren hergestellt werden darf. Denn wenn dies auch der Fall war, durch eine sachgemässe Behandlung aber dafür gesorgt worden ist, dass das mit Chlor oder Säure gearbeitete Produkt nach der Fertigstellung frei von Chlor und Säure ist, so ist jede Schädigung des Konsumenten ausgeschlossen und das Produkt ein tadelloses. Nur wenn diese Sorgfalt in Entfernung der letzten Reste der chemischen Reinigungsmittel versäumt wird, muss auch die Verwendung dieser Mittel verwerflich erscheinen.

Eine vorzügliche Superiorwaare lässt sich bei Verarbeitung gesunder und stärkereicher Kartoffeln auch ohne Verwendung von chemischen Mitteln bei guter Einrichtung des Betriebes erzielen. Es muss daher der Stolz des Stärkefabrikanten sein, möglichst ohne sie auszukommen. Es giebt jedoch — wie später noch eingehender dargelegt werden soll — eine Reihe von Umständen, welche den Stärkefabrikanten nöthigen zu chemischen Mitteln zu greifen, um Verluste zu vermeiden und aus schlechtem Material ein hinreichend gutes Produkt zu erzielen. Es ist dies namentlich bei der Verarbeitung gefrorener, kranker oder unreifer Kartoffeln, bei mangelnden Absatz- und Auswaschgefässen, schlechtem Wasser u. A. m. erforderlich.

Wenn der Stärkefabrikant durch die Anwendung von chemischen Mitteln seine Ausbeute oder die Güte seines Produktes verbessern kann, und sein Produkt so herstellt, dass es den oben genannten Bedingungen entspricht, d. h. frei von Chlor und Säure ist, so ist es daher durchaus ungerechtfertigt, ihn an der Verwendung solcher Mittel zu seinem Schaden hindern zu wollen.

Mineralsäuren, besonders Schwefelsäure, werden in neuerer Zeit bei der Herstellung von Primawaare wohl nur in sehr seltenen Fällen in Deutschland noch verwendet. Es ist sehr schwer, durch Auswaschen mit Wasser allein die letzten Reste der Säure aus der Stärke zu entfernen, da sie dieselben sehr zäh festhält, sodass nur bei sorgfältiger und fortwährender Untersuchung des fertigen Produktes und, wenn nöthig, sachgemässer Neutralisation der letzten Säurereste mit alkalischen Substanzen der Fabrikant vor Beanstandungen seines Fabrikates gesichert ist.

Ebenso ist die Verwendung von Chlor oder unterchlorigsauren Salzen, namentlich Chlorkalk eine sehr seltene. Es hat dies seinen Grund jedenfalls darin, dass bei unvorsichtiger Handhabung dieser Mittel leicht empfindliche Schädigungen eintreten, indem z. B. bei zu langer oder zu concentrirter Anwendung der Mittel Gelbfärbung der Stärke eintritt. Sollen daher solche Schädigungen vermieden werden, so ist eine in Verwendung dieser chemischen Mittel geübte Hand oder die Beaufsichtigung durch einen Chemiker erforderlich, und da diese in den meisten Fabriken nicht vorhanden sind, so kann in ihnen die Verwendung derselben nicht befürwortet werden.

Der geringen Verwendung entsprechen auch die unsicheren Nachrichten über die Art und Menge ihrer Verwendung. So wird angegeben, dass auf 1 Sack trockener Stärke (100 kg) 125—500 g Chlorkalk in der Weise verwendet werden, dass derselbe mit Wasser aufgerührt und nach dem Absitzen die klare Flüssigkeit der Stärke beim ersten Aufwaschen zugegeben wird.

Die Wirkung soll noch eine bessere sein, wenn man durch Zusatz von Schwefelsäure aus der Chlorkalklösung die unterchlorige Säure frei macht. Dabei ist die Menge der Schwefelsäure so zu bemessen, dass sie vollständig an Kalk gebunden wird.

Vortheilhaft soll es ferner sein, die Chlorkalklösung nur 10—15 Minuten auf die Stärke wirken zu lassen und dann durch Zusatz von Antichlor (unterschwefligsaures Natron) ihre Wirkung aufzuheben.

Am verbreitetsten als Mittel zum Befördern des Absetzens der Stärke und als Bleichmittel ist die schweflige Säure oder bisweilen auch ihre Salze z. B. doppeltschwefligsaurer Kalk.

Es hat das seinen Grund wohl in der geringen Gefahr für die Qualität der Stärke bei ihrer Verwendung und der leichten Ausführung der letzteren.

Die schweflige Säure wird entweder in Gasform oder in wässriger Lösung oder in Form einer Lösung von doppelt schwefligsaurem Kalk benutzt. Grössere Betriebe erzeugen dieselbe in Gasform durch Verbrennen von Schwefel in besonders konstruirten Apparaten oder aus englischer Schwefelsäure und Holzkohlenpulver durch Kochen derselben in eisernen Retorten (s. unter „Herstellung der schwefligen Säure"). Kleinere Betriebe kaufen die Säure von chemischen Fabriken ballonweise in wässriger Lösung oder als doppeltschwefligsauren Kalk. Die Verwendung der in Bomben ähnlich der Kohlensäure im Handel vorkommenden flüssigen schwefligen Säure erscheint zur Zeit noch zu kostspielig.

In allen Fällen ist zu beachten, dass sich die schweflige Säure in wässriger Lösung bei Luftzutritt zu Schwefelsäure oxydirt. Dieselbe ist daher in Glasballons und verschlossen zu halten. Der doppeltschwefligsaure Kalk zersetzt sich unter Abscheiden von Gypskrusten. Bei ihrer Zersetzung verringert die schweflige Säure ihre Wirkungsfähigkeit, und es treten bei stärkerer Schwefelsäurebildung die oben genannten Gefahren ein.

Der Zusatz der schwefligen Säure geschieht in den weitaus meisten Fällen beim ersten Aufwaschen der Rohstärke in den Aufwaschquirlbottichen.

Entweder wird das durch Verbrennen von Schwefel erzeugte und gereinigte Gas durch eine Druckpumpe und Bleirohre direkt in die Stärkemilch im Quirlbottich gedrückt, oder es wird während der Befüllung oder nach dem Aufquirlen der Stärkeblöcke die wässrige Lösung in abgemessener Menge zugefügt.

Im ersteren Falle mag die Wirkung eine stärkere sein, weil das Gas in koncentrirter Form an der Einleitungsstelle auf die Stärkemilch trifft und daher auch stärker wirken muss, indess ist die Gefahr, sauere Stärke zu bekommen, auch grösser, da das Maass des zugeleiteten Gases kaum festgestellt werden kann, und der Arbeiter durch Entnahme von Proben und Beobachten der Scheidung der Milch in einem Glascylinder das einzige Mittel hat, festzustellen, dass der Zusatz genügt. Dass dabei Unregelmässigkeiten und Uebersäuerung leicht vorkommen können, ist einleuchtend.

Es wird daher meist der Zusatz wässriger Lösungen vorgezogen, wenn auch ihre Wirkung geringer ist. Die aus Schwefelsäure und Kohlenpulver in den Fabriken hergestellte in Wasser aufgefangene Säure zeigt $2^1/_{10}$—$2^1/_3{}^0$ Bé., meist $2^1/_4{}^0$ Bé. entsprechend einem Gehalt von 27—33 oder rund 30 g Schwefligsäuregas (SO_2) im Liter Flüssigkeit Die käufliche Säure pflegt koncentrirter zu sein (4^0 Bé.), dies ist natürlich bei der Abmessung der zu verwendenden Menge zu berücksichtigen.

Ueber die Menge der zu verwendenden Säure lassen sich bestimmte Zahlen schwer angeben, da dieselbe abhängig sein wird von der Beschaffenheit der Kartoffeln und anderen Umständen.

In einer Stärkefabrik mit einer Verarbeitung von täglich 1000 Ctr. Kartoffeln prüfte Verfasser die Wirkung der schwefligen Säure. Es wurde daselbst so gearbeitet, dass in 1 Stunde 50 Ctr. Kartoffeln in einen Absatzkasten gerieben wurden, und in einer weiteren 50 Ctr. in einen zweiten. Nach 8stündigem Absitzen der Stärke, wurde das Fruchtwasser bei beiden Kästen abgelassen und die Kästen nochmals mit der Milch von je 50 Ctr. Kartoffeln gefüllt und der Ruhe überlassen. Die gesammte Rohstärke (von 200 Ctr. Kartoffeln) wurde in einen Quirl von $4^1/_2$ cbm Inhalt mit der Angele'schen Schnecke transportirt und dabei 13 Liter schweflige Säure von $2^1/_4{}^0$ Bé. in dem Maasse, wie die Milch zufloss, aus einem mit Hahn versehenen Fässchen der Milch zugegeben. Dann wurde aufgewaschen, nach 9—10 Stunden abgeschlammt, nochmals mit reinem Wasser aufgequirlt, absitzen lassen und abgeschlammt.

Die Stärke, welche etwa bis zur Hälfte der Höhe des Bottichs diesen anfüllte (getrocknet etwa 14—1500 kg) setzte sich fest ab und liess sich leicht mit wenig Verlust an guter Stärke abschlammen. Bei einem Versuche wurde die Menge der zugesetzten Säure auf 6, 4 und 2 Liter auf den Bottich herabgesetzt. Erst bei 2 Liter Zusatz setzte sich die Stärke, ebenso wie bei Fortfall jedes Zusatzes, schlecht ab und lief beim Abschlammen zum Theil mit dem Schlamm fort, sodass mit 4 Litern die geringste zulässige Grenze des Zusatzes erreicht war, derjenige von 13 Litern aber als überflüssig hoch erschien. Eine Wirkung des Zusatzes von schwefliger Säure auf die Farbe der Stärke konnte in diesem Falle nicht festgestellt werden, vielmehr waren alle Proben gleich weiss, sodass also, wie schon gesagt, bei guten Kartoffeln der Säurezusatz als Bleichmittel fortfallen kann. Jedoch war bei dem für die Menge der Verarbeitung etwas knapp bemessenen Absatz- und Quirlraum der Zusatz der Säure von zeitsparender Wirkung hinsichtlich der Trennung von Stärke und Schlamm.

In derselben Fabrik wurde nun auch ein Zusatz von schwefliger Säure zu der von den Auswaschsieben kommenden Rohstärkemilch versucht. Es wurden zu den für eine Quirlfüllung nothwendigen 4 Füllungen von zwei Absatzkästen einmal je 6,5 und einmal je 13 Liter, im Ganzen also 26 bezw. 52 Liter der Schwefligsäurelösung von $2^1/_4{}^0$ Bé. während des Zulaufens der Milch zu den Absatzkästen zugegeben. Das Resultat war, dass in letzterem Falle das nach dem Zusatz entfärbte Fruchtwasser entfärbt blieb, im ersteren sich aber wieder färbte. In beiden Fällen hatte sich aber die Rohstärke im Bottich viel fester gesetzt und liess sich ohne jeden Verlust ausstechen. Farbe und Glanz der fertigen Stärke waren wieder gleich.

Wenn nun bei diesen Versuchen eine bleichende Wirkung der schwefligen Säure auf die Stärke nicht festzustellen war, so lag das daran, dass die verarbeiteten Kartoffeln gut (18—19 Proc. Stärke) und gesund waren, dagegen führte die Anwendung der schwefligen Säure zu einer leichteren und schnelleren Verarbeitung.

Alle Proben der fertigen Stärke, auch die, welche 13 Liter Säure im Bottich erhalten hatten, zeigten neutrale Reaktion, waren also säurefrei und nicht zu beanstanden. Es hatte also zweimaliges Waschen genügt, um die schweflige Säune zu entfernen. Auf 100 kg trockne Stärke waren hier also 8—26 g Schwefligsäuregas gekommen, oder auf 100 Ctr. trockner Stärke, die aus 0,4—1,3 Liter = 0,7—2,4 kg englischer Schwefelsäure erzeugte schweflige Säure.

Natürlich wird ebenso wie hier, wo eine Herabsetzung des Verbrauches an schwefliger Säure möglich war, unter Umständen eine Steigerung erforderlich werden. Daher ist es dem Fabrikanten anzurathen, nicht unter allen Umständen mechanisch die gleiche Menge zuzusetzen, sondern zu prüfen, welche Menge er in den einzelnen Fällen nöthig hat. Es geschieht das am einfachsten auf dem Wege, dass der Fabrikant sich Standgläser anfertigen lässt, welche zu dem Inhalt seiner Quirlbottiche bezw. seiner Absatzkästen in einfachem Verhältniss stehen. Enthält z. B. der Quirlbottich 4,5 cbm, so wählt er Glascylinder, welche bei 450 ccm Füllung eine Marke tragen. Füllt er diese bis zur Marke mit der jedesmal verarbeiteten Stärkemilch und setzt nun aus einer Pipette, welche in $^1/_{10}$ ccm getheilt ist, 0,1—0,2—0,3 u. s. w. Kubikcentimeter zu je einer Füllung zu, rührt durch und beobachtet Scheidung und Absitzen, so wird er bald die richtige Menge des Zusatzes treffen. Jedes $^1/_{10}$ ccm des Zusatzes entspricht dann dem Zusatz von 1 Liter seiner schwefligen Säure zu der Stärkemilch im Aufwaschbottich.

Dass die schweflige Säure bei geringwerthigerem Rohmaterial namentlich bei kranken und erfrorenen Kartoffeln noch stärker schlammscheidend und auch bleichend wirkt, ist oft beobachtet worden.

Verfasser hat auch beobachtet, dass schweflige Säure, und zwar in Mengen von 20 Pfund bei einer Koncentration von 6° Bé = 800 g Schwefligsäuregas (SO_2) auf 375 Ctr. Kartoffeln in der Rohstärkemilch vor dem Einlassen in die Vorfluthe mit Erfolg zugegeben wurde. Zu dem Zwecke wurde die genannte Säuremenge stark verdünnt und in schwachem Strahl der Rohstärkemilch am Kopf der Fluthe zulaufen gelassen.

H. Schmidt-Cüstrin empfiehlt endlich, den Zusatz der schwefligen Säure schon in der Reibe zu geben, um das Absetzen der Stärke zu befördern und das Dunklerwerden des Fruchtwassers zu verhindern.

Auch Weile-Mennewitz berichtet über gute Erfolge bei Zusatz von schwefliger Säure von 0,1° Bé. zum Reibsel.

Es sind nun noch drei neuerdings bekannt gewordene Versuche, Stärke zu bleichen, hier anzuführen. Beide stellen im deutschen Reiche patentirte Verfahren dar:

D.R.P. No. 70275. E. Hermite in Paris und A. Dubosc in Rouen. Verfahren zum Bleichen und Desinficiren von Stärke und Stärkemehlen durch Elektrolyse Chloride enthaltenden Wassers. Patentanspruch: Verfahren zum Bleichen und Desinficiren von Stärke und Stärkemehlen, gekennzeichnet durch die Elektrolyse des in Verwendung genommenen Wassers in Gegenwart eines oder mehrerer Chlorverbindungen (wie Chlornatrium und Chlormagnesium), wobei die Stärke entweder direkt mit diesem Wasser gemischt, der Wirkung der Elektrolyse ausgesetzt oder mit vorher elektrolysirtem Wasser behandelt werden kann. (Vom 30. Dezember 1891 ab).

D.R.P. No. 70 012. Siemens & Halske in Berlin: Bleichen von Stärke mit Chlor und Ozon. Patentanspruch: Verfahren zum Bleichen und Geruchlosmachen von Stärke, Stärkegummi und deren Lösungen, darin bestehend, dass man sie gleichzeitig mit gasförmigem Chlor oder in wässeriger Lösung befindlichem Chlor und mit Ozon behandelt. (Vom 4. Oktober 1892 ab.)

Dass das erstere Verfahren in die Praxis Eingang gefunden hat, ist dem Verfasser nicht bekannt geworden. Das andere Verfahren ist in der Stärkefabrik Kyritz zur Herstellung von geschmack- und geruchlosen Präparaten aus Kartoffelstärke (Ozonstärke, lösliche Ozonstärke, Ozon-Gummi) angewandt worden. Für Kartoffelstärke bez. Kartoffelmehl selbst ist es im Grossen nicht ausgeübt worden. Es scheint dazu zu kostspielig zu sein, wie aus den sehr hohen Preisen der genannten Fabrikate zu schliessen ist.

Ein weiteres neues Reinigungsverfahren ist dasjenige von Dr. Otto N. Witt in Westend bei Berlin und Siemens & Halske in Berlin D.R.P. No. 88 447, Kl. 89 vom 23. Juli 1895: Verfahren zur Gewinnung von Reinstärke aus Rohstärke. Der Patentanspruch lautet: Die Befreiung roher Stärke von Verunreinigungen durch Oxydation dieser letzteren und gleichzeitige Aufschliessung der in der Stärke enthaltenen Cellulose durch Ueberführung derselben in Oxycellulose in der Weise, dass die rohe Stärke mit Oxydationsmitteln und nascirendem Chlor, am besten folgeweise mit Permanganat und verdünnter Salzsäure behandelt wird.

Von einer Einführung des praktisch recht komplicirten Verfahrens in die Stärkefabrikation ist dem Verfasser bisher nichts bekannt geworden.

Da vielfach ein zart bläulicher Ton der Stärke begehrt war, so ist auch bisweilen zu einem Färben derselben gegriffen worden. Verwendet wurden Ultramarin und wasserlösliche neutrale Indigofarbstoffe, ersteres in Mengen von 20 g, z. B. auf 1500 kg fertige Stärke.

Verfasser kann ein solches Vorgehen nicht befürworten, da hier ganz offenbar der Stärke eine für das Auge berechnete Eigenschaft gegeben wird, welche sie thatsächlich nicht besitzt.

Neuerdings ist übrigens häufiger ein zart gelblicher Ton beliebt, und damit fällt auch jeder Grund, eine Färbung vorzunehmen.

Zur Erhöhung des Glanzes der Stärke soll auch ein Zusatz von etwas Alaun beim letzten Waschen beitragen.

Die Ursachen und die Bekämpfung mangelhafter Abscheidung der Stärke.

Es ist eine Reihe sehr verschiedener Umstände von grossem Einfluss darauf, ob sich die Stärke aus der Stärkemilch schnell und fest oder langsamer und weniger fest, ja wohl sogar dickbreiig absetzt, und ob sie sich dementsprechend leichter oder schwerer gewinnen und reinigen lässt.

Maassgebend dabei sind: die Koncentration des Fruchtwassers, der Fasergehalt der Stärke, das Auftreten von Pilzgährungen in Folge mangelnder Sauberkeit im Betriebe oder Begünstigung derselben durch wärmere Witterung, und endlich die Art und Beschaffenheit der Kartoffeln.

Durch eine Reihe von Versuchen hat Verfasser Aufklärung über diese Verhältnisse zu finden gesucht und dann die Befunde der Versuche im Kleinen mit den Verhältnissen der Praxis verglichen.

Der Einfluss der Fruchtwassermenge und des Fasergehaltes der Stärke wurde bemessen nach dem Wassergehalt der abgesetzten Stärke, da erfahrungsgemäss eine Stärke um so wasserärmer ist, je besser sie sich absetzt, d. h. je geringer der Rauminhalt ist, den ein bestimmtes Gewicht absolut trockener Stärke in Wasser vertheilt einnimmt.

Die Höhe der Flüssigkeitsschicht der Stärkemilch hat einen Einfluss nur auf die Zeit, die bis zum völlig festen Absitzen der Stärke erforderlich ist. Eine gleiche Menge reiner Stärke setzte sich in einem $^1/_2$ m langen Rohre in 6 Stunden, in einem 2 m hohen erst in 12 Stunden völlig ab, beide Proben hatten aber den gleichen Wassergehalt.

Der Einfluss der Koncentration des Fruchtwassers stellt sich folgendermaassen dar. Es setzte sich die gleiche Gewichtsmenge reiner Stärke

aus reinem Wasser mit einem Gehalt von . .	48,5 Proc. Wasser,
aus Fruchtwasser gewöhnlicher Koncentration (10 cbm Wasser auf 25 Ctr. Kartoffeln) mit	50,5 - -
aus fünfmal koncentrirterem Fruchtwasser mit	53,0 - -

ab.

Je verdünnter also das Fruchtwasser ist, um so fester setzt sich die Stärke ab.

Zur Prüfung auf den Einfluss des Fasergehaltes wurden der Stärkemilch wechselnde Mengen von Faser, wie sie auf dem Feinsiebe einer Stärkefabrik zurückgeblieben war, zugesetzt. Es setzte sich

aus reinem Wasser ab:	Stärke mit	48,5 Proc. Wasser
bei Zusatz von 0,1 Proc. Faser	- -	50,0 - -
- - - 0,5 - -	- -	52,5 - -
- - - 1,0 - -	- -	55,0 - -

Aus gewöhnlich verdünntem Fruchtwasser setzte sich bei Gegenwart von 0,5 Proc. Faser die Stärke mit 54,5 Proc. Wassergehalt ab.

Mit steigendem Fasergehalt wächst der Wassergehalt, d. h. die Lockerheit der sich absetzenden Stärke. Gegenwart von Fruchtwasser erhöht den Einfluss der Faser auf das Absitzen der Stärke erheblich.

Aus der Untersuchung einer Reihe von Stärkeproben aus verschiedenen Stärkefabriken, zusammengehalten mit den Angaben über die Grösse der vorhandenen Absatzräume und der Anzahl der Aufquirlungen ergab sich: Es hatte

Stärke mit	0,6 Proc. Faser	bei kleinem Absatzraum	55 Proc.	Wasser,
- -	0,7 - -	- grossem -	53 -	-
- -	0,5 - -	- - -	51 -	-

ferner:

1 Mal mit wenig Wasser gequirlte Stärke .	52	Proc.	Wasser
1 - - viel - - -	50,5	-	-
2 - gequirlte Stärke	50,3	-	-
3 - mit viel Wasser gequirlte Stärke .	48,2	-	-

Da die Grösse des Absatzraumes in direktem Verhältniss zur Verdünnung des Fruchtwassers steht, die Anzahl der Aufwaschungen in ebensolchem zur Reinheit und Faserfreiheit der Stärke, so entsprechen die Verhältnisse der Praxis also dem Resultate des theoretischen Versuchs.

Aus diesen Zahlen geht nun mit grosser Deutlichkeit hervor, welche Wichtigkeit es für den Stärkefabrikanten besitzt, die Stärkemilch möglichst weit zu verdünnen und möglichst von Faser zu befreien.

Es ist daher hier der rechte Platz, nochmals ganz besonders hervorzuheben, wie wichtig und folgenschwer es für den Stärkefabrikanten ist, ob er seine Stärkemilch sofort, nachdem sie ausgewaschen ist, gehörig feinsiebt oder nicht.

Je feiner die Stärkemilch gleich Anfangs gesiebt wird, um so fester setzt sich die Stärke ab, d. h. um so weniger Fruchtwasser ist zwischen sie eingelagert, um so weniger Faser in ihr vorhanden. Die Folge ist die Erzielung einer guten, weniger gefärbten Rohstärke gleich zu Anfang. In den Waschbottichen aber wird die Menge der Schlammstärke eine viel geringere, die gute Stärke setzt sich fester, daher geht beim Abschlammen weniger gute Stärke mit in den Schlamm, die sofortige Ausbeute an Primawaare wird erhöht, Schlammsiebe und Schlammfluthen werden entlastet, die Menge der fortfliessenden Stärke bei Fluthensystem wird verringert und damit die Menge der nachzuarbeitenden Stärke und die Menge der Aussengruben. Dadurch wird die Nacharbeit eine sehr kurze und an Kohlen, Lohn und Zeit gespart.

Häufig sieht man noch jetzt grössere Fabriken mit 500—750 Ctr. täglicher Verarbeitung an Kartoffeln, welche die Stärkemilch direkt von den mit No. 30—40, bezw. hinter der Nachzerkleinerung mit No. 50 belegten Auswaschsieben in die Absatzkästen oder auf die Fluthen laufen lassen. Es ist das durchaus zu verwerfen.

Richtig ist es die Milch, welche von den Auswaschsieben abläuft, erst durch ein Sieb mit No. 75—80 Drahtgaze und gleich darauf durch ein solches mit No. 100—110, oder über entsprechenden Seidengazesieben mit No. 5 und No. 10 zu läutern und dann erst Fruchtwasser und Stärke zu scheiden.

Der Einwand, dass dadurch ein sehr oftmaliges Reinigen der Feinsiebe nothwendig werde, ist nicht stichhaltig, denn es ist das jedenfalls das kleinere Uebel gegenüber der langen Nacharbeit am Ende der Kampagne, und es steht in keinem Verhältniss zu dem Gewinn an mehr und feinerem ersten Produkt, welchen man erzielt.

Für diesen Zweck erscheinen nach einer Richtung hin die rotirenden Vollcylinder zweckmässiger als die Schüttelsiebe, weil letztere das Gebäude stark angreifen, mehr Gaze und Reparaturen erfordern und ihres geräuschvollen Ganges wegen unangenehm sind. Jene gehen dagegen mit 36 Umdrehungen in der Minute sehr ruhig, brauchen wenig Kraft und nutzen sich nur langsam ab. Das Spritzrohr bringt man entweder als Mantel der Axe, oder von aussen gegen das aufsteigende Reibsel spritzend, oft wohl auch mit geringer hin- und hergehender Bewegung an, um alle Stellen der Siebfläche zu treffen.

Die Schüttelsiebe lassen sich dagegen ihrer geringen Höhe wegen leichter direkt unter den Auswaschsieben anbringen, und es fällt ein nochmaliges Pumpen der Stärkemilch damit fort.

Es ist nun aber, abgesehen von den oben berührten Verhältnissen, ein nicht seltenes Vorkommniss in Kartoffelstärkefabriken, dass sich die Stärke aus der Stärkemilch sehr schwer absetzt, und die abgesetzte Stärke überhaupt keine feste, mit dem Spaten leicht auszustechende Masse bildet, sondern eine schlammige, bewegliche, halb fliessende. Der Stärkefabrikant bezeichnet diese Erscheinung mit dem Ausdrucke: Schleimige, schwimmige, fliessende, ziehige, schlecht absetzende oder graue Stärke.

Die Erscheinung tritt häufiger am Anfange und dann auch am Ende der Kampagne auf, während sie selten die ganze Kampagne hindurch anhält.

Die Ursache für diese Erscheinung ist sehr verschiedener Art. Dieselbe kann beruhen in ungenügender Sauberkeit der Absatz- und Quirlbottiche, bezw. der Siebe und Pumpleitungen und in dadurch hervortretenden Pilzwucherungen und Gährungen, oder in ungenügendem Feinsieben der Stärkemilch, oder aber in der Beschaffenheit und Art der Kartoffeln und in der Temperatur der fortgeschrittenen Jahreszeit.

Häufig tritt die Bildung schwimmiger Stärke nur in den ersten Arbeitstagen der neuen Kampagne auf. In kleinen Fabriken werden die Bottiche, Quirle und Pumpleitungen am Schluss der Kampagne oft nur sehr mangelhaft, bisweilen auch gar nicht gereinigt, in den Fruchtwasser- und Schlammresten bilden sich Pilzkolonien, welche eintrocknen, aber dabei nicht absterben. Kommt mit Beginn der Kampagne auf diese neue Stärkemilch, so weichen sie auf und beginnen, begünstigt durch die oft sehr hohe Herbsttemperatur, Gährungen, die sowohl der Bewegung wegen, welche die Organismen in der Flüssigkeit veranlassen, das Absitzen der Stärke erschweren, als auch durch Gasentwicklung in der abgesetzten Stärke und Bildung von Hohlräumen ein schwammiges Auftreiben derselben hervorrufen. Endlich werden durch die Zersetzungen, welche die Organismen hervorrufen, Eiweisskörper und andere flockig abgeschieden, lagern sich zwischen die Stärke und geben ihr eine graue Farbe. Solche Stärke riecht auch häufig stark nach Buttersäure oder anderen Produkten von Bakteriengährungen. Dieselben Erscheinungen treten bei mangelnder Reinlichkeit im Frühjahr auf.

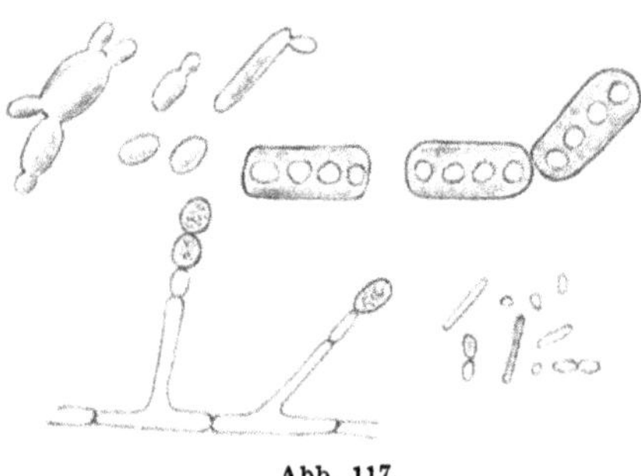

Abb. 117.

In einer sehr stark schwimmigen, ganz grauen Stärke fand Verfasser ausser Faserresten und Stückchen von Kartoffelschalen langgestreckte Hefezellen in lebhafter Sprossung, Kugel- und Stäbchenbakterien und Sporen und Mycelfäden von Schimmelpilzen (s. Abb. 117).

Ferner ist es eine häufig angestellte Beobachtung, dass die Stärke aus gefrorenen Kartoffeln sich schlechter setzt und grauer wird, als solche aus nicht gefrorenen. Es ist dabei wohl zu unterscheiden zwischen gefrorenen, d. h. bei der Verarbeitung noch zu Eis erstarrten Kartoffeln und erfrorenen, später wieder aufgethauten. Bei letzteren hat man eben einfach Kartoffeln in beginnender Fäulniss vor sich.

Dass jener Umstand aber auch bei gefrorenen Kartoffeln eintritt, hat wohl seine Ursache darin, dass beim Gefrieren das Wasser durch die Zellwände hindurch in die Intercellularräume austritt und erstarrt. Dadurch wird das Plasma plötzlich wasserarm, zieht sich stark zusammen, umschliesst so die im Zellinneren sich befindenden Stärkekörner fester und benachtheiligt dadurch ihre Infreiheitsetzung. Anhaftende Protoplasmareste erschweren dann das feste Aneinanderlegen der Stärkekörnchen und damit das feste Absitzen der Stärke und geben beim Trocknen durch Verdecken des Glanzes der Stärkekörner der Stärke eine graue Farbe.

Bei Verarbeitung erfrorener bezw. nassfauler Kartoffeln treten gleiche Uebelstände, meist aber noch in erheblicherem Maasse ein.

Wenn die Kartoffeln faulen, so bilden sich in ihnen Schleimmassen von Bakterienzooglöen, in welchen die Stärkekörner eingebettet liegen, während die Zellwand zerstört ist. Wird auch ein grosser Theil dieser Massen in der Wäsche verloren gehen, so wird doch auch ein nicht unerheblicher Theil in die Reibe und somit in die Stärkemilch gelangen. Indem nun die Schleimmassen die Stärkekörner umhüllen, bezw. zwischen ihnen sich einlagern, hindern sie ebenfalls ein festes Absitzen der Stärke, da sie wie elastische Polster wirken. Hinzu kommt in diesem Falle, dass die Flüssigkeit besonders in wärmerer Jahreszeit lebhafte Bakteriengährungen und Gasentwicklung zeigt, durch welche ebenfalls dem guten Absitzen der Stärkekörnchen entgegengearbeitet wird.

Stärke aus kranken Kartoffeln hatte nach Versuchen des Verfassers 67—70,5 Proc. Wasser, während solche aus gesunden Knollen derselben Proben sich mit 50—50,2 Proc. Wassergehalt absetzte, daher war jene Stärke auch schwammig.

Es hat sich auch in einzelnen Jahren gezeigt, dass bei scheinbar ganz gesunden Kartoffeln und genügender Reinlichkeit im Betriebe die Stärke sich aus der Milch wenig fest absetzte und beim Auswaschen schwer von der Faser trennte.

Es tritt das stets im Beginn der Campagne ein und verschwindet in kürzerer oder längerer Zeit wieder. Länger als 4 Wochen ist die Erscheinung wohl selten beobachtet, meist ist sie schon nach einigen Tagen verschwunden. Sie tritt auch nicht in allen Theilen des Landes zugleich auf, sondern findet sich strichweise; oft zeigen sie die Kartoffeln von einzelnen Schlägen desselben Gutes, während diejenigen anderer Schläge sie nicht aufweisen.

Die Erscheinung tritt aber stets dort auf, wo in Folge langer Dürre die Kartoffeln nicht ausgereift oder durchgewachsen sind.

Darin kann man aber auch die Erklärung für die Erscheinung suchen.

Durch Kreusler ist nachgewiesen, dass die Kartoffelknollen in der Mitte ihrer Wachsthumsperiode am eiweissreichsten sind, während der Eiweissgehalt in ganz jungen Knollen und in ganz reifen Knollen gegen den Gehalt an nicht eiweissartigen Stickstoffverbindungen stark zurücktritt. Das schlechte Absitzen der Stärke aus solchen Kartoffeln ist dann darauf zurückzuführen, dass in Folge der Dürre die Kartoffeln in dem vollen Ausreifen gehindert sind oder beim Durchwachsen sich ebenfalls in einem halbreifen Zustande befinden.

Der Ueberschuss an Eiweiss ist nun entweder ein solcher an Protoplasma oder an gelösten Eiweissstoffen und vielleicht auch noch anderen schleimigen Substanzen, welche sich beim Reiben in Folge der dabei stattfindenden starken Lufteinwirkung stärker wie sonst ausscheiden, sich wie elastische Polster zwischen die Stärke einlagern und das feste Absitzen derselben dadurch beeinträchtigen. In jüngeren Zellen ist aber auch das Protoplasma wasserreicher, also schleimiger und wird also ebenso wirken.

Dass es thatsächlich Eiweisskörper sind, welche die Erscheinung hervorrufen, beweisen der mikroskopische Befund in schwimmender Stärke und der ihr aufgelagerten ungewöhnlich starken Schlammschicht, sowie dass die dabei zu beobachtenden Schleimmassen, welche die Stärkekörner umlagern und zu mehreren zusammenballen, auf Zusatz von Natronlauge sich lösen, und dass dann die Stärkekörner einzeln vorhanden sind. Mischt man derartige Stärke mit Wasser und geringen Mengen Natronlauge in einem Glascylinder, so setzt sich die Stärke alsbald fest ab.

Das baldige Verschwinden der Erscheinung, die selten länger als 8—14 Tage anhält, ist dann durch Eintritt einer Nachreife beim Lagern zu erklären.

Manche Kartoffelsorten geben fast durchweg schlecht absitzende Stärke, z. B. Magnum bonum, und es kann dies entweder darauf zurückgeführt werden, dass sie besonders eiweissreich, oder sehr reich an kleinen Stärkekörnern sind. Untersuchungen darüber liegen aber nicht vor.

Es sollen auch zu stark mit Kainit sowohl als mit Chilisalpeter gedüngte Kartoffeln schwer und schwimmig absetzende Stärke liefern.

Endlich scheint es, dass die Kartoffelsorten und die Herkunft von gewissen Bodenarten auf das gute oder weniger gute Absitzen der Stärke von Einfluss sind. Wenigstens behaupten viele Praktiker, dass die Stärke von Kartoffeln, die auf Sand gewachsen sind, sich fester setzt, als solche aus Kartoffeln von schwerem Boden.

Bei Versuchen mit 4 Kartoffelsorten von einem sandigen und einem lehmigen Versuchsfeld, gedüngt und ungedüngt, setzte sich die Stärke mit nur geringen Abweichungen je nach Bodenart und Düngung von

Imperator	mit	50 Proc.	Wasser
Seed	-	51 -	-
Achilles	-	51 -	-
Daber	-	53 -	-

doch sind die Versuche nicht zahlreich genug, um feste Schlüsse auf Sortenunterschiede darauf zu bauen.

Mit welchen Mitteln kann nun der Stärkefabrikant sich gegen diese Uebelstände wehren?

Da die Ursachen verschieden sind, so werden es auch die Mittel sein.

Soweit es sich nicht um Entfernung zu grosser Fasermengen und Fruchtwasserverdünnung handelt, werden mechanische Mittel wenig Aussicht auf Erfolg bieten, und der Stärkefabrikant wird sich dann chemischen Mitteln zuwenden.

Das Nächstliegende wird dem Kleinfabrikanten ein Zusatz von Schwefelsäure sein, weil er diese bei der Verarbeitung des sich ebenfalls schlecht scheidenden Schlammes zu verwenden gewöhnt ist. Für Nassstärkefabrikanten hat die Verwendung auch wenig Bedenken, da für Nassstärke keine Usancen vorhanden sind. Für den Trockenstärkefabrikanten ist dagegen Vorsicht geboten, weil, wie ausgeführt wurde (S. 244), die letzten Reste durch Waschen mit Wasser allein schwer aus der Stärke zu entfernen sind, wenn das Wasser nicht sehr reich an kohlensaurem Kalk ist und daher selbst neutralisirend wirkt. Der Trockenstärkefabrikant muss daher seine fertige Waare bei Verwendung von Schwefelsäure jedenfalls auf Säurefreiheit prüfen, und wenn er dieselbe nicht findet, die Stärkemilch nach dem Reinigen neutralisiren. Bei einiger Sorgfalt ist das auch gar nicht schwer und absolut sicher auszuführen.

In manchen Stärkefabriken wird Soda zu dem Zwecke gewählt. Verfasser zieht aber Kalkwasser oder Kalkmilch entschieden vor. Soda ist in Wasser leicht löslich und stark alkalisch. Wird die Menge nicht ganz genau gewählt, so kann leicht die Stärke alkalisch werden, was ebenso unangenehme Folgen haben kann als die saure Reaktion. Kalk ist in Wasser schwerlöslich, man wird also viel weniger leicht einen zu grossen Ueberschuss geben als bei Soda, hat aber auch den Vortheil, dass ein etwaiger kleiner Ueberschuss von Kalkwasser beim Centrifugiren und Trocknen der Stärke aus der Luft Kohlensäure aufnimmt und neutralen kohlensauren Kalk bildet. Daneben ist Kalk auch billiger.

Will man sich überzeugen, ob die Gefahr vorliegt, dass eine gereinigte Stärkemilch saure Stärke geben wird, so nimmt man mit einem dünnen Glasrohr aus der Milch im Waschbottich, ehe sie zum Centrifugiren abgepumpt wird, etwas heraus und lässt einen Tropfen davon auf eine mehrfache Lage Fliesspapier fallen, sodass das Wasser abgesaugt wird, und ein kleines Stärkehäufchen entsteht. Auf dieses lässt man aus einem spitz ausgezogenen Röhrchen einen Tropfen stark verdünnter, neutraler, gereinigter Lackmuslösung fallen, sodass er von der Stärke ganz aufgesaugt wird. Wird die Lösung roth, so wird die fertige Stärke sauer. Dann setzt man eimerweise klares Kalkwasser der Stärkemilch im Quirlbottich zu und erneuert die Probe bei fortdauerndem Quirlen, bis die Lösung blauviolett oder zart blau wird. Dann erhält man neutrale trockene Stärke mit derselben Reaktion. Arbeitet man dann ganz gleichmässig hinsichtlich der Menge von Stärkemilch, Säure und Neutralisationsmittel, so braucht man natürlich nur jeden Posten fertiger Stärke zu kontroliren, um sicher zu gehen, was bei der Einfachheit der Probe viel häufiger geschehen sollte, als dies thatsächlich der Fall ist.

Es wirkt nun aber ein Zusatz von Schwefelsäure zu der Stärkemilch nicht immer. Dies ist besonders dann der Fall, wo Eiweisskörper die Ursache des mangelhaften Absitzens der Stärke sind und auch dort, wo nicht Bakteriengährungen, sondern Hefegährungen die Stärke grau und fliessend oder blasig machen, da geringe Mengen Schwefesäure die Bakterien wohl tödten, die Thätigkeit der Hefe dagegen sogar noch begünstigen können.

Auch beobachtete Verfasser bei Versuchen im Kleinen, dass Stärke aus faulen Kartoffeln nach Zusatz von 1 g Schwefelsäure zu 1 Liter Stärkemilch zwar etwas hellere Stärke mit einer darüber liegenden Faserschicht gab, dass aber die Stärke nach dem Absitzen noch 70 Proc. Wasser enthielt, also fast so stark schwimmig war als ohne den Zusatz.

In diesen und manchen anderen Fällen wendet man mit Erfolg schweflige Säure oder doppeltschwefligsauren Kalk an.

Durch dieselben werden sowohl Bakterien als auch Hefezellen getödtet, oft auch die Eiweisskörper genügend gelöst.

Die schweflige Säure bietet ausserdem den Vortheil, dass ihr Ueberschuss leichter durch einfaches Waschen, bezw. beim Trocknen in Gasform zu entfernen ist.

Bei Unreinlichkeit der Bottiche, Siebe, Pumpleitungen ist sie das bequemste Desinfektionsmittel, ebenso wie der doppeltschwefligsaure Kalk. Mit einer nicht zu dünnen Lösung (2° Bé.) werden diese gründlich gereinigt und dann mit Wasser nachgewaschen. Auch kann gewöhnliches Kalkwasser oder Kalkmilch an ihrer Stelle hierzu verwendet werden.

Im Beginn der Campagne und beim Arbeiten fauler Kartoffeln von Zeit zu Zeit sollte eine solche gründliche Reinigung stets vorgenommen werden.

Ueber die Art des Zusatzes der schwefligen Säure zur Stärkemilch allmählich in dem Maasse, wie sie zuströmt, ist bereits Mittheilung gemacht (s. S. 246).

Bisweilen versagt aber auch die schweflige Säure ihren Dienst zur Scheidung und zum Festerabsitzen der Stärke.

Es ist das häufig dann der Fall, wenn das schlechte Absitzen der Stärke eine Folge von Einlagerung zwischen oder Umlagerung von Eiweisskörpern um die Stärkekörner ist, also bei Verarbeitung sehr stark gefaulter, oder unreifer und durchgewachsener Kartoffeln. So erhielt Verfasser aus einer Stärkefabrik, die sonst stets eine sehr geringe Schlammschicht auf der Stärke hatte, da sie die Milch fein siebt, eine von Verarbeitung unreifer Kartoffeln herrührende Schlammprobe, welche sich in Höhe von 4 cm über der Stärke abgesetzt hatte.

Dieselbe zeigte mikroskopisch viel korrodirte Körner, viel eingelagerte Eiweissflocken und sehr viel Bakterien aller Art (Lang- und Kurzstäbchen, Spirillen). Die Stärkekörner waren von solchem Schlamm verklebt und bildeten Klümpchen, welche erst auf Zusatz von Natronlauge zu dem Präparat verschwanden.

Es wurden nun je 150 ccm des auf 2° Bé. verdünnten Schlammes zum Absitzen hingestellt in Glascylindern von gleicher Weite

1. ohne Zusatz,
2. mit 2 cm Normalschwefelsäure = 0,098 g Schwefelsäure,
3. mit 2 cm Normalnatron = 0,08 g Natronhydrat.

Es setzte sich nun ab

1. langsam, grossflockig eine untere hellere Schicht in 30 cm Höhe und eine obere graue Schicht in 15 cm Höhe vom Boden,
2. langsam, flockig in einer gelblichen 30 cm hohen Schicht,
3. bald, körnig, weisse Stärkeschicht ohne Schlamm von 17 cm Höhe.

Es hatte also in diesem Falle nur ein Zusatz von Natronlauge gewirkt.

Das konnte Verfasser in verschiedenen anderen Fällen ebenfalls bestätigt finden. Deshalb glaubt derselbe auch in allen den Fällen, in welchen Schwefelsäure und schweflige Säure ihre Wirkung versagen, den Zusatz von Natronlauge empfehlen zu müssen.

Es ist das auch schon früher von anderer Seite für die Schlammverarbeitung geschehen, offenbar aber wieder fallen gelassen.

Auch haben einzelne Praktiker Misserfolge mit einem solchen Zusatz gehabt. Dieselben haben aber ihren eigenen Angaben nach den Fehler dadurch verschuldet, dass sie die fast noch ganz koncentrirte Natronlauge an einer Stelle in den Quirlbottich geschüttet haben. Da koncentrirte Natronlauge Stärke zu verkleistern vermag, so ist jedenfalls an dieser Stelle Verkleisterung eingetreten, und dadurch das Uebel nur gesteigert worden.

Verfasser hat so häufig Versuche im Kleinen mit Natronlauge ausgeführt, ohne irgend welche Schädigung der Stärkekörner zu beobachten, und stets ein festes Absitzen der Stärke erhalten, dass er Misserfolge in der Praxis nur unrichtiger Handhabung zuzuschieben geneigt ist.

Der Zusatz der vorher verdünnten Lauge muss aber durch allmählichen Zulauf in der Art erfolgen, wie er oben für schweflige Säure beschrieben ist, oder da, wo er zu der Stärke im Aufwaschquirl erfolgen soll, in der Art, dass man die gewünschte Menge Natronhydrat oder Natronlauge in Wasser vertheilt, in den Quirl zu der zum Aufwaschen nöthigen Wassermenge giebt, durchrührt und dann erst die Stärke in die so verdünnte Flüssigkeit übersticht. Das dabei auftretende Verspritzen von Stärkemilch kann man den Vortheilen gegenüber in Kauf nehmen. Eine Verkleisterungsgefahr ist auf diese Weise völlig ausgeschlossen.

Wie gross müssen die Mengen der Zusätze bemessen werden?

Eine allgemein gültige Zahl lässt sich hierfür nicht aufstellen. Dieselben sind abhängig von der Grösse der Verunreinigung der Stärke, und ein direktes Maass hierfür besitzt der Stärkefabrikant nicht.

Jedoch kann er in sehr einfacher Weise für jeden gegebenen Fall selbst feststellen, welche Zusätze und wie gross die Mengen derselben zu wählen sind.

Zu dem Zwecke werden gleich grosse und gleich koncentrirte Proben der zu prüfenden Stärkemilch in Glascylinder von ca. 50 cm Höhe und 45 mm lichtem Durchmesser und einer Marke, z. B. bei 250 ccm Inhalt vertheilt und aus einer in $^1/_{10}$ ccm getheilten Pipette 0,1, 0,2, 0,3 u. s. w. ccm von Normalschwefelsäure (40 g Schwefelsäureanhydrid in 1 Liter), schwefliger Säure von bekannter Verdünnung (z. B. 1 Th. doppeltschwefligsaurem Kalk auf 10 Th. Wasser) oder Normalnatronlauge (40 g festes Natronhydrat in 1 Liter) zugelassen, umgeschüttelt und der Effekt auf das Absitzen beobachtet. Meist tritt bei wirkendem Zusatz eine deutliche Scheidung schon nach wenigen Minuten ein, und nach 1 Stunde sieht man die volle Wirkung an der Art des Absitzens und der Scheidung.

War die angewandte Menge Stärkemilch 250 ccm und der die günstigste Wirkung hervorrufende Schwefelsäurezusatz z. B. 0,4 ccm Normalsäure, so berechnet sich der Zusatz auf einen Quirlbottich mit 3000 Liter Inhalt wie folgt: 1 ccm Normalschwefelsäure = 0,049 g conc. englischer Schwefelsäure (66° Bé.), also 0,4 ccm = 0,0196 g auf 250 ccm oder 19,6 g auf 250 Liter, d. h. 235 g oder rund $^1/_2$ Pfund koncentrirter Schwefelsäure auf 3000 Liter.

War schweflige Säure oder schwefligsaurer Kalk von besserem Erfolg, so würde sich die Berechnung wie folgt stellen: Zu 250 ccm verbraucht z. B. 1,0 ccm schwefliger Säure von $2^1/_2$° Bé., also zu 250 Litern 1,0 Liter und zu 3000 Litern = 12 Liter schwefliger Säure. Ebenso ist die Berechnung für doppeltschwefligsauren Kalk.

Hatte endlich Natronlauge die beste Wirkung, so verläuft die Rechnung wie folgt: Es seien zu 250 ccm Stärkemilch verbraucht 0,5 ccm Normalnatronlauge. 1 ccm derselben entspricht 0,04 g festem Natronhydrat, also 0,5 ccm = 0,02 g. Auf 250 Liter entfallen also 20 g, auf 3000 Liter 240 g festes Natronhydrat oder etwa das Dreifache an käuflicher Lauge in flüssiger Form.

Kann der Stärkefabrikant solche Vorversuche nicht ausführen, so muss er mit einer kleineren Menge bei einem Bottich beginnen und dem nächsten allmählich mehr zusetzen, bis er die genügende Scheidung erreicht.

Als Anhalt mag dabei dienen, aber unter dem ausdrücklichen Hinweis darauf, dass damit eine bestimmte günstige Menge nicht für alle Fälle gemeint sein kann, dass von Wirkung gewesen sind:

Bei erfrorenen Kartoffeln $^1/_6$ Liter doppeltschwefligsaurer Kalk auf 1000 Liter Waschwasser im Quirl.

Bei faulen Kartoffeln $^1/_6$ Liter Schwefelsäure oder $^1/_2$ Liter doppeltschwefligsaurer Kalk auf 1000 Liter Waschwasser.

Bei schlecht absitzender Stärke aus unreifen Kartoffeln 0,4—0,5 kg festes Natronhydrat oder 1,2—1,5 kg flüssige Natronlauge auf 1000 Liter Waschwasser.

In manchen Fällen wird der Stärkefabrikant auch ohne den Zusatz chemischer Mittel auskommen können, und soll diese dann auch vermeiden.

Bei Unreinlichkeit genügt meist eine gründliche Reinigung der Gefässe, Pumpleitungen u. s. w. mit schwefliger Säure, Kalkmilch oder heissem Wasser und Nachspülen mit kaltem Wasser.

Bei unreifen Kartoffeln ist zu bedenken, dass nach sehr kurzer Zeit oder nach höchstens 4 Wochen das schlechte Absitzen der Stärke von selbst verschwindet; man wird dann am Besten durch ein kurzes Lagern der Kartoffeln zum Ziele gelangen, d. h. durch ein Verschieben des Beginns der Kampagne um ein paar Wochen nach der Kartoffelernte.

Die Verarbeitung der Abfallstärke.

Alle Stärkekörner, welche bei der Herstellung des ersten Produktes verloren gehen, bilden die Abfallstärke. Dieselbe zerfällt in zwei ihrer Herkunft nach verschiedene Antheile: die Schlammstärke und den Stärkeschlamm.

Die Schlammstärke ist derjenige Theil der Rohstärke, welcher — mit Schlamm untermischt — sich in den Absatzkästen und auf den Quirlbottichen der guten Stärke auflagert und abgezogen bezw. mit Holzkrücken abgeschabt und daher auch Schabestärke genannt wird. In den mit Fluthen arbeitenden Fabriken ist es ferner die in den im Innern der Fabrik befindlichen unterirdischen Absatzkästen sich sammelnde und bei reinem Fluthen-Verfahren auch die von den Reinfluthen ablaufende Stärke.

Dieselbe wird zumeist sofort weiter verarbeitet und das daraus gewonnene Produkt in Fabriken, welche nur eine erste Waare produciren, dem ersten Produkt zugefügt, in solchen, welche Superiorwaare erzeugen, für sich als Primastärke verarbeitet und in den Handel gebracht.

Der Stärkeschlamm enthält diejenige Stärke, welche beim Ablassen des Fruchtwassers von den Absatzkästen, beim Fluthen-Verfahren mit dem von den unterirdischen Absatzkästen ablaufenden Fruchtwasser mitgeführt wird, und alle diejenige Stärke, welche bei der Verarbeitung der Schlammstärke abläuft und insgesammt durch Ueberleiten über sog. Aussengruben oder -bassins in diesen, stark mit Schlamm vermischt, sich absetzt.

Dieser Stärkeschlamm wird periodenweise, oder in der Mitte und am Schluss oder auch nur am Schluss der Kampagne je nach der Einrichtung und Grösse der Fabrik verarbeitet.

Die Zusammensetzung der Schlammstärke und des Stärkeschlammes ist qualitativ fast dieselbe. Beide enthalten Stärke, Faser, Eiweissflocken, Sand, Stippen und Fruchtwasserreste. Die Mischungsverhältnisse derselben sind aber sehr wechselnde. Giebt es Schlammstärke mit 95—97 Proc. Stärke oder 3—5 Proc. Verunreinigungen in der wasserfreien Substanz, so kann im Stärkeschlamm der Stärkegehalt auf 40 Proc. herabsinken, während der Rest zu 30 Proc. aus Sand und zu 30 Proc. aus organischen

Verunreinigungen (Faser, Eiweiss u. a. m.) besteht. Dazwischen finden sich dann alle möglichen Verhältnisse vor. Der Stärkeschlamm enthält ausserdem in Folge von Bakteriengährungen organische Säuren und andere Zersetzungsprodukte.

Dem äusseren Anblicke nach bildet die Schlammstärke eine mehr oder minder faserige, graue ziemlich feste Masse, während der Stärkeschlamm eine halbflüssige, dunkelgraue, braune oder gelbe Masse darstellt, die oft nach den Produkten der Bakteriengährungen unangenehm sauer und faulig riecht.

Die Verarbeitung beider Produkte besteht in einem Feinsieben und Fluthen auf Holzrinnen mit oder ohne Zusatz chemischer Scheidungsmittel für Stärke und Schlamm und nachherigem Aufwaschen.

Die Schlammstärke.

Das Sieben der Schlammstärke.

Die Schlammstärkemilch wird beim Abziehen von den Quirlen in einer Rinne, welche in den Fussboden eingelassen an den Quirlen entlang führt, nach einem Schlammquirl (Abb. 118) geleitet, dort in Bewegung gehalten und von der Schlammpumpe auf das Schlammsieb gehoben.

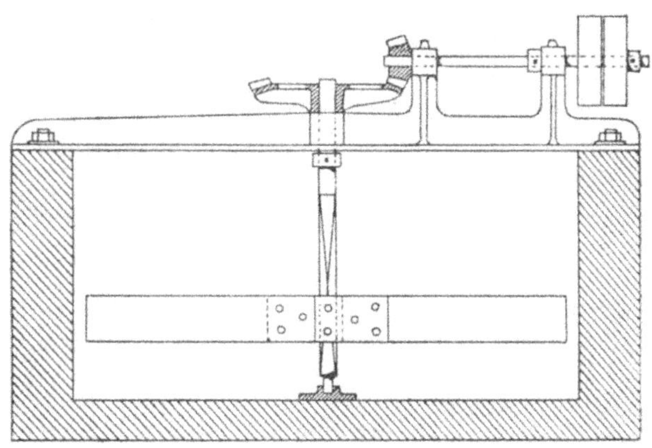

Abb. 118.

Die Schlammsiebe sind entweder Schüttelsiebe oder rotirende Vollcylinder. Ihre Konstruktion entspricht durchaus derjenigen der zum Feinsieben der Stärkemilch benutzten (S. 200), Unterschiede sind nur in der Zahl der Hin- und Hergänge bei Schüttelsieben, welche bei kurzem Hube möglichst hoch gewählt wird, zu 400 und mehr in der Minute, und in der Feinheit und Art des Belages zu finden.

Die Frage der Wahl des Siebes wird von den Praktikern sehr verschieden beantwortet. Verfasser möchte seine Ansicht dahin aussprechen, dass trotz der maschinellen Nachtheile, welche die Schüttelsiebe besitzen, dieselben für die Verarbeitung von Abfallstärke doch den rotirenden Cylindern vorzuziehen sind, weil auf ihnen in Folge des kurzen Hubes und der hohen Zahl der Hin- und Hergänge eine hüpfende Bewegung der Faser- und Schlammtheile entsteht, wodurch diese sich ballen, die feineren Schlammtheile (Stippen) besser mit einhüllen und so eine grössere reinigende Wirkung ausüben, während bei den rotirenden Cylindern, namentlich wenn sie in Wasser laufen, die langfasrigen aber schmalen und weichen Eiweissflocken durch die Maschen hindurchgeschwemmt werden oder darin haften bleibend die Siebe leichter verstopfen.

Für grössere Fabriken, welche mehr als ein Schlammsieb haben, sind kleine Siebe (1,5 m lang und 0,5 m breit) vorzuziehen, weil auf ihnen die Gaze weniger stark angestrengt wird, und die Erzeugung

Abb. 119.

eines schnellen Hin- und Herganges bei einem kleinen Sieb weniger Kraftentfaltung erfordert und weniger Abnutzung bei ihm zur Folge haben wird, als bei grossen.

In der Abbildung 119 ist eine solche Schlammsiebanlage der Maschinenfabrik Gaul & Hoffmann in Frankfurt a. O. dargestellt. Die Siebe haben gemeinsamen Antrieb mit Querstoss und hin- und herschwankende Wasserbrause. Die Abbildung 120 zeigt eine Schlammsiebstation von Angele. Das obere Sieb ist belegt mit Seidengaze No. 7, das untere mit No. 11. Letzteres ist ohne Wasserbrause.

Im Allgemeinen erscheinen Siebe mit Längsstoss zweckmässiger, da sie weniger Gefäll erfordern als bei Querstoss, bei denen die Faser nur seitlich gestossen und nur durch das Gefäll abwärts bewegt wird. Bei eintretender Verstopfung wird aber des grösseren Gefälles wegen eher ein Fortlaufen von Milch über das Sieb zu befürchten sein. Jedoch kann bei

Abb. 120.

einiger Achtsamkeit durch rechtzeitige Auswechselung des Siebrahmens dieser Mangel leicht behoben werden und dafür die leichtere Zusammenstellbarkeit mehrerer Siebe als Ausgleich betrachtet werden.

Auch über die Wahl von Drahtgaze oder Seidengaze zum Verarbeiten der Schlammstärke ist die Ansicht der Fabrikanten verschieden. Haltbarer ist zweifellos Drahtgaze; Verfasser giebt aber der Seidengaze dennoch den Vorzug, weil in den rauhen Fäden der letzteren die Schlammtheile leichter haften bleiben als an den glatten Drähten.

Ueber die Feinheit der zu wählenden Gaze lassen sich allgemein gültige Angaben nicht machen. Dieselbe ist in verschiedenen Kampagnen und bei verschiedenem Rohmaterial eine verschiedene, abhängig von der Reife der Kartoffeln und der Grosskörnigkeit ihrer Stärke, abhängig auch von der Beschaffenheit der Abfallstärke, je nachdem dieselbe faserreicher, leichter oder weniger leicht scheidbar ist. War die Stärkemilch hinter den Auswaschsieben schon durch ein Feinsieb No. 100 gereinigt, so wird man als Schlammsiebe gleich höhere Nummern an Drahtgaze wählen können, z. B. No. 120 für Schlammstärke und No. 150—160 für Stärkeschlamm oder ihnen entsprechende Nummern der Seidengaze. War dagegen ein Feinsieb für die Rohstärkemilch nicht vorhanden, also No. 50 vielleicht die feinste Gaze vor dem Abschlammen der Rohstärke, so wird nun No. 75 für Schlammstärke, oder bei feinerer Arbeit ein Doppelsieben durch No. 75 und No. 100—120 am Platze sein. Es muss dies der Fall sein, weil bei sofortiger Verwendung eines ganz feinen Siebes die gröbere Fasermasse nur zum Theil ausgewaschen über das Sieb fortgleiten und Verluste hervorrufen würde. Es zeigt sich hier eben wieder deutlich, wie ein mangelhaftes Feinsieben zu rechter Zeit nachtheilig ist.

Sind also nach Unten hin bestimmte Grenzen für die Feinheit der Siebe nicht gesteckt, so giebt es doch solche nach Oben. Es hat sich nämlich gezeigt, dass in bestimmten Jahren der Stärkeschlamm durch Drahtgaze No. 160 und 180 glatt hindurchging, während er in anderen Jahren darüber hinglitt. Das erstere sind meist Jahre mit unreifen Kartoffeln.

Die grössten Stärkekörner erreichen Durchmesser von 0,1—0,07 mm. Drahtgaze No. 160 hat Seitenwände von etwa 0,1 mm und Seidengaze No. 15 ebenfalls, No. 18 dagegen schon solche von 0,07 mm. Es genügt also ein einzelnes oder ein Paar zusammengeschobener Stärkekörner, um eine Siebmasche zu bedecken und undurchlässig zu machen.

Die richtige Auswahl des Siebes ist also nur durch eine praktische Probe möglich.

Auch darüber sind die Meinungen getheilt, ob man über Schlammsieben eine Wasserbrause anbringen soll oder nicht. Im ersteren Falle kann man die Schlammmilch koncentrirter auf das Sieb bringen, im anderen Fall muss sie verdünnter sein, damit alle Stärke ohne Wasserzusatz hindurchgeht.

Verfasser neigt sich in diesem Falle den sog. trockenlaufenden Sieben, d. h. denen ohne Wasserbrause zu, allerdings in der Voraussetzung, dass der Schlamm nicht zu reich an Faser ist, d. h. dass schon die Rohstärkemilch genügend fein gesiebt war, oder wie bei dem Angele'schen Siebapparat ein gröberes Vorsieb mit Brause vorhanden war.

Wird selbst etwas Stärke beim Trockensieben in der Faser zurückgelassen, so ist die Menge dieser doch so gering, dass der Verlust an Quantität in keinem Verhältniss steht zu dem Gewinn für die Qualität beim Trockensieben. Denn es ist zweifellos, dass durch die Brausen feinere Fasertheile, Stippen u. A. m. durch das Sieb hindurchgeschlagen werden, welche auf dem Trockensieb in der Faser zurückbleiben.

Die zu siebende Milch muss so dünn wie möglich sein, jedenfalls nicht koncentrirter als 3° Bé.

Das Fluthen der Schlammstärke.

Die so vorgereinigte Stärkemilch wird nun auf Rinnen von dem Wasser und den leichteren Unreinigkeiten, feinsten Fasertheilen, Eiweissflocken und Stippen befreit.

Die hierzu benutzten Schlammtafeln sind entweder den Reinfluthen entsprechende grosse Holzfluthen oder schmale Rinnen, auf welchen die Schlammstärke in derselben Weise zum Absetzen gebracht wird, wie die erste Stärke. Nur in der Koncentration der Stärkemilch und in der Geschwindigkeit finden sich kleine Unterschiede, indem beide verringert werden.

Stärkemeister A. Räck giebt als Anfangskoncentration für zweites Produkt auf breiten Fluthen 3—4° Bé. an, in Zwischenräumen von 1—1½ Stunden wird dieselbe dann auf 5° und 6° Bé. gesteigert. Als Geschwindigkeit des Stromes fand Verfasser 0,08—0,13 m in der Sekunde.

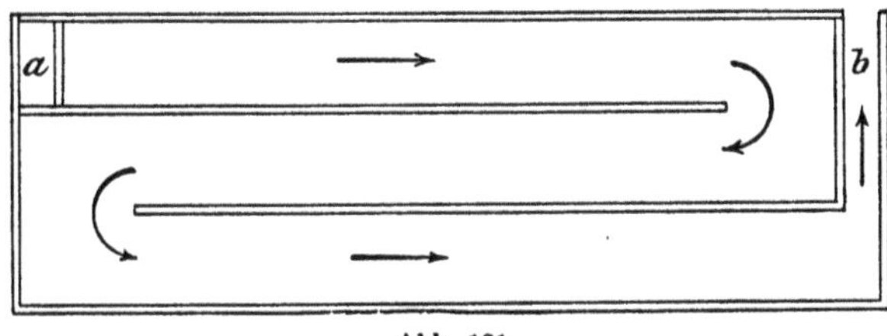

Abb. 121.

Auf schmalen Fluthen beträgt die Koncentration höchstens 4° Bé., die Geschwindigkeit 0,1 m in der Sekunde.

In kleineren Fabriken findet man auch Schlammtafeln, welche einen grossen, flachen, rechteckigen Holzkasten bilden, in welchen Querwände so eingesetzt sind, dass die Stärkemilch hin- und hergehend eine Schlangenlinie beschreibt (s. Abb. 121). Bei a ist ein Sandfang mit Ueberlauf-Querwand, bei b der Abfluss des Abwassers. Diese Schlammtafeln hält Verfasser nicht für zweckmässig, da an den Stellen, wo der Strom umbiegt, Strudel und Stromschnellen entstehen, dadurch Vertiefungen in der absitzenden Stärke und in diesen Schlammansammlungen.

Zweckmässiger sind die sog. Holländischen Schlammtafeln (s. Abb. 122, A Oberansicht, B Seitenansicht). Bei diesen sind auf einer der Grösse der Verarbeitung entsprechenden Holztafel Brettwände so aufgesetzt, dass alle nach einer Richtung hin verlaufen, und eine Anzahl paralleler Rinnen entsteht. Dieselben haben eine gemeinsame Zuflussrinne und eine ebensolche Abflussrinne. Der Strom geht in allen nach derselben Richtung.

Die Rinnen sind je nach der Grösse der Fabrik 10—20 m lang. je 30—40 cm breit (Spatenbreite) und 20—35 cm tief. Das Gefäll beträgt 1—2 mm auf je 1 m Länge. Sie füllen sich entweder durch Ueberlauf oder auch aus einer unten zugeschärften Rinne aus kurzen Kupfer-

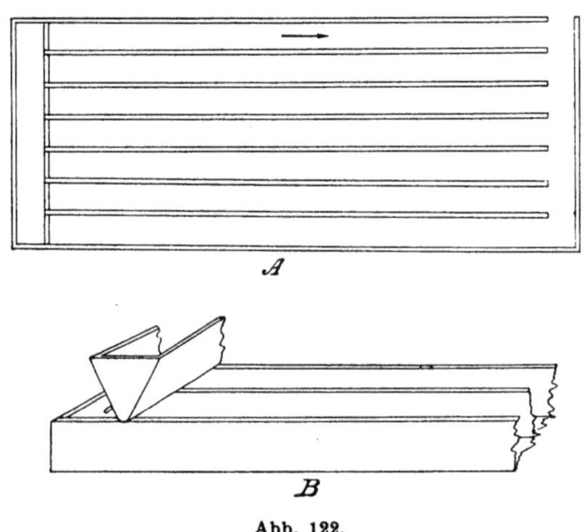

Abb. 122.

düsen von 4—8 mm lichter Weite, in welchen durch Einstecken kleiner Pflöcke der Zufluss regulirt wird. Es ist zweckmässig, diese so zu richten, dass die Milch gegen die Stirnwand der Rinne ausfliesst, sodass sie sich gleichmässig vertheilt und die ganze Länge der Rinne ausgenutzt wird (Abb. 122 B).

Die Rinnen müssen so lang bezw. zahlreich sein, dass das ablaufende Wasser frei von Stärke ist, wovon man sich durch Probenahme in einem Glase leicht überzeugen kann. Im Allgemeinen leitet man das Rinnen so, dass höchstens auf $^{2}/_{3}$ der Fluthe Stärke sichtbar abgelagert ist.

Bisweilen bringt man an der Zuflussseite auch Stellschrauben an, um diese senken zu können, wenn die Stärke sich zu stark abgesetzt hat, und der Strom zu stark wird. Es ist das wohl nur bei zu kurzen Fluthen erforderlich.

Die Seitenwände der Rinnen müssen nach oben hin schmaler sein, damit man die Stärkeblöcke mit dem Spaten leichter ausheben kann.

Die auf den Rinnen gewonnene Stärke wird mit Spaten ausgestochen und in kleinen Fabriken der guten Stärke beim ersten Aufwaschen zugefügt, sodass die Schlammstärke vom Tage zuvor zu der Rohstärke des gegenwärtigen Tages kommt. In grösseren Fabriken wird sie dagegen in Wagen geworfen, welche auf einem über die Fluthen hinlaufenden verlegbaren Schienenstrang laufen, oder in eine Angele'sche Rohstärkeschnecke, oder auf Bänder ohne Ende, welche zwischen je drei oder vier Rinnen der Länge nach hinlaufen, und zu einem Rührwerk gebracht und aufgerührt. Dann wird sie wie das erste Produkt in Waschquirlen ohne oder mit Zusatz chemischer Mittel, namentlich schwefliger Säure, auf gewöhnliche Primawaare verarbeitet, während das erste Produkt Superiorwaare bildet.

Besonders zu betonen ist es, dass es für die Erzielung eines möglichst guten ersten Nachproduktes von äusserster Wichtigkeit ist, dass die Schlammstärke sofort nach dem Abziehen von den Quirlen gesiebt und gefluthet wird. Jede Verzögerung ruft Säurebildung und damit schlechteres Absitzen, schwerere Trennung der Schlammtheile und ein geringeres Produkt hervor. Namentlich ist auch den Fabrikanten, welche Fluthenverfahren haben und die Schlammstärke in den Innenbassins ansammeln, dringend zu rathen, dieselbe nicht längere Zeit in diesen zu belassen, wie das oft geschieht, bis sich genug angesammelt hat, sondern sie möglichst täglich zu verarbeiten.

In kleineren Fabriken findet man häufig keine oder nicht ausreichende Schlammtafeln. Es wird dann eine Menge guter Stärke in die Aussengruben mitgeführt. Hier scheiden sich aus dem ebenfalls darüber hinfliessenden Fruchtwasser Eiweissstoffe, Fasertheile etc. ab. Es entstehen besonders in den wärmeren Jahreszeiten Gährungen, in ihrem Gefolge Ausscheidung von Schlammstoffen und Verletzung der Stärkekörner. In dem Aussenschlamm findet man bei der mikroskopischen Prüfung zahlreiche korrodirte Stärkekörner (vgl. S. 68 Abb. 12 c). Dadurch wird das Produkt, welches man aus dem Aussenschlamm erzielt, ein wesentlich schlechteres. Je mehr Stärke man in die Aussengruben gelangen lässt, um so mehr und schlechteres Nachprodukt erhält man und um so grössere Unkosten erwachsen, da die Fabrik zur Verarbeitung des Aussenschlammes länger betrieben werden muss, und also Kohlenverbrauch und Lohn erheblich gesteigert werden.

Der Stärkeschlamm.

Es ist mehrfach erwähnt, dass das Fruchtwasser und die Abwässer der Schlammstärkeverarbeitung in Aussengruben oder Aussenbassins geleitet werden, welche ausserhalb der Fabrik sich befinden.

Diese Aussengruben sind sowohl nach der Grösse der Fläche wie nach der Art der Anlage verschieden eingerichtet. Die Grösse der Fläche richtet sich nicht nur nach der Menge der verarbeiteten Kartoffeln, sondern auch nach der Art des Arbeitsverfahrens. Das Fluthenverfahren erfordert wesentlich mehr Raum an Aussengruben als das Absatzverfahren. Der Grund liegt darin, dass bei letzterem das abfliessende Fruchtwasser fast frei von Stärke ist, während bei jenem meist noch sehr viel Stärke in dem Fruchtwasser enthalten ist, und ferner, dass beim Fluthensystem die Menge der Schlammstärke und daher diejenige des bei ihrer Verarbeitung entstehenden Abwassers eine sehr viel grössere ist.

Ist der zur Verfügung stehende Raum für Aussengruben ein beschränkter, so hat es sich bewährt, um die vorhandenen Gruben eine Holzrinne zu legen, welche von Zeit zu Zeit geleert wird, und deren Abwasser erst in die Bassins fällt.

Die Aussengruben sind entweder grosse und breite, nicht viel über 1 m tiefe Gruben oder durch einen Ringwall hergestellte Sammelgefässe, deren Innenwand und Boden meist nur lose mit halben Ziegeln ausgelegt wird. Dadurch, dass sich in ihnen die Abwassermassen auf eine sehr grosse Fläche vertheilen, wird die Stromgeschwindigkeit so stark verringert, dass sich auch die feinkörnige Stärke neben vielen Schlammtheilen absetzt.

In anderen Fabriken sind die Aussengruben gemauerte Behälter, welche alle gleich hoch und etwa 2,5 m breit und 4 m lang sind. Sie liegen alle in der Wage, um einen ganz schwachen Strom herzustellen. Man stellt sie mit und ohne Untertauchwand bezw. nicht ganz bis zum Boden reichendem Zuleitungsschacht her. Die 0,5 m breiten Ueberlaufeinschnitte sind so angeordnet, dass der Strom in der Diagonale der Grube geht, das Fruchtwasser also einen Zickzackweg beschreiben muss. Zweckmässig ist es, an den Gruben eine Rinne hinzuführen, welche durch Schützen abstellbare Zuflüsse hat, sodass man in der Lage ist, jede einzelne Grube zeitweilig auszuschalten und zu entleeren. Ferner ist es zweckmässig, die eine Mauerwand frei liegen zu lassen (bei doppelter Bassinreihe nach einem Mittelgang zu) und hier Steinbuchsen mit Stöpseln wie bei den Absatzkästen anzubringen zum Abziehen des über dem Schlamm stehenden Abwassers.

Wo eine solche Einrichtung jedoch nicht vorhanden ist, wird das überstehende Wasser mit gewöhnlichen Holzpumpen (Schiffspumpen) abgepumpt.

Der Stärkeschlamm wird, wenn er fest genug ist, ausgestochen oder mit wenig Wasser und Holzkrücken angerührt und abgepumpt. Gefrorener Schlamm muss oft mit Pickel und Hacke herausgeholt oder mit warmem Wasser aufgethaut werden.

Die Verarbeitung dieses Stärkeschlammes geschieht in derselben Weise, wie diejenige der Schlammstärke und auch mit denselben Vorrichtungen. Die Siebe werden aber noch feiner belegt (Drahtgaze bis zu No. 180, Seidengaze bis zu No. 15) und die Milch meist so stark verdünnt, dass sie ohne Wasserzufluss aus einer Brause auf dem Siebe ausgewaschen wird.

Es wird sehr dünn und langsam gefluthet.

Der Stärkeschlamm enthält nur selten grosse Stärkekörner, der Mehrzahl nach sind es solche von sehr geringer Grösse. Dieselben sind meistens mit den Schlammtheilen so eng verbunden, dass sich beim Fluthen beide nicht trennen, sondern sich zusammen grobflockig absetzen zu einer halbflüssigen, nicht mehr mit dem Spaten auszustechenden gelbgrauen Masse, wenn sie nicht überhaupt vollständig ohne abzusetzen über die Rinnen dahingleiten.

In solchem Falle, welcher beim Stärkeschlamm bei Weitem der gewöhnliche ist, muss der Stärkefabrikant zur Hervorrufung der Scheidung von Stärke und Schlamm zu chemischen Mitteln greifen und kann dies auch um so ruhiger thun, als für die Nachprodukte die Freiheit von Säure und Chlor nicht usancemässig beansprucht wird, also selbst wenn Reste der chemischen Mittel in dem fertigen Nachprodukt sich finden, eine Beanstandung seiner Qualität nicht eintreten kann.

Ueber die Ursachen, welche die schwere Trennbarkeit von Stärke und Schlammtheilen im Stärkeschlamm veranlassen, bestanden sehr verschiedene, zum Theil der Wahrheit nahekommende, zum Theil ganz abenteuerliche Ansichten.

Durch eingehende Untersuchungen über diesen Gegenstand kam Verfasser zu folgenden Ergebnissen: Betrachtet man einen Stärkeschlamm, welcher sich nicht scheiden will, unter dem Mikroskop, so sieht man, dass nicht Stärkekörner und Faser mit einander verbunden sind, wie vielfach angenommen wurde, sondern Stärkekörner mit Stärkekörnern, und dass die Schlammflocken nichts weiter sind als Konglomerate von Stärkekörnern, welche durch eine verbindende schleimige Substanz mit einander verkittet sind. Wenn diese Konglomerate von Stärkekörnern sich absetzen, so bilden sie mit den eingelagerten schleimigen Theilen elastische Massen, welche sich nur locker aufeinanderlegen und deshalb einen lockeren Bodensatz geben. Da die Konglomerate grösser oder gleich gross wie die beigemischten Fasertheile sind, so reissen sie dieselben mechanisch mit herunter, und es tritt daher eine Scheidung von Stärke und Faser in zwei Schichten nicht ein.

Setzt man dem Präparate unter dem Mikroskope nun aber Säuren oder Alkalien, z. B. Natronlauge zu, so tritt alsbald eine Lösung der verbindenden Stoffe ein, und die Stärkekörner treten nur noch einzeln auf, ebenso auch die Fasertheile und gröbere Eiweissflocken. Will man also eine Scheidung von Stärkekörnern und Schlammtheilen bewirken, so muss man vor Allem die Stärkekörner durch Zerstören oder Auflösen der verkittenden Substanz trennen.

Setzt man nun einem mit Wasser stark verdünnten Schlamme in einem Glascylinder etwas Schwefelsäure oder Natronlauge zu, so tritt in weitaus den meisten Fällen ein schnelleres und festeres Absitzen ein.

Bei Zusatz von Schwefelsäure bildet sich eine klare, etwas gelblich oder grau gefärbte Stärkeschicht, über welcher sich eine mit Stärke gemischte Schlammschicht scharf abgetrennt ablagert.

Bei Zusatz von Natronlauge entsteht eine tief dunkelbraune Flüssigkeit — durch Umwandlung und Lösung von Farbstoffen —, aus welcher sich die Stärke, mit Faser untermischt, weiss und fest absetzt. Dass die Faser sich nicht abschichtet, liegt wohl an der höheren Koncentration der Flüssigkeit, denn wenn man die Flüssigkeit abzieht und mit reinem Wasser aufwäscht, geht die Abscheidung vor sich, und es setzt sich eine feste, schöne, weisse Stärke ab.

Verfasser fand nun, dass in der dunklen Lösung, welche bei Zusatz von Natronlauge zu dem verdünnten Schlamm entsteht, beim Ansäuern mit Schwefelsäure flockige Massen ausgefällt werden, und ebenso aus dem Filtrat dieser Fällung mit Gerbsäure. Beide Ausfällungen bestanden im Wesentlichen aus Eiweissstoffen. Ebenso gab Gerbsäure in dem mit Schwefelsäure behandelten Stärkeschlammabwasser flockige Eiweissausscheidungen, während beim Aufrühren des Schlammes mit reinem Wasser in der Flüssigkeit keine Abscheidung durch Gerbsäure hervorgerufen werden konnte.

Die Stoffe, welche im Stärkeschlamm die Stärkekörner zu Konglomeraten mit einander verkitten, sind also Gemische verschiedener Eiweissstoffe, welche alle in Natronlauge, aber nur zum Theil in Säure löslich sind. Bei Behandlung des Schlammes mit Natronlauge lösen sich also alle auf und die Stärkekörner sind isolirt, bei der Behandlung mit Säuren löst sich nur ein Theil auf, dadurch wird der Zusammenhang gelockert und Stärkekörner und der Rest der Eiweissstoffe trennen sich.

Verfasser hat die Versuche ferner daraufhin ausgedehnt, festzustellen, welche chemischen Mittel, in welchen Mengen und unter welchen Bedingungen des Zusatzes dieselben am geeignetsten sind, die Trennung von Stärke und Schlamm zu bewirken.

Dabei ergab sich, dass zur Hervorbringung einer guten Trennung des Schlammes in eine Stärkeschicht und eine aufgelagerte Schlammschicht bei allmählich sich steigerndem Zusatz sehr verschiedene Mengen von verschiedenen Scheidungsmitteln erforderlich waren. Z. B. wurden bei einer Schlammprobe, welche, mit Wasser allein aufgerührt, sich als gleichartige, graugelbe, lockere Masse absetzte und 94 Proc. Stärke in wasserfreier Substanz enthielt, zur Bewirkung vollkommener Scheidung auf 100 kg wasserfreien Schlammes gebraucht:

$^1/_3$ Liter Schwefelsäure von 66° Bé.	Preis	= 6	Pfge.
1 Liter Salzsäure von 20° Bé.	-	= 14	-
1 kg Chlorkalk	-	= 33	-
1 Liter Natronlauge von 36° Bé.	-	= 40	-
6 kg Soda	-	= 108	-
11,5 Liter schweflige Säure von 2° Bé.	-	= 137	-
23 Liter doppeltschwefligsaurer Kalk von 11—12° Bé.	-	= 365	-

Nicht nur die Menge der zur Bewirkung einer vollständigen Scheidung von Stärke und Schlammschicht nöthigen Zusatzmittel, sondern auch die daraus erwachsenden Unkosten sind bei demselben Stärkeschlamm sehr verschieden.

Während nun eine Schlammprobe z. B. nur $^1/_3$ Liter Schwefelsäure zu vollständiger Scheidung brauchte, erforderte eine andere schlechtere 4 Liter, wieder andere dazwischenliegende Mengen. Je nach der Beschaffenheit des Stärkeschlammes sind die erforderlichen Mengen desselben Zusatzmittels sehr verschieden grosse.

Ebenso zeigte sich der Verdünnungsgrad der Schlammstärke als wichtig für den Erfolg.

Ein Stärkeschlamm, welcher auf 10° Balling = 5,5° Bé. verdünnt war (entsprechend $^3/_4$ Wasser, $^1/_4$ Bodensatz nach dem Absitzen), verbrauchte, auf 100 kg trockenen Schlamm berechnet, $^1/_3$ Liter Schwefelsäure; derselbe auf 25° Balling = 14° Bé. (entsprechend $^1/_2$ Wasser und $^1/_2$ abgesetztem Schlamm im Quirl) verdünnt, verbrauchte nicht etwa das $2^1/_2$fache, also $^5/_6$ Liter Schwefelsäure, sondern $1^3/_4$ Liter. Bei einem sehr schlechten Schlamm trat eine Scheidung überhaupt erst bei einer Verdünnung von 5° Balling ($^1/_8$ Schlamm und $^7/_8$ Wasser im Quirl) ein.

Die nöthige Menge des Zusatzmittels wächst nicht im direkten Verhältniss der Koncentration der Stärkeschlamm-Milch, sondern ist bei steigender Koncentration viel höher, als der Zunahme der Koncentration entspricht. Je dünner der Schlamm ist, um so leichter ist die Scheidung. Je schlechter der Schlamm ist, um so mehr muss er verdünnt werden.

Es scheint ferner, als ob ein Zusatz der Chemikalien vor dem Sieben — die genannten Versuche sind alle in vorher durch No. 5 und No. 10 Seidengaze gereinigtem Schlamm vorgenommen — auch das Sieben erleichtert. Es sind aber noch praktische Versuche zur Bestätigung dieses Befundes im Kleinen und eine Feststellung des Umstandes nöthig, ob nicht eine fortgesetzte Einwirkung der Chemikalien die Siebgazen stark angreift, ehe ein sicheres Urtheil gefällt werden kann. Schweflige Säure greift erfahrungsgemäss die Siebgaze kaum an.

Aus dem Mitgetheilten geht hervor, dass die Schwefelsäure, das älteste und verbreitetste Zusatzmittel bei der Schlammverarbeitung, von allen anderen Mitteln das billigste und daher am meisten zu bevorzugende bleibt. Nur in bestimmten Fällen, in welchen die Schwefelsäure ihre Wirkung versagt, wird sich der Stärkefabrikant der Natronlauge zuwenden.

Aus den Versuchen ergiebt sich aber ferner, dass es dem Stärkefabrikanten dringend anzurathen ist, sich durch einen Vorversuch von der gerade nöthigen Zusatzmenge zu seinem Stärkeschlamm zu überzeugen, zudem oft durch einen zu starken Zusatz die gute Wirkung des Zusatzmittels wieder aufgehoben wird. In welcher Art dies zu geschehen hat, ist bereits auf Seite 257 u. 258 mitgetheilt. Daselbst sind auch die Vorsichtsmaassregeln bei dem Zusatz angegeben.

Der grosse Einfluss der Koncentration der Milch bei der Schlammverarbeitung weist darauf hin, dass es für den Stärkefabrikanten höchst empfehlenswerth ist, Instrumente zur Bestimmung der Koncentration auch bei der übrigen Fabrikation einzuführen, was bisher nur ganz ausnahmsweise der Fall ist. Ueber die geeigneten Instrumente wird bei „Untersuchungsmethoden“ berichtet werden.

Man war früher der Ansicht, dass die Schwierigkeit der Trennung von Stärke und Schlamm bei der Verarbeitung von Stärkeschlamm auch wesentlich durch die Anwesenheit von unzähligen Bakterien in ihm veranlasst würde. Diese Ansicht hat sich als nicht immer zutreffend erwiesen. Versuche mit Zusatz von Flusssäure, einem anerkannten Bakteriengift, zu Schlamm ergaben dem Verfasser, dass erstens zur Tödtung der Bakterien sehr grosse Mengen Flusssäure (50 g käuflicher 33 proc. Säure) zu 100 Litern Schlamm von 2,1° Bé. nöthig sind, und dass dann anstatt einer besseren Scheidung von Stärke und Schlamm im Gegentheil gar keine Scheidung mehr eintrat. Geringere Mengen von Flusssäure erwiesen sich gänzlich wirkungslos.

Es mag erwähnt werden, dass manche Praktiker behaupten, Stärkeschlamm verarbeite sich leichter, wenn man ihn vorher nochmals durch die Reibe schickt und dann siebt und fluthet.

Die bei der Verarbeitung des Aussenschlammes erzielte Stärke bildet zusammen mit der auf den untersten Theilen der Schlammtafeln von der Verarbeitung der Schlammstärke abfallenden Stärke die Sekundawaare.

Der von der Verarbeitung dieser in den Aussengruben gewonnene Schlamm giebt bei nochmaliger Verarbeitung Tertiawaare.

Der endlich von dieser übrigbleibende Schlamm lässt sich nicht weiter verarbeiten. Er wird gewöhnlich ohne Weiteres aus den Aussengruben herausgepumpt, centrifugirt und getrocknet; wenn er sehr schlecht ist, an der Luft.

Dem Centrifugiren stellen sich dabei durch Verstopfung der Tücher oft grosse Schwierigkeiten entgegen. In solchen Fällen thut der Stärkefabrikant gut, nicht zu ängstlich jeden letzten Rest gewinnen zu wollen, sondern ruhig einen Theil des Schlammes überhaupt fortzulassen. Am zweckmässigsten wird dann der Schlamm unter Schwefelsäurezusatz aufgequirlt, 10—18 Stunden der Ruhe überlassen und dann auf die Hälfte durch Heber entleert. Der dabei fortfliessende graue Schlamm ist fast frei von Stärke. Es ist dann nur die Hälfte der Flüssigkeit zu centrifugiren, und das Produkt wird weisser. Man spart so an Arbeit und gewinnt ein besseres Fabrikat.

Kleine Fabriken verkaufen auch die Schlammreste in Bausch und Bogen an Syrupsfabrikanten. Sollen sie vorher einige Zeit aufbewahrt werden, so geschieht das besser unter Zusatz von etwas Schwefelsäure unter Wasser als an der Luft. In letzterem Falle, namentlich bei Arbeiten mit viel Schwefelsäure, tritt leicht beim Trocknen ein Verkohlen der ganzen Masse ein.

Das Verhältniss zwischen erstem Produkt und den Nachprodukten.

Ein bestimmtes Verhältniss zwischen der Menge Primastärke oder erstem Produkt, welches der Stärkefabrikant gewinnen wird, und der Menge der Nachprodukte lässt sich nicht angeben. Dasselbe ist von einer grossen Reihe einzelner Umstände abhängig und kann selbst in demselben Betriebe bei gleicher Arbeitsweise wechseln.

Abhängig ist das Verhältniss von erstem Produkt zu Nachprodukten zunächst bei gesunden Kartoffeln von der Art der Einrichtung der Fabrik. Das Fluthensystem giebt im Allgemeinen mehr Nacharbeit als das Absatzverfahren und daher auch mehr Nachprodukte. Ferner ist von Einfluss die Vollständigkeit des Feinsiebens der Rohstärkemilch und die Güte des Abschlammens, bezw. die Art der Waschbottiche. Bei guter Stärke wird die Menge des abgezogenen Schlammes bei festen Quirlen grösser sein als bei kippbaren.

Von erheblichster Einwirkung ist ferner die Beschaffenheit der Kartoffeln und gewisser Kartoffelsorten. Kranke, erfrorene, warmgewordene, unreife und vor Allem faule Kartoffeln geben schwerer absitzende Stärke und damit grössere Mengen Schlammstärke und Nachprodukt. Diese werden um so grösser sein, je stärker die Veränderung der Kartoffeln ist.

Es geben Kartoffeln mit niedrigem Stärkegehalt und solche mit viel kleinkörniger Stärke mehr Nachprodukt als hochprocentige, es kann daher sowohl der Jahrgang wie die Kartoffelsorte Einfluss auf das Mengenverhältniss haben.

Von einer Fabrik in der Provinz Sachsen wurde dem Verfasser mitgetheilt, dass dieselbe von 1 Wispel Kartoffeln (25 Ctr.) zog:

	Gewöhnlich	Von Magnum bonum u. sog. polnischen Kartoffeln
Hochfeine Prima	3,0 Ctr.	2,25 Ctr.
Gewöhnliche Prima	1,0 -	1,15 -
Nachprodukte	0,5 -	1,10 -

Endlich sind die Temperaturverhältnisse, kurz alle Verhältnisse, welche das Absitzen der Stärke benachtheiligen, von Bedeutung.

Kleine Nassstärkefabriken mit guten Siebeinrichtungen und Schlammrinnen werden nur sehr geringe Mengen Nachprodukte aufzuweisen haben, besonders wenn sie nach dem Absatzverfahren arbeiten. Häufig werden sie neben verkäuflicher Stärke nur schlechten Schlamm in den Aussengruben haben, welcher ein Ausarbeiten nicht lohnt und nach Schätzung im Bassin von Händlern für Syrupfabriken aufgekauft wird. Viele gewinnen aber gewöhnlich wegen mangelnder Feinsiebe neben dem ersten Produkt auch noch Schlammstärke. Verfasser erhielt von Nassstärkefabriken folgende Angaben.

Von 100 Theilen gewonnener Stärke waren:

	Primastärke	Schlammstärke	Schlamm
1.	80 Proc.	18 Proc.	2 Proc.
2.	80 -	11 -	9 -
3.	82 -	9 -	9 -
4.	93 -	4 -	3 -
5.	94 -	6 -	—

Im letzten Falle waren Schlammgruben nicht vorhanden. Es wurde bei No. 4 und 5 mit Drahtgaze No. 70 feingesiebt, während bei 1., 2. und 3. ein Feinsieb fehlte.

Die Menge der gesammten Nachprodukte schwankt also zwischen 6 Proc. und 20 Proc. der Gesammtausbeute an Stärke, sie beträgt also anders ausgedrückt $^1/_{17}$ bis $^1/_5$ der Gesammtstärke.

Für grössere Fabriken ist die Feststellung schwieriger und lässt sich nur aus den Endzahlen der ganzen Kampagne berechnen. Sie schwankt bei diesen zwischen $^1/_{10}$ bis $^1/_4$ oder zwischen 10 bis 25 Proc. der Gesammtausbeute. Im Allgemeinen kann man annehmen, dass die Menge der Nachprodukte in gut geleiteten und eingerichteten Trockenstärkefabriken $^1/_7$ oder 15 Proc. der Gesammtproduktion beträgt.

Angele-Berlin giebt an, dass in den von ihm nach reinem Absatzsystem gebauten Fabriken die aus guten Kartoffeln gewonnene Stärke sich zusammensetzt aus:

70 Proc. Superior, 20 Proc. gewöhnlicher Prima und 10 Proc. Nachprodukten.

In einer von ihm erbauten Fabrik von 1000 Ctr. täglicher Verarbeitung an Kartoffeln wurden im Jahresdurchschnitt gewonnen:

67 Proc. Superior, 21 Proc. Prima und 12 Proc. Nachprodukte.

In Anbetracht der wechselnden Beschaffenheit der Kartoffeln in einem Jahre ist das als gute Uebereinstimmung zu bezeichnen.

In einer grossen Fabrik, welche mit Vorfluthe und Waschen der Rohstärke in Quirlbottichen arbeitete, war das Verhältniss:

60 Proc. Superior, 30 Proc. Prima, 10 Proc. Nachprodukte.

Die Superiorwaare war hier eine sehr feine Marke.

Das Mengenverhältniss der einzelnen Produkte gestaltete sich im Jahresdurchschnitt in drei dem Verfasser bekannten Fabriken mit 750 bis 1000 Ctr. täglicher Kartoffelverarbeitung wie folgt:

Einrichtung	a) Absatzkästen u. Waschquirle	b) Vorfluthen u. Waschquirle	c) Vorfluthen u. Reinfluthen
1. Superior	67,0 Proc.	62,9 Proc.	66,5 Proc.
2. Gewöhnliche Prima	21,0 -	19,9 -	13,5 -
3. Abfallende Prima .	—	10,5 -	10,0 -
4. Sekunda	6,0 -	4,6 -	6,1 -
5. Tertia	3,6 -	2,1 -	1,8 -
6. Schlamm	2,4 -	—	2,1 -

Es gab also das reine Absatzsystem 88 Proc. Gesammtprimawaare, das gemischte Verfahren 82,8 Proc. und die reine Fluthenarbeit 80,0 Proc. Die abfallende Prima reicht der Qualität nach aber sehr nahe an Primastärke heran und erzielte bei einem Preise der Prima von 14,25 bis 14,50 M. für 100 kg einen solchen von 13,00 M. Das Preisverhältniss stellte sich in der Kampagne 1895/96 etwa wie folgt: Superior 14,75 bis 15,00 M.; gewöhnliche Prima 14,25—14,50 M.; abfallende Prima 13,00 M.; Sekunda 12,00 M.; Tertia 9,00 M.; Schlamm 4,50 bis 5 M. für je 100 kg.

Dabei ist jedoch zu bedenken, dass für feinste Marken in Superiorwaare auch noch höhere Preise erzielt werden, und dass eben Superior und gewöhnliche Prima der einzelnen Fabriken nicht durchaus gleichwerthig in der Qualität sind und daher die Fabrikmarke hier von Bedeutung ist. Die abfallende Prima gilt im Handel als zweite Waare, wird aber auch bisweilen als Mehl nach Muster gehandelt.

Rückblick auf die Gewinnung und Reinigung der Stärke.

Bei einem Rückblick auf die Gewinnung und Reinigung der Stärke drängt sich die Frage auf, welches Verfahren der Verarbeitung als das zweckmässigste anzusehen sei.

Die Beantwortung derselben kann eine allgemeine nicht sein, sondern es ist die Entscheidung abhängig von den speciellen Verhältnissen der einzelnen Fabriken.

Für Nassstärkefabriken und kleine Trockenstärkefabriken ist zweifellos das Absatz-Quirlbottich-Verfahren das zweckmässigste.

Dasselbe ist auch für grössere Fabriken geeignet und gestattet ebensogut wie das Fluthensystem die Erzeugung feiner Marken neben gewöhnlicher Primawaare und Nachprodukten. Für Fabriken, welche nur Stärke herstellen, hält es der Verfasser sogar für das Zweckmässigste, weil es die ganze, durch die Zerkleinerung befreite Stärke an jedem Tage als Rohstärke vollständig gewinnt und bei gutem Feinsieben wenig Abfallprodukte giebt und sehr geringe Aussengrubenanlagen beansprucht. Die Folge davon ist eine geringe Nachkampagne und Ersparnisse an Arbeitslohn, Kohlen und Zeit.

Das Fluthensystem dagegen gestattet eine schnellere Entfernung der Hauptmenge des Fruchtwassers von der besten Stärke und eine grössere Reinigung schon bei der Rohstärke, ferner eine sehr weitgehende Trennung einzelner Marken und somit Herstellung feinster Waare neben einer grösseren Anzahl von Nebenprodukten und Nachprodukten. Eine grosse Menge der täglich freigemachten Stärke geht aber in die unterirdischen Gruben oder in die Aussengruben, daher bleibt dieser Theil der Stärke in längerer Berührung mit dem Fruchtwasser und giebt geringere Produkte. Diese Arbeitsweise erfordert aber auch eine erheblich grössere Anlage von Aussengruben und eine längere Nachkampagne.

Für Fabriken, welche neben Stärke und Mehl auch noch Syrup oder Stärkezucker herstellen und die Nachprodukte ohne umständliche Reinigung hierzu verwerthen können, bietet das Fluthensystem Vortheile, wenn nur eine feinste Marke Kartoffelstärke erzeugt und der Rest der Stärke zu Syrup verarbeitet wird, weil man mit ihm die feinste Waare leicht abtrennen kann, indem man nur die auf der Mitte der Fluthe abgelagerte Stärke auf Trockenstärke und Kartoffelmehl verarbeitet.

Das Trocknen der Stärke.

Die in den Quirlbottichen nach dem letzten Waschen und Abschlammen oder auf den Reinfluthen zurückbleibende Stärke hat je nach der Güte der Kartoffeln und den anderen Bedingungen für das Absitzen der Stärke einen Wassergehalt von 48—52 Proc., und ist in diesem Zustande, den man als feuchte oder grüne Stärke oder Nassstärke bezeichnet, das Endprodukt der Nassstärkefabriken.

Dieses Produkt ist aber nur kurze Zeit und bei niedriger Temperatur haltbar. Es fängt alsbald an zu säuern, zu schimmeln und sich anderweitig zu zersetzen, sodass es unbrauchbar wird. Um daraus ein haltbares, feines Fabrikat, die Kartoffelstärke, das auf Wunsch auch zu einem feinen, gleichmässigen Pulver, dem Kartoffelmehl, verarbeitet werden kann, zu erzielen, muss ihm ein grosser Theil seines Wassergehaltes entzogen werden. Es geschieht das in zwei Abschnitten, dem Vortrocknen und dem Nachtrocknen.

Das Vortrocknen.

Das Vortrocknen der Stärke hat den Zweck, sie soweit auszutrocknen, dass sie leicht in kleinere oder grössere Stücke zerbröckelt werden kann.

In kleinen und in älteren grösseren Trockenstärkefabriken geschieht das Vortrocknen bisweilen noch in höchst einfacher Weise durch das

Lufttrocknen.

Die aus den Quirlen oder Reinfluthen ausgestochenen Stärkeblöcke von 2—3 kg Gewicht werden in Mulden oder mittelst Fahrstuhl in Kübeln nach dem Drempelraum oder einem Vorraum der in dem oberen Stockwerk befindlichen Trockenstube geschafft, hier auf Lattengittern neben einander gereiht und der durchstreichenden Aussenluft ausgesetzt. So bleiben sie je nach der Witterung bis zu 8 Tagen und länger stehen, bis sie sich in Brocken brechen lassen, und werden dann in die Trocknerei geschafft.

Auch fand Verfasser eine Fabrik, in welcher die feuchte Stärke mit einem Theil bereits getrockneter durch Umstechen vermischt, und das Gemisch dann künstlich getrocknet wurde.

Beide Verfahren sind nur Nothbehelfe und werden wohl bald nicht mehr zu finden sein. Bei dem ersteren dauert bei unseren klimatischen Verhältnissen das Trocknen zu lange, und es tritt Bestäuben und ein Braunwerden der Kanten der Stärkeblöcke ein, wohl auch ein Sauerwerden oder Schimmeln, und die fertige Stärke wird gelb und stippig. Aehnliches kann sehr leicht bei dem letzteren Verfahren der Fall sein, bei welchem ausserdem eine gleichmässige Mischung nicht leicht sich erreichen lässt, wodurch beim Volltrocknen die Gefahr der Kleisterbildung gesteigert wird.

Absaugen oder Abpressen.

Weitere Versuche, Stärke zu entwässern, sind gemacht mit Nutschapparaten, welche das Wasser mittelst einer Luftpumpe absaugen. Dieselben scheinen in Deutschland nicht mehr benutzt zu werden.

Ferner ist ein Abpressen versucht. In einer grösseren Fabrik Deutschlands wird dieses Verfahren gehandhabt. Die Stärkeblöcke werden in eiserne, grob gelochte, mit konisch zugespitztem, gelochtem Boden versehene und mit Presstuch innen ausgelegte Körbe gebracht, und diese mittelst einer hydraulischen Presse von unten her gegen einen an einem festen eisernen Gerüst hängenden Holzstempel langsam angepresst, nach 4 Minuten zurückgelassen und nochmals angepresst. Im Ganzen beansprucht jede Füllung 9—10 Minuten. Sie giebt 135 kg gepresster Stärke mit 41 Proc. Wasser.

Endlich ist auch eine Verdrängung des Wassers durch komprimirte Luft versucht. Der zur Entwässerung von Getreidestärke sehr gut sich eignende Entwässerungsapparat von W. H. Uhland-Leipzig hat sich bisher nicht für Kartoffelstärke brauchbar erwiesen, da die entstehenden Stärkeblöcke Risse bekommen und dann Luft durchlassen, ohne hinreichend entwässert zu sein.

Die bisher genannten Arten der Vortrocknung finden sich nur ganz vereinzelt in deutschen Stärkefabriken vor.

Abschleudern oder Centrifugiren.

Ganz allgemein verbreitet ist dagegen die Vortrocknung der Stärke durch Schleudern oder Centrifugen. In der ersten Zeit ihrer Einführung in die Stärkefabrikation wurden sogenannte Trockencentrifugen aufgestellt, welche mit den ausgestochenen Stärkeblöcken gefüllt, und in denen dieselben nur entwässert wurden. Auch diese finden sich nur noch vereinzelt.

Ihre eigentliche Bedeutung erhielt die Centrifuge aber erst, als sie zur Milchcentrifuge umgewandelt, d. h. als nicht mehr die festen Stärkeblöcke, sondern deren Milch centrifugirt wurde, und als sie dadurch nicht nur als vortrocknender, sondern ganz besonders auch als reinigender Apparat in die Stärkefabrikation eintrat. Das Verdienst, diese sehr wichtige Aenderung in die Stärkefabrikation eingeführt zu haben, gebührt Albert Fesca.

Die Centrifugen sind oben offene, an einer lothrecht stehenden Spindel in wagerechter Lage aufgehängte Trommeln von stärkstem Stahlblech, seltener an den platten Theilen im Inneren mit Kupferblech bekleidet. Die Zarge der Trommel oder die senkrechte Seitenwand ist grob gelocht, während der massive Boden sich in der Mitte zu einem Kegel erhebt, in dessen höchstem Punkte die Trommel auf der Spitze der Spindel hängt. Durch lebhafte Drehung der Spindel wird die Trommel in schnellen horizontalen Umlauf versetzt. In die Trommel eingesetzt wird, den Mantel bedeckend, ein starkes verzinntes, eisernes Drahtgitter und auf dieses ein Streifen feiner Drahtgaze bezw. fein gelochten Bleches, welcher nach Innen hin mit Presstuch oder Barchent bedeckt ist. Das Filtertuch ist etwas grösser als der Streifen Drahtgaze, die überstehenden Borde werden nach der Aussenseite umgelegt und zwar so, dass die Tuchfalte noch ein Stück über den Rand der Drahtgaze vorragt, und dann an diese mit langen Stichen angeheftet. Dann wird die so bezogene Drahtgaze in die Trommel eingesetzt und an der Nahtstelle zusammengeheftet. Beim Anlassen der Trommel legt sich die überstehende Tuchfalte fest an die Trommelwand an und dichtet sich gegen diese ab. In manchen Fabriken wird auch das Tuch nicht angenäht, sondern durch zwei mit Schrauben angezogene Eisenbänder oben und unten gehalten.

Die Trommel ist nach aussen hin durch ein Gehäuse oder einen Mantel abgeschlossen, welcher oben über den Trommelrand übergreift und unten geschlossen ist. In ihm wird das ausgeschleuderte Wasser aufgefangen und durch ein Auslauf-Rohr fortgeführt.

Die Wirkung der Milchcentrifuge ist eine doppelte. Einmal liefert sie ein Produkt, welches wesentlich wasserärmer ist als die aus den Quirlen und Fluthen ausgestochene feuchte Stärke, und zweitens sondert sie feinere Schlammtheile aus der Stärke ab, welche weder durch Sieben noch durch Waschen zu entfernen waren.

Die Thätigkeit der Centrifuge macht sich nun in der Weise geltend, dass die in die Trommel eingelassene Stärkemilch, sobald jene in Umlauf versetzt wird, durch die Centrifugalkraft gegen die senkrechte Trommelwand geschleudert wird und sich an diese als Ring anlegt. Das Wasser dringt durch die als Filter wirkende Seitenwand hindurch und fliesst durch das Ableitungsrohr ab, während die Stärke je nach der Grösse des Gewichtes und specifischen Gewichtes ihrer Bestandtheile sich ablagert, der Wand zunächst Sandtheilchen und grobe Stärkekörner, nach Innen zu sich anreihend die kleineren Stärkekörner, endlich zuletzt die specifisch leichten Faser- und Eiweisstheilchen und Stippen. Diese bilden einen schmalen dunkelbraunen Ring, welcher durch Abschaben entfernt wird.

Das Befüllen und Entleeren der Centrifuge ist nicht ein fortlaufendes, sondern es wird die Centrifugentrommel etwa zur Hälfte mit Milch gefüllt, diese ausgeschleudert, die centrifugirte Stärke ausgehoben, wieder Milch eingefüllt, centrifugirt u. s. f. Es muss daher die auszuschleudernde Milch in beständiger Bewegung gehalten werden, und es geschieht das in einem mit einfachem Rührwerk versehenen Bottich, dem Centrifugenquirl, welcher seitlich über der Centrifuge aufgestellt ist. In diesen wird die aus den Quirlen oder Reinfluthen ausgestochene Stärke gebracht und mit Wasser aufgerührt, oder sie wird zweckmässiger in den Aufwaschquirlen oder bei Fluthen in einem unterirdischen Rührwerk aufgerührt, auf bestimmte Koncentration gebracht und dann zum Centrifugenquirl gepumpt (vergl. S. 85).

Soll eine Centrifuge befüllt werden, so wird ein am Boden des Centrifugenquirls befindliches Gelenkrohr mit der Ausflussöffnung nach der Centrifugentrommel gerichtet und durch Ziehen eines Ventils oder Aufschrauben eines Hahnes die Milch in die Centrifugentrommel eingelassen.

Da die Trommelwandung beim Centrifugiren einen sehr starken Druck aushalten muss, so muss sie aus bestem Material hergestellt und sehr gut gearbeitet sein. Zu bedenken ist dabei, dass der ausgeübte Druck wächst mit der Anzahl der Umgänge in der Minute, dem Durchmesser der Trommel und dem Gewicht der Füllung. Ist es Sache der Maschinenfabrikanten, die Centrifuge so zu bauen, dass eine Zertrümmerung oder Sprengung der Trommel ausgeschlossen ist, so muss der Stärkefabrikant eine Ueberlastung vermeiden, wenn er Gefahr für das Leben der an der Centrifuge Arbeitenden und für die Maschine selbst verhüten will. Die Maximalbelastung ist daher meistens an der Centrifuge selbst angeschrieben, und es muss bei Neuanlagen eine Centrifugen-Berechnung von dem Lieferanten aufgestellt werden, welche dem Gewerberath oder dem Kesselrevisionsverein zur Bestätigung vorzulegen ist.

Es ist aber auch zweckmässig sowohl für die Sicherheit des Centrifugenbetriebes, als für die Güte der Leistung, dass die Zahl der Umdrehungen, welche die Centrifuge machen soll, genau eingehalten werde. Ein einfacher Apparat, welcher dies festzustellen stets gestattet, ist der Geschwindigkeitsmesser von Dr. Braun, Berlin. Derselbe wird auf die Spitze der Centrifugenwelle aufgeschraubt und besteht aus einem an beiden Seiten zugeschmolzenen, mit Glycerin zum Theil gefüllten, aufrechtstehenden Glasrohr mit mehreren Marken. Die im oberen Theile befindliche Luftblase spitzt sich bei steigender Geschwindigkeit der Trommel mehr und mehr nach unten hin zu, indem sich das Glycerin an die Glaswandung stellt. Die Markenstriche geben die Anzahl der Umdrehungen an. Auch genügt es, einen Strich als Maximalgeschwindigkeit anzubringen, welchen die Spitze der Luftblase nach unten hin nicht überschreiten darf.

Einen Alarm-Geschwindigkeitsmesser, welcher an der Transmission oder dem Vorgelege der Centrifuge angebracht wird, und auf einem Zifferblatt die augenblickliche Umdrehungszahl anzeigt, bei Ueberschreitung der Maximalgeschwindigkeit aber ein elektrisches Klingelzeichen giebt, wird unter dem Namen Patent-Tachometer von Buss, Sombart & Co. in Magdeburg-Friedrichstadt hergestellt (s. Abb. 123).

Von der Leistungsfähigkeit des Regulators an der Dampfmaschine ist auch der ruhige Gang der Centrifuge abhängig und mit ihr des ganzen Betriebes. Da sie beim Anlassen 8 Pferdestärken erfordert, so geht — wenn der Regulator mangelhaft arbeitet — jedesmal ein Ruck durch den ganzen Betrieb.

Für den ruhigen Gang und damit für die Leistungsfähigkeit der Centrifuge ist ferner von grösster Bedeutung die gute Konstruktion der Spindel und ihrer Lagerung.

Nach der Art derselben unterscheidet man zwei Arten von Centrifugen: solche mit beweglicher Spindel und solche mit fester Spindel.

Abb. 123.

Die Centrifugen mit beweglicher Spindel, auch Buffer-Centrifugen genannt, sind besonders durch Alb. Fesca eingeführt und werden daher häufiger auch als Fesca'sche Centrifugen bezeichnet. Die Maschinenfabrik von Alb. Fesca-Berlin baut aber sowohl Centrifugen mit beweglicher, wie auch mit fester Spindel.

Die ältere Form der Fesca'schen Centrifuge mit beweglicher Spindel, welche sich noch in verschiedenen deutschen Stärkefabriken vorfindet, besitzt eine freilaufende Trommel mit Antrieb von unten her (s. Abb. 124). Die Trommelspindel läuft unten in einem Kugelspurlager, dessen genauere Konstruktion in der Abb. 126 ersichtlich wird. Das untere Ende der Spindel bildet hiernach einen Spurzapfen von hartem, antimonhaltigem Metall, dessen untere Fläche auf dem in den Boden des Kugellagers eingelegten Spurstein von gleichem Metall ruht und läuft. Das den Spurstein und den Spurzapfen umgebende Gehäuse liegt mit seiner kugeligen Unterseite frei beweglich in einem der Grundplatte aufgeschraubten, kugelig ausgehöhlten Lager, muss also jedem seitlich gerichteten Druck der Spindel sofort nachgeben und sich genau in die Richtung stellen, welche diese bei der Drehung einnimmt.

Das Halslager (Sternbufferlager) (s. Abb. 125 Oberansicht) ist in einem Stern von Gummibuffern aufgehängt und dadurch so leicht beweglich, dass eine gewisse Ausweichung der Spindel aus der lothrechten Richtung leicht stattfinden kann, während beim Aufhören der Neigung dazu die Elasticität der Gummibuffer sie wieder in die lothrechte Lage zurückdrückt.

Die Grundplatte, auf welcher die Centrifuge auf drei Säulen ruht, wird mit kleinen untergelegten Gummiplatten auf einem hölzernen Stell-

Abb. 124.

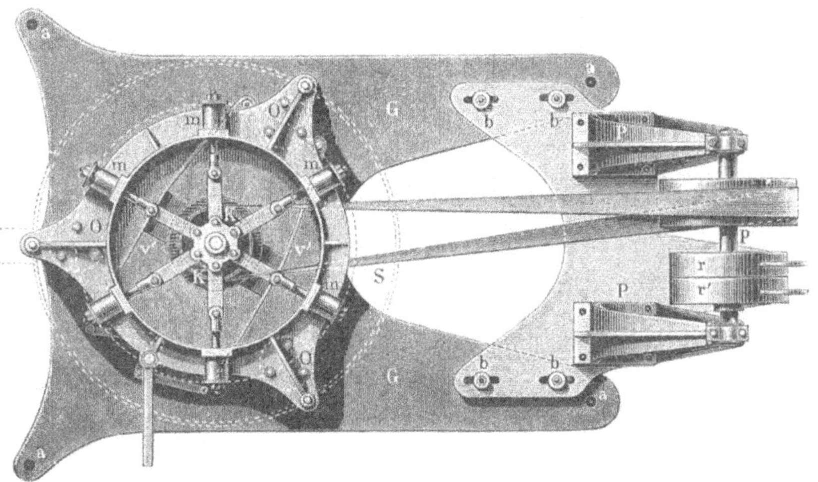

Abb. 125.

rahmen an den 4 Ecken aufgeschraubt, welcher lose auf dem Fussboden aufliegt. Da diese Centrifuge kein Fundament braucht, weil alle nicht zu umgehenden Erschütterungen durch die Buffer ausgeglichen werden,

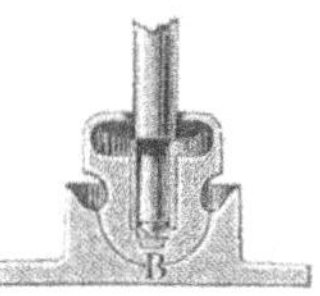

Abb. 126.

so kann sie frei auf jeder Balkenlage aufgestellt werden, ohne das Gebäude wesentlich zu erschüttern.

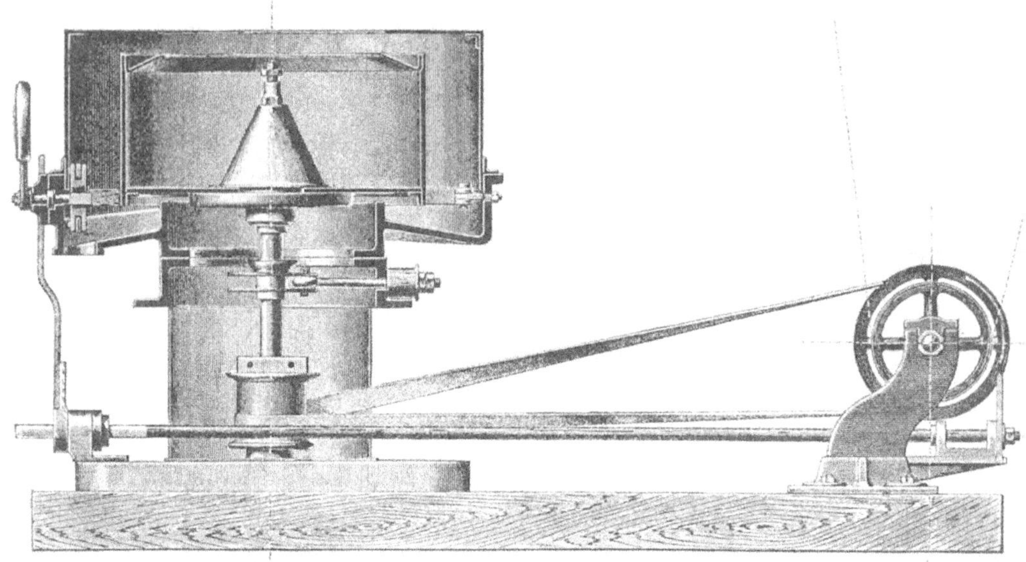

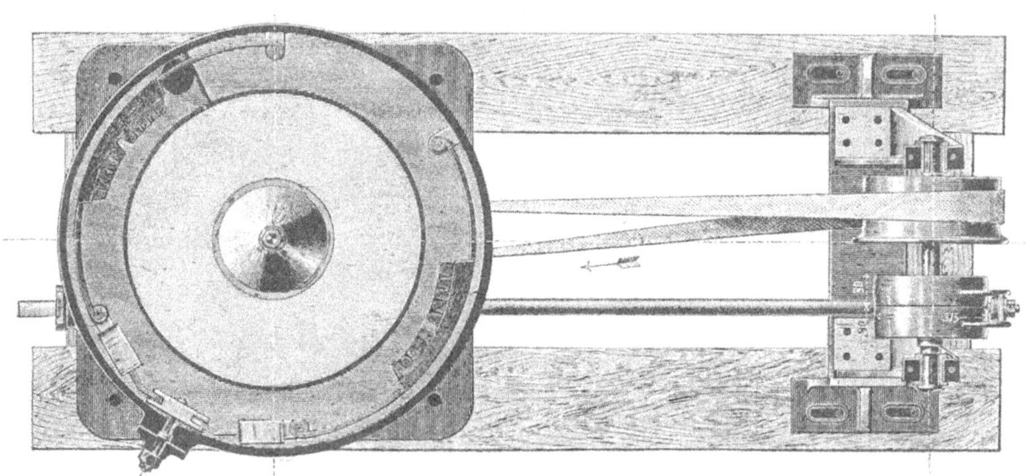

Abb. 127.

Der Antrieb geschieht durch halbgeschränkt laufende Riemen. Die Umdrehungsgeschwindigkeit beträgt etwa 1000 Umgänge in der Minute.

Die Bremsvorrichtung befindet sich an dem unteren vorstehenden Theil der der Spindel aufsitzenden Riemscheibe und besteht aus zwei

Holzblöcken, welche durch ein Hebelwerk gegen den unteren Kranz der Riemscheibe angedrückt werden.

Um einen besseren Ausgleich der Stärkevertheilung in der Trommel zu erzielen und damit einen ruhigeren Gang, wird in die Trommel ein Holzkreuz eingesetzt, dessen Theile durch Verschlüsse leicht zu befestigen und zu entfernen sind. Das Kreuz theilt das Trommelinnere in 4 Kammern, sodass vier Stärkeblöcke in Gestalt von Kreisausschnitten entstehen.

Die Maschinenfabrik Alb. Fesca-Berlin hat diese ältere Konstruktion dahin abgeändert, dass einmal die drei Gestellsäulen durch kräftige Seitenwände ersetzt sind, und dass ferner die Bremse nicht mehr an der Antriebsscheibe der Trommelwelle, sondern an dem unteren Umfange

Abb. 128.

der Lauftrommel angreift, wodurch ein Abdrehen der Spindel bei zu schnellem Bremsen vermieden wird (s. Abb. 127 Querschnitt und Oberansicht). Die Trommel erhält einen Durchmesser von 800—900 mm bei einer Siebhöhe von 350—470 mm für ein Ladung von 100—250 kg Stärkemilch.

Die Centrifugen mit fester Spindel, englischen Ursprunges, sind namentlich in der Ausführung der Maschinenfabrik C. Rudolph & Co. in Neustadt-Magdeburg zur Zeit die in Deutschland in Kartoffelstärkefabriken am weitesten verbreiteten (s. Abb. 128).

Bei ihnen ruht die Spindel auf einem festen Lager, welches mittelst einer Hebel-Stellvorrichtung gehoben und gesenkt werden kann. Diese ist durch eine an dem Centrifugenmantel befestigte, mit Handrand versehene Schraube stellbar. Die Spindel läuft in ihrem oberen Theile in einem mit dem eisernen Untergestell fest verbundenen Lager. Die Spindel und das Lager sind an dieser Stelle konisch verjüngt, sodass die Spindel mittelst der Hebelvorrichtung, wenn das Lager abgelaufen ist, stets leicht nachgestellt werden kann.

Durch die Feststellung der Spindel ist der Gang ein sehr ruhiger, da aber alle Erschütterungen sich auf das feste Gestell übertragen, so muss

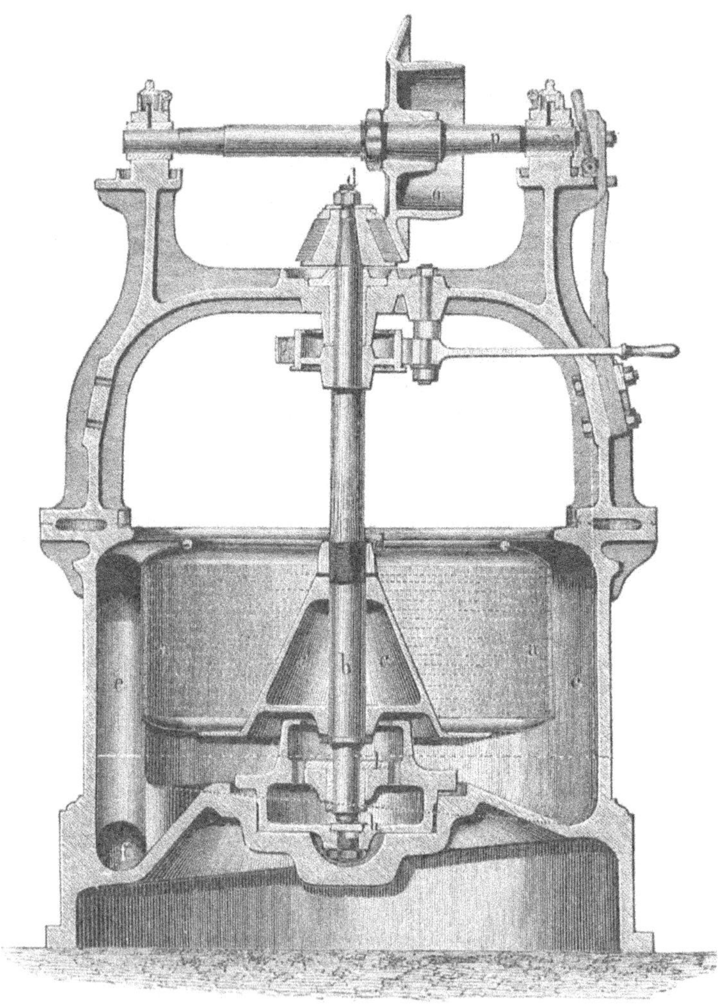

Abb. 129.

dieses auf einem festen Fundamente ruhen, und es lassen sich daher diese Centrifugen nur in Räumen zu ebener Erde anlegen. Das Ausrücken des Riemenantriebes wird durch den längeren der beiden, an der der Stellschraube entgegengesetzten Seite des Gehäuses befindlichen Hebel bewirkt. Der daneben angebrachte kurze Hebel setzt die aus einem mit Holzklötzen besetzten Stahlband bestehende, beim Anziehen an dem Trommelrand schleifende Bremsvorrichtung in Bewegung. Das Abwasser sammelt sich auf dem festen Untergestell und läuft durch den hinter dem kurzen Hebel angedeuteten Rohrstutzen ab.

Beachtenswerth ist auch die selbstthätige patentirte Schmiervorrichtung der Spindellagerung an der Rudolph'schen Centrifuge.

Vereinzelt findet sich eine französische Konstruktion von Centrifugen in deutschen Stärkefabriken. (Abb. 129).

Die Bewegung der Trommel geschieht durch einen Riemen, welcher die obere an horizontaler Welle befestigte und mit konischer Friktionsscheibe versehene Riemscheibe antreibt. Der Friktionskonus setzt durch Reibung gegen einen ebensolchen an der Spitze der Centrifugenspindel diese in Bewegung. Die Spindel ruht am Boden auf festem Lager. Der obere Friktionskonus wird durch eine starke, an dem Träger der horizontalen Welle (rechts) angebrachte, gegen letztere drückende Feder gegen den unteren angedrückt, wenn sie nicht zum Zwecke des Ausrückens durch den kleinen an ihrem oberen Theile befindlichen Hebel ausgeschaltet wird. Der untere lange an die Spindel heranreichende Hebel setzt die Bremsvorrichtung in Thätigkeit. Die sonst ruhig und gut arbeitenden Centrifugen haben für den Bedienenden die Unannehmlichkeit des über der Trommelöffnung hindernd angebrachten Bügels.

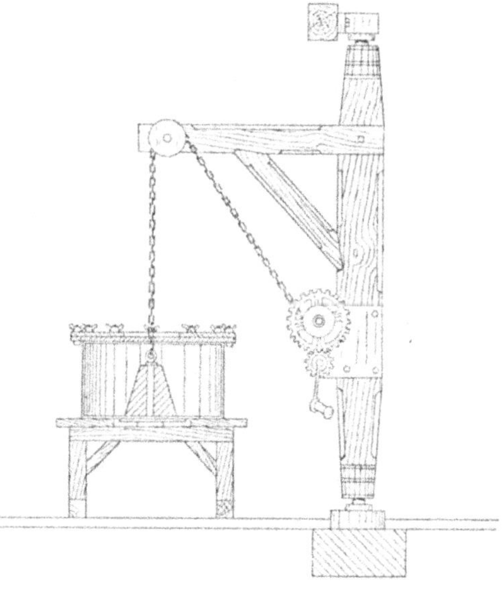

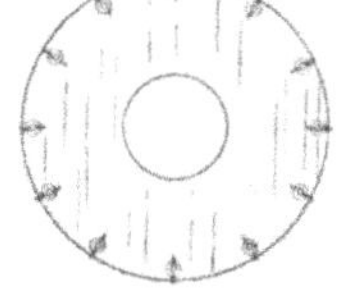

Abb. 130.

Man findet häufiger in älteren und kleinen Fabriken auch sogenannte Raffinircentrifugen, wie dieselben in der Getreidestärkefabrikation üblich sind.

Dieselben gehören zu den Centrifugen mit beweglicher Spindel und sind so eingerichtet, dass die Trommel ausgehoben werden kann. Es geschieht das mittelst eines Krahns (s. Abb. 130). Diese Centrifugen haben gewöhnlich sehr kleine schnell laufende Trommeln z. B. mit nur 650 mm Durchmesser. Um aber in ihnen doch eine genügende Stärkemenge ausschleudern zu können, ohne dass die Flüssigkeit beim Schleudern übertritt, werden sie mit einem Deckel verschlossen, der durch 12 Flügelschrauben befestigt wird und in der Mitte nur eine verhältnissmässig kleine Kreisöffnung hat (Abb. 130 unten).

In die Trommel eingesetzt wird ferner ein sternförmiger Einsatz von Kupferblech, welcher die Trommel in 6 Fächer theilt. Ist die Trommel mittelst des Krahns auf die Spindel aufgesetzt, so wird dieselbe gefüllt, in Bewegung gesetzt und nach genügendem Ausschleudern gebremst. Dann wird die Trommel mittelst des Krahns wieder ausgehoben, auf einen Tisch gesetzt und eine andere entleerte Trommel in die Centrifuge eingehoben. An der ersten Trommel werden die 12 Schrauben abgeschraubt, der Deckel abgenommen, das Kreuz herausgehoben und die 6 Stärkeblöcke abgeschabt. Dann muss das Tuch wieder eingelegt, der Einsatz wieder eingesetzt und die Trommel wieder verschraubt werden.

Da die Trommel im Verhältniss zu ihrer Grösse überfüllt ist, so muss sie, um die Stärke gut auszuschleudern, länger laufen.

Diese Centrifugen brauchen daher viel Zeit und mehr Bedienungsmannschaft als die festen und offenen Centrifugen.

Zwei kleinere Centrifugen mit fester Spindel, von denen jede etwa 35 kg centrifugirte Stärke liefert, kann ein Mann bedienen, indem er die eine entleert, während die andere läuft. Er braucht dann zu jeder Füllung 5—7 Minuten; bei grösseren mit 75 kg Füllung an centrifugirter Stärke bedient je ein Mann eine Centrifuge und jede Füllung beansprucht 10—14 Minuten.

Dagegen erfordert eine Raffinircentrifuge von 650 mm Durchmesser zu 55—57 kg Füllung an centrifugirter Stärke zwei Mann zum Centrifugiren und Herrichten der Trommel und eine Frau zum Schaben und jede Centrifugirung erfordert 15 Minuten.

Eine wesentliche Verbesserung an dieser Art der Centrifugen hat Angele dadurch bewirkt, dass er den Deckel nicht mit gewöhnlichen Schrauben befestigt, sondern durch sechs Riegel, welche in Nuten eingreifen, welche auf den Rand der Trommelwand aufgesetzt sind. Die Riegel sind durch einfachen Hebelverschluss schnell und leicht zu öffnen und zu schliessen.

Bisweilen übernehmen Stärkefabriken des billigen Preises wegen auch alte Centrifugen aus Zuckerfabriken. Es ist das ohne vorherige Prüfung entschieden zu verwerfen. Dieselben sind meist schon stark abgenutzt, müssen sehr langsam angelassen werden und können keine hohe Umdrehungszahl erreichen. Die Folge davon ist, dass die Stärkemilch sich beim Anlassen zu langsam an der Trommelwand aufstellt, dass in Folge dessen Schmutz und Stärke sich ungleichmässig trennen, und der erstere keinen Ring im Innern bildet, sondern sich der Stärke streifig einlagert; die Stärke wird in Folge dessen mangelhaft gereinigt und viel Schabestärke erhalten.

Die Leistung der Centrifugen ist der Menge der centrifugirten Stärke nach abhängig von dem Durchmesser der Centrifugentrommel, dagegen der Stärke der Entwässerung nach von der Koncentration der

Milch, der Grösse der Füllung, der Umgangsgeschwindigkeit, der Reinheit der Centrifugentücher und der Beschaffenheit der Stärke.

Die Rudolph'schen Centrifugen werden in 4 Grössen hergestellt:

mit Durchmesser von . . .	800	850	900	1000 mm
Umdrehungszahl in d. Min.	1100	1050	1020	950
Füllung	75	90	130	210 kg

Die Füllung bezeichnet die Höchstbelastung mit Stärkemilch. Bei Feststellung der Leistung verschiedener Centrifugen fand Verfasser z. B. bei einer Rudolph'schen Centrifuge von 785 mm Trommeldurchmesser im Mittel

Füllung	72,5 kg		
Ausgeschleudertes Wasser	26,2 „		
Centrifugirte Stärke . .	46,3 „	davon reine Stärke	45,3 kg
		Schabestärke . .	1,0 „
			46,3 kg

Die centrifugirte Stärke hatte 40—41 Proc. Wasser.

Eine andere Rudolph'sche Centrifuge von 820 mm Durchmesser lieferte 63 kg centrifugirte Stärke.

Bei Centrifugen verschiedener Konstruktion fand Verfasser als Leistung einer Füllung 35—63 kg centrifugirter Stärke mit 36—44 Proc. Wassergehalt und einen Kraftverbrauch (berechnet aus den Antrieben) von $2^3/_5$—4 Pferdestärken.

Sowohl der Wassergehalt als auch die Dauer der Centrifugirung ist aber auch abhängig von der Reinheit der Centrifugentücher. Dieselben verschlammen bald und müssen oft durch neu gereinigte ersetzt werden. Das Reinigen geschieht am Besten durch Waschen mit Wasser, dem etwa 1—2 Proc. Schwefelsäure zugesetzt ist, und Nachspülen mit reinem Wasser.

Gewöhnliches Barchent, wie es in Schnittwaarenhandlungen erhältlich ist, soll sich ebenso gut zum Centrifugentuch eignen wie geköpertes und besondere Presstücher. Es soll ebenso lange halten, sich weniger leicht verstopfen und hat den Vorzug des wesentlich geringeren Preises. Da die Stücke 2 m breit sind, so können von jedem zwei Centrifugen belegt werden.

Ein Ueberladen der Centrifuge ist wie oben gesagt, nicht nur gefährlich, sondern verlängert auch die Zeit der Ausschleuderung und bietet daher keinerlei Vortheil.

Von Wichtigkeit für die gute Leistung der Centrifuge ist es auch, dass die ihr zugeführte Stärkemilch weder zu dünn noch zu dick ist. Ist sie zu dünn, so wird viel Stärke mit durch das Tuch gerissen und fortgeführt, ist sie zu dick, so können sich Stärke und Schlamm nicht rechtzeitig vor dem Entweichen des Wassers trennen.

Im Allgemeinen ist eine Verdünnung der Milch auf 20—23 ° Bé. üblich, wird aber leider selten durch ein geeignetes Instrument geprüft.

Von Praktikern wird angegeben, dass Stärke von sandigem Boden, sogen. schweifige Stärke, sich vollkommener ausschleudert als die „schliffige“, von schwerem Boden stammende.

Die in der Centrifuge gebildete Schmutzschicht wird mit einem Holzspatel oder Zinkblech abgeschabt und ausgehoben und in den Schlammquirl gebracht. Die gute Stärke wird ausgestochen und vorzerkleinert. Das von der Centrifuge ablaufende Wasser enthält meist noch geringe Mengen Stärke. Es wird in irgend eine Absatzgrube geleitet. Da die darin enthaltene Stärke aber rein ist, so ist es richtiger, es in besonderem Gefässe zu sammeln und die Stärke für sich zu gewinnen, oder den Quirlen zuzugeben.

Verfasser ist der Ansicht, dass keine Trockenstärkefabrik ohne Centrifuge arbeiten sollte, wenn auch in sehr seltenen Fällen auch ohne dieselbe ein sehr feines Produkt erzielt wird. Im Handel wird auch zwischen centrifugirter und nicht centrifugirter Stärke unterschieden.

Wenn trotz der Vortheile, welche die Centrifuge bietet, doch noch eine allerdings mässige Anzahl Trocken-Stärkefabriken ohne dieselbe arbeiten, so kann als Erklärung nur der Umstand dienen, dass bei Anschaffung der Centrifuge auch ein gesteigerter Kraftverbrauch erforderlich wird, und die Fabriken dann gezwungen wären, auch Kessel und Dampfmaschine neu aufzustellen.

Die Vortheile der Centrifuge lassen sich kurz, wie folgt, zusammenfassen: die Centrifuge ist

1. ein vorzügliches Reinigungsmittel für Stärkemilch,
2. ein guter Vortrockner, welcher Verringerung des Trockenraumes und Vermeidung des Gelbwerdens der Stärke, wie beim Lufttrocknen, bewirkt,
3. die centrifugirte Stärke ist stark mit Luft durchsetzt, darum porös. Das Fabrikat erhält daher ein schöneres, mürberes Aussehen und neigt weniger zum Zusammenbacken.

Von den genannten Konstruktionen ist derjenigen mit fester Spindel entschieden der Vorzug zu geben. Es ist bei ihr die erforderte Handarbeit die geringste, der Gang am sichersten und die Menge der Schabestärke am geringsten, denn bei den Centrifugen mit beweglicher Spindel entstehen durch die Einsätze vier oder mehr Blöcke mit mehr Oberfläche als der Ring in der fest gelagerten Centrifuge.

Der Vortheil, dass die Centrifugen mit beweglicher Spindel auch in oberen Stockwerken angebracht werden können, ist für deutsche Verhältnisse ohne Belang, es sei denn in ganz einzelnen Fällen, wo bei sehr beschränktem Raum Centrifugen nachträglich aufgestellt werden sollen.

Zerkleinerung und Transport der vorgetrockneten Stärke.

Die Fortschaffung der centrifugirten Stärke erfolgt in sehr verschiedener Weise. In kleineren Fabriken wird sie entweder von Arbeitern in Mulden oder Kübeln zu den Trockenräumen getragen, oder auf einem neben der Centrifuge endenden Fahrstuhl emporgezogen.

In grösseren Fabriken geschieht die Fortführung durch neben den Centrifugen in horizontaler Richtung hinlaufende Transport-Schnecken und an diese sich anschliessende Elevatoren.

Die Transportschnecken sind hölzerne oder eiserne Mulden, in denen eine Schneckenwelle läuft. Die letztere ist entweder eine massive, hölzerne Walze mit aufgesetzten, spiralförmig angeordneten Holzzapfen, eine volle eiserne Spirale oder auch ein eisernes Spiralband, welches an einer Welle durch Streben befestigt ist.

In einigen Fabriken hat man auch breite und kurze, auf Rädern laufende Tröge, welche durch ein eigenartiges, zum Hin- und Hergang selbstthätig ausrückendes Gestänge und Zahnradgetriebe ganz langsam in ihrer Längsrichtung hin- und hergeschoben werden, während ein fester Elevator mit seinen Bechern hineinreicht und die Stärke aushebt.

Wichtig ist es, dass bei eisernen Transportschnecken die Einrichtung so getroffen ist, dass die Schnecke die Stärke auch bis auf kleine Reste fortschafft, da liegenbleibende feuchte Stärke in grösseren Massen zum Rosten und zu Gelbfärbung der Stärke Veranlassung giebt.

Die Elevatoren, welche die Stärke von der Transportschnecke zu dem fast immer im oberen Stockwerk gelegenen Trockenraum heben, sind meist Gürtelelevatoren mit aufgesetzten Stäben oder Blechbechern. Sie werden zweckmässig mit einem Holzmantel umkleidet, um ein Bespritzen oder Bestäuben der Stärke zu verhüten.

Die Schneckentransporteure schaffen nicht allein die Stärke fort, sondern sie zerbröckeln sie auch bis zu einem gewissen Grade. Diese Zerkleinerung ist erwünscht, da die Stärke um so langsamer trocknet, je grösser die Stücke sind.

Jedoch muss die Zerbröckelung je nach dem Produkt, welches der Stärkefabrikant zu erzeugen gedenkt, befördert oder beschränkt werden.

Soll Kartoffelstärke, d. h. mehr oder minder grossstückige Stärke hergestellt werden, so wird man die Zerkleinerung der centrifugirten Stärke möglichst beschränken und sich mit einer Zerbröckelung mit der Hand oder mit der durch die Schneckentransporteure bewirkten begnügen. Soll dagegen Kartoffelmehl, d. h. pulvrige Stärke erzeugt werden, so wird man schon die centrifugirte Stärke möglichst stark zerbröckeln, weil dadurch die Trocknung und Pulverisirung befördert wird.

Es geschieht dies meist auf kleinen Bürstenbottichsieben, ganz wie die Auswaschsiebe gebaut, welche mit einem Kupferblech von 5 — 6 mm Lochung belegt werden.

Seltener verwendet man Desintegratoren, d. h. zwei aufrecht stehende Scheiben, von denen die eine fest steht, in der Mitte eine Kreisöffnung mit Einfüllrumpf an der Aussenseite und innen zwei Reihen aufgesetzter Stifte trägt, die andere, um eine horizontal gelagerte Welle drehbar, ebenfalls zwei Reihen Stifte trägt, die so angeordnet sind, dass sie bei der Bewegung in den Zwischenräumen zwischen den Stiften der festen Scheibe hinlaufen. Zwischen diesen sich kreuzenden Stiften muss die Stärke hindurch. Das Ganze ist von einem Gehäuse umgeben.

Auch fand Verfasser mörserartige eiserne, nach unten hin sich etwas zuspitzende Apparate, in denen sich an senkrechter Welle schaufelförmige Rührflügel bewegten, die hineingeworfenen Stärkestücke stark zerkleinerten und sie dann durch einen seitlichen Kanal nach dem Elevator auswarfen.

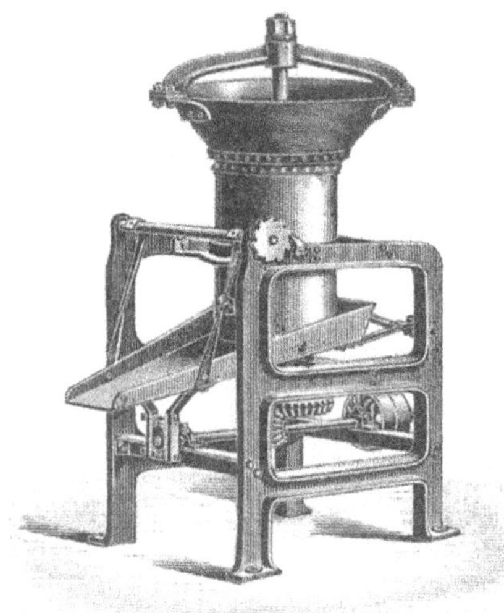

Abb. 131.

Bisweilen finden sich auch Apparate, welche die Stärkestücke in dünne Blätter schneiden. Dieselben bestehen entweder aus einem kleinen Wagen, dessen Tragbrett mit 1—3 schräg gestellten Messern nach Art der Gurkenhobel besetzt ist, und welcher unter einem die Stärke aufnehmenden Schüttrumpf auf Schienen durch Kurbelantrieb hin- und herbewegt wird, oder die Abschneidemesser werden auf einem Theil eines Cylindermantels angebracht, welcher sich um eine Axe schwingend unter dem Rumpf hin- und herbewegt.

Die in den Rumpf geworfene Stärke sackt sich durch das eigene Gewicht, und es werden durch die Messer, welche stellbar sind, dickere oder dünnere Blätter von ihr abgeschnitten, welche herabfallend zerbröckeln. Ein Verstopfen wie beim Desintegrator ist bei diesen Apparaten nicht beobachtet.

Angele bringt einen Automaten neben der Centrifuge an, d. h. einen Schüttrumpf mit darüber stehendem Fülltrichter (s. Abb. 131). In letzterem befinden sich in dem unteren Theil Rührflügel, welche die in den Trichter geworfenen Stärkestücke zerbrechen und ein gleichmässiges Nachsinken derselben bewirken. Die Stärke fällt dann auf ein kleines Schüttelbrett mit hin- und hergehender und stossender Bewegung und von diesem in den Elevator.

Durch diesen Apparat wird die Stärke sehr gleichmässig zerstückt dem Elevator zugeführt.

Das Nachtrocknen.

Im Allgemeinen trocknet ein feuchter Körper allmählich aus, wenn man ihn der Sonnenwärme und der Luft aussetzt. Dieses einfachste Mittel der Trocknung, das Lufttrocknen, bei welchem die Stärke einen sehr schönen Glanz erhalten würde, ist aber für Stärke in unserem Klima nicht verwendbar, wie schon beim Vortrocknen besprochen. Es geht hierbei die Trocknung zu langsam vor sich. Es würden also einmal sehr ausgedehnte und zum Schutz gegen Niederschläge durch Ueberdachung geschützte Trockenanlagen, vielleicht ähnlich denen der Ziegeleien, nothwendig, andrerseits aber liefe die Qualität der Stärke Gefahr.

Es müssen daher Vorkehrungen getroffen werden, die Trocknung auf schnellerem Wege zu erreichen. Die Lufttrocknung giebt dazu den Anhalt. Wirksam bei ihr sind die durch die Sonnenwärme gesteigerte Temperatur und die Bewegung, d. h. Zuführung von neuer Luft.

Durch Steigerung der Temperatur wird die Verdunstung des Wassers befördert, und sie erreicht ihren Höhepunkt bei der Siedetemperatur desselben.

Die Luft besitzt ein sehr starkes Vermögen, Wasserdampf aufzunehmen, dasselbe ist um so stärker, je trockener die Luft ist, oder je wärmer sie ist.

Die nachstehende Tabelle lässt erkennen, wie die Wasseraufnahmefähigkeit für Luft nicht etwa in gleichem, sondern sogar in ansteigendem Maasse mit der Temperatur der Luft wächst. Sie giebt an, wieviel Gramm Wasser ein Kubikmeter Luft enthält, wenn dieselbe mit Feuchtigkeit gesättigt ist.

Lufttemperatur	—10°	—5°	±0°	+5°	+10°	+15°	+20°	+30°	+40°	+50°
Höchster Feuchtigkeitsgehalt	2,3	3,4	4,9	6,8	9,4	12,8	17,2	30,2	50,9	82,7.

Da der mittlere Feuchtigkeitsgehalt der Luft 50—60 Proc. von dem Maximalfeuchtigkeitsgehalte beträgt, so kann also 1 cbm Aussenluft von —10° nur 1,15 g, solche von +15° dagegen 6,4 g Wasserdampf aufnehmen, also fast 5—6 mal mehr, solche von 30° = 15,1 g, also 14 mal soviel. Soll also die äussere Winterluft zum Stärketrocknen geeigneter gemacht werden, so muss sie angewärmt werden und zwar möglichst auf die in den Trockenstuben bezw. den Apparaten herrschende Temperatur.

Natürlich wird auch um so mehr Wasserdampf aufgenommen werden, je grössere Luftmengen über einen zu trocknenden Körper hinstreichen, je schneller also die mit Wasserdampf gesättigte Luft durch neue aufnahmefähige ersetzt wird.

Die Hauptfaktoren beim künstlichen Trocknen sind also eine hohe Temperatur und die Zuführung von viel und warmer Luft.

Für das Trocknen der Stärke tritt aber in der Steigerung der Temperatur über eine gewisse Höhe eine bestimmte Grenze ein.

Nach Lintner finden sich in einer koncentrirten Stärkewassermischung schon bei 50° C. = 40° R. einzelne grosse Körner, bei 55° C. = 44° R. alle grossen Körner, bei 60° C. = 48° R. alle Körner in gequollenem Zustande vor und bei 65° C = 52° R ist schon ein steifer Kleister vorhanden.

Da aber beim Trocknen von Stärke thunlichst jede auch nur beginnende Verkleisterung vermieden werden muss, so darf die Erwärmung beim Trocknen 40° R. nicht erreichen, und wenn man sicherer gehen will, 35° R. nicht überschreiten. Untersuchungen in der Praxis haben den Verfasser jedoch belehrt, dass bei den dort vorwaltenden Verhältnissen beginnende Verkleisterung d. h. ein Rissigwerden der Stärkekörner schon bei viel niedrigeren Temperaturen eintreten kann, und dass als höchste zulässige Temperatur 30° R. = 37,5° C. und als normale Temperatur 25° R. = 31° C. für das Trocknen von Kartoffelstärke zu betrachten ist.

Ein Ueberschreiten dieser Temperaturen, namentlich so lange die Stärke noch wasserreich ist, hat zur Folge zunächst Bildung von Rissen auf den grossen Stärkekörnern und damit Verringerung des Glanzes (Lüsters), bei stärkerer Wirkung Bildung von Kleisterklümpchen und Zusammenhaften von Stärkekörnern im Inneren grösserer Stücke, wo noch ziemlich viel Feuchtigkeit vorhanden ist, wenn dieselben aussen schon trocken erscheinen. Das führt aber zur Gries- oder Graupenbildung, d. h. zur Bildung nicht pulverisirbarer Theile, welche geringwerthig sind, d. h. zu direkten Verlusten.

Auch tritt bei zu hoher Trockentemperatur leicht ein Uebertrocknen der Stärke bis auf einen unter 20 Proc. liegenden Wassergehalt ein, wodurch erfahrungsgemäss ebenfalls der Glanz des Fabrikates verringert wird.

Nach Untersuchungen von Brown und Heron wird auch die Klebrigkeit des Kleisters beeinflusst von der Art der Trocknung der zu seiner Darstellung benutzten Stärke. Dieselben fanden für die Klebrigkeit des Kleisters folgende Verhältnisszahlen:

I.	feuchte Stärke direkt bei 100° C. 24 Stunden getrocknet	= 1,000
II.	- - zuerst unter der Luftpumpe dann 24 Stunden bei 100° C, getrocknet	= 2,306
III.	- - zuerst unter der Luftpumpe, dann 24 Stunden bei 30° C. getrocknet	= 3,288

Die Klebrigkeit des Kleisters ist also um so grösser, je niedriger die Temperatur der Trocknung der Stärke ist.

Eine hohe, strahlende Wärme ist also für Stärke von grosser Gefahr.

Da sonach beim Trocknen der Stärke, der Güte des Fabrikates halber, das Einhalten niederer Temperaturen geboten ist, so muss das zweite Mittel zur Erzielung einer schnelleren Trocknung, die Zuführung von viel Luft und möglichst von trockner, warmer Luft, zu Hülfe genommen werden. Diese saugt gleichsam den Wasserdampf begierig auf, und wenn ihr neue Luftmengen mit gleicher Neigung, Wasserdampf aufzunehmen, ununterbrochen folgen, so geht die Verdunstung des Wassers aus der Stärke sehr schnell vor sich.

Dabei ergiebt sich noch als Vortheil, dass die Stärke selbst sich auf niedrigerer Temperatur erhält, indem sie die zur Verdunstung des Wassers nöthige Wärme hergeben muss.

Die Wasserverdunstung wird nun ferner zweifellos befördert durch Darbieten einer grossen Oberfläche für die Verdunstung, weshalb man, wenn es zulässig ist, die Stärke möglichst stark zerkleinert und in dünner Schicht der Trocknung aussetzt, oder durch oftmaliges Wenden der Stärke die verdunstende Oberfläche wechselt.

Für das Trocknen der Stärke ergeben sich hiernach folgende wichtige Gesichtspunkte: niedrige Temperatur in der Stärke, Vermeidung strahlender Wärme, reichliche Zuführung von trockener und warmer Luft und Bewegung der Stärke.

Es wird also die möglichst vollständige Erfüllung aller dieser Bedingungen den Werth einer Trockenanlage in principieller Hinsicht bestimmen.

In Deutschland sind verschiedene Trockenverfahren verbreitet. Man kann dieselben in zwei Gruppen theilen:

Trocknen mit Handarbeit und
Trocknen mit Apparaten.

Trocknen mit Handarbeit.

Dieses geschieht in Trockenstuben und Trockenkammern und wird meist kurz als Hordentrocknerei bezeichnet, weil die Stärke dabei zum Trocknen auf viereckigen, mit grobem Zeug bespannten Holzrahmen, sog. Horden, ausgebreitet wird.

Im ersten Stockwerk, gewöhnlich über dem Waschraume, welcher die Absatzkästen und Quirle oder Fluthen enthält, ist die Trockenstube eingerichtet. In ihrer einfachsten Gestalt besteht dieselbe aus einem meist länglichen, viereckigen Raum, dessen Ausdehnung sich nach der Menge der verarbeiteten Kartoffeln richtet. In derselben sind aus Holzpfeilern (Kanthölzern) und Querlatten Gestelle hergestellt, in welche die Horden eingeschoben werden. Je zwei mit der Rückseite zusammenstossende Gestelle bilden ein Doppelgestell — diese letzteren ragen von der Fensterseite beginnend in der Breitenrichtung in die Stube hinein. Zwischen ihnen befinden sich Gänge zum Heranführen und Einsetzen der Horden, und ein Seiten- oder Mittelgang führt durch die ganze Stube in der Längsrichtung hin.

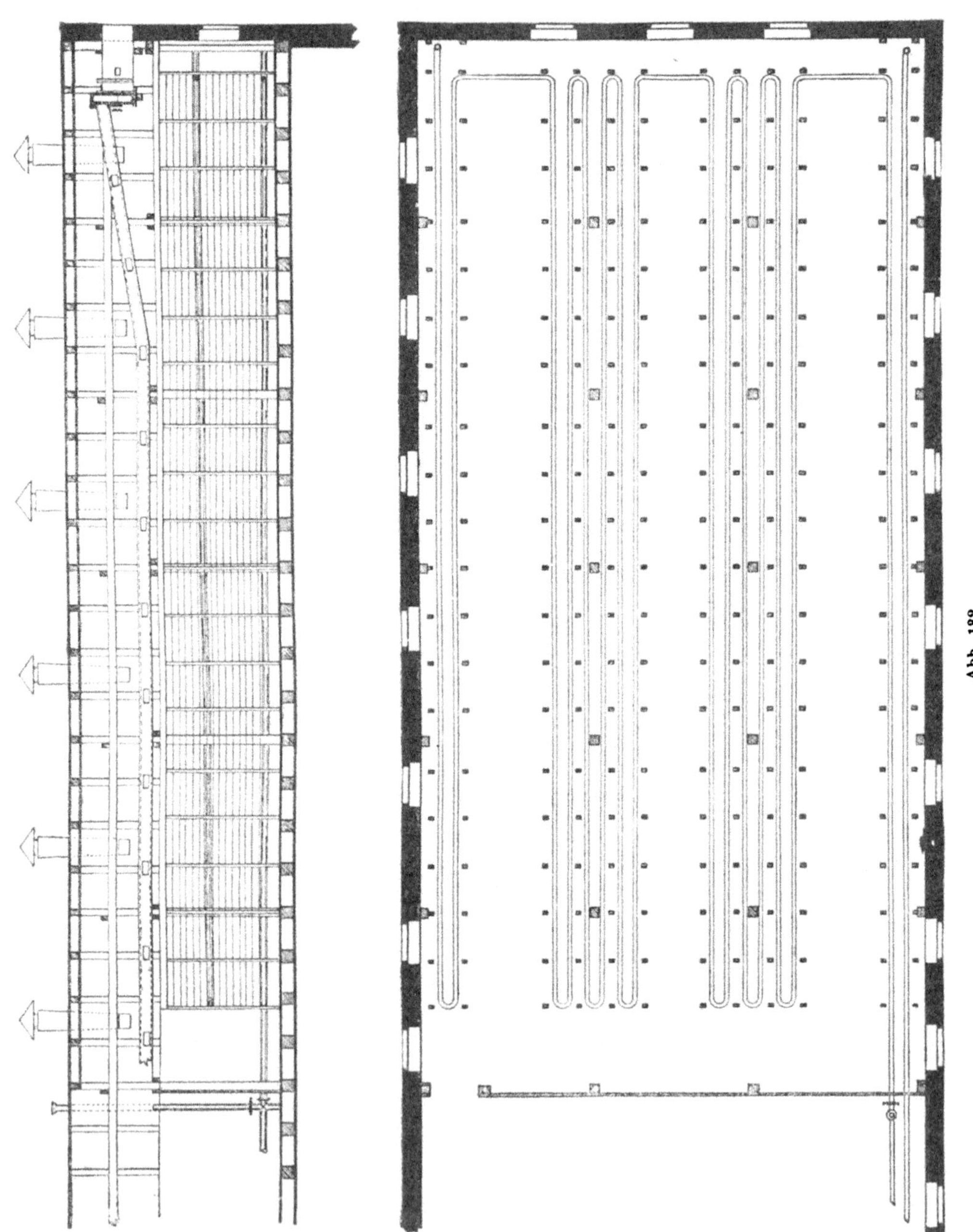

Abb. 132.

Auf diesen Gestellen liegen die Horden über und neben einander gereiht, mit Stärke beschickt.

Die Wärmezufuhr geschieht durch Heizrohre, welche unter den Horden am Boden in ein- oder mehrmaligem Hin- und Hergange, oft auch ausserdem noch in halber Höhe der Stube zwischen den Horden hinlaufen und mit dem Abdampf der Dampfmaschine bezw. mit direktem Dampf geheizt werden. Eine besondere Heizung mit Feuergasen gehört jetzt in Deutschland zu den grössten Seltenheiten.

Die Fortführung der mit Wasserdampf gesättigten Luft geschieht durch eine Reihe von Schloten mit Klappen- oder Schieberverschluss an der Decke des Trockenraumes oder durch Exhaustoren; der Zutritt neuer Luft findet durch Fenster oder Luftkanäle in der Mauer, oder Löcher im Fussboden oder aus dem Raum zwischen einem Doppelboden her statt.

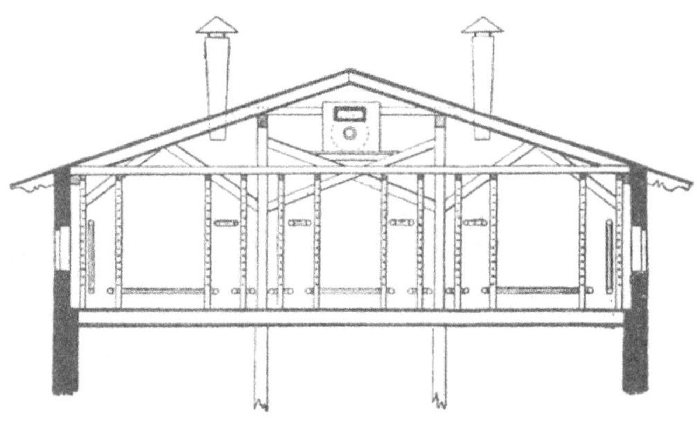

Abb. 133.

Seltener wird auch durch Ventilatoren Luft in den Trockenraum am Boden eingepresst und durch Schlote oder Exhaustor an der Decke abgesaugt.

Je nachdem alle Stärke in demselben Raum auf- und abgehordet wird, oder für je eine tägliche Beschickung eine Anzahl von kleineren Räumen neben einander vorhanden sind, unterscheidet man Trockenstuben und Trockenkammern.

Die Einrichtung einer Hordentrockenstube in der Art, wie sie die Maschinenfabrik von S. Aston in Burg bei Magdeburg (Ingenieur Paatz) ausführt, zeigen die Abbildungen 132 und 133.

Abbildung 132 zeigt im oberen Theil den Längenschnitt durch die Trockenstube mit den Heizleitungen am Fussboden und in halber Höhe, den Abzugsschloten für die mit Wasserdampf gesättigte Luft und eine Exhaustoranlage zum Absaugen derselben, falls die Schlote versagen. Der untere Theil der Abbildung zeigt den Fussboden der Stube mit der Lage der Heizleitungen, welche in gleicher Anordnung sich in halber Höhe der Stube zwischen den Horden hinziehen. Abbildung 133 zeigt den Querschnitt des Trockenraumes ohne Horden.

Für die Einrichtung der Trockenstuben und Trockenkammern und die richtige Ausführung der Trocknung in denselben sind die folgenden Punkte zu beachten:

Die Grösse des Trockenraumes richtet sich nach der Grösse der Verarbeitung und ist auf 1 Ctr. Kartoffeln wenigstens 1 cbm Raum zu rechnen. Die Höhe des Raumes wird zweckmässig nicht über 3 m genommen, sodass 15—17 Horden über einander liegen.

Wenn örtliche Verhältnisse es bedingen, den Raum hoch einzurichten, sodass z. B. 24 Horden über einander liegen, so bringt man entweder in der Mitte ein Podest an, oder man theilt die Trockenstuben in zwei über einander liegende. Wenn die Horden zu hoch liegen und schwer zugänglich sind, werden die Arbeiter leicht verführt, die unteren Horden fortwährend, die oberen aber nur selten zu wechseln, und die obere Stärke wird dann leicht grau, zudem sie die feuchte Luft von den unteren Horden stets zugeführt erhält.

Die Ausbreitung des Raumes nach Länge und Breite richtet sich nach der Grösse der zu erwartenden Leistung; z. B. besitzt eine gut trocknende Fabrik mit 500 Ctr. Kartoffeln täglicher Verarbeitung bei Tagarbeit einen Trockenraum von 19 m Länge, 11 m Breite und 2,75 m Höhe mit 5 Doppelgestellen und ca. 2800 Horden, eine solche von 1000 Ctr. Kartoffeln täglicher Verarbeitung bei Tag- und Nachtarbeit (24 Stunden) einen solchen von 31 m Länge, 11 m Breite und 3 m Höhe mit 8 Doppelgestellen und 3800—3900 Horden. Es kommen also bei Tagbetrieb auf 100 Ctr. zu verarbeitender Kartoffeln 560 Horden, bei Tag- und Nachtbetrieb nur 380—390 Horden von $^1/_2$: 1 m. Dass bei Tagesbetrieb mehr Horden nöthig werden, hat seinen Grund darin, dass die Heizung und Ventilation der Trockenstube über Nacht nicht in gleich starkem Maasse stattfinden kann als bei Tag- und Nachtbetrieb, da Nachts Dampfmangel eintritt und daher die Horden schwächer beschickt werden müssen.

Rechnet man, dass von 100 Ctr. Kartoffeln rund 18 Ctr. (je 50 kg) fertiger Stärke gewonnen werden, so sind in ersterem Falle für 500 Ctr. Kartoffeln 90 Ctr., für 1000 Ctr. im zweiten Falle rund 180 Ctr. Stärke zu rechnen. Da zu deren Trocknung in rund 24 Stunden im ersten Falle 575 cbm, im zweiten 1020 cbm zur Verfügung stehen, so sind auf je 1 Ctr. trockener Stärke erforderlich in ersterem Falle = 6,4 cbm. Raum, im letzteren 5,7 cbm; und abgesehen von der Höhe des Trockenraumes 2,3 bezw. 1,9 qm Fläche, bei 24 Stunden Trockenzeit.

Die Gänge zwischen den Hordengestellen müssen von genügender Breite sein ($1^1/_4$—$1^3/_4$ m), damit der Transport der Stärke und das Einsetzen und Herausnehmnn der Horden ein bequemes ist. Es wird die centrifugirte Stärke gewöhnlich in grösseren Fabriken in viereckigen Holzkasten mit kleinen Rädern, unter Umständen auf Schienen herangefahren und an Ort und Stelle aufgehordet. In kleineren Fabriken wird an einem Füllkasten, in den der Elevator die centrifugirte Stärke wirft, aufgehordet, und die Horden werden nach ihren Plätzen getragen.

Die Horden sind Holzrahmen, welche mit Sackleinewand, seltener mit starkem Papier bespannt und in der Regel 1 m lang und $^1/_2$ m. breit sind und dann in der Mitte eine Tragleiste führen. Quadratische Horden sind seltener; man findet sie mit $^3/_4$ m oder auch mit $^3/_{10}$—$^4/_{10}$ m Seitenlänge. Die letzteren erscheinen wegen der geringen Trockenfläche und grösseren Rahmenfläche unzweckmässig.

Horden von 1 : $^1/_2$ m werden bei Tagarbeit in kleineren Fabriken mit mässiger Heizvorrichtung und Luftabfuhr mit 1,5—2 kg, bei Tag- und Nachtarbeit und guter Heiz- und Lüftungseinrichtung mit 3—3,5 kg Stärke (fertig getrocknet) beschickt. In einer guten Trocknerei wurden zu 100 kg = 1 Sack Stärke 30—32 Horden entleert. Ein dichtes etwa 2—3 Finger hohes Belegen der Horden soll bei guter Einrichtung zur Erhöhung des Glanzes (Lüsters) der Stärke beitragen. Bei mässiger Einrichtung kann aber durch zu starkes Belegen der Horden mit Stärke das Verdunsten des Wassers erschwert und graue Stärke erzielt werden.

Die Querleisten, auf denen die Horden über einander in nicht grösserer Anzahl als 15 liegen sollen, müssen von einander etwa 15 cm entfernt sein, damit die Luft bequem zwischen den Horden in horizontaler Richtung hinstreichen kann. Sie werden am zweckmässigsten aus dünnem Rundeisen hergestellt.

Die durch die Tragpfosten und Querleisten gebildeten Fächer nehmen in wagerechter Richtung je zwei Horden neben einander auf, sie müssen etwas breiter als 1 m sein, damit man die beiden Horden so mit der Längsrichtung in die Tiefe einschieben kann, dass zwischen beiden ein Zwischenraum von etwa 2—3 cm bleibt. Ist dies bei allen zwischen zwei Tragpfosten über einander liegenden Fächern geschehen, so entsteht zwischen den zwei Hordenstaffeln ein senkrechter Kanal, durch welchen der Wrasen bequem nach Oben abziehen kann.

Die Heizung der Trockenstuben geschieht in deutschen Fabriken mit ganz vereinzelten Ausnahmen mit dem zur Verfügung stehenden Abdampf der Dampfmaschine, welcher ein Temperatur von etwa 98° C. = 78° R. besitzt. Zweckmässig ist es jedoch, die Heizanlage so zu gestalten, dass zeitweilig auch direkter Dampf vom Dampfkessel ihr zugeführt werden kann. Das bei der Ausnutzung gebildete Kondenswasser wird in gut eingerichteten Fabriken in den Vorwärmer geleitet und zum Kesselspeisen benutzt, da es meist noch eine hohe Temperatur hat (60—65° R.). Bisweilen dient es auch zum Anwärmen des Wassers für die Kartoffelwäsche.

Die Heizrohre sind entweder gusseiserne Flanschrohre oder Rohre aus verzinntem Eisenblech. Die ersteren sind dauerhafter, heizen aber vermöge ihrer starken Wandungen schwerer, belasten das Gebäude stärker und werden an den Verbindungsstellen oft undicht. Die letzteren sind leichter, dünnwandiger und heizen besser. Dieselben werden besonders von G. Einbeck in Burg bei Magdeburg doppelt verzinnt und innen mit einer eigenartigen, das Rosten verhindernden Oelfarbe gestrichen und durch Verlöthen verbunden. Zur Erhöhung der Heizkraft werden sie ausserdem mit einem schwarzen Anstrich versehen. Letzteres hält Verfasser für Stärketrocknung nicht zweckmässig, weil die abbröckelnde Farbe Stippen giebt.

Dagegen erscheint die Anwendung von Rippenheizrohren, wie sie Einbeck vorschlägt (s. Abb. 134), als zweckmässig.

Da bisweilen auch mit direktem Dampf geheizt werden muss, so sind dieselben mit Sicherheitsventilen versehen.

Es ist da und dort auch ein Eindrücken dieser Rohre durch den Druck der äusseren Luft vorgekommen, und es wird dieser Umstand oft gegen diese Art der Heizleitung angeführt. Wie sich aber Verfasser selbst überzeugen konnte, sind diese Vorkommnisse nicht auf einen Mangel des Systems selbst, sondern auf eine mangelhafte Anlage

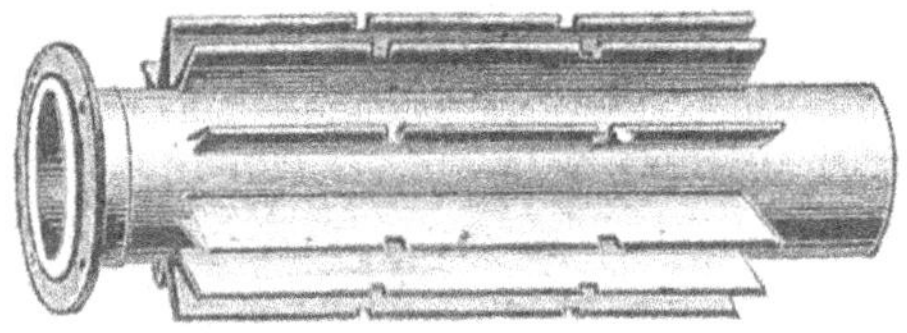

Abb. 134.

desselben zurückzuführen. Das Eindrücken tritt ein, wenn nicht genügend für Abfluss des Kondenswassers gesorgt ist, sei es wegen zu geringen Gefälles der Heizrohre, sei es wegen Mangels von genügenden Leerlaufhähnen. Bei schneller Dampfzuströmung tritt der Dampf in angesammeltes Kondenswasser ein, wird dort plötzlich kondensirt, es entsteht eine Luftleere, und das Rohr wird an dieser Stelle mit lautem Krachen zusammengepresst. Es muss daher der Dampf, besonders bei doppelter Lage von Heizrohren, oben eintreten und unten entweichen, damit er das Kondenswasser vor sich hertreibt, und ferner müssen die oberen und unteren Rohre durch posthornartig gebogene Wassersackrohre häufiger verbunden werden. Dann treten derartige Zwischenfälle nicht mehr ein. Gut eingerichtete Fabriken arbeiten auch Jahre lang ohne Zwischenfälle mit solchen Rohren. Ein Aufsetzen von Luftventilen auf die Heizrohre vermeidet diesen Uebelstand sicher.

Die Heizrohre haben einen Durchmesser von 125 bis 200 mm und werden in einfachem oder auch in mehrfach nebeneinander herlaufendem Strange unter den Horden in der Längsrichtung der Doppelgestelle hingeführt.

Bei Trockenräumen mit nicht mehr als 10 Horden übereinander genügt eine einfache am Boden hinlaufende Heizleitung; bei solchen, welche 15—20 und mehr Horden übereinander enthalten, wird ausserdem die Heizleitung auch noch in mittlerer Höhe der Stube zwischen den Horden hindurchgeführt.

Im Allgemeinen kann man auf 1 cbm Trockenraum, wenn die Höhe des Raumes 3 m nicht übersteigt, 1 m Heizrohr rechnen.

Wie ausgeführt worden ist, muss für einen guten Verlauf der Trocknung die Stärke möglichst vor strahlender Wärme geschützt werden. Es geschieht das aber bedauerlicher Weise in den meisten Trockenstuben nicht. Sehr oft sieht man Horden unmittelbar über oder unter den Heizrohren liegen, der Hitze direkt ausgesetzt, ja oft schleifen die Tücher direkt auf dem Rohr. Die Arbeiter, besonders wenn sie für den Sack fertiger Waare bezahlt werden, wechseln, da auf diesen Horden die Trocknung schneller vor sich geht (bisweilen schon in 12 Stunden) und sie ihnen sehr bequem liegen, diese Horden sehr häufig und lassen die höher gelegenen, schwerer erreichbaren oft tagelang liegen. Die Stärke auf den ersteren wird übertrocknet und daher von geringerem Glanze, oder es tritt sogar Kleister- oder Griesbildung in der Mitte der grösseren Stücke ein. Verfasser beobachtete auf solchen Horden gleich anfangs, als die Stärke noch feucht war, Temperaturen von 25—30° R., welche bis zu 46° anwuchsen. Die trockene Stärke hatte dann Wassergehalte bis herab zu 8 Proc. Auf den oberen Horden dagegen wird die Stärke grau und gelblich, weil sie den Wrasen der unteren Horden ständig zugeführt erhält und sehr langsam trocknet.

Es ist daher zu rathen, durch Schutzdächer von Asbestpappe oder weiteren Abstand der Horden von den Heizrohren oder Einschieben einer Lage nicht beschickter Horden über und unter den Heizrohren die strahlende Wärme von der Stärke fernzuhalten. Besser ist es jedoch, überhaupt von Anfang an die Heizrohre so anzulegen, dass sie durch strahlende Wärme nicht wirken können (s. S. 302).

Schneller trocknet die Stärke zweifellos, wenn die strahlende Wärme auf sie einwirkt, und das besticht manchen Fabrikanten zu Gunsten der nackten Heizrohre, aber diesen Vortheil muss er an der Güte seines Fabrikates wieder abzahlen.

Bei kleineren, anderen Betrieben angebauten Stärkefabriken reicht die verfügbare Dampfmenge oft nicht zu genügender Heizung der Trockenstube hin. Bei einer solchen, einer Brennerei angeschlossenen Fabrik wurde durch Aufstellung eines Ofens, welcher in einem Schlangenrohr Luft anheizte und in die Trockenstube einführte, der Mangel zweckmässig beseitigt.

In Fabriken mit Tagbetrieb allein wird die Heizung der Trockenstube über Nacht in der Weise geleitet, dass der Dampf im Kessel auf den höchsten Druck gebracht, der Schieber und die Heizrohrleitung am

Ende geschlossen und der Kesseldampf in sie eingelassen wird. Bei der Kondensation des Dampfes in den Rohren tritt genügend neuer Dampf nach, und der Kessel hat am Morgen meist noch 1 Atm. Spannung.

Da die Heizung der Trockenstuben beschränkt werden muss, so muss der Luftwechsel begünstigt werden. Es findet das statt durch Absaugen der feuchten Luft und Zuführung von frischer Luft.

In kleineren Fabriken findet Luftzufuhr oft nur durch die Fenster statt. Es ist das zu verwerfen, denn die Fenster befinden sich meist etwa 1 m über dem Boden, die Luftabsaugung aber an der Decke. Die Luft strömt auf dem nächsten Wege vom Fenster zur Decke, und die tiefer und die weiter im Inneren des Raumes liegende Stärke erhält keine oder ganz ungenügende Mengen neuer Luft. Bildung von grauer und gelber Stärke ist die Folge.

Die Luftzufuhr muss an allen Stellen des Trockenraumes vom Boden her erfolgen, und oft hat in jenen Fabriken ein Einschneiden von zahlreichen Löchern in den Fussboden oder in die Mauer am Boden zur Beseitigung des Uebels hingereicht. Man findet nun häufig einfach den Fussboden der Trockenstuben durchlöchert. Die Oeffnungen führen in den Waschraum. Besonders günstig ist solche Anordnung nicht, da die zugeführte Luft dann kalt und feucht ist. In anderen Fabriken tritt die Luft am Boden durch Seitenkanäle von 9 : 8 cm Oeffnung in die Mauerwand ein, welche bisweilen auch unter der Diele in der Richtung der Doppelgestelle hingeführt sind. In solchem Falle ist es zu beachten, dass diese Kanäle abgewandt dem Schornstein und der Hauptwindrichtung ins Freie treten müssen, damit nicht Russ mit in die Trockenstube eingeführt und zur Stippenbildung Veranlassung werden kann. Auch ist es aus gleichem Grunde zweckmässig, die Kanäle im Zickzack  anzulegen, weil bei dem Anstossen der Luft Verunreinigungen haften bleiben.

Vielfach besitzt auch die Trockenstube nur einen Doppelboden und die im Zwischenraum befindliche Luft tritt durch Oeffnungen im oberen Boden ein. Bewährt hat es sich in diesen Fällen, die Luftzuführungslöcher (2,5 cm) in der Diele über den Kanälen oder in dem Doppelboden zwischen oder besser gerade unter den Heizrohren anzubringen, damit die eintretende Luft sofort angewärmt wird. Noch zweckmässiger hat es sich aber erwiesen, die Heizrohre mit viereckigen Holzkasten zu umkleiden, welche bis zu den Luftzuführungsöffnungen in der Mauer reichen und auf der oberen Seite gebohrte Löcher oder einen schmalen Schlitz haben. Bei dieser Einrichtung wird die strahlende Wärme ganz vermieden, und es tritt nur angewärmte Luft in den Raum ein.

Andere Versuche, die Luft anzuwärmen, sind auch in der Weise gemacht, dass man Luft aus dem Kesselraume durch Drainrohre in den Raum zwischen dem doppelten Fussboden der Trockenstube eingeleitet hat, auch wohl durch einen Ventilator angesaugt und in die Trockenstube gedrückt hat. Es ist dies aber des Kohlenstaubes im Kesselraume halber bedenklich.

Ferner giebt es Fabriken, in welchen Luft durch einen Ventilator in einen am Boden der Trockenstube hinlaufenden, unter die Horden hin Zweigarme absendenden Holzkanal gedrückt wird. Die letzteren umkleiden die Heizrohre, und besitzen auf der Oberseite, ihrer Längsrichtung nach, einen im Anfang engen, gegen das geschlossene Ende des Zweigkanals sich erweiternden Schlitz. Diese Einrichtung ist aber, wie Verfasser nachwies, nur dann wirksam, wenn die Summe aller Schlitzöffnungen und der Querschnitte der Zweigkanäle gleich gross oder besser kleiner ist als der Querschnitt des Hauptkanals. Gewöhnlich ist letzterer zu klein und in Folge dessen kommt Druckluft nach den Spitzen der Seitenzweige überhaupt nicht mehr hin.

Alle diese Einrichtungen sind nach Ansicht des Verfassers Versuche, eine an und für sich mangelhafte Anlage zu verbessern.

Bei einer zweckmässig eingerichteten Trockenstube müssten die Heizrohre überhaupt fortfallen und nur angewärmte Luft eingedrückt oder eingesaugt werden. Zu dem Zwecke muss Luft durch einen Dampfofen (s. S. 325) mit Abdampf oder in einer Vorkammer durch mit Heizrippen versehene Eisenblechrohre, durch welche die Rauchgase des Schornsteins oder Abdampf tritt, angewärmt und in den Raum zwischen dem doppelten Fussboden oder in Vertheilungskanäle von Holz oder Blech unter die Horden gleichmässig hin geleitet werden.

Die Fortführung der mit Feuchtigkeit gesättigten warmen Luft wird nun in den Stärkefabriken auf sehr verschiedenem Wege erreicht.

Die einfachste Einrichtung, welche Verfasser kennen lernte, war der Art, dass das mässig flache Dach auf und unter den Dachsparren geschalt, die Aussenseite mit Dachpappe gedeckt, die untere Innenseite gerohrt und gegypst war. Die Luftschicht zwischen dem so gebildeten Doppeldach ist abgeschlossen. Der Längsrichtung des Firstes nach ist die Verschalung in etwa 40 cm Breite fortgelassen, sodass der First offen und nur mit einer übergreifenden etwa 7 cm vom Dach abstehenden Kappe gedeckt ist. Diese wird durch auf die Sparren aufgelegte Leisten getragen.

Die Trocknung in der Stube ging ganz normal vor sich, die Stärke war schön weiss und die Temperatur in der Stube eine mässige. Bei widrigem Winde ist diese einfache Einrichtung aber doch wohl dem Rückschlagen der Aussenluft in die Trockenstube nicht wenig ausgesetzt.

Die gewöhnlichste Art der Luftfortführung ist diejenige mit Schloten, und bei nicht zu stark wechselnden klimatischen Verhältnissen und richtiger Einrichtung und Handhabung leistet dieselbe auch ganz gute Dienste, und es bestehen recht viele Fabriken mit sehr gut arbeitender Trocknerei mit diesem alleinigen Hülfsmittel für die Fortführung der Wrasen.

Es ist jedoch dabei von Wesentlichkeit, dass die Schlote richtig angelegt sind, wenn ihre Wirkung eine gute sein soll. Schlote von Holz sind solchen von Metall vorzuziehen. In letzteren wird die warme Luft zu schnell wieder abgekühlt, und ihr Bestreben aufzusteigen, vermindert, sodass ein Zurückschlagen der Luft die Folge sein kann. Auch macht man die Schlote doppelwandig (Aston). Die Holzschlote haben gewöhnlich unten etwa 30 cm im Geviert Oeffnung und 40 cm an der Spitze, sie sind 2—2,5 m hoch, mit einer Kappe gedeckt und unten durch Klappe oder Schieber beliebig zu schliessen und zu öffnen. Wichtig ist es, dass die Trockenstube ein Dach mit Zwischenboden hat, damit dieselbe von oben her durch eine isolirende Luftschicht abgetrennt ist, und kein Beschlagen der Decke eintritt. Die Schlote müssen zu möglichst grossem Theile in diesem Dachraum stehen, damit sich die Luft in ihnen möglichst langsam abkühlt. Man deckt daher zweckmässig den Trockenraum mit einer Gypsdecke und setzt auf ihn ein doppelt gedecktes Theerpappdach.

Die Schlote müssen verschliessbar sein, weil es besonders bei Nebelwetter vorkommt, dass eine umgekehrte Luftbewegung stattfindet, d. h. die Aussenluft durch die Schlote in die Trockenstube eintritt. Nach zahlreichen vom Verfasser angestellten anemometrischen Messungen ist die Luftbewegung in den Schloten abhängig von der äusseren Luftbewegung, z. B. in der Minute

äussere Luftgeschwindigkeit	222 m	227 m	395 m	471 m.
innere Luftgeschwindigkeit	173 m	162 m	204 m	243 m.

Je geringer aber der Luftzug ist, um so grösser ist der Feuchtigkeitsgehalt der Luft in der Trockenstube und um so langsamer trocknet die Stärke.

Nach zahlreichen Messungen des Verfassers führten die Schlote in einer gut ventilirten Trockenstube je nach der äusseren Luftbewegung 14—23 cbm und im Mittel 18 cbm Luft auf 1 cbm Trockenraum in der Stunde ab.

Ein einfaches Mittel, um sich von solchen Zufälligkeiten zeitweise unabhängig machen zu können, hat sich ein Stärkefabrikant der Provinz Sachsen hergestellt, indem er vom Dampfkessel eine direkte Dampfleitung von gewöhnlichem Gasrohr an der Decke der Trockenstube hin in die Schlote führte, die Ausläufer derselben mit Dampfdüse versah und bei geringem Luftzug Dampf in die Schlote senkrecht einströmen liess. Die Einrichtung ist einfach und billig herzustellen und bewirkte nach anemometrischen Messungen des Verfassers annähernd eine Verdoppelung der Luftgeschwindigkeit in den Schloten.

Die Schlote werden in Abständen von etwa 3 m von einander über den Gängen zwischen den Hordendoppelgestellen angebracht.

Neuerdings baut S. Aston in Burg die Trockenstuben so, dass die Hordengerüste nur bis zu den Binderbalken der Dachkonstruktion reichen, lässt eine besondere Decke fort und verschalt dafür die Dachfläche. Das Dach wird mit Pappe gedeckt. Es kann bei dieser Einrichtung die Wrasenluft an den schrägen Dachwänden leichter aufsteigen und nach den Schloten hingesaugt werden als bei der horizontalen Decke, bei welcher sie auf der Stärke mehr lastet und schwerer entweicht. Es ist dann wohl zweckmässig, die Schlote doppelwandig zu machen.

Um sich von den wechselnden Verhältnissen in der Bewegung der Aussenluft ganz unabhängig zu machen, ist in vielen Trocknereien eine Fortführung der mit Feuchtigkeit gesättigten Luft durch Exhaustoren oder Luftabsauger eingeführt.

Die einfachste und am leichtesten arbeitende Form derselben ist die der Schraubenventilatoren (s. Abb. 135), wie sie z. B. Beck & Henkel in Cassel bauen. Diese bestehen aus einem kurzen Rohrstück, in dem nach Art der Schiffsschraube windschief gestellte Flügel durch

Abb. 135.

Abb. 136.

Riemenantrieb in lebhafte Umdrehung versetzt werden. Sie eignen sich besonders zum Absaugen grosser Luftmengen bei niederem Druck.

Nach S. Aston-Burg genügt

für Verarbeitung von Kartoffeln	ein Schraubenventilator von Flügel-Durchmesser	Luftmenge per Minute	Anzahl der Umdrehungen per Minute	Annähernder Bedarf an Pferdestärken
500 Ctr.	650 mm	190 cbm	900	0,7
750 „	800 „	280 „	800	1,1
1000 „	1000 „	460 „	600	1,8

Bei grösseren Druckwiderständen oder für das Hineindrücken von Luft in die Trockenräume wählt man geschlossene Exhaustoren von Schneckenform (s. Abb. 136). Dieselben machen bei etwa gleicher Leistung an Luftbewegung wesentlich mehr Umdrehungen (1200—700), erfordern grösseren Kraftaufwand (1,6—6 Pferdestärken) und haben einen annähernd doppelt so hohen Preis.

Je nach den Grössenverhältnissen der Trockenstuben wird in der Mitte der Decke ein einziger Saugkanal der Längsrichtung des Raumes nach hingeführt, an dessen Ende der Ventilator oder der Exhaustor mit der Saugöffnung angebracht ist, oder es werden von einem Hauptkanal vielfach abgezweigte Nebenkanäle über die Hordengestelle hingeleitet. Die Saugkanäle werden mit durch Schieber verschliessbaren Oeffnungen an der Unterseite oder an den Seitenwänden versehen.

Diese Einrichtung ist zweifellos von grossem Werthe für den Stärkefabrikanten, weil sie ihn unabhängig macht von den äusseren Luftverhältnissen und ein durchaus gleichmässiges Trocknen gestattet. Dadurch wird aber die Güte des Fabrikates wesentlich beeinflusst, der Trockenvorgang thunlichst abgekürzt.

Für eine gute Wirkung des Exhaustors ist es aber unumgänglich nothwendig, dass seine Anlage eine richtige ist. Verfasser hat oft Gelegenheit gehabt, Stärketrockenstuben mit Exhaustoreinrichtung zu sehen, welche trotzdem nur mangelhafte Entfernung der Wrasenluft und in Folge dessen sehr hohe Temperaturen und mangelhafte Farbe der Stärke aufzuweisen hatten.

Die folgenden vom Verfasser in zwei verschiedenen Stärkefabriken festgestellten Zahlen geben ein Bild einer guten und einer schlechten Exhaustoranlage.

	gut	schlecht
Saugöffnung des Exhaustors	0,31	0,78 qm
Umdrehungszahl der Flügel in der Minute . .	960	480
Luftmenge in 1 Stunde abgesaugt	5809	4968 cbm
Grösse des Trockenraumes	255	700 „
Luftmenge in 1 Stunde auf je 1 cbm Trockenraum abgesaugt	23	7 „
Kraftverbrauch in Pferdestärken	$1^3/_5$	$2^4/_5$

Der schlechte Exhaustor hatte 8 schwere gusseiserne Flügel und eine Oeffnung von 1 m Durchmesser, der gute vier, leichte Flügel und 0,63 m Durchmesser. Die Leistung des ersteren, obwohl absolut genommen annähernd so gross, wie diejenige des letzteren, war doch für den vorhandenen Trockenraum zu klein bemessen, und ferner war er viel zu schwer gebaut und daher sein Kraftverbrauch ein zu hoher.

Bei der Anlage eines Exhaustors muss also eine dem Trockenraum angemessene Leistung desselben und geringer Kraftverbrauch gefordert werden.

Der wichtigste Punkt bei der Anlage einer Luftabsaugung ist es aber, dass zwischen der Grösse des über die Trockenstube hinlaufenden Saugkanals und den in ihm in der Trockenstube befindlichen Saugeöffnungen ein richtiges Verhältniss besteht.

Bei der genannten guten Einrichtung hatte der aus Brettern hergestellte viereckige Saugkanal einen Querschnitt von 90 : 75 cm = 6750 qcm. Die an demselben an der Unterseite befindlichen mit Schiebern versehenen 20 Saugöffnungen hatten je 16,3 cm im Geviert = 266 qcm oder zusammen 5320 qcm. Die Summe aller Einzelöffnungen war also geringer als der Querschnitt des Saugkanals.

Bei der schlechten Einrichtung hatte der ebenfalls aus Holz hergestellte, viereckige Saugkanal dagegen einen Querschnitt von 30 cm im Geviert = 900 qcm. Er besass 6 Oeffnungen an der Unterseite von ebensolchem Querschnitt, von 30 cm im Geviert, mit Schiebern versehen. Während nun bei der guten Einrichtung die anemometrische Messung an 10 Oeffnungen (10 waren geschlossen) sehr ähnliche Luftgeschwindigkeiten ergab (315—412 m), im Mittel 364 m in der Sekunde, wurde bei der schlechten Einrichtung gefunden:

1. Oeffnung (am Exhaustor) = 385 m
2. „ = 278 m
3. „ = 186 m
4. „ = 54 m
5. „ = 17 m
6. „ = 0 m

d. h. je weiter die Oeffnung von dem Exhaustor entfernt war, je geringer war die Saugkraft und an der letzten zeigte eine Flaumfeder keine Bewegung mehr an. Die Trockenstube wurde also nur an der dem Exhaustor zugewendeten Seite ventilirt, an der anderen nicht.

Bei einer guten Exhaustoranlage muss daher ein der Grösse des Trockenraumes entsprechend leistungsfähiger Exhaustor von mässigem Kraftverbrauch Anwendung finden, und der Saugkanal einen Querschnitt besitzen, welcher gleich gross oder grösser ist, als die Summe aller Saugöffnungen an ihm. Letztere müssen mit Schiebern verschliessbar sein.

Welche Folgen sich aus einer mangelhaften Absaugung der Luft ergeben, das zeigt deutlich die folgende Zusammenstellung der Temperaturschwankungen in der Luft und in der Stärke in beiden Trockenstuben:

Trockenstube mit schlechtem Exhaustor.

	In der Luft	In der Stärke		
		untere	mittlere	obere Horde
Exhaustor steht . .	25—30°	30—46°	22—32°	24—30°
„ geht . .	22—24°	24—35°	22—27°	—
Aeusserste Grenzen	22—30°	24—46°	22—32°	24—30°

Trockenstube mit gutem Exhaustor.

	In der Luft	untere	mittlere	obere Horde
Abends	21—23°	19—23°	16—20°	19—21°
Morgens	22—24°	18—27°	17—20°	18—22°
6 Stunden exhaustert	21—23°	18—30°	17—19°	20—23°
Aeusserste Grenzen	21—24°	18—30°	16—20°	18—23°

Dazu ist zu bemerken, dass in der schlecht ventilirten Trockenstube der Exhaustor tagsüber gleichmässig ging, Nachts aber stand, während nach dem Beschicken in der gut ventilirten Trockenstube, in welche dann neue Stärke nicht mehr eingebracht wurde, über Nacht alle Abzüge geschlossen und nur mit dem Ueberdruckdampf im Kessel geheizt wurde. Morgens wurde dann erst 6 Stunden lang stark exhaustert. Es empfiehlt sich diese Art des Exhausterns namentlich dort, wo eine sehr feuchte, nebelreiche Aussenatmosphäre vorhanden ist. Trotz des Schliessens der Abzüge findet doch durch Fugen und Ritzen auch Nachts noch soviel Luftbewegung statt, dass der Wassergehalt der Luft Abends und Morgens fast der gleiche ist. Bei dem Exhaustern sinkt er aber erheblich. Er war Abends 14,5 g, Morgens 16 g, exhaustert 9 g in 1 cbm Luft.

Die angeführten Zahlen zeigen nun schlagend, wie der in Folge mangelhafter Exhaustorwirkung zu geringe und in verschiedenen Theilen der Trockenstube ungleiche Luftwechsel nur durch eine entsprechende Erhöhung der Temperatur in der Trockenstube gutzumachen ist. Da aber damit auch die Temperatur in der Stärke, und auch in der feuchteren Stärke sehr stark gesteigert wird, so muss sich dieser Uebelstand in grösserer Verkleisterung (Griesbildung), schlechterer Farbe und geringerem Glanz der Stärke geltend machen.

Einer Hervorbringung des Luftwechsels durch Einführung von Druckluft an Stelle des Absaugens der feuchten Luft steht Verfasser ablehnend gegenüber. Es sind demselben Trockenstuben bekannt, in denen eine solche Art des Luftwechsels gehandhabt wird, jedoch sind dagegen folgende Bedenken geltend zu machen. Einmal erfordert das Hereindrücken von Luft mehr Kraft, und eine richtige Vertheilung der Luft ist viel schwerer, die Leitungskanäle müssen besser gedichtet sein, damit die Druckluft wirklich an die Stelle kommt, wo sie hingelangen soll, und die Oeffnungen, welche sie herauslassen, erfordern viel grössere Sorgfalt bei der Berechnung und Herstellung. Haben z. B. die unter den Hordengestellen hingeführten Kanäle Schlitze zum Herauslassen der Luft, so müssen diese am Anfang des Kanals, wo der Luftdruck noch stark ist, eng sein und sich nach dem Ende des Kanals zu erweitern. Einen Vortheil der Druckluft kann Verfasser aber nicht erkennen.

Einzelne Fabriken saugen die Luft mit Exhaustoren ab und drücken ausserdem noch Luft mit Ventilatoren hinein. Das erscheint überflüssig.

Aus eingehenden Untersuchungen des Verfassers über den Verlauf der Trocknung der Stärke auf Horden mögen hier folgende Ergebnisse Berücksichtigung finden.

In einer Stärkefabrik mit Tagbetrieb wurden in der gut angelegten und betriebenen Trockenstube täglich etwa 100 Ctr. (= 50 Sack) fertiger Handelswaare hergestellt unter ständiger Auswechslung der trocknen Stärke gegen feuchte während des Tages. Der Luftzutritt erfolgte in Kanälen, welche unter dem Fussboden und unter den Hordengestellen hinliefen. Die von Oeffnungen in der Mauerwand in die Kanäle einströmende Luft wurde aus 25 mm breiten Löchern in der Diele zwischen je zwei, in vierfachem Hin- und Hergang unter jedem Doppelgestell hingeführten Heizrohren in den Trockenraum eingeführt. Solcher Löcher waren unter jedem Hordengestell 96 vorhanden, im Ganzen 512. Die Luftabsaugung geschah auf etwa 200 qm Flächenraum oder 550 cbm Raum durch 12 Holzschlote, von denen je 3 über einem Gange zwischen den Doppelgestellen sich befanden.

Aus einer grossen Anzahl von Messungen sind diejenigen für je 3 nebeneinanderliegende Horden in der Mitte eines Doppelgestelles in der nachfolgenden Tabelle zusammengestellt, und zwar von 3 Horden in der untersten, dicht über den Heizrohren befindlichen horizontalen Hordenreihe (Horde 1) und der dritten und zehnten Reihe darüber (Horde 3 und 10). Bei Beginn des Versuches war die halbe Trockenstube frisch beschickt.

Tabelle für Hordentrocknung.

Trockenzeit Stunden	Lufttemperatur ⁰ R.	Feuchtigkeit der Luft; g Wasser in 1 cbm	In der Stärke					
			Horde 1		Horde 3		Horde 10	
			Temperatur ⁰ R.	Wasser Proc.	Temperatur ⁰ R.	Wasser Proc.	Temperatur ⁰ R.	Wasser Proc.
—	24,5	13,0	22	37,7	18	37,7	18	37,7
2	23,5	11,0	27	36,0	18	37,5	18	37,5
4	23,0	10,0	28	28,1	19	34,0	17	35,7
8	23,5	14,2	37	22,9	20	31,4	19,5	33,1
12	24,5	15,0	39	18,7	21,5	29,5	20,5	30,7
16	25,5	15,0	43,5	13,9	21,5	26,0	21,5	30,1
20	25,5	14,0	43	9,9	22	24,0	21,5	27,2
24	25,5	15,5	43	—	24	20,2	21,5	25,0
			frisch befüllt					
32	25,0	15,0	41	—	22,5	—	22,5	22,2
					frisch befüllt			
40	25,5	13,0	43	—	23	—	23	19,7
48	24,5	13,0	45	--	23,5	—	23	16,2

Aus dieser Tabelle geht hervor, dass in einer gut gebauten und geleiteten Trockenstube die Temperatur der Luft eine mässige (25 ⁰ R.) mit nur geringen Schwankungen ist, und dass der Wassergehalt derselben nur mässigen Wechsel zeigt. Die Luft besitzt 40—60 Proc. relativer Feuchtigkeit und ist also mit Wasserdampf nur halb gesättigt. Die Luftcirkulation betrug dabei in der Stunde etwa 18 cbm auf 1 cbm Trockenraum.

Dagegen finden sich grosse Temperaturschwankungen in der Stärke auf der untersten Horde. Die Temperatur ist im Anfang fast gleich der Lufttemperatur, steigt aber äusserst schnell von 22—43⁰, während der Wassergehalt in 20 Stunden von 37,7 auf 9,9 Proc. sinkt. In Folge der Wirkung der strahlenden Wärme der Heizrohre ist auf der untersten Horde die Trocknung eine ungünstige, indem die Stärke sehr hohe Temperaturen erreicht und übertrocknet wird und sogar unter Umständen gleich anfangs, wenn sie noch ganz feucht ist, auf hohe Temperaturen kommt (vergl. Horde 1 frisch gefüllt 41—45°).

Ganz anders ist der Verlauf des Trockenprocesses auf den höher gelegenen, der strahlenden Wärme nicht ausgesetzten Horden (3 und 10), dort steigt die Temperatur in der Stärke mässig um 4—5°, bleibt stets hinter der Lufttemperatur zurück und überschreitet 24° R. nicht. Dafür dauert die Trocknung länger. Ist auf Horde 1 bereits nach 12 Stunden die erforderliche Trockenheit erreicht, so ist dies bei Horde 3 erst nach 24 Stunden, bei 10 erst nach 40 Stunden der Fall.

Noch klarer zeigen die folgenden Mittelzahlen, wie stark die Temperaturschwankungen auf der untersten Hordenreihe sind, und wie weit die Temperaturen in der Stärke die Lufttemperaturen dort überschreiten, während bei den übrigen Hordenreihen die Schwankungen geringe sind, und die Temperaturen in der Stärke stets hinter der Lufttemperatur zurückbleiben. Die Messungen fanden in Zeiträumen von 4 Stunden an drei der Lage und Luftbewegung nach verschiedenen Stellen, bei drei auf einander folgenden Hordengestellen (A, B, C) statt. Die Temperaturschwankungen waren:

	Lufttemperatur	Temperatur in der Stärke unten	Mitte	oben
A	20—21° R.	25—37° R.	17—20° R.	21° R.
B	23—25°	22—45°	17—23°	21°
C	23—26°	27—34°	17—23°	22°
äusserste Grenzen	20—26° R.	22—45° R.	17—23° R.	21—22° R.

Dabei ist die Abnahme des Wassergehaltes auf den mittleren und oberen Horden eine ziemlich gleichmässige.

Beim Abhorden wurden an einem anderen Tage an den 3 verschiedenen Stellen der Trockenstube folgende Wassergehalte in der Stärke gefunden:

	A	B	C	
1. Horde	= 12,1 Proc.	12,3 Proc.	18,3 Proc.	Mittel 18,2 Proc.
2. -	= 17,4 -	19,5 -	17,5 -	
3. -	= — -	17,7 -	21,0 -	
6. -	= 21,5 -	17,1 -	17,7 -	
13. -	= 22,9 -	18,7 -	17,7 -	
16. -	= 20,0 -	18,5 -	18,9 -	

Die unterste Horde 1, welche auf dem Heizrahmen aufliegt, ist wieder meist übertrocknet. Die Schwankungen in den übrigen Wassergehalten sind theils auf Ungleichheiten in der Belastung, theils wohl auf solche in der Zeit der Abhordung zu suchen. Es zeigt ja auch die Tabelle für Hordentrocknung, dass nicht immer frühzeitig genug, d. h. bei einem Wassergehalt der Stärke von 20 Proc., abgehordet worden ist.

Aus der Gesammtheit seiner Untersuchungen entnimmt Verfasser folgendes Bild für den Verlauf einer normalen Hordentrocknung.

Im Beginn der Trocknung wird die gebotene Wärme zunächst zur Durchwärmung der Stärke benutzt, und es ist daher in den ersten 2 Stunden die Wasserverdunstung eine sehr geringe, wohl nur an der Oberfläche stattfindende.

Ist jedoch die Stärke gleichmässig durchwärmt, so findet an jedem Stärketheilchen lebhafte Verdunstung statt, welche in den nächsten zwei Stunden so stark ist, dass durch die dadurch veranlasste Wärmeentziehung die Temperatur der Stärke gleichbleibt, bezw. ein wenig sinkt. Mit fortschreitender Wärmezufuhr wird die Verdunstung etwas schwächer und gleichmässiger und es verdunsten nun in gleichen Zeiten ziemlich gleich grosse Wassermengen, während die überschüssige Wärme ein ebenso gleichmässiges Steigen der Temperatur in der Stärke veranlasst. Es geht dasselbe ganz allmählich (etwa in je 8 Stunden um 1°) vor sich, bis die Stärke annähernd die Lufttemperatur erreicht hat. Nunmehr ist sie schon in einen Trockenheitsgrad gelangt, in welchem sich ihre eigene Neigung, Wasser festzuhalten, geltend macht, und es wird in Folge dessen die Verdunstung eine nachlassende, während die Temperatur kaum mehr steigt.

Anormal verläuft dagegen die Trocknung auf der dicht über den Heizrohren liegenden Hordenreihe (1). Hier tritt die Wirkung der strahlenden Wärme sofort hervor, indem schon innerhalb der ersten 2—3 Stunden die Lufttemperatur von der Temperatur in der Stärke überschritten wird, bei sehr lebhafter, gleichmässiger Verdunstung des Wassers. Die Wärmesteigerung ist so stark, dass sie nach Verlauf von 20 Stunden die Temperatur der Luft um fast 20° R. übersteigt. Die Folge ist eine Ueberhitzung und Uebertrocknung der Stärke.

Eine sehr häufig beobachtete Erscheinung ist das Braunspitzig- oder das Grauwerden der Stärke.

An den Stärkestücken auf den Horden zeigen sich bräunliche, röthliche und dunklere Stellen an den hervorragenden Spitzen und Kanten. Die daraus erhaltene Stärke wird dann beim Mischen gelblich oder grau und daher von geringerer Qualität.

Die Ursache dieser Erscheinung ist mit wenigen Ausnahmen auf Fehler in der Anlage der Trockenstube zurückzuführen, besonders in der Luftzu- und -fortführung. Bald ist Luftzutritt nur durch die Fenster ermöglicht, statt vom Boden her, bald ist die Luftabführung eine schlechte — zu wenige oder zu niedrige, freistehende, womöglich metallene Schlote, mangelhafte Exhaustoranlagen —, bald wieder liegen die Horden zu dicht (z. B. 7 cm) übereinander und nebeneinander u. A. m.

Sobald diese Fehler beseitigt werden, verschwindet die braunspitzige Stärke aus den Trockenstuben.

Für eine gute Trocknung der Stärke in Trockenstuben oder Trockenkammern sind also folgende Bedingungen festzuhalten:

1. Zuführung von viel und gut angewärmter Luft. Die Zuführung muss jedoch zu regeln sein;
2. Vermeidung strahlender Wärme, soweit es irgend thunlich ist, also Umkleiden der Heizrohre;
3. Einhalten niedriger Lufttemperaturen in der Trockenstube;
4. Möglichste Abkürzung der Trockenzeit.

Die Einhaltung der richtigen Lufttemperatur in der Trockenstube ist im Allgemeinen das Zeichen für eine gute Leitung und Anlage derselben.

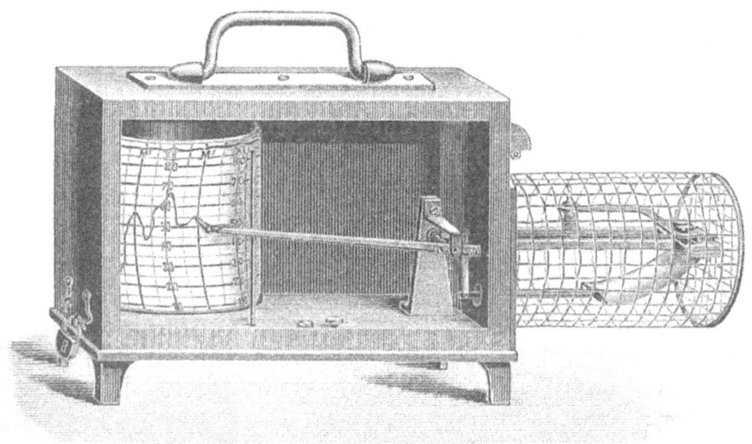

Abb. 137.

Denn soll die Trocknung zu richtiger Zeit beendet sein, so muss mangelnder Luftwechsel durch höhere Temperatur in der Trockenstube ersetzt werden. Kommt man in eine Trockenstube, in welcher die Arbeiter mit entblösstem Oberkörper arbeiten, so ist man gewiss, dass die Ventilation mangelhaft ist. In solchen Trockenstuben herrschen dann Temperaturen von 30—35° R. (37—44° C.), während 25° R. (31° C.) als normale Temperatur anzusehen ist.

Da im Allgemeinen die Temperatur in der Stärke niedriger ist als diejenige der Luft in der Trockenstube, so ist die sichere Feststellung der letzteren für den Stärkefabrikanten im Allgemeinen hinreichend zur Beurtheilung seiner Arbeit.

Es ist daher bedauerlich, dass man in so vielen Trockenstuben, höchstens ein, häufig sogar gar kein Thermometer vorfindet, während in jedem Gange zwischen zwei Hordengestellen sich wenigstens ein solches befinden sollte.

Noch zweckmässiger aber für den Stärkefabrikanten ist die Aufstellung von Maximal- und Minimalthermometern oder sogenannten Registrirthermometern, welche ihm die Schwankungen der Temperatur in den Trockenstuben laufend in einer Kurve darstellen, z. B. das Registrirthermometer Patent Richard (Paetz & Flohr, Berlin) (s. Abb. 137). Auch mag hier darauf hingewiesen werden, dass es auch Fernthermometer giebt, welche dem Besitzer an anderem Orte, z. B. in seiner Wohnung, jederzeit die in der Trockenstube herrschende Temperatur zu kontroliren gestatten, z. B. Dr. Mönnich's Fernthermometer (S. Lion-Levy, Hamburg).

Ein schneller Verlauf der Trocknung ohne Ueberhitzung gewährleistet ein gutes Fabrikat. Zu langes Verweilen auf den Horden erzeugt graue oder gelbe Farbe oder gar Schimmeln der Stärke.

Im Allgemeinen kann man auf den unteren Horden einer Trockenstube 20—24 Stunden auf den oberen 40—48 Stunden Trockenzeit und im Mittel 30—36 Stunden annehmen. Da jedoch gewöhnlich Horden dicht über oder unter den Heizrohren liegen und dann schon in 10—12 Stunden trocknen, so ist die mittlere Trockenzeit vielfach nur 24 Stunden, wobei auf 1 qm Hordenfläche 5—6 kg Stärke zu rechnen sind.

Seltener als das Trocknen in einer Trockenstube findet sich das Kammertrocken-Verfahren. Bei diesem ist der Trockenraum nicht ein einziger, sondern ein in mehrere Kammern getheilter (s. Abb. 138, Grundriss, Querschnitt und Längenschnitt). Diese Einrichtung ist namentlich von Herm. Schmidt-Cüstrin eingeführt worden. Derselbe baut die Trockenkammern in den Bodenraum so ein, dass bei grösseren Anlagen auf jeder Seite ein Gang bleibt, um ein schnelles Beschicken und Entleeren der Kammern zu ermöglichen. Durchschnittlich kommen auf eine Kammer für 200 Ctr. verarbeiteter Kartoffeln 600 Horden von 94 cm Länge und 62 cm Breite, von denen je drei 10 kg trockne Stärke enthalten, also jede Kammer 2000 kg oder 20 Sack. Die Kammer wird in der Mitte getheilt, um ein gleichmässigeres Durchblasen der warmen Luft zu erzielen und auf jeder Seite 2 Thüren zu erhalten. In der Abbildung zeigt der Grundriss zwei Kammern mit je 2 Abtheilen, rechts die Heiz- und Ventilationseinrichtung, links die Hordenlegung. In jedem Abtheil befindet sich ein Mittelgang und zu beiden Seiten desselben Hordengestelle. In jede Kammer werden in vierfachem Hin- und Hergang 60 laufende Meter schmiedeeiserne Heizrohre von 130 mm Durchmesser gelegt, welche mit Abdampf geheizt werden. Ausserdem wird zur Lufterneuerung durch einen in der Querrichtung der Kammern hinlaufenden Kanal durch einen Ventilator Luft eingeblasen, welche in einem Dampfofen (s. Abb. 147) mit Maschinen-Abdampf angeheizt wird. Auf je 600 Horden kommen 6000 cbm

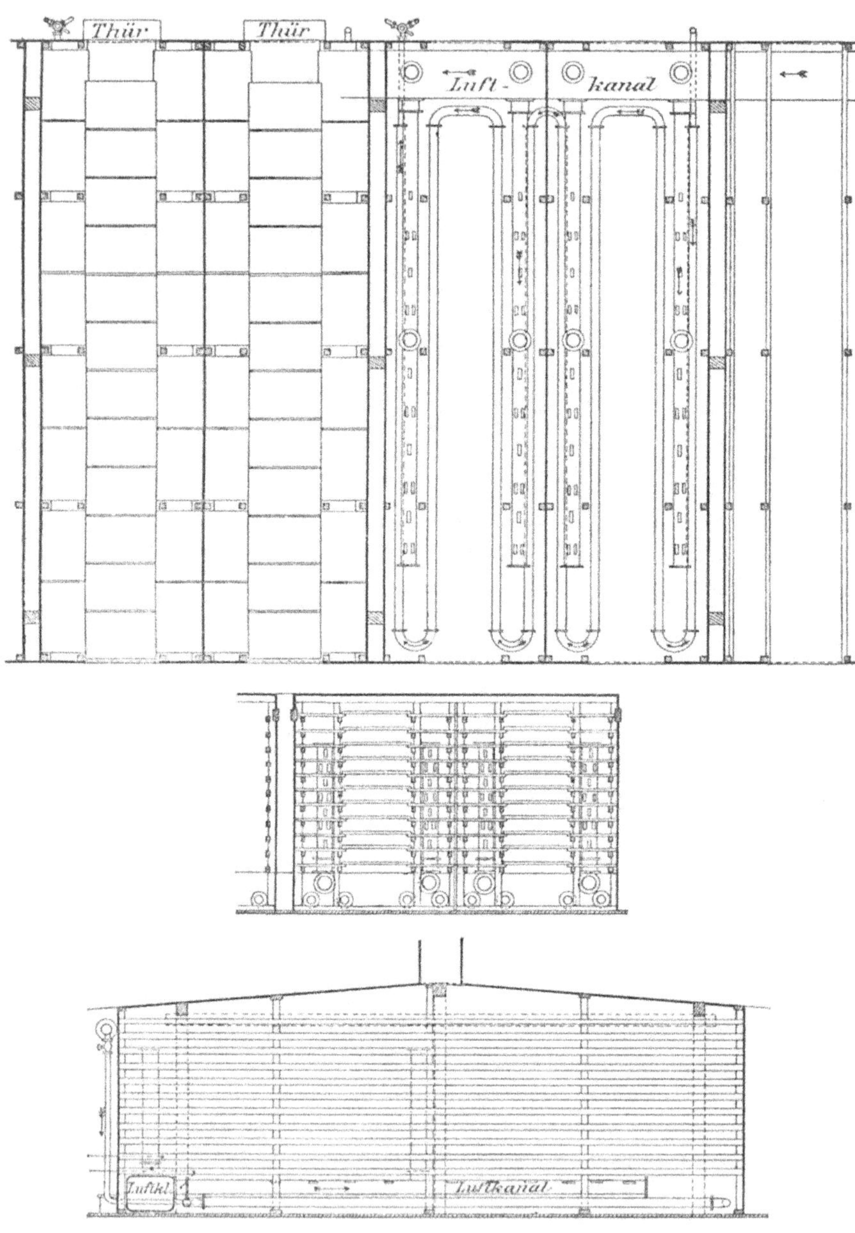

Abb. 138.

Luft in der Stunde, zu deren Anheizung 13 qm Heizfläche erforderlich sind. Die Luft tritt aus dem Kanal durch ein geschlitztes Standrohr oder gelochte Kanäle unter den Horden in die Kammerabtheile ein und entweicht durch Holzschlote auf dem Dache. Die Füllung und Entleerung einer Kammer geschieht durch 4 Arbeiter durch die 4 Thüren zugleich in $1^1/_2$ Stunden, während welcher Zeit weder in ihr geheizt noch Luft eingeblasen wird. Zuerst werden die beiden Gestelle an den Längswänden der Kammerabtheile mit Horden besetzt und dann auch in den Gang Horden eingelegt, sodass diese auf den in den Gang hineinragenden Enden der Gestellhorden aufliegen (s. den Querschnitt der Abb. 138).

Das Trocknen geschieht nach Schmidt in der Weise, dass nachdem die Kammern gefüllt und die Thüren vorgesetzt sind, anfangs Dampf und wenig Luft gegeben wird. Nach einer Stunde wird der volle warme Luftstrom eingeführt. Drei Stunden vor Beendigung der Trocknung wird der Luftstrom abgestellt und der Luftableitungsschlot geschlossen und nur mit den Dampfrohren geheizt. Nach Verlauf von 2 Stunden wird die obere Luftklappe wieder geöffnet und stark Luft durchgeblasen, dann wird Heizung und Luftstrom abgestellt, alle 4 Thüren geöffnet, und die Stube entleert. Die Trocknung dauert im Ganzen 12 bis 13 Stunden.

In einer in dieser Art eingerichteten Trockenanlage für eine Fabrik mit einer täglichen Verarbeitung von 2000—2500 Ctr. Kartoffeln fand Verfasser 7 Trockenkammern von 8,20 m Länge, 4,20 m Breite und 3,20 m Höhe. Jede enthielt in 2 Abtheilen 550 Horden, von denen jede mit $2^1/_2$ kg trockner Stärke belegt wurde. In 24 Stunden wurden 13 bis 14 Kammern befüllt und entleert, sodass die durchschnittliche Trockenzeit 12—13 Stunden betrug. Die Lufttemperatur in den Kammern war 35—40° R.

Die Vortheile dieser Art der Hordentrocknung gegenüber den Trockenstuben sind die folgenden:

Durch das Belegen der Gänge mit Horden ist die Ausnutzug des Raumes eine vollständigere.

Die Trocknung ist eine schnelle und für alle Horden gleichmässige, da alle gleichzeitig und gleichlang erwärmt werden. Auch fällt der Uebelstand fort, dass der Wrasen neubeschickter Horden über schon länger in der Trockenstube befindliche Stärke streicht.

Die Ventilation und Dampfheizung wird besser ausgenutzt.

Die Arbeiter werden geschont, da nach dem Oeffnen der Thüren in 10 Minuten die Temperatur in der Kammer auf 15° R. sinkt, ehe die Arbeiter ihre Thätigkeit in ihr beginnen.

Trotz dieser Vortheile hat das Verfahren eine grössere Verbreitung in Deutschland nicht gefunden.

Dem Trocknen auf Horden gegenüber steht das

Trocknen in Apparaten.

Das Trocknen mit Apparaten ist dem Wunsche entsprungen, die grosse Raumanlage, sowie die Handarbeit der Hordentrocknung thunlichst einzuschränken, d. h. grosse Mengen von Stärke auf möglichst

kleinem Raum mit möglichst wenigen menschlichen Arbeitskräften zu trocknen.

Am verbreitetsten unter den Stärketrockenapparaten ist in Deutschland z. Z.

Das Tuch ohne Ende.

Die Abb. 139 zeigt die Einrichtung eines solchen Apparates in der Form, wie sie namentlich von W. Angele-Berlin aufgestellt wird.

Dieser auch in anderen Industrien verbreitete Apparat besteht im Wesentlichen aus einer Anzahl übereinander angeordneter Tücher von etwa 7—10 m Längsausdehnung nach einer Richtung und 1—1,5 m Breite, welche durch ein doppelt so langes, an der schmalen Seite zusammengenähtes Doppel-Segelleinentuch gebildet werden, das an beiden Enden über Holzwalzen läuft. Dadurch, dass diese durch Zahnradantrieb in Umdrehung versetzt werden, erhält das Tuch einen ständigen Kreislauf um dieselben in wagerechter Richtung.

Die Stärke wird auf das oberste Tuch aufgebracht, und dieses bewegt sich z. B. von links nach rechts (s. Abb. 140). Am Ende an-

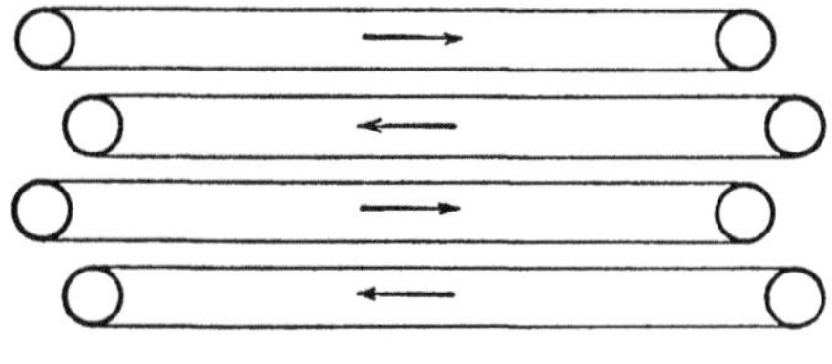

Abb. 140.

gekommen, fällt sie auf das nächst tiefere, an dieser Seite das obere Tuch etwas nach rechts hin überragende Tuch, welches eine Bewegung von rechts nach links hat. Von diesem Tuch fällt sie auf das dritte nach links überstehende und von links nach rechts laufende Tuch und so fort in Hin- und Hergang, bis sie alle übereinander stehenden Tücher durchlaufen hat. Die Anzahl derselben wechselt je nach der Länge der einzelnen Tücher und der verlangten Leistung zwischen 12—30 Tüchern.

Zwischen dem oberen und unteren Theile jedes Einzeltuches sind von Zeit zu Zeit schmiedeeiserne genietete Heiztaschen von etwa 1 bis 1,5 m Breite und 1—1,5 m Länge eingeschaltet, welche mit dem Abdampf der Maschine geheizt werden. Zu dem Zwecke steigen von einem horizontalen Speiserohr senkrecht Heizrohre an einer Seite des Apparates auf, von welchen kurze Rohrstutzen zu den Taschen führen, während der ausgenutzte Dampf in gleicher Weise auf der anderen Seite des Apparates abgeführt wird.

Die hölzernen Rollen sind an beiden Stirnseiten des Apparates mit kurzen Metallwellen in einem Endgerüst übereinander gelagert und werden durch ein System ineinander greifender, im Zickzack übereinander liegender Zahnräder in Umdrehung versetzt, welche ihren Antrieb von einer Mittelwelle erhalten.

Die fertige Stärke fällt vom untersten Tuche in eine Transportschnecke oder auf ein Transporttuch, welches sie fortschafft.

Der ganze Apparat befindet sich in einem hohen, schmalen Raume, gewöhnlich im oberen Stockwerke der Fabrik, welcher oben eine aufgesetzte Dachkappe trägt, die durch Klappfenster abzuschliessen ist, welche je nach der Windrichtung hier oder dort zur Lüftung geöffnet werden.

Für die *Konstruktion und Handhabung des Tuches ohne Ende* sind nun eine Reihe von Punkten maassgebend, welche im Nachfolgenden Platz finden sollen.

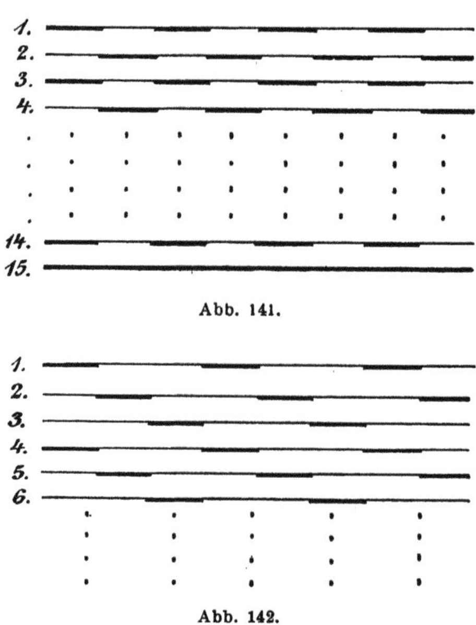

Abb. 141.

Abb. 142.

Die meisten und schwerwiegendsten Fehler werden bei der Anbringung der *Heiztaschen* gemacht. Von deren richtiger Anordnung aber ist es abhängig, ob das Tuch überhaupt genügend trocknet, ob es übertrocknet, und ob es geringe oder sehr starke Griesbildung, d. h. Verkleisterung bewirkt. Vor Allem müssen Heiztaschen und leere Stellen zwischen diesen zur Wiederabkühlung wechseln. Und zwar müssen die obersten Tücher weniger Heiztaschen und mehr Fehlstellen besitzen, weil hier die Stärke noch feucht und zum Verkleistern besonders geneigt ist. Nach unten hin können die Heizflächen sich mehren.

Die gewöhnliche Anordnung der Heiztaschen zeigt die Abb. 141, in welcher die dunkeln Striche (**———**) die Heiztaschen, die hellen Striche (———) die Fehlstellen bezeichnen. Das letzte Tuch hat lauter Heiztaschen.

Zweckmässiger erscheint es dem Verfasser, auf den ersten 6 Tüchern, wo die Stärke noch reich an Wasser ist, die Fehlstellen hinter jeder Heiztasche zu verdoppeln (s. Abb. 142) und erst auf den darauf folgenden Tüchern die oben angegebene Anordnung der Heiztaschen eintreten zu lassen.

Vielfach folgen auf das letzte mit Heiztaschen versehene Tuch noch vier oder mehr solche ohne jede Erwärmung, um die Stärke wieder abzukühlen. Es ist das dort zweckmässig, wo kein genügender Raum zum Kühlen der Stärke vorhanden ist.

Bei einem Tuch ohne Ende mit 13 je 10,5 m langen Tüchern, auf denen die Stärke in 34 Minuten den Apparat durchwanderte, wurden folgende Temperaturen und Wassergehalte vom Verfasser beobachtet:

	Erster Tag		Zweiter Tag	
	Temperatur °R.	Wassergehalt Proc.	Temperatur °R.	Wassergehalt Proc.
1. Tuch . .	24	36,7	24	36,7
2. „ . .	34	35,7	30	35,5
3. „ . .	34	34,7	33	34,5
4. „ . .	35	32,2	35	33,7
5. „ . .	36	29,7	35	32,0
6. „ . .	36	27,2	32	31,2
7. „ . .	37	27,3	34	29,9
8. „ . .	38	25,7	34	27,5
9. „ . .	36	24,7	32	27,5
10. „ . .	36	24,2	34	23,2
11. „ . .	37	17,7	36	22,3
12. „ . .	38	13,5	38	22,1
13. „ . .	37	11,5	34	19,2

Die centrifugirte Stärke hatte 38 bezw. 37,7 Proc. Wassergehalt, die Lufttemperatur war 23° bezw. 18° R. Die Stärke erreichte also bei 30 Proc. Wassergehalt, wo sie also noch ziemlich feucht ist, schon 34—36° R., d. h. eine Temperatur, wie sie die Stärke auf der untersten, auf dem Heizrohre aufliegenden Horde bei gleichem Wassergehalt noch nicht ganz, die Stärke der übrigen Horden aber nie erreicht. Am ersten Tage war zu scharf getrocknet, während am zweiten Tage der richtige Trockengehalt erreicht war.

Aehnliche Zahlen erhielt Verfasser bei einer ganzen Anzahl von Messungen an Tüchern ohne Ende verschiedener Herkunft. Fast immer wurde schon auf den ersten Tüchern eine Temperatur von 30° R. oder mehr erreicht.

Dieser Mangel beim Arbeiten mit dem Tuch ohne Ende beruht auf der starken Einwirkung direkter Wärme (zwischen Heizplatte und Tuch sind 59—60° R.) und der bei der gewöhnlichen Einrichtung oft mangelhaften Ventilation, welche sich schon darin zeigte, dass während des

Trocknens in dem Raume die Luft eine relative Feuchtigkeit von 70 Proc. (18 g Wasser in 1 cbm) aufwies.

Wirkt auch der hohe domartige Raum bei richtigem Oeffnen und Schliessen der Luftfenster an der Dachkappe wie ein Schlot, so wird die aufsteigende Luft doch nicht zwischen den Tüchern über die Stärke hin geführt und nimmt also den Wasserdampf nicht direkt aus der Stärke, sondern erst, nachdem er seitlich von den Tüchern ausgetreten ist, fort.

Diesem Uebelstande ist nun wirksam dadurch entgegengetreten, dass das Tuch ohne Ende vollständig mit einem Holzverschlag (Rahmen mit einzelnen durch Riegel befestigten Einsätzen) umkleidet, und die feuchte Luft durch einen über dem obersten Tuche angebrachten Abzugskanal mit einem einfachen leichten Flügelrade abgesaugt wurde.

Verfasser konnte nachweisen, dass bei dieser in einer schlesischen Fabrik getroffenen Einrichtung die Temperaturen in der Stärke wesentlich herabgesetzt wurden. Er fand bei dem betreffenden Tuch ohne Ende folgende Temperaturen in der Stärke beim Verlassen des Tuches:

	ohne Gehäuse	mit Gehäuse
1. Tuch	24°	19°
2. „	32°	22°
3. „	31°	26°
4. „	36°	33°
5. „	37°	36°
6. „	39°	38°
7. „	41,5	38°
8. „	41°	40°
Max.	45°	42°

Die Temperaturen blieben also gerade auf den obersten Tüchern, welche die feuchteste Stärke enthalten, um 5—10° niedriger, als ohne die bessere Ventilation.

Als weitere Vortheile ergaben sich bei dieser Verbesserung: Erhöhung der quantitativen Leistung des Apparates, geringere Griesbildung, geringeres Verstäuben von Stärke und Einfachheit der Herrichtung.

Eine weitere Verbreitung hat indessen trotz der genannten Vortheile diese Einrichtung nach der Kenntniss des Verfassers nicht gefunden.

Naturgemäss muss die Heizung der Heiztaschen eine wechselnde sein, je nach der Belastung und der Schnelligkeit, mit welcher die Stärke den Apparat verlässt.

Als normale Belastung des Tuches ohne Ende kann man auf den Quadratmeter mit Stärke bedeckten Tuches 2—3 kg fertiger Stärke in der Stunde rechnen, je nach der Anzahl der Tücher, welche den Apparat bilden (15—30).

Als mittlere Zeit, in welcher die Stärke das Tuch verlassen soll, giebt Angele 50 Minuten an. Es wird sich diese Zeit natürlich nach der Stärke der Belastung und der Anzahl und Grösse der Tücher richten; bei geringerer als der vorgesehenen Belastung also abzukürzen sein, damit die Stärke nicht übertrocknet wird. Verfasser hat z. B. als Zeit des Verweilens der Stärke auf den Tüchern in verschiedenen Betrieben 19, 30, 40—45 Minuten beobachtet.

Ein Trockenapparat mit 15 Tüchern von 10,5 m Arbeitslänge und 1,38 m Breite trocknet in 20—22 Stunden täglicher Arbeitszeit rund 200 Ctr. fertiger Stärke, d. h. die aus 1000 Ctr. guter Kartoffeln gewonnene Menge. Dabei durchwandert die Stärke den Apparat in 25—30 Minuten. Eine Mehrbelastung verträgt ein solcher Apparat nicht. Als stündliche Leistung eines solchen Apparates kann man also 8—10 Ctr. Stärke rechnen.

Rechnet man für diesen Apparat zu seiner eigenen Ausdehnung etwa je 1,5 m freien Raum nach jeder Seite hinzu, so ist der für den Apparat durch Holzumkleidung abzuschlagende Raum 13,5 m lang, 4,5 m breit und 4 m hoch zu bemessen, hat also einen Rauminhalt von 243 cbm und eine Bodenfläche von 61 qm, es kommt also auf jeden Centner trockener Stärke 1,2 cbm bezw. 0,3 qm Bodenfläche in 24 Stunden.

Beim Arbeiten mit dem Tuch ohne Ende ist ferner die Zerkleinerung der centrifugirten Stärke zu beachten. Dieselbe muss möglichst sorgfältig und nicht zu grob sein. Die Zerkleinerungsapparate müssen dem entsprechend gewählt werden. Gewöhnlich sind es Bürstenbottichsiebe mit gelochtem Kupferboden.

Ferner ist ein Aufliegen und Schleifen des rückgehenden Theiles des nächst höheren Tuches auf der Stärke des darunter liegenden zu vermeiden, weil dadurch die Verdunstung des Wassers gehemmt wird.

Ist die Temperatur in der Stärke an einzelnen Stellen zu hoch, so kann man durch Einlegen von Latten zwischen Tuch und Heizplatte diesen Uebelstand beseitigen.

Die Kontrolle der Temperatur in der Stärke geschieht am besten auf dem Wege, dass man ein Gefäss (z. B. einen Topf) an dem Ende des Tuches, bei dem man die Temperatur messen will, hin- und herführt und mit der herabfallenden Stärke füllt. Dann steckt man ein Thermometer bis in die Mitte der Probe und liest ab, wenn das Quecksilber nicht mehr steigt. Um diese Zeit abzukürzen, nimmt man das Thermometer aus einer vorhergehenden Probe nicht eher heraus, als bis die folgende genommen ist.

Das den Dampf zuführende horizontale Hauptrohr darf nicht auf dem Boden aufliegen, sondern muss etwas höher gelegt sein, damit man beim Undichtwerden zu seiner Unterseite gelangen kann.

Wesentliche Verbesserungen an dem Tuch ohne Ende hat W. Angele-Berlin bewirkt, einmal dadurch, dass er eine Vorrichtung zum Straffziehen und Losspannen der Tücher anbrachte (s. Abb. 143). Zu dem Zwecke ist das Lagergerüst für die Rollen auf der einen Seite des Apparates auf Schienen gestellt, beweglich und kann durch vier an einem festen Gerüst haftende Schrauben vor- und rückwärts bewegt werden. Es ist dadurch der Vortheil geschaffen, dass die Tücher über Nacht oder sonst bei Einstellung des Betriebes abgespannt werden können, wodurch sie vor zu straffer Spannung beim Austrocknen und dadurch stärkerer Inanspruchnahme bewahrt werden.

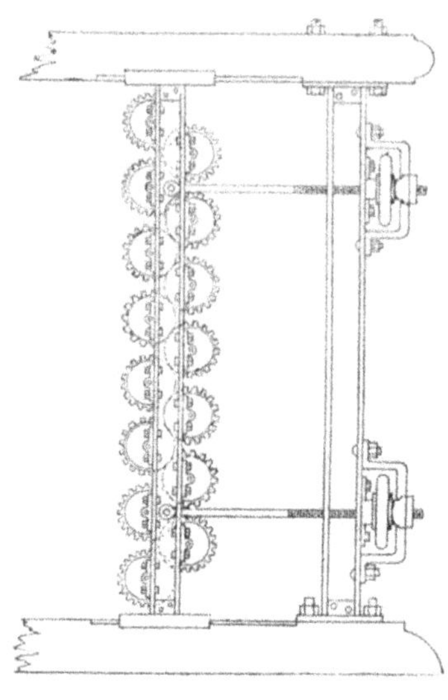

Abb. 143.

Ferner hat Angele die Rollen mit einer Bandauflage versehen, welche von der Mitte aus nach beiden Seiten in entgegengesetzter Richtung sich um die Walze windet (s. Abb. 144). Es wird dadurch ein Streifen des Tuches an den Seiten vermieden, indem es immer wieder nach der Mitte zu angezogen wird. Dadurch entstehen wesentliche Ersparnisse an den sehr theuren Tüchern.

Früher wurde der zur Heizung erforderliche Dampf auf einer Stirnseite des Apparates in das am Boden liegende Hauptspeiserohr eingeleitet und vertheilte sich von dort in die einzeln stehenden Rohre. Auf der anderen Stirnseite des Apparates wurde dann der Abdampf aus dem Hauptsammelrohr am Boden wieder abgelassen.

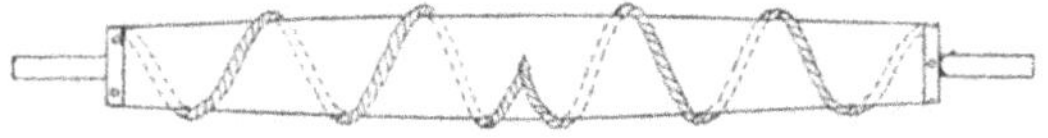

Abb. 144.

Dabei ist im Anfang eine gewisse Zeit nothwendig, bis die Tücher sich überall erwärmen, und die Taschen auf der Zuströmungsseite erhalten mehr und heisseren Dampf als die auf der entgegengesetzten. Die Heizung der Taschen ist also ungleichmässig.

Angele hat die Dampfzuführung nun in der Weise verbessert, dass dieselbe, wie es die Abb. 139 (S. 316) zeigt, in der Mitte des Apparates unten in den Rohren stattfindet, und dass dann der Dampf rechts und links sich vertheilt und dass an den aufsteigenden Röhren, welche die einzelnen Taschen heizen, wieder in der Mitte jedes einzelnen eine Drosselklappe angebracht ist, wodurch es ermöglicht wird, dass die oberen Tücher mit weniger Dampf gespeist werden und in Folge dessen weniger hohe Temperaturen bekommen, wie die unteren; denn gerade auf den oberen Tüchern ist ein Verkleistern, welches auf dem Tuch ohne Ende viel leichter eintreten kann, als bei anderen Trockenverfahren, am stärksten zu befürchten. Es wird also dadurch die Trocknung eine viel bessere und sicherere. Ebenso wird der abgehende Dampf wieder von der Mitte aus nach beiden Seiten abgeleitet und dadurch ein schnellerer und gleichmässiger Abfluss hervorgerufen.

Auch stellen sowohl Angele wie die Maschinenfabrik W. Schneider & Co. in Frankfurt a/O. die Gerüste und Gestelle, die den ganzen Apparat tragen, in Eisenkonstruktion her, während sie früher aus Holz gebaut wurden. Dadurch ist der Uebelstand beseitigt, dass das Gestell sich verzog, und dass durch zu starke Vibration die Tücher stärker beschädigt wurden.

Der Fehrmann'sche Apparat.

Dieser Apparat wurde von Th. Zersch in Neuburg i. Mecklbg. erfunden und von Fehrmann zuerst gebaut. Er findet sich besonders in kleinen Stärkefabriken mit 250—400 Ctr. täglicher Verarbeitung an Kartoffeln. Die Abbildungen 145 (Längenschnitt und Vorderansicht) und 146 (Querschnitt) zeigen denselben in der Art, wie ihn die Maschinenfabrik von Dr. E. Alban in Plau i. M. ausführt. Er besteht aus einer Lattentrommel von etwa 2 m Durchmesser, welche von 5 Lattencylindern gebildet wird, welche in einem Abstand von 5 cm so in einander stecken, dass je eine Latte eines äusseren Cylinders über dem Zwischenraum zwischen zwei Latten des nächst tieferen liegt, sodass Latte und Oeffnung nach Innen zu ständig wechseln. Die Trommel enthält im Ganzen etwa 290 Latten, von denen die äusseren 5 cm breit und 2 cm dick, die inneren 3 cm im Geviert sind. Die Lattencylinder sind durch zwei Holzkreuze an beiden Querseiten zusammengehalten und an einer horizontalen Welle aufgehängt, welche der ganzen Trommel eine Umdrehung von 5 Gängen in der Minute giebt. Die Länge der Trommel richtet sich nach der gewünschten Leistung und schwankt zwischen 3,5—7,3 m.

Die ganze Trommel ist von einem 3 m hohen und 2,30 m breiten viereckigen, luftdicht schliessenden Holzbau umgeben, dessen Decke durch ein gewelltes Friestuch zum Auffangen des Stärkestaubes mit darüber liegendem Dach und Abzugsschlot für die Luft gebildet wird.

An der einen Längswand dieses Holzgehäuses befindet sich in der Mitte und Längsrichtung ein Schlitz e, welcher an der Eintrittsseite der Stärke 3 cm und an der entgegengesetzten 1,5 cm breit ist. Derselbe ist mit einem Holzgehäuse d umgeben und in diesem durch ein gebogenes Blech mit kleiner Oeffnung oben bedeckt. In der Mitte dieses Schlitzes wird durch einen Ventilator b angesaugte und in einem Dampfofen c angeheizte Luft eingedrückt.

Dieser Dampfofen (Abb. 147, Längen- und Querschnitt) besteht aus einem eisernen Cylinder von 2,5—3 m Länge und 750 mm Durchmesser,

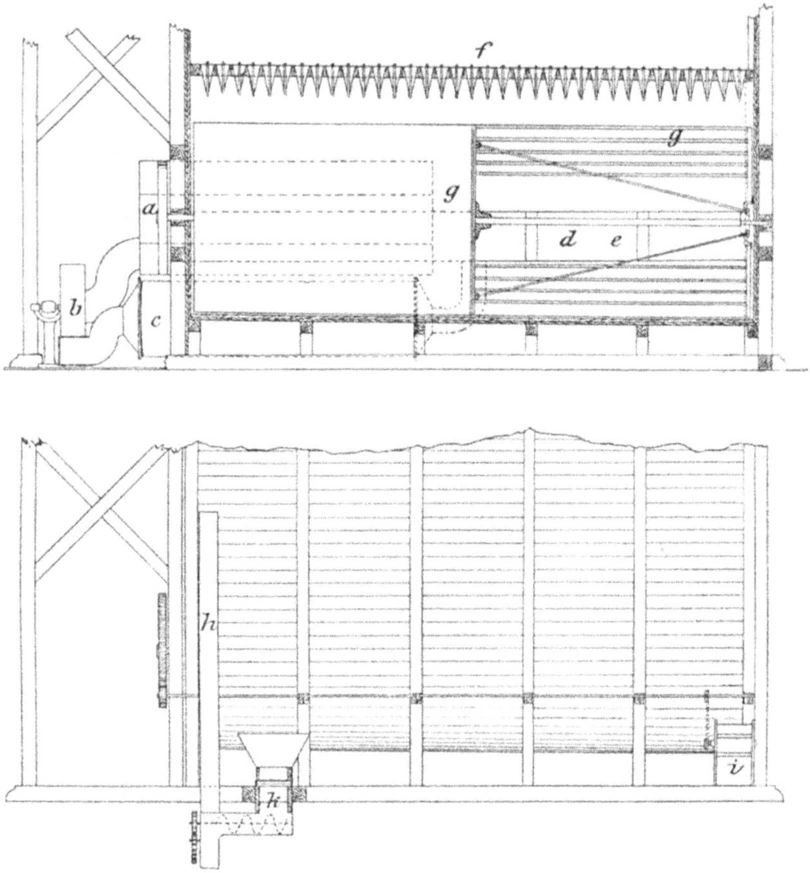

Abb. 145.

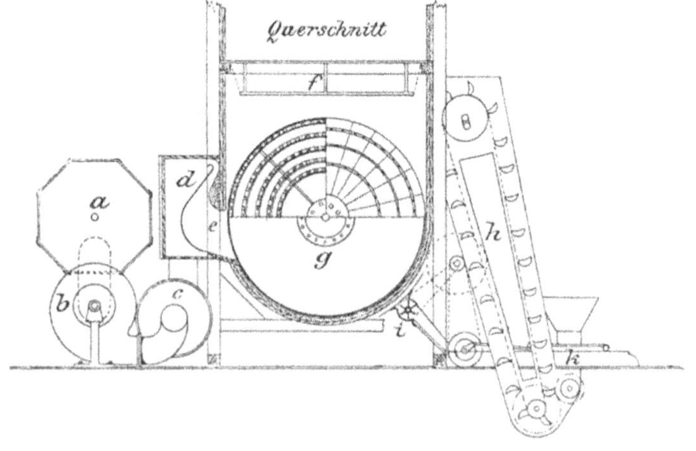

Abb. 146.

welcher nach beiden Seiten zu bis auf die Weite des Luftzuführungsrohres (24 cm) verjüngt ist. Vor Beginn der Verjüngung ist an beiden Seiten ein Boden eingenietet, in welchen etwa 60 gleich lange schmiedeeiserne Rohre ausmünden. In diese wird die aus dem Luftzuführungsrohr eintretende Luft vertheilt, während Abdampf der Maschine, durch ein Rohr oben in den Cylinder eingeleitet und durch ein ebensolches am Boden sammt dem Kondenswasser abgeführt wird, die Luftrohre umspült und so die Luft anheizt.

Die Luft vertheilt sich im Innern des Apparates und entweicht nach dem Filtriren durch die Friesdecke durch den Schlot im Dache nach Aussen.

Die auf einem bereits (s. S. 292) beschriebenen Abschneide-Apparat (s. k Abb. 145 u. 146) zerkleinerte, centrifugirte Stärke wird durch einen Elevator gehoben und oben auf die Lattentrommel an einem Ende derselben ausgeschüttet. Sie fällt durch die Latten sprungweise hindurch, wird, unten angekommen, durch die aufsteigenden Latten wieder gehoben, wieder durchgeworfen und so langsam unter fortwährendem Zerstäuben

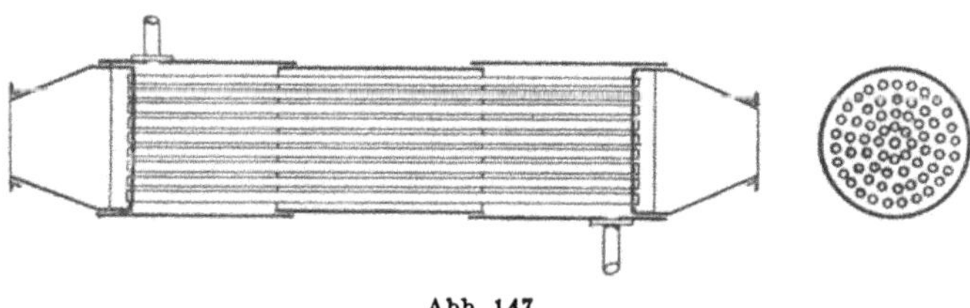

Abb. 147.

dem anderen Ende der Trommel zugeführt, da diese etwas Gefäll nach dieser Seite hin hat. Da die Stärke durch die in langsamem Strom aufsteigende heisse Luft fällt, entzieht ihr diese das Wasser und führt es durch den Abzugsschlot fort.

Am Ende angekommen, findet die Stärke eine Auswurfsöffnung i, in welcher eine in einem Gehäuse laufende sechstheilige Kreuzwelle (s. Abb. 148) die Stärke auswirft. Dieselbe hat bei einer Trommellänge von etwa 6 m einen Durchmesser von 24 cm und eine Länge von 36 cm. Die Flügel derselben sind durch Lederstreifen abgedichtet, damit an dieser Stelle keine Luft entweichen kann.

Bei der Prüfung eines solchen Fehrmann'schen Apparates fand Verfasser folgende Verhältnisse. Der 5,6 m lange Apparat lieferte in der Stunde 5 Ctr. trockene Stärke.

Die centrifugirte Stärke hatte 40,2 Proc. Wasser, die fertige 11,5 Proc., war also übertrocknet. Die eintretende Luft hatte 52,5° R. und hätte also weniger angewärmt werden müssen, die am Abzugsschlot entweichende 22° R. Dieselbe Temperatur hatte die austretende Stärke. Die austretende Luft hatte 140 m Geschwindigkeit in der Minute bei 0,53 qm Oeffnung des Schlotes, es strömten also in der Minute 74 cbm aus oder in 1 Stunde 4440 cbm. Es kommen, da der Raum 33,3 cbm Inhalt hatte, auf 1 cbm Raum also rund 2 cbm Luft in der Minute; durch das Eintreten in den grossen Raum wird die Geschwindigkeit der Luft so herabgesetzt, dass sie sich bequem mit Wasserdampf sättigen kann. Auf jeden Centner trockner Stärke kommen 888 cbm Luft. Diese schaffte ein Ventilator mit $3\frac{4}{7}$ Pferdestärken und 1500 Umdrehungen in der Minute. Der Apparat selbst brauchte nur $1\frac{2}{7}$ Pferdestärken.

100 kg centrifugirter Stärke mit 40 Proc. Wasser geben 75 kg trockne Stärke mit 20 Proc. Wasser und müssen also 25 kg Wasser abgeben. Auf 5 Ctr. = 250 kg trockne Stärke sind also zu verdunsten 83 kg Wasser. 1 cbm Luft von 50° R. ist mit einem Gehalt von

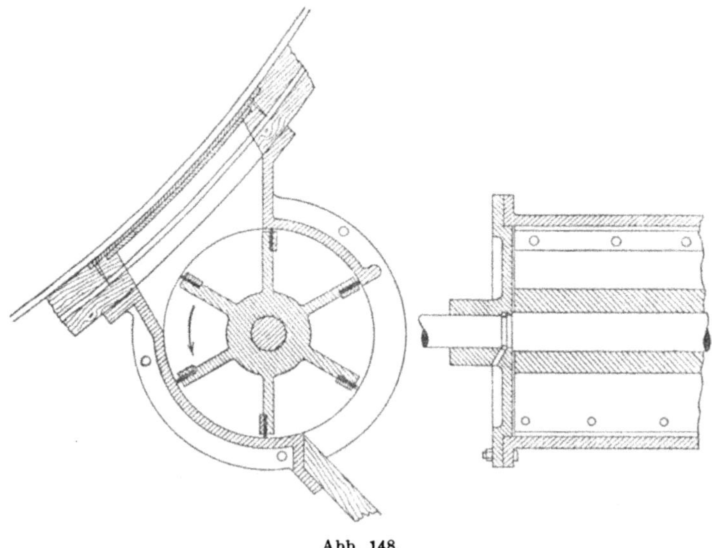

Abb. 148.

82,7 g Wasserdampf gesättigt. Angewärmte Winterluft (± 0° = 4,9 g Wasser) kann also rund 75 g Wasserdampf pro Kubikmeter aufnehmen, oder es sind zur Aufnahme von 83 kg Wasser aus der Stärke rund 1110 cbm Luft von 50° erforderlich, und da der Apparat von 4440 cbm in der Stunde durchstrichen wird, so war die Luftzufuhr sehr reichlich bemessen und dadurch die Uebertrocknung zu erklären.

Als beachtenswerth bei der Aufstellung und Handhabung des Fehrmann'schen Apparates haben sich folgende Punkte erwiesen:

Die Stabtrommel im Innern des Apparates muss so eingerichtet sein, dass die Welle sich heben und senken lässt, sodass man es in der Hand hat, die Stärke schneller oder langsamer durch den Apparat hindurchgehen zu lassen, je nachdem dies der zu geringe oder zu hohe Feuchtigkeitsgehalt erfordert. Jedoch darf sie nie sehr weit vom Boden abstehen, da sich dort sonst feuchte und schimmelnde Stärke sammelt.

Der Oberbau des Gehäuses muss so hoch sein, dass ein Mann bequem hineinschlüpfen kann, um das Friestuch (Staubfänger) von Zeit zu Zeit abklopfen zu können, auch muss das Friestuch so hoch über der Trommel liegen, dass man zwischen beide bequem eindringen kann.

Der Ventilator muss gross genug sein; die Dampfzufuhr zum Heizapparat durch Drosselklappe regulirbar. Am Eintrittsrohr der warmen Luft muss ein Thermometer angebracht sein, damit der Mann am Trockenapparat die Temperatur reguliren kann. Ist die Aussenluft feucht, so muss sie stärker angewärmt werden, als wenn sie trocken ist, wenn sie zur Aufnahme gleicher Wasserdampfmengen befähigt sein soll. Um ein Ansaugen und Eintreiben von Staub durch den Ventilator zu vermeiden, wird vor die Saugöffnung desselben ein ca. 1 m langer, mit Friestuch bedeckter Lattencylinder befestigt.

Die Einwurfsschnecke muss so angebracht sein, dass die Stärke von ihr auf den oberen Abschnitt der aufsteigenden Trommel fällt, also gleich anfangs gehoben, nicht aber herabgezogen wird. Auch muss sie auf derselben Seite des Apparates angebracht sein, wie die Auswurfsschnecke. Sonst treten leicht Verstopfungen ein.

Die Flügel an dem Auswurfsrade müssen möglichst so zahlreich sein, dass die Fächer zwischen ihnen fast vollständig mit auszuwerfender Stärke sich füllen; die Flügel sowie die Kopfscheiben müssen mit Filz- und Lederstreifen gut abgedichtet sein, und das Mehl nicht oben, sondern unten herum auswerfen; der Auswurf muss am unteren Ende eines längeren, von der Trommelwand nach unten hin abfallenden Holzkanales angebracht sein. Alle diese Vorsichtsmaassregeln sollen ein Entweichen der Luft an unrechter Stelle und ein Zerstäuben des Mehles verhüten.

Das Gehäuse des Apparates muss gut gedichtet sein. Es soll dazu am besten ein Einlegen von Klebepappe (Dachpappe) zwischen doppelter Holzwand geeignet sein. Auch wird ein Imprägniren der Holzwand mit Karbolineum oder Leinöl zum Schutz gegen das Verrotten als vortheilhaft bezeichnet.

Endlich darf der Luftabzug nicht zu klein sein, weil sonst die Luft in ihm zu schnell sich bewegt und viel Stärke als Staub mit fortführt. Bei einem Apparat von 6 m Länge fand Verfasser eine solche Abzugsöffnung von nur 0,2 qm Querschnitt, während wenigstens 0,5 qm nöthig sind. Erst nach Anbringung mehrerer Luftabzugsöffnungen hob sich das starke Verstäuben.

Was nun die Leistungsfähigkeit des Apparates betrifft, so ist diese abhängig von seiner Länge. Ein Apparat von 3,5 m Trommellänge liefert stündlich 3 Ctr. trockner Stärke, ein solcher von 5,5 m = 5 Ctr. Stärke, ein solcher von 7,3 m Länge = 7 Ctr. Stärke in der Stunde.

Rechnet man nun zu dem von der Trommel eingenommenen Raum noch je 1,25 m nach jeder Seite hin als nothwendig für den Apparat in seiner Gesammtheit hinzu, so wird ein Apparat, welcher in 24 Stunden täglicher Arbeitszeit rund 120 Ctr. trockner Stärke liefern soll, 8 m Länge und 5 m Breite haben müssen, also 40 qm Bodenfläche, oder bei 4 m Höhe 160 cbm Rauminhalt beanspruchen, also auf je 1 Ctr. bei 24stündiger Arbeitszeit 0,33 qm Bodenfläche oder 1,3 cbm Raum.

Erwähnung muss hier noch finden

der Trockenapparat von H. Schmidt in Küstrin,

weil derselbe noch in einzelnen deutschen Stärkefabriken in Thätigkeit ist (s. Abb. 149). In einem luftdicht abgeschlossenen Gehäuse befinden sich drei übereinander liegende eiserne Cylinder von 1 m Durchmesser. In

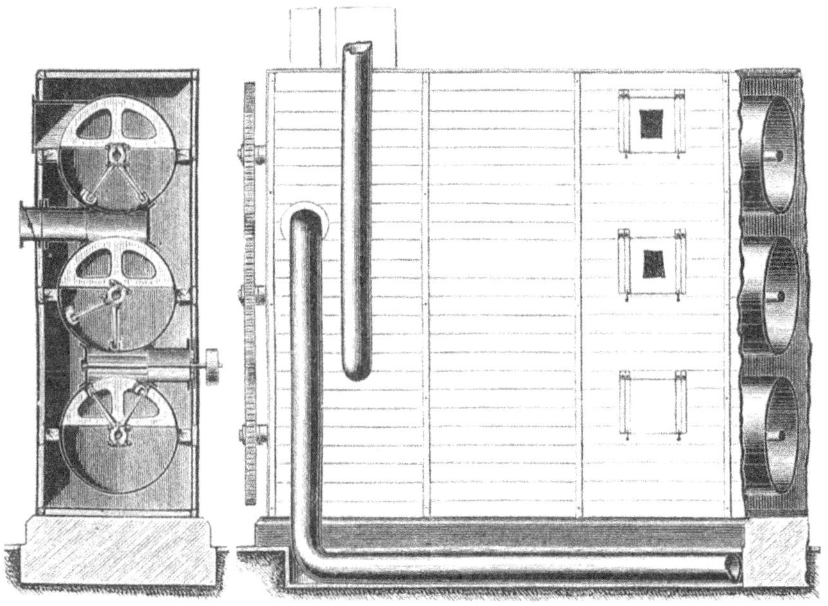

Abb. 149.

diesen wird die Stärke von oben nach unten durch Bürstenwerke, ähnlich denen der Auswasch-Bürstencylindersiebe vorwärts bewegt, indem sie in dem obersten Cylinder hingeht, in den nächsten fällt, in ihm in entgegengesetzter Richtung fortbewegt wird, in den dritten fällt und wieder wie im obersten fortschreitet.

Die Heizung geschieht durch einen wie beim Fehrmann'schen Apparat erzeugten Luftstrom von 50° R. Ein Theil desselben umstreicht von unten aufsteigend alle drei Cylinder von Aussen, tritt bis auf 35° R. abgekühlt in den obersten Cylinder ein und strömt der feuchten Stärke entgegen. Von Aussen wird der Cylinder auf etwa 39° angeheizt Die unteren Cylinder werden von Aussen stärker angeheizt und erhalten auch einen aus Abzweigungen von dem Hauptluftrohr, jeder für sich einen warmen Luftstrom von 50°. Die Luftgeschwindigkeit ist sehr gross. Es wird daher viel Stärkestaub mitgerissen, und es muss derselbe durch Einleiten der drei Luftabzugsrohre von den drei Cylindern in eine über dem Apparat liegende Staubkammer aufgefangen werden.

Ein von dem Verfasser geprüfter Apparat war für eine Leistung von 5—6 Ctr. in der Stunde bestimmt. Der Antrieb der Bürsten erforderte 2, derjenige des Ventilators 8, also der Gesammtantrieb 10 Pferdestärken. Die Temperaturen in der Stärke waren, wohl in Folge der sehr schnellen Verdunstung, niedrig und betrugen

	Temperatur	Wassergehalt der Stärke
im obersten Cylinder	21—24° R.	36,7—41,2 Proc.
im mittleren -	24—27° R.	30,7—33,7 -
im unteren -	24—28° R.	24,5—27,5 -

Die den Apparat verlassende Stärke hatte noch 24 Proc. Wasser. Sie wurde daher in einem mit Horden belegten Nachtrockenschranke mit Warmluftheizung bis auf 20—22 Proc. Wasser in etwa 10—12 Stunden herabgetrocknet und dann 12 Stunden zum Abdunsten auf dem Boden ausgebreitet, wodurch sie einen besonders schönen Glanz erhalten soll.

Bezüglich der Anlagekosten kommt der Apparat dem Fehrmann'schen etwa gleich. Jedoch hat er solche Nachtheile jenem gegenüber, dass eine Neuanlage desselben wohl nicht mehr erfolgt.

Vor allem ist es die grosse Menge Stärkestaub, welcher sich in Mengen von mehreren Centnern (7 Proc. der producirten Stärke) in der Staubkammer sammelt und durch Wiederaufwaschen in den Quirlen weiter verarbeitet werden muss, welche die Brauchbarkeit des Apparates beeinträchtigt, und der doppelt so grosse Kraftverbrauch gegenüber dem Fehrmann'schen Apparate. Die Nachtrocknung und damit doppelte Arbeit liesse sich durch Verlängerung der Cylinder wohl beseitigen.

Es ist hier noch auf eine Art des Trocknens, die auch für Stärketrocknung sich eignet, hinzuweisen, welche das Trocknen auf Horden mit der Anwendung mechanischer Mittel verbindet:

Die Kanaltrocknerei.

Verfasser hat nur eine solche Anlage in einer deutschen Kartoffelstärkefabrik vorgefunden, und es ist ihm auch nicht bekannt geworden, dass andere deutsche Kartoffelstärkefabriken dieses Verfahren besitzen. Wohl aber ist es in verbesserter Form von Richard Lehmann in Dresden in einigen deutschen Dextrinfabriken und von W. H. Uhland in Leipzig-Gohlis in besonderer Ausführung in österreichischen Kartoffelstärkefabriken eingeführt.

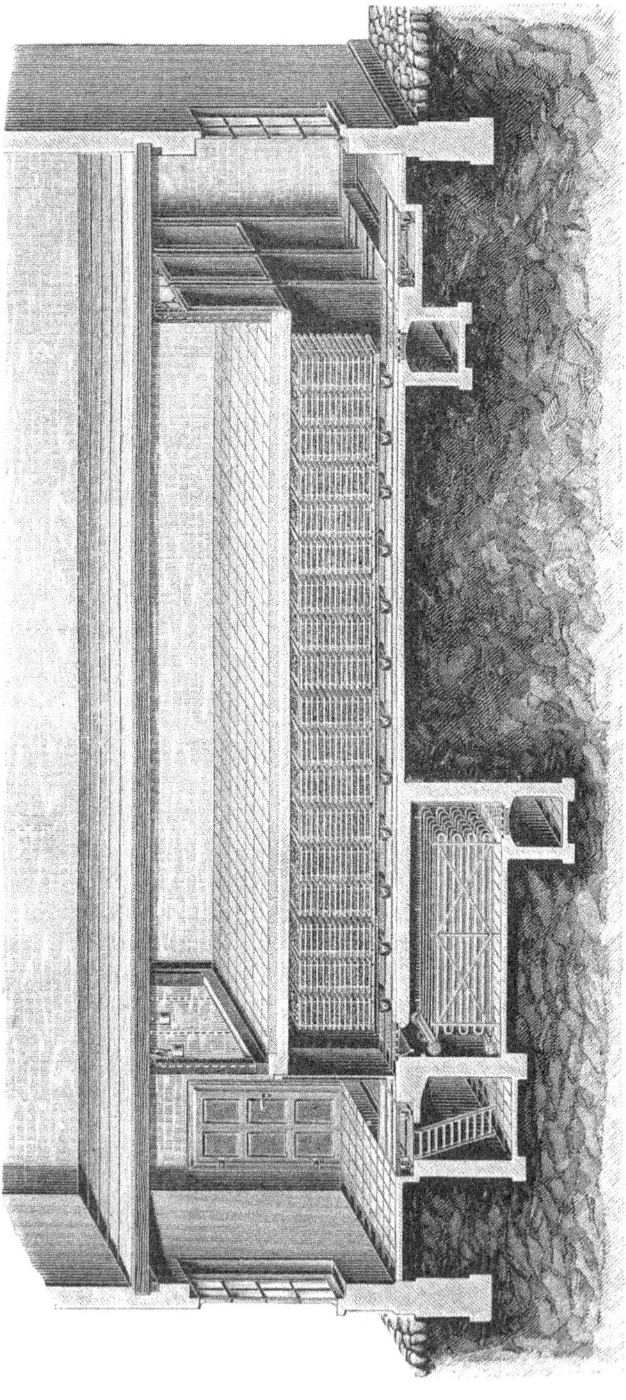

Abb. 150.

Das Wesentliche an dem Verfahren besteht darin, dass die zu trocknende Stärke auf Horden ausgebreitet wird, welche in Gestelle eingeschoben werden, die auf kleine Schienenwagen aufgesetzt und dadurch beweglich gemacht sind. In dem Maasse, wie die Wagen beschickt sind, werden sie in einen oder in mehrere nebeneinanderliegende, tunnelartige Trockenkanäle geschoben, welche mit Schieberthüren verschliessbar sind. Durch die Kanäle wird erhitzte Luft über die Horden hin gesaugt bezw. gedrückt. Wenn ein Wagen am anderen Ende des Kanales allmählich angekommen ist, und die Stärke die erforderliche Trockenheit besitzt, so wird er aus dem Kanal herausgeholt und entleert und nach der Einbringe-Seite des Kanales an dessen Aussenseite hin zurückgeschoben, sodass bei vollem Betriebe ein ständiger Kreislauf der Wagen stattfindet.

Die Abb. 150 stellt eine solche Kanaltrockenanlage von Richard Lehmann in Dresden dar, bei welcher die Anheizung der Luft durch Dampfheizrohre in einer unter den Trockenkanälen befindlichen Heizkammer stattfindet.

In der oben erwähnten Anlage, welche Verfasser besichtigte, geschah die Heizung der Luft durch direkte Feuerung, indem die auf einem besonderen Feuerheerd durch Verbrennen von Braunkohle erzeugten Feuergase gerippte Heizkörper umspülten, durch welche die Luft durch einen starken Ventilator eingedrückt wurde. Die mit Feuchtigkeit geschwängerte Luft wurde nach dem Verlassen des Trockenkanals durch einen Exhaustor abgesaugt.

Die Anlage bestand aus 3 Kanälen von 8—10 m Länge, 1 m Breite und 2 m Höhe, von denen jeder 6 Wagen mit je 20 Horden fassen konnte. In jeder Stunde etwa wurde ein Wagen eingeschoben, sodass also die Trocknung 6—8 Stunden dauerte. Die eintretende Luft hatte 45—50° R., die abgehende 20°. Jeder Wagen lieferte $^3/_4$ Ctr. trockner Stärke, sodass also bei durchschnittlich 7stündiger Trockenzeit und zweimaliger täglicher Beschickung in allen drei Kanälen nur 27 Ctr. trockner Stärke erzielt werden konnten. Dazu wurden täglich 7 hl Braunkohlen verbrannt und zwei Ventilatoren getrieben, und ein besonderes massives Gebäude von etwa 15 m Länge, 4 m Breite und 10 m Höhe erforderlich.

Die Kanaltrockenanlage in dieser Form war also entschieden zu kostspielig im Bau und im Betriebe und zu gering an Leistungsfähigkeit.

In der abgebildeten Anlage von Lehmann ist zweckmässiger Weise die Anheizung der Luft mit Dampf oder Abdampf eingerichtet, den Stärkefabriken stets in genügender Menge zur Verfügung haben.

Auf eine besondere Art der Kanaltrocknung erhielt W. H. Uhland in Leipzig-Gohlis das D. R. P. No. 79245 Kl. 82 vom 14. Februar 1894 (s. Abb. 151, Längenschnitt und innere Anlage von oben gesehen, einfacher und doppelter Kanal). Die Heizung der Luft geschieht ebenfalls durch Dampf in besonderer Heizkammer Hz, nachdem sie bei Le eintretend von der abziehenden, verbrauchten Trockenluft und durch Hinführung über dem Trockenkanal in dem besonderen Luftkanal Vw vorgewärmt ist.

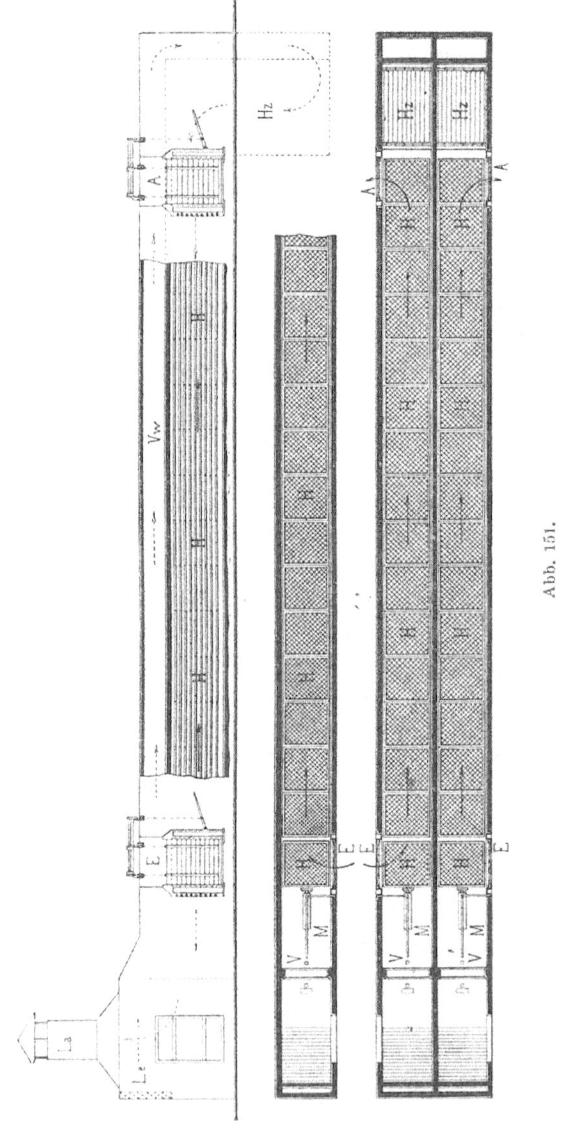

Abb. 151.

Die Luft wird von einem Ventilator in die Heizkammer eingeblasen und am Ende des oder der Trockenkanäle durch einen Exhaustor abgesaugt, so zwar dass der Ventilator die Luft stärker eindrückt, als sie der Exhaustor absaugt, sodass in dem Kanal stets eine Luftpressung herrscht, durch welche die Luft gezwungen wird, sich gleichmässig durch den Kanal zu vertheilen. Dadurch wird bewirkt, dass überall im gleichen Querschnitt des Trockenkanals eine gleichmässige Temperatur herrscht, also die Stärke auf den obersten Horden ebenso trocken wird, wie auf den untersten, was bei der vom Verfasser besichtigten Anlage z. B. nicht der Fall war.

Die Horden, auf welchen die Stärke ausgebreitet wird, gelangen durch eine eigenartige Gliederthür E in den Trockenkanal, welchen sie frei schwebend auf seitlich an den Kanalwänden angebrachten Rollen entgegen der Richtung der Trockenluft, angetrieben durch eine besondere Schubvorrichtung (M) durchlaufen. Die Gliederthür ist so eingerichtet, dass immer nur an der Stelle, wo eine Horde eingeschoben werden soll, ein Spalt entsprechend der Hordengrösse geöffnet zu werden braucht, wodurch Wärmeverluste und Belästigung der Arbeiter durch die heisse Luft vermieden werden.

Nach Angaben von Uhland ist die Trockendauer in den genannten Apparaten für Kartoffelstärke nur 3—4 Stunden. Ein Kanal fasst bei guter Anlage etwa 20 Ctr. Stärke, sodass für eine Fabrik mit 300 Ctr. täglicher Verarbeitung an Kartoffeln und Tagesbetrieb allein ein Kanal ausreicht, bei Tag- und Nachtbetrieb also für 600 Ctr. Verarbeitung.

Vortheilhaft an der Kanaltrocknung ist es jedenfalls, dass die Stärke in verhältnissmässig kurzer Zeit, auf mässigem Raum nur mit warmer Luft, deren Temperatur um so niedriger ist, je höher der Wassergehalt, der mit ihr zusammentreffenden Stärke noch ist, ohne strahlende Wärme getrocknet wird, und dass dabei doch ein grossstückiges Produkt erzielt werden kann.

Vergleich der Trockenmethoden.

Betrachtet man hiernach die drei wesentlichsten und in Deutschland verbreitetsten Arten der Stärketrocknung: die Hordentrocknung, das Tuch ohne Ende und den Fehrmann'schen Apparat vergleichend in theoretischer wie in praktischer Hinsicht, so ergiebt sich das Folgende:

Bei der Hordentrocknung: Keine Bewegung der Stärke, unter Umständen mangelhafter Luftwechsel, häufig mangelhafte Anwärmung der Luft und zu hohe Temperatur in der Stärke durch strahlende Wärme.

Beim Tuch ohne Ende: Die Luftbewegung schwer zu regeln, die Temperatur in der Stärke hoch durch Berührung der Heizkörper und die Bewegung der Stärke eine mässige.

Beim Fehrmann'schen Apparat: Vollkommene Bewegung der Stärke, Ausschluss strahlender Wärme, Trocknung nur durch angewärmte, in der Temperatur zu regelnde Luft.

Es birgt hiernach das Trocknen auf dem Tuch ohne Ende die grössten Gefahren für eine erheblichere Verkleisterung oder Griesbildung. Verfasser hat auch bei mangelhaft eingerichteten Tüchern ohne Ende, besonders bei falscher Anordnung der Heiztaschen und bei zu starker Heizung derselben wegen zu schnellen Durchlaufens der Tücher durch die Stärke sehr erhebliche Griesbildung, bis zu 20 Proc. nach dem ersten Mahlen und Sichten beobachtet, welche durch mehrmaliges Mahlen und Sichten allerdings bis auf 5 Proc. herabgedrückt wurde. Andrerseits kennt derselbe eine Reihe von solchen Apparaten in grossen Stärkefabriken, auf welchen bei guter Bauart und richtiger Handhabung die Griesbildung das normale Maass von 1—2 Proc. der getrockneten Stärke nach ein- oder zweimaligem Mahlen und Sichten nicht überschreitet.

Bei guter Hordentrocknung ist die Griesbildung eine mittlere, bei schlechter oft ebenfalls eine hohe.

Beim Fehrmann'schen Apparat ist die Griesbildung so gering, dass man die Stärke, welche den Apparat verlässt, ohne Stärkemühle sichten kann, und trotzdem nicht über 1 Proc. Gries bekommt.

Von Einfluss auf den Glanz der Stärke ist es aber auch, ob dieselbe viel oder wenig Stärkekörner im ersten Stadium der Verkleisterung (s. S. 23) d. h. rissige Körner enthält. Durch Zählungen in vom Verfasser selbst erhobenen Proben fand derselbe, dass sich rissige Körner schon in der centrifugirten Stärke in Mengen von 9—18 auf 1000 Körner fanden, dass aber in getrockneter Stärke eine Zunahme derselben stattfand:

Bei	Hordentrocknung von	7—10 auf 1000 Körner
-	Fehrmann's Apparat von	5 - - -
-	Tuch ohne Ende von	20—39 - - -

Es steht sonach das Tuch ohne Ende nach diesen Befunden hinter dem Hordentrocknen und noch mehr hinter dem Fehrmann'schen Apparat zurück. Es ist aber dabei zu beachten, dass der Einfluss dieser an und für sich geringen Menge rissiger Körner nicht zu hoch anzuschlagen ist, und dass der Mangel an Glanz nicht allein hiervon abhängt.

Eine Reihe grösserer Fabriken, welche mit dem Tuch ohne Ende trocknen, liefern daher auch thatsächlich nicht zu bemängelnde Superiorwaare.

Für die Wahl der Art der Trocknerei fallen aber noch andere Gesichtspunkte als die genannten stark in's Gewicht.

Vor Allem ist dabei die Leistungsfähigkeit bezüglich der Menge der in bestimmter Zeit zu liefernden Stärke und die Grösse des dazu erforderlichen Raumes in Betracht zu ziehen.

Vergleicht man nach dieser Richtung hin die verschiedenen Trockensysteme so ergiebt sich (vergl. S. 298, 321 u. 328):

Zur Gewinnung von 100 Ctr. trockener Stärke in 24 Stunden Arbeitszeit sind erforderlich:

	Bodenfläche	Raum
bei Hordentrocknung	230—190 qm	640—570 cbm
- Tuch ohne Ende	30 -	120 -
- Fehrmann's Apparat	33 -	130 -

d. h. für Hordentrocknung ist ein etwa 5 mal so grosser Raum mit einer etwa 7 mal so grossen Bodenfläche zur Herstellung derselben Stärkemenge nöthig als bei dem Tuch ohne Ende bezw. dem Fehrmann'schen Apparat.

Es geht daraus hervor, dass man bei der Trocknung mit Apparaten bedeutend an Flächenraum spart. Der Ueberschuss an vorhandenem Raum wird dann einen guten Lagerraum abgeben.

Der Fehrmann'sche Apparat kommt hierin dem Tuch ohne Ende fast gleich. Es ist jedoch zu bedenken, dass derselbe mit einer längeren Trommel als einer solchen von 7,3 m nicht wohl hergestellt werden kann und also als höchste Leistung 7 Ctr. Stärke in der Stunde oder bei Tag- und Nachtbetrieb etwa 150 Ctr. Stärke in 24 Stunden (22 Arbeitsstunden) liefern kann. Es entspricht das einer Verarbeitung von rund 800 Ctr. Kartoffeln in 24 Stunden, d. h. der Leistung einer mittelgrossen Stärkefabrik mit Tag- und Nachtbetrieb.

Grössere Fabriken müssten also schon zwei Apparate aufstellen, während beim Tuch ohne Ende es nur nöthig ist, eine grössere Anzahl Tücher übereinander anzulegen, also statt 15 etwa 25—30, wobei die nöthige Bodenfläche dieselbe bleibt, während sie sich in obigem Falle verdoppelt.

Für grosse Fabriken wird man daher stets das Tuch ohne Ende bevorzugen, da es auf dem verhältnissmässig kleinsten Raum sehr grosse Mengen Stärke zu trocknen vermag.

Ein weiterer, für die Wahl der Trockenanlage wichtiger Punkt ist aber die Art des herzustellenden Produktes.

Die Kartoffelstärke des Handels ist ein grossstückiges Produkt und enthält Brocken der verschiedensten Grösse. Das Kartoffelmehl ist ein feines, gleichartiges Pulver.

Mit Hordentrocknung oder dem Tuch ohne Ende kann Kartoffelstärke und Kartoffelmehl, mit dem Fehrmann'schen Apparat nur Mehl hergestellt werden. Grössere Fabriken werden aber trachten, beides zu liefern, um jeder Nachfrage genügen zu können, während kleinere sich mit einem Produkt begnügen können.

Besonders grossstückige Stärke geniesst im Handel den Vorzug vor kleinstückigerer. Die erstere ist nur auf Horden zu erzielen, auf denen die Stärke nicht bewegt wird. Bei dem Tuch ohne Ende dagegen fällt die Stärke oftmals, wenn auch nur kurze Strecken und wird dadurch mehr zerbröckelt und mehlartig.

Für Herstellung grobstückiger Stärke sind daher Trockenstuben angebracht, für eine Stärke von mittlerer Stückgrösse das Tuch ohne Ende.

Grosse Fabriken werden daher, um allen Wünschen gerecht werden zu können, neben dem Tuch ohne Ende auch noch eine kleinere Trockenstuben-Anlage für grobstückige Kartoffelstärke, welche auch im Handel direkt als „Hordenstärke“ geht, errichten.

Des Ferneren wird die Wahl des Trockenverfahrens beeinflusst werden von gewissen örtlichen Verhältnissen. Bei billigen Holzpreisen kann

z. B. der Nassstärkefabrikant, welcher sich auf Trockenstärkefabrikation einrichten will, den grössten Theil der Anlage selbst herstellen, wenn er eine Trockenstube baut, da nur die Heizungs- und Luftbewegungs-Anlage von einem geübten Techniker eingerichtet zu werden braucht.

Ferner spielen die Arbeiter- und Lohnverhältnisse dabei eine Rolle. Wo Arbeiter leicht und bei mässigem Lohn zu haben sind, wird Hordentrocknung am Platze sein, im entgegengesetzten Falle wird Apparattrocknung zu bevorzugen sein, denn zur Hordentrocknung sind für 100 Ctr. fertiger Stärke 3—4 Arbeiter erforderlich, für Apparattrocknung nur ein Müller.

Die Verluste beim Trocknen.

Es erübrigt noch, die Verluste einer Betrachtung zu unterziehen, welche beim Trocknen der Stärke zu verzeichnen sind.

Die erheblichsten Verluste sind zu erwarten von einer zu weit gehenden Trocknung oder Uebertrocknung der Stärke. Wie hoch diese Verluste, abgesehen von der schon erwähnten Benachtheiligung der Qualität der Stärke, sein können, zeigt folgende Berechnung, welcher der normale und usancemässige Wassergehalt der Stärke von 20 Proc. zu Grunde gelegt ist.

Angenommen eine Stärkefabrik stellt täglich 160 Ctr. feuchter Stärke, enthaltend 80 Ctr. wasserfreier Stärke, her und trocknet diese. Sie wird an Handelswaare dann bekommen, wenn sie trocknet auf

20 Proc. Wassergehalt	= 100 Ctr. Stärke;	Verlust	0
18 - - -	= 97,6 -	- -	2,4 Ctr.
16 - - -	= 95,2 -	- -	4,8 -
14 - - -	= 93,0 -	- -	7,0 -

Es entspricht das bei einem mittleren Preise der Stärke von 20 M. für den Sack (= 2 Ctr.) einem Verluste von 24, 48 oder 70 M. am Tage oder bei einer Kampagne von 150 Tagen einem Verluste von 3600, 7200 bezw. 10 500 M.

Es ist daher dringend nothwendig, dass der Stärkefabrikant oft kontrollirt, ob sein Fabrikat nicht zu weit von dem usancemässigen Wassergehalt von 20 Proc. abweicht.

Es genügt auch nicht, dass er sich dabei auf den „Griff“ verlässt, d. h. durch Herausnehmen einer Hand voll Stärke von der fertigen Waare nach Uebung taxirt, ob sie trocken genug ist. Verfasser will nicht leugnen, dass es einem gewiegten Praktiker möglich ist, ein Fabrikat von annähernd gleichem Gehalte an Wasser durch diese Gefühlsprobe herzustellen. Aber es sind solche Proben zu sehr abhängig von der Erlernung des richtigen Griffes, d. h. dass der Prüfende in einer Trockenstube ihn gelernt hat, in welcher richtig getrocknet wurde; ferner von den äusseren Verhältnissen des Prüfenden, seiner Stimmung, der Wärme oder Kälte der Hände u. s. w. Daher sind Irrthümer leicht möglich, wie Verfasser durch Kontrolle der Griffprobe eines gewiegten Stärkemeisters durch sofortige Wasserbestimmung derselben Probe in seiner Gegenwart nachwies. Dabei erklärte jener eine Probe mit 18¼ Proc. Wasser als eine solche mit 17 Proc. und kurz darauf eine andere als sehr feucht, welche thatsächlich 17 Proc. enthielt. Es sollte daher jeder Stärkefabrikant, um sich vor Verlusten zu bewahren, von Zeit zu Zeit seine Waare selbst prüfen oder durch ein dazu berufenes Institut auf den richtigen Wassergehalt prüfen lassen (vergl. „Bestimmungsmethoden").

Es ist ferner auch für den Stärkefabrikanten zu wissen höchst wichtig, dass der Wassergehalt der Stärke kein zu hoher sei. Ueberschreitet derselbe 21 Proc., so ist die Waare usancemässig als Primawaare nicht mehr lieferbar; zwischen 20 u. 21 Proc. liegende Antheile von Procenten sind aber zu vergüten.

Die häufig geäusserte Ansicht, dass ein Uebertrocknen nicht so bedenklich sei, da die Stärke beim Lagern Wasser wieder anziehe, ist sehr mit Vorsicht aufzunehmen. Es ist allerdings richtig, dass Stärke mit 16 Proc. oder weniger Wassergehalt beim Lagern in Säcken wieder Wasser aufnimmt und sogar auf 20 Proc. kommen kann. Es ist das aber einmal ganz von den Umständen der Lagerung abhängig, ob die Stärke nämlich in trockenen oder feuchten Räumen liegt, und dann von der Zeit der Lagerung.

Bei einem Versuch, bei dem 1 Sack Stärke mit 16,6 Proc. Wassergehalt im Freien, aber geschützt vor direkten Niederschlägen, in den Wintermonaten lagerte, hatte dieselbe erst nach 4 monatlicher Lagerung einen Wassergehalt von 18,6 Proc. erlangt, trotzdem die Luft 72,6 bis 94,8 Proc. mittleren relativen Feuchtigkeitsgehalt besass.

Die Zunahme des Wassergehaltes einer übertrockneten Stärke geht also so langsam vor sich, dass sie als Ausgleichsmittel von dem Stärkefabrikanten nicht angesehen werden kann.

Die weiteren Verluste, welche durch Griesbildung statthaben, finden erst bei der Kartoffelmehlbereitung Bedeutung (s. S. 342).

Manche Fabrikanten trocknen ihre Stärke absichtlich etwas mehr, weil sie dann von den Abnehmern als ausgiebiger befunden und höher bezahlt wird. Will sich der Fabrikant überzeugen, bei welchem Verfahren er besser fortkommt, so muss er, wie folgt, rechnen.

100 kg Stärke sollen 18 M. kosten. Hat die Stärke wie usancemässig 20 Proc. Wasser, so erhält der Fabrikant für 80 kg wasserfreie Stärke 18 M., also für 1 kg wasserfreier Stärke 0,225 M. Trocknet er seine Stärke auf 15 Proc. Wasser, so hat er in 100 kg derselben 85 kg wasserfreier Stärke im Werthe von $85 \times 0{,}225 = 19{,}12$ M. Der Fabrikant muss also, wenn er den gleichen Verdienst haben will, wie bei Herstellen 20 proc. Stärke zu 18 M., für 100 kg Stärke mit 15 Proc. Wasser 19,12 M. erhalten.

Herstellung von Kartoffelmehl.

Das Kartoffelmehl oder gepulverte Kartoffelstärke wird durch Mahlen der Stärke in Stärkemühlen hergestellt. Früher bediente man sich dazu eines Mahlganges. Man hat diesen jedoch der starken Griesbildung wegen fast vollkommen verlassen.

Die jetzt üblichen Stärkemühlen (s. Abb. 152a Vollansicht, 152b Querschnitt) bestehen gewöhnlich aus einem aufrechtstehenden, cylindrischen Gehäuse, in dessen Inneres zwei Böden eingesetzt sind, von denen der obere vertieft ist und aus reibeisenartig aufgehauenem Blech besteht, der andere ebene aus gelochtem Blech oder Drahtgaze hergestellt ist. Ersteres ist der längeren Haltbarkeit wegen und weil es sich weniger durchbiegt, vorzuziehen. Durch die Mitte der Siebböden geht eine durch Zahnräder angetriebene, senkrechte Welle und, an dieser befestigt, läuft dicht über dem oberen Sieb ein Schlagflügelpaar, über dem unteren Sieb zwei Bürstenarme hin, welche ihrer ganzen Länge nach mit Borsten besetzt sind.

Diese Konstruktion ist weit verbreitet, aber hat manche Uebelstände. Sie braucht ziemlich viel Kraft, der starken Reibung wegen — Verfasser fand 1,05 indicirte Pferdestärken —, erschüttert das Gebäude stark und läuft sich leicht aus und schlägt dann, und es tritt im oberen Theil leicht Erhitzung ein.

Ruhiger geht sie, wenn statt des Reibeisenbleches oben auch ein Sieb mit Bürste angebracht und durch einen Automaten eine gleichmässige Füllung bewirkt wird. Einen solchen von Angele eingeführten Automaten zeigt Abb. 153 S. 340.

Eine andere Art von Stärkemühle, eine Kugelmühle, baut C. Jähne & Sohn in Landsberg a. W. Dieselbe besteht aus einer nach der Auswurfseite hin schwach geneigt liegenden Blechtrommel von etwa 2,5 m Länge und 0,5 m Durchmesser. Die Trommel ist an der Einwurfseite durch eine in der Mitte offene, an der Auswurfseite durch eine volle aber gelochte Querscheibe geschlossen; zwischen beiden befinden sich zwei ebenfalls gelochte Querscheidewände in gleichem Abstande untereinander und von jenen. Die Lochung besteht in länglichen Schlitzen, welche nach der Auswurfseite zu an Feinheit zunehmen. Zur leichteren Entleerung ist auch noch der letzte Theil des Cylindermantels geschlitzt gelocht. In jeder der drei durch die Mittelwände gebildeten Abtheilungen befinden sich 500 Kugeln aus Weissbuchenholz. Die Trommel dreht sich in langsamen Umgängen herum, und es wird die an der höheren Seite einfallende Stärke durch das Aneinanderreiben der rollenden Kugeln zerkleinert und nicht eher aus dem Abtheil entlassen, bis sie fähig ist, die Lochungen der Querwand zu passiren. Der Boden unter der Trommel wird zweckmässig zugespitzt und mit einer Transportschnecke versehen, damit sich kein Stärkestaub ansammelt.

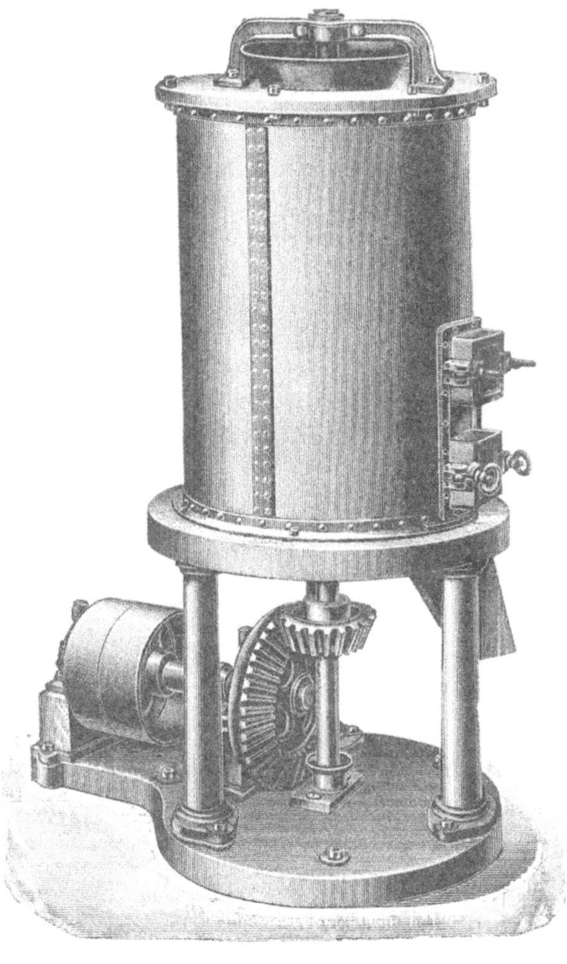

Abb. 152 a.

Der Apparat arbeitet sehr ruhig und mit geringem Kraftverbrauch. Die Kugeln arbeiten sich mit der Zeit eiförmig ab.

Ein allen Wünschen entsprechender Apparat fehlt hier noch der Stärkefabrikation.

Da die Stärke, welche die Stärkemühlen verlässt, meist ein noch nicht ganz feines, knötchenfreies Mehl darstellt, so wird sie noch einer Sichtung, d. h. einer Abscheidung von Mehl (einzelnen Stärkekörnchen) und Gries (zusammengeballte und verkleisterte Stärkemassen) unterworfen. Es geschieht dies in den Sichtmaschinen oder Beutelcylindern, die von der Kornmüllerei übernommen sind.

Hat man einen Fehrmann'schen Trockenapparat, so braucht man eine Stärkemühle nicht und kann die Stärke direkt vom Apparat fortsichten.

Die Sichtmaschinen sind in einfachster Form sechs- oder achtseitige Cylinder, welche von auf Holzrahmen gespannter Seidengaze gebildet werden und um eine Welle sich langsam drehen. Zur Verhütung des Verstäubens sind sie in einem mit Thüren versehenen Holzkasten untergebracht, welcher auf der Unterseite in mehrere trichterförmige Rumpftheile ausläuft, an welche die zu befüllenden Säcke angehängt werden. Der Gries bleibt auf der Gaze zurück und fällt aus dem schräg liegenden Cylinder heraus. Gewöhnlich wird er noch einmal gemahlen und gesichtet.

Häufiger werden jetzt die Centrifugalsichtmaschinen angetroffen (s. Abb. 154). Es sind das horizontale Cylindersiebe, bei denen sich das Sieb mit geringer Umdrehungszahl nach einer Richtung, ein Schlagwerk, im Innern an der Welle sitzend, nach entgegengesetzter Richtung mit höherer Umdrehungszahl bewegt.

Bei einer Sichtmaschine von S. Aston-Burg machte das Sieb 32, das Schlagwerk 235 Umgänge in der Minute.

Das Schlagwerk wird von Latten gebildet, welche an, der Welle aufsitzenden Trägern befestigt sind und windschief zur Richtung der Welle hinlaufen.

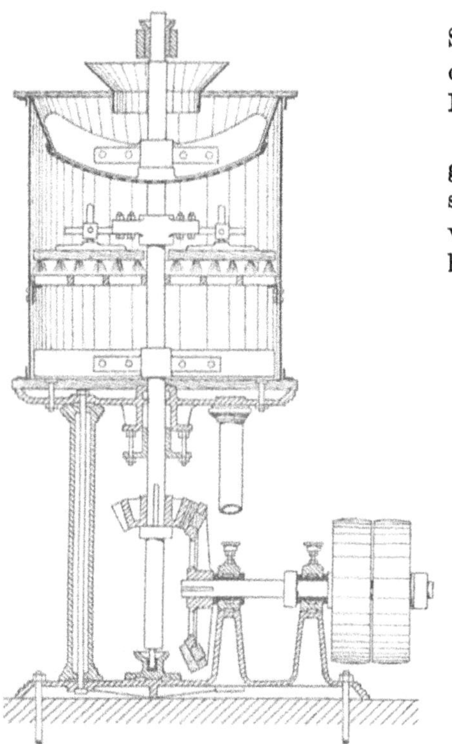

Abb. 152b.

Abb. 153.

Der Antrieb der Maschine erfolgt an der Welle des Schlagwerkes auf der Einlauf- oder Auslaufseite. Von der Welle wird dann die Schnecke zum Fortschaffen der gesichteten Stärke am Boden des Apparates und von dieser der Cylindermantel, bei den Angele'schen Apparaten mit Riemenantrieb, bei den von Aston mit Kettenrad und Gelenkkette, in Umdrehung versetzt. Durch diese Anordnung wird ein Stopfen im Cylinder und Mitnehmen desselben durch das Schlagwerk verhindert.

Abb. 154.

Die Sichtmaschinen werden gewöhnlich mit Seidengaze No. 10—16 belegt, und zwar wird die erste Hälfte mit einer gröberen Nummer belegt als die zweite, weil auf dieser die Belastung mit Stärke eine grössere ist.

Es ist sehr vortheilhaft die Stärke, ehe sie in die Sichtmaschine gelangt, über ein kleines, ganz mit grober Drahtgaze belegtes Schüttel-

oder Bürstenvorsieb gehen zu lassen, damit grobe Antheile, wie Holzsplitter etc. entfernt werden. Dadurch hütet man die Seidengaze vor plötzlichem Durchlöchern.

Eine gute Sichtmaschine schafft aber nicht allein die Knötchen (den Gries) fort und giebt ein weiches, zartes Mehl, sondern sie entfernt auch nicht unwesentliche Mengen von gröberen Stippen. Sie ist deshalb namentlich in kleineren Fabriken als Reinigungsapparat zu schätzen. Verfasser sah z. B., dass Stärke aus einem Fehrmann-Apparat, welche so stippenreich war, dass sie kaum noch als Primawaare gelten konnte, durch eine Centrifugalsichtmaschine bis auf eine geringe Menge kleiner schwarzer Stippen gereinigt wurde.

In den gewöhnlichen Sichtbeuteln sollen die Stippen mit durchgeschlagen werden, in den Centrifugalsichtmaschinen dagegen nicht.

Bei sehr feuchter Stärke tritt bisweilen ein Verkleistern (Verstopfen) der Gaze ein. Ist dies der Fall, so ist dem Uebelstande durch häufiges Bürsten mit einer weichen Bürste entgegenzutreten und schärfer zu trocknen.

Der erste Gries, 7—8 Proc., wird meist noch ein oder mehrere Male gemahlen und das Abgesichtete zur Primawaare gegeben.

Bei guter Trocknung darf auf 100 Sack Mehl höchstens 1 Sack Gries kommen. Häufig findet man aber, namentlich bei mangelhaft konstruirtem Tuch ohne Ende, 2 Proc. Gries und mehr. Beim Stärkemahlen mit Steinen und nicht ganz trockener Stärke fand Verfasser sogar 13 Proc. Gries.

Der Gries dient als Nahrungsmittel (Graupenersatz) in selteneren Fällen, der Hauptmenge nach bildet er Rohmaterial für die Stärke-Syrupskochereien. Auch kaufen ihn manche Dextrinfabriken.

Beim Mahlen der Stärke geht nach einem Versuch des Verfassers etwa 1 Proc. durch Verstäubung verloren. Der Wassergehalt ändert sich dabei nicht erheblich.

Die Kartoffelstärke und das Kartoffelmehl werden gewöhnlich, in Säcke gefüllt, in den Handel gebracht. Als Einheit gilt der Sack Kartoffelstärke mit 100 kg Bruttogewicht.

Es ist nicht richtig, durch Anschaffung geringwerthiger Säcke Ersparnisse machen zu wollen. Die schlechteren Säcke sind höchstens 10—15 Pfg. billiger, bringen aber durch Untergewicht, Reparaturen und Extraspesen oft Verluste von 50 Pfg. ein. Ein guter Sack darf nicht zu dünn sein, damit er 3 bis 4maliges Umladen aushält, er muss dicht gewebt, damit keine Stärke verstäubt, und mit haltbarem Faden in nicht zu weiten Stichen genäht sein, mit zwei Ohren als Handgriffe.

Der Stärkefabrikant sollte stets dessen eingedenk sein, dass Kleider Leute machen, und dass es den Anschein erweckt, als halte er seine Waare selbst für geringwerthig, wenn nicht die Verpackung ihrer Güte entspricht.

Bei der Kartoffelmehl-Fabrikation werden die Säcke mit einem Eisenband mit Schliesshebel an die Sichtmaschine angeschlossen.

Für das Einfüllen von Kartoffelstärke erscheint der Säckeaufhalter von C. J. Sinning's Maschinenfabrik in Hannover (D. R. P. No. 60 972) als zweckmässig, dessen Konstruktion aus der Abb. 155 leicht ersichtlich ist. Derselbe ist entweder, wie in der Abbildung, auf einem Brückengestell mit Rollen fahrbar, oder an der Decimalwaage selbst anzubringen und für jede Sacklänge einstellbar.

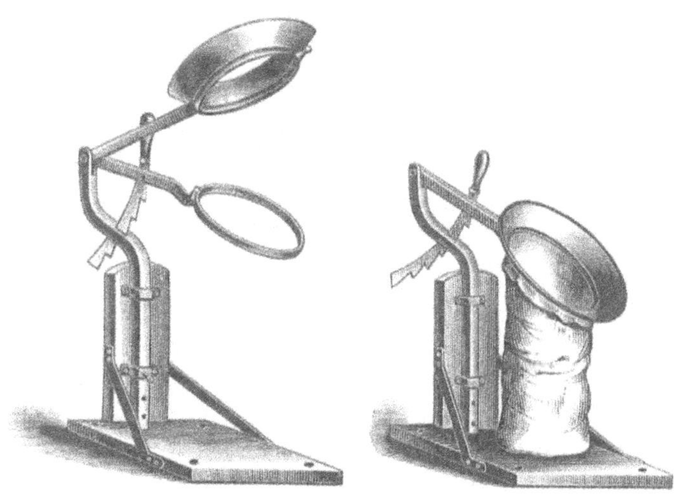

Abb. 155.

Die Lagerung der gesackten Stärke muss in kühlen und leicht zu lüftenden Räumen stattfinden, da sie sonst leicht einen strengen, säuerlichen oder dumpfigen Geschmack annimmt. Es ist direkt beobachtet in England, dass sonst vorzügliche deutsche Superior-Stärke, welche auf einem guten, aus Ziegelsteinen gebauten Speicher lagerte, der bei trocknem Wetter täglich gelüftet wurde, bei feuchtem Wetter, wenn tagelang nicht gelüftet werden konnte, einen dumpfigen, säuerlichen Geruch und Geschmack annahm.

Das fertige Fabrikat.

Es sind hauptsächlich drei Fabrikate, welche die Kartoffelstärkefabrikation in den Handel bringt:

die feuchte Kartoffelstärke,
die trockene Kartoffelstärke und
das Kartoffelmehl.

Feuchte Kartoffelstärke.

Die feuchte Kartoffelstärke, auch Nassstärke oder grüne Stärke genannt, ist das Enderzeugniss der Nassstärkefabriken, welche fast durchweg landwirthschaftliche Nebenbetriebe sind und meist nur 100—250 Ctr. Kartoffeln am Tage verarbeiten.

Die Nassstärke wird in Käufers Säcken geliefert und nach bahnamtlichem Gewicht abgenommen.

Bestimmte Handelsfestsetzungen (Usancen) über ihre Beschaffenheit sind nicht vorhanden.

Die Qualität der verschiedenen Waare ist daher eine sehr wechselnde.

Der Käufer der feuchten Stärke besitzt eine Reihe äusserer Merkmale, nach welchen er den Werth des Fabrikates und den anzulegenden Preis beurtheilt.

Es sind dies: die Farbe, welche rein weiss ist, oder einen grauen, röthlichen, gelben oder bräunlichen Ton zeigt, hervorgerufen durch mehr oder minder grosse Reste von Fruchtwasser, die in Folge ungenügenden Waschens der Stärke in ihr verblieben.

Fremde Beimengungen, bestehend aus Sand, Faser und sonstigen Fremdkörpern, den Stippen. Während letztere als kleine bräunliche oder dunkle Punkte in der Stärke gleichmässig vertheilt sind, finden sich Sand und Faser häufiger streifen- und nestbildend vor. Alle sind sie auf ungenügende Arbeit zurückzuführen, sei es beim Waschen der Kartoffeln, beim Sieben der Stärkemilch oder beim Abschlammen der Quirle.

Der Geruch ist bei guter Stärke frisch und rein. Bei Unreinlichkeit in der Fabrikation, stark faulen Kartoffeln und Gährungserscheinungen in der Stärke dagegen findet sich dumpfiger, saurer, oder unangenehmer Fäulniss-Geruch, namentlich ein solcher nach Buttersäure (ranziger Butter).

Endlich weist der Zusammenhalt der Stärkemasse auf ihren Wassergehalt hin. Ist sie bröcklig, krümelnd, so wird sie wasserärmer sein, ist sie bündig und weich, wasserreicher, und zerfliesst eine im gefrorenen Zustande entnommene Probe beim Aufthauen auf einem Teller, so ist sie sehr wasserreich, vielleicht von schwimmiger Stärke herrührend.

Da für die Käufer der nassen Stärke, in erster Reihe für die Stärkezuckerfabrikanten, die Menge der wirklichen Stärke in der feuchten Stärke das Ausschlaggebende ist, so ist es für sie wichtig, die Grenzen zu kennen, in welchen sich diese bewegt, und also auch die Grenzen, in welchen die Verunreinigungen bezw. der Wassergehalt schwanken.

Verfasser hat in diesem Sinne eine Reihe von Proben feuchter Stärke untersucht, welche theils von Bahntransporten, theils aus Fabriken entnommen waren.

Es ergaben sich dabei folgende Grenz- bezw. Mittelzahlen.

Feuchte Stärke	Grenzwerthe	Mittel
Wassergehalt	47,5—52,0 Proc.	48,5 Proc.
Wasserlösliche Antheile (Fruchtwasserreste)	0,08—0,20 -	0,12 -
Feste Verunreinigungen		
Sand	0,03—1,00 -	0,22 -
Faser und Stippen	0,01—0,30 -	0,15 -
Wirklicher Stärkegehalt	47,9—51,5 -	50,5 -

Aus dieser Zusammenstellung geht hervor, dass die Schwankungen im Stärkegehalt sich innerhalb 3,6 Proc. bewegen, also sehr bedeutende nicht sind, wobei allerdings bemerkt werden muss, dass die Proben, welche Verfasser untersuchte, nach kaufmännischer Beurtheilung nicht unter mittlere Qualität herabgingen.

Am wesentlichsten beeinflusst der Wassergehalt mit Schwankungen von 4,5 Proc. den Stärkegehalt. Es folgt der Sandgehalt, welcher bisweilen den hier genannten Höchstwerth von 1 Proc. wohl noch übersteigen mag. Die übrigen Verunreinigungen sind gewichtsmässig unbedeutend.

Die feuchte Stärke ist wenig haltbar und muss daher bald nach ihrer Herstellung verkauft und weiter verarbeitet werden. Bleibt sie längere Zeit liegen, so beginnen in ihr saure Gährungen, welche ihre Farbe und ihren Geruch verändern, oder es zeigen sich Schimmelbildungen, sodass sie sich wesentlich verschlechtert.

Die feuchte Stärke bildet hauptsächlich das Rohprodukt der Stärke-Zucker- und -Syrupfabriken. Wird sie direkt auf diese Stärkefabrikate verarbeitet, so legt der Käufer im Allgemeinen auf die Farbe und die Verunreinigungen keinen sehr grossen Werth, und es genügt daher für kleinere Nassstärkefabriken meist ein einmaliges Waschen der Stärke, um eine verkäufliche Waare herzustellen.

Viele Abnehmer für feuchte Stärke sieben und waschen dieselbe aber nochmals, gewinnen aus dem grosskörnigsten Antheil Kartoffelstärke und -mehl und verarbeiten nur den Rest von $^1/_4$—$^1/_2$ der Nassstärke zu Zucker und Syrup. Diese legen naturgemäss mehr Werth darauf, dass die feuchte Stärke schon gut gewaschen ist, weil sie sich dann besser und fester setzt und ein feineres Produkt giebt, da die durch die anfangs verbliebenen Fruchtwasserreste erzeugte Verfärbung der Stärke und ebenso die Stippen schwer zu entfernen sind.

Geringere Mengen feuchter Stärke werden auch von Dextrin- und Kartoffelsagofabriken verbraucht. Auch diese müssen besser gewaschen und möglichst sand-, faser- und stippenfrei sein.

Seltener wohl wird grüne oder feuchte Stärke zu Appreturzwecken direkt verwandt. Dann wird besonderer Werth auf weisse Farbe und Abwesenheit dumpfen oder säuerlichen Geruches gelegt, da dieser sich nur sehr schwer aus mit solcher Stärke appretirten Stoffen verliert, z. B. Teppichartikeln.

Es sind auch wiederholt Versuche gemacht worden, Stärke als Zumaischmaterial in der Spiritusbrennerei zu verwenden. Es ist aber ein befriedigendes Resultat damit bisher nicht erzielt worden.

Kartoffelstärke und Kartoffelmehl.

Die Fabrikate der Trockenstärkefabriken sind die Kartoffelstärke und das Kartoffelmehl. Dieses ein weisses, glänzendes, zwischen den Fingern knirschendes Pulver, jenes mit mehr oder weniger grossen Stücken durchsetzt.

Kleinere Stärkefabriken stellen nur ein erstes Produkt her, welches sie als ihre Primawaare bezeichnen und welches einer mittleren Primastärke nach der Beurtheilung als Handelsprodukt entspricht, oft aber technisch insofern nicht mehr reines Erstprodukt ist, als es die bessere bei der Schlammstärkeverarbeitung gewonnene Stärke mit einschliesst.

Ferner stellen sie aus den Nachprodukten meist erst am Ende der Kampagne noch eine Schlammstärke (Sekunda) her und trocknen bisweilen auch noch den letzten Schlamm.

Grössere Fabriken stellen dagegen meist zwei erste Produkte her, ein besonders feines und ein der gewöhnlichen mittleren Primawaare entsprechendes Produkt. Bezeichnet werden dieselben als Superior-, hochfeine oder extrafeine Prima- und Primawaare. Jedoch haben diese Bezeichnungen in verschiedenen Fabriken auf in der Qualität sehr verschiedene Produkte Verwendung, und der Handel entscheidet daher in jedem Falle nach der äusseren Beschaffenheit des Produktes, ob es als Primawaare in seinem Sinne zu bezeichnen ist oder nicht. Die grossen Fabriken pflegen ihren besten Produkten bestimmte Marken zu geben, z. B.: B. K. M. F. Norddeutsche Kartoffelmehlfabrik Küstrin, St. B. Stärkefabrik Bentschen, W. A. S. die Scholten'schen Fabriken in Landsberg a/W., Brandenburg etc., B. & K. Stärkefabrik Glogau, M. & K. Stärkefabrik Gransee.

Ausser diesen Qualitätswaaren gewinnen die grösseren Fabriken aber noch als Nachprodukte: Primaabfallstärke, Sekunda-, Tertiastärke, oft auch vierte, fünfte und sechste Produkte und Schlamm.

Die trockene Kartoffelstärke und das Kartoffelmehl kommen fast ausschliesslich in Säcken zu 100 kg Bruttogewicht in den Handel. Selten werden sie auch in Fässern zu 200 kg versandt.

Das Lieferungsgeschäft für diese Waaren ist an bestimmte Bedingungen (sog. Usancen) geknüpft, welche auch die Qualität der Waare berühren. Der erste Paragraph derselben lautet:

Für Berlin: § 1. Das verkaufte Kartoffelmehl oder die verkaufte Kartoffelstärke muss Primaqualität, frei von Chlor und Säure sein und soll keinen grösseren Feuchtigkeitsgehalt haben als 20 Proc. . . .

Für Hamburg: § 1. Prima Kartoffelmehl, sowie prima Kartoffelstärke muss frei von Chlor und Säure sein und soll nicht über 20 Proc. Feuchtigkeit enthalten. . . .

Es sind also hier für den Stärkefabrikanten bestimmte Anforderungen gestellt, welche er erfüllen muss, wenn sein Fabrikat als Primawaare angesehen und abgenommen werden soll.

In den Berliner Lieferungsbedingungen steht:

Das verkaufte Kartoffelmehl oder die verkaufte trockene Kartoffelstärke muss Primaqualität . . . sein.

Der Ausdruck Prima-Qualität umfasst eine Summe von Eigenschaften im äusseren Ansehen und Verhalten der Waare, welche die Farbe, den Glanz, die Stippenfreiheit, das Fehlen von Sand und den Geschmack und Geruch der Stärke betreffen.

Die Farbe der Stärke soll ein reines Weiss sein. Jedoch sind zeitweilig ganz geringe Abweichungen von dieser Farbe im Handel beliebt. So wurde früher Stärke und Mehl mit einem zarten Stich in's Bläuliche bevorzugt, während jetzt ein solcher in's Gelbliche beliebt ist. Die Abweichungen vom reinen Weiss dürfen aber immer nur sehr geringe sein. Oft entscheidet auch der Wunsch der Abnehmer.

Ist die Farbe der Stärke deutlich gelblich, bräunlich oder grau, so verliert sie dadurch an Werth.

Die Ursachen für das Auftreten dieser Färbungen können sehr verschiedener Natur sein. Zunächst kann die Art der Kartoffeln von Einfluss sein.

Je kleinkörniger die Stärke einer Kartoffelart ist um so grauer wird das Produkt sein. Nass- wie trockenfaule, schorfige und erfrorene Kartoffeln geben gewöhnlich mehr oder minder grauscheinige Stärke. Es ist daher die Herbststärke, die aus guten, gesunden Kartoffeln, gleich nach deren Ernte gewonnen wird, erfahrungsgemäss besser in der Farbe als die Frühjahrsstärke, bei deren Herstellung oft schon faule Kartoffeln benutzt werden müssen.

Bei mangelhaft arbeitenden Kartoffelwäschen, wo die Kartoffeln nicht schliesslich von den letzten Resten anhaftenden Schmutzwassers befreit werden, gelangen feine Sand- und Thontheilchen mit in das Reibsel und in die Stärke und sind dann nicht wieder zu entfernen; die Stärke wird grau.

Je mehr kleinkörnige, von der Schlammverarbeitung herrührende Stärke in die Primawaare gelangt, um so grauer wird sie.

Die Zahnradantriebe der Quirle sowie die Transmissionslager müssen Schutzuntersätze besitzen, damit nicht etwas von der schwarzen Schmiere in die Stärke tropfen kann.

Eisenhaltiges Wasser, welches starke gelbflockige Abscheidungen zeigt, giebt häufig gelbliche Stärke. Thonhaltiges, trübes Wasser giebt graue Stärke.

Von grossem Einfluss auf die Farbe der Stärke ist auch die Art der Abscheidung aus dem Fruchtwasser und das Waschen der Rohstärke.

In manchen Fabriken wird aus Mangel an Absatzkästen oder aus alter Gewohnheit so gearbeitet, dass ein Absatzkasten gefüllt, nach dem Absitzen der Stärke das Fruchtwasser abgelassen und nochmals auf die erste Stärke neue Stärkemilch gelassen und nach dem Absitzen wieder das Fruchtwasser abgelassen und dann erst die Rohstärke ausgestochen wird. Dieselbe besteht dann aus zwei Schichten, und zwischen zwei Schichten guter Stärke liegt eine Schlammschicht.

Verfasser ist principiell gegen eine derartige Arbeitsweise, weil die Farbe der Stärke um so mehr ungünstig beeinflusst wird, je länger dieselbe mit dem Fruchtwasser in Berührung ist, weil sich mehr Eiweissstoffe aus dem Fruchtwasser abscheiden und die Trennung der Stärkekörner erschweren, die Menge der Schlammstärke vergrössern. Endlich treten in der wärmeren Jahreszeit leicht sauere oder faulige Gährungserscheinungen ein, wodurch ausser der Farbe auch der Geruch und Geschmack der Stärke ungünstig beeinflusst wird. Es muss das Streben des Stärkefabrikanten unter allen Umständen sein, das Fruchtwasser so schnell wie möglich von der Stärke zu trennen. Es liegt darin ein Vorzug des Fluthensystems. Auch möglichste Entfernung der Fruchtwasserreste durch gründliches Waschen der Stärke ist natürlich wichtig.

Gelbe und bräunliche Farbentöne erhält die Stärke auch bei mangelndem Luftwechsel in der Trocknerei. In diesem Falle können auch in Folge von Entwicklung farbstofferzeugender Bakterien rothe, grünliche, violette und braune oder gelbe Flecke in der Stärke auftreten.

Gelbe Stücke sollen sich auch in Stärke vorfinden, welche im Sack nass und dann wieder trocken geworden ist. Solche Waare ist dann nicht mehr als Primawaare, sondern als defekte zu bezeichnen.

Der Geruch und Geschmack der Stärke muss ein reiner sein. Er darf weder stark dumpfig, noch säuerlich oder gar faulig sein. Fehler nach dieser Richtung sind stets auf eine falsche Arbeitsweise bei der Gewinnung der Stärke zurückzuführen, wie eben mitgetheilt wurde, oder auf Unsauberkeit im Betriebe, d. h. ungenügende Reinigung der Siebapparate und der Gefässe zur Gewinnung und Reinigung der Stärke.

Der schlechte Geruch ist in sofern unangenehm, als er sich bei der Verwendung der Stärke zu Nahrungszwecken und zum Verdicken von Farben und Appretiren von Stoffen bemerkbar macht und in letzterem Falle den Stoffen längere Zeit anhaftet.

In einer Fabrik wurde die Stärke 48 Stunden hintereinander auf den Fluthen gesammelt und erst dann ausgestochen und gewaschen. Das fertige Produkt hatte im Frühjahr einen sauren, fauligen Geruch. Es verschwand derselbe aber ganz, als alle 24 Stunden die Stärke ausgestochen und dann gewaschen wurde.

Ebenso zu verwerfen ist mehrtägiges Fluthen über die Schlammrinnen, ohne die abgesetzte Stärke täglich auszustechen.

Einen dextrinartigen Geruch und Geschmack kann Stärke durch starkes Ueberhitzen beim Trocknen, z. B. auf den Heizröhren aufliegenden Horden erhalten. Solche Stärke soll sich für die Vermischung mit Presshefe als ungeeignet erwiesen haben.

Der Glanz oder das Lüster der Stärke ist vor allem abhängig von der Menge der grossen Stärkekörner, welche sie enthält. Grobe Glasstücke sehen glänzend aus, Glaspulver grau. Je mehr grosse Stärkekörner, desto mehr grosse spiegelnde Flächen sind in der Stärke, um so lockerer liegen die Körner und um so weisser ist die Farbe, um so grösser der Glanz. Bei Superiorwaare sieht man die grossen Stärkekörner, welche einen Durchmesser bis zu 0,1 mm erreichen, fast mit unbewaffnetem Auge. Sie hat auch den höchsten Glanz. Kleinere Fabriken, welche die bessere Schlammstärke dem erstgewonnenen Produkt zufügen (s. S. 267) und nur eine mittlere Primawaare erzeugen, erhalten daher nie ein Produkt von so hohem Glanze und so rein weisser Farbe, wie diejenigen, welche Superior- und Primawaare herstellen.

Je kleinkörniger das Fabrikat wird, d. h. je mehr es den Nachprodukten sich nähert und je tiefer es in der Reihe dieser steht, um so grauer wird seine Farbe, um so geringer sein Glanz.

Es veranschaulicht dies sehr deutlich die nebenstehende Zusammenstellung von auf photographischem Wege in 100facher Vergrösserung gewonnenen Abbildungen von Stärkeproben verschiedener Qualität (s. Tafel III).

Es stellt dar No. 1 die Superiormarke B. K. M. F. der Norddeutschen Kartoffelmehlfabrik in Küstrin, welche im In- und Auslande als erste Marke bekannt ist.

No. 2—5 sind die Fabrikate der ebenfalls eine sehr feine Waare liefernden Gransee'er Stärkefabrik und zwar

No. 2.	Ia.	Superiorstärke,
- 3.	II.	Abfallende Prima,
- 4.	III.	Sekundastärke,
- 5.	IV.	Tertiastärke.

No. 6 endlich ist eine aus fliessender Stärke gewonnene „graue“ Stärke, bei welcher die Stärkekörnchen durch Eiweisskörper verklebt sind.

Auch durch mikroskopische Messungen konnte Verfasser feststellen, dass je besser das Produkt, um so grösser der mittlere Durchmesser der Stärkekörner ist. Es hatten die Stärkekörner einen mittleren Durchmesser von

0,0355	mm	der	Küstriner Stärke B. K. M. F.
0,0328	-	-	Primastärke (Superior) von Genthin
0,0210	-	-	Primaabfallstärke (Prima)
0,0169	-	-	Sekundastärke
0,0125	-	-	Tertiastärke.

Es ist hiernach neben anderen Punkten auch das Verhältniss der grossen und kleinen Stärkekörner, ausgedrückt durch den mittleren Durchmesser derselben, entscheidend für die Beantwortung der Frage, ob eine Waare als Primawaare anzusehen ist oder nicht.

Auch durch Uebertrocknen der Stärke (bis auf 8—9 Proc. Wasser), wie es oft vorkommt, leidet der Glanz und die Farbe der Stärke. Ein Superiormehl, welches sonst sehr gut war, zeigte gegen feinste Muster einen etwas grauen Ton. Die mikroskopische Prüfung liess zahlreiche, mit Rissen versehene Stärkekörner erkennen. Die Temperatur auf dem Trockenapparat war eine sehr hohe gewesen.

Für Färbereizwecke muss nach R. Williams die Stärke vor allem frei sein von harten Körnern, da sonst beim Drucken und Färben leicht fleckige Stellen entstehen. Es muss ferner eine Probe mit Wasser gekocht und die Farbe, sowie Flüssigkeitsgrad des gebildeten Kleisters beobachtet werden.

Die Menge der Stippen, auch Stiften genannt, oder der schwarzen, braunen, gelblichen Pünktchen, welche eine Stärke, oder ein Mehl enthält, ist ein wesentliches Merkmal für die Qualitätsbeurtheilung.

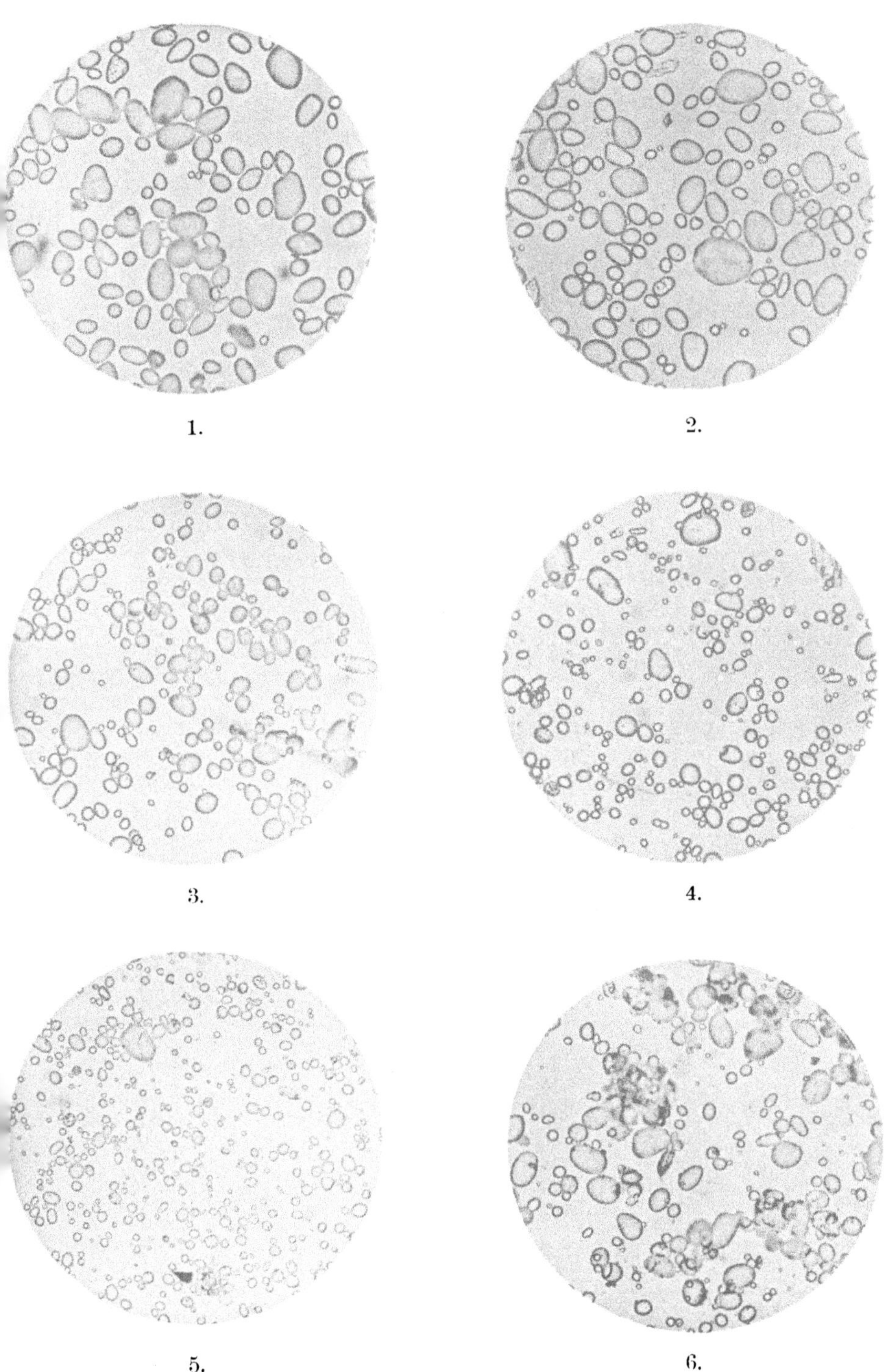

1. 2. 3. 4. 5. 6.

Verlag von Julius Springer in Berlin.

Das Gewicht dieser Verunreinigungen ist aber ein derartig kleines, dass eine Bestimmung der Gewichtsmenge unthunlich wird. Der Beurtheilende ist hier also ganz auf die Uebung des Auges angewiesen.

Ganz frei von ihnen ist keine Stärke des Handels. Aber in den feinsten Marken finden sich nur Spuren von Stippen, während sie in mittlerer Waare schon häufiger zu beoachten sind. Das Vorkommen sehr zahlreicher Stippen lässt eine Waare den Charakter der Primaqualität einbüssen.

Verfasser versuchte einen zahlenmässigen Ausdruck für den Stippenreichthum in der Weise zu gewinnen, dass er Stärkeproben auf einem Stück Papier ausbreitete und glattstrich, eine Glasplatte von bestimmter Grösse auflegte und alle darunter sichtbaren Stippen zählte und die gefundene Zahl auf die Menge in einem Quadratdecimeter umrechnete. Es wurde dies nach mehrmaligem Umwenden der Probe wiederholt, um eine Mittelzahl zu erhalten.

Dabei wurden gefunden:

Anzahl der Stippen auf einem Quadratdecimeter	
bei Superiorstärken und Mehlen	15—30
bei extrafeinen Marken	35—85
bei Primawaare mittlerer Fabriken, welche nur eine Waare herstellen	27—170
bei Prima von Fabriken, welche Superior arbeiten	145—450
Stärke, welche nach kaufmännischer Beurtheilung wegen Stippenreichthum nicht als Primawaare mehr angesehen werden konnte	700—800

Dass die Unterschiede zwischen den Produkten verschiedener Fabriken sehr namhafte sind, zeigen folgende Zahlen. Es hatten Stippen auf 1 qdcm aus den Fabriken:

	I.	II.	III.
Superior	15	20	28
Prima	145	428	317.

Die Stippen mit der Lupe herauszusuchen, hält Verfasser für übertrieben, da die Stippen nur dann, wie sich gleich zeigen wird, als schädigend angesehen werden können, wenn sie mit unbewaffnetem Auge wahrnehmbar sind.

Das Vorkommen der Stippen in der Stärke ist deshalb unerwünscht, weil bei vielen Verbrauchsarten dieselben störend zur Geltung kommen. Dextrin muss stippenfrei sein, daher auch die zu seiner Herstellung benutzte Stärke.

In der Papierfabrikation wird die Stärke zum Leimen und Beschweren des Papieres benutzt, feine weisse Papiersorten müssen aber frei von dunklen Punkten sein, folglich auch die verwandte Stärke.

In der Textilindustrie wird die Stärke zum Schlichten, zum Appretiren und zum Verdicken von Farben gebraucht, hier können bei hellen Nuancen feiner Stoffe durch die Stippen Flecke entstehen.

In gleicher Weise macht sich ein grösserer Gehalt an Stippen bei der zum Wäschesteifen gebrauchten Stärke geltend.

Da es hiernach von hoher Wichtigkeit für den Stärkefabrikanten ist, die Stippen möglichst vollständig seinem Fabrikate fernzuhalten, so muss er ihre Art und Herkunft kennen. Beide können sehr verschieden sein, und oft ist der Nachforschende genöthigt, bis in den Beginn der ganzen Fabrikation zurückzugehen, um die Ursache des Auftretens der Stippen zu ergründen.

Die gefürchtetsten Stippen sind die tiefschwarzen, weil sie am Meisten in's Auge fallen.

Bei der mikroskopischen Prüfung erkennt man in ihnen meist feinste, scharfkantige Kohlensplitterchen oder auch formlose Russtheilchen, an welchen man auch braune Stellen wahrnimmt. Sie sind fast immer kleiner als die grösseren Stärkekörner und daher durch Siebe nicht zu entfernen.

Sie gelangen gewöhnlich aus dem Kesselhause oder dem Schornsteinrauch in die Stärke, und man kann nur auf vorbeugendem Wege gegen sie vorgehen. Meist findet man sie auch schon in der grünen Stärke. Es liegt dann ein Fehler in der Anlage der Fabrik vor. Vielfach steht in den Stärkefabriken die Dampfmaschine in dem Absatz- (Fluthen-) und Quirlraum und von ihr führt eine meist offen stehende Thür in den Kesselraum, oder es ist sonstwie eine direkte Verbindung zwischen beiden Räumen vorhanden. Wenn man an sonnenhellen Tagen in dem Kesselhause sich befindet, so sieht man die ganze Luft mit Kohlenstaub erfüllt, dieser wird von der Zugluft nach dem Quirlraum geführt und setzt sich auf den Waschgefässen ab.

Auch pflegen die Arbeiter bei sonst zweckmässiger Anlage der Räume die Mittagspause der Wärme wegen im Kesselhause sich aufzuhalten und verschleppen mit Kleidern und Schuhen den Kohlenstaub nach dem Quirlraum. Wenn man sich klar macht, wie äusserst geringe Mengen Staub genügen, um Stippen zu geben, so wird man zugeben, dass nur die peinlichste Sorgfalt es erreichen lässt, sie hintan zu halten.

In einer sehr gut geleiteten Fabrik wurde plötzlich die ganze Stärke schwarzstippig. Es stellte sich dann heraus, dass auf einem der offenen Eisenbahnwagen, welche die Kartoffeln herangeführt hatten, vor diesen Kohle verfrachtet und Reste derselben angefroren, später aber abgethaut waren. Die den Wagen entleerenden Arbeiter hatten die Kohle mit in die Wäsche geworfen.

Es muss dafür bei Anlage der Fabrik gesorgt sein, dass der Rauch vom Schornstein, wenn er bei ungünstigem Winde niedergeschlagen wird, nicht zu den Trockenstuben etc. gelangen kann, und daher der

Schornstein so angelegt werden, dass er auf der der Hauptwindrichtung entgegengesetzten Seite der Fabrik steht. Russende Lampen sollten aus den Stärkefabriken verbannt werden.

An Kartoffeln, welche aus torfigem Boden stammen, bleiben häufig auch bei sehr sorgfältigem Waschen schwarze Torftheile hängen, welche ebenfalls, in der Reibe zerkleinert, schwarze Stippen geben.

Im Betriebswasser finden sich oft, besonders wenn es aus stehenden Gewässern stammt, grüne Algen von Kugel- oder Fadengestalt oder mit Kieselskelett versehene Diatomeen. Diese werden beim Trocknen der Stärke getödtet und der grüne Farbstoff braun bis schwarz.

In einer Stärkefabrik, welche ihr Wasser aus einem Kanal zog, zeigten sich stets Stippen, wenn ein Dampfer durch denselben gegangen war und den moorigen Grund aufgewühlt hatte. In beiden Fällen hilft Filtration des Wassers.

Ausser diesen tief- oder doch braunschwarz erscheinenden Stippen finden sich auch solche von heller brauner, bräunlicher und gelblicher Farbe. Dieselben sind theilweise grösser als die Stärkekörner und dann wenigstens aus dem zu Kartoffelmehl verarbeiteten Theil der Stärke durch eine gute Sichtmaschine zu entfernen.

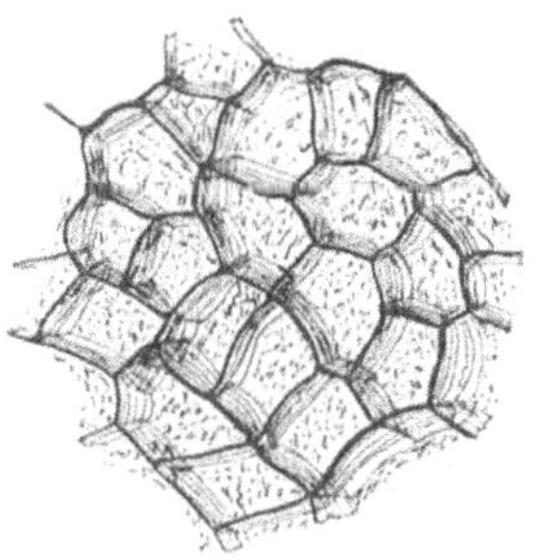

Abb. 156.

Sie bestehen aus Resten der Kartoffelschale (Abb. 156), Resten von braunen Pilzfäden und aus Sporen von Pilzen, welche auf der Kartoffelschale sich finden (z. B. Cladosporium, Septisporium (Alternaria) etc.), aus Theilen der Korkzellwucherungen von trockenfaulen und schorfigen Kartoffeln und aus Resten der Zellfaser und der Gefässbündel der Kartoffel (Abb. 10 S. 48). Endlich finden sich Sand- und Thontheilchen, Holzsplitterchen, Fasertheile von den Säcken und andere zufällige Beimengungen.

Sandtheilchen und andere Schmutztheile können beim Ablassen des Schmutzwassers durch Verspritzen in das Reibselbassin gelangen, wenn die Reibe gleich neben der Wäsche liegt, und die Reibselgrube keinen Bordrand hat. Ebenso müssen alle Gruben oder unterirdischen Quirle, welche Reibsel oder Stärke aufnehmen, mit einem wenigstens 5 cm hohen Bordrand eingefasst werden, dass nicht der Schmutz, den die Arbeiter in die Fabrik mit dem Schuhzeug hineintragen und verschleppen, in dieselben gelangen kann.

In einem Falle, wo Stippen sich zeigten, und die Ursache lange nicht gefunden wurde, fand Verfasser dieselbe in der Bohlenbedeckung des unterirdischen Quirls, in dem die reine Stärke für den Centrifugenquirl aufgerührt wurde. Die Holzbohlen waren unten angefault und abbröckelnde Theile des faulen Holzes gelangten in den Quirl.

Auch kann ein Anhäufen von Stippen dadurch stattfinden, dass entweder in den Absatzkästen nach dem Ablassen des Fruchtwassers von der abgesetzten Stärke noch einmal auf diese Stärkemilch gelassen wird, sodass sich über der erst abgesetzten Stärke eine zweite Schicht setzt; oder dass auf den Schlammrinnen über schon abgesetzte Stärke neue Milch gefluthet wird. In beiden Fällen wird, wie schon ausgeführt wurde, die Rohstärke an Eiweissstoffen bereichert und zur Säuerung geneigt, wodurch das Waschen und Abschlammen unvollkommener wird.

Bei mangelhafter Trocknung kann Kartoffelstärke endlich Kleisterklümpchen (sog. Graupen) enthalten. Es kann das bei Apparattrocknung leichter eintreten als bei Hordentrocknung, weshalb letztere namentlich früher und von englischen Abnehmern ausdrücklich verlangt wurde. Die Klümpchen machen sich bei allen Verwendungsarten dadurch unangenehm bemerkbar, dass sie sich nicht vertheilen lassen und Unebenheiten (bei Papier, Schlichte) oder Ungleichheiten (bei Dextrin) der Fabrikate veranlassen.

Endlich kann durch eine gute Sichtmaschine ein recht erheblicher Theil der Stippen entfernt werden, wenn Kartoffelmehl hergestellt wird.

Die Lieferungsbedingungen besagen ferner, Primastärke und Mehl soll frei von Säure sein. Wie Verfasser sich durch zahlreiche Proben überzeugt hat, ist dies auch thatsächlich meistens der Fall, denn die Proben reagirten vollständig neutral auf Lackmusfarbstoff (Ausführung der Probe s. unter „Untersuchungsmethoden“).

Es kommen aber auch Stärkeproben im Handel vor, welche, trotzdem sie im Uebrigen vorzügliche Primawaare oder Superiormehl darstellen, eine schwächere oder stärkere, oft sehr starke Säurereaktion zeigen, welche sich durch weinrothe oder zwiebelrothe Färbung von Lackmusfarbstoff kenntlich macht.

Eine saure Reaktion der Stärke kann nun auf verschiedenem Wege zu Stande kommen. Sie kann ein natürliches Vorkommniss darstellen oder auf einen künstlichen Zusatz zurückzuführen sein.

Der Kartoffelsaft reagirt stets sauer, besonders stark, wenn die Kartoffeln faul waren, wobei noch während des Absitzens der Stärke durch Bakteriengährungen der Säuregehalt (Milchsäure, Buttersäure u. s. w.) der Flüssigkeit gesteigert wird.

Wird die Stärke in solchen Fällen nicht sehr sorgfältig gewaschen, so bleibt sie schwach sauer, und bei sehr langsamer Trocknung bei mangelhafter Luftzufuhr kann der Säuregehalt noch zunehmen.

In allen diesen Fällen rührt die saure Reaktion von organischen Säuren her und ist meist sehr schwach und weinroth.

Wo dagegen mit Säurezusatz (Schwefelsäure, schwefliger Säure u. A. m.) gearbeitet wurde und nicht genügend oder mit sehr weichem

Wasser gewaschen und nicht neutralisirt war, zeigt die Stärke oft eine sehr starke und dann gewöhnlich zwiebelrothe Säure-Reaktion.

Es ist auch die Frage aufgestellt worden, ob ursprünglich neutral reagirende Stärke bei längerem Lagern saure Reaktion annehmen könne.

In gut verschlossenen Glasflaschen vom Verfasser aufbewahrtes neutrales Kartoffelmehl (B. K. M. F.) behielt 10 Jahre hindurch die neutrale Reaktion, sodass eine Säurebildung unter günstigen Verhältnissen nicht eintritt.

Dagegen kann eine solche sehr wohl als möglich gedacht werden, wenn Stärke in feuchten, dumpfigen Räumen lagert, oder in Räumen, wo ihr Gelegenheit gegeben wird, saure Dämpfe oder Gase zu absorbiren, wozu sie eine grosse Neigung hat.

Auffällig ist die Angabe eines erfahrenen Praktikers, dass Stärke beim Zusammenlagern mit Mehl in bestimmten Speicherräumen eine zart saure Reaktion angenommen habe.

Auch frei von Chlor soll Primastärke sein. Eine Chlor, d. h. freies Chlor oder wohl richtiger unterchlorige Säure, enthaltende Stärke ist dem Verfasser nie zu Gesicht gekommen. Freies Chlor enthalten könnte eine Stärke auch nur in dem Falle, dass eine ganz unverständige Verwendung von Chlorkalk mit oder ohne Säurezusatz stattfand. Solche Stärke würde aber beim Trocknen wahrscheinlich den Chlorgehalt verlieren und einfach sauer bleiben.

Das Verlangen der Lieferungsbedingungen, dass Primastärke frei von Säure und Chlor sein soll, hat seine berechtigte Begründung darin, dass beide bei gewissen Verwendungsarten der Stärke Schädigungen der Fabrikate veranlassen können. Es ist das namentlich bei der Verwendung zur Appretur, zur Kleisterbildung für Buchbinderei und Papier-Fabrikation und zur Verdickung von Farben bei der Färberei der Fall. Stärke, welche viel freie Säure, namentlich Schwefelsäure enthält, macht die Gewebe brüchig (durch Einwirkung der beim Trocknen der Schlichte sich koncentrirenden Schwefelsäure auf die Gespinnstfaser), giebt einen flüssigen, schwach klebenden Kleister (wegen Zuckerbildung), Papier wird ebenfalls dadurch brüchig. Zarte, empfindliche Farben werden durch Säuren und Chlor verändert, wenn nicht zerstört.

Eine von Reinke untersuchte Stärke, welche sich als 25 Proc. weniger ergiebig in der Schlichte erwies und rothe Flecke und Zettelgarn erzeugte, enthielt bei 17,9 Proc. Wasser und 0,22 Proc. Asche viel freie Schwefelsäure.

Der Wassergehalt von Primawaare darf 20 Proc. nicht übersteigen; bis zu 21 Proc. Wassergehalt ist noch unter Gewährung einer Vergütung für lieferbare Primawaare zulässig. Ueber 21 Proc. Wasser enthaltende Waare ist nicht als Primawaare mehr lieferbar.

Es liegt also im Interesse des Stärkefabrikanten, dass

sein Primaprodukt nicht mehr wie 20 Proc. Wasser enthalte, ebensosehr aber, um ihn vor Verlusten an Ausbeute zu bewahren, dass es nicht wesentlich weniger als 20 Proc. Wasser hat.

Dass dieser Grundsatz aber von vielen Stärkefabrikanten noch durchaus nicht hinreichend gewürdigt wird, beweisen die folgenden Angaben über die Wassergehalte von 272 Kartoffelstärkeproben, welche im Laboratorium des Vereins der Stärkeinteressenten in Deutschland zu Berlin in den Jahren 1883—1893 zur Untersuchung kamen.

Es hatten von diesen einen Wassergehalt von

13—14 Proc.	= 1 Probe		20—21 Proc.	= 53 Proben
14—15 -	= 3 Proben		21—22 -	= 56 -
15—16 -	= 6 -		22—23 -	= 25 -
16—17 -	= 13 -		23—24 -	= 15 -
17—18 -	= 12 -		24—25 -	= 6 -
18—19 -	= 22 -		25—26 -	= 2 -
19—20 -	= 55 -		26—31 -	= 3 -

Es zeigt diese Zusammenstellung, dass 39 Proc. aller eingesandten Proben überhaupt als Primawaare nicht lieferbar, 20 Proc. noch mit Vergütung lieferbar (20—21 Proc. Wasser), 20 Proc. richtig getrocknet (19—20 Proc. Wasser) und 21 Proc. übertrocknet waren. Dabei ist zu bedenken, dass allerdings diese Proben wohl fast immer, in Folge des Verdachtes zu feucht zu sein, zur Untersuchung eingesandt wurden, sodass ein Vorwiegen der zu feuchten Proben natürlich erscheint. Es beweisen diese Zahlen aber, dass thatsächlich noch sehr erhebliche Schwankungen in dem Wassergehalt der Stärke vorkommen und daher jedem Fabrikanten die Beachtung dieses Punktes dringend an's Herz zu legen ist, wenn er sich vor Verlusten schützen will, die leicht eine bedeutende Höhe erreichen können (vergl. S. 336).

Es geht ferner aus dieser Zusammenstellung hervor, dass die äusseren Merkmale für die Schätzung des Wassergehaltes der Stärke nicht immer stichhaltig sind, denn unter den verdächtigten Proben befinden sich 41 Proc., welche thatsächlich nicht zu feucht waren.

Als äussere Merkmale dienen aber in der Praxis und im Handel der Griff, über dessen Zweifelhaftigkeit schon Mittheilung gemacht ist (s. S. 336), und das Ballen der Stärke beim Hin- und Herschütten auf einem Stück Papier oder in einem Gefäss. Dass auch letzteres keinen sicheren Anhalt bietet, dafür mag als Beweis gelten, dass Verfasser häufig Proben, welche stark ballten, als durchaus richtig getrocknet, ja sogar übertrocknet fand. Verfasser vermuthete früher, dass das Ballen mit einem hohen Säuregehalt in Zusammenhang sei, aber war auch eine Probe mit 16 Proc. Wasser, welche stark ballte und an dem Probelöffel klebte, stark sauer, so war doch eine andere auch stark ballende Stärke mit 18,2 Proc. Wasser neutral.

In vielen Fällen trifft allerdings hoher Wassergehalt mit starkem Ballen der Stärke zusammen.

Die Ursache, warum eine Stärke sich ballt, eine andere nicht, ist noch nicht sicher festgestellt. Vielleicht ist sie in einem mehr oder minder grossen Gehalt der Stärke an, den Körneroberflächen aufsitzenden Verunreinigungen (Fett, Eiweiss u. a.) zu suchen, wenigstens giebt v. Wagner an, dass nach dem Waschen der Stärke mit Alkohol und Aether das Ballen verschwindet.

Es ist hiernach für den Fabrikanten, wie für den Händler höchst wichtig, eine hinreichend genaue Methode zur Bestimmung des Wassergehaltes zu besitzen, und es sind daher vielfach Versuche gemacht, eine solche aufzustellen.

Das früher viel gebrauchte, von Bloch konstruirte Feculometer ist zwar ein einfacher und ziemlich schnell arbeitender Apparat zur Bestimmung des Wassergehaltes der Stärke, seine Angaben haben sich aber nach Untersuchungen des Verfassers als ganz unzuverlässig herausgestellt, weil das Grundprincip, auf welchem der Apparat aufgebaut ist, dass Kartoffelstärke beim Absetzen unter Wasser einen bestimmten Raum der Höhe nach einnimmt, falsch ist. Genügen doch schon geringe Verunreinigungen von Fruchtwasser und Faser, um ein ganz verschiedenes Absitzen der Stärke zu veranlassen, und es ist das Verhältniss der grossen und kleinen Stärkekörner ebenfalls von Einfluss darauf. Das Instrument giebt gewöhnlich 3—4 Proc. Wasser zu viel an bei Primawaare.

Eine von Scheibler darauf aufgebaute Methode der Wasserbestimmung, dass 1 Theil Stärke mit 11,4 Proc. Wassergehalt und 2 Theile Alkohol von 90 Volumprocent (spec. Gew. 0,8339) ohne Einwirkung auf einander sind, wasserreichere Stärke aber an den Alkohol Wasser abgiebt, ihn also verdünnt, ist zwar genau, erfordert aber die kostspielige Verwendung und die für den Ungeübten umständliche Einstellung des Alkohols auf genau 90 Proc.

Eine dritte Methode hat Verfasser in Vorschlag gebracht. Dieselbe beruht auf der Feststellung, welche er an zahlreichen Handelsstärken vornahm, dass das specifische Gewicht der wasserfreien Stärke sehr geringe Schwankungen aufweist und im Mittel 1,65 beträgt. Diese Methode giebt allerdings nur bis auf $^1/_4$—$^1/_2$ Proc. zutreffende Resultate, sie hat aber den Vorzug, schnell (in ca. $^1/_2$ Stunde) den Wassergehalt anzugeben und mit einfachen Mitteln zu arbeiten, die auch von ungeübter Hand leicht zu verwerthen sind. Sie hat bei vielen deutschen Stärkefabrikanten und auch Händlern Eingang gefunden.

Die einzige, durchaus zuverlässige, bis auf 0,1 Proc. genaue Zahlen liefernde Methode ist jedoch diejenige der Bestimmung des Verlustes beim Trocknen der Stärke bei 120° C. Dieselbe ist aber zeitraubend (ca. 6 Stunden) und in der Praxis schwer auszuführen.

Bei geschäftlichen Differenzen ist sie die allein zulässige. Mit ihrer Ausführung ist ein chemisches Institut zu betrauen.

Die Ausführung dieser Methoden wird eingehend bei den „Untersuchungsmethoden“ besprochen werden.

Bestimmte Lieferungsbedingungen über den Aschengehalt von Primastärke giebt es zwar nicht, da aber manche Abnehmer derselben z. B. die Dextrinfabrikanten, aschenarme oder möglichst sandfreie Waare nöthig haben und verlangen, weil ihr Fabrikat fast frei von unlöslichen Bestandtheilen sein soll, so muss derselbe hier ebenfalls Berücksichtigung finden.

Der Aschengehalt der Primastärke beträgt meist 0,2—0,3 Proc. und sollte 0,5 Proc. nicht übersteigen. Ein höherer Aschengehalt ist durch Sand, herrührend von Mängeln beim Waschen und Quirlen, bedingt. Beimengungen von kohlensaurem Kalk (Kreide) oder Schwerspath, wie sie früher vorgekommen sein sollen, sind in Deutschland dem Verfasser nicht bekannt geworden. Sie sind leicht nachzuweisen und können den Glanz der Stärke nur beeinträchtigen.

Sandreiche Stärke knirscht, wenn man sie zwischen die Zähne bringt. Beim Aufrühren mit Wasser in einem Glasgefäss mit flachem Boden sammelt sich der Sand in der Mitte desselben, und es kann so seine Menge annähernd geschätzt werden.

Für die Verwendung der Stärke zum Wäschesteifen, zur Herstellung von Kleister, zum Verdicken der Farben ist eine gewisse Klebfähigkeit oder ein gewisses Steifungsvermögen oder die sog. Ausgiebigkeit von Bedeutung. Dieselben sind zunächst abhängig von dem Wassergehalt und einem etwaigen Säuregehalt der Stärke. Je mehr Wasser die Stärke enthält, um so ärmer ist sie an Stärkesubstanz, d. h. kleistergebenden Stoff; je säurereicher sie ist, um so mehr wird die Stärke verflüssigt und zu Dextrin und Zucker umgewandelt, also um so mehr Stärke vernichtet.

Es scheint aber auch, als wenn verschiedene Stärkesorten verschiedenes Steifungsvermögen, verschiedene Ausgiebigkeit an und für sich besitzen. Es kann dabei von Bedeutung die Grosskörnigkeit der Stärke sein, da die grossen Stärkekörner schneller und bei niedrigerer Temperatur verkleistern als die kleinen und auch weit stärker aufquellen.

Auch ist die Art des Trocknens der Stärke nach Brown und Heron von Einfluss hierauf (vergl. S. 294).

Die Kartoffelstärke, auch die Primawaare, hat stets einen charakteristischen Geruch, an frisch durchschnittene Kartoffeln erinnernd. Derselbe rührt jedenfalls von geringen Mengen eines ätherischen Oeles her, welches der Kartoffelstärke anhaftet.

Durch Behandeln mit 90—96 proc. Sprit kann derselbe dem Stärkemehl entzogen werden.

Nach Martin soll der Geruch auch durch Behandeln der Stärke mit 2 proc. Sodalösung und Auswaschen mit Wasser zu entfernen sein. Auch wird in dem D. R. P. No. 43 772 vom 8. April 1887: Verfahren zur Herstellung von Dextrin von A. Schuhmann-Düttlenheim angegeben, dass durch Anrühren mit Wasser, dem 1 Proc. der angewandten Stärke an Schwefelsäure zugesetzt ist, vierundzwanzigstündiges Stehen und nachfolgendes Aussüssen mit Wasser, Stärke von dem Geruch befreit werden kann.

Technisch wird weder das eine noch das andere Verfahren in der Kartoffelstärkefabrikation bisher verwerthet. Dagegen wird eine geruchlose lösliche Stärke hergestellt (vergl. S. 248).

Die Nachprodukte.

Die Fabrikate, welche aus Nachprodukten bestehen: die abfallende Primastärke, die Sekundawaare, die Tertiawaare u. s. w. bis zum getrockneten Schlamm oder der Graustärke sind besonderen Lieferungsbedingungen nicht unterworfen und in Folge dessen von sehr verschiedener Beschaffenheit. Aeusserlich zeigt die mehr oder minder graue oder gelbe Farbe, der immer geringer werdende Glanz, der zunehmende Reichthum an Stippen und der mehr oder minder saure Geschmack an, zu welcher Gruppe von Nachprodukten die betreffende Waare zu rechnen ist.

Da diese Produkte von der Sekundawaare an gewöhnlich mit Säure gearbeitet werden, so sind sie auch meist von saurer Reaktion. Ihr Verkauf geschieht zumeist nach Muster.

Ihr Wassergehalt ist ebenfalls kein bestimmter, doch sind sie meist ziemlich scharf getrocknet und haben 15—18 Proc. Wassergehalt.

Der letzte Schlamm, welcher eine Ausarbeitung von Stärke nicht mehr lohnend erscheinen lässt, wird entweder feucht verwerthet oder auf Horden oder an der Luft getrocknet. Seine Zusammensetzung ist aus diesem Grunde je nach dem Alter und dem Grade der Ausarbeitung und der Herkunft eine sehr wechselnde.

Die Farbe ist hellgrau bis braunschwarz, der Geruch wechselt vom reinen Kartoffelgeruch bis zum widerlichsten Buttersäure- und Fäulnissgeruch, die Konsistenz ist dünnflüssig bis trocken-stückig.

Da dieser Stärkeschlamm noch bisweilen auf gelben Syrup und geringere Sorten Stärkezucker und auf Couleur verarbeitet wird, so ist er dann nach dem Stärkegehalt zu bewerthen. Derselbe ist natürlich sehr schwankend, vor allem je nach dem Wassergehalt, dann aber auch nach dem Faser- und Sandgehalt.

Bei Schlammproben, welche im Laboratorium des Vereins der Stärke-Interessenten in Deutschland zu Berlin untersucht wurden, schwankte

	feuchte Proben	trockene Proben
der Wassergehalt	43,5—75,3 Proc.	11,7—18,1 Proc.
- Stärkegehalt	17,5—49,5 -	39,0—71,7 -
- Fasergehalt	4,0—14,5 -	4,8—28,5 -
- Aschegehalt	1 — 1,5 -	5,7—28,3 -

Die schlechten Schlammproben besitzen auch einen ziemlich hohen Stickstoffgehalt und zwar 0,25—0,7 Proc., je nachdem sie feucht oder trocken sind. Der höchste Gehalt war 0,55 Proc. in feuchtem Schlamm (mit 57,5 Proc. Wasser) oder 1,3 Proc. in der wasserfreien Substanz.

Die Verwendung der Stärke.

Die feuchte Stärke findet, wie schon mitgetheilt, fast ausschliesslich Anwendung zur Stärkezucker- und Stärkesyrupfabrikation, sowie z. Thl. in der Dextrinfabrikation. In Deutschland sind es etwa 30 grössere Fabriken, welche diese Produkte herstellen. Die Mehrzahl derselben befindet sich in den östlichen Provinzen Preussens, einzelne sind in Baden, Hessen und Elsass-Lothringen.

Die Verwendung der trockenen Kartoffelstärke und des Kartoffelmehls ist dagegen eine ausserordentlich vielseitige. Dieselbe zerfällt zunächst in zwei Hauptgruppen:

direkter Verbrauch der Stärke und

Verbrauch der Stärke als Rohmaterial für andere Erzeugnisse.

Im direkten Verbrauch dient die Primastärke als Nahrungsmittel. Das Kartoffelmehl, dann auch Kraftmehl genannt, findet vielfache Verwendung in der Küche zur Herstellung von Mehlspeisen, zum Verdicken von Saucen, zur Bereitung von Gemüsen u. A. m.

Ferner wird es in Form von Kartoffelgraupen und Kartoffelsago den Suppen beigefügt.

Als Zusatzmittel dient es bei der Bereitung von Makkaroni und Nudeln, wobei es mit Weizenmehl und Weizenkleber gemischt wird, und bei der Chokoladen- und Wurstfabrikation.

Die Feinbäckerei verwendet es bei der Herstellung von Torten (Sandtorte) u. A. m.

Auch in der Brodbäckerei ist ein Zusatz von Kartoffelmehl vielfach erfolgt und befürwortet, besonders wenn die Getreidepreise hoch und die Kartoffelstärkepreise niedrige sind. Zusätze von 10 Proc. geben dem Brode eine schöne weisse Farbe und verändern den Nährwerth nicht. Bei höheren Zusätzen bis zu 25 Proc. wird es leichter trocken und bröckelig.

Als Heilmittel findet Stärke ebenfalls, aber weniger wie früher, Verwendung, sie dient als Streupulver, zu Kleisterverbänden, als Zusatzmittel bei Bereitung von Pillen, Salben und anderen pharmazeutischen Präparaten.

Als Zusatzmittel findet die Stärke ferner Verwendung in der Presshefefabrikation, wozu sich die Kartoffelstärke wegen ihres billigen Preises und der neutralen Reaktion besonders eignet. Ferner wird sie als Zusatz zu Waschpulvern und Seifen benutzt.

Eine Reihe von Gewerben benutzen ferner grosse Mengen Prima-Kartoffelstärke und -Mehl, theils als Verdickungs- und Versteifungsmittel, theils als Klebematerial.

Sie dient zum Verdicken von Beizen und Farben beim Zeugdruck und zur Herstellung der Weberschlichte und Appretur in der Textilindustrie.

Sehr bedeutende Mengen verbraucht auch die Papierfabrikation; zu den feinsten Papieren die Superiormarken. Bei der Papierfabrikation wird die Stärke zum Leimen des Papiers mitverwandt. Sie hindert dabei die in der Flüssigkeit vertheilten leimenden (Harzprodukte) und die als Füllmasse dienenden Mineralstoffe am Absetzen. Der Hauptzweck ihres Zusatzes besteht aber im Vergrössern der Steife des Papieres. Sie wird in Mengen von 8—10 kg auf 100 kg Papier in Kleisterform dem Harzleim zugesetzt. Wurster fand in Postpapier 3,1—3,7 Proc., in ordinärem Schreibpapier 9,1 Proc. Stärke.

Buchbinder und Tapezierer benutzen Kartoffelstärkekleister zum Kleben. Da derselbe nicht sehr haltbar ist, sondern nach einigen Tagen eine gallertartige Masse absetzt, über welcher sich eine säuerliche Flüssigkeit sammelt, so kann man ihn durch Zusatz von etwas Alkohol oder Karbolsäure zu Buchbindereizwecken, von Alaun (10 gr. auf 1 Liter Kleister) für die Tapezierarbeiten haltbarer machen.

In der Photographie hat sich frisch bereiteter Stärkekleister als bestes Klebemittel beim Aufziehen von Albumin-Silberbildern bewährt, weil er nicht wie andere oft sauer reagirende Klebstoffe Flecke in den Bildern hervorruft.

Stärke dient entweder allein oder in Form von Glanzstärke mit Borax und Stearinsäure gemischt, zum Steifen der Wäsche.

Ferner findet sie, wenn auch in beschränkterem Maasse wie früher, zum Pudern Verwendung..

Hilfsmittel ist sie ferner dem Bäcker, welcher das Brod damit bestreicht, damit es nicht an den Schiebern anklebt, und in der Metallgiesserei, wo sie zum Einpudern der Form genommen wird.

Die geringeren Stärkesorten: Primaabfall-, Sekunda-, Tertiastärke u. s. w. finden Verwendung in der Weberei für geringere Zeuge, in der Färberei für weniger zarte Farben, in der Papierfabrikation für gelbe und gröbere Papiere, ferner in der Teppichbereitung (namentlich in England), der Lakritzenfabrikation u. A. m.

Der letzte Schlamm wird in getrocknetem Zustande zum Kleben schlechter Pappen, zum Zusammenkleben von Torfstücken und Torfkuchen, zur Briquetfabrikation verwendet.

Als Rohstoff dient die trockne Kartoffelstärke, wie im Winter die feuchte, der Stärkezucker-, -Syrup- und -Couleur-Bereitung, wobei sie durch Kochen mit Säuren mehr oder minder vollständig in Zucker übergeführt wird.

Zeitweilig wurde aus ihr in Deutschland auch durch Verzuckerung mit Malz (Diastase) Maltosesyrup hergestellt, doch ist diese Industrie eingegangen.

Die besten Marken von Kartoffelstärke und -Mehl verwendet auch die Dextrinfabrikation, welche aus ihnen durch Einwirkung höherer Temperaturen mit oder ohne Zugabe sehr geringer Säuremengen ein mehr oder weniger lösliches Fabrikat herstellt, welches als Klebmittel (z. B. Gummirung der Briefmarken) und in der Textilindustrie bedeutenden Absatz findet. Neuerdings wird aus ihr ein Fabrikat, die „Lösliche Stärke“ hergestellt, welches dem äusseren Anblick nach völlig das Aussehen des Kartoffelmehles hat, aber frei von Geruch und Geschmack ist, und in heissem Wasser in grosser Menge zu einer klaren leicht beweglichen Flüssigkeit sich löst, welche beim Erkalten zu einer weissen salbenartigen Masse erstarrt. Es ist das die lösliche Ozonstärke (vergl. S. 248 Patent Siemens & Halske) und die nach anderer Methode hergestellte „Lösliche Stärke“ von Angele.

Nach den D. R. P. No. 54 434 Kl. 78 von W. Schückher und D. R. P. No. 57 711 Kl. 78 der Dynamit-Aktiengesellschaft vorm. Alfred Nobel in Hamburg und nach einem Verfahren von O. Mühlhäuser in Chicago kann aus Stärke Nitrostärke erzeugt werden, welche sich als Beimischung zu Sprengstoffen und zur Herstellung rauchlosen Pulvers eignet, jedoch Verwendung im Grossen in der Sprengtechnik nicht gefunden hat, weil es bisher nicht gelungen ist, das Präparat in der erforderlichen stabilen Form herzustellen.

Der französische Chemiker J. A. Naquet-Paris will auch aus Stärke durch Einwirkung von einem Gemisch von Salpeter- und Schwefelsäure Weinsäure im Grossen darstellen.

Ob dieses Verfahren eine technische Verwerthung gefunden hat, ist dem Verfasser nicht bekannt geworden.

Die Ausbeute der Kartoffelstärkefabriken.

Die Ausbeute, d. i. die Menge der bei der Kartoffelstärkefabrikation zu erzielenden Stärke ist, wie schon mehrfach angedeutet wurde, abhängig von einer Reihe verschiedener, theils in der Beschaffenheit des Rohmaterials begründeter, theils durch die Arbeitsweise bedingter Verhältnisse.

Bei dem Rohmaterial fallen in's Gewicht die Menge der ihm anhaftenden Bodentheile, der Stärkereichthum, die Beschaffenheit der Schale und der Faser der stärkeführenden Zellen, der Gesundheitszustand der Knollen und die Grössenverhältnisse der Stärkekörner.

Um die Bodentheile (Schmutzprocente) ist das festgestellte Gewicht des verarbeiteten Rohmaterials vor der Berechnung der Ausbeute zu verringern (vergl. S. 91).

Der Stärkegehalt, dargestellt durch den um den Zuckergehalt der Kartoffeln verminderten Stärkewerth (vergl. S. 92), bildet den ausschlaggebenden Faktor für die zu erwartende Ausbeute. Seine Kenntniss ist daher unerlässlich für die Ausbeuteberechnung.

Sind die Kartoffeln krank und stark gefault, so ist seine Bestimmung mit der Kartoffelwaage nicht möglich und damit muss bei solchem Material auf eine stichhaltige Ausbeuteberechnung verzichtet werden. Sehr grosse Verluste sind aber dann schon in der Wäsche zu erwarten. Bei gefrorenen Kartoffeln kann man den Stärkegehalt nach dem Aufthauen unter Wasser bestimmen und 1 Proc. abrechnen oder nichtgefrorene Knollen aussuchen und wägen.

Die Beschaffenheit der Schale und der Faser überhaupt bedingt die Menge der Pülpe bei gleich guter Verarbeitung verschiedener Kartoffelarten und damit die Höhe des Stärkeverlustes in ihr.

Die Kartoffelart, der Gesundheitszustand der Knollen und die Grössenverhältnisse der Stärkekörner bilden die Grundlage für die Mengenverhältnisse zwischen erstem Produkt (Superior- und Primawaare) und den Nachprodukten (Sekunda-, Tertiawaare u. s. w. und Schlamm).

Die Verluste bei der Herstellung der Stärke sind ebenfalls verschiedener Art. Der Hauptverlust ist derjenige an der in der Pülpe zurückbleibenden Stärke. Dieser Verlust setzt sich zusammen aus einem solchen an gebundener Stärke in Folge schlechter Zerkleinerung der Kartoffel und an auswaschbarer Stärke in Folge mangelhafter Leistung der Auswaschsiebe.

Verluste können auch durch schlechtes Absitzen der Stärke in Folge von Gährungserscheinungen bei höheren Temperaturen im Herbst und Frühjahr eintreten.

Geringer und bei einigermaassen gut angelegten Fabriken fast verschwindend ist der Verlust an kleinkörniger, von dem Fruchtwasser beim Verlassen der Aussengruben mitgerissener Stärke.

Dagegen kann die Art der Gewinnung der Stärke aus dem Fruchtwasser (Absatz- oder Fluthen-Verfahren) von grosser Bedeutung für das Verhältniss zwischen erstem Produkt und Nachprodukt werden.

Zu diesen Verlusten gesellen sich bei der Nassstärkefabrikation solche beim Transport sehr feuchter oder schwimmiger Stärke, bei der Trockenstärkefabrikation diejenigen, welche durch Uebertrocknen, Griesbildung und Verstäubung beim Trocknen, Mahlen und Sichten entstehen.

In kleinen Stärkefabriken und leider bisweilen auch in grösseren finden sich oft die allernothwendigsten Mittel zur Feststellung der Ausbeute, eine Centesimalwaage zur Bestimmung des Gewichtes der verarbeiteten Kartoffeln und eine Kartoffelwaage zur Bestimmung des Stärkewerthes derselben, nicht vor, und es ist in solchen Fällen nicht möglich, die Ausbeute auch nur annähernd festzustellen und daraufhin zu kontrolliren, ob sie eine gute oder schlechte ist. Die Besitzer solcher Fabriken arbeiten daher in den Tag hinein, ohne zu wissen, ob sie mit Vortheil oder Verlust produciren.

Ein tüchtiger Fabrikleiter wird dagegen darauf achten, dass er möglichst das Beste leistet, und dazu ist es unbedingt erforderlich, dass er die Ausbeute genau kennt.

Zu diesem Behufe wird er fortlaufend feststellen

das Gewicht der verarbeiteten Kartoffeln,
das Gewicht der hergestellten Stärke;

und möglichst oft an Proben

die Schmutzprocente der Kartoffeln,
den Stärkewerth der Kartoffeln.

Sind z. B. in einer kleinen Stärkefabrik in 2 Wochen 2340 Ctr. Kartoffeln verarbeitet mit durchschnittlich 6 Proc. Bodentheilen, also 2200 Ctr. reiner Kartoffeln mit durchschnittlich 18 Proc. Stärke und es wurden 512 Ctr. feuchter Stärke gewonnen, so beträgt die Ausbeute von 100 Ctr. Kartoffeln 23,3 Ctr. feuchter Stärke.

Aeltere Stärkefabrikanten wissen aus dem Vergleich gegen frühere Jahre dann abzuschätzen, ob sie eine gute oder schlechte diesjährige

Ausbeute zu erwarten haben und werden geeignete Vorkehrungen treffen, die Ausbeute möglichst zu steigern.

Da es sich aber als ein Bedürfniss herausgestellt hat, einen allgemeinen Ueberblick zu haben, welche Ausbeute man aus einer bestimmten Menge Kartoffeln mit festgestelltem Stärkegehalt erzielen kann, so hat Verfasser es seinerzeit unternommen, eine dahingehende Ausbeute-Tabelle aufzustellen.

Diese Tabelle berechnete Verfasser auf Grund folgender Erwägungen. Die Verluste, welche durch Fortschwimmen von Stärke mit den Abwässern eintreten können, sind in einigermaassen zweckmässig angelegten Fabriken ganz unwesentliche. Nur in Einzelfällen treten dieselben ein. Für eine allgemeine Aufstellung können sie also ausser Acht gelassen werden. Ebenso ist es mit dem Verlust beim Transport feuchter Stärke und dem durch Uebertrocknen in der Trockenstärkefabrikation.

Als wesentlich in's Gewicht fallende Verluste sind also in Rechnung zu ziehen die auf Vorhandensein von Zucker in den Kartoffeln zurückzuführende Höheangabe des Stärkewerthes durch die Kartoffelwaage und die Stärkeverluste in der Pülpe.

Für den Zuckergehalt oder richtiger für die vom Stärkewerth in Abzug zu bringende, aus dem Zuckergehalt berechnete Stärkemenge wurde als Mittelwerth 1,5 Proc. bei Berechnung der Tabelle angesetzt, die von der Angabe der Kartoffelwaage also von vornherein abzuziehen sind.

Die Verluste in der Pülpe berechnete Verfasser wie folgt: Nach seinen Erfahrungen enthält die wasserfreie Substanz sehr gut ausgearbeiteter Pülpen im Mittel noch 50 Proc. Stärke, bei guter Arbeit 60 Proc., bei mittlerer Arbeit 70 Proc. und bei schlechter Arbeit 80 Proc. einschliesslich der auswaschbaren Stärke.

Nimmt man nun den mittleren Fasergehalt der Kartoffeln zu 1,5 Proc. an, so entstehen

aus 100 Ctr. Kartoffeln	wasserfreie Pülpe	enthaltend wasserfreie Stärke*)
bei ausgezeichneter Arbeit	3,00 Ctr.	1,50 Ctr.
bei guter Arbeit	3,75 -	2,25 -
bei mittlerer Arbeit	5,00 -	3,50 -
bei schlechter Arbeit	7,50 -	6,00 -

Es sind mithin von der Angabe der Kartoffelwaage einschliesslich der 1,5 Proc. Nichtstärke (für Zucker) abzurechnen, wenn die wirklich gewinnbare Stärke gefunden werden soll, bei ausgezeichneter Arbeit

*) $\left(\frac{50}{50} \cdot 1{,}5;\ \frac{60}{40} \cdot 1{,}5;\ \frac{70}{30} \cdot 1{,}5;\ \frac{80}{20} \cdot 1{,}5.\right)$

3,0 Proc., bei guter 3,75 Proc., bei mittlerer 5 Proc., bei schlechter 7,5 Proc. Es trägt dies auch der praktisch bekannten Thatsache Rechnung, dass die Verluste bei geringem Stärkegehalt der Kartoffeln nicht procentisch gleich sind dem bei Kartoffeln mit hohem Stärkegehalt, sondern sprungweise grösser werden, je stärkeärmer die Kartoffeln sind.

Eine Kartoffel mit 20 Proc. Stärkeangabe an der Kartoffelwaage lässt daher von 100 Ctr. erwarten bei bester Arbeit 17 Ctr., bei guter 16,25 Ctr., bei mittlerer 15,00 Ctr., bei schlechter 12,5 Ctr. wasserfreier Stärke. Rechnet man nun den Wassergehalt der feuchten Stärke zu 50 Proc., so ergiebt sich aus 100 Ctr. 20 proc. Kartoffeln eine Ausbeute von 34,0—32,5—30,0—25,0 Ctr. feuchter Stärke in der Fabrik.

Daraus würde sich die Ausbeute an trockener Stärke berechnen lassen zu 62,5 Proc. der angegebenen Zahlen, da feuchte Stärke theoretisch $\frac{50.100}{80} = 62{,}5$ Proc. trockene Stärke mit 20 Proc. Wasser geben müssen. Da jedoch einmal die feuchte Stärke nasser als 50 Proc. sein kann, ferner durch Verstäuben beim Trocknen und Sichten oder beim Centrifugiren gewisse Verluste eintreten können, so hat Verfasser die Menge der zu erzielenden trockenen Stärke nach praktischer Erfahrung zu 60 Proc. der feuchten Stärke angenommen und derart die Ausbeutezahlen für trockene Stärke aus z. B. 20 proc. Kartoffeln zu 20,4—19,5—18,0—15,0 Ctr. aus 100 Ctr. berechnet. In gleicher Art sind auch für die übrigen Angaben der Kartoffelwaage die Ausbeutezahlen berechnet, und zwar entsprechend der verschiedenen Rechnungsweise der deutschen Stärkefabrikanten als Ausbeuten in Centner (50 kg) Stärke aus I. 100 Ctr., II. aus 1 Wispel (24—25 Ctr.) Kartoffeln, III. als Centner Kartoffel, welche zur Herstellung von 1 Ctr. Stärke verarbeitet werden müssen.

I. 100 Ctr. Kartoffeln geben:

Angabe der Kartoffelwaage	bei ausgezeichneter Arbeit		bei guter Arbeit		bei mittlerer Arbeit		bei schlechter Arbeit	
	feuchte Stärke	trockene Stärke	feuchte Stärke	trockene Stärke	feuchte Stärke	trockene Stärke	feuchte Stärke	trockene Stärke
Proc.	Ctr.	Ctr.	Ctr.	Ctr.	Ctr.	Ctr.	Ctr.	Ctr.
24	42,0	25,2	40,5	24,3	38,0	22,8	33,0	19,8
22	38,0	22,8	36,5	21,9	34,0	20,4	29,0	17,4
20	34,0	20,4	32,5	19,5	30,0	18,0	25,0	15,0
18	30,0	18,0	28,5	17,1	26,0	15,6	21,0	12,6
16	26,0	15,6	24,5	14,7	22,0	13,2	17,0	10,2
14	22,0	13,2	20,5	12,3	18,0	10,8	13,0	7,8
12	18,0	10,8	16,5	9,9	14,0	8,4	9,0	5,4

II. 1 Wispel Kartoffeln (=25 Ctr.) giebt:

Angabe der Kartoffelwaage	bei ausgezeichneter Arbeit		bei guter Arbeit		bei mittlerer Arbeit		bei schlechter Arbeit	
	feuchte Stärke	trockene Stärke	feuchte Stärke	trockene Stärke	feuchte Stärke	trockene Stärke	feuchte Stärke	trockene Stärke
Proc.	Ctr.	Ctr.	Ctr.	Ctr.	Ctr.	Ctr.	Ctr.	Ctr.
24	10,5	6,3	10,1	6,1	9,5	5,7	8,2	4,9
22	9,5	5,7	9,1	5,5	8,5	5,1	7,2	4,3
20	8,5	5,1	8,1	4,9	7,5	4.5	6,2	3,7
18	7,5	4,5	7,1	4,3	6,5	3,9	5,2	3,1
16	6,5	3,9	6,1	3,7	5,5	3,3	4,2	2,5
14	5,5	3,3	5,1	3,1	4,5	2,7	3,2	1,9
12	4,5	2,7	4,1	2,5	3,5	2,1	2,2	1,3

III. Zur Herstellung von 1 Ctr. Stärke sind erforderlich Centner Kartoffeln:

Angabe der Kartoffelwaage	bei ausgezeichneter Arbeit		bei guter Arbeit		bei mittlerer Arbeit		bei schlechter Arbeit	
	feuchte Stärke	trockene Stärke	feuchte Stärke	trockene Stärke	feuchte Stärke	trockene Stärke	feuchte Stärke	trockene Stärke
Proc.	Ctr.	Ctr.	Ctr.	Ctr.	Ctr.	Ctr.	Ctr.	Ctr.
24	2,4	4,0	2,5	4,1	2,6	4,4	3,0	5,0
22	2,6	4,4	2,7	4,6	2,9	4,9	3,5	5,7
20	2,9	4,9	3,1	5,1	3,3	5,5	4,0	6,6
18	3,3	5,5	3,5	5,8	3,8	6,4	4,8	7,9
16	3,8	6,4	4,1	6,7	4,6	7,6	5,9	9,8
14	4,6	7,6	4,9	8,0	5,5	9,3	7,7	12,8
12	5,5	9,3	6,0	10,1	7,1	11,9	11,1	18,5

Bezüglich der Benutzung der Tabelle ist noch darauf aufmerksam zu machen, dass dieselbe dem Nassstärkefabrikanten nur die Ausbeute in der Fabrik angiebt. Da er aber nach bahnamtlichem Gewicht verkauft, so kann die Zahl der Tabelle zu hoch sein, da beim Transport in frostfreier Zeit je nach der Länge und Güte des Weges zur Bahn Verluste an Wasser oder bei schwimmiger Stärke sogar an Stärke selbst durch Absickern eintreten können. Dieselben sind rein örtlicher Natur und daher von jedem Fabrikanten für den Einzelfall festzustellen. Als mittlere Zahl kann für feuchte Stärke an der Bahn 48,5 Proc. Wassergehalt angenommen werden, also bei einer Ausbeute in der Fabrik von 30 Ctr. an der Bahn $\frac{30.50}{51,5} = 29{,}1$ Ctr. feuchter Stärke.

Hinsichtlich der Berechnungsart der Tabelle mag noch Folgendes gesagt sein. Der Nichtstärkegehalt und ebenso der Fasergehalt sind zu 1,5 Proc. angenommen. Nach Aufstellung der Tabelle fand Verfasser bei der Untersuchung an 30 Kartoffelproben für Nichtstärke als Mittelzahl 1,7 Proc., für Reinfaser 1,1 Proc. (s. S. 53 bezw. 56). Rechnet man zu letzterer Zahl den aus der mittleren Pülpeanalyse anzunehmenden Gehalt von in der Pülpe bleibenden Eiweiss- und Aschenbestandtheilen mit 0,3 Proc. hinzu, so beträgt der Rohfasergehalt im Mittel 1,4 Proc. Letztere Zahl stimmt mit der angenommenen Mittelzahl genügend überein.

Führt man für Nichtstärke den Faktor 1,7 Proc. ein, so würde die Ausbeute sich verringern in Tabelle I für feuchte Stärke um 0,4, für trockene Stärke um 0,2 Ctr. Das sind aber Abweichungen, welche nicht in's Gewicht fallen gegenüber den grossen Schwankungen in der Zusammensetzung der Kartoffeln überhaupt.

Aus diesem Grunde, und weil die Tabelle nach Aussage vieler Praktiker in der gegebenen Form durchaus brauchbare Zahlen liefert, und da die Anzahl der Kartoffeluntersuchungen, aus denen Verfasser das abweichende Mittel fand, verhältnissmässig gering ist, hat er von einer Aenderung der Tabelle vorläufig Abstand genommen.

Bei ihrem Gebrauch ist zu bedenken, dass alle Angaben aus Mittelzahlen berechnet sind und daher Abweichungen leicht vorkommen können, z. B. wenn Kartoffeln gar keinen Zucker enthalten. Im Allgemeinen wird dann die Tabelle eher eine zu geringe als zu hohe Ausbeute angeben. Es liegt auch ein gewisser Fehler in der Annahme, dass bei guter Arbeit die Pülpe stärkereicher Kartoffeln, ebenso wie die stärkearmer, 60 Proc. Stärke in wasserfreier Substanz enthält, während eine gut geriebene Pülpe stärkereicher Kartoffeln sehr wohl noch 65 Proc. Stärke enthalten kann.

Die Tabelle schafft aber immerhin eine bessere Grundlage als die Angabe der Kartoffelwaage allein, und eine für alle Verhältnisse einschlägige Ausbeuteberechnung aufzustellen, ist eben nicht möglich.

Soll die Ausbeute im Einzelfall ganz genau festgestellt werden, so muss das Gewicht der Kartoffeln, nach Abzug der Schmutzprocente, genau für eine bestimmte Arbeitszeit festgestellt werden, ferner aus einer Anzahl von Proben der Stärkegehalt und der Nichtstärkegehalt ermittelt und daraus die Menge der in den Kartoffeln zur Verarbeitung gelangten Stärke bestimmt werden. Ferner muss die gesammte erzielte Pülpe gewogen und in Proben derselben der Stärkegehalt bestimmt werden; endlich muss die erzielte Ausbeute an Primastärke und Nachprodukten gewogen und in ihnen ebenfalls der Stärkegehalt bestimmt werden. Die Ausführung eines solchen Versuches in der Praxis erfordert aber viel Mühe und Störungen des Betriebes. Er kann nur durch einen mit derartigen Versuchen vertrauten Chemiker bewerkstelligt werden.

Das Verhältniss, nach welchem sich die Gesammtausbeute in die einzelnen Bestandtheile, Superiorstärke, Primastärke und Nachprodukte, zerlegt, ist bereits eingehender behandelt (S. 274 ff.).

Die Abfälle der Kartoffelstärkefabrikation.

Die Abfälle der Stärkefabrikation lassen sich in zwei Haupttheile trennen:

die festen Abfallstoffe und
die flüssigen Abfallstoffe.

Zu den ersteren sind zu rechnen: der letzte Schlamm und die Pülpe, zu den anderen: die Gesammtheit der Abwässer.

Die festen Abfallstoffe.

Der letzte Schlamm.

Der letzte Schlammrest, welcher sich bei der Verarbeitung des letzten Stärkeschlammes in den Aussengruben sammelt und dessen Gewinnung in trockner Form in kleinen Fabriken nicht mehr lohnend ist, wird seines Stickstoffgehaltes wegen, unter Umständen mit Sand vermengt, auf den Acker gefahren. Zweckmässiger ist es, ihn vorher zu kompostiren und zeitweise mit Fruchtwasser zu übergiessen.

Da er 0,3—0,7 Proc. Stickstoff enthält, so kann sein Werth bei einem Preise von 1 M. für 1 kg Stickstoff zu 0,3—0,7 M. für 100 kg angenommen werden.

Die Pülpe.

Die bei der Zerkleinerung der Kartoffeln übrig bleibende, mehr oder minder grosse Mengen Stärke enthaltende Kartoffelfaser wird gewöhnlich als Pülpe bezeichnet. In der Provinz Sachsen führt sie den Namen Schürpe, in Schlesien und Posen Futter oder Matsch und in der Priegnitz Kork.

Die Pülpe ist in frischem Zustande, wie sie von den Auswaschsieben fällt, eine feuchte, mehr oder weniger weich oder griesig und rauh sich anfühlende, hellgelbe, fleischfarbene oder graue Masse, welche um so weisser ist, je mangelhafter die Zerkleinerung war, um so bräunlicher oder grauer, je feiner sie gerieben wurde.

Sie ist sehr wasserreich. Die Höhe des Wassergehaltes ist abhängig von der Art der Zerkleinerung und Auswaschung. Gewöhnlich schwankt derselbe zwischen 94—90 Proc., sodass die Pülpe 6—10 Proc.

Trockensubstanz enthält, jedoch sinkt der Trockensubstanzgehalt bisweilen auch bis auf 3 Proc.

Nach ihrer äusseren Beschaffenheit kann man annähernd den Wassergehalt schätzen:

Pülpe mit 6 Proc. Trockensubstanz ist dickbreiig; Wasser und Faser scheiden sich beim Liegen.

Pülpe mit 10 Proc. Trockensubstanz ist schon etwas bröckelig, aber noch so feucht, dass man eine grössere Wassermenge noch leicht mit der Hand aus ihr abpressen kann.

Pülpe mit 14 Proc. Trockensubstanz ist stark bröckelig, giebt nur bei starkem Drucke der Hand noch etwas Wasser ab und lässt sich schon mit dem Spaten stechen.

Die Hauptbestandtheile der Trockensubstanz der Pülpe sind Zellfaser und Stärke, daneben finden sich geringe Mengen von Eiweissstoffen, anderen organischen Stoffen und Aschenbestandtheilen.

Schon früher (s. S. 211) wurde darauf hingewiesen, dass selbst bei bester Zerkleinerung und bei vollkommener Auswaschung der Stärkegehalt der Pülpetrockensubstanz noch 50—60 Proc. beträgt. Bei mangelhafter Leistung kann derselbe jedoch bis auf 80 Proc. steigen.

Wie gross aber selbst bei bester Leistung in der Stärkefabrikation die Verluste an Stärke durch Verbleiben derselben in der Pülpe sind, zeigt die folgende Berechnung: 100 Ctr. Kartoffeln enthalten rund 1,5 Ctr. Faser oder Nichtstärke. Es bleiben also bei einem Stärkegehalt der Pülpetrockensubstanz von 50 Proc. in der Pülpe zurück 1,5 Ctr. wasserfreier Stärke oder 3,0 Ctr. feuchter Stärke (mit 50 Proc. Wassergehalt). Es beträgt demnach der tägliche Verlust an Stärke für eine Fabrik, welche verarbeitet

	bei einem Stärkepreise pro Ctr. (50 kg) von	
	4 Mark	7 Mark
100 Ctr. Kartoffeln . . .	12 Mark	21 Mark
500 - - . . .	60 -	105 -

Hiernach ist es erklärlich, dass das Bestreben, die Stärke als solche der Pülpe noch vollständiger zu entziehen, stets ein reges gewesen ist. Besonders ist dies bei den industriellen Stärkefabriken der Fall, welchen die Pülpe durch die grosse Masse, in welcher sie sich anhäuft, bald lästig wird, und welche daher gezwungen sind, sie billig abzugeben, während sie der Landwirth sofort von der Fabrik weg als Futtermittel verhältnissmässig gut verwenden kann.

Versuche der Stärkegewinnung aus Pülpe.

Es sind verschiedene Wege zur Gewinnung der Stärke aus der Pülpe denkbar und auch Versuche in verschiedenen Richtungen gemacht, es ist jedoch von einem durchschlagenden Erfolge bisher nicht zu berichten.

Das Nächstliegende ist eine weitere mechanische Zerkleinerung der Pülpe. Versuche mit Metallwalzen und besonders fein zerkleinernden Apparaten sind bisher immer daran gescheitert, dass die Menge der Pülpe, welche sie in bestimmter Zeit zerkleinern konnten, durchaus nicht der Höhe der von der Stärkefabrik in derselben Zeit abgeworfenen Pülpe entsprach, und dass der Kraftverbrauch ein zu hoher war.

Es ist der weiteren mechanischen Zerkleinerung der Pülpe auch nach der Richtung hin ein Endziel gesetzt, dass alle Vorrichtungen, welche bei dem Aufschliessen der Zellen gleichzeitig die Faser sehr stark zerreiben, unbrauchbar sind, weil dadurch die Faser so fein wird, dass sie sich weder durch Sieben noch Schlämmen genügend leicht von der freigemachten Stärke trennen lässt, und weil das Endprodukt in Folge dessen grau und minderwerthig wird.

Eine weitere Ausdehnung der mechanischen Zerkleinerung könnte nur in der Richtung gesucht werden, dass gleich zu Anfang mehr Zellen der Kartoffel geöffnet werden, oder die geschlossenen Zellen der Pülpe langfaserig aufgerissen werden. Es ist aber bisher nicht gelungen, eine Maschine herzustellen, welche diese Bedingungen erfüllt.

Noch weniger Aussicht auf Erfolg bietet zur Zeit ein zweiter Weg, der chemische. Er zielt darauf ab, die Faser durch chemische Mittel aufzulösen. Billige und ungefährliche Lösungsmittel für Faser sind aber bisher nicht bekannt, und bei der chemisch nahen Verwandtschaft der Faser und der Stärke ist es wenig wahrscheinlich, dass sich solche finden, welche nur die Faser und nicht auch die Stärke angreifen, wie dies z. B. bei dem ausserdem noch giftigen Kupferoxydammoniak der Fall ist.

Ein letzter Weg, die in der Pülpe zurückbleibende Stärke als solche zu gewinnen, ist der physiologische. Bei bestimmten, durch Bakterien hervorgerufenen Gährungen wird die Kartoffelfaser aufgelöst, ohne dass die Stärkekörner angegriffen werden. Es ist dies z. B. beim Beginn des Faulens der Kartoffeln der Fall.

Diese Gährungserscheinungen sind saurer oder fauliger Natur. Wenn Pülpe in Gruben lagert und säuert, so werden die Zellwände der noch nicht zerrissenen Zellen allmählich aufgelöst, und dadurch Stärke in Freiheit gesetzt. Man findet daher in länger gelagerten und gesäuerten Pülpen, auch von Fabriken, welche die Faser sehr vollkommen auswaschen, stets grössere Mengen auswaschbarer Stärke. Verfasser fand z. B. in Pülpe, welche auf Haufen 6—7 Monate gelagert hatte, einmal umgeschippt war und sich auf 24° R. erwärmt hatte, obwohl sie anfangs frei von auswaschbarer Stärke war, 5,8 Proc. auswaschbare Stärke bei einem Trockensubstanzgehalt der Pülpe von 24 Proc. Da die Pülpe 15 Proc. Gesammtstärke enthielt, so waren etwa $^2/_5$ der in ihr enthaltenen Stärke freigeworden. Es entspricht dies etwa der Leistung eines guten Mahlganges.

Manche Fabriken, welche neben Stärke auch Stärkezucker und Stärkesyrup herstellen, arbeiten daher ihre Pülpe nicht übermässig sorgfältig aus, säuern sie dann aber in gemauerten Gruben bis zum Ende der Kampagne ein und arbeiten sie dann nochmals durch. Es können dies aber eben nur solche Fabriken ausführen, denn das so erhaltene zweite Stärkeprodukt setzt sich schwer, ist schwer zu reinigen und pfundet weniger, sodass seine Verarbeitung auf Stärke kaum gewinnbringend sein würde. Ja es erscheint sogar bei Verkochen auf Syrup fraglich, ob die Mehrkosten der Nacharbeit durch die Menge der gewonnenen Stärke gedeckt werden.

Eine Gewinnung von Stärke aus der Pülpe durch Gährung bezweckt auch das Völker'sche Verrottungsverfahren, welches ursprünglich für Gewinnung von Stärke direkt aus Kartoffeln bestimmt war. Es wurde die Pülpe bei geeignetem Feuchtigkeitsgehalte und mässigem Luftzutritt bei ziemlich hoher Temperatur (etwa 30⁰ R.) einem Fäulnissprocess unterworfen. Dies Verfahren hat aber wenig Eingang gefunden. Die Gründe sind wohl dieselben wie die oben angeführten.

Es erscheint dem Verfasser trotzdem dieser physiologische Weg noch der am meisten Erfolg versprechende zu sein, jedoch erst dann, wenn durch genaue Untersuchungen über die günstigsten Bedingungen der Faservergährung und der Bakterien, welche sie vorzugsweise hervorrufen, die Möglichkeit gegeben ist, einen bestimmten Verlauf der Gährung zu sichern und durch Aussaat der geeigneten Bakterien andere Gährungen zu unterdrücken.

Allerdings ist als ein sehr wichtiger Punkt dabei in Betracht zu ziehen der Umstand, dass die Gährungen unter den bisher bekannten Bedingungen meist fauliger Natur sind und unter Entwicklung sehr unangenehmer fauliger Gerüche stattfinden, wodurch bei Grossbetrieb schwere Zerwürfnisse zwischen der Stärkefabrik und den Adjacenten zu befürchten sind. Jedoch scheint es nicht ausgeschlossen, dass sich Mittel finden lassen, auch diesen Uebelstand zu verhindern bezw. zu vermindern.

Bei Versuchen, welche Verfasser über Vergährung von Kartoffeln in Scheiben durch Impfung mit Teichschlammbakterien ausführte, gelang es, wenigstens durch Zusatz von Kalk die Entwicklung übler Gerüche wesentlich einzuschränken.

Jedenfalls sind aber noch eine Reihe von theoretischen und praktischen Versuchen erforderlich, ehe ein sicheres Urtheil über den praktischen Werth oder Unwerth dieser Art der Gewinnung von Stärke aus der Pülpe sich abgeben lässt.

Verfasser hat auch versucht, Kartoffeln, in Scheiben geschnitten, direkt durch Bakteriengährungen unter Luftabschluss bei 24⁰ R. von Fasern zu befreien und so auf gährungstechnischem Wege die Stärke aus den Kartoffeln vollständig zu gewinnen. Es gelingt dies auch, da die Bakterien die Stärke nicht angreifen, aber es entstehen dabei sehr unangenehm riechende Fäulnissprodukte, deren Geruch zwar durch Zusatz von kohlensaurem Kalk zu der gährenden Masse gemildert, aber nicht ganz verhindert werden kann. Jedoch ist er der Ansicht, dass eine Unmöglichkeit der Verhinderung der fauligen Gährung nicht direkt vorliegt.

Den genannten Versuchen, die Stärke als solche aus der Pülpe zu gewinnen, stehen eine Reihe anderer zur Seite, welche eine bessere Ausnutzung der Stärke in der Pülpe durch Erzeugung von Umwandlungsprodukten der Stärke erstreben.

Zunächst waren es Versuche, die Pülpe auf Syrup und Zucker bezw. Dextrin zu verarbeiten. Solche Versuche stellte schon im Jahre 1859 Anthon an, sie scheiterten aber an der grossen Verdünnung der Säfte wegen der grossen zur Auslaugung der Faser nöthigen Wassermenge und der Schwierigkeit der Auslaugung wegen zu grosser Belastung der Filterpressen. Auch wird die Faser beim Kochen stark aufgebläht und dadurch das Kochen schwierig. Genug, die Verarbeitung auf Syrup erweist sich als nicht lohnend.

Fliessbach hat zwar versucht, diese Uebelstände zu beseitigen, indem er die Pülpe ähnlich dem Völker'schen Verfahren einer Verrottung überliess (D. R. P. 29 025). Das auf das Verfahren ertheilte Patent ist aber bereits erloschen und scheint keine Anwendung gefunden zu haben.

Ganz ähnlich verhält es sich mit der Verwerthung der Pülpe als Zumaischmaterial bei der Spiritusfabrikation. Man fand zwar, dass Pülpe bequem wie Kartoffeln in einem Henze-Dämpfer aufgeschlossen werden kann, die erzielten Maischen sind aber sehr dünn. Sie zeigen nur 7—8° Balling, auch wenn die Pülpe vorher durch Pressen auf 14 Proc. Trockensubstanzgehalt gebracht war. Bei der in Deutschland bestehenden Maischraumsteuer ist aber ein Arbeiten mit so dünnen Maischen verlustbringend.

Pülpe zu Gebrauchsgegenständen.

Es sind endlich noch einige Versuche zu erwähnen, die Pülpe zu Verbrauchsgegenständen zu verarbeiten.

Fliessbach-Kurow wollte daraus durch Erhitzen auf 80° unter geringem Säurezusatz und Einpressen der Masse in heisse Matrizen Knöpfe, Brochen, Teller etc. herstellen (D. R. P. 28 356).

Günther-Neustadt i. M. grubte die Pülpe mit Chlorkalk 2 Monate ein, zerkleinerte sie dann auf dem Mahlgang und siebte und fluthete. Die dabei gewonnene Stärke gab ein Nachprodukt, die abfliessende Faser wurde in Gruben mit Gypsschlag am Boden gesammelt, der Rückstand getrocknet, gemahlen und gesiebt. Diese Masse nannte er Cellulin. Angefeuchtet und bei 180° C. mit hydraulischem Druck in Matrizen gepresst, sollte sich die Masse wie Holz, Elfenbein etc. verarbeiten lassen (D. R. P. 33 625).

Beide Verfahren haben keinen Eingang in die Praxis gefunden.

Endlich ist auch Pülpe als Rohmaterial zur Papierfabrikation verwendet worden. Das von Fliessbach-Kurow erfundene Verfahren ist in der Stärkefabrik Bronislaw, Provinz Posen zur Ausführung gelangt. Es bestand darin, dass die nasse, aus der Fabrik abfallende Pülpe unter Zusatz von etwas Alaun zum Fällen der Eiweisskörper in einem Kochgefäss $2^1/_2$ Stunde bei 90—95° C. gehalten, in einem Mischholländer unter Zusatz von Holzfaser aus Holzschleifereien und von Kolophonium und Soda als Leim 1 Stunde durchgearbeitet, gekühlt und dann nach Art anderer Papiermasse auf Packpapier verarbeitet wurde.

Die Fabrik hat nach einigen Jahren diesen Betrieb eingestellt, trotzdem das Papier als gut und mit gleichartigen Papiersorten konkurrenzfähig bezeichnet wurde. Sie musste den grossen Bedarf an Holzfaser aus Schweden beziehen, wodurch die Herstellungskosten zu grosse wurden.

Der Eigenartigkeit wegen mag hier auch noch eine Pülpeverwerthung angeführt werden, welche aus einer Nothlage hervorging. Eine industrielle Stärkefabrik konnte eine grosse Pülpemenge in einem futterreichen Jahre nicht an die umwohnenden Landwirthe als Futtermittel verkaufen, musste sie aber fortschaffen.

Es wurde daher die Pülpe mit Wasser angerührt, in Streichtorfformen gepresst und die entstandenen Ziegel ganz in der Weise wie Torf an der Luft getrocknet. Die Pülpeziegel dienten dann als Feuerungsmaterial. Nach einem vergleichenden Heizversuch des Verfassers entsprachen 8 Ctr. Pülpeziegel = 1,57 Ctr. guter Steinkohle. 1000 Stück Ziegel = 11,6 Ctr. erforderten 1 M. Herstellungskosten, und da 100 000 Stück = 1160 Ctr. hergestellt wurden, so ersetzten sie 228 Ctr. Steinkohlen im Werthe von 228 M. Da die Ziegelherstellung 100 M. kostete, so waren 128 M. und die Fuhrkosten für das Abfahren der Pülpe auf den Acker gespart.

Pülpe als Futtermittel.

Die älteste und verbreitetste Verwerthung der Pülpe ist diejenige als Futtermittel für das Vieh.

Die mittlere Zusammensetzung der Pülpe wird in Procenten wie folgt angegeben:

	Maercker	J. König	E. Wolff
Wasser	86,0	86,0	86,0
Asche	0,4	0,4	0,4
Faser	1,8	1,4	1,0
Fett (Aetherextrakt)	0,1	0,1	0,1
Proteïn	0,7	0,9	0,8
Stickstofffreie Extraktivstoffe (Stärke u. A.)	11,0	11,2	11,7

Das Nährstoffverhältniss (Proteïn : [Fett × 2,44 + stickstofffreie Extraktstoffe]) ist hiernach im Mittel 1 : 14,6 und somit ein sehr weites, bedingt durch den sehr niedrigen Proteïngehalt, welcher in der wasserfreien Pülpe nur 5,3 bis 6,4 Proc. ausmacht. Es ist daher bei Verfütterung von Pülpe stets eine Zugabe von Kraftfuttermitteln zu befürworten, deren Menge so zu bemessen ist, dass ein Nährstoffverhältniss von 1 : 4 bis 1 : 7 erreicht wird.

E. Wolff giebt an, dass alle organischen Bestandtheile der Pülpe, also auch die Faser, verdaulich ist.

Verfasser fand in Uebereinstimmung damit in dem Kothe von Thieren, welche mit grösseren Rationen an Pülpe gefüttert waren, bei der mikroskopischen Untersuchung nur einzelne Stärkekörner und Reste der Kartoffelschale.

Der Futterwerth der Pülpe aus 100 kg Kartoffeln berechnet sich, wie folgt:

100 kg Kartoffeln geben 75 kg Pülpe mit 6 Proc. Trockensubstanz
oder also 4,5 kg wasserfreie Pülpe.

Nach ihrer mittleren Zusammensetzung enthält die Pülpe

5,3 Proc.	Proteïn	also 4,5 kg Pülpe	= 0,24 kg
0,7 -	Faser	- -	= 0,03
78,0 -	stickstofffreie Extraktivstoffe	- - -	= 4,11 -
13,3 -	Faser (verdaulich)		

Es wird theoretisch 1 kg Proteïn mit 33 Pfennigen
1 - Fett - 22 -
1 - Kohlenhydrate - 11 -

berechnet, also sind anzusetzen für die Futterwerthberechnung: Proteïn 7,92 + Fett 0,66 + Kohlenhydrate 45,21 = 54 Pfennige. In gleicher Weise berechnet würde sich dagegen der Futterwerth der Branntweinschlempe von 100 kg Kartoffeln auf 132 Pfennige berechnen, die Pülpe hat also einen wesentlich geringeren Futterwerth als die Schlempe.

In gleicher Weise berechnet E. Wolff den Futterwerth von 1 Ctr. (50 kg) Pülpe mit 14 Proc. Trockensubstanz zu 0,80 M.

Dieser theoretische Futterwerth wird aber thatsächlich von Stärkefabrikanten, welche ihre Pülpe verkaufen müssen, fast nie erreicht. Nur in sehr futterarmen Jahren, wie das Jahr 1893 war, ist ausnahmsweise für Pülpe bis zu 75 Pfennigen für den Centner bezahlt worden.

Im Allgemeinen erhält der Stärkefabrikant für den Centner abgetropfter Pülpe mit 10—14 Proc. Trockensubstanz 10 Pfg. bis höchstens 40 Pfg., meist nur 10—20 Pfg.

Die Ansichten über die Art, in welcher die Pülpe zur Verfütterung gelangen soll, und die Menge, welche man dem Vieh von ihr reichen darf, gehen ausserordentlich weit auseinander.

Während ein Theil der Viehhalter die Pülpe nur warm verfüttern will und bei kalter Verfütterung mangelhafte Ernährung und Krankheitsfälle (Durchfall, Verkalben u. A.) beobachtet hat, giebt ein anderer Theil grosse Mengen Pülpe kalt, ohne irgend Nachtheile beobachtet zu haben.

Die Ursache dieser Meinungsverschiedenheiten ist hauptsächlich in der grossen Verschiedenheit des Wassergehaltes der Pülpe zu suchen. Je nach der Einrichtung der Auswaschsiebe verlässt die Pülpe die Fabrik mit 3 bis 10 Proc. Trockensubstanz oder Nährstoff. Dieser Gehalt kann aber durch Lagern in Gruben mit durchlässigem Boden oder durch eine andere Art der Entwässerung bis auf 25—30 Proc., ja bis auf 40 Proc. gesteigert werden.

Das Thier, welchem die Pülpe mit 3 bis 10 Proc. Trockensubstanz gereicht wird, wird also mit wesentlich höheren Mengen kalten Wassers belastet, als dasjenige, welches die trockenere, gelagerte Pülpe erhält. Da aber der thierische Organismus das warme Wasser viel leichter annimmt und viel grössere Mengen davon bewältigt, wie von kaltem, weil er das kalte Wasser erst auf die Körpertemperatur bringen muss, so ergiebt sich aus dem Wassergehalt der Pülpe die beste Art ihrer Verfütterung.

Wasserreiche Pülpe wird man zweckmässiger Weise warm verfüttern, also ankochen, trockensubstanzreiche Pülpe dagegen kann kalt verfüttert werden, ohne dass sich Nachtheile ergeben.

Von Bedeutung zur Entscheidung der Frage, in welcher Form die Pülpe gefüttert werden soll, ist aber noch das Verhältniss zwischen der Grösse der Viehhaltung und der Leistung der Fabrik hinsichtlich der Menge der täglich verarbeiteten Kartoffeln.

Ist ein grosser Viehstand und eine Stärkefabrik von mässigem Umfange vorhanden, so wird auf das einzelne Thier nur eine geringe Menge Pülpe kommen, soll dagegen mit der in einer grösseren Stärkefabrik gewonnenen Pülpemenge eine möglichst geringe Anzahl von Thieren gefüttert werden, so kommt es darauf an, jedem Thiere eine möglichst grosse Menge von Pülpetrockensubstanz beizubringen.

Im ersten Falle wird die Pülpe in wasserreichem Zustande gegeben und zwar gewöhnlich angekocht oder gedämpft, im anderen Falle muss man die Pülpe so reich als möglich an Trockensubstanz dem Vieh verabreichen.

Endlich ist die Art der Verfütterung von der Thiergattung abhängig. Die Schweine bevorzugen die nassere Pülpe, alle anderen Thiere die trocknere.

Man kann Pülpe verfüttern an Schafe, Schweine, Milch-Kühe, Zugochsen, Mastrinder und Pferde. In den meisten Fällen erfolgt eine Beigabe von eiweissreichen Futtermitteln, wie Oelkuchen, Erdnusskuchen, Biertreber u. A. Die Menge der Zugabe dieser Futtermittel ist eine sehr verschiedene und wird bis zu 10 Pfd. auf 1000 Pfd. Lebendgewicht des Thieres bei Mastochsen gesteigert, während ihnen an Pülpe bis zu 120 Pfd. von 16 Proc. Trockensubstanz beigebracht werden konnte.

Bernhard Schulze-Breslau giebt z. B. folgende Futtermischungen mit Pülpe an:

Für Milchkühe auf 1000 Pfd. Lebendgewicht täglich:

1.	2.	3.
8 Pfd. Wiesenheu	5 Pfd. Wiesenheu	5 Pfd. Wiesenheu
50 - Kartoffelpülpe	30 - Kartoffelpülpe	50 - Kartoffelpülpe
7½ - Stroh u. Spreu	10 - Stroh u. Spreu	6 - Hülsenfruchtstroh
2 - Baumwollsaatkuchen	2 - Erdnusskuchen	7½ - Winterhalmstroh u. Spreu
1 - Palmkernkuchen	2 - Palmkuchen	2 - Erdnusskuchen
½ - Fleischfuttermehl	2 - Rapskuchen	2 - Weizenschalen
½ - Erdnusskuchen		½ - Fleischmehl

dazu auf jedes Stück 20—50 g Kochsalz.

Für Zugochsen auf 1000 Pfd. Lebendgewicht täglich:

1. bei mittlerer bis starker Arbeit	2. bei voller Stallruhe	
6 Pfd. Wiesenheu	5 Pfd. Wiesenheu	2½ Pfd. Wiesenheu
30 - Kartoffelpülpe	30 - Kartoffelpülpe	25 - Kartoffelpülpe
12 - Stroh u. Spreu	10 - Winterstroh	
2 - Baumwollsaatmehl	2 - Weizenschalen	10 Liter Weizenschalen
2 - Roggenschrot		12 Pfd. Winterstroh
½ - Fleischmehl		½ - Baumwollsaatmehl

dazu pro Stück 30—40 g Kochsalz.

Für Mastrinder während der Hauptmastzeit neben 50 bis 80 g Kochsalz als warme Suppen auf 1000 Pfd. Lebendgewicht:

1.	2.	3.
9 Pfd. Wiesenheu	10 Pfd. Wiesen- und Kleeheu	12 Pfd. Wiesenheu
50 - Kartoffelpülpe	5 - Melasse	5 - Melasse
10 Liter Magermilch	8 - Weizenstroh	8 - Weizenstroh
10 Pfd. Hafer- und Weizenstroh	5 - Weizenschalen	5 - Weizenschalen
2 - Erdnusskuchen	2½ - Baumwollsaatmehl	2½ - Baumwollsaatmehl
2 - Rapskuchen	2 - Bohnenschrot	2 - Bohnenschrot

Für Schafe auf 1000 Pfd. Lebendgewicht für

Woll- und Mutterschafe:		Mastschafe:
4 Pfd. Wiesenheu	12 Pfd. Lupinenheu	12 Pfd. Lupinenheu
8 - Lupinenheu	40 - Kartoffelpülpe	40 - Kartoffelpülpe
50 - Kartoffelpülpe	10 - Rapsstroh	10 - Rapsstroh
5 - Lupinenstroh	3 - Weizenschalen	5 - Rapskuchen
2 - Rapskuchen		$1^1/_2$ - Lupinen

dazu 5—8 g Kochsalz.

Die Art, in welcher die Pülpe angewärmt und gekocht wird, ist sehr verschieden.

Vielfach findet man in kleinen Fabriken einfache Bottiche mit Rührwerk, in welchen die Pülpe mit direkt eingeleitetem Dampf oder

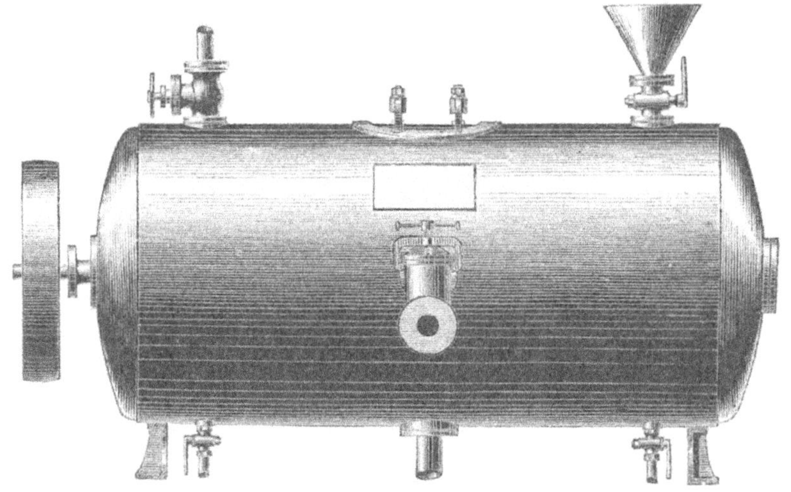

Abb. 157.

durch eine Dampfschlange erwärmt wird. Letzteres ist jedenfalls zweckmässiger, weil der direkt einströmende Dampf kondensirt wird und den Wassergehalt der Pülpe erhöht.

Ferner hat man liegende oder stehende Cylinder von Eisenblech (s. Abb. 157 u. 158), welche mit einem Rührwerk versehen sind. In diesen wird die durch ein Mannloch oder Schieberventil eingeführte Pülpe mit Abdampf, oder wohl zweckmässiger, wenn sie schon sehr wasserreich ist, mit direktem Dampf gekocht, welcher mittelst eines in die Pülpe hineinragenden Rohres eingeleitet wird. Nach beendigter Kochung wird sie, wie bei den Montejus der Zuckerfabriken, mittelst direkten Dampfstromes von oben nach den Viehställen gedrückt. Dämpfapparate, in welchen die Erhitzung durch in einem Doppelmantel spielenden Dampf geschieht, sind zu bevorzugen.

Manche Viehhalter legen besonderen Werth darauf, dass die Pülpe nicht nur aufgekocht, sondern bei einem Ueberdruck von 1 Atm. oder, wenn gleichzeitig eiweissreiche Beifutter wie Lupinen etc. mitgedämpft werden, bis zu 3 Atm. gedämpft werde. Dies wird dann in sogen. Henze-Dämpfern mit spitzem Boden und Dampfzuströmung von unten und

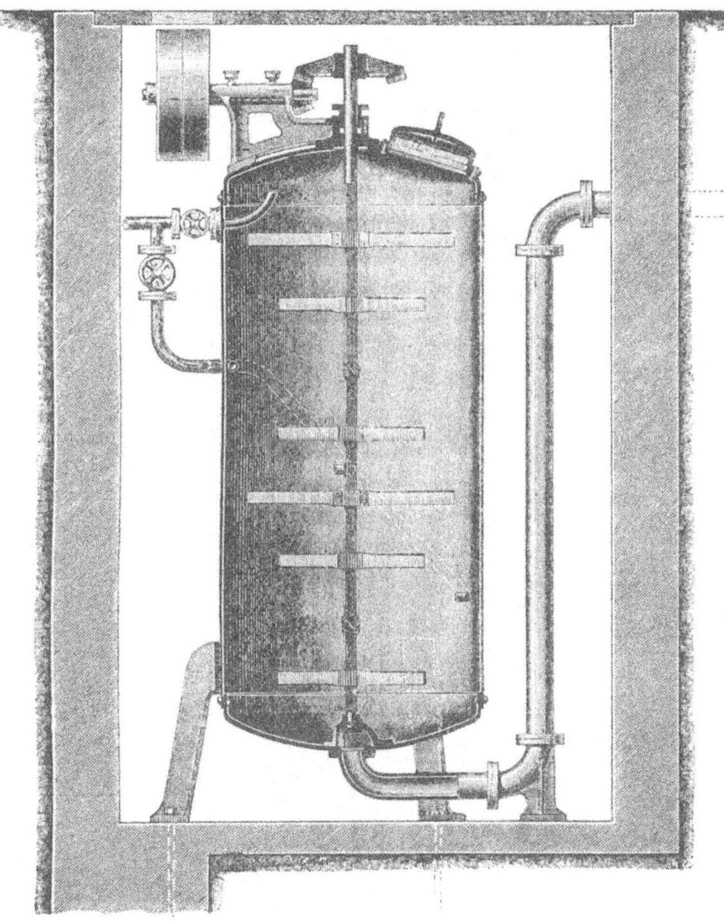

Abb. 158.

oben, wie ihn Abb. 159 nach einer Konstruktion von H. Schmidt-Cüstrin zeigt, bewirkt und die gedämpfte Masse dann nach den Viehställen durch das an der unteren Spitze befindliche Ausblaseventil mit Dampfdruck von oben fortgedrückt.

Als Vorzüge des Verfütterns warmer Pülpe werden angegeben, dass Krankheiten wie Durchfall etc., welche bei Kaltfütterung sich zeigten, verschwanden, dass Milchkühe pro Haupt und Tag 1 Liter Milch von gleichem Fettgehalt mehr gaben als bei Kaltfütterung, und Schafe besser schwitzten, Wolle mit schönen schwarzen Spitzen und besseren Dung gaben, und dass die Mutterschafe keine Säure mehr in der Milch, die Lämmer in Folge dessen keinen Durchfall mehr hatten.

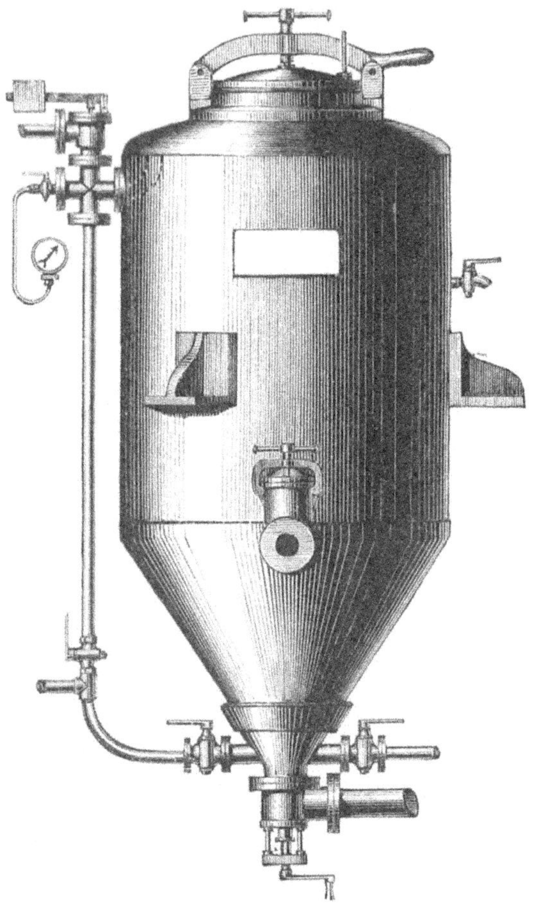

Abb. 159.

Entwässern und Einsäuern der Pülpe.

Soll die Pülpe nicht in gekochtem oder gedämpftem Zustande, sondern kalt zur Verfütterung gelangen, so muss sie möglichst reich an Trockensubstanz sein, wenn das Vieh sie reichlich und gern aufnehmen soll.

Eine gewisse Menge des Wassers kann in einfacher Weise aus ihr entfernt werden, einer weiteren Entziehung des Wassergehaltes setzt sie aber einen grossen Widerstand entgegen.

Bis auf einen Trockensubstanzgehalt von 8—10 Proc. kann man die Pülpe leicht bringen, indem man sie in durchlässigen Wagen fährt, in Körben oder Holzkästen mit gelochtem Boden oder in Erdgruben in durchlässigem Boden absacken lässt, oder an den Bürstencylindern, Schüttelsieben u. s. w. dem letzten Siebstück kein Wasser mehr zuführt, oder die ganze Pülpe noch über ein Sieb ohne Brause gehen lässt.

Soll der Wassergehalt aber noch stärker verringert und ein Trockensubstanzgehalt von 12—14 Proc. erzielt werden, so bedarf man schon etwas besserer Vorrichtungen.

Für kleinere Fabriken sind zwei Einrichtungen zu nennen, welche leicht von jedem Besitzer selbst hergestellt werden können.

Das Verfahren von Kette-Jassen beruht darauf, dass die Pülpe in Sacktuchcylindern abgetropft wird (s. Abb. 160). Zu dem Zwecke werden zwei Holzscheiben von 2 m Durchmesser an einem aufrecht stehenden drehbaren Trägerbalken angebracht; dieselben sind 1 m von einander entfernt und jede mit 8 Ausschnitten von 40 cm Durchmesser versehen. Zwischen diesen werden Sacktuchcylinder ausgespannt und unten durch eine Schieberthür verschlossen. In diese Säcke läuft die Pülpe von den Sieben. Zur Füllung jeden Sackes gehören 15 Minuten, dann wird der nächste beigedreht u. s. w., so dass jeder Sack zwei Stunden ruht, ehe er durch die Schieberthür entleert wird. Dabei wird die Pülpe auf einen Trockensubstanzgehalt von 12 Proc. gebracht.

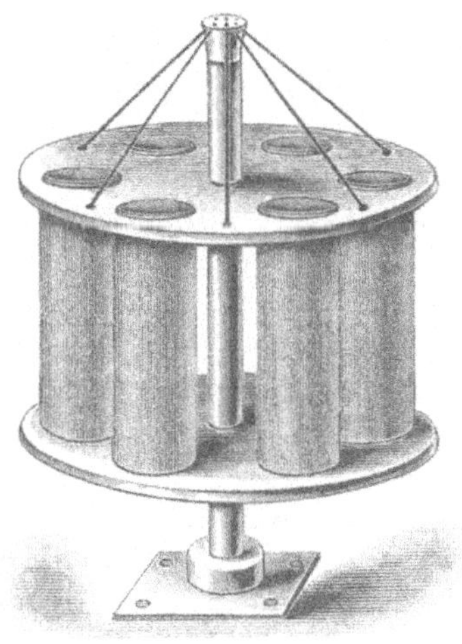

Abb. 160.

Das zweite Verfahren von v. Wedemeyer-Woynitz besteht darin, dass an die Fabrik ein kleiner Schuppen angebaut wird, dessen Fussboden gemauert und nach der Mitte zu abgeschrägt ist, sodass das Wasser sich in einer in der Mitte befindlichen, das Gebäude der Länge nach durchziehenden Abflussrinne sammeln und abfliessen kann. Das Gebäude ist in 4 Kammern getheilt und in jeder über den Fussboden eine geflochtene Weidenmatte gelegt. Täglich wird eine Kammer befüllt mit Pülpe, sodass dieselbe 3—4 Tage Zeit zum Abtropfen hat. Wenn die Weidenmatten sich verstopfen, so werden sie mit Stöcken geklopft.

Es mag hier erwähnt werden, dass Versuche, Pülpe auf gelochten Blechen abtropfen zu lassen, stets gescheitert sind. Ist die Lochung zu fein, so verstopfen sich die Bleche sehr schnell und werden undurchlässig, sind sie gröber, so geht zu viel feine Pülpe mit dem Abwasser verloren. Weidengeflechte oder Reisigbündel sind das beste Material zum Abtropfenlassen der Pülpe.

Um einen noch höheren Trockensubstanzgehalt der Pülpe zu erzielen, ohne dass sie gerade lufttrocken wird, giebt es nun zwei Wege: das Eingruben und das Pressen der Pülpe.

Das Eingruben, Einmieten oder Einsäuern der Pülpe ist ein einfacher, altbekannter Vorgang, der auch bei anderen Futtermitteln ausgeführt wird.

Dort, wo durchlässiger Boden vorhanden ist, genügt es, tiefe Gruben anzulegen und dieselben an den abgeschrägten Seitenwänden mit halben Ziegelsteinen oder Feldsteinen auszulegen, damit nicht zu viel Erde in die Pülpe gelangt.

Bei weniger durchlässigem Boden drainirt man die Sohle der Grube oder füllt Reisigbündel hinein. Bei undurchlässigem Boden mauert man den Boden schräg aus, versieht ihn mit einer Sammelrinne und überdeckt diese mit losen Ziegeln, alten Säcken oder Weidengeflechten.

In diese Gruben wird die frische Pülpe eingefahren und sich selbst überlassen. Ein Bedecken mit Säcken und Erde oder in anderer Weise ist nicht nöthig, da sich die Pülpe bald selbst mit einer Kruste überzieht.

Zweckmässig ist es, die Gruben abgeschrägt fast der ganzen Länge nach anzulegen, sodass man bequem den Wagen rückwärts hineinstossen und wieder hinausfahren kann. Man giebt solchen Gruben eine Länge von 20 m, eine Breite von 6 m und eine Tiefe von 2,50 m.

In diesen Gruben wird die Pülpe durch den eigenen Druck entwässert und erreicht Trockensubstanzgehalte bis zu 40 Proc. je nach der Dauer der Lagerung.

Neben dem Wasserverlust gehen aber beim Einmieten der Pülpe noch Gährungserscheinungen einher.

Die Vorgänge sind dieselben, wie sie beim Einsäuern des Sauerkrautes, der sauren Gurken, der Rübenschnitzel, Rübenblätter und des Sauerheus stattfinden. Es wird in Folge der Thätigkeit von Bakterien eine Säurebildung (wahrscheinlich Milchsäure) hervorgerufen, welche der Pülpe einen angenehmen säuerlichen, an Sauerkraut erinnernden Geschmack und Geruch verleiht.

Es tritt dies stets ein, wenn für genügenden Abfluss des absackenden Wassers Sorge getragen ist, und nur wenn dies nicht der Fall war, tritt eine falsche Säuerung ein, d. h. es entwickelt sich eine Buttersäuregährung, welche der Pülpe einen unangenehmen Geruch nach ranziger Butter oder nach Fäulniss giebt und dieselbe für die Verfütterung verdirbt, weil solche Pülpe zu Erkrankungen des Viehs Anlass giebt.

Die richtig gesäuerte Pülpe dagegen ist ein den Thieren sehr angenehmes Futter. Sie wird von ihnen viel lieber und reichlicher genossen als frische, wenn auch trockensubstanzreichere Pülpe. Es soll auch die Milch danach fettreicher und der Geschmack der Butter ein besserer sein.

Vorher gekochte Pülpe giebt nach Opitz von Boberfeld-Witoslaw beim Einmieten das Wasser leichter ab als roh eingemietete.

Man erhält durch das Einsäuern zweifellos den Vortheil, ein wasserärmeres und für das Vieh sehr schmackhaftes, gut verdauliches Futter zu erhalten.

Das Einmieten hat aber auch gewisse Nachtheile, es sind dies recht erhebliche Verluste an Trockensubstanz.

Wenn man in eine Grube ein bestimmtes Gewicht nasser Pülpe einfährt und durch Feststellung des Wassergehaltes zu berechnen in der Lage war, wie viel man an Trockensubstanz eingefahren hat, so wird man bei Feststellung des Gewichtes und Wassergehaltes der eingesäuerten und nach Monaten herausgenommenen Pülpe eine Menge an Trockensubstanz herausrechnen, welche erheblich hinter der eingefahrenen Menge zurückbleibt.

Durch die Säuerung wird ein Theil der Trockensubstanz zerstört, in gasförmige Körper und in wasserlösliche übergeführt und in diesem Zustande mit Luft und dem Abwasser fortgeführt.

Es tritt dies auch, wie Maercker, O. Kellner und Andere mit Sicherheit nachgewiesen haben, beim Einsäuern von Rübenschnitzeln, Rübenblättern und anderen Futtermitteln stets ein.

Die Verluste an Trockensubstanz können dabei recht erhebliche sein. Verfasser fand für Pülpe

bei 3monatlichem Einsäuern	22 Proc.
- 5 - -	27 -
- 7 - -	34 -

Verlust an ursprünglich eingefahrener Pülpe-Trockensubstanz.

Die Säuerung ist eine recht erhebliche. Verfasser fand in 7 Monate lang gesäuerter Pülpe in 100 kg (von 18,1 Proc. Trockensubstanzgehalt) 0,335 kg nicht flüchtige Säure (auf Milchsäure berechnet) und 0,230 kg flüchtige Säure (auf Essigsäure berechnet).

Bei der Säuerung findet auch eine Auflösung der Faser statt, denn gesäuerte Pülpen enthalten stets sehr grosse Mengen auswaschbarer Stärke (vergl. S. 371); wahrscheinlich ist dies die Folge einer neben der Milchsäuregährung einhergehenden Faser-Sumpfgas-Gährung.

Verfasser fand z. B. in Pülpe mit 15,85 Proc. Trockensubstanz 3,9 Proc. auswaschbarer Stärke = 34,7 Proc. der Gesammtstärke und in einer solchen mit 25,54 Proc. Trockensubstanz 7,88 Proc. auswaschbarer Stärke = 45,7 Proc. der Gesammtstärke.

Das Pressen von Pülpe ist schon vor langer Zeit versucht worden. Die anfänglichen Versuche mit glatten Walzenpaaren, hydraulischen Pressen, Filterpressen und, in Holland angestellte auf Walzenpressen mit Tüchern ohne Ende, sind alle aufgegeben worden, weil die Leistung dieser Vorrichtungen entweder nicht genügte, um die bei der Stärkefabrikation erzeugte Pülpemenge zu bewältigen, oder weil sie nicht kontinuirlich wirkten und zu grosse Kraftentfaltung verlangten.

In den letzten Jahren ist es jedoch gelungen, Apparate zu konstruiren, welche dem lange gehegten Wunsche nach einer schnellen und mit der Fabrikation Schritt haltenden Steigerung des Trockensubstanzgehaltes der Pülpe Genüge leisten. Dieselben liefern eine Pülpe von 20—30 Proc. Trockensubstanzgehalt.

Der grosse Vortheil dieser Errungenschaft liegt klar zu Tage. Die Pülpe wird sofort nach ihrer Entstehung in einen Zustand versetzt, in welchem sie so koncentrirt ist, dass sie nur bei stärkerem Drucke noch Wasser abgiebt. Sie ist dann von dem Abnehmer leichter und billiger zu transportiren, während der Stärkefabrikant dadurch, dass er Pülpe von stets gleichem Trockensubstanzgehalt erzielt, den zu fordernden Preis sicherer festsetzen kann, die grossen Raum und Herstellungskosten beanspruchenden Pülpegruben erspart, Verluste, wie beim Einmieten, vermeidet und ein brauchbareres Futtermittel liefert.

Besonderen Vortheil bietet dieses Abpressen der Pülpe den genossenschaftlichen Stärkefabriken, da es ihnen nur so möglich ist, den kartoffelliefernden Genossen die ihnen zustehende Pülpemenge genau entsprechend der Höhe der Kartoffellieferung zurückzugeben.

Endlich war aber das Vorhandensein brauchbarer Pülpepressen Vorbedingung für die Ausführbarkeit von Pülpetrockenverfahren, welche aus der Pülpe lufttrockenes Futtermehl herzustellen gestatten.

Es sind besonders zwei Arten von Pülpepressen vorhanden. Die eine ist die Pülpepresse von Herm. Schmidt-Küstrin (Abb. 161). Dieselbe besteht aus einem aufrechtstehenden Rohr von starkem Eisenblech von 1 m Höhe und 0,26 m Durchmesser, welches grob gelocht ist, etwa wie der Mantel einer Centrifugentrommel. Die Innenseite dieses Rohres ist mit gelochtem Messingblech, wie es zu den Auswaschsieben benutzt wird, belegt. In der Axe des Rohres befindet sich eine senkrechte Welle mit Zahnradantrieb und etwa 50 Umdrehungen in der Minute. Diese trägt schneckenförmig angeordnete kurze Schaufeln. Die Pülpe fällt durch einen Füllrumpf unten in das Rohr hinein, wird von der Schnecke erfasst, gehoben und nach oben gedrückt. An dem oberen Ende des Rohres befindet sich ein geschlossener Kopf mit einer Auswurföffnung, welche durch eine mit Gegengewicht versehene Scharnierklappe mehr oder weniger geschlossen werden kann. Dadurch wird die Pülpe soweit zurückgehalten, dass sie zusammengepresst wird und einen grossen Theil ihres Wassergehaltes durch die Siebwände abgeben muss, ehe sie entweichen kann.

Eine Presse kann die Pülpe von 25 Ctr. Kartoffeln in einer Stunde verarbeiten und verbraucht dabei 2 Pferdestärken.

Für eine Fabrik von 750 Ctr. täglicher Verarbeitung waren zwei solcher Pressen erforderlich.

Nach Untersuchungen des Verfassers wurde in dieser Fabrik der Trockensubstanzgehalt der Pülpe durch das Pressen von 8—9 Proc. auf 20—23 Proc. gesteigert.

Ein weiterer Vortheil der Presse aber besteht darin, dass noch erhebliche Mengen Stärke sich in dem abfliessenden Presswasser befinden, indem durch das starke Kneten des Reibsels in der Presse etwa nicht genügend ausgewaschene Stärke von der Faser getrennt wird.

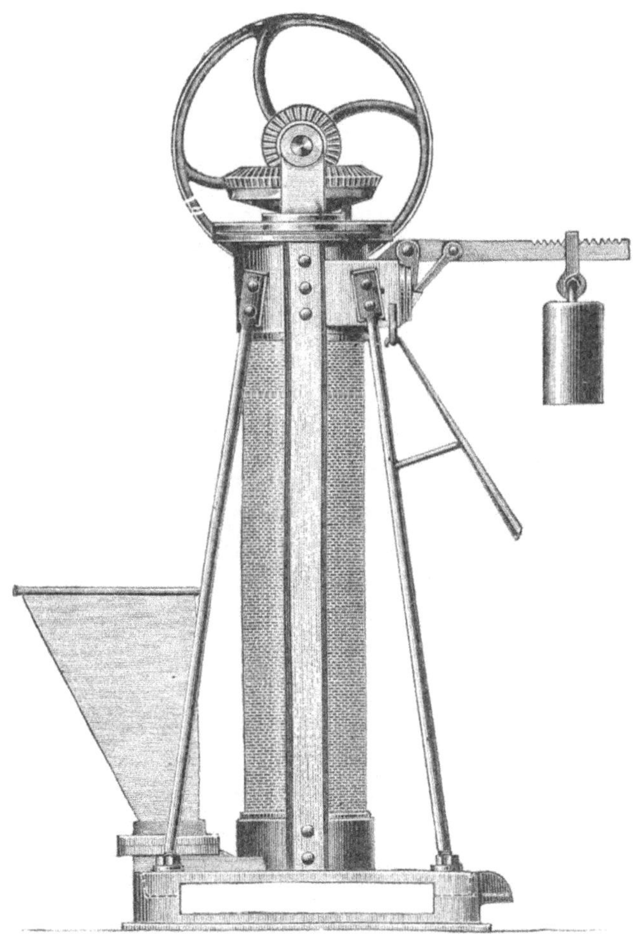

Abb. 161.

W. Schlimann in Linde i. Wpr. berichtet, dass er das Presswasser von Pülpe, die in drei reichlich grossen Auswaschsieben gut gewaschen war, in einem Bottich getrennt aufgefangen und den gewonnenen Stärkeschlamm wöchentlich einmal über Schlammsieb und Rinnen hat gehen lassen. Aus dem Presswasser von 60 Wispeln (1500 Ctr.)

Kartoffeln gewann er so 15—20 Ctr. nasse Stärke, d. h. auf je 100 Ctr. Kartoffeln 1—1$^{1}/_{3}$ Ctr. feuchte Stärke. Dabei erforderte die Presse keine Bedienung und die Siebe verstopften sich nie. Er liess die Siebkörbe nur nach Verarbeitung von je 7500 Ctr. Kartoffeln abnehmen und über Strohfeuer ausbrennen.

von Lochow in Petkus berichtet, dass er von 100 Ctr. Kartoffeln 16 Pfund feuchte Stärke mehr erzielte.

Die andere Art der Pülpepressen ist die Pülpepresse von Büttner & Meyer in Uerdingen a. Rh. (s. Abb. 162).

Abb. 162.

Dieselbe besteht aus zwei ziemlich nah nebeneinander liegenden Walzen und einer dritten über ihnen liegenden, welche hohl sind und einen durchbrochenen Messing- oder Stahl-Mantel haben, auf welchen fein gelochte Bleche aufgelegt sind. Beide Walzen drehen sich mit geringer Geschwindigkeit (2—3 Umdrehungen in der Minute) absteigend in entgegengesetzter Richtung und saugen so die in einem Schacht herabfallende nasse Pülpe ein. Das Wasser dringt in das Innere der Walzen ein und wird von hier fortgeführt, die gepresste Pülpe zwängt sich durch einen mit Stellvorrichtung versehenen Spalt und fällt in eine sie fortführende Transportschnecke.

Da sich hierbei der Uebelstand herausstellte, dass leicht Theile des Presswassers in die gepresste Pülpe eintraten, so ist die Pülpepresse neuerdings in der Weise ausgeführt, dass nur zwei parallel neben einander hinlaufende Walzen vorhanden sind, unter denen sich ein Zuführungstrog befindet, zu welchem die Pülpe von einem hochgelegenen Bottich zufliesst, und welcher gegen die Walzen durch Lederdichtung abgedichtet ist. Ueber den 77 cm langen Walzen mit 44 cm Durchmesser ist ein starker eiserner Aufsatz angebracht mit einer rechteckigen Oeffnung von nur 12 cm Breite. Die Pülpe wird nun durch den Fall aus dem höher gelegenen Quirl von unten her an die Walzen gedrückt, von diesen eingesaugt und in dem engen Raum des Aufsatzes hochgedrückt, an dessen Ende eine Transportschnecke die gepresste Pülpe fortschält. (S. Abb. 163 Vorderansicht u. 164 Querschnitt.)

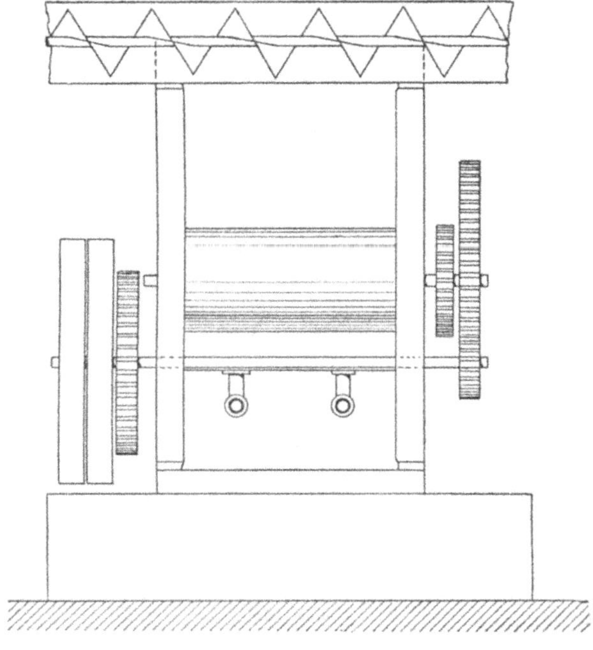

Abb. 163.

Die gelochten Messingbleche ($^1/_3$ mm Lochung), welche den Walzen aufgelegt sind, bilden keinen Vollmantel, sondern bestehen aus drei Blechstreifen, welche nur mit einer Längsseite auf der Walze aufgenietet sind, mit der andern aber frei federn.

Die gepresste Pülpe wird in einer langen Schnecke nach der ausserhalb der Fabrik befindlichen, gemauerten Pülpegrube befördert. Die Mulde dieser Schnecke macht Angele doppelmantelig und leitet bei Frost den Abdampf von der Wasser-Dampfpumpe hinein.

Die Pressung der Pülpe geht in diesen Pressen aber nur dann in genügender Weise vor sich, wenn der Pülpe eine hinreichende Menge

Kalkmilch zugesetzt wird (etwa 0,5—2 kg Kalk auf 1000 Liter Pülpe), wobei sich die Pülpe gelb färbt. Ueber der Presse befindet sich daher ein oder besser zwei Quirlbottiche von etwa 4000 Liter Inhalt, in welchen die Pülpe, wie sie von den Sieben kommt, mit Kalkmilch gemischt wird.

Diese Walzenpresse brachte nach Feststellungen des Verfassers in verschiedenen Fabriken den Trockensubstanz-Gehalt der Pülpe von rund 4 Proc. auf 25 bis 28 Proc., und es sollen sogar bis 34 Proc. beobachtet sein.

Der Kalkzusatz legt übrigens der Verfütterung der Pülpe nichts in den Weg. Die Menge freien Kalkes (Ca O) in der gepressten Pülpe fand Verfasser zu 0,01 bis 0,06 Proc. Eine solche Menge ist aber für die Thiere unschädlich.

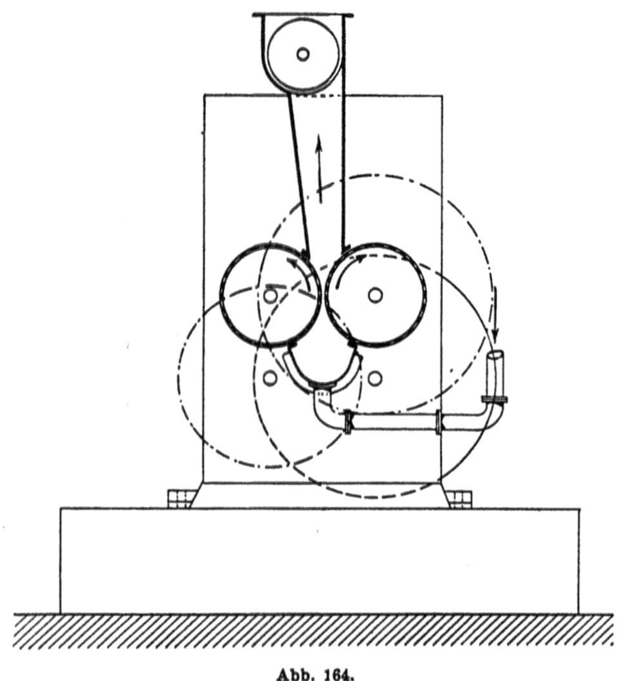

Abb. 164.

Zu beachten ist, dass auch hier in dem Presswasser nicht unerhebliche Mengen Stärke neben grösseren Mengen feiner Faser vorhanden sind. Es ist daher unzweckmässig, diese Abwässer, wie es meist geschieht, in die Aussenbassins zu der Schlammstärke zu lassen, da hierdurch die Bassins überlastet und die Schlammstärke mit Faser stark durchsetzt wird und sich schwerer reinigen lässt. Es erscheint richtiger, die Abwässer auf ein Schlammsieb zu pumpen und die abfliessende Milch zu fluthen.

Ohne Kalkznsatz konnte mit einer Büttner-Meyer'schen Presse nur Pülpe mit 15—16 Proc. Trockensubstanz erhalten werden, sie ist also ohne den Kalkzusatz von geringerer Wirkung als die Schmidt'sche Presse. Für Fabriken, welche also die Pülpe nur pressen, aber nachher nicht trocknen wollen, hält Verfasser die Schmidt'sche Presse für vortheilhafter, einmal ihrer grösseren Billigkeit bei der Anschaffung halber und dann, weil sie fast keine Arbeitskraft erfordert, während an der Büttner-Meyer'schen Presse wenigstens ein Arbeiter ständig beschäftigt ist und der Kalkzusatz immerhin, wenn auch nicht allzu erhebliche, Unkosten hervorruft.

Wo jedoch Trocknung der Pülpe zu einer lufttrocknen Substanz erfolgen soll, erscheint die Büttner-Meyer'sche Presse mit Kalkzusatz geeigneter, da sie bis zu 30 Proc. rund Trockensubstanz die Pülpe vortrocknet.

Trocknen der Pülpe.

Erst als es durch ihre Erfindung gelungen war, die Pülpe fortlaufend in genügender Weise vorzutrocknen, konnte dazu geschritten werden, lufttrocknes Pülpemehl herzustellen. Das geschieht nun schon in mehreren deutschen Stärkefabriken.

Der dazu benutzte Apparat ist der ursprünglich zur Trocknung von Rübenschnitzeln erfundene, patentirte Trockenapparat von Büttner und Meyer in Uerdingen a. Rh. (s. S. 390 u. 391 Abb. 165 Längenschnitt und 166 Querschnitt).

Das Princip desselben besteht darin, das Trockengut in einen sehr heissen Luftstrom zu bringen und durch Wurfschaufeln in Bewegung zu halten, wobei der heisse Luftstrom das leichtere, trocken gewordene Material schneller fortführt, während das noch feuchte, schwerere Material zum grösseren Theil zurückfällt, bis es ebenfalls trocken genug ist.

Der eigentliche Trockenraum befindet sich in der Mitte der Anlage und besteht aus drei übereinander liegenden, aus Mauerwerk hergestellten Kammern. In jeder derselben befinden sich 2 oder mehr aus glasirten Steinen gebildete Mulden, in welchen sich der Längsrichtung nach hinlaufende Schaufelwellen bewegen, welche paarweise so angeordnet sind, dass sie ineinandergreifend sich das Trockengut gegenseitig zuwerfen. Ausser diesen Wendeschaufeln sind an den Wellen auch noch Transportschaufeln angebracht, welche dem Luftstrom entgegenarbeiten und so verhindern, dass das Trockengut den Apparat zu schnell verlässt.

Das Trockengut fällt in die oberste Kammer ein und wird allmählich im Hin- und Hergang am Ende der untersten Kammer ausgeworfen.

Der heisse Luftstrom wird in einem besonderen Feuerraum erzeugt, in welchem Kohlen rauchfrei verbrennen. Durch Hinzutritt von frischer Luft kann die Temperatur der Feuergase geregelt werden, sodass die Luft mit etwa 500—700° C. in den Trockenraum eintritt. Damit sie denselben in der Pfeilrichtung von oben nach unten durch-

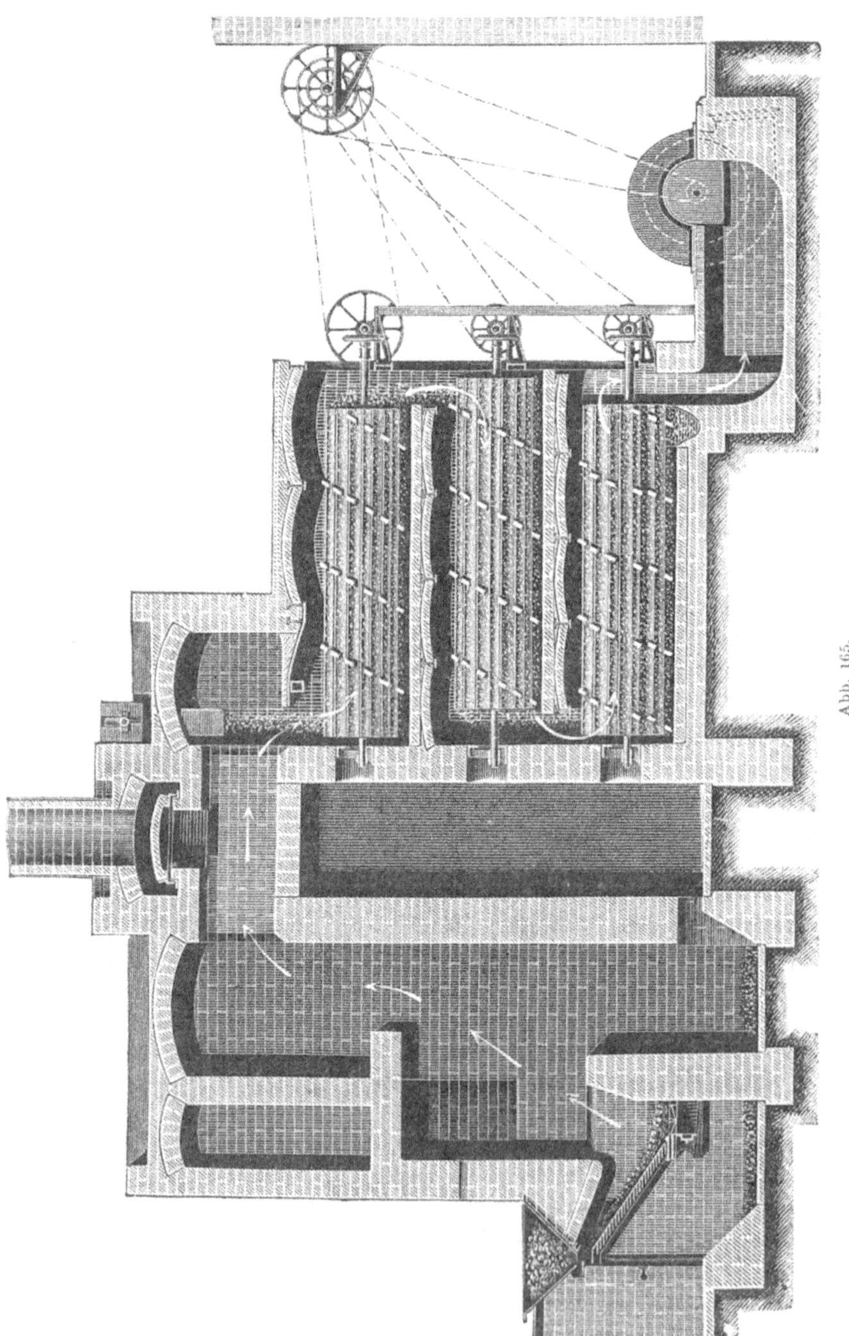

Abb. 165.

streicht, wird sie am Ende des Apparates durch einen Exhaustor angesaugt. Hier befindet sich auch ein Pyrometer zur Kontrolle der Temperatur der abgehenden Luft. Dieselbe soll 50° C. nicht wesentlich übersteigen, weil sonst das Pülpemehl zu dunkel wird. Die Verdunstung durch die grosse Luftmenge ist eine so heftige, dass die Pülpe trotz der hohen Temperatur der zuströmenden Luft selbst kaum 100° erreichen wird. Aus der letzten Kammer fällt die trockene Pülpe in

Abb. 166.

eine Transportschnecke, welche sie fortführt. Der von dem Luftstrom mitgerissene feinere Pülpestaub wird in einem stehenden Cyklon aufgefangen, durch welchen hindurchgehend die Luft zum Dache hinaus entweicht, während die Pülpe herabfällt.

In der auf eine Verarbeitung von etwa 5000 Ctr. Kartoffeln in 24 Stunden eingerichteten Stärkefabrik Bentschen, in welcher die erste Pülpetrockenanlage nach dem Verfahren Büttner und Meyer eingerichtet worden ist, nimmt dieselbe einen Raum von 17 m Länge, 10 m Breite und 8 m Höhe ein. Durch ein Podest ist ein oberer 2,5 m hoher Raum abgetheilt. In diesem oberen Raum befinden sich zwei Quirle von etwa 5000 Liter Inhalt, in welchen die von den Auswaschsieben herübergepumpte Pülpe mit Kalkmilch gemischt wird. Die Zuführung der letzteren geschieht durch eine Pumpe, welche aus einem in den Fussboden des unteren Raumes eingelassenen Kalkmilchquirl pro Bottich 100 Liter Kalkmilch von $3^1/_2{}^0$ Bé. hebt. In Neuanlagen wird zum Zwecke einer gleichmässigeren Mischung von Pülpe und Kalk der Bottich mit einem Maassstabe versehen. Während der eine Bottich gefüllt wird, wird der Inhalt des anderen in eine Schnecke gepumpt, welche die Pülpe über zwei Vorsiebe (D.R.P. No. 61659 Kl. 6) vertheilt.

Von einer Beschreibung dieser Vorsiebe wird abgesehen, da dieselben als überflüssig nicht mehr aufgestellt werden.

Von den Vorsieben fällt die Pülpe in die oben beschriebene Büttner-Meyer'sche Walzenpresse und wird dann durch einen Elevator in den Trockenapparat gehoben; dieser besteht aus 3 Kammern mit je 2 Mulden. Die Heizung geschieht mit Braunkohlen, welche sich geeigneter gezeigt haben als Steinkohle. Die fertige Trockenpülpe wird in einen Raum geschneckt, wo sie ausgekühlt, durchgeschaufelt und gesackt wird.

Die Anlage wird getrieben von einer 30pferdigen Maschine. Zur Bedienung der Apparate sind 3 Arbeiter, zum Schaufeln und Sacken der Pülpe 2 Arbeiter erforderlich.

Die Pülpe hat	aus der Fabrik kommend	4	Proc. Trockensubstanz
- - -	hinter den Vorsieben	10—11	- -
- - -	hinter der Walzenpresse	30—34	- -
- - -	getrocknet	90	- -

Nach Angaben von Büttner und Meyer betragen die Trockenkosten bei Herstellung von 50 kg trockner Pülpe für Arbeitslohn und Brennmaterial 0,60—0,80 M., und es wird von 25 Ctr. Kartoffeln etwa 1 Ctr. trockner Pülpe erhalten. Rechnet man hinzu Zinsen und Amortisation des Anlagekapitals und Kosten für die Dampfkraft, so werden sich die Herstellungs-Unkosten für 1 Ctr. = 50 kg trockene Pülpe auf 1—1,50 M. ohne Sack stellen.

Nach Untersuchungen der Versuchsstationen Posen, Halle a. S. und Bonn hat die getrocknete Pülpe, sogenannte Pülpekleie, folgende Zusammensetzung:

	I.	II.	III.
Wasser	7,1 Proc.	14,60 Proc.	13,05 Proc.
Proteïn	3,8 -	4,38 -	4,45 -
Fett	0,2 -	0,20 -	0,55 -
Kohlenhydrate	69,8 -	69,57 -	59,31 -
davon Stärke			56,2 Proc.
Rohfaser	12,2 -	8,00 -	14,84 -
Asche	7,1 -	3,25 -	7,80 -

Berechnet man hieraus die Futterwertheinheiten, indem man Proteïn mit 3, Fett mit 2 und Faser mit 0,5 multiplicirt und zu diesen drei Zahlen diejenige für Kohlenhydrate addirt, so ergeben sich dieselben zu:

	I.	II.	III.
Proteïn	10,8	13,14	13,35
Fett	0,4	0,40	1,10
Kohlenhydrate	69,8	69,57	59,31
Rohfaser	6,1	4,00	7,42
Einheiten	87,1	87,11	81,18

Roggenkleie, welche ähnliche Zusammensetzung hat, ergiebt für

Proteïn	$14,9 \times 3 = 44,7$
Fett	$2,9 \times 2 = 5,8$
Kohlehydrate	$57,8 \times 1 = 57,8$
Einheiten	108,3

Ist nun der Marktpreis der Roggenkleie z. B. 4 M. für den Centner, so berechnet sich der Werth der trockenen Pülpe oder Pülpekleie zu $\frac{4 \times 87,1}{108,3} = 3,22$ M.

Ueber Fütterungsversuche mit Pülpekleie berichtete Direktor Wever-Bentschen in einem im landwirthschaftlichen Provinzialverein für Posen gehaltenen Vortrage, wie folgt:

1. Versuche Speicher-Mocheln mit 24 Pferden und 60 Stück Rindvieh: Die Pferde erhielten in der stillen Zeit 5 Pfd. getrocknete Pülpe und 2 Pfd. Wickschrot; während der Frühjahrsbestellung 7 Pfd. Pülpe und 3 Pfd. Wickschrot. Die Pferde frassen das Futter gern und haben sich dabei gehalten, sodass die Frühjahrsbestellung zur Zufriedenheit geleistet wurde. Es wurden 50 Morgen Zuckerrüben bestellt, die Arbeit war also nicht leicht. Die Pülpe wurde mit Schrot und Häcksel gemengt und dann angefeuchtet, jedoch mehr trocken als feucht gefüttert. Die Kühe erhielten 2 Pfd. pro Kopf unter Siede und Rüben gemengt, 24 Stunden vorher mit Wasser angefeuchtet und im Haufen zum Erhitzen liegen gelassen. Der Milchertrag steigerte sich zusehends. Die Pülpe erwies sich als ein vorzügliches Milchfutter bei gleichzeitiger Zugabe einer geringen Dosis Oelkuchen.

2. Versuche Möllendorf-Seeheim: Mit sehr gutem Erfolge wurde getrocknete Pülpe an alle Arten von Rindvieh verfüttert, sowohl trocken als mit Schlempe angefeuchtet. Tragenden, sowie säugenden Kühen konnten bis 10 Pfd. verabfolgt werden, und das Futter wurde gern gefressen. Versuchsmaststiere nahmen bei einer Ration von 4 Pfd. Kleeheu, 5 Pfd. Siede, 24 Liter Schlempe, 4 Pfd. Baumwollsaatmehl und 6 Pfd. getrocknete Pülpe pro Haupt und Tag 1,66 Pfd. zu. Bei gleicher Gabe von Kuchen konnten Weizenschalen durch getrocknete Pülpe in

gleicher Gabe ohne Rückgang im Milchertrage ersetzt werden. Kleine Gaben an Pferde, Schafe und Jungvieh zeigten ebenfalls, dass diese Thiere die getrocknete Pülpe gern frassen.

3. Versuche Rostock-Kranz: a) Pferde frassen Pülpekleie gern im Verbande mit Schrot. Das Futter muss nur schwach angefeuchtet werden. b) Mastochsen frassen dieselbe begierig mit Schlempe und Oelkuchen und erzielten 33—35 M. pro Centner Lebendgewicht. c) Milchkühe erhielten 4 Pfd. getrocknete Pülpe und 2 Pfd. Palmkernmehl und lieferten gute Milcherträge. d) Jungvieh erhielt im Sommer vor dem Weidegang eine Lecke von Pülpe und Salz = 3 : 1, im Winter soll es mehr Pülpe erhalten. Das Jungvieh entwickelte sich vorzüglich dabei. e) Bei Mutterschafen zeigte die Fütterung überraschende Resultate. Das Futter wird trocken in die Raufe geschüttet, begierig gefressen, und es erzeugte strotzende Euter und eine tiefgelbe Milch. Die Lämmer entwickelten sich vorzüglich.

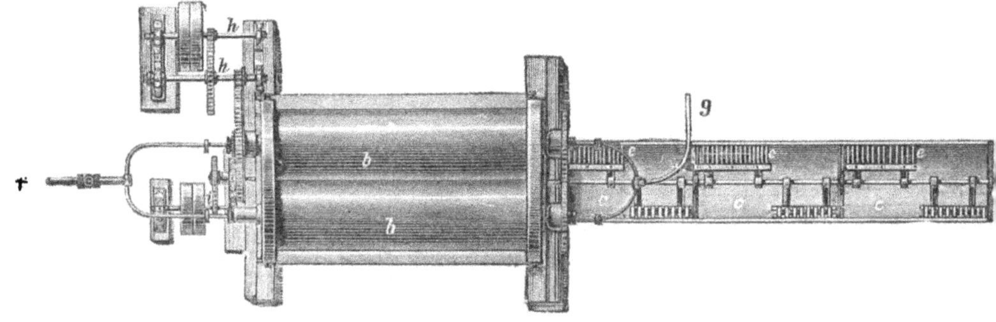

Abb. 167.

Ueber einen Versuch, Pülpe mit Melasse zu mischen und zu trocknen, macht Delbrück Mittheilung. Derselbe wurde in einer Büttner-Meyer'schen Anlage in Küstrin in der Weise ausgeführt, dass Melasse in dünnem Strahl der von der Pülpepresse kommenden Pülpe in der Transportschnecke im Verhältniss 1 : 4 zugesetzt wurde. Da die Melasse nur 20 Proc. Wasser, die Pülpe 70 Proc. hat, so wird die Mischung trockner als die Pülpe, indem die Melasse Wasser aufsaugt, und die Masse also nicht klebrig, sondern krümelig. Dieselbe wurde dann in dem Trockenapparat getrocknet und gab ein gutes Futtermehl.

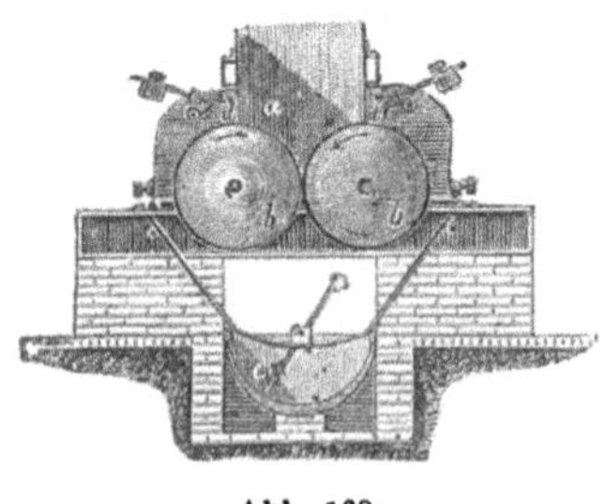
Abb. 168.

Es sei noch erwähnt, dass auch mit dem Biertrebertrockenapparat System Henke von Venuleth & Ellenberger in Darmstadt (s. Abb. 167 Oberansicht u. 168 Vorderansicht) ein Versuch ausgeführt wurde,

Pülpe zu trocknen. Derselbe besteht aus zwei mit Dampf geheizten Walzen, welche gegen einander laufen, die Pülpe einsaugen, und aus einer Reihe verschiedener Mulden mit doppeltem heizbarem Mantel und Schneckengängen, in welchen sie vollständig getrocknet wird. Pülpe mit 18,2 Proc. Trockensubstanz (es stand zu dem Versuche nur gesäuerte Pülpe zur Verfügung) wurde auf 93,8 Proc. Trockensubstanz oder 6,2 Proc. Wassergehalt gebracht.

Da die Schmidt'sche Presse Pülpe auf 20 Proc. Trockensubstanzgehalt presst, so mag durch die Vereinigung beider Apparate sich ein brauchbares Verfahren herausbilden lassen. Der Apparat hat den Vorzug, mit Dampf geheizt zu werden. Für 100 kg Trockengut sind 100 kg Dampf erforderlich.

Die flüssigen Abfallstoffe.

Die flüssigen Abfallstoffe der Kartoffelstärkefabrikation setzen sich zusammen aus folgenden Abwässern:

1. Kartoffelwaschwasser,
2. Fruchtwasser,
3. Stärkewaschwasser,
4. Abwasser aus der Pülpegrube oder aus der Pülpepresse,
5. die Abwässer der Schlammverarbeitung.

Die Gesammtmenge dieser Abwässer kann man zu 50 bis 120 cbm auf je 100 Ctr. (5000 kg) verarbeiteter Kartoffeln annehmen je nach der Grösse und Art der Fabrikation. Während kleine Stärkefabriken, welche nur nasse Stärke herstellen, mit 60 cbm auskommen werden, brauchen grosse Trockenstärkefabriken fast das Doppelte, da sie zur Kartoffelwäsche und Schwemme reichlicher Wasser bedürfen und auch die Rohstärke mit weit mehr Wasser waschen müssen, wie jene.

Auf die einzelnen Theile der flüssigen Abfallstoffe vertheilt sich diese Abwassermenge etwa folgendermaassen:

	In Nassstärkefabriken	In Trockenstärkefabriken
Kartoffelwaschwasser	10 cbm	20—40 cbm
Fruchtwasser	35 -	40—60 -
Stärkewaschwasser	5 -	10—20 -

Das Pülpeabtropfwasser ist nur von geringer Menge und kann auf 2—3 cbm von der Pülpe von 100 Ctr. Kartoffeln geschätzt werden. Dasselbe versinkt übrigens meist in den Boden. Gleiche Mengen wird etwa die Pülpepresse liefern.

Ueber die Zusammensetzung der Abwässer ist das Folgende zu sagen.

Das Kartoffelwaschwasser enthält alle diejenigen Stoffe, von welchen durch die Schwemme und Kartoffelwäsche die Kartoffeln befreit werden: Bodentheile, Kartoffelstücke, kleine Knollen, welche durch den Wäscherost gedrückt wurden, Kartoffelkeime, Stroh von dem Einmieten u. A. m. Bei Verarbeitung von faulen Kartoffeln kommen hinzu isolirte Kartoffelzellen, Stärke und die Zersetzungsprodukte der Fäulnissthätigkeit, sowie die dieselbe erregenden Organismen, vornehmlich Bakterien.

Das Fruchtwasser enthält alle löslichen Bestandtheile der Kartoffeln und zwar Zucker, gummiartige Stoffe, lösliche Stickstoffverbindungen, Säuren und Mineralstoffe. Das Fruchtwasser ist verdünnter Kartoffelsaft.

Wenn man sich von der Zusammensetzung des Fruchtwassers, d. i. im engeren Sinne des von den Absatzkästen oder den Fluthen bei der Gewinnung der Rohstärke abgelassenen Wassers, eine Vorstellung machen will, so geht man daher am zweckmässigsten von der Zusammensetzung der Kartoffel bezüglich ihrer löslichen Bestandtheile aus. Denn es sind zwar verschiedene Analysen von Fruchtwasser veröffentlicht, da aber Angaben über die Verhältnisse zwischen verarbeiteten Kartoffeln und den dazu gebrauchten Wassermengen, oder darüber, ob unter Fruchtwasser die Mischung aller Abwässer oder Fruchtwasser im oben genannten engeren Sinne verstanden ist, fehlen, so haben diese Analysenbefunde rein lokalen Werth, und Verfasser nimmt daher ausdrücklich Abstand, sie hier einzufügen. Als Beleg für die Verschiedenartigkeit mag hier nur erwähnt werden, dass der Trockensubstanzgehalt zu 1,8 bis 5,6 kg in 1 cbm Wasser oder zu 0,2—0,6 Proc. rund angegeben wird.

Nach den Angaben über die Zusammensetzung der Kartoffel (s. S. 52 ff.) sind im Mittel enthalten in 100 kg Kartoffeln:

Zucker	1,90 kg		
Gummiartige Stoffe, Säuren u. A.	0,93 -		
Lösliches Eiweiss	0,70 -	darin Stickstoff 0,256 kg	
Amidverbindungen	0,70 -		
Mineralstoffe	0,74 -		
davon Kali			0,483 kg
- Phosphorsäure			0,138 -
Zusammen	4,97 kg.		

Diese Stoffe müssen sich also im Fruchtwasser wiederfinden. Im Allgemeinen kann man annehmen, dass auf 100 kg Kartoffeln 800 Liter Fruchtwasser im engeren Sinne kommen, es würde danach 1 cbm Fruchtwasser mittlerer Zusammensetzung enthalten:

Zucker	2,37 kg		
Gummiartige Stoffe, Säuren u. A.	1,16 -		
Lösliches Eiweiss	0,88 -	darin Stickstoff 0,320 kg	
Amidverbindungen	0,88 -		
Mineralstoffe	0,92 -		
davon Kali			0,604 kg
- Phosphorsäure			0,173 -
Trockensubstanz	6,21 kg.		

Unberücksichtigt sind dabei nur die geringen Fruchtwassermengen gelassen, welche in den ungeöffneten Zellen der Pülpe und in der Rohstärke verbleiben.

Es kommen ausserdem in dem Fruchtwasser gewöhnlich Senkstoffe vor, nämlich kleinste Stärkekörner, feine Faser und ausgeschiedene Eiweissstoffe, da sich ein Theil der löslichen Eiweissstoffe, vielleicht auch anderer gelöster organischer pektinartiger Körper beim Stehen des Fruchtwassers an der Luft ausscheiden; ferner feinste Sand- und Thontheilchen und niedere Organismen, namentlich Hefen und Bakterien.

Das Stärkewaschwasser ist sehr stark verdünntes Fruchtwasser und enthält also alle gelösten Bestandtheile desselben, aber in sehr geringer Menge, dazu kleine Stärkekörner, feinste Fasertheilchen, Eiweissflocken, Bakterien, Hefezellen u. A.

Es gehört hierher auch das Abwasser von den Schlammrinnen und das Abwasser von der Verarbeitung des Schlammes aus den Aussenbassins am Ende der Kampagne. Ueber die Zusammensetzung dieser letzten Abwässer ist wenig bekannt. Das Abwasser von den Schlammrinnen ist ziemlich bakterienreich, oft wohl auch sauer und nicht frei von Geruch. In einem Betriebe, wo dem Schlamm das Abwasser der Pülpepresse von Büttner & Meyer zugemischt wurde, reagirte dasselbe alkalisch, enthielt kleine, oft rissige Stärkekörner, Eiweissflocken, viel Stäbchen und häufig Hefezellen verschiedener Art.

Abwasser von der Aussen-Schlammverarbeitung ergab, nachdem die Probe 5 Tage auf dem Transport war, folgenden Befund im Liter:

Trockensubstanz = 1,04 g,
Aschenbestandtheile = 0,33 g,
Stickstoff, quantitativ nicht bestimmbar,
Säure entsprechend 2,5 ccm Normalnatron,
Organische Substanz = 0,325 g Permanganat,
Ammoniak = Spur,
Salpetrige und Salpetersäure, Schwefelwasserstoff = 0.

Die Probe war trübe und roch deutlich nach Buttersäure. Mikroskopisch fanden sich: Sehr kleine Stärkekörner, eine mässige Anzahl wilder Hefen, z. Th. sehr klein, alle sprossend, häufig lange, ziemlich dicke Stäbchenbakterien, viel zarte Kurzstäbchen und häufiger kurze Schraubenformen.

Das Abtropfwasser von der Pülpe enthält frisch höchstens Faser und Stärke, aber gelöste Stoffe nur in sehr geringer Menge. Bei länger gelagerter Pülpe aber wird es gelöste Kohlenhydrate, Eiweissstoffe und Mineralstoffe enthalten, auch sauer reagiren. Dann muss aber seine Menge naturgemäss nur eine geringe sein.

Das Abwasser bei der Pülpepresse von Herm. Schmidt-Cüstrin entspricht dem frischen Abtropfwasser, dasjenige der Presse von

Büttner & Meyer-Uerdingen a. Rh. ist stark alkalisch, reich an Kalkwasser, gelb gefärbt und enthält Stärke und Faser reichlich als Senkstoffe.

Behandlung der Abwässer.

Der Verbleib der Abwässer ist nun ein verschiedener. Fabriken, welche an grossen Flüssen oder Seen liegen, besonders die industriellen, lassen die Abwässer häufiger einfach in dieselben ablaufen, weil der Boden zur Ausnutzung entweder fehlt oder zu kostspielig ist. Kleine und besonders die landwirthschaftlichen Kartoffelstärkefabriken oder auch grössere industrielle Fabriken, wenn sie günstig gelegen sind, suchen aber die Abwässer auszunutzen und ihnen die werthvolleren Stoffe, welche sie enthalten, besonders die Pflanzennährstoffe, so viel wie möglich zu entziehen, um die Rentabilität der Fabrik zu steigern. Manche Fabriken sind endlich gezwungen, ihre Abwässer zu reinigen, um Konflikte mit den Adjacenten der Gewässer, in welche sie ihre Abwässer ablassen müssen, zu vermeiden.

Die Art, in welcher die verschiedenen Abwässer ausgenutzt, bezw. gereinigt werden, ist verschieden je nach der Art des Abwassers und den vorhandenen örtlichen Verhältnissen.

Die in verhältnissmässig geringer Menge vorhandenen Abwässer werden, wie folgt, gereinigt bezw. entfernt:

Die Stärkewaschwässer werden gewöhnlich mit dem Fruchtwasser zusammengeleitet und in gleicher, im Folgenden ausgeführter Weise behandelt wie dieses. Auch die Abwässer der letzten Schlammverarbeitung, welche stattfindet, wenn die Fabriken mit Kartoffelreiben aufhören, dient gleichen Zwecken wie Fruchtwasser und Stärkewaschwässer.

Die Abwässer der Pülpe werden, wenn sie aus den Gruben stammen, einfach fortgelassen oder versinken im Boden. Die Abwässer der Pülpepressen aber werden, nachdem sie von der darin enthaltenen Stärke und Faser, wie bei der Gewinnung der Pülpe durch Pressen besprochen wurde, befreit sind, am Besten ebenfalls dem Fruchtwasser zugeführt und mit ihm ausgenutzt.

Die Abwässer der Schlammverarbeitung laufen nur kurze Zeit, etwa 2—4 Wochen, am Schluss der Kampagne. Sie enthalten sehr feine Stärkekörner, Eiweissstoffe und Produkte von Bakteriengährungen.

Da in dem Kartoffelwaschwasser die grössere Menge seiner Bestandtheile sich leicht zu Boden setzende Senkstoffe sind, so ist es zweckmässig, dieses Abwasser sofort nach dem Verlassen der Wäsche zu klären. Gröbere Bestandtheile, wie Stroh, kleine Kartoffeln hält man durch einen in den Abfluss einzustellenden Rost vorweg zurück. Dann giebt man dem Wasserstrom durch Ueberleiten in eine oder mehrere breite Gruben eine geringere Geschwindigkeit und bringt so den Sand und die gröberen Erdtheilchen zum Absitzen.

Der abgesetzte Schlamm wird von Zeit zu Zeit aus der Grube gehoben und direkt auf den Acker gefahren oder zur Kompostbereitung verwerthet. Das leicht zu fauliger Gährung neigende Abwasser wird meist zur Rieselung verwendet, bisweilen vorher auch noch durch mehrere mit Drahtsieben abgesperrte und mit Klinkerstücken gefüllte Gruben zu weiterer Reinigung geleitet.

Die bei weitem erheblichste Menge der Abwässer bildet das Fruchtwasser.

Von den im Fruchtwasser enthaltenen Bestandtheilen sind am wichtigsten die stickstoffhaltigen Stoffe und von den mineralischen das Kali und die Phosphorsäure, weil alle drei Pflanzennährstoffe sind.

Von den stickstoffhaltigen Stoffen sind rund die Hälfte Eiweissstoffe. Die Grösse des Verlustes an Eiweiss ist keine unerhebliche, denn bei einer Verarbeitung von 500 Ctr. Kartoffeln am Tage gehen 175 kg Eiweiss mit dem Fruchtwasser verloren. Rechnet man den Werth von 1 kg Eiweiss als Futtermittel zu 0,30 M., so stellen dieselben einen Werth von 52,50 M. dar, und da der Gehalt an löslichem Eiweiss in der Kartoffel bis auf 1,4 Proc. steigen kann, so kann der Verlust auch 350 kg im Werthe von 105 M. betragen.

Es ist darin offenbar der Grund zu suchen dafür, dass man wiederholt und auf verschiedenem Wege versucht hat, diesen Eiweissgehalt als Futtermittel zu gewinnen, da sein Werth als solcher bedeutend höher ist als wie als Düngemittel.

Es sind die verschiedensten Fällungsmittel, wie Säuren u. a. namentlich von Kette-Jassen, Virneisel, Trobach u. Cords u. A. (s. „Patente“) anzuwenden versucht worden. Es ist auch vorgeschlagen worden, das Fruchtwasser aufzukochen oder zum Kesselspeisen zu benutzen und aus dem abgeblasenen Kesselschlamm das Eiweiss in koncentrirter Form zu gewinnen.

Man kann auf diesen Wegen allerdings recht erhebliche Mengen Eiweiss ausfällen. Verfasser fand z. B., dass aus dem Fruchtwasser von 100 Ctr. Kartoffeln ausgefällt und zum Absitzen gebracht werden konnten:

durch 24stündiges Stehen an der Luft	14 kg Eiweiss
- Zusatz von 8 Liter konc. Schwefelsäure	22 kg -
- - - 4 Liter - - und Anwärmen auf 50° R.	32 kg -

Aber die so gefällten Eiweissstoffe setzen sich nur sehr locker ab, und der nach dem Ablassen des darüberstehenden Wassers zurückbleibende Albuminschlamm ist daher sehr wasserreich. Nach Dietrich und König enthält derselbe neben 89—97 Proc. Wasser nur 1,6—2,7 Proc. Eiweiss.

In Folge dessen sind zu seiner Gewinnung viele sehr flache, raumfortnehmende Absatzkästen nöthig, und die Pülpe, welcher man diese flüssige Masse zusetzt, wird stark verdünnt.

Ob es jetzt nach Erfindung brauchbarer Pülpepressen möglich ist, diesen Schlamm mit Pülpe zu mischen und so zu verfüttern oder mit der Pülpe abzupressen, mag dahingestellt bleiben.

Es ist auch, ebenfalls von Kette-Jassen, versucht, koncentrirtes Fruchtwasser durch Absieben des Reibsels direkt hinter der Reibe ohne Wasserzugabe zu gewinnen, nach dem Ablassen von der abgesetzten Stärke dasselbe mit abgesackter Pülpe zu mischen und gekocht zu verfüttern. Bei grösseren Mengen dieses Futters stellten sich aber bei dem Vieh Verdauungsstörungen ein.

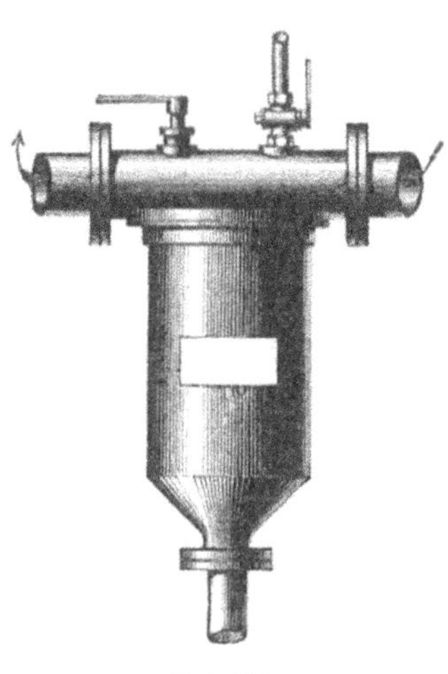
Abb. 169.

Es ist demnach bisher nicht gelungen, die Gesammtmenge der so gewinnbaren Eiweissstoffe in zweckmässiger Weise als Futtermittel zu verwerthen. Jedoch hat eine Anzahl von Landwirthen die Zugabe beschränkter Mengen koncentrirten Fruchtwassers zur Pülpe als nützlich erkannt und dieselbe bisher beibehalten. Es wird zu dem Behufe ein Theil des Fruchtwassers, z. B. $^1/_{10}$ des in den Aussenbassins befindlichen, aufgekocht, in Gruben, welche zweckmässig mit Schwimmheber versehen sind, zum Absitzen gebracht, und der Albuminschlamm der Pülpe zugesetzt.

Zum Aufkochen dient ein Koch-Apparat von Herm. Schmidt-Cüstrin (s. Abb. 169). Das weite horizontale Rohr ist das Zuleitungsrohr für den aus dem Speisewasser-Vorwärmer kommenden Maschinenabdampf, das dünnere obere Rohr mit Hahn das Zuleitungsrohr, das untere das Ableitungsrohr für das Fruchtwasser. Im Innern des Hauptheils des Apparates befinden sich zwei Siebbleche, durch welche das Fruchtwasser läuft und darunter wechselständig angebrachte, schräg abwärts geneigte Bleche, auf denen das Fruchtwasser zur Erhöhung der Oberfläche und Dampfberührung herabrieselt. Die Oeffnung der drei Rohre stehen unter einander im Verhältniss 50 : 20 : 40. Das Fruchtwasser erhält eine Temperatur von 70° R., bei der die Eiweissstoffe koagulirt werden.

von Freier-Hoppenrade, welcher die Pülpe mit Albuminwasser heiss verfüttert, bemerkte beim Fortlassen des letzteren, dass sich der Rindviehstand viel schlechter hielt und bei Wiederzufügung wieder besserte. Besonders bewährt sich die Zugabe des noch heiss aus dem Absatzbassin herausgepumpten Albuminschlammes bei der Fütterung des Leuteviehs, welches im Winter nur stickstoffarme Nahrung erhält.

Cleve-Leckow berichtet, dass bei Mitverfütterung von Fruchtwasser die Beschaffenheit der Butter sich dahin besserte, dass sie nicht mehr so körnig war, wie bei Verfütterung von Pülpe allein.

Die Verwendung des Fruchtwassers zu Fütterungszwecken ist jedoch immer nur eine beschränkte.

Rieseln mit Abwässern.

Der Reichthum des Fruchtwassers an Pflanzennährstoffen macht es zu einem ausgezeichneten Düngemittel, und in der genügenden Ausnützung des Fruchtwassers nach dieser Richtung hin liegt oft ein Hauptfaktor für die Ertragsfähigkeit einer Stärkefabrik.

Ueber die Verluste, welche bei Nichtverwerthung der Düngestoffe im Fruchtwasser entstehen, giebt folgende Berechnung Aufschluss:

Eine mittlere Ernte von 75 Ctr. Kartoffeln vom Morgen ($^1/_4$ ha) Land entzieht dem Boden an Pflanzennährstoffen:

Stickstoff	9,6 kg
Kali	18,1 -
Phosphorsäure	5,2 -

Nimmt man nun auch für diese Pflanzennährstoffe nur sehr niedrige Werthe, wie sie im Handel gezahlt werden, an, also für Stickstoff 1,20 M., für Kali 0,2 M., für Phosphorsäure 0,4 M. für 1 kg, so stellt sich der Verlust für 1 Morgen Land

für Stickstoff auf	11,52 M.
- Kali auf	3,62 -
- Phosphorsäure auf . .	2,08 -
zusammen . . .	17,22 M.

Eine kleine ländliche Nassstärkefabrik, welche in einer Kampagne von 150 Tagen täglich nur 100 Ctr. Kartoffeln verarbeitet, also den Ertrag von 200 Morgen Land bei einer mittleren Ernte von 75 Ctr. auf den Morgen, entzieht so dem Boden Pflanzennährstoffe im Werthe von 3444 M. Es muss also der Landwirth, der den Boden nicht ausrauben will, für gleiches Geld Düngemittel wieder dem Lande zuführen, wenn er nicht das Fruchtwasser dem Boden wieder zuführen kann.

Es wird in den seltensten Fällen möglich sein, gerade dem Stück Acker, welchem durch die Kartoffelernte jene Nährstoffe entzogen sind, dieselben in dem Fruchtwasser wieder zuzuführen, da der Acker meist zu entfernt liegt. Auch gelingt es nicht, selbst wenn dies vollständig möglich wäre, den Boden zur vollständigen Wiederaufnahme der Pflanzennährstoffe im Fruchtwasser zu zwingen. Vielmehr stehen meist zur Unterbringung des Fruchtwassers nur sehr kleine Bodenflächen zur Verfügung, und wie mangelhaft bei diesen die Wiedergewinnung der Pflanzennährstoffe ist, beweist eine Darlegung Maercker's, wonach bei der Stärkefabrik

Hohenziatz, welche das Fruchtwasser von 20 300 Ctr. Kartoffeln in 120 Tagen über 30 Morgen Rieselwiesen vertheilte, von 100 Theilen der im Rieselwasser enthaltenen Nährstoffe sich in dem geernteten Heu wiederfanden:

Stickstoff	2,0	Theile
Kali	3,2	-
Phosphorsäure	2,9	-

Ist sonach eine vollständige oder auch nur ausgiebige Ausnutzung der Pflanzennährstoffe des Fruchtwassers so gut wie ausgeschlossen, so beweisen doch die nachfolgenden Beispiele von Einrichtungen von Rieselfeldanlagen auf das Schlagendste, wie werthvoll für das Gedeihen einer Kartoffelstärkefabrik eine möglichst ausgedehnte Verwendung des Fruchtwassers zum Düngen von Wiesen oder Aekern ist.

Auf der soeben genannten Rieselwiese in Hohenziatz wurde der Ertrag von 12 Ctr. schlechtem Heu vor dem Rieseln mit Fruchtwasser auf 20 Ctr. auf den Morgen im ersten und auf 25 Ctr. im zweiten Jahre der Rieselung gehoben. Neben dieser hohen Ertragssteigerung wurde aber auch die Beschaffenheit des Heues eine wesentlich bessere, indem der Eiweissgehalt von 10,8 Proc. bei dem ungerieselten Heu auf 14,3 Proc. beim Rieselheu gesteigert wurde. Mit einer Steigerung des Eiweissgehaltes nimmt aber auch die relative Verdaulichkeit des Heues zu, sodass das Rieselheu einen wesentlich bedeutenderen Werth hat gegenüber dem ungerieselten.

Die Aktienstärkefabrik Wittingen erwarb ein Grundstück lehmigen Sandbodens von 42 hannoverschen Morgen, welches bis zu zwei Jahren vorher zur Ackerkultur benutzt war. Dasselbe wurde im Frühjahr 1883 mit dem Spaten umgegraben, planirt und mit kleinen Bewässerungsrippen versehen, wobei grössere Erdbewegungen möglichst vermieden wurden. Die daraus entstehenden Unkosten betrugen 62 M. für den Morgen. Im März desselben Jahres wurden Grassamen und Klee (7 kg auf den Morgen im Preise von 9,10 M.) ausgesäet und schon im Herbst desselben Jahres bei einer Verarbeitung von nur 25 000 Ctr. Kartoffeln in zwei Schnitten ein guter Ertrag erzielt. Schon im folgenden Jahre war bei einer Verarbeitung von 50 000 Ctr. Kartoffeln bereits ein Ertrag von 4087 M. für Gräsung festzustellen. Es erwies sich alsbald als nothwendig, die Rieselfläche bedeutend zu vergrössern.

Die Stärkefabrik Reppen verarbeitet in der Stunde 80—90 Ctr. unter Verbrauch von 70—80 cbm Wasser. Das Abwasser wird in ein Sammelbassin nach den jenseits des Eisenbahndammes gelegenen Wiesen gepumpt und durch verschiedene offene Gerinne den einzelnen Parzellen zugeführt. Die Wiesenfläche, welche 112 Morgen umfasste, von denen der örtlichen Verhältnisse wegen aber nur 84 Morgen berieselt werden konnten, erwies sich zur Aufnahme der gesammten Abwässer zu klein, es wurden daher nur die Kartoffelwaschwässer während der ganzen Betriebszeit, das Fruchtwasser nur 50—60 Tage hindurch den Wiesen zugeleitet.

Der übrige Theil des Fruchtwassers wurde auf 400 Morgen anderes Land in der Weise vertheilt, dass die Abwässer periodisch Theilflächen von je 50 Morgen zugeführt wurden.

Der Erfolg dieser Rieselung war ein vollkommener, die vorher sauren Wiesen gaben bald süsses Futter, welches grün dem Vieh gegeben werden konnte. Während ferner vor dem Rieseln die 112 Morgen zusammen 975—1080 Ctr. Heu geliefert hatten, wurden nach der Berieselung von den 84 Morgen allein 3000 Ctr. Heu und 20 Ctr. Grünfutter gewonnen. Ausserdem gaben die Kartoffelwaschwässer noch 200 Fuder Kompost, mit welchem der leichtere Boden der Wiesen verbessert wurde.

Selbst Unland lässt sich durch die Rieselung mit Fruchtwasser urbar machen. Karbe-Kurtschow vertheilte das Fruchtwasser seiner Fabrik anfangs über 15 Morgen Wiesen und 8 Morgen Sandboden. Dahinter waren 32 Morgen völligen Unlandes gelegen. Diese wurden zu Staubeeten von 2 Morgen Grösse eingerichtet, und diese im Winter, wenn das Rieseln der Wiesen aufhörte, voll Fruchtwasser gelassen, bis dieses über der Erdoberfläche stand. Dieses Land wurde dann halb mit Kartoffeln, halb mit Lupinen bepflanzt. Nach zwei Jahren wurden von dem Lande ohne Anwendung anderer Düngung 75 Ctr. Kartoffeln bezw. 6 Scheffel Roggen vom Morgen geerntet.

In dem Vorhergehenden ist nachgewiesen, ein wie grosser Nutzen den Stärkefabriken aus der Verwerthung der Abwässer entsteht.

Die industriellen Fabriken haben zunächst kein so lebhaftes Interesse an der Gewinnung der Pflanzennährstoffe, wie der Landwirth, welcher sie seinem Boden mit den geernteten Kartoffeln entzieht, und sie also, wenn er nicht Raubwirthschaft treiben will, dem Boden zurückgeben muss und daher allen Grund hat, sie so gut wie möglich, wenn auch an anderen Stellen, wiederzugewinnen. Für die industriellen Fabriken ist die Ausnutzung des Fruchtwassers ein direkter Gewinn. Es wird ihnen aber, da sie meist in Städten oder in deren Nähe liegen, schwerer sein, das nöthige Rieselland zu finden und zu erwerben.

Es treten aber auch Umstände ein, unter denen die industrielle Fabrik dem Zwang verfällt, ihre Abwässer von einem grossen Theil der darin enthaltenen schwebenden und gelösten Stoffe zu befreien. In diesem Falle ist die Gewinnung der Stoffe die Nebensache, die Entfernung die Hauptsache.

Während der Landwirth oder die industrielle Fabrik, welche ihre Abwässer nur ausnutzen will, aber nicht reinigen muss, ihr Streben dahin richten wird, soviel wie möglich Boden für die Vertheilung des Rieselwassers zu gewinnen, wird diejenige Fabrik, welche gezwungen ist, ihr Abwasser zu reinigen, diese Reinigung auf einer möglichst kleinen

Bodenfläche zu Stande zu bringen suchen, um nicht in die Zwangslage zu kommen, zu grosse Unkosten für Landerwerbung zu haben.

Für beide Zwecke hat sich bislang die Berieselung von Bodenflächen als die sicherste und ausgiebigste Art der Verwerthung bezw. Reinigung der Abwässer erwiesen.

Von einer Beschreibung der verschiedenen Arten der Bodenberieselung muss hier natürlich abgesehen werden, und es sollen nur die Verfahren und ihre Anwendung hier Platz finden, welche sich für Kartoffelstärkefabriken eingeführt haben und in solchen erprobt sind.

Der Stärkefabrikant, welcher sich eine Rieselanlage neu einrichten oder eine bestehende verbessern will, wendet sich am zweckmässigsten an einen erfahrenen Kulturtechniker, welcher schon solche Anlagen für Kartoffelstärkefabriken eingerichtet hat und ihre Einrichtung und Zweckmässigkeit vorführen kann.

Für die Art der Anlage maassgebend ist die Lage der Fabrik zu der ihr zu Gebote stehenden Rieselfläche und die Gestaltung des Geländes. Dort, wo die Fabrik höher gelegen und das Rieselland nahe dabei und nicht zu hügelig, sondern sanft geneigt oder eben ist, wo also das Abwasser direkt aus der Fabrik abfliesst und beliebig vertheilt werden kann durch das eigene Gefäll, wird man eine der gewöhnlichen Wiesenbau-Anlagen wählen; dort jedoch, wo die Fabrik in gleicher Höhe oder tiefer als das Ricselland gelegen ist, wo also das Abwasser durch Pumpwerke gehoben werden muss, wird man besonders bei stark hügeliger Landschaft zu komplicirteren Anlagen übergehen müssen.

Von den gewöhnlichen Wiesenbau-Verfahren ist am verbreitetsten in Kartoffelstärkefabriken dasjenige des Kulturingenieurs Elsässer-Magdeburg. Dasselbe führt den Namen Terrassenbau und eignet sich auch besonders zur Reinigung von Abwässern auf verhältnissmässig kleiner Fläche.

Elsässer hat durch Versuche festgestellt, dass es nicht möglich ist, die in dem Abwasser enthaltenen gelösten Pflanzennährstoffe durch einfache Ueberrieselung nach dem Verfahren des Hang- und Rückenbaues für die Grasvegetation genügend auszunutzen. Dieses Verfahren ist wohl geeignet zur Berieselung mit Flusswasser, bei welcher namentlich die Sinkstoffe desselben es sind, welche der Grasnarbe dadurch zugeführt werden sollen, aus welchem Grunde das Wasser längere Zeit hinter einander über die Wiesen geleitet und alsdann wieder abgelassen wird.

Bei dem Stärkefabrikabwasser kommt es aber darauf an, die gelösten Pflanzennährstoffe, die Stickstoffverbindungen, Kalisalze, Kalk und Phosphorsäure der Grasvegetation nutzbar zu machen und dazu ist es nöthig, dass diese gelösten Stoffe mit der Graswurzel in Berührung gebracht werden.

Bei allen Versuchen, mit solchen und ähnlichen Abwässern auf Hängen und Rücken zu rieseln, wurde die Grasnarbe durch die längere Berührung mit ihnen theilweise zerstört. Das ablaufende Wasser hatte aber doch nur wenig von seinem Stickstoffgehalt verloren.

Nach Elsässer dürfen vielmehr diese Abwässer nicht zu lange mit der Grasnarbe in Berührung bleiben, und die Rieselflächen müssen vollständig horizontal liegen, um eine ganz gleichmässige Vertheilung der Düngewässer zu erzielen. Das wird durch Terrassenbau erreicht und noch der Vortheil erlangt, dass nichts von den atmosphärischen Niederschlägen verloren geht, und dass allen Theilen der Terrassen ein gleichmässiger Feuchtigkeitszustand gesichert wird.

Die Ausführung des Verfahrens ist nun die folgende: Das zur Berieselung oder richtiger zum künstlichen Oberstau bestimmte Gelände wird in so viele umwallte Terrassen getheilt, dass zur Füllung jeder einzelnen auf 10 bis 15 cm Höhe mit dem zur Verfügung stehenden Abwasser durchschnittlich ein Tag (24 Stunden) erforderlich ist. Nach dem natürlichen Gefälle des Geländes reihen sich diese Terrassen an einander an. Hat die einzurichtende Wiese gar keine Gefälle, dann werden die nöthigen Abtheilungen durch Zwischenlegung von 15 bis 20 cm hohen Wällen hergestellt.

Die Zuleitung der Abwässer erfolgt durch einen auf der Höhe der Anlage fortgeführten Graben, von welchem aus jede einzelne Terrasse, unabhängig von den übrigen, gespeist werden kann, was mittelst, durch die Wälle geführter und durch Holzstöpsel verschliessbarer Wasserleitungs-Ausschussröhren geschieht. Zu den tieferliegenden Terrassen werden die Speisegräben durch die vorliegenden höheren Terrassen hindurchgeführt. Auf einem Gelände ohne oder mit nur sehr geringem Gefäll legt man den Zuleitungsgraben in der Längsrichtung mitten durch die Anlage und reiht die einzelnen Terrassen oder Abtheilungen rechts und links an denselben an.

Ist nun die unterste Terrasse bis zur bestimmten Höhe mit dem Abwasser gefüllt, dann wird hier der Zufluss abgestellt und statt dessen auf die vorliegende höhere geleitet und damit fortgefahren, bis die oberste Abtheilung erreicht ist. Dies nimmt nun je nach der Grösse der Gesammtanlage eine bis mehrere Wochen in Anspruch und wird dann immer wiederholt. Das auf jeder einzelnen Terrasse aufgestaute Wasser sinkt je nach der Bindigkeit des Bodens in 12—36 Stunden in diesen ein und durchdüngt ihn ganz gleichmässig. Da die Terrasse dann bis zum Wiederbefüllen leer bleibt, und die Luft eindringt, so werden durch den Einfluss des Sauerstoffs der atmosphärischen Luft die zugeführten Düngestoffe noch weiter zersetzt, von den Wurzeln der Graspflanzen aufgenommen und bis zu den nächsten Grasschnitten aufgespeichert. Durch die jedesmal nur kurze Zeit andauernde Berieselung, bezw. Ueberstauung kommt das düngende Wasser hauptsächlich nur mit der Wiesenkrume in Berührung und giebt nur das ausgenutzte, frei werdende Wasser an den Untergrund ab, soweit dasselbe nicht schon vorher verdunstet ist.

Da durch eine solche Berieselung bezw. Ueberstauung stagnirende Nässe im Untergrunde nicht erzeugt werden darf, so müssen alle Grundstücke, welche schon vor der Zuführung der Abwässer an Grundwasser litten und alle mehr oder weniger schwer durchlässigen Bodenarten durch Drainage vom Untergrundwasser freigehalten werden. Um aber das Rieselwässer durch die eingelegte Drainage nicht zu rasch fortlaufen zu lassen und somit eine schnellere Füllung zu erreichen, müssen besondere Vorkehrungen getroffen werden.

Das aus den Draingräben ausgeworfene Erdreich wird nicht, wie dies gewöhnlich geschieht, lose wieder eingebracht, sondern in schwachen Schichten so fest als möglich wieder eingestampft. Die einzelnen, möglichst kleinen Drainsysteme, welche mit einer bestimmten Anzahl Terrassen korrespondiren müssen, werden durch Verschlussvorkehrungen kurz vor Beginn der Berieselung des betreffenden Obertheiles abgesperrt und erst nach einige Tage dauernder Aufstauung der Abflusswässer wieder geöffnet. Der Rieselwärter muss vorhandene Maulwurfs- und Mauselöcher fortwährend verstopfen und die Umwallung wasserdicht halten. Nach mehrjähriger Berieselung verschwindet das Ungeziefer; und die Verwallungen werden fest und undurchlässig.

Behufs bequemerer Abfuhr des Heues werden die einzelnen Terrassen über die niedrigen Verwallungen hinweg durch an geeigneten Punkten angelegte Rampen verbunden.

Ein Einfrieren solcher Terrassen ist auch bei anhaltendem Froste nicht so leicht zu befürchten, weil der dichte Rasen und die sich vor Winter nochmals entwickelnde Grasvegetation gegen die Einwirkung der Kälte grossen Schutz gewähren. Thatsächlich haben solche Anlagen wochenlang Temperaturen von —15° R. ausgehalten, ohne Störungen zu zeigen.

Bezüglich der zu einer erfolgreichen Wiesendüngung erforderlichen Mengen der Abwässer wurde gefunden, dass für einen Riesel-Zeitraum von etwa 100 Tagen 0,1 cbm in der Minute zur Berieselung von 1 ha (4 Morgen) Fläche genügt; also können im Ganzen etwa 15 000 cbm in 100 Tagen auf 1 ha Land untergebracht werden.

Die Gesammtkosten stellen sich, wenn das Grundstück nicht sehr eng drainirt werden muss, zwischen 600 bis 1000 Mark auf den Hektar. Für Stärkefabriken mittleren Betriebes kann als kleinste Rieselfläche ein Areal von 8—10 Morgen, je nach der Bindigkeit des Bodens und der Lage des Geländes, genügen.

Es sind bei guter Instandhaltung auf solchen Rieselwiesen in 4—5 guten Schnitten 90—100 Ctr. Heu geerntet.

Je mehr Fläche berieselt werden kann, um so günstigere Resultate werden erzielt.

Nach Elsässer's Angabe sollen auf diese Weise $^7/_8$ der gelösten Stoffe aus den Abwässern verschwinden und in den Abflusswässern der Drainage nur noch $^1/_8$ in unschädlichem Zustande gefunden werden.

Das nachfolgend beschriebene Verfahren von Georg H. Gerson-Berlin bezweckt, die Ausnutzung von Stärkefabrikabwässern ohne zu grosse Unkosten und unter Verwendung geringer Arbeitskraft auch dort zu ermöglichen, wo Wiesen oder Gelände, welche im Sommer genügende Feuchtigkeit für Grasbau halten, nicht oder in ungenügendem Umfange vorhanden sind, und daher die Aufbringung auf weiter von der Fabrik abgelegene oder hoch gelegene Ackerländereien nothwendig wird.

Da beim Zuleiten des Abwassers nach entfernteren Punkten in offenen Furchen, auch wenn das nöthige Gefälle vorhanden ist, sehr grosse Mengen desselben im Boden versinken, und die darin enthaltenen Nährstoffe verloren gehen, so wird das Abwasser von der Fabrik aus in unterirdisch gelegten gusseisernen Rohrsträngen fortgeleitet oder, wenn das Rieselland höher gelegen ist als die Fabrik, fortgepumpt. Auf dem zu bewässernden Felde mündet die unterirdische Leitung in seitliche gusseiserne Ansätze aus, auf welche ein transportables kupfernes Standrohr mittelst Bajonetverschluss aufgesetzt werden kann, wie solche bei den städtischen Wasserleitungen für Strassen-Sprengzwecke üblich sind. Jeder dieser Ansätze kann durch einen sogenannten Wasserschieber abgesperrt werden. Sowohl auf den Wasserschiebern als auch auf den seitlichen eisernen Ansätzen für das kupferne Standrohr sind gusseiserne Schutzrohre aufgesetzt, die den Erdboden fernhalten. In das Rohr auf dem Wasserschieber wird der Schieberschlüssel zum Oeffnen und Schliessen eingeführt. Die seitlichen Ansätze sind 100 bis 120 m von einander entfernt.

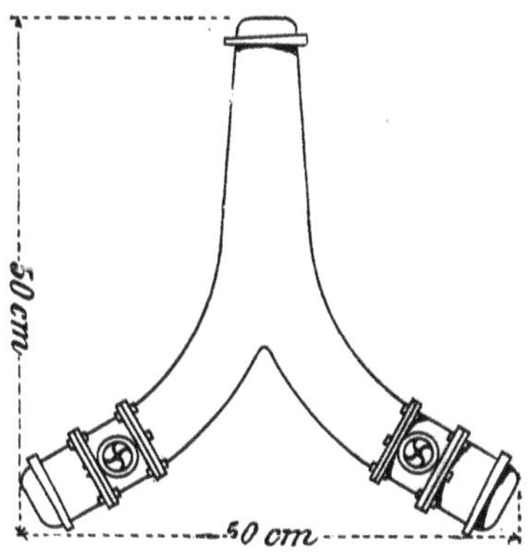

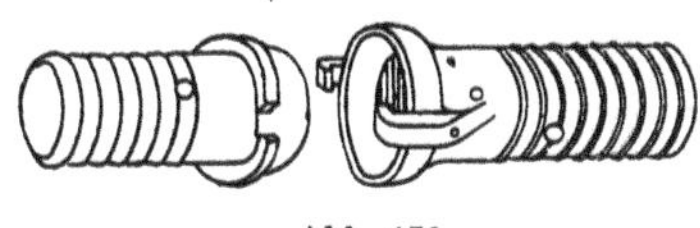

Abb. 170.

Soll die Rieselung begonnen werden, so wird zuvörderst das kupferne Standrohr an einer Ansatzstelle eingesetzt und ein Stück getheerten Hanfschlauches von 20—30 m Länge, angeschraubt. An das Ende dieses Schlauchstückes wird eine Gabelung aus Kupfer (s. Abb. 170) angefügt, die mit 2 Absperrschiebern versehen ist. An diese werden zwei getheerte Hanfschläuche von 30—40 m Länge angehängt.

Die Schläuche bestehen aus Enden von 5 bis 10 m Länge und nicht mehr als 50 mm Durchmesser, welche mittelst Bajonetverschluss von schmiedbarem Gusseisen mit Theerstrickdichtung unter einander verkuppelt werden (s. Abb. 170 unten).

Je nach den Verhältnissen des gegebenen Geländes werden an die Gabelung zuerst je ein Schlauchstück von 5—10 m Länge angestossen. Die offenen Enden dieser Schlauchstücke werden auf kleine, in ihrem Bereiche liegende Bodenerhebungen gelegt, dann wird das Abwasser durch Oeffnen der Absperrschieber zum Ausfliessen gebracht. Man lässt es laufen, bis der von der Bodenerhebung erreichbare Theil des Geländes genügend durchfeuchtet ist. Dann wird der eine Absperrschieber der Gabelung geschlossen; der Arbeiter fährt mit einem Holzstab der Länge nach unter dem Schlauch hindurch, welcher zu dem geschlossenen Schieber gehört, ihn ein wenig erhebend, um ihn vollkommen zu entleeren und leicht zu machen, dann stösst er ein neues Schlauchstück an, legt das offene Schlauchende auf die nächste Bodenerhebung und öffnet den diesem Schlauchende zugehörigen Absperrschieber an der Gabelung, während der andere geschlossen wird. Während nun das Wasser sich aus dem neugeöffneten Schlauche über die Bodenerhebung und ihre Abdachungen vertheilt, leert der Arbeiter in gleicher Weise, wie beschrieben, den abgesperrten Schlauch, verlängert ihn und verlegt ihn mit der Oeffnung nach einer anderen Stelle. In dieser Weise wird mit Anstossen neuer Schlauchenden und Verlegen derselben fortgefahren, bis die ganze, durch die schliesslich 40 m langen Schläuche erreichbare Bodenfläche durchfeuchtet ist. Alsdann werden alle Schlauchenden von einander abgelöst, die Gabelung sammt ihnen nach einem zweiten Ansatzrohr der Hauptleitung befördert und dort in gleicher Weise vorgegangen.

Gerson empfiehlt, die Kartoffelwaschwässer ganz abzutrennen und nach dem Vorklären zur Rieselung der Wiesen im Beet- oder Hangbau zu verwenden. Das Fruchtwasser aber soll für sich zur Bewässerung der Aecker dienen. Von diesem genügen auf gut absorbirendem Boden 120—160 cbm, um 1 ha Land zum Kartoffelbau abzudüngen. Dieser Zahl legt jedoch Gerson nur eine Anhalt gewährende Bedeutung bei. Zu einer richtigen Vertheilung der Abwässer nach dieser Methode gehört auch eine hinreichende Erfahrung bezüglich der je nach den verschiedenen Bodenarten aufzubringenden Wassermassen bezw. Stickstoffmengen, da bei zu reichlicher Bemessung derselben eine Ueberdüngung eintreten kann, welche sich in einem zu starken Krautwachsthum der Kartoffeln oder übertriebener Strohwüchsigkeit des Getreides äussert.

Zur Aufnahme einer grösseren Menge Rieselwasser, als die Schlauchbewässerung — soll sie nicht mehrfach wiederholt werden — aufbringt, wird das Feld bei einem anderen Rieselverfahren von G. H. Gerson dadurch vorbereitet, dass mit einem breiten Pfluge, der von vier starken Zugthieren gezogen wird, über Kreuz Dämme auf dem zu bewässernden Felde gezogen werden (s. Abb. 171, Oberansicht und Querschnitt).

Die Entfernung dieser Dämme hängt von den Neigungen des Geländes ab und wird lieber etwas zu klein als zu gross gewählt, da Nivellirungen bei diesem Verfahren nicht stattfinden. Stark hängige Gelände sind dafür überhaupt nicht geeignet, sondern nur solche, die nur ein 1- oder $^1/_2$- oder $^1/_3$-procentiges Gefäll haben, also 1 m Gefäll auf

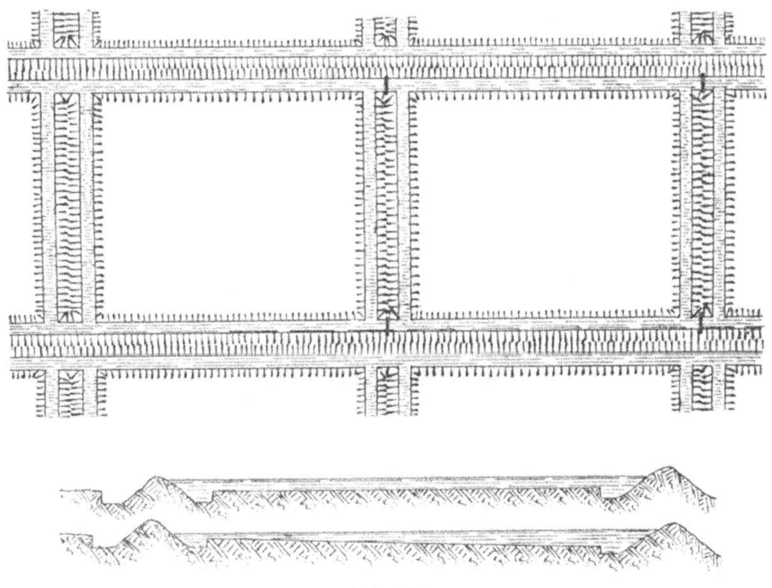

Abb. 171.

100, 200 oder 300 m. — Die Entfernung der Dämme wird gewöhnlich auf 7—12 m gewählt werden können, wenn durch Hin- und Rückgang des Pfluges ein Wall aufgeworfen wird, der erheblich höher ist als die Kämme von Kartoffelfeldern.

Ist das Feld auf diese Weise in viele kleine Becken eingetheilt, so wird entweder aus einer unterirdischen Rohrleitung, oder durch einen beweglichen Rohrstrang besonderer Konstruktion, oder durch getheerte Hanfschläuche, wie bei der vorbeschriebenen Rieselart, das Fruchtwasser herangeführt. Durch Schützen aus Blech mit Handgriff (s. Abb. 172) werden die offenen Stellen der Furchen geschlossen und das Abwasser von Becken zu Becken übergeleitet, indem man den Zufluss an den höchsten Punkten des Feldes stattfinden lässt.

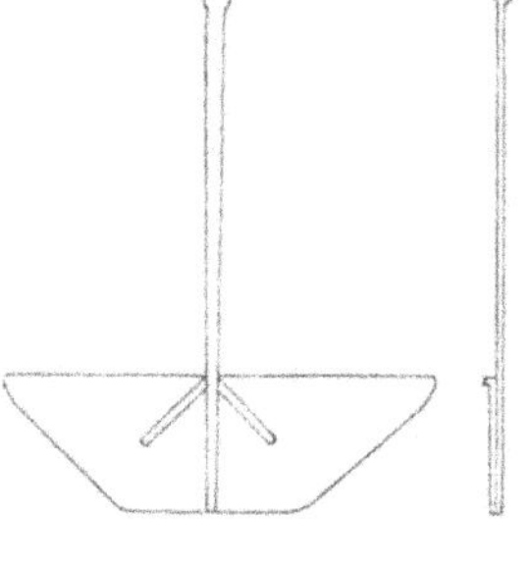

Abb. 172.

Es gelingt auf diese Weise leicht, Hunderte von Kubikmetern auf dem Morgen zum Versinken zu bringen und damit vollkommen ausreichende Düngung für jede Halmfrucht oder für Kartoffeln zu geben.

Für Frostperioden schlägt Gerson vor, durch Aufschüttung eines Erdwalles, dessen Boden mit einer gut glatt zu streichenden Lehmschicht von wenigen Centimetern Dicke ausgeschlagen ist, einen Behälter herzustellen, in welchen das Fruchtwasser für Frostperioden von 2—6 Wochen Platz hat, und aus denen es durch eine an der tiefsten Stelle liegende Pumpe in der frostfreien Zeit auf den Acker gebracht werden kann.

Eine einfache Rieselanlage, wie sie jeder Besitzer leicht selbst herstellen kann, und welche sich zum Berieseln auf ziemlich ebener Fläche eignet, hat Lehmann-Behlicke sich eingerichtet. Derselbe drückt mittelst einer Centrifugalpumpe und einer 1000 m langen Leitung eiserner Rohre von 8 cm Durchmesser das Abwasser seiner Fabrik zu etwa 3—4 m über dem Erdboden hervorragenden Standrohren. Die Leitung hat Gefäll nach der Fabrik zurück.

Von den Standrohren aus werden Zinkrohre auf dreibeinigen Holzböcken von abnehmender Höhe so verlegt, dass das Wasser nach den Theilen des Riesellandes hinläuft, wo bewässert werden soll. Die Zinkrohre, im Ganzen etwa 400 m, sind an dem einen Ende etwas zugespitzt, am andern etwas erweitert, sodass sie leicht in einander gefügt und getrennt werden können.

Es wird mit dieser Einrichtung eine Fläche von 100 Morgen mit dem Abwasser von 25000 Ctr. Kartoffeln in der Kampagne beschickt.

Aus dem Vorhergesagten geht es klar hervor, wie wichtig eine zweckmässige Ausnutzung des Abwassers der Stärkefabriken für das Gedeihen der letzteren ist.

Es ist daher bei der Neuanlage einer Stärkefabrik ein Hauptaugenmerk darauf zu richten, ob eine Ausnutzung des Abwassers zu Düngezwecken leicht und ohne zu hohe Kosten möglich ist und danach neben anderen Umständen der passende Ort für die Fabrik zu bestimmen.

Jedenfalls stimmt Verfasser dem Ausspruche Gerson's zu, dass die schlechteste Anlage von Rieselland besser ist als keine Anlage.

Beim Rieseln mit Fruchtwasser ist aber zu bedenken, dass leicht eine Uebersättigung des Bodens mit Stickstoff eintreten kann, dass das Gras zu stickstoffreich und weich wird, vergeilt und im Sommer, wenn ein Nachrieseln mit reinem Wasser nicht möglich ist, leicht versengt und verdorrt. Zu stark mit Fruchtwasser gedüngtes Gras lässt sich auch schwer heuen. Feuchte Wiesen versauern dann auch leicht. Es kann daher bei Vorhandensein grosser Fruchtwassermengen und zu geringen Riesellandes vortheilhafter sein, nur einen Theil des Fruchtwassers aufzubringen und den anderen fortlaufen zu lassen. Vielfach hat sich auch eine Verdünnung des Fruchtwassers vor dem Rieseln mit reinem Wasser als sehr nutzbringend erwiesen.

Es ist das Gewöhnliche, dass das verfügbare Rieselland im Verhältniss zu der Menge des Fruchtwassers weit hinter dem zurückbleibt, was zu genügender Ausnutzung der Pflanzennährstoffe erforderlich wäre, denn eine Fabrik von 125 Ctr. täglicher Kartoffelverarbeitung liefert Rieselwasser, welches für 200 Morgen Land ausreichen würde, wenn dem Lande nur das zurückgegeben werden soll, was ihm durch die geernteten Kartoffeln entzogen wurde.

Besäet werden die Rieselwiesen mit Klee und Gräsern; von letzteren soll sich das Thimoteegras am besten bewährt haben.

Das Gras wird entweder als Grünfutter gegeben, bisweilen wird auch das Vieh auf die Wiese getrieben. Heuen lässt es sich, wie gesagt, häufig nicht gut. Es ist dann aber mit Erfolg eingesäuert worden, entweder für sich oder auch in dünnen Lagen wechselweise mit Grünmais zusammen.

Reinigung der Abwässer.

Ist durch das bisher Gesagte klar nachgewiesen worden, dass es Pflicht des Kartoffelstärkefabrikanten gegen sich selbst ist, eine möglichst völlige Ausnutzung der in den Abwässern seines Betriebes enthaltenen Stoffe herbeizuführen, so kann — wie schon angedeutet wurde — unter bestimmten Umständen an ihn ein Zwang herantreten, dies zu thun, d. h. seine Abwässer zu reinigen.

Es ist dies möglich, sobald er die Abwässer seiner Fabrik Wasserläufen zufliessen lässt, auf welche auch Andere Anrechte, z. B. Fischereigerechtigkeit, besitzen. Es kann alsdann der Fall eintreten, dass er auf dem Verwaltungswege oder auf Grund richterlicher Entscheidung gezwungen wird, eine Reinigung seiner Abwässer vorzunehmen, wenn er nicht der Schliessung seines Betriebes entgegensehen will.

Es ist daher nöthig an dieser Stelle zu erörtern, unter welchen Umständen dies eintreten kann, und welche Maassnahmen dann zu ergreifen sind.

Die beiden Möglichkeiten einer Schädigung der Rechte Anderer durch die Abwässer von Kartoffelstärkefabriken sind die, dass entweder die Anwohner von Flussläufen durch übele Gerüche, welche unter bestimmten Umständen den Abwässern der Stärkefabriken entströmen können, direkt oder in der Ausübung ihres Berufes gestört werden können, oder dass Schädigungen der Fische in den Wasserläufen, welche die Stärkefabrikabwässer aufnehmen, eintreten können.

Der erste Fall ist sehr selten, dagegen sind Processe und Maassnahmen von Behörden gegen Kartoffelstärkefabriken auf Grund von Klagen über Beschädigung der Fischzucht häufiger, wenn auch selten im Verhältniss zu der Anzahl der bestehenden Kartoffelstärkefabriken vorgekommen.

Will man den Ursachen nachforschen, welche zu solchen Klagen Veranlassung geben können, so ist es zweckmässig, auf die Zusammensetzung der Abwässer zurückzugreifen und auch sie der Art nach zu trennen.

Das Kartoffelwaschwasser enthält, nachdem es abgeklärt ist, nur noch geringe Mengen von festen Bestandtheilen. Es fanden sich z. B. in demselben aus einer Fabrik von einer täglichen Arbeitsmenge von etwa 1500 Ctr. Kartoffeln im Hektoliter nur 50 g Gesammtrückstand, d. h. soviel wie ein gewöhnliches Brunnenwasser enthält. Es waren davon 35 g anorganische und 15 g organische Bestandtheile, und etwa die Hälfte der Gesammtmenge waren Sinkstoffe, der Rest gelöst.

Diese an und für sich ungefährlichen Abwässer gehen, wenn sie nicht fliessen und mit grösseren Wassermengen verdünnt werden, leicht in saure und faulige Gährung über, welche von widerlichen Gerüchen begleitet ist.

Es muss hier aber gleich darauf hingewiesen werden, dass Wässer, welche solche Gerüche verbreiten, durchaus deshalb nicht den Fischen schädlich sein brauchen, ein Aberglaube, der bei Laien weit verbreitet ist. Denn es wird z. B. Mist in Karpfenteiche gebracht, um die Fische besser zu ernähren, und in Wasser, in welches, wie Weigelt berichtet, bei Versuchen Gehirn in einem Kästchen eingehängt war, und welches alsbald die widerlichsten Gerüche von sich gab, lebten Fische nicht nur, sondern hielten sich mit Vorliebe in der Nähe der faulenden Substanz auf.

Schädlich für Fische sind faulige Gährungen nur dann, wenn sich in ihrem Verlaufe Schwefelwasserstoffgas (mit dem Geruch nach faulen Eiern) entwickelt, weil dieses Gas, wie viele anderen Gase, ein heftiges Fischgift ist. Kartoffelwaschwasser einer Stärkefabrik entwickelte aber selbst bei vierwöchentlichem Stehen im Zimmer keinen Schwefelwasserstoff, obwohl es sehr unangenehm roch.

Immerhin ist es zweckmässig, das Kartoffelwaschwasser nach gehörigem Abklären entweder zum Rieseln zu verwenden oder, wo dies nicht möglich ist, so in einen Flusslauf oder einen See einzuleiten, dass es gleich stark verdünnt wird, d. h. also man muss es in die unteren Schichten des Gewässers austreten lassen. Es wird damit der üble Geruch, der beim Stagniren auftritt, vermieden und so auch Einwände, welche auf diesen sich stützen.

Das Fruchtwasser und das Stärkewaschwasser sind in frischem Zustande ohne hässlichen Geruch und ohne jeden schädigenden Einfluss auf Fische. Vielmehr können sie sogar den Fischen nützlich werden, indem sie den Gewässern, in welche sie geleitet werden, Nährstoffe für die in diesen lebende niedere Flora und Fauna (Algen, Infusorien u. A.) zuführen, und so die Fischnahrung in den Gewässern erhöhen.

Es ist auch wiederholt beobachtet, dass die Fische sich nach Stellen, wo Fruchtwasser in Seeen oder Flüsse eingeleitet wurde, hinzogen und dieselben nur verliessen, wenn zu anderer Zeit kein Fruchtwasser, sondern andere, schädliche Abwässer, z. B. die vom Flachsrösten, an gleicher Stelle einflossen. Karpfenteiche, durch welche Fruchtwasser floss, erlitten keinerlei Nachtheile.

Wenn aber durch Stagniren diese Abwässer in Gährung übergehen, so ist eine Schädigung der Fische unter Umständen möglich. Es können sich dann in ihnen reichliche Mengen von Gasen entwickeln in Folge von Hefen- und Bakteriengährungen, welche z. Thl., wie der Schwefelwasserstoff, direkte Fischgifte sind; ferner aber kann durch Verdrängung des Sauerstoffes durch sich entwickelnde Gase, unterstützt von einer Sauerstoffwegnahme aus der Wasserluft durch die Bakterien, Sauerstoffmangel und damit Schädigung der Fische eintreten.

Nach der früher mitgetheilten mittleren Zusammensetzung des Fruchtwassers sind in 1 cbm desselben enthalten 2,37 kg Zucker, 0,256 kg Stickstoff und 0,88 kg Eiweiss im Durchschnitt. Bei eintretenden Gährungserscheinungen können sich bilden: In 1 cbm Wasser aus 2,37 kg Zucker = 1,15 kg Kohlensäure; aus 0,256 kg Stickstoff = 0,31 kg Ammoniak und aus 0,88 kg Eiweiss mit 1 Proc. Schwefel = 0,009 kg Schwefelwasserstoff, also in 1 Liter Wasser dieselben Zahlen in Grammen, also 1,15 g Kohlensäure, 0,31 g Ammoniak und 0,009 g Schwefelwasserstoff.

Nach Versuchen, welche C. Weigelt zusammen mit dem Verfasser ausführte, fand sich, dass die Mengen dieser Gase, über welche hinaus dieselben schädigend auf Fische wirken können, die folgenden in 1 Liter Wasser sind: Kohlensäure 0,075 g, Ammoniak 0,01 g, Schwefelwasserstoff 0,001 g.

Die Fische würden also, wenn diese Gase sich auf einmal plötzlich aus dem Fruchtwasser entwickelten, geschädigt werden. Diese plötzliche Entwickelung tritt aber thatsächlich nie ein, da die Gährungen, wenn sie stattfinden, bei der niedrigen Temperatur des Fruchtwassers langsam verlaufen, also die gasbildenden Stoffe nur langsam zersetzt werden. Auch geben die angeführten Berechnungen das theoretisch Mögliche an, während in der That die wirkliche Gasentwicklung in viel engeren Grenzen verläuft. Ferner ist hier das koncentrirte Fruchtwasser in Rechnung gezogen, welches aber nie allein, sondern verdünnt durch das Stärkewaschwasser abgelassen wird. Das entstehende Ammoniakgas wird ausserdem sofort von der Kohlensäure bezw. den Säuren des Fruchtwassers gebunden und die Ammoniaksalze sind selbst in Mengen von 3 g im Liter ohne schädigende Wirkung auf Fische, sodass dieses Gas als Fischgift hier fortfällt.

Aus den obigen Zahlen geht dann hervor, dass schon eine 10fache Verdünnung des Fruchtwassers hinreichend sein würde, dasselbe völlig unschädlich für Fische zu machen, selbst wenn es durch Gährung alle Gasmengen, welche es theoretisch entwickeln kann, auf einmal entwickelte und unverändert gelöst in sich behalten hätte, welcher Fall praktisch nie eintritt.

Es genügt also eine verhältnissmässig geringe Verdünnung, um das Fruchtwasser, auch wenn es schon in voller Gährung wäre, durchaus unschädlich zu machen. Es haben deshalb dort, wo selbst grosse Kartoffelstärkefabriken ihre Abwässer direkt in grössere Flussläufe einleiteten, Klagen nicht stattgefunden. Auch bei grösseren mit Abfluss versehenen Seeen ist die Verdünnung eine so grosse, dass wirkliche Schädigungen nicht nachgewiesen werden konnten. Dagegen sind Klagen erhoben worden dort, wo verhältnissmässig grosse Abwassermengen in kleine Fluss- oder Bachläufe oder stehende Gewässer geleitet worden sind.

Es ist ferner noch auf das Folgende hinzuweisen. In Fabrikabwässern und auch in denen der Kartoffelstärkefabrikation siedeln sich häufig gewisse Pilze und farblose Algen an, welche lange Fäden bilden, die in dicken weiss- oder graugelben Zotten fuchsschwanzähnlich im Wasser flotten. Nach Untersuchungen von H. Schreib wird die Entwicklung dieser Organismen begünstigt durch die Anwesenheit von leicht vergährbaren Kohlenhydraten (z. B. Zucker) und wahrscheinlich auch Ammoniak. Diese Wasseralgen sind an und für sich nicht schädlich, sondern man betrachtet sie z. Z. vielmehr als wasserreinigende Organismen, nachdem nachgewiesen ist, dass sie in lebendem Zustande keinen Schwefelwasserstoff erzeugen, wie früher angenommen wurde.

In fliessenden Gewässern, wo sie sich wegen reichlicher Sauerstoffzufuhr auch besser vermehren als in stehenden, kann man sie also als Schädigung nicht betrachten, es sei denn, dass ihr Wachsthum ein so schnelles und massenhaftes wird, dass sie in engen Flussläufen oder Wasserleitungs-Rohren Verstopfungen verursachen.

Wenn dieselben aber sich anfangs massenhaft vermehren und später in Folge Aufhörens der Zufuhr von Nährstoffen nach Schluss der Kampagne massenhaft absterben und einen günstigen Nährboden für Bakterienentwicklungen bilden, dann tritt in den Gewässern, wo dies stattfindet, eine stinkende Fäulniss mit starker Schwefelwasserstoffentwicklung auf, welche den Fischen sehr gefährlich werden kann.

Es ist dieser Fall z. B. aufgetreten dort, wo sich unterhalb der Stärkefabrik eine Mühle befindet. In dem Staubassin derselben sammelten sich dann die losgerissenen und von dem Wasserstrom fortgeführten Pilzfäden an, indem sie bei Verlangsamung des Stromes in dem breiten Mühlteiche zu Boden sinken. Bei Wassermangel und heisser Sommerzeit tritt dann, besonders wenn der Teich nicht oft und gründlich genug gereinigt wird, unter Umständen lebhafte Gährung auf, welche den Fischbestand schädigen, sowie den Müllereibetrieb durch üble Gerüche belästigen kann.

In solchen Fällen ist durch oftmaliges gründliches Räumen des Wasserlaufes der Massenansammlung dieser Wasseralgen und Pilze zu steuern.

Die verbreitetesten unter diesen Wasserpilzen sind Leptomitus lacteus (Abb. 173) und Beggiatoa alba (Abb. 174). Letztere ist durch die stark lichtbrechenden, in ihrem Plasma abgelagerten Schwefelkörnchen leicht zu erkennen.

Beides sind fadenförmige Algen. Der Leptomitus, auch Wasserhaar, Wasserflachs, Wasserschimmel bezeichnet, bildet verzweigte, farblose mehrzellige Fäden; charakteristisch sind die Einschnürungen der vegetativen Schläuche. Beggiatoa gehört zu den Spaltpilzen und bildet bald lange, walzenförmige Fäden, oft mit schwingender oder kriechender Eigenbewegung, oder Stäbchen und lebhaft dahinschiessende Schraubenformen (Spirillen).

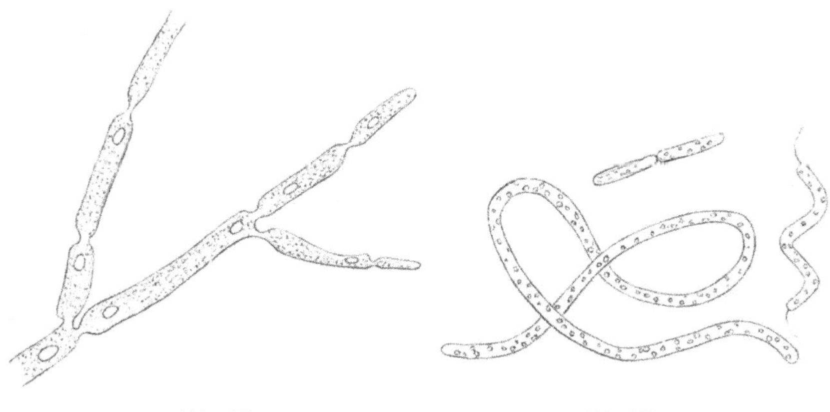

Abb. 173. Abb. 174.

Endlich könnte in denjenigen Fabriken, welche mit chemischen Mitteln arbeiten, die Möglichkeit einer Schädigung entstehen, wenn sich dieselben in den die letzten Aussengruben verlassenden Abwässern vorfänden.

Chlor oder unterchlorigsaure Salze werden in Deutschland wohl nur in sehr seltenen Fällen verwendet und dann durch Antichlor wieder beseitigt; dem Verfasser ist übrigens eine Fabrik, die solche Mittel gebrauchte, nicht bekannt. Dagegen ist die schweflige Säure, wie jene ein Fischgift, in einer grösseren Anzahl von Fabriken in Anwendung. Jedoch sind die Mengen, welche zur Verwendung gelangen, im Verhältniss zu den Wassermengen, mit denen sie verdünnt werden, sehr geringe; ferner ist durch die Menge leicht zersetzlicher organischer Substanzen und die starke Lüftung in den Aussengruben und auf dem Wege dahin so reichlich Gelegenheit zur Zersetzung der schwefligen Säure gegeben, dass sie beim Abfliessen der Abwässer von der letzten

Aussengrube nicht mehr vorhanden ist. Verfasser konnte in der That in dem Abwasser einer grösseren Fabrik, welche mit schwefliger Säure arbeitete, solche in einer grösseren Probe desselben durch Destillation in Jodlösung nach Zusatz von Salzsäure und Chlorbarium nicht mehr nachweisen.

Ueber die Art, in welcher eine Kartoffelstärkefabrik die Abwässer behandeln soll, wenn sie in die Lage kommt, wegen des Ablassens der Abwässer in öffentliche Wasserläufe behelligt zu werden, lässt sich ein allgemein gültiges Urtheil nicht abgeben. Es wird das stets von der Menge der Abwässer, der Grösse und dem Wasserreichthum der Wasserläufe und den örtlichen Verhältnissen abhängig sein.

Der einfachste Weg, die Abwässer unschädlich zu machen, ist eine hinreichende Verdünnung. Fabriken, welche an grösseren Flussläufen oder Seeen liegen, werden also dafür sorgen müssen, dass ihre Abwässer nicht an einer Stelle des Uferrandes einlaufen, sondern sie müssen dieselben auf die Sohle des Flusses oder tiefer in das Bett des Seees hineinleiten, damit sie sich gleich am Austritt mit grösseren Wassermassen mischen.

Wo aber die Wassermengen kleinerer Wasserläufe zu einer ausgiebigen Verdünnung der Abwässer nicht hinreichen, dort muss eine Reinigung des Abwassers eintreten.

Die beste Art der Reinigung bleibt dann zweifellos diejenige durch eine Rieselanlage, weil dieselbe nicht nur geringe Kosten verursacht, sondern durch die Ernte an Rieselgras und Heu die Unkosten der Anlage allmählich wieder deckt und später eine Einnahmequelle für die Fabrik wird.

Alle anderen Arten der Reinigung mit chemischen Mitteln u. A. veranlassen mehr oder minder erhebliche Kosten, die keine Deckung finden. Zu ihnen wird man erst greifen, wenn die Anlage eines Rieselfeldes aus örtlichen Gründen sich als unmöglich erweist.

Am verbreitetesten als Rieselanlage ist auch hier, nach Kenntniss des Verfassers, der Elsässer'sche Terrassenbau. Nur können die Flächen, welche man hier verwendet, wesentlich geringere sein, besonders wenn der Boden sehr durchlässig ist, da es mehr auf ein Fortschaffen des Wassers überhaupt oder eine Befreiung desselben von Stoffen, welche zu fauliger Gährung neigen, ankommt, als auf eine rationelle Ausnutzung aller Pflanzennährstoffe.

Dem Verfasser ist eine Stärkefabrik bekannt, welche in 24 Stunden bei einer Verarbeitung von etwa 800 Ctr. Kartoffeln etwa 600 cbm Abwässer abgiebt. Davon werden nur die auf etwa 150 cbm zu veranschlagenden Kartoffelwaschwässer direkt fortgelassen. Die übrigen 450 cbm aber werden nach dem Elsässer'schen Verfahren auf rund $8^1/_4$ ha (33 Morgen) Rieselland vertheilt. Der Boden ist nicht drainirt, und doch versinkt die gesammte Abwassermenge auf dieser Fläche.

Zahlenmässige Beläge für die Wirkung des Elsässer'schen Verfahrens für Stärkefabrikabwässer sind nicht vorhanden. Es mögen daher hier die bei den Abwässern von drei Rübenzuckerfabriken gemachten Erfahrungen Platz finden.

Danach wurden durchschnittlich durch die Rieselanlage aus 1 hl der Abwässer entfernt:

Von	263,0 g	Gesammtrückstand . . .	= 157,6 g	= 60 Proc.
-	48,3 g	Glühverlust	= 38,6 g	= 80 -
-	176,3 g	Senkstoffen (im Rückstand)	= 173,3 g	= 98 -
-	1,6 g	Schwefelwasserstoff . . .	= ganz	= 100 -
-	14,0 g	Stickstoff als Ammoniak .	= 12,3 g	= 88 -
-	11,6 g	Proteïnstoffen	= 10,8 g	= 93 -

Als einfachstes Fällungsmittel zur chemischen Reinigung von Abwässern wird zumeist in erster Linie ein Kalkzusatz selbst behördlicherseits nicht selten empfohlen. Wenn derselbe wirkungsvoll sein soll, so sind dem Abwasser wenigstens 500 g Aetzkalk auf 1 cbm zuzusetzen, und es ist die Mischung in ein Klärbassin zu leiten, in welchem die Kalkfällung sich absetzt. Es müssen also wenigstens 2 Klärbassins vorhanden sein, von denen jedes die Tagesmenge des Abwassers fasst, und welche flach sein müssen, damit der Schlamm sich leichter setzt.

Bei Kartoffelstärkefabrik-Abwässern hat aber dieses Verfahren keine genügenden Resultate geliefert, wenn auch die Bakterien getödtet wurden, weil die Eiweissstoffe des Fruchtwassers mit Kalk nur unvollkommen ausgeschieden werden und die übrigen stickstoffhaltigen Verbindungen garnicht. Es tritt daher in den geklärten Wässern, sobald der Kalküberschuss beim Fliessen des Abwassers oder Vermischen mit anderem Wasser in kohlensauren Kalk umgewandelt ist, von neuem Bakteriengährung ein.

Ausserdem ist es nöthig, darauf hinzuweisen, dass auch ein verhältnissmässig geringer Ueberschuss von Kalk in dem geklärten Wasser Gefahren für die Fische bietet.

Von den zahlreichen Abwasserreinigungsverfahren ist, nach dem Verfasser gemachten Mittheilungen, in Kartoffelstärkefabriken nur dasjenige von Dr. Franz Hulwa-Breslau bei richtiger Handhabung mit vollem Erfolge ausgeführt worden. Dasselbe bezweckt die Ausfällung der Eiweisskörper und anderer organischer Stoffe aus dem Abwasser bei gleichzeitiger mechanischer Klärung und Beseitigung der darin vorhandenen Gährungserscheinungen, sowie Unschädlichmachung der Erzeugnisse derselben. Dieser Zweck wird bei dem Hulwa'schen Verfahren erreicht durch Zusatz einer bestimmten Menge von Kalk und darauf folgende Untermischung mit einem besonderen Fällungsmittel in eigens hierfür eingerichteten Mischwerken und Klärbassins, von welchen das Wasser völlig klar, geruchlos und frei von Pilzkeimen mit schwach alkalischer

Reaktion abläuft. Der ausgeschiedene Schlamm ist als Düngemittel verwerthbar. Von der guten Wirkung dieses Verfahrens auf die Abwässer einer Zuckerfabrik konnte sich Verfasser persönlich überzeugen.

Die Reinigung erfordert nach Hulwa je nach der Beschaffenheit der Abwässer — Kartoffelwaschwasser und Fruchtwasser getrennt oder vereinigt und Koncentration beider — 1 bis 3 Pfennige Betriebskosten für 1 cbm Abwasser.

In Betracht zu ziehen wären für Kartoffelstärkeabwässer noch, wenn sie bereits stark in Fäulniss übergegangen sind, das Verfahren von Professor J. König in Münster, der Lüftung durch Ausbreiten des Wassers auf eine äusserst dünne Schicht (Gradirwerk oder Drahtnetz) oder das Röckner-Rothe'sche (Ingenieur Rothe in Bernburg a. S.) welches nach erfolgten Zusätzen eine Filtration durch die suspendirten Niederschläge vornimmt. Direkte Erfahrungen mit diesen Verfahren liegen aber bezüglich der Abwässer von Kartoffelstärkefabriken bisher nicht vor.

Einrichtung und Betrieb von Kartoffelstärkefabriken.

Lage der Fabrik und Raumvertheilung in ihr.

Eine Kartoffelstärkefabrik wird zweckmässiger Weise nur in einer Gegend angelegt werden, wo stärkereiche, möglichst haltbare Kartoffeln in ihrem Bedarfe entsprechender Menge von dem Besitzer selbst gebaut werden oder leicht und billig zu beschaffen sind.

Es ist daher in Deutschland auch der starke Kartoffelbau treibende Osten der Hauptsitz der Stärkefabriken.

Am aussichtsvollsten für einen Erfolg erscheint die Anlage landwirthschaftlicher Genossenschaftsfabriken, welche die von den Genossen gebauten Kartoffeln an Ort und Stelle verarbeiten und durch die genossenschaftliche Organisation mit grösseren Mitteln, in grösserem Betriebe, also vortheilhafter zu arbeiten im Stande sind als der einzelne Landwirth, und welche den industriellen, meist in grösseren Orten befindlichen Fabriken gegenüber den Vortheil besserer Verwerthung der Pülpe und der Abwässer und denjenigen ländlicher Löhne haben.

Bei der Wahl des Platzes für eine Stärkefabrik ist neben dem wohlfeilen Preise von Grund und Boden besonders auf folgende Punkte das Augenmerk zu richten:

1. Die Fabrik muss möglichst gute Verkehrsverbindungen haben zu leichter Heranschaffung des Rohmaterials, sowie der Kohlen und für bequeme Fortschaffung des von ihr erzeugten Produktes. Die Fabrik muss also hart an einer Bahnstrecke (womöglich mit eigenem Schienenstrang) oder einem schiffbaren Gewässer oder wenigstens in geringer Entfernung von einer Bahnstation an guter Chaussee liegen.

2. Vor Anlage der Fabrik muss festgestellt werden, ob an dem betreffenden Platze, auf dem sie sich erheben soll, eine reichliche Beschaffung guten Betriebswassers möglich ist. An grossen Seeen oder Flüssen liegende Fabriken haben nicht nur den Vortheil leichter und reichlicher Wasserbeschaffung, sondern den gleichzeitigen billigeren Transportes. Wo Brunnenwasser zur Verwendung kommen soll, ist das Vorhandensein genügender Mengen möglichst nicht eisenhaltigen Wassers

durch Bohrung festzustellen. In der norddeutschen Tiefebene führt zu tiefe Bohrung bis auf den blauen Thon meist zur Verschlechterung des Wassers. Eine Stärkefabrik mit Mangel an Betriebswasser ist nicht lebensfähig.

3. Die Einträglichkeit einer Stärkefabrik wird um so grösser sein, in je umfangreicherem Maasse sie die reichlichen Abwässer ausnutzen kann zur Düngung von Aeckern oder Wiesen. Daher ist ein Platz für Anlage einer Stärkefabrik zu bevorzugen, welcher genügende derartige Flächen so darbietet, dass das Abwasser durch eigenen Fall, ohne gepumpt zu werden, leicht ihnen zugeführt und auf ihnen vertheilt werden kann. Bei nicht ebenem Gelände sind die Kosten der Einebenung nicht zu scheuen und selbst die Anlage von Pumpleitungen bei hügeliger Bodenoberfläche meist noch durchaus lohnend.

Wo eine derartige Verwendung der Abwässer nicht möglich ist, aber andere Gründe den Platz doch geeignet erscheinen lassen, ist Vorsorge zu treffen, dass die Abwässer bei ihrem Eintritt in das sie abführende Gewässer genügend mit diesem gemischt werden, und dass sie eine reichliche Verdünnung in allen Jahreszeiten zu erwarten haben. Ein Stagniren der Abwässer ist auf alle Fälle zu vermeiden und ebenso ein Ablassen in Wasserläufe, welche weiter unten gestaut werden, z. B. durch eine Mühle. Ein Uebersehen dieses Punktes kann grosse Unkosten, ja ein völliges Schliessen der Fabrik im Gefolge haben.

Der gewählte Bauplatz muss einen guten, festen Untergrund haben und hinreichend gross sein, um genügenden Raum für eine bequeme An- und Abfahrt von Gespannen und Bahnwagen zu gestatten.

Das Fabrikgebäude muss derart auf demselben errichtet werden, dass bei etwaigem Wunsche, den Betrieb zu erweitern, ein leichter Anbau für Wasch- und Trockenräume möglich ist, da die Maschinen oft sehr viel mehr bei verlängerter Arbeitszeit zu leisten vermögen, aber der Mangel an Waschraum die Erhöhung der Arbeitsleistung unmöglich macht. Es ist sowohl hinsichtlich der Verluste an Stärke beim Lagern der Kartoffeln als auch hinsichtlich der Qualität der Stärke zweckmässiger, in einer grossen Anlage die für die Kampagne gewünschte Menge Kartoffeln schnell, als in einer kleinen Fabrik in vielen Monaten zu verreiben.

Die Räume des Fabrikgebäudes müssen genügend hoch, hell und für leichte Uebersicht durch den Fabrikleiter angeordnet sein. Der Kartoffelkeller mit der Kartoffelwäsche, der Raum für den Dampfkessel, die Dampfmaschine, die Centrifugen und derjenige für die Zerkleinerung der Kartoffeln und die Gewinnung der Stärke liegen ebenerdig bezw. mässig vertieft. Die Trockenanlage und die Vorrathsräume dagegen im oberen Stockwerk.

Der Kesselraum muss von dem Waschraum abgelegen sein, sodass nicht Kohlenstaub in jenen gelangen kann, der Schornstein muss genügend hoch und so angelegt werden, dass die Hauptwindrichtung den Rauch nicht über das Fabrikgebäude hinführt. Der Kartoffelkeller muss vom Waschraum abgeschlossen sein. Die Dampfmaschine wird zweckmässig in einen eigenen Raum verlegt.

Die Treppen, welche die Stockwerke verbinden, müssen bequem und leicht zugänglich sein.

In allen Räumen muss eine Leichtzugänglichkeit der Maschinen und Apparate, sowie der Absatz- und Waschgefässe u. s. w. vorgesehen sein, um sie gut überblicken und leicht reinigen zu können.

Alle Rohrleitungen, Ableitungen und Kanäle müssen bequem zugänglich sein, um bei etwaigen Verstopfungen leicht Abhülfe schaffen zu können.

Für Aussengruben, Pülpegrube, Kartoffelwaschwasserabsatz muss genügende Bodenfläche vorhanden sein.

Dampferzeugung.

Dampfkessel.

Zur Erzeugung der Betriebskraft und zur Trocknung der Stärke wird in Kartoffelstärkefabriken verhältnissmässig viel Dampf gebraucht. Dieselben müssen daher auf eine zweckmässige Dampferzeugung besonderes Gewicht legen, da die Menge der Kohlen und daher die Unkosten zur Erzeugung bestimmter erforderlicher Dampfmengen sehr verschieden gross sein können, je nachdem die Dampfkesselanlage eine gute oder schlechte ist.

Von besonderer Wichtigkeit für die Leistung eines Dampfkessels ist die Form, Einrichtung und der Einbau der Feuerung bei den Dampfkesseln. Dieselben sind jedoch so verschiedenartig, dass es im Rahmen dieses Buches nicht möglich ist, auf dieselben näher einzugehen. Es sollen daher hier nur einige Haupttypen von Dampfkesseln dargestellt werden.

1. Cornwallkessel oder Flammrohrkessel (s. Abb. 175 Längenansicht, 176 Vorderansicht) bilden einen langgestreckten Cylinder, durch welchen der Länge nach ein oder zwei Flammrohre durchgezogen sind. Die Feuertechniker der Jetzeit wünschen der Flamme, ehe sie zur Wärmeabgabe benutzt wird, einen möglichst grossen Raum zu geben, es erhalten die Flammrohre deshalb, wenn der Rost in denselben liegt, einen möglichst grossen Durchmesser. Bei kleineren Kesseln bringt man, um dies erreichen zu können, nur ein Flammrohr ein und legt dieses dann seitlich an, damit der Kesselraum leichter zugänglich ist für Zwecke der Reinigung und eine lebhaftere Bewegung des Kesselwassers um das Rohr herum stattfindet.

Der grosse Durchmesser der Flammrohre bedingt bei der hohen Spannung des Dampfes auch eine grössere Blechstärke, welche den Kessel

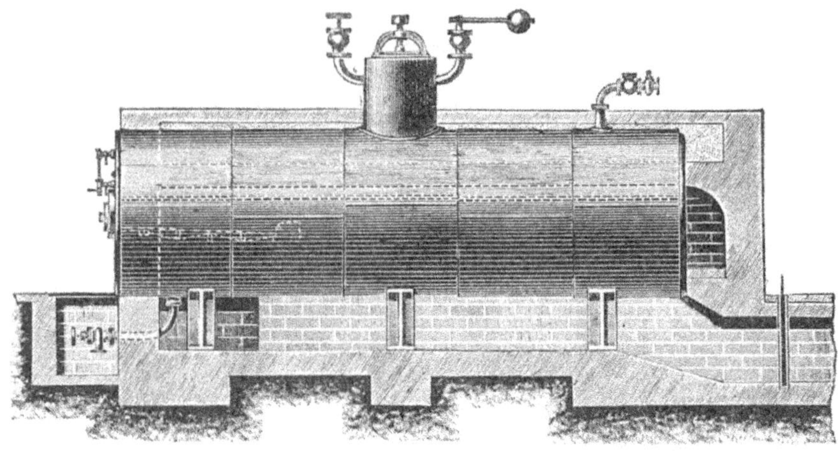

Abb. 175.

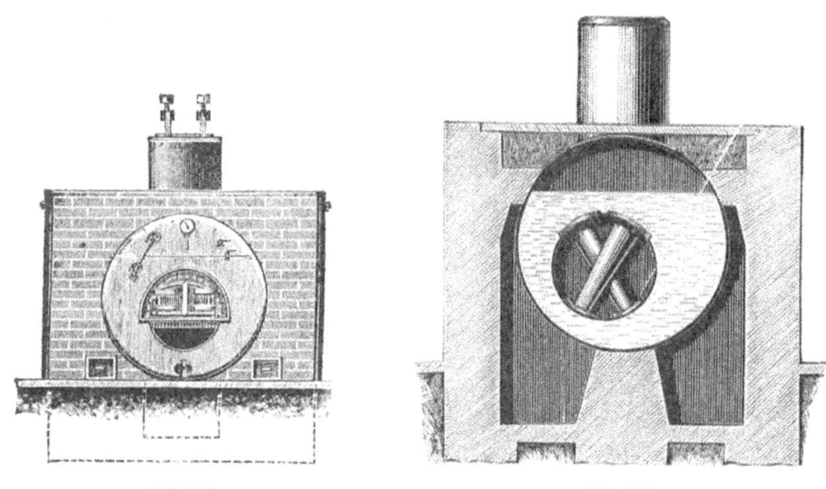

Abb. 176. Abb. 177.

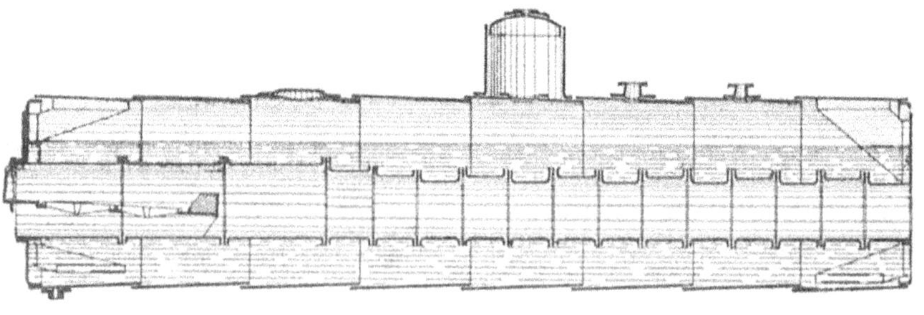

Abb. 178.

wesentlich vertheuert. Man hat daher, um die Blechstärke wieder zu vermindern, verschiedene Sonderkonstruktionen eingeführt, welche die Widerstandsfähigkeit der Flammrohre ohne Verdickung der Blechwände erhöhen.

a) Gallowaykessel (Abb. 177 Durchschnitt). Die Versteifung besteht bei diesen in konischen Röhren, welche quer in das Flammrohr hineingestellt sind. Dieselben vergrössern die Heizfläche erheblich, erschweren jedoch die Reinigung des Kessels von Flugasche und Kesselstein im Innern.

b) Wellblechkessel. Das gewellte Flammrohr hat einen besonders hohen Widerstand gegen das Eindrücken.

c) Paukschkessel. D. R. P. No. 15 696 (Abb. 178 Längenschnitt). Die Widerstandsfähigkeit des Flammrohres wird hier durch verhältnissmässig kurze Schüsse, die nach aussen gebogene Flansche bekommen, erzielt. Die Rohrschüsse haben abwechselnd einen kleineren und einen grösseren Durchmesser.

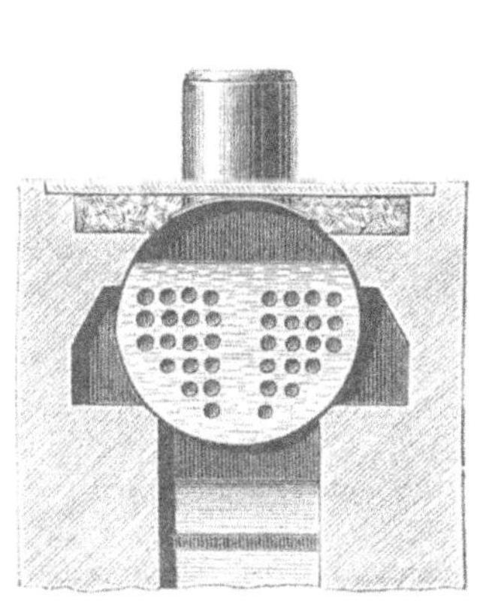

Abb. 179.

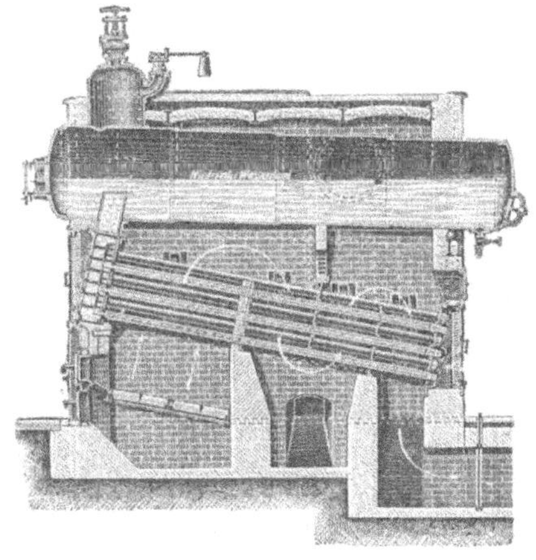

Abb. 180.

2. Doppel- oder Siederkessel. Unter einem einfachen langgestreckten Cylinder liegen ein oder zwei Cylinder von geringerem Durchmesser, die mit dem oberen durch ein oder auch zwei Stutzen verbunden sind. Dieses Kesselsystem wird in neuerer Zeit nur noch wenig gebaut.

3. Feuerröhrenkessel (Abb. 179 Durchschnitt). Durch den Hauptkessel sind eine grosse Anzahl enger Röhren gezogen, durch welche die Feuergase streichen. Dieses System wird in der Hauptsache für bewegliche Kessel (Lokomobilen) angewendet. Es hat den Nachtheil, dass der Kesselstein sehr schwer zu entfernen ist.

4. Wasserröhrenkessel (Abb. 180 Längenschnitt). Der Kessel besteht nur aus einer grossen Zahl schrägliegender Rohre, die von aussen von Feuer umspült werden und innen mit Wasser gefüllt sind. Diese

Kesselart nimmt den kleinsten Raum ein und darf auch unter bewohnten Räumen aufgestellt werden. Die Reinigung der Röhren von Kesselstein ist jedoch ziemlich schwierig und die vielen Dichtungsstellen nicht vortheilhaft.

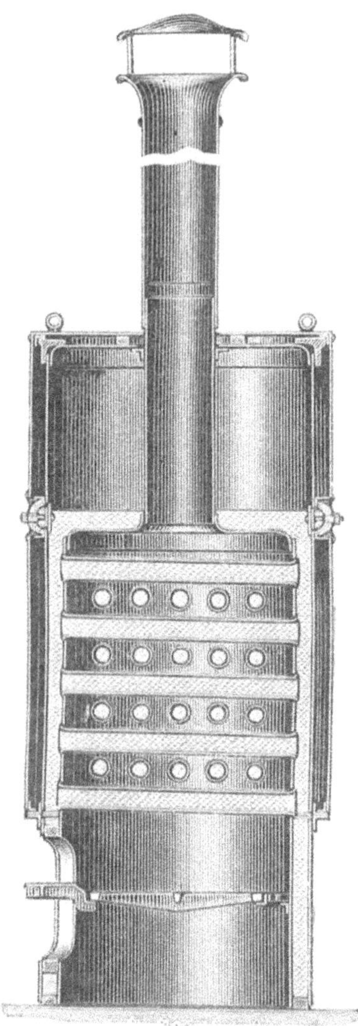

Abb. 181.

5. Stehende Kessel (Abb. 181). Dieselben erfordern auch geringen Raum zur Aufstellung, haben aber einen verhältnissmässig kleinen Wasserspiegel und liefern in Folge dessen nassen Dampf.

Im Allgemeinen verdient ein Cornwallkessel für eine Kartoffelstärkefabrik immer den Vorzug vor den übrigen Kesselarten, wenn nicht besondere Umstände die Wahl eines anderen Systems bedingen.

Die Feuerungsanlage des Dampfkessels richtet sich nach dem Brennmaterial, welches zur Verfügung steht.

Für Steinkohle ist die Innenfeuerung am gebräuchlichsten, d. h. der Rost ist innerhalb des Kessels untergebracht.

Liegt derselbe waagerecht, so führt er den Namen Planrost. Die gewöhnlichen glatten Roststäbe, deren Spalten der Korngrösse des Brennmaterials angepasst werden, sind den sogenannten Polygonroststäben vorzuziehen. Sie müssen nur wie diese aus besserem Material, welches nicht so leicht von dem Feuer zerstört wird, hergestellt werden; sie sind dann ebenso haltbar und billiger wie jene.

Für geringeres Brennmaterial, welches eine grössere Rostfläche erfordert, wählt man die Vorfeuerung und wendet namentlich für erdige Braunkohle den Treppenrost an.

Unterfeuerung ist nicht zu empfehlen, weil die Feuerplatte, auf welcher sich der Kesselstein und Schlamm am meisten ablagert, zu sehr leidet.

Um eine möglichst vollständige Verbrennung zu erzielen und das Rauchen des Schornsteins zu verhüten, ist es verfehlt, Luft hinter den Rost zu den Feuergasen zuzuführen, weil Rauch sich nicht verbrennen lässt. Es wird auf diesem Wege mehr geschadet als genützt.

Um den genannten Zweck zu erreichen, müssen die unverbrannten Heizgase vor frühzeitiger Abkühlung geschützt und dafür gesorgt werden, dass die Gasbildung gleichmässig vor sich geht, indem das Brennmaterial allmählich und ununterbrochen in die Feuerung eingeführt wird. Diejenigen der vielen Rauchverhütungsverfahren, welche diese Bedingungen erfüllen, sind allein erfolgreich.

Grösse der Dampfkessel. Die Grösse eines Dampfkessels wird nach der Anzahl Quadratmeter wasserberührter Heizfläche bemessen. Ein Dampfkessel soll immer soviel Heizfläche haben, dass je 1 qm in einer Stunde höchstens 20 kg Dampf bilden muss. Bei Neuanlagen ist der Kessel so gross einzurichten, dass 1 qm Heizfläche in der Stunde 15 kg Dampf zu schaffen hat.

Ausrüstung des Dampfkessels.

Für den Dampfkessel sind von der Ueberwachungsbehörde verschiedene Ausrüstungsapparate vorgeschrieben, die den Zweck haben eine Explosion des Dampfkessels, soweit es möglich ist, zu verhüten.

1. Wasserstandszeiger müssen zwei vorhanden sein. Bei Neuanlagen wählt man anstatt der Probirhähne als zweite Vorrichtung besser ein zweites Wasserstandsglas.

Zum Schutze der Kesselwärter gegen Verletzung beim Springen der Wasserstandsgläser giebt es eine grosse Reihe von Vorrichtungen. Bewährt haben sich U-förmig gebogene starke Glastafeln mit eingeschmolzenem Drahtgewebe von Richard Schwartzkopff-Berlin. Ausser vermittelst Gläsern kann der Wasserstand im Kessel auch durch einen Zeiger angegeben werden, der mit einem Schwimmer im Innern des Kessels in Verbindung steht. Die bekannteste solcher Konstruktionen ist diejenige von C. Louis Strube in Magdeburg-Buckau. Dieselbe lässt bei niedrigstem Wasserstand eine Alarmpfeife ertönen.

2. Speisevorrichtungen müssen ebenfalls zwei vorhanden sein. Es empfiehlt sich, eine Speisepumpe mit der Dampfmaschine zu kuppeln und als zweite Speisevorrichtung einen doppelt wirkenden Injektor anzubringen, der im Stande ist auch, warmes Wasser anzusaugen.

3. Manometer müssen so angebracht werden, dass nicht Dampf sondern Wasser auf die Feder in dem Instrument drückt. Es wird dies durch Anbringung eines Wassersackes unter dem Manometer erreicht. Das Instrument muss vor allzugrosser Wärme bewahrt werden. Man bringt es daher besser an der Wand des Kesselhauses, als auf dem Kessel selbst an.

4. Sicherheitsventil. Das Belastungsgewicht des Ventils darf von dem Kesselwärter nicht verstellt werden. Man schliesst dasselbe deshalb in einen Blechkasten ein.

5. Ablassvorrichtungen.

6. Wassermesser. Es empfiehlt sich, zur dauernder Kontrolle

der Menge des im Kessel verdampften Wassers einen Wassermesser in die Speiseleitung einzuschalten, der selbstthätig anzeigt, wieviel Wasser dem Kessel zugeführt wird. Der Schmidt'sche Messer von Ludwig Loewe in Berlin ist der bekannteste.

7. Zugregler dienen dazu, den Rauchschieber allmählich zu schliessen, sodass bei heruntergebranntem Feuer die Zuführung von Luft durch den Rost fast ganz aufhört. Da zu viel eingesaugte Luft den Hauptverlust beim Kesselbetrieb verursacht, so ist die Anbringung eines derartigen Apparates zu empfehlen. Die Konstruktionen von Karl Walter in Malchow (Mecklenburg) und Otto Hörenz in Dresden haben sich bewährt.

8. Wasserreiniger zur Entfernung der Kesselsteinbildner bei hartem Wasser sind zu empfehlen. Ueber die Verfahren, welche sich bewährt haben, s. unter „Betriebswasser, Kesselspeisewasser".

Um das Speisewasser dem Kessel mit einer möglichst hohen Temperatur zuzuführen, empfiehlt es sich, einen Vorwärmer aufzustellen, in dem das Speisewasser mit dem Abdampf der Dampfmaschine erwärmt wird. In den Vorwärmer leitet man alles Kondenswasser aus den Heizleitungen der Trocknerei und Heizleitungen der Fabrikräume, weil dieses als destillirtes Wasser kesselsteinfrei und warm ist, sofern es nicht zum Heizen des Kartoffelwaschwassers ausgenutzt wird.

Prüfung des Dampfkessels.

Zum Nachweis der Leistungsfähigkeit eines neuen Dampfkessels soll unbedingt vor Abnahme und bei bestehenden Kesseln von Zeit zu Zeit, etwa alle 3 Jahre, ein Verdampfungsversuch gemacht werden.

Derselbe hat den Zweck zu prüfen, ob mit der verwandten Kohle eine genügende Menge Wasser verdampft wird. Zu diesem Zwecke wird während einer bestimmten Zeit (wenigstens 6 Stunden hindurch) die zur Kesselheizung verbrauchte Kohle gewogen, und das Wasser, welches in den Dampfkessel eingeführt wird, gemessen. Ist der Wasserstand am Ende des Versuches gleich demjenigen bei Beginn desselben, so ist mit der verbrannten Kohle die eingepumpte Wassermenge verdampft.

Wenn der Heizwerth der Kohle, welcher durch Analyse ermittelt werden kann, bekannt ist, d. h. wenn man weiss, wieviel Wärme bei der Verbrennung der Kohle auf dem Roste entsteht, so kann berechnet werden, wieviel von dieser Wärme der Kessel aufgenommen hat und wieviel durch den Schornstein oder sonstwie verloren gegangen ist. Dabei ist die Temperatur des eingepumpten Wassers und die des abgehenden Dampfes festzustellen und ein gleichmässiger Druck im Kessel zu halten. 1 kg Wasser gebraucht zur Verdampfung im Durchschnitt 600 Wärmeeinheiten. Die Zahl ist abhängig von der Anfangstemperatur, mit welcher das Wasser in den Kessel hineinkommt, und von dem Druck, mit dem der Dampf den Kessel verlässt. Es entwickeln bei der Verbrennung von 1 kg im Mittel

	Wärmeeinheiten	Verdampft
Gute Steinkohlen	6500—7000	8,0 Liter Wasser
Böhmische Braunkohlen und Presskohlen	4500—5000	5,0 - -
Erdige Braunkohle und Torf	2000—3000	2,5 - -

Würden nun bei einem Heizversuch z. B. in 5 Stunden 228 kg Steinkohlen (von 6600 W.E. Heizwerth nach Analyse) verbrannt und 1642 Liter oder kg Wasser dem Kessel bis zu gleichem Wasserstande, wie bei Beginn des Versuches zugeführt, so sind von 1 kg Steinkohlen 7,2 kg Wasser verdampft worden. Dazu gehören $7{,}2 \times 600 = 4320$ W. E.; die Ausnutzung der Wärme, die auf dem Rost entsteht, beträgt daher

$$\frac{4320 \times 100}{6600} = 65{,}5 \text{ Proc.}$$

Gute Kesselanlagen machen 75 Proc. und wohl auch darüber nutzbar. Der Verlust beträgt also in dem angeführten Falle rund 10 Proc. Als mittlere Leistung eines guten Kessels gilt 65—70 Proc.

Zur Ergründung des Fehlers ist es nothwendig, die Bestandtheile und die Temperatur der abziehenden Heizgase zu ermitteln. Je mehr Kohlensäure und je weniger Sauerstoff die abgehenden Heizgase enthalten, und je niedriger die Temperatur bei genügender Zugstärke derselben ist, um so besser ist die Feuerungsanlage. 15 Proc. Kohlensäuregehalt der Rauchgase und 250° C. ist zu erreichen. Oft beträgt der Kohlensäuregehalt nur 5 Proc., und die Temperatur steigt oft bis auf 400° C.

Ist die Temperatur höher als 250° C., so ist der Rost zu gross, es verbrennen zuviel Kohlen. Ist der Kohlensäuregehalt geringer als 10 Proc., und in dem Rest vorherrschend Sauerstoff, so ist der Rost und damit die Luftzuführung zu gross; ist in dem Rest Kohlenoxyd in grösserer Menge vorhanden, so ist der Rost zu klein.

Mit der Prüfung der Heizgase und der Temperatur ist ein mit solchen Untersuchungen vertrauter Ingenieur oder Chemiker zu beauftragen.

Krafterzeugung.

Dampfmaschine.

Die verschiedenen Arten von Dampfmaschinen theilt man in der Regel nach der Steuerung ein:

1. Schiebermaschinen werden angewandt bei Maschinen bis zu 50 Pferden;

2. Ventilmaschinen werden ausgeführt in Grössen von 30 bis 150 Pferden;

3. Hahnsteuerungsmaschinen werden von 75 bis zu 2000 Pferden gebaut.

Ferner unterscheidet man Volldruck- und Expansionsmaschinen, je nachdem der Kolben bis an das Ende seines Hubes durch den dauernd zuströmenden Dampf getrieben wird, oder die Steuerungsorgane den Dampf früher absperren, sodass der Kolben nur während des ersten Viertel, Fünftel u. s. w. seines Weges durch den vollen Kesseldruck, im Uebrigen aber nur durch den sich ausdehnenden (expandirenden) Dampf getrieben wird.

Expansionsmaschinen sind unter allen Umständen zu bevorzugen, weil sie mit einer bestimmten Dampf- bezw. Kohlenmenge wesentlich mehr leisten als Volldruckmaschinen; bei $^1/_4$ Füllung z. B. über das Doppelte.

Bei grösseren Anlagen lässt man den Dampf nach einander in zwei oder mehreren Cylindern wirken und nennt diese Maschinen Verbund- (Compound-) oder Mehrfachexpansions-Maschinen.

Man unterscheidet Auspuff- und Kondensationsmaschinen. Erstere blasen den Abdampf aus dem Dampfcylinder direkt in's Freie; bei letzteren wird der Abdampf mit einer Luftpumpe abgesaugt und durch Wasser verflüssigt.

In Stärkefabriken, in welchen der Abdampf zum Trocknen der Stärke und zum Heizen der Waschräume benutzt wird, werden Kondensationsmaschinen selten verwendet.

Lokomobilen benutzt man in kleineren Fabriken, welche nur kurze Zeit im Betrieb sind, oder meist in landwirthschaftlichen Betrieben, wo dieselben noch an anderen Stellen (Dreschen, Schroten u. A. m.) gebraucht werden. Dieselben nimmt man nicht grösser als bis zu 30 Pferden. Die deutschen Lokomobilen sind den englischen durchaus gleichwerthig. Gute Lokomobilen bauen z. B. R. Wolff in Buckau-Magdeburg und W. Lanz in Mannheim.

Feststellung der Gesammtleistung einer Dampfmaschine.

Die Leistung einer Dampfmaschine wird in Pferdestärken ausgedrückt. Eine Pferdestärke ist gleich 75 Meter-Kilogramm. Meterkilogramm ist das Produkt aus Gewicht (Druck) und Geschwindigkeit (Weg in Metern während einer Sekunde).

Soll die Leistung einer Dampfmaschine berechnet werden, so muss also der Druck auf den Kolben, in Kilogrammen ausgedrückt, multiplicirt werden mit der Geschwindigkeit desselben.

Beispiel:

Kolbendurchmesser 30 cm

Kolbenfläche $\frac{30 \times 30 \times 3{,}14}{4} = 706{,}8$ qcm

Kesseldruck = 5 atm. Ueberdruck
= 5 kg auf je 1 qcm
Gegendruck = 0,1 - } Mittlere
Verlust in den Leitungen = 0,4 kg } Werthe
Nutzdruck = 5,00 — (0,1 + 0,4) = 4,5 kg.

Dieser Druck würde bei einer Volldruckmaschine in die Rechnung einzustellen sein; da aber die Maschinen mit Expansion arbeiten, d. h. der Kolben nur auf $^1/_4$, $^1/_3$ u. s. w. des Weges mit Volldruck arbeitet und der Kesseldruck darauf durch die Steuerungsorgane abgesperrt wird, und der Kolben auf dem Rest des Weges nur durch die Ausdehnungskraft des Dampfes (Expansion) getrieben wird, so ist der mittlere Druck auf den Kolben abhängig von dem Füllungsgrad, und es beträgt ungefähr:

der mittlere Druck	0,39	0,46	0,55	0,60	0,70	0,73	0,85	0,87	0,90
bei Füllungsgrad	$^1/_8$	$^1/_6$	$^1/_5$	$^1/_4$	$^1/_3$	$^3/_8$	$^1/_2$	$^5/_8$	$^3/_4$

$^1/_4$—$^1/_3$ Füllung ist das Normale.

Wenn die Maschine mit einem Viertel Füllung arbeitet, so beträgt der mittlere Druck auf den Kolben

$$0,60 \times 4,5 = 2,7 \text{ kg auf je 1 qcm}$$

und der Gesammtdruck ist

$$706,8 \times 2,7 = 1908,36 \text{ kg.}$$

Bei $^1/_3$ Füllung wäre der mittlere Druck auf 1 qcm

$$0,70 \times 4,5 = 3,15 \text{ kg}$$

und der Gesammtdruck

$$706,8 \times 3,15 = 2226,42 \text{ kg.}$$

Der Kolbenhub der Maschine soll 58 cm = 0,58 m, und die Anzahl der Drehungen in 1 Minute 65 sein. Bei einer Drehung geht der Kolben einmal hin und her, legt also einen Weg von 0,58 × 2 = 1,16 m zurück und bei 65 Drehungen 1,16 × 65 = 75,4 m in der Minute; die Geschwindigkeit der Maschine, das ist der Weg in 1 Sekunde, beträgt also $\frac{75,4}{60} = 1,22$ m.

Die Leistung der Maschine ist bei $^1/_4$ Füllung:

$$1908,36 \text{ kg (Druck)} \times 1,22 \text{ m (Geschwindigkeit)} = 2328,2 \text{ kgm} = 31,04 \text{ Pferde}$$

und bei einer $^1/_3$ Füllung:

$$2226,42 \text{ kg (Druck)} \times 1,22 \text{ m (Geschwindigkeit)} = 2716,2 \text{ kgm} = 36,22 \text{ Pferde.}$$

Für den Abzug durch Reibung u. s. w. muss diese Zahl noch mit 0,75 bis 0,80 multiplicirt werden, um die Nutzleistung der Maschine zu erhalten, diese ist also wirklich:

bei $^1/_4$ Füllung 31,04 × 0,80 = 24,8 Nutzpferde
- $^1/_3$ - 36,22 × 0,80 = 28,9 -

Ueber $^1/_3$ Füllung ist nicht zweckmässig, weil der Dampf nicht mehr richtig ausgenutzt wird. Bei Anschaffung einer neuen Dampfmaschine wird man sich also eine gewisse Leistung in indicirten oder effektiven Pferdestärken bei $^1/_3 - ^1/_4$ Füllung garantiren lassen.

Soll dann bei einer gelieferten Dampfmaschine die wirkliche Leistung festgestellt werden, so geschieht das folgendermaassen:

Prüfung der Dampfmaschine.

Die Prüfung der Dampfmaschine und Messung des Dampfverbrauches geschieht dadurch, dass man den verbrauchten Dampf vollständig verflüssigt, auffängt und wiegt, oder, wenn dies nicht durchführbar ist, dadurch, dass man das Speisewasser des Dampfkessels misst und dafür sorgt, dass aller im Kessel während derselben Zeit entwickelte Dampf allein der Dampfmaschine zufliesst. Gleichzeitig mit der Dampfmessung wird die Maschine bei voller Belastung indicirt und während der Prüfung etwa alle 10 Minuten eine Figur aufgenommen, um aus diesen die durchschnittliche Leistung der Maschine zu berechnen.

Das Indiciren geschieht mittelst des Indikators.

Der Indikator (Abb. 182) besteht aus einem kleinen Dampfcylinder, der am Ende des grossen Dampfmaschinencylinders angeschraubt wird. Der Kolben des kleinen Cylinders ist mit einer Feder belastet, welche derart hergestellt ist, dass der Kolben, bezw. die Kolbenstange oder der daran befestigte Schreibstift durch je 1 Atm. Druck um ein bestimmtes Maass vorgeschoben wird. Wird der Dampf in dem grossen Maschinencylinder durch die Steuerung abgesperrt, und lässt der Druck allmählich nach, so drückt in demselben Verhältniss die Feder den kleinen Kolben wieder zurück.

Die auf- und abgehende Bewegung des Kolbens in dem Indikator-Cylinder wird in Gestalt einer Kurve auf eine Papiertrommel aufgezeichnet, welche von der Dampfmaschine mittelst einer am Kreuzkopf befestigten Schnur unter entsprechender Uebersetzung vorwärts und beim Rückgang des letzteren und dem Nachlassen der Schnur durch eine in ihr befestigte Feder rückwärts gedreht wird, sodass der Umfang der Papiertrommel den Hub der Dampfmaschine in verkleinertem Maassstabe darstellt.

Auf dem Papier entsteht dabei eine Kurve (Diagramm), welche den Zusammenhang zwischen der Bewegung des Kolbens (oder Schiebers) und dem in jedem Punkte des Kolben- (bezw. Schieber-) Weges statthabenden Dampfdruck graphisch darstellt (s. Abb. 183).

Um von beiden Kolbenseiten der Dampfmaschine über diese Verhältnisse unterrichtet zu werden, wird der Indikator mit Hilfe einer Rohrleitung und eines Dreiwegehahnes abwechselnd mit je einer Seite des Dampfcylinders in Verbindung gebracht. Besser ist es, wenn man

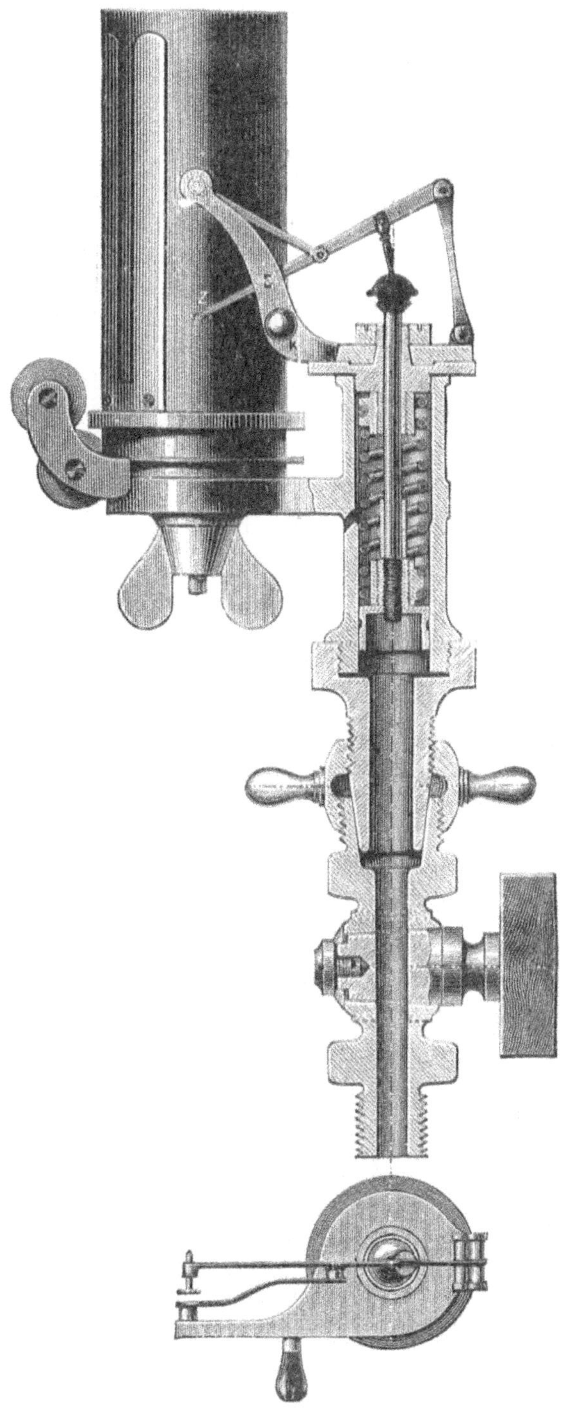

Abb. 182.

an jeder Cylinderseite ein eigenes Instrument anschrauben kann und beide Figuren gleichzeitig erhält.

Um den mittleren Druck aus dieser Figur zu ermitteln, theilt man die Längsausdehnung des Diagrammes auf der atmosphärischen Linie (der Geraden, hergestellt durch Hin- und Hergang des Kolbens und der Papiertrommel ohne Oeffnung des Dampfhahnes zum Indikator vor jeder Indicirung) mittelst eines besonderen Instrumentes (Theillineal, Rostrat) in eine Anzahl von gleichen Theilen, gewöhnlich 10, und zieht von den Theilpunkten Senkrechte oder Ordinaten (s. Abb. 184), misst die Abstände a_1—a_{10} in der Mitte zwischen den vier Punkten, in denen die Diagrammkurve von je 2 Ordinaten geschnitten wird und dividirt durch die Anzahl der Ordinaten. So erhält man die mittlere Höhe des Diagrammes, und diese giebt die mittlere Zusammendrückung der Indikatorfeder oder in Kilogrammen den mittleren Dampfdruck auf 1 Quadratcentimeter an (p).

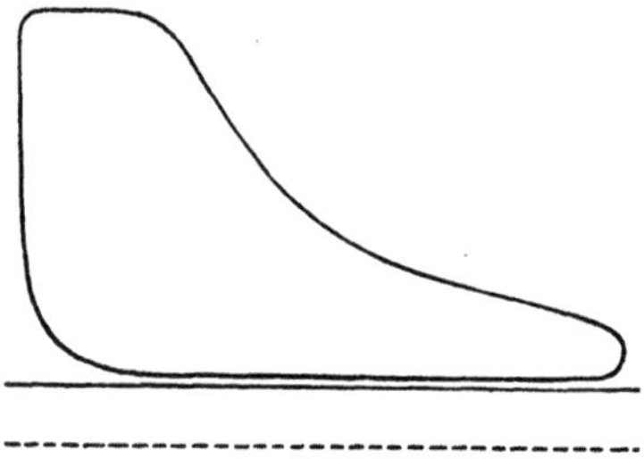

Abb. 183.

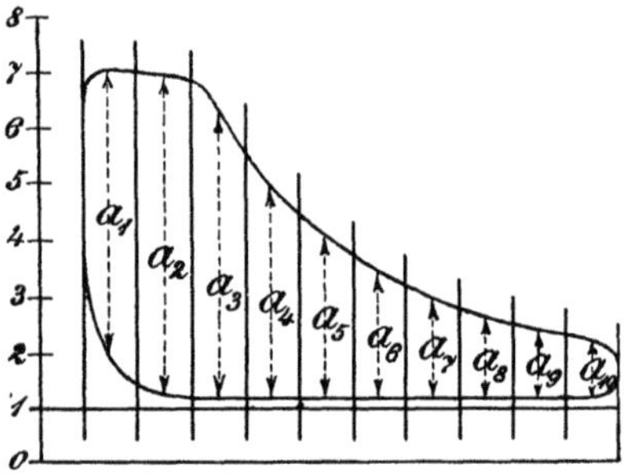

Abb. 184.

Ist nun:

der mittlere Druck auf den Kolben = p in kg z. B. 2,65 kg,
der Durchmesser des Kolbens . . = d in cm - 33,00 cm,
der Hub der Maschine . . . . . = l in m - 0,74 m,
die Anzahl der Drehungen in der Minute = n - 65

so ist die **indicirte Leistung** der Maschine in Pferden

$$= \frac{\frac{d^2 \pi}{4} \cdot p \cdot 2 l \cdot n}{60 \cdot 75} = \frac{33^2 \times 3{,}14 \times 2{,}65 \times 2 \times 0{,}74 \times 65}{4 \times 60 \times 75} = 48{,}4 \text{ Pferde.}$$

Die **effektive** oder **Nutzleistung** beträgt je nach Güte der Maschine 0,75 bis 0,85 der indicirten Leistung.

Der, wie oben beschrieben, ermittelte **Dampfverbrauch** wird in der Regel für eine indicirte Pferdestärke und 1 Stunde angegeben und ist normal z. B. bei 6 Atm. Kesseldruck,

bei kleinen Maschinen (200 mm Kolbendurchmesser) = 20 kg,
- grossen - (700 mm -) = 12 kg.

Feststellung von Fehlern an der Dampfmaschine.

Aus den Indikatorfiguren lässt sich neben der Feststellung des mittleren Druckes auf je 1 qcm Kolbenfläche aber auch noch ersehen, ob die Steuerungsorgane u. s. w. an der Maschine normale sind. In Abb. 185 ist eine Figur dargestellt, welche von einer neuen Maschine bei der Abnahme aufgenommen wurde.

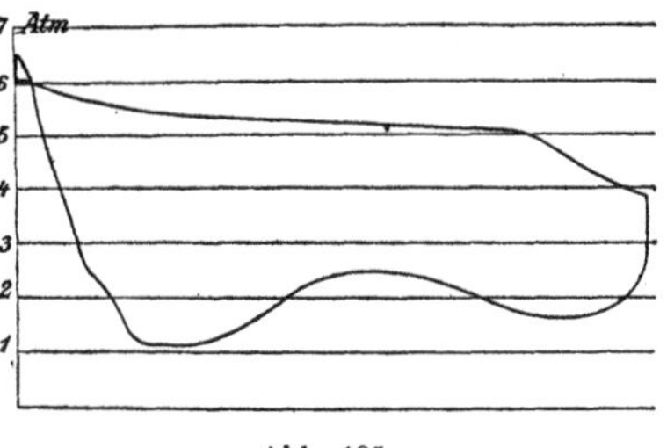

Abb. 185.

An der Figur ist zu erkennen, dass der Kolben stark undicht ist, der Gegendruck, der 0,1 Atm. betragen soll, beträgt hier 1 Atm. (Abstand der Kurve von der atmosphärischen Linie) und in der Mitte sogar 2,5 Atm. In Folge dessen arbeitete die Maschine mit $^5/_6$ Füllung, um den Gegendruck zu überwinden, wozu sie etwa dreimal soviel Dampf bezw. Kohlen verbrauchte, als wenn sie mit $^1/_4$ Füllung arbeiten würde. Ausserdem wird der Ausgangskanal zu früh abgeschlossen und die Kompression des Dampfes wird grösser als der Anfangsdruck, es entsteht daher oben an der Spitze eine Schleife. Ein Vergleich mit der normalen Figur (s. Abb. 180) zeigt die Grösse der Abweichung.

Dieser Hinweis mag hier genügen. Die Feststellung, ob ein Fehler und welcher im Einzelfalle vorliegt, ist Sache eines Ingenieurs.

Ausrüstung der Maschine.

Der Regulator hat die Aufgabe, die Drehungszahl der Dampfmaschine gleichmässig zu erhalten, auch wenn die Belastung derselben durch die Arbeitsmaschinen verschieden ist. Sobald die Dampfmaschine schneller geht, als gewünscht, werden die Kugeln am Regulator durch die Centrifugalkraft gehoben und hierdurch wird bei älteren Maschinen mittelst Gestänge eine Drosselklappe, die in dem Zuführungsrohr des frischen Dampfes eingeschaltet ist, verstellt, wodurch der Dampf gedrosselt, also mit geringerem Druck der Maschine zugeführt wird, welche in Folge dessen wieder langsamer geht.

Diese Einrichtung ist keine gute, weil hierdurch nur der Druck und nicht die Menge des Dampfes geregelt werden kann. Man wünscht aber, dass die Dampfmaschine immer den vollen Kesseldruck bekommt, und dass je nach ihrer Belastung der Dampf früher oder später vollständig abgesperrt wird, deshalb wirken die Regulatoren der modernen Dampfmaschinen nicht mehr auf eine Drosselklappe, sondern direkt auf die Steuerung ein und verstellen die Füllung der Maschine.

Die Schmierung der Dampfmaschine erfolgt am vortheilhaftesten durch Mineralöl. Für den Dampfcylinder ist Mineralöl erforderlich, welches durch die hohe Temperatur seine Schmierfähigkeit nicht verliert.

Die Oelzufuhr soll durch das Dampfeingangsrohr oder den Schieber- bezw. Ventilkasten erfolgen und zwar der Art, dass das eingebrachte Oel frei hinunterfallen kann, nicht aber durch den Dampf gehoben werden oder an Flächen hinuntergleiten muss. Die theuerste, am wenigsten zweckentsprechende Schmierung der Dampfcylinder ist die mittelst Schmiervase mit Doppelhähnen, weil hierbei das Oel in zu grossen Mengen nach unten fällt und nicht gleichmässig an den Wandungen vertheilt, sondern zum grössten Theil unbenutzt mit fortgerissen wird.

Von den neuen Dampfölungs-Vorrichtungen sind die Oeltropfapparate zu empfehlen, die das Oel, ehe es in die Maschine gelangt, dem Dampf zuführen und den Dampf selbst fettig machen, oder die Schmierpumpen, von denen sich der Mollerup'sche Apparat am meisten eingeführt hat. Die Schmierpumpen werden von einem bewegten Maschinentheil der Dampfmaschine selbst in Bewegung gesetzt und pressen das Oel mit Druck in den Schieberkasten, zerstäuben es darin und machen den Dampf fettig.

Wasserkraft

kann nur für Nassstärkefabriken voll ausgenutzt werden. Trockenstärkefabriken, welche den Abdampf der Dampfmaschine zum Trocknen der Stärke ausnutzen können, müssen bei Wasserkraftverbrauch besondere Heizanlagen oder Dampferzeugung für die Trocknerei einrichten, wodurch der Werth der Wasserkraft wesentlich herabgesetzt wird. Für Ausnutzung der Wasserkraft ist Turbinenbetrieb am zweckmässigsten.

Pferdekraft

oder Göpelbetrieb wird vereinzelt in ganz kleinen Nassstärkefabriken angewandt. Empfehlenswerth ist seine Benutzung nicht, denn dieselbe ist nicht im Stande, einer grösseren Reibe die nöthige Geschwindigkeit zu geben, bezw. noch eine Nachzerkleinerungsmaschine zu treiben. In Folge dessen ist die Leistung der Zerkleinerungsapparate eine sehr kleine, die Ausbeute gering und daher die Einträglichkeit der Anlage sehr zweifelhaft.

Triebwerke.

Die Uebertragung der von der Dampfmaschine (Wasser oder Pferden) geleisteten Kraft erfolgt in der Regel auf die Arbeitsmaschinen vermittelst Triebwerkswellen, welche von der Dampfmaschine in drehende Bewegung gesetzt werden. Erst von hier findet die Uebertragung auf die Arbeitsmaschinen statt. Die beste Uebertragung ist durch Riemen oder Seile, Zahnräder sind möglichst zu vermeiden. Auch rechtwinklige oder schiefwinklige Uebertragungen lassen sich durch Riemen bewerkstelligen. Je schneller die Wellen laufen, je schwächer und um so billiger können dieselben ausgeführt werden. Wellen dürfen 500 und mehr Drehungen in der Minute machen.

Die Riemenscheiben müssen ausbalancirt sein, d. h. die Fliehkraft, die im Betriebe auftritt, muss durch gleichmässige Schwere der Riemenscheibe ausgeglichen sein. Neuerdings hat man auch mit Erfolg Holzriemenscheiben eingeführt.

Bei der Lagerung schneller Wellen ist erfahrungsgemäss die Erhaltung der vollkommenen Kugelbewegung von grosser Bedeutung. Die Lagerschaalen sind zu dem Zwecke nur aus Gusseisen gefertigt, dafür aber so lang als der vierfache Durchmesser der Welle, sodass der Druck auf die Flächeneinheit so gering wird, dass Gusseisen vollkommen genügt, und die Abnutzung äusserst gering wird. In neuester Zeit hat man sogen. Sparlager konstruirt, in denen das Oel, ähnlich wie in den Eisenbahnachsen, dauernd erhalten wird, sodass diese Lager monatelang nicht mit neuem Fett versehen werden brauchen und in Folge dessen besonders sparsam im Betriebe sind.

Kraftverbrauch in Kartoffelstärkefabriken.

Den Kraftverbrauch einzelner Arbeitsmaschinen kann man auf zwei Wegen feststellen, entweder durch Bremsversuche oder durch Indikatorangaben. Bei der ersten Methode wird der Kraftverbrauch direkt in Meterkilogrammen und aus diesen umgerechnet in wahren Pferdestärken erhalten. Diese Methode ist daher die sicherste und richtigste. Zu ihrer Ausführung dienen verschiedene Apparate, wie der Prony'sche Zaum, das Bauer'sche Dynamometer und der Hefner-Alteneck'sche Arbeitsmesser. Letzterer wird zwischen den Riemen, der die betreffende Maschine treibt, eingeschaltet und aus der Differenz der Spannung des treibenden und rücklaufenden Riementheiles direkt die Arbeitsleistung abgelesen.

Diese Methoden sind jedoch aus dem Grunde nur in seltenen Fällen anwendbar, weil die Apparate schwer transportabel und schwer aufstellbar sind, und ihre Anwendung den ganzen Betrieb stört.

Man wird daher in den meisten Fällen zu dem Verfahren des Indikatorversuches greifen, bei welchem man zwar nicht wahre, sondern nur sogen. indicirte Pferdestärken erhält, die aber immerhin mit hinreichender Genauigkeit auf effektive Pferdestärken umzurechnen sind, indem man sie durch $1 + R$ dividirt, wobei R die Reibung bedeutet, welche nach Häder beträgt für Maschinen mit Durchmesser

cm =	20	40	60	80	100
R =	0,18	0,14	0,12	0,10	0,08.

Man geht dabei in der Weise vor, dass man unter Einhaltung gleicher Umdrehungszahl entweder verschiedene Indikator-Diagramme bei voller Belastung der Dampfmaschine mit allen Arbeitsmaschinen des Betriebes herstellt und dann eine nach der anderen abhängt und wieder Diagramme herstellt, oder dass man umgekehrt erst die leerlaufende Maschine indicirt und dann einen nach dem andern Apparat anhängt. Die Differenzen in den Diagrammen und den daraus berechneten Pferdestärken entsprechen dem Kraftverbrauche der einzelnen Arbeitsmaschinen.

Es sind nun für den Kraftverbrauch in Kartoffelstärkefabriken nur sehr spärliche, auf direkten Versuchen fussende Zahlen vorhanden. Diese hat Verfasser z. Th. in der Maschinenfabrik von Herm. Schmidt in Cüstrin mit diesem zusammen, z. Th. mit S. Aston aus Burg in einer Fabrik in der Provinz Sachsen und einer anderen in der Altmark erhalten.

Es verbrauchten hiernach an indicirten Pferdestärken:

		Reibarbeit
die Raspelhiebreibe, belastet	1,48 Pf.	
- - leer	0,50 -	0,98 Pf.
- Sägeblattreibe, belastet	1,62 -	
- - leer	0,83 -	0,79 -
- Flügelreibe mit Kartoffeln belastet	4,21 -	
- - leer	0,75 -	3,45 -
- - mit Reibsel belastet .	3,08 -	
- - leer	0,75 -	2,33 -

In der sächsischen und ähnlich in der Stärkefabrik in der Altmark wurden gefunden:

		Es erforderte also	
1. bei leerer Transmission und 2 Rührwerken (Schlammquirle) . . .	= 5,73 Pf. indic.		
2. bei 1 + Centrifugalwasserpumpe .	= 12,11 - -	die Wasserpumpe . .	6,38 Pf.
3. - 2 + Kartoffelwäsche . . .	= 13,61 - -	- Kartoffelwäsche . .	1,50 -
4. - 3 + Sägeblattreibe	= 15,09 - -	- Sägeblattreibe . .	1,48 -
5. - 4 + 2 Pumpen, 2 Auswaschsiebe und Mahlgang .	= 17,86 - -	- 2 Pumpen, 2 Auswaschsiebe, Mahlgang	2,77 -
6. - 5 + 2 Schüttelsiebe und 2 dazu gehör. Pumpen	= 18,39 - -	- 2 Schüttesiebe und 2 Pumpen . . .	0,53 -
7. - 6 + 1 Centrifuge und 1 Pumpe .	= 26,55 - -	- Centrifuge beim Anlassen	8,16 -
8. - 7 + Stärkemühle (u. angelassener Centrifuge) . .	= 27,60 - -	- Stärkemühle . .	1,05 -

Den höchsten Kraftverbrauch hatte also die Centrifuge beim Anlassen mit 8 Pferdestärken. Schon in der Mitte des Antriebes beanspruchte sie nur noch 4,18 Pferde und bei vollem Gange nur 0,19 Pferde. Es weist das darauf hin, wie wichtig für einen sparsamen Betrieb einer Stärkefabrik eine kontinuirlich wirkende Centrifuge sein muss.

Einen gleich hohen Kraftverbrauch von bis zu 8 Pferden kann man dem Mahlgang beim Anlassen zuschreiben. Da dies jedoch nur in sehr grossen Pausen stattfindet, so fällt derselbe nur hinsichtlich der Wahl der Grösse der Dampfmaschine bei der Einrichtung einer Fabrik oder bei der Einführung eines Mahlganges in einen alten Betrieb in's Gewicht. Den normalen Kraftverbrauch des Mahlganges aber kann man zu etwa 2 Pferdestärken annehmen. Den höchsten Kraftverbrauch nach diesen Apparaten zeigt die Wasserpumpe, und dieser ist ein dauernder.

Dagegen sind die Mengen Kraft, welche die Reibe, die Wäsche, die Stärkemühle brauchen, mässig, diejenigen für Siebe, Pumpen u. A. m. sehr gering.

Im Allgemeinen kann man annehmen, dass für Fabriken, welche bis zu 125 Ctr. Kartoffeln verreiben, Dampfmaschinen mit 8—10 Pferden ausreichen.

Fabriken mit 125—250 Ctr. täglicher Kartoffelverarbeitung kommen mit einer Maschine zu 15 Pferdestärken aus.

Für Fabriken über 250 Ctr. Verarbeitung rechnet man 15 Pferdestärken und für je 25 Ctr. Verarbeitung mehr noch 1 Pferdestärke hinzu, bis zu einer Verarbeitung von 500 Ctr., bei welcher danach eine Maschine von 25 Pferdestärken erforderlich wäre.

Bei grösseren Fabriken steigt dann die Anzahl der Pferdestärken nicht in gleichem Maasse, vielmehr genügt für eine Fabrik mit 3000 bis 4000 Ctr. täglicher Verarbeitung eine Maschine von 100—125 Pferdestärken.

Es ist jedenfalls, schon im Hinblick auf etwa wünschenswerth werdende Einschaltung neuer Apparate, rathsam, Kessel und Maschine nicht unerheblich grösser zu wählen, als diese Zahlen angeben, da ohne jene Vorsicht eine wünschenswerthe Vergrösserung des Betriebes viel zu kostspielig wird.

Ueber das Verhältniss zwischen der Grösse der Maschine und des Kessels giebt folgende Erwägung Aufschluss. Für je 1 Pferdestärke, welche die Dampfmaschine leisten soll, ist ein bestimmter Dampfverbrauch erforderlich, der abhängig ist von der Güte der Maschine. Eine gute Maschine gebraucht bei $^1/_4$ oder geringerer Füllung für die Stunde und die indicirte Pferdestärke höchstens 18 kg Dampf. Da bei einem guten Kessel auf 1 qm Heizfläche 15—20 kg Dampf erzeugt werden, so ist auf je eine nöthige Pferdestärke 0,9 bis 1,2 qm Kesselheizfläche erforderlich. Die Grösse des Kessels steht in direktem Verhältniss zur Grösse der Heizfläche.

Einrichtung der Kartoffelverarbeitungs- und Stärkegewinnungs-Räume.

Die Kartoffelwäsche

muss ausserhalb des Raumes liegen, in welchem Reibsel und Stärke gewaschen werden. Gewöhnlich legt man sie in den Kartoffelkeller, in den die Kartoffeln eingeführt werden. Bei genügendem Wasserquantum ist die Anlage einer Schwemme zum Heranführen der Kartoffeln zur Wäsche und zum Vorwaschen sehr zu empfehlen. Man legt dieselbe so an, dass sie, nur um die Raumeinnahme des Elevators von der Wäsche abstehend, in der Längsrichtung des Kartoffelkellers hinläuft. Bei langen Kellern kann man ihr von rechts und links her Gefäll zum Elevator, der etwa in der Mitte steht, geben und bald jene bald diese Seite der Schwemme in Thätigkeit setzen.

Die Wäsche steht zweckmässiger Weise dort, wo eine Schwemme nicht vorhanden ist, nicht zu weit ab von der Abladestelle der Kartoffeln. Es sind sonst erhöhte Arbeitskräfte zum Hinschaffen der Kartoffeln nach der Wäsche erforderlich, d. h. erhöhter Kostenaufwand. Die Wäsche steht zweckmässiger Weise hoch und zwar so hoch, dass die Kartoffeln von ihr auf einer schiefen Ebene direkt in die Reibe rollen können. Ist es nöthig, die Kartoffeln zu heben, so ist es zweckmässiger, den Elevator vor der Wäsche zu haben, als hinter derselben. Denn wenn an demselben eine Störung eintritt, so ist es besser, es findet dieselbe bei den ungereinigten Kartoffeln statt, wo durch Schaufeln oder Körbe zeitweilig nachgeholfen werden kann, während im anderen Falle der ganze Betrieb unterbrochen werden muss.

Ein theilweises oder gänzliches Hineinverlegen der Wäsche in den Apparat- oder den Stärkegewinnungsraum ist ganz entschieden zu verwerfen, da es in solchem Falle nicht möglich ist, ein Verspritzen von Schmutz beim Waschen und beim Reinigen der Wäsche, oder ein Verschleppen desselben durch die Schuhe der Arbeiter nach den Reibselgruben, Stärkebassins u. s. w. zu vermeiden, deren Folgen sich in Stippenbildung u. A. m. zeigen.

Die Reibe

darf nicht unmittelbar neben der Wäsche, z. B. im Kartoffelkeller stehen, sondern befindet sich zweckmässiger Weise, schon der Beaufsichtigung wegen, in dem Sieb- und Waschraum. Sie muss von allen Seiten leicht zugänglich sein. Ihrer soliden Konstruktion muss besondere Aufmerksamkeit geschenkt, und ihre Neubesetzung mit Sägeblättern sehr sorgfältig ausgeführt werden. Ein guter Stärkemeister wird diese Arbeit stets selbst ausführen oder jedenfalls dabei sein.

Je grösser der Durchmesser der Reibe ist, um so grösser ist ihre Leistung quantitativ und qualitativ. Es ist entschieden auch für kleinere Betriebe vortheilhafter, eine Reibe mit grösserem Durchmesser anzuschaffen und sich nicht durch die Mehrkosten daran hindern zu lassen. Dieselben sind schon in der ersten Kampagne durch die bessere Leistung ersetzt.

Raspelhiebreiben sind zu verwerfen. Doppelter Riemenantrieb lässt die Reibe ruhiger laufen und schont die Lager. Die Reibe muss leicht zu öffnen und die Trommel bequem auszuheben sein. 900 bis 1000 Umdrehungen in der Minute ist eine normale Geschwindigkeit bei 500—600 mm Durchmesser.

Die Reibselgrube muss mit einem Bordrand umgeben sein, damit kein Schmutz vom Fussboden in das Reibsel gelangen kann.

Siebvorrichtungen.

Die Reibe, die Siebvorrichtungen und die Anlage zur Gewinnung und Reinigung der Stärke werden zweckmässigerweise in einem gemeinsamen, höchstens durch eine thorbogenartig durchbrochene Mauer getrennten saalartigen Raum zu ebener Erde untergebracht. Es ist so die Uebersicht über die hauptsächlichsten Theile des Betriebes dem Stärkemeister leicht ermöglicht.

Dieser Raum, der sogen. Waschraum, liegt am Besten von dem Raum für die Dampfmaschine getrennt, darf aber keinenfalls eine direkte Verbindung mit dem Kesselhaus haben, weil sonst Kohlestippen sich unliebsam geltend machen werden.

Aus gleichem Grunde muss der Schornstein hoch genug und so angelegt werden, dass der Abzug des Rauches in der Hauptwindrichtung vom Gebäude absteht, damit nicht Kohlenstaub in den Wasch- und in den Trockenraum gelangen kann. Eine Einrichtung der Kesselfeuerung derart, dass eine völlige Verbrennung der Heizgase stattfindet, eine sogen. Rauchverzehrung, ist jedenfalls empfehlenswerth.

Von grosser Bedeutung für die gute Ausführung des Auswaschens von Reibsel und nachzerkleinertem Brei ist eine zweckmässige Anordnung der Auswaschapparate in Verbindung mit dem Nachzerkleinerungsapparate.

Eine unzweckmässige Anordnung und schwere Zugänglichkeit derselben hat seltenes Auswechseln und Reinigen der Siebflächen und damit oft sehr erhebliche Verluste von nicht ausgewaschener Stärke in der Pülpe zur Folge, ferner erhöhte Kosten bei der Anlage und Stockungen im Betriebe wegen zu vieler und langer Rohrleitungen und dadurch leichter eintretender Verstopfungen derselben.

Zu oftmaliges Pumpen des Reibsels oder Pülpebreis, wie auch der Stärkemilch befördert auch die ohnehin schon sehr lästige Schaumbildung.

Zwischen Mahlgang und Reibe wird oft ein Schüttelsieb eingeschaltet. Verfasser hält einfache Schüttelsiebe als Auswaschapparat des Reibsels für nicht besonders geeignet aus Gründen, welche bereits früher (S. 182) auseinandergesetzt sind. Soll örtlicher Verhältnisse wegen ein Schüttelsieb Verwendung finden, so ist ein Kataraktsieb anzuwenden, welches eine genügende Leistung gewährleistet.

In kleineren Fabriken wird häufiger erst ein Schüttelsieb und direkt daran anschliessend ein Bürstencylinder angebracht; es soll das den Zweck haben, ein zu starkes Verstopfen der Siebfläche im Anfang des Cylinders zu verhüten, bei zu seltener Reinigung der Siebflächen.

Die Anordnung der Siebe im Raume wird oft sehr falsch getroffen. Die Siebe müssen dicht bei der Reibe und der Nachzerkleinerung stehen, sodass möglichst nur einmal das Reibsel aus der Reibselgrube auf eine kurze Strecke zum Vorsieb gehoben werden braucht, dann aber durch eigenen Fall in den Nachzerkleinerungsapparat und von diesem auf das Nachsieb fällt, während die Milch gleich auf einem darunter liegenden Feinsieb sich sammelt.

Der Siebraum muss auch eine solche Höhe haben, dass man, ohne sich zu bücken, bequem zu den Sieben gelangen kann, um die Siebrahmen auszuwechseln; und diese selbst müssen mittelst Klappschrauben an einander und dem Siebgehäuse befestigt sein, sodass sie leicht und schnell auseinanderzunehmen und durch neue zu ersetzen sind.

Vor allem müssen Siebe aber in genügender Grösse und Anzahl vorhanden sein und richtig angebrachte Brausevorrichtungen besitzen, um eine vollständige Auswaschung zu erreichen.

Genügt für eine Fabrik, welche stündlich 20—25 Ctr. reibt, ein Bürstencylinder oder Vollcylinder von 3—4 m Länge und 50 bezw. 60 cm Durchmesser, vor und nach dem Mahlgange, so muss eine solche, welche 30—35 Ctr. verarbeitet, solche von 4 und 5 m Länge haben und bei 50 Ctr. Verarbeitung zwei der letzteren. Bei Bürstenbottichsieben kann das erste bei 20—25 Ctr. Verarbeitung einen Durchmesser von 2,20 m, das zweite von 2,0 m haben, bei Verarbeitung von 30—35 Ctr. das erste 2,80, das zweite von 2,50 m Durchmesser.

Es ist nicht richtig, auf dem ersten Sieb mangelhaft auszuwaschen und durch geeignete Grösse des zweiten den Fehler gut zu machen, da dadurch die Leistung des Mahlganges beeinträchtigt wird.

Ein Feinsieb für die Rohstärkemilch bei kleinen Fabriken und mehrere auf einander folgende bei Grossbetrieben sollten bei Neuanlagen nie fehlen, da ihre nachträgliche Einfügung sehr schwierig ist.

Im Folgenden sind Beispiele der Anordnung der verschiedenen Siebstationen gegeben.

1. Bürstenbottichsiebe von S. Aston in Burg (Abb. 186 Vorderansicht, 187 Oberansicht). Auf einem eisernen Podest mit Aufgangstreppe ist das Vorsieb (I) so angebracht, dass das Reibsel von ihm

direkt in die auf besonderem Fundament errichtete Reibselmühle fällt und von dieser wieder mittelst Zuführungsrinne auf das Nachsieb (II). Die von diesen beiden Sieben ablaufende Stärkemilch gelangt in ein Cylinder-Feinsieb, in welchem sie feingesiebt wird.

Die Einrichtung genügt für eine Fabrik von einer täglichen Verarbeitung von 500 Ctr. Kartoffeln. Bei 600 bis 750 Ctr. genügt die Einschaltung eines zweiten Nachsiebes und eine Vergrösserung des Vorsiebes auf 2,80—3 m Durchmesser.

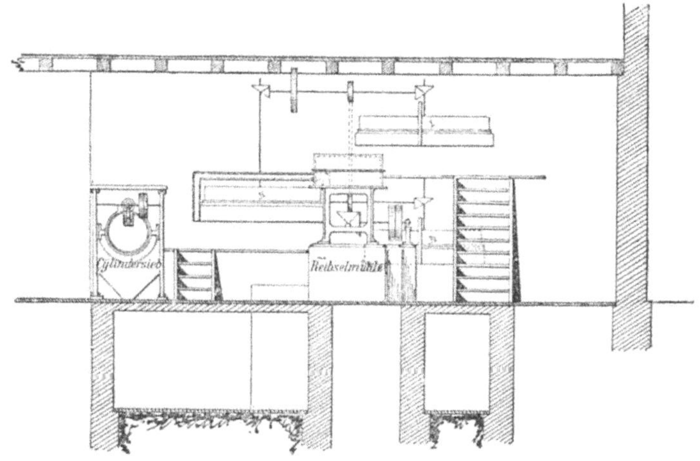

Abb. 186.

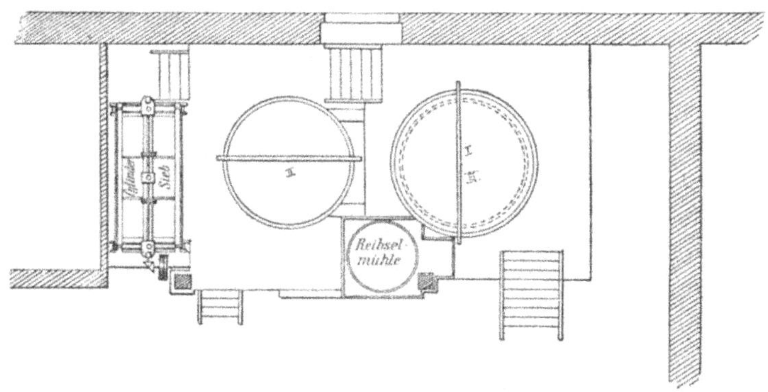

Abb. 187.

2. Bürstencylinder von Gaul und Hoffmann in Frankfurt a. O. (Abb. 188 Seitenansicht, 189 Stirnansicht, 190 Oberansicht). Es ist die Anordnung so getroffen, dass das Reibsel in einen Bürstencylinder von 7—8 m Länge fällt, welcher einen Durchmesser von etwa 1 m hat. Von diesem gelangt es in den Mahlgang und dann in einen zweiten Bürstencylinder von gleicher Länge. Die Stärkemilch wird in einem Vollcylinder

von gleichen Maassen feingesiebt. Das Vorsieb ist mit gelochtem Blech, das Nachsieb mit Drahtgaze No. 40 und das Feinsieb mit No. 60 belegt. Jede Siebkolonne ruht auf eigenem, durch Treppe leicht zugänglichem Podest. Diese 4fache Siebanlage dient zur Verarbeitung von 3500 bis 4000 Ctr. Kartoffeln in 24 Stunden.

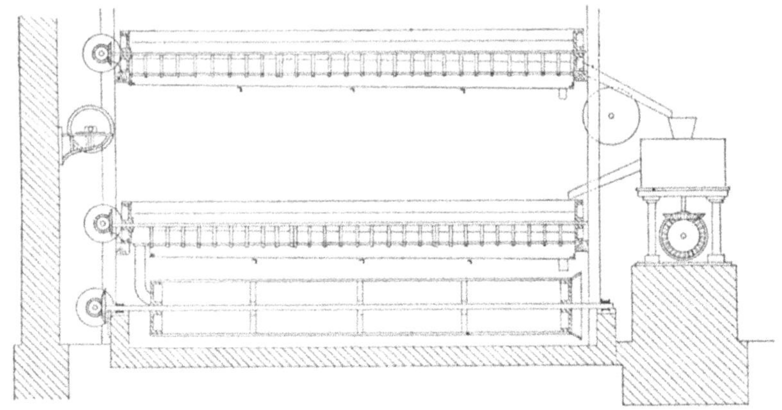

Abb. 188.

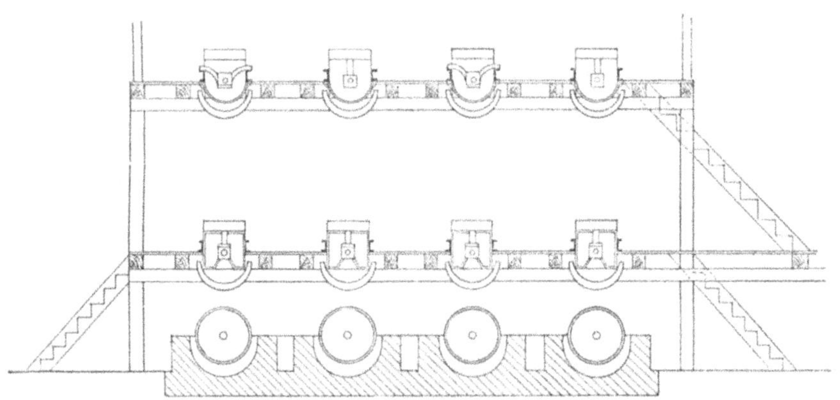

Abb. 189.

3. Kombinirter Auswaschapparat von W. Angele in Berlin (Abb. 191 Vollansicht, 192 Durchschnitt mit Mahlgang). Als Vorsieb dient ein Kataraktsieb zu 5 Siebflächen von je 500 mm Länge und 720 mm Breite nebst vier Aufwaschmulden und vier Brausen. Es ist an drei Doppel-Federn aufgehängt und macht etwa 400 Hin- und Hergänge in der Minute. An seinem Ende wird der Mahlgang aufgestellt, sodass das Reibsel von ihm direkt in denselben fällt. Neuerdings erhält derselbe noch eine automatische Zuführung. Von dem

Mahlgang fällt der Brei in einen 5 m langen, mit gelochtem Blech belegten Angele'schen Vollcylinder von 600 mm Durchmesser und von da direkt in die Pülpegrube. Die von beiden Sieben kommende Milch geht auf ein unter dem Cylinder angeordnetes Feinsieb mit Seidengaze No. 5; dasselbe ist 2,30 m lang, 72 cm breit und macht in der Minute etwa 400 Hin- und Hergänge. Am Ende hat es eine quer darüber hinlaufende Wasserbrause. Die Faser gelangt in die Pülpegrube, die Milch in eine Sammelgrube. Angele legt jetzt auch zwei Feinsiebe

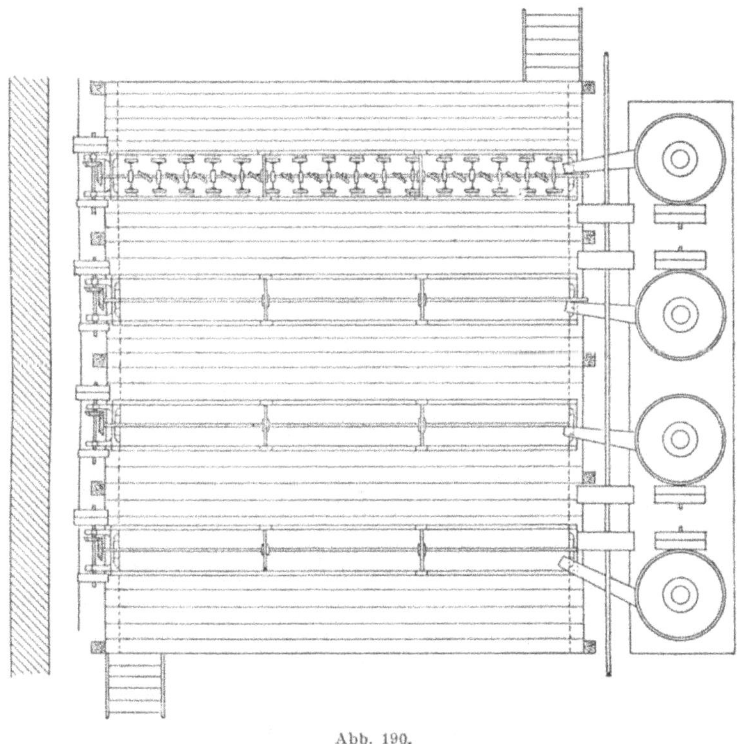

Abb. 190.

untereinander, sodass die vom ersten kommende Milch sogleich noch einmal auf Seidengaze No. 8—10 feingesiebt wird.

Die ganze Anlage wird von einem Eisengerüst getragen.

Für eine Fabrik von 500 Ctr. täglicher Verarbeitung reicht dieselbe hin. Für 1000 Ctr. wird sie doppelt in ein gemeinsames Gerüst eingefügt.

Der Mahlgang wird dann grösser gewählt und mit zwei Ausflussöffnungen am Gehäuse versehen, sodass jeder Cylinder für sich gespeist wird, da ein einfacher später gegabelter Ausfluss ungleich vertheilt.

Gewinnung der Stärke.

Die Frage, ob das Absatzsystem oder das Fluthensystem, oder eine Kombination beider für die Gewinnung der Stärke im Einzelfalle zu wählen ist, wurde bereits eingehend erörtert (s. S. 277).

Bezüglich der Anordnung mag hier noch Platz finden, dass man bei grösseren Betrieben der Uebersichtlichkeit wegen beim Absatzsystem die Absatzkästen gewöhnlich in zwei Reihen an den beiden Längswänden des Gebäudes aufstellt und ihnen die Stärkemilch in Holzrinnen zuführt, welche bei jedem Absatzkasten durch einen Schieber zu öffnen sind.

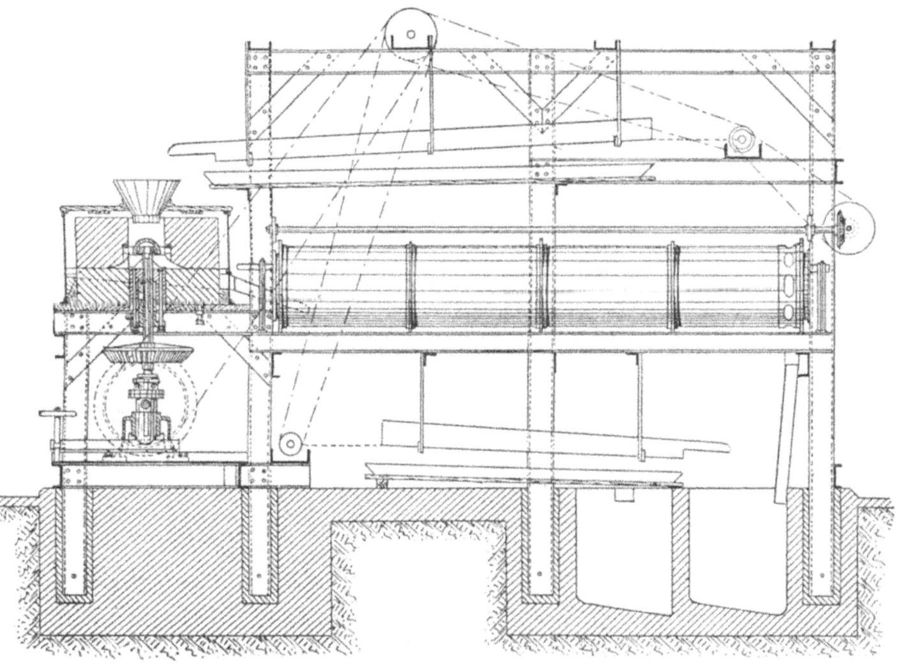

Abb. 192.

Bei kleinen Fabriken braucht man 10 bis 12 cbm Absatzraum für je 25 Ctr. verarbeiteter Kartoffeln. Bei grösseren Betrieben, welche Tag- und Nachtbetrieb haben, kann man den Raum etwas geringer wählen, da zum Befüllen eines Kastens eine Stunde, zur Ruhe etwa 8 Stunden (bei guter Stärke) und zum Ablassen und Ausstechen etwa $1^1/_2$ Stunden erforderlich sind, der Kasten also nach rund 11—12 Stunden schon wieder befüllt werden kann.

Jedoch erscheint ein Sparen an Raum auch hier im Allgemeinen nicht angebracht. Bei Mangel an Absatzraum muss noch einmal in denselben Kasten gerieben werden, nachdem das erste Abwasser abgelassen ist, und das ist für die Qualität zum Wenigsten gefährlich. Auch wird eine wünschenswerthe Steigerung des Betriebes unmöglich.

Jedenfalls soll man unter 40 cbm Absatzraum für je 100 Ctr. Kartoffeln nicht herabgehen.

Der Raum für Aufwasch-Quirlbottiche beträgt etwa den zehnten Theil desjenigen für die Absatzkästen, sodass also für eine Verarbeitung von 100 Ctr. Kartoffeln in kleinen Fabriken, welche nur einmal aufwaschen, ein Raum von 4 cbm, bei denen, welche zweimal aufwaschen, von 6 cbm und bei denen, die dreimal waschen, von 8 cbm ausreicht. In den Quirlen bleibt die Stärke je nach der Grösse der Befüllung mit Stärke 6—10 Stunden. Als normale Füllung kann $^1/_3$ Stärke und $^2/_3$ Wasser

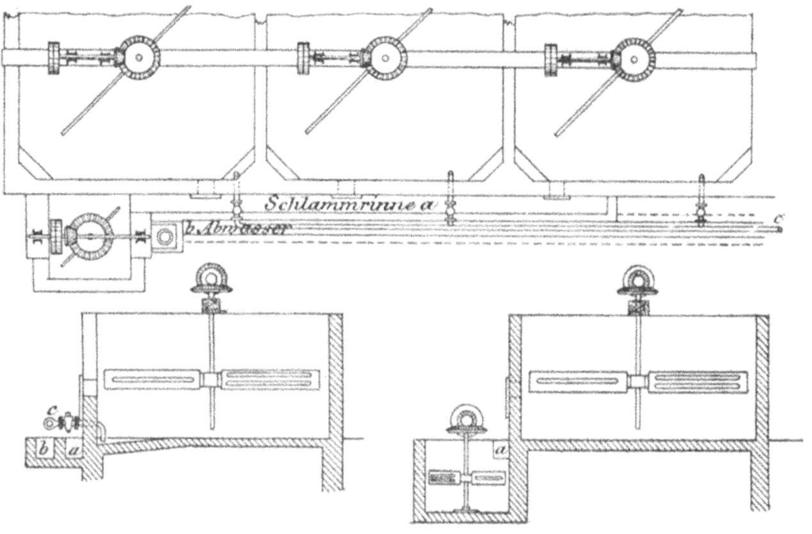

Abb. 193.

angesehen werden. Es ist auch hier bei grösseren Anlagen für die Bequemlichkeit des Betriebes besser, einige Quirle über die durchaus nöthige Zahl zur Verfügung zu haben.

Die Quirlbottiche ordnet man an den Absatzkästen hinlaufend an, sodass ein Quirl von 2 Absatzkästen aus mit der Schippe erreichbar ist. Zweckmässiger ist die Anlage einer Angele'schen Rohstärkeschnecke und Vertheilungsrinne (vergl. S. 227).

Die Ablasshähne oder Stutzen an den Absatzkästen bringt man bei festen, gemauerten Quirlen, welche unmittelbar an den Absatzkästen stehen müssen, am besten in einem an der Mauerwand des Gebäudes freigelassenen Gang an und richtet die Ablassvorrichtungen der Quirle so ein, wie es die Abb. 193, Oberansicht und Querschnitt, in der Ausführung von Camin und Neumann in Frankfurt a. O. zeigt. Das klare

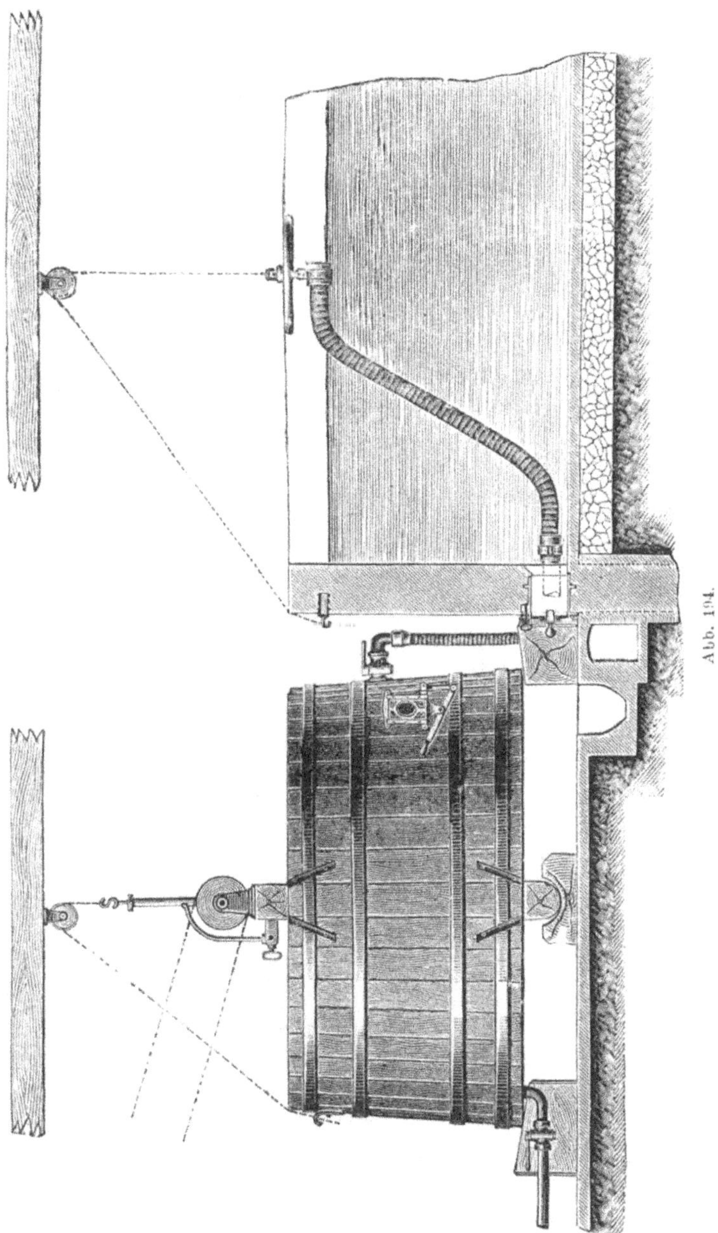

Abb. 194.

Waschwasser wird in die äusserste Rinne b abgelassen und nach den Aussengräben geleitet. Die Schlammstärke wird in der Rinne a zum unterirdischen Schlammquirl geführt und die gute Stärke durch die Rohrleitung c abgepumpt.

Die Einrichtung bei beweglichen Holzquirlen und einer Vertheilung der Rohstärkemilch nach Angele zeigen die Abb. 194 (Seitenansicht)

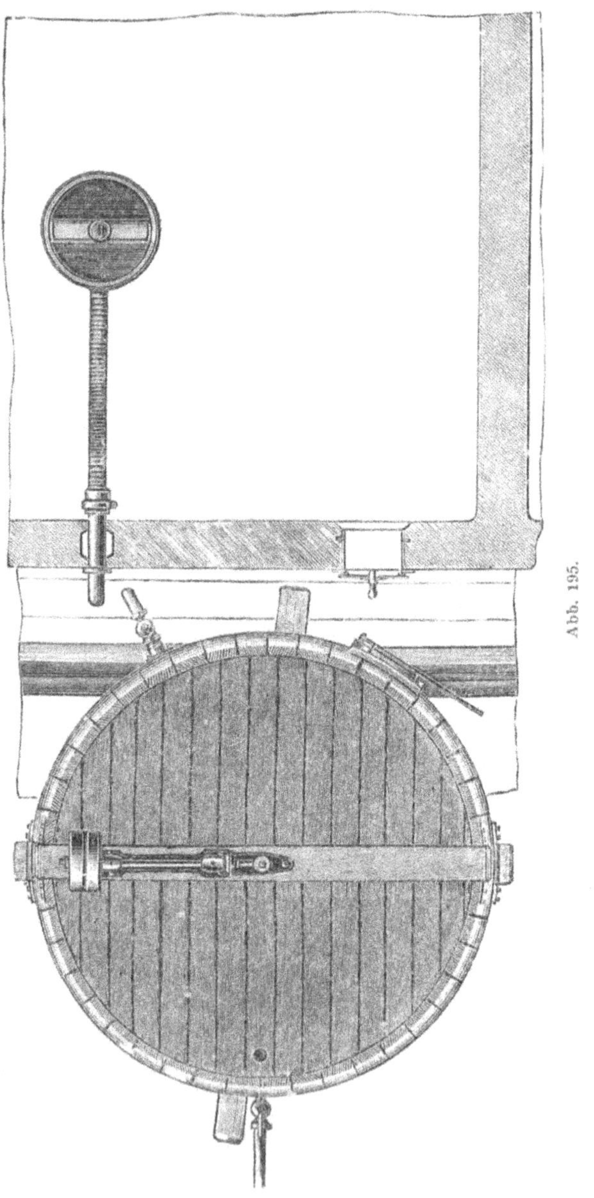

Abb. 195.

und 195 (Oberansicht) Dort können die Bottiche in weiterer Entfernung von den Absatzkästen aufgestellt werden. Die Fruchtwasserrinne läuft unmittelbar an den letzteren, die Schlammrinne zwischen ihr und den

Quirlbottichen hin, welche beim Abschlammen dieser zugekippt werden. Die reine Stärkemilch läuft durch einen Ablassstutzen (s. Abb. 194 links) und einen daran anzuschraubenden Spiralschlauch in einen kleinen, in den Boden eingelassenen Sammelkasten, aus welchem die Milchpumpe sie dem Centrifugenquirl zubringt.

Die festen Absatzkästen, bezw. Waschquirle und Rührwerke müssen fest gemauert und sehr sorgfältig cementirt werden.

Zum Cementiren darf nur bester Cement benutzt werden, welcher von Säuren möglichst wenig angegriffen wird.

Einfach aufgeputzter Cement bröckelt meist schon im Laufe einer Kampagne ab, weil die Säure des Fruchtwassers auf der rauhen Oberfläche zu viele Angriffspunkte findet. Es entstehen dadurch Löcher und Lücken, welche der Ansiedelung von Pilzen Vorschub leisten; der abgebröckelte Sand aber verunreinigt die Stärke.

Angegriffene Cementwände stellt man wieder her, indem man sie mit Meissel oder Spitzhacke rauh macht, mit Wasser abspült und mit neuem, fettem Cementmörtel (1 Thl. gutem scharfkörnigem Sand und 2 Thl. Cement) bewirft. Nach dem Abbinden wird der Putz mit reinem Cement und einem Eisenblech geglättet und blank geputzt.

Je glatter der Cement abgerieben ist, um so widerstandsfähiger ist er gegen Säure.

Fabriken mit Vorfluthen- und Quirleinrichtung sind ziemlich verbreitet. Die Vorfluthen werden aus Mauerwerk und Cement hergestellt, und es gilt für sie dasselbe wie das für die Absatzkästen u. s. w. soeben Gesagte. Die Fluthen müssen wenigstens 20 m lang sein.

Centrifugen.

Die Centrifugen mit fester Spindel sind jedenfalls die besten für Stärkefabrikation. Dieselben werden meist in den Waschraum gelegt. Das Abwasser muss nicht in die Aussengruben, sondern in den Schlammquirl, oder den Milchquirl geleitet werden, da die Stärke in ihm rein ist. Bei richtig koncentrirter Centrifugenmilch ist ihre Menge übrigens nur gering.

Die Trockeneinrichtungen

und die Zweckmässigkeit ihrer Wahl sind bereits eingehend behandelt (S. 333). Im Allgemeinen wird man für kleinere Fabriken auf dem Lande bei billiger Holzbeschaffung und billigen Löhnen Hordentrocknung einrichten, für grössere Fabriken Apparattrocknung. Da aber häufig Hordenstärke direkt verlangt wird, arbeiten auch grössere Fabriken, wenigstens zum Theil, mit Horden.

Es wird nur zu häufig übersehen, für einen gehörig grossen Kühl- und Mischraum zu sorgen, um Ungleichheiten in dem Trockengehalt durch Mischen ausgleichen und die Stärke genügend vor dem Mahlen und Sacken kühlen zu können.

Auch ist ein genügender Lagerraum vorzusehen.

Die Schlammstation

wird gewöhnlich über die Absatzbottiche gelegt. Das Schlammsieb muss so angebracht werden, dass die von ihm abgehende Faser direkt in die Pülpegrube oder das Pülpesammelbassin am Siebapparate fallen kann.

Bisweilen wird, um Verluste zu vermeiden, die Faser, welche vom Feinsieb abfällt, während der Zeit, wo keine Schlammstärke gearbeitet wird, über das Schlammsieb gepumpt.

Für eine Fabrik von 1000 Ctr. täglicher Verarbeitung genügt eine Schlammtafel von 25 m Länge mit 16 Rinnen von 30 cm Breite und 4 cm Gefälle.

Die Schlammtafeln müssen solide konstruirt sein, damit sich der Boden nicht mit der Zeit durchbiegt, wodurch Schlammreste auf der Tafel verbleiben und in Gährung übergehen.

Es ist zweckmässig, dass man an der Zulaufrinne ein Ueberlaufrohr einrichtet, das nach dem Schlammquirl zurückführt; denn wenn die Milch durch zu starkes Laufen der Schlammpumpe und des Schlammsiebes zu stark fliesst, kann man auf diese Weise die überflüssige Milch wegleiten und sich dadurch unabhängig von der Thätigkeit der Schlammpumpe machen. Ebenso ist es zweckmässig, am Ende der Rinne zwei Abflussrohre einzurichten, eines, welches nach den Aussenbassins und eines, welches in den Schlammquirl zurückgeht, damit die Stärke, wenn sie sich z. B. nicht gut setzt, noch einmal über die Rinne zurückgeführt werden kann.

Für grosse Fabriken kann es sich empfehlen, zwischen je drei oder vier Rinnen ein Lederband ohne Ende zu legen zum Transport der ausgestochenen Stärke, welche dann von einem quer zu diesen laufenden Bande gesammelt und fortgeführt wird.

Die Pumpen

dienen in den Kartoffelstärkefabriken zur Beschaffung des Betriebswassers und zur Ueberführung von Reibselbrei, Pülpe und Stärkemilch aller Art von einer Stelle zu einer andern, meist höher gelegenen.

Die wesentlichen Bestandtheile der Pumpe sind: der Cylinder oder Stiefel, der Kolben und die Ventile.

Die Anwendung der Pumpe beruht auf dem Gesetz, dass Wasser in einem luftleeren, mit dem offenen Ende in das Wasser tauchenden Rohr durch den Druck der äusseren Atmosphäre (1 kg auf 1 qcm) 10 Meter hoch aufsteigt.

Durch den Niedergang und Aufzug des in dem Cylinder luftdicht schliessenden Kolbens und das wechselweise Spiel der Ventile wird ein luftverdünnter Raum erzeugt, und das Wasser steigt in dem Saugrohr auf, gelangt in den Cylinder und wird durch das Druckrohr fortgeschafft.

Würde in dem Cylinder ein wirklich luftleerer Raum entstehen, so müsste das Wasser 10 m hoch steigen. Da aber Kolben und Cylinder nie völlig luftdicht abzudichten sind, und in Folge der Reibungen des Wassers an den Rohrwänden kann praktisch nur eine äusserste Saughöhe von 7 m erreicht werden. Je niedriger die Saughöhe desto grösser ist der Nutzeffekt der Pumpe.

Die Druckhöhe kann im Allgemeinen als unbegrenzt angenommen werden. Die Leistungsfähigkeit der Pumpe hängt von der Lage und Dichtheit der Saugrohrleitung ab. Die Saugrohrleitung muss in der Richtung nach der Pumpe stetig ansteigen.

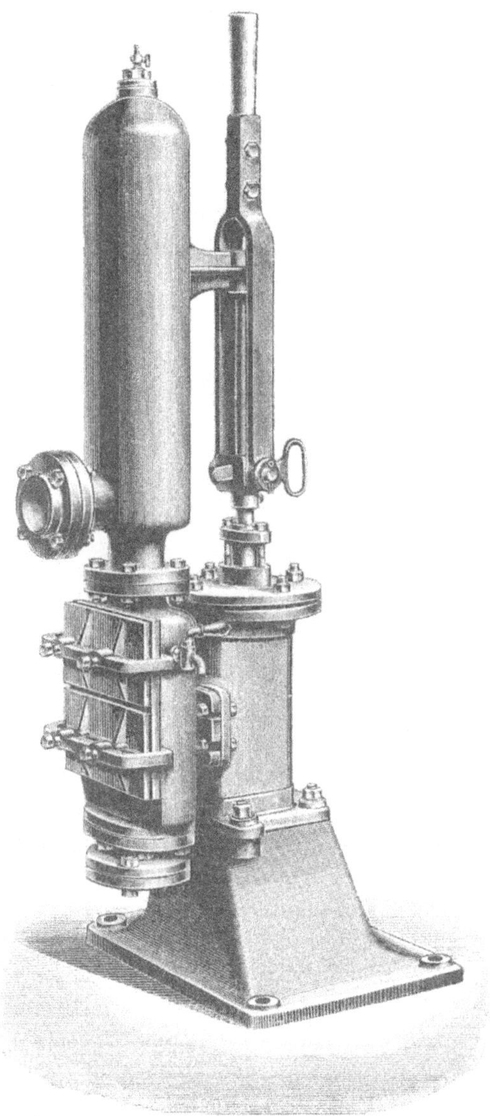

Abb. 196.

Im Allgemeinen unterscheidet man zweierlei Pumpen-Systeme

a) Kolbenpumpen (s. Abb. 196),
b) Centrifugalpumpen (s. Abb. 197).

Für die Stärkefabrikation sind Kolbenpumpen mit Plunger-Kolben (s. Abb. 198) und Kugelventilen am zweckentsprechendsten. Kugelventile (s. Abb. 199) schliessen bei dickflüssigen Massen besser als Kegelventile; letztere sind hingegen für Wasserpumpen nöthig.

Centrifugalpumpen sind in Stärkefabriken nur selten verwendbar, höchstens für Wasserbeschaffung und Fortschaffung des Fruchtwassers zur Rieselung höher gelegener Flächen. Im Betriebe selbst, besonders als Milchpumpen, sind sie nicht brauchbar, da durch die grosse Zahl der Umgänge der Schaufelräder zu viel des lästigen Schaumes erzeugt wird. Centrifugalpumpen können auch nur bei ganz geringen Saughöhen Verwendung finden.

In Kartoffelstärkefabriken muss jede Pumpe schnell ausgerückt werden können, am besten durch einen Steckkeil (s. Abb. 196 S. 451). Die Ventile müssen leicht und schnell zugänglich sein, um bei Verstopfungen schnell Abhülfe schaffen zu können. Auch muss das Herausnehmen des Kolbens leicht zu bewirken sein.

Die Pumpen müssen mit Windkessel versehen sein, um in den Röhren einen möglichst gleichmässigen und nicht stossweisen Lauf zu haben. Die Pumpenrohre müssen von genügender Weite sein und Krümmungen in der Rohrleitung soviel wie möglich vermieden werden.

Jede Pumpe muss mit einem Ablasshahn versehen sein, um die im Druckrohr befindliche Masse beim Stillstehen ablassen zu können, da sich anderenfalls die Stärke in den Rohren festsetzen würde, und Säuerungen eintreten können.

Abb. 197.

Es ist besonders darauf zu achten, dass die Pumpen für den Stärkefabrikationsbetrieb gross genug gewählt werden, damit sie mit möglichst wenig Hin- und Hergängen in der Minute arbeiten, da die Schaumbildung um so geringer ist, je langsamer die Massen sich in den Rohren bewegen.

Der Antrieb der Reibsel-, Pülpe- und Milch-Pumpen geschieht durch Transmissionsbetrieb, also durch Riemen oder Zahnräder. Am einfachsten ist dabei der Betrieb mittelst Excenter, weil dadurch meistens besondere Pumpenvorgelege und Riemenleitungen gespart werden.

Es ist auch zweckmässig, die Pumpen alle nahe bei einander und an der Wand mit gemeinsamer Wellenleitung anzubringen.

Dampfpumpen mit direktem Dampfbetrieb können nur in Trockenstärkefabriken Verwendung finden, welche den Abdampf derselben ausnutzen können, z. B. zum Anheizen der Pülpeschnecke u. A. Verpufft der Abdampf nutzlos, so sind sie ausserordentlich kostspielig. Sie finden

Anwendung nur zum Beschaffen des Betriebswassers oder zum Fortschaffen des Fruchtwassers nach den Rieselfeldern.

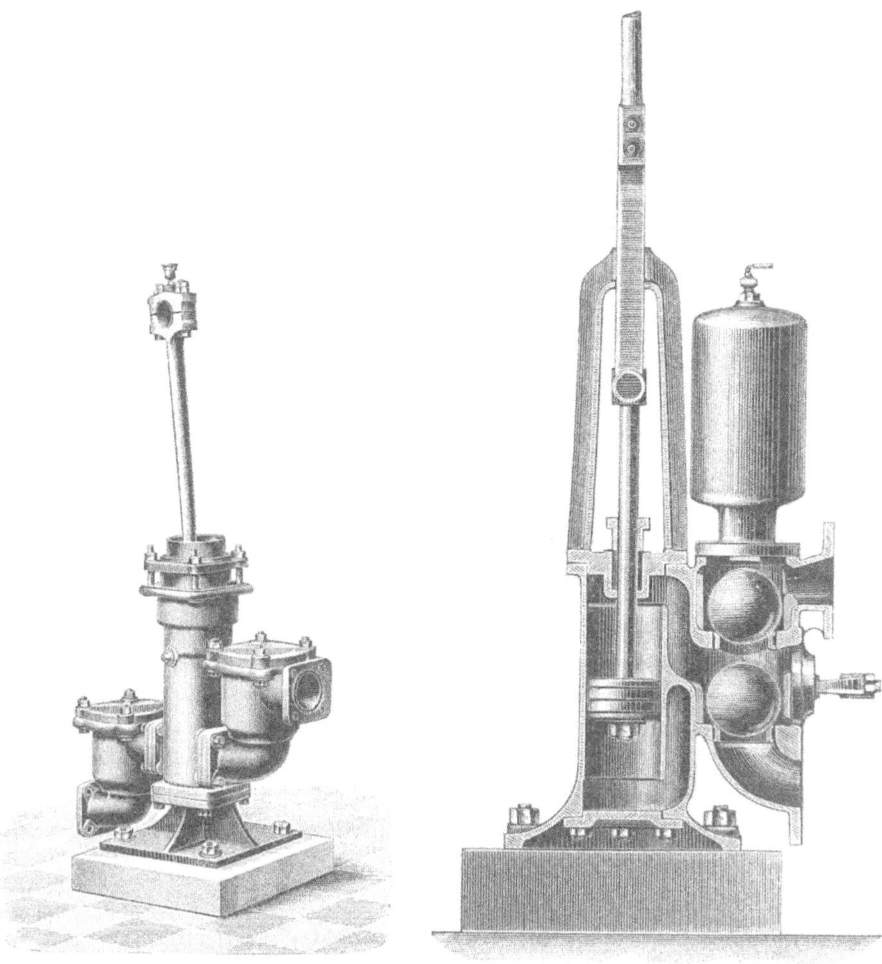

Abb. 198. Abb. 199.

Für einen Betrieb von einer Verarbeitung von 500 Centnern Kartoffeln in 12 Stunden, bezw. 1000 Centnern in 24 Stunden sind Pumpen von etwa folgenden Verhältnissen zu wählen:

	Kolben-durchmesser	Hubhöhe	Hin- und Hergänge i. d. Min.
1. Wasserpumpe (doppelt wirkend) . .	180 mm	360 mm	45
2. Brei-, Pülpe- und Centrifugenpumpe (einfach wirkend)	130 mm	260 mm	45
3. Milchpumpe (doppelt wirkend) . .	180 mm	360 mm	45
4. Schlammpumpe (einfach wirkend) .	100 mm	200 mm	45

Die Leistungsfähigkeit einer Pumpe wird wie folgt berechnet:

Es sei

d der Kolbendurchmesser in Decimetern,
h der Kolbenhub in Decimetern,
v die Anzahl der Hube in der Minute
(bei einfach wirkenden Pumpen rechnet ein Auf- und Niedergang des Kolbens einfach, bei doppelt wirkenden Pumpen zweifach),

so ist die stündliche theoretische Leistung:

$$P = \frac{d^2 \pi}{4} . h . v . 60,$$

z. B. d = 100 mm = 1 dcm,
p = 250 mm = 2,5 -
v = 80 (doppelt wirkende Pumpe), so ist

$$P = \frac{1^2 . 3{,}14}{4} . 2{,}5 . 80 . 60 \qquad 9420 \text{ Liter.}$$

Die wirkliche Leistung guter Pumpen beträgt 90 Proc., bei schlechten 80 Proc. und weniger der theoretischen Leistung.

Heizeinrichtung.

Da bei strenger Kälte ein Einfrieren des Wassers in den Absatzkästen und den Quirlbottichen möglich ist, so muss der Waschraum Heizeinrichtung besitzen. Es genügt dazu aber eine einfache durch ihn hinlaufende Rohrleitung, welche den Abdampf aus der Trocknerei aufnimmt. Das Kondenswasser wird der Wäsche oder dem Vorwärmer des Dampfkesselspeisewassers zugeführt.

Der Fussboden

des Waschraumes, sowohl dort wo die Apparate stehen, als bei den Quirlbottichen, muss glatt und überall mit Gefäll versehen sein, um ihn durch Abspritzen leicht reinigen zu können. Glatte Fliesen oder Asphalt sind am geeignetsten.

Elektrische Beleuchtung.

Für die Beleuchtung der Fabrik empfiehlt sich bei einigermassen grösserem Betriebe die Anlage einer elektrischen Beleuchtung. Die Kosten für dieselbe sind relativ gering, man kann die Einrichtung derselben für eine Fabrik von 1000 Ctr. täglicher Verarbeitung an Kartoffeln auf 3000 M., die Betriebskosten für den Tag mit 2 M., für die Kampagne mit etwa 300 M. einschliesslich der Unterhaltung von 10 Petroleumnothlampen veranschlagen.

Man rechnet für Hofräume auf je 2000 qm 1 Bogenlicht. Für Innenbeleuchtung gebrauchen je 250 qm 1 Bogenlicht. Für Innenbeleuchtung der Fabrik verwendet man je nach Bedarf auch Glühlampen von je 16 Normalkerzen. Der Betrieb derselben ist jedoch um 1/3 theurer als Bogenlicht; Bogenlampen lassen sich aber nicht so weit theilen; die kleinsten Bogenlampen haben 1000 N.-Kerzen. Bogenlampen erfordern für je 1000 N.-Kerzen in 1 Stunde 0,6—0,7 Pferdestärken, 10 Glühlampen von 16 N.-Kerzen = 1 Pferdestärke.

Beginn der Fabrikation.

In einer neuen Fabrik oder mit anhebender Kampagne empfiehlt es sich, nach gründlicher Vorreinigung aller Apparate und Gefässe einen Tag lang nur Wasser durch dieselben laufen zn lassen, damit eingetrocknete Schmutzreste aufgeweicht, losgelöst und mitfortgerissen werden.

Gesammteinrichtung zweier Anlagen.

In den beiden beigegebenen Plänen ist die gesammte Einrichtung einer Kartoffelstärkefabrik 1. von W. Angele-Berlin nach dem Absatzkasten-Waschquirl-Verfahren, 2. von S. Aston (Paatz) in Burg bei Magdeburg nach dem Vorfluthen-Waschquirl-Verfahren dargestellt. Dieselben sind ohne weitere Beschreibung verständlich.

Das Betriebswasser.

Beschaffung des Betriebswassers.

Die Kartoffelstärkefabrikation erfordert sehr reichliche Mengen eines reinen Betriebswassers, und es ist daher die Beschaffung desselben eine Hauptfrage bei der Anlage einer Stärkefabrik.

Liegt eine Fabrik unmittelbar an einem Bach, Fluss oder See, so ist die Beschaffung des Wassers eine einfache. Es wird in solchem Falle das Wasser erst in eine anzulegende Sammelgrube geführt, aus welcher die Pumpe (s. Abb. 200) dasselbe ansaugt. Zwischen dem Bach, Fluss oder See und der Sammelgrube wird zweckmässig ein 15—20 m langer Graben eingeschaltet, der mit Filtermaterial (Steinen, Koke, Grand) gefüllt ist.

Wird das Wasser aus einem Brunnen geschöpft, so kommt es auf die Tiefe an, aus welcher das Wasser gefördert werden muss. Bei Tiefen bis zu 7 m saugt die Pumpe, wie bereits angegeben, das Wasser direkt an. Bei grösseren Tiefen, bis zu 30 m, muss eine entsprechende 4 m grosse Sammelgrube angelegt werden, und es wird die Pumpe z. B. bei 30 m tiefem Wasserspiegel in etwa 23 m Tiefe aufgestellt. In diesem Falle werden in der Sammelgrube Rohre eingesetzt, welche bis zum Wasserspiegel und darunter reichen, und aus welchen die Pumpe

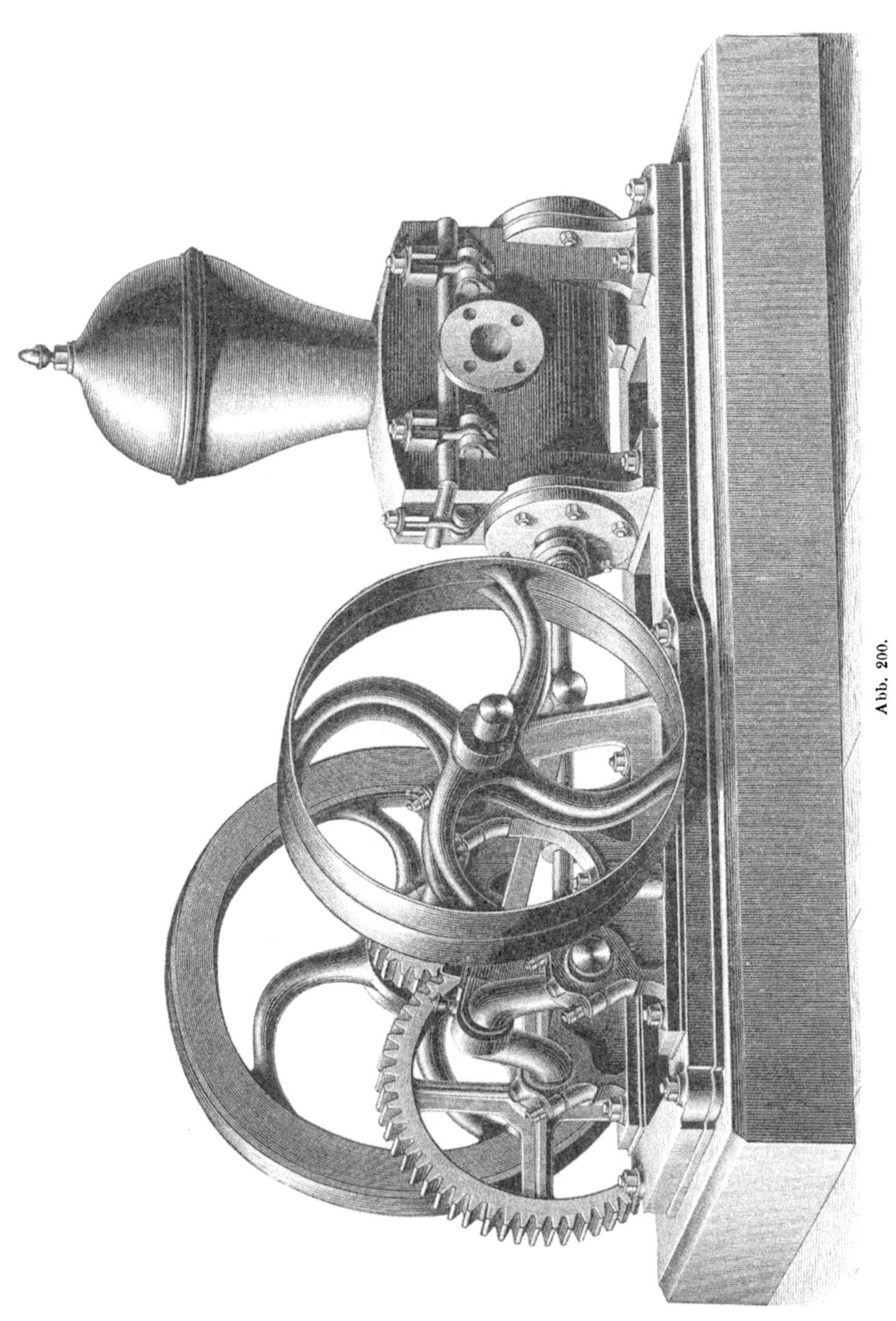

Abb. 200.

das Wasser saugt. Die Zahl dieser Rohre und ihr Durchmesser hängt von der zu beschaffenden Wassermenge ab. Die Rohre sind am unteren Ende, soweit sie in dem Wasser (Kiesschicht) stehen, mit einem Filter versehen, um das Mitsaugen von feinem Sand zu verhindern.

Bei grösseren Tiefen müssen die Pumpencylinder in einen anzulegenden Brunnenschacht eingebaut werden. Die Kolben werden dann durch Gestänge von oben betrieben (s. Abb. 201).

In allen Fällen ist es zweckmässig, um das Ablaufen des Saugrohres während des Stillstandes zu verhindern, ein Fussventil anzubringen. Es geschieht das bei Saughöhen von über 2 Meter.

Sind die Wasserschöpfstellen weiter von der Fabrik entfernt, z. B. 500 m, so würde anstatt der langen Saugleitung, welche nicht zweckmässig ist, am besten die Pumpe bei dem Wasserbehälter aufgestellt und mittelst Drahtseil betrieben.

Ist in der Stärkefabrik eine elektrische Beleuchtungs-Anlage vorgesehen, so kann bei genügender Kraft der Dynamomaschine, die Pumpe mittelst Elektromotor betrieben werden, welchem der elektrische Strom mittelst Kabel zugeführt wird.

Dampfpumpen, bei welchen der Dampf von der Fabrik aus nach der Pumpstation geleitet werden muss, sind zu verwerfen, weil durch Kondensirung des Dampfes in den langen Zuleitungsrohren und dann durch Fortlassen des auspuffenden Abdampfes der Dampfverbrauch ein sehr hoher wird, und damit die Betriebskosten ausserordentlich erhöht werden.

Bei noch grösseren Entfernungen, z. B. bis zu 1000 Metern, ist eine eigene Pumpstation einzurichten, mit eigenem Dampfbetrieb. Dazu ist ein entsprechend grosser Kessel und eine Schwungraddampfpumpe aufzustellen.

Der Betrieb mittelst Drahtseil und Elektromotor ist auf solche Entfernungen zu kostspielig.

Für grössere Entfernungen von 300—1000 Meter kann auch die Anlage von Heberleitungen in Betracht gezogen werden. Solche sind mit Erfolg angewendet. Die Wasserversorgung einer grossen, täglich etwa 4000 Ctr. Kartoffeln verarbeitenden Fabrik geschieht durch drei Heberleitungen von je 200 mm Rohrdurchmesser und 300 m Länge. Dieselbe leistet in der Minute 5 cbm Wasser.

Es wird bei einer solchen Anlage das Wasser aus dem Fluss oder See nach einem Sammelbecken geleitet, aus welchem der Heber dasselbe ansaugt und nach einer zweiten bei der Fabrik gelegenen Sammelgrube hinführt. Von hier hebt die Pumpe das Wasser in das Hochreservoir. Um den Heber luftleer zu machen, ist derselbe an der höchsten Stelle mit einem Dampfstrahl versehen, welcher die Luft mittelst Dampfstrom in kurzer Zeit aufsaugt. Die Saugehöhe ist hierbei ebenso begrenzt, wie bei Pumpen. Es sind also bei diesen Anlagen die Höhenverhältnisse

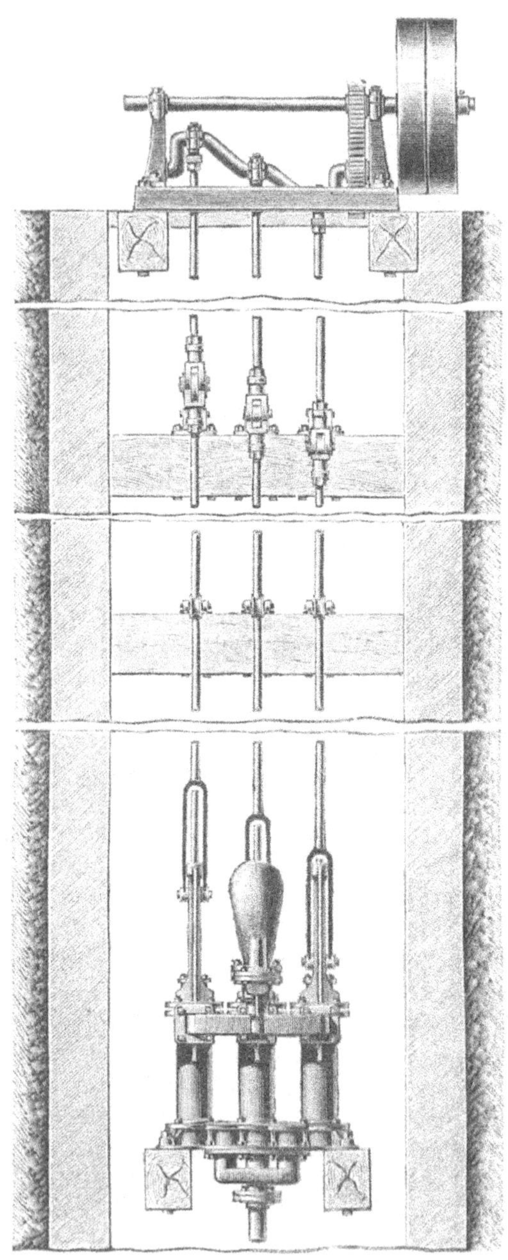

Abb. 201.

des Geländes zwischen Fabrik und Wasserschöpfstelle in Betracht zu ziehen.

Sind diese günstig, so ist die Wasserbeförderung mittelst Heberleitung die billigste und bequemste.

Das von der Pumpe geförderte Wasser wird in einem hochstehenden Wasserreservoir gesammelt.

Das Wasserreservoir dient nur zur Regulirung des Wasserdruckes. Versagt die Pumpe, so müssten sehr grosse Wasserbehälter vorhanden sein, um den Betrieb auch nur einige Zeit fortführen zu können. Es genügt daher für eine Fabrik von 1000 Ctr. täglicher Verarbeitung ein Wasserreservoir von 5—10 cbm Inhalt.

Das Ueberlaufrohr des Wasserreservoirs leitet man zur Kartoffelwäsche.

Es ist zweckmässig, die gesammte Wasserleitung in den Fabrikräumen durch Hähne oder Ventile in einzelne Stationen zu theilen, damit bei Betriebsstörungen an einer Stelle, besonders in grossen Fabriken, nicht der gesammte Betrieb durch Abstellen der Wasserleitung gestört wird.

Menge des Betriebswassers.

Eine bestimmte, allgemein gültige Angabe über die Menge des für eine Kartoffelstärkefabrik nöthigen Betriebswassers lässt sich nicht machen, da die Höhe derselben abhängig ist von der Art des Betriebes.

Nassstärkefabriken, welche nur einmal die Stärke aufwaschen und auch bei dem Waschen der Kartoffeln nicht so vorsichtig vorgehen müssen wie die Trockenstärkefabriken, werden natürlich einen geringeren Wasserbedarf erfordern als die letzteren. Fabriken, welche die Kartoffeln in der Schwemme heranschaffen, werden mehr Wasser gebrauchen als solche, welche sie trocken transportiren.

Jedoch giebt es gewisse Anhaltspunkte, nach denen man den erforderlichen Wasserbedarf annähernd feststellen kann. Mit Ausnahme des Kesselspeisewassers findet sich das sämmtliche verbrauchte Wasser in den Abwässern wieder.

Da die Menge des Kesselspeisewassers eine verhältnissmässig geringe ist etwa 0,5—1 cbm in der Stunde, so wird die Menge der Abwässer ausschlaggebend sein.

Es wurde nun bereits ausgeführt (S. 395), dass die Abwassermenge auf 100 Ctr. verarbeiteter Kartoffeln 50—100 cbm beträgt. Kleine Nassstärkefabriken werden daher mit 50—60 cbm Wasser für je 100 Ctr. Kartoffeln auskommen. Verfasser stellte den Wasserverbrauch in einer solchen, welche täglich 150 Ctr. Kartoffeln verrieb, zu 9—10 cbm in der Stunde, und da in 1 Stunde 25 Ctr. gerieben wurden, zu 54—60 cbm auf 100 Ctr. verarbeiteter Kartoffeln fest.

Trockenstärkefabriken verbrauchen dagegen erheblich mehr. Auf kleinere Fabriken mit etwa 400 Ctr. täglicher Verarbeitung an Kartoffeln kann man 60—70 cbm auf je 100 Ctr. Kartoffeln, für mittelgrosse 70—90 cbm und für grosse Fabriken 100—120 cbm oder auch mehr Betriebswasser in Ansatz bringen, besonders wenn sie eine Kartoffelschwemme besitzen, welche, wie mitgetheilt, bei 56 Ctr. stündlicher Verarbeitung allein 17 cbm Wasser beansprucht.

Die Vertheilung des Betriebswassers auf die einzelnen Stationen der Fabrikation wird auch eine je nach der Art und nach der Grösse der Fabrik verschiedene sein. Es werden dabei im Allgemeinen die bei den Abwässern geltenden Verhältnisse (s. S. 395) ebenfalls Geltung behalten.

Das Verhältniss wird sich etwa stellen

auf 100 Ctr. Kartoffeln	für kleine Nassstärkefabriken	für mittlere Trockenstärkefabriken
Kartoffelwaschwasser . .	10 cbm	30 cbm
Reibe und Siebe . . .	35 -	50 -
Stärkewaschwasser . .	5 -	15 -
Kesselspeisewasser. . .	1 -	2 -
zusammen	51 cbm	87 cbm.

Die Beschaffenheit des Betriebswassers.

Eine Stärkefabrik braucht nicht nur viel, sondern auch ein sehr reines Betriebswasser.

Die gute Beschaffenheit des Betriebswassers ist nach zwei Richtungen hin von Bedeutung. Für die Erzielung einer hochfeinen, rein weissen und glänzenden Kartoffelstärke ist ein gutes Stärkewaschwasser eine unerlässliche Bedingung, und für das bessere oder schlechtere Absitzen der Stärke kann ebenfalls die Qualität des Betriebswassers von Wichtigkeit werden. Das Wasser, soweit es bei der eigentlichen Stärkegewinnung Verwendung findet, muss also ein reines sein. Aber auch für die gute Verwendung als Kesselspeisewasser muss das Wasser bestimmte Eigenschaften haben, oder es muss für diesen Zweck entsprechend vorbereitet werden.

Betriebswasser für Stärkegewinnung.

Das Wasser zum Waschen des Reibsels und besonders das zum Waschen der Stärke muss farb- und geruchlos, klar, also frei von Senkstoffen und Eisenoxydulsalzen sein und eine mittlere Temperatur haben. Brunnenwasser hat im Allgemeinen in der norddeutschen Tiefebene eine Temperatur von 8—10° C. Es ist dies eine für Stärkefabrikation gut geeignete. Teichwässer wechseln leicht in der Temperatur. Zu kaltes Wasser erschwert das Absitzen der Stärke, zu warmes wirkt ebenso, indem es Hefen- und Bakteriengährungen begünstigt; auch kann dadurch die Qualität der fertigen Waare benachtheiligt werden.

Das Wasser muss klar sein, d. h. frei von darin schwebenden Stoffen, den Senkstoffen. Dieselben können als Stippen die Stärke der Qualität nach beeinträchtigen oder auch die Farbe der Stärke verschlechtern.

Solche Senkstoffe können sein Sand und Thontheilchen, organische Reste, d. h. organisirte Reste verwesender Pflanzen und Pflanzentheile, Blätter, Gräser u. s. w., oder Schlammflocken, z. B. von Eiweissstoffen, Protoplasmaresten, ferner Eisenflocken und Eisenkongregate, Algen aller Art, namentlich Diatomeen und die Kieselpanzer derselben, Desmidiaceen u. A. m., Pilzsporen und Pilzfäden, kleine Wasserthiere, Infusorien u. a., endlich Kohlen- und Russtheilchen. Dieselben werden sich bei ruhigem Stehen des Wassers zu Boden setzen und das Wasser wird sich dann klären. Bei der mikroskopischen Prüfung des Bodensatzes ergiebt sich dann die Natur der Trübung. Sand und Thontheilchen werden sich häufiger und in gewissen Jahreszeiten in Flüssen und Bächen, organische Reste, Diatomeen, moorige Reste in Teichen, Landseeen und Kanälen, Pilzfäden und Sporen, Kohle- und Russtheilchen, auch Algen und ferner Eisenflocken in Brunnen finden.

Ein Wasser kann aber auch getrübt sein oder beim Stehen trübe werden, einmal, wenn in demselben Gährungen, besonders solche fauliger Natur Platz haben oder wenn dasselbe Eisenoxyulsalze in grösserer Menge enthält.

Lässt man Wasser, welches frisch geschöpft ganz klar war, stehen und es trübt sich, so ist in selteneren Fällen faulige Gährung als Ursache anzunehmen, in der Mehrzahl der Fälle die Gegenwart von Eisenoxydulsalzen.

Dass in einem Wasser Gährungen bezw. faulige Zersetzungen stattfinden, kann aber ausser durch die Trübung durch den mikroskopischen Nachweis von Hefen oder Bakterien und durch den chemischen Nachweis von Produkten der Fäulniss von Eiweissstoffen, Ammoniak, salpetriger Säure und Salpetersäure und bisweilen auch Schwefelwasserstoff festgestellt werden. Gewöhnlich sind diese Zersetzungen auch von der Entwickelung eines fauligen, widerlichen Geruches begleitet.

Faulige Zersetzungen zeigende Wässer, auch wenn sie nicht trübe sind, werden dem Stärkefabrikanten dadurch nachtheilig, dass sie das Absitzen der Stärke erschweren und dass das fertige Produkt mit unangenehmem, fauligem oder ranzigem Geruch (Buttersäure) behaftet ist.

Ist ein Wasser reich an Eisenoxydulsalzen, so ist es meist beim Schöpfen ganz klar. In offenem Gefässe stehend, erhält es aber bald einen bläulichen Schein. Bei grösseren Mengen von Eisenoxydulsalzen wird es trübe oder gelblich milchig und scheidet bei längerem Stehen einen gelblich-weissen oder röthlichen bis rothbraunen meist flockigen

Bodensatz ab, indem es sich dabei allmählich klärt. Durch die Wirkung des Sauerstoffes der Luft wird das kohlensaure Eisenoxydul zu Eisenoxydsalz, bezw. Hydrat oxydirt, welches sich unlöslich ausscheidet.

Eisenoxydulhaltige Wässer geben Ausscheidungen von Eisenflocken in den Rohrleitungen, welche besonders unter Mitwirkung von gewissen Pilzen z. B. Crenothrix oder Cladothrix, d. h. meist fadenförmig auftretender Bakterien, zeitweise so hochgradig werden können, dass Verstopfungen der Rohrleitungen und beim Absterben der massenhaft entwickelten Pilze starke Fäulnisserscheinungen die Folge sind.

Durch die Ausscheidung des Eisenoxyds aus dem Wasser, besonders bei dem starken Lüften in der Centrifuge, erhält aber die fertige Stärke auch eine ihre Qualität herabsetzende gelbliche oder graue Färbung. Eine solche rufen auch Trübungen durch Thon- und Lehmtheile hervor.

Endlich muss das Wasser zum Waschen der Stärke farblos sein. Moorige, roth oder bräunlich gefärbte Wässer geben der Stärke ebenfalls eine graue oder gelbliche Farbe und verringern also ihre Qualität.

Direkte Versuche darüber, ob ein weiches oder hartes Wasser zweckmässiger für die Stärkefabrikation als Stärkewaschwasser ist, wenn es im Uebrigen die oben gestellten Bedingungen erfüllt, liegen bisher nicht vor. Nach der Kentniss des Verfassers arbeiten Fabriken feinste Marken sowohl mit hartem Brunnenwasser als auch mit ganz weichem Fluss- und Seewasser, sodass es scheint, dass auf Farbe und Glanz ein Einfluss von der Härte des Wassers allein nicht ausgeübt wird.

Nach einer anderen Richtung hin kann aber ein hartes Wasser und zwar ein solches, welches nicht durch Gypsgehalt (permanent), sondern durch kohlensauren Kalk (temporär) hart ist, von Vortheil sein, dadurch dass der kohlensaure Kalk Spuren Säure, welche in der Stärke, sei es bei der Verarbeitung fauler Kartoffeln oder Verwendung von Chemikalien zurückblieben, neutralisirt, wodurch die Gefahr, sauer reagirende Stärke zu erhalten, sehr verringert wird.

Reinigung des zum Waschen dienenden Betriebswassers

Ist die Verunreinigung des Wassers eine rein mechanische durch Sand- und Thontheilchen, organische Reste, Algen u. a. m, so genügt in den meisten Fällen eine einfache Filtration zur Beseitigung des Uebelstandes.

Dieselbe kann darin bestehen, dass zunächst das Wasser nicht unmittelbar von der Sohle des Brunnens geschöpft wird, sondern aus einer etwas höheren Schicht, dass aber ein zweites gewöhnlich geschlossenes Saugrohr bis auf die Sohle reicht, um die abgesetzten Senkstoffe zeitweilig abpumpen zu können. Ferner kann bei Brunnen, welche natürlich immer abgedeckt sein sollen, und die nur als Sammelbrunnen für See-, Bach- oder Flusswasser dienen, der Zuleitungskanal mit Kokestücken ausgelegt werden.

Bei sehr stark mit Sand- Thon- und Lehmtheilen zeitweilig verunreinigten Flussläufen kann auch, wenn die Filter die Menge dieser Senkstoffe nicht aufzunehmen im Stande sind, vorher durch Verringerung der Stromgeschwindigkeit und Aufsteigenlassen des Wassers eine gute Vorreinigung erzielt werden.

Zu dem Zwecke schaltet man zwischen Zulauf und Filteranlage einen Tiefbrunnen ein. Derselbe erhält auf einer Seite einen nicht ganz bis zum Boden reichenden Einsatz, durch den das Wasser nahe dem Boden einfliesst (vergl. Abb. 202, a Querschnitt, b Ansicht von oben). Es steigt dann mit verringerter Geschwindigkeit in dem Brunnen auf und tritt in eine ringförmige Abflussrinne über nach der Filteranlage hin. Der am Boden sich sammelnde Schlamm wird von Zeit zu Zeit mit einer Handpumpe abgepumpt.

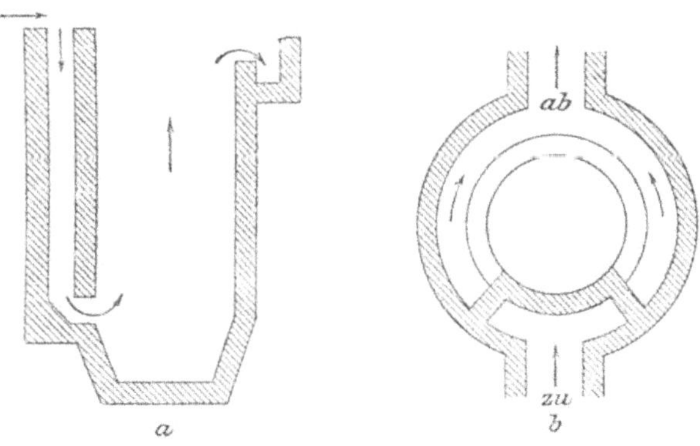

Abb. 202.

Das schwach verunreinigte oder so vorgereinigte Wasser wird dann filtrirt. Die einfachste Art der Anlage, die aber in vielen Fällen ihre Schuldigkeit vollständig gethan hat, ist diejenige der Schwammfilter. Dieselbe wird gewöhnlich dem Wasserreservoir eingefügt. Die viereckige eiserne Reserve wird durch eine hölzerne Querwand in zwei Abtheilungen getheilt. Die Querwand reicht aber nicht bis auf den Boden. Die eine Abtheilung wird nun nach unten hin durch einen Lattenboden abgeschlossen, der nach Bedarf noch mit Hordentuch bedeckt wird. Darüber wird eine Schicht sogenannter Pferdeschwämme gelegt, wieder mit einem Tuch und dann mit einem Lattenrost lose bedeckt und durch darauf gelegte Steine zusammengepresst. Das zufliessende Wasser wird in diesen Filterkasten oben eingeführt; es muss durch die Schwämme hindurchdringen und tritt endlich durch den Lattenrost in das Reservoir, von wo es dann dem Betriebe zugeführt wird.

Für eine Fabrik von 500—600 Ctr. täglicher Kartoffelverarbeitung genügte bei durch Dampfschifffahrt stark verunreinigtem Kanalwasser ein Filterkasten von 1,80 m Länge und 1,10 m Breite mit 32 cm hoher Schwammschicht, enthaltend 30 kg trockener Schwämme. Bei der genannten Höhe der Schwammschicht sind also für 1 qm Filterfläche 15 kg Schwamm erforderlich. Der Wasserverbrauch der Fabrik betrug etwa 100 cbm Wasser auf 100 Centner Kartoffeln. Bevor die Fabrik diese Filteranlage eingeführt hatte, war ihr Fabrikat zeitweilig sehr stippig.

Die Schwämme müssen dann von Zeit zu Zeit gewaschen werden. Am besten hat man doppeltes Filtermaterial. Das Reservoir wird entleert, die Schwämme herausgehoben und neue eingefügt, bis zur nächsten Beschickung werden die herausgenommenen Schwämme gewaschen. Die Zeit der Reinigung richtet sich nach der Stärke der Verunreinigung des Wassers, sie kann alle 14 oder 8 Tage, ja auch täglich erforderlich sein. Es ist nicht zweckmässig, die Schwämme zu lange ungereinigt zu lassen, da dann Fäulnissprocesse in den abgefangenen Senkstoffen eintreten können. Neue Schwämme müssen durch starkes Klopfen oder Ausziehen mit Salzsäure von ihrem Kalkgehalt befreit werden, damit sie poröser sind.

Eine andere Art der Filtration ist diejenige durch Kiesfilter. Bei geringer Verunreinigung genügt es bisweilen schon, auf den Boden der Wasserreserve eine Schicht groben Kieses und darüber eine Schicht feinen Sandes aufzubringen und das Betriebswasser am Boden des Behälters abzuziehen. Natürlich muss durch Koke- oder Grand-Anhäufung am Abfluss ein Mitreissen von Sand in die Leitung verhindert werden. Es hat jedoch die Reinigung hierbei Unbequemlichkeiten, und es wird daher das Filter zweckmässiger Weise bei fliessendem Wasser zwischen diesem und der Pumpe, bei Brunnenwasser über dem Wasserreservoir, in letzterem Falle aus einzelnen für sich ausschaltbaren Filterkästen bestehend, angeordnet.

Das eingeschaltete Filter kann aus Fässern oder aus Mauerwerk, je nach der Grösse des Bedarfes an Wasser und der Verunreinigung desselben hergestellt werden. Das gemauerte Filter wird gewöhnlich aus starkem Mauerwerk mit gutem Cementbeschlag hergestellt und besteht aus dem eigentlichen Filterkasten, einem Zulauf und einem Reinwassersammelbecken (s. Abb. 203, Längs- und Querschnitt).

Der Filterkasten B hat einen Boden aus Lattenrost oder 8 cm starken gelochten Bohlen, darauf ruht eine etwa 20 cm hohe Schicht von groben, scharfkantigen Steinen von der Grösse von Chausseesteinen oder Koke, darüber Grand, dann feinerer Grand, grober Sand und endlich feiner, möglichst scharfer, nicht rundkörniger Sand (Quarzsand).

Die Gesammthöhe der Filterschicht beträgt 1—1,4 m. Das zu reinigende Wasser fliesst von dem Sammelbecken A aus zu und durchdringt die Filterschicht von oben nach unten und wird bei C gesammelt und abgezogen. Bisweilen lässt man das Wasser auch den umgekehrten Weg machen. Doch muss der Strom dann gering sein, damit der Sand nicht aufgewühlt wird.

Da die eigentliche filtrirende Schicht der Feinsand ist, und die übrigen Schichten nur sein Durchfallen hindern sollen, so wird man, wenn die Filtration eine sehr weitgehende, also Bakterienkeime möglichst verringernde sein soll, diese Schicht verhältnissmässig hoch wählen. In den Berliner Wasserwerken beträgt sie fast $^1/_2$ der ganzen Filterschicht (550 : 1370 mm), es wird dadurch aber die Filtergeschwindigkeit, d. h. der Weg, den das Wasser in der Stunde in Millimetern zurücklegt, sehr verringert und damit die Leistung des Filters der Wassermenge nach. So liefert 1 qm Filterfläche dort in der Stunde bei 100 mm Filtergeschwindigkeit nur 0,1 cbm filtrirtes Wasser.

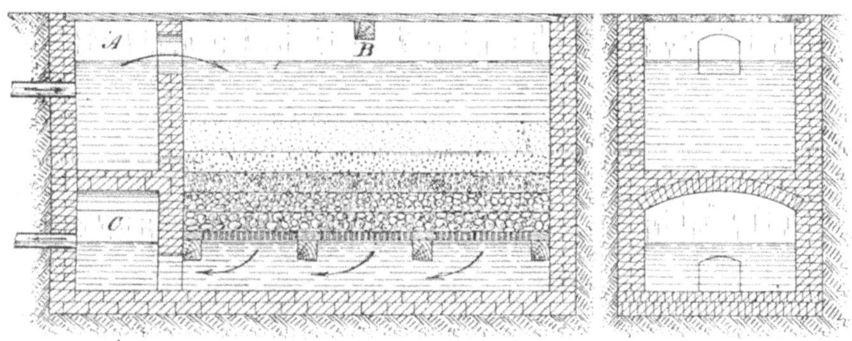

Abb. 203.

Ist die Verunreinigung dagegen nur eine mechanische und gröbere, so kann man die Sandschicht wesentlich geringer nehmen, also z. B. nur $^1/_5$ der Gesammtschicht, und diese lockerer machen. Dann kann man pro 1 qm Filterfläche stündlich 1—1,5 cbm Wasser reinigen.

Die Höhe und Zusammensetzung der Filterschicht ist also nicht eine für alle Verhältnisse feststehende, sondern wandelbar nach der Menge der Verunreinigungen und des zu liefernden Reinwassers.

Bei Fassfiltern, die für kleinere Fabriken genügen, wird die Anordnung und Verbindung der Filter in der Weise ausgeführt, wie es die Abbildung 204 schematisch darstellt. Auch hier kann natürlich die Schichtenfolge umgekehrt gewählt werden, je nachdem man grössere Leistung der Menge nach wünscht oder grössere Reinheit erstrebt.

Die Filtermasse muss natürlich ebenfalls von Zeit zu Zeit gereinigt werden. Die Schichten werden dabei für sich behandelt bezw. durch Siebe getrennt und gewaschen. Für den Feinsand nimmt man dazu eiserne Trommeln, deren Innenwand mit Stiften reichlich besetzt ist und durch welche der Sand mit doppelgängiger Spirale hindurchgeschraubt wird, während ihm ein Wasserstrom entgegenfliesst, welcher die losgerissenen Verunreinigungen mit fortführt.

An Stelle dieser einfachen Filteranlagen können natürlich auch, namentlich bei Raummangel, Filtrirapparate Anwendung finden, deren es eine grosse Reihe giebt.

Hier mag nur auf das Piefke'sche Filter und das Filter der Berliner Feinfilter-Fabrik Sellenscheidt hingewiesen werden, welche im Folgenden beschrieben werden.

Eisenoxydulsalze finden sich besonders häufig in den Brunnen der norddeutschen Tiefebene, gewöhnlich, wenn derselbe an die blaue Thonschicht im Untergrunde heranreicht. Man entfernt sie durch starkes Lüften mit nachfolgender Filtration. Durch Luftzufuhr wird das kohlensaure Eisenoxydul oxydirt und wird als ein Gemisch von Eisenoxydhydrat und Eisenoxydcarbonat oder als basisches Salz unlöslich. Das anfangs sehr fein vertheilte Oxydsalz trübt das Wasser je nach

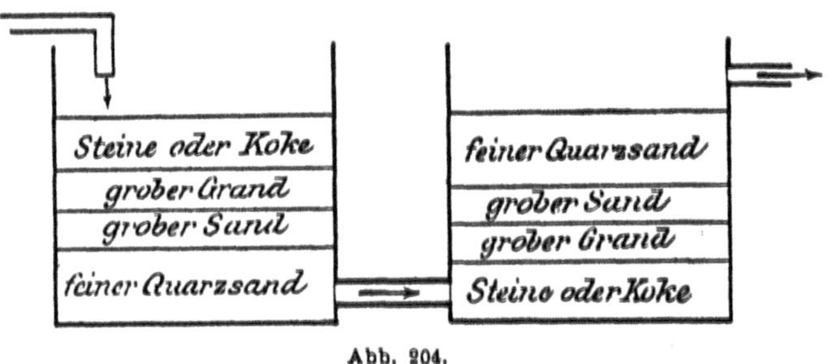

Abb. 204.

der Menge opalisirend oder milchig. Nach längerer Zeit ballt es sich flockig zusammen und scheidet sich aus. Da dieser Process bei einfachem Stehen aber zu lange dauert, so entfernt man das ausgeschiedene Oxydsalz durch Filtation.

Die Lüftung kann stattfinden durch freien Fall durch die Luft in feiner Vertheilung, z. B. nach Oesten-Berlin durch eine Brause, oder durch Rieseln des Wassers über Koke in einem geschlossenen Behälter.

Einer kräftigen Wirkung des Sauerstoffes der Luft hinderlich ist nach Lübbert die im Wasser meist enthaltene Kohlensäure, wird letztere aber durch chemische Mittel z. B. Kalkhydrat oder Holzkohle verschluckt oder mechanisch durch Einblasen von Luft verdrängt, so wirkt der Sauerstoff energisch oxydirend. Auch ausgeschiedenes Eisenoxydhydrat vermag Kohlensäure energisch zu absorbiren.

Bei dem Piefke'schen System der Enteisenung wird nun durch die Vertheilung über Kokestücke dem Wasser eine sehr grosse Oberfläche gegeben, und dadurch sowohl das Entweichen von Gasen in ihm (es entweicht häufig auch Schwefelwasserstoff), als auch der Luftzutritt be-

günstigt. Das auf den Kokestücken abgeschiedene flockige Eisenoxydhydrat nimmt ausserdem Kohlensäure auf, und es erklärt sich daher, dass die Vollwirkung des Piefke'schen Kokethurms erst eintritt, wenn eine stärkere Eisenablagerung auf den Kokestücken stattgefunden hat.

Der Kokethurm (s. Abb. 205), der in kleinen Fabriken aus übereinandergestellten Fässern hergestellt werden kann, ist mit groben Kokestücken befüllt, welche unten auf einem etwas über dem Fussboden liegenden Siebboden aufliegen in einer Höhe von 1,5—2 m. Das zu reinigende Wasser fliesst auf eine Schale und von dort glockenförmig

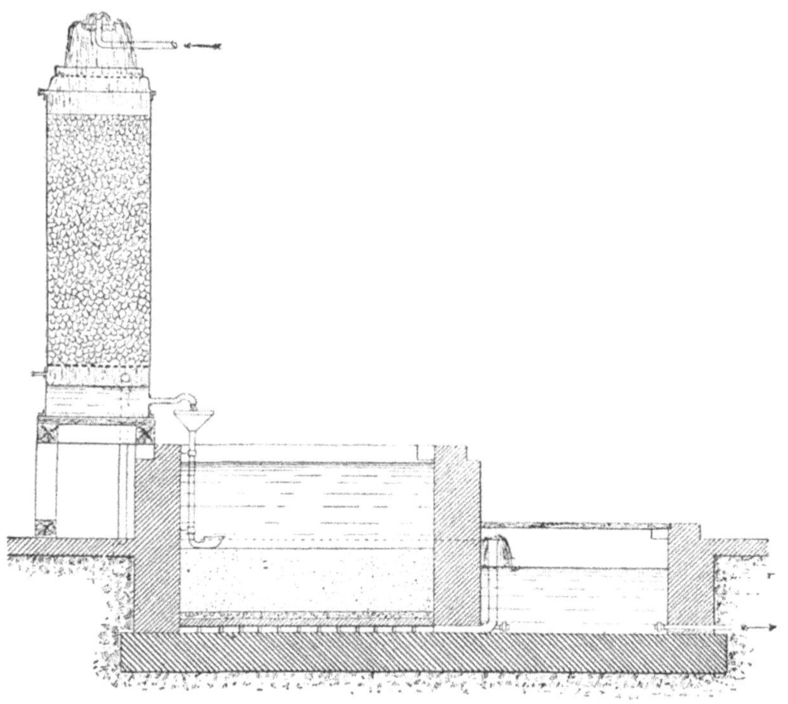

Abb. 205.

auf ein Siebblech über dem Kokethurm und wird so gleichmässig auf dessen Oberfläche vertheilt. Nach dem Herabrieseln über die Kokestücke sammelt es sich in dem Raum zwischen Siebboden und Boden und fliesst durch einen mit Hahn verschliessbaren Rohrstutzen in ein Sandfilter ab, in welchem das ausgeschiedene und mitgerissene Eisenoxydhydrat zurückgehalten wird. In diesem muss die Filtrationsgeschwindigkeit um so geringer angesetzt werden, je grösser die Trübung ist.

Für grössere Anlagen tritt an Stelle des Kokethurmes ein mit Koke gefüllter grösserer Eisenbehälter (Rieseler, s. Abb. 206), in

welchem entweder die Luft frei auf das Wasser wirkt oder demselben mittelst eines Wasserstrahl-Luftsaugers oder auch mit Druck durch Luftpumpen zugeführt wird. Das Wasser wird dann in ein flaches Reservoir gelassen, in dem ein Theil der Eisenflocken sich absetzt. Es geht dann zur Vorfiltration durch eine schräg aufsteigende Wand von Kongressleinwand, welche mit Faserstoff belegt ist, und dann durch ein oder mehrere Asbest-Cellulose-Schnellfilter (Patent Piefke). Anlagen nach diesem System richten G. Arnold & Schirmer in Berlin ein. Es ist diese Filtration auch in verschiedenen Stärkefabriken eingeführt. Statt der Piefke-Schnellfilter können natürlich auch Kiesfilter oder andere Filter Platz finden.

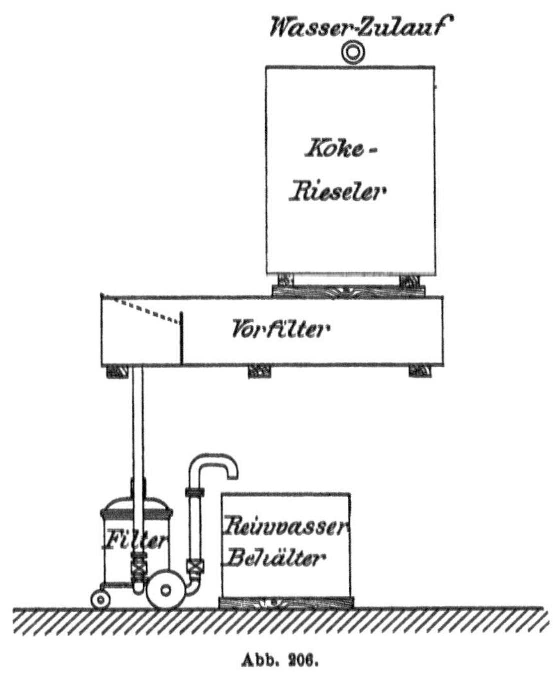

Abb. 206.

Das Piefkefilter (s. Abb. 207) besteht aus einer Anzahl gleichzeitig wirkender Filterkammern. Der Raum über den aus verzinnter Messingdrahtgaze hergestellten, durch starke Siebbleche unterstützten Kammerböden steht mit dem äusseren Gefässraum in freier Verbindung. Der Raum unter diesen, in den das filtrirte Wasser dringt, steht mit dem cylindrischen Sammelraum in der Mitte des Apparates in Verbindung, das Wasser geht also von Aussen nach Innen in den Apparat durch die Siebbleche. Das Filtermaterial, Asbestcellulose von beliebig starker Durchlässigkeit hergestellt und aufgeschlemmt, wird durch den Wasserzulauf (rechts in der Abbildung) eingeführt aus einem 1—3 m höher stehenden Gefäss und gleichmässig auf die Siebbleche vertheilt. Denselben

Weg nimmt das zu filtrirende Wasser. Oben auf dem Apparat befindet sich ein Schauglas mit Hahn zum Luftablassen. Zum Reinigen des Filters wird Wasser in entgegengesetzter Richtung wie zum Filtriren eingeführt, die losgelösten Filtermassen durch mit einer Kurbel zu bewegende Rührarme über den Siebböden zerkleinert, zu dem Wasserzuflusshahn hinausgespült und in einem besonderen, einer Wringmaschine ähnlichem Apparat, dessen eine Walze aber hohl und mit Messinggaze-Mantel versehen ist, gewaschen, dann wieder eingefüllt. Dieses Waschen muss natürlich häufiger erfolgen, und eine solche Anlage bedarf beständiger Aufsicht und Bedienung.

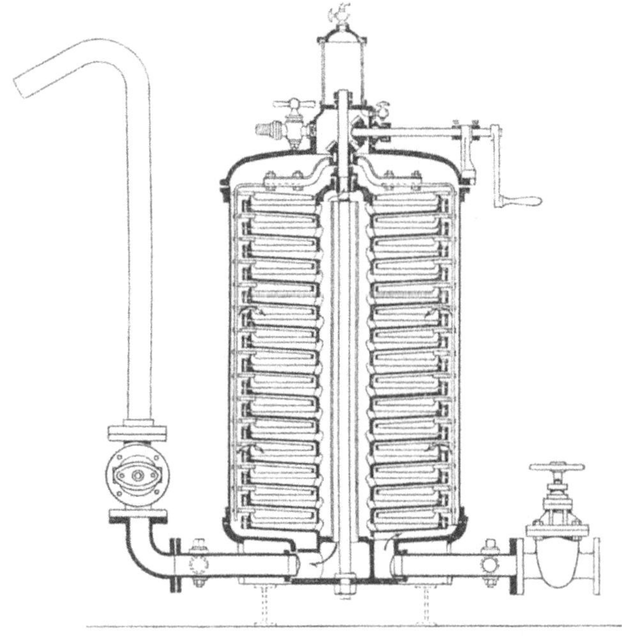

Abb. 207.

Eine andere Art der Enteisenung des Wassers ist die nach dem System Sellenscheidt. Dasselbe wird in der Art, wie es die Abb. 208 zeigt, von der Berliner Feinfilterfabrik Sellenscheidt angelegt. Das Wasser wird vermittelst Pumpe durch eine Brause in ein mit Scheidewänden versehenes, mit Steinen und Kies zu etwa einem Drittel gefülltes Reservoir gehoben. Es sättigt sich das eisenhaltige Wasser mit Sauerstoff und die getrübte Flüssigkeit wird mittelst eigenem Höhendruck (5 m) oder, wo dies örtlich nicht möglich ist, durch eine zwischen Reservoir und Filter eingeschaltete Rotationspumpe durch das Feinfilter Sellenscheidt gedrückt.

Dasselbe besteht aus mehreren Filterkörpern, die untereinander genau gleich sind. Ein Hohlraum wird zu beiden Seiten eingeschlossen von einem festen gelochten Boden, einem feinen Sieb, der Filtermasse, wieder einem feinen Sieb und einem gelochten Boden, sodass die Filtermasse zu beiden Seiten des Hohlraumes zwischen den Sieben liegt.

Abb. 208.

Der Hohlraum ist oben dicht geschlossen, unten offen. Eine Reihe solcher Filterrahmen wird in bestimmten Abständen von einander in ein viereckiges Gehäuse mit leicht abnehmbarem Deckel so eingestellt, dass die untere Oeffnung mit einem Doppelbodenraum unten im Gehäuse in freier Verbindung steht. Das zu filtrirende Wasser wird aus dem

Reservoir in das Gehäuse gedrückt und dringt von Aussen her durch die Filtermasse in die Hohlräume und sammelt sich in dem Doppelboden. Die äussere Gestaltung des Filters zeigt die Abb. 209.

Nach beiden Verfahren wird das Wasser von Eisen soweit befreit, dass es beim Stehen an der Luft nicht mehr sich trübt. Dabei sind Wässer mit Eisengehalten von 2—3 g Eisenoxydul im Hektoliter auf einen solchen von 0,10—0,25 g zurückgeführt. Die so zurückbleibenden Eisenmengen sind wahrscheinlich an organische Säuren gebundenes Eisenoxyd, welches zu Nachtheilen für die Stärkefabrikation Veranlassung nicht giebt. Wenn ein gereinigtes Wasser an der Luft stehend sich nicht mehr trübt oder Eisenflocken abscheidet, so ist es für den technischen Gebrauch als eisenfrei zu bezeichnen.

Abb. 209.

Faulige Zersetzungen werden in einem Wasser hervorgerufen durch Zutritt von Wässern aus Düngerstätten, Senkgruben oder Aborten in den Brunnen. Oft kann die Stelle, von der die Verunreinigung des Brunnens ausgeht, ziemlich weit entfernt von letzterem liegen, indem der Brunnen z. B. in die Sohle einer muldenförmigen Sandschicht hineinragt, deren zu Tage tretende Ränder weiter entfernt jene Stätten trägt.

In solchen Fällen hilft bisweilen ein Tieferbohren oder besseres Abdichten des Brunnens, und es empfiehlt sich daher das Zuratheziehen eines mit der Gegend genau vertrauten, tüchtigen Brunnenmachers.

Es können aber auch die fauligen Zersetzungen Folge massenhaft absterbender Pflanzen, z. B. von grünen und farblosen Algen oder Infusorien sein, wenn diese sich zeitweise sehr stark vermehrt und dann absterbend zu Boden gesenkt haben. Das kann z. B. in Bächen und Flüssen, welchen Abwässer von Zuckerfabriken, Brauereien, Gerbereien, Stärkefabriken, Brennereien u. s. w. zufliessen, der Fall sein, namentlich wenn das Wasser an manchen Stellen gestaut und dadurch im Laufe verlangsamt wird. Es ist dann gründliches und oftmaliges Räumen des Brunnens oder des Wasserlaufes dringend erforderlich. Neuerdings sind verschiedene Mittel zur Desinfektion der Wässer vorgeschlagen. M. Traube will dieselben durch Zusatz von Chlorkalk und nachherige Zerstörung des Ueberschusses desselben durch Natriumsulfit bewirken, Bordes durch Zusatz von übermangansaurem Kalk (1 g zum Hektoliter). Nach Kenntniss des Verfassers sind diese Mittel in Stärkefabriken noch nicht versucht. Im Allgemeinen wird ein Zusatz von schwefliger Säure gleich bei der Reibe eine genügende Wirkung, bei gleichzeitigem Bleichen auf dem billigsten Wege gestatten.

Am zweckmässigsten ist aber auch hier starkes Lüften und nachherige Filtration durch Sand und Kies.

Kesselspeisewasser.

Ein wesentlich anderer Maasssstab als bei der Beurtheilung des Betriebswassers für die Zwecke des Reibsel- und Stärkewaschens muss bei der Beurtheilung des Wassers angelegt werden, welches zum Kesselspeisen dient.

Trübende Bestandtheile, Bakteriengährungen, sofern sie nicht Säuren (salpetrige Säure oder organische Säuren) in grösserer Menge erzeugen, Eisenoxydulsalze, wenn sie nicht in zu grosser Menge vorhanden sind, geben wenig zu Bedenken Anlass.

Dagegen ist die Härte des Wassers von hoher Bedeutung. Weiche Wässer, wie Fluss-, Bach-, Seewässer werden vor Brunnenwässern in weitaus den meisten Fällen zum Kesselspeisen den Vorzug verdienen, und eine an einem solchen Wasser liegende Fabrik kann unter Umständen dieses zum Kesselspeisen, Brunnenwasser zum Waschen verwenden. Es ist auch sehr zweckmässig, alle Kondenswässer zu sammeln und zum Kesselspeisen mitzubenutzen.

Die Härte des Wassers wird bedingt durch einen Gehalt an schwefelsaurem Kalk (Gyps) einerseits und an kohlensaurem Kalk, bezw. kohlensaurer Magnesia andererseits. Die Summe des Kalkes und der Magnesia in diesen Salzen in Gramm im Hektoliter Wasser entspricht deutschen Härtegraden.

Die durch Gyps hervorgerufene Härte bezeichnet man auch als permanente, die durch die kohlensauren Salze bedingte als temporäre, weil die letzteren beim Kochen unter Bildung einfach kohlensaurer Salze sich ausscheiden, der Gyps indessen nicht.

Gyps giebt festen an den Wänden haftenden Kesselstein, welcher, bei starkem Ansatz Gefahren für den Kessel und Mehrbedarf an Heizmaterial, durch die Nothwendigkeit seiner häufigeren Entfernung Unkosten und Zeitverlust bringt.

Kohlensaurer Kalk und kohlensaure Magnesia geben dagegen meist lockeren, schlammigen Kesselstein, welcher durch Ausblasen des Kessels leichter und ohne grossen Zeitverlust zu entfernen ist.

Wässer, welche sauer reagiren oder Chlormagnesium enthalten, sind zum Zwecke des Kesselspeisens zu verwerfen, da sie den Kessel stark gefährden. Auch Wässer, welche starke Reaktion auf salpetrige Säure geben, sind zu beanstanden.

Ueber die Zusammensetzung eines Wassers giebt eine eingehende chemische und mikroskopische Untersuchung genauen Aufschluss, und es liegt nach dem Gesagten wohl im Interesse des Stärkefabrikanten, eine solche einmal oder, da die Wässer ihre Zusammensetzung wechseln, von Zeit zu Zeit von einem darin erfahrenen Chemiker ausführen zu lassen. Derselbe ist dann im Stande, dem Fabrikanten sowohl die zweckmässigste Methode als auch die zur Erreichung einer guten Verbesserung erforderlichen Mengen an Reinigungsmitteln anzugeben.

Reinigung des Kesselspeisewassers.

Von vornherein zu verwerfen sind alle, oft unter hochklingenden Namen in den Handel kommenden sogen. Kesselsteinmittel, deren Zusammensetzung nicht angegeben wird. Dieselben sind meist wirkungslos, oft sogar gefährlich, jedenfalls immer im Verhältniss zu ihrer Leistung zu theuer ausgezeichnet.

Im Allgemeinen ist auch eine Verbesserung des Wassers vor dem Einbringen in den Kessel Zusätzen in demselben vorzuziehen.

Zu Beseitigungen eines Gypsgehaltes dient ein Zusatz von Soda (calcinirt), dessen Menge man aus dem durch die Analyse festgestellten Gehalt des Wassers an schwefelsaurem Kalk berechnen kann. Es bildet sich dabei kohlensaurer Kalk, welcher sich als weisses Pulver ausscheidet, und leicht in Wasser lösliches schwefelsaures Natron, welches keinen Kesselstein bildet. Nach dem Absetzen des Niederschlages ist das klare Wasser, wenn nur Gyps darin vorhanden war, völlig, wenn daneben noch kohlensaurer Kalk, bezw. kohlensaure Magnesia vorhanden war, wesentlich gebessert.

Kohlensaurer Kalk und kohlensaure Magnesia sind im Wasser in Form von doppelkohlensauren Salzen in Lösung vorhanden; führt man sie durch Neutralisation in neutrale Salze über, so scheiden sie sich als weisser Niederschlag aus. Als billigstes Neutralisationsmittel dient der Kalk. Die zuzusetzende Menge ist bei gypsfreien oder gypsarmen Wässern gleich der Summe der durch Analyse gefundenen Menge an Kalk und der mit $^7/_5$ multiplicirten Menge der Magnesia. Vor dem Zusatz wird der Kalk gelöscht.

Enthält ein Wasser Gyps und kohlensauren Kalk bezw. Magnesia, so muss es einen Zusatz von Kalk und Soda in den nach der Analyse zu berechnenden Mengen erhalten. In manchen Fällen kann auch ein Zusatz von Natronhydrat oder von Natronlauge zweckmässig sein, wenn nämlich der Gehalt an doppeltkohlensauren Salzen so gross ist, dass die zur Neutralisation erforderliche Menge Natronhydrat oder die dreifache Menge käuflicher Natronlauge soviel Soda mit der halbgebundenen Kohlensäure bildet, dass sie zu fast vollständiger Umsetzung des Gypsgehaltes hinreicht.

Bei nicht zu harten Wässern (bis zu 30° Härte deutsch) kann man die auf Gyps berechnete Menge Soda aufgelöst zu dem Speisewasser in den Kessel geben. Da nach der Fällung des Gypses nur kohlensaurer Kalk sich im Kessel abscheidet, so kann derselbe durch Ausblasen entfernt werden. Es geschieht dies dadurch, dass während des Betriebes, wo der Schlamm lebhaft aufgewirbelt ist, das Wasser theilweise abgeblasen wird. Da hierbei nicht aller Schlamm entfernt wird, so muss der Kessel ein oder zweimal im Jahre vollständig geräumt werden. Beim Entleeren des Kessels muss darauf geachtet werden, dass sich dieser und das Wasser gleichmässig abkühlen.

Man kann aber auch Morgens vor Beginn des Betriebes den Ablasshahn am Kessel so lange öffnen, bis etwa zur halben Höhe des Wasserstandsglases das Wasser ausgeblasen ist. Für Grossbetriebe eignet sich auch der Schlammsammler von Hans Reisert in Köln oder der Schlammfänger von G. Röder in Hannover.

Da das Wasser seine Zusammensetzung ändert, z. B. nach grossen Regengüssen, so genügt die durch die Analyse festgestellte Zusatzmenge an Soda nicht immer, oder sie ist zeitweilig eine zu hohe. Es kann nun in ziemlich einfacher Weise festgestellt werden, ob dies oder jenes der Fall ist. Man thut dies in bestimmten Zeiträumen, z. B. alle drei Tage. Man lässt zu dem Zwecke den unteren Probirhahn des Dampfkessels tüchtig abblasen und fängt in einem Gefässe $^1/_2$ Liter des Kesselwassers auf; man lässt es sich klären oder filtrirt es und füllt davon zwei Reagensgläschen. Dem einen setzt man eine Lösung von oxalsaurem Ammon zu. Eine entstehende Trübung oder ein weisser Niederschlag zeigen, dass die zugesetzte Sodamenge zu gering war. Man erhöht sie deshalb etwas und prüft wieder. Entsteht keine Trübung, so setzt man der Probe im zweiten Reagensglas etwas Chlorcalciumlösung zu. Entsteht eine Trübung, so ist zuviel Soda gegeben, und man verringert die Zugabe. Tritt bei beiden Proben keine Trübung ein, so war der Sodazusatz gerade richtig.

Man kann die Menge der zuzusetzenden Soda nun auch täglich mit genügender Schärfe in ziemlich einfacher Weise ermitteln (vergl. „Untersuchungsmethoden“).

Der Zusatz zum Kessel erfolgt in der Weise, dass man an das Saugrohr der Speisepumpe einen seitlichen Stutzen mit Hahn anlöthet, daran einen Gummischlauch ansetzt und diesen in einen irdenen Topf leitet, der die nöthige Tagesmenge Sodalösung enthält.

Um die Menge der zuzufügenden Soda zu berechnen, muss man auch die Menge des täglich zum Kesselspeisen verwandten Wassers wissen. Die Feststellung derselben kann entweder genau durch einen Schmidt'schen Wassermesser von Ludwig Loewe in Berlin geschehen oder annähernd aus der Menge der verbrauchten Kohle berechnet werden. Gute Steinkohle verdampft das 7fache ihres Gewichtes an Wasser, mittlere Steinkohle 6 mal, böhmische Braunkohle 5 mal, Anhalter und märkische Braunkohle, auch Torf zweimal soviel Wasser, als sie wiegen.

Ist also ein Zusatz von 60 Gramm Soda zu 100 Liter Wasser erforderlich, so muss man bei täglichem Verbrauch von 1000 kg stückiger Steinkohlen (20 Ctr.) oder 7000 kg oder Liter Speisewasser $60 \times 70 = 4200$ Gramm $= 4,2$ kg Soda (calcinirte) allmählich dem Kesselspeisewasser zuführen.

Besser ist aber stets eine Ausfällung und Klärung des Wassers, bevor es in den Kessel gelangt. Diese kann in grossen Behältern geschehen, in denen das Wasser durch Ruhe zum Abklären gebracht wird. Da jedoch die hierzu erforderliche Zeitdauer zu lang und daher die Anzahl der Gefässe zu gross wird, so entfernt man die Niederschläge durch Filtration.

Die einfachste Art der Ausfällung und Filtration ist die folgende. Aus Petroleumfässern, welche durch Ausbrennen und Ausbrühen gut gereinigt sind, stellt man sich eine Kiesfilterbatterie her (s. Abb. 210). Zu leichterer Reinigung müssen die Verbindungsrohre von 45 mm lichter Weite durch Verschlussschrauben trennbar sein. Ueber dem ersten Fass und unter dem Wasserzulauf befindet sich ein Kasten, welcher durch eine mitten durch ihn in der Querrichtung gehende Axe mit Schraube an der Wand befestigt und beliebig schräg stellbar ist. Derselbe besteht aus einem höheren Theil, in welchen das abgewogene Tagesquantum an Soda gebracht wird, und einem niedrigeren, in welchen das zu fällende Wasser einläuft. Beide sind durch eine unten mit Löchern versehene Scheidewand getrennt. Durch die Löcher fliesst ein Theil des Wassers der Soda zu und löst von ihr etwas auf. Durch die Neigung des Kastens hat man es in der Hand, die Lösung schneller oder langsamer erfolgen zu lassen. Die Lösung mischt sich mit dem zufliessenden Wasser und fällt dieses. Es läuft dann über den unteren Kastentheil über in die Filterbatterie und verlässt diese in geklärtem Zustande.

Um die Filter möglichst lange wirksam zu erhalten, müssen sie alle Abend durch die am Boden angebrachten Spunde abgelassen werden und zwar einen Tag durch den Spund des einen, den anderen Tag durch den des anderen.

Befördert wird die Ausfällung und Filtration durch Wärmezufuhr; wo es also thunlich ist, wird sich eine Fällung des auf 50—60° R. erwärmten Wassers empfehlen.

Soll auch eine Ausfällung der kohlensauren Erden erfolgen, so kann man in einem mit Rührwerk versehenen Bottich die täglich erforderliche Menge Kalk löschen, zu Kalkmilch verdünnen und dieselbe durch einen Hahn zu dem von dem Kippapparat kommenden Wasser zulaufen lassen, indem man den Hahn so stellt, dass die Kalkmilch am Ende des Tages abgelaufen ist.

Für Grossbetriebe und namentlich für solche mit harten Wässern empfiehlt sich die Anlage einer besonderen Wasserreinigungsstation.

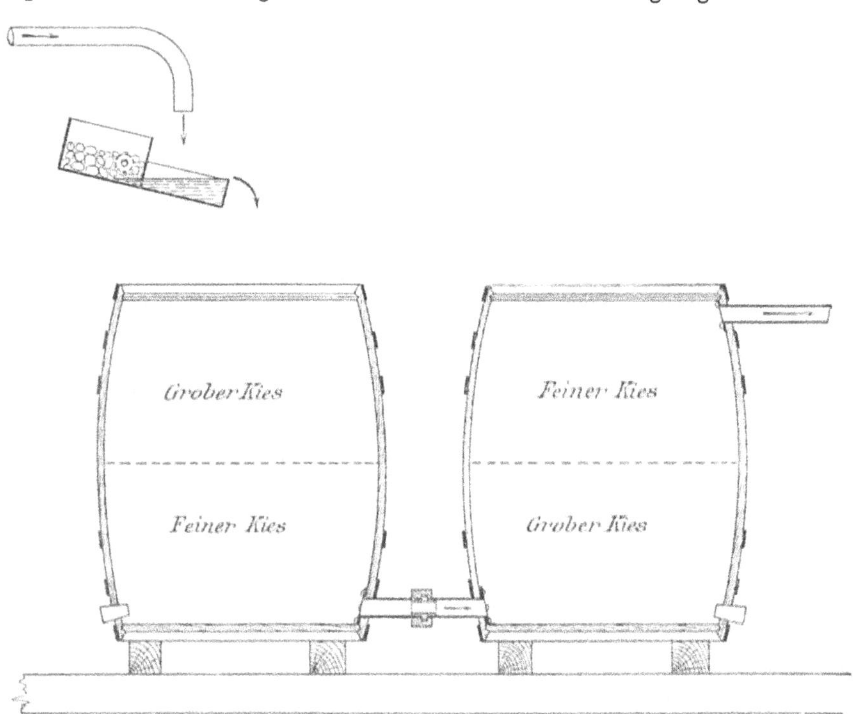

Abb. 210.

Solche werden von einer Anzahl Maschinenfabriken nach verschiedensten Systemen eingerichtet. Es mag hier auf die Wasserreinigung von A. L. G. Dehne in Halle a. S. (D. R. P. No. 34415 u. 43825) und den selbstthätigen Wasserreinigungsapparat von Hans Reisert in Köln a. Rh. (Dervaux's D. R. P. No. 48268, 61025 u. 61029) und den Wasserreiniger von Heyne & Weickert in Leipzig hingewiesen werden.

Herstellung der schwefligen Säure.

Die schweflige Säure, welche in Stärkefabriken gebraucht wird, wird aus konc. Schwefelsäure und Kohle oder durch Verbrennen von Schwefel hergestellt.

Für kleinere Betriebe und dort, wo nur ein Zusatz von schwefliger Säure zu der Stärke in den Waschbottichen erfolgt, der Verbrauch also ein verhältnissmässig geringer ist, wählt man die erstere Art des einfacheren und leichter zu unterbrechenden Betriebes wegen. In grossen Fabriken mit grösserem Bedarf und dort, wo schweflige Säure schon zur Rohstärkenmilch oder zum Reibsel zugegeben wird, ist die letztere Methode als die billigere zu bevorzugen. Dort wo schweflige Säure als Gas in die Waschbottiche eingeleitet werden soll, muss die letztere Methode angewandt werden, da hier ein gewisser Druck zu überwinden ist.

Bereitung aus Schwefelsäure und Kohle. Koncentrirte, englische Schwefelsäure von 66° Bé., mit Holzkohlenpulver erhitzt, giebt Schwefligsäuregas, Kohlensäuregas und Wasser ($2SO_4H_2 + C = 2SO_2 + CO_2 + 2H_2O$). Die Erhitzung geschieht in gusseisernen Retorten.

Die entstehenden Gase werden in Wasser eingeleitet, welches grosse Mengen schweflige Säure (etwa 10 Proc. dem Gewichte nach) aufnehmen kann, dagegen die Kohlensäure zum grössten Theile entweichen lässt.

Ein Liter Schwefelsäure von 66° Bé., entsprechend 1,84 kg, liefert theoretisch 1,2 kg schweflige Säure in Gasform. Es sind dazu theoretisch erforderlich 115 g Kohle, da aber das Gemisch bei Anwendung dieser Menge zu dünnflüssig wird, und bei scharfem Anfeuern leicht Schwefelsäure mit übergerissen wird, so nimmt man in der Praxis auf 1 Liter konc. Schwefelsäure 1 Pfund = 500 g sehr fein gepulverter Holzkohle.

Dies Gemisch wird in eine Stahlgussretorte mit bleiernem Gasableitungsrohr gebracht und erhitzt. Die sich entwickelnden Gase werden in eine Glasflasche mit Wasser eingeleitet, in welches das Zuleitungsrohr eintaucht, sodass die Gase durch das Wasser streichen müssen. Ein an dem Halse der verschlossenen Flasche angebrachtes, nur eben in die Flasche hineinragendes Rohr leitet die Gase dann fort. Diese Waschflasche dient zum Zurückhalten von mitgerissenen Kohle- und Schwefelsäuretheilchen und gestattet gleichzeitig, die Stärke der Gasentwicklung zu beobachten und durch zweckentsprechendes Heizen zu regeln. Das gewaschene Gas wird in einen Holzbottich geleitet, welcher mit Wasser zur Absorption der schwefligen Säure gefüllt ist.

Die Abb. 211 zeigt eine solche etwas komplicirtere Einrichtung, wie sie Herm. Schmidt-Küstrin baut.

Die Retorte ist durch eine eiserne Abdeckplatte und durch Eckwinkel mit Schrauben in dem Herde befestigt. Sie besitzt einen aufschraubbaren Deckel mit Standrohr und Ableitungsrohr, welches in eine bleierne Waschflasche mit aufschraubbarem Deckel, Füll- und Entleerungshahn eintaucht. An dem Ableitungsrohr ist ein Sicherheitsrohr angebracht, welches aus einem fallenden weiten Rohr und einem oben offenen engen

Rohr besteht und zum Theil mit Wasser gefüllt wird. Bei geringster Druckdifferenz tritt äussere Luft in die Retorte ein.

Das aus dem Waschgefäss in den Absorptionsbottich überleitende Gasrohr trägt, in diesem in Wasser eintauchend, eine Anzahl reibeisenartig gelochter Bleibleche, durch deren Oeffnungen das Gas sehr fein vertheilt in das Wasser ausströmt, wodurch eine möglichst vollständige Absorption der schwefligen Säure erreicht wird.

Die Kohlensäure entweicht durch einen, an dem Deckel des Absorptionsbottichs angebrachten Rohrstutzen.

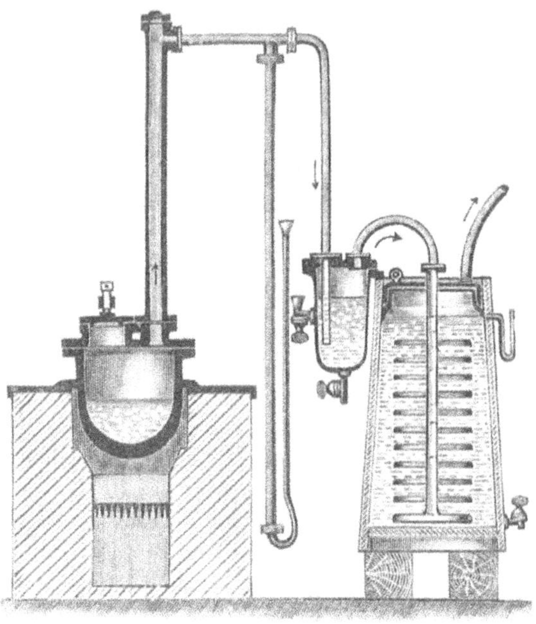

Abb. 211.

Die Retorten haben einen Inhalt von 30—40 Liter und werden mit 5—6 Liter Schwefelsäure und 5—6 Pfund Kohle beschickt. Angele zieht einfache Retorten mit Rohrstutzen und nicht mit aufschraubbarem Deckel der Billigkeit halber vor und benutzt als Waschflasche eine Glasflasche.

Für die genannte Füllung wird ein Absorptionsbottich von 175—200 Liter Inhalt genommen, da es zur Erzielung einer möglichst vollständigen Absorption der schwefligen Säure zweckmässig ist, sie nicht stärker als 2—$2^1/_2{}^0$ Bé. zu machen, gleich etwa 30 g Schwefligsäuregas (SO_2) in 1 Liter Lösung. Praktisch giebt 1 Liter Schwefelsäure 1 kg Schwefligsäuregas, also eine Retortenfüllung 167—200 Liter wässrige schweflige Säure von rund $2^1/_4{}^0$ Bé.

Bereitung aus Schwefel. Es wird in einer eisernen Pfanne, welche in einem eisernen Ofen steht, Schwefel verbrannt, und die dazu nöthige Luftmenge in irgend einer Art, meist unter schwachem Druck, zugeführt. Das entwickelte Gas wird gekühlt theils in dem Ofen selbst durch Mantelkühlung von oben her, theils durch besondere Kühlvorrichtungen. Die Kühlung hat den Zweck, etwa mitgerissene Schwefeldämpfe zu kondensiren und das Gas auf die Temperatur des Absorptionswassers zu bringen, da es dieses sonst anheizen und weniger absorptionskräftig machen würde. 1 kg Schwefel liefert bei vollständigem Verbrennen 2 kg Schwefligsäuregas, also etwa 60—65 Liter wässrige, schweflige Säure von $2^1/_4{}^0$ Bé.

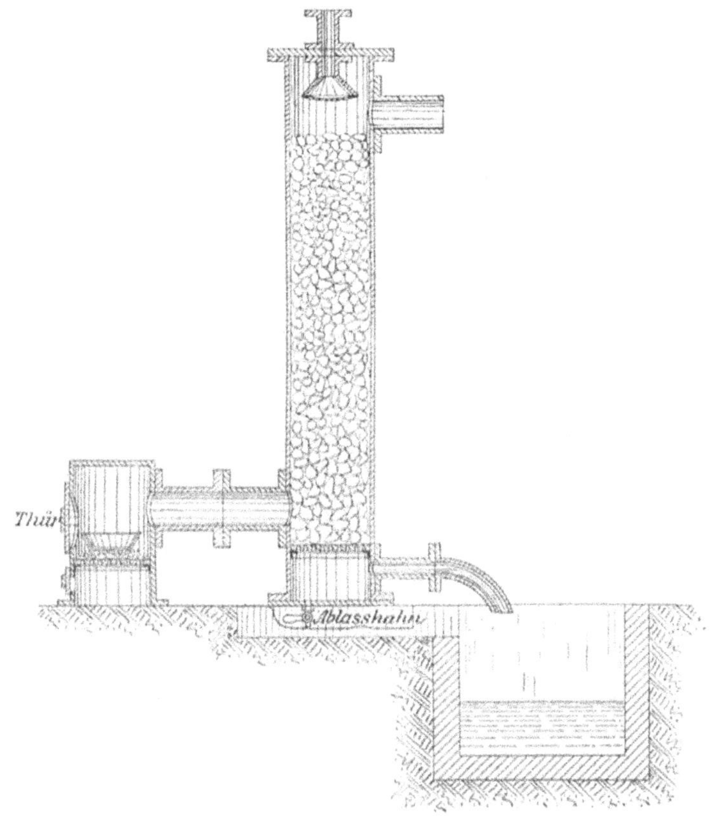

Abb. 212.

1. Apparat von Gaul & Hoffmann, Frankfurt a. O. (s. Abb. 212). In einer mit Einbringe-Pforte und kleiner Luftzuführungsthür versehenen Retorte wird in einer auf einem Rost stehenden Pfanne der Schwefel verbrannt. Die Gase entweichen durch einen Rohrstutzen in einen mit Koke gefüllten hölzernen Thurm. Denselben entgegen fliesst auf den Kokestücken fein vertheilt ein durch eine Brause an der Spitze des Thurmes zugeführter Wasserstrom. Die Luftbewegung geschieht durch

die schnelle Absorption des Gases und kann unterstützt werden durch Einleiten des dicht unter der Spitze des Thurmes angebrachten Rohres nach dem Fabrikschornstein oder einem besonderen Schlot. Die wässrige schweflige Säure wird in einem in den Boden eingelassenen Holzbottich gesammelt.

2. Apparat von H. Schmidt-Küstrin (s. Abb. 213). Bei demselben geschieht die Luftzuführung in die Retorte, in welcher der Schwefel in einer eisernen Pfanne verbrennt, durch eine Kompressionspumpe. Eine möglichst gleichmässige Pressung der einströmenden Luft

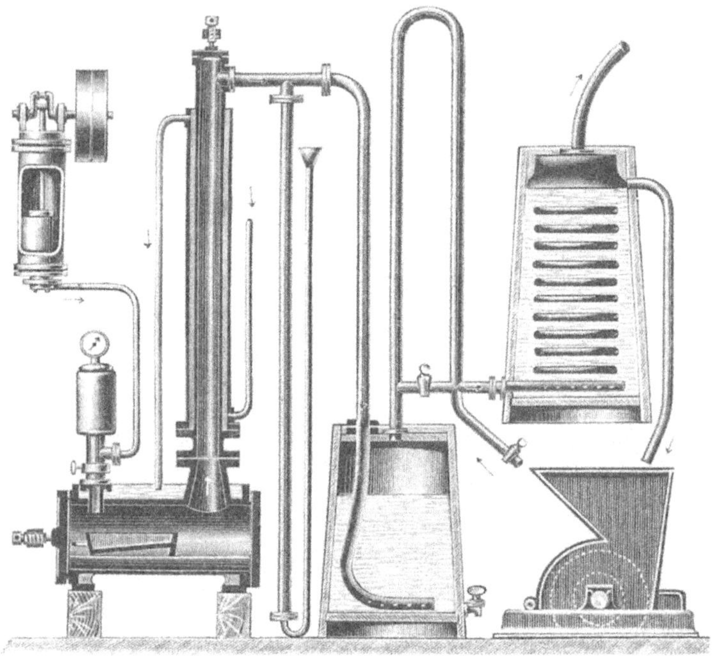

Abb. 213.

wird durch Einschaltung eines mit Manometer versehenen Windkessels und eines Regulirventils in die Luftrohrleitung erreicht. Dieselbe muss so geregelt werden, dass nur soviel Luft zugeführt wird, dass der Schwefel eben verbrennt, nicht aber sich überhitzt und zum Theil verdampft. Die Retorte hat obere Mantelkühlung. Die Gase werden in einem der Retorte aufgesetzten Kühlrohr mit Wasserkühlung gekühlt. Im Uebrigen ist die Ableitung der Gase ganz ähnlich wie bei dem anderen Apparat von Schmidt (s. S. 477). Es kann jedoch das aus dem Waschgefäss entweichende Gas sowohl durch direkte Rohrleitung der Reibe zugeführt als auch in einem Wassergefäss aufgefangen werden.

3. Apparat von H. Eberhardt in Wolfenbüttel (s. Abb. 214). Derselbe besteht aus Retorte und Kühler für das Schwefligsäuregas. Die Luft-

zuführung geschieht aber durch einen hinter dem Kühler angebrachten Dampfstrahlapparat (Injektor), welcher die Luft durch den Ofen ansaugt und in den Absorptionsbottich drückt. Es findet dabei eine Anwärmung der Flüssigkeit auf 5—6° statt. Soll dies vermieden werden, oder ein direktes Einleiten des Schwefligsäuregases in die Quirlbottiche, in denen die Stärke gewaschen wird, stattfinden, so führt Eberhardt dem Strahlapparat aus einem durch einen Kompressor gefüllten Windkessel Druckluft von 2—3 Atm. Spannung zu, welche genügt, gegen 5 m hohe Flüssigkeitssäulen zu arbeiten. Im letzteren Falle wird auch noch ein gusseiserner Fänger zum Zurückhalten etwa mitgerissenen und kondensirten Schwefels zwischen Kühler und Strahlapparat eingeschaltet.

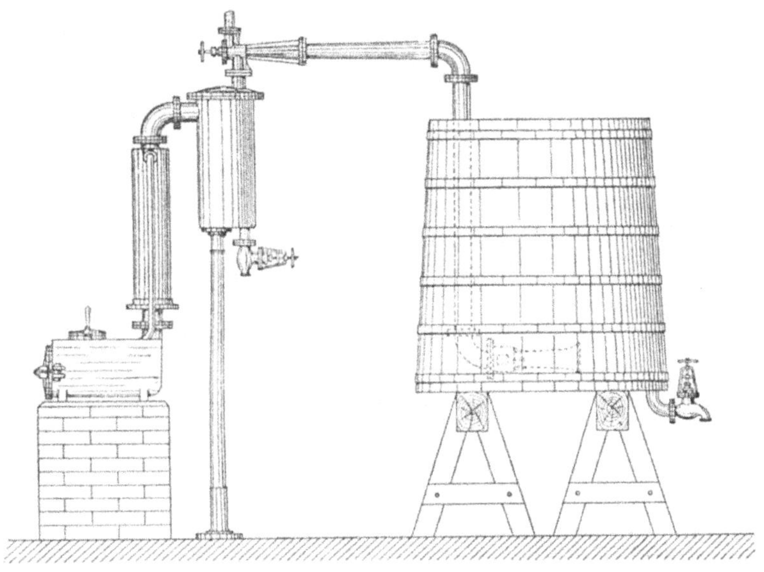

Abb. 214.

Eine kontinuirlich wirkende Speisevorrichtung zur gleichmässigen Zuführung von Schwefel ohne Oeffnung des Ofens ist Adolph Bartels in Oschersleben unter D. R. P. No. 23 967 patentirt.

Der geschmolzene Schwefel soll in den Pfannen nicht höher als 20—30 mm liegen. Die Ableitungsrohre für das Schwefligsäuregas sind gewöhnlich Bleirohre. Eberhardt stellt sie aus einer besonderen, gegen Säure widerstandsfähigen Legirung her.

Die durch das Arbeiten mit schwefliger Säure entstehenden Kosten kann man nach Schmidt-Küstrin, wie folgt, berechnen.

1. Für Bleichen der Stärke: Nimmt man an, dass auf 800 Liter Füllung des Aufwaschquirls, entsprechend der Stärke von 25 Ctr. verarbeiteter Kartoffeln mit 18 Proc. Stärkegehalt 1 Liter schweflige Säure

von etwa $2^1/_4{}^0$ Bé. = 30 g SO_2 im Liter verwandt wird, und dass die Fabrik im Jahre 37 500 Ctr. Kartoffeln verarbeitet, so werden im Ganzen verbraucht $\frac{37\,500}{25} \cdot 30 = 45\,000$ g oder 45 kg Schwefligsäuregas. Wie bereits ausgeführt, entstehen diese aus 45 Liter koncentrirter Schwefelsäure und 45 Pfund Holzkohle in 9 Retortenfüllungen. Es kosten

45 Liter Schwefelsäure, je 30 Pfg.	13,50 M.
45 Pfund Holzkohle, je 4 Pfg.	1,80 -
Brennmaterial zum Heizen 9 × 1 M.	9,00 -
Zinsen und Amortisation der Anlage (s. Abb. 211) 15 Proc. von 378 M.	56,70 -
zusammen	81,00 M.

Da 37 500 Ctr. Kartoffeln rund 6300 Ctr. trockene Stärke geben, so entfallen auf 1 Ctr. Stärke = $1^1/_4$ Pfg. und auf einen Sack (100 kg) = $2^1/_2$ Pfg. Unkosten für Verwendung der schwefligen Säure.

Für eine Anlage von 1000 Ctr. täglicher Verarbeitung an Kartoffeln und einen etwas grösseren Verbrauch an schwefliger Säure ($1^1/_2$ Liter auf 25 Ctr. Kartoffeln) berechnete Verfasser die Unkosten für 1 Sack (= 100 kg) trockener Stärke zu 2 Pfennigen.

2. Für Zugabe zur Reibe bezw. Rohstärkemilch und für Bleichen: Auf 25 Ctr. Kartoffeln rechnet H. Schmidt $^1/_2$ kg Schwefel (entsprechend 30 Liter wässriger Lösung), also bei einer jährlichen Verarbeitung von 37 500 Ctr. betragen die Unkosten für die schweflige Säure:

750 kg Schwefel, je 30 Pfg.	225 M.
Betrieb der Pumpe	30 -
Zinsen und Amortisation der Anlage 15 Proc. von 640 M.	96 -
zusammen	351 M.
Rechnet man für das Bleichen ab	81 M.
so bleiben für die Rohstärkemilch	270 M.

oder auf 1 Ctr. Kartoffeln rund $^3/_4$ Pfg. und auf 1 Sack Stärke rund 8 Pfg. Diese Unkosten werden aber zum grossen Theil wieder durch höhere Ausbeuten in Folge festeren Absitzens der Stärke gedeckt.

Ueber die Einträglichkeit der Kartoffelstärkefabrikation.

Ein allgemeines Urtheil über die Einträglichkeit einer Kartoffelstärkefabrik abzugeben, ist nicht möglich, da die Grösse der Einträglichkeit von einer Reihe meist rein örtlicher Verhältnisse abhängig ist, wie von den Verkehrsverbindungen, den Lohnverhältnissen, dem Preise des Rohmaterials, der Absatzmöglichkeit und dem Preise des Fabrikates.

Ferner übt einen erheblichen Einfluss auf die Ertragsfähigkeit einer Stärkefabrik aus die Güte der Einrichtung des Betriebes, also zunächst die gute Leistung von Dampfkessel und Dampfmaschine oder die Höhe des Kohlenverbrauches. Es ist deshalb dem Erbauer einer Stärkefabrik dringend anzurathen, bei der Beschaffung dieser Einrichtungen sich durch einen von damit vertrauter Seite aufgestellten Vertrag über die zu erwartende Leistung die gute Ausführung der Anlage zu sichern.

Dann beeinflusst die Einträglichkeit des Betriebes die Höhe der Ausbeute aus bestimmtem Rohmaterial, also der Stärkereichthum und die gute Beschaffenheit der Kartoffeln, die Leistung der Zerkleinerungs- und Auswaschvorrichtungen und die etwaigen Verluste an Stärke in den Abwässern. Auch ist die Qualität und der für sie bezahlte Preis des Fabrikates von Bedeutung.

Endlich beeinflusst die Höhe des Gewinnes bei einer Kartoffelstärkefabrik die mehr oder weniger gute Ausnutzung der Rückstände von der Fabrikation, d. h. der Pülpe und der Abwässer. Bei kleinen Betrieben und niedrigen Stärkepreisen sind sie oft ausschlaggebend für einen etwa noch herausspringenden Gewinn, bei grossen Fabriken kann dagegen ihre Fortschaffung bezw. Reinigung sehr erhebliche Unkosten im Gefolge haben.

Ist es sonach nicht thunlich, zahlenmässig den Gewinn bei der Kartoffelstärkefabrikation allgemein festzustellen, so kann doch der einzelne Stärkefabrikant sich ein Bild über die Verwerthung seiner

Kartoffeln machen, welches ihn belehrt, ob dadurch die Unkosten des Anbaues gedeckt oder übertroffen werden, wenn er die in der Fabrik verarbeiteten Kartoffeln selber baut, oder welchen Preis er, ohne Verlust oder Gewinn zu haben, für Kaufkartoffeln anlegen kann.

Es kann auch hierfür ein allgemein gültiges Schema nicht gegeben werden, sondern nur eine Anleitung, wie für den Einzelfall eine derartige Berechnung angesetzt werden kann.

Berechnung der Verwerthung der Kartoffeln bei der Stärkefabrikation.

A. Für Herstellung feuchter Stärke.

100 Ctr. Kartoffeln mit 18 Proc. Stärke liefern nach der Ausbeutetabelle (S. 366):

	bei gutem Betriebe 28,5 Ctr. feuchter Stärke	bei mittlerem Betriebe 26,0 Ctr. feuchter Stärke
bei einem Preise von 9,50 M. für 100 kg (2 Ctr.) . . =	135,37 M.	123,50 M.
ab Unkosten für 100 Ctr. Verarbeitung . . . . . . =	26,00 -	26,00 -
bleiben für 100 Ctr. Kartoffeln	109,37 M.	97,50 M.
also für 1 Ctr.	1,09 -	0,97 -
dazu Pülpewerth	0,04 -	0,04 -
Verwerthung von 1 Ctr. Kartoffeln	1,13 M.	1,01 M.

Dabei sind die Nachprodukte, da ihre Menge in kleinen Nassstärkefabriken nicht erheblich ist, nicht besonders in Rechnung gezogen.

Ist nun der mittlere Preis für die Erzeugung von 100 Ctr. Kartoffeln 1,47 M., so geht aus obiger Rechnung hervor, dass bei einem Preise der Stärke von 9,50 M. für 100 kg die Stärkefabrik nicht mehr mit Gewinn, sondern mit Verlust arbeitet, wenn nicht die Erträge der Pülpe für den Landwirth höher veranschlagt werden und durch Rieseln mit dem Fruchtwasser die Ertragsfähigkeit für die Fabrik gesteigert wird.

Für die beiden letzteren Einnahmen lassen sich aber einigermaassen allgemeine Zahlen nicht einführen, da sie gänzlich von den Futterpreisen überhaupt bezw. von der Kostspieligkeit der Einrichtung, der Grösse und der Ertragsfähigkeit der Rieselwiesen im Einzelfalle abhängig sind.

B. Für Herstellung trockener Stärke.

100 Ctr. Kartoffeln von 18 Proc. Stärkegehalt liefern nach der Ausbeutetabelle (S. 366) trockene Stärke (mit 20 Proc. Wassergehalt):

Bei gutem Betriebe:

Insgesammt 17,1 Ctr. Stärke, davon

Prima . . . (85 Proc.) = 14,5 Ctr. (100 kg = 17,50 M.)	= 126,87	M.
Nachprodukte (15 -) = 2,6 - (100 - = 12,00 -)	= 15,60	-
Für Stärke zusammen	= 142,47	M.
ab Unkosten für 100 Ctr. Verarbeitung	= 40,00	-
Es bleiben für 100 Ctr. Kartoffeln	= 102,47	M.
also für 1 Ctr. Kartoffeln	= 1,02	-
dazu Pülpewerth	= 0,04	-
Verwerthung von 1 Ctr. Kartoffeln	= 1,06	M.

Bei mittlerem Betriebe:

Insgesammt 15,6 Ctr. Stärke, davon

Prima . . . (80 Proc.) = 12,5 Ctr. (100 kg = 17,00 M.)	= 106,25	M.
Nachprodukte (20 -) = 3,1 - (100 - = 12,00 -)	= 18,60	-
Für Stärke zusammen	= 124,85	M.
ab Unkosten für 100 Ctr. Verarbeitung	= 40,00	-
Es bleiben für 100 Ctr. Kartoffeln	= 84,85	-
als für 1 Ctr. Kartoffeln	= 0,85	-
dazu Pülpewerth	= 0,04	-
Verwerthung von 1 Ctr. Kartoffeln	= 0,89	M.

Es ist dies also der Preis, welchen Kaufkartoffeln in der Fabrik haben können, wenn die Fabrik weder mit Nutzen noch mit Schaden arbeiten würde und das Fruchtwasser fortlässt.

Schwankend, je nach den Verhältnissen der einzelnen Fabriken, sind in dieser Aufstellung die Zahlen für den Stärkegehalt der Kartoffeln, für den Preis der Stärke, für die Arbeitsunkosten und für den Werth der Pülpe. Bei der Trockenstärkefabrikation ferner das Verhältniss von Prima- (bezw. Superior-) waare und Nachprodukten.

Der Stärkegehalt von zur Fabrikation brauchbaren Kartoffeln kann nach Ausfall der Ernte, Sorte und Lagerzeit von 14—27 Proc. schwanken; der Preis der feuchten Stärke betrug in dem schlechten Kartoffelerntejahr 1891 bis zu 21,80 M. und ging im Jahre 1893 und 1895 herunter bis auf 7,60 bis 7,70 M.

Geringer sind die Schwankungen in der Höhe der Arbeitsunkosten. Dieselben rechnet man insgesammt auf 100 Ctr. verarbeiteter Kartoffeln für Herstellung feuchter Stärke zu 24—30 M., für Herstellung trockener Stärke zu 32—48 M. einschliesslich Verzinsung des Anlagekapitals und Amortisation für Gebäude und Maschinen, wenn nicht ganz ausserordentlich ungünstige Verhältnisse vorliegen.

Kleinere Fabriken stehen in diesem Punkte den grösseren fast immer nach, theils weil ihre Einrichtung meist eine mit geringsten

Mitteln hergestellte, oft sehr urwüchsige ist, theils weil der Verbrauch an Heizmaterial durch das Kaltwerden des Kessels über Nacht ein höherer, die Preise der Kohlen selbst durch längeren Wagentransport relativ hohe werden.

Rechnet man z. B. in einer grösseren an Eisenbahn und Wasserweg gelegenen Fabrik den Aufwand für Kohlen zu 2,80—4,00 M. für 100 Ctr. Kartoffelverarbeitung, so kann er für kleine ländliche Fabriken, die weitab von der Bahn liegen, bis auf 12 und 16 M. steigen.

Eine weitere Rolle bei den Arbeitsunkosten spielt die Höhe der Löhne. Hier sind die landwirthschaftlichen den industriellen Fabriken bezüglich des Lohnsatzes überlegen, doch kann in einer grossen Fabrik die Leistungsfähigkeit des Arbeiterpersonals auch besser ausgenutzt werden als in einer kleinen.

Bei Aufstellung der Arbeitsunkosten sind in Betracht zu ziehen:

1. Die Zinsen des Baukapitals, z. B. mit 5 Proc.
2. Die Amortisation für Gebäude 3—6 Proc.
3. Die Amortisation für Maschinen 7—15 Proc.
4. Besoldung des Direktors, Betriebsleiters, Stärkemeisters u. A.
5. Löhne für Heizer, Werkführer, Vorarbeiter; Löhne für Arbeiter und Arbeiterinnen, Tag- und Nachtschicht.
6. Verbrauch an Kohlen; pro Stunde und Pferdekraft 1,6 kg Steinkohle bei guter Maschine.
7. Beleuchtung, Schmieröl, Fett, Säcke u. A.
8. Reparaturen, Ersatz von Siebbelag, Sägeblättern u. s. w.
9. Unkosten der Geschäftsführung.
10. Steuern, Abgaben und Feuerversicherung.

Ferner unter bestimmten Verhältnissen:

11. Herstellung schwefliger Säure u. A.
12. Wasserreinigung.
13. Errichtung und Betrieb einer Pülpestation.
14. Unkosten der Abwasser-Rieselung oder Beseitigung.

Zu dieser Aufstellung ist zu erwähnen, dass man den Verbrauch an Kohlen unter normalen Verhältnissen bei Steinkohlen auf 2 Ctr. für 100 Ctr. Kartoffeln in kleinen Nassstärkefabriken, auf 3—6 Ctr. in Trockenstärkefabriken in Rechnung zieht. Braunkohle im Verhältniss ihres Heizwerthes mehr.

Die Menge des Arbeitspersonals wird eine sehr wechselnde sein, je nach den Grössenverhältnissen und der mehr oder weniger zweckmässigen Einrichtung der Fabrik. Kann für eine kleine Nassstärkefabrik von 100—150 Ctr. täglicher Verarbeitung an Kartoffeln ein Vorarbeiter oder Meister mit 3—4 ständigen und 2 Hülfsarbeitern betrieben werden, so braucht eine Fabrik, welche täglich 500 Ctr. Kartoffeln verreibt, bei Hordentrocknung einen Meister, einen Heizer und etwa 15 bis

20 Arbeiter, eine solche mit täglicher Leistung von 1000 Ctr. Kartoffeln und Apparattrocknung einen Meister und einen Nachtmeister, 2 Heizer, einen Schlosser und etwa 25—30 Arbeiter.

Auch der Werth der Pülpe schwankt in nicht zu hohen Grenzen. Der höchste Preis, welcher in einem sehr futterarmen Jahre für Pülpe gezahlt wurde, war 0,24 M. für die Pülpe aus 1 Ctr. Kartoffeln. Doch ist ein solcher Preis sehr selten. Gewöhnlich wird er 0,1 M. nicht überschreiten und zwischen 0,04—0,12 M. für die Pülpe von 1 Ctr. Kartoffeln schwanken.

Ueber die Anlagekosten für eine Stärkefabrik ist es sehr schwer, Angaben zu machen, da dieselben ebenfalls von rein örtlichen Verhältnissen und vor allem von der Güte der gelieferten Maschinen und Einrichtungen abhängig sind, und dem Umstande, ob auf eine Vergrösserung der Fabrik Rücksicht genommen wurde. Sie zeigen danach sehr erhebliche Schwankungen. Auch bedarf eine Fabrik von 100 Ctr. täglicher Verarbeitung zu feuchter Stärke dieselben Apparate zum Zerkleinern und Auswaschen der Kartoffeln, wie eine solche für 250 Ctr. und bei Tag- und Nachtbetrieb von 400—500 Ctr., und es müssen nur die Absatzgefässe und Aufwaschquirle u. A. m. zahlreicher vorhanden sein. Andererseits kann eine Fabrik, die am Tage 500 Ctr. Kartoffeln auf trockene Stärke verarbeitet, mit Kosten, die das Doppelte bei Weitem nicht erreichen, auf eine Verarbeitung von 750—1000 Ctr. bei Tag- und Nachtbetrieb gebracht werden.

Verfasser möchte daher die folgenden Zahlen mit allem Vorbehalt als ganz allgemein angesehen wissen. Es betragen die Anlagekosten:

Für eine Nassstärkefabrik für 100—250 Ctr. Kartoffeln täglich bei Tagarbeit:

Innere Einrichtung	7 000—16 000 M.
Gebäude	5 000—10 000 -
Sa.	12 000— 26 000 M.

Tag- und Nachtarbeit.

Für eine Trockenstärkefabrik für 250—500 Ctr. Kartoffeln:

Innere Einrichtung	20 000—35 000 M.
Gebäude	12 000—20 000 -
Sa.	32 000—55 000 M.

Für eine Trockenstärkefabrik für 750—1000 Ctr. täglich:

Innere Einrichtung	60 000— 80 000 M.
Gebäude	40 000— 60 000 -
Sa.	100 000—140 000 M.

Für eine Trockenstärkefabrik von 5000 Ctr. täglich:

Innere Einrichtung	250 000 M.
Gebäude	200 000 -
Sa.	450 000 M.

Es ist von Einfluss auf die Höhe der Unkosten für die Verarbeitung von 100 Ctr. Kartoffeln natürlich auch die Gesammtmenge der in der Kampagne verarbeiteten Kartoffeln, da die Verzinsung, Amortisation, die festen Besoldungen u. s. w. um so geringer auf je 100 Ctr. Kartoffeln werden, je grösser die Menge der verarbeiteten Kartoffeln war.

Wie sehr die Einträglichkeit einer Stärkefabrik abhängig ist von dem Umstande, ob sie stärkereiche oder stärkearme Kartoffeln verarbeitet, mag durch ein Beispiel erläutert werden.

Nach der Ausbeutetabelle (S. 367) sind zur Herstellung von 100 Ctr. trockener Stärke erforderlich bei guter Arbeit 460 Ctr. 22procentiger und 670 Ctr. 16procentiger Kartoffeln. In beiden Fällen betragen die Arbeitsunkosten für 100 Ctr. Kartoffeln 40 M., also für Herstellung von 100 Ctr. Stärke bei 22procentigen Kartoffeln = 184 M., bei Verarbeitung 16procentiger Kartoffeln = 268 M., also 84 M. mehr. Davon ist in Abrechnung zu bringen der Werth der grösseren Pülpemenge, die man bei der Mehrverarbeitung der schlechten Kartoffeln erhält. Der Pülpewerth auf 1 Ctr. Kartoffeln beträgt 0,04 M., auf 210 Ctr. Mehrverarbeitung bei den stärkearmen Kartoffeln also 8,40 M. Also sind erspart 75,60 M. für je 100 Ctr. producirter Stärke oder bei einer Kampagne von 12 000 Ctr. Stärke = 9072 M. Der landwirthschaftliche Stärkefabrikant hat ausserdem noch die erhöhten Erntekosten bei den schlechten Kartoffeln in Rechnung zu ziehen.

Es zeigt dies Beispiel deutlich, dass der landwirthschaftliche Stärkefabrikant auf's Aeusserste bestrebt sein muss, hochprocentige Kartoffeln zu erziehen, der industrielle, soweit thunlich, nur hochprocentige zu kaufen oder nach Stärkegehalt überhaupt zu bezahlen. Durch Einsetzen der für seinen Betrieb gültigen, aus der Erfahrung gesammelten Daten in das obige Rechnungsschema wird er sich leicht eine für seine Anlage gültige Tabelle herstellen können, welche ihm jederzeit gestattet, nach dem Stärkegehalt der angebotenen Kartoffeln und dem jeweiligen Stärkepreise schnell den Preis zu bestimmen, welchen er für Kartoffeln im äussersten Falle zahlen kann.

Untersuchungsmethoden.

Kartoffel.

Bestimmung der Trockensubstanz.

1000 g der gut gewaschenen und wieder getrockneten Kartoffelprobe werden auf einem Gurkenhobel ohne Verlust in Scheiben geschnitten und getrocknet. Es geht dies am schnellsten, indem man die Scheiben in einer sehr grossen Porzellanschale so vertheilt, dass sie sich gegenseitig möglichst wenig bedecken, und die Schale auf einen grossen eisernen Topf mit Wasser setzt, den man anheizt. Nach etwa 12 bis 20 Stunden sind die Scheiben so hart, dass sie sich mahlen lassen. Man lässt sie nun mehrere Stunden (über Nacht z. B.) an der Luft stehen und wägt den Rückstand. Derselbe ergiebt die lufttrockene Substanz z. B. = 279,2 g = 27,92 Proc. Diese wird auf einer Handmühle schnell gemahlen und ein Theil davon (etwa 10 g) in einem bedeckten Blechtiegel (s. unter „Stärke“) oder einem Wägegläschen abgewogen in einem Trockenschranke 4 Stunden lang auf 105° C. erhitzt, in einem Exsikkator abgekühlt und wieder gewogen. Gaben z. B. 9,6070 g lufttrockene Substanz = 8,7770 g Rückstand, so enthielt die lufttrockene Substanz $\frac{8{,}777 \,.\, 100}{9{,}607} = 91{,}36$ Proc. absolut trockene, d. h. wasserfreie Substanz und die frischen Kartoffeln $\frac{27{,}92 \,.\, 91{,}36}{100} = 25{,}51$ Proc. wasserfreie oder absolute Trockensubstanz.

Der Wassergehalt der Kartoffeln betrug 74,49 Proc.

Bestimmung des Zuckergehaltes.

Der Zuckergehalt der Kartoffeln setzt sich, wie dargelegt worden ist (S. 52), zusammen aus einem Gehalt an Traubenzucker (Dextrose) und Rohrzucker. Da nur der erstere Fehling'sche Kupferlösung reducirt, der letztere aber erst, wenn er mit Säuren invertirt ist, so wäre eine zweimalige Bestimmung durch Kupferreduktion nöthig, um den Zuckergehalt zu ermitteln vor und nach der Inversion. Im Kartoffelsaft finden sich aber auch noch Pektinkörper und andere Stoffe, welche bei der Inversion mit Säuren ebenfalls Kupfer reducirende Stoffe bilden, und endlich gelingt es sehr schwer, die kleineren Stärkekörner durch Filtration aus dem Kartoffelsaft zu entfernen. Verfasser schlägt daher bei seinen Untersuchungen auf den Zuckergehalt der Kartoffeln den nachfolgenden, wenn auch ebenfalls nicht absolut richtigen, aber doch höchstens nur geringe Abweichungen von dem wahren Zuckergehalt ergebenden Weg ein.

1000 g Kartoffeln werden auf einem gewöhnlichen Küchenreibeisen gerieben, die Masse in ein Presstuch gefüllt und auf einer gewöhnlichen Handpresse abgepresst, Der abgelaufene Saft wird filtrirt. Von dem Filtrat werden 200 g mit 1 ccm Normalschwefelsäure (= 0,04 g SO_3) versetzt, einmal aufgekocht (um die Bakterien zu tödten), gekühlt und mit 2 g Reinhefe oder Presshefe bei Zimmertemperatur der Gährung überlassen. Nach Beendigung derselben (17—18 Stunden) werden von dem gesammten Inhalt des Gährkolbens etwa 100 g abdestillirt, auf 100 g aufgefüllt und darin pyknometrisch oder mit einer Alkoholspindel der Alkoholgehalt bestimmt. Gaben z. B. 200 g Kartoffelsaft 100 g Destillat von dem specifischen Gewicht 0,99463 bei 15° C., so enthalten die 100 g = 2,94 g Alkohol*) oder 100 g Saft lieferten 1,47 g Alkohol. Nun geben theoretisch 100 g Dextrose = 48,67 g Alkohol (nach Jodlbaur), es entspricht also 1 g Alkohol = 2,055 g Dextrose, also 1,47 g Alkohol = 3,02 g Dextrose in 100 g Saft.

Um nun den Gehalt der Kartoffeln an Zucker (als Dextrose berechnet) feststellen zu können, muss noch der Gehalt des Saftes an Trockensubstanz und der Trockensubstanzgehalt der Kartoffel bekannt sein. Den ersteren bestimmt man wie (auf S. 489) angegeben, den letzteren, indem man etwa 10 g Saft im Wägegläschen abwägt und bis zur Gewichtskonstanz bei 105° C. trocknet. Gaben 10,1105 g Saft = 0,5925 g Rückstand, so enthält der Saft 5,86 Proc. Trockensubstanz oder 94,14 g Wasser. Zu diesen gehören 3,02 g Zucker (Dextrose). Enthielten 100 g Kartoffeln 21,54 g Trockensubstanz oder 78,46 g Wasser, so entsprechen diesen im Saft $\frac{78{,}46 \cdot 3{,}02}{94{,}14}$ g = 2,52 g Zucker, d. h. die Kartoffeln enthalten 2,52 Proc. Zucker (Dextrose).

Bestimmung des Stärkegehaltes der Kartoffeln.

Wie bereits in dem Abschnitt „Die Kartoffel“ (S. 51) dargelegt wurde, besitzt man eine durchaus zuverlässige und für alle Fälle passende Methode zur Bestimmung des wahren Stärkegehaltes der Kartoffeln und anderer Materialien bisher nicht. Es sind zwar zahlreiche Methoden vorgeschlagen, jedoch haben sie sich entweder nicht als unanfechtbar hinsichtlich

*) Tafel zur Ermittelung des Alkoholgehaltes von Alkoholwassermischungen von Dr. Karl Windisch. Berlin. Julius Springer 1893.

der Richtigkeit ihrer Resultate erwiesen oder, wenn sie auch hinreichend bestimmte Werthe liefern, so geben diese nicht den wahren Stärkegehalt an, sondern den Stärkewerth, d. h. eine Summe verschiedener Stoffe, von denen die Stärke und der Zucker die Hauptmenge ausmachen. Da hier nicht die Stelle ist, die Vor- und Nachtheile der verschiedenen Methoden abzuwägen, demjenigen aber, welcher sich hierüber näher zu unterrichten wünscht, Gelegenheit gegeben werden muss, dies zu thun, so hat Verfasser die neuere Literatur über diesen Punkt möglichst vollständig zusammengestellt (s. „Literatur", Untersuchungsmethoden).

Hier mögen nur die im Laboratorium des Vereins der Stärke-Interessenten in Deutschland zu Berlin angewandten Methoden Platz finden.

Bestimmung des Stärkewerthes.

a) Mit dem Hochdruckverfahren (Vorschrift nach Reinke). 3 g feingemahlener, lufttrockener Kartoffeln werden in einem Metallbecher mit 25 ccm 1procentiger Milchsäure und 30 ccm Wasser angerührt und zugedeckt im Soxhlet'schen Dampftopfe (Autoklav) $2^1/_2$ Stunden auf 3,5 Atm. erhitzt, dann mit Wasser in einen 250 ccm-Kolben gespült, nach dem Erkalten auf 250 ccm aufgefüllt und nach gehörigem Umschütteln filtrirt. 200 ccm des Filtrates werden mit 15 ccm Salzsäure (specifisches Gewicht 1,125 = 25 Proc. HCl) versetzt und in einem Erlenmeyer-Kolben mit aufgesetztem Glasrohr im Wasserbade $2^1/_2$ Stunden erhitzt. Hierdurch wird alle Stärke (aber nach Lintner auch ein Theil der gummiartigen Stoffe) und der Rohrzucker invertirt oder in Traubenzucker (Dextrose) verwandelt. Die Flüssigkeit wird nach dem Erkalten annähernd mit Natronlauge neutralisirt und auf 250 ccm verdünnt. In 25 ccm dieser Lösung wird eine Dextrosebestimmung ausgeführt (s. w. unten).

b) Direkte Inversion. 10 g der feingemahlenen Substanz werden im Erlenmeyer-Kolben mit 200 ccm Wasser und 15 ccm Salzsäure $2^1/_2$ Stunden im Wasserbade invertirt, annähernd mit Natronlauge neutralisirt und auf 1000 ccm aufgefüllt. In 25 ccm des Filtrates wird die Dextrose nach Allihn bestimmt. Diese von Liebermann vorgeschlagene Methode giebt nach Reinke mit der vorhergehenden genügend übereinstimmende Zahlen, was Verfasser für Pülpen bestätigen kann. Sie ist des geringen dazu nöthigen Geräthes halber für kleinere Laboratorien oder für mit chemischen Arbeiten bekannte Praktiker verwendbar.

Dextrosebestimmung. Die Bestimmung der Dextrose geschieht durch Reduktion einer alkalischen Kupferlösung (Fehling'scher Lösung), da eine bestimmte Menge Dextrose unter Einhaltung bestimmter Verdünnungen und bei gleicher Ausführungsart eine bestimmte Menge Kupferoxydul aus einer solchen Lösung abscheidet, sodass die Menge desselben bezw. des darin enthaltenen Kupfers einen Rückschluss auf die Menge der vorhanden gewesenen Dextrose gestattet.

Verfahren von Allihn: Man bereitet sich Fehling'sche Lösung wie folgt:

Kupferlösung: Chemisch reines Kupfervitriol des Handels wird einmal aus verdünnter Salpetersäure, dreimal aus Wasser umkrystsllisirt, zwischen Filtrirpapier trocken gepresst und 12 Stunden an der Luft liegen gelassen. Von diesem Kupfervitriol werden 69,278 g in Wasser gelöst und zu 1000 ccm aufgefüllt.

Seignettesalzlösung: 346 g Seignettesalz und 250 g Kalihydrat werden in Wasser gelöst und zu 1000 ccm aufgefüllt.

Beide Lösungen werden getrennt aufbewahrt. Zur Dextrosebestimmung werden 30 ccm der Kupferlösung, 30 ccm Seignettesalzlösung und 60 ccm Wasser in einer mit Griff versehenen Porzellanschale oder einem Becherglase zum Sieden erhitzt.

Aus einer Vollpipette werden dann 25 ccm der Dextroselösung, welche nicht mehr als 1 Proc. Dextrose enthalten darf, zugelassen, und die Flüssigkeit genau 2 Minuten lang im Sieden erhalten. Dann wird durch ein Filter von schwedischem Filtrirpapier filtrirt, mit heissem Wasser bis zum Verschwinden der alkalischen Reaktion ausgewaschen und das Filter mit Inhalt in einem gewogenen Platintiegel verbrannt. Der Tiegel wird dann mit einem durchlochten Platindeckel bedeckt und unter Einleiten von gereinigtem, trockenem Wasserstoffgas 10 Min. geglüht. Dann lässt man ihn 10 Minuten im Wasserstoffstrom erkalten und bestimmt das Gewicht des reducirten Kupfers. Für das Filter zieht man ein bestimmtes, von Zeit zu Zeit durch Filtriren unreducirter Fehling'scher Lösung unter gleichen Verhältnissen und Reduktion des vom Papier zurückgehaltenen Kupfers festgestelltes Gewicht (etwa 2 mg) ab. Aus der nachstehenden Tafel (s. S. 493 u. 494) wird dann die zu der gefundenen Kupfermenge gehörige Dextrosemenge abgelesen.

Berechnung des Dextrosewerthes. Z. B. 2490 g Kartoffeln gaben 783,0 g lufttrockene Substanz = 31,45 Proc. Davon gaben 5,1620 g bei 105° C. getrocknet 4,5495 g = 88,13 Proc. absolute Trockensubstanz. Es enthielten also die frischen Kartoffeln $\frac{31,45 \cdot 88,13}{100} = 27,72$ Proc. wasserfreie Substanz.

1. Hochdruckverfahren: 3 g lufttrockene Substanz auf 250 ccm, davon 200 ccm invertirt und zu 250 ccm aufgefüllt, davon 25 ccm reducirt (Faktor 375). Es wurde gefunden im Mittel von 2 Bestimmungen 0,3389 g Kupfer = 0,17805 g Dextrose = $0,17805 \cdot 10 \cdot \frac{250}{200} \cdot \frac{100}{3}$ Dextrose $\times \frac{9}{10} = 0,17805 \times 375 = 66,8$ Proc. Stärkewerth; also in absoluter Trockensubstanz $\frac{66,8 \cdot 100}{88,13} = 75,8$ Proc. und in frischen Kartoffeln $\frac{75,8 \cdot 27,72}{100} = 21,0$ Proc. Stärkewerth.

Allihn's Tafel zur Ermittelung der Dextrose aus dem reducirten Kupfer.

Kupfer mg	Dextrose mg	Kupfer mg	Dextrose mg	Kupfer mg	Dextrose mg	Kupfer mg	Dextrose mg	Kupfer mg	Dextrose mg	Kupfer mg	Dextrose mg
10	6,1	53	27,4	96	48,9	139	70,8	182	93,1	225	115,9
11	6,6	54	27,9	97	49,4	140	71,3	183	93,7	226	116,4
12	7,1	55	28,4	98	49,9	141	71,8	184	94,2	227	116,9
13	7,6	56	28,8	99	50,4	142	72,3	185	94,7	228	117,4
14	8,1	57	29,3	100	50,9	143	72,9	186	95,2	229	118,0
15	8,6	58	29,8	101	51,4	144	73,4	187	95,7	230	118,5
16	9.0	59	30,3	102	51,9	145	73,9	188	96,3	231	119,0
17	9,5	60	30,8	103	52,4	146	74,4	189	96,8	232	119,6
18	10,0	61	31,3	104	52,9	147	74,9	190	97,3	233	120,1
19	10,5	62	31,8	105	53,5	148	75,5	191	97,8	234	120,7
20	11,0	63	32,3	106	54,0	149	76,0	192	98,4	235	121,2
21	11,5	64	32,8	107	54,5	150	76,5	193	98,9	236	121,7
22	12,0	65	33,3	108	55,0	151	77,0	194	99,4	237	122,3
23	12,5	66	33,8	109	55,5	152	77,5	195	100,0	238	122,8
24	13,0	67	34,3	110	56,0	153	78,1	196	100,5	239	123,4
25	13,5	68	34,8	111	56,5	154	78,6	197	101,0	240	123,9
26	14,0	69	35,3	112	57,0	155	79,1	198	101,5	241	124,4
27	14,5	70	35,8	113	57,5	156	79,6	199	102,0	242	125,0
28	15,0	71	36,3	114	58,0	157	80,1	200	102,6	243	125,5
29	15.5	72	36,8	115	58,6	158	80,7	201	103,2	244	126,0
30	16,0	73	37,3	116	59,1	159	81,2	202	103,7	245	126,6
31	16,5	74	37,8	117	59,6	160	81,7	203	104,2	246	127,1
32	17,0	75	38,3	118	60,1	161	82,2	204	104,7	247	127,6
33	17,5	76	38,8	119	60,6	162	82,7	205	105,3	248	128,1
34	18,0	77	39,3	120	61,1	163	83,3	206	105,8	249	128,7
35	18,5	78	39,8	121	61,6	164	83,8	207	106,3	250	129,2
36	18,9	79	40,3	122	62,1	165	84,3	208	106,8	251	129,7
37	19,4	80	40,8	123	62,6	166	84,8	209	107,4	252	130,3
38	19,9	81	41,3	124	63,1	167	85,3	210	107,9	253	130,8
39	20,4	82	41,8	125	63,7	168	85,9	211	108,4	254	131,4
40	20,9	83	42,3	126	64,2	169	86,4	212	109,0	255	131,9
41	21,4	84	42,8	127	64,7	170	86,9	213	109,5	256	132,4
42	21,9	85	43,4	128	65,2	171	87,4	214	110,0	257	133,0
43	22,4	86	43,9	129	65,7	172	87,9	215	110,6	258	133,5
44	22,9	87	44,4	130	66,2	173	88,5	216	111,1	259	134,1
45	23,4	88	44,9	131	66,7	174	89,0	217	111,6	260	134,6
46	23,9	89	45,4	132	67,2	175	89,5	218	112,1	261	135,1
47	24,4	90	45,9	133	67,7	176	90,0	219	112,7	262	135,7
48	24,9	91	46,4	134	68,2	177	90,5	220	113,2	263	136,2
49	25,4	92	46,9	135	68,8	178	91,1	221	113,7	264	136,8
50	25,9	93	47,4	136	69,3	179	91,6	222	114,3	265	137,3
51	26,4	94	47,9	137	69,8	180	92,1	223	114,8	266	137,8
52	26,9	95	48,4	138	70,3	181	92,6	224	115,3	267	138,4

Kupfer mg	Dextrose mg	Kupfer mg	Dextrose mg	Kupfer mg	Dextrose mg	Kupfer mg	Dextrose mg	Kupfer mg	Dextrose mg	Kupfer mg	Dextrose mg
268	138,9	301	157,1	334	175,3	367	194,0	400	212,9	433	232,2
269	139,5	302	157,6	335	175,9	368	194,6	401	213,5	434	232,8
270	140,0	303	158,2	336	176,5	369	195,1	402	214,1	435	233,4
271	140,6	304	158,7	337	177,0	370	195,7	403	214,6	436	233,9
272	141,1	305	159,3	338	177,6	371	196,3	404	215,2	437	234,5
273	141,7	306	159,8	339	178,1	372	196,8	405	215,8	438	235,1
274	142,2	307	160,4	340	178,7	373	197,4	406	216,4	439	235,7
275	142,8	308	160,9	341	179,3	374	198,0	407	217,0	440	236,3
276	143,3	309	161,5	342	179,8	375	198,6	408	217,5	441	236,9
277	143,9	310	162,0	343	180,4	376	199,1	409	218,1	442	237,5
278	144,4	311	162,6	344	180,9	377	199,7	410	218,7	443	238,1
279	145,0	312	163,1	345	181,5	378	200,3	411	219,3	444	238,7
280	145,5	313	163,7	346	182,1	379	200,8	412	219,9	445	239,3
281	146,1	314	164,2	347	182.6	380	201,4	413	220,4	446	239,8
282	146,6	315	164,8	348	183,2	381	202,0	414	221,0	447	240,4
283	147,2	316	165,3	349	183,7	382	202,5	415	221,6	448	241,0
284	147,7	317	165,9	350	184,3	383	203,1	416	222,2	449	241,6
285	148,3	318	166,4	351	184,9	384	203,7	417	222,8	450	242,2
286	148,8	319	167,0	352	185,4	385	204,3	418	223,3	451	242,8
287	149,4	320	167,5	353	186,0	386	204,8	419	223,9	452	243,4
288	149,9	321	168,1	354	186,6	387	205,4	420	224,5	453	244,0
289	150,5	322	168,6	355	187,2	388	206,0	421	225,1	454	244,6
290	151,0	323	169,2	356	187,7	389	206,5	422	225,7	455	245,2
291	151,6	324	169,7	357	188,3	390	207,1	423	226,3	456	245,7
292	152,1	325	170,3	358	188,9	391	207,7	424	226,9	457	246,3
293	152,7	326	170,9	359	189,4	392	208,3	425	227,5	458	246,9
294	153,2	327	171,4	360	190,0	393	208,8	426	228,0	459	247,5
295	153,8	328	172,0	361	190,6	394	209,4	427	228,6	460	248,1
296	154,3	329	172,5	362	191,1	395	210,0	428	229,2	461	248,7
297	154,9	330	173,1	363	191,7	396	210,6	429	229,8	462	249,3
298	155,4	331	173,7	364	192,3	397	211,2	430	230,4	463	249,9
299	156,0	332	174,2	365	192,9	398	211,7	431	231,0		
300	156,5	333	174,8	366	193,4	399	212,3	432	231,6		

2. 10 g lufttrockene Substanz direkt invertirt und zu 1000 ccm aufgefüllt, davon 25 ccm reducirt, gaben 0,3545 g Kupfer = 0,1869 g Dextrose = $0{,}1869 \cdot 400 \cdot \frac{9}{10}$ = 67,3 Proc. Stärkewerth in lufttrockener Substanz = 76,3 Proc. in wasserfreier Substanz = 21,2 Proc. in frischen Kartoffeln.

Bestimmung des Stärkewerthes aus dem specifischen Gewicht der Kartoffeln.

Es hat zuerst Berg darauf hingewiesen, dass zwischen dem specifischen Gewicht und dem Stärkegehalte der Kartoffeln eine gewisse

Beziehung besteht. Es war mit wachsendem specifischem Gewicht auch der Stärkegehalt der Kartoffeln ein zunehmender.

Bestände nun die Kartoffel nur aus Wasser mit dem specifischen Gewicht 1 und Stärke mit dem specifischen Gewicht 1,65, so würde man aus dem specifischen Gewicht der Kartoffeln direkt den Stärkegehalt mit voller Sicherheit berechnen können.

Da die Kartoffel aber ausser der Stärke noch eine Reihe anderer Substanzen, wie Faser, Asche, Eiweissstoffe u. A. enthält, welche in ihrem Mischungsverhältniss stark wechseln, so ist es nicht möglich, aus dem specifischen Gewicht der Kartoffeln den Stärkegehalt direkt abzuleiten.

Durch zahlreiche Kartoffeluntersuchungen, besonders von Maercker im Verein mit Abesser, Holdefleiss, Behrend und Morgen, welche sich auf die Bestimmung des specifischen Gewichtes, des Trockensubstanzgehaltes und Stärkegehaltes (Stärkewerthes) der Kartoffeln bezogen, stellte sich heraus:

1. dass zwischen dem Trockensubstanzgehalte der Kartoffeln und ihrem specifischen Gewichte bestimmte Beziehungen bestehen, sodass der wirkliche Trockensubstanzgehalt der verschiedensten Kartoffelproben von dem nach dem specifischen Gewicht berechneten in den meisten Fällen um nicht mehr als ± 0,5 Proc. und nur in ganz seltenen Fällen um ± 1 Proc. abweicht,

2. dass die Differenz zwischen dem Trockensubstanzgehalte und dem Stärkegehalte (Stärkewerth) der Kartoffeln eine meist konstante ist, wie folgende Mittelzahlen beweisen:

Specifisches Gewicht	Differenz zwischen Trockensubstanz und Stärkewerth Proc.
1,081 bis 1,090	5,56
1,091 - 1,100	5,78
1,101 - 1,110	5,67
1,111 - 1,120	5,70
1,121 - 1,130	5,65
1,131 - 1,140	5,87
Mittlere Differenz nach allen Bestimmungen	5,752.

Unter Zugrundelegung dieser beiden Thatsachen berechneten Maercker, Behrend und Morgen die folgende Tabelle zur Bestimmung des Stärkegehaltes (Stärkewerthes) der Kartoffeln aus dem spec. Gewicht derselben (vergl. d. Tabelle auf S. 496), welche gestattet, aus dem gefundenen specifischen Gewicht einer Kartoffelprobe den Gehalt an Trockensubstanz und Stärke abzulesen.

Die Bestimmung des specifischen Gewichtes der Kartoffeln kann auf sehr verschiedenem Wege geschehen (vergl. Literatur Schwarz Stohmann), hier sollen aber nur die beiden in der Praxis verbreitetsten Methoden Platz finden.

Specifisches Gewicht, Trockensubstanz- und Stärkegehalt der Kartoffeln nach Behrend, Maercker und Morgen.

Specifisches Gewicht	Trockensubstanz Proc.	Stärkemehl Proc.	Specifisches Gewicht	Trockensubstanz Proc.	Stärkemehl Proc.	Specifisches Gewicht	Trockensubstanz Proc.	Stärkemehl Proc.
1,080	19,7	13,9	107	25,5	19,7	134	31,3	25,5
081	19,9	14,1	108	25,7	19,9	135	31,5	25,7
082	20,1	14,3	109	25,9	20,1	136	31,7	25,9
083	20,3	14,5	1,110	26,1	20,3	137	31,9	26,1
084	20,5	14,7	111	26,3	20,5	138	32,1	26,3
085	20,7	14,9	112	26,5	20,7	139	32,3	26,5
086	20,9	15,1	113	26,7	20,9	1,140	32,5	26,7
087	21,2	15,4	114	26,9	21,1	141	32,8	27,0
088	21,4	15,6	115	27,2	21,4	142	33,0	27,2
089	21,6	15,8	116	27,4	21,6	143	33,2	27,4
1,090	21,8	16,0	117	27,6	21,8	144	33,4	27,6
091	22,0	16,2	118	27,8	22,0	145	33,6	27,8
092	22,2	16,4	119	28,0	22,2	146	33,8	28,0
093	22,4	16,6	1,120	28,3	22,5	147	34,1	28,3
094	22,7	16,9	121	28,5	22,7	148	34,3	28,5
095	22,9	17,1	122	28,7	22,9	149	34,5	28,7
096	23,1	17,3	123	28,9	23,1	1,150	34,7	28,9
097	23,3	17,5	124	29,1	23,3	151	34,9	29,1
098	23,5	17,7	125	29,3	23,5	152	35,1	29,3
099	23,7	17,9	126	29,5	23,7	153	35,4	29,6
1,100	24,0	18,2	127	29,8	24,0	154	35,6	29,8
101	24,2	18,4	128	30,0	24,2	155	35,8	30,0
102	24,4	18,6	129	30,2	24,4	156	36,0	30,2
103	24,6	18,8	1,130	30,4	24,6	157	36,2	30,4
104	24,8	19,0	131	30,6	24,8	158	36,4	30,6
105	25,0	19,2	132	30,8	25,0	159	36,6	30,8
106	25,2	19,4	133	31,0	25,2			

Reimann's Kartoffelwaage.

Dieselbe (s. Abb. 215) besitzt einen Waagebalken nach Decimalsystem, welcher auf einer auf den Bügel des dazu gehörigen Wasserbottichs angeschraubten Pfanne ruht. An dem längeren Arm des Balkens hängt die Gewichtsschale, an dem kürzeren sind zwei Drahtkörbe über einander aufgehängt. Der Bottich wird so weit mit Wasser von 14° R. = 17,5° C. gefüllt, dass der untere Korb vollkommen in dasselbe eintaucht. Sodann wird die Waage vermittelst des oberhalb des langen Balkenarmes befindlichen Schiebegewichtes eingestellt, d. h. das letztere so lange hin- bezw. hergeschoben, bis die beiden Messingschnäbel, welche die Zungenspitzen der Waage bilden, sich genau gegenüberstehen. Dann wird dasselbe festgeschraubt.

Von der auf Stärkegehalt zu prüfenden Kartoffelprobe werden dann genau 5 kg in dem oberen Korbe abgewogen, indem man auf die Gewichtsschale ein 500-Grammstück stellt. Ist das Einspielen der Zungenspitzen durch ganze Kartoffeln nicht zu erreichen, so ergänzt man es durch Schnitttheile derselben. Die so in Luft gewogenen Kartoffeln werden nun in den unteren Korb geschüttet, unter Wasser getaucht und der Korb an dem oberen wieder befestigt. Dann erfolgt die zweite Wägung durch Einlegen von Gewichten aus dem zur Waage gehörigen Gewichtssatze von 0,1 bis 50 g in die Gewichtsschale. Wurden hierzu z. B. 50,5 g gebraucht, so ist das Gewicht der Kartoffeln unter Wasser 505 g. Aus der nachfolgenden Tafel ergiebt sich hiernach der Stärkegehalt der Kartoffelprobe zu 20,7 Proc.

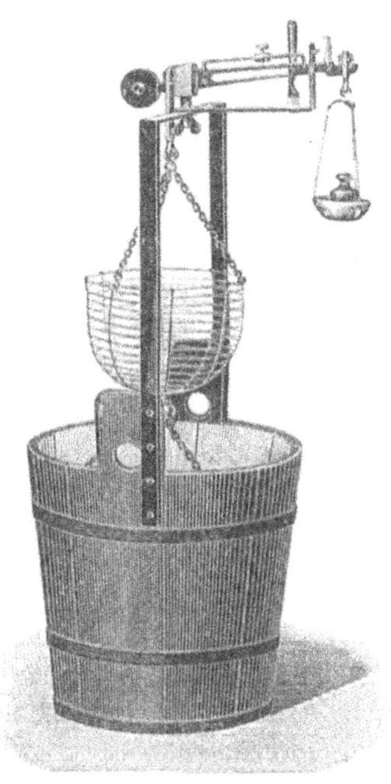

Abb. 215.

Tafel zu Reimann's Kartoffelwaage.

5000 g Kartoffeln wiegen unter Wasser g	Stärkegehalt Proc.	5000 g Kartoffeln wiegen unter Wasser g	Stärkegehalt Proc.	5000 g Kartoffeln wiegen unter Wasser g	Stärkegehalt Proc.	5000 g Kartoffeln wiegen unter Wasser g	Stärkegehalt Proc.
375	14,1	455	18,2	535	22,5	615	26,7
380	14,3	460	18,4	540	22,7	620	27,2
385	14,5	465	18,8	545	22,9	625	27,4
390	14,9	470	19,0	550	23,3	630	27,6
395	15,1	475	19,2	555	23,5	635	27,8
400	15,4	480	19,4	560	23,7	640	28,3
405	15,6	485	19,7	565	24,0	645	28,5
410	15,8	490	20,1	570	24,4	650	28,7
415	16,2	495	20,3	575	24,6	655	29,1
420	16,4	500	20,5	580	24,8	660	29,3
425	16,6	505	20,7	585	25,0	665	29,6
430	16,9	510	21,1	590	25,5	670	30,0
435	17,1	515	21,4	595	25,7	675	30,2
440	17,3	520	21,6	600	25,9	680	30,4
445	17,7	525	21,8	605	26,3	685	30,8
450	17,9	530	22,2	610	26,5		

Erreicht die zur Verfügung stehende Probe 5000 g nicht, wie dies bei Kaufmustern oft der Fall ist, da ein gewöhnliches Postpacket nicht über 5 kg mit der Verpackung wiegen darf, so kann man trotzdem die Kartoffelwaage benutzen, muss dann aber das specifische Gewicht berechnen und in der Tafel nach Behrend, Maercker und Morgen (S. 496) den zugehörigen Stärkegehalt ermitteln. Man wiegt dann statt des Normalgewichtes von 5000 g die zur Verfügung stehende Probe genau in der Luft ab und behandelt sie im Uebrigen wie die Normalmenge. Wog z. B. die Probe 2863 g in der Luft und 273 g unter Wasser, so verdrängten die Kartoffeln 2863—273 = 2590 g Wasser, das specifische Gewicht ist also $\frac{2863}{2590} = 1,1054 = 19,3$ Proc. Stärke.

Bei der Benutzung der Kartoffelwaage von Reimann sind nun folgende Punkte zu beachten:

1. Zur Erreichung eines sicheren Resultates bei der Prüfung eines grösseren Kartoffelvorrathes ist eine sehr sorgfältige Probenahme erforderlich. Es sind daher auch die Proben möglichst gross (5 kg) zu wählen. Am sichersten geht man, wenn man einen grösseren Posten durch grobe Siebe in grosse, mittlere und kleinere Knollen theilt, die Anzahl jeder Grösse feststellt und in dem so gefundenen Verhältniss eine Probe von etwas über 5 kg entnimmt.

2. Diese Kartoffelprobe muss sehr sorgfältig gewaschen und mit einer scharfen Bürste gereinigt, anhaftende Lehmtheile oder torfige Reste sogar abgekratzt werden, da diese ein anderes specifisches Gewicht besitzen. Die gewaschenen Kartoffeln breitet man aus, lässt sie schnellmöglichst an der Luft abtrocknen und wiegt davon dann genau 5 kg ab.

3. In den Wasserbehälter bringt man am besten destillirtes oder Regenwasser, jedenfalls weiches Wasser. Wenn dieses nicht zur Verfügung steht, so kann man auch hartes verwenden, doch darf man dann den in Wasser eintauchenden Korb nach beendigter Wägung nicht im Wasser hängen lassen, damit sich nicht auf ihm kohlensaurer Kalk niederschlägt und ihn schwerer macht. Jedenfalls muss die Waage vor jeder Benutzung mit dem Schiebegewicht eingestellt werden.

Die Temperatur des Wassers im Bottich muss 14^0 R. = $17,5^0$ C. sein, weil bei dieser die Tabelle ermittelt ist.

4. Der untere Korb darf die Wände und den Boden des Bottichs nicht berühren, der obere beim Umschütten der Kartoffeln nicht bespritzt werden.

Damit die Ketten, an denen der untere Korb hängt, stets gleich weit in Wasser eintauchen, bringt man in der Bottichwand in der Höhe der Wasserfläche bei leerer Waage eine Ausflussöffnung an, damit das von den eingesenkten Kartoffeln nachher verdrängte Wasser abfliesst, und die Wasserfläche dann ebenso hoch steht, wie vorher.

Zweckmässiger stellt man die Aufhängung in der Weise her, dass quer über jeden Korb ein horizontaler Draht mit einer Schleife in der Mitte angelöthet wird, in welcher er durch einen, unten ebenfalls mit einer Schleife, oben mit Haken versehenen senkrechten Draht aufgehängt wird.

5. Es sind nur gesunde Knollen zur Wägung zu benutzen. Von trockenfaulen Kartoffeln kann man die kranken Stellen ausschneiden. Unreife, geschrumpfte, gekeimte, erfrorene, nassfaule und überhaupt kranke Kartoffeln geben bei der Wägung meist viel zu niedrige Zahlen. Es kommen auch oftmals äusserlich ganz gesund aussehende Knollen vor, welche aber im Innern von Trockenfäule erzeugte Hohlräume haben und auf dem Wasser schwimmen. Solche Knollen müssen ebenfalls entfernt werden. Da sie oben aufschwimmen, haben sie scheinbar gar keinen Stärkegehalt und wollte man sie durch Darüberlegen schwererer Knollen unter Wasser halten, so treiben sie auf und lassen das Gewicht der belasteten Kartoffeln zu gering erscheinen. Hart gefrorene Kartoffeln lässt man am besten in angewärmtem Wasser aufthauen, wobei der Schmutz abfällt, wiegt sie nass, schnell auf dem oberen Korb und dann unter Wasser. Nach Abzug von 1 Proc. Stärke erhält man ein genügend genaues Resultat. Sind die Kartoffeln nur theilweise gefroren, wie es meist der Fall ist, so sucht man zur Bestimmung die nicht erfrorenen aus.

6. Um die den Kartoffeln anhaftenden Luftblasen zu entfernen, hebt man den unteren Korb nach dem Wägen unter Wasser mehrmals aus diesem heraus und senkt ihn wieder ein. Durch abermaliges Einstellen der Waage überzeugt man sich, ob das Gewicht sich geändert hat. Ist dies der Fall, so wiederholt man das Bewegen des Korbes bis zur Gewichtsübereinstimmung.

7. Hat man Grund zu vermuthen, dass eine Täuschung beim Gebrauch der Kartoffelwaage versucht wird, so ist ausser dem Vorhergehenden besonders darauf zu achten, dass beim Umschütten der Kartoffeln in den unteren Korb nicht einige daneben oder in's Wasser geschüttet werden, und dass dem Wasser nicht Kochsalz beigemengt wurde (Geschmacksprobe). In beiden Fällen erhält man scheinbar sehr niedrige Stärkegehalte.

Aber auch bei Anwendung aller dieser Vorsichtsmaassregeln ist doch die mit der Kartoffelwaage erreichte Genauigkeit vielfach eine nicht sehr grosse. Darum ist aber ihre Einhaltung um so nothwendiger.

Es liegt das darin begründet, dass der Procentsatz für Nichtstärke in den Kartoffeln von dem von Maercker angenommenen mittleren Procentsatz von 5,75 Proc. sowohl nach oben wie nach unten hin bisweilen recht erheblich abweicht. Maercker selbst giebt an, dass man auf mehr als ± 1 Proc. Richtigkeit des Resultates nicht rechnen kann, ja dass die Fehler in einzelnen Fällen sogar ± 2 Proc. betragen können, sodass eine Kartoffelprobe die 22 Proc. Stärkewerth nach Reimann's Waage zeigt, ebensowohl 20 Proc. wie 24 Proc. thatsächlich besitzen kann. In sehr seltenen Fällen sind aber noch grössere Abweichungen beobachtet. So fand Reinke bei Kartoffeln, welche ein specifisches Gewicht von 1,0788 = 12 Proc. Stärke ergaben, bei der Untersuchung auf chemischem Wege 16,35 Proc. Stärkewerth.

Der Kartoffelstärkefabrikant darf ausserdem bei Benutzung der Kartoffelwaage nie vergessen, dass mit derselben nur der Stärkewerth (Stärke + Zucker) bestimmt wird, dass ihm aber der Zuckergehalt verloren geht. Da letzterer in einfacher Weise aber nicht zu bestimmen ist, so bleibt ihm nur der Ausweg, von dem Resultate der Stärkewerthsbestimmung eine Mittelzahl, also 1,5 Proc. abzuziehen (vgl. S. 365 u. 368).

Krocker's Kartoffelprobe.

Obwohl dieses die ältere Methode ist, wurde sie doch an zweiter Stelle erwähnt, weil sie noch grössere Ungenauigkeit besitzt als die Prüfung mit der Kartoffelwaage von Reimann So fand z. B. Schultze mit dieser Probe gegen die mit der Kartoffelwaage Abweichungen bis zu 16,11 : 21,8 Proc.

Sie hat jedoch den Vorzug, dass das zu ihr erforderliche Instrument klein und also auf der Reise mitzuführen ist, was für Kartoffeleinkäufe wünschenswerth werden kann.

Die Bestimmung beruht auf Folgendem. Eine starke Kochsalzlösung besitzt ein specifisches Gewicht von etwa 1,2. Da das specifische Gewicht der stärkereichsten Kartoffeln nicht über 1,16 liegt, so wird in einer solchen Lösung jede Kartoffel schwimmen. Hat dagegen die Salzlösung durch Verdünnung das specifische Gewicht der Kartoffel erhalten, so wird dieselbe in ihr schweben, d. h. weder untersinken noch aufsteigen. Bestimmt man dann das specifische Gewicht der Salzlösung mittelst eines Aräometers, so ist dies gleich dem der Kartoffel.

Die praktische Ausführung findet nun so statt, dass eine bestimmte Anzahl, z. B. 20 Kartoffeln in einen Glashafen mit etwas Wasser gebracht und unter gehörigem Umrühren starke Kochsalzlösung solange zugegeben wird, bis die Hälfte der Kartoffeln schwimmt oder schwebt, die andere Hälfte am Boden liegt. Dann wird von der Salzlösung, in der die Kartoffeln sich befanden, ein Theil in einen schmalen Glas- oder Blechcylinder übergegossen, auf 14° R. gebracht und mit einer Aräometerspindel, dem Kartoffelprober gespindelt, d. h. abgelesen, wie weit die Spindel in die Flüssigkeit eintaucht. Es wird dann aus der Maercker'schen Tabelle (S. 496) der dem spec. Gewicht zugehörige Stärkegehalt aufgesucht.

Die grössere Ungenauigkeit dieser Methode gegenüber der Reimann'schen Waage liegt einmal darin, dass die Probe kleiner ist und ferner darin, dass mit der Theilung der Knollen nach der Anzahl nicht auch das mittlere Gewicht gegeben ist, da bald mehr kleine, bald mehr grosse Knollen schweben und zu Boden sinken.

Es sind auch Versuche gemacht, mit kleinen Reiben und Sieben die Kartoffelproben auf gewinnbare Stärke zu prüfen (z. B. von Günther u. A.), indem man die freigemachte Stärke in grossen Gefässen sammelte, absetzen liess und die Höhe ihrer Schicht bestimmte. Aber abgesehen von der ebenfalls sehr mangelhaften Genauigkeit dieser, den Zuckergehalt allerdings ausschliessenden, Methoden ist der dazu nöthige Zeitaufwand (ca. 6 Stunden) viel zu gross, und die Prüfung vieler Proben an einem Tage fast ausgeschlossen.

Es ist daher trotz ihrer oft grossen Ungenauigkeiten die Kartoffelwaage zur Zeit der einzige wirklich empfehlenswerthe Apparat zur Feststellung des Stärkegehaltes der Kartoffeln.

Bestimmung des Fasergehaltes.

Es ist unter Umständen wünschenswerth, den Fasergehalt der Kartoffel zu kennen, z. B. zur Berechnung des muthmaasslichen Verlustes an Stärke in der Pülpe. Da bei der gewöhnlichen Methode der Faserbestimmung z. B. in Futtermitteln durch Kochen derselben mit verdünnten Säuren und Alkalien nicht unerhebliche Mengen feiner Faser verloren gehen, auch in der Pülpe nicht nur die Faser, sondern auch andere unlösliche Stoffe z. B. Eiweiss zurückbleiben, so führte Verfasser die Faser- oder richtiger gesagt Treber-Bestimmung wie folgt durch:

3 g der feingemahlenen, lufttrockenen Kartoffeln wurden mit 50 ccm Wasser und 5 ccm Malzauszug (s. S. 503) bei 70° C. verflüssigt, im Dampftopf auf $3^1/_2$ Atm. gebracht und $^1/_4$ Stunde dabei gehalten, noch heiss heraus in ein Wasserbad von 60° C. gebracht und mit 10 cc Malzauszug verzuckert, bis mikroskopisch keine Stärke mehr nachweisbar war. Dann wurde auf gewogenem Filter filtrirt, mit heissem Wasser gewaschen und bei 105° getrocknet und gewogen. 50 ccm Malzauszug wurden ganz gleich behandelt und der zehnte Theil der Zahl des gefundenen Rückstandes von der gewogenen Fasermenge abgerechnet; z. B. 3 g gaben 0,1675 g Faser + Eiweiss aus Malzauszug; 50 ccm Malzauszug gaben 0,1150 g Rückstand, Fasergehalt = 0,1560 g = 5,2 Proc. in lufttrockner Substanz oder, da die Kartoffel 30,23 Proc. lufttrockne Substanz gegeben hatte, 1,57 Proc. der Kartoffeln.

Um die Reinfaser festzustellen, wurde der Treberrückstand der einen der Doppelbestimmungen verascht, in dem anderen Stickstoff bestimmt und der Proteïngehalt berechnet; z. B. Asche = 0,0026 g;

Stickstoff = 0,0092 g × 6,25 = 0,0574 g Proteïn, also Reinfaser = 0,1560 — (0,0026 + 0,0574) = 0,0960 g = 3,2 Proc. der lufttrocknen oder 0,98 Proc. der frischen Kartoffeln.

Stickstoffgehalt und Aschengehalt werden nach den bekannten analytischen Methoden festgestellt.

Stärkemilch.

Es ist den Stärkefabrikanten dringend anzurathen, mehr als dies bisher der Fall war, auf die Koncentration der Stärkemilch, besonders beim Fluthen des ersten Produktes und der Schlammstärke und auch der zum Centrifugiren gelangenden Stärkemilch zu achten. Das geschieht mittelst eines Aräometers d. h. einer Baumé-Spindel oder eines Saccharometers.

Mit der zu untersuchenden Stärkemilch wird ein Glas- oder Blechcylinder bis an den Rand gefüllt und schnell, damit sich die Stärke nicht setzt, eine Baumé- oder Saccharometer-Spindel eingeführt, so jedoch, dass dieselbe nicht wesentlich unter den Punkt, bei dem sie schwimmt, beim Loslassen hinabsinkt. Dann liest man in der Mitte des an dem Stengel der Spindel hochgezogenen Flüssigkeitskegels ab. Die Normaltemperatur ist 14° R.; für je 2° unter 14° sind 0,05° an der Baumé-Spindel oder 0,1° am Saccharometer abzurechnen, bei je 2° über 14° R. zuzuzählen.

Annähernd entsprechen je 1° Bé. 2 g wasserfreier Stärke in 100 ccm oder 20 g im Liter, wie folgende Versuchsreihe zeigt.

Es wurden gewogene Mengen einer Stärke mit 81,47 Proc. Gehalt an wasserfreier Stärke mit 500 ccm Wasser angerührt, das Volum gemessen und gespindelt.

Es gaben:

Stärke		wasserfreie Stärke	Gesammt-volum		In 100 ccm g Stärke		
152,6 g	=	124,3 g	600 ccm	=	20,7	=	10,4° Bé.
228,4 -	=	186,6 -	650 -	=	28,7	=	14,0° -
309,6 -	=	252,2 -	704 -	=	35,8	=	17,2° -
386,3 -	=	314,7 -	754 -	=	41,8	=	19,8° -

Man ist also im Stande, aus der Anzahl der Bé.-Grade der Stärkemilch und ihrer Menge annähernd die zu gewinnende Menge Stärke zu berechnen.

Feuchte Stärke.

Wassergehalt. Da die feuchte Stärke, wenn man sie direkt bei höheren Temperaturen trocknen wollte, alsbald verkleistern und dann ihren Wassergehalt nur schwer vollständig hergeben würde, so muss sie bei niedrigen Temperaturen vorgetrocknet werden. Zu dem

Zwecke bringt man 100—200 g in eine Porzellanschale und trocknet im Wasserbade, dem man eine Temperatur von etwa 30° C. giebt. In etwa 12 Stunden ist die Stärke lufttrocken. Man füllt sie in ein gut verschliessbares Gefäss, stellt ihr Gewicht fest und bestimmt in einem Theil (etwa 10 g) die Menge der absolut trocknen Stärke, wie es für trockne Kartoffelstärke geschieht (s. S. 507). Die Berechnung erfolgt dann in derselben Weise, wie bei der Bestimmung der Trockensubstanz in Kartoffeln (s. S. 489); z. B. 118,7 g feuchter Stärke gaben 72,95 g = 61,46 Proc. lufttrockne Stärke; von dieser gaben 8,6170 g = 7,2155 g oder 83,73 Proc. absolut trockner Stärke. Die feuchte Stärke enthält also $\frac{61{,}46 \cdot 83{,}73}{100} = 51{,}46$ Proc. absolut trockne Stärke oder 100—51,46 = 48,54 Proc. Wasser.

Wasserlösliche Bestandtheile (Fruchtwasserreste). 50 g der lufttrocknen feuchten Stärke werden mit 300 ccm Wasser von 15° C. übergossen und 1 Stunde lang ab und zu geschüttelt. Davon werden 200 ccm abfiltrirt, auf dem Wasserbade koncentrirt und in einem Wägegläschen bei 105° C. im Trockenschranke bis zu konstantem Gewicht getrocknet. Es wurden z. B. gefunden 0,1051 g in 200 ccm. Die lufttrockne Stärke enthielt 83,73 Proc. Trockensubstanz oder 16,27 Proc. Wasser; 50 g also 8,2 g Wasser. Es waren also 308,2 g Wasser vorhanden, und diese mussten enthalten $\frac{0{,}1051 \,.\, 308{,}2}{200} = 0{,}162$ g Trockensubstanz des Wasserlöslichen; die lufttrockne Stärke enthielt also 0,324 Proc. Wasserlösliches. Da 100 g feuchte Stärke = 61,46 g lufttrockne Stärke gegeben hatten, so enthielt die feuchte Stärke = $\frac{0{,}324 \cdot 61{,}46}{100} = 0{,}199$ Proc. Wasserlösliches.

Feste Verunreinigungen (Faser, Stippen, Sand). 50 g Stärke werden mit 200 ccm Wasser und 100 ccm Malzauszug (200 g geschrotenes Braumalz mit 1 Liter Wasser 2 Stunden unter Umschütteln behandelt und blank filtrirt) auf freiem Feuer in einem Messingbecher bei 75° C. verflüssigt, dann auf 70° C. gekühlt und 100 cc Malzauszug zugegeben und 1 Stunde bei 52—56° C. im Wasserbade unter Umrühren gehalten. Dann wird die Flüssigkeit in ein grosses Becherglas gespült, aufgekocht und mit kochendem Wasser stark verdünnt.

Nach dem Absitzen (über Nacht) wird die Flüssigkeit abgehebert und der Bodensatz auf gewogenem Filter gesammelt, gewaschen, getrocknet und gewogen. Man bestimmt ferner ebenso die Menge der durch Kochen aus 200 ccm Malzauszug ausfallenden Eiweissstoffe und bringt diese von dem erhaltenen Gewicht in Abzug; z. B. 50 g lufttrockene Stärke gaben 0,4430 g Rückstand, 200 cc Malzauszug 0,1786 g, also stammten aus der Stärke 0,4430—0,1786 = 0,2644 g = 0,529 Proc. Die feuchte Stärke gab 61,46 Proc. lufttrockne Substanz, also sind in der feuchten Stärke enthalten $\frac{0,529 \cdot 61,46}{100} = 0,325$ Proc. feste Verunreinigungen.

Sandgehalt. Um den Sandgehalt kennen zu lernen, kann man 10 g der lufttrocknen Stärke direkt in einer Platinschale veraschen, oder aber den Rückstand auf dem gewogenen Filter. Ergab dieser z. B. 0,1170 g Asche, so sind in der lufttrockenen Substanz 0,234 Proc., in der feuchten Stärke 0,144 Proc. Asche vorhanden, welche zum grössten Theil aus Sand besteht. Will man diesen besonders bestimmen, so löst man in Salzsäure, filtrirt, wäscht mit Wasser aus und verascht den Rückstand.

Kartoffelstärke und Kartoffelmehl.

Probenahme.

Für die Untersuchung der Kartoffelstärke und des Kartoffelmehles ist es, wenn die Probe nicht in der Fabrik selbst untersucht wird, von Wichtigkeit, dass die Probenahme eine richtige ist, und dass die Probe auch in der Beschaffenheit, in welcher sie entnommen ist, in die Hand des Untersuchenden gelangt. Bei gerichtlichen Fällen ist es unbedingte Nothwendigkeit.

Die Probenahme geschieht z. B. bei Zweifeln über die Qualität oder den Wassergehalt am Besten in Gegenwart eines, ein Dienstsiegel führenden Beamten. Bei Entnahme der Probe von gesackter Stärke muss nicht nur aus einem beliebigen Sack Probe gezogen werden, sondern aus einer Reihe von Säcken, deren Anzahl etwa 10 Proc. der in Frage kommenden Säcke betragen soll. Die Probe muss auch nicht nur oben aus dem Sack, sondern auch zum Theil aus der Mitte entnommen werden. Auch kann man die Proben mittelst rinnenartig vertiefter Eisenstäbe entnehmen, die man mit der offenen Seite nach unten quer durch den Sack stösst, dann umdreht und gefüllt herauszieht.

Die Proben aus z. B. 10 Säcken werden schnell in einer Schüssel o. A. gemischt und etwas ausgebreitet und dann von verschiedenen Stellen mittelst eines Löffels oder Kartenblattes kleinere Theile entnommen, zu einer Probe von 250—500 g vereinigt und sofort in ein mit Korken, Glasstopfen oder Patentverschluss dicht verschliessbares Glasgefäss oder in eine Blechbüchse gebracht und geschlossen. Eine zweite Probe wird in gleicher Weise von dem Gemisch aus den Säcken genommen. Beide Proben werden versiegelt. Die eine behält der Probenehmer zurück bezw. sendet sie dem Kontrahenten zum Zwecke einer nothwendig werdenden Kontrole, die andere wird zur Untersuchung eingesandt.

Stärkeproben in Musterdüten, Säckchen oder Pappschachteln zu versenden, ist durchaus unzulässig, da der Wassergehalt sich beim

Transport bei solcher Verpackung leicht ändern kann, das Resultat der Analyse also gänzlich werthlos ist.

Farbe und Glanz

bestimmt man am Besten durch Vergleich mit einem Muster feinster Waare, z. B. Küstriner B. K. M. F.

Die Grosskörnigkeit.

Die Frage, ob eine Probe erstes Fabrikat, also Prima im technischen Sinne ist, kann unter Umständen durch die Bestimmung des mittleren Durchmessers der Stärkekörner gelöst werden (verg. S. 350).

Verfasser führt diese Bestimmung, wie folgt, aus. 5 g der Probe werden mit 300 cc Wasser aufgeschüttelt und schnell mit einem spitz ausgezogenen Glasrohr ein Tropfen erhoben und auf eine Zählkammer gebracht. Nach dem Absitzen der Stärke wird das Deckglas schnell und möglichst genau horizontal über die Kammer geschoben, so jedoch, dass die Stärkekörner ihre Lage nicht verändern.

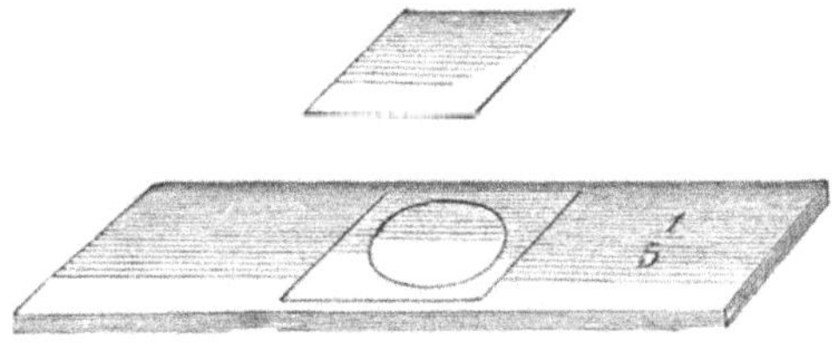

Abb. 216.

Die Hefezählkammer (s. Abb. 216) besteht aus einem Objektträger, auf welchem ein Fadenkreuz eingeätzt ist, sodass man unter dem Mikroskop eine Reihe gleich grosser Quadrate auf ihm sieht. Ueber demselben ist eine kreisförmig ausgeschnittene kleine Glasplatte von bestimmter Dicke aufgekittet, über welche das Deckglas gelegt wird.

Man schaltet in das Okular des Mikroskopes einen Maassstab ein, für den der Mikromillimeterwerth (Mm) jedes Theilstriches bekannt ist. Man misst nun alle Stärkekörner (etwa 50—60), welche z. B. in 5 Quadraten sich befinden, der Länge und Breite nach und berechnet daraus den mittleren Durchmesser. Derselbe war z. B. 12,48 Strich (1 Strich = 2,63 Mm) = 32,82 Mikromillimeter = 0,03282 mm. So werden die mittleren Durchmesser in einer Anzahl von Präparaten bestimmt, bis Uebereinstimmung erzielt ist; z. B. Präparat I = 31,09 Mm, II = 33,53 Mm, III = 33,82 Mm, IV = 32,82 Mm.

	I	31,09	Mm
Mittel	I + II	32,31	-
-	I + II + III . .	32,81	-
-	I + II + III + IV	32,81	-

Für gerichtliche Fälle kann unter Umständen eine mikrophotographische Aufnahme der Probe (vergl. Tafel III) von Nutzen sein.

Bestimmung der Stippenzahl.

Eine Probe der Stärke wird auf Papier ausgebreitet und glattgestrichen. An einer beliebigen Stelle wird eine kleine Glasplatte (z. B. ein Objektträger) aufgelegt, dessen Flächeninhalt bekannt ist, und es werden die unter ihm oder einem bestimmten Theil von ihm liegenden Stippen gezählt. Die Probe wird mehrmals durchgemischt und wieder mit dem Glase gezählt. Die Stippenzahl wird dann auf 1 qdcm Fläche umgerechnet. Z. B. wurden auf einer Fläche von 76 : 26,5 = 2014 qmm gezählt $12 + 22 + 17 + 17 + 18 = \frac{86}{5} = 17$; also auf 1 qdcm $= 5 \times 17 = 85$ Stippen.

Bei einer stippenreicheren Stärke wurde auf einer Fläche von 26,5 : 26,5 = 702 qmm gezählt $53 + 49 + 53 + 33 + 49 = \frac{237}{5} = 47,4$; also zuf 1 qdcm $= \frac{4740}{7} = 678$ Stippen.

Untersuchung der Art der Stippen.

Aus einer glattgestrichenen Probe der Stärke nimmt man die Stippen mittelst einer angefeuchteten Nadelspitze heraus und bringt sie auf einen Objektträger in einen Tropfen verdünnter Natronlauge. Die mitgefassten Stärkekörner lösen sich darin auf, und man kann die Stippen mittelst des Mikroskopes auf ihre Art und Herkunft prüfen (vergl. S. 352 ff.).

Noch besser koncentriren kann man die Stippen für ein Präparat, wenn man 25 g der Stärkeprobe, wie bei feuchter Stärke (s. S. 503) angegeben ist, verzuckert, die ganze Maische sehr stark verdünnt, absitzen lässt, dekantirt und den Bodensatz in einer Schale sammelt und nochmals dekantirt. In ihm findet sich Sand, Faser und alle Stippen.

Die Zellreste

können in Stärke nach Arthur Meyer wie folgt bestimmt werden: 10 g Stärke werden mit 20 g einer 25proc. Salzsäure (spec. Gew. 1,134) angerührt, der entstehende Kleister ein paar Minuten auf 40^0 erwärmt, mit 20 g Wasser verdünnt und zum Absitzen hingestellt. Allihn fand so 0,3 Proc. in der wasserfreien Kartoffelstärke, Salomon 0,247 Proc. Der Rückstand ist grösstentheils in Aether löslich.

Prüfung auf Zellsaftreste.

Arthur Meyer schüttelt die Stärke mit dem doppelten Volum Ammoniakflüssigkeit (2 g Ammoniak auf 100 g Wasser). Je mehr Zellsaft noch in ihnen ist, um so brauner färbt sich die Flüssigkeit. Die Stärkekörner werden dadurch nicht angegriffen.

Asche.

10 g der Stärke werden in der Platinschale verascht, und wenn nöthig, die letzten Reste Kohle durch Betupfen mit salpetersaurem Ammon und Abglühen entfernt. Durch Auflösen in Salzsäure erhält man die Sandmenge.

Die Praktiker pflegen auf Sand in der Weise zu prüfen, dass sie probiren, ob die Stärke beim Kauen zwischen den Zähnen knirscht. Ob grössere Mengen Sand und grober Stippen vorhanden sind, sieht man auch deutlich bei der Prüfung auf den Wassergehalt nach des Verfassers (s. S. 509) Verfahren, indem sich dieselben am Boden des 250 ccm-Kolbens leicht sichtbar ansammeln.

Bestimmung des Wassergehaltes.

Der Wassergehalt einer lufttrockenen Substanz wird im Allgemeinen dadurch bestimmt, dass man eine gewogene Menge derselben, z. B. 5—10 g, in einem mit Deckel versehenen Tiegel oder einem mit Glasstopfen verschliessbaren „Wägegläschen" abwiegt und einer Temperatur von 100—105° C. aussetzt, z. B. 4 Stunden, dann erkalten lässt und wieder wägt. Der Verlust an Gewicht ist die in der abgewogenen Menge Substanz enthaltene Wassermenge.

Nach Untersuchungen von Allihn, Maschke und Salomon reicht aber für Stärke wegen ihrer hohen hygroskopischen Kraft eine Trocknung bei 100—110° C. nicht aus. Salomon fand ferner, dass sobald die Temperatur über 120° steigt, selbst schon bei 125° eine deutliche Gelbfärbung der Stärke, also eine Zersetzung eintritt. Er stellte ferner fest, dass der Wasserverlust der einzelnen Proben beim Trocknen bei genau 120° C. am konstantesten erscheint, insofern die dabei gewonnenen Zahlen für den Wassergehalt bei verschiedenen Proben derselben Stärkeart stets einander am nächsten sind. Es giebt ferner die bei 120° C. getrocknete Stärke nach der Inversion die höchsten Reduktionswerthe, die bei höherer Temperatur getrocknete aber niedrigere, sodass also die Stärke beim Trocknen bei 120° C. als wasserfrei und unzersetzt anzusehen ist.

Da nun Stärke, wenn sie ziemlich wasserreich ist, verkleistern kann, wenn sie gleich auf so hohe Temperatur gebracht wird, so muss man sie erst vortrocknen.

Die Bestimmung des Wassergehaltes durch Trocknen wird daher, wie folgt, ausgeführt. Etwa 10 g der Stärkeprobe werden in einem Wägegläschen abgewogen, eine Stunde bei 50° C. in einem Trockenschranke von Kupferblech (s. Abb. 217) vorgetrocknet, dann wird in einer halben Stunde die Temperatur auf 120° C. gesteigert und 4 Stunden bei 120° C. genau gehalten. Besonders muss die Endtemperatur genau 120° C. sein.

Die Probe wird dann in einem Exsikkator (s. Abb. 218) über mit koncen. Schwefelsäure getränkten Bimssteinstücken erkaltet und dann wieder gewogen. Auch kann man erst nur 3 Stunden trocknen, wägen und dann noch eine Stunde trocknen und wieder wägen. Beide Gewichte dürfen nun nicht zu weit von einander abweichen. Die Differenz der ersten und letzten Wägung giebt den Verlust oder den Wassergehalt. Z. B. 9,6790 g Stärke verloren 1,9400 g = 20,04 Proc. Wasser.

Bei richtiger Ausführung und guter Durchmischung der Probe ist der Unterschied zwischen zwei Resultaten desselben Stärkemusters nicht mehr als 0,1 Proc.

In einem Vakuumtrockenschrank kann die Trocknung jedenfalls noch schneller und bei niedrigerer Temperatur zu Ende geführt werden.

Bei streitigen Fällen, z. B. hinsichtlich der Lieferungsfähigkeit eines Stärkepostens und namentlich, wenn solche Fälle zu gerichtlicher Entscheidung kommen können, ist diese Methode der Wasserbestimmung durch Trocknung die allein zulässige.

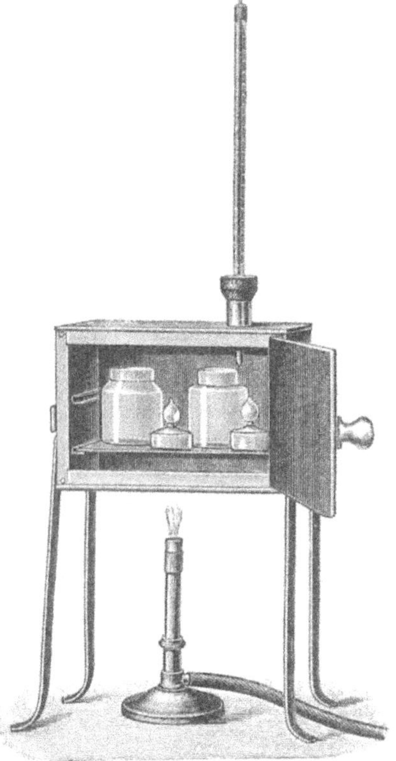

Abb. 217.

Abb. 218.

Für die Zwecke der Praxis, z. B. Feststellung, ob die Stärke übertrocknet ist oder mehr wie 20 Proc. Wasser enthält, also zur laufenden Kontrole der Leistung der Trocknerei, ist sie aber zu umständlich und zeitraubend. Sie erfordert den Besitz einer feinen, Milligramm angebenden Waage, eines Trockenschrankes u. s. w. Wo kein Gas als Heizmaterial zur Verfügung steht, und z. B. eine Spirituslampe verwendet werden muss, ist die genaue Einhaltung der Temperatur von 120° C. schwierig, und endlich dauert die ganze Bestimmung 6—7 Stunden.

Daher hat stets das Verlangen nach einer für die Praxis brauchbaren, wenn auch vielleicht nicht so genauen Methode bestanden. Es sind auch verschiedene dafür angegeben worden.

Scheibler's Methode. Diese beruht darauf, dass bei einer Mischung von 1 Theil Stärkemehl von 11,4 Proc. Wassergehalt und 2 Theilen Alkohol von 0,8339 spec. Gewicht beide Bestandtheile sich indifferent verhalten, während wasserreicheres Stärkemehl an den Alkohol Wasser abgiebt, trockneres ihm solches entzieht. Es werden also 41,7 g Stärke abgewogen und in gut verschliessbarem Glase mit 100 ccm Alkohol von 90° Tr. = 83,39 g absolutem Alkohol geschüttelt, nach einstündigem Stehen und mehrmaligem Schütteln durch ein trockenes Filter filtrirt und der Alkoholgehalt des Filtrates mit einem Alkoholometer bestimmt. Nach einer Tabelle, von der hier nur ein Theil folgen mag, kann dann der Wassergehalt der Stärke abgelesen werden.

Wassergehalt des Stärkemehles Proc.	Grade Tralles	Specifisches Gewicht des Alkohols	Wassergehalt des Stärkemehles Proc.	Grade Tralles	Specifisches Gewicht des Alkohols
11	90,1	0,8335	21	86,7	0,8446
12	89,8	0,8346	22	86,4	0,8455
13	89,5	0,8358	23	86,1	0,8465
14	89,1	0,8370	24	85,8	0,8474
15	88,7	0,8382	25	85,5	0,8484
16	88,3	0,8394	26	85,2	0,8493
17	88,0	0,8405	27	84,9	0,8502
18	87,7	0,8416	28	84,6	0,8511
19	87,4	0,8426	29	84,3	0,8520
20	87,1	0,8436	30	84,0	0,8529

Bestimmung des Wassergehaltes aus dem specifischen Gewicht der Stärke.

Diese vom Verfasser angegebene Methode gründet sich darauf, dass nach zahlreichen Versuchen Kartoffelstärke verschiedener Herkunft, auf absolute Trockensubstanz bezogen, stets dasselbe spec. Gewicht von rund 1,65 zeigt, d. h. dass 1 ccm Stärke = 1,65 g wiegt. Enthält nun eine Stärkeprobe 20 Proc. Wasser, so hat man in 100 g derselben 80 g absolut trockene Stärke, diese haben einen Rauminhalt von $\frac{80 \cdot 100}{165}$ = 48,5 Kubikcentimeter; bringt man dieselben also in einen 250 ccm fassenden Kolben und füllt mit Wasser bis zur Marke auf, so sind in dem Kolben 250—48,5 = 201,5 ccm oder g Wasser, also zusammen mit der Stärke 201,5 + 80 = 281,5 Gramm.

Berechnet man in dieser Weise für jeden beliebigen Wassergehalt einer Kartoffelstärke das Gewicht, welches man erhält, wenn man 100 g der Stärke mit Wasser auf das Volumen von 250 ccm bringt, so ergiebt sich die folgende Tabelle.

Gefundenes Gewicht g	Wassergehalt der Stärke Proc.	Gefundenes Gewicht g	Wassergehalt der Stärke Proc.	Gefundenes Gewicht g	Wassergehalt der Stärke Proc.
289,40	0	281,10	21	273,25	41
289,00	1	280,75	22	272,85	42
288,60	2	280,35	23	272,45	43
288,20	3	279,95	24	272,05	44
287,80	4	279,55	25	271,65	45
287,40	5	279,15	26	271,25	46
287,05	6	278,75	27	270,90	47
286,65	7	278,35	28	270,50	48
286,25	8	277,95	29	270,10	49
285,85	9	277,60	30	269,70	50
285,45	10	277,20	31	269,30	51
285,05	11	276,80	32	268,90	52
284,65	12	276,40	33	268,50	53
284,25	13	276,00	34	268,10	54
283,90	14	275,60	35	267,75	55
283,50	15	275,20	36	267,35	56
283,10	16	274,80	37	266,95	57
282,70	17	274,40	38	266,55	58
282,30	18	274,05	39	266,15	59
281,90	19	273,65	40	265,75	60
281,50	20				

Zur Ausführung der Methode werden in einer tarirten Porzellanschale genau 100 g der zu untersuchenden Stärke abgewogen und so viel Wasser (am besten destillirtes oder Kondensationswasser) von 14° R. zugegeben, dass sich die Stärke zu einer leichtflüssigen Milch aufrühren lässt. (Bei Kartoffelstärke empfiehlt es sich, die Milch 5—10 Minuten unter öfterem Rühren stehen zu lassen, damit alle Klümpchen zerfallen.) Die Milch wird — am Glasstabe entlang laufend — durch einen Trichter in einen Glaskolben von 250 ccm Inhalt (Abb. 219) gegossen, die Schale mittelst einer Spritzflasche (Abb. 220) mit Wasser von 14° R. nachgespült und Alles ohne Verlust in den Kolben gebracht. Dann wird Wasser von 14° R. nachgefüllt bis zu der am Kolbenhalse angebrachten Marke, so zwar, dass der unterste Punkt des den Rand der Flüssigkeit bildenden Halbkreises genau mit der Marke zusammenfällt (Abb. 221). Der Kolben wird dann mit Inhalt gewogen und von dem erhaltenen Gewicht das ein für alle Mal festgestellte Gewicht des ganz trockenen

Kolbens abgezogen. Die erhaltene Zahl gestattet dann, aus der obenstehenden Tabelle direkt den Wassergehalt der Stärke abzulesen.

Die Methode giebt auf halbe Procente richtige Resultate. Genauer wird sie noch, wenn man den Kolben nach dem ungefähren Auffüllen $^1/_2$ Stunde in ein grösseres Gefäss mit Wasser von 14° R. setzt und erst nach Verlauf dieser Zeit genau auf die Marke mit Wasser, wie angegeben, auffüllt.

Diese Methode hat sich in der Praxis vielfach eingeführt und bei wiederholten Kontrollen bewährt.

Abweichungen um $1^1/_8$ Proc. haben sich nur in einem Falle ergeben, doch stimmte auch hier das Resultat, wenn man die mit Wasser angerührte Stärke $^1/_2$ Stunde stehen liess und mehrmals aufrührte. Die betreffende dem Verfasser eingesandte Probe hatte sehr viel kleine Kleisterknöllchen, die sich nur langsam im Wasser völlig vertheilten.

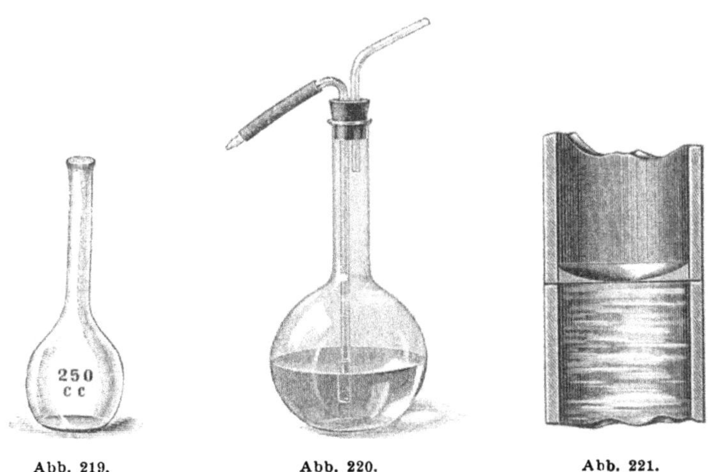

Abb. 219. Abb. 220. Abb. 221.

Auch nicht zu stark verunreinigte Nachprodukte (Tertiastärke) gaben noch genaue Zahlen.

Nach dieser Methode kann nach spätestens einer Stunde ein für die Praxis ausreichendes Resultat gewonnen werden, und es können soviel Proben neben einander gemacht werden, als 250 ccm - Kölbchen vorhanden sind.

Nachweis der Säure.

Der Nachweis der Säure in Kartoffelstärke und -mehl geschieht mittelst einer sehr empfindlichen Lackmuslösung, welche nach Reinke, wie folgt, erhalten wird: Das Lackmus des Handels wird durch Auskochen und klares Abgiessen vom Rückstande erschöpft, mit Barythydrat bis zur alkalischen Reaktion versetzt, eingedampft, nach dem Trocknen mit Aether, dann mit absolutem, bezw. 96 bis 99 procentigem Alkohol zweimal bei etwa 70° R. ausgezogen. Der Rückstand wird mit Wasser aufgenommen, filtrirt, mit Schwefelsäure genau neutralisirt, eingedampft, nochmals je zweimal mit Aether und Alkohol ausgelaugt, dann mit Wasser aufgenommen, filtrirt und bis zur Trockne eingedampft. Durch Auflösen von 10 g des Rückstandes in 400 ccm ausgekochten Wassers und Zusatz von 90 ccm Alkohol und von sehr geringen Spuren Natronlauge gewinnt man eine haltbare Lackmuslösung.

Dieselbe wird zur Säurereaktion soweit verdünnt, dass sie im Reagensglase Bordeauxwein-Farbe zeigt. Mittelst eines zur Spitze ausgezogenen Glasrohres bringt man ein bis drei Tröpfchen dieser Lösung auf die glattgestrichene Stärkeprobe. Dieselbe wird zart blau oder dunkelviolett erscheinen bei neutraler, weinroth bei saurer und zwiebelroth bei stark saurer Reaktion der Stärke.

In der Färbereitechnik wird die Stärke in der Weise geprüft, dass ein Stück Baumwolle mit Kongoroth nicht zu dunkel gefärbt und mit dem Kleister der Stärke bedruckt wird. Dabei darf die Farbnüance nicht leiden.

Bestimmung der Säure.

Weder durch Extraktion mit Alkohol noch durch Veraschen (auch unter Kalkzusatz) lassen sich sichere Zahlen über den Gehalt der Stärke an Säure, bezw. Schwefelsäure feststellen. Dagegen verfährt Verfasser wie folgt: 25 g der Stärkeprobe, welche sauer reagirte, werden mit 25 bis 30 ccm destillirtem Wasser angerührt und unter lebhaftem Rühren mit $^1/_{10}$ Normal-Natronlauge titrirt. Zur Feststellung der Endreaktion rührt man eine neutral reagirende Kontrollprobe zu ebenso dicker Stärkemilch an und bringt Tropfen von beiden Proben mit einem Glasstabe auf mehrfach gefaltetes Filtrirpapier und saugt das Wasser ab; dann setzt man aus einem Röhrchen verdünnte Neutral-Lackmuslösung auf die abgesaugte Stärkekuppe und titrirt, bis die Färbung beider Proben übereinstimmt. Dann macht man eine zweite Probe, bei der die ganze erforderliche Menge Natronlauge auf einmal zugelassen wird. Z. B. 25 g Stärke verbrauchten 1,8 ccm $^1/_{10}$ Normalnatron. (1 ccm = 0,004 g SO_3), also 100 g Stärke = 7,2 ccm $^1/_{10}$ N.-Natron.)

Eine Stärke, welche verbraucht

bis zu 5 ccm $^1/_{10}$ N.-Natron ist = zart sauer,
- - 8 ccm $^1/_{10}$ - - - = sauer,
über - 8 ccm $^1/_{10}$ - - - = stark sauer.

Zart sauer wird noch nicht beanstandet, aber angegeben; sauer, wenn die Färbungen weinroth sind, lässt auf organische Säuren schliessen; bei stark sauer und ziegelrother Färbung sind Mineralsäuren anzunehmen.

Nachweis der Stärke mit Jodlösung.

Mit Jodlösung färbt sich die Stärke erst violett, dann blau und bei starkem Ueberschuss schwarz. Die zu verwendende Jodlösung darf keine alkoholische sein, wie sie in den Apotheken meist geführt wird, sondern muss eine Jodkalium-Jodlösung sein. Dieselbe wird bereitet, indem man 12,7 g Jod mit 25 g Jodkalium im Literkolben mischt, mit wenig Wasser in Lösung bringt, und wenn das Jod völlig gelöst ist, auf 1 Liter verdünnt. Ueber die Umstände, welche die Jodreaktion verhindern, siehe S. 30.

Bestimmung der Klebfähigkeit,

Ausgiebigkeit, des Verdickungsvermögens. Es sind hierfür verschiedene Methoden angegeben, so von Wiesner, Brown und Heron, Dafert, und Thomson, welche jedoch bisher Eingang zur Beurtheilung der Stärke bei den Konsumenten, den Webern, Appreteuren und Färbern nicht gefunden haben.

Wiesner steift 50 cm lange Stücke eines bestimmten Normalgarns (Marshall & Co., Shrewsbury No. 18) mit einem durch 4 Minuten langes Kochen von 3 g der Stärkeprobe und 50 ccm Wasser hergestellten Kleister, spannt dieselben nach dem Trocknen vertikal hängend ein, schiebt den Faden langsam in die Höhe, bis er sich umbiegt, sodass das lose Ende in einer Horizontalen mit dem eingeklemmten ist und misst die Entfernung von diesem Ende bis zu dem anderen.

Verfasser fand, dass die Schlichtung des Fadens nicht gleichmässig herzustellen war, indem verschiedene Stücke 2,8—5,8 Proc. an Stärkekleister aufgenommen hatten, dass die Fäden oft abknickten und auch die mit gleichem Kleister geschlichteten Fäden Unterschiede von 320—430 mm zeigten. Er hält daher das Verfahren für unsicher.

Brown und Heron rühren 3 g Stärke mit etwas Wasser zu einem dünnen Brei an und schütten diesen unter beständigem, schnellem Rühren in soviel Wasser von 100 ° C., dass im Ganzen 100 ccm verwandt wurden. Als Maass für die relative Klebrigkeit diente das Gewicht, das erforderlich war, um eine dünne Glasscheibe von $^5/_8$ Zoll Durchmesser einsinken zu lassen. Die Resultate rechnen sie auf absolut trockne Stärke und einen Normalkleister als Einheit um. Je höher die relative Kleisterzähigkeit, um so grösser ist die Klebrigkeit. Angaben über das Gewicht der Glasscheibe fehlen, und bei Kartoffelstärke war der Kleister zu dünn, das gleichmässige Belasten der Scheibe kaum möglich.

Dafert gründet die Bestimmung der Kleisterzähigkeit auf die Feststellung der Zeit, welche eine bestimmte Kleistermenge bestimmter Koncentration bedarf, um aus einer Kapillarröhre auszufliessen.

Thomson endlich verkleistert die Stärke in einem geschlossenen, cylindrischen Gefäss, in dem ein Rührwerk auf- und abbewegt werden kann, mit dem 6fachen Gewicht an Wasser unter beständigem Rühren bis 5 Minuten nach Beginn des Siedens. Er lässt dann das Gefäss über Nacht in kaltem Wasser stehen und stellt dann fest, wie tief ein Fallkörper — eine beiderseitig zugespitzte Eisenspindel von 25 + 4 mm Ausdehnung — aus einer Höhe von 300 mm fallend in den Kleister einsinkt und zwar am Rande und in der Mitte des Gefässes. Der Fallkörper schwebt von einem Elektromagneten gehalten über dem Kleister und fällt bei Unterbrechung des Stromes.

Gewöhnlich ist die Prüfung auf Ausgiebigkeit eine mehr praktische. So giebt A. Schreib folgendes Verfahren an: Die Stärke wird erst mit Wasser in einem Porzellantiegel zu einer Milch angerührt und dann der Inhalt direkt über einem gewöhnlichen Bunsenbrenner unter stetigem Umrühren fertiggekocht. Sobald der Kleister durchsichtig wird und gleich darauf anfängt aufzuschäumen, entfernt man ihn vom Feuer und rührt noch einige Zeit gut um. Das Kochen darf nicht über eine Minute dauern. Bei Anwendung von 4 g Stärke auf 50 ccm Wasser soll eine gute Stärke einen nach dem Erkalten festen Kleister geben, der aus dem Schälchen nicht mehr ausfliesst.

Nach Mittheilungen, welche dem Verfasser gemacht wurden, prüfen die Glasgower Kattundrucker die Stärke wie folgt. 10 Theile Stärke werden in einer Schale mit einer bestimmten Menge kalten Wassers angerührt und dann steigende gewogene Mengen heissen Wassers (70—72—74 Thle.) zugegeben. Gute Stärke soll das 8fache an Wasser aufnehmen können. Die Proben bleiben dann etwa 6 Stunden stehen, ob sich Wasser über ihnen abscheidet; wo dies eintritt, ist die Grenze der Klebrigkeit erreicht. Der Kleister muss, zwischen den Fingern verrieben, immer klebrig bleiben, darf sich aber nicht körnig ballen.

In Färbereien wägt der Kolorist 50 g der zu prüfenden Stärkesorten ab, bereitet daraus mit 1000 g Wasser Kleister und prüft dieselben vergleichsweise nach dem Erkalten auf Gleichmässigkeit, Zähigkeit u. s. w.

Schlammstärke und Stärkeschlamm.

Wenn Schlammstärke und Stärkeschlamm an Syrupfabrikanten als Rohmaterial geliefert werden, so wird es für diese wünschenswerth, den Gehalt derselben an Stärke kennen zu lernen.

Bestimmung der Gesammtstärke.

Reinke stellte fest, dass sowohl die für die Bestimmung der Stärke überhaupt üblichen Methoden der Aufschliessung unter Hochdruck, sowie die direkte Inversion von 10 g lufttrockner Substanz mit 15 ccm 25 proc. Salzsäure, und die Methode der Auflösung der Stärke mit Diastase und nachheriger Inversion mit Salzsäure brauchbare Zahlen liefern (vergl. S. 491), während die Bestimmung aus der Differenz von Faser und Asche (durch Malzauszug nicht lösliche Stoffe) gegen die Trockensubstanz zu hohe Zahlen ergiebt. Z. B. fand derselbe bei letzterer Methode um 3—4 Proc. zu hohe Zahlen.

Im Laboratorium des Vereins der Stärke-Interessenten wird jetzt nach **Reinke**'s Vorgang sowohl eine Bestimmung der auf mechanischem Wege gewinnbaren Stärke als auch in annähernder Weise der Gesammtstärke, wie folgt, ausgeführt.

Zunächst wird in 50 g die Trockensubstanz bestimmt, indem sie erst bei geringer Temperatur vorgetrocknet und dann 3 Stunden bei 120 ^{0} C. getrocknet und nach dem Erkalten im Exsikkator nochmals gewogen werden. Blieben z. B. 26 g zurück, so war der Trockensubstanzgehalt 52 Proc., der Wassergehalt 48 Proc.

Bestimmung der durch Sieben und Schlämmen gewinnbaren Stärke.

100 g Schlammstärke werden durch ein grobes Sieb ausgewaschen, wie bei der Prüfung von Pülpe auf auswaschbare Stärke. Es bleiben Sand und Pülpereste darauf zurück. Die Milch wird durch Seidengaze No. 15 gegossen und nachgewaschen. Sie wird dann in einem grossen Cylinder gesammelt und zum Absitzen gebracht. Das Schmutzwasser wird abgegossen oder abgehebert, der Satz mit reinem Wasser unter Zusatz von etwas Schwefelsäure aufgerührt und nach 1 Stunde die überstehende Flüssigkeit abgezogen. Die abgesetzte Stärke wird in einem kleineren Cylinder je nach ihrer Reinheit noch ein oder mehrere Male ebenso gewaschen, auf einem Filter gesammelt und soweit abtropfen lassen, dass das Papier leicht abzuziehen ist, schwach zwischen Filtrirpapier abgedrückt und als feuchte Stärke gewogen. Es wurden so z. B. erhalten 82 g = 82 Proc. feuchte Stärke mit 50 Proc. Wasser.

Annähernde Bestimmung der übrigen Stärke.

100 g der Schlammstärke werden in einem Maischbecher von Messingblech mit 200 ccm kaltem Wasser und 20 ccm Salzsäure (25 Proc. HCl) angerührt und mit 200 ccm heissem Wasser übergossen, dann im Wasserbade 1 Stunde bei 80 ^{0} C. gehalten bis zur völligen Verflüssigung (Jodreaktion gewöhnlich roth). Die Maische wird dann gekühlt und auf 500 g mit Wasser gebracht, filtrirt und mit einem Saccharometer (nach **Balling**) der Extraktgehalt bestimmt. Daneben wird die Saccharometeranzeige von 20 ccm Salzsäure auf 500 g verdünnt bestimmt.

Es wurde z. B. gefunden Sacch. der Maische = 10,85 ^{0}, Sacch. der Salzsäure 1,40 ^{0}, also sind in 100 g Maische 9,45 g Stärkeextrakt. Die Schlammstärke enthielt 48 Proc. Wasser, also sind in der Maische 448 g Wasser und 52 g trockene Schlammstärke enthalten. Es gehören nach dem gefundenen Extraktgehalt zu 100 — 9,45 = 90,55 g Wasser 9,45 g Extrakt, also, zu 448 g Wasser $\frac{448 \cdot 9{,}45}{90{,}55}$ = 46,75 g Extrakt = $46{,}75 \times {}^{9}/_{10}$ = 42,1 g Stärke (Dextrose : Stärke = 10 : 9) oder da diese aus 100 g Schlammstärke stammten, 42,1 Proc. wasserfreie Stärke. Durch

Schlämmen zu gewinnen waren $\frac{82}{2} = 41$ Proc., also andere Stärke 1,1 Proc. Die Schlammstärke war also sehr rein.

Bei einer anderen weniger guten Schlammstärke wurden z. B. gefunden:

Wasser	42,2	Proc.
Abschlämmbare feuchte Stärke	51,0	-
Gesammtstärke	51,2	-

also enthielt diese 51,2 — 25,5 = 25,7 Proc. nicht als Stärke direkt zu gewinnende, also nur auf Syrup zu verwerthende Stärke.

Reibsel und Pülpe.

Die Pülpeprobe muss vorsichtig entnommen werden, damit sie nicht durch Drücken Wasser oder auswaschbare Stärke verliert, und muss bei Versendung in Glasgefässen mit Patentverschluss oder in gelötheten Blechbüchsen verpackt werden.

Die Untersuchung des Reibsels und der Pülpe erstreckt sich hauptsächlich auf zwei Punkte: die Feinheit der Zerkleinerung und die Vollständigkeit der Auswaschung.

Die Feinheit der Zerkleinerung wird ein geübtes Auge schon nach dem äusseren Aussehen hinreichend genau beurtheilen. Das Reibsel und noch mehr die Pülpe soll frei sein von „Schwarten", d. h. von gröberen Schalentheilen, an denen noch Theile des Mehlkörpers haften. Im Frühjahr, wenn die Kartoffeln schon schrumpfen und weicher werden, finden sich allerdings auch bei guter Zerkleinerung öfter grössere Schalenfetzen, doch sollen sie auch dann nicht zu viel von dem Mehlkörper enthalten. Ferner dürfen sich in dem Reibsel und der Pülpe grössere, eckige Stückchen des Mehlkörpers in grösserer Menge nicht vorfinden. Die Fasern dürfen nicht dick und lang sein und sich grob und griesig anfühlen, sondern sie müssen fein und zart aussehen und sich weich anfühlen. Auch ist gröbere Pülpe weisslich gefärbt. Je feiner die Pülpe wird, ein um so graueres Aussehen erhält sie.

Zu beachten ist, dass das Reibsel dickschaliger (rother) Kartoffeln, wie von Zwiebel- und Daber'schen Kartoffeln u. a. gröber und griesiger sich anzufühlen pflegt, als das von dünnschaligen (weissen), wie z. B. Seed, Champion u. a.

Bestimmung der auswaschbaren Stärke.

Es wird eine gewogene Menge (etwa 1000 g sehr nasser, oder 500 g trocknerer) Pülpe zunächst durch ein grobes Haarsieb oder ein mit Drahtgaze No. 35 bespanntes Handsieb ausgewaschen. Es geschieht das in der Weise, dass man das Sieb in eine mit Wasser halbgefüllte Schale oder einen Eimer soweit eintaucht, dass die Siebfläche unter

Wasser liegt. Man nimmt dann je eine Handvoll der gewogenen Menge der Pülpe, rührt sie tüchtig in dem Wasser über dem Siebboden durch, hebt das Sieb heraus, lässt abtropfen, taucht nochmals ein, rührt in Wasser auf und drückt dann die auf dem Sieb bleibende Pülpe aus und sammelt sie.

Ist die Pülpe sehr reich an auswaschbarer Stärke, oder hat man Reibselbrei auszuwaschen, so muss man die so einmal ausgewaschene Pülpe nochmals in reinem Wasser in gleicher Weise waschen.

Die Waschwässer werden alle aufgerührt, vereinigt und durch ein mit Seidengaze No. 15 bespanntes Sieb gegossen, die rückbleibende Faser nachgewaschen und der auf dem groben Siebe zurückgebliebenen zugefügt. Man drückt die Pülpe dann in einem Stück Seidengaze No. 15 gut aus und trocknet sie in einer Schale auf dem Wasserbade im Trockenschrank, oder in der Fabrik auf einer Horde auf dem Dampfkessel.

Die durch das Sieb No. 15 abgelaufene Flüssigkeit lässt man absitzen, hebt oder giesst das überstehende Wasser ab und sieht zu, ob am Boden des Gefässes sich Stärke abgesetzt hat; ist dies der Fall, so spült man den vorgefundenen Bodensatz in ein flaches Gefäss, lässt absitzen, giesst das Wasser ab oder filtrirt den Bodensatz ab. (Probe St.)

Die völlig ausgewaschene lufttrockene Pülpe wird gewogen und dann gemahlen und in einem Theil (5—10 g) die absolute Trockensubstanz durch vierstündiges Trocknen bei 100—105° C. bestimmt. Die ausgewaschene feuchte Stärke wird 1 Stunde bei 50° C. vorgetrocknet, dann die Temperatur auf 120° gesteigert und 4 Stunden bei 120° getrocknet. Das nun erhaltene Gewicht giebt die Menge der wasserfreien auswaschbaren Stärke. Ist in derselben, was bei frischer Pülpe allerdings kaum vorkommt, noch viel feine Faser, so muss diese (wie in feuchter Stärke s. S. 503) bestimmt und abgezogen werden.

Bestimmung der gebundenen Stärke.

In 3 g der lufttrocknen, völlig ausgewaschenen Pülpe wird eine Stärkebestimmung ausführt, genau in der Art, wie es für lufttrockene Kartoffeln auf S. 491 beschrieben wurde.

Beispiel: 1000 Gramm einer Pülpe wurden vollständig ausgewaschen und die Milch durch Seidengaze No. 15 gesiebt. Durch Absitzenlassen, Filtriren und Trocknen bei 120° C. wurden erhalten = 1,9540 g auswaschbarer Stärke = 0,195 Proc. Die ausgewaschene Pülpe wog lufttrocken 198,9 g = 19,89 Proc. Nach dem Mahlen gaben 4,9730 g bei 105° C. getrocknet 4,1958 g = 84,36 Proc. absolute Trockensubstanz. Die frische Pülpe enthielt also $\frac{19,89 \cdot 84,36}{100}$ = 16,78 Proc. völlig ausgewaschene, wasserfreie Pülpe und 16,78 + 0,195 = 16,975 Proc. absolute Trockensubstanz.

In 3 g der lufttrocknen ausgewaschenen Pülpe wurde eine Stärkebestimmung ausgeführt und 52,50 Proc. Stärke gefunden. In der wasserfreien Substanz sind also $\frac{52,50 \cdot 100}{84,36} = 62,23$ Proc. und in der frischen Pülpe $\frac{62,23 \cdot 16,78}{100} = 10,44$ Proc. gebundener Stärke enthalten. Daraus ergiebt sich die Zusammensetzung der Pülpe:

Wasser	83,02		Die völlig ausgewaschene wasserfreie Pülpe enthält Stärke	62,23 Proc.
Trockensubstanz	16,98			
Auswaschbare Stärke	0,19		Die auswaschbare Stärke ist von der Gesammtstärke	1,83 -
Gebundene Stärke	10,44			
Gesammtstärke	10,63			

Kurze Untersuchung.

Um die Untersuchung schneller und billiger zu gestalten für häufigere Kontrollen, wird nur die auswaschbare Stärke bestimmt, wie oben angegeben, aber mit der Abänderung, dass die auf dem Filter gesammelte ausgewaschene Stärke nur schwach abgepresst und als feuchte Stärke (mit 50 Proc. Wasser) gewogen wird.

Ferner werden 50 g der Pülpe abgewogen, im Trockenschrank bei 105° getrocknet und nach dem Erkalten wieder gewogen und daraus der Gehalt der Pülpe an wasserfreier Substanz bestimmt.

Beispiel: 500 g Pülpe gaben 5,5 g = 1,1 Proc. feuchter auswaschbarer Stärke.

50 g hinterliessen 5,1 g Trockensubstanz = 10,2 Proc., die Pülpe hatte also

Trockensubstanz	= 10,2 Proc.
Feuchte auswaschbare Stärke	= 1,1 -

Die Feinheit der Pülpe wird geschätzt, was einem geübten Auge nicht schwer fällt.

Es geben nun 100 Ctr. Kartoffeln wasserfreie völlig ausgewaschene Pülpe im Durchschnitt:

feingerieben	3,5 Ctr.	(mit 57 Proc. gebundener Stärke)
mittelfein	4,5 -	- 66 - - -
grobgerieben	5,5 -	- 73 - - -

wenn man annimmt, dass 100 Ctr. Kartoffeln im Mittel 1,5 Ctr. Faser enthalten.

Die Pülpe in dem vorstehenden Beispiel enthält 10,2 Proc. Trockensubstanz und 0,55 Proc. wasserfreie, auswaschbare Stärke, also 9,65 Proc. völlig ausgewaschene, wasserfreie Pülpe.

Ihre Feinheit wurde geschätzt auf mittelfein. 100 Ctr. Kartoffeln würden demnach 4,5 Ctr. von dieser Pülpe in völlig ausgewaschenem, wasserfreiem Zustande geliefert haben. Es entsprachen 9,65 Ctrn. solcher Pülpe = 1,1 Ctr. feuchter auswaschbarer Stärke, also 4,5 Ctrn. = 0,52 Ctr. feuchter Stärke. Es konnten also bei völliger Auswaschung der Pülpe auf je 100 Ctr. Kartoffeln 0,52 Ctr. feuchter Stärke (mit 50 Proc. Wasser) mehr gewonnen werden. Aus dieser Zahl kann der Fabrikant sich dann leicht berechnen, ob dieser Mehrgewinn eine Aenderung der Siebanlage deckt oder nicht.

Bestimmung des Futterwerthes.

Die Untersuchung der Pülpe auf ihren Werth als Futtermittel hat sich zu erstrecken auf ihren Gehalt an Wasser, Asche, Rohfaser, Rohfett, Rohproteïn und an stickstofffreien Extraktivstoffen.

Die hierzu erforderten Methoden sind die allgemein üblichen, wie sie zur Futtermittel-Analyse dienen und in der darauf bezüglichen Litteratur sich finden, z. B. E. Wolff, Anleitung zur chemischen Untersuchung landw. wichtiger Stoffe, Berlin. P. Parey.

Die Schwankungen in dem an und für sich niedrigen Eiweissgehalte und Fettgehalte sind sehr geringe, die Faser ist fast völlig verdaulich, wie auch die übrigen Bestandtheile, sodass in den meisten Fällen eine Bestimmung des Wassergehaltes und die Anrechnung der Trockensubstanz nach der mittleren Zusammensetzung zur Werthbestimmung genügen wird. Ueber die Berechnung derselben s. S. 375.

Will der Stärkefabrikant eine genaue Futtermittel-Analyse der Pülpe haben, so sendet er sie am zweckmässigsten an ein öffentliches Laboratorium, z. B. das einer landwirthschaftlichen Versuchsstation.

Abwässer.

Ob das ablaufende Fruchtwasser noch Stärke enthält, wird geprüft, indem man eine grössere Menge, einen oder mehrere Eimer, voll zu verschiedenen Zeiten schöpft, etwa 10 Stunden der Ruhe überlässt, das überstehende Wasser vorsichtig abgiesst und den Bodensatz nochmals mit reinem Wasser aufrührt, unter Umständen unter Zusatz von Schwefelsäure oder Natronlauge, und nach dem Absetzen in einen Cylinder giesst und absitzen lässt. Auch kann man den Rückstand mikroskopiren. Sehr kleine Stärkekörner, deren Gewinnung aber kaum lohnend ist, wird man dabei immer finden.

Gröbere Verluste zeigen sich auch schon dadurch, dass in den Fortleitungsrinnen an den Bordrändern weisse oder graue Schlammabsätze sich zeigen, und bei sehr starken Verlusten findet man sogar noch Stärke auf den Rieselfeldern (z. B. bei Bassinbrüchen).

Wasser.

Die Untersuchung des Wassers ist von Wichtigkeit für den Stärkefabrikanten einmal zur Beurtheilung der Güte desselben als Waschwasser für die Stärke, zweitens als Kesselspeisewasser.

Ein Wasser, das sich als Waschwasser für Stärke eignen soll, muss farblos, geruchlos, frei von Senkstoffen und möglichst frei von Eisenoxydulsalzen sein und darf nicht Fäulnisserscheinungen aufweisen.

Die Prüfung auf Senkstoffe geschieht in der Weise, dass man eine grössere Menge des Wassers in einem Glasgefässe absitzen lässt, das klare Wasser abzieht und den Bodensatz mikroskopisch auf seine Bestandtheile prüft. Diese können sein: Sandtheilchen, Thontheile, Algen, Amöben, Pilzfäden und andere Organismen, Eisenflocken und moorige und andere pflanzliche Reste.

Die Prüfung auf Fäulnisserscheinungen wird sich auf den Nachweis der dabei entstehenden Zersetzungsprodukte der Eiweissstoffe beschränken können, nämlich Ammoniak, salpetrige Säure, Salpetersäure und Schwefelwasserstoff.

Ammoniak wird nachgewiesen, indem man zu etwa 100 ccm des Wassers einige Tropfen Nessler'sches Reagens (Jodquecksilber-Jodkaliumlösung) giebt. Ein Gelbfärbung oder orangerothe Färbung oder Bildung eines flockigen Niederschlages zeigen mehr oder minder grössere Mengen Ammoniak an.

Salpetrige Säure weist man mit salzsaurem Metaphenylendiamin nach. Man löst eine Messerspitze voll dieses Salzes in heissem, ausgekochtem Wasser und fügt diese Lösung zu 100 ccm des Wassers in einer Porzellanschale. Bei Gegenwart von salpetriger Säure (besonders nach dem Ansäuern mit Salzsäure) tritt eine mehr oder weniger starke Gelbfärbung ein.

Salpetersäure. Man löst einige Krystalle von Diphenylamin in konc. Schwefelsäure unter Erwärmen und fügt diese Lösung vorsichtig zu etwa 50 ccm Wasser in einer Porzellanschale. An der Berührungsstelle der beiden Flüssigkeiten bildet sich bei Gegenwart von Salpetersäure eine blaue Zone oder starke Blaufärbung.

Die Gegenwart von Ammoniak zeigt beginnende Fäulniss an, diejenige von Ammoniak und salpetriger Säure eine fortgeschrittenere; ebenso wenn noch Salpetersäure hinzutritt. Ist nur Salpetersäure vorhanden, so ist eine bereits beendete Fäulniss anzunehmen.

Schwefelwasserstoff wird nachgewiesen, indem man in eine halb mit dem Wasser gefüllte Flasche einen mit Bleiessig getränkten Papierstreifen einhängt, der sich bei Gegenwart von Schwefelwasserstoff bei längerem Stehen unter Umschütteln und mässiger Erwärmung bräunt oder schwärzt (starke Fäulniss).

Ein mit fauligem, moorigem Geruch behaftetes Wasser ist wenig geeignet für die Stärkefabrikation, weil sich derselbe der Stärke mittheilen kann. Er zeigt sich am besten nach 10 Minuten langem Erwärmen des Wassers in geschlossenen Gefässen auf 25° C.

Prüfung auf Eisenoxydulsalze. Für Zwecke der Stärkefabrikation genügt die Beobachtung des in Glasgefässen längere Zeit offen an der Luft stehenden Wassers. Wässer, die arm an Eisenoxydulsalzen sind, trüben sich nicht oder nur zart opalisirend. Stärker eisenhaltige werden milchig oder lehmig trübe und scheiden einen gelblichen oder rothbraunflockigen Bodensatz ab. Giebt ein Wasser keine solche Ausscheidungen, so ist es für Stärkefabrikation eisenfrei

Auf chemischem Wege kann man auch in der Weise prüfen, dass man das klare Wasser mit Salzsäure schwach ansäuert und dann Rhodankaliumlösung zufügt. Erhält man eine Rothfärbung, so sind Eisenoxydsalze vorhanden. Diese sind ohne Gefahr für den Stärkefabrikanten und in geringen Mengen in enteisenten Wässern fast stets nachweisbar.

Eine gleiche Menge Wasser kocht man im Reagensglas mit einigen Tropfen Salpetersäure, kühlt ab und fügt Rhodankalium hinzu. Ist die Färbung nicht stärker als vorher, so sind wesentliche Mengen von Eisenoxydulsalzen nicht vorhanden, ist sie stärker, so sind dieselben in mit steigender Farbentiefe grösserer Menge vorhanden.

Leicht zersetzliche organische Substanz wird sich in Wässern in grösserer Menge meist neben den erwähnten Fäulnissprodukten finden. Ist sie von diesen nicht begleitet, wie in Teich- oder Moorwässern, so ist sie, sofern das Wasser dadurch nicht gefärbt ist, ohne Bedeutung für den Stärkefabrikanten; es soll daher von der Art ihrer Bestimmung hier abgesehen werden.

Auf Kalk prüft man durch Zusatz von etwas Ammoniak und einer Lösung von oxalsaurem Ammon. Auf Schwefelsäure mit Bariumchlorid nach dem Ansäuern mit Salzsäure. Mehr oder weniger starke weisse Niederschläge deuten auf grössere oder geringe Gesammthärte bezw. Gypsgehalt.

Scheidet Wasser bei längerem Kochen unter Vermeidung zu starken Verdampfens (in bedecktem Gefässe) viel weissen Niederschlag ab, so ist es reich an doppeltkohlensaurem Kalk. Filtrirt man und setzt Sodalösung zu, so scheidet sich der als Gyps vorhandene Kalk als weisser Niederschlag ab.

Die quantitative Bestimmung der Bestandtheile des Wassers überlässt man am Besten einem chemischen Institut.

Die zum Kesselspeisewasser zur Ausfällung des Gypses nöthige Sodamenge kann man mit hinreichender Genauigkeit nach Windisch, wie folgt, bestimmen. Man löst 21 g gewöhnlicher Soda in einem Liter destillirten Wassers auf. Davon fügt man zu einem Liter des

Kesselspeisewassers zunächst 5 ccm, schüttelt gut durch, nimmt mit einer Pipette 5 ccm heraus, kocht im Reagensglase auf, filtrirt und prüft das Filtrat mit oxalsaurem Ammon. Entsteht ein Niederschlag, so ist noch nicht aller Gypskalk gefällt. Man setzt abermals 5 ccm Sodalösung zu dem Wasser, prüft in ganz gleicher Weise und setzt dies fort, bis oxalsaures Ammon keine Trübung im Filtrat mehr giebt. Fand dies bei 20 ccm Sodalösung-Zusatz statt, so liegt die erforderliche Menge zwischen 15 und 20 ccm. Man setzt nun zu je 1 Liter Wasser 16, 17, 18, 19 ccm und prüft wie oben. Die Reaktion verschwand bei Zusatz von 17 ccm. 1 ccm Sodalösung enthält 0,021 g Soda, also 17 ccm = 0,357 g Soda; diese sind auf 1 Liter Speisewasser und also auf 1 cbm = 357 g Soda erforderlich, um allen Gyps in kohlensauren Kalk und schwefelsaures Natron umzusetzen.

Schweflige Säure.

Um den Gehalt einer wässrigen Lösung der schwefligen Säure an Schwefligsäuregas (SO_2) zu bestimmen und danach die Höhe des Zusatzes zur aufzuwaschenden Stärke, kann man für gewöhnlichen Gebrauch mit einem Aräometer das specifische Gewicht oder mit einer Baumé-Spindel die Grade bei 14° R. bestimmen und nach folgender Tabelle den Procentgehalt ablesen.

Spec. Gewicht	° Baumé	Schweflige Säure (SO_2) Proc.	Spec. Gewicht	° Baumé	Schweflige Säure (SO_2) Proc.	Spec. Gewicht	° Baumé	Schweflige Säure (SO_2) Proc.
1,0028	0,4	0,5	1,0221	3,1	4,0	1,0401	5,7	7,5
1,0056	0,8	1,0	1,0248	3,5	4,5	1,0426	6,0	8,0
1,0085	1,2	1,5	1,0275	3,9	5,0	1,0450	6,3	8,5
1,0113	1,6	2,0	1,0302	4,3	5,5	1,0474	6,7	9,0
1,0141	2,0	2,5	1,0328	4,7	6,0	1,0497	7,0	9,5
1,0168	2,4	3,0	1,0353	5,0	6,5	1,0520	7,3	10,0
1,0194	2,8	3,5	1,0377	5,4	7,0			

Zu genauerer Bestimmung des Säuregehaltes kann man die Säure mit Normalnatronlauge und Phenolphtaleïn als Indikator titriren oder mit $^1/_{10}$ Normal-Jodlösung und 1 ccm Stärkekleister (1 g Stärke in 100 ccm). Z. B. 30 ccm einer schwefligen Säure von etwa $2^1/_4$° Bé. wurden auf 200 ccm verdünnt; 25 ccm davon verbrauchten $^1/_{10}$ Normalnatron = 3,25 ccm entsprechend $0{,}032 \times 3{,}25 = 0{,}1031$ g $SO_2 \times 80/3 = 2{,}76$ g SO_2 in 100 ccm Lösung. — 5 ccm der verdünnten Säure und 100 ccm Wasser mit $^1/_{10}$ Normal-Jodlösung bis zur Blaufärbung titrirt = 6,8 ccm $^1/_{10}$ N.-Jodl. = 0,0032 . 6,8 = 0,02176 g $\times$ 400/3 = 2,90 g SO_2 in 100 ccm Lösung.

Vermuthet man neben der schwefligen Säure Anwesenheit von Schwefelsäure, so kann man, wie folgt, verfahren:

a) Schweflige Säure von 4° Bé.; 30 ccm davon verdünnt auf 200 ccm, davon 50 ccm mit Normalnatron und Phenolphtaleïn titrirt; verbraucht 9,1 ccm Normalnatron, oder auf 100 ccm ursprüngliche Säure = 121,4 ccm. — 100 ccm der Säure von 4° Bé. werden stark eingedampft zur Verjagung der schwefligen Säure. Der Rückstand, mit Normalnatron titrirt, verbrauchte 2,3 ccm entsprechend 0,04 × 2,3 = 0,092 g Schwefelsäure (SO_3). Für die schweflige Säure waren also erforderlich 121,4 — 2,3 = 119,1 ccm Normalnatron = 119,1 × 0,032 = 3,81 g schweflige Säure (SO_2). Die Probe enthielt also im Liter 0,9 g Schwefelsäure und 38,1 g schweflige Säure.

b) 30 ccm einer verdünnten schwefligen Säure wurden mit Jodjodkaliumlösung und etwas Salzsäure versetzt und gekocht, dann mit Chlorbarium gefällt. Sie gaben 1,073 g $Ba\,SO_4$. — Weitere 30 ccm wurden nur mit Salzsäure längere Zeit gekocht zur Vertreibung der schwefligen Säure und dann mit Chlorbarium gefällt. Sie gaben 0,1785 g $SO_4\,Ba$. Daraus ergiebt sich, dass in 100 ccm enthalten waren

1,228 g Gesammt-SO_3
= 0,204 g Schwefelsäure (SO_3)
= 1,024 g aus schwefliger Säure

entsprechend 0,819 g SO_2. Die Flüssigkeit enthielt also in 100 ccm

Schwefelsäure = 0,204 g
Schweflige Säure = 0,819 g.

Anhang.

Eine Anleitung zu mikroskopischen Prüfungen kann an dieser Stelle nicht gegeben werden.

Geeignete Bücher für diesen Zweck sind:

O. Bachmann: Unsere modernen Mikroskope. München 1884.

Hager: Das Mikroskop und seine Anwendung, Berlin, Julius Springer.

P. Lindner: Mikroscopische Betriebskontrolle in den Gährungsgewerben. Berlin, P. Parey 1895.

F. Merkel: Das Mikroskop und seine Anwendung. München 1875.

Wiesner: Einleitung in die technische Mikroskopie. Wien. W. Braumüller 1867.

Benutzen wird der Stärkefabrikant auch den Fadenzähler d. h. einen kleinen Apparat zur Bestimmung der Anzahl der Fäden von Draht- oder Seidengaze auf $^1/_4$ Zoll, das Anemometer, ein Apparat zur Bestimmung der Stärke des Luftzuges in Ventilationen u. s. w., das Hygrometer zur Feststellung des Feuchtigkeitsgehaltes der Luft in Trockenstuben u. s. w. und den Tourenzähler zur Feststellung der Umdrehungszahl schnell laufender Maschinen.

Alle diese Apparate sind einfach zu handhaben, sodass eine besondere Beschreibung nicht nothwendig erscheint.

Der Handel mit Kartoffelstärke und Kartoffelmehl.

Ueber den Handelsverkehr mit Kartoffelstärke und Kartoffelmehl geben die nachstehenden Zusammenstellungen Aufschluss.

Jahr	Ausfuhr Kartoffelmehl und Stärke D.-Ctr.	Kartoffelernte in Preussen Mill. D.-Ctr.	Kartoffelernte in Deutschland Mill. D.-Ctr.
1886	398 000	168	251
1887	439 000	162,5	253
1888	416 000	161,6	219
1889	439 000	140	266
1890	513 000	169,4	233
1891	147 000	141,8	186
1892	129 000	113	280
1893	305 000	169	322
1894	370 000	207	290
1895	304 000	189,5	

Die Ausfuhr, welche in früheren Jahren über 400 000 D.-Ctr. betrug, ist in dem Jahre 1892 in Folge einer sehr geringen Kartoffelernte im Jahre 1891 und der deshalb sehr gesteigerten Preise bis auf 129 000 D.-Ctr. zurückgegangen und hat sich noch nicht wieder auf die alte Höhe gehoben.

Hauptabsatzgebiete für Kartoffelmehl und Stärke.

	1895 D.-Ctr.	1894 D.-Ctr.	1893 D.-Ctr.	1892 D.-Ctr.	1891 D.-Ctr.	1890 D.-Ctr.
Grossbritannien .	126 492	159 596	124 257	67 194	66 925	249 588
Spanien . . .	80 293	96 595	86 719	23 960	40 012	80 328
Italien	22 012	32 797	22 473	10 878	5 913	49 702
Dänemark . . .	35 312	41 685	39 190	9 275	11 248	32 641
Verein. Staaten von Amerika .	16 370	12 236	7 244	6 473	3 965	8 840
Schweiz . . .	5 783	6 903	6 880	1 975	1 992	10 828

Der Hauptabnehmer deutscher Kartoffelstärke und deutschen Kartoffelmehls im Auslande ist Grossbritannien, es folgt Spanien. Auch hier zeigt sich deutlich der Einfluss der schlechten Kartoffelernte und der hohen Preise auf die Ausfuhr. Hauptkonkurrenten in England sind Holland mit Kartoffelstärke und -Mehl, obwohl die Qualität die beste deutsche nicht erreicht, wegen des schnelleren und kürzeren Transportes, Amerika, welches Maisstärke zu sehr billigen Preisen liefert und ferner Sagomehl und Tapiokastärke von Hinterindien (Straits Settlements), welche zwar in der Qualität noch sehr wechselnd sind, aber erheblich billiger, Sagomehl besonders in England, an den Markt kommen als das deutsche Kartoffelmehl. Eine Hebung der Ausfuhr kann nur von einem festen Zusammenschluss der deutschen Stärkefabrikanten erwartet werden, welcher die Erschliessung neuer Absatzgebiete, die grösstmögliche Billigkeit der Herstellungskosten und direkten Vertrieb an die Abnehmer ermöglichen würde.

Die nachfolgende Tabelle zeigt die Vertheilung der Ausfuhr auf die verschiedenen Theile des Jahres.

Die Ausfuhr bezüglich ihrer Vertheilung im Laufe des Jahres.

	1895 D.-Ctr.	1894 D.-Ctr.	1893 D.-Ctr.	1892 D.-Ctr.	1891 D.-Ctr.	1890 D.-Ctr.
im ganzen Jahre	304 183	369 997	304 901	128 529	147 445	513 419
im Januar-September	195 844	286 960	204 494	33 382	117 836	439 786
im Oktober-December	108 339	83 037	100 407	95 147	29 509	73 633

Die Preisschwankungen in den letzten Jahren zeigt die nachfolgende Zusammenstellung.

a) Preise für trockene Stärke

	1895/96	1894/95	1893/94	1892/93	1891/92	1890/91
Okt./Dec.	14,20—60	17—17,50	16—15,25	19,50—18,75	33—38	22,5—23,5

b) Preise für feuchte Stärke.

Okt./Dec.	7,75—7,60	9,30	7,70	10,20	17-21,80	12-13,10

c) Differenz zwischen feuchter und trockner Stärke

1895/96	1894/95	1893/94	1892/93	1891/92	1890/91
ca. 6,50	ca. 7,50	ca. 8,30	ca. 8,50—9,50	ca. 16—17	ca. 10

Die Schwankungen sind sehr bedeutende gewesen, für feuchte Stärke zwischen 7,60 M. bis zu 21,80 M., und für trockene 14,20 M. bis 38 M. Der Höchstpreis fällt mit dem schlechten Kartoffelerntejahr 1891 zusammen. Das Verhältniss des Preises zwischen feuchter und trockener Stärke ist ein schwankendes und entspricht nicht immer dem Gehalt dieser und jener an wasserfreier Stärke.

Lieferungsbedingungen.

a) Berlin.

Bedingungen des Lieferungsgeschäftes für Kartoffelstärke.

§ 1. Das verkaufte Kartoffelmehl oder die verkaufte trockene Kartoffelstärke muss Prima-Qualität, frei von Chlor und Säure sein und soll keinen grösseren Feuchtigkeitsgehalt haben als 20 Proc. Falls die Waare jedoch bis inkl. 21 Proc. Feuchtigkeit enthält, wird es dem Gutachten der für diesen Fall in Anspruch zu nehmenden vereideten Sachverständigen anheimgegeben, dem Lieferer eine Vergütung bis zu 2 Proc. vom Tagespreise des Ankündigungstages aufzuerlegen. Waare, die über 21 Proc. Feuchtigkeit enthält, darf nicht geliefert werden.

§ 2. Die Lieferung muss in guten, dichten, transportfähigen, nicht über 1 kg tarirenden, zugenähten, 100 kg Brutto wiegenden Säcken erfolgen.

§ 3. Das verkaufte Kartoffelmehl oder die verkaufte trockene Kartoffelstärke muss dem Käufer in Posten von 200 Sack gegen Zug um Zug zu leistende baare Zahlung des bedungenen Preises effektiv geliefert werden, und zwar nach Verkäufers Wahl vom Kahne oder von anderen bedeckten Lagerräumen. — Die Lieferung hat höchstens in zwei getrennten Partien zu geschehen, die auch an zwei verschiedenen, den erwähnten Bedingungen entsprechenden Stellen sich befinden können, aber zu gleicher Zeit und zusammen angekündigt werden müssen.

§ 4. Der Verkäufer ist verpflichtet, die Lieferung des verkauften Kartoffelmehles oder der verkauften trockenen Kartoffelstärke durch Uebergabe eines Kündigungszettels an der Börse bis $1^3/_4$ Uhr Nachmittags an einem ihm beliebigen Werkeltage innerhalb der obigen Frist dem Käufer anzukündigen.

Endet die Lieferungsfrist an einem Feiertage, so muss die Ankündigung spätestens am vorhergehenden Werkeltage geschehen. — Die beiden jüdischen Neujahrstage und der jüdische Versöhnungstag werden hierbei, wie überall in diesem Vertrage, als Feiertage gerechnet.

Beide Theile sind an Beobachtung des an der Börse aushängenden Kündigungs-Reglements gebunden.

§ 5. Der Kündigungszettel muss enthalten:

Bei Lieferungen vom Kahne:

das Datum der Kündigung, den Namen des Schiffers, der in das hiesige Marktpolizei-Register eingeschrieben sein muss, die Nummer und den Standort des Kahnes, sowie den Ort der Abladung.

Bei Lieferungen von anderen Lagerräumen:

das Datum der Kündigung und genaue Bezeichnung der Partie Kartoffelmehl oder trockener Kartoffelstärke nach Lagerraum und Quantum.

Der Aussteller hat bei Ausreichung ein Duplikat des Kündigungsscheins der Kündigungsregistratur zu übergeben.

§ 6. Entspricht die Kündigung nicht den vorstehenden Bestimmungen, so wird sie als nicht erfolgt angesehen, und es hat der Ankündiger alsdann alle sich daraus ergebenden Nachtheile zu tragen.

§ 7. Werden bei der Abnahme einer gekündigten Partie von 200 Säcken mehr als 20 Sack ermittelt, welche unter 98 kg wiegen, oder beträgt das Gesammtmanko der 200 Sack mehr als 200 kg, so ist die Lieferung unkontraktlich.

Das innerhalb obiger Grenzen ermittelte Minus wird zum Durchschnittspreise, wie dieser für den laufenden Termin am Tage der Abnahme amtlich festgestellt ist, regulirt. Für diese Regulirung bleibt jedoch spätestens der letzte Tag der kontraktlichen Abnahmefrist maassgebend.

§ 8. Der Empfänger ist berechtigt, über die kontraktliche Qualität des angekündigten Kartoffelmehles oder der angekündigten trockenen Kartoffelstärke oder der Säcke das Urtheil der vereideten Sachverständigen anzurufen. Macht der Empfänger von diesem Rechte Gebrauch, so muss er spätestens am nächsten Werkeltage nach der Ausstellung des Kündigungsscheines dem Vorsitzenden der betreffenden Sachverständigen resp. dessen Stellvertreter, doch nur an der Börse, bis $1^1/_4$ Uhr schriftliche Anzeige hiervon machen und gleiche Anzeige bis zur selbigen Frist ebenfalls an der Börse sowohl dem Aussteller des Kündigungsscheines, wie auch der Kündigungs-Registratur zugehen lassen.

Es stellt sodann eine Kommission von drei der laut Börsenaushang in Funktion befindlichen vereideten Sachverständigen für Kartoffelmehl oder trockene Kartoffelstärke, unter Ausschluss derjenigen, welche mit dem Empfänger oder Ankündiger des Kartoffelmehles oder der trockenen Kartoffelstärke, resp. mit einem dieser Beiden bis zum vierten Grade verwandt sein sollten, nach Maassgabe des unten beigedruckten Reglements fest, ob die angekündigte Partie den kontraktlichen Bestimmungen entspricht. Im Falle die Partie für unkontraktlich erklärt wird, hat der Ankündiger, im entgegengesetzten Falle der Empfänger die Gebühren für die Begutachtung zu tragen. Ist eine Partie Kartoffelmehl oder trockener Kartoffelstärke für unkontraktlich erklärt, so ist die Kündigung als nicht geschehen zu betrachten. Der im § 11 vorhergesehene Fall wird hierdurch nicht berührt. Sind die oben erwähnten Anzeigen in der festgesetzten Frist unterblieben, so ist damit die kontraktliche Beschaffenheit des angekündigten Kartoffelmehles oder der angekündigten trockenen Kartoffelstärke und der Säcke anerkannt.

§ 9. Wenn bei der Begutachtung einer Partie von 200 Sack Kartoffelmehl oder trockener Kartoffelstärke durch die Sachverständigen ein Minderwerth bezüglich der Säcke bis zu 20 M. konstatirt wird, so soll die Partie deshalb nicht unlieferbar sein, der Lieferer hat aber dem Empfänger den abgeschätzten Minderwerth zu vergüten. In diesem Falle tragen beide Theile die Gebühren der Sachverständigen je zur Hälfte.

§ 10. Die Abnahme und Bezahlung des gekündigten Kartoffelmehles oder der gekündigten trockenen Kartoffelstärke muss innerhalb der auf den Kündigungstag folgenden vier Werkeltage stattfinden, binnen welcher Frist der Lieferer freie Lagerung und Assekuranz zu gewähren hat. Der Verkäufer hat das Kartoffelmehl oder die trockene Kartoffelstärke auf seine Kosten dem Empfänger vorwiegen zu lassen. Erkennt Letzterer diese Gewichtsfeststellung nicht als richtig an, so muss er dieses sofort dem Lieferer erklären. Es ist ihm dann gestattet, eine nochmalige Verwiegung, verbindlich für beide Theile, durch vereidete Wäger am Lagerorte unverzüglich zu veranlassen. Die Kosten dieses Verfahrens trägt der Empfänger, wenn auf das ganze Quantum nicht mehr als $^1/_4$ Proc. Untergewicht gegen die erste Feststellung ermittelt wird.

Der Empfänger begiebt sich des Rechts, Einspruch gegen die Gewichtsaufgabe des Lieferers zu erheben, wenn er die Abfuhr bezw. Uebernahme des angewiesenen Kartoffelmehles oder der angewiesenen trockenen Kartoffelstärke bewirkt, ohne sich dasselbe resp. dieselbe vorwiegen zu lassen.

§ 11. Der Lieferer einer angekündigten Partie Kartoffelmehl oder trockener Kartoffelstärke, welche nach der letzten Kündigungsfrist ganz oder theilweise als nicht kontraktlich erklärt wird, kann zum Ersatz derselben eine andere nicht anweisen, er ist vielmehr verpflichtet, nach Wahl des Empfängers derselben, entweder die betreffende Partie zum durchschnittlichen Preise des Kündigungstages für den bezüglichen Termin zurückzukaufen, oder sich den von den Sachverständigen auszusprechenden Minderwerth gegen kontraktliche Waare in Abzug bringen zu lassen. Der Empfänger einer solchen Partie muss sich aber sofort, nachdem ihm der Ausspruch der Sachverständigen mitgetheilt ist, darüber erklären, ob er dieselbe unter Abzug des von den Sachverständigen festgesetzten Minderwerthes empfangen, oder sie nach dem Durchschnittspreise des Kündigungstages mit dem Lieferer berechnen will, widrigenfalls soll der Lieferer zu der Annahme berechtigt sein, dass der Empfänger auf Empfang des Kartoffelmehles oder der trockenen Kartoffelstärke verzichtet und also die andere Alternative gewählt hat.

§ 12. Wenn einer der beiden Kontrahenten unfähig werden sollte, seine Verbindlichkeiten zu erfüllen, sei es durch Zahlungseinstellung, oder indem er gerichtlich oder aussergerichtlich Zahlungsfrist nachsucht, so soll der vorstehend festgesetzte Lieferungstermin augenblicklich abgelaufen und der Erfüllungstag sofort eingetreten sein, und müssen beide Theile sich unwiderruflich der Preisbestimmung unterwerfen, welche an derjenigen Börse, vor resp. während welcher die Insolvenz oder Unfähigkeit sich erwiesen oder bekannt geworden, nach dem Durchschnitt der amtlichen Preisfeststellung für den in diesem Vertrage bedungenen Lieferungstermin festgesetzt wird. Eine später etwa erfolgte Eröffnung des gerichtlichen Konkurses macht eine derartige Regulirung nich rückgängig.

§ 13. Die Nichterfüllung dieses Vertrages aus anderen als den im § 12 angeführten Gründen berechtigt den zur Erfüllung bereiten Theil nicht zum Rücktritt vom Vertrage, sondern begründet für ihn nur die Befugniss, die Zwangsregulirung des Geschäfts in der Art zu bewirken, dass er nach seiner Wahl

a) spätestens am nächsten Werkeltage nach dem letzten Erfüllungstage durch einen vereideten Makler für Rechnung des Nichterfüllenden das betreffende Kartoffelmehl oder die betreffende trockene Kartoffelstärke verkaufen, resp. eine entsprechende Quantität ankaufen lässt, welches letztere auch schon am letzten Erfüllungstage geschehen kann, und ausserdem den Unterschied zwischen dem Preise des Vertrages und dem erzielten Verkaufs- bezw. Ankaufspreise mit dem Nichterfüllenden verrechnet, oder

b) mit dem Nichterfüllenden dasjenige Interesse verrechnet, welches sich ergiebt aus dem Unterschied zwischen dem Preise des Vertrages und dem amtlich festgestellten Durchschnittspreise des Kündigungstages resp. des letzten Werkeltages der Lieferungsfrist. Die Forderung, welche sich herausbildet aus dem Unterschiede zwischen dem Preise des Kontrakts und dem der Zwangsregulirung ist derjenigen Partei, zu deren Gunsten dieselbe sich herausstellt, von Seiten des anderen Theiles sofort baar zu bezahlen.

§ 14. Alle aus diesem Vertrage sich ergebenden Streitigkeiten zwischen den Parteien, sie mögen zwischen diesen direkt oder auch indirekt entstanden sein, werden durch Schiedsrichter zwischen den direkten Kontrahenten entschieden. Das Schiedsgericht besteht aus drei von denjenigen Schiedsrichtern, welche durch Majoritätsbeschluss einer Anzahl hiesiger Produktenhändler gewählt sind, und deren Namensverzeichniss im Archiv der Aeltesten der Kaufmannschaft von Berlin deponirt ist. Jeder von den beiden Parteien steht die Ernennung eines dieser Schiedsrichter zu. Die betreibende Partei hat dem Gegner den von ihr gewählten Schiedsrichter und zwar falls der Gegner nicht hier ansässig ist, unter Uebersendung eines Verzeichnisses der aktiven Schiedsrichter schriftlich mit der Aufforderung zu bezeichnen, spätestens an dem auf den Empfangstag der Aufforderung folgenden Werkeltage seinerseits ein Gleiches zu thun. Nach fruchtlosem Ablaufe der Frist wird auf Antrag der betreibenden Partei der zweite Schiedsrichter durch den Präsidenten des Aeltesten-Kollegiums der Kaufmannschaft von Berlin beziehungsweise dessen Stellvertreter ernannt. Die erfolgte Wahlanzeige und Aufforderung zur Bestellung des zweiten Schiedsrichters gilt zu diesem Behufe als dargethan, wenn ein Postschein über Auflieferung eines eingeschriebenen Briefes an die Adresse des Gegners von der betreibenden Partei vorgelegt wird.

Die beiden ernannten Schiedsrichter bestimmen aus der Reihe der übrigen Schiedsrichter einen Obmann durch das Loos.

Wenn einer der drei Schiedsrichter stirbt oder aus einem anderen Grunde wegfällt, oder die Uebernahme oder die Ausführung des Schiedsrichteramtes verweigert, so wird der Ersatzmann für ihn auf Antrag der beiden verbliebenen Schiedsrichter durch den Präsidenten des Aeltesten-Kollegiums der Kaufmannschaft von Berlin beziehungsweise dessen Stellvertreter ernannt. Das Gleiche tritt ein, wenn sich das Wegfallen eines Schiedsrichters wiederholen sollte.

Jeder Schiedsrichter kann aus denselben Gründen und unter denselben Voraussetzungen abgelehnt werden, welche zur Ablehnung eines Richters berechtigen. Das Schiedsgericht entscheidet selbst über seine Zuständigkeit.

§ 15. Die Rechte aus diesem Vertrage können nur mit Zustimmung des anderen Kontrahenten an einen Dritten cedirt werden.

Reglement der für Kartoffelmehl und trockene Kartoffelstärke fungirenden Sachverständigen.

(Conf. § 8 der Schlussscheine.)

Die laut Börsen-Aushang für Kartoffelmehl und trockene Kartoffelstärke fungirenden Sachverständigen wählen aus ihrer Mitte für jedes Kalenderjahr einen Vorsitzenden, dessen Name ebenfalls durch Aushang im Kündigungssaal bekannt gemacht wird und dem die Leitung ihrer Geschäfte obliegt. Derselbe kann sich im Behinderungsfalle durch einen andern der betreffenden Sachverständigen vertreten lassen.

Dieser Vorsitzende, resp. dessen Stellvertreter, bestimmt für jede Partie, deren Begutachtung bis $1^1/_4$ Uhr Nachmittags beantragt ist, unter Beobachtung der im § 8 vorgesehenen Ausnahmen, drei Sachverständige nach einer bestimmten Reihenfolge, welche die Besichtigung innerhalb 24 Stunden gemeinschaftlich vorzunehmen, und nach Stimmenmehrheit ihr Urtheil (conf. §§ 8, 9, 11) zu fällen haben.

Die Gebühren für die Begutachtung der zu einem Kündigungsschein gehörigen Partien (bis 200 Sack) betragen inkl. baarer Auslagen 21 Mark.

---

b) Hamburg.

Bedingungen des Lieferungsgeschäfts für Kartoffelfabrikate.

§ 1. Prima Kartoffelmehl, sowie Primakartoffelstärke muss frei von Chlor und Säure sein und soll nicht über 20 Proc. Feuchtigkeit enthalten. Falls die Waare jedoch bis 21 Proc. inklusive Feuchtigkeit enthält, wird es dem Gutachten des für diesen Fall in Anspruch zu nehmenden Schiedsgerichts anheimgegeben, dem Lieferer eine Vergütung bis zu 2 Proc. vom Fakturawerthe an den Käufer aufzuerlegen. Lieferung von über 21 Proc. Feuchtigkeit enthaltender Waare ist gänzlich unstatthaft, so lange es sich um Prima-Qualität handelt.

Die Lieferung muss in guten, starken, nicht über ein Kilo tarirenden, zugenähten (nicht zugebundenen) 100 kg Brutto wiegenden Säcken geschehen.

§ 2. Lieferungswaare kann angedient werden:

am letzten Werktage der Lieferfrist bis 12 Uhr Mittags, an den übrigen Werktagen bis $2^1/_2$ Uhr Nachmittags; zwischen $12^1/_2$ und $2^1/_2$ Uhr erfolgende Andienungen sind an der Börse zu machen.

Soweit die Qualität der angedienten Waare auf Grund der in Gemässheit des üblichen Geschäftsganges zu ziehenden Proben beurtheilt werden kann, gilt dieselbe als von dem Käufer genehmigt, falls nicht Einwendungen bis 2 Uhr Nachmittags des auf den Andienungstag — bei loko Waare auf den Tag des Kaufes — folgenden Werktages dem Verkäufer gegenüber erhoben sind; zwischen $12^1/_2$ und 2 Uhr erfolgende Reklamationen sind an der Börse zu erheben. Der Verkäufer haftet bis zum Abnahmetermin dafür, dass die Waare der ordnungsmässig gezogenen Probe entspricht.

Bei Abschlüssen grösserer Partien ist der Verkäufer berechtigt, in Quanten von je 100 Sack anzudienen.

§ 3. Wird die angediente Waare von dem Käufer berechtigter Weise als unkontraktlich zurückgewiesen, so haben beide Theile das Recht, die Lieferung resp. Abnahme anderer kontraktlicher Waare innerhalb des für die Lieferung festgesetzten Zeitraums zu verlangen; die Ausübung dieses Rechts steht jedoch jedem Kontrahenten nur ein Mal zu. Wird in solchem Falle der Kontrakt durch Lieferung und Annahme erfüllt, so hat der Käufer kein Recht, auf Grund der Thatsache, dass die erste Andienung unkontraktlich war, Schadenersatz von dem Verkäufer zu fordern.

Loko Waare ist nur zu acceptiren oder im Falle der Unkontraktlichkeit aufzuschiessen, ohne in diesem Falle dem Verkäufer irgend welche andere Verpflichtungen aufzuerlegen.

Wenn mehrere Partien von verschiedener Qualität zu einem Durchschnittspreise verkauft sind, so sind dieselben zusammen zu acceptiren oder zusammen aufzuschiessen.

Wird der Verkäufer von Lokowaare durch einen die verkaufte Waare treffenden, nachweislichen Unglücksfall an der Lieferung eines Theils derselben verhindert, so muss der sonst kontraktlich zur Lieferung vorhandene Theil geliefert und empfangen werden.

In Ermangelung anderer Vereinbarung ist loko gekaufte Waare binnen 14 Tagen abzunehmen.

Zahlung für loko Partien ist nach Maassgabe der Hamburger Platz-Usancen zu leisten.

§ 4. Der Empfänger ist berechtigt, sich bei der Abnahme der Waare 10 Sack vorwiegen zu lassen und sich dann zu erklären, ob er die ganze Partie gewogen haben will, oder ob er ohne Weiteres das Gewicht der Partie mit 100 kg Brutto pro Sack anerkennt. Ergiebt die Probevorwiegung der 10 Sack ein grösseres Manko als insgesammt 20 kg, so steht dem Käufer das Recht zu, die Partie als unkontraktlich aufzuschiessen.

Die Wiegekosten trägt in allen Fällen der Lieferer.

§ 5. Waare, welche frachtfrei Hamburg verkauft ist, kann nur auf der Bahn (im Waggon oder im Schuppen) oder im Kahn angedient werden.

Lieferungswaare kann $\frac{\text{in der Zollstadt}}{\text{im Freihafengebiet}}$ auf der Bahn (im Waggon oder Schuppen) oder im Kahn, oder in der Schute, oder im Speicher angedient werden.

Bei Andienungen:

1. „auf der Bahn“ im Waggon treffen die etwa entstehenden Kosten, wie Standgeld, Entladen, Lagermiethe und dergl. den Käufer, falls nicht der Verkäufer die Weitergabe des Bahnavises nachweislich verzögert hat, in welchem Falle diese Kosten dem Säumigen zur Last fallen;
2. „im Kahn oder in der Schute“ muss die Waare nach Wahl und auf Gefahr des Käufers, jedoch auf Kosten des Verkäufers, hinter einen am Wasser belegenen Speicher oder an Schiffsseite geliefert werden;

3. „im Speicher“ oder im Bahnschuppen hat der Verkäufer die Waare frei in Käufers Schute, oder frei auf Käufers Wagen, nach Käufers Wahl zu liefern.

§ 6. Die Abnahme von und Zahlung für Lieferungswaare hat an dem auf die Anerkennung der Waare folgenden Werktage zu geschehen.

§ 7. Kontrakte, welche sich ganz oder theilweise kompensiren, sind am 15. des betreffenden Lieferungsmonats, später geschlossene sofort abzurechnen und auszugleichen.

§ 8. Stellt einer der Kontrahenten seine Zahlungen ein, oder erklärt er sich sonst zahlungsunfähig, so soll für ihn die Lieferfrist augenblicklich abgelaufen sein, und muss er sich unwiderruflich zur Feststellung des schuldigen oder des zu fordernden Betrages der Preisbestimmung unterwerfen, welche sich für den Tag, an welchem sich seine Insolvenz oder seine Zahlungsunfähigkeit erwiesen, oder solche bekannt geworden ist, auf in § 9 unter No. 2 erwähnte Weise als Durchschnittsnotirung für die betreffende Lieferzeit ergiebt.

§ 9. Die Nichterfüllung dieses Vertrages ist dem säumigen Kontrahenten gegenüber durch notariellen Protest oder eingeschriebenen Brief festzustellen; die Insinuation des Protestes resp. die Uebergabe des Einschreibebriefes an die Post muss an dem Tage, an dem die Lieferfrist, innerhalb welcher der säumige Kontrahent zu erfüllen hatte, abläuft eventl. an dem auf die Zustellung des schiedsgerichtlichen Attestes, welches die Unkontraktlichkeit der bei der zweiten Andienung vorgelegten Waare konstatirt, folgenden Tage bis 12 Uhr Mittags erfolgen, widrigenfalls alle Ansprüche dem vertragsbrüchigen Kontrahenten gegenüber erlöschen. Dem Letzteren steht kein Recht auf Gewährung einer Frist zur Nachholung des Versäumten zu.

Ist die Nichterfüllung des Kontraktes in Gemässheit des Obigen konstatirt, so hat der nicht vertragsbrüchige Kontrahent nicht das Recht, vom Vertrag abzugehen, sondern nur die Wahl, ob er:

1. ungesäumt nach Ablauf der kontraktlichen Lieferzeit oder am nächsten Werktage für Rechnung des säumigen Theiles die Waare direkt oder durch einen geeigneten Unterhändler verkaufen resp. einkaufen und mit dem anderen Kontrahenten den sich ergebenden Saldo ausgleichen will; oder ob er
2. mit dem kontraktbrüchigen Theile gegen sofortige Vergütung des Unterschiedes, welcher zwischen dem Vertragspreise und dem, durch zwei, vom Vorsitzenden des „Vereins der Interessenten für Kartoffelfabrikate in Hamburg“ auf einseitigen Antrag zu ernennende Makler resp. Agenten festzustellenden Durchschnittspreise des letzten Lieferungs- resp. Empfangstages besteht, reguliren will.

Weitere Rechte stehen dem nicht vertragsbrüchigen Kontrahenten nicht zu; derselbe ist — unter dem Präjudize des Verlustes jedes Schadenersatzanspruches — verpflichtet, in dem nach Maassgabe der obigen Vorschrift zuzustellenden Proteste resp. Einschreibebriefe dem vertragsbrüchigen Kontrahenten anzuzeigen, von welchem der beiden ihm zustehenden Rechte er Gebrauch zu machen beabsichtigt.

§ 10. Ueber alle Differenzen, welche auf Grund einer gegen die Qualität der angedienten Waare erhobenen Monitur entstehen, entscheidet das vom Vorstande des „Vereins der Interessenten für Kartoffelfabrikate“ zu ernennende Schiedsgericht, und erkennen die Parteien dessen Urtheil, welches ohne Beifügung von Gründen abgegeben wird, als definitiv maassgebend an. Die demselben vorzulegende Durchschnittsprobe ist vom Lieferer und Empfänger gemeinschaftlich zu ziehen und zu versiegeln. Können die Parteien über die vorzulegende Durchschnittsprobe sich nicht einigen, so hat der Empfänger aus je 100 Sack 6 Sack, aber nicht über 30 Sack, zu bestimmen, aus welchen Einzelproben gemeinschaftlich genommen, versiegelt und vorgelegt werden sollen. Wenn das Begleitschreiben nichts Gegentheiliges enthält, wird angenommen, dass gegen die chemische Beschaffenheit der Waare und deren Feuchtigkeitsgehalt keine Einwendungen erhoben werden.

Wollen die Parteien eine Analyse vornehmen, und können sie sich nicht über den zu wählenden Chemiker oder die Art der Probenahme einigen, so haben dieselben die Erledigung und Entscheidung der ganzen Sache dem Schiedsgericht zu unterbreiten.

Für jede Entscheidung des Schiedsgerichts hat die unterliegende Partei, ausser durch dasselbe etwa aufgewendeten Kosten, wie Analyse, Probeziehen etc., an den Schatzmeister des Vereins 10 M. falls Mitglied, 20 M. wenn Nichtmitglied, zu zahlen.

Alle übrigen aus diesem Vertrage sich ergebenden Streitigkeiten sind, falls das Streitobjekt 5 M. per Sack nicht übersteigt, vom Vorstande des Vereins der Interessenten für Kartoffelfabrikate zu entscheiden. Für Entscheidungen des Vorstandes ist an den Schatzmeister des Vereins eine Gebühr zu entrichten, die vom Vorstande festgesetzt wird und mindestens 10 M. beträgt, aber 20 M. nicht übersteigen darf.

Falls der Vorstand in seiner Entscheidung, welcher sich die Parteien gleich einem rechtskräftigen richterlichen Erkenntniss unterwerfen, nicht einen anderen Modus festsetzt, ist die Gebühr nebst den etwa aufgewandten Kosten von der unterliegenden Partei zu tragen.

Falls Mitglieder des Schiedsgerichts resp. des Vorstandes direktes oder indirektes Interesse am Ausgange des Streites haben, so sind dieselben nicht berechtigt, an der Urtheilfällung Theil zu nehmen; solchenfalls hat der Vorstand für anderweitige Besetzung des Schiedsgerichts Sorge zu tragen resp. sich durch Kooptation anderer Mitglieder des Vereins bis auf die nach § 5 der Vereinsstatuten erforderliche Zahl zu ergänzen. In gleicher Weise findet eine anderweitige Besetzung resp. Ergänzung statt, wenn Mitglieder des Schiedsgerichts resp. Vorstandes durch Krankheit, Abwesenheit oder sonstige Ursachen verhindert sind, an der Entscheidung Theil zu nehmen.

In allen übrigen Fällen — namentlich auch dann, wenn sich der Vorstand oder das Schiedsgericht für unzuständig erklären — sind die Parteien der Jurisdiktion der hiesigen Gerichte unterworfen.

Literatur.

Abkürzungen für Zeitschriften.

Ber. bot. = Berichte der deutschen botanischen Gesellschaft, Berlin, Gebr. Borntraeger.
Ber. chem. = Berichte der deutschen chemischen Gesellschaft, Berlin, R. Friedländer & Sohn.
Biederm. C. = Biedermann's Centralblatt für Agrikulturchemie, Leipzig, O. Leiner.
Bot. Z. = Botanische Zeitung, Leipzig, Arthur Felix.
Chem. Z. = Chemiker-Zeitung, Cöthen, Krause.
C. r. = Comptes rendus hebdomadaires des Séances de l'Académie des Sciences, Paris, Gauthier-Villars et fils.
Dingler = Dingler's polytechnisches Journal, Stuttgart, J. G. Cotta Nachf.
Vers. Stat. = Die landwirthschaftlichen Versuchsstationen, Berlin, Paul Parey.
J. Ph. Ch. = Journal de Pharmacie et de Chimie, Paris, G. Masson.
J. prakt. Chem. = Journal für praktische Chemie, Leipzig, J. A. Barth.
Just, Bot. J. = Just: Botanischer Jahresbericht, Berlin, Gebr. Borntraeger.
Liebig Ann. = Justus Liebig's Annalen der Chemie, Leipzig, C. F. Winter.
Mitth. ges. Stärke = Mittheilungen für die gesammte Stärkeindustrie, Leipzig-Gohlis, Uhland.
Poggendorff's A. = Poggendorff's Annalen der Physik und Chemie, Leipzig, J. A. Barth.
Akad. Wien = Sitzungsberichte der k. k. Akademie der Wissenschaften in Wien, Wien, C. Gerold's Sohn.
Landw. Jahrb. = Thiel's Landwirthschaftliche Jahrbücher, Berlin, Paul Parey.
Wagner Jahrb. = Wagner: Jahresbericht über die Leistungen der chemischen Technologie, Leipzig, Otto Wigand.
W. f. Br. = Wochenschrift für Brauerei, Berlin, Paul Parey.
Z. f. anal. Ch. = Zeitschrift für analytische Chemie, Wiesbaden, C. W. Kreidel.
Z. f. angew. Ch. = Zeitschrift für angewandte Chemie, Berlin, Julius Springer.
Z. f. ges. Br. = Zeitschrift für das gesammte Brauwesen, München, Oldenbourg.
Z. f. phys. Chem. = Zeitschrift für physiologische Chemie, Strassburg, K. J. Trübner.
Z. f. Sp. = Zeitschrift für Spiritusindustrie, Berlin, Paul Parey.

Literatur.

Die Entwickelung und Bedeutung der deutschen Kartoffelstärke-Industrie.

D. J. G. Krünitz: Oekonomisch-technologische Encyklopädie. Berlin, Joachim Pauli. 35. Theil aus dem Jahre 1785.

Schrohe: Zur Geschichte des Kartoffelbaues, der Kartoffelbrennerei und der Kartoffelstärkefabrikation im vorigen Jahrhundert. Z. f. Sp. 1895. S. 61.

O. Saare: Verzeichniss der Stärkefabriken im deutschen Reiche, enthaltend die Stärke-, Stärkezucker-, Syrup-, Dextrin-, Couleur-, Sago-, Puder- und Nudel-Fabriken. Berlin. Verein der Stärke-Interessenten in Deutschland 1896. III. Aufl.

O. Saare: Die Industrie der Stärke und der Stärkefabrikate in den Vereinigten Staaten von Amerika und ihr Einfluss auf den englischen Markt. Berlin, Julius Springer. 1896.

Schätzung der Kartoffelstärkeproduktion. Z. f. Sp. 1890. Ergänzungsheft S. 10.

Die Produktion von Stärkezucker im deutschen Zollgebiete in den zehn Betriebsjahren 1883/84—1892/93. Kalender f. d. landwirthschaftlichen Gewerbe 1896. II. Thl. S. 76. Berlin, Paul Parey.

Die Stärke.

Allihn: Ueber den Verzuckerungsprocess bei der Einwirkung von verdünnter Schwefelsäure auf Stärkemehl bei höheren Temperaturen. J. prakt. Chem. 1880. Bd. *130*. S. 46.

A. von Asboth: Wirkung des Wasserstoffsuperoxyds auf die Stärke. Chem. Z. 1892. S. 1517 u. 1560.

A. Baginsky: Zur Biologie der normalen Milchkothbakterien (Einwirkung auf Stärke). Z. f. phys. Chem. 1888. Bd. *12*. S. 434, und 1889. Bd. *13*. S. 352.

Baily: On the properties of Starch. Philosophical Magazine 1876. Bd. II. S. 123.

Baranetzky: Die Stärke umbildenden Fermente in den Pflanzen. Leipzig, Arth. Felix. 1878.

M. Baswitz: Zur Kenntniss der Diastase. Ber. chem. 1878. S. 1443.

Ad. Bayer: Ueber die Wasserentziehung und ihre Bedeutung für das Pflanzenleben und die Gährung. Ber. chem. 1870. S. 63.

Béchamp: Nouvelles études sur l'amidon. C. r. Bd. *39*. S. 653.

— — Mémoire sur les produits de la transformation de la fécule et du ligneux sous l'influence des alcalis, du chlorure de zinc et des acides. C. r. 1856. Bd. *50*. S. 1211.

F. Beilstein: Handbuch der organischen Chemie. Leipzig, Leop. Voss. Bd. I. S. 866 ff.

A. H. J. Bergé in Brüssel: Verfahren zur Verzuckerung von Stärke oder stärkehaltigen Rohstoffen durch schweflige Säure unter Hochdruck zur Herstellung von Glucose-Syrup der Brauerei- oder Brennereimaische. D.R.P. 47 572 vom 7. II. 1888. Kl. 89. Ber. chem. 1889. Bd. *22*. 3. S. 616.

A. Binz: Beiträge zur Morphologie und Entstehungsgeschichte der Stärkekörner. Flora 1892. Ergänzungsband S. 34, nach Inaugural-Dissertation in München.

Biot et Persoz: Mémoire sur les modifications que la fécule et la gomme subissent sous l'influence des acides. Annales de Chimie et de Physique. Paris 1833. Bd. *52*. S. 72.

J. Böhm: Ueber Stärkebildung aus Zucker. Z. f. ges. Br. 1883. S. 76.

Th. Bokorny: Welche Stoffe können ausser Kohlensäure zur Stärkebildung in grünen Pflanzen dienen? Vers. Stat. 1889. Bd. *36*. S. 229.

— — Ueber Stärkebildung aus Formaldehyd. Ber. bot. 1891. Bd. *9*. S. 103.

L. Bondonneau: De la saccharification des matières amylacées. C. r. 1875. Bd. *81*. S. 1210.

Em. Bourquelot: Sur quelques points relatifs à l'action de la salive sur le grain d'amidon. C. r. 1887. Bd. *104*. S. 71.

— — Sur les caractères de l'affaiblissement éprouvé par la diastase sous l'action de la chaleur. C. r. 1887. Bd. *114*. S. 576.

Brasse: Sur la présence de l'amylase dans les feuilles. C. r. 1884. Bd. *99*. S. 878.

Brown u. Heron: Beiträge zur Geschichte der Stärke und der Verwandlung derselben. Liebig Ann. 1879. Bd. *199*. S. 165.

Brown u. Morris: Ueber die nicht krystallisirbaren Produkte der Einwirkung von Diastase auf Stärke. Lieb. Ann. 1885. Bd. *231*. S. 72.

— — Ueber die Einwirkung von Diastase auf kalten Stärkekleister. Chemical News. Bd. *71*. S. 123.

— — The determination of the molecular weights of the carbonhydrates. Journal of the chemical Society; 6. June 1889.

— — The Amylodextrin of W Naegeli and its relatien to soluble Starch. Journal of the chemical Society; July 1889.

— — Die chemischen Bestandtheile von Gerste und Malz: Handbuch der Brauwissenschaft; übersetzt von W. Windisch. Berlin, Paul Parey. 1893. S. 83 ff.

— — Ueber die C. Lintner'sche „Isomaltose". Transactions of the Chemical Society 1895. S. 709.

Br. Bruckner: Beiträge zur genaueren Kenntniss der chemischen Beschaffenheit der Stärkekörner. Akad. Wien 1883. Bd. *88*. 1. Abthl. Novemberheft.

Brücke: Studien über Kohlehydrate und über die Art, wie sie verdaut und aufgesaugt werden. Akad. Wien Bd. *65*. III. Abthl. S. 126.

K. Bülow: Ueber die dextrinartigen Abbauprodukte der Stärke. Pflüger's Archiv 1895. Bd. *62*. No. 3, 4, 5.

O. Bütschli: Ueber den feineren Bau der Stärkekörner. Verhandlungen des Naturhistorisch-medicinischen Vereins zu Heidelberg. Bd. V. Heft 1.

Cross, Bevan u. Beadle: Die Chemie der Pflanzenfasern. (Einwirkung von Chromsäure auf Stärke und Furfurolbildung.) Ber. chem. 1893 Bd. *26*. 3. S. 2520.

Dafert: Zur Kenntniss der Stärkearten. Landw. Jahrb. 1885. S. 837.

— — Beiträge zur Kenntniss der Stärkegruppe. Landw. Jahrb. 1886. S. 259.

— — Ueber Stärkekörner, welche sich mit Jod roth färben. Ber. bot. 1887. S. 108.

Delffs: Ueber das Verhalten der zerriebenen Stärkekörner gegen kaltes Wasser. Poggendorff's A. 1860. Bd. *109*. S. 648.

Ed. Donath: Ueber die invertirenden Wirkungen des Glycerins. J. prakt. Chem. 1894. II. S. 556.

Dragendorff: Ueber die Bestandtheile des Stärkekornes. Henneberg's Journal für Landwirthschaft 1862. Bd. 7. S. 206 u. 211.

Dubrunfaut: Note sur le glucose. Annales de Chimie et de Physique 1847. Bd. *21*. S. 178.

E. Ebermayer: Physiologische Chemie der Pflanzen. Berlin, Julius Springer 1882. Bd. I. S. 194.

Famintzin: Ueber amylumartige Gebilde. Heidelberger Jahrbücher der Litteratur 1869. S. 226.

E. Fischer: Einfluss der Konfiguration auf die Wirkung der Enzyme. (Stärke in Form von Stärkekleister wird durch Invertinlösung nicht verändert.) Ber. chem. 1894. Bd. *273*. S. 2985.

Fittig: Ueber die Konstitution der sogenannten „Kohlenhydrate". Tübingen 1871.

Fitz: Ueber Schizomycetengährungen. II. Stärke. Ber. chem. 1877. Bd. *10*. 1. S. 282.

G. Flourens: Sur les produits de la saccharification des matières amylacées par les acides. C. r. 1890. Bd. *110*. S. 1204.

F. A. Flückiger: Ueber Stärke und Cellulose. Archiv der Pharmacie 1871. S. 145.

A. B. Frank: Lehrbuch der Botanik. Leipzig, Engelmann. 1892.

R. Fresenius: Einfluss der Temperatur und einiger anderer Umstände auf die Empfindlichkeit der Jodamylum-Reaktion. Liebig Ann. 1857. Bd. *26*. S. 184.

Jul. Fritzsche: Ueber das Amylum. Poggendorff's Ann. 1834. Bd. *32*. S. 129.

Gmelin-Kraut: Handbuch der Chemie. 4. Bd. 1. Abtheilung. S. 531. „Stärke". Heidelberg, Carl Winter. 1862.

Gobley: Ueber die Färbung verschiedener Stärkearten durch Joddampf. Dingler 1844. Bd. *92*. S. 128.

F. Goppelsroeder: Ueber Jodstärkereaktion und deren Verzögerung oder Verhinderung durch die Anwesenheit mancher anscheinend indifferenter Salze. Jahresbericht über die Fortschritte der Chemie 1863. S. 670.

Griessmayer: Ueber das Verhalten von Stärke und Dextrin gegen Jod und Gerbsäure. Annalen der Chemie und Pharmacie 1871. S. 40.

— — Ein Beitrag zur Chemie der Stärke. Z. f. ges. Br. 1878. S. 394.

— — Ueber die Verflüchtigung des Dextrinbegriffes. J. prakt. Chem. 1893. II. Bd. *48*. S. 225.

W. Gronow: Ueber das „Wasserbinden". W. f. Br. 1891. S. 283 ff.

J. Grüss: Ueber das Eindringen von Substanzen besonders der Diastase in das Stärkekorn. Beiträge zur wissenschaftlichen Botanik. I. 1895. S. 295.

J. Habermann: Ueber die Oxydationsprodukte des Amylums und Paramylums mit Brom, Wasser und Silberoxyd. Liebig Ann. 1874. Bd. *96*. S. 11.

C. Hamburger: Vergleichende Untersuchungen über die Einwirkung des Speichels, des Pankreas- und Darmsaftes, sowie des Blutes auf Stärkekleister. Dissertation, Breslau 1895.

A. Herzfeld: Ueber die Einwirkung der Diastase auf Stärkekleister. Ber. chem. Bd. *12*. S. 2120.

— — Ueber Maltodextrin. Ein Beitrag zur Kenntniss der chemischen Veränderung der Stärke durch Diastase. Dissertation, Halle 1879.

— — Ueber Maltodextrin. Ber. chem. 1885. Bd. *18*. 2. S. 3469.

Fr. v. Höhnel: Die Stärke und die Mahlprodukte. Kassel, Th. Fischer. 1882.

Höhnig und Schubert: Zur Kenntniss der Kohlehydrate. Akad. Wien. 1886. Bd. *94*. S. 424.

Huppert: Lösliche Stärke und Amylodextrin fällbar durch Phosphorwolframsäure. Z. f. phys. Chem. 1893/94. Bd. *118*. S. 247.

Ed. Jalowetz: Isomaltose. Chem. Z. 1895. S. 2003.

Jaquelain: Mémoire sur la fécule. Annales de Chimie et de Physique. 1840. Bd. *73*. S. 167.

C. Jessen: Ueber die Löslichkeit der Stärke. Poggendorff's Ann. 1859. Bd. *106*. S. 497: 1860. Bd. *109*. S. 361 und 1864. Bd. *122*. S. 482.

— — Bestandtheile und Zerlegung der Stärkekörner. J. prakt. Chem. 1868. Bd. *105*. S. 65.

W. Kabsch: Ueber die Löslichkeit des Stärkemehls und sein Verhalten zum polarisirten Licht. Zürich. 1863.

J. v. Kalinowsky: Ueber die Einwirkung des Gerbstoffes auf die Stärke. Erdmann's J. f. prakt. Chem. 1845. I. Bd. 35. S. 201.

O. Kellner, Mori und Nagaoka: Beiträge zur Kenntniss der invertirenden Fermente. Z. phys. Chem. 1890. Bd. *14*. S. 297.

C. Kirchhof: Ueber die Reinigung der Getreidestärke. Schweigger's Journal f. Chemie und Physik 1815. Bd. *14*. S. 385.

— — Ueber die Zuckerbildung beim Malzen des Getreides und beim Bebrühen seines Mehles mit kochendem Wasser. Schweigger's Journ. f. Chemie u. Physik 1815. Bd. *14*. S. 389.

J. Kjeldahl: Recherches sur les ferments producteurs de sucre. Resumé du compte rendu des travaux du laboratoire de Carlsberg 1879.

J. Koenig: Chemische Zusammensetzung der Nahrungs- und Genussmittel. III. Aufl. Berlin, Julius Springer. 1889. Bd. I. S. 626.

G. Krabbe: Untersuchungen über das Diastaseferment unter specieller Berücksichtigung seiner Wirkung auf Stärkekörner innerhalb der Pflanze. Pringsheim's Jahrbücher für wissenschaftliche Botanik 1890. Bd. *21*. S. 520.

Kreusler und Dafert: Ueber den sogen. Klebreis (Oryza glutinosa Loureiro). Landw. Jahrb. 1894. S. 767.

F. W. Küster: Ueber die blaue Jodstärke und die molekulare Struktur der gelösten Stärke. Liebig Ann. 1894. Bd. *283*. S. 360.

C. Lames: Jodometrische Versuche und Beitrag zur Kenntniss der Jodstärke. Z. f. anal. Ch. 1895. Bd. *33*. S. 409.

Emile Laurent: Stärkebildung aus Glycerin. Bot. Z. 1886. S. 151.

C. J. Lintner: Studien über Diastase. J. prakt. Chem. 1886. Bd. *34*. S. 378, ferner 1887. Bd. *36*. S. 481, und 1890. Bd. *41*. S. 91.

— — Die Verbindungen der Stärke mit den alkalischen Erden. Z. f. angew. Ch. 1888. S. 232.

— — Ueber Stärke und Diastase. W. f. Br. 1888. S. 521.

— — Ueber die Einwirkung von Kaliumpermanganat auf Stärke. Z. f. angew. Ch. 1890. S. 546.

C. J. Lintner: Versuche zur Gewinnung der Isomaltose aus den Produkten der Stärkeumwandlung durch Diastase. Z. f. angew. Ch. 1892. S. 263.
— — Die Kohlehydrate der Bierwürze und deren Bedeutung für den Vergährungsgrad des Bieres. Z. f. ges. Br. 1894. No. 40.
— — Ueber den Abbau der Stärke durch die Wirkung der Oxalsäure. Ber. chem. 1895. Bd. *28.* S. 1522.
C. J. Lintner und G. Düll: Ueber den Abbau der Stärke unter dem Einflusse der Diastasewirkung. Ber. chem. 1893. Bd. *26.* 3. S. 2533.
— — Ueber ein zweites bei der Einwirkung von Diastase auf Stärke entstehendes Achroodextrin. Z. f. ges. Br. 1894. No. 41.
Ed. Lippmann: Ueber die Kleisterbildung in verschiedenen Stärkearten. J. prakt. Chem. 1861. Bd. *83.* 2. S. 51.
Loew: Ueber Bildung von Zuckerarten aus Formaldehyd. Ber. chem. 1889. Bd. *22.* 1. S. 470.
Chr. Luerssen: Grundzüge der Botanik. Leipzig, H. Haessel. 1881.
M. Maercker: Standpunkt unserer Kenntnisse der diastatischen Vorgänge. Landw. Stat. 1879. Bd. *23.* S. 69.
O. Maschke: Ueber die Amylonbläschen des Weizenkorns. J. prakt. Chem. 1852. I. Bd. 56. S. 400.
— — Einige Beobachtungen über lösliches und unlösliches Amylon u.s.w. J. prakt. Chem. 1854. Bd. *61.* S. 1.
Ad. Mayer: Die Lehre von den chemischen Fermenten oder Enzymologie. Heidelberg. 1882.
C. Meinecke: Studien über Jodstärkereaktion. Chem. Z. 1894. No. 10.
Mering: Ueber den Einfluss diastatischer Fermente auf Stärke, Dextrin und Maltose. Z. f. phys. Chem. 1881. Bd. *5.* S. 185.
Meusel: Quellkraft der Rhodanate. Gera. 1886. S. 10.
Arthur Meyer: Ueber die Struktur der Stärkekörner. Bot. Z. 1881. S. 841.
— — Bildung der Stärkekörner in den Laubblättern aus den Zuckerarten, Mannit und Glycerin. Bot. Z. 1886. 81.
— — Ueber die wahre Natur der Stärkecellulose Nägeli's. Bot. Z. 1886. S. 697 und 713.
— — Ueber Stärkekörner, welche sich mit Jod roth färben. Ber. bot. 1886. Bd. *4.* S. 337.
— — Zu der Abhandlung von G. Krabbe: Untersuchungen über das Diastaseferment u. s. w. Pringsheim's Jahrbücher für wissenschaftl. Botanik 1890. Bd. *21.* S. 520.
— — Untersuchungen über die Stärkekörner. Wesen und Lebensgeschichte der Stärkekörner der höheren Pflanzen. Jena, Gustav Fischer. 1895.
W. Migula: Bakterienkunde für Landwirthe. Berlin, Paul Paray. 1890.
K. Mikosch: Untersuchungen über den Bau der Stärkekörner. Jahresbericht der k. k. Staats-Oberrealschule in Währing. Wien 1887. Separatabdruck.
H. v. Mohl: Ueber den vorgeblichen Gehalt der Stärkekörner an Cellulose. Bot. Z. 1859. S. 225.
J. W. Moll: Ueber die Herkunft des Kohlenstoffs der Pflanzen. Arbeiten des botanischen Institutes in Würzburg. II. 1878. Heft 1. S. 105.
F. Musculus: Remarques sur la transformation de la matière amylacée en glucose et dextrine. C. r. 1860. Bd. *50.* S. 785.
— — Nouvelle note sur la transformation de l'amidon en dextrine et glucose. C. r. 1862. Bd. *54.* S. 194.

F. Musculus: Sur la constitution chimique de la matière amylacée. C. r. 1869. Bd. *68*. S. 1267.

— — Sur la dextrine insoluble dans l'eau. C. r. 1870. Bd. *70*. S. 857.

— — Sur l'amidon soluble. C. r. 1874. Bd. *78*. S. 1413.

— — Ueber die Modifikationen, welche die Stärke in physikalischer Hinsicht erleidet. Bot. Z. 1879. No. 22. S. 345.

— — Bemerkungen zu der Arbeit von F. Salomon, betitelt: „Die Stärke und ihre Verwandlungen u. s. w." J. prakt. Chem. 1883. Bd. *28*. S. 496.

F. Musculus und D. Gruber: Sur l'amidon. Bulletin de la Société chimique de Paris 1878. Bd. *30*. S. 54.

Musculus und Gruber: Ein Beitrag zur Chemie der Stärke. Z. f. phys. Chem. 1878/79. II. S. 175.

Musculus und A. Meyer: Dextrin aus Traubenzucker. Z. f phys. Chem. 1881. Bd. *5*. S. 122.

F. Mylius: Ueber die blaue Jodstärke. Ber. chem. 1887. Bd. *20*. 1. S. 688.

— — Jodstärke und Jodcholsäure. Ber. chem. 1895. Bd. *28*. S. 385.

C. Nägeli: Die Stärkekörner. Pflanzenphysiologische Untersuchungen von C. Nägeli und C. Cramer. Heft II. Zürich, Fr. Schulthess. 1858.

— — Ueber die chemische Zusammensetzung der Stärkekörner und Zellmembranen. Sitzungsbericht der k. B. Akademie der Wissenschaften in München, 13. Juni 1863. Botanische Mittheilungen von C. Nägeli. 1863. S. 387.

— — Ueber die chemische Verschiedenheit der Stärkekörner. Sitzungsbericht der k. B. Akademie der Wissenschaften in München, 14. Nov. 1863. Botanische Mittheilungen von C. Nägeli 1863. S. 415.

— — Ueber das Wachsthum der Stärkekörner durch Intussusception. Sitzungsberichte der mathem.-physik. Klasse der k. B. Akademie der Wissenschaften zu München 1881. S. 391, auch Bot Z. 1881. S. 633.

W. Nägeli: Beiträge zur näheren Kenntniss der Stärkegruppe. Leipzig, Engelmann. 1874, auch Liebig Ann. 1874. Bd. *173*. S. 218.

W. Nossian: Ueber das hygroskopische Verhalten mehrerer Stärkemehlarten. J. prakt. Chem. 1861. Bd. *83*. S. 42.

H. Ost: Studien über die Stärke. Chem. Z. 1895. No. 67.

Payen und Persoz: Mémoire sur la diastase, les principaux produits de ses réactions, et leurs applications aux arts industriels. Annales de chimie et de physique 1833. Bd. *53*. S. 72.

Payen: Mémoire sur l'amidon (substance intérieure de la fécule) et suite de recherches sur la diastase. Annales de chimie et de physique 1834. Bd. *56*. S. 337.

— — Nouveaux faits sur l'amidon. Annales de chimie et de physique 1836. Bd. *61*. S. 355.

— — Ueber die Präexistenz eines flüchtigen Oels in der Kartoffelstärke, welches ihr den eigenthümlichen Geruch ertheilt. Dingler. 1846. Bd. *102*. S. 323 nach Comptes rendus 1846.

— — Dextrine et glucose produits sous l'influence des acides sulfurique ou chlorhydrique; de la diastase et de la levure. C. r. 1861. Bd. *53*. S. 1217.

— — Jodure de potassium (Einwirkung auf Stärke). C. r. 1865. Bd. *61*. S. 512.

Payr: Ueber die Einwirkung von Zinnchlorid auf Stärke bei gewöhnlicher Temperatur. J. prakt. Chem. 1856. Bd. *69*. S. 425.

M. L. Perdrix: Ueber einen Stärke vergährenden und Amylalkohol erzeugenden anaëroben Wassermikroben. Z. f. Sp. 1892. S. 177.

P. Petit: Sur un produit d'oxydation de l'amidon. C. r. 1892. Bd. *114*. S. 1375.
Pfeiffer und Tollens: Ueber Verbindungen von Kohlehydraten mit Alkalien. Liebig Ann. 1881. Bd. *210*. S. 285.
J. J. Pohl: Ueber das Verhalten einiger Stärkearten gegen Wasser, Alkohol und Jodlösungen. J. prakt. Chem. 1861. Bd. *83*. S. 35.
T. Puchot: Observation sur l'iode réactif de l'amidon. C. r. 1876. Bd. *83*. S. 225.
J. Reinke: Lehrbuch der allgemeinen Botanik. Berlin, Wiegandt, Hempel und Parey. 1880. S. 68 ff.
— — Ueber aldehydartige Substanzen in chlorophyllhaltigen Pflanzenzellen. Ber. bot. 1881. S. 2144, und Just, Bot. J. 1881. Bd. I. S. 141.
H. Rodewald: Ueber die Quellung der Stärke. Vers. Stat. 1894. Bd. XLV. S. 201.
G. Rouvier: Ueber die Fixation des Jods durch Kartoffelstärke. C. r. 1895. Bd. *120*. S. 1180.
J. Sachs: Ueber den Einfluss des Lichtes auf die Bildung des Amylums in den Chlorophyllkörnern. Bot. Z. 1862. S. 365.
— — Ueber Auflösung und Wiederbildung des Amylums in den Chlorophyllkörnern bei wechselnder Beleuchtung. Bot. Z. 1864. S. 289.
— — Lehrbuch der Botanik. Leipzig, W. Engelmann. 1874.
— — Vorlesungen über Pflanzenphysiologie. Leipzig, Engelmann. 1882.
— — Ein Beitrag zur Kenntniss der Ernährungsthätigkeit der Blätter. Botanisches Centralblatt 1884. Bd. *19*. S. 35. Arbeiten des Botanischen Institutes in Würzburg. Bd. III. 1. Heft. 1884. S. 1.
Rob. Sachsse: Ueber die Stärkeformel und über Stärkebestimmungen. Chemisches Centralblatt 1877. S. 732, auch separat. Leipzig, Voss. 1880.
— — Chemie und Physiologie der Farbstoffe, Kohlehydrate und Proteïnsubstanzen. Leipzig, Leop. Voss. 1877.
F. Salomon: Die Elementarzusammensetzung der Stärke. J. prakt. Chem. 1882. Bd. *133*. S. 348.
— — Die Stärke und ihre Verwandlungen unter dem Einfluss organischer und unorganischer Säuren. J. prakt. Chem. 1883. Bd. *136*. S. 90.
Saposchnikoff: Stärkebildung aus Zucker in den Laubblättern. Ber. bot. 1889. S. 258, auch Just, Bot. J. 1889. Bd. 1. S. 25.
C. Scheibler und H. Mittelmeier: Studien über Stärke. I. Ber. chem. 1890. Bd. 23. S. 3060. II. Ber. chem. 1891. Bd. 24. S. 301. III. Ber. chem. 1893. Bd. 26. S. 2930.
A. Schifferer: Ueber die nicht krystallisirbaren Produkte der Einwirkung der Diastase auf Stärke. Dissertation. Kiel. 1892.
A. F. W. Schimper: Untersuchungen über die Entstehung der Stärkekörner. Bot. Z. 1880. S. 881.
— — Untersuchungen über das Wachsthum der Stärkekörner. Bot. Z. 1881. S. 185.
— — Ueber die Bildung und Wanderung der Kohlehydrate in den Laubblättern. Bot. Z. 1885. S. 738.
J. C. C. Schrader: Ueber die neue von Kirchhof entdeckte Zuckergewinnung. Schweigger's Journal für Chemie und Physik 1812. Bd. 4. S. 108.
St. Schubert: Ueber das Verhalten des Stärkekorns beim Erhitzen. Ber. chem. 1884. Bd. *17*. 3. S. 479.
E. Schulze: Ueber Maltose. Ber. chem. 1874. S. 1047.

L. Schulze: Die elementare Zusammensetzung der Weizenstärke und die Einwirkung von verdünnter Essigsäure auf Stärkemehl. J. prakt. Chem. 1883. Bd. *28*. S. 311.

Aug. Schwarzer: Ueber die Umwandlung der Stärke durch Malzdiastase. Erdmann's Journal für prakt. Chemie 1870. I. S. 212.

F. Seyfert: Die Zusammensetzung der Jodstärke. Z. f. angew. Chem. 1888. S. 15.

Solavo und Gosio: Ueber eine neue Gährung der Stärke. Z. f. Sp. 1892.

F. Soxhlet: Die angebliche Verzuckerung der Stärke durch Wasser unter Hochdruck. Z. f. ges. Br. 1881. S. 177.

— — Reform und Zukunft der Stärkezuckerfabrikation (darin über Säuredextrin). Z. f. Sp. 1884. S. 195.

E. Strassburger u. s. w.: Lehrbuch der Botanik für Hochschulen. Jena, Gustav Fischer. 1895.

M. Stumpf: Die chemische Veränderung des Stärkemehles beim Dämpfen unter hohem Druck. Z. f. Sp. 1878. S. 259.

A. Stutzer und Isbert: Untersuchungen über das Verhalten der in Nahrungs- und Futtermitteln enthaltenen Kohlehydrate zu den Verdauungsfermenten. Z. f. phys. Chem. 1888. Bd. *12*. S. 73.

O. Sullivan: On the Transformation-products of Starch. Journal of the Chemical Society 1872. Bd. *10*. S. 579.

— — On the action of Malt-extract on Starch. Journal of the Chemical Society 1876. Bd. *2*. S. 125.

— — On Maltose. Journal of the Chemical Society 1876. S. 478.

W. H. Symons: Das Quellen der Stärkekörner. Brewer's Guardian 1883. S. 61. und Dingler 1883. Bd. *248*. S. 431.

B. Tollens: Kurzes Handbuch der Kohlenhydrate. Breslau, Ed. Trewendt. 1888. S. 165 ff. — II. Bd. enthaltend die Forschungsergebnisse 1888 bis 1895, ebendaselbst 1895. S. 204 ff.

G. Topf: Jodometrische Studien. Z. f. anal. Chem. 1887. Bd. *26*. S. 137.

J. Toth: Beitrag zur Frage der Konstitution der Jodstärke. Chem. Z. 1891. No. 86 und 87.

F. Ullik: Untersuchungen über das Wasserbindungsvermögen von Stärke und dabei beobachtete Temperaturerhöhungen. Z. f. ges. Br. 1891. S. 565.

Ch. Ulrich: Ueber die Isomaltose. Chem. Z. 1895. S. 1523.

A. Villiers: Sur la fermentation de la fécule par l'action du ferment butyrique. C. r. 1891. Bd. *112*. S. 536.

Vogel: Untersuchungen über den flüssigen Zucker aus Stärkemehl und über Umwandlung süsser Materien in gährfähigen Zucker. Schweigger's Journal für Chemie und Physik 1812. Bd. *5*. S. 80.

— — Ueber die Nichtbläuung trockener Stärke durch in absolutem Alkohol gelöstes Jod. Jahresbericht über die Fortschritte der Chemie 1873. S. 829.

Weiss und Wiesner: Ueber die Einwirkung der Chromsäure auf Stärke. Bot. Z. 1866. S. 97.

W. Wicke: Ist Stärke wasserlöslich? Poggendorff's Ann. 1859. Bd. *108*. S. 359.

J. Wiesner: Einleitung in die technische Mikroskopie. Wien, W. Braumüller. 1867. S. 66 und S. 201.

W. Windisch: Ueber das Fischer'sche Isomaltosazon. W. f. Br. 1895. S. 1259.

A. Wohl: Zur Kenntniss der Kohlenhydrate I. Ber. chem. 1890. Bd. *23*. 1. S. 2084.

J. Wolff: Untersuchung der verschiedenen im Handel vorkommenden Stärkesorten. J. prakt. Chem. 1857. Bd. *71*. S. 86.

K. Zulkowsky: Ueber die Einwirkung des Glycerins auf Stärke bei höheren Temperaturen. Akad. Wien 1875. Bd. 72. II. Abth. Oktoberheft S. 384.

— — Ueber das Verhalten der Stärke gegen Glycerin. Ber. chem. 1880. S. 1395.

K. Zulkowsky und B. Franz: Ueber die Veränderungen der in heissem Glycerin gelösten Stärke. Berichte der österr. Gesellsch. zur Förderung d. chem. Industrie 1894. Bd. *16*. S. 120.

Die Kartoffel.

Brümmer: Versuche über den Einfluss der Saatkartoffeln von mehr oder minder fruchtbaren Stauden auf die Kartoffelerträge und über die Auswahl der Saatkartoffeln im Herbst. Z. f. Sp. 1892. S. 317.

Böttger: Nachweisung des Solanins in den Kartoffeln. Dingler. 1873. Bd. *210*. S. 79.

v. Canstein: Ueber das Reifen der Kartoffeln. Biederm. C. 1878. I. S. 368.

H. Czubata: Die chemischen Veränderungen der Kartoffeln beim Frieren und Faulen. Biederm. C. f. Landw. 1880. I. S. 472.

Detmer: Beiträge zur Kenntniss des Stoffwechsels keimender Kartoffeln. Ber. bot. 1893. S. 149.

B. Dietzell: Ueber die Vertheilung des Stickstoffgehaltes in der Kartoffelknolle. Dingler 1869. Bd. *193*. S. 233.

v. Eckenbrecher: Bericht über die Begründung der Station für Kartoffelkultur nebst Darlegung des Versuchsplanes für 1888. Z. f. Sp. 1888. Ergänzungsheft S. 15.

— — Berichte über die Anbauversuche der deutschen Kartoffel-Kulturstation. Z. f. Sp. Ergänzungshefte von 1888 an.

— — Zur Frage der Bekämpfung der Kartoffelkrankheit durch Kupferpräparate. Z. f. Sp. 1894. S. 33.

— — Zur Bekämpfung der Kartoffelkrankheit. Z. f. Sp. 1894. S. 210.

— — Durchgewachsene Kartoffeln. Z. f. Sp. 1895. S. 27.

H. Eichhorn: Ueber das Fett der Kartoffeln. Annalen der Physik und Chemie 1852. Bd. *87*. S. 227.

B. Frank: Die Krankheiten der Pflanzen. Breslau. 1880.

B. Frank und Sorauer: Pflanzenschutz. Berlin, Deutsche Landwirthschaftsgesellschaft. 1892.

B. Frank und F. Krüger: Ueber den direkten Einfluss der Kupfer-Vitriol-Kalk-Brühe auf die Kartoffelpflanze. Arbeiten der Deutschen Landwirthschaftsgesellschaft. Heft 2. 1894.

B. Frank: Ueber Kartoffel-Nematoden. Z. f. Sp. 1896. S. 136.

B. Frank und Krüger: Untersuchungen über den Schorf der Kartoffeln. Z. f. Sp. 1896. Ergänzungsheft I. S. 1.

Gravenstein-Sydow: Ueber die Erhöhung der Kartoffelerträge durch Bekämpfung der Kartoffelkrankheit. Berlin, B. Grundmann. 1892.

Ed. Hahn: Die kultivirten Kartoffelknollen der Hochebene der Anden von Peru und die dort üblichen Konservirungsmethoden. Z. f. Sp. 1894. S. 154.

Hannay: Ueber den Einfluss der Temperatur auf das Wachsthum der Kartoffeln. Dingler 1877. Bd. *223*. S. 548, nach Chemical News 1876. Bd. *34*. S. 155.

F. Heine-Emersleben: Bericht über vergleichende Anbauversuche mit verschiedenen Kartoffelsorten. Z. f. Sp. von 1883 an.

F. Holdefleiss: Ueber die Werthbestimmung der Kartoffeln. Landw. Jahrb. 1877. Bd. *6*. I. Supplementheft. S. 107.

J. Hungerbühler: Zur Kenntniss der Zusammensetzung nicht ausgereifter Kartoffelknollen. Vers. Stat. 1886. Bd. *32*. S. 387.

H. Karsten: Ueber die Kartoffelpilze Fusisporium Solani und Spicaria Solani. Vers. Stat. 1865. Bd. VII. S. 490.

Kellner: Untersuchungen über den Gehalt der grünen Pflanzen an Eiweissstoffen und Amiden u. s. w. Landw. Jahrb. 1879. I. Supplement. S. 243.

E. Kramer: Bakteriologische Untersuchungen über die Nassfäule der Kartoffeln. Oesterreichisches landwirthschaftliches Centralblatt 1891. S. 11.

Kreusler: Untersuchungen über das Wachsthum der Kartoffelpflanze bei kleinerem und grösserem Saatgute. Landw. Jahrb. 1886. Bd. *15*. S. 309.

Kühn: Berichte aus dem physiologischen Laboratorium und der Versuchsanstalt des landwirthschaftlichen Institutes der Universität Halle. 1872.

J. O. Lemmon. Herkunft der Kartoffel. Z. f. Sp. 1883. S. 139, nach The agricultural Gazette 1883. 8. Jan.

M. Maercker: Ueber die zweckmässigste Anwendung von künstlichen Düngemitteln für Kartoffeln. Z. f. Sp. 1878. S. 103 und 119.

— — Bericht über die im Jahre 1878 ausgeführten Kartoffeldüngungsversuche. Z. f. Sp. 1879. S. 169.

— — Ueber die Wirkung der Pektinstoffe auf das Absitzen der Stärke. Z. f. Sp. 1883. S. 503.

— — Bericht über die Verbreitung der verschiedenen Kartoffelvarietäten, die Art ihres Anbaues, die Höhe der Erträge u. s. w. Z. f. Sp. 1887. Ergänzungsheft. S. 50.

— — Handbuch der Spiritusfabrikation. VI. Aufl. Berlin, Paul Parey. 1894.

Marek: Mittel für die Hebung des Kartoffelbaus. Jahrbuch der deutschen Landwirthschaftsgesellschaft 1892. Bd. 7. S. 208.

Marx: Ueber den inneren Bau der Kartoffeln. Schweigger's Jahrbuch der Chemie und Physik 1829. Bd. *56*. S. 478.

A. Morgen: Die stickstoffhaltigen Bestandtheile der Kartoffeln. Deutsche landwirthschaftliche Presse 1879. S. 533.

H. Müller-Thurgau: Ueber das Gefrieren und Erfrieren der Pflanzen. — Kartoffel. Landw. Jahrb. 1880. Bd. *9*. S. 168.

— — Ueber Zuckeranhäufung in Pflanzentheilen in Folge niederer Temperatur. Landw. Jahrb. 1882. Bd. *11*. S. 751.

— — Beitrag zur Erklärung der Ruheperioden der Pflanzen. Landw. Jahrb. 1885. Bd. *14*. S. 851 und 909.

F. Nobbe: Ueber die Zu- und Abnahme des Stärkegehaltes der Kartoffelknolle. 1. Die Ausbildung der Knollen am lebenden Stamm. 2. Die Degeneration der Kartoffel während der Winterruhe im Keller. 3. Die Ausschöpfung der Saatkartoffel. Vers. Stat. 1865. Bd. 7. S. 451.

E. Pott: Ueber den Stärkemehlgehalt verschieden grosser Kartoffelknollen. Wiener landwirthschaftliche Zeitung 1875. S. 168.

O. Saare: Die Vertheilung grosser und kleiner Stärkekörner in verschiedenen Kartoffelsorten und ihr Einfluss auf die Ausbeute in den Stärkefabriken. Z. f. Sp. 1883. S. 482.

O. Saare: Ueber die für die Stärkefabrikation wichtigen Veränderungen der Zusammensetzung der Kartoffeln in den verschiedenen Reifestadien. Z. f. Sp. 1884. S. 191.

— — Ueber die Veränderungen der Kartoffeln beim Lagern. Z. f. Sp. 1885. S. 249.

— — Der Fasergehalt und die Zusammensetzung des Saftes verschiedener Kartoffelsorten wechselnder Herkunft. Z. f. Sp. 1891. Ergänzungsheft. S. 8.

C. Sajó: Eine amerikanische Kartoffelseuche in Europa (Early blight = Dürrfleckenkrankheit). Oesterreichisches landwirthschaftliches Wochenblatt 1896. No. 24. S. 185.

E. Schulze und M. Maercker: Studien über den Brennereiprocess. Veränderungen der Kartoffeln beim Lagern (S. 66). Verzuckerungsverhältniss (S. 209). Journal für Landwirthschaft 1872. S. 52.

E. Schulze und Barbieri: Ueber den Gehalt der Kartoffelknollen an Eiweissstoffen und an Amiden. Vers. Stat. 1878. Bd. *21*. S. 63.

E. Schulze und E. Eugster: Neue Beiträge zur Kenntniss der stickstoffhaltigen Bestandtheile der Kartoffelknollen. Vers. Stat. 1882. Bd. *27*. S. 357, auch Z. f. Sp. 1883. S. 25.

E. Schulze und Seliwanoff: Ueber das Vorkommen von Rohrzucker in unreifen Kartoffelknollen. Vers. Stat. 1887. Bd. *34*. S. 403.

Semplowski: Beitrag zur Bekämpfung der Kartoffelkrankheit. Zeitschrift für Pflanzenkrankheiten 1895. Bd. *5*. S. 203.

M. Siewert: Ueber den Oxalsäuregehalt der Kartoffeln. Vers. Stat. 1883. Bd. *28*. S. 263.

P. Sorauer: Die Rotzkrankheit der Pflanzen (Bacteriosis). Z. f. Sp. 1884. S. 437.

— — Handbuch der Pflanzenkrankheiten. Berlin. 1886. II. Aufl.

— — Auftreten einer dem amerikanischen „Early blight“ entsprechenden Krankheit an deutschen Kartoffeln. Zeitschrift für Pflanzenkrankheiten 1896. Heft I. S. 1.

Vibrans: Ein auffallender Einfluss der Düngung auf die Zusammensetzung der Kartoffeln. Z. f. Sp. 1883. S. 160.

H. Werner: Der Kartoffelbau nach seinem jetzigen rationellen Standpunkte. Berlin, P. Parey. 1895.

W. Windisch: Ueber das Vorkommen der Milchsäure. Z. f. Sp. 1887. S. 157.

E. Wollny: Saat und Pflege der landwirthschaftlichen Kulturpflanzen. Berlin, P. Parey. 1885. S. 141 ff.

— — Untersuchungen über den Gewichtsverlust und einige morphologische Veränderungen der Kartoffelknollen bei der Aufbewahrung im Keller. Forschungen auf dem Gebiete der Agrikulturphysik. 1891. Bd. *14*. S. 286.

Kartoffelbau auf Moorböden. Z. f. Sp. 1885. S. 279.

Die Fabrikation der Kartoffelstärke.

Sammelwerke über Stärkefabrikation.

F. C. A. Bergmann: Das Ganze der Stärke-, Puder-, Stärkegummi- und Stärkezuckerfabrikation. III. Aufl. von Ch. H. Schmidt, Weimar. 1857. B. Fr. Voigt. IV. Aufl. 1863.

K. Birnbaum: Die Fabrikation der Stärke, des Dextrins, des Stärkezuckers, der Zuckercouleur. I. Bd. von „Kurzes Lehrbuch der landwirthschaftlichen Gewerbe". VIII. Aufl. von Otto: Chemische Technologie landwirthschaftlicher Produkte. Braunschweig, Fr. Vieweg & Sohn. 1886.

M. Blumenwitz: Fabrikation der Stärke. Uhland, Der praktische Maschinenkonstrukteur 1874. No. 11. S. 173.

Callot: Histoire de la fabrication de la fécule, deutsch übersetzt in Crell's „Chemisches Journal". V. S. 140.

A. Clerget: Ueber die Fabrikation des Kartoffelmehls. Dingler. 1846. Bd. *99*. S. 71.

A. L. Dubief: Die Bereitung des Stärkemehls aus Kartoffeln. Aus dem Französischen übersetzt von C. W. E. Putsche. Ilmenau. 1831.

Albert Fesca: Ueber Stärkefabrikation. Berlin. Selbstverlag. 1867.

A. Fischer: Die Stärkefabrikation. Berlin, S. Mode. 1869.

Eva de la Gardie: Die Kartoffelstärkeerzeugung. Abhandlungen der schwedischen Akademie der Wissenschaften. (K. Swenska, Wet. Acad. Handl.) Stockholm. 1748. Bd. IX.

W. F. Gintl: Die Stärkefabrikation und die Verwerthung der Nebenprodukte derselben. Wien, Officieller Ausstellungsbericht: Appreturmittel und Harzprodukte. LXXIX. Heft. 1874, auch Dingler. 1874. Bd. *214*. S. 221.

Hermbstädt: Kameralchemie. 1808.

J. C. Leuchs: Der Stärkemehlfabrikant oder vollständige Anleitung zur Bereitung des Stärkemehls und des Haarpuders aus Getreide, Kartoffeln und anderen Pflanzenkörpern. Nürnberg 1835 und II. Aufl. 1842.

C. J. Lintner: Handbuch der landwirthschaftlichen Gewerbe. II. Stärke-, Dextrin- und Dextrosefabrikation. Berlin, Paul Parey. 1893.

C. Löffler: Anleitung zur Kartoffelstärke- und Stärkesyrupsfabrikation. Berlin, R. Schlingmann. 1863.

Otto Lorenz: Die Kartoffelstärkefabrikation. Der praktische Maschinenkonstrukteur 1883. Leipzig, v. Baumgärtner. S. 323 und 341.

Dan. G. Murchard: Die neuesten französischen Methoden zur besten und vortheilhaftesten Fabrikation der Stärke aus Kartoffeln, Weizen, Rosskastanien. Quedlinburg. 1831.

Muspratt's theoretische, praktische und analytische Chemie, bearbeitet von Kerl und Stohmann. Braunschweig, Schwetschke & Sohn. 1879. Bd. VI. „Stärke".

F. V. Raspail: Nouveau système de Chimie organique fondé sur nouvelles d'observation. Paris, Baillière. 1833. (enthält die Arbeiten Raspail's über Stärke).

Felix Rehwald: Die Stärkefabrikation und die Fabrikation des Traubenzuckers. Wien, A. Hartleben. 1876. III. Aufl. 1895.

Ch. L. Rössling und C. L. Reichardt: Kurze verständliche Anweisung zur leichten und vortheilhaften Benutzung der Kartoffeln auf Stärke und Syrupzucker. Ulm. 1812, und II. Aufl. Nördlingen. 1815.

A. Schneider: Die rationelle Fabrikation der Kartoffelstärke und des Syrups und Zuckers aus derselben. Berlin, Fr. Kortkampf. 1870.

Fr. Schwarze: Die Stärke- und Syrupfabrikation in der Umgegend Berlins. Leipzig, Gottfr. Basse. 1832.

C. F. Stein: Verfertigung und Bereitung des Stärkemehls, der Fadennudeln, nahrhaften Suppengriese und des künstlichen Sagos. Leipzig. 1826.

F. Stohmann: Die Stärkefabrikation in Verbindung mit der Dextrin- und Traubenzuckerfabrikation. Berlin, Paul Parey. 1878.

L. von Wágner: Handbuch der Stärkefabrikation, mit besonderer Berücksichtigung der mit der Stärkefabrikation verwandten Industriezweige, namentlich der Dextrin-, Stärkesyrup- und Stärkezuckerfabrikation. Weimar, B. F. Voigt. 1875.

— — Die Stärke-, Dextrin- und Traubenzuckerfabrikation. V. Band des Lehrbuches der rationellen Praxis der landwirthschaftlichen Nebengewerbe von Otto Birnbaum. Braunschweig, Fr. Vieweg & Sohn. 1876. 7. Aufl.

— — Die Stärkefabrikation in Verbindung mit der Dextrin- und Traubenzuckerfabrikation. Braunschweig, Fr. Vieweg & Sohn 1876, u. II. Aufl. 1886.

Zeitschriften über Stärkefabrikation.

Zeitschrift für Spiritusindustrie. Officielles Organ des Vereins der Spiritusfabrikanten in Deutschland, des Vereins der Stärkeinteressenten in Deutschland und der Brennerei-Berufsgenossenschaft. Herausgegeben von M. Maercker und M. Delbrück. Berlin, Paul Parey.

Mittheilungen für die gesammte Stärkeindustrie. Von W. H. Uhland. Leipzig-Gohlis, Bureau des praktischen Maschinenkonstrukteurs.

Jahresbericht über die Leistungen der chemischen Technologie. Von J. R. Wagner. Leipzig, Otto Wigand. Von 1855 an.

La Féculerie. Revue mensuelle de Technologie, de Commerce, d'Industrie, d'Agriculture et d'Économie politique. Hébert & Thomas, Compiègne (Oise) seit 1892.

Heranschaffen, Einkauf und Aufbewahrung der Kartoffeln.

O. Saare: Zum Kauf und Verkauf der Kartoffeln nach Probe und Angabe der Kartoffelwaage. Z. f. Sp. 1885. S. 454.

Müller-Thurgau: Ueber Zuckeranhäufung in Pflanzentheilen. Landw. Jahrb. 1882. S. 828.

H. Werner: Die Aufbewahrung der Kartoffel. Kartoffelbau. Berlin, P. Parey. 1895. III. Aufl. S. 170.

G. Neuhauss-Selchow: Ueber die besten Methoden der Aufbewahrung der Kartoffeln. Z. f. Sp. 1886. S. 464.

E. Ring-Düppel: Ueber Erhöhung der Kartoffelerträge. Deutsche landwirthsch. Presse 1891. No. 22. S. 205.

W. Paulsen: Wie werden die Kartoffeln am besten eingemietet? Z. f. Sp. 1895. S. 405.

Hornung und Scheibner: Neues Einmietungsverfahren für Rüben und Kartoffeln mit selbstthätiger Ventilation. Berlin, Selbstverlag der Verfasser. 1891.

Rahm-Sullnowo: Zur Kartoffeleinmietungsmethode von Hornung und Scheibner. Z. f. Sp. 1891. S. 73.

Die Erdkeller zur Aufbewahrung der Kartoffeln in der Normandie. Dingler. 1843. Bd. *90*. S. 314.

Schattenmann: Verfahren zum Aufbewahren der Runkelrüben, auch für Kartoffeln und andere Knollen anwendbar. Dingler. 1853. Bd. *130*. S. 72.

Die Kartoffelreinigung.

Konstruktion von Kartoffelharfen. Z. f. Sp. 1896. S. 88.

Kattentidt's selbstthätige Waage mit Zählwerk. Z. f. Sp. 1894. S. 77.

Lisburn's Kartoffelwaschmaschine. Dingler. 1846. Bd. *101*. S. 426.

Neue Kartoffelwaschmaschine. Z. f. Sp. 1884. S. 331.

O. Saare: Die Kartoffelwäsche. Z. f. Sp. 1887. S. 296.

L. Foissey in Donnemarie: Waschtrommel für Kartoffeln mit radial nach Innen stehenden Stiften auf den Längsleisten. Z. f. Sp. 1895. S. 159.

Die Zerkleinerungsapparate.

R. Schmidt: Die Maschine zur Stärkefabrikation von W. Jolitz in Frankfurt a. O. Dingler. 1865. Bd. *177*. S. 116.

Ed. Haenel: Die Kelbe'sche Reibe. Dingler. 1867. Bd. *184*. S. 76.

C. Schaub: Welches sind die Gründe, weshalb von der in den Rohmaterialien enthaltenen Stärke durch den technischen Betrieb nicht mehr Stärke als bisher gewonnen ist? (Raspelsieb- und Sägeblattreibe.) Z. f. Sp. 1883. S. 1018.

Die Konstruktionsprincipien der Reibe. Mitth. ges. Stärke. 1890. S. 37.

O. Saare: Was können die in den Stärkefabriken üblichen Reibvorrichtungen leisten und in welchem Sinne ist eine Mehrleistung anzustreben? Z. f. Sp. 1886. S. 200.

— — Die Reibe. Z. f. Sp. 1887. S. 296.

— — Ueber die Fortschritte der Kartoffelzerkleinerung und die Aussichten für eine vollständige Ausbringung der Stärke aus der Pülpe. Z. f. Sp. 1890. Ergänzungsheft. S. 6—9.

— — Fehler und Verbesserungen an den Zerkleinerungsapparaten der Kartoffelstärkefabrikation. Z. f. Sp. 1891. S. 237.

— — Bericht über die Ausstellung von Kartoffelreiben und Nachzerkleinerungsapparaten. Z. f. Sp. 1892. Ergänzungsheft. S. 10.

— — Welchen Einfluss hat die Kartoffelsorte auf die Feinheit und den Stärkegehalt der Pülpe? Z. f. Sp. 1890. S. 68.

— — Das Schärfen der Sägeblätter für Kartoffelreiben. Zeitschrift für Spiritusfabrikation. 1888. S. 377.

— — Kartoffelreibeblätter. Z. f. Sp. 1893. S. 50.

Einsetzen der Sägeblätter in die Reibe. Z. f. Sp. 1892. S. 1.

Ausbalanciren der Reibtrommel. Z. f. Sp. 1892. S. 26.

O. Saare: Angele's neue Reibe für Kartoffeln und Mais. Z. f. Sp. 1892. S. 34 und 42.

— — Die neue Kompoundreibe für Kartoffelstärkefabriken. Z. f. Sp. 1888. S. 385.

— — Die Leistung der Kompoundreibe von H. Schmidt-Cüstrin. Z. f. Sp. 1889. S. 157.

Die Mühlsteinfabrikation in La Ferté-sous-Jouarre. Dingler. 1878. Bd. *227*. S. 531.

O. Saare: Die Nachzerkleinerung. Z. f. Sp. 1887. S. 304.

Welcher Nachzerkleinerungsapparat ist der beste, resp. welche Gesichtspunkte sind bei der Konstruktion eines solchen besonders zu berücksichtigen? (Eiserne Walzen zur Nachzerkleinerung.) Z. f. Sp. 1883. S. 543.

Fort mit der Breimühle! Mitth. ges. Stärke. 1890. S. 5.

Combes: Die neue Champonnois'sche Reibe für Kartoffeln und Rüben. Dingler. 1867. Bd. *183*. S. 351 und Bd. *186*. S. 193.

O. Saare: Welche Erfahrungen liegen über neuere Nachzerkleinerungsapparate vor? Einsatz in Reiben, Nachreibe von Schneider & Co., Rapidmühle, Uhland's Kegelmühle. Z. f. Sp. 1891. Ergänzungsheft. S. 11.

Uhland's Kegelmühle. Mitth. ges. Stärke. 1891. S. 3.

Die Siebvorrichtungen.

Siemens: Beschreibung einer neuen Vorrichtung zur Gewinnung der Kartoffelstärke. Dingler. 1842. Bd. *84*. S. 390.
Huck's Siebmaschine für Kartoffelstärkefabriken. Dingler. 1846. Bd. *102*. S. 361.
R. Schmidt: Neue mechanische Vorrichtung zum Auswaschen der Kartoffelstärke. Dingler. 1863. Bd. *169*. S. 257.
O. Saare: Siebvorrichtungen. Z. f. Sp. 1887. S. 320.
Die verbreitetsten Extraktionsapparate für Kartoffelstärkefabriken. Mitth. ges. Stärke. 1890. S. 102. 114. 132.
Das Extrahiren und Raffiniren der Stärke. Mitth ges. Stärke. 1891. S. 129.
O. Saare: Fehler und Verbesserung an Sieben der Kartoffelstärkefabrikation. Z. f. Sp. 1891. S. 253.
— — Zur Anbringung der Schüttelsiebe in Stärkefabriken. Z. f. Sp. 1887. S. 41.
— — Schüttelsieb als Raffinir- und Schlammsieb. Z. f. Sp. 1888. S. 391.
Flachsieb oder Cylindersieb? Mitth. ges. Stärke. 1890. S. 83.
O. Saare: Zur Leistung des Bürstencylinders in der Stärkefabrikation. Z. f. Sp. 1887. S. 109.
Siebvorrichtungen von Petzold & Co. Z. f. Sp. 1889. S. 137.
O. Saare: Der verbesserte, kombinirte Auswaschapparat von Angele. Z. f. Sp. 1893. S. 50.
— — Anbringung der Wasserbrausen an den Siebvorrichtungen der Stärkefabriken. Z. f. Sp. 1887. S. 37.
— — Reinigen der Siebe in Stärkefabriken. Z. f. Sp. 1886. S. 476.
Ueber die Behandlung der Seidengaze. Mitth. ges. Stärke. 1890. S. 122.
O. Saare: Welche Feinheit der Siebe ist beim Raffiniren und Schlammarbeiten die zweckmässigste? Z. f. Sp. 1889. Ergänzungsheft. S. 33.
Vergleichende Uebersicht der Nummern von Seidengaze und Drahtgewebe. Mitth. ges. Stärke. 1890. S. 15.
O. Saare: Vergleich von Seidengaze und Drahtgaze für Stärkefabrikation. Z. f. Sp. 1893. S. 237.
— — Die Beurtheilung der Güte der Drahtgewebe für Siebe. Z. f. Sp. 1894. Ergänzungsheft. S. 6.
— — Zur Leistungsfähigkeit der Siebvorrichtungen bei der Stärkefabrikation. Z. f. Sp. 1883. S. 1021.
Wie kontrollirt man die Wirkung der Siebvorrichtungen? Z. f. Sp. 1884. S. 216.
O. Saare: Zur Kontrolle der Ausbeute bei der Stärkefabrikation. Z. f. Sp. 1884. S. 18, auch 1888. S. 301.

Die Gewinnung und Reinigung der Stärke.

O. Saare: Fehler und Verbesserungen bei Gewinnung der Kartoffelstärke. Z. f. Sp. 1891. S. 259.
— — Ist für die Nassstärkefabrikation das reine Absatzbottichsystem dem gemischten Rinnen- und Absatzsystem vorzuziehen? Z. f. Sp. 1890. Ergänzungsheft. S. 14.
Absetzrinnen oder Absetzbassins? Mitth. ges. Stärke. 1890. S. 181.
Ueber Absetzrinnen. Mitth. ges. Stärke. 1890. S. 6.
J. Hundhausen in Hamm: Stärkeschlämmrinne mit selbstthätiger Abfuhr des Rückstandes. Z. f. Sp. 1895. S. 225.

O. Saare: Das Untertauch-Absatzbottichsystem in der Stärkefabrikation. Z. f. Sp. 1890. S. 59.
Die Abziehapparate der Stärkefabriken. Mitth. ges. Stärke. 1890. S. 21.
O. Saare: Der Schaum bei der Stärkefabrikation. Z. f. Sp. 1887. S. 53.
— — Bekämpfung des Schaumes. Z. f. Sp. 1895. S. 387.
Zur Schaumbeseitigung in Stärkefabriken. Z. f. Sp. 1895. S. 405.
O. Saare: Reinigen der Stärke. Z. f. Sp. 1887. S. 320.
Goslich: Material für Quirlbottiche. Z. f. Sp. 1888. Ergänzungsheft. S. 13.
Haltbarmachen hölzener Quirlbottiche. Z. f. Sp. 1887. S. 33.
O. Saare: Eiserne Rührbottiche für die Stärkefabrikation. Z. f. Sp. 1887. S. 213.
— — Ueber die zweckmässige Fortschaffung und Vertheilung der Rohstärke in die Quirlbottiche. Z. f. Sp. 1894. Ergänzungsheft. S. 5.
— — Angele's Verfahren zur Vertheilung der Rohstärkemilch auf die Waschbottiche. Z. f. Sp. 1894. S. 42.
Ein anderes Verfahren zur Vertheilung der Rohstärke auf die Waschbottiche. Z. f. Sp. 1894. S. 49.
E. Nash: Ueber die Anwendung des Ammoniaks bei der Stärkefabrikation u. s. w. Dingler. 1844. Bd. *94*. S. 203.
A. Fesca: Ueber die Anwendung der Schwefelsäure in der Kartoffelstärkefabrikation. Dingler. 1868. Bd. *187*. S. 435.
O. Saare: Eignet sich Flusssäure zur Verwendung in der Stärkefabrikation? Z. f. Sp. 1892. S. 50.
— — Bleichen der Stärke durch Elektricität. Z. f. Sp. 1892. S. 319.
Siemens & Halske, Berlin: Bleichen von Stärke mit Chlor und Ozon. Z. f. Sp. 1893. S. 253.
E. Hermite und A. Dubosc, Rouen: Verfahren zum Bleichen und Desinficiren von Stärke durch Elektrolyse Chloride enthaltenden Wassers. Z. f. Sp. 1893. S. 262.
Bleichen von Stärke. Z. f. Sp. 1893. S. 409 u. 417.
O. Saare: Verarbeitung erfrorener und fauler Kartoffeln zu Stärke. Z. f. Sp. 1888. S. 361.
— — Schlecht absetzende Stärke. Z. f. Sp. 1892. S. 311. 319. 327. 335. 343.

Die Verarbeitung der Abfallstärke.

O. Saare: Die Verarbeitung von Schlammstärke und Stärkeschlamm. Z. f. Sp. 1892. Ergänzungsheft. S. 5.
— — Schlammtafeln. Z. f. Sp. 1895. S. 387.

Das Trocknen der Stärke.

De la Touche: Anwendung des Centrifugalapparates in den Bierbrauereien und Stärkefabriken. Dingler. 1850. Bd. *118*. S. 236. nach Moniteur industriel 1850. S. 1494.
Benutzung der Centrifugalkraft beim Entwässern des Stärkemehls. Dingler. 1860. Bd. *155*. S. 237.
Gautron's Anwendung der Centrifugalmaschine zur Kartoffelstärkefabrikation. Dingler. 1863. Bd. *169*. S. 315.
Konstruktion und Wirkungsweise der Centrifuge. Mitth. ges. Stärke. 1890. S. 67.
O. Saare: Ist die Einführung der Centrifuge in Nassstärkefabriken zu erstreben oder nicht? Z. f. Sp. 1889. Ergänzungsheft. S. 35.

G. Hennig: Centrifugiren und Exhaustorwirkung. Z. f. Sp. 1883. S. 526 und 561.
O. Saare: Alte Centrifugen. Z. f. Sp. 1895. S. 387.
Kontrole der Centrifugen. Z. f. Sp. 1890. S. 91.
Alarm-Geschwindigkeitsmesser für Centrifugen. Mitth. ges. Stärke. 1890. S. 104.
O. Saare: Braun'scher Geschwindigkeitsmesser für Centrifugen. Z. f. Sp. 1892. S. 216.
Das Entwässern und Trocknen der Stärke. Mitth. ges. Stärke. 1891. S. 145.
O. Saare: Fehler und Verbesserungen beim Centrifugiren und Trocknen der Kartoffelstärke. Z. f. Sp. 1891. S. 276.
— — Welchen Einfluss üben die verschiedenen Methoden der Stärketrocknung auf die Quantität und Qualität der zu erzielenden Handelswaare aus? Bericht über die Prüfungen verschiedener Stärketrockenvorrichtungen. Z. f. Sp. 1885. S. 231.
— — Trocknen der Stärke. Z. f. Sp. 1887. S. 331.
Die Trockenanlagen der Stärkefabriken. Mitth. ges. Stärke. 1890. S. 3.
O. Saare: Unter welchen Umständen ist Hordentrocknung, unter welchen Apparattrocknung vorzuziehen? Z. f. Sp. 1890. Ergänzungsheft. S. 13.
— — Ventilation von Trockenstuben. Z. f. Sp. 1895. S. 387.
Dr. Mönnich's Fernthermometer als Kontrolapparat für Stärketrockenvorrichtungen. Mitth. ges. Stärke. 1890. S. 11.
O. Saare: Neuerung an Stärketrockenapparaten. Z. f. Sp. 1888. S. 135.
— — Stärketrocknen mit Tuch ohne Ende. Z. f. Sp. 1894. S. 59.
— — Zum Fehrmann'schen Trockenapparat. Z. f. Sp. 1890. S. 147.
Kanaltrockenanlagen. Mitth. ges. Stärke. 1890. S. 86.
Kanaltrockenanlage von W. H. Uhland-Leipzig. Gohlis, Z. f Sp. 1895. S. 341.
Sackpackmaschine für Stärke, Patent Anthon & Söhne, Flensburg. Mitth. ges. Stärke. 1891. S. 91.
Sackklopfmaschine, Patent J. A. Herbertz. Mitth. ges. Stärke 1891. S. 73.

Herstellung von Kartoffelmehl.

O. Saare: Zur Herstellung von Kartoffelnmehl. Z. f. Sp. 1890. S. 119.
Die Pudermühle. Mitth. ges. Stärke. 1890. S. 89.
Kombinirte Zerkleinerungs- und Sichtmaschine. Mitth. ges. Stärke. 1890. S. 182.

Das fertige Fabrikat.

O. Saare: Die Qualitätsunterschiede der feuchten Stärke in praktischer und chemischer Hinsicht und die Ursachen ihrer Entstehung. Z. f. Sp. 1889. Ergänzungsheft. S. 30.
— — Zur Qualitätsbeurtheilung der Stärke. Z. f. Sp. 1894. Ergänzungsheft. S. 8.
— — Ueber den Wassergehalt der Handelsstärke. Z. f. Sp. 1886. S. 527.
— — Ueber den Säuregehalt der Kartoffelstärke. Z. f. Sp. 1889. S. 306.
J. Wolff: Untersuchung der verschiedenen im Handel vorkommenden Stärkesorten. Dingler. 1857. Bd. *145*. S. 451.
G. Lindenmeyer: Ueber fremde Bestandtheile im käuflichen Stärkemehl. Dingler. 1868. Bd. *189*. S. 131.
R. Williams: Zur Prüfung von in der Färberei und Druckerei benutzten Mitteln. Dingler. 1886. Bd. *260*. S. 91, nach Journal of the Society of Chemical Industry 1886. S. 72.

P. L. Simmonds: Die essbaren Stärkemehle des Handels, ihre Gewinnung und Anwendung. Dingler. 1873. Bd. *210*. S. 217.

Guibourt: Ueber Stärkemehl, Arrow-root und Sago. Dingler. 1846. Bd. *101*. S. 48, nach Journal de Pharmacie 1846.

Verschiedene Anwendungen der Kartoffelstärke. Dingler 1845. Bd. *97*. S. 158.

Verwendung der Stärke zu Backzwecken. Z. f. Sp. 1889. S. 326 u. 361.

Zuntz: Wie stellt sich der Nährwerth der mit Stärkezusatz bereiteten Backwaare? Z. f. Sp. 1890. Ergänzungsheft. S. 11.

Siemen's Bereitung des Kartoffelsagos. Dingler. 1864. Bd. *172*. S. 232.

Stärkekleister vor Verderben zu schützen. Dingler. 1866. Bd. *181*. S. 240.

O. Saare: Welches sind die Gründe der Bevorzugung der Getreidestärke gegenüber der Kartoffelstärke zu Wäschezwecken. Z. f. Sp. 1895. Ergänzungsheft. S. 13.

L. Denzer: Ueber Stärkeglanz und Glanzstärke. Dingler. 1852. Bd. *126*. S. 435.

F. Gantter: Ueber Glanzstärkemischungen. Dingler. 1881. Bd. *240*. S. 84.

Flüssiger Stärkeglanz. Dingler. 1881. Bd. *240*. S. 243.

Andrew's Verfahren, das Kartoffelmehl zum Schlichten des Weberzettels anzuwenden. Dingler. 1843. Bd. *87*. S. 396.

Carl Hofmann: Praktisches Handbuch der Papierfabrikation. Berlin, Verlag der Papierzeitung 1891. I. Bd. § 151. Vermischen von Harzleim mit Stärke. § 163. Beschwerung. § 167. Stärke als Füllstoff.

Ed. Snell: Verfahren, Seife mit Zusatz von Kartoffelstärke oder Kartoffelfaser zu fabriciren. Dingler. 1844. Bd. *93*. S. 387.

O. Breuer: Ueber ein Ersatzmittel (Stärke) des Pfeifenthons in der Druckerei. Dingler. 1885. Bd. *257*. S. 323.

O. Mühlhäuser: Die höheren Salpetersäureäther der Stärke. Dingler. 1892. Bd. *284*. S. 137.

Die Ausbeute der Kartoffelstärkefabriken.

O. Saare: Wie gross sind die Verluste in der Kartoffelstärkefabrikation? Liegen dieselben wesentlich darin, dass Stärkemehl in der Pülpe zurückbleibt? Oder liegen dieselben in der unvollkommenen Gewinnung der Stärke aus den Waschwässern? Bei welcher Kartoffelsorte sind die Verluste besonders hervorragend? Z. f. Sp. 1883. S. 174.

— — Zur Berechnung der Ausbeute in der Stärkefabrikation nach dem Stärkegehalt der Kartoffel. Z. f. Sp. 1887. S. 2.

— — Nochmals zur Berechnung der Ausbeute in der Stärkefabrikation nach dem Stärkegehalt der Kartoffeln. Z. f. Sp. 1887. S. 60.

— — Die Ausbeuteverhältnisse der Kartoffelstärkefabrikation. Z. f. Sp. 1890. S. 287 u. 295.

— — Der Fasergehalt und die Zusammensetzung des Saftes verschiedener Kartoffelsorten wechselnder Herkunft, ihr Einfluss auf die Ausbeute und die Beurtheilung von Kaufkartoffeln. Z. f. Sp. 1891. Ergänzungsheft. S. 8.

— — Ein Versuch zur Bestimmung der Ausbeute in einer Stärkefabrik ohne Mahlgang. Z. f. Sp. 1884. S. 762.

— — Die Vertheilung grosser und kleiner Stärkekörner in verschiedenen Kartoffelsorten und ihr Einfluss auf die Ausbeute in den Stärkefabriken. Z. f. Sp. 1883. S. 482.

Die Abfälle der Kartoffelstärkefabrikation.

Schlamm und Pülpe.

O. Saare: Verwerthung des letzten Stärkeschlammes. Z. f. Sp. 1893. S. 253.

F. E. Anthon: Ueber den Stärkemehlgehalt der bei der Abscheidung der Stärke aus Kartoffeln zurückbleibenden Faser. Dingler. 1859. Bd. *154*. S. 69.

Prüfung von Pülpe und Abwässern auf Stärke. Z. f. Sp. 1893. S. 375.

O. Saare: Zur Beurtheilung der Pülpeanalysen. Z. f. Sp. 1889. S. 351.

Pülpeproben. Z. f. Sp. 1890. S. 13.

M. Maercker: Die bessere Verwerthung der Abfälle der Stärkefabrikation. Z. f. Sp. 1883. S. 501.

O. Saare: Ueber die Verwerthung oder Beseitigung der Abfälle der Kartoffelstärkefabrikation. I. Die Pülpe. Z. f. Sp. 1888. Ergänzungsheft. S. 6.

— — Ueber die Fortschritte der Kartoffelzerkleinerung und die Aussichten einer vollständigeren Ausbringung der Stärke aus der Pülpe. Z. f. Sp. 1890. Ergänzungsheft. S. 6—9.

— — Fehler und Verbesserungen in der Stärkefabrikation. Die Abfälle. Z. f. Sp. 1891. S. 291.

L. Günther: Verfahren der Gewinnung von Stärke und Cellulin aus der Pülpe mittelst Chlorkalks. Z. f. Sp. 1886. S. 248.

O. Saare: Verwerthung der Pülpe als Brennmaterial. Z. f. Sp. 1886. S. 519.

M. Maercker: Die Stellung der Stärkefabrikation in der Landwirthschaft (Pülpe und Schlempe). Z. f. Sp. 1883. S. 371.

O. Saare: Kette's neues Verfahren der gemeinschaftlichen Verwerthung von Pülpe und Fruchtwasser zu Fütterungszwecken. Z. f. Sp. 1885. S. 56.

Schulze-Sammenthin: Pülpefütterung. Z. f. Sp. 1887. Ergänzungsheft. S. 12.

Zur Verfütterung der Pülpe. Reisebrief. Z. f. Sp. 1888. S. 341.

Bernhard Schulze: Die Ernährung der landwirthschaftlichen Nutzthiere. Breslau, W. G. Korn. 1889. II. Aufl.

Völker's Methode der Stärkefabrikation aus Kartoffeln. Dingler. 1840. Bd. *76*. S. 213.

O. Saare: Ueber die Verluste beim Einsäuern der Pülpe der Kartoffelstärkefabrikation. Z. f. Sp. 1883. S. 1056.

— — Zur Einmietung der Pülpe. Z. f. Sp. 1885. S. 240.

— — Einsäuern von roher und gekochter Pülpe und von Rieselgras. Z. f. Sp. 1890. Ergänzungsheft. S. 15.

— — Zur Veränderung der Pülpe beim Lagern. Z. f. Sp. 1890. S. 352.

O. Kellner: Untersuchungen über die Veränderungen der Futtermittel beim Einsäuern in Mieten. Vers. Stat. 1885. Bd. *32*. S. 57.

O. Saare: Pülpepressen. Z. f. Sp. 1894. Ergänzungsheft. S. 11.

F. von Lochow: Reibselpresse von Schmidt-Cüstrin. Z. f. Sp. 1895. S. 95.

O. Saare: Hat sich Pülpetrocknung eingeführt und nach welchem Verfahren? Büttner & Meyer und Venuleth & Ellenberger. Z. f. Sp. 1891. Ergänzungsheft. S. 12.

Wever: Fortschritte in der Pülpetrocknung. Z. f. Sp. 1892. Ergänzungsheft. S. 9.

M. Delbrück: Die Pülpetrockenanstalt in der norddeutschen Kartoffelmehlfabrik zu Cüstrin mit Melasseverwendung. Z. f. Sp. 1894. S. 141.

Wever-Bentschen: Getrocknete Kartoffelpülpe. Landwirthschaftliches Centralblatt f. d. Provinz Posen 1892. S. 311.

Abwässer.

O. Saare: Ueber die Verwerthung oder Beseitigung der Abfälle der Kartoffelstärkefabrikation. II. Die Abwässer. Z. f. Sp. 1888. Ergänzungsheft. S. 8.

Th. Dietrich und J. König: Zusammensetzung und Verdaulichkeit der Futtermittel. Berlin, Julius Springer. 1891. I. Bd. S. 629. Analysen von Albuminschlamm, Fruchtwasser u. s. w.

Kette-Jassen: Drei Verfahren, die Proteïnstoffe aus verdünntem Kartoffelfruchtwasser als Viehfutter zu gewinnen. Z. f. Sp. 1883. S. 662.

O. Saare: Kochapparat für Albuminwasser. Z. f. Sp. 1888. S. 160.

M. Maercker: Die Stellung der Stärkefabrikation in der Landwirthschaft (Verlust des Bodens an Pflanzennährstoffen durch die Stärkefabrikation und Werth der Rieselung mit Fruchtwasser). Z. f. Sp. 1883. S. 391 u. 409.

M. C. de Leeves (ref. v. Maercker): Wie ist das Abflusswasser der Kartoffelstärkefabriken am besten zu benutzen? Zeitschr. d. landwirthschaftlichen Central-Vereins der Provinz Sachsen. Halle 1876. No. 7. S. 171.

Ueber die beste Benutzung des Abflusswassers aus Kartoffelstärkefabriken. Dingler 1877. Bd. *225*. S. 394.

O. Saare: Neuerungen für das Rieseln mit Stärkefabrikabwässern. Z. f. Sp. 1885. S. 156.

Karbe-Kurtschow: Fruchtwasserverwerthung. Z. f Sp. 1887. Ergänzungsheft. S. 13.

G. H. Gerson-Berlin: Ueber Berieselungsanlagen für Stärkefabriken. Z. f. Sp. 1883. S. 723.

— — Zur Technik der Berieselung mit Stärkeabflusswasser oder städtischer Spüljauche auf nicht aptirtem Terrain mit Hülfe eines transportablen Rohrstranges und versetzbarer eiserner Handschützen. Z. f. Sp. 1884. S. 57.

— — Die Reinigung und Verwerthung des Abflusswassers der Kartoffelstärkefabriken. Sonderabzug aus: Die Verunreinigung der Wasserläufe durch die Abflusswässer aus Städten und Fabriken und ihre Reinigung. Berlin, Selbstverlag. 1888.

Rieselwagen für Stärkefabrikabwässer. Z. f. Sp. 1890. S. 368.

Das Elsässer'sche Wiesenbauverfahren. Z. f. Sp. 1888. S. 188.

Rieselanlage einer Stärkefabrik. Z. f. Sp. 1890. S. 289.

Die Abwässerverwendung einer Stärkefabrik. Z. f. Sp. 1894. S. 391.

Schliessung einer Stärkefabrik wegen Flussverunreinigung. Z. f. Sp. 1894. S. 51.

H. Schreib: Ueber die durch Abwässer in Flussläufen verursachten Algenbildungen wie Beggiatoa, Leptomitus etc. Chem. Z. 1891. S. 1864.

— — Zur Abwasserreinigung. Chem. Z. 1890. S. 1323.

J. König: Ueber die Principien und die Grenzen der Reinigung von fauligen und fäulnissfähigen Schmutzwässern. Berlin, Julius Springer. 1885.

J. König: Die Verunreinigung der Gewässer, deren schädliche Folgen, nebst Mitteln zur Reinigung der Schmutzwässer. Berlin, Julius Springer. 1887.

Weigelt, Saare und Schwab: Die Schädigung von Fischerei und Fischzucht durch Industrie- und Hausabwässer. Archiv f. Hygiene 1885. Bd. III. Heft 1.

Einrichtung und Betrieb von Kartoffelstärkefabriken.

Anlage und Betrieb der Stärkefabriken. Mitth. ges. Stärke. 1890. S. 33 ff.

O. Saare: Ueber den Kraftverbrauch in Stärkefabriken. Z. f. Sp. 1888. S. 144 u. 152.

W. Snell: Verbesserung in der Fabrikation des Mehls aus Kartoffeln. Dingler. 1844. Bd. *93.* S. 381.

J. Brössler: Fortschritte und Neuerungen auf dem Gebiete der Fabrikation der Stärke. Dingler. 1889. Bd. *271.* S. 133 u. 185.

O. Saare: Was lehren die Erfahrungen der laufenden Kampagne bezüglich der Vervollkommnung der Stärkefabrikation? Z. f. Sp. 1887. Ergänzungsheft. S. 2—15.

— — Die technischen Verhältnisse der Stärkefabrikation in der Kampagne 1892/93. Z. f. Sp. 1893. Ergänzungsheft. S. 7.

— — Zur Neueinrichtung von Trockenanlagen in Nassstärkefabriken. Z. f. Sp. 1890. S. 189.

— — Vorbereitung für die neue Kampagne. Z. f. Sp. 1893. S. 269.

Schweflige Säure für Stärkefabriken. Z. f. Sp. 1892. S. 404.

Betriebswasser.

F. Fischer: Das Wasser, seine Verwendung, Reinigung und Beurtheilung. Berlin, Julius Springer. 1891.

Wasserverbrauch bei der Stärkefabrikation. Z. f. Sp. 1888. S. 365.

O. Saare: Wasser für Stärkefabrikation. Z. f. Sp. 1886. S. 511.

— — Welche Neuerungen sind auf dem Gebiete der Reinigung des Wassers für Stärkefabrikation zu verzeichnen? Z. f. Sp. 1888. Ergänzungsheft. S. 13.

— — Mittheilungen über Reinigung und Eisenentfernung aus dem Betriebswasser. Z. f. Sp. 1891. Ergänzungsheft. S. 15.

— — Reinigung des Betriebswassers. Z. f. Sp. 1894. Ergänzungsheft. S. 13.

Behandlung eisenhaltigen Wassers. Z. f. Sp. 1890. S. 221.

Wasserreinigung, System Piefke von Arnold und Schirmer. Z. f. Sp. 1891. S. 14.

Ueber die Nutzbarmachung eisenhaltigen Grundwassers für die Wasserversorgung von Städten (Kokethurm Piefke). Z. f. Sp. 1891. S. 88.

Ausscheidung des Eisens aus eisenhaltigem Grundwasser (System Oesten). Z. f. Sp. 1891. S. 44.

Brunnenwasser-Enteisenung nach dem System Oesten. Z. f. Sp. 1894 S. 366.

Bordes: Reinigung des Wassers mit übermangansaurem Kalk.. Z. f. Sp. 1895. S. 357.

B. Steckel: Enteisenung des Wassers durch Kalkfilter D.R.P. No. 74 359. W. f. Br. 1896. S. 276.

Wie beschafft man sich reines Wasser für die Stärkefabrikation? Wie bewähren sich die neuen Filtersysteme (Piefke u. s. w.)? Z. f. Sp. 1884. S. 219.

Goslich: Wasserfiltration. Z. f. Sp. 1887. Ergänzungsheft. S. 14.
Wilh. Jäger-Könkendorf: Neuerungen an Filter- und Klärcentrifugen. D.R.P. No. 43 550. Z. f. Sp. 1888. S. 283.
Filtriren des Wassers. Z. f. Sp. 1888. S. 373.
Wasserfilter für Stärkefabriken. Mitth. ges. Stärke. 1890. S. 92.
Filter aus plastischer Kohle. Mitth. ges. Stärke. 1891. S. 140.
Feinfilter für Wasser, Bier, Spirituosen (Sellenscheidt). Z. f. Sp. 1894. S. 324.
M. Traube: Einfaches Verfahren, Wasser in grossen Mengen keimfrei zu machen. Zeitschrift für Hygiene 1894. Bd. *16*. S. 149, und W. f. Br. 1894. S. 454.
Petroleum zum Kesselreinigen. Z. f. Sp. 1894. S. 35.
Ermittelung der zur Beseitigung des Kesselsteins aus dem Kesselspeisewasser nöthigen Sodamenge. Z. f. Sp. 1894. S. 77.
Der Reisert'sche Wasserreiniger. Z. f. Sp. 1894. S. 103.
A. Nieske: Ein Verfahren zur absoluten Beseitigung des Kesselsteines unter Anwendung von chromsauren Salzen. D.R.P. No. 80 220. Z. f. Sp. 1895. S. 151.
W. Windisch: Die Reinigung des Kesselspeisewassers. W. f. Br. 1896. S. 304.
Lübbert: Eine Enteisenungsmethode für Röhrenbrunnen und fertige Kesselbrunnen. W. f. Br. 1896. S. 1255.

Einträglichkeit der Kartoffelstärkefabrikation.

Schulze-Billerbeck: Rentabilitätsberechnung einer Stärkefabrik. Z. f. Sp. 1883. S. 1037.
G. Hennig-Genthin: Zur Rentabilitätsberechnung von Stärkefabriken. Z. f. Sp. 1884. S. 4.
Schulze-Billerbeck: Zur Rentabilitätsberechnung von Stärkefabriken. Z. f. Sp. 1884. S. 109.
Anlage und Betrieb von Stärkefabriken: Die Rentabilitätsberechnung. Mitth. ges. Stärke. 1890. S. 81.
Die Rentabilität der Stärkefabriken. Mitth. ges. Stärke. 1891. S. 14. 29. 94.
O. Saare: Wie kann der Stärkefabrikant sich berechnen, welchen Preis er für Kaufkartoffeln anlegen kann? Z. f. Sp. 1895. S. 238.
Berechnung der Verwerthung der Kartoffeln in der Stärkeindustrie. Z. f. Sp. 1895. S. 294.
O. Saare: Ergebniss der Verdoppelung der Arbeitsleistung in einer Kartoffelstärkefabrik. Z. f. Sp. 1895. S. 349.
M. Maercker: Ist es zweckmässig, Kartoffeln mit hohem Stärkegehalt, wenn auch niedrigem Ertrag pro Morgen oder Kartoffeln mit niedrigerem Stärkegehalt, aber hohem Ertrag pro Morgen zu bauen? Welche Mittel giebt es, um einen Erfolg in der einen oder anderen Art zu sichern? Z. f. Sp. 1886. S. 204.
— — Die Stellung der Stärkefabrikation in der Landwirthschaft. Z. f. Sp. 1883. S. 371.

Untersuchungsmethoden.

Kartoffel.

O. Abesser: Untersuchung über die Zusammensetzung der Kartoffeln. Zeitschrift des landwirthschaftlichen Centralvereins der Provinz Sachsen 1874. S. 204.

Maercker: Handbuch der Spiritusfabrikation. VI. Aufl. Berlin, Paul Parey 1894. Die Bestimmung des Stärkemehls und der Zuckerarten. S. 88.

Fehling: Ueber die quantitative Bestimmung von Zucker und Stärkemehl mittelst Kupfervitriol. Dingler. 1850. Bd. *117*. S. 276.

F. Salomon: Die Stärke und ihre Verwandlungen unter dem Einfluss anorganischer und organischer Säuren. J. prakt. Chem. 1883. Bd. *136*. S. 90.

E. Wein: Tabellen zur quantitativen Bestimmung der Zuckerarten. Stuttgart, Max Waag 1888.

E. Schulze: Zur quantitativen Bestimmung der Kohlenhydrate. Chem. Z. 1891. No. 29.

Zur quantitativen Bestimmung der Kohlenhydrate. Z. f. Sp. 1894. No. 18.

R. Kusserow: Ueber die quantitative Bestimmung der Maltose und Dextrose durch Reduktion alkalischer Kupferlösung. W. f. Br. 1895. S. 574.

C. J. Lintner und E. Kröber: Ueber die Verwendung des Glukosazons zur quantitativen Bestimmung von Dextrose, Lävulose und Saccharose. Z. f. ges. Br. 1895. Bd. *18*. S. 153.

Dragendorff's Bestimmung der stärkemehlhaltigen Stoffe in Pflanzen. Dingler. 1864. Bd. *171*. S. 468.

Faustner: Maassanalytische Bestimmung des Stärkemehls. Z. f. anal. Chem. 1864. Bd. *3*. S. 158.

W. Pillitz: Beiträge zur Analyse der Getreidesorten und deren Mehle. Fresenius; Z. f. anal. Chem. 1872. Bd. *11*. S. 54. (Stärkebestimmung.)

M. Stumpf: Ueber die verschiedenen Methoden zur Ermittelung des Stärkegehaltes in den Kartoffeln. Organ des Central-Vereins für Rübenzuckerindustrie in Oesterreich-Ungarn von O. Kohlrauch 1878. S. 25.

C. Wurster: Die quantitative Bestimmung der Stärke im Papiere. Dingler. 1878. Bd. *229*. S. 538.

Fresenius: Bericht über chemische Analyse organischer Körper: Die Verbindungen der Stärke und des Dextrins mit Jod (Pickering). Fresenius, Z. f. anal. Chem. 1882. Bd. *21*. S. 125.

G. Francke: Ueber Stärkebestimmung in Körnerfrüchten. Z. f. Sp. 1882. S. 306.

C. Faulenbach: Zur Bestimmung der Stärke und des Traubenzuckers in Nahrungsmitteln mittelst Fehling'scher Lösung. Hoppe-Seyler's Z. f. phys. Chem. 1882/3. Bd. 7. S. 510.

H. Bungener und Fries: Ueber die Bestimmung des Stärkegehaltes der Gerste. Z. f. ges. Br. 1883. S. 39.

C. O. Sullivan: Bestimmung der Stärke in Getreidearten. Repertorium der analytischen Chemie 1884. S. 11, nach Chemical News 1883. S. 244.

M. Schwarz und O. H. Klein: Bestimmung des Stärkegehaltes der Gerste nach Bungener und Fries. Der Amerikanische Bierbrauer 1884. S. 9 und S. 133.

M. Maercker: Zur Bestimmung des Stärkemehls in Körnerfrüchten und Kartoffeln. Z. f. anal. Chem. 1885. Bd. *24*. S. 617.

Soxhlet: Zuckerbildung aus Pektinkörpern bei der Stärkebestimmung. Z. f. anal. Chem. 1885. Bd. *24*. S. 618.

Rempel's Druckflasche und Luftbad zur Bestimmung der Stärke. Dingler. 1885. Bd. *256*. S. 545.

Otto Reinke: Die Bestimmung der Stärke in den Rohmaterialien. Z. f. Sp. 1887. S. 117.

A. v. Asboth: Eine neue Methode zur quantitativen Bestimmung der Stärke. The Brewer's Guardian 1887. S. 213; auch Z. f. Sp. 1887. S. 228.

A. Girard: Sur le dosage de la fécule dans les tubercules de la pomme de terre. C. r. 1887. Bd. *104*. S. 1629.

C. Monheim: Die Stärkebestimmung in den Getreidekörnern. Z. f. angew. Chem. 1888. S. 65.

F. Seyfert: Ueber die Bestimmung von Stärke mittelst Baryt. Z. f. angew. Chem. 1888. S. 126.

C. J. Lintner: Ueber Verbindungen der Stärke mit alkalischen Erden. Z. f. angew. Chem. 1888. Heft 8.

A. L. Winton: Prüfung der Stärkebestimmungsverfahren. Z. f. angew. Chem. 1888. S. 273.

C. Monheim: Zur Asboth'schen Stärkebestimmung. Z. f. angew. Chem. 1888. S. 401.

A. v. Asboth: Ueber die Stärkebestimmungsmethoden. Chem. Z. 1889. S. 591 und 611.

M. Hönig: Zur Bestimmung der Rohfaser und der Stärke. Chem. Z. 1890. No. 54 u. 55.

A. Leclerc: Recherche et dosage de l'amidon. Journal de Pharmacie et de Chimie 1890. Bd. *21*. S. 641.

von Milkowski: Zur Bestimmung des Stärkemehls in Getreidearten. Z. f. anal. Chem. 1890. Bd. *29*. S. 134.

C. J. Lintner und Düll: Ueber den Einfluss der sog. stickstofffreien Extraktstoffe auf das Endergebniss der Stärkebestimmung in Cerealien. Z. f. angew. Chem. 1891. S. 537.

Guichard: Dosage de l'amidon. Journal de Pharmacie et de Chimie 1892. No. 25. S. 394. Dingler. 1893. Bd. *288*. S. 115.

A. Baudry: Nouveau procédé simple et rapide de dosage de l'amidon dans les pommes de terre et les fécules commerciales. La Féculerie (Compiègne) 1892. S. 11.

O. Saare: Baudry's neue Art, schnell und einfach den Stärkegehalt von Kartoffeln und Handelsstärke zu bestimmen. Z. f. Sp. 1892. S. 41.

Deltour: Stärkebestimmung nach Baudry. Chemisches Centralblatt 1893. I. S. 590.

P. L. Hibbard: Schnelle Bestimmung der Stärke. Journal of the American Chemical Society 1894. Bd. *17*. S. 64, auch Z. f. Sp. 1895. S. 35.

A. Munsche: Die Bestimmung der Stärke durch alkoholische Gährung. Z. f. Sp. 1894. S. 202.

W. E. Stone: Vergleichende Untersuchungen über die Methoden der Stärkebestimmung. The Journal of the American Chemical Society 1894. Bd. *14*. S. 726, auch W. f. Br. 1894. S. 1622.

M. Dennstedt und F. Voigtländer: Eine neue Methode zur quantitativen Bestimmung der Stärke. Forschungsberichte über Lebensmittel u. s. w. 1895. Bd. *2*. S. 173.

H. Ost: Ueber die Bestimmung der Stärke. Chem. Z. 1895. No. 67.

J. Effront: Eine neue Methode zur Bestimmung der Stärke in den Getreidearten. W. f. Br. 1896. S. 1278, nach La Bière 1896. No. 10.

L. Lindet: Ueber die Bestimmung der Stärke in den Getreidekörnern. W. f. Br. 1896. S. 1309.

Berg: Bestimmung des Stärkemehls in den Kartoffeln. Dingler. 1837. Bd. *65*. S. 48.

Lüdersdorff: Ueber die Ausmittelung des Stärkegehaltes der Kartoffeln. Dingler. 1841. Bd. *79*. S. 313.

C. J. N. Balling: Die Gährungschemie. Prag, F. Tempsky. 1845. Bd. *2*. S. 53. „Tabelle zur Bestimmung der Kartoffeln an Stärkemehl und lufttrockener Substanz aus ihrem specifischen Gewichte nach Berg und Lüdersdorff."

Krocker: Ueber den Stärkegehalt in Getreide und Kartoffeln. Dingler. 1849. Bd. *112*. S. 143. Nach Berzelius, Jahresbericht 1848.

H. Schwarz: Ueber die Bestimmung des Stärkemehls auf nassem Wege. Dingler. 1849. Bd. *113*. S. 389.

R. Fresenius und Fr. Schulze: Einfaches Verfahren, das specifische Gewicht der Kartoffeln zu bestimmen. Dingler. 1851. Bd. *119*. S. 308.

F. Krocker: Ueber die Bestimmung des Stärkemehlgehaltes in den Kartoffeln und des Zuckergehaltes in den Runkelrüben. Dingler. 1853. Bd. *128*. S. 388.

H. Schwarz: Eine Volumenwaage und ein Kartoffelprober. Dingler. 1858. Bd. *149*. S. 447.

F. Stohmann: Verfahren zur Bestimmung des specifischen Gewichtes von Kartoffeln. Jahresbericht über Fortschritte und Leistungen der chemischen Technologie von R. Wagner 1859. S. 328.

A. Vogel: Werthbestimmung der Kartoffeln. Wagner Jahresber. 1862. S. 408.

Stohmann: Ueber die Bestimmung des specifischen Gewichtes der Kartoffeln. Z. f. anal. Chem. 1870. Bd. *9*. S. 275.

J. Nessler: Ueber Prüfung der Kartoffeln (Salzprobe). Dingler. 1871. Bd. *200*. S. 342.

W. Schultze: Ueber die Kartoffelprobe mittelst Kochsalzlösung. Dingler. 1871. Bd. *202*. S. 86.

A. Schwarzer: Schnellwaage zur Bestimmung des Stärkegehaltes der Kartoffeln. Dingler. 1872. Bd. *203*. S. 67.

Fr. Schertler: Die Anwendung des spec. Gewichts als Mittel zur Werthbestimmung der Kartoffeln, Cerealien und Hülsenfrüchte. Wien, A. Hartleben. 1873.

Heidepriem: Ueber die Beziehungen zwischen der relativen Dichte und dem Stärkemehlgehalte der Kartoffeln und eine neue zur Berechnung des Stärkegehaltes der Kartoffeln aus ihrem spec. Gewicht aufgestellte Tafel. Vers. Stat. 1877. Bd. *20*. S. 1.

Behrend, Maercker und Morgen: Ueber die Methode der Stärkemehlbestimmung in den Kartoffeln nach dem specifischen Gewicht. Z. f. Sp. 1879. S. 361.

M. Maercker, P. Behrend und A. Morgen: Ueber den Zusammenhang des specifischen Gewichtes mit dem Stärkemehl- und Trockensubstanzgehalt der Kartoffeln, sowie über die Methode der Stärkebestimmung in den Kartoffeln. Vers. Stat. 1880. Bd. *25*. S. 107.

Fresenius: Ueber die Bestimmung des specifischen Gewichtes der Kartoffeln, behufs Ermittelung ihres Gehaltes an Trockensubstanz und Stärkemehl. Z. f. anal. Ch. 1881. Bd. *20*. S. 243.

Die Reimann'sche Kartoffelwaage und Täuschungen bei ihrem Gebrauch. Z. f. Sp. 1886. S. 126.

L. Günther: Ueber einen neuen Apparat zur direkten Untersuchung von Kartoffeln auf ihren Stärkegehalt. Z. f. Sp. 1884. S. 93.

Welche Methode der Stärkebestimmung ist für die Stärkefabrikation zu empfehlen? Z. f. Sp. 1884. S. 215.

Stärke.

Mayet: Ueber die Anwendung des Aetzkalis, um die verschiedenen Stärkearten zu unterscheiden und das Verhältniss zu bestimmen, in welchem sie vermengt sind. Dingler. 1847. Bd. *104*. S. 107.

K. Köchlin: Ueber die Prüfung der im Handel vorkommenden Mehl- und Stärkemehlarten, sowie ihrer Gemenge mittelst Jod. Dingler. 1851. Bd. *120*. S. 364.

C. Müller: Ueber die Unterscheidung der Stärkearten mit Hülfe der Polarisation. Apotheker-Zeitung 1895. Bd. *10*. S. 113.

Schönn: Bestimmung der mittleren Grösse der Stärkemehlkörner. Dingler. 1870. Bd. *195*. S. 469.

C. Scheibler: Ueber ein einfaches Verfahren, den procentischen Wassergehalt verschiedener Stärkemehlsorten zu bestimmen. Z. f. anal. Ch. 1869. Bd. *8*. S. 473.

Cloez: Bloch's Fecülometer, ein Instrument zur Bestimmung des Gehaltes der Kartoffelstärke an wirklichem Stärkemehl. Dingler. 1874. Bd. *211*. S. 397, nach Bulletin de la Société d'Encouragement 1873. S. 553.

L. Bondonneau: Ueber die Anwendung des Fecülometers zur Prüfung der Kartoffelstärke. Dingler. 1874. Bd. *213*. S. 172, nach Bulletin de la société chimique, Paris 1874. Bd. *21*. S. 147.

O. Saare: Bloch's Feculometer. Z. f. Sp. 1883. S. 898.

— — Eine neue Bestimmungsmethode des Wassergehaltes in der Kartoffelstärke des Handels. Z. f. Sp. 1884. S. 550.

L. Bondonneau: Dosage de l'humidité des matières amylacées. C. r. 1884. Bd. *98*. S. 153.

O. Saare: Zur Bestimmung des Wassergehaltes der Stärke durch Trocknen. Z. f. Sp. 1884. S. 595.

— — Wasserbestimmung in Stärke und Dextrin. Z. f. Sp. 1890. S. 343.

— — Zur Bestimmung des Wassergehaltes der Kartoffelstärke. Z. f. Sp. 1891. S. 153.

W. Windisch: Ueber den qualitativen Nachweis geringer Mengen Milchsäure. W. f. Br. 1887. S. 220, und Z. f. Sp. 1887. S. 88.

J. Wiesner: Untersuchung des Steifungsvermögens einiger Stärkesorten. Dingler. 1868. Bd. *190*. S. 154.

Brown und Heron: Bestimmung der Klebrigkeit des Kleisters. Liebig Ann. Bd. *199*. S. 165.

W. Thomson: Ueber die Prüfung von Stärkekleister. Dingler. 1886. Bd. *261*. S. 88, nach Journal of the Society of Chemical Industry 1886. S. 143.

Dafert: Bestimmung der Kleisterfähigkeit. Landw. Jahrb. 1886. S. 259.

Schreib: Prüfung der Stärke auf Kleisterbildung. Z. f. angew. Ch. 1888. S. 694.

Otto Reinke: Die Untersuchung von Schlammstärken. Z. f. Sp. 1891. S. 332.

Handel mit Kartoffelstärke.

B. Fricker-Magdeburg: Kartoffelmehlpreise ab Magdeburg vom Jahre 1860—1884. Z. f. Sp. 1885. S. 120.

Hamburg's Handel mit Kartoffelmehl und Stärke 1872—1884. Z. f. Sp. 1885. S. 76.

F. P. Daum: Hamburger Preise für Prima-Kartoffelmehl und Stärke. 1864—1890. Hamburg.

E. Günther-Hamburg: Preistafel für Prima-Kartoffelmehl, Dextrin, Stärkesyrup und Rohstärke 1872—1893. Hamburg, W. Genté's Druckerei.

Patente.

(† bereits erloschen).

Kl. 6. No. 39 144. B. Fricker in Magdeburg: Verfahren zur Benutzung des Kartoffelfruchtwassers von der Stärkefabrikation zur Herstellung von Hefe. Vom 24. Aug. 1886.

— No. 61 659. Büttner & Meyer in Ürdingen a. Rh.: Cylindersieb zur Abscheidung der Flüssigkeit aus schlammartigen Massen. Vom 1. Febr. 1891. †

Kl. 8. No. 29 975. W. Zwick in Neumühle-Albersweiler (Rheinpfalz): Verfahren zur Herstellung von Glanzstärke. Vom 30. März 1884. †

Kl. 12. No. 10 083. W. Kette in Jassen, Post Dambee, Hinterpommern: Verfahren zur Abscheidung der Proteïnstoffe aus den Ablaufwässern der Kartoffelstärkefabriken. Vom 29. Oktober 1879. †

Kl. 39. No. 7860. C. A. Wolff in München: Verfahren zur Herstellung von Ersatzstoffen für Horn, Hartgummi, Elfenbein, Celluloid, Perlmutter etc. aus Stärkemehl. Vom 16. Jan. 1879. †

— No. 24 629. P. Fliessbach in Kurow b. Zelasen: Verwendung von Kartoffelfasern zur Herstellung von Knöpfen, Brochen u. s. w. Vom 3. Mai 1883. †

— No. 28 356. Zusatz zu No. 24 629. Vom 22. Nov. 1883. †

— No. 36 569. Zusatz zu No. 24 629. Vom 30. Jan. 1886. †

Kl. 45. No. 2686. P. Suckow in Breslau: Kartoffel- und Rübenwaschmaschine. Vom 12. April 1878. †

— No. 10 497. Herm. Schmidt-Cüstrin: Kartoffelwaschmaschine. Vom 17. Jan. 1880. †

— No. 13 279. R. Pzillas in Brieg: Vorrichtung zum Waschen, Heben und Trocknen von Kartoffeln, Rüben u. dergl. Vom 2. Nov. 1880. †

— No. 16 373. F. W. Hering & Co. in Osterfeld (Kr. Weissenfels): Waschmaschine für Kartoffeln, Rüben etc. Vom 5. April 1881. †

— No. 17 470. I. Zusatz zu No. 16 373. Vom 12. Juni 1881. †

— No. 20 344. II. Zusatz zu No. 16 373. Vom 3. Jan. 1882. †

— No. 21 358. III. Zusatz zu No. 16 373. Vom 24. Jan. 1882. †

— No. 21 359. IV. Zusatz zu No. 16 373. Vom 24. Jan. 1882. †

— No. 21 362. V. Zusatz zu No. 16 373. Vom 16. Febr. 1882. †

— No. 57 342. G. Vibrans in Wendhausen bei Hildesheim: Neuerungen an Aufbewahrungsräumen für landwirthschaftliche Bodenerzeugnisse. Vom 14. März 1890. †

Kl. 50. No. 21 786. C. G. Pfrister in Trebsen i. S.: Kartoffelreibmaschine zur Gewinnung von Kartoffelmehl. Vom 23. Juli 1882. †.

Kl. 53. No. 16 430. M. Drucker in Trentschin (Ungarn) und Johannes Brandt in Berlin: Verfahren zur Konservirung der Zuckerrüben und der Knollengewächse. Vom 20. Juli 1881. †

Kl. **53.** No. 26202. J. A. Kappers in Sappemeer (Holland): Verfahren zur Fabrikation von Presskuchen zu Viehfutter aus koagulirtem Kartoffeleiweiss und frischer Kartoffelpülpe. Vom 8. Febr. 1883. †

Kl. **55.** No. 52781. Herm. Schmidt in Küstrin: Feinfasermühle. Vom 12. Febr. 1890. †

Kl. **58.** No. 35260. J. Foulis in Musselburgh (England): Presse zum Entwässern von Rückständen. Vom 30. Okt. 1885. †

— No. 68074. Büttner & Meyer in Uerdingen a. Rh. (A. Kuhnt & R. Deissler in Berlin): Walzenpresse mit Presssack zur Ausübung eines Rückdruckes auf das im Pressspalt befindliche Pressgut. Vom 21. Aug. 1892.

— No. 70248. Zusatz zu No. 68074. Vom 31. Jan. 1893.

— No. 69808. Büttner & Meyer in Uerdingen a. Rh. (A. Kuhnt & R. Deissler in Berlin): Filterspalt mit durch sich bewegende Walze gebildetem Rande. Vom 26. Nov. 1892.

Kl. **62.** No. 34031. A. Büttner und C. Meyer, Uerdingen a. Rh.: Apparate zum Eindicken und Eintrocknen breiiger Flüssigkeiten. Vom 16. Dec. 1884. †

— No. 43943. Zusatz zu No. 34031. Vom 11. Sept. 1887. †

Kl. **78.** No. 54434. Aktien-Gesellschaft Dynamit Nobel in Wien (W. Schückher in Wien): Gekörntes rauchloses Schiesspulver, aus Nitrobenzol und Nitrostärke bestehend. Vom 25. März 1890.

— No. 57711. Actiengesellschaft Dynamit Nobel in Wien: Verfahren zur Herstellung von Nitrostärke. Vom 11. Juli 1890.

Kl. **82.** No. 28971. E. Passburg in Moskau: Verfahren und Apparat zum Trocknen von Farbwaaren, Stärke, Farinzucker. Vom 8. Jan. 1884.

— No. 45080. Büttner & Meyer in Uerdingen a. Rh.: Trockner mit Sichteinrichtung. Vom 17. Jan. 1888.

— No. 70505. Zusatz zu No. 45080. Vom 6. Dec. 1891.

— No. 52578. Büttner & Meyer in Uerdingen a. Rh.: Verfahren und Apparat zum Trocknen von Rübenschnitzeln und anderer stückiger Stoffe. Vom 23. Juli 1889. †

— No. 68620. Zusatz zu No. 52578. Vom 10. Nov. 1892. †

— No. 67022. Büttner & Meyer in Uerdingen a. Rh.: Trockenverfahren. Vom 12. Jan. 1892.

— No. 79245. W. H. Uhland in Leipzig-Gohlis: Kanaltrockenanlage. Vom 14. Febr. 1894.

— No. 79961. W. H. Uhland in Leipzig-Gohlis: Thür für Kanaltrockenanlagen. Vom 14. Febr. 1894.

Kl. **89.** No. 528. A. Fesca in Berlin und L. Chiozza in Cervignano: Nutschapparat für nasse Stärke und für andere Gemenge von festen und flüssigen Stoffen zur Bildung fester Brode nebst Auslösevorrichtung für letztere. Vom 31. Juli 1877. †

— No. 3854. Th. Calow & Co. in Bielefeld: Einrichtung an Schleudertrommeln, wodurch bei Entwässerung der Stärke letztere in fertigen Façonstücken erzielt wird. Vom 5. März 1878. †

— No 4262. N. u. J. Bloch in Tomblaine b. Nancy: Anwendung von Holländer-Apparaten bei der Stärkefabrikation. Vom 25. April 1878. †

— No. 4702. W. Angele in Berlin: Auswaschapparat für Kartoffelstärke. Vom 25. Aug. 1878. †

— No. 6969. Ch. Vidal in Marseille: Verfahren zur Herstellung von Stärke, Stärkemehl und Dextrin in zusammengeballtem Zustande. Vom 13. April 1879. †

Kl. **89.** No. 7518. W. Kette in Jassen (Hinterpommern): Verfahren der Gewinnung der Proteïnstoffe aus verdünntem Kartoffelfruchtsaft mit Hülfe von Salzsäure. Vom 14. Febr. 1879. †

— No. 10 243. H. Schmidt in Küstrin: Trockenapparat für Kartoffelstärke. Vom 10. Jan. 1880. †

— No. 10 579. Th. Blumenthal in Denkwitz bei Kloptschen: Kontinuirlich wirkender Auswaschapparat für Stärke. Vom 28. Febr. 1880. †

— No. 10 836. W. Kette in Jassen: Proteïnstoffe aus verdünntem Kartoffelfruchtsafte durch Zusatz von Schwefelsäure oder eines Gemisches von Schwefelsäure und Salzsäure zu fällen. Vom 29. Okt. 1879. †

— No. 10 899. E. Behrens in Harsum: Neuerungen an Transporteuren für Rüben, Kartoffeln u. s. w. Vom 24. Dec. 1879. †

— No. 11 404. Aktienfabrik landwirthsch. Maschinen und Ackergeräthe in Regenwalde: Kombinirter Kartoffelstärke-Extraktionsapparat. Vom 12. März 1880. †

— No. 13 678. C. Schöngart in Klein-Krutschen: Apparat zum Trocknen von Stärke. Vom 8. Juni 1880. †

— No. 14 901. Miehe in Elbing: Vorrichtung zur Entfernung des Schmutzes aus Waschmaschinen für Rüben, Cichorien, Kartoffeln und dergl. Vom 24. Dec. 1880. †

— No. 15 354. W. Angele in Berlin: Auswaschapparat für Kartoffel- etc. Stärke. Vom 14. Nov. 1880. †

— No. 15 428. W. Hahne in Artern: Neuerungen an Waschtrommeln für Rüben, Kartoffeln, Erze, Kohlen und ähnliche Materialien, genannt „Kammerwäsche". Vom 11. Jan. 1881. †

— No. 15 531. Leinhass und Hülsenberg in Freiberg i. Sachsen: Vorrichtung zum automatischen Entfernen von Schmutzansammlungen in Wäschen für Kartoffeln etc. Vom 25. Jan. 1881. †

— No. 16 221. W. Angele in Berlin: Kombinirter Kartoffelstärkeapparat. Vom 14. Nov. 1880. †

— No. 19 754. P. Fliesbach in Kurow b. Zelasen: Filtrationsapparat. Vom 25. Nov. 1881. †

— No. 21 792. J. Zinkeisen in Thöringswerder bei Wriezen a. O.: Neuerung an Waschmaschinen für Rüben, Wurzeln, Kartoffeln und dergl. Vom 30. Aug. 1882. †

— No. 21 889. J. Heyn in Stettin: Waschmaschine für Kartoffeln, Rüben und dergl. Vom 22. April 1882. †

— No. 22 332. Gebr. Böhmer in Neustadt-Magdeburg: Waschmaschine mit Bürstenquirlen. Vom 24. Okt. 1882. †

— No. 22 622. F. Nietzschmann in Gr.-Glogau: Kartoffelwaschmaschine mit Steinscheider. Vom 11. Nov. 1882. †

— No. 22 716. F. W. Hering & Co. in Osterfeld, Kr. Weissenfels: Kartoffelwaschmaschine. Vom 22. Nov. 1882. †

— No. 23 355. L. Maiche in Paris (C. Pieper, Berlin): Verfahren zum Trocknen von Stärke im Vakuum. Vom 31. Dec. 1882. †

— No. 23 590. J. G. F. Görlt in Döbeln: Maschine, welche sowohl zum Trocknen, Reinigen und Sortiren, als auch zum Waschen von Knollenfrüchten benutzbar ist. Vom 5. Nov. 1882. †

— No. 24 312. A. Richter in Augustenhof b. Brzozie, Wpr.: Spritzwaschmaschine für Kartoffeln. Vom 1. April 1883. †

— No. 24 502 R. Bergreen in Roitzsch b. Bitterfeld: Neuerungen an Waschapparaten für Rüben, Kartoffeln etc. Vom 7. Jan. 1883. †

— No. 24 942. Zusatz zu No. 22 716. Vom 18. Febr. 1883. †

Kl. 89. No. 25 755. P. Reuss in Artern: Schmutzprocentwaage für Rüben und Kartoffeln. Vom 3. April 1883. †

— No. 26 115. Albert Fesca und Jos. Mahlich in Giessmannsdorf.: Neuerungen an kontinuirlich wirkenden Ablagerungs-Centrifugen. Vom 20. Juli 1883. †

— No. 26 521. W. H. Uhland in Leipzig und V. Machowsky in Prag: Apparat zur Herstellung rektangulärer Stärke- oder Hefekuchen, sowie würfelförmiger Stärke- und Hefeblöcke mittelst komprimirter Luft. Vom 1. Mai 1883. †

— No. 28 277. P. F. D'Hennezel in Liez (Aisne, Frankr.): Waschmaschine für Rüben und Kartoffeln mit verstellbaren Rührarmen. Vom 5. Dec. 1883. †

— No. 28 401. F. W. Hering & Co. in Osterfeld, Kr. Weissenfels: Schlammentleerer für Kartoffel- und Rüben-Waschmaschinen. Vom 6. März 1884. †

— No. 29 025. P. Fliessbach in Kurow b. Zelasen: Verfahren der Behandlung von Pülpe aus der Kartoffelstärkefabrikation zur Erzeugung von Dextrin, Traubenzucker, Syrup etc. Vom 22. Jan. 1884. †

— No. 29 600. C. L. Fehrmann in Parchim i. M.: Stärketrockenapparat. Vom 22. März 1884. †

— No. 29 985. J. H. Habrich in Sudenburg-Magdeburg: Schnell- und Aufthau-Wäsche ohne Mehrverbrauch von Wasser von üblicher Temperatur für Rüben, Kartoffeln etc. Vom 29. Juni 1884. †

— No. 32 256. Zusatz zu No. 26 521. Vom 19. Okt. 1884. †

— No. 32 388. L. Aubert und V. Giraud in Lyon: Verfahren zur Umwandlung von Stärke und Cellulose in Rohrzucker (Saccharose) unter Anwendung von Elektricität. Vom 3. Dec. 1884. †

— No. 33 189. L. Virneisel, Miltenberg a. M., Ferd. Virneisel, K. Trobach und A. Cords in Berlin: Verfahren zur Gewinnung der in dem Kartoffelfruchtsaft enthaltenen Trockensubstanzen als Futter- und Dungstoff. Vom 9. August 1884. †

— No. 33 625. L. Günther in Neustadt i. M.: Verfahren der Gewinnung von Stärke und Cellulin aus der Pülpe mittelst Chlorkalk. Vom 21. Dec. 1884. †

— No. 33 677. Frl. Marie Moll in Berlin: Einrichtung an Centrifugen zur kontinuirlichen Entfernung von festen oder teigigen Massen aus der Trommel. Vom 25. Febr. 1885. †

— No. 34 950. F. W. Wiesebrock in New-York (V.-St. A.): Neuerung an Trockencylindern für Abfälle aus Brauereien, Stärke- und Glukosefabriken. Vom 17. Febr. 1885. †

— No. 35 482. Frl. Marie Moll in Berlin: Apparat und Verfahren zur ununterbrochenen Abscheidung des Albumins aus dem Fruchtwasser der Stärkefabriken und aus anderen Albuminlösungen. Vom 25. Febr. 1885. †

— No. 35 693. H. Tietz in Braunschweig: Kombinirte Schwemm- und Transportvorrichtung für Rüben, Kartoffeln etc. Vom 4. Juni 1885. †

— No. 36 250. W. H. Uhland in Leipzig-Gohlis: Mühle zum Zerkleinern von Mais und anderen Körnerfrüchten, sowie von Kartoffelreibsel für die Stärkefabrikation. Vom 15. Jan. 1886. †

— No. 36 850. VI. Zusatz zu No. 16 373 (Kl. 45). Vom 8. Dec. 1885. †

— No. 36 956. J. Fischer in Wien: Vorrichtung zum Reinigen der Filterkammern an Apparaten zum Sieben von Hefe, Stärke u. dergl., sowie zum Filtriren von Flüssigkeiten. Vom 29. Juli 1885. †

Kl. **89.** No. 37 231. W. H. Uhland in Leipzig-Gohlis: Neuerung an Reiben für Kartoffeln und dergl. zur Stärkegewinnung. Vom 15. Jan. 1886. †

— No. 38 397. J. Fischer in Wien: Neuerung an Apparaten zum Sieben und Filtriren. Vom 21. März 1886. †

— No. 39 043. Zusatz zu No. 38 397. Vom 16. Juli 1886. †

— No. 40 922. W. H. Uhland in Leipzig-Gohlis: Ausstossvorrichtung für Stärkeblöcke. Vom 9. Dec. 1886. †

— No. 45 284. H. Schmidt in Küstrin: Compoundreibe für Kartoffelstärkefabrikation. Vom 12. Mai 1888. †

— No. 50 442. C. Bartels Söhne in Oschersleben: Apparat zur Darstellung reiner schwefliger Säure und zur Einführung derselben in Flüssigkeiten, besonders Zuckersäften. Vom 13. Juni 1889, †

— No. 57 049. Zusatz zu No. 50 442. Vom 2. Dec. 1890. †

— No. 56 558. Hans Brackebusch in Berlin: Verfahren zur Herstellung heller Kartoffel-Trockenpülpe. Vom 13. Dec. 1889. †

— No. 67 180. R. Mohr in Besedau b. Alsleben a. S.: Schwemmrinne für Rüben u. dergl. Vom 7. Febr. 1892. †

— No. 70 012. Siemens & Halske in Berlin: Bleichen von Stärke mit Chlor und Ozon. Vom 4. Okt. 1892.

— No. 70 275. E. Hermite in Paris und A. Dubosc in Rouen: Verfahren zum Bleichen und Desinficiren von Stärke und Stärkemehlen durch Elektrolyse Chloride enthaltenden Wassers. Vom 30. Dec. 1891.

— No. 72 982. E. Neitzel in Altfelde (Kr. Marienburg): Quantitativ-kolorimetrische Untersuchungsmethode auf Kohlehydrate. Vom 26. Juli 1892. †

— No. 80 922. J. Hundhausen in Hamm i. W.: Stärkeschlämmrinne mit selbstthätiger Abfuhr des Rückstandes. Vom 9. Juni 1894.

— No. 85 331. R. Wenke in Olbersdorf b. Frankenstein i. Schl.: Nachreibe. Vom 1. März 1895.

— No. 85 889. A. Baudry und V. Gontière in Paris: Reibe zum Zerreiben von Kartoffeln, Zuckerrüben, Zuckerrohr u. dergl. für Untersuchungszwecke. Vom 22. Sept. 1895.

— No. 88 447. Dr. Otto N. Witt in Westend bei Berlin und Siemens & Halske in Berlin: Verfahren zur Gewinnung von Reinstärke aus Rohstärke. Vom 23. Juli 1895.

Sachverzeichniss.

Namenverzeichniss.

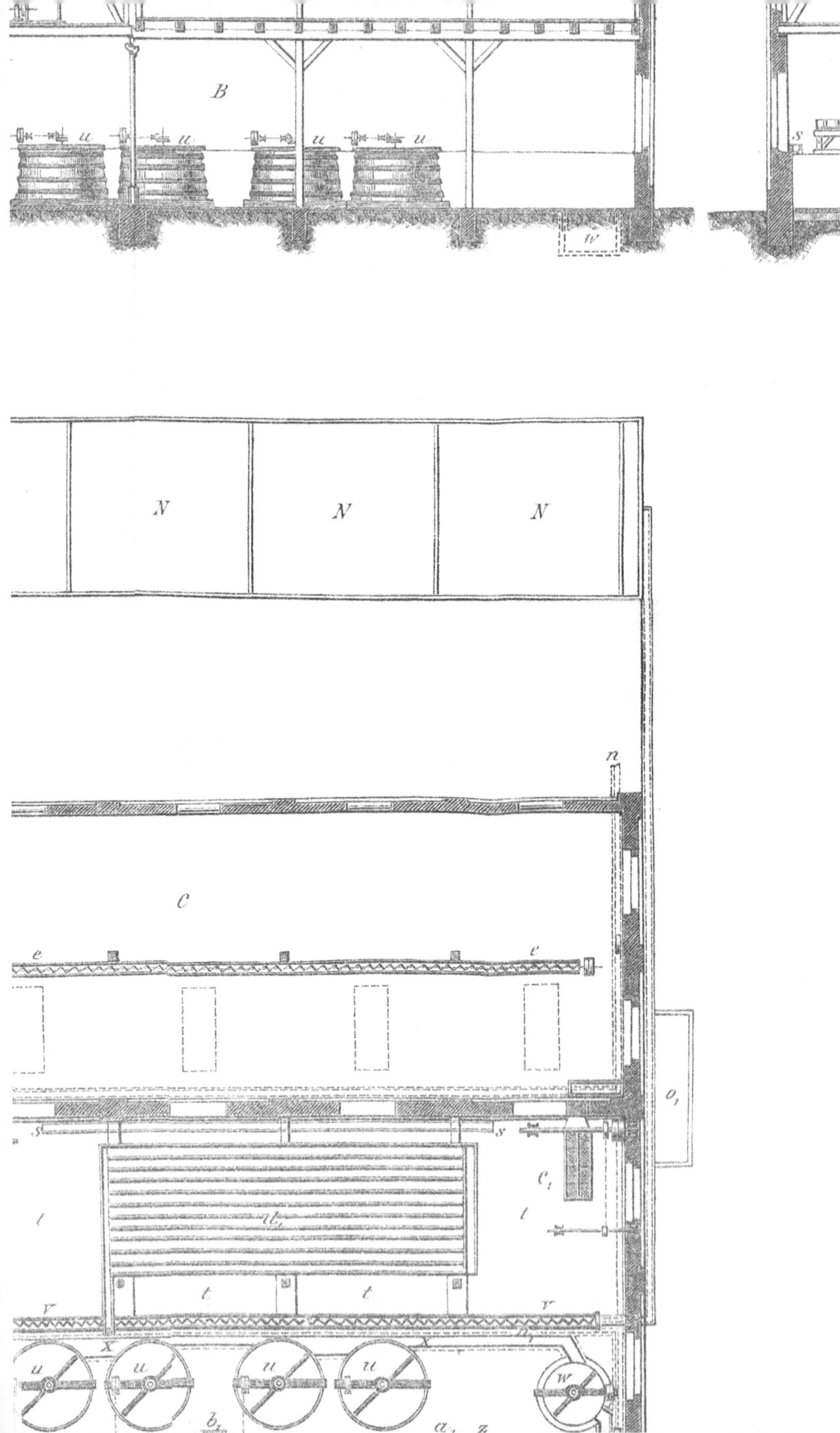

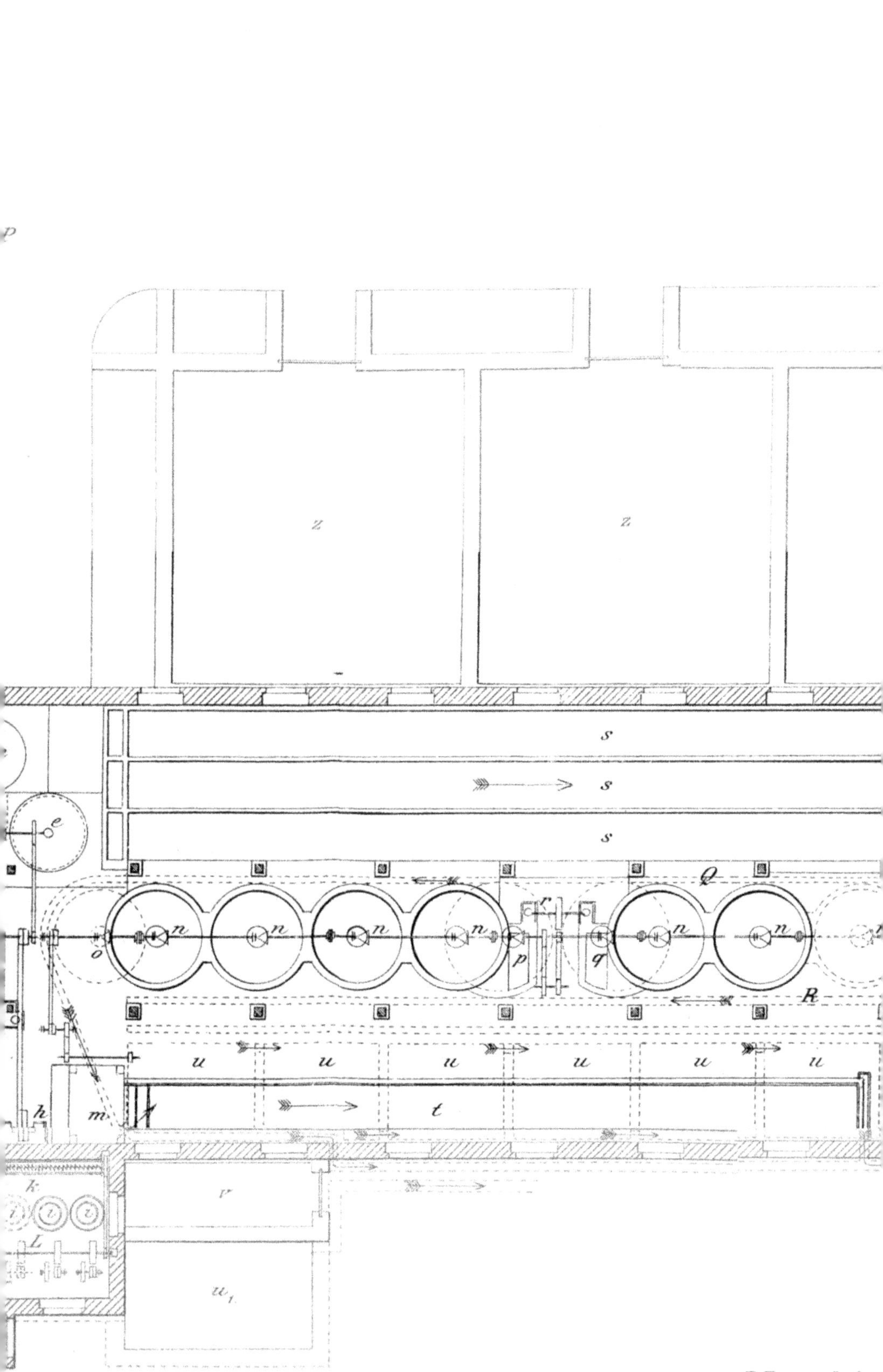

Maschin

www.ingramcontent.com/pod-product-compliance
Ingram Content Group UK Ltd.
Pitfield, Milton Keynes, MK11 3LW, UK
UKHW021902190726
13853UKWH00003B/1379

* 9 7 8 3 6 4 2 9 0 3 3 3 5 *